Grundlagen der Geotechnik

Hans-Henning Schmidt ·
Roland Fritz Buchmaier · Carola Vogt-Breyer

Grundlagen der Geotechnik

Verstehen – Analysieren – Bauen

6. Auflage

Hans-Henning Schmidt
ehemals Hochschule für Technik Stuttgart
Stuttgart, Deutschland

Carola Vogt-Breyer
Hochschule für Technik Stuttgart
Stuttgart, Deutschland

Roland Fritz Buchmaier
Hochschule für Technik Stuttgart
Stuttgart, Deutschland

ISBN 978-3-658-39833-0
ISBN 978-3-658-39834-7 (eBook)
https://doi.org/10.1007/978-3-658-39834-7

Die Deutsche Nationalbibliothek verzeichnet diese Publikation in der Deutschen Nationalbibliografie; detaillierte bibliografische Daten sind im Internet über http://dnb.d-nb.de abrufbar.

Springer Vieweg

Springer Vieweg ist ein Imprint der eingetragenen Gesellschaft Springer Fachmedien Wiesbaden GmbH und ist ein Teil von Springer Nature.
Die Anschrift der Gesellschaft ist: Abraham-Lincoln-Str. 46, 65189 Wiesbaden, Germany

Vorwort

Das vorliegende Buch war ursprünglich aus der Vorlesung und dem Umdruck „Geotechnik“ (Bodenmechanik, Erdbau, Grundbau) im Rahmen der Lehrtätigkeit von Prof. Schmidt an der damaligen Fachhochschule Stuttgart – Hochschule für Technik entstanden, es wurde von ihm bis zur 3. Auflage verfasst und weiterentwickelt.

Mit der 4. Auflage haben wir gemeinsam als Fachkollegen der Hochschule für Technik Stuttgart das Buch umfassend überarbeitet und ergänzt. Die Veröffentlichung fiel zeitlich zusammen mit der Einführung der europäischen Normen (Eurocodes: EC) im Bauwesen und besonders in der Geotechnik. Neben fachlichen Aspekten spielten dabei didaktische Gründe herein, um nicht zuletzt auch den Anforderungen von vertiefenden Master-Studiengängen zu entsprechen.

Das Stoffgebiet wurde neben dem wissenschaftlichen Hintergrund der Autoren mit unterschiedlichen Schwerpunkten stark von deren Beratungstätigkeit auf dem Gebiet der Geotechnik und der damit einhergehenden Zusammenarbeit mit Ingenieurgeologen, Architekten, Tragwerksplanern, Bauunternehmern und Fachbehörden des Hoch- und Tiefbaus geprägt. Mit der 5. Auflage wurden weitere Neuerungen v. a. in den Regelwerken eingearbeitet.

Der Erstautor, unser geschätzter Kollege Hans-Henning Schmidt, ist in der Zwischenzeit leider verstorben. Mit der vorliegenden 6. Auflage soll das Buch auch in seinem Sinne weiterentwickelt und aktualisiert werden. Zum einen waren wiederum neue Normen und Empfehlungen zu berücksichtigen, zum andern haben wir Schwerpunkte neu gesetzt und Inhalte neu strukturiert.

Das Buch soll Studierenden beim Erlernen und Erarbeiten der interessanten wie auch komplexen Materie helfen sowie die praktizierenden Bauingenieure, Geologen und Architekten bei ihrer täglichen Arbeit unterstützen und dazu beitragen, standsichere, gebrauchstaugliche und dauerhafte Bauwerke wirtschaftlich planen, bauen und unterhalten zu können. Für Spezialprobleme und ein tieferes Verständnis wird auf das Grundbautaschenbuch und auf einschlägige Fachzeitschriften verwiesen.

Ausgangspunkt der ersten Auflage und Vorbild für die inhaltliche Gestaltung waren die Studienunterlagen „Bodenmechanik und Grundbau“ von em. o. Prof. Dr.-Ing. habil. Dr.-Ing. E. h. Ulrich Smoltczyk, Universität Stuttgart. Für die freundliche Genehmigung der Verwendung von Teilen des Umdrucks danken wir ihm herzlich.

Unser Dank geht dieses Mal auch an den Kollegen Prof. Dr.-Ing. Ingomar Belz für die wertvollen Hinweise zu Kap. 23.

Dem Verlag – sowohl dem Lektorat von Springer Fachmedien sowie der Produktion von le-tex publishing services – danken wir für die gute Zusammenarbeit und die hilfreichen Anregungen.

Für Vorschläge und Ideen zur weiteren Entwicklung des Buches sind wir allen Lesern dankbar.

Stuttgart
Oktober 2022

Roland Buchmaier
Carola Vogt-Breyer

Inhaltsverzeichnis

1 Allgemeines

Zusammenfassung

Es wird eine kurze Übersicht über das Fachgebiet der Geotechnik mit seinen Teildisziplinen Boden- und Felsmechanik sowie Erd- und Grundbau gegeben. Da das Bauen in der Öffentlichkeit geschieht, sind Gesetze und Vorschriften, z. B. das Bürgerliche Gesetzbuch (BGB) und anerkannte Regeln der Technik von Bauherren, Planern und Bauunternehmern zu beachten. Tritt beim Bauen oder durch Bauwerke eine Gefährdung von Leib und Leben von Menschen ein, werden sogar strafrechtliche Gesetze relevant. Des Weiteren wird auf die Definition von „Anerkannten Regeln der Technik" und damit zusammenhängende rechtliche Gesichtspunkte eingegangen. Eine ausführliche Darstellung der Technischen Regeln für Sicherheitsnachweise im Erd- und Grundbau erfolgt in Kap. 8.

1.1 Aufgabengebiet der Geotechnik

Die Geotechnik ist ein Aufgabengebiet des Bauingenieurwesens, das Boden und Fels als Baugrund und Baustoff zum Gegenstand hat, d. h. die Voraussetzungen für seine bautechnische Nutzung untersucht. Ziel der Geotechnik ist es, zusammen mit dem Bauherrn, den Entwurfsverfassern (Architekten, Tragwerksplaner), der Bauaufsichtsbehörde und den Bauunternehmern wirtschaftliche, standsichere und gebrauchstaugliche und umweltverträgliche Bauwerke zu planen, zu bauen und zu unterhalten.

Zum Fachgebiet gehören demnach:

- Boden- und Felsmechanik: Wissenschaft mit den Zielen
  - Baugrund zu erkunden,
  - Boden und Fels (Locker- und Festgestein) zu beschreiben und zu klassifizieren,

H.-H. Schmidt, R.F. Buchmaier, C. Vogt-Breyer, *Grundlagen der Geotechnik*,
https://doi.org/10.1007/978-3-658-39834-7_1

  - das Festigkeits- und Verformungsverhalten von Boden und Fels durch Versuche zu bestimmen und mit diesen Erkenntnissen,
  - den Spannungs- und Verformungszustand im Einflussbereich von Bauwerken, gegebenenfalls unter Berücksichtigung des Grundwassers, zu quantifizieren.
- Erd- und Grundbau: Wissenschaft und Tätigkeitsfeld mit den Aufgaben, Bauwerke in Interaktion mit dem Baugrund (Gründungen, Stützkonstruktionen und Erdbauwerke) mit Hilfe geotechnischer Rechen- oder Nachweisverfahren zu entwerfen und ggfs. unter Einsatz spezieller Verfahren auszuführen.
- Ingenieurgeologie: Wissenschaft zur Anwendung geologischer Erkenntnisse bei Bauaufgaben.
- Fels- und Tunnelbau: Hier gilt im Wesentlichen das zuvor für Erd- und Grundbau Genannte, wobei Festgestein maßgeblich die Verfahren beeinflusst. Der Tunnelbau wurde historisch gesehen sehr stark durch den Bergbau geprägt. Neben der Ingenieurgeologie spielt in diesem Teilgebiet die Wechselwirkung mit der Maschinentechnik eine maßgebliche Rolle.

► **Anmerkung** Auf Grund der topografischen und geologischen Verhältnisse in der Region Stuttgart haben die Ingenieurgeologie und der Tunnelbau traditionell einen hohen Stellenwert in der Bauingenieurausbildung an der Hochschule für Technik und werden in eigenen Lehrveranstaltungen behandelt.

Beratende Ingenieure bzw. Ingenieure und Geologen in Behörden befassen sich mit der Geotechnik auf dem Gebiet der Planung, Berechnung und Prüftätigkeit. Die öffentlichen Einrichtungen sind die Institute der Hochschulen, der Materialprüfungsanstalten, der Bundesanstalten für Wasserbau, für Straßenwesen und der Geologischen Landesämter.

Gemäß *Muster-Verordnung über die Anerkennung für Sachverständige für Erd- und Grundbau* nach dem Bauordnungsrecht von 1997 (*M-SEGVO*) wird von der Bundesingenieurkammer eine Liste der anerkannten Sachverständigen für Erd- und Grundbau geführt. Diese Sachverständigen haben den Nachweis erbracht und sind anerkannt, die Bauaufsichtsbehörden, die Prüfämter für Baustatik und die Prüfingenieure für Baustatik bei der Prüfung von Bauvorlagen auf dem Gebiet der Bodenmechanik und des Grundbaus beraten zu können. Eine Einschaltung eines anerkannten Sachverständigen ist insbesondere dann geboten, wenn die prüfende Stelle zur Beurteilung der Standsicherheit nicht die erforderliche Sachkunde besitzt oder wenn hinsichtlich der verwendeten Annahmen oder der Berechnungen zugrunde gelegten bodenmechanischen Kennwerte Zweifel bestehen.

Laut *Landesbauordnung für Baden-Württemberg (LBO)*, § 43 (2) bzw. § 45 (2) hat der Entwurfsverfasser bzw. der Bauleiter den Bauherrn zu veranlassen, geeignete Fachplaner bzw. geeignete Fachbauleiter zu bestellen, wenn er nicht die erforderliche Sachkunde und Erfahrung selbst besitzt. Nach § 47 (2) können auch Baurechtsbehörden zur Erfüllung ihrer Aufgaben Sachverständige heranziehen.

Somit hat der Entwurfsverfasser den Bauherrn rechtzeitig auf die Notwendigkeit einer geotechnischen Untersuchung und Erstellung eines Geotechnischen Berichts gemäß

DIN 4020 durch einen Fachplaner hinzuweisen. Der Geotechnische Bericht ist Teil des Geotechnischen Entwurfsberichts gemäß *DIN EN 1997-1*

Nach *DIN 4020, A 1.5.3.24*, ist der Sachverständige für Geotechnik der Sonderfachmann oder Fachplaner mit Sachkunde und Erfahrung auf dem Gebiet der Geotechnik.

Wiederum durch Körperschaften des öffentlichen Rechts, z. B. durch die Industrie- und Handelskammern, werden öffentlich bestellte und vereidigte Sachverständige für spezielle Fachgebiete, z. B. für die Geotechnik, ernannt. Diese Sachverständigen werden insbesondere bei Gerichtsverfahren eingeschaltet.

Der Sachverständige für Geotechnik als fachkundiger und erfahrener Experte hat die erforderlichen Aufschlüsse zu planen, die fachgerechte Ausführung der Untersuchungen zu überwachen, die aus dem Aufschluss und Untersuchungsbefund sich ergebenden Folgerungen für die Planung und Konstruktion zu ziehen und die Wechselwirkung zwischen den angetroffenen Baugrundverhältnissen einerseits und der Planung und Ausführung andererseits dem Planer und den Sachverständigen benachbarter Fachdisziplinen darzulegen. Er hat den Geotechnischen Bericht zu erstellen, s. Abschn. 2.5.

Auf Seite der Baufirmen werden ebenfalls geotechnisch ausgebildete Ingenieure gebraucht, da jedes Einfamilienhaus eine Gründung und ggf. eine Dränanlage zur Trockenhaltung des Untergeschosses benötigt. Für größere Grund- und Erdbauwerke, wie z. B. Baugrubenverbauten, Pfahlgründungen, Verkehrs- oder Staudämme, sind in erster Linie Grundbauingenieure für Planungs- und Ausführungsaufgaben in Ingenieurunternehmen, Fachbehörden bzw. Spezialtiefbaufirmen oder in Erdbauunternehmen tätig. Die Entsorgung von Böden, die Erkundung und Sanierung von Altlasten sowie der Deponiebau gehören heute ebenfalls zum Aufgabengebiet der Geotechnik, werden jedoch in diesem Buch nicht behandelt.

1.2 Regelwerk

Baurechtliche Regelwerke der staatlichen Bauaufsicht dienen dem öffentlichen Interesse nach Sicherheit und Ordnung. Bauliche Anlagen im Sinne von § 1 der *Musterbauordnung der Bundesrepublik Deutschland* (MBO) sind so anzuordnen und zur errichten, dass die öffentliche Sicherheit oder Ordnung, insbesondere Leben, Gesundheit oder die natürlichen Lebensgrundlagen nicht gefährdet werden. Bauprodukte dürfen nur verwendet werden, wenn bei ihrer Verwendung die baulichen Anlagen bei ordnungsgemäßer Instandhaltung während einer dem Zweck entsprechenden angemessenen Zeitdauer die Anforderung dieses Gesetzes erfüllen und gebrauchstauglich sind.

Technische Baubestimmungen, die zur Erfüllung der Anforderungen der Bauordnungen an bauliche Anlagen, Bauprodukte oder andere Anlagen und Einrichtungen unerlässlich sind, haben Eingang in die *Muster-Verwaltungsvorschrift Technische Baubestimmungen* (MVV TB) des Deutschen Instituts für Bautechnik (DIBt) gefunden. Für eine unmittelbare Geltung in dem jeweiligen Land ist die öffentliche Bekanntmachung der Verwaltungsvorschrift erforderlich.

Durch die Länder eingeführte Technische Baubestimmungen, haben die Aufgabe zu präzisieren, wie technisch zu verfahren ist, um zu verhindern, dass bauliche Anlagen die öffentliche Sicherheit oder Ordnung, insbesondere Leben, Gesundheit oder die natürlichen Lebensgrundlagen gefährden.

Die auf dem Gebiet der Geotechnik relevanten Normen sowie die Regelwerke und Merkblätter für den Erd- und Straßenbau sind, soweit im Text darauf Bezug genommen wird, jeweils am Ende eines Kapitels aufgeführt. Im Anhang sind darüber hinaus allgemeine Hinweise zur Verfügbarkeit und zum Auffinden der Dokumente genannt.

„Anerkannte Regeln der Technik“ Bei Entwurf und Ausführung einer geotechnischen Baumaßnahme sind grundsätzlich die einschlägigen „Anerkannten Regeln der Bautechnik“ zu beachten. Die Formulierung des Begriffs geht ursprünglich auf ein Reichsgerichtsurteil zurück und sie ist durch mehrere nachfolgende Gerichtsurteile als juristischer Begriff klar gefasst worden.

Eine anerkannte Regel der Bautechnik ist eine Regel, die

- eine richtige Lösung für die Planung und Ausführung einer bautechnischen Aufgabe beschreibt,
- dem jeweiligen neuesten Entwicklungsstand der Bautechnik entspricht und vor allem
- allgemein als richtig anerkannt wird.

Dies bedeutet, die Regel muss

- theoretisch richtig, d. h. von der Bauwissenschaft überprüft und anerkannt sein und darüber hinaus
- sich in der Baupraxis bewährt haben.

Daraus folgt: die bloße Anwendung einer bestimmten Ausführungsart ohne gesicherte wissenschaftliche Begründung genügt ebenso wenig wie ihre wissenschaftliche Anerkennung ohne Bewährung in der Praxis.

Der Begriff der Anerkannten Regel der Technik findet sich zum Beispiel bei der Definition einer mangelhaften Leistung in der *VOB, Teil B, § 13* wieder, und es ist indirekt auch in *§ 633 BGB* darauf Bezug genommen.

Anerkannte bautechnische Regeln können sein:

a) die im oben beschriebenen Sinne verbindlich bauaufsichtlich eingeführten Regelwerke;
b) ungeschriebene Regeln aus der Erfahrung des Bauschaffens, soweit sie in der Baupraxis allgemein bekannt sind und angewendet werden,
c) Unfallverhütungsvorschriften der Träger der gesetzlichen Unfallversicherung,

d) technische Vorschriften von Behörden, wie des Bundesverkehrsministeriums und
e) technische Richtlinien sachverständiger privater Gremien, wie z. B. des Deutschen Normenausschusses, der Deutschen Gesellschaft für Geotechnik e. V., der Hafenbautechnischen Gesellschaft oder dem Europäischen Komitee für Normung (CEN). Beispiele sind weitere deutsche und europäische Normen sowie Empfehlungen.

Privatrechtliche Regeln nach e) können durch ministeriellen Ländererlass aufgrund der *Musterbauordnung (MBO)* öffentlich eingeführt (Einführungserlass) und damit zu öffentlich rechtlichen Regeln nach a) gemacht werden.

Viele technische Sachverhalte, wie zum Beispiel die erlaubte Höhe, bis zu der ein Stützbauwerk ohne rechnerischen Standsicherheitsnachweis hergestellt werden darf, sind auch in den Landesbauordnungen der einzelnen Bundesländer der Bundesrepublik Deutschland geregelt.

1.2.1 Verbindlichkeit von Baunormen

Baunormen sind keine Gesetze. Man kann in Sonderfällen von ihnen abweichen, z. B. um neue technische Lösungen einzuführen. In solchen Fällen muss aber für jedes Bauwerk der Nachweis – z. B. durch Gutachten anerkannter Wissenschaftler – gegenüber den obersten Bauaufsichtsbehörden geführt werden, dass die vorgeschlagene Lösung ebenfalls die Sicherheits- und Gebrauchstauglichkeitsanforderungen erfüllt.

1.2.2 Bauvertragliche Regelungen

Neben technischen Regeln sind in Deutschland im Grund- und Erdbau auch vertragsrechtliche Regelungen und Gesetze zu beachten, so zum Beispiel die *Vergabe- und Vertragsordnung für Bauleistungen (VOB)*. Darin sind neben dem Teil A – DIN 1960 mit allgemeinen Bestimmungen für die Vergabe und dem Teil B mit allgemeinen Vertragsbedingungen für die Ausführung im Teil C allgemeine technische Vertragsbedingungen aufgeführt. Auf die für die Geotechnik relevanten Regelwerke des Teils C wird in den jeweiligen Kapiteln hingewiesen, die durch umfangreiche Kommentare, z. B. Englert/Katzenbach/Motzke (2021), ergänzt werden.

Für Beratungsleistungen von Fachingenieuren der Geotechnik sind außerdem die *Verdingungsordnung für freiberufliche Leistung (VOF)* sowie die *Verordnung über die Honorare für Architekten- und Ingenieurleistungen (HOAI)*, hier insbesondere Teil XII: Leistungen und Honorare für Bodenmechanik, Erd- und Grundbau, von Bedeutung.

Hinsichtlich rechtlicher Fragen der Geotechnik und des Tiefbaus wird auf Englert et al. (2016) verwiesen.

Literatur

Englert, K., Grauvogel, J., Maurer, M.: Handbuch des Baugrund- und Tiefbaurechts, 3. Aufl. Werner-Verlag (2016)

Englert, K., Katzenbach, R., Motzke, G.: Beck'scher VOB-Kommentar: Vergabe- und Vertragsordnung für Bauleistungen Teil C. Beuth-Verlag (2021)

Normen

DIN EN 1997-1 (Eurocode 7): Entwurf, Berechnung und Bemessung in der Geotechnik – Teil 1: Allgemeine Regeln, in Verbindung mit dem nationalen Anhang DIN EN 1997-1/NA und DIN 1054

DIN EN 1997-2 (Eurocode 7): Entwurf, Berechnung und Bemessung in der Geotechnik – Teil 2: Erkundung und Untersuchung des Baugrunds, in Verbindung mit dem nationalen Anhang DIN EN 1997-2/NA und DIN 4020

DIN 1960: VOB Vergabe- und Vertragsordnung für Bauleistungen – Teil A: Allgemeine Bestimmungen für die Vergabe von Bauleistungen

Sonstige Regelwerke

HOAI: Verordnung über die Honorare für Architekten- und Ingenieurleistungen

LBO: Landesbauordnung für Baden-Württemberg

MBO: Musterbauordnung der Bundesrepublik Deutschland

MVV TB: Muster-Verwaltungsvorschrift Technische Baubestimmungen des Deutschen Instituts für Bautechnik (DIBt)

M-SEGVO (1997) Muster-Verordnung über die Anerkennung für Sachverständige für Erd- und Grundbau nach dem Bauordnungsrecht

VOB: Vergabe- und Vertragsordnung für Bauleistungen

2 Baugrunderkundung, Geotechnischer Bericht

Zusammenfassung

Zunächst werden die Entstehungen der Fest- und Lockergesteine erklärt sowie die Begriffe Boden, Fels und Grundwasser definiert. Die Pflicht zur Baugrunderkundung ist ein wichtiges Thema. Daher werden Erkundungsmethoden und insbesondere Aufschlussverfahren ausführlich beschrieben und der Erkundungsumfang gemäß den Technischen Regeln erläutert. Dazu sind Beispiele von Erkundungen mit aufgenommen. Die Grundwassererkundung und -beobachtung wird gesondert beschrieben, auf Labor- und Feldversuche wird verwiesen. Die Ergebnisse der Baugrund- und Grundwasseruntersuchung sind schließlich in einem Geotechnischen Bericht gemäß DIN 4020 darzulegen, der zum Geotechnischen Untersuchungsbericht und zum Geotechnischen Entwurfsbericht der DIN EN 1997-2 abzugrenzen ist. In Abschn. 2.6 sind typische Kennwerte von Böden und Fels für erdstatische sowie geohydraulische Berechnungen aufgeführt.

2.1 Begriffe und Definitionen

Boden und Fels sind in der Regel durch geologische Vorgänge entstandene Stoffe. Festgesteine, die zum Beispiel durch Magma oder Sedimentation und Verfestigung entstanden sind, unterliegen einer chemischen und physikalischen Verwitterung. Durch Lösung, Erosion und Abtrag werden sie transportiert und als Boden (Lockergestein) abgelagert, s. Abb. 2.1. Durch Auflast und chemische Prozesse können wieder Festgesteine entstehen. Ein erneuter Kreislauf kann sich anschließen.

Diese natürlichen Materialien (geogen) haben oft sehr komplexe Zusammensetzungen und Eigenschaften. Sie liegen unter der Erdoberfläche und sind so einer unmittelbaren Erkundung und Bewertung größtenteils nicht zugänglich. Zunehmend sind Boden und

H.-H. Schmidt, R.F. Buchmaier, C. Vogt-Breyer, *Grundlagen der Geotechnik*,
https://doi.org/10.1007/978-3-658-39834-7_2

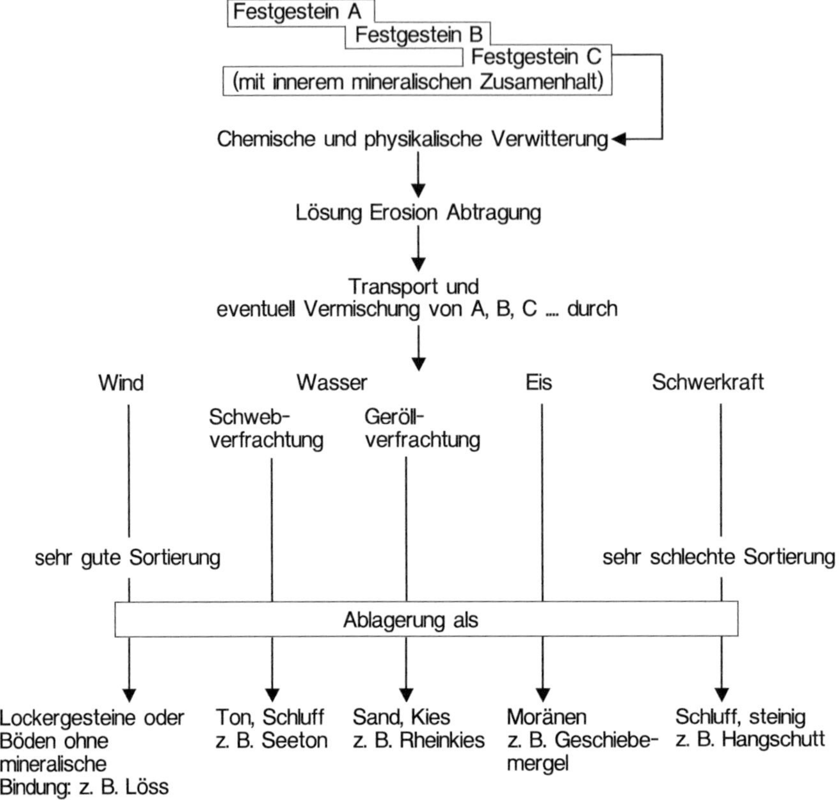

Abb. 2.1 Verwitterung und Verfrachtung als Teil des Kreislaufs der Gesteine

Grundwasser durch menschliche (antropogene) Eingriffe belastet. Es ist heute notwendig, diese sogenannten „Altlasten" zu erkunden und zu beseitigen.

Begriffe

- **Boden:** Verwitterungsschicht, in der die Festigkeitseigenschaften nicht durch mineralische Bindung der Bestandteile bestimmt werden. Der Boden wird auch als Lockergestein bezeichnet.
- **Fels:** Gestein des äußeren Teils der Erdkruste, in dem die Festigkeitseigenschaften durch mineralische Bindung der Teilchen sowie durch ein System von Trennflächen bestimmt werden. Fels wird auch als Festgestein bezeichnet.
- **Baugrund:** Bereich des Untergrunds (natürlicher Boden und Fels oder künstliche Auffüllung), in dem Bauwerke gegründet oder der durch Baumaßnahmen beeinflusst wird und der vor Beginn der Baumaßnahme vor Ort vorhanden ist.
- **Grundwasser:** das im Untergrund frei bewegliche, der Schwerkraft unterliegende, den Poren- oder Hohlraum (z. B. Klüfte) füllende Wasser. Es wird durch versickernde Nie-

derschläge gespeist und fließt aufgrund natürlich vorhandener Gradienten Vorflutern (Bächen, Flüssen und Seen) zu.

- **Geotechnische Untersuchung**: die zur bautechnischen Beschreibung und Beurteilung von Boden und Fels notwendigen (ingenieur-)geologischen, hydrogeologischen, geophysikalischen, bodenmechanischen, felsmechanischen, umwelttechnischen und chemischen Untersuchungen.
- **Erkundung**: das Beschaffen von Informationen über den Baugrund, z. B. aus Unterlagen, Karten, Ortsbegehungen, Aufschlüssen.
- **Aufschlüsse**: Mittel und Maßnahmen zur Feststellung von Art, Aufbau und Verbreitung des anstehenden Bodens und Fels sowie der Grundwasserverhältnisse.

2.2 Pflicht zur Baugrunderkundung und Baugrundrisiko

Folgende Regel- und Vertragswerke weisen auf die Pflicht der Baugrunderkundung hin.

DIN EN 1997-1: EC 7, **Abs. 3.1 Geotechnische Unterlagen** (Zitat):

(1) P: Eine sorgfältige Zusammenstellung, Dokumentation und Auswertung der geotechnischen Befunde muss stets vorgenommen werden. Sie soll die Geologie, Geomorphologie, Seismologie, Hydrologie und die Geschichte des Baugrundstücks enthalten. Hinweise auf die Veränderlichkeit des Baugrundes müssen berücksichtigt werden.

(2) P: Baugrunduntersuchungen müssen so geplant werden, dass die Herstellung und die Anforderungen an das geplante Tragwerk berücksichtigt werden. Der Umfang der Baugrunduntersuchungen muss regelmäßig überprüft werden, wenn sich neue Erkenntnisse während der Bauausführung ergeben.

(3) P: Die üblichen Felduntersuchungen und Laborversuche müssen in der Regel in Übereinstimmung mit international anerkannten Normen und Empfehlungen durchgeführt und dokumentiert werden. Abweichungen von diesen Normen und zusätzliche Versuchsanforderungen müssen aufgeführt werden.

(4) Anforderungen an Feld- und Laboruntersuchungen sollten *DIN EN 1997-2* entnommen werden.

► **Anmerkung** Je nach Charakter der einzelnen Regel unterscheiden *DIN EN 1997-1* und *DIN EN 1997-2* zwischen Grundsätzen (P) und Anwendungsregeln. P bedeutet hier Grundsatz (P = Principle). Grundsätze umfassen:

- allgemeine Feststellungen und Begriffsbestimmungen, zu denen es keine Alternative gibt;
- Anforderungen und Berechnungsmodelle, bei denen ohne ausdrückliche Zulassung keine Abweichung zulässig ist.

Die Anwendungsregeln sind Beispiele allgemein anerkannter Regeln, die den Grundsätzen und den Anforderungen entsprechen.

DIN EN 1997-1 beinhaltet einen Nationalen Anhang (*DIN EN 1997-1/NA*) und es gilt ergänzend *DIN 1054*. *DIN 4020* ergänzt auf nationaler Ebene die oben genannten europäischen Regelungen von *DIN EN 1997-2*. Sie ist daher ausschließlich zusammen mit *DIN EN 1997-2* und dem nationalen Anhang *DIN EN 1997-2/NA* anzuwenden.

***DIN EN 1997-2*, *DIN EN 1997-2/NA* und *DIN 4020*: Erkundung und Untersuchung des Baugrunds** geben detaillierte Anforderungen für die Planung, Ausführung und Auswertung von geotechnischen Untersuchungen und sollen sicherstellen, dass Aufbau und Eigenschaften des Baugrunds bzw. eines als Baustoff zu verwendenden Bodens oder Fels bereits für den Entwurf bekannt sind. Sie sollen damit beitragen, die Unsicherheiten bezüglich des Baugrunds zu verringern, Bauschäden vorzubeugen und eine möglichst wirtschaftliche Lösung zu erreichen. Außerdem wird auf die in den nachfolgenden Kap. 3 und 4 behandelten Eigenschaften des Bodens und die damit notwendigen Labor- und Feldversuche eingegangen.

Vergabe- und Vertragsordnung für Bauleistungen (VOB), Teil A, § 7, (1), 6.: Danach sind für die Ausführung der Leistung die wesentlichen Verhältnisse der Baustelle, z. B. Boden- und Wasserverhältnisse, so zu beschreiben, dass der Bewerber (Bauunternehmer) ihre Auswirkungen auf die bauliche Anlage und die Bauausführung hinreichend beurteilen kann.

Baugrundrisiko: Es verbleibt selbst bei sorgfältiger Erkundung ein, wenn auch geringes Risiko, das sogenannte „Baugrundrisiko", s. *DIN 4020*, Abs. 1.5.3.17. Es ist Aufgabe der geotechnischen Untersuchung, das Baugrundrisiko im Hinblick auf ein Projekt einzugrenzen. Verbleibende Risiken sollten in Hinblick auf die bautechnischen und finanziellen Folgen diskutiert und minimiert werden.

Der Begriff „Baugrundrisiko" – oder „Risiko für die Boden- und Wasserverhältnisse" – hat sich in der Rechtsprechung und Lehre herausgebildet. Dieser beinhaltet sowohl das Wagnis, dass beim Eingriff in das Gefüge der Erdoberfläche die angetroffenen Wasser- und Bodenverhältnisse nicht mit den beschriebenen übereinstimmen als auch die Gefahr, dass sich Mängel am Bauwerk zeigen, Preisänderungen und Bauzeitenverlängerungen eintreten oder das Bauvorhaben nicht aus- oder weitergeführt werden kann.

Die Rechtsprechung weist in der Regel dem Bauherrn das Baugrundrisiko zu. Das kann aus verschiedenen Abschnitten der *VOB* (z. B. Teil A, § 9 Nr. 2 und Nr. 3, Abs. 3) sowie den Bestimmungen des BGB (§ 644 und 645), nach denen der Lieferant des Baustoffs für den von ihm gelieferten Stoff das Risiko trägt, abgeleitet werden. Der Baugrund kann als vom Bauherrn bereitgestellter Baustoff gesehen werden. Ausnahmen vom Grundsatz „der Bauherr trägt das Baugrundrisiko" können durch vertragliche Vereinbarungen im Einzelfall gemacht werden. Fachjuristen des Bauvertragsrechts, s. z. B. Jebe und Vygen (1981) und Englert und Bauer (1986) warnen jedoch vor solchen Vereinbarungen, da sie die Gefahr von Rechtsstreitigkeiten erheblich vergrößern. Zudem besteht für den Bauherrn die Gefahr, dass ein Gericht der Meinung ist, die Lauterkeit des Rechtsverkehrs sei nicht mehr gewahrt, da die Überwälzung des Baugrundrisikos als unzumutbare Belastung eingestuft wird, und somit fällt dann das ursprünglich übertragene Risiko auf den Auftraggeber zurück.

Neben den juristischen Argumenten gibt es aber auch technische Gründe, weswegen von einer Überwälzung des Baugrundrisikos auf den Auftragnehmer abzuraten ist:

- Der Bauherr benötigt Daten über den Baugrund bereits in der Planungsphase, also schon weit vor der Ausschreibung.
- Wenn ein Bauwerk ausgeschrieben wird und der Auftragnehmer das Baugrundrisiko übernehmen soll, muss jeder Anbieter eine Baugrunduntersuchung vornehmen und ein Baugrundgutachten erstellen lassen. Das führt zu unnötigen Vielfachuntersuchungen.
- Das Baugrundrisiko wird von den verschiedenen Anbietern unterschiedlich eingeschätzt und der Bauherr erhält nur schwer vergleichbare Angebote.

Abweichend davon sind bei Sondervorschlägen häufig ergänzende Baugrunderkundungen erforderlich. Will z. B. der Unternehmer bei einer Brückenausschreibung im Rahmen eines Sondervorschlags einen Pfeiler zusätzlich einführen, so trägt er nach der allgemeinen Rechtsauffassung bei Erschwernissen im Rahmen der Gründung dieses Pfeilers das alleinige Risiko. Hier sollte also dem Unternehmer die Pflicht einer ergänzenden Baugrunduntersuchung für seinen Sondervorschlag auferlegt werden. Falls dies nicht geschieht, sollte der Unternehmer von sich aus diese Untersuchung vornehmen.

Die Tatsache, dass im Allgemeinen der Bauherr das Baugrundrisiko trägt, entbindet die beratenden Ingenieure für Geotechnik (Sachverständige für Geotechnik) und die anderen am Bau Beteiligten (Planer, Sonderfachleute, Bauunternehmer) nicht von ihrer Verpflichtung, den Baugrund entsprechend DIN EN 1997-2 und DIN 4020 sorgfältig zu erkunden bzw. erkunden zu lassen sowie die geplante Ausführung zu überprüfen und Bedenken schriftlich, verständlich und fachlich richtig dem Auftraggeber mitzuteilen.

Der Zeitpunkt der Erkundung sollte so früh wie möglich, am besten schon vor dem Grundstückskauf oder schon bei der Erschließung eines Baugebietes erfolgen. Die Kosten der Erkundung trägt im Allgemeinen der Bauherr, nicht der Entwurfsverfasser. Auf den Umfang der Erkundungen wird in Abschn. 2.3 eingegangen.

Durch die Interaktion von Bauwerk und Baugrund wurde von Englert et al. (2016) der Begriff des Systemrisikos für Gewerke des Erd- und Grundbaus und des Tiefbaus definiert. Danach liegt ein Systemrisiko dann vor, wenn sich nach bestmöglicher, d. h. insbesondere nach allen anerkannten Regeln der Technik ausgeführte Leistung am Gewerk selbst ein Mangel einstellt oder im Zuge der Arbeiten ein Schaden auftritt, ohne dass sich das Baugrundrisiko verwirklicht. So sind z. B. Verformungen einer Baugrubenwand und damit verbundene Schäden an unmittelbar benachbarten Gebäuden im Allgemeinen unvermeidbar. So wird z. B. in *DIN 4123* für Unterfangungen auf systembedingte Verformungen hingewiesen, die Schäden an vorhandener Bausubstanz zur Folge haben können. Weiteres zu diesem Thema findet sich bei Karstedt (2002).

Die Komplexität der Rechtauffassungen zum Baugrundrisiko bleibt auch nach zahlreichen Gerichtsurteilen weiterhin bestehen. Zum Beispiel vertritt Kohlhammer (2016) die These, dass es keine Norm gibt, die das Baugrundrisiko dem Auftraggeber zuweist. § 13 Abs. 3 *VOB/B* sei nicht einschlägig, weil er einen mangelhaften „Stoff" voraussetzt. Baugrund sei dagegen eine Gegebenheit, die lediglich eine bestimmte Erwartungshaltung nicht erfüllt. Motzke (2016) vertritt mit Bezug auf DIN 4020 die Auffassung, dass es problematisch ist, wenn die Technik nicht nur Aufgaben benennt, sondern auch zuweist. Hierbei spielen rechtliche Erwägungen eine entscheidende Rolle und es kann im Vertrag eine völlig andere Regelung getroffen werden.

2.3 Methoden der Baugrunderkundung

Die Baugrunderkundung ist das Beschaffen von Informationen über den Baugrund und das Grundwasser, z. B.

- aus vorhandenen Unterlagen (geologische, hydrogeologische Karten, Gutachten von benachbarten Bauwerken). Kartenmaterial ist bei Kartenverlagen, bei den Landesvermessungsämtern, bei den Geologischen Landesämtern und bei Ingenieurunternehmen erhältlich bzw. einsehbar oder teilweise im Internet verfügbar;
- durch Ortsbegehungen, durch Befragungen von Ämtern, z. B. nach Pegelständen benachbarter Gewässer, Besichtigung von benachbarten Bauvorhaben und Bauwerken und von in der Nähe liegenden Gewinnungsstätten von Gesteinen (z. B. Ton- und Sandgruben bzw. Steinbrüche);
- aus Baugrundaufschlüssen, s. Abb. 2.2 und Abschn. 2.3.1;
- durch Labor- und Feldversuche, s. Abschn. 2.4.

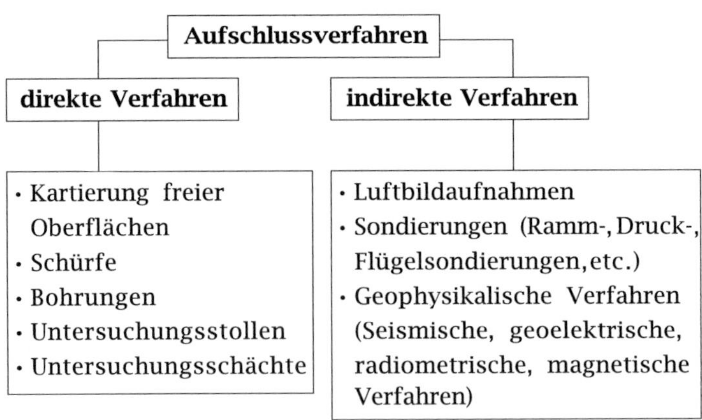

Abb. 2.2 Aufschlussverfahren

Der Aufbau und die Eigenschaften des Baugrundes und der Grundwasserverhältnisse können grundsätzlich nur stichprobenartig erkundet werden. Ziel der Erkundung ist es, ein plausibles und überprüfbares, räumliches Baugrundmodell zu erarbeiten und der Planung und Bauausführung zugrunde zu legen. Die Abb. 2.3 bis 2.6 zeigen Ausschnitte aus der Erkundung für den Umbau von Bau 3 der Hochschule für Technik Stuttgart aus den Jahren 1988 und 1989. Die Bezeichnungen in den Bohrprofilen entsprechen hier noch der *DIN 4023*, die inzwischen durch *DIN EN 14688* und *DIN EN 14689* abgelöst wurde.

Aus den Erkundungen müssen sich alle geotechnisch bedingten Einwirkungen sowie Baugrund- und Grundwassereigenschaften ableiten lassen, die für die Baumaßnahme und die davon betroffene Umgebung maßgebend sind. Richtlinien für die Erkundung sind in *DIN EN 1997-1 (Eurocode 7, Teil 1)*, *DIN EN 1997-2 (Eurocode 7, Teil 2)* sowie *DIN 1054* und *DIN 4020* gegeben.

Hier werden die allgemeinen Anforderungen sowie Art, Umfang und Verfahren der geotechnischen Untersuchungen beschrieben. Es wird unterschieden nach „Geotechnischen Kategorien: GK 1 bis 3“, s. Abschn. 8.5.

Wir unterscheiden zwischen direkten und indirekten Baugrundaufschlüssen. Direkte sind im Allgemeinen Schürfe und Bohrungen. Diese Aufschlüsse sowie die Entnahme von Proben regelt *DIN EN ISO 22475-1*. Bei direkten Aufschlüssen ist durch Besichtigung von Boden und Fels, die Feststellung

- von Folge, Mächtigkeit und räumlicher Lage der einzelnen Schichten (Homogenbereiche),
- von Art, Zusammensetzung und Zustand der einzelnen Schichten sowie
- von Wasserverhältnissen im Baugrund möglich.

Weiter können bei direkten Aufschlüssen Proben entnommen und Feldversuche durchgeführt werden.

Indirekte Aufschlüsse sind überwiegend Sondierungen und geophysikalische Verfahren, bei denen durch Korrelationen zwischen allgemeinen physikalischen Messgrößen und geomechanischen bzw. hydrogeologischen Kenngrößen Rückschlüsse auf den Baugrund und das Grundwasser möglich sind.

Zur Erkundung des Grundwassers s. Abschn. 2.3.3, 3.6 und Kap. 22. Zur Erkundung mit seismischen Verfahren, s. Abschn. 23.5.

Bei schwierigen Bauwerken und Baugrundverhältnissen sind direkte Aufschlüsse erforderlich. Dabei hängen Auswahl und Umfang der Aufschlüsse und Verfahren vom schon vorhandenen Kenntnisstand sowie der Schwierigkeit des erwarteten Baugrunds und des geplanten Bauvorhabens ab. In einer frühen Planungsphase ist ein Erkundungsprogramm aufzustellen. Dabei ist die Zusammenarbeit zwischen Ingenieurgeologen und Bauingenieuren geboten. Nach Abschluss der Erkundung sollte mit der zusammenfassenden Bewertung des erkundeten Baugrunds und Grundwassers ein Vergleich mit den Erwartungen angestellt werden. Sind große Abweichungen vorhanden, ist besondere Vorsicht geboten und es sind ggf. ergänzende Aufschlüsse angeraten.

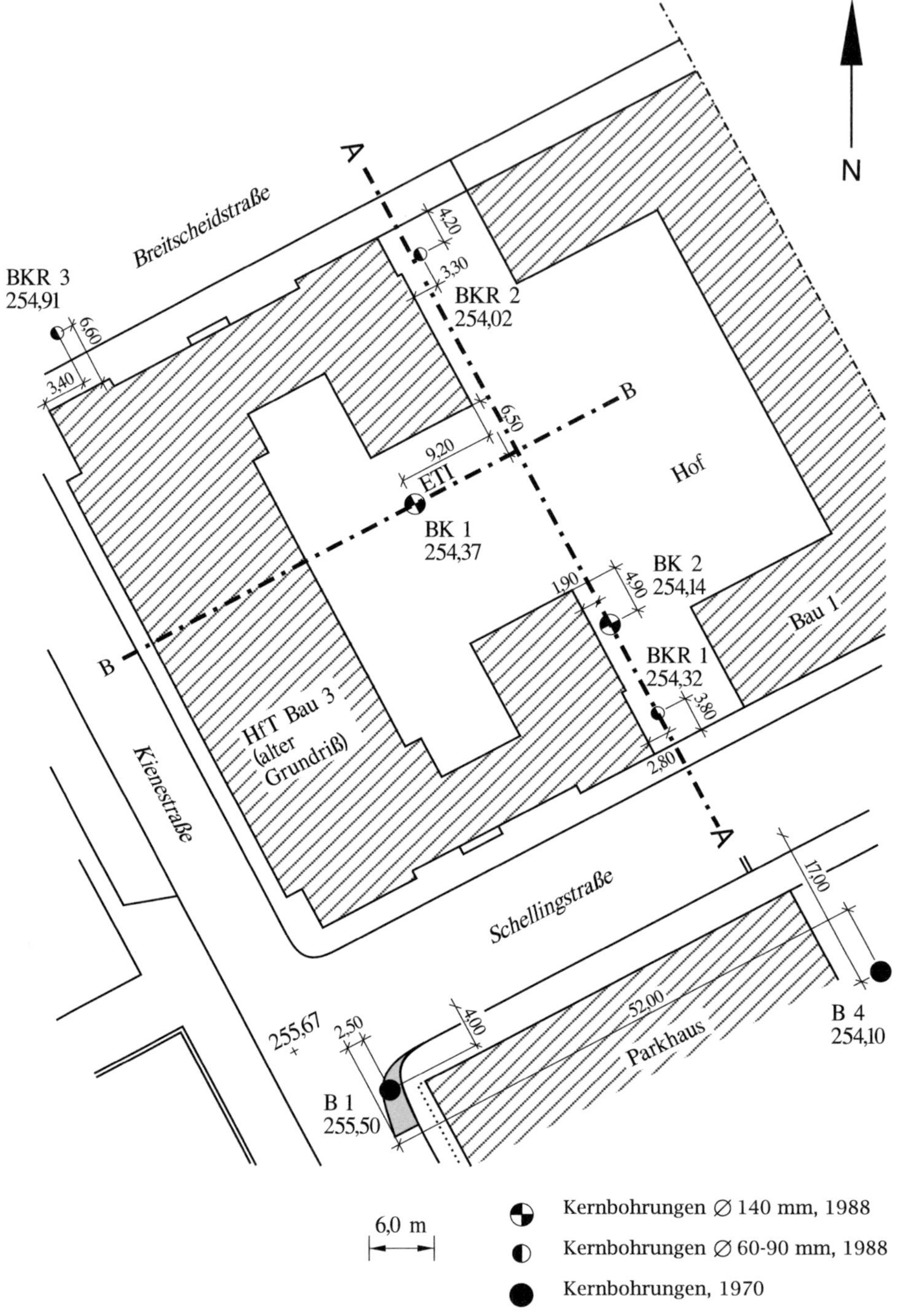

Abb. 2.3 Lageplan mit Lage und NN-Höhen der Erkundungspunkte sowie den geologischen Schnittführungen

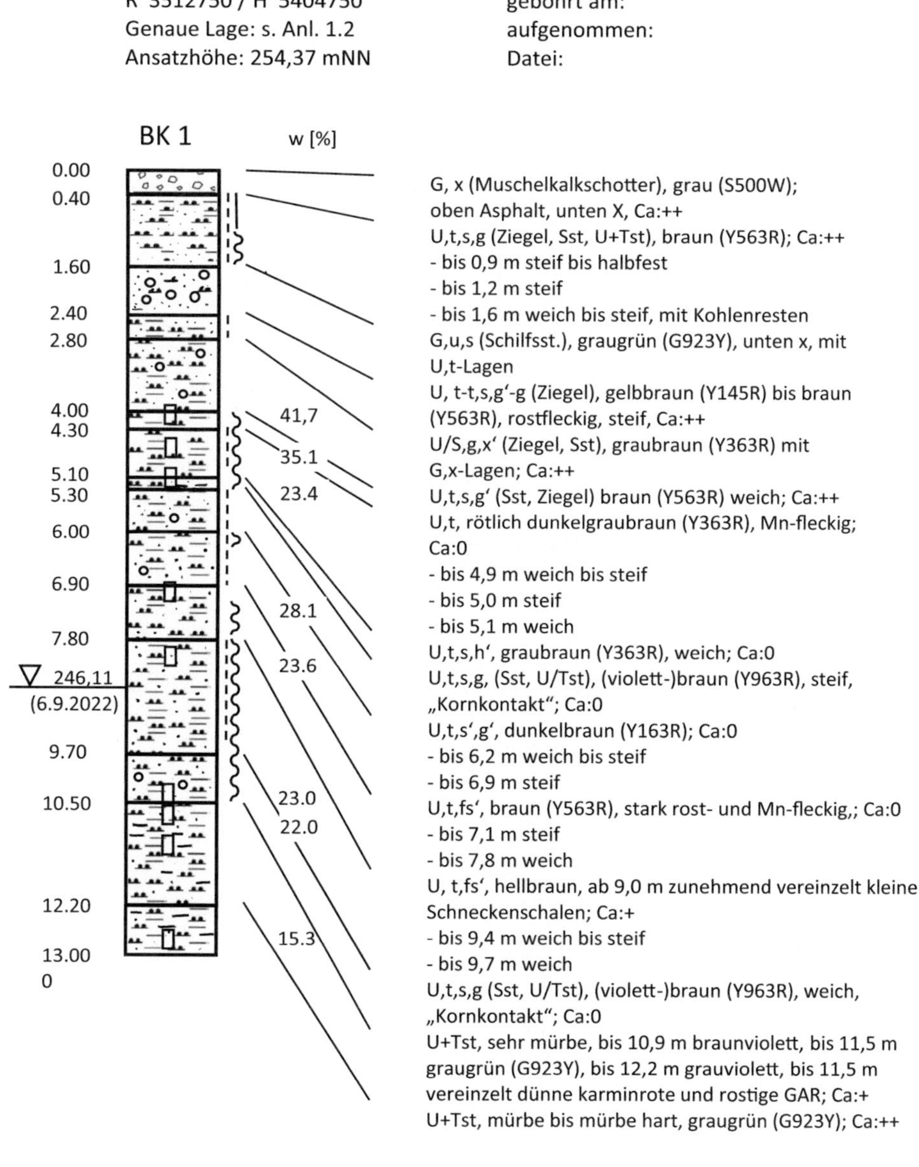

Abb. 2.4 Bohrprofil der Kernbohrung BK1, Darstellung und Bezeichnung gemäß *DIN 4023*, s. Abschn. 3.4. Anmerkung: Nebenanteile bei gemischten Bodenarten sind zeichnerisch nicht dargestellt; zu Nebenanteilen s. Abschn. 3.4. Ca: 0 bzw. + bzw. ++ bedeuten nicht kalkhaltig bzw. kalkhaltig bzw. stark kalkhaltig, w [%]: Wassergehalt der Bodenproben

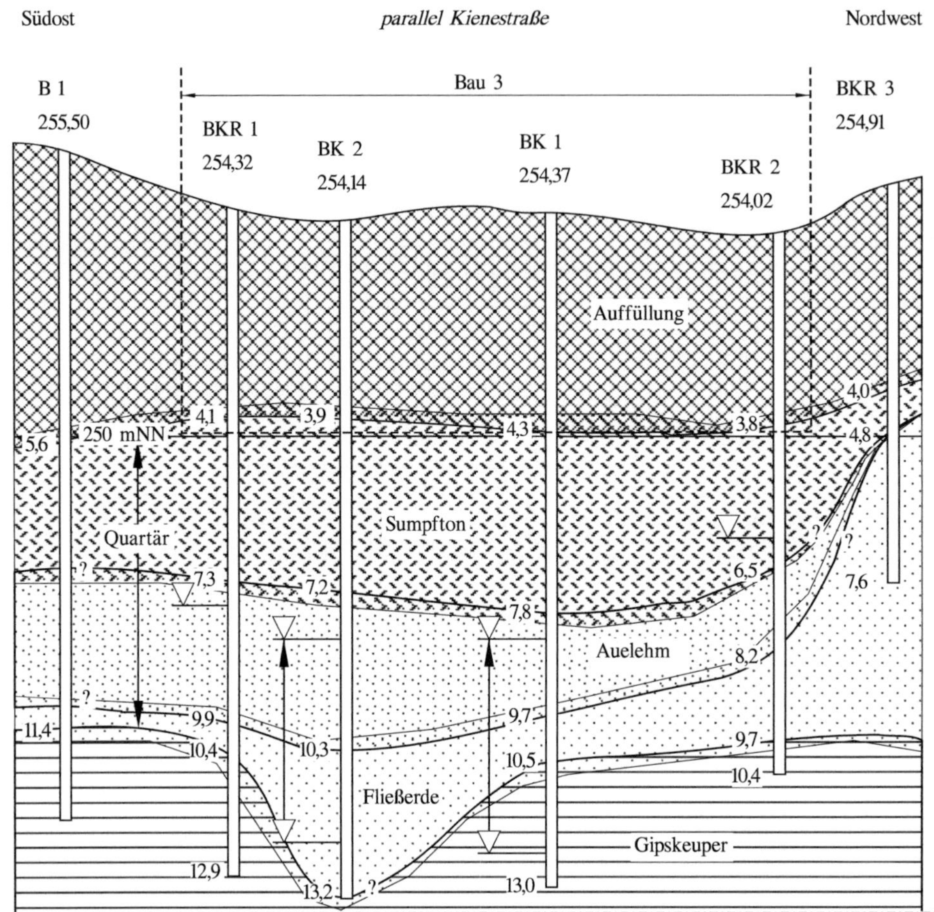

Abb. 2.5 Geologischer Geländeschnitt. Südost-Nordwest – Schnitt A. Anmerkung: Nicht auf der Schnittlinie befindliche Bohrungen wurden in die Linie, s. Grundriss Abb. 2.3, projiziert. (Darstellung 5-fach überhöht)

Erkundungen sollten bei größeren Bauvorhaben zunächst in einer Vorerkundung mit einem geringeren und in einer Hauptuntersuchung mit einem umfangreicheren Untersuchungsaufwand betrieben werden. Nach *DIN 4020*, Abs. A 2.6, A (1) ist bei Vorhaben der Geotechnischen Kategorie 3 stets zu prüfen, ob, ergänzend zu vorangegangenen Untersuchungen, Messungen im Feld durchgeführt werden sollen. Auch sind während der Bauzeit noch ergänzende Untersuchungen sinnvoll und notwendig, wie z. B. Abnahmen von Fundamentsohlen oder die Ansprache von Bohrgut bei der Herstellung von Bohrpfählen bzw. Verpressankern. Für die Beobachtung der fertigen Bauwerke und des Baugrunds sei auf Abschn. 8.5 verwiesen.

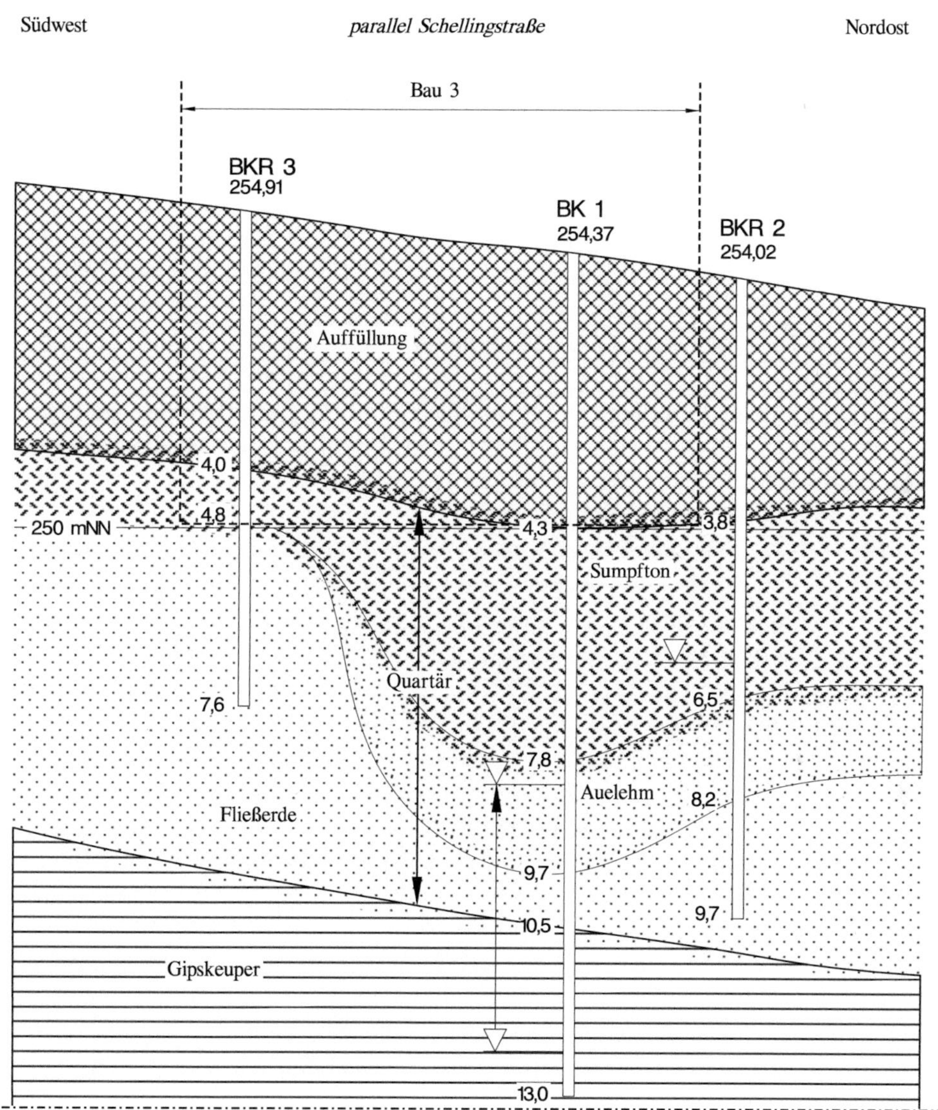

Abb. 2.6 Geologischer Geländeschnitt. Südwest-Nordost – Schnitt B Anmerkung: Nicht auf der Schnittlinie befindliche Bohrungen wurden in die Linie, s. Grundriss Abb. 2.3, projiziert. (Darstellung 5-fach überhöht)

2.3.1 Aufschlussverfahren

Die verschiedenen Aufschlussmethoden sind in Abb. 2.2 zusammengestellt. Häufig werden bei einer Erkundung verschiedene Aufschlussverfahren eingesetzt. Das Durchführen von Erkundungen mittels Schürfen, Bohrungen, Stollen und Schächten, besonders im Grundwasser, ist in der Regel bei den zuständigen Ämtern anzuzeigen. Auch muss ggf. vor Beginn des Baugrundaufschlusses die Lage von Leitungen, Kabeln und unterirdischen Bauwerken sowie eine Ortung und Beseitigung von Kampfmitteln mit den zuständigen Stellen geklärt werden.

Im Folgenden wird auf die einzelnen Methoden eingegangen.

Kartierungen freier Oberflächen Natürliche Aufschlüsse wie Talhänge mit ausstreichenden Gesteinsbänken, Wände und Sohlen von Ton- oder Sandgruben bzw. Steinbrüchen sowie von benachbarten Baugruben werden aufgemessen und kartiert.

Schürfe Schürfe sind graben- oder schachtartige Aufschlüsse zur oberflächennahen Erkundung. Ist Grundwasser zu erwarten, sind Schürfe nicht zu empfehlen, weil Wasserhaltungen aufwändig sind und die Schürfwände instabil werden. Schürfe werden z. B. bei Straßenbau- oder Erschließungsmaßnahmen ausgeführt, häufig auch um die Art der Gründung und Gründungstiefen von vorhandenen, angrenzenden Bauwerken zu erkunden. Wenn tragfähiger, fester Fels oberflächennah erwartet wird, genügen Schürfe auch für die Gründungsbeurteilung normaler Hochbauten. Schürfe werden in der Regel durch Hydraulikbagger, selten auch im Handschachtverfahren ausgehoben. Sollen sie begangen werden, müssen die Sicherheitsregeln der *DIN 4124*, s. Abschn. 1, beachtet werden. Zum Begehen und zur Entnahme von Proben ist ein treppenartiges Anlegen der Schürfe erforderlich.

Untersuchungsschächte und -stollen Bei großen Projekten, vor allem beim Tunnel-, Kavernen- und Talsperrenbau, aber auch für Erkundungen von Rutschflächen in Hängen und Böschungen sind Schächte und Stollen erforderlich. Sie werden zur ingenieurgeologischen Aufnahme und zu felsmechanischen Versuchen und Messungen benutzt. Sie können lange zugänglich bleiben.

Schächte sind tiefe, verbaute Schürfe. Die Sicherung der Schachtwände wird zimmermannsmäßig (Schachtzimmerei) bzw. in Spritzbetonbauweise, teilweise mit Sicherung durch Verpressanker oder Nägel, vorgenommen. Bei Wasserandrang sind Wasserhaltungsmaßnahmen erforderlich, s. Kap. 22.

Stollen sind horizontale Auffahrten, überwiegend zur Erkundung von Fels. Erkundungsstollen erhalten bei nicht standfestem Fels (gebrächen Gebirge) zur Sicherung einen Stahlrahmenausbau oder eine Spritzbetonschale. Zur Entwässerung durch Gräben (Röschen) werden Stollen in der Regel leicht ansteigend angelegt.

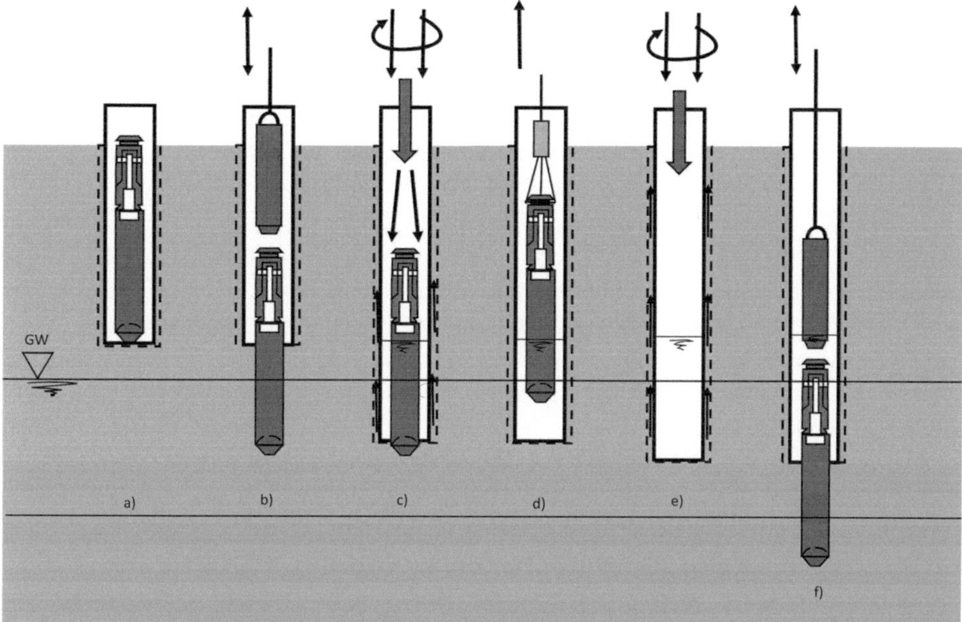

a) Positionieren des Kernrohrs
b) Einrammen des Kernrohrs mit dem Bohrhammer
c) Überbohren des Kernrohrs mit Spülhilfe
d) Einfahren des Fängers am Seil und Ziehen des Kernrohrs
e) Tieferführung der Verrohrung
f) Erneutes Einrammen des Kernrohrs unter die Bohrlochsohle

Abb. 2.7 Rammkernverfahren

Bohrungen Bohrungen sind die am häufigsten verwendeten Aufschlussverfahren.

Baugrunderkundungsbohrungen werden bis in Tiefen von bis zu 50 m, ausnahmsweise für Kavernen und Tunnelbauten auch bis zur Größenordnung von 1000 m abgeteuft, um die Baugrundbeschaffenheit und die geologische bzw. hydrogeologische Situation zu erkunden, des Weiteren um Proben zu nehmen sowie optische Sondierungen und Versuche im Bohrloch auszuführen. Bohrungen werden häufig auch zu Grundwassermessstellen ausgebaut.

Für das Niederbringen (Abteufen) von Bohrungen wird ein Bohrgerät benötigt. Früher genügte ein Dreibock mit Hand- oder Motorwinde zum Hochziehen des Bohrwerkzeuges. Heute werden Bohrgeräte mit großen Bohrleistungen eingesetzt. Der Antrieb der Bohrwerkzeuge erfolgt meist mittels Hydraulikaggregaten. Häufig befindet sich auf einem Motorfahrzeug neben dem Bohrwerkzeug auch eine Wasserpumpe für die Spülflüssigkeit und verschiedene Geräte zur Überwachung des Bohrablaufs, s. auch Abb. 2.7.

Bohrverfahren und Bohrdurchmesser richten sich nach der Gesteinsart, den Grundwasserverhältnissen, Art und Güte der verlangten Proben und nach den durchzuführenden

Versuchen, s. *DIN EN ISO 22475-1*. Danach sind Bohrungen in der Regel mit dem Bohrfortschritt zu verrohren (durch Verrohrung zu stützen). Beim Bohren im Grundwasser ist durch Wasserzugabe (Wasserüberdruck) bzw. Spülung Bodenauftrieb im Bohrloch und damit eine Störung des Bodens zu vermeiden. Nach Beendigung der Bohrungen ist die Verrohrung zu ziehen. Bohrlöcher sind danach, vor allem im Grundwasser, mit Zementsuspension, Zementmörtel oder Zement-Quellton-Suspension zu verschließen.

In *DIN EN ISO 22475-1* sind Bohrverfahren und Geräte hinsichtlich ihrer Eignung für verschiedene Arten von Böden und Fels und die zur erreichenden Güteklassen der Proben aufgeführt. Anzustreben sind Bohrverfahren mit durchgehender Gewinnung von gekernten Bohrungen (Rammkernbohrungen für Böden und Rotationskernbohrungen für Fels) mit Durchmessern von > 30 bis 250 mm. Kostengünstige Kleinbohrungen mit typischem Durchmesser zwischen 30 und 50 mm können zur Gewinnung geringer Probenmengen in Böden ausgeführt werden.

In *DIN EN 1997-2*, *3.4.1* bzw. *3.5.1* sind in Bezug auf *DIN EN ISO 22475-1* Angaben zu Kategorien von Probeentnahmeverfahren (Kategorie A bis C) und Güteklassen für Proben von Böden (Güteklasse 1 bis 5) bzw. Fels gemacht. Sie werden hauptsächlich durch das Bohrverfahren und die Entnahmegeräte, aber auch durch die Qualifikation und Sorgfalt der Bohrgeräteführer bestimmt. Die geforderte Güte richtet sich nach den bodenmechanischen Kenngrößen und Eigenschaften, die an ihnen ermittelt werden sollen. Güteklasse 1 kennzeichnet die weitgehend ungestörte Probe, an der die Feinschichtung, die Kornzusammensetzung und alle gängigen Bodenkennwerte im Labor bestimmt werden können. An Proben der Güteklasse 5 kann dagegen nur noch die Schichtfolge erkannt werden.

Bei Rotationskernbohrungen kann die Entnahme von Bodenproben im Trockenen mit Einfachkernrohren erfolgen. Meistens werden heute jedoch Doppelkernrohre eingesetzt. Dabei besteht das Kernrohr aus einem Außenrohr und einem über den Kernkopf drehbar mit dem Außenrohr verbundenen Innenrohr, das während des Bohrens nicht mitrotiert. Der Spülstrom verläuft zwischen Innen- und Außenrohr und kommt so mit dem Bohrkern nur im Bohrkronenbereich in Berührung. Somit wird der Kern geschont und es können Proben der Güteklasse 1 gewonnen werden.

Seilkernrohre sind Doppelkernrohre, bei denen zur Entnahme des Bohrkerns, nicht wie bei Doppelkernrohren, der gesamte Rohrstrang ausgebaut wird. Stattdessen wird das Innenrohr mit einer Fangvorrichtung, die an einem Stahlseil in das Gestänge eingelassen wird, aus einer Arretierung im Außenrohr gelöst und durch das Gestänge nach oben gezogen. Der Bohrstrang verbleibt in der Bohrung, was zu einer erheblichen Zeitersparnis führt.

Rammkernbohrungen führen vor allem in bindigen Böden zu guten Probengewinnen. Dabei wird zunächst mit einen Kernbohrgerät bzw. mit einer Hohlbohrschnecke vorgebohrt. Danach wird das Kernrohr mit Hilfe einer Rammmasse von 100 bis 300 kg von der Bohrlochsohle vorgetrieben, häufig danach überbohrt und dann im Bohrloch mit einer Fangvorrichtung festgelegt und herausgezogen, s. Abb. 2.7. Im äußeren Kernrohr kann ein PVC-Innenrohr (Liner) angebracht werden, das über die Probe gezogen wird. Somit ist die Probe für den Transport ins Labor geschützt.

Es können, je nach Kernrohrdurchmesser, Bodenproben mit Durchmessern von 36 bis 146 mm gewonnen werden. Als häufigste Durchmesser von Proben werden Durchmesser von 100, 101 bzw. 116 mm gewählt, da sich diese besonders für den Einbau in Laborgeräte eignen, s. Abschn. 2.4 sowie Kap. 4.

In Bohrungen können u. a. auch folgende Geräte eingesetzt bzw. Feldversuche ausgeführt werden, s. auch Fecker/Reik (1987):

- Bohrlochperiskop, Foto- bzw. Fernsehkamera, Sonic Tele-Viewer: Die Betrachtung der Bohrlochwand und Aufzeichnung auf Fotos, Film oder digitalem Datenträger dienen zur Bestimmung der Gesteinsart und zur Untersuchung von Trennflächen, s. Fecker/Lux (2001).
- Bohrlochrammsondierungen (*DIN EN ISO 22476-14*), s. Abschn. 3.8.3.2.
- Standard Penetration Tests (*DIN EN ISO 22476-3*).
- Flügelscherversuche (*EN ISO 22476-9*), s. Abschn. 4.4.4.
- Bohrlochaufweitungssonden (*EN ISO 22476-4, -5, -6, -7, und -8*): Diese Geräte bringen Drücke in radialer Richtung auf die Bohrlochwand auf und messen die Volumenänderung oder die radialen Verformungen in Abhängigkeit von den Drücken. Es werden somit Festigkeitseigenschaften bzw. Verformungsmoduln für Böden und Fels ermittelt, s. Abschn. 4.1.9 und 4.5.
- Flachdilatometer (*DIN EN ISO 22476-11*): Diese klingenförmigen Stahlsonden können unabhängig von einer Bohrung in den Untergrund eingedrückt werden. Über den Druck auf eine kreisförmige Stahlmembran sind Rückschlüsse auf Schichtenaufbau, den In-situ-Spannungszustand sowie auf Verformungseigenschaften und die Scherfestigkeit möglich.
- Geophysikalische Verfahren, s. nachfolgend.
- Versuche zur Bestimmung der Durchlässigkeit, s. Abschn. 22.6.
- Piezometermessungen zur Bestimmung des Wasserstandes, s. Abschn. 2.3.3.
- Inklinometer und Deflektometer zur Bestimmung der Bohrlochneigung und für Verschiebungsmessungen normal zur Bohrachse im Bereich von Böschungen und Hohlräumen im Untergrund.
- Extensometer zur Durchführung von Verschiebungsmessungen längs der Bohrachse.

Kleinbohrungen werden üblicherweise mit Außendurchmessern von 30 bis 50 mm, meist mit Nut- oder Schlitzgestänge, ausgeführt. Sie sind kostengünstiger, jedoch hinsichtlich der gewinnbaren Probenmenge und der erreichbaren Tiefe, besonders bei Grundwasser, nur eingeschränkt einsetzbar. Bei Kleinstbohrungen mit Durchmesser von 20 bis 30 mm sollte ein Sachverständiger für Geotechnik zugegen sein, um wegen der geringen Probenmengen Fehlinterpretationen des Baugrundaufbaus zu vermeiden.

Luftbildaufnahmen Luftaufnahmen werden für die Vorerkundung bei großräumigen Aufgabenstellungen sowie bei schlecht zugänglichen Gebieten zur Erfassung von Oberflächenbeschaffenheiten und grundsätzlichen geologischen Strukturen eingesetzt. So sind sie zur Erkundung von großflächigen Auffüllungen, verschütteten Flussläufen, Erdfällen (Dolinen), anderen geologischen Störungen, Bombentrichtern und Rutschungen nützlich. Luftbilder werden vorzugsweise durch Senkrechtfotografien bei Parallelflügen mit Überdeckungen von 60 % hergestellt. Zur Aufnahme verwendet man Luftbildmesskameras, zur Luftbildentzerrung Entzerrungsgeräte. Die Interpretation von Luftbildaufnahmen geschieht mit hochwertigen Interpretoskopen, Stereometern sowie einfacheren Spiegel- bzw. Taschenstereoskopen.

Für die indirekte Erkundung werden heute auch Infrarot- bzw. Radaraufnahmen sowie die Thermografie benutzt.

Zunehmend gewinnen Drohnen für photometrische Geländeaufnahmen sowie Infrarotauswertungen für die Baugrunderkundung an Bedeutung.

Sondierungen Die Sondierverfahren sind unter Abschn. 3.8.3 aufgeführt. Neben der indirekten Bestimmung der Dichte und Konsistenz von Böden sollten Sondierungen bei der Baugrunderkundung nur als Ergänzung der direkten Verfahren verwendet werden, wobei innerhalb des Erkundungsprogramms für einen konkreten Standort Kalibrierungen mit Hilfe der Ergebnisse aus den direkten Verfahren (meist Bohrungen) empfohlen werden.

Geophysikalische Verfahren Geophysikalische Methoden werden noch untergeordnet für die Baugrunderkundung eingesetzt, da sie häufig sehr unterschiedliche Interpretationen der Messergebnisse erlauben. Seismik und Geoelektrik haben jedoch im Bauwesen eine gewisse Bedeutung erlangt.

Bei der Geoelektrik werden spezifische Widerstände bzw. Dielektrizitätskonstanten, bei der Seismik die Ausbreitungsgeschwindigkeit von Wellen ermittelt. Zur Seismik s. Kap. 23.

Auch wird zunehmend das Georadar bei der Baugrunderkundung und bei der Ortung von im Boden befindlichen oberflächennahen Bauwerksteilen oder natürlichen Hindernissen benutzt.

2.3.2 Ziele und Umfang im Detail

Neben der Kalkulierbarkeit von Baumaßnahmen in Boden und Fels soll durch die Baugrunderkundung ein sicherer, wirtschaftlicher und umweltfreundlicher Entwurf sämtlicher mit der Geotechnik in direkter Verbindung stehender Arbeiten (Gründung, Baugrube, Feuchteschutz, Dränung, Wasserdruck, Verkehrsflächen, Wiederverwendung von Aushubmaterial usw.) erreicht werden.

Das Ziel der Baugrunduntersuchung ist gemäß *DIN EN 1997-2 (EC7-2)*, die Beschaffenheit von Boden und Fels sowie die Grundwasserverhältnisse feststellen, Eigenschaften von Boden und Fels zu bestimmen und zusätzliche wichtige Kenntnisse über den Planungsbereich zusammenzutragen.

Tab. 2.1 Abstände/Anzahl der Aufschlusspunkte

Rasterabstand	15–40 m	Bei Hoch- und Industriebauten
Rasterabstand	< 60 m	Bei großflächigen Bauwerken
Abstand	20–200 m	Bei Linienbauwerken (Verkehrswege, Leitungen, Tunnel, Deiche)
Je Fundament	2–6 St.	Bei Sonderbauwerken (Brücken, Schornsteine)
Abstand	25–75 m	Bei Staumauern, Staudämmen und Wehren

Im Einzelnen sind die Aufgaben der Baugrunduntersuchungen:

- die Erkundung der Mächtigkeit der Baugrundschichten,
- die maßgebenden Baugrundeigenschaften und die erforderlichen Kenngrößen zu beschreiben oder durch Versuche zu ermitteln,
- Erkundung der Gewinnungsmöglichkeiten.

Zur Aufgabe der Erkundung der Grundwasserverhältnisse ist folgendes festzustellen:

- Tiefenlage des Grundwasserspiegels,
- Anzahl der Grundwasserstockwerke,
- extreme Wasserstände,
- Durchlässigkeit des Baugrunds,
- chemische Zusammensetzung des Grundwassers.

Ergänzend hierzu wird in *DIN 4020* als nationale Regelung darauf hingewiesen, dass Aufschlüsse in Boden und Fels als Stichprobe zu bewerten sind. Sie lassen für zwischenliegende Bereiche nur Wahrscheinlichkeitsaussagen zu, so dass ein Baugrundrisiko verbleibt. Ein wesentliches Ziel der Baugrunderkundung ist daher die Reduktion des Baugrundrisikos, s. Abs. 2.2

Im Anhang B.3 der *DIN EN 1997-2* sind Untersuchungsabstände und -tiefen angegeben s. Tab. 2.1. Diese als Empfehlung bezeichneten Beispiele sind in Deutschland normativ. Die angegebenen Untersuchungstiefen sind keine Richtwerte, sondern Mindesttiefen.

In *DIN 4020*, A 2.2.3, sind Mindestanforderungen an den Untersuchungsumfang in Abhängigkeit der Geotechnischen Kategorie (GK), s. Abschn. 8.3.2, des Bauvorhabens aufgeführt. So sind z. B. bei Verhältnissen, die GK 2 entsprechen, direkte Aufschlüsse erforderlich.

Die Lage der Untersuchungspunkte und die Tiefe der Untersuchungen sind auf der Grundlage von Voruntersuchungen in Abhängigkeit der geologischen Verhältnisse, der Abmessungen des Bauwerks und den zu erwartenden technischen Fragestellungen und Problemen festzulegen.

Mit den Erkundungstiefen z_a müssen alle Schichten, die durch das Bauwerk beansprucht werden, erfasst werden. Bei Staudämmen, Wehren und für Baugruben im Grundwasser sowie bei Fragen der Wasserhaltung ist die Aufschlusstiefe außerdem auf die

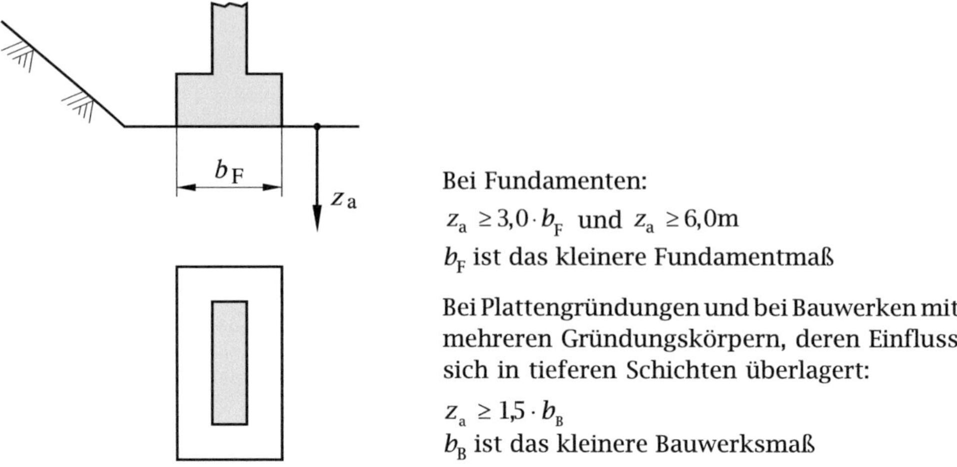

Abb. 2.8 Erkundungstiefen bei Flächengründungen von Hoch- und Ingenieurbauten (*DIN EN 1997-2, Anhang B*)

hydrogeologischen Verhältnisse abzustimmen. An Böschungen und Geländesprüngen ist die Aufschlusstiefe in Hinblick auf die Lage möglicher Gleitflächen zu wählen.

Im Regelfall sind für Hoch- und Ingenieurbauten Aufschlusstiefen unter Bauwerks- oder Bauteilunterkanten von $z_a \geq 3b_F$ bzw. $z_a \geq 6$ m erforderlich, s. Abb. 2.8. Bei Plattengründungen und bei Bauwerken mit mehreren Gründungskörpern, deren Einfluss sich in tieferen Schichten überlagert, sollte $z_a > 1{,}5b_B$ sein, wobei b_B das kleinere Maß des Bauwerksgrundrisses ist. Bei Pfahlgründungen sind die Erkundungstiefen nach Abb. 2.9 zu wählen. Bei Alternativangaben gilt für z_a jeweils der größere Wert. Für andere In-

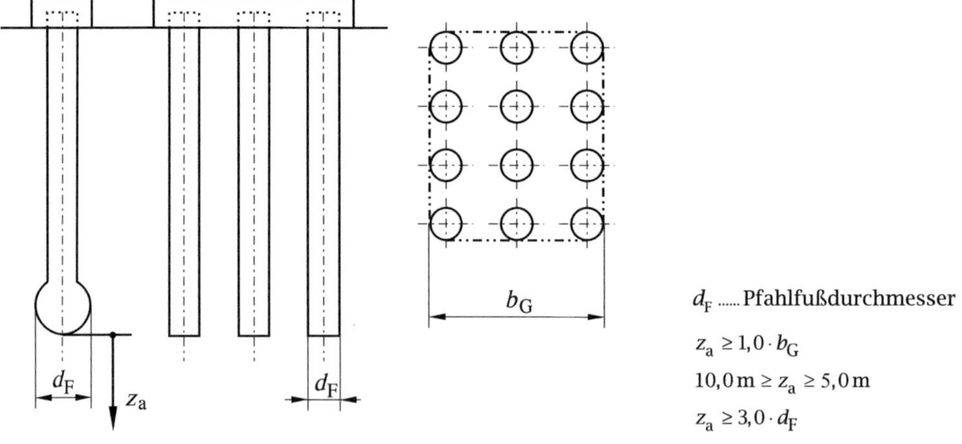

Abb. 2.9 Erkundungstiefen bei Pfahlgründungen (*DIN EN 1997-2, Anhang B*)

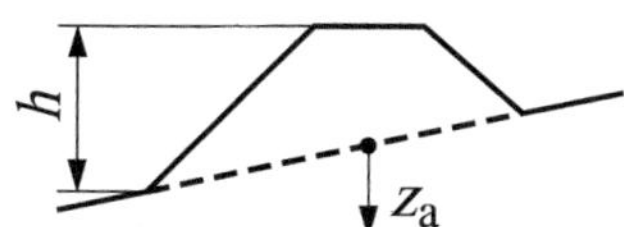

b Einschnitt

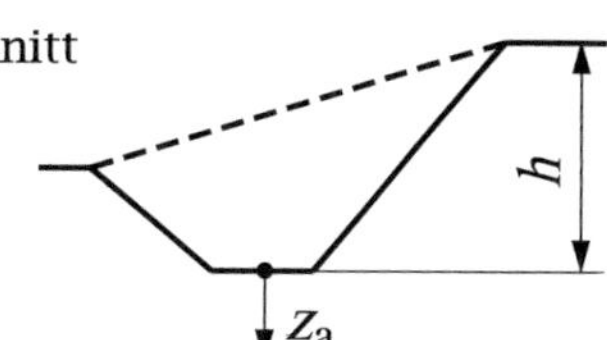

Abb. 2.10 Erdbauwerke (*DIN EN 1997-2, Anhang B*)

a

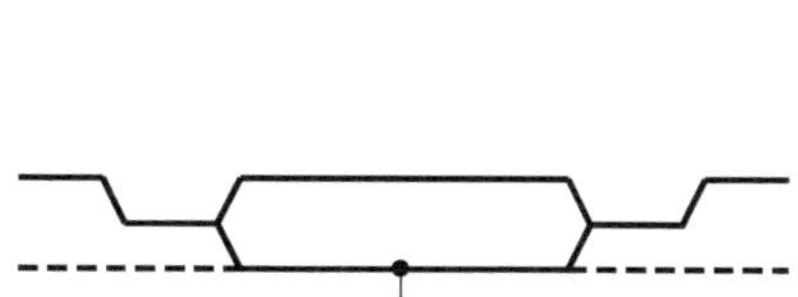

b

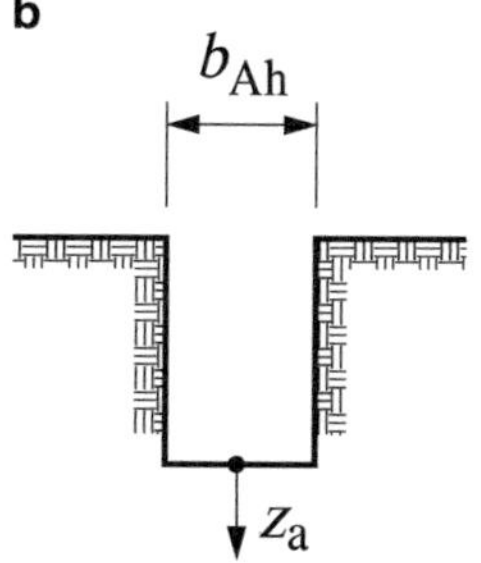

Abb. 2.11 Erdbauwerke. **a** Landverkehrsbau, **b** Graben (*DIN EN 1997-2, Anhang B*)

genieurbauwerke sind die Abb. 2.10 bis 2.14 zu beachten. Bei Bauwerken entsprechend Abb. 2.8 bis 2.10 auf tragfähigen Schichten kann die Untersuchungstiefe bis auf 2 m gemindert werden, wenn die Geologie geklärt ist, andernfalls sollte die Untersuchungstiefe wenigstens bis 5 m geführt werden. Wenn Fels in der vorgesehenen Gründungstiefe eines Bauwerks angetroffen wird, sollte dieser als Bezugsebene für z_a genommen werden. Andernfalls bezieht sich z_a auf die Oberfläche des Fels. Abweichungen von den vorgegeben Tiefen z_a sollten im geotechnischen Bericht begründet werden!

Für Erdbauwerke, s. Abb. 2.10, gelten folgende Angaben:

a) für Dämme: $0{,}8h < z_a < 1{,}2h$; $z_a \geq z(\Delta\sigma_{Damm} \leq 0{,}2\sigma_{insitu})$ und $z_a \geq 6\,\text{m}$.
b) für Einschnitte: $z_a \geq 2\,\text{m}$ und $z_a \geq 0{,}4h$.

Für Linienbauwerke, s. Abb. 2.11, gilt

a) Landverkehrswege: $z_a \geq 2\,\text{m}$ unter Aushubsohle
b) Kanäle und Leitungen: $z_a \geq 2\,\text{m}$ unter Aushubsohle, $z_a \geq 1{,}5b_{Ah}$; b_{Ah} ist die Aushubbreite

Für Hohlraumbauten, s. Abb. 2.12, gilt:

$$1{,}0 \cdot b_{Ab} < z_a < 2{,}0b_{Ab};$$

b_{Ab} ist die Ausbruchbreite.

Abb. 2.12 Hohlraumbauten (*DIN EN 1997-2, Anhang B*)

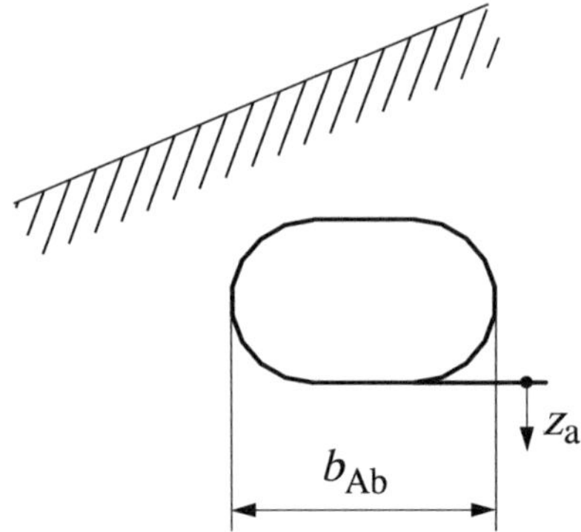

Zur Beachtung des Grundwassereinflusses sind die folgenden Angaben für Baugruben mit Grundwasseroberfläche oberhalb der Baugrubensohle maßgebend.

Für Baugruben in Abb. 2.13 sind folgende Angaben gemacht:

Bei Grundwasserdruckfläche oder Grundwasseroberfläche unter der Baugrubensohle:

$$z_a \geq 0{,}4 \cdot h \quad \text{und} \quad z_a \geq t + 2{,}0\,\text{m};$$

t ist die Einbindetiefe der Umschließung, h ist die Baugrubentiefe.

Bei Grundwasserdruckfläche oder Grundwasseroberfläche über der Baugrubensohle:

$$z_a \geq 1{,}0 \cdot h_W + 2{,}0\,\text{m} \quad \text{und} \quad z_a \geq t + 2{,}0\,\text{m}.$$

Wenn bis zu diesen Tiefen kein Grundwasserhemmer erreicht wird, gilt

$$z_a \geq t + 5{,}0\,\text{m};$$

h_W ist die Höhe der Grundwasseroberfläche über der Baugrubensohle, t ist die Einbindetiefe der Umschließung.

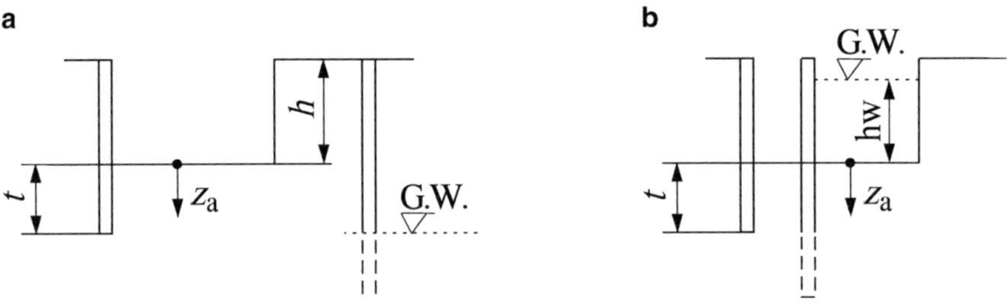

Abb. 2.13 Baugruben. **a** Grundwasserspiegel unterhalb der Baugrubensohle, **b** Grundwasserspiegel oberhalb der Baugrubensohle gemäß *DIN EN 1997-2, Anhang B*

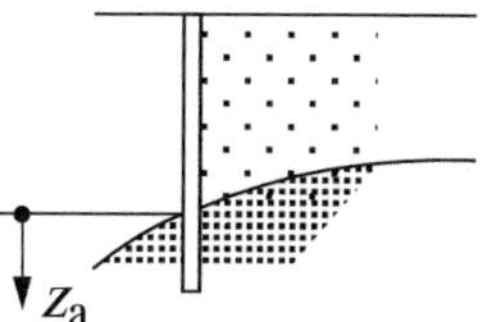

Abb. 2.14 Dichtungswand

Für Dichtungswände, s. Abb. 2.14, werden Erkundungstiefen von $z_a \geq 2{,}0$ m unter der Oberfläche des Grundwasserhemmers oder Grundwassernichtleiters genannt.

Für Staudämme, -mauern und Deiche wird auf *DIN 19700-10* bis *19700-12* und *DIN 19702* verwiesen. Dabei ist z_a nach Stauhöhe und hydrogeologischen Verhältnissen sowie nach den Konstruktionsweisen festzulegen.

2.3.3 Grundwassererkundung und -beobachtung

Neben Bodenproben werden aus Bohrungen gemäß *DIN EN ISO 22475-1* auch Wasserproben entnommen und zu Untersuchungen hinsichtlich der Aggressivität (*DIN 4030*), Expositionsklassen und Anwendungsregeln für Beton (*DIN 1045-2* und *DIN EN 206*) sowie Korrosionsgefahr für Stahl (*DIN 50929*) bzw. der Untersuchung von Schadstoffen oder Veränderungen infolge Bautätigkeit (z. B. Änderung des pH-Wertes bei Betonarbeiten im Grundwasser) in Chemische Labors transportiert.

Für eine zutreffende Angabe der freien Grundwasseroberfläche (Grundwasserspiegel) bzw. der Grundwasserdruckfläche (bei gespanntem Grundwasser) ist es in der Regel erforderlich, Baugrundaufschlussbohrungen als Grundwassermessstellen (Piezometer) auszubauen und zu beobachten, s. Abb. 2.15, oder von vornherein Grundwassermessstellen einzurichten.

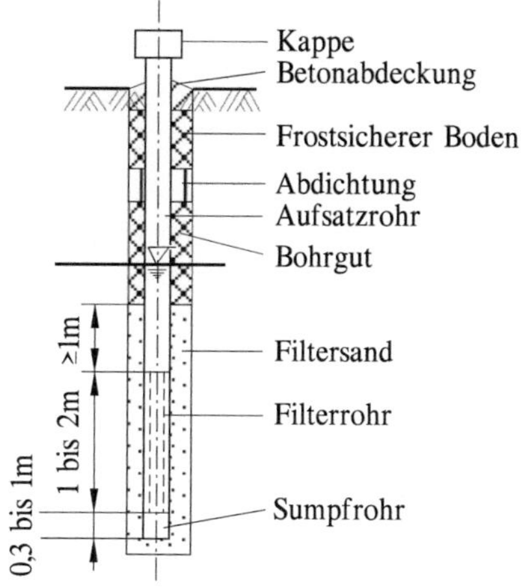

Abb. 2.15 Grundwassermessstelle bei freiem Grundwasserspiegel

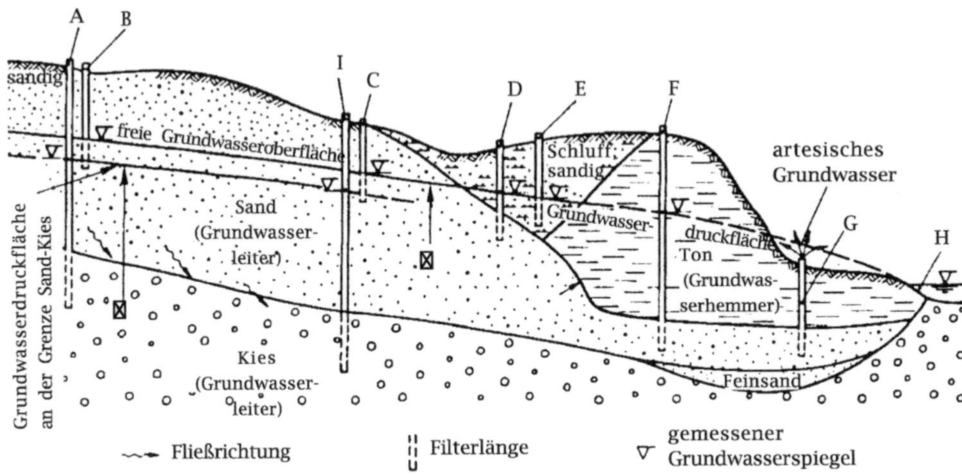

Abb. 2.16 Beispiel für das Vorkommen von Grundwasser in einem zusammenhängenden Grundwasserleiter

Verschiedene Grundwasserstockwerke müssen dabei im Bereich der Grundwasserhemmer im Bohrloch durch Abdichtungen voneinander getrennt bleiben.

Sobald in einer Baugrundaufschlussbohrung Wasser im Bohrloch angetroffen wird, ist der Bohrvorgang zu unterbrechen und der Wasserstand nach einer Bohrpause einzumessen und zu dokumentieren.

Durch Beobachtung verschiedener benachbarter Grundwassermessstellen kann ein Grundwasser-Vorkommen zusammenhängend beurteilt werden, s. Abb. 2.16.

Erläuterung zu Abb. 2.16: Kies und Sand sind Grundwasserleiter, Ton und Schluff Grundwasserhemmer. Die Grundwassermessstellen A bis G und I zeigen die freie Grundwasseroberfläche. Bei den Rohren D, F und G ist das Grundwasser gespannt: der Grundwasserspiegel entspricht hier der Grundwasserdruckfläche, die bei Rohr G über das Gelände hinaufreicht: man spricht hier von artesischem Grundwasser. Bei den Rohren A und I liegt der Grundwasserspiegel tiefer als die freie Grundwasserfläche, da die Filterstrecke in der Kiesschicht liegt, die unmittelbar zu dem Vorfluter H entwässert (Dränwirkung). Nach den unterschiedlichen Wasserständen in den Messstellen und dem somit vorhandenen Druckunterschied entwässert das gesamte Vorkommen zum Vorfluter H.

Zur Bestimmung der Durchlässigkeit können an Bodenproben Laborversuche, s. Abschn. 3.6.1, bzw. Feldversuche im Bohrloch, s. Abschn. 22.6, durchgeführt werden. Zu hydrologischen und bautechnisch relevanten Fragen des Grundwassers s. auch Abschn. 3.6.2, 15.5 und Kap. 22.

2.4 Labor- und Feldversuche

Gemäß *DIN EN ISO 22475-1, Abs. 10.1*, ist für Bohrungen ein Feldbericht mit einem vorgegebenen Kopfblatt zu erstellen. Dazu gehören weiter

- ein Bohrprotokoll,
- ein Probeentnahmeprotokoll,
- ein Schichtenverzeichnis
- ein Verfüllprotokoll sowie bei Bedarf
- Protokoll der Grundwassermessungen während des Bohrvorgangs und der Probenentnahme.

An entnommenen Proben oder in direkten Aufschlüssen wird eine „Boden- bzw. Felsansprache" vorgenommen. Die Gesteine werden visuell und manuell klassifiziert. Die Benennung und Beschreibung erfolgt nach *DIN EN ISO 14688*, s. Abschn. 3.4.1. Geologische Besonderheiten, wie zum Beispiel Störungen und das Trennflächengefüge von Fels können ebenfalls erkannt und beschrieben werden. Danach wird ggf. mit Versuchen diese Bezeichnung und Klassifikation überprüft. Außerdem werden Versuche zur Bestimmung der Bodeneigenschaften, zum Verformungsverhalten und zur Bestimmung der Festigkeit durchgeführt, s. Kap. 3 und 4.

Für Feld- und Laborversuche gilt *DIN EN 1997-2*. Diese Norm verweist oft auf detaillierte Versuchsnormen, s. Kap. 3 und 4 sowie Anhang.

Für die Bestimmung bestimmter Bodeneigenschaften mit Laborversuchen werden nach *DIN EN 1997-2, Abs. 3.4.1* bzw. *3.5.1* Boden- und Felsproben unterschiedlicher Güte benötigt. Die Güteklasse 1 setzt z. B. eine nahezu ungestörte Probenqualität voraus, s. Abschn. 2.3.1.

In großen Laboren wie auch im Feld können neben Standardversuchen auch Modellversuche in großem Maßstab in Versuchsgruben sowie mit Zentrifugen mit elektronischer Messtechnik ausgeführt werden. Mit derartigen Versuchen werden qualitativ Bruchmechanismen und Phänomene sowie das Zusammenwirken von Bauteilen, Bauwerken und dem Boden untersucht. Seit einiger Zeit werden verstärkt kamerabasierte Verfahren zur berührungslosen Verformungsmessung (engl: digital image correlation DIC) bei Zentrifugenversuchen wie auch bei Feldversuchen eingesetzt, s. Take (2015).

Neben den in Abschn. 2.3.1 beschriebenen Feldversuchen im Bohrloch sowie den in den Kap. 3 und 4 aufgeführten Feldversuchen zur Bestimmung der Dichte, der Verdichtung und der Tragfähigkeit werden im Feld oder auf der Baustelle Probeschüttungen und Probebelastungen durchgeführt, um das Tragverhalten von Bauwerksteilen oder Verformungen in situ zu erkunden, s. z. B. Abschn. 13.2.

2.5 Geotechnischer Bericht

Gemäß *DIN 4020, A 7,* ist zu Baugrunduntersuchungen einschließlich der Grundwasseruntersuchung bei allen Geotechnischen Kategorien, s. Kap. 8, ein schriftlichter Geotechnischer Bericht zu erstellen. Er beinhaltet den Geotechnischen Untersuchungsbericht gemäß *DIN EN 1997-2, Abs. 6,* in dem die Ergebnisse einer geotechnischen Untersuchung darzustellen sind. Darüber hinaus umfasst der Geotechnische Bericht (bei Geotechnischer Kategorie GK 2 und GK 3) die Bewertung der Erkundungsergebnisse, Gründungsempfehlungen sowie Folgerungen für das Bauwerk und die Ausführung. Der Geotechnische Bericht entspricht weitgehend dem bisherigen Baugrund- und Gründungsgutachten. Der Geotechnische Entwurfsbericht gemäß *DIN EN 1997-1,* Abschn. 2.8, geht in seinen Inhalten über den Geotechnischen Bericht hinaus und dokumentiert Nachweise zur Tragsicherheit und Gebrauchstauglichkeit sowie die zugehörigen Vorgaben und Berechnungsverfahren.

Ein Geotechnischer Bericht sollte folgende Teile enthalten:

- Anlass, Aufgabe, Daten der Baumaßnahme;
- Aufstellung aller verwendeten Unterlagen;
- Darlegung der Art und des Umfangs der Erkundungen;
- Baugrundmodell: Baugrundbeschreibung mit Schichtenverlauf und mit Aussagen zum Grundwasser;
- Geotechnische Baugrundbewertung: Auswertung und Bewertung der bodenmechanischen Labor- und Feldversuche, abgeleitete charakteristische Kennwerte, Grundwasserstände für maßgebliche Berechnungen;
- Bautechnische Folgerungen: Hinweise und Empfehlungen zur Gründung, zum Herstellen der Baugrube, usw.;
- Anlagen mit Versuchsprotokollen und Berechnungen.

Ausführliche Aufstellungen zu den geforderten Inhalten und deren Darstellung sind für den Geotechnischen Untersuchungsbericht in *DIN 1997-2, A 6,* für den Geotechnischen Bericht in *DIN 4020, A 7,* und für den Geotechnischen Entwurfsbericht in *DIN EN 1997-1,* Abschn. 2.8, zu finden.

2.6 Kennwerte für Boden und Fels

Kenngrößen sind physikalische Größen, wie z. B. der Elastizitätsmodul E bzw. der Reibungswinkel φ, bzw. durch Vereinbarung (Konvention) festgelegte Größen, wie z. B. die in Abschn. 3.3 beschriebenen Bodenkenngrößen des Wassergehalts w bzw. der Plastizitätszahl I_P. Ein Kennwert ist ein konkreter Zahlenwert für eine Kenngröße.

Die Versuche zur Ermittlung von Bodenkennwerten zur Klassifizierung, zur Bestimmung der Verdichtbarkeit, der Durchlässigkeit, des Verformungsverhaltens sowie der Festigkeit des Bodens sind in Kap. 3 und 4 beschrieben. Auch sind, neben Tab. 2.2, häufig

Tab. 2.2 Beispiele charakteristischer Bodenkennwerte in Anlehnung an *EAU* und *DIN 1055-2* sowie aufgrund eigener Versuche

Bodenart	Bodengruppe nach *DIN 18196*	Festigkeit bzw. Konsistenz	Wichte	Steifemodul	Effektive Scherparameter	Undränierte Scherparameter	Durchlässigkeit
			γ/γ'	E_s	φ'/c'	$c_u(\varphi_u = 0)$	k
			kN/m³	MN/m²	°/kN/m²	kN/m²	m/s
Kies	GW; GI: $6 \leq U \leq 15$	gering	16,5/9,0	50	30,0–32,5/0	–	$1 \cdot 10^{-2}$ bis $1 \cdot 10^{-4}$
		mittel	18,0/10,5	110	32,5–37,5/0	–	
		groß	19,5/12,0	–	35,0–40,0/0	–	
Kies	GU, GT	gering	17,0/9,5	40	30,0–32,5/0	–	$1 \cdot 10^{-5}$ bis $1 \cdot 10^{-6}$
		mittel	19,0/11,5	80	32,5–37,5/0	–	
		groß	21,0/13,5	120	35,0–40,0/0	–	
Sand, eng gestuft	SE: $U < 6$	gering	16,0/8,5	20	30,0–32,5/0	–	$1 \cdot 10^{-4}$ bis $2 \cdot 10^{-5}$
		mittel	17,0/9,5	30	32,5–37,5/0	–	
		groß	18,0/10,5	40	35,0–40,0/0	–	
Sand; $d < 0{,}06\,\text{mm} > 15\,\%$	SU*, ST*	gering	16,0/8,5	20	30,0–32,5/0	–	$2 \cdot 10^{-5}$ bis $5 \cdot 10^{-7}$
		mittel	17,0/9,5	45	32,5–37,5/0	–	
		groß	18,0/10,5	65	35,0–40,0/0	–	
Anorganische bindige Böden, mittelplastisch	UM	weich	16,5/8,5	–	22,5–27,5/0	5,0–20,0	$2 \cdot 10^{-6}$ bis $1 \cdot 10^{-9}$
		steif	18,0/9,5	5	22,5–27,5/5–10	20,0–50,0	
		halbfest	19,5/10,5	10	25,0–30,0/10–15	50,0–100	
Anorganische bindige Böden, mittelplastisch	TM	weich	18,5/8,5	10	17,5–25,0/5–10	5,0–20,0	$5 \cdot 10^{-8}$ bis $1 \cdot 10^{-10}$
		steif	19,5/9,5	20	17,5–25,0/10–15	20,0–50,0	
		halbfest	20,5/10,5	30	17,5–25,0/15–20	50,0–100	
Anorganische bindige Böden, stark plastisch	TA	weich	17,5/7,5	8	15,0–22,5/5–15	10,0–20,0	$1 \cdot 10^{-9}$ bis $1 \cdot 10^{-11}$
		steif	18,5/8,5	15	15,0–22,5/10–20	20,0–50,0	
		halbfest	19,5/9,5	20	15,0–22,5/15–25	50,0–100	

Tab. 2.2 (Fortsetzung)

Bodenart	Bodengruppe nach *DIN 18196*	Festigkeit bzw. Konsistenz	Wichte	Steifemodul	Effektive Scherparameter	Undränierte Scherparameter	Durchlässigkeit
			γ/γ'	E_s	φ'/c'	$c_u(\varphi_u = 0)$	k
			kN/m³	MN/m²	°/kN/m²	kN/m²	m/s
Torf	HN, HZ	weich	10,5/0,5	1	15,0–20,0/5–15	5,0–20	$1 \cdot 10^{-5}$ bis $1 \cdot 10^{-8}$
		steif	11,0/1,0	2	15,0–20,0/10–20	20–50	
		halbfest	13.0/3,0	3	15,0–20,0/15–25	50–100	
Mudde/Faulschlamm	F	breiig	12,5/2,5	2	10,0–12,0/0–5	10,0–15,0	$1 \cdot 10^{-7}$
		weich	16,0/6,0	4	10,0–15,0/5–10	15,0–25,0	$1 \cdot 10^{-9}$

typische Kennwerte dort aufgeführt. Die Durchführung ausgiebiger Versuchsreihen lohnt sich in der Regel bei größeren Baumaßnahmen, werden doch die speziellen Eigenschaften des Bodens bzw. des Fels im Bereich des Baugrundstücks genau erkundet. Versuche und Bestimmungen der Eigenschaften von Fels werden hier nicht beschrieben. Es wird auf *DIN EN 1997-2*, die entsprechende Fachliteratur sowie auf die Merkblätter der Deutschen Gesellschaft für Geotechnik, s. a. Anhang, verwiesen.

Bei kleineren und mittleren Bauvorhaben wird dagegen aus Zeit- und Kostengründen besonders auf Dichtebestimmungen, Verformungs- und Scherversuche für Boden und Fels verzichtet. Häufig sind auch für große Bauvorhaben Vorentwürfe und Berechnungen aufzustellen, ohne dass schon bodenmechanische Versuchsergebnisse vorliegen. In diesen Fällen können für Böden dann für erdstatische bzw. geohydraulische Berechnungen charakteristische Bodenkennwerte der *DIN 1055-2* oder der *EAU*, s. Beispiele in Anlehnung an die *EAU* in Tab. 2.2 die den bekannten Klassifizierungsmerkmalen (Kornverteilung, Lagerungsdichte, Plastizität, Konsistenz) zugeordnet sind, benutzt werden.

Für Fels kann Folgendes ausgeführt werden: Als Trockenwichten werden Werte zwischen $\gamma_d = 21\,\text{kN/m}^3$ (Kalkstein), $\gamma_d = 26\,\text{kN/m}^3$ (Granit) und $\gamma_d = 29\,\text{kN/m}^3$ (Gabbro) angegeben.

Die Scherfestigkeit, vor allem die Kohäsion, kann bei den einzelnen Gesteinen sehr unterschiedlich sein. Es lassen sich keine konkreten Zahlen als Anhaltswerte nennen. Für den Einzelfall müssen Versuche und Abschätzungen aufgrund von Erfahrungen bzw. Rückrechnungen von beobachteten Fällen vorgenommen werden. Vor allem muss bei Fels zwischen Gesteins- und Gebirgsfestigkeit unterschieden werden. Letztere ist aufgrund des Trennflächengefüges und der Materialien in den Klüften und Lagerfugen deutlich geringer als die Gesteinsfestigkeit.

Nach Hobbs (1974) können für Fels E-Moduln, in Abhängigkeit von der einaxialen Druckfestigkeit q_u, zwischen $E = 50$ bis $200 q_u$, im Mittel mit $E = 100 q_u$, angesetzt werden. Mit Querdehnzahlen für Fels, s. Abschn. 4.1.9, können dann Steifemoduln berechnet werden.

Weitere Angaben in Abhängigkeit von der Gebirgsklassifikation sind unter Abschn. 3.5.3 aufgeführt.

2.7 Übersicht

Eine zusammenfassende Übersicht über die Methoden der Baugrunderkundung bis hin zur Erstellung des Geotechnischen Berichts gibt Abb. 2.17.

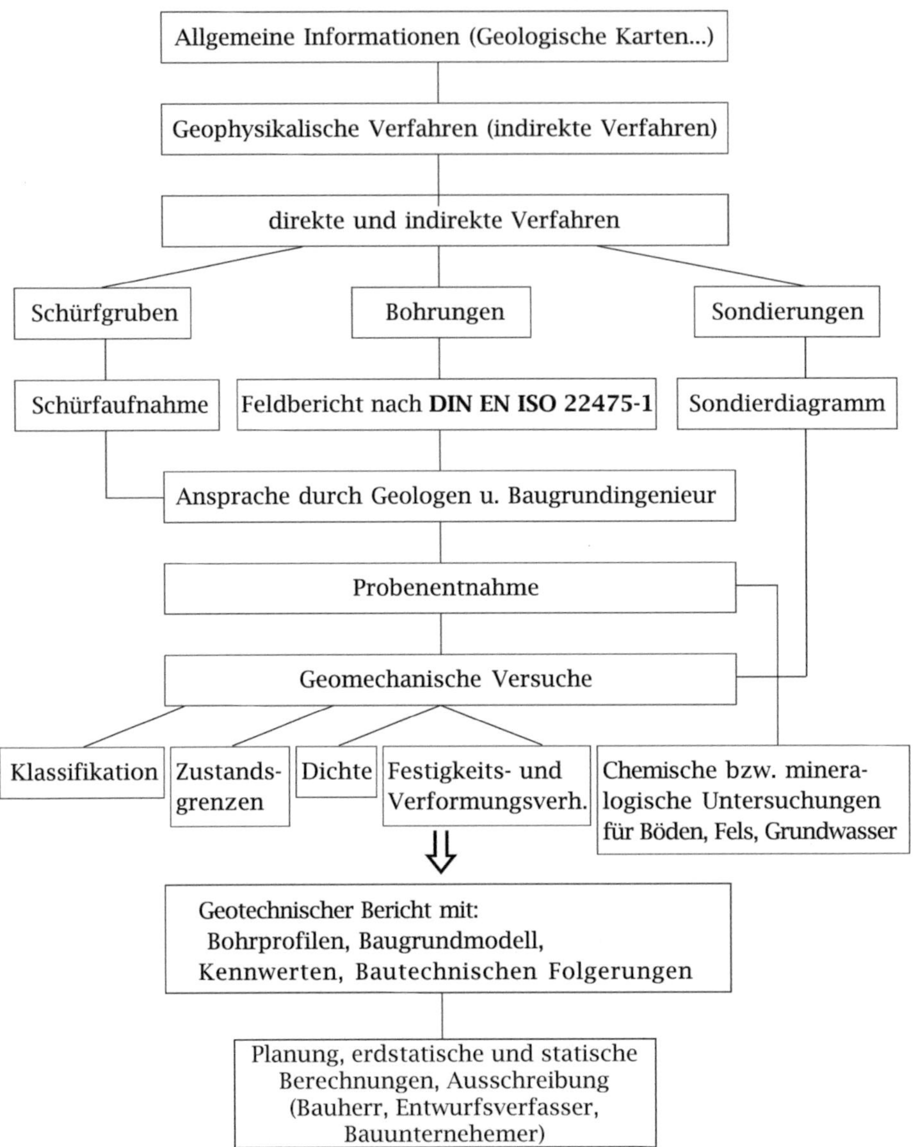

Abb. 2.17 Methoden der Baugrunderkundung mit Dokumentation und Weiterverarbeitung der Ergebnisse

Literatur

Englert, K., Bauer, K.: Rechtsfragen zum Baugrund. Werner Verlag, Düsseldorf (1986)

Englert, K., Grauvogl, J., Maurer, M.: Handbuch des Baugrund- und Tiefbaurechts, 3. Aufl. Werner Verlag, Düsseldorf (2016)

Fecker, E., Lux, K.-N.: Bildgebende Meßsysteme in Bohrungen. Geotechnik **24**(2), 123–128 (2001)

Fecker, E., Reik, G.: Baugeologie. Enke-Verlag, Stuttgart (1987)

Hobbs, N.B.: Settlement of foundations on rock. General Report Proc. British Geotechnical Society Conference on Settlement of Structures. Pentech Press, Cambridge, S. 498–529 (1974)

Jebe, H., Vygen, K.: Der Bauingenieur in seiner rechtlichen Verantwortung. Werner Verlag, Düsseldorf (1981)

Karstedt, J.: Baugrund- und Systemrisiko. Tiefbau **5** (2002)

Kohlhammer, R.: Wer trägt das Baugrundrisiko. 10. Kolloquium Bauen in Boden und Fels. Technische Akademie, Esslingen (2016)

Motzke, G.: Boden und Fels als vom Auftraggeber gestellter Baustoff. 10. Kolloquium Bauen in Boden und Fels. Technische Akademie, Esslingen (2016)

Take, A.: Advances in visualization of geotechnical processes through digital image correlation, Canad. Geot. Journal, **52**(9), 1199 (2015)

Normen

DIN EN 1997-1 (Eurocode 7): Entwurf, Berechnung und Bemessung in der Geotechnik, Teil 1: Teil 1: Allgemeine Regeln, in Verbindung mit dem nationalen Anhang DIN EN 1997-1/NA und DIN 1054

DIN EN 1997-2 Eurocode 7: Entwurf, Berechnung und Bemessung in der Geotechnik – Teil 2: Erkundung und Untersuchung des Baugrunds in Verbindung mit dem nationalen Anhang DIN EN 1997-2/NA und DIN 4020

DIN EN 1992 (Eurocode 2): Bemessung und Konstruktion von Stahlbeton- und Spannbetontragwerken

DIN 1045-2: Tragwerke aus Beton, Stahlbeton und Spannbeton – Teil 2: Beton

DIN 4023: Geotechnische Erkundung und Untersuchung – Zeichnerische Darstellung der Ergebnisse von Bohrungen und sonstigen direkten Aufschlüssen

DIN 4030: Beurteilung betonangreifender Wässer, Böden und Gase

DIN 4085: Berechnung des Erddrucks

DIN 4123: Ausschachtungen, Gründungen und Unterfangungen im Bereich bestehender Gebäude

DIN 4124: Baugruben und Gräben – Böschungen, Verbau, Arbeitsraumbreiten

DIN 18196: Erd- und Grundbau – Bodenklassifikation für bautechnische Zwecke

DIN 19700: Stauanlagen

DIN 19702: Massivbauwerke im Wasserbau – Tragfähigkeit, Gebrauchstauglichkeit und Dauerhaftigkeit

DIN 50929: Korrosion der Metalle – Korrosionswahrscheinlichkeit metallener Werkstoffe bei äußerer Korrosionsbelastung

DIN EN 206: Beton – Festlegung, Eigenschaften, Herstellung und Konformität

DIN EN ISO 14688: Geotechnische Erkundung und Untersuchung – Benennung, Beschreibung und Klassifizierung von Boden

DIN EN ISO 14689: Geotechnische Erkundung und Untersuchung – Benennung, Beschreibung und Klassifizierung von Fels

DIN EN ISO 22475-1: Geotechnische Erkundung und Untersuchung – Probenentnahmeverfahren und Grundwassermessungen – Teil 1: Technische Grundlagen für die Probenentnahme von Boden, Fels und Grundwasser

DIN EN ISO 22476: Geotechnische Erkundung und Untersuchung – Felduntersuchungen

Sonstige Regelwerke

Vergabe- und Vertragsordnung für Bauleistungen (VOB), Hrsg: DIN Deutsches Institut für Normung e. V. und DVA Deutscher Vergabe- und Vertragsausschuss für Bauleistungen, Beuth-Verlag

Eigenschaften von Böden und Fels 3

Zusammenfassung

Böden und Fels müssen in ihrem mechanischen Verhalten eindeutig beschrieben und klassifiziert werden können. Dafür stehen neben der visuellen und manuellen Ansprache vor Ort oder von Proben signifikante Indexversuche zur Verfügung, mit deren Hilfe Zustandsgrößen und Klassifikationsmerkmale auf einfache Weise quantifiziert werden können. Sie werden nachfolgend erläutert. Für viele Bauaufgaben sind im Hinblick auf den Einfluss von Wasser die Durchlässigkeit, die Kapillarität und die Filterregeln von Wichtigkeit. Frosteinwirkungen und ihre Folgen haben für den Erd- und Straßenbau eine Bedeutung, so dass auch darauf eingegangen wird. Die Bodenverdichtung wird am Schluss dieses Kapitels behandelt. Die Formänderung und die Festigkeit von Böden und die dazugehörigen Versuche sind gesondert im Kap. 4 behandelt.

3.1 Gesteine als Dreiphasenstoff

Der Baugrund ist aus Gesteinen aufgebaut. Jedes Gestein besteht aus Mineralen, zwischen denen sich Hohlräume unterschiedlichster Form und Größe befinden. Der Felsverband (Festgestein) weist darüber hinaus Schichtungen und Klüfte, also ein Trennflächengefüge auf.

Böden (Lockergesteine) entstehen durch physikalische und chemische, in geringem Maße auch durch biologische Verwitterung von Festgesteinen, Transport und anschließende Sedimentation, s. Abb. 2.1. Die Hohlräume der Fest- und Lockergesteine können mit Luft, Luft und Wasser oder Wasser allein gefüllt sein. Gesteine müssen deshalb meistens als Dreiphasensystem betrachtet werden. Organogene Böden (aus Lebewesen entstanden) und Böden mit organischen Bestandteilen sind gesondert zu betrachten, siehe Abschn. 3.3.6.2.

H.-H. Schmidt, R.F. Buchmaier, C. Vogt-Breyer, *Grundlagen der Geotechnik*,
https://doi.org/10.1007/978-3-658-39834-7_3

Aufgabe der Bodenmechanik ist es, die Anteile des Dreiphasensystems zu quantifizieren und deren Wirkung in bautechnischer Hinsicht zu beschreiben.

Die feste Phase der Gesteine sind die Minerale, die sich in unterschiedlichen Strukturen ausbilden. Von der Form, Größe und Oberflächenbeschaffenheit hängen die Strukturbildung und die bodenmechanischen Eigenschaften ab. Die Körner der Sande und Kiese sind durch physikalische Verwitterung (Zertrümmerung) der Gesteine entstanden. Sie haben eine gedrungene Gestalt und sind mit bloßem Auge erkennbar. Die Teile feinkörniger Böden (Tone und Schluffe) entstanden überwiegend durch Verwitterung des Minerals Feldspat; sie haben meist eine plättchen- oder stabförmige Gestalt und ihre Größen sind mit dem bloßem Auge nicht mehr erkennbar. Sande und Kiese verändern sich durch Wasser und im Wasser kaum in ihren bodenmechanischen Eigenschaften. Die Tonteilchen eines bindigen Bodens quellen z. B. durch Wasserzugabe oder schrumpfen bei Wasserentzug und verändern sich in ihrem bodenmechanischen Verhalten in sehr starkem Maße.

Die gasförmige Komponente, die Porenluft, interessiert nur in ihrer Beziehung zum Porenwasser. Die Hohlräume von Böden (Lockergesteinen) bezeichnen wir als Poren, das Wasser darin als Porenwasser.

Das im Gesteinsverband von Fest- und Lockergesteinen allgemein vorkommende Wasser, die flüssige Komponente, vermag sich in Poren und Klüften zu bewegen, engere und lockere Bindungen mit den festen Gesteinsteilen einzugehen und durch sein Verhalten beim Übergang in die feste Phase (Eis) Veränderungen, z. B. Volumenvergrößerungen, hervorzurufen. Wassermoleküle haben eine symmetrische Atomanordnung, sie sind Dipole. Dadurch können die Wassermoleküle mit anderen Molekülen und Ionen in Wechselwirkung treten. Die Beziehung zwischen fester und flüssiger Phase können in verschiedenem Maßstab mit Abb. 3.1a bis d deutlich gemacht werden.

Tonminerale haben oft eine sehr geringe Teilchengröße, woraus sich eine sehr große Gesamtoberfläche ergibt (bis $1000\,\mathrm{m}^2/\mathrm{g}$), und sie haben eine große Zahl freier Valenzelektronen (mit Valenz bezeichnet man das gegenseitige Bindevermögen chemischer Elemente). Dadurch bildet sich um jedes Tonplättchen ein elektrisches Kraftfeld aus, das eine Sorption (Aufnahme) von Ionen und Wassermolekülen verursacht.

Die Adsorption von Wassermolekülen durch freie Valenzen der Minerale erfolgt als „gerichtete Sorption“: die Wassermoleküle ordnen sich im Kraftfeld kettenartig und senkrecht zur Oberfläche des Minerals, s. Abb. 3.1c.

Mit wachsender Entfernung nehmen die elektrischen Anziehungskräfte ab, so dass die *Brownschen* Molekularbewegungen heftiger werden. Deshalb werden gleich viele Wasserteilchen angezogen wie abgestoßen. Diese Hülle ist somit nicht scharf begrenzt, und wir sprechen deshalb von einer „diffusen Hülle“. Außerhalb der „diffusen Hülle“ befindet sich das sogenannte freie Porenwasser, eine zweite Hülle.

Von Kapillarwasser spricht man, wenn infolge kleiner kommunizierender Bodenporen Wasser wie in engen Röhren (Kapillaren) von einem Grundwasserspiegel aufsteigen kann. Treibende Kraft des kapillaren Aufstiegs ist die Oberflächenspannung des Wassers. Der Unterschied zum normalen Grundwasserspiegel heißt kapillare Steighöhe h_k, s. Abschn. 3.6.2.

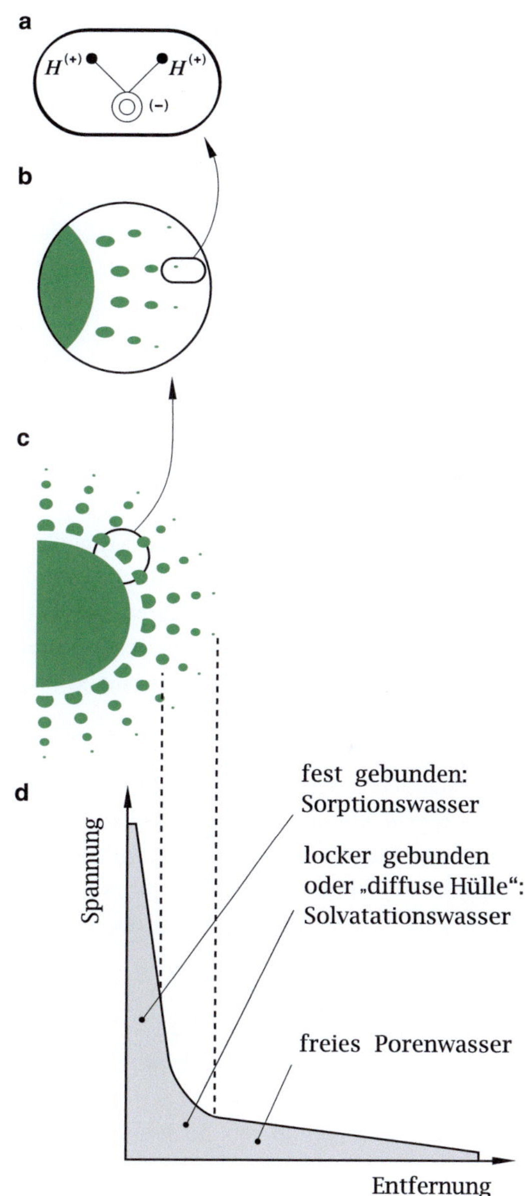

Abb. 3.1 Wechselbeziehung zwischen fester und flüssiger Phase

3.2 Mineralogische Grundlagen

Die Mineralogie ist die Wissenschaft von den Mineralen, ihrer Entstehung, ihren Eigenschaften, ihrem Vorkommen und ihrer Umwandlung. Minerale sind kleinste, homogene, feste Teilchen, aus denen sich Gesteine und Böden in einem festen oder lockeren Verband zusammensetzen. Ihre natürliche Form ist der Kristall, ein geometrisch regelmäßig aufgebauter Körper mit ebenen Begrenzungsflächen. Amorphe Aggregationen sind aber auch möglich. Die Minerale bilden sich bei geologischen Prozessen, etwa aus übersättigten Schmelzen, aus wässrigen Lösungen oder in Verbindung mit metamorphen Vorgängen.

Nach der Entstehung unterscheidet man:

- Aus dem Magma (Schmelzfluss) entstandene Minerale (magmatische Abfolge) wie z. B. Feldspat, Quarz und Glimmer. Die Gesteine Nordamerikas und Europas bestehen zu 66,9 % aus Feldspäten, zu 22,2 % aus Kalk, Dolomit und Salinargestein und zu 10,9 % aus Quarz.
- Durch Verwitterung entstandene Minerale (sedimentäre Abfolge), wie z. B. die Tonminerale; zu dieser Gruppe zählen auch die vom Wasser transportierten und später ausgeschiedenen Stoffe wie Karbonate, Sulfate und Chloride.
- Minerale, die aus einer nachträglichen Umbildung (Metamorphose) magmatischer oder sedimentärer Minerale hervorgegangen sind, wie z. B. Calcite und Dolomite des Marmors.

Die Bauteilchen der Minerale (Ionen, Atome bzw. Moleküle) sind im dreidimensionalen Raum regelmäßig angeordnet. Zwischen ihnen wirken ionare, atomare bzw. molekulare Bindungskräfte. Die durch Verwitterung entstandenen Tonminerale sind meist Feldspatabkömmlinge. Ihre Molekülstrukturen sind oft labil, da sie noch keine ausgeglichene Oberflächenladung besitzen. Sie treten oft als zwei- oder dreischichtige Strukturen auf.

So sind z. B.:

- Kaolin: Zweischichtminerale,
- Montmorillonit, Illit und Chlorit: Dreischichtminerale.

Nachfolgend werden in Tab. 3.1 einige wichtige Minerale aufgeführt.

Struktur der Tonminerale feinkörniger Böden Die durch Verwitterung, Erosion und während des Transports im Wasser sich bildenden Tonmineralkristalle bleiben solange in ungeordnetem Zustand suspendiert, wie das die kinetische Energie des Wassers (Turbulenz) erlaubt.

Wenn die Geschwindigkeit klein wird, beginnen sich die aus dem Kristall und der gebundenen Wasserhülle bestehenden Partikel unter dem Einfluss der *Van-der-Waals*-Bindungskräfte zu größeren Strukturen zu ordnen.

Tab. 3.1 Einige wichtige Minerale

Bezeichnung	Chemismus	Farbe	Vorkommen	Eigenschaften
Feldspat	Alkali-Silikat z. B. $KAlSi_3O_8$	Weiß, auch gefärbt	Magmatische und metamorphe Gesteine, Sedimente	Verwittert zu Tonmineralen (z. B. Kaolin)
Quarz	SiO_2 kristallisiert	Glasig, weiß, auch gefärbt	z. B. Granit, Gneis, Quarzit, Sandstein, Kies, Sand	Sehr beständig
Glimmer z. B. Muskovit oder Biotit	–	Farblos, schwarz braun	Magmatische Gesteine	Dunkler Glimmer (Biotit) verwittert leicht
Hornblende	Komplexe Silikate mit O, Na, K, Ca, Mg, Fe, Al, OH, Si	Grün bis dunkelgrün und schwarz	Magmatische und metamorphe Gesteine	Umwandlung in Glimmer und Chlorit
Calcit (Kalkspat)	$CaCO_3$	Weiß, farblos, auch gefärbt	Kalkstein und Marmor	Sehr leicht säurelöslich, Humussäuren
Dolomit	$CaMg(CO_3)_2$	Farblos, gelbgrau	Dolomit und in Kalksteinen	Säurelöslich
Anhydrit	$CaSO_4$	Weißgrau	Anhydrit und eingesprengt in Gesteine	Löslich, treibt durch Wasseraufnahme, Reaktion mit Zement
Gips	$CaSO_4 * 2H_2O$	Farblos	Eingesprengt in Sedimenten, Gipslagerstätten	Löslich, reagiert mit Zement, sulfattreibend
Tonminerale z. B. Kaolin Montmorillonit, Illit u. a.	Al-OH-Silikate	Weiß, auch gefärbt	Ton, Lehm, Mergel, verwitterte Gesteine	Quellen mit Wasser, Schrumpfen bei Wasserentzug

Die im Wasser suspendierten Tonteilchen haben deswegen die Tendenz, sich zu einer festeren Struktur zu ordnen, wobei auch die im Wasser gelösten freien Ionen großen Einfluss haben. Das entstehende System ist sehr störanfällig und bricht bei Energiezufuhr wieder zusammen (Thixotropie).

Die Dicke der diffusen Schicht aus gebundenen Wasser-Dipolen und damit die Struktur der Tonminerale hängt von der „spezifischen Oberfläche“ der Tonteilchen ab; sie ist bei Montmorillonit am größten: $1000\,m^2/g$ (Illit: 100, Kaolinit: 10, Feinsand mit $d = 0{,}1$ mm: $0{,}03\,m^2/g$), so dass diese Tone bis zu mehreren 100 Gewichts-% freies Wasser binden (polarisieren) können. Dreischichtminerale wie Montmorillonit und Illit sind deshalb auch besonders quellfähig.

Entscheidend für die Dicke der diffusen Schicht sind weiter die Dielektrizitätskonstante, die Ionenkonzentration und die Valenz. Durch Änderung dieser Einflussgrößen

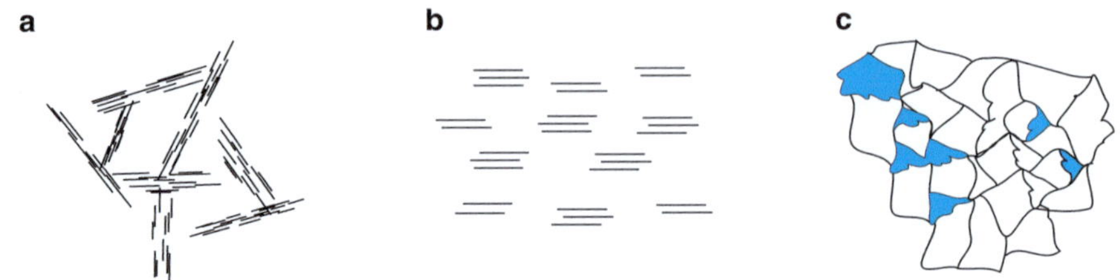

Abb. 3.2 Strukturformen von Tonen nach Mitchell (1976)

verändern sich die Strukturen der Tonminerale und damit auch ihre bodenmechanischen Eigenschaften.

Abb. 3.2 stellt schematisch und in ebener Projektion die drei Strukturformen dar, die experimentell nachgewiesen werden konnten.

a) flockulierte Struktur, ein Kartenhaus-ähnlicher Typ,
b) der disperse Typ mit bereichsweise eingeregelten Teilchen,
c) ein Wabentyp (die dunkel angelegten Partikel sollen etwas größere, eingelagerte Schluffkörner bezeichnen).

Die Ausflockung nach a) ist für die Sedimentation in Salzwasser kennzeichnend und nimmt dementsprechend stark zu, sobald das Süßwasser eines Flusses in den Übergangsbereich (Brackwasser) zum Salzwasser des Meeres mündet (Zunahme der Ionenkonzentration). Bei flockulierten Strukturen berühren sich die Teilchen an den Kanten. Deshalb haben sie eine hohe Scherfestigkeit, s. Abschn. 4.4. Sobald allerdings der sedimentierte Ton irgendwelchen Störeinflüssen ausgesetzt wird, bricht die Flockenstruktur in den höchstbeanspruchten Bereichen zusammen, und es entsteht eine Struktur nach b), was von Mitchell (1976) experimentell auf polarisationsoptischem Wege nachgewiesen wurde, s. auch Sides/Barden (1971). Solche Böden bezeichnet man als sensitiv, s. Abschn. 4.4.10.

Bei dispersen Strukturen nach b) berühren sich die Teilchen nicht. Deshalb haben diese Strukturen eine geringe Scherfestigkeit. Der gegenseitige Abstand der Teilchen kann jedoch durch Wasserentzug und durch Auflast vermindert werden, so dass die Scherfestigkeit zunimmt. Die disperse Struktur ist im Gegensatz zur flockulierten stabil.

Tone, die im Salzwasser sedimentiert wurden und anschließend durch Sickerwasser ausgelaugt werden, so dass der Salzgehalt (Abnahme der Ionenkonzentration) des Porenwassers allmählich sinkt, verlieren ihre ursprüngliche Festigkeit und werden unter Last instabil (Beispiel: skandinavische Tone (quickclay), die durch Hebung des Landes aus dem Meer aufgetaucht sind).

3.3 Bestimmung von Bodeneigenschaften

Laborversuche zur Klassifizierung, Benennung und Beschreibung von Boden sind in *DIN EN 1997-2, Abschn. 5.5* aufgeführt. Häufig werden die Versuche zur Verifizierung bzw. Präzisierung der Feldansprache benutzt.

Nicht aufgeführt sind hier Versuche zur Bestimmung der Zerfallsempfindlichkeit von tonigen Böden; sie dienen in angelsächsischen Ländern zur Beurteilung von Materialien von Erddämmen, Dichtungen und anderer Bauwerke, die in Kontakt mit Wasser stehen.

Auf die Frostempfindlichkeit von Böden wird in Abschn. 3.7 eingegangen.

Folgende Versuche sind hier in Abschn. 3.3 beschrieben:

- Bestimmung der Dichte (Wichte)
- Bestimmung des Wassergehalts
- Bestimmung der Korngrößenverteilung
- Bestimmung der Zustandsgrenzen und der Wasseraufnahme
- Bestimmung der Lagerungsdichte
- Bestimmung der organischen Bestandteile und des Kalkgehalts.

Boden als Dreiphasenstoff: Definitionen von Bodenkennwerten In Abb. 3.3 ist der Boden als Dreiphasenstoff schematisch dargestellt. Er besteht im allgemeinen Fall aus Feststoff in Form eines Gerüstes aus sich berührenden Einzelkörnern sowie den die Zwischenräume (Poren) ausfüllenden Komponenten Wasser und Luft. Das Korngerüst ist bei Kies und Sand mit bloßem Auge sichtbar; bei kleineren Partikeln der feinkörnigen Böden Schluff und Ton kann dies als Modell ebenfalls zugrundegelegt werden. Durch massen- und volumenmäßiges Zusammenfassen der drei Komponenten ergeben sich zunächst folgende Definitionen und Zusammenhänge:

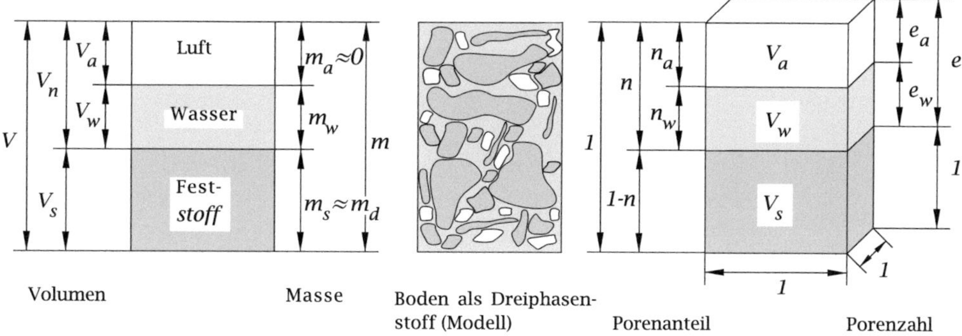

Abb. 3.3 Boden als Dreiphasenstoff, schematische Darstellung und Definitionen – *rechts* auf Einheitsvolumen bezogen

- Masse der Probe:

$$m = m_w + m_s \qquad [\text{g}] \tag{3.1}$$

- Volumen:

$$V = V_n + V_s = V_a + V_w + V_s \qquad [\text{cm}^3] \tag{3.2}$$

Mit den Formeln (3.3) bis (3.11) werden elementare Bodenkenngrößen definiert:

- Porenzahl:

$$e = \frac{V_n}{V_s} \qquad [-] \tag{3.3}$$

- Porenzahl (Luftanteil):

$$e_a = \frac{n_a}{1-n} \qquad [-] \tag{3.4}$$

- Porenanteil:

$$n = \frac{V_n}{V} \qquad [-] \tag{3.5}$$

- Porenanteil (Luft):

$$n_a = \frac{V_a}{V} \qquad [-] \tag{3.6}$$

- Dichte:

$$\rho = \frac{m}{V} \qquad \left[\frac{\text{g}}{\text{cm}^3}; \frac{\text{t}}{\text{m}^3}\right] \tag{3.7}$$

- Trockendichte:

$$\rho_d = \frac{m_d}{V} \qquad \left[\frac{\text{g}}{\text{cm}^3}; \frac{\text{t}}{\text{m}^3}\right] \tag{3.8}$$

- Korndichte:

$$\rho_s = \frac{m_s}{V_s} \approx \frac{m_d}{V_s} = \frac{m_s}{(1-n)\cdot V} \qquad \left[\frac{\text{g}}{\text{cm}^3}\right] \tag{3.9}$$

- Wassergehalt:

$$w = \frac{m_w}{m_d} \cdot 100 \qquad [\%] \tag{3.10}$$

- Sättigungszahl:

$$S_r = \frac{V_w}{V_n} \qquad [1] \tag{3.11}$$

Rechnerische Beziehungen der Bodenkenngrößen untereinander für gesättigte und teilgesättigte Böden sind in Tab. 3.2 aufgeführt. Die Sättigungszahl $S_r = 1$ in der Tabelle bedeutet, dass alle Poren vollständig mit Wasser gefüllt sind.

Für praktische Berechnungen genügt es in der Regel für $\rho_w = 1{,}0\,\text{t/m}^3 = 1\,\text{g/cm}^3$ anzusetzen.

Tab. 3.2 Rechnerische Beziehung zwischen Bodenkenngrößen. (Nach v. Soos 2018)

Gesuchte Größen	Vorgegebene Größen sind ρ und ρ_w sowie							
	$w;\, S_r$	$w;\, n_a = n - n_w$	$w_g;\, S_r = 1;\, n_a = 0$	$n;\, n_w$	$e;\, e_w$	$\rho_g = \rho_r$	$\rho;\, w$	$\rho_d;\, w$
Wassergehalt w_g (gesättigter Boden)	–	–	w_g	$\frac{n \cdot \rho_w}{(1-n) \cdot \rho_s}$	$e \cdot \frac{\rho_w}{\rho_s}$	$\frac{(\rho_s - \rho_g) \cdot \rho_w}{(\rho_g - \rho_w) \cdot \rho_s}$	$\frac{(\rho_s - \rho) \cdot \rho_w}{(\rho_g - S_r \cdot \rho_w) \cdot \rho_s}$	$\frac{\rho_w}{\rho_d} - \frac{\rho_w}{\rho_s}$
Wassergehalt w (teilgesättigter Boden)	w	w	–	$\frac{n_w \cdot \rho_w}{(1-n_w) \cdot \rho_s}$	$e_w \cdot \frac{\rho_w}{\rho_s}$	–	$\frac{(\rho_s - \rho) \cdot S_r \cdot \rho_w}{(\rho - S_r \cdot \rho_w) \cdot \rho_s}$	$S_r \cdot \left(\frac{\rho_w}{\rho_d} - \frac{\rho_w}{\rho_s}\right)$
Porenanteil n	$\frac{w \cdot \rho_s}{w \cdot \rho_s + S_r \cdot \rho_w}$	$\frac{w \cdot \rho_s + n_a \cdot \rho_w}{w \cdot \rho_s \cdot \rho_w}$	$\frac{w_g \cdot \rho_s}{w_g \cdot \rho_s + \rho_w}$	n	$\frac{e}{1+e}$	$\frac{\rho_s - \rho_g}{\rho_s - \rho_w}$	$1 - \frac{\rho}{(1+w) \cdot \rho_s}$	$1 - \frac{\rho_d}{\rho_s}$
Porenzahl e	$\frac{w}{S_r} \cdot \frac{\rho_s}{\rho_w}$	$\frac{w \cdot \rho_s + n_a \cdot \rho_w}{(1-n_a) \cdot \rho_w}$	$w_g \cdot \frac{\rho_s}{\rho_w}$	$\frac{n}{1-n}$	e	$\frac{\rho_s - \rho_g}{\rho_s - \rho_w}$	$(1+w) \cdot \frac{\rho_s}{\rho} - 1$	$\frac{\rho_s}{\rho_d} - 1$
Dichte $\rho_g = \rho_r$ (gesättigter Boden)	–	–	$\frac{(1+w_g) \cdot \rho_s \cdot \rho_w}{w_g \cdot \rho_s + \rho_w}$	$(1-n) \cdot \rho_s + n \cdot \rho_w$	$\frac{\rho_s + e_w \cdot \rho_w}{1+e}$	ρ_g	$\frac{\rho_s - \rho_w}{1+w} \cdot \frac{\rho}{\rho_s} + \rho_w$	$\left(1 - \frac{\rho_w}{\rho_s}\right) \cdot \rho_d + \rho_w$
Dichte ρ (teilgesättigter Boden)	$(1+w) \cdot \frac{S_r \cdot \rho_w \cdot \rho_s}{w \cdot \rho_s + S_r \cdot \rho_w}$	$\frac{(1-n_a) \cdot (1+w) \cdot \rho_s}{\left(w \cdot \frac{\rho_s}{\rho_w}\right) + 1}$	–	$(1-n) \cdot \rho_s + n_w \cdot \rho_w$	$\frac{\rho_s + e_w \cdot \rho_w}{1+e}$	–	ρ	$(1+w) \cdot \rho_d$
Trockendichte ρ_d	$\frac{S_r \cdot \rho_w \cdot \rho_s}{w \cdot \rho_s + S_r \cdot \rho_w}$	$\frac{(1-n_a) \cdot \rho_w \cdot \rho_s}{w \cdot \rho_s + \rho_w}$	$\frac{\rho_w \cdot \rho_s}{w_g \cdot \rho_s + \rho_w}$	$(1-n) \cdot \rho_s$	$\frac{\rho_s}{1+e}$	$\rho_s \cdot \frac{\rho_g - \rho_w}{\rho_s - \rho_w}$	$\frac{\rho}{1+w}$	ρ_d
Sättigungszahl S_r	$\frac{w}{w_{ges}}$	$\frac{(1-n_a) \cdot w \cdot \rho_s}{w \cdot \rho_s + n_a \cdot \rho_w}$	1	$\frac{n_w}{n}$	$\frac{e_w}{e}$	1	$\frac{w \cdot \rho \cdot \rho_s}{\rho_w \cdot ((1+w) \cdot \rho_s - \rho)}$	$\frac{w \cdot \rho_d \cdot \rho_s}{\rho_w \cdot (\rho_s - \rho_d)}$

3.3.1 Dichtebestimmung, Wichte

Gemäß der oben aufgeführten Definitionen wird unterschieden zwischen:

- Dichte (auch für teilgesättigten Boden) ρ
- Dichte des gesättigten Bodens $\rho_g = \rho_r$
- Trockendichte ρ_d
- Korndichte ρ_s

Die drei erstgenannten Dichten beziehen sich auf das Gesamtvolumen. Für den Zusammenhang untereinander und mit weiteren Zustandsgrößen ist die Korndichte ρ_s von Bedeutung.

Die Korndichte bezieht die Feststoffmasse auf das Feststoffvolumen. Diese Größe kann im Pyknometer ermittelt werden. Dazu werden Masse und Volumen des Gefäßes (Pyknometer) zunächst im leeren Zustand bestimmt. Dann wird getrocknetes und ggf. im Mörser zerkleinertes Probenmaterial in das Gefäß zugegeben und erneut gewogen. Durch Differenzbildung ergibt sich m_s. Danach wird das Gefäß mit Wasser möglichst luftporenfrei aufgefüllt und schließlich noch einmal gewogen. Die daraus bestimmbare Massendifferenz wird mit Hilfe der Dichte des Wassers in das nicht vom Kornmaterial eingenommene Volumen umgerechnet und vom Volumen des Gefäßes abgezogen: V_s.

Für Probenmaterial mit Korndurchmessern kleiner 4 mm oder dessen Körner auf 4 mm zerkleinert werden, erfolgt die Bestimmung i. d. R. im Kapillarpyknometer gemäß *DIN EN ISO 17892-3*. Bei gröberen Materialien kann die Bestimmung im Weithalspyknometer gemäß *DIN 18124* erfolgen. Beim Gaspyknometer wird anstelle einer Flüssigkeitsverdrängung eine Gasverdrängung gemessen.

Da die Korndichten der einzelnen Bodenarten im Allgemeinen nur sehr wenig voneinander abweichen, wird der konkrete Wert meist nach der Tab. 3.3 abgeschätzt.

Für die Ermittlung des Bodeneigengewichts ist die Wichte erforderlich. Sie wird nach Gl. (3.12) berechnet, wobei g, die Erdbeschleunigung, hier mit $g = 10\,\mathrm{m/s^2}$ angesetzt werden kann:

$$\gamma = \rho \cdot g \quad \left[\frac{\mathrm{kN}}{\mathrm{m^3}}\right]. \tag{3.12}$$

Tab. 3.3 Korndichten

Bodenart	Korndichte ρ_s ($\mathrm{g/cm^3}$)
Bindig: ausgeprägt plastisch	2,67–2,75
Bindig: leicht plastisch bis plastisch	2,65–2,67
Nichtbindig	2,65

Für den wassergesättigten Boden gilt analog:

$$\gamma_r = \rho_r \cdot g \quad \left[\frac{\text{kN}}{\text{m}^3}\right]. \tag{3.13}$$

Für die Ermittlung der wirksamen (effektiven) Spannungen, s. Abschn. 4.1.8 und 9.1 wird die Wichte unter Auftrieb γ' benötigt:

$$\gamma' = \gamma_r - \gamma_w \quad \left[\frac{\text{kN}}{\text{m}^3}\right] \tag{3.14}$$

γ_w ... Wichte des Wassers.

3.3.2 Wassergehalt

Der Wassergehalt w einer Bodenprobe ist nach *DIN EN ISO 17892-1* das Verhältnis der Masse des im Boden vorhandenen Wassers m_w, das bei einer Temperatur von 105 °C verdampft, zur Masse m_d der trockenen Probe, s. Gl. (3.16).

► **Anmerkung** Der Wassergehalt wird in anderen Fachgebieten, z. B. der Bodenkunde, auch in Volumen-% angegeben.

Die Bestimmung erfolgt durch Ofentrocknung nach *DIN EN ISO 17892-1*. Ebenfalls kann die Trocknung mit Schnellverfahren im Mikrowellenherd oder in Feldlabors auch mit anderen Verfahren vorgenommen werden, s. *DIN 18121-2*.

Zweck der Wassergehaltsbestimmung ist die Beurteilung bautechnischer Eigenschaften des Bodens. Das Versuchsergebnis wird auch als Hilfsgröße bei der Auswertung anderer Labor- und Feldversuche benötigt.

Versuchsdurchführung nach *DIN EN ISO 17892-1* Die Bodenprobe (10–50 g bei bindigen Böden; 50 bis 10.000 g bei nichtbindigen Böden sowie steinigen Böden mit bindigem Anteil; genaue Massenangabe, s. *DIN 17892-1, Tabelle 1*) wird samt dem Behälter gewogen (z. B. Uhrglas, Petrischale, Blechdose). Danach wird sie mit geöffnetem Behälter im Trockenofen bei 105 °C so lange getrocknet, bis sich das Gewicht nicht mehr ändert (ca. 12 h). Nach Beendigung des Trocknens wird die Probe zum Abkühlen im Behälter luftdicht verschlossen und in einen Exsikkator gestellt. Nach Abkühlen auf Zimmertemperatur wird die Probe samt Behälter wieder gewogen.

Auswertung

$$\begin{aligned} w &= \frac{m_w}{m_d} \quad [-] \\ m_w &= (\text{feuchte Probe} + \text{Behälter}) - (\text{trockene Probe} + \text{Behälter}) \\ m_d &= (\text{trockene Probe} + \text{Behälter}) - \text{Behälter}. \end{aligned} \tag{3.15}$$

Typische Versuchswerte

Tone:	$30 \leq w \leq$	100 %
Schluffe:	$15 \leq w \leq$	40 %
entfestigte Ton-/Schluffsteine:	$5 \leq w \leq$	30 %
organische Schluffe und Tone:	$20 \leq w \leq$	150 %
Torfe:	$30 \leq w \leq$	1000 %
Sande u. Kiese, erdfeucht:	$5 \leq w \leq$	15 %

3.3.3 Korngrößenverteilung

Die Korngrößenverteilung gibt die Massenanteile der in einer Bodenart vorhandenen Körnungsgruppen an. Alle Massenangaben beziehen sich dabei auf den reinen Feststoff, d. h. auf die Trockensubstanz. Mit der Korngrößenverteilung wird der Boden aufgrund einer mittleren geometrischen Ausdehnung seiner Bestandteile beschrieben. Hinweise und Versuche zur Korngrößenansprache nach *DIN EN ISO 14688* gibt Tab. 3.9, siehe Klassifikation Abschn. 3.4.

Versuche zur Bestimmung der Korngrößenverteilung werden nach *DIN EN ISO 17892-4* ausgeführt, s. Abb. 3.4. Sie sind nachfolgend erklärt. Korngrößen über 0,063 mm bzw. 0,125 mm werden durch Siebung, Korngrößen darunter durch Sedimentation getrennt.

Die Siebung ist die Trennung eines Bodens in Körnungsgruppen mit Hilfe von Prüfsieben. Die durch Siebe ermittelten Korngrößen werden nach der Lochweite der Quadratlochsiebe oder nach der Maschenweite der Siebgewebe benannt, durch die sie zuletzt gefallen sind. Diese Weite wird als Korngröße oder Korndurchmesser bezeichnet.

Die Sedimentation ist das Absinken von Körnern eines Bodens in einer Flüssigkeit. Die unterschiedliche Sinkgeschwindigkeit führt zur Trennung der Korngrößen. Die durch Sedimentation ermittelten Korngrößen werden nach dem gleichwertigen Durchmesser

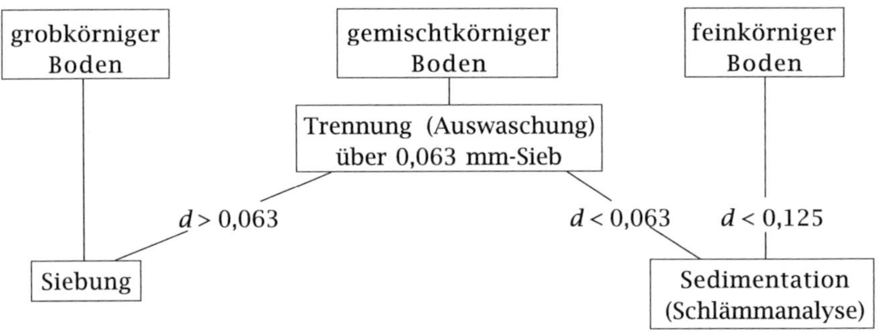

Abb. 3.4 Versuche zur Korngrößenverteilung; Schemadarstellung

bezeichnet, d. h. nach dem Durchmesser von Kugeln gleicher Dichte, die beim Sedimentieren mit der gleichen Geschwindigkeit zu Boden sinken.

3.3.3.1 Versuchsdurchführung nach *DIN EN ISO 17892-4*

a) Siebung (Mindestprobenmenge: 150–18.000 g)
Die Korngrößenverteilung im Boden mit Korngrößen über 0,063 mm wird durch Trennen der vorhandenen Korngruppen mittels Siebung bestimmt. Enthält der zu untersuchende Boden keine Korngrößen unter 0,063 mm, dann wird die Trockensiebung angewandt. Bei Böden, die auch Anteile von Korngrößen unter 0,063 mm enthalten, wird die Korngrößenverteilung durch Siebung nach nassem Abtrennen der Feinteile ermittelt.

Die Probe wird im Trocknungsofen bei 105 °C getrocknet, nach dem Abkühlen auf 0,1 % der Probenmenge gewogen (Einwaage) und durch den aufeinandergesetzten Siebsatz gesiebt. Die Siebe müssen mindestens 200 mm Durchmesser haben. Für die Korngrößen 0,063, 0,125, 0,25, 0,5, 1 und 2 mm werden Maschensiebe, für 4, 8, 16, 31,5 und 63 mm Quadratlochsiebe nach *DIN ISO 3310-1* verwendet.

Es ist sowohl Hand- wie auch Maschinensiebung zulässig. Nach der Siebung werden die Massen der Rückstände auf den einzelnen Sieben und in der Auffangschale gewogen. Der Massenunterschied zwischen der Einwaage und der Summe der Rückstände soll nicht mehr als 1 % der Einwaage betragen. Ist der Massenunterschied größer, muss die Siebung mit einer neuen Probe wiederholt werden.

b) Sedimentation/Schlämmanalyse (Probenmenge ca. 50 g)
Die nicht vorgetrocknete Probe wird mit einer Stammlösung und destilliertem Wasser mehrere Stunden durchgeweicht. Unter destilliertem Wasser wird hier durch Ionenaustausch gereinigtes Wasser verstanden. Als Stammlösung bezeichnet man ein Dispergierungsmittel (Natriumpyrophosphat, Soda o. a.), das eine Koagulation (Flockenbildung) der in der Suspension enthaltenen Feinstteilchen verhindert.

Unter Zugabe von weiterem destillierten Wasser wird diese Probe verdünnt und mit einem Rührwerk durchgemischt. Anschließend wird sie mit destilliertem Wasser restlos in einen Messzylinder gespült und bis zur Messmarke bei 1000 cm^3 aufgefüllt. Vor dem eigentlichen Versuchsbeginn ist die Suspension im Messzylinder gut durchzuschütteln. Das geschieht durch wiederholtes Umkippen des Standzylinders. Nach dem Durchschütteln wird der Zylinder abgestellt und gleichzeitig die Stoppuhr ausgelöst und das Aräometer (Tauchwaage) so in die Suspension eingetaucht, dass es frei schwebt.

Bleibt der Messzylinder ohne Störung stehen, so nimmt die Dichte der Suspension im Laufe der Zeit ab, da zuerst die größeren und dann die kleineren Festteile absinken. Diese Abnahme der Suspensionsdichte wird in bestimmten Zeitabständen mittels des Aräometers festgestellt und gleichzeitig die Wassertemperatur gemessen. Bis zur Ablesung bei 2 min verbleibt das Aräometer in der Suspension, danach muss es nach jeder Ablesung herausgenommen und abgespült werden, damit sich keine Bodenteilchen am Aräometer festsetzen. Erst kurz vor der nächsten Beobachtung wird es wieder eingebracht.

3.3.3.2 Auswertung

a) Siebung

Die Masse der Rückstände auf den Sieben und in der Auffangschale werden in Prozente der Gesamttrockenmasse und diese in die entsprechenden Siebdurchgänge umgerechnet. Die Siebdurchgänge werden in einem Diagramm zeichnerisch im halblogarithmischen Maßstab dargestellt. Sie ergeben als Summenkurve die Körnungslinie, s. Abb. 3.6.

► **Anmerkung** Zur Terminologie: Die beschriebenen Versuche dienen zur Bestimmung der Korngrößenverteilung. Bei der in der Bodenmechanik üblichen und hier verwendeten grafischen Darstellung der Versuchsergebnisse für Sieb- und Schlämmversuche wie auch deren Kombination handelt es sich im engeren Sinne der Statistik allerdings nicht um eine Kornverteilungs-, sondern eine Kornsummenkurve, die auch als Körnungslinie bezeichnet wird. Der Zusammenhang ist durch Integration bzw. Differenziation gegeben.

b) Sedimentation (Schlämmanalyse)

Nach dem letzten Aufmischen der Bodenschlämme (Suspension) im Standzylinder wird die Dichte ρ am Aräometer nach vorgegebenen Zeitintervallen 30 s, 1 min und 2 min abgelesen. Danach nimmt man das Aräometer vorsichtig aus der Suspension heraus, spült es in einem Standzylinder mit destilliertem Wasser ab und lässt es bis zur nächsten Ablesung in Wasser schwimmen. Die nächsten Ablesungen werden zweckmäßigerweise nach 5 min, 15 min und 45 min sowie nach 2, 6 und 24 h vorgenommen sowie die jeweilige Temperatur T gemessen und in ein Versuchsprotokoll eingetragen. Der Korndurchmesser d wird mit Hilfe des *Stokesschen* Gesetzes bestimmt, s. Gl. (3.16) und (3.17). Der Massenanteil a ist der Anteil, der zu einem Zeitpunkt t noch in der Schwebe ist; er entspricht dem Siebdurchgang und wird wie dieser in Abhängigkeit von der Korngröße als Körnungslinie aufgetragen, s. Gl. (3.18) und (3.19).

$$d = \sqrt{\frac{18{,}35 \cdot \eta}{\rho_\mathrm{s} - \rho_\mathrm{w}} \cdot v} \qquad [\mathrm{mm}] \tag{3.16}$$

$$v = \frac{h_\rho}{t} \qquad [\mathrm{cm/s}] \tag{3.17}$$

$$a = \frac{m(t)}{m_\mathrm{d}} \cdot 100 \quad [\%] \tag{3.18}$$

$$a = \frac{100}{m_\mathrm{d}} \cdot \frac{\rho_\mathrm{s}}{\rho_\mathrm{s} - 1} \cdot (R + C_\mathrm{T}) \quad [\%] \tag{3.19}$$

$\eta \ldots$ dynamische Viskosität, von der Temperatur T abhängig:

$$\eta = \frac{0{,}00178}{1 + 0{,}0337 \cdot T + 0{,}00022\, T^2} \qquad [\mathrm{Ns/m^2}]$$

T: [°C]

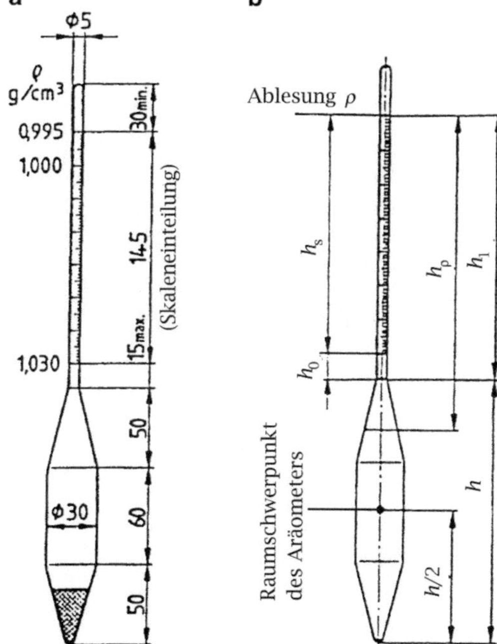

Abb. 3.5 Aräometer. **a** Abmessungen, Skalen, **b** Bezeichnungen

ρ_w ... Dichte des Wassers, von T abhängig:

$$\rho_w = \frac{1}{1 + [(2{,}31\,T - 2{,}0)^2 - 182] \cdot 10^{-6}} \quad [\text{g/cm}^3]$$

h_ρ ... Höhe [cm], entsprechend Aräometerablesung, entspr. Abb. 3.5 und folgender Gleichung:

$$h_\rho = h_S + h_0 + \frac{1}{2}\left(h - \frac{V_A}{A_Z}\right) \quad [\text{cm}]$$

V_A ... Inhalt des Aräometers [cm^3]; A_Z ... Querschnittsfläche des Messzylinders [cm^2]

Durch Kalibrierung des Aräometers ergeben sich folgende Konstanten für die Geraden-Gleichung: $h_\rho = a_1 \cdot \rho + a_0$, z. B. $a_1 = -424{,}69$ [cm^4/g]; $a_0 = 445{,}48$ [cm]

v ... Sinkgeschwindigkeit
C_T ... Temperaturkorrektur: $C_T = -1{,}9568 - 0{,}082 \cdot T + 0{,}0053T^2$ [g]
R ... Hilfswert $= (\rho - 1) \cdot 10^3 + C_m$ [g]
ρ ... Aräometerablesung [g/cm]
C_m ... Meniskuskorrektur, durch Kalibrierung des jeweiligen Aräometers zu ermitteln; z. B. $C_m = 0{,}4$ [g]

► **Anmerkung** Die Gln. (3.16) und (3.19) sind in der ursprünglichen Form dimensionsecht. Aus Rücksicht auf übliche Laborauswertungen sind sie mit unterschiedlichen Einheiten behaftet, was bei der rechnerischen Auswertung zu beachten ist. Des Weiteren sei darauf hingewiesen, dass die Hilfs- bzw. Korrekturwerte R, C_{T} und C_{m} in [g] einzusetzen sind, was mit dem Bezugsvolumen von $1000\,\mathrm{cm}^3$ Suspension zusammenhängt.

In Abb. 3.6 sind einige typische Körnungslinien von Böden dargestellt. In Klammern sind teilweise die geologischen Bezeichnungen angegeben. Für Bezeichnungen der Bodenarten wurden die Kurzzeichen gemäß *DIN 4023* verwendet, s. Abschn. 3.4.

Die Bezeichnungen in der Tabelle von Abb. 3.6 bedeuten:

$$C_{\mathrm{U}} = \frac{d_{60}}{d_{10}} = U \qquad \text{(Ungleichförmigkeitszahl)} \tag{3.20}$$

$$C_{\mathrm{C}} = \frac{d_{30}^2}{d_{10} \cdot d_{60}} \qquad \text{(Krümmungszahl)} \tag{3.21}$$

Beide Kenngrößen beschreiben die Form der Körnungslinie. Ein $U > 6$ und ein C_{c} zwischen 1 und 3 beschreiben z. B. eine flache Körnungslinie für einen weitgestuften, sandigen Kies. Sind diese Bedingungen nicht erfüllt, so ist die Korngrößenverteilung eng gestuft – wenn bestimmte Korngrößenbereiche fehlen – intermittierend gestuft. Zur Klassifizierung mit diesen beiden Kenngrößen s. auch Abschn. 3.4.

3.3.4 Zustandsformen und -grenzen

Die Zustandsform (Konsistenz) eines fein- bzw. gemischtkörnigen Bodens hängt vom „aktuellen" Wassergehalt w (oft auch als „natürlich" mit w_{n} bezeichnet) des Bodens (s. Abschn. 3.3.2) ab. Mit abnehmendem Wassergehalt geht bindiger Boden vom flüssigen in den bildsamen (plastischen), dann in den halbfesten und schließlich in den festen (harten) Zustand über. Die Übergänge von einer Zustandsform in die andere sind von Atterberg (1911) festgelegt worden und werden Zustandsgrenzen (Konsistenzgrenzen) genannt.

Die Fließgrenze w_{L} ist der Wassergehalt am Übergang von der flüssigen zur bildsamen Zustandsform.

Die Ausrollgrenze w_{P} ist der Wassergehalt am Übergang von der bildsamen zur halbfesten Zustandsform.

Die Schrumpfgrenze w_{S} ist der Wassergehalt am Übergang von der halbfesten Zustandsform zur festen Zustandsform.

Die Plastizitätszahl I_{P} ist die Differenz zwischen Fließgrenze und Ausrollgrenze.

$$I_{\mathrm{P}} = w_{\mathrm{L}} - w_{\mathrm{P}}. \tag{3.22}$$

Die Plastizitätszahl von Böden mit niedriger Fließgrenze ist versuchsmäßig nur ungenau zu ermitteln. Die in diesen Bereich (Zwischenbereich, s. Abb. 3.14) fallende Böden

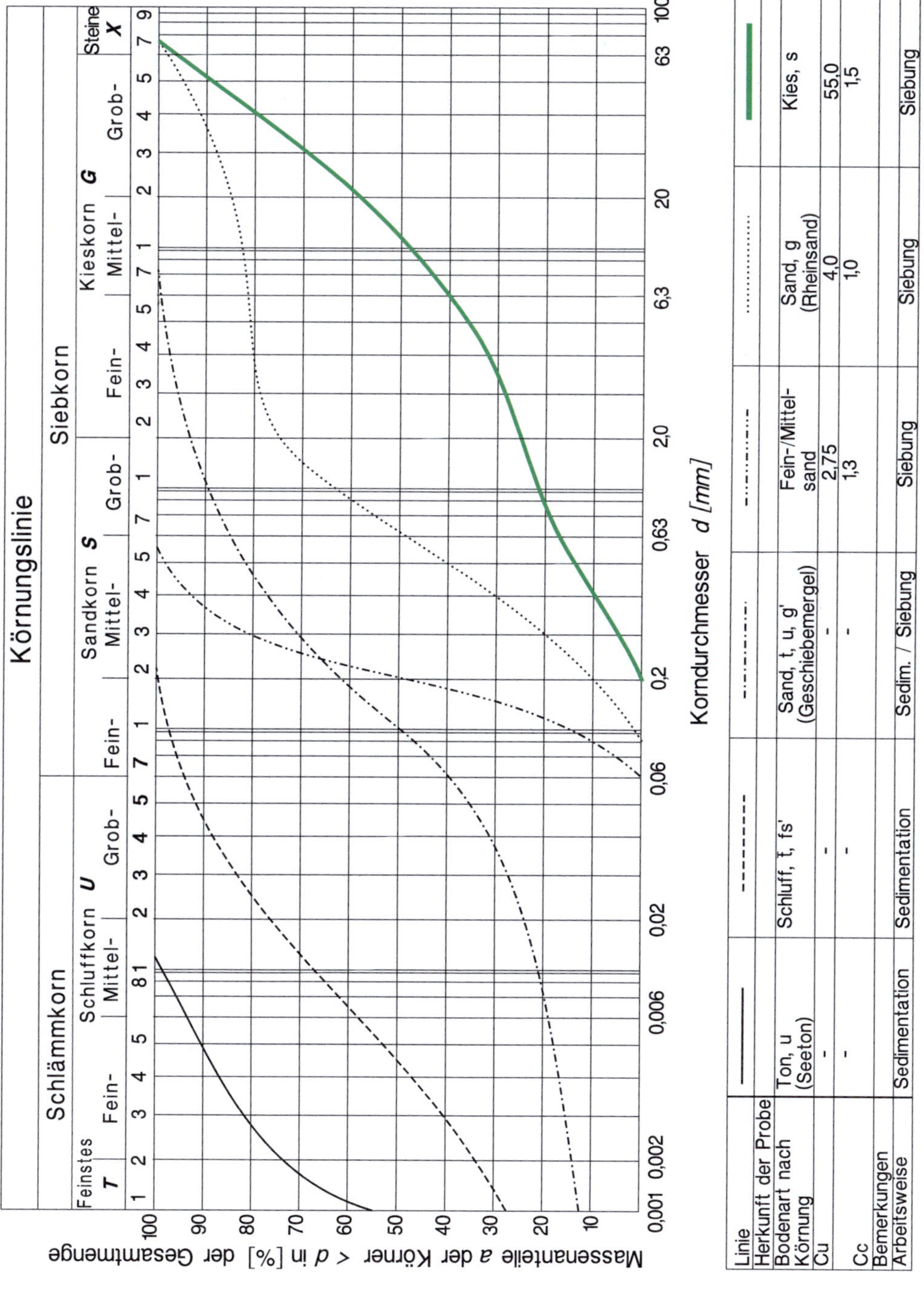

Linie	——	– – – –	–·–··–··	–·–·–·	········	(grün)
Herkunft der Probe						
Bodenart nach Körnung	Ton, u (Seeton)	Schluff, t, fs'	Sand, t, u, g' (Geschiebemergel)	Fein-/Mittel-sand	Sand, g (Rheinsand)	Kies, s
Cu	-	-	-	2,75	4,0	55,0
Cc	-	-	-	1,3	1,0	1,5
Bemerkungen						
Arbeitsweise	Sedimentation	Sedimentation	Sedim. / Siebung	Siebung	Siebung	Siebung

Abb. 3.6 Körnungslinien typischer Böden

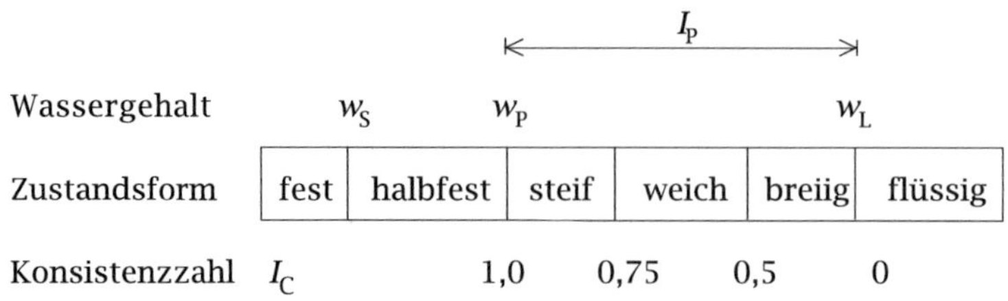

Abb. 3.7 Zustandsformen

müssen daher nach anderen Methoden, z. B. Korngrößenverteilung oder nach manuellen Verfahren, wie Trockenfestigkeit, Griffigkeit sowie dem Verhalten an Luft oder im Wasser Ton- oder Schluffbereich zugeordnet werden, s. Tab. 3.9.

Der bildsame (plastische) Bereich zwischen der Fließ- und Ausrollgrenze wird in die Zustandsformen breiig, weich und steif unterteilt, s. Abb. 3.7.

Aus dem Wassergehalt an der Fließgrenze w_L und der Ausrollgrenze w_P wird mit Hilfe des Wassergehaltes w des Bodens die Konsistenzzahl I_C berechnet.

$$I_C = \frac{w_L - w}{w_L - w_P} = \frac{w_L - w}{I_P}. \tag{3.23}$$

Nach den Konsistenzgrenzen und dem natürlichen Wassergehalt werden die an Abb. 3.7 aufgeführten Zustandsformen unterschieden.

► **Anmerkung** Nach *DIN EN ISO 14688-2* wird für die Konsistenzzahlen zwischen 0 und 0,5 eine weitere Unterteilung vorgenommen:

$$I_C < 0{,}25\text{: breiig}$$
$$0{,}25 \leq I_C \leq 0{,}5\text{: sehr weich}$$

Die Zustandsform (Konsistenz) eines bindigen Bodens kann gemäß *DIN EN ISO 14688* im Feldversuch wie folgt ermittelt werden:

a) Breiig ist ein Boden, der beim Pressen in der Faust zwischen den Fingern hindurchquillt.
b) Weich ist ein Boden, der sich durch einen leichten Fingerdruck kneten lässt.
c) Steif ist ein Boden, der sich nicht mit den Fingern kneten, aber in der Hand zu 3 mm dicken Röllchen ausrollen lässt, ohne zu reißen oder zu zerbröckeln.
d) Halbfest ist ein Boden, der beim Versuch, ihn zu 3 mm dicken Röllchen auszurollen zwar bröckelt und reißt, aber doch noch feucht genug ist, um ihn erneut zu einem Klumpen formen zu können.
e) Fest (hart) ist ein Boden, der ausgetrocknet ist und dann meist hell aussieht. Er lässt sich nicht mehr kneten, sondern nur zerbrechen. Ein nochmaliges Zusammenballen der Einzelteile ist nicht mehr möglich.

3.3.4.1 Bestimmung der Konsistenzgrenzen (Zustandsgrenzen) nach *DIN EN ISO 17892-12 und DIN 18122*

Zweck der Bestimmung der Zustandsgrenzen ist es, Aufschluss über bautechnische und bodenphysikalische Eigenschaften bindiger Böden zu erhalten. Die Zustandsgrenzen sind ein Maß für die Bildsamkeit (Plastizität) des Bodens und für seine Empfindlichkeit gegenüber Änderungen des Wassergehalts. Sie werden deshalb zur Benennung von Böden gemäß *DIN EN ISO 14688* und zur Einteilung der bindigen Böden in Gruppen nach *DIN 18196* und in Homogenbereiche gemäß *DIN 18300* verwendet, s. Abschn. 3.4 und sind somit für die Ausführung von Erdarbeiten eine wichtige Beurteilungsgrundlage. Sie geben in Verbindung mit dem jeweiligen Wassergehalt einen Anhalt für die Zustandsform (Konsistenz) eines bindigen Bodens und damit für die Festigkeit, s. *DIN 1054* in Abschn. 12.5.

Die Plastizität ist in Verbindung mit dem Feinstkorn ein Anhalt für die Aktivität der Tonmineralien. Die Ausrollgrenze ist ein Richtmaß für die Bearbeitbarkeit eines Bodens und dient u. a. zur Abschätzung des optimalen Wassergehaltes, s. Abschn. 3.8.1 Proctorversuch.

3.3.4.2 Versuchsdurchführung

a) Fließgrenze w_L

In *DIN EN ISO 17892-12* werden zwei unabhängige Versuchsverfahren für die Bestimmung der Fließgrenze beschrieben. Das Fallkegelverfahren liefert Ergebnisse mit höherer Wiederholpräzision und stellt gemäß Norm das bevorzugte Verfahren dar. Es gibt jedoch eine lange Tradition der Anwendung des Verfahrens nach Casagrande und dessen Anwendung ist gleichermaßen gestattet und wird nachfolgend in seiner Durchführung beschrieben:

Etwa 200–300 g des feuchten Bodens ohne Körner über 0,4 mm Durchmesser werden mit destilliertem Wasser zu einer gleichmäßig weichen Paste aufbereitet. In die Schale des Fließgrenzengerätes wird ein Teil der aufbereiteten Probe eingestrichen. Mit einem Furchenzieher schneidet man eine Furche, die bis auf den Grund der Schale reicht.

Mit Hilfe eines Motors wird die Schale so oft angehoben und wieder fallen gelassen, bis sich die Furche am Boden der Schale auf einer Länge von 10 mm geschlossen hat. Die Anzahl der dazu erforderlichen Schläge ist festzuhalten.

Die Fließgrenze ist dann erreicht, wenn bei genau 25 Schlägen die Furche 10 mm breit zusammenfließt. Da es fast unmöglich ist, diesen Wassergehalt genau einzustellen, werden mindestens 4 Versuche mit verschiedenen Wassergehalten ausgeführt (Mehrpunktmethode), aus denen die Fließgrenze dann nach halb-logarithmischer Auftragung graphisch interpoliert wird. Kornteile mit $d > 0{,}4$ mm werden mit einer Überkorrektur gemäß *DIN EN ISO 17892-12, Abschn. 6* berücksichtigt.

Zur Bestimmung des jeweiligen Wassergehaltes ist von der Stelle des Zusammenflusses ca. 5 cm^3 Material zu entnehmen.

DIN EN ISO 17892-12 ermöglicht auch die Bestimmung der Fließgrenze nach dem „Einpunktverfahren“. Dieses Verfahren wird hier nicht weiter beschrieben.

b) Ausrollgrenze w_P
Von einer wie unter a) aufbereiteten Masse wird ein Teil auf einer wasseraufsaugenden, nicht fasernden Unterlage so lange mit der flachen Hand ausgerollt, bis 3 mm dicke Röllchen zu zerbröckeln beginnen. Diese Krümel werden sofort in Petri- oder Uhrglasschalen eingeschlossen. Für eine Wassergehaltsbestimmung sind etwa 5 g erforderlich. Dieser Versuch ist mindestens 3 mal durchzuführen.

c) Schrumpfgrenze w_S
Etwa 200 g des Bodens werden ohne Kornanteil > 0,4 mm Durchmesser mit einem Wassergehalt von etwa dem 1,1fachen des Wertes an der Fließgrenze aufbereitet und in eine Ringform (Durchmesser 70 mm, Höhe 14 mm) luftporenfrei eingestrichen und zur Bestimmung des Anfangswassergehalts gewogen. Da das Erreichen der Schrumpfgrenze meist an der eintretenden helleren Farbe des Bodens zu erkennen ist, wird die Probe bei Raumtemperatur bis zum Farbumschlag getrocknet. Anschließend wird die Probe, wie bei der Wassergehaltsbestimmung, im Trockenofen bei 105 °C bis zur Massenkonstanz weiter getrocknet.

Nach Abkühlung der Probe wird die Trockenmasse (m_d) ermittelt und das Volumen (V_d) durch Tauchwägung oder Ausmessung bestimmt.

3.3.4.3 Auswertung

a) Fließgrenze
Die verschiedenen Wassergehalte werden in einem Formblatt über den Schlagzahlen aufgetragen. Die Messpunkte liegen bei halblogarithmischer Darstellung der Schlagzahlen annähernd auf einer Geraden, auf der dann für die Schlagzahl 25 der Wassergehalt w_L der Fließgrenze abgegriffen wird.

b) Ausrollgrenze
Das Mittel aus den Wassergehalten des mindestens 3 mal durchgeführten Versuchs ist der Wassergehalt der Ausrollgrenze w_P.

c) Schrumpfgrenze
Den Wassergehalt an der Schrumpfgrenze w_S weist eine Bodenprobe auf, wenn sie beim weiteren Austrocknen ihr Volumen nicht mehr merklich ändert, s. Abb. 3.8. Für die Bestimmung der Schrumpfgrenze gilt *DIN 18122-2*.

Unter der Annahme, dass sich zwischen Erreichen der Schrumpfgrenze und dem vollständigen Austrocknen der Probe deren Probenvolumen nicht mehr ändert, lässt sich die Schrumpfgrenze (Wassergehalt an der Schrumpfgrenze) unter der Verwendung der beiden Messgrößen m_d und V_d sowie ρ_w und ρ_S wie folgt ermitteln:

$$w_S = \rho_w \left(\frac{V_d}{m_d} - \frac{1}{\rho_S} \right). \tag{3.24}$$

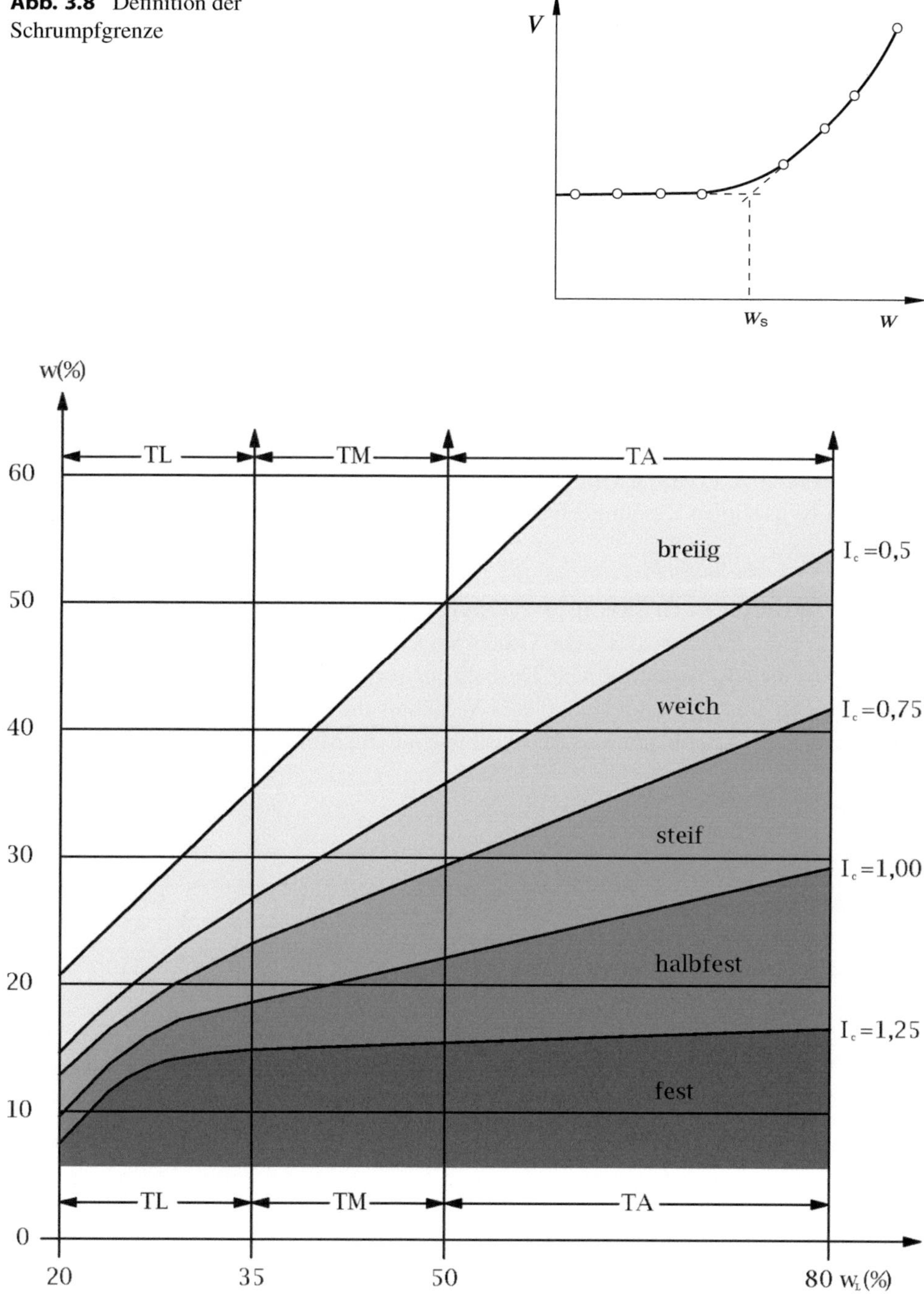

Abb. 3.8 Definition der Schrumpfgrenze

Abb. 3.9 Konsistenzbestimmung in Abhängigkeit des Wassergehalts w und der Fließgrenze w_L bzw. der Plastizitätszahl I_P (TL, TM, TA nach *DIN 18196*)

Nach Krabbe (1958) besteht zwischen den *Atterbergschen* Grenzen und der Schrumpfgrenze folgende Beziehung:

$$w_S = w_L - 1{,}25 \cdot I_P. \tag{3.25}$$

Die Schrumpfgrenze kann damit auch ohne Versuch angegeben werden!

Mit dem natürlichen Wassergehalt und dem Wassergehalt an der Schrumpfgrenze kann man mögliche Volumenänderungen und damit Setzungen infolge von Austrocknung bzw. Wasserentzug (z. B. durch große Bäume neben einem Fundament) berechnen.

Zur Bestimmung der Konsistenz in Abhängigkeit des natürlichen Wassergehalts w und des Wassergehalts an der Fließgrenze w_L bzw. der Plastizität kann Abb. 3.9 benutzt werden.

3.3.4.4 Abgeleitete Größen und Zuordnung

Für die Zuordnung zu Bodengruppen nach *DIN EN ISO 14688* und *DIN 18196* aufgrund der Fließgrenze w_L und der Plastizitätszahl I_P, s. Abschn. 3.4. Ein paar typische Kennwerte sind für einige Böden nachfolgend in Tab. 3.4 aufgeführt.

Smoltczyk et al. (1985) haben für verwitterte Schluff-Tonsteine des Gipskeupers den in Abb. 3.10 gezeigten Zusammenhang zwischen Wassergehalt und Konsistenzzahl hergestellt.

3.3.4.5 Aktivität nach Skempton (1953)

Zwar ist I_P eine bodenphysikalische Größe, sie kann aber nicht unabhängig vom Anteil des Tons an einem Korngemisch sein. Deshalb bezieht man sie bei bindigen Böden zweckmäßig auf den Tonanteil und nennt dieses Verhältnis die Aktivitätszahl I_A, s. Gl. (3.26). Die Aktivitätszahl erlaubt gewisse Rückschlüsse auf die Mineralart eines Bodens.

Tab. 3.4 Typische Kennwerte

Bodenart	w_L	w_P	I_P
Sand mit Feinkorn	20–40	15–20	5–25
Schluff	25–50	20–23	4–20
Ton, hochplastisch	60–85	20–35	33–55
Schluff und Ton, organisch	45–70	30–45	10–30

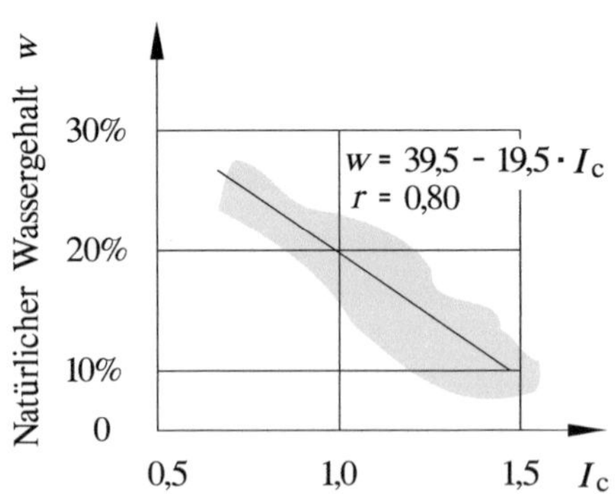

Abb. 3.10 $I_C = f(w)$ für Gipskeuper

Die Aktivitätszahl I_A ist das Verhältnis der Plastizitätszahl I_P zum Massenanteil der Körnung $\leq 0{,}002$ mm des Bodens.

$$I_A = \frac{I_P}{(m_T/m_d)}. \tag{3.26}$$

In Gl. (3.26) bedeutet m_T die Trockenmasse der Körner mit $d < 0{,}002$ mm und m_d die Trockenmasse der Körner mit $d < 0{,}4$ mm.

Beispiele für I_A:

Kaolinit:	0,33–0,46
Illit:	0,90
Ca-Montmorillonit:	> 1,50
Bentonit:	7,20

3.3.5 Wasseraufnahme

Mit dem in *DIN 18132* festgelegten Versuch wird das Wasseraufnahmevermögen w_A von feinkörnigen Böden ermittelt. Mit dem Wasseraufnahmevermögen wird die Eigenschaft des Bodens bezeichnet, Wasser kapillar anzusaugen und zu halten. Das Wasseraufnahmevermögen hängt von der spezifischen Oberfläche des Feinkorns und von der Aktivität der Tonmineralien ab. Der Versuch liefert einen Indexwert, der zu anderen bodenmechanischen Kenngrößen, wie z. B. zur Fließ- und Ausrollgrenze und zur Schrumpfgrenze, korreliert werden kann und damit zur Beurteilung von Böden für bautechnische Zwecke geeignet ist.

3.3.5.1 Versuchsdurchführung und Auswertung

Der Versuch soll nachfolgend kurz beschrieben werden. Für Details sei auf *DIN 18132* verwiesen.

Etwa 20 g trockenen Bodens ohne Körner über 0,4 mm werden im Mörser zu Pulver zerrieben. Nach Abkühlen in einem Exsikkator werden Probenmengen von 1 g ($w_A < 100\,\%$) bzw. 0,2 g ($w_A \geq 100\,\%$) auf einem glatten, längsgefalteten Papier gewogen und anschließend mit einem Glastrichter kegelförmig auf die Glasfilterplatte des Wasseraufnahmegerätes, s. Abb. 3.11, aufgebracht. Das Glasaufsatzrohr ist zu schließen. Das Volumen V_w des aufgesaugten Wassers wird im Glasmessrohr in Abhängigkeit von der Zeit t abgelesen. Der Versuch ist beendet, wenn der Probenkegel sichtbar durchfeuchtet ist und in zwei aufeinanderfolgenden Zeitintervallen keine Wasseraufnahme mehr beobachtet wird. Bei stark quellfähigen Böden, deren Wasseraufnahme mehr als 24 h dauert, wird das Wasseraufnahmevermögen mit der Wasseraufnahme nach 24 h errechnet.

Die Masse des zur Zeit t aufgesaugten Wassers ergibt sich zu:

$$m_w = (V_w - V_k) \cdot \rho_w. \tag{3.27}$$

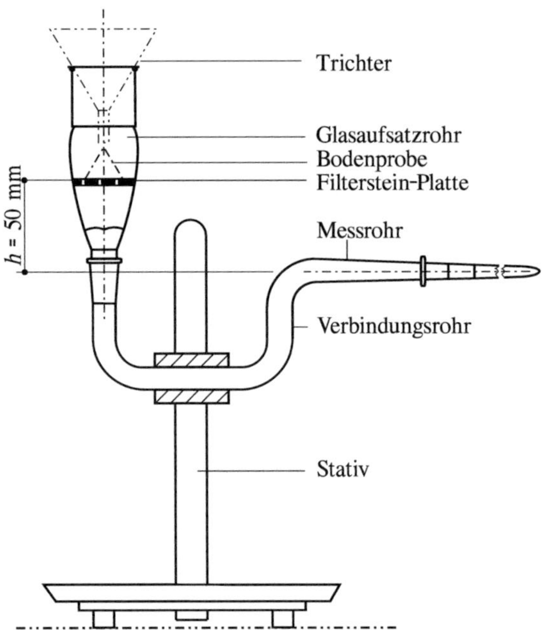

Abb. 3.11 Wasseraufnahme nach *DIN 18132*

Tab. 3.5 Bewertung der Bereiche des Wasseraufnahmevermögens

w_A (%)	Wasseraufnahmevermögen	Plastizität *DIN 4022-1*	Bodengruppe *DIN 18196*
<40	Sehr gering	Keine bis sehr geringe	SE, SU, ST
40 bis 60	Niedrig	Leicht plastisch	UL, TL
60 bis 85	Mittel	Mittel plastisch	UM, TM
>85	Hoch bis sehr hoch	Ausgeprägt plastisch	TA

Darin ist:

V_w ... Volumen des zur Zeit t aufgesaugten Wassers
V_k ... Volumen des zur Zeit t verdunsteten Wassers
ρ_w ... Dichte des Wassers $= 1{,}0\,\mathrm{g/cm^3}$

Die durch die Wasseraufnahme erreichten Wassergehalte sind bezogen auf die Trockenmasse der Probe:

$$w = \frac{m_w}{m_d}. \tag{3.28}$$

Das Wasseraufnahmevermögen w_A ist der beobachtete Höchstwert bzw. der Wert für $t = 24\,\mathrm{h}$.

Nach *DIN 18132* kann eine Bewertung hinsichtlich Plastizität und Bodengruppe vorgenommen werden (s. Tab. 3.5).

3.3.6 Beimengungen

Für die Beurteilung von Böden sind häufig der Kalkgehalt und der Anteil organischer Bestandteile von Wichtigkeit. Auf die Bestimmung dieser Anteile wird hier kurz, unter Hinweis auf die Normen zur genauen Versuchsdurchführung, eingegangen. Andere Bestandteile im Boden und Grundwasser, die sich durch ihren Chemismus schädlich auf Beton und Stahl von Grundbauwerken auswirken können, wie z. B. Sulfate und Chloride, sind gesondert durch chemische Analysen zu bestimmen. Hinsichtlich der Beurteilung betonangreifender Wässer, Böden und Gase, s. Abschn. 2.3.3 sowie *DIN EN 1997-2, Abs. 5.6.*

3.3.6.1 Kalkgehaltsbestimmung

Der Kalkgehalt dient zur Bestimmung bodenmechanischer Eigenschaften fein- und gemischtkörniger Böden, insbesondere im Hinblick auf diagenetische Stabilisierungsvorgänge und Aggregatbildungen sowie die Zuordnung von Bodenarten zu einer bestimmten geologischen Formation. So sind z. B. quartäre Ablagerungen wie Geschiebemergel oder Löss kalkhaltig. Nach *DIN 18129* ist der Kalkgehalt V_{Ca} eines Bodens der durch gasometrische Kohlenstoffdioxidbestimmung ermittelte Massenanteil an Gesamtkarbonaten m_{Ca}, bezogen auf die Trockenmasse des Bodens.

$$V_{\mathrm{Ca}} = m_{\mathrm{Ca}}/m_{\mathrm{d}}. \tag{3.29}$$

Die genaue versuchsmäßige Bestimmung mit einem Gasometer zur Messung des CO_2-Gases ist in *DIN 18129* geregelt. Dabei wird eine 0,3 bis 5 g vorgetrocknete Probe in einem Mörser pulverfein zerrieben, anschließend bei 105 °C im Trockenofen getrocknet und anschließend im Exsikkator abgekühlt. Die erneut abgewogene Probe wird mit einem Trichter in das Gasentwicklungsgerät eingebracht. In ein Reagenzglas werden 10 ml Salzsäure mit einer bestimmten Stoffmengenkonzentration eingefüllt und in dem Gasentwicklungsgerät mit der Bodenprobe in Verbindung gebracht, so dass die Bodenprobe unter CO_2-Entwicklung reagiert. Das entstehende Gas verschiebt eine Wassersäule. An der Messskala wird in Höhe des Wasserspiegels das Gasvolumen abgelesen. Außerdem werden die Raumtemperatur und der absolute Luftdruck gemessen. Aus dem Gasvolumen wird die Masse des Karbonatanteils m_{Ca} bestimmt, s. *DIN 18129.*

Überschläglich kann der Kalkgehalt auch durch Beträufeln der Bodenprobe mit 10 %-iger Salzsäure bestimmt werden. Schwaches Aufbrausen lässt auf Kalkgehalte von 1 bis 2 %, deutliches, jedoch nicht anhaltendes Aufbrausen auf 2 bis 4 % und starkes Aufbrausen auf Kalkgehalte von > 4 % schließen.

Nach *DIN EN ISO 14688-1* wird folgendermaßen unterschieden:

- kalkfrei (O): kein Aufbrausen
- kalkhaltig (+): schwaches bis deutliches Aufbrausen, aber nicht anhaltendes Aufbrausen;
- stark kalkhaltig (++): starkes, lang andauerndes Aufbrausen.

3.3.6.2 Organische Bestandteile

Organische Bestandteile werden nach *DIN 18128* durch Ausglühen der Bodenproben bestimmt. Mit dem durch den Versuch bestimmten Glühverlust wird ein Maß für die Abschätzung der organischen Bestandteile des Bodens gewonnen. Der Glühverlust wird zur bodenmechanischen Beurteilung und Klassifizierung von Böden benötigt.

Der Glühverlust V_{gl} eines Bodens ist der auf die Trockenmasse m_d bezogene Massenverlust Δm_{gl}, den der Boden beim Glühen erleidet.

$$V_{gl} = \Delta m_{gl}/m_d = (m_d - m_{gl})/m_d. \tag{3.30}$$

Die genaue Versuchsdurchführung ist in *DIN 18128* beschrieben. Je nach Bodenart werden 15 g (feinkörnige Böden) bis 1000 g (Kies) im Trockenofen bei 105 °C getrocknet. Nach dem Abkühlen auf Raumtemperatur werden feinkörnige Böden im Mörser oder in der Kugelmühle pulverförmig zerkleinert. Bei sandigen und kiesigen Proben reicht es aus, die durch Trocknung entstandene Aggregatbildung zu zerstören und die Probe bis auf die Einzelkörner zu zerkleinern. Die Probe wird in einem vorgeglühten und im Exsikkator abgekühlten Porzellantiegel (nach Tara-Bestimmung) eingefüllt, gewogen und anschließend im Muffelofen bei 550 °C bis zur Massenkonstanz geglüht und wiederum im Exsikkator auf Raumtemperatur abgekühlt. Die Probe wird erneut gewogen. Der Glühverlust wird nach Gl. (3.30) bestimmt.

Folgende Anhaltswerte für typische Versuchsergebnisse können gegeben werden:

- Sand und Kies, mit humosen oder organischen Beimengungen haben Glühverluste zwischen 2 und 10 %.
- Organische Schluffe und Tonböden zeigen häufig Glühverluste zwischen 5 und 20 %.
- Zersetzte Torfe und Mudden weisen Glühverluste bis zu 100 % auf.

3.3.7 Dichte nichtbindiger Böden bei lockerster und dichtester Lagerung; Lagerungsdichte, Verdichtungsfähigkeit

Durch die Versuche nach *DIN 18126* werden Dichten bestimmt, die der Dichte bei der lockersten und dichtesten Lagerung nichtbindiger Böden nahekommen. Sie dienen als Bezugsgröße der Dichten anstehender oder künstlich verdichteter Böden, s. Abschn. 3.8.2, und zur Beurteilung der Verdichtungsfähigkeit der Böden. Neben den hier aufgeführten Versuchen gibt es auch „indirekte" Versuche zur Bestimmung der Dichte und Lagerungsdichte, s. Abschn. 3.8.3.

Die Dichte bei dichtester Lagerung max ρ_d ist die nach den in *DIN 18126* beschriebenen Arbeitsverfahren, Geräten und Versuchsbedingungen erzielte Trockendichte des Bodens. Es wird je nach Größtkorn des Bodens der Rütteltischversuch oder der Schlaggabelversuch ausgeführt. Der Rütteltischversuch ist ein Versuch, bei dem die Probe unter festgelegter Belastung auf einem Rütteltisch bei einer bestimmten Frequenz und

Amplitude in einem zylindrischen Behälter (⌀150 mm) eingerüttelt wird. Der Schlaggabelversuch ist ein Versuch, bei dem die Probe unter Zugabe von Wasser durch Schlagen mit einer Schlaggabel an die Außenwand eines Versuchszylinders (⌀71 mm) verdichtet wird. Die Dichte bei lockerster Lagerung min ρ_d ist die nach den beschriebenen Arbeitsverfahren, Geräten und Versuchsbedingungen (Einrieseln des getrockneten Bodens mit einem Trichter in einen Versuchszylinder) erzielte Trockendichte des Bodens.

Folgende Größen werden nach den Gln. (3.31) bis (3.34) berechnet und nachfolgend zur Bestimmung der Lagerungsdichte, s. Gln. (3.35) und (3.36) bzw. der Verdichtungsfähigkeit, Gl. (3.37) benutzt.

3.3.7.1 Porenanteil bei lockerster und dichtester Lagerung

Der Porenanteil n ist:

- bei lockerster Lagerung

$$\max n = 1 - \frac{\min \rho_d}{\rho_s}, \tag{3.31}$$

- bei dichtester Lagerung

$$\min n = 1 - \frac{\max \rho_d}{\rho_s}. \tag{3.32}$$

Die Porenzahl e ist:

- bei lockerster Lagerung

$$\max e = \frac{\rho_s}{\min \rho_d} - 1, \tag{3.33}$$

- bei dichtester Lagerung

$$\min e = \frac{\rho_s}{\max \rho_d} - 1. \tag{3.34}$$

► **Anmerkung** ρ_S ist die Korndichte, s. Abschn. 3.3.1. ρ_d ist die Trockendichte des Bodens nach *DIN 18125-2*, s. auch Abschn. 3.3.1

In Abb. 3.12 sind Körner als gleich große Kugeln schematisch in lockerster und dichtester Lagerung gezeigt und die dazugehörigen Porenzahlen e und Porenanteile n angegeben (räumlicher Fall).

3.3.7.2 Lagerungsdichte

Die Lagerungsdichte D ist:

$$D = \frac{\max n - n}{\max n - \min n} = \frac{\rho_d - \min \rho_d}{\max \rho_d - \min \rho_d}. \tag{3.35}$$

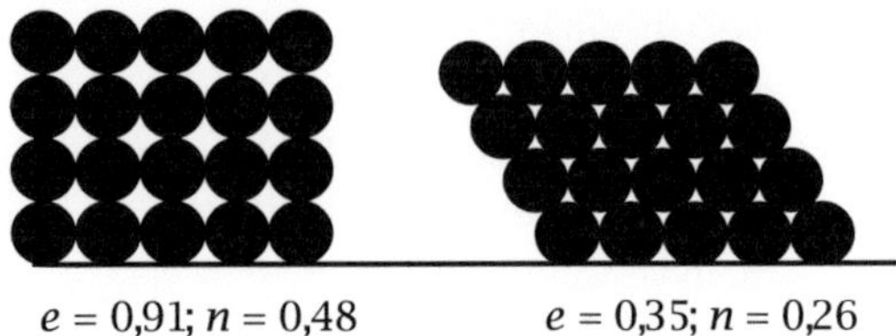

Abb. 3.12 Lockerste und dichteste Lagerung von gleich großen Körnern (*Kugeln*)

Die bezogene Lagerungsdichte I_D ist:

$$I_D = \frac{\max e - e}{\max e - \min e} = \frac{\max \rho_d(\rho_d - \min \rho_d)}{\rho_d(\max \rho_d - \min \rho_d)}. \tag{3.36}$$

► **Anmerkung** Die Zahlenwerte von D und I_D stimmen nur für die Grenzwerte 0 und 1 überein. Im angelsächsischen Sprachraum heißt $I_D = D_r$.

3.3.7.3 Verdichtungsfähigkeit

Die Verdichtungsfähigkeit I_f ist:

$$I_f = \frac{\max e - \min e}{\min e}. \tag{3.37}$$

Klassifikation hinsichtlich der Lagerungsdichte D, des Verdichtungsgrades D_{Pr} und des Spitzenwiderstandes q_c der Drucksonde, wie sie in *DIN 1054* den Bemessungswerten des Sohlwiderstands zugrunde liegen, sind in Tab. 3.6 aufgeführt. Hinsichtlich der Definition des nichtbindigen Bodens, s. Abb. 3.13.

Ein Beispiel der bezogenen Lagerungsdichte I_D nichtbindiger Böden in Abhängigkeit des Spitzenwiderstands der Drucksonde ist gemäß *DIN EN ISO 14688-2, Tab. 4* und *DIN EN 1997-2, Anhang D, Tab. D.1* in Tab. 3.7 aufgeführt.

Tab. 3.6 Einstufung nichtbindiger Böden gemäß DIN 1054 zur Bestimmung des Sohlwiderstands

Bodengruppe	Ungleichförmigkeit	Mittlere Lagerungsdichte D	Mittlerer Verdichtungsgrad D_{Pr}	Mittlerer Spitzenwiderstand der Drucksonde q_c	Festigkeit
SE, GE, SU, GU, ST, GT	Gleichförmig ($C_U \leq 3$)[a]	$\geq 0{,}3$	$\geq 95\,\%$	$\geq 7{,}5\,\text{MN/m}^2$	Mittel
		$\geq 0{,}5$	$\geq 98\,\%$	$\geq 15\,\text{MN/m}^2$	Hoch
SE, SW, SI, GE, GW, GT, SU, GU	Ungleichförmig ($C_U > 3$)[a]	$\geq 0{,}45$	$\geq 98\,\%$	$\geq 7{,}5\,\text{MN/m}^2$	Mittel
		$\geq 0{,}65$	$\geq 100\,\%$	$\geq 15\,\text{MN/m}^2$	Hoch

[a] Nach *DIN 18196* werden Sande und Kiese mit $U = C_u > 6$ als enggestufte Böden bzw. die mit $U \geq 6$ als weitgestufte Sande und Kiese bezeichnet, s. Tab. 3.11. [b] s. Abschn. 3.8.3

Tab. 3.7 Bezogene Lagerungsdichte I_D in Abhängigkeit des Spitzenwiderstands q_c

Bezeichnung für I_D	Sehr locker	Locker	Mitteldicht	Dicht	Sehr dicht
I_D (%)	0–0,15	0,15–0,30	0,30–0,65	0,65–0,85	0,85–1,0
q_c (MPa)	0,0–2,5	2,5–5,0	5,0–10,0	10,0–20,0	> 20

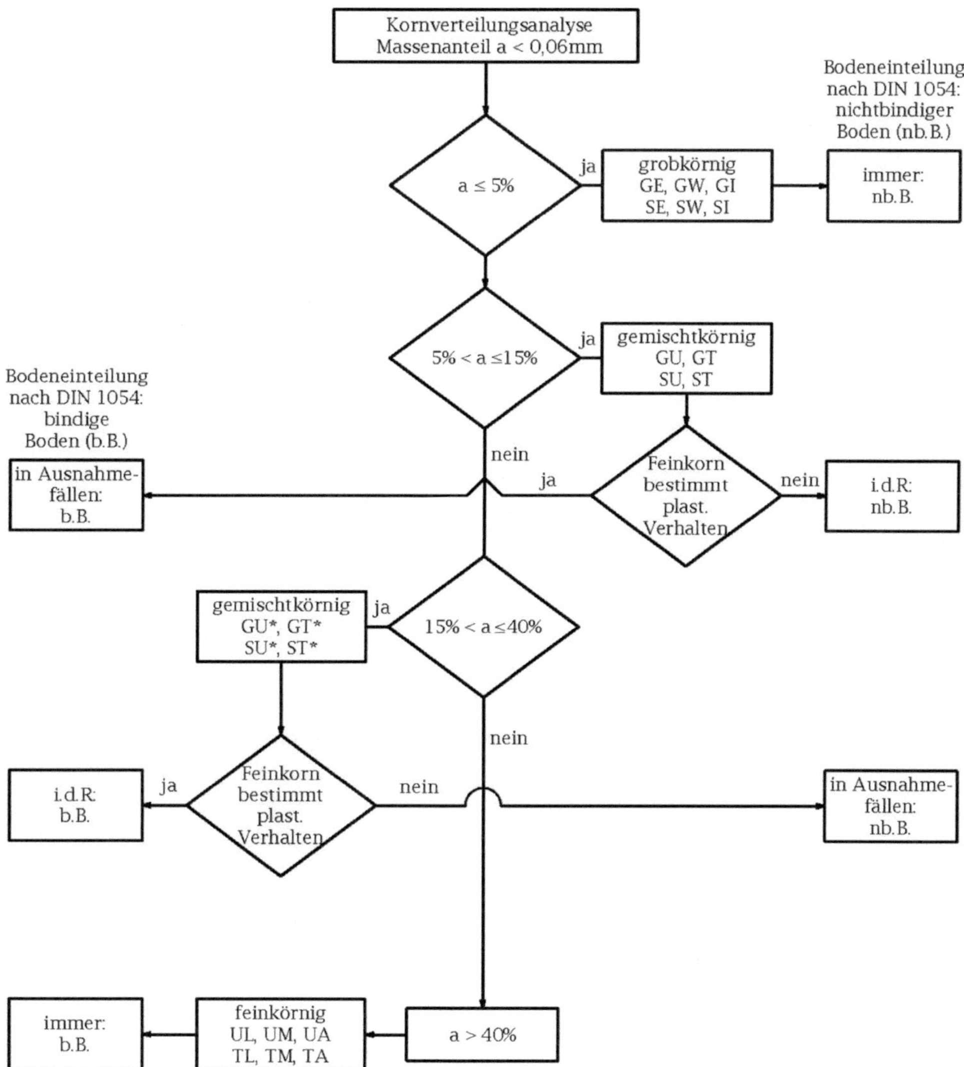

Abb. 3.13 Bindige und nichtbindige Böden nach *DIN 1054* und mit Zuordnung nach *DIN 18196* in feinkörnige, gemischkörnige und grobkörnige Böden

3.4 Klassifizieren von Böden

Um in der Bodenmechanik zu einheitlichen Bezeichnungen und zu qualitativen und quantitativen Aussagen über das mechanische Verhalten der vielen Bodenarten zu kommen, fasst man Bodengruppen mit jeweils ähnlichem Verhalten zusammen. In verschiedenen Normen und Merkblättern sind mit unterschiedlicher Zielsetzung – und damit auch nicht immer widerspruchsfrei – Klassifikationen und Einteilungen vorgenommen worden. In der *ZTVE-StB* wird neben den natürlichen Böden auch auf industrielle Nebenprodukte (z. B. Schlackensande) und auf Recycling-Baustoffe eingegangen. Daneben gibt es auch ortsübliche, geologische Bezeichnungen, s. Abschn. 3.4.2.

Hauptsächlich wird eine Einordnung nach folgenden Merkmalen vorgenommen:

- Korngrößenbereiche,
- Korngrößenverteilung,
- Wassergehalt und Konsistenz,
- plastische Eigenschaften,
- Kalkgehalt,
- organische Bestandteile,
- Dichte, Lagerungsdichte.

3.4.1 Klassifizieren und Einteilen gemäß Regelwerken und Merkblättern

Für die Klassifizierung und Einteilung von Boden und Fels für bautechnische Zwecke steht auf europäischer Ebene *DIN EN ISO 14688-2* zur Verfügung. Im nationalen Anhang wird auf die deutsche *DIN 18196* verwiesen, die weiterhin als zentrales Regelwerk zu sehen ist. In den beiden Teilen der europäischen Norm *DIN EN 1997* sowie den zugehörigen nationalen Anhängen werden Böden für weitergehende Aussagen bezüglich ihrer Kornzusammensetzung und hinsichtlich organischer Anteile unterschieden. Die in der *VOB*, Teil C enthaltenen Normen sind die Grundlage für eine Einteilung in Homogenbereiche, s. Abschn. 3.4.1.5. *DIN 4023* regelt lediglich die zeichnerische Darstellung von Bohrergebnissen, wobei Kurzformen verwendet werden, die sich von den Kurzzeichen der *DIN EN ISO 14688-1* unterscheiden.

3.4.1.1 Böden gemäß *DIN EN 1997-1* mit *DIN 1054* sowie *DIN EN 1997-2*

Nichtbindige Böden Die grobkörnigen Böden der Bodengruppen GE, GW, GI, SE, SW und SI nach *DIN 18196, Tabelle 4*, werden als nichtbindig bezeichnet. Die gemischtkörnigen Böden der Bodengruppen GU, GT, SU und ST sowie im Einzelfall auch GU*, GT*, SU* und ST* werden den nichtbindigen Böden zugeordnet, wenn der Feinkorn-Massenanteil das Verhalten des Bodens nicht bestimmt, z. B. wegen fehlender Plastizität.

Bindige Böden Die feinkörnigen Böden der Bodengruppen UL, UM und UA sowie TL, TM und TA nach *DIN 18196, Tabelle 4*, werden als bindig bezeichnet. Die gemischtkörnigen Böden der Bodengruppen GU*, GT*, SU* und ST* sowie im Einzelfall auch GU, GT, SU und ST nach *DIN 18196, Tabelle 4*, werden den bindigen Böden zugeordnet, wenn der Feinkorn-Massenanteil das Verhalten des Bodens bestimmt, z. B. durch seine Plastizität.

Organische und organogene Böden Böden der Bodengruppen HN, HZ und F nach *DIN 18196, Tabelle 4*, werden als organische Böden bezeichnet. Nichtbindige Böden bzw. bindige Böden werden als Böden mit organischen Beimengungen bezeichnet, wenn der Massenanteil organischer Beimengungen (Glühverlust) bei nichtbindigen Böden mehr als 3 %, bei bindigen mehr als 5 % beträgt. Dem entsprechen die Böden der Bodengruppen OU, OT und OH nach *DIN 18196, Tabelle 4*, sie werden als organogen (organischen Ursprungs) bezeichnet. Diese Böden sind in der Regel nicht sehr tragfähig und als Baustoff nicht oder nur sehr bedingt einsetzbar.

Bei der Klassifizierung nach *DIN 1054* ist das wesentliche Unterscheidungsmerkmal der Massenanteil a an Bodenbestandteilen mit Korngrößen < 0,06 mm. Als weiteres Unterscheidungsmerkmal ist für gemischtkörnige Böden, ob das plastische Verhalten durch die Feinkornanteile bestimmt wird oder nicht. Nach *DIN EN ISO 14688-1* bestimmt der Feinkorn-Massenanteil „üblicherweise die bautechnischen Eigenschaften eines zusammengesetzten Bodens, wenn der Boden im nassen Zustand zusammenklebt und knetbar ist." Ob ein Boden knetbar ist, kann über die im Anhang A der DIN EN ISO 14688-1 genannten Handversuche (Zähigkeit, Plastizität und Kohäsion) ermittelt werden. Die Trockenfestigkeit, s. Tab. 3.9, liefert einen Hinweis, ob das Feinkorn im Boden die bautechnischen Eigenschaften bestimmt.

Eine Einteilung in bindige (b. B.) und nichtbindige Böden (nb. B.) nach *DIN 1054* mit der Zuordnung von Bodengruppen der *DIN 18196* zeigt Abb. 3.13.

3.4.1.2 Benennen und Beschreiben nach *DIN EN ISO 14688*

DIN EN ISO 14688-1 gilt für die Benennung und Beschreibung von Boden, in DIN EN ISO 14688-2 werden darauf basierend die Grundlagen für Bodenklassifizierungen angegeben, wobei sich der nationale Anhang auf die deutsche Norm 18196 bezieht. Grundlage für das Benennen und Beschreiben sind vorwiegend die Korngrößenverteilung, die Nebenanteile, das plastische Verhalten von Böden bzw. die Konsistenzgrenzen.

Die Korngrößenbereiche sind nach *DIN EN ISO 14688-1* in Tab. 3.8 aufgeführt, wobei die Kurzformen der DIN 4023 angegeben werden, die Kurzzeichen der *DIN EN ISO 14688-1* stehen in Klammern und sind aus der englischen Sprache abgeleitet. Bei der Benennung im Feinkornbereich (Ton und Schluff) wird die Bodenart nicht allein nach den Korngrößen, sondern auch nach den plastischen Eigenschaften unterschieden. Während in *DIN EN ISO 14688-2* von hoher und sehr hoher Plastizität gesprochen wird, werden in *DIN 18196* diese beiden Bereich zusammengefasst und als ausgeprägt plastisch benannt, s. dazu Plastizitätsbereiche in Abb. 3.14.

Tab. 3.8 Korngrößenbereiche

Bereich/Benennung		Kurzzeichen	Korngrößenbereich (mm)
	Blöcke	Y (Bo)	> 200
	Steine	X (Co)	> 63–200
Grobkornbereich (Siebkorn)	Kieskorn	G (Gr)	> 2–63
	Grobkies	gG (CGr)	> 20–63
	Mittelkies	mG (MGr)	> 6,3–20
	Feinkies	fG (FGr)	> 2,0–6,3
	Sandkorn	S (Sa)	> 0,06–2,0
	Grobsand	gS (CSa)	> 0,6–2,0
	Mittelsand	mS (MSa)	> 0,2–0,6
	Feinsand	fS (FSa)	> 0,06–0,2
Feinkornbereich (Schlämmkorn)	Schluffkorn	U (Si)	> 0,002–0,06
	Grobschluff	gU (CSi)	> 0,02–0,06
	Mittelschuff	mU (MSi)	> 0,006–0,02
	Feinschluff	fU (FSi)	> 0,002–0,006
	Tonkorn (Feinstes)	T (Cl)	< 0,002

In *DIN EN ISO 14688-2* werden Böden in sehr grobkörnig, grobkörnig und feinkörnig unterschieden. Aus dem nationalen Anhang dieser Norm ergibt sich, dass in Deutschland bei der Bodenklassifikation nach DIN 18196 zusätzlich auch gemischkörnige Böden berücksichtigt werden.

Organische Böden und Anteile sind nach *DIN EN ISO 14688-1* Torf, Mudde und Humus. Die Benennung dieser Böden richtet sich nach der Art, dem Anteil, dem Zersetzungsgrad und den Entstehungsbedingungen dieser Bestandteile. Zur vollständigen Beschreibung der Böden sind im Anhang A der *DIN EN ISO 14688-1* Hinweise zur Bestimmung der Korngrößenverteilung in situ sowie für feinkörnige Böden manuelle und visuelle Verfahren zur Abgrenzung von Ton und Schluff aufgeführt.

3.4.1.3 *DIN 4023*: Zeichnerische Darstellung von Bohrergebnissen

DIN 4023 regelt die zeichnerische Darstellung von Erkundungsergebnissen. Hierbei werden weiterhin die Kurzformen der ehemaligen *DIN 4022* verwendet, die im Anhang der *DIN 4023* den Kurzzeichen der *DIN EN ISO 14688-1* gegenübergestellt sind. Die Kurzzeichen nach *DIN EN ISO 14688-1* wurden nicht in *DIN 4023* übernommen, da diese nicht für alle darin genannten Boden- und Felsarten existieren und darüber hinaus nach einem anderen Prinzip gebildet werden.

Die Festlegungen der *DIN 4023* sollen gewährleisten, dass Böden und Fels nach Art und Beschaffenheit einheitlich gekennzeichnet und dass Bohr- und Schurfergebnisse, einschließlich der Wasserverhältnisse, einheitlich dargestellt werden, s. Abb. 2.4.

Das Benennen der Böden erfolgt für reine Bodenarten mit einem Korngrößenbereich nach Tab. 3.8, z. B. mit Kies oder Grobschluff. Zusammengesetzte Bodenarten werden mit einem Hauptwort für den Hauptanteil und mit einem oder mehreren Eigenschaftswörtern für die Nebenanteile bezeichnet, z. B. Ton, schluffig, feinsandig, kiesig. Hauptanteil ist entweder die Bodenart, die nach dem Massenanteil am stärksten vertreten ist, oder jene, die die bestimmenden Eigenschaften des Bodens prägt.

Der Hauptanteil ist die nach Massenanteilen am stärksten vertretene Bodenart:

a) bei grobkörnigen Böden, deren Feinkornanteil weniger als 5 % beträgt,
b) bei gemischtkörnigen Böden, deren Feinkornanteil zwischen 5 und 40 % liegt, wenn dieser das Verhalten des Bodens nicht bestimmt.

Der Hauptanteil ist die Bodenart, welche die bestimmenden Eigenschaften des Bodens prägt:

a) bei feinkörnigen Böden, also bei Böden, deren Feinkornanteil mehr als 40 % ausmacht,
b) bei gemischtkörnigen Böden, wenn der Feinkorn-Massenanteil das Verhalten des Bodens bestimmt.

Nebenanteil ist der Anteil an Feinkorn, der die bestimmenden Eigenschaften des Bodens nicht prägt. Als Eigenschaftswort dient dann je nach plastischen Eigenschaften „tonig" oder „schluffig". Die Eigenschaftswörter der Nebenanteile werden in der Reihenfolge ihrer Bedeutung dem Hauptwort des Hauptanteils nachgestellt. Sind grobkörnige Nebenanteile in besonders geringem oder besonders starkem Umfang vertreten, so wird dem Eigenschaftswort das Beiwort „schwach" oder „stark" vorangesetzt. Gemäß dem nationalen Anhang zu *DIN EN ISO 14688-1* wird das Adjektiv „schwach" verwendet, wenn die Massenanteile grobkörniger Nebenanteile weniger als 15 %, das Adjektiv „stark" wenn sie mehr als 30 % betragen. Bei feinkörnigen Nebenanteilen gelten anaologe Grenzen für die Verwendung der Adjektive. Dies ist eine Änderung gegenüber der alten *DIN 4022*, gemäß der das Eigenschaftswort „tonig" oder „schluffig" das Beiwort „schwach" bzw. „stark" dann vorangestellt wurde, wenn sie von besonders geringem oder besonders starkem Einfluss auf das Verhalten des Bodens sind.

Bei feinkörnigen oder gemischtkörnigen Böden, deren Verhalten vom Feinkornanteil geprägt ist, wird auch das Vorhandensein feinkörniger Nebenanteile aufgrund der plastischen Eigenschaften nach den in Tab. 3.9 und in *DIN EN ISO 14688-1*, Anhang A genauer beschriebenen Versuchen als Schluff oder Ton beurteilt. Ein Ton ist „schluffig" oder ein Schluff ist „tonig", wenn ihre Plastizitätszahlen I_P im Diagramm von Abb. 3.14 weniger als 3 % über oder unter der A-Linie liegen.

Bei gemischten Bodenarten werden die Haupt- und Nebenanteile durch die entsprechenden Kurzzeichen (Groß- und Kleinbuchstaben) und durch die Art der Zeichen unterschieden. Wenn bei einem (grobkörnigen) Boden zwei Korngrößenbereiche mit etwa gleichen Massenanteilen (40 bis 60 %) vertreten sind, sind die entsprechenden Kurzformen durch einen Schrägstrich zu verbinden (z. B. S/G). Die Kurzzeichen der Nebenanteile

Tab. 3.9 Korngrößenansprache in Anlehnung an *DIN EN ISO 14688-1*

Visuell		Bodenbeschreibung, manuell		
Kies	Sand	–	Schluff	Ton
Hühnerei, Haselnuss, Erbsen, Streichholzköpfe	< Streichholzköpfe < Grieß	Trockenfestigkeit	Probe mit mäßigem Fingerdruck pulverisierbar (niedrigste Tfk.)	Probe nur zw. Fingern brechbar (hohe Trockenfestigkeit)
		Verhalten im Wasser	Zerfällt schnell	Zerfällt langsam oder gar nicht
	Grieß, aber Einzelkorn mit bloßem Auge erkennbar	Verhalten an der Luft	Trocknet schnell, lässt sich abbürsten	Trocknet langsam und schrumpft
–		Griffigkeit	Seifig, klingt sandig	Glatt, klebrig (bei Nässe)

werden in der Reihenfolge ihrer Bedeutung angefügt und durch Kommata abgetrennt. Ein schwacher Nebenanteil wird durch ein Apostroph dahinter (z. B. schwach tonig: t′), ein starker Nebenanteil durch einen Strich über dem Kurzzeichen des Nebenanteils bzw. mit einem Sternchen daneben (z. B. stark sandig: $\overline{\text{s}}$ bzw. s*) kenntlich gemacht. Für die Beschreibung der Konsistenz bindiger Böden werden senkrecht neben den Bohrprofilen bestimmte Signaturen benutzt, s. Abb. 2.4.

3.4.1.4 Bodenklassifizierung nach *DIN 18196*

Der Zweck der Norm ist die Zusammenfassung von Bodenarten und Bodengruppen mit annähernd gleichem stofflichen Aufbau und ähnlichen bodenphysikalischen Eigenschaften mit Hilfe von Kurzzeichen für die Beurteilung ihres bautechnischen Verhaltens und für die an sie zu stellenden Güteanforderungen, s. Tab. 3.10 und 3.11. In der Tabelle 4 der *DIN 18196* sind Beispiele für die einzelnen Bodengruppen und außerdem qualitative und

Tab. 3.10 Kennbuchstaben für Haupt- und Nebenbestandteile

Korngrößenbereiche		Organische Bestandteile	
G Kies	U Schluff	O org. Beimengung	F Mudde (Faulschlamm)
S Sand	T Ton	H Torf (Humus)	K Kalk

Tab. 3.11 Kennbuchstaben für bodenphysikalische Eigenschaften

Kornverteilung	Plastische Eigenschaften	Zersetzungsgrad von Torf
E enggestuft $U < 6^a$; $C_c{}^a$ beliebig	L leichtplastisch $w_L \leq 0{,}35^b$	N nicht bis kaum zersetzter Torf
W weitgestuft $U \geq 6$; $C_c = 1–3^a$	M mittelplastisch $0{,}35 < w_L \leq 0{,}50^b$	Z zersetzter Torf
I intermittierend gestuft $U > 6$; $C_c < 1^a$ oder $C_c > 3^a$	A ausgeprägt plastisch $w_L > 0{,}50^b$	–

[a] U und C_C s. Abschn. 3.3.3, [b] s. Abschn. 3.3.4.

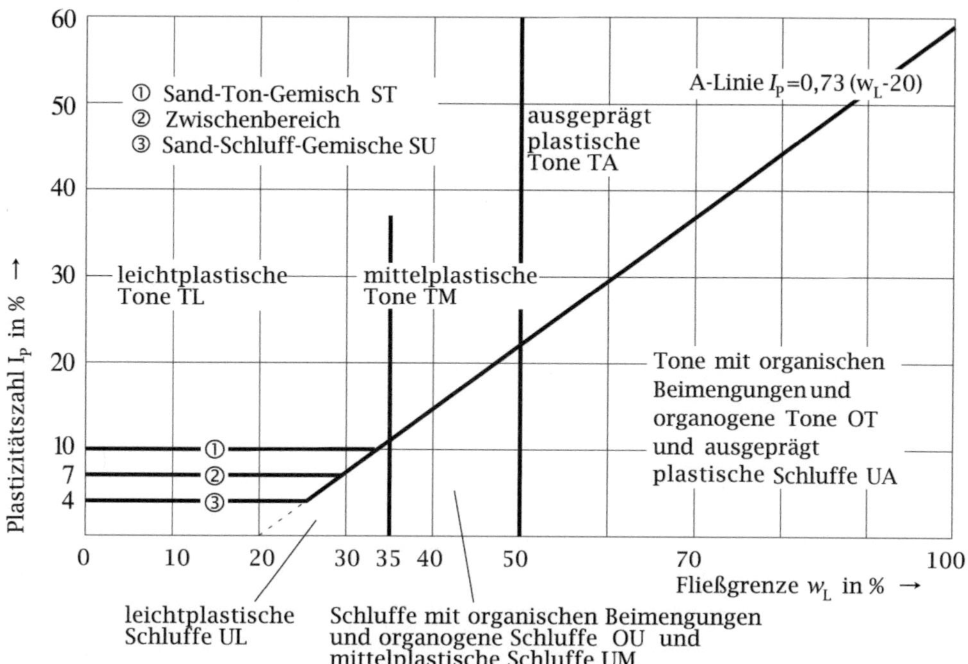

Abb. 3.14 Klassifizierung von bindigen Böden gemäß bisheriger *DIN 18196*

wertende Angaben für die bautechnischen Eigenschaften und die bautechnische Eignung als Baugrund für Gründungen bzw. als Eignung als Baustoff gemacht! Die Lagerungsdichte nichtbindiger Böden und die Zustandsform bindiger Böden werden in *DIN 18196* nicht zur Klassifizierung herangezogen.

Der erste Kennbuchstabe gibt den Hauptbestandteil, der zweite den Nebenbestandteil oder eine bezeichnende bodenphysikalische Eigenschaft der Bodenart oder -gruppe an.

Mit Hilfe der Kurzzeichen sind die Bodenarten in *DIN 18196* in 28 Gruppen eingeteilt. Zur genauen Einordnung werden Laborversuche ausgeführt (Korngrößenverteilung, Wassergehalte w, w_L und w_P, Glühverlust und Kalkgehalt). Im Entwurf zur neuen *DIN 18196* wird zusätzlich zwischen Steinen (BS), Blöcken (BL) und großen Blöcken (BG) unterschieden, die jedoch über die Ansprache im Gelände identifiziert werden.

DIN 18196 unterscheidet bei Ton und Schluff nach dem Korngrößenbereich und den plastischen Eigenschaften. Maßgebend sind der Wassergehalt w_L an der Fließ- und w_P an der Ausrollgrenze. Ob eine Bodenart sich mehr als Schluff oder Ton verhält und entsprechend bezeichnet wird, ergibt sich dann aus Abb. 3.14.

Es sei je ein Beispiel genannt für:

- grobkörnige Böden: SE; enggestufte Sande (Dünensand)
- feinkörnige Böden: TA; ausgeprägt plastische Tone (Juratone)

- gemischtkörnige Böden: GU*; Kies-Schluff-Gemische (Talschutt)
- organische Böden: HZ; zersetzte Torfe (Niedertorfmoor)

Die gesamte Einteilung entnehme man der *DIN 18196*.

Wichtig in Hinblick auf die Klassifizierung gemäß *DIN 18300*, s. nachfolgend, ist die Einteilung nach Abb. 3.14. Dieses Diagramm geht auf Casagrande (1947), zurück und gibt Aufschluss hinsichtlich vieler bodenmechanischer Aspekte. Im Entwurf der neuen *DIN 18196* ist neben der A-Linie noch eine ansteigende U-Linie ergänzt, die Sand-Ton-Gemische (ST) von Tonen (TL, TM, TA) abgrenzt.

3.4.1.5 Klassifizierung nach VOB, Teil C

Mit der *VOB 2019* wurde in allen Tiefbaunormen der VOB/C mit einem Bezug zum Baugrund die bisherige Klassifikation von Boden und Fels durch die Beschreibung von Homogenbereichen abgelöst. In den jeweils aktualisierten Normen wird festgelegt, welche Parameter für die Homogenbereiche anzugeben sind, um den spezifischen Randbedingungen der jeweiligen Gewerke gerecht zu werden und dem Auftragnehmer die Auswahlentscheidung für die in Betracht kommenden Baugeräte zu erleichtern.

Gemäß dieser Normen ist ein Homogenbereich ein begrenzter Bereich, bestehend aus einzelnen oder mehreren Boden- oder Felsschichten, der für das jeweilige Gewerk vergleichbare Eigenschaften aufweist.

In Tab. 3.12 ist für *DIN 18300* (Erdarbeiten), *DIN 18301* (Bohrarbeiten) und *DIN 18319* (Rohrvertriebe) aufgelistet, welche Eigenschaften und Kennwerte sowie deren Bandbreite für Boden auf der Grundlage der Baugrunderkundung anzugeben sind. Für Fels wird auf Abschn. 3.5.1 verwiesen.

Für jeden Kennwert wird angegeben, nach welcher Norm er zu bestimmen ist. Es ist jedoch auch eine Festlegung aufgrund von Erfahrungswerten möglich, die Norm ist dann nur im Zweifelsfall anzuwenden.

Sind umweltrelevante Inhaltsstoffe zu beachten, so sind diese bei der Einteilung in Homogenbereiche zu berücksichtigen. Oberboden sollte generell als eigener Homogenbereich abgegrenzt werden.

Bei kleineren Bauvorhaben der Geotechnischen Kategorie GK 1 sind gemäß *DIN 18300* für Erdarbeiten folgende Angaben ausreichend:

- Bodengruppe nach *DIN 18196*,
- Massenanteil Steine, Blöcke und große Blöcke nach *DIN EN ISO 14688-1*
- Konsistenz und Plastizität nach *DIN EN ISO 14688-1* und
- Lagerungsdichte

Da lange Zeit die Bodenklassen der „alten“ *DIN 18300* verwendet wurden und daher noch in vielen Bestandsunterlagen vorliegen, sind diese in Tab. 3.13 weiterhin aufgeführt.

Tab. 3.12 Eigenschaften und Kennwerte für Homogenbereiche in Boden

Kennwerte/Eigenschaft	Prüfung bzw. Definition nach	DIN 18300	DIN 18301	DIN 18319
Ortsübliche Bezeichnung	–	x	x	x
Korngrößenverteilung mit Körnungsbändern	DIN EN ISO 17892-4	x	x	x
Definition von Steinen und Blöcken	DIN EN ISO 14688-1	x	x	x
Massenanteil Steine, $D > 63\,\text{mm}$	Bestimmung durch Aussortieren, Vermessen bzw. Sieben und Wiegen	x	x	x
Massenanteil Blöcke, $D > 200\,\text{mm}$		x	x	x
Massenanteil große Blöcke, $D > 630\,\text{mm}$	–	x	x	x
Mineralogische Zusammensetzung der Steine und Blöcke	DIN EN ISO 14689-1	–	–	x
Dichte	DIN EN ISO 17892-2 und DIN 18125-2	x	–	x
Kohäsion	DIN EN ISO 17892-9 und -10	–	x	–
Undränierte Scherfestigkeit	DIN 4094-4 oder DIN EN ISO 17892-7 bzw. -8	x	x	x
Sensitivität	DIN 4094-4	–	–	x
Wassergehalt	DIN EN ISO 17892-1	x	x	x
Konsistenz	DIN EN ISO 14688-1 (5.14)	–	–	–
Konsistenzzahl	DIN EN ISO 17892-12	x	x	x
Plastizität	DIN EN ISO 14688-1 (5.8)	–	–	–
Plastizitätszahl	DIN 17892-12	x	x	x
Durchlässigkeit	Normenreihe DIN EN ISO 17892-11	–	–	x
Lagerungsdichte	Definition: DIN EN ISO 14688-2	x	x	x
–	Bestimmung: DIN 18126	x	x	x
Kalkgehalt	DIN 18129	–	–	–
Sulfatgehalt	DIN EN 1997-2	–	–	–
Organischer Anteil	DIN 18 128	x	–	x
Benennung und Beschreibung organischer Böden	DIN EN ISO 14688-1	–	–	x
Bodengruppe	DIN 18196	x	x	x
Abrasivität	NF P18-579[a]	–	x	x

[a] Französische Norm.

Tab. 3.13 Bodenklassen nach „alter“ *DIN 18300*

Klasse	Bezeichnung	Beschreibung
1	Oberboden	Oberste Schicht des Bodens, die neben organischen Stoffen, z. B. Kies, Sand, Schluff, und Tongemischen, auch Humus und Bodenlebewesen enthält
2	Fließende Bodenarten	Bodenarten, die von flüssiger bis breiiger Konsistenz sind und die das Wasser schwer abgeben
3	Leicht lösbare Bodenarten	Sande, Kiese und Sand-Kies-Gemische mit höchstens 15 % Massenanteil an Schluff und Ton mit Korngrößen kleiner 0,063 mm und mit höchstens 30 % Massenanteil an Steinen mit Korngrößen über 63 bis 200 mm
4	Mittelschwer lösbare Bodenarten	Gemische von Sand, Kies, Schluff und Ton mit über 15 % Massenanteil der Korngröße kleiner als 0,063 mm. Bodenarten von leichter bis mittlerer Plastizität, die je nach Wassergehalt weich bis halbfest sind und höchstens 30 % Massenanteil an Steinen enthalten
5	Schwer lösbare Bodenarten	Bodenarten nach den Klassen 3 und 4, jedoch mit über 30 % Massenanteil an Steinen. Bodenarten mit höchstens 30 % Massenanteil an Blöcken der Korngröße über 200 bis 630 mm. Ausgeprägt plastische Tone, die je nach Wassergehalt weich bis halbfest sind
6	Leicht lösbarer Fels und vergleichbare Bodenarten	Felsarten, die einen mineralisch gebundenen Zusammenhalt haben, jedoch stark klüftig, brüchig, bröckelig, schiefrig oder verwittert sind, sowie vergleichbare feste oder verfestigte Bodenarten, z. B. durch Austrocknen, Gefrieren oder chemische Bindungen. Bodenarten mit über 30 % Massenanteil an Blöcken
7	Schwer lösbarer Fels	Felsarten, die einen mineralisch gebundenen Zusammenhalt und eine hohe Festigkeit haben und die nur wenig klüftig oder verwittert sind, auch unverwitterter Tonschiefer, Nagelfluhschichten, verfestigte Schlacken und dergleichen. Haufwerke aus großen Blöcken mit Korngrößen über 630 mm

3.4.2 Bodenansprache nach ortsüblichen, geologischen Bezeichnungen

Die Bezeichnungen sind nicht genormt. Sie können als zusätzliche Angabe im Hinblick auf Vergleich bzw. Identifikation nützlich sein. Stichwortartig sind nachfolgend einige Beispiele gegeben:

a) **Letten:** Ton mit 10–40 % Kalk, daher etwas lockerer als reiner Ton, praktisch undurchlässig
b) **Mergel:** Ton mit über 40 % Kalk und Sand. Rasche Verwitterung an der Luft. Farbe grau, an der Oberfläche braun
   Sonderfälle:
   1) Knollenmergel, sehr feinkörnig und gleichförmig (verwittert mit großer Rutschgefahr)
   2) Opalinuston, sehr feinkörnig

c) **Löss:** feinkörnige, gleichmäßige Windablagerung aus Feinsand, Schluff und Ton, durch Kalk verkittet, sehr wasserempfindlich
d) **Lösslehm:** ausgewitterter Löss ohne Kalk, deshalb dichter gelagert als Löss
e) **Lehm:**Ton mit Sand und Schluff
(> 40 % Sand: „magerer“ Lehm; < 40 % Sand, 20– 25 % Ton: „fetter“ Lehm)
f) **Rheinsand:** nichtbindiges, durch Flussströmung transportiertes Material
g) **Moränekies:** nichtbindiges, eiszeitlich abgelagertes Material
h) **Geschiebemergel und -lehm:** bindiger Boden mit stark unterschiedlichen Korngrößenanteilen bis hin zum Findling mit Meter-Durchmesser, entstanden während der Eiszeiten, häufig durch Eisauflasten stark vorbelastet
i) **Mudde:** organisch, schluffig, toniges Sediment im Küstenbereich, nach der Eiszeit abgelagert
j) **Brechsand, Splitt, und Schotter:** ja nach ihrer Korngrößenverteilung werden gebrochene Materialien im Sandbereich als Brechsande, im Bereich von Grobsand und Fein- bis Mittelkies als Splitt und im Bereich von Kies als Schotter bezeichnet.

3.5 Eigenschaften von Fels

Die Eigenschaften von Fels (Festgestein) sind zum einen von der mineralogischen Zusammensetzung, s. Abschn. 3.2, zum anderen jedoch auch stark von der Verwitterung und vom Trennflächengefüge abhängig.

Für die Bestimmung der geomechanischen Eigenschaften von Fels werden teilweise in der Felsmechanik eigene Labor- und Feldversuche durchgeführt, s. Anhang.

Zum Benennen und Beschreiben von Fels sei auf *DIN EN ISO 14689* verwiesen. Es sollte besonders auch auf die Veränderlichkeit von Gesteinen im Wasser bzw. unter Witterungseinflüssen geachtet werden. So sind z. B. die in Südwestdeutschland anstehenden Schlufftonsteine des Keupers veränderlich feste Gesteine, deren Festigkeit bei Exposition in kürzester Zeit drastisch abnehmen kann.

Für die Felsklassifikation hinsichtlich der Dimensionierung von Flachgründungen im Fels gemäß *DIN EN 1997-1* mit *DIN 1054* wird auf Abschn. 12.5.3 verwiesen.

Gebirgsklassifizierungen, wie sie üblicherweise im Hohlraumbau verwendet werden, beziehen sich zwar auf zum Teil in *DIN EN ISO 14689* genannt Eigenschaften, beurteilen aber das Gebirgsverhalten als Gesamtes und verwenden hierbei teilweise mehrere beschreibende Kenngrößen. Sie beruhen im Wesentlichen auf Klassifizierungen der International Society for Rock Mechanics (ISRM).

3.5.1 Klassifikation nach VOB/C

Wie bei Boden wurde mit der *VOB/C 2019* auch für Fels eine Umstellung von der Klassifizierung auf eine Einteilung in Homogenbereiche eingeführt. Analog werden daher für

Tab. 3.14 Eigenschaften und Kennwerte für Homogenbereiche in Fels

Kennwerte/Eigenschaft	Prüfung bzw. Definition nach	DIN 18300	DIN 18301	DIN 18319
Ortsübliche Bezeichnung	–	x	x	x
Benennen von Fels	DIN EN ISO 14689-1	x	x	x
Dichte	DIN EN ISO 17892-2 und DIN 18125-2	x	–	x
Verwitterung und Veränderungen	Veränderlichkeit nach DIN EN ISO 14689-1	x	x	x
Einaxiale Druckfestigkeit	DIN 18141-1	x	x	x
Trennflächenrichtung, Trennflächenabstand, Gesteinskörperform	DIN EN ISO 14689-1	x	x	x
Gebirgsdurchlässigkeit	DIN EN ISO 14689-1	–	–	x
Abrasivität	DGGT Empfehlung Nr. 23 des AK 3.3	–	x	x

DIN 18300 (Erdarbeiten), *DIN 18301* (Bohrarbeiten) und *DIN 18319* (Rohrvortrieb) in Tab. 3.14 die Eigenschaften und Kennwerte für Homogenbereiche in Fels aufgelistet.

3.5.2 Klassifikation von Fels gemäß *DIN 14689*

Die Verfahren zur Benennung und Beschreibung von Fels sind in *DIN EN ISO 14689* geregelt. Hierbei geht es um die Eigenschaften des Gesteins als auch die Eigenschaften des Gebirges hinsichtlich Schichtung und Trennflächen. Im nationalen Anhang zur Norm werden zusätzliche Verfahren zur Beschreibung von Gestein aufgeführt, die in der mittlerweile nicht mehr gültigen *DIN 4022* enthalten waren, aber keinen Eingang in die internationale Normung gefunden haben. Mit dem Begriff „Gestein" ist im Zusammenhang mit der *DIN EN ISO 14689* abweichend von der allgemeinen Verwendung in Abschn. 3.1 der intakte Fels zwischen den Trennflächen gemeint.

Bei der Darstellung von Fels in Bohrprofilen werden die in *DIN 4023* gelisteten Kurzformen verwendet, die auszugsweise in Tab. 3.15 wiedergegeben sind.

3.5.2.1 Fallrichtung und Fallwinkel von Trennflächen

Die Beschreibung der räumlichen Stellung der Trennflächen im Fels erfolgt gemäß *DIN EN ISO 14689* über die Definitionen von Fallrichtung α (0–360°) und Fallwinkel β (0–90°), s. Abb. 3.15.

Die Ausrichtung einer Ebene kann auch durch das Streichen definiert werden, welches in der Normalen zur Fallrichtung verläuft.

Tab. 3.15 Kurzformen für Felsarten gemäß *DIN 4023*, Tabelle 2 (auszugsweise)

Benennung	Kurzform
Sandstein	Sst
Schluffstein	Ust
Tonstein	Tst
Mergelstein	Mst
Kalkstein	Kst
Dolomitstein	Dst
Konglomerat	Ko
Brekzie	Br
Vulkanite (z. B. Basalt)	Vu
Plutonite (z. B. Granit)	Pl
Massige Metamorphite (z. B. Gneis)	Mem

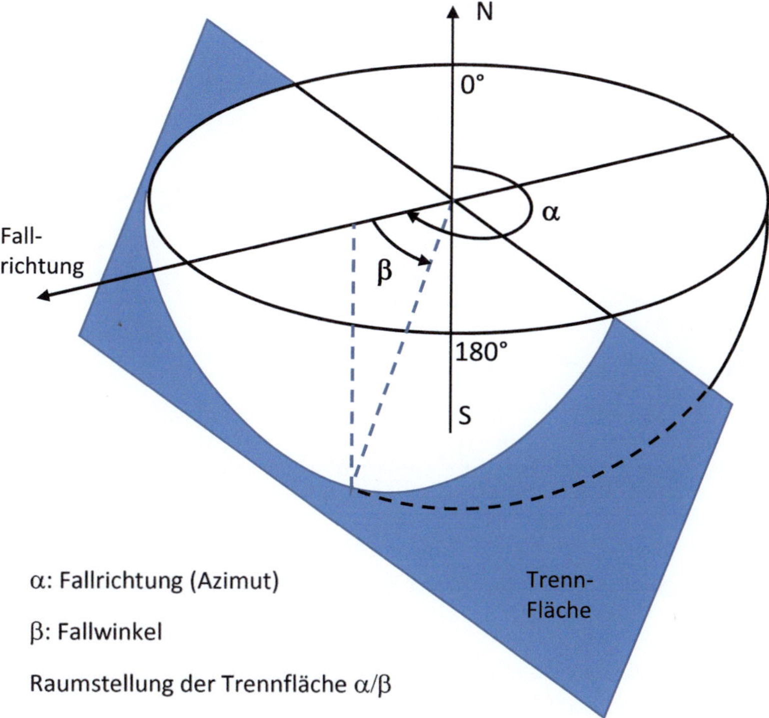

Abb. 3.15 Fallrichtung und Fallwinkel gemäß *DIN EN ISO 14689*

3.5.2.2 Verwitterungsgrad

Der gegenwärtige Zustand eines Gesteins bzw. Gebirges ist wesentlich vom Verwitterungsprozess beeinflusst, dem es ausgesetzt war. Der Verwitterungsgrad wird gemäß *DIN EN ISO 14689*, Abschn. 6.5 in 6 Verwitterungsstufen (VS0 bis VS5) eingeteilt, s. Tab. 3.16.

Tab. 3.16 Verwitterungsgrad gemäß *DIN EN ISO 14689*

Verwitterungsstufe	Bezeichnung	Beschreibung
VS 0	Frisch	Kein sichtbares Zeichen von Verwitterung des Fels; möglicherweise leichte Verfärbung an den Hauptoberflächen oder Trennflächen.
VS 1	Schwach verwittert	Verfärbung weist auf Verwitterung des Fels und der Oberflächen der Trennflächen hin.
VS 2	Mäßig verwittert	Weniger als die Hälfte des Fels ist verwittert oder zersetzt. Frischer oder verfärbter Fels liegt entweder als ein zusammenhängendes Steinskelett oder als Steinkerne vor.
VS 3	Stark verwittert	Mehr als die Hälfte des Fels ist zersetzt oder zerfallen. Frischer oder verfärbter Fels liegt entweder als ein zusammenhängendes Steinskelett oder als Steinkerne vor.
VS 4	Vollständig verwittert	Der gesamte Fels ist zu Boden zersetzt und/oder zerfallen. Die ursprüngliche Gebirgsstruktur ist größtenteils noch unversehrt.
VS 5	Zersetzt	Der gesamte Fels ist zu Boden umgewandelt. Die Gebirgsstruktur und die Materialtextur sind aufgelöst. Das Volumen ist stark verändert, aber der Boden hat sich nicht wesentlich bewegt.

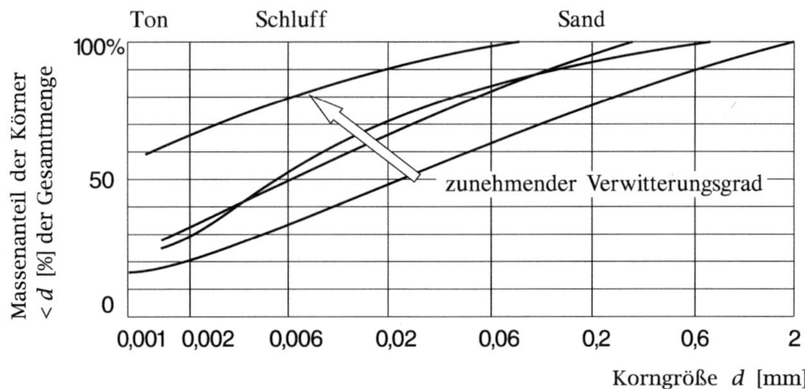

Abb. 3.16 Körnungslinien bei fortschreitender Verwitterung

In Baden-Württemberg wird teilweise für die sogenannten „veränderlich festen Gesteine“, eine Klassifikation nach Wallrauch (1969), Einsele et al. (1985) und Rupp (1985) mit Verwitterungsstufen von W0 bis W5 verwendet. Abb. 3.16 zeigt die Veränderung der Korngrößenverteilung für einen Keupermergel bei fortschreitender Entfestigung durch Verwitterung. Kennzeichnend für solche Gesteine ist neben der Korngrößenverteilung auch der Verwitterungsgrad.

3.5.2.3 Abstand der Trennflächen

Unter Trennflächen wird gemäß *DIN EN ISO 14689* allgemein ein Riss im Gestein verstanden, „der die Gesteinskontinuität unterbricht und der geöffnet ist oder sich bei Anstieg

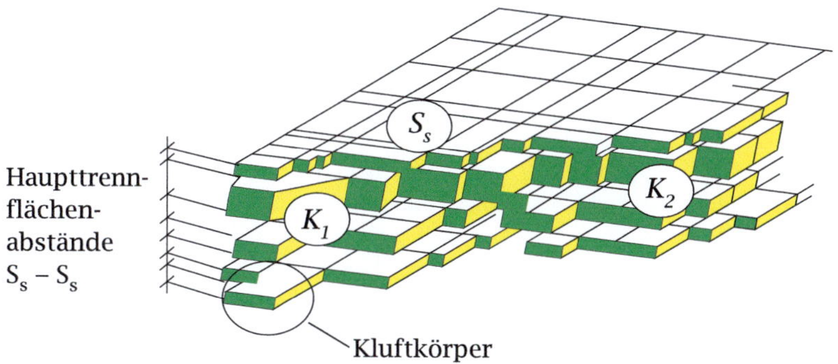

Abb. 3.17 Gebirge mit Schichtung S_s und zwei Kluftscharen K_1 und K_2

Tab. 3.17 Trennflächenabstand

Abstand (mm)	Bezeichnung
< 20	Außerordentlich engständig
20–60	Sehr engständig
60–200	Engständig
200–600	Mittelständig
600–2000	Weitständig
> 2000	Sehr weitständig

oder Verringerung der Spannung infolge von Bauarbeiten öffnen kann". Hierbei wird nicht, wie teilweise in der Geologie üblich, zwischen Schichtung und Klüften unterschieden, s. Abb. 3.17. Der Trennflächenabstand wird nach Tab. 3.17 in die angegebenen Stufen eingeteilt.

3.5.2.4 Einaxiale Druckfestigkeit von Gestein

Die einaxiale Druckfestigkeit ist sowohl für die Bearbeitung von Gestein als auch für die Bemessung bei Beanspruchungen ein wesentlicher Parameter. Prüfungen der einaxialen Druckfestigkeit können an zylindrischen Proben in einer geeigneten Druckpresse ausgeführt werden, wobei die Größe der Probe, das Prüfverfahren, die Anisotropie sowie ihr Wassergehalt zu dokumentieren sind. An unregelmäßigen Gesteinsproben lassen sich Indexprüfungen wie Punktlastversuche ausführen. Für eine Handprüfung können mit Tab. 3.18, die *DIN EN ISO 14689* entnommen ist, Anhaltswerte abgeschätzt werden.

3.5.3 Klassifikation und Kennwerte von Fels für den Hohlraumbau

Generell sei auch hier noch einmal auf die Erkundungen, die Versuche und die Klassifikation von Fels in *DIN EN 1997-2* und *DIN EN ISO 14689* verwiesen! Eine erste praktisch verwendbare Einteilung für Fels erfolgte von Lauffer (1958) nach Gebirgsklassen: dabei geht die Gebirgsstandfestigkeit eines ungesicherten Stollenabschnitts in Abhängigkeit der

Tab. 3.18 Einaxiale Druckfestigkeit von Fels (aus *DIN EN ISO 14689*, Tabelle 2)

Bezeichnung	Benennung durch Handprüfung	Einaxiale Druckfestigkeit (MPa)
Außerordentlich gering	Mit dem Fingernagel ritzbar; Stücke der Größe von Kies können zwischen einem Finger und dem Daumen zerdrückt werden.	0,6 bis 1
Sehr gering	Mit dem Fingernagel ritzbar; Stücke können durch einen kräftigen Handdruck zerbrochen, einfach mit einem Taschenmesser geritzt oder durch starke Schläge mit der Spitze eines Geologenhammers zerkrümelt werden.	1 bis 5
Gering	Dünne Platten, Ecken und Kanten können durch Handdruck abgebrochen, mit einem Taschenmesser nur schwer geritzt, mit einem Taschenmesser einfach zerkratzt und flache Einkerbungen durch einen starken Schlag mit der Spitze eines Geologenhammers verursacht werden.	5 bis 12,5
Mäßig schwach	Dünne Platten, Ecken und Kanten können durch starken Handdruck abgebrochen und nur schwer mit einem zerkratzt werden; die in der Hand gehaltene Probe kann mit einem einzigen Schlag eines Geologenhammers zerbrochen werden.	12,5 bis 25
Mäßig hoch	Kann mit einem Taschenmesser nicht mehr geschrammt oder geritzt werden; Probe kann auf einer soliden Oberfläche durch einen einzigen festen Schlag mit dem Geologenhammer zerbrochen werden.	25 bis 50
Hoch	Probe benötigt mehr als einen Schlag mit dem Geologenhammer, um zu zerbrechen.	50 bis 100
Sehr hoch	Probe benötigt viele Schläge mit dem Geologenhammer, um zu zerbrechen.	100 bis 250
Außerordentlich hoch	Durch Schläge mit dem Geologenhammer auf die Probe lassen sich nur Splitter lösen.	Mehr als 250

Tab. 3.19 Gebirgsklassen und Gebirgsverhalten

Gebirgs-Klasse	A	B	C	D	E	F	G
Gebirgs-verhalten	Standfest	Nachbrüchig	Sehr nachbrüchig	Gebräch	Sehr gebräch	Druckhaft	Sehr druckhaft

Zeit t mit der maßgebenden, im Allgemeinen kleinsten Stützweite nach Abb. 3.18 in die Bewertung ein.

Tab. 3.19 zeigt die Zuordnung der Gebirgsklassen zum Gebirgsverhalten.

Eine Gebirgsklassifizierung aufgrund einer Kennzahl, dem Bohrkernindex *RQD (Rock Quality Designation)* wurde von Deere und Miller (1966) vorgenommen. Er ist die Summe der Längen aller Bohrkernstücken > 10 cm, bezogen auf die gesamte Länge der Bohrung. Es werden 5 Bewertungsklassen festgelegt, s. Tab. 3.20.

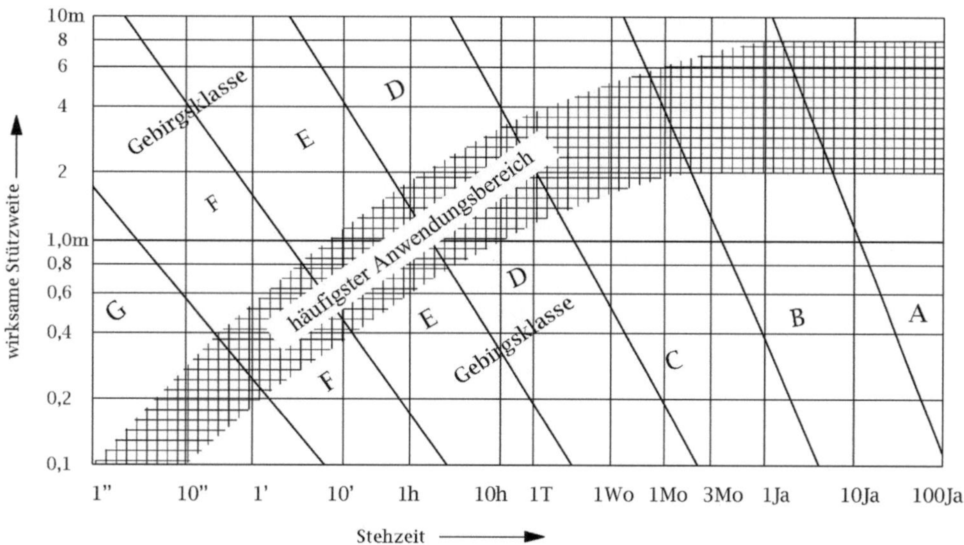

Abb. 3.18 Stützweiten-Standzeit-Diagramm mit Gebirgsklassifikation. (Nach Lauffer 1958)

Tab. 3.20 RQD und RMR

RQD	0 bis 0,25	0,25 bis 0,50	0,50 bis 0,75	0,75 bis 0,90	0,90 bis 1,00
RMR	0 bis 20	21 bis 40	41 bis 60	61 bis 80	81 bis 100
Bewertung	Sehr schlecht	Schlecht	Mäßig	Gut	Sehr gut

Mit der Festlegung weiterer Gebirgseigenschaften wurde von Bieniawski (1979) das Felsgütemaß *RMR (Rock Mass Rating)* eingeführt. Dieses wird durch Aufsummierung der Gewichte der folgenden Einzelheiten bestimmt:

Einaxiale Druckfestigkeit bzw. Punktlastwert (Punktlastversuch)	0 bis 15 Punkte
RQD-Wert	3 bis 20 Punkte
Kluftabstand	5 bis 20 Punkte
Kluftfüllung und Kluftrauigkeit	0 bis 30 Punkte
Grundwasserandrang und Kluftwasserdruck	0 bis 15 Punkte

Die errechnete Punktsumme wird in Tab. 3.20 den *RQD* von Deere und Miller zugeordnet.

Zur Berücksichtigung des Einflusses von Kluftflächenneigungen werden von Bieniawski (1979) Abschläge für bestimmte Anwendungen, z. B. bei Böschungen, von bis zu 60 Punkten genannt.

Mit den Erfahrungen bei zahlreichen Bauwerken wurden die *RMR-Werte* von Bieniawski (1979) in ein Standzeiten-Stützweiten-Diagramm eingearbeitet, s. Abb. 3.19.

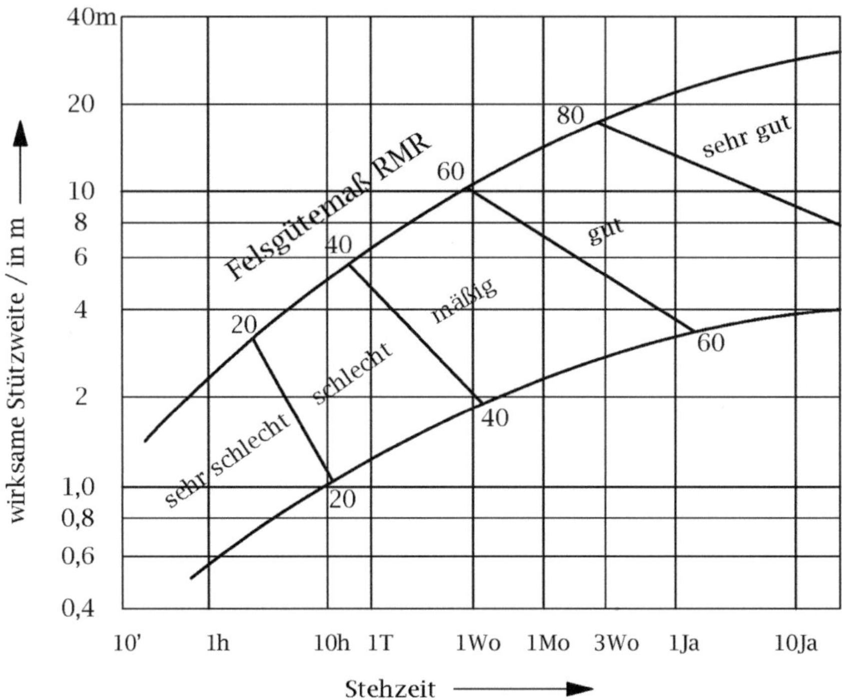

Abb. 3.19 Standzeiten-Stützweiten-Diagramm. (Nach Bieniawski 1979)

Für Vergleiche und Vorbemessungen wurden von Hönisch (1994) zwischen den RMR-Werten und Gebirgskennwerten Korrelationen abgeleitet. Die Indizes F stehen für Fels (Gebirge), die Indizes G für Gestein.

Verformungsmodul für Fels:

$$E_F = e^{(\mathrm{RMR}-40)/10} \quad [1000\,\mathrm{MN/m^2}] \tag{3.38}$$

Verhältnisfaktor:

$$I = E_F/E_G = 0{,}72\left(\frac{\mathrm{RMR}}{100}\right)^2. \tag{3.39}$$

Ohne ungünstige Trennflächen können folgende untere Werte für die Scherfestigkeit angesetzt werden: Reibungswinkel:

$$\varphi_F = 0{,}50 \cdot \mathrm{RMR} + 7{,}5 \quad [°] \tag{3.40}$$

Kohäsion:

$$c_F = 0{,}005 \div 0{,}02 \cdot \mathrm{RMR} \quad [\mathrm{MN/m^2}] \tag{3.41}$$

Gebirgsdruckfestigkeit:

$$\sigma_{\mathrm{dF}} = 0{,}07 \cdot (\mathrm{RMR} - 11) \quad \text{für} \quad \mathrm{RMR} < 42 \quad [\mathrm{MN/m^2}]$$
$$\sigma_{\mathrm{dF}} = 0{,}17 \cdot (\mathrm{RMR} - 30) \quad \text{für} \quad \mathrm{RMR} > 42 \quad [\mathrm{MN/m^2}] \qquad (3.42)$$

Neben den genannten Gebirgsklassifizierungen sowie (auch im Versuch bestimmbaren) Verformungsmoduln und Festigkeiten spielen beim Vortrieb von Tunneln, Stollen und Schächten mit Bohrmaschinen die Abrasion, d. h. der Verschleiß eine entscheidende Rolle. Dabei sind die Art der Mineralien und vor allem der Quarzanteil entscheidend.

3.6 Durchlässigkeit, Kapillarität, Filter und Filterregeln, Dränschichten

Nachfolgend wird auf die geohydraulischen Eigenschaften des Bodens eingegangen. Sie spielen bei vielen Grund- und Erdbauaufgaben eine Rolle und stehen oft in Wechselbeziehung mit der Verformbarkeit und Festigkeit, s. dazu auch Abschn. 15.5, 17.5 und Kap. 22. Natürlich spielen auch im Fels seine geohydraulischen bzw. hydrogeologischen Eigenschaften eine Rolle. Werden sie beim Boden überwiegend vom Porenvolumen und von den Porengrößen bestimmt, so sind bei Fels das Kluftvolumen und die Größe von Klüften maßgebend. Auf die hydraulischen Eigenschaften von Fels wird hier jedoch nicht weiter eingegangen.

3.6.1 Durchlässigkeit

Unter der Durchlässigkeit eines Bodens versteht man seine Eigenschaft, das Grundwasser unter der Wirkung eines Strömungsgefälles i fließen zu lassen. Nach Darcy (1856) ist die Filtergeschwindigkeit v der Durchfluss (Wasservolumen V_W je Zeiteinheit) je Flächeneinheit senkrecht zur Fließrichtung. Sie ist proportional dem Gefälle i und dem Durchlässigkeitsbeiwert k, s. Abb. 3.20 und Gln. (3.43) bis (3.45).

Es ist zu beachten, dass die Strömungsgeschwindigkeit (Filtergeschwindigkeit) v ein über das ganze, die Kornsubstanz und das Wasser enthaltende Volumen genommener Mittelwert ist. Die wirkliche Strömungsgeschwindigkeit des Wassers in den Poren ist wegen der längeren, „kurvenreichen" Porenkanäle und der kleineren Volumen- bzw. Flächenanteile deutlich größer, wobei in den Porenkanälen selbst die Verteilung ebenfalls nicht konstant ist. Die Parameter k und v werden zuweilen mit dem Index f (wie Filter) versehen.

Der Durchlässigkeitsbeiwert des Bodens k wird entweder im Laborversuch, Abb. 3.21 und 3.22 gemäß *DIN EN ISO 17892-11*, bzw. durch Versuche im Feld gemäß *DIN 18130-2*, s. Abschn. 22.6 bestimmt.

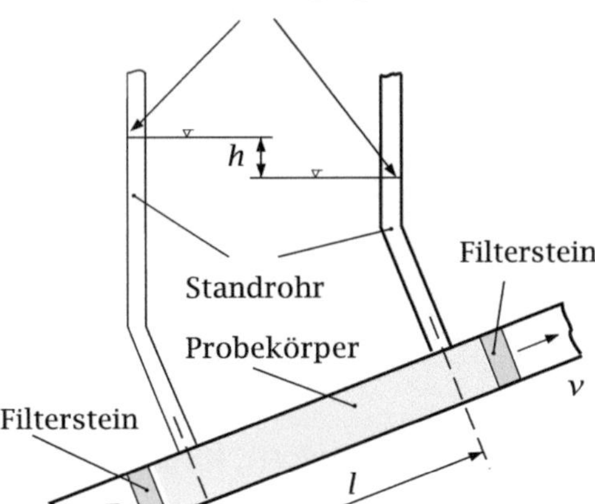

Abb. 3.20 Strömungsvorgang in einer Bodenprobe

Durchlässigkeitsversuche im Labor können unter genau definierten Bedingungen durchgeführt werden und sind damit gut kontrollierbar. Die Auswertung ist einfach und kann die Versuchsgegebenheiten nachvollziehbar abbilden. Der Nachteil von Laborversuchen ist jedoch, dass die untersuchte Probe nur bedingt geeignet ist, die tatsächliche Durchlässigkeit des Grundwasserleiters zu charakterisieren. Vor Ort vorliegende Inhomogenitäten im Baugrund, wie z. B. gut durchlässiger Bänder, oder häufig anzutreffende Anisotropien werden nicht berücksichtigt.

Durchaus sinnvoll können Durchlässigkeitsversuche im Labor z. B. für Materialien sein, die als mineralische Dichtschicht eingebaut werden soll. Hierbei handelt es sich

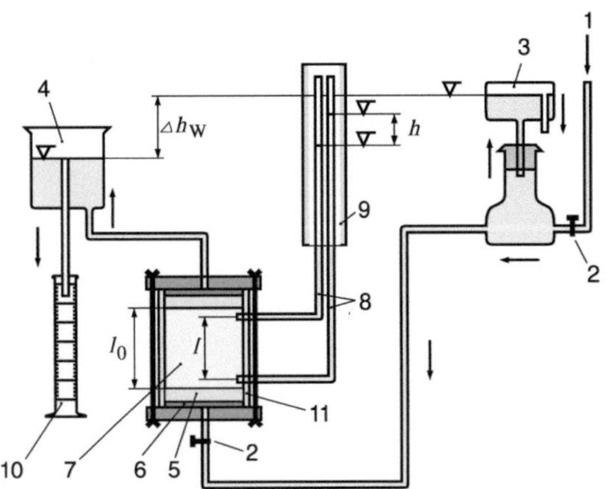

1 Zuführung von entlüftetem Wasser
2 Schlauchklemme oder Kugelventil
3 Überlauf O (Oberwasser)
4 Überlauf U (Unterwasser)
5 Filter
6 Lochplatte mit Drahtgewebe
7 Probekörper (A= Fläche in m²)
8 Standrohre (Piezometer)
9 Maßstab
10 Messzylinder (Wasservolumen V_W)
11 Versuchszylinder
h Differenz der Standwasserspiegelhöhen
Δh_W Höhendifferenz zwischen Ober- und Unterwasserspiegel
l Länge der Sickerstrecke
l_0 Höhe des Probekörpers

Abb. 3.21 Durchlässigkeitsversuch im Versuchszylinder mit konstantem hydraulischen Gefälle

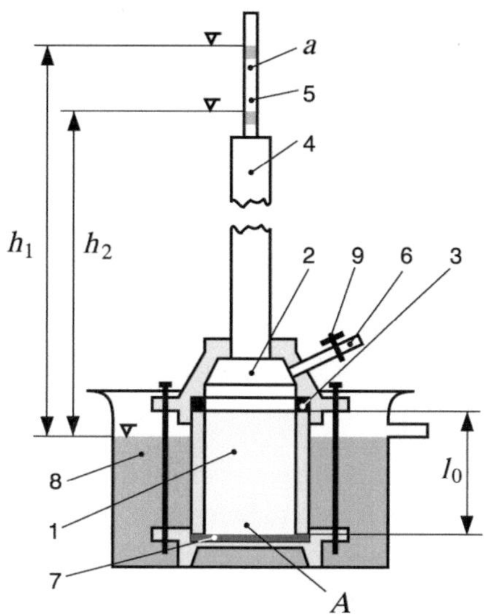

1 Probekörper mit Ausstechzylinder nach *DIN 4021*-1 bzw. Versuchszylinder nach *DIN 18127*
2 Durchflussgerät mit Standrohr
3 Gummidichtung zwischen Ausstechzylinder und Kopf des Durchflussgeräts
4 Standrohr aus Acrylglas
5 Kapillarrohrverlängerung des Standrohres
6 Stutzen mit Ventil zum Füllen des Standrohres
7 gelochte Bodenplatte und Stahlsieb
8 Wasserbad
9 Ventil
h_1 Standrohrspiegelhöhe, 1. Ablesung
h_2 Standrohrspiegelhöhe, 2. Ablesung
l_0 Höhe des Probekörpers (gleich Höhe des Ausstechzylinders, gleich Länge der Sickerstrecke)
a Querschnitt des Standrohres
A Querschnitt des Probekörpers

Abb. 3.22 Durchlässigkeitsversuch im Standrohrgerät mit veränderlichem hydraulischen Gefälle

meist um weitgehend homogene, gering durchlässige, isotrope Tone. Im Versuch lässt sich eine große Druckdifferenz aufbauen und über einen längeren Zeitraum konstant halten, so dass auch in gering durchlässigen Böden eine Durchströmung erzeugt werden kann. Bei einem zu geringen hydraulischen Gefälle würden die Adsorptionskräfte dazu führen, dass alle Wassermoleküle des Porenwassers polarisiert sind und sich nicht mehr frei bewegen.

Gemäß *DIN EN ISO 17892-11* wird der Versuch an einem zylindrischen Probekörper durchgeführt, der seitlich entweder von einem starren Behälter oder von einer flexiblen Membran begrenzt ist. Der Probekörper wird einem hydraulischen Differenzdruck ausgesetzt und der Wasserfluss wird entweder bei konstanter oder fallender Druckhöhe gemessen. Die Versuche können grundsätzlich an ungestörten, gestörten, verdichteten oder aufgearbeiteten Probekörpern durchgeführt werden. Die Berechnung des Durchlässigkeitsbeiwertes k aus den Versuchsergebnissen setzt die Anwendung des Fließgesetzes von *Darcy* für laminare Wasserströmung unter gesättigten Bedingungen voraus, wonach die Filtergeschwindigkeit v proportional zum hydraulischen Gefälle (oder Druckgradient) i ist, es gilt Gl. (3.44).

$$v = \frac{V_W}{t \cdot A} = \frac{q}{A} \quad \left[\frac{m}{s}\right] \tag{3.43}$$

$$v = k \cdot i \quad \left[\frac{m}{s}\right] \tag{3.44}$$

$$v = k \cdot \frac{h}{l} \quad \left[\frac{m}{s}\right] \tag{3.45}$$

In gut durchlässigen Böden ist ein Versuchsaufbau mit veränderlichem hydraulischen Gefälle von Vorteil, da aufgrund der großen Durchflusses ein konstantes hydraulisches Gefälle schwer steuerbar ist.

Der Versuchsaufbau für den Versuch mit konstantem hydraulischen Gefälle ist in Abb. 3.21 und für den Versuch mit veränderlichem hydraulischen Gefälle in Abb. 3.22 dargestellt.

Für den Versuch in Abb. 3.21 errechnet sich aufgrund der Definition durch algebraische Umformung der Durchlässigkeitskoeffizient zu:

$$k = \frac{V_{\mathrm{W}} \cdot l}{t \cdot A \cdot h} = \frac{q \cdot l}{A \cdot h} = \frac{q}{A \cdot i} = \frac{v}{i}. \tag{3.46}$$

Für den Versuch in Abb. 3.22 wird der Durchlässigkeitskoeffizient nach Lösung einer Differenzialgleichung für die zeitveränderliche Druckhöhe wie folgt berechnet:

$$k = \frac{a \cdot l_0}{A \cdot t} \cdot \ln \frac{h_1}{h_2}. \tag{3.47}$$

Neben der Durchlässigkeit k wird – meist für Fels – häufig auch die Transmissivität

$$T = k \cdot d \quad \left[\frac{\mathrm{m}^2}{\mathrm{s}}\right] \tag{3.48}$$

angegeben. Sie ist die Wasservolumenmenge je Zeiteinheit, die unter einem hydraulischen Gefälle i durch einen Grundwasserleiter-Abschnitt der Höhe d fließt, der quer zur Strömungsrichtung 1 m breit ist.

Zur Bestimmung des Durchlässigkeitsbeiwerts stehen neben direkten Labor- und Feldversuchen auch empirische Korrelationen zur Verfügung. Eine erste grobe Abschätzung ist anhand der Bodenart möglich. Zu beachten ist hierbei, dass neben der Bodenart auch Faktoren wie bindige Beimengungen und die Lagerungsdichte von erheblichem Einfluss sein können. In Tab. 3.21 sind typische Durchlässigkeitsbeiwerte von Böden angegeben.

Hinsichtlich weiterer Durchlässigkeitswerte für Böden s. auch Abb. 22.17.

Tab. 3.21 Typische Durchlässigkeitswerte für Böden

Boden	Durchlässigkeit k (m/s)
Kies	$1 \cdot 10^0$
Kies, sandig	$2 \cdot 10^{-2}$ bis 10^{-4}
Sand	$1 \cdot 10^{-2}$ bis 10^{-5}
Sand, schluffig	$5 \cdot 10^{-5}$ bis 10^{-7}
Schluff	$5 \cdot 10^{-6}$ bis 10^{-8}
Ton	$1 \cdot 10^{-8}$ bis 10^{-12}

Tab. 3.22 Einstufung der Durchlässigkeit mit Durchlässigkeitsbeiwert k nach der alten *DIN 18130-1*

Einstufung	Durchlässigkeit k (m/s)
Sehr stark durchlässig	$< 1 \cdot 10^{-2}$
Stark durchlässig	$10^{-4} < k < 10^{-2}$
Durchlässig	$10^{-6} < k < 10^{-4}$
Schwach durchlässig	$10^{-6} < k < 10^{-8}$
Sehr schwach durchlässig	$< 1 \cdot 10^{-8}$

In Tab. 3.22 sind Einstufungen der Durchlässigkeit nach der „alten" *DIN 18130-1* vorgenommen.

Eine verfeinerte Abschätzung der Durchlässigkeit nichtbindiger Böden ist möglich, wenn eine Korngrößenverteilung vorliegt. Diese Kornverteilung sollte möglichst von mehreren Proben erstellt werden, um die Eigenschaft des Grundwasserleiters repräsentativ abzubilden. Auch ist zu beachten, dass es bei unsachgemäßer Probengewinnung zu Ausspülungen und damit zu Fehleinschätzungen der Durchlässigkeit kommen kann. Ebenfalls zu einer Überschätzung der Durchlässigkeit kann es bei Grobkorneinschlüssen kommen, wenn hier nicht die Ausfallkörnung durch eine Korrektur der Korngrößenverteilung berücksichtigt wird.

Grundlage für die Abschätzung ist bei dem Verfahren von Hazen, Gl. (3.49), der Korndurchmesser bei 10 % Siebdurchgang d_{10}. Es handelt sich dabei um eine empirische, nicht dimensionstreue Regel, die für gleichförmige Sande ($U < 5$) gilt:

$$k = 0{,}0116 \cdot d_{10} \ \ [\text{m/s}], \ \ d_{10} \text{ in [mm]} \tag{3.49}$$

Für Sande und Kiese mit größerer Ungleichförmigkeit gibt es weitere Ansätze, die bekanntesten sind bei Odenwald, Hekel und Thormann (2018) zusammengestellt. Demnach wird im Ansatz von Beyer und von Seiler die Ungleichförmigkeit des Bodens über Korrekturfaktoren erfasst. Eine Berücksichtigung der Lagerungsdichte ermöglicht der Ansatz von Kozeny-Carman über die Porenziffer. Des Weiteren wird bei diesem Verfahren die gesamte Korngrößenverteilung sowie die Partikelform der Abschätzung zugrunde gelegt, so dass eine höhere Verlässlichkeit erreicht werden kann.

Da die Adsorptionskräfte bei abnehmendem d mit d^6 anwachsen, gibt es eine Grenze, bei der alle Wassermoleküle des Porenwassers polarisiert sind. Eine freie laminare Strömung, die das Darcysche Gesetz voraussetzt, ist dann unmöglich. An ihre Stelle tritt ein Diffusionsvorgang, der erst bei Überschreiten eines Mindestgefälles i_0 messbar einsetzt. Wassergesättigter Ton ist daher ein ideales Dichtungsmittel. Umgekehrt können in sehr grobkörnigen Böden auch turbulente Strömungen vorhanden sein.

Die vertikale Durchlässigkeit von Böden und Fels ist häufig geringer als die horizontale. Der Unterschied kann durchaus eine Zehnerpotenz und mehr betragen.

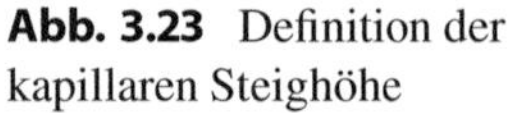

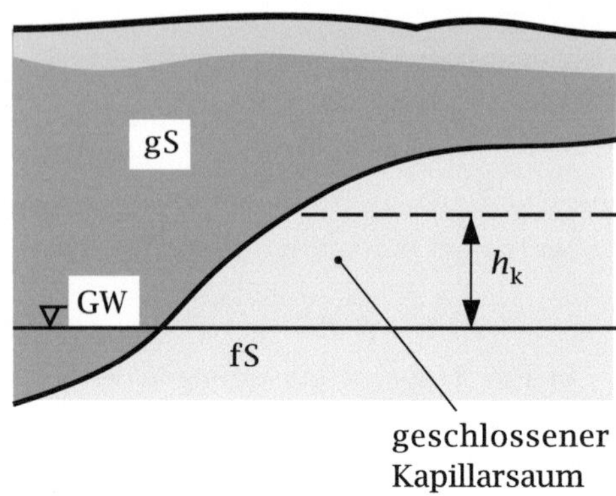

Abb. 3.23 Definition der kapillaren Steighöhe

3.6.2 Kapillarität

Je feinkörniger ein Boden ist, desto höher steigt der Wasserspiegel in ihm über die hydrostatische Druckhöhe hinaus an, Abb. 3.23. Man vergleicht diese Erscheinung mit dem Ansteigen des Wassers in engen Röhren (Kapillaren) und spricht von der Kapillarität des Bodens. Der Höhenunterschied zum normalen Grundwasserspiegel heißt „kapillare Steighöhe" h_k. In diesem Bereich ist der Boden voll wassergesättigt („geschlossener Kapillarsaum"), darüber teilgesättigt.

Die kapillare Steighöhe kann in Feinsanden bis 0,8 m, in Schluffen bis zu 8 m betragen, in Tonen können noch deutlich höhere Werte erreicht werden. Das kapillare Ansteigen von Grundwasser wird im Bauwesen durch Anordnung einer kapillarbrechenden Schicht aus Kies oder durch Folien verhindert.

3.6.3 Filter und Filterregeln, Dränschichten

Zur Verhütung von Erosions- und Suffosionserscheinungen (z. B. bei Dränanlagen, Dämmen und Uferböschungen) schützt man den durch eine Grundwasser- bzw. Sickerströmung gefährdeten Boden durch Filter. Filterprobleme treten bevorzugt in den Kontaktzonen von Böden mit unterschiedlicher Kornverteilung bzw. zwischen Boden und Filterelement auf. Filterelemente können die Öffnungen von Dränrohren, Sande und Kiese oder Geotextilien bzw. Verbundstoffe aus Geokunststoffen sein, siehe Kap. 7.

Natürliche Filtermaterialien aus Kiessand bestehen aus grobem Stützkorn und feinem Füllkorn.

Durch Wasserströmung kann es prinzipiell drei Arten der Kornumlagerung geben:

- die Suffosion, das ist die Umlagerung bzw. Ausspülung von Füllkorn. Suffosion erhöht die Durchlässigkeit eines Materials;
- die Erosion, das ist der Transport von Füll- und Feinkorn;

- die Kolmation, das ist die Anlagerung von Korn nach dem Transport an anderer Stelle, d. h. es gibt eine Anlagerung an der Oberfläche eines Filterelements oder eine Einlagerung im Filter. Damit werden Filter weniger durchlässig.

Mit dem Nachweis der Filterstabilität durch Filterregeln soll eine ausreichende Durchlässigkeit gewährleistet und schädliche Kornumlagerungen in diesem Sinn vermieden werden. Filterregeln beruhen auf den Eigenschaften der Porengeometrie. Sie stellen damit geometrische Beziehungen zwischen Korngröße d des Bodens und Poren- bzw. Öffnungsweiten d_W des Filters (Dränrohr) dar.

Generell gilt zur Gewährleistung einer ausreichenden Durchlässigkeit und zur Vermeidung von Erosion und Kolmation die folgende Beziehung:

$$d_{\min} < d_{\mathrm{w}} \leq d_{\max} \tag{3.50}$$

Die Notwendigkeit eines Filters zwischen einem feinkörnigen und einem grobkörnigen Boden ist vom Verhältnis d_{50} beider Böden abhängig und kann nach Cistin/Ziems, s. Busch/Luckner/Thiemer (1993), überprüft werden.

Für die Wahl der Körnung eines Filtermaterials haben sich in der Praxis die einfachen Filterregeln des US Corps of Engineers bewährt, s. Abb. 3.24 und die Formeln (3.51) und (3.52). Dabei gewährleistet Gl. (3.51) die ausreichende Sicherheit gegen Erosion und Gl. (3.52) eine ausreichende Durchlässigkeit.

$$d_{15}(F) < 5 \cdot d_{85}(B) \tag{3.51}$$

$$4 < \frac{d_{15}(F)}{d_{15}(B)} < 20 \qquad F \ldots \text{Filter;}\ B \ldots \text{Boden.} \tag{3.52}$$

Heute werden verbreitet auch Geokunststoffe (Geotextilien) als Filter in der Geotechnik eingesetzt, s. Abschn. 7.2. Dafür gelten eigene Filterregeln z. B. nach dem *Merkblatt über die Anwendung von Geokunststoffen im Erdbau des Straßenbaus* (M Geok E) (2005). Dabei wird unterschieden zwischen mechanischer Filterfestigkeit (Bodenrückhaltevermögen) und hydraulischer Filterwirksamkeit (druckverlustarme Wasserableitung). Zu beachten ist auch das Langzeitverhalten: eine Kolmation ist zu vermeiden. Als Geokunststoff-Filtermaterialien sind besonders mechanisch verfestigte Vliesstoffe geeignet.

Die mechanische Filterfestigkeit und hydraulische Filterwirksamkeit für den Kontakt zu bindigen Böden werden im Normalfall (keine dynamische Beanspruchung und keine besondere Kornmobilität, ausreichende Kohäsion) auf Dauer durch die Beachtung nachfolgend beschriebener Bedingungen gewährleistet. Dabei ist $O_{90,\mathrm{w}} = O_{90} = O_{\mathrm{w}} = d_{\mathrm{w}}$ in mm die wirksame (charakteristische) Öffnungsweite für die mechanische Filterwirksamkeit oder das Bodenrückhaltevermögen eines Geokunststoffs mit Bodenkontakt bei Wasserströmung. Sie wird in einem speziellen Nasssiebversuch mit einem weitgestuften Boden ermittelt und ist vom Lieferanten des Geokunststoffes anzugeben.

Das zitierte Merkblatt unterscheidet drei unterschiedliche hydraulische Sicherheitsfälle (I bis III). In der Mehrzahl der Anwendungsfälle im Straßenbau liegen die filtertechnisch

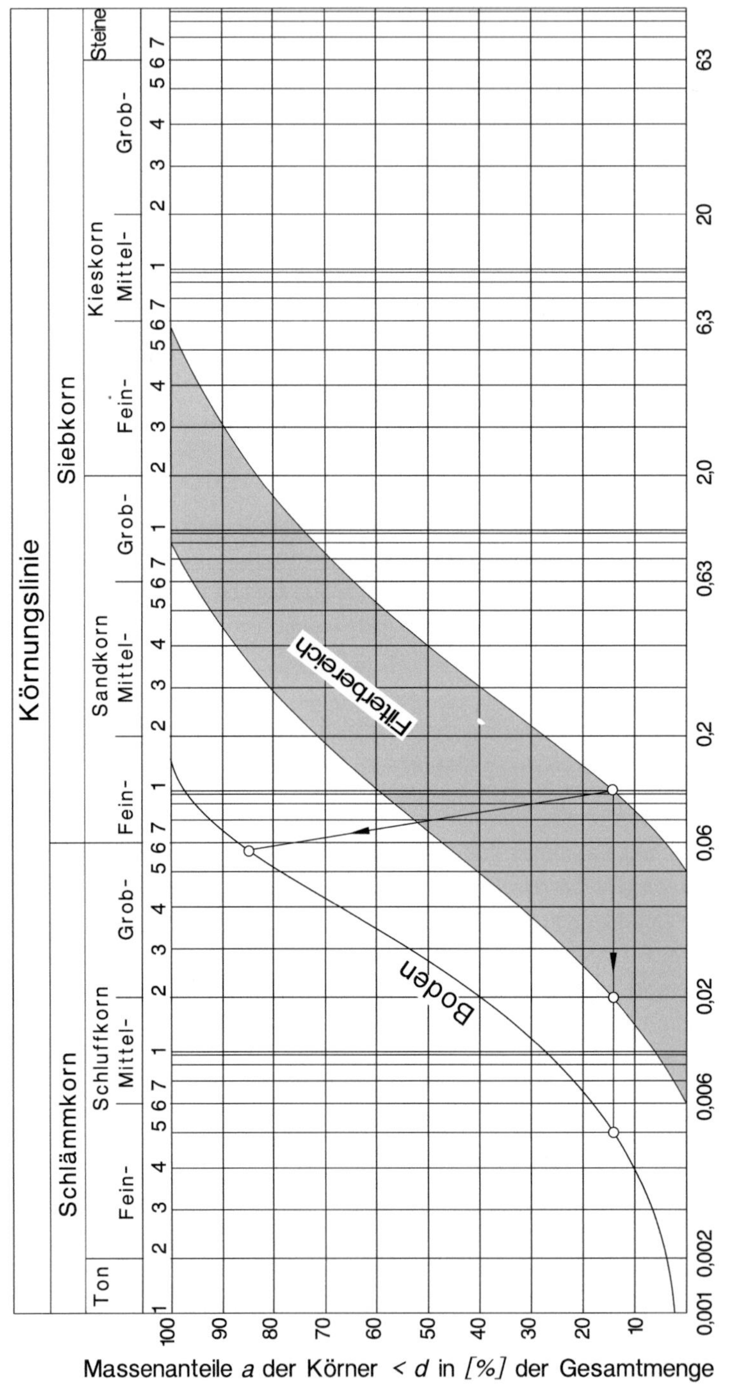

Abb. 3.24 Filterregeln nach Gln. (3.65) und (3.66)

einfachen Bedingungen des Sicherheitsfalles I vor (geringe Wassermengen, einseitige Anströmung, geringes hydraulisches Gefälle), für den die nachfolgenden Filterregeln angegeben sind:

- Wasserdurchlässigkeit senkrecht zur Geotextilebene: $k_V = k_{V,5\,\%} \geq 1 \cdot 10^{-4}$ m/s (oder $k_V > k_{Boden}$)
- $0{,}06\,\text{mm} \leq O_{90} \leq 0{,}2\,\text{mm}$ für Vliesstoffe
- $0{,}06\,\text{mm} \leq O_{90} \leq 0{,}4\,\text{mm}$ für Gewebe

Der Wasserdurchlässigkeitsbeiwert des Geokunststoffes $k_{V,5\,\%}$ kann nach *DIN 60500-4* ermittelt bzw. nach *DIN EN ISO 11058* errechnet werden. Er ist in der Produktbeschreibung der Lieferanten anzugeben.

Nach Rüegger/Hufenus (2003) werden folgende Filterregeln für Geokunststoffe und feinkörnige Böden mit $d_{50} \leq 0{,}06\,\text{mm}$ empfohlen:

- Wasserdurchlässigkeit $k_v \geq 100 \cdot k_{Boden}$
- $0{,}05\,\text{mm} \leq O_w \leq d_{85}$

Bei gröberen Böden, z. B. bei schluffigen Sanden gilt als zweite Bedingung:

- $O_w \leq 5 \cdot d_{10} \cdot U^{1/2}$

Für Filterregeln im Wasserbau sei auf Merkblätter der Bundesanstalt für Wasserbau (BAW) hingewiesen. Diese sind:

- Merkblatt für die Anwendung von geotextilen Filtern an Wasserstraßen und
- Merkblatt für die Anwendung von Kornfiltern an Wasserstraßen.

Eine Dränschicht hat die Aufgabe, Wasser (Grundwasser, Porenwasser) zu sammeln und ohne nennenswerten Druckaufbau in eine Vorflut abzuleiten. Um diese Funktion erfüllen zu können, muss sie genügend durchlässig und gegen benachbarte Erdstoffe filterstabil sein. Im Straßen- und Deponiebau ist weiterhin eine bestimmte Tragfähigkeit erforderlich. In der Regel werden zur Erfüllung dieser Funktionen Sand-Kies-Gemische verwendet.

Die Anforderungen an eine Dränschicht können mit folgenden Eigenschaften bzw. Bodenkennwerten beschrieben werden:

- Körnungslinie (Kornverteilung), stetig (z. B. 0/32 mm)
- Ungleichförmigkeitsgrad U (z. B. $3 < U \leq 14$)
- Art der Entstehung: gebrochenes oder (von Natur) gerundetes Material (meistens Flussablagerungen)
- Durchlässigkeit: (z. B. $k \geq 10^{-3}$ m/s bei $D_{Pr} = 95\,\%$)
- Tragfähigkeit: (z. B. $E_{V2} \geq 80\,\text{MN/m}^2$)

- Dichte und damit Wichte bzw. Trockendichte des eingebauten Materials
- Filterstabilität, s. Filterregeln
- ggf. Frostsicherheit: $d_{10} > 0{,}1$ mm
- Anteil löslicher und organischer Massenanteile $< 1{,}0\,\%$.

Häufig bestehen Dränschichten aus Systemen von Dränrohren, Geotextilien und Sand-Kies-Gemischen. Hier muss auf die Filterstabilität der einzelnen Komponenten gegenseitig geachtet werden. Außerdem müssen Dränrohre und Geotextilien eine bestimmte Mindestfestigkeit und Robustheit für die Beanspruchungen beim Einbau bzw. bei späterer Spüldruckreinigung besitzen. Daraus ergibt sich z. B. für Geotextilien die Forderung nach einer bestimmten Masse pro Flächeneinheit (z. B. $150\,\mathrm{g/m^2}$).

3.7 Frosteinwirkungen, Frostempfindlichkeit von Böden

Durch Volumenvergrößerungen des Wassers im Gestein während des Gefriervorgangs sowie Gefügeauflockerungen, Zerfall und Wasseranreicherung (Konsistenzänderung) während des Tauprozesses treten Veränderungen in Fest- und Lockergesteinen auf.

Die Frosteindringtiefe kann im Flachland Mitteleuropas 120 cm erreichen. Im Allgemeinen wird in Deutschland im Flachland für die Bautechnik eine Frosteindringtiefe von 80 cm angesetzt. Weiter s. *DIN EN ISO 13793*: Wärmetechnische Bemessung von Gebäudegründungen zur Vermeidung von Frosthebung.

3.7.1 Ursachen und das Auftreten von Frosteinwirkungen

Nichtbindige Lockergesteine reagieren bei Frosteinwirkung mit gleichmäßigem Durchfrieren, es bildet sich ein Eiszement, und die Festigkeit des Bodens nimmt zu. Die untereinander verbundenen Poren und ihr oft geringer Füllungsgrad kompensieren die Volumenausdehnung beim Übergang von Wasser in Eis, so dass keine Hebungseffekte eintreten. Bei Wassersättigung und Belastung wird Wasser während des Vordringens der Gefrierfront nach unten verlagert (ausgepresst), so dass es auch dabei zu keiner Hebung kommt. Die Auswirkungen der Eisbildung und des Tauprozesses in einem Baugrund aus nichtbindigen Lockergesteinen auf Bauwerke können daher für praktische Belange vernachlässigt werden.

In bindigen Lockergesteinen entwickeln sich beim langsamen Gefrieren parallel zur Gefrierfront Eislinsen. Ihre Größe kann von Millimeter- bis Zentimeterdicke schwanken. Das für die Eislinsenbildung benötigte Wasser entstammt einmal aus den vorhandenen Poren und fließt zusätzlich aus Wasserhüllen der Feinteilchen in tieferen Bereichen entgegen der Schwerkraft in die Gefrierzone. Die Ausdehnung des an Ort und Stelle gefrierenden und die Volumenzunahme des nach dem Zustrom gefrorenen Wassers ergibt Hebungen.

Geht der Gefriervorgang bei starkem Temperaturgefälle vor sich, gefriert ohne Wassernachschub von unten nur das vorhandene Wasser schnell zu Eiskristallen, die die Mineralpartikel (ohne Hebungserscheinungen auszulösen) verkitten. Dabei entsteht „Eiszement".

3.7.2 Schäden an Bauwerken

Schäden an Bauwerken, die auf oder in bindigem Baugrund gegründet sind, werden immer dann auftreten, wenn die Gründung nicht in frostfreie Tiefe reicht.

Durch Frosthebungen können sowohl Hochbauten aller Art als auch Verkehrsbauwerke und Versorgungsleitungen in Mitleidenschaft gezogen werden. Die typische Folge an allen nicht frostsicher gegründeten starren Konstruktionen sind Risse oder Kippungen, an elastischen Konstruktionen dagegen Verformungen, die infolge der ungleichmäßigen Anhebung der Gründungssohle eintreten.

Bei einem Anstieg der Lufttemperaturen (Tauprozess) wird dem Baugrund Wärme zugeführt. Der in fester Phase befindliche erhöhte Wasseranteil des Baugrundes wird wieder in die flüssige Phase übergehen, sich unter dem Einfluss der Anziehungskräfte der Mineralteilchen wieder eingliedern und erst allmählich wieder nach unten hin verteilen. Während dieses Tauprozesses tritt bei bindigen Lockergesteinen eine ungünstige Konsistenzänderung ein, wobei die Tragfähigkeit des Baugrundes von ihrem Höchstwert während der Gefrierperiode stark abfällt und sich erst mit zunehmender Austrocknung im Sommer wieder auf den normalen Zustand erhöhen kann.

Im Allgemeinen kommt es jedoch zu einer negativen Strukturveränderung des Bodens und somit zu einer Tragfähigkeitsabnahme, die nur durch eine Verdichtung bzw. Belastung wieder rückgängig gemacht werden kann.

3.7.3 Frostkriterien und Frostempfindlichkeit

Nach *ZTVE-StB 17* für Erdarbeiten im Straßenbau gelten die in Tab. 3.23 dargestellten Frostkriterien.

Tab. 3.23 Klassifikation der Frostempfindlichkeit von Bodenarten nach *ZTVE- StB 17*

	Frostempfindlichkeit	Kurzzeichen nach *DIN 18196*
F1	Nicht frostempfindlich	GW, GI, GE, SW, SI, SE
F2	Gering bis mittel frostempfindlich	TA, OT, OH, OK, ST[a], GT[a], SU[a], GU[a]
F3	Sehr frostempfindlich	TL, TM, UL, UM, OU, ST*, GT*, SU*, GU*

[a] Zu F1 gehörig bei einem Anteil an Korn < 0,063 mm von 5 % bei $C_U \geq 15$ oder 15 % bei $C_U \leq 6$. Im Bereich $6 < C_U < 15$ kann der für eine Zuordnung zu F1 zulässige Anteil an Korn < 0,063 mm linear interpoliert werden.

Ergeben sich hinsichtlich der Klassifikation der Frostempfindlichkeit Zweifel, können diese durch Frostversuche und mineralogische Untersuchungen geklärt werden.

3.7.4 Frostauswirkung auf den Oberbau im Straßenbau

Für das Beurteilen des erforderlichen Straßenaufbaus ist das Trag- und Verformungsverhalten des Untergrundes oder Unterbaus und dessen Frostempfindlichkeit heranzuziehen. Der frostsichere Straßenaufbau ist so auszuführen, dass auch während der Frost- und Auftauperioden keine schädlichen Verformungen entstehen.

Die hinsichtlich der Frostempfindlichkeit der Bodenarten erforderliche Mindestdicke des Straßenaufbaus richtet sich nach der Frostempfindlichkeitsklasse des Bodens und der besonders vom Frosttemperaturverlauf sowie vom allgemeinen Klima kleiner Landschaftsausschnitte (z. B. Klima an einem Hang, Waldrand) beeinflussten maximalen Frosteindringtiefe des betreffenden Gebietes. Als Richtwerte gelten in Abhängigkeit von der Belastungsklasse des Straßenoberbaues die Mindestdicken nach Tab. 3.24 (*RStO 2012: Richtlinien für die Standardisierung des Oberbaus*).

Die Dicke des frostsicheren Oberbaus soll schädliche Verformungen des Unterbaus und Untergrundes während der Frost- und Tauperioden verhindern. Sie hängt ab von der

- Beanspruchung (Bauklasse) und der Nutzungsdauer des Straßenoberbaus,
- Frostempfindlichkeit des Untergrundes,
- Frosteinwirkung (Zone 1 bis 3 in Deutschland),
- Lage der Gradiente und Trasse,
- Lage des Grundwasserspiegels und der sonstigen Wasserverhältnisse,
- Art der Randbereiche neben der Fahrbahn.

Entsprechend den örtlichen Verhältnissen sind Mehr- oder Minderdicken anzusetzen.

Die Richtwerte der Tab. 3.24 gelten nicht, wenn eine Wärmedämmschicht oder ein ausschließlich mit Bindemittel gebundener, ausreichend dick bemessener Oberbau ausgeführt wird, so dass eine Frostschutzschicht aus ungebundenen Mineralstoffen entfallen kann.

Tab. 3.24 Ausgangswerte für die Bestimmung der Mindestdicke des frostsicheren Oberbaus d in cm, nach *RStO*

Frostempfindlichkeits-klasse (Tab. 3.23)	Dicke bei Belastungsklasse Bk		
	Bk100 bis Bk10	Bk3,2 bis Bk1,0	Bk0,3
F2	55	50	40
F3	65	60	50

3.8 Bodenverdichtung

Die Festigkeit und damit die Tragfähigkeit natürlich gewachsener oder auch künstlich geschütteter Böden hängt in starkem Maße von der Dichte des Bodens ab. Hat ein Boden keine ausreichende Tragfähigkeit, so kann er durch Verdichten verbessert werden. Eine besondere Rolle spielt die Verdichtung von einzubauenden Böden im Erdbau. Ziel einer Verdichtung ist es, mit wirtschaftlich vertretbarem Aufwand durch statische Belastung oder dynamische Einwirkungen eine möglichst hohe Dichte herzustellen oder um die vom Planer – meist vor dem Hintergrund entsprechender Regelwerke – vorgegebene Dichte zu erreichen. Wegen der Anforderungen wird auf Kap. 5 sowie Abschn. 12.5 verwiesen.

Da die Verdichtungsmöglichkeit von vielen bodenmechanischen Eigenschaften abhängt, ist es üblich, Eignungsversuche im Labor und auf der Baustelle durchzuführen.

Die standardisierten Eignungsversuche im Labor sind gemäß *DIN EN 1997-2* der unter Abschn. 3.8.1 beschriebene Proctorversuch sowie der CBR-Versuch, siehe Abschn. 3.8.3.2. Die Ergebnisse der Eignungsversuche werden bei der Verdichtung auf der Baustelle berücksichtigt. Anschließend wird die Dichte des Bodens vor Ort durch Eignungs- und Kontrollversuche überprüft, s. Abschn. 5.6.

3.8.1 Proctorversuch

Verdichtung im Sinne von *DIN 18127* ist eine Erhöhung der Trockendichte (Verringerung des Porenanteils) des Bodens durch mechanische Einwirkungen. Zweck des auf die Untersuchungen von Proctor (1933) zurückgehenden Versuches ist es, die Trockendichte eines Bodens nach Verdichtung unter festgelegten Versuchsbedingungen als Funktion des Einbau-Wassergehaltes festzustellen, s. Abb. 3.25. Der Versuch dient der Abschätzung der auf Baustellen erreichbaren Dichte des Bodens und liefert eine Bezugsgröße für die Beurteilung der im Boden vorhandenen oder auf Baustellen erreichten Dichte des Bodens. Sein Ergebnis lässt auch erkennen, bei welchem optimalen Wassergehalt ein Boden sich günstig verdichten lässt, um bestimmte Trockendichten zu erreichen. Bei enggestuften grobkörnigen Böden stellt sich in der Darstellung der Abb. 3.25 in der Regel kein markantes Optimum ein; d. h. es besteht keine große Abhängigkeit vom Wassergehalt des Bodens!

Der Proctorversuch ist ein Versuch, bei dem die Bodenprobe in einem Versuchszylinder aus Stahl mit in *DIN 18127* festgelegten Abmessungen durch ein festgelegtes Fallgewicht aus festgelegter Höhe (definierte Verdichtungsarbeit) und nach einem festgelegten Arbeitsverfahren verdichtet wird. Auf diese Weise soll eine Bodenverdichtung durch übliches, mittelschweres Gerät simuliert werden. Der Versuch besteht aus mindestens 5 Einzelversuchen, die sich jeweils durch einen anderen Wassergehalt der Bodenprobe voneinander unterscheiden.

Als Ergebnis erhält man einen Zusammenhang zwischen dem Wassergehalt w, s. Abschn. 3.3.2, und der Trockendichte ρ_d, s. Abschn. 3.3.1, aus dem sich die Proc-

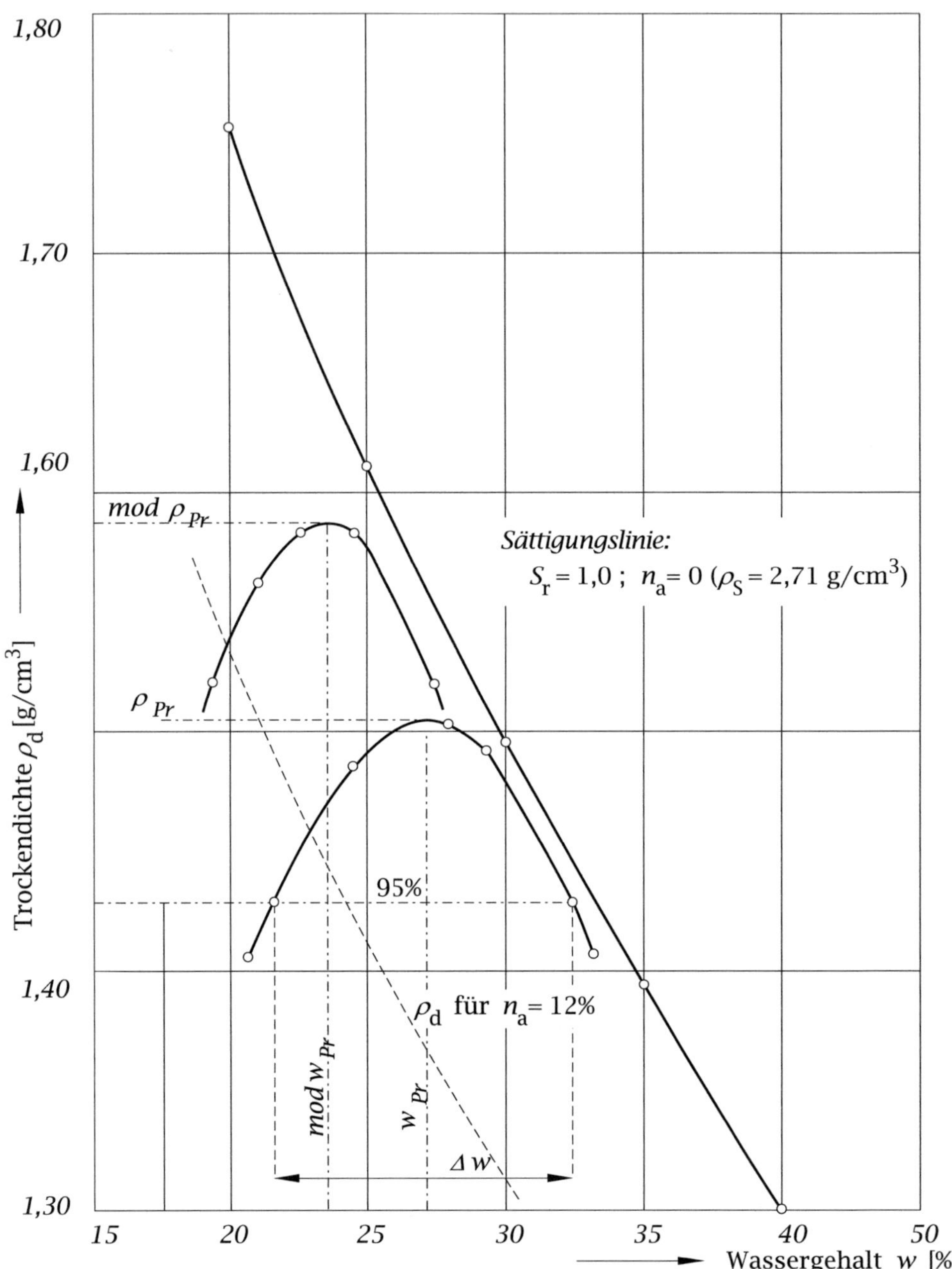

Abb. 3.25 Proctorkurven für feinkörnigen Boden ohne Überkornanteil

tordichte ρ_{Pr} und der optimale Wassergehalt w_{Pr} bestimmen lassen. Der Proctorversuch wird an bindigen und nichtbindigen Böden ausgeführt.

Die Proctordichte ρ_{Pr} ist die größte erreichbare Trockendichte unter den Versuchsbedingungen und mit den Geräten, die in der Norm beschrieben sind. (Volumenbezogene Verdichtungsarbeit für ρ_{Pr}: $W \approx 0{,}6\,\frac{\mathrm{MNm}}{\mathrm{m}^3}$.)

Die durch eine höhere Verdichtungsarbeit erreichbare modifizierte Proctordichte mod ρ_{Pr} ist wiederum die größte erreichbare Trockendichte unter den Versuchsbedingungen und mit den Geräten, die in der Norm beschrieben sind. (Volumenbezogene Verdichtungsarbeit für mod ρ_{Pr}: $W \approx 2{,}70\,\frac{\mathrm{MNm}}{\mathrm{m}^3}$.)

► **Anmerkung** Der Versuch wird in der erstgenannten Form auch als Standard-Proctorversuch und das zugehörige Ergebnis häufig als einfache Proctordichte bezeichnet.

Der optimale Wassergehalt w_{Pr} bzw. mod w_{Pr} ist der Wassergehalt nach *DIN EN ISO 17892-1*, bei dem sich die Proctordichte bzw. die modifizierte Proctordichte ergibt.

Als Verdichtungsgrad wird der Quotient D_{Pr} bezeichnet. Dabei ist ρ_d die Trockendichte des im Feld verdichteten Bodens nach *DIN EN ISO 17892-2*.

Verdichtungsgrad:

$$D_{Pr} = \frac{\rho_d}{\rho_{Pr}} = \frac{1-n}{1-n_{Pr}}. \tag{3.53}$$

Hinsichtlich der Anforderungen des Verdichtungsgrades im Erd- und Straßenbau, s. Abschn. 5.6.

Zwischen dem Verdichtungsgrad und der Lagerungsdichte D, s. Abschn. 3.3.7, besteht folgende Beziehung:

$$D = A + BD_{Pr} \tag{3.54}$$

mit

$$A = \frac{\max n - 1}{\max n - \min n}; \quad B = \frac{1 - n_{Pr}}{\max n - \min n}; \quad D_{Pr} = \frac{\rho_d}{\rho_{Pr}} = \frac{1-n}{1-n_{Pr}}.$$

ρ_d ... Trockendichte
ρ_{Pr} ... max. Trockendichte im Proctorversuch bei optimalem Wassergehalt
n_{Pr} ... Porenanteil bei optimalem Wassergehalt im Proctorversuch.

3.8.1.1 Durchführung des Versuchs zur Bestimmung der einfachen Proctordichte

Je nach dem Größtkorn des Bodens sind die Daten in Tab. 3.25 zu beachten:

Es ist entsprechend des in Tab. 3.25 angegebenen zulässigen Größtkorns der kleinstmögliche Versuchszylinder zu verwenden. Bei grobkörnigen und gemischtkörnigen Böden werden die Körner, die größer als 31,5 mm bzw. 63 mm sind, von der Probe abgetrennt. Beträgt der Massenanteil des Überkorns $d > 31{,}5$ mm mehr als 35 %, so muss für den Verdichtungsversuch der Zylinder mit 25 cm verwendet werden. Ein Aussondern

Tab. 3.25 Daten zur Durchführung des Proctorversuches

Zulässiges Größtkorn	(mm)	20	31,5	63
Probenmenge	(kg)	≥ 3	≥ 6	≥ 30
Zylinderdurchmesser	(cm)	10	15	25
Zylinderhöhe	(cm)	12	12,5	20
Fallgewicht	(kg)	2,5	4,5	15
Fallhöhe	(cm)	30	45	60
Schlagzahl je Schicht	–	25	22	22
Anzahl der Schichten	–	3	3	3

von Überkorn und dessen Berücksichtigung bei der Wassergehalts- und Trockendichtebestimmung ist nur bei Verwendung von Versuchszylindern mit Durchmessern von ≥ 15 cm zulässig!

Im Folgenden wird der Versuch mit dem Zylinderdurchmesser von 10 cm beschrieben:

Etwa 2,5 kg Boden werden unter Wasserzugabe gleichmäßig durchgemischt und anschließend in drei gleich dicken Schichten in den Proctortopf eingebracht, um jede Schicht durch 25 gleichmäßig über die Fläche verteilte Schläge mit dem Fallgewicht bei einer Fallhöhe von 30 cm zu verdichten.

Die verdichtete Probe wird gewogen und dann aus dem Topf herausgepresst. Für eine aus der Mitte entnommene Teilprobe von rund 100 g wird der Wassergehalt bestimmt. Nach dem ersten Einzelversuch wird der Rest wieder zerdrückt und der Wassergehalt um 2–3 % gesteigert. Die Probe wird für den nächsten Versuch gut durchgemischt. Der Versuch wird mindestens viermal so lange wiederholt, bis eine deutliche Gewichtsabnahme der verdichteten Bodenprobe eintritt. Bei Bodenproben, die zur Kornzertrümmerung neigen, soll das Bodenmaterial im Versuch nicht mehrfach verwendet werden. Die Vorbereitung der Teilproben ist dementsprechend vorzunehmen.

3.8.1.2 Auswertung

Bei den 5–6 Teilprüfungen werden jedes Mal der Wassergehalt w und die Dichte ρ der Probe bestimmt. Die Dichte ρ lässt sich aus der Masse der feuchten Probe m und dem Zylindervolumen V berechnen. Für die Bestimmung der Proctordichte wird aber die Trockendichte ρ_d benötigt; diese lässt sich aus ρ und dem zugehörigen Wassergehalt berechnen.

$$\rho = \frac{m}{V} \tag{3.55}$$

$$\rho_d = \frac{\rho}{1 + w} \tag{3.56}$$

Für die Wertepaare w/ρ_d ist $\rho_d = f(w)$ als Ausgleichsfunktion zu bestimmen. In der grafischen Darstellung soll die Ausgleichskurve im Scheitelbereich einen möglichst großen Krümmungsradius aufweisen, s. Abb. 3.25. Das Maximum der Kurve gibt die „Proctordichte“ ρ_{Pr} oder auch 100 % der Proctordichte und den zugehörigen „optimalen“ Wassergehalt w_{Pr} an.

Eine besondere Beachtung findet im Erdbau der verbleibende, mit Luft gefüllte Porenanteil, der Luftporenanteil n_a; er soll beim Einbauen des Bodens auf der Baustelle möglichst klein sein, damit später möglichst geringe Sackungen auftreten. Durch das Eindringen von Niederschlagswasser in luftgefüllte Poren treten Sackungen auf. Sind beim Einbau des Bodens schon möglichst viele Poren mit Wasser gefüllt, können nur noch geringe Sackungen auftreten. Deshalb wird für die Darstellung des Proctorversuchs die theoretische Sättigungslinie ($n_a = 0$, $S_r = 1{,}0$) sowie gegebenenfalls die Linien mit z. B. $n_a = 5\,\%$ bzw. $n_a = 12\,\%$ nach den Gln. (3.57) und (3.58), s. a. Tab. 3.2, dargestellt. Der abfallende Ast der Proctorkurve verläuft etwa parallel zu der Sättigungslinie. Aus dieser Darstellung können dann Schlüsse über die möglichst optimalen Erdbaubedingungen gezogen werden.

$$\rho_d = \frac{(1 - n_a) \cdot \rho_s \cdot \rho_w}{w \cdot \rho_s + \rho_w} \tag{3.57}$$

$$n_a = 1 - \rho_d \cdot \left(\frac{1}{\rho_s} + \frac{w}{\rho_w}\right). \tag{3.58}$$

3.8.1.3 Diskussion der Ergebnisse

In Abb. 3.26 werden in Bezug auf das Optimum der Einfluss des Porenwassers bei der Verdichtung und die Bodeneigenschaften diskutiert. Dabei wird unterschieden, ob ein einzubauender und zu verdichtender Boden auf der linken Seite des Proctoroptimums, der „trockenen Seite“, oder auf der rechten Seite, der „nassen Seite“ einzuordnen ist.

Abb. 3.27 zeigt Bodenstrukturen von Böden mit unterschiedlichem Wassergehalt. In den Abb. 3.28 sowie 3.29 und 3.30 sind am Proctorversuch abgeleitete Erfahrungswerte dargestellt.

3.8.2 Dichtebestimmung im Feld

Die Begriffe der Dichte und Trockendichte sind in Abschn. 3.3.1 definiert. Die Ermittlung dieser Größen ist für die Bestimmung der Lagerungsdichte bzw. des Verdichtungsgrades und für die Berechnung des Porenanteils sowie der Sättigungszahl eines Bodens erforderlich. Im Folgenden werden Versuchsmethoden zur Bestimmung der Dichte des Bodens beschrieben, die auf der Entnahme von Bodenproben und der Bestimmung von Masse und Volumen beruhen. Die aus der Dichte errechnete Wichte dient als Grundwert für erdstatische Berechnungen.

3.8.2.1 Bestimmung der Dichte nach *DIN 18125-2*

Zur Bestimmung der Dichte des Bodens im Felde sind zwei Ermittlungen notwendig:

a) die Ermittlung der Masse m bzw. der Trockenmasse m_d der entnommenen Probe,
b) die Ermittlung des Volumens V der entnommenen Probe.

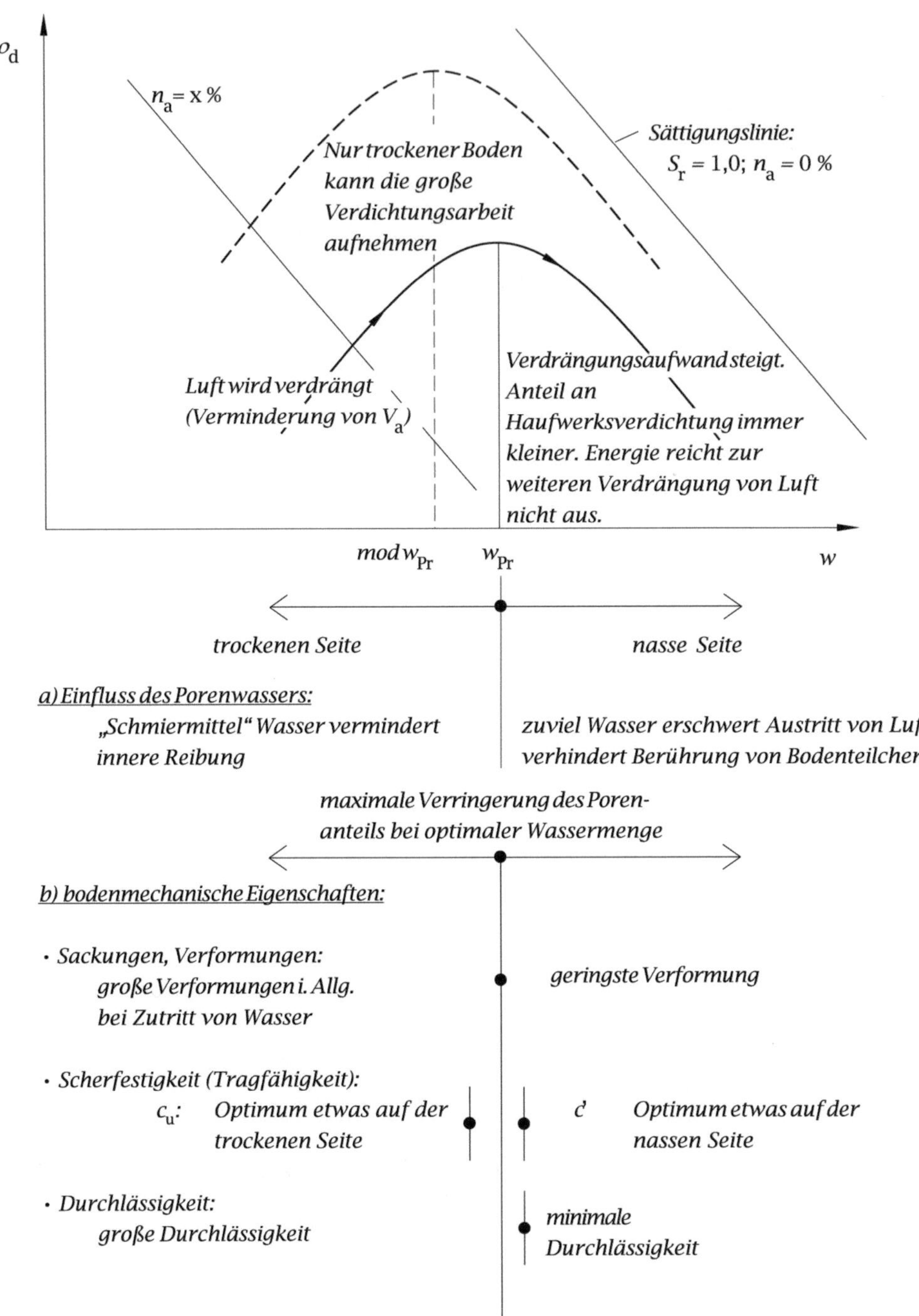

Abb. 3.26 Diskussion der Ergebnisse des Proctorversuchs

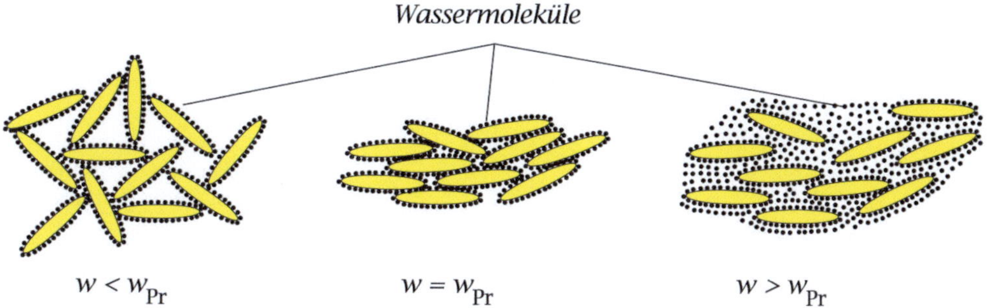

Abb. 3.27 Strukturtypen künstlich verdichteter Böden

Abb. 3.28 Die Proctordichte feinkörniger Böden, abhängig von der Fließgrenze w_L des Materials

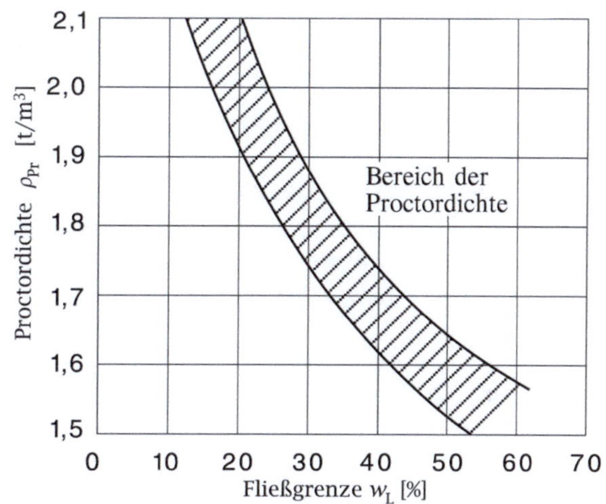

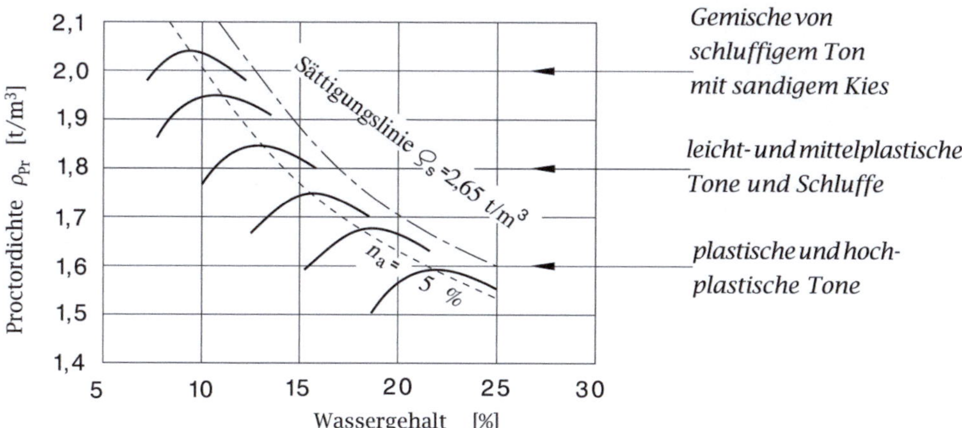

Abb. 3.29 Beziehung zwischen Trockendichte und Wassergehalt feinkörniger Böden bei der Verdichtungsarbeit für einfache Proctordichte

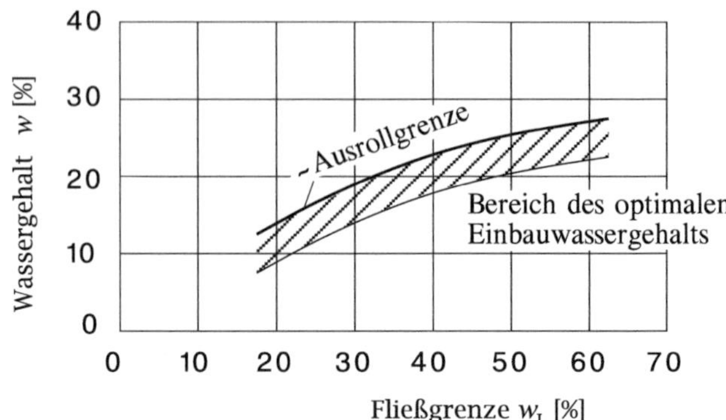

Abb. 3.30 Der optimale Wassergehalt feinkörniger Böden, abhängig von der Fließgrenze w_L

Die Mindestgröße der Probe ist bei feinkörnigen Böden von der Art der Volumenbestimmung abhängig. Enthält die Probe Grobkorn, so soll ihr Volumen mindestens das 50fache geschätzte Volumen des Größtkorns betragen.

3.8.2.2 Bestimmung der Masse

Die Ermittlung der entnommenen Probenmasse einschließlich Behälter m_1 erfolgt durch Wägen. Durch Abzug der Behältermasse m_C erhält man die Masse der Bodenprobe. Nach Bestimmung des Wassergehaltes, s. Abschn. 3.3.2, kann die Trockenmasse m_d errechnet werden.

$$m = m_1 - m_C \tag{3.59}$$

$$m_d = \frac{m}{1 + w}. \tag{3.60}$$

3.8.2.3 Bestimmung des Volumens: Wahl des Verfahrens

Das Volumen der Probe wird entweder direkt an der Bodenprobe bzw. am Entnahmegerät gemessen (Verfahren a) oder durch Ausmessen des Hohlraumes, der bei der Probenentnahme entstanden ist (Verfahren b bis f). Letztere unterscheiden sich vornehmlich in der Art, wie dieser Hohlraum ausgemessen wird. Bei diesen Verfahren wird der Hohlraum durch einen Ersatzstoff ausgefüllt und das hierzu verbrauchte Ersatzstoffvolumen bestimmt.

a) Ausstechzylinder-Verfahren, s. Abb. 3.31
b) Sandersatz-Verfahren, s. Abb. 3.32
c) Ballon-Verfahren, s. Abb. 3.33
d) Flüssigkeitsersatz-Verfahren
e) Gipsersatz-Verfahren
f) Schürfgruben-Verfahren.

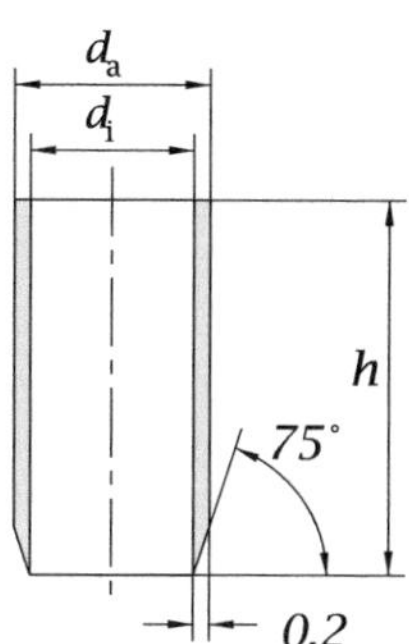

Abb. 3.31 Ausstechzylinder

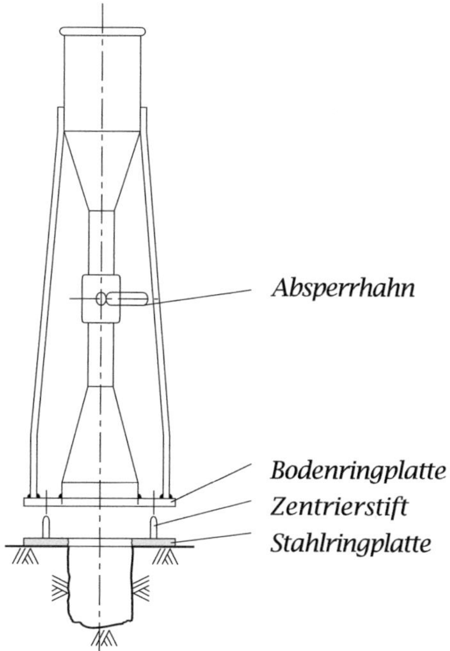

Abb. 3.32 Sandersatz-Verfahren: Doppeltrichter mit Stahlringplatte

Beim Verfahren c) handelt es sich um ein spezielles Flüssigkeitsersatz-Verfahren. Auf die Verfahren d) bis f) soll hier nicht weiter eingegangen werden.

Die grundsätzliche Eignung der einzelnen Verfahren ist von der Bodenart abhängig. Tab. 3.26 aus *DIN 18125-2* gibt eine Übersicht über die Eignung der Verfahren.

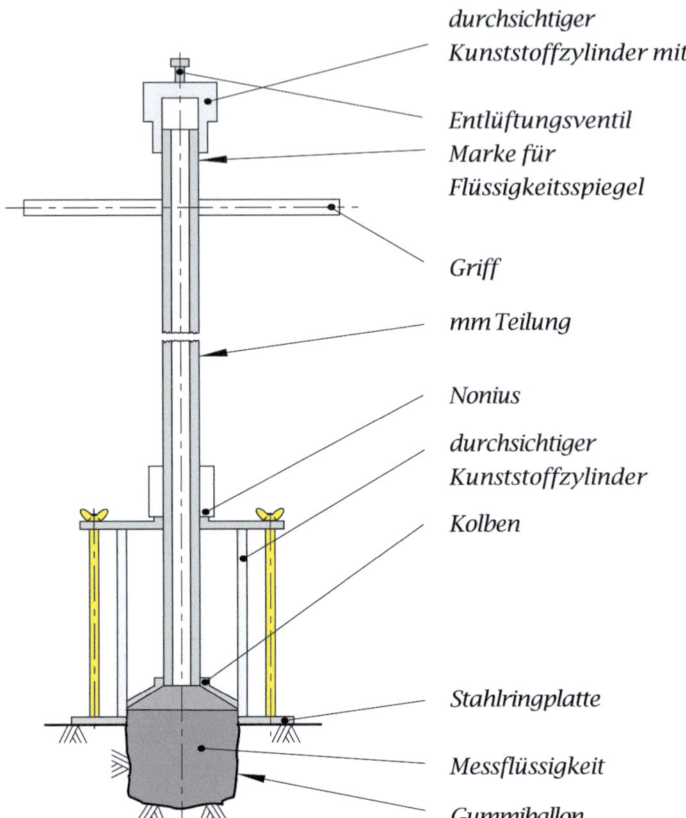

Abb. 3.33 Ballon-Verfahren: Ballongerät (Densitometer) und Stahlringplatte

Tab. 3.26 Eignung der Verfahren in Abhängigkeit von der Bodenart gemäß *DIN 18125-2*

Bodenart		Verfahren	
		Gut geeignet	Ungeeignet
Bindiger Boden	Ohne Grobkorn	Alle Verfahren	Keine
	Mit Grobkorn	Alle Ersatzverfahren	Ausstechzylinder-Verfahren
Nichtbindiger Boden	Fein- bis Mittelsand	Alle Verfahren	Keine
	Kies-Sand-Gemisch	Alle Ersatzverfahren	Ausstechzylinder-Verfahren
	Sandarmer Kies	Balon-, Flüssigkeitsersatz-Verfahren mit Wasser, Gipsersatz-Verfahren	Ausstechzylinder-, Sandersatz-Verfahren, Flüssigkeitsersatz-Verfahren mit Bentonitschlamm

3.8.2.4 Bestimmung der Dichte im Sandersatz-Verfahren

Durchführung des Versuches Die Oberfläche der zu untersuchenden Schicht wird sorgfältig eingeebnet und glattgestrichen (Fläche mit 40 cm ∅). Darauf wird eine Stahlringscheibe satt aufgelegt. Unterhalb des Loches in der Ringscheibe (∅ 20 cm) wird dann der Boden bis zu einer Tiefe von etwa 20 cm so ausgehoben, dass die Höhlung möglichst senkrechte Wände aufweist. Der gewonnene Boden ergibt zusammen mit dem Behälter das Gewicht m_1. Das Gefäß muss zur späteren Bestimmung des Wassergehalts sofort verschlossen werden. Auf die Ringscheibe der Höhlung stellt man anschließend einen Doppeltrichter, der in seinem oberen Teil mit trockenem Sand gefüllt ist und ein Gewicht (mit Sand) von m_3 hat. Durch Öffnen eines Absperrhahns rieselt der Sand von oben in die Höhlung und in den unteren Teil des Trichters. Sobald keine Sandbewegung mehr feststellbar ist, wird der Absperrhahn wieder geschlossen, der Doppeltrichter abgenommen und gewogen (Gewicht m'_3).

Auswertung, s. Gln. (3.61) **bis** (3.65) Vom Gewicht m_1 der feuchten Probe + Behälter ist das Gewicht des Behälters m_C abzuziehen. Man erhält dann das Gewicht der feuchten Probe m. Aus einer Kalibrierung des Gerätes ist ferner das Volumen V_E des unteren Trichters und des Volumens in der Ringscheibe bekannt. Aus m_3 und m'_3 kann die Masse des verbrauchten Sandes m_{sa} ermittelt werden. Zur weiteren Auswertung muss die Schüttdichte ρ_E des Prüfsandes bekannt sein. Aus der feuchten Masse der Probe m und dem Rauminhalt V erhält man die Dichte (feucht), s. Gl. (3.7). Mittels des Wassergehaltes kann die Trockendichte ρ_d errechnet werden, s. Gl. (3.8) bzw. (3.56).

$$m = m_1 - m_C \tag{3.61}$$

$$m_{sa} = m_3 - m'_3 \tag{3.62}$$

$$V_1 = \frac{m_{sa}}{\rho_E} \tag{3.63}$$

$$V_T = \frac{m_T}{\rho_E} \tag{3.64}$$

$$V = V_1 - V_T. \tag{3.65}$$

V_T ... Volumen des unteren Trichters und Ringraumes (bekannt durch Kalibrierung mit der Masse der Sandmenge im unteren Trichter und Ringraum m_T und der Schüttdichte ρ_E)

3.8.2.5 Bestimmung der Dichte mit Ballon-Verfahren

Durchführung des Versuchs Wie beim Sandersatz-Verfahren wird das Probenmaterial durch die Öffnung der auf der vorbereiteten Bodenoberfläche aufliegenden Stahlringplatte ausgehoben. Das gesamte Material wird zur Bestimmung der Masse m und Trockenmasse m_d aufgehoben. Vor dem Aushub bzw. nach einem Voraushub wird mit dem Ballon eine Nullmessung vorgenommen. Sowohl bei der Nullmessung wie auch bei der Messung nach der Probenentnahme wird das mit Wasser gefüllte Ballongerät auf der Stahlringplatte befestigt und so betätigt, dass sich der Gummiballon satt auf die Bodenoberfläche anlegt und der Kolben soweit nach unten gedrückt wird, dass das Wasser im Standrohr bis zur Mess-Marke ansteigt. Durch Ablesung der Noniusposition am Standrohr werden die beiden in cm anzugebenden Lagen des Kolbens L_0 (Nullmessung) und L_1 (nach dem Aushub) gemessen, die dieser gegen den Kunststoffzylinder einnimmt.

Gegenüber dem Sandersatz-Verfahren ist die Anforderung bezüglich einer ebenen Ausgangsfläche nicht so hoch, da eine Nullmessung durchgeführt wird.

Auswertung Die Ermittlung des Aushubvolumens V, das für die Berechnung der Dichten bzw. Trockendichten mit den Gl. (3.7) bzw. (3.8) erforderlich ist, erfolgt mit der Gl. (3.66):

$$V = (L_1 - L_0) \cdot A \tag{3.66}$$

wobei A die gerätespezifische Fläche des Kolbens in cm^2 ist.

3.8.3 Indirekte Dichtebestimmungsmethoden

Zur Dichtebestimmung von Böden im Feld eignen sich neben den direkten Versuchen, s. Abschn. 3.8.2, auch indirekte Versuche. Eine Ausnahme bildet der CBR-Versuch, der üblicherweise im Labor ausgeführt wird. Ein Großteil der Versuche ist in Normen bzw. anderen Regelwerken aufgenommen, andere Versuche sind bisher nicht genormt. Auf folgende Versuche wird nachfolgend eingegangen:

- CBR-Versuch und Dynamischer CBR-Versuch
- Sondierung (Stabsondierung)
- Plattendruckversuch, s. Abschn. 4.3
- Dynamischer Plattendruckversuch
- Strahlensonde (Radiometrischer Versuch)
- Flächendeckende dynamische Messverfahren
- Setzungsmessungen für Felsschüttungen.

Das Verhältnis zwischen den Messwerten und den physikalischen Bodenkennwerten der direkten Versuche muss bekannt sein oder ermittelt werden.

Die Versuche sind im Folgenden beschrieben:

3.8.3.1 Prüfverfahren zur Bestimmung des CBR-Wertes gemäß DIN EN 13286-47 und Dynamischer CBR-Versuch

Der CBR-Versuch (California Bearing Ratio) ist ein Laborversuch zur Qualitätskontrolle für den Erd- und Straßenbau. Er wird überwiegend in den angelsächsischen Ländern eingesetzt. Im Labor wird in eine in den Proctor-Topf (Durchmesser 150 mm), s. Abschn. 3.8.1, eingebaute Bodenprobe, deren maximale Korngröße 22,4 mm beträgt, über eine Druckpresse ein zylindrischer Stempel mit 50 mm Durchmesser mit konstanter Geschwindigkeit eingedrückt. Dabei wird eine Kraft-Eindringkurve erzeugt, aus der die notwendige Kraft zum Eindrücken von 2,5 bzw. 5 mm abgelesen wird und zu der erforderlichen Kraft, die zum Eindrücken bei einem Standardmaterial (kalifornisches Schotter-Splitt-Gemisch) erforderlich ist, ins Verhältnis gesetzt. Der CBR-Wert in Prozent ist ein Maß für die Tragfähigkeit.

Der Dynamische CBR-Versuch unterscheidet sich vom herkömmlichen Versuch durch die Art und Geschwindigkeit der Lastaufbringung. Die Belastung, die für das Eindrücken des Stempels erforderlich ist, wird anstatt mit einer Belastungseinrichtung durch ein Fallgewicht aufgebracht. Dieses Fallgewicht wird aus einer definierten Höhe frei auf ein Federelement fallen gelassen. Der Versuch ist damit eine Weiterentwicklung des dynamischen Plattendruckversuchs. Durch die erzeugte Stoßlast wird der CBR-Stempel mit seinem Durchmesser von 5 cm in den Boden eingedrückt. Die durch die impulsartige Belastung auftretende Beschleunigung des CBR-Stempels wird von einem Beschleunigungsaufnehmer gemessen, doppelt integriert und als dynamische Eindringung s_d [mm] angezeigt. Aus dieser wird dann der $\mathrm{CBR_d}$-Wert nach der aus einer Potenzfunktion hergeleiteten, nicht dimensionsechten Formel errechnet:

$$\mathrm{CBR_d} = 87{,}3/\left(s_\mathrm{d}^{0{,}59}\right) \quad [\%] \tag{3.67}$$

Von Weingart et al. (1986) wurde die Eignung des Dynamischen CBR-Versuchs für Mineralstoffe im Straßenbau untersucht. Das Ergebnis dieser Untersuchungen war, dass zwischen statischem und Dynamischem CBR-Versuch eine gute Korrelation besteht. Für bindige Böden gibt es ebenfalls Korrelationen, s. Schmidt/Volm (2000).

Der Dynamische CBR-Versuch wird zur Überprüfung der Tragfähigkeit, aber auch zum Nachweis einer ausreichenden Verdichtung eingesetzt. Einzigartig ist bei diesem Versuch, dass er sowohl im Labor als Eignungsversuch wie auch im Feld als Kontrollversuch unter nahezu gleichen Bedingungen durchgeführt werden kann, wobei die Einsatzmöglichkeit mit zunehmender Korngröße eingeschränkt ist.

3.8.3.2 Sondierungen gemäß *DIN EN ISO 22476*

Nachfolgend werden in Deutschland übliche Stabsonden behandelt, die in Teilen der *DIN EN ISO 22476* geregelt sind. Grundsätzlich bestehen diese Stabsonden aus Sonde (Rundstabgestänge mit Sondierspitze), Einbring- bzw. Zugvorrichtung und Messgerät. Es werden beim lotrechten Einbringen der Sonde der Eindringwiderstand q_c (Kräfte und daraus abgeleitete Spannungen an der Spitze bei Drucksondierungen) bzw. Schlagzahlen N je 10 cm, 20 cm bzw. 30 cm Eindringung: N_{10}, N_{20} bzw. N_{30}, gemessen.

Der Gebrauch von Stabsondierungen sowie die Interpretation der Ergebnisse sind in *DIN EN 1997-2* geregelt, die Abmessungen sowie Einschränkungen für den Einsatz nach *DIN EN ISO 22476-1* bis 3 und *DIN EN ISO 22476-14*, s. Tab. 3.27.

Neben den oben zitierten Normenteile der *DIN EN ISO 22476* sind weitere 9 Teile der Norm veröffentlicht, in denen es hauptsächlich um Sonden zur Bestimmung der Steifigkeit (z. B. Teil 4: Pressiometerversuch nach Ménard, Teil 7: Seitendrucksonde und Teil 11: Flachdilatometer), s. Abschn. 4.5 bzw. der Scherfestigkeit (Teil 9: Flügelsonde), s. Abschn. 4.4.4, geht.

► **Anmerkung** Alle Teile der *DIN 4094* sind zurückgezogen, so auch *DIN 4094-3* für Rammsondierungen. Damit entfällt die Leichte Rammsonde DPL-5, der sogenannte „Künzelstab". Da er nach wie vor im Einsatz ist, so bei Verdichtungskontrollen in Gräben, wird die DPL-5 nachfolgend weiter aufgeführt.

Stabsondierungen eignen sich zur Verdichtungskontrolle nichtbindiger Erdbaustoffe und bedingt zur Baugrunderkundung. Aus dem Widerstand, der beim Einrammen bzw. Eindrücken der Sonde auftritt, können Angaben über die Lagerungsdichte (bzw. die Konsistenz) des Bodens gewonnen werden. Die Sondierungen sind somit bodenmechanische Felduntersuchungsverfahren, um an Ort und Stelle, ohne Entnahme einer Bodenprobe, indirekt Kennwerte bestimmen zu können. Bei Baugrunderkundungen ist eine endgültige Interpretation der Ergebnisse jedoch nur im Zusammenhang mit direkten Bodenaufschlüssen (Bohrungen, Schürfe), diese wiederum häufig in Verbindung mit Laborversuchen, möglich (Kalibrierung der Messwerte). Nachfolgend werden die gebräuchlichsten Stabsondierungen erklärt.

Eine **Rammsondierung (DP: *DIN EN ISO 22476-2*)** ist das Rammen einer Sonde in den Untergrund durch einen Rammbären bei gleichbleibender Fallhöhe, wobei die Schlagzahl für eine definierte Eindringtiefe festgehalten wird. Wie aus Tab. 3.27 ersehen werden kann, gibt es nach den Normen fünf Rammsonden-Typen.

Bohrlochrammsondierung (BDP: *DIN EN ISO 22476-14*) ist eine Rammsondierung im Bohrloch, die von der Bohrlochsohle aus über eine definierte Eindringtiefe durchgeführt wird. Sie hat eine geschlossene Spitze.

Die Spitze des ursprünglich aus den USA kommenden **Standard Penetration Tests (SPT)** ist auch zur Probenentnahme geeignet. Dabei gibt es unterschiedliche Entnahmespitzen. Zur Interpretation der Schlagzahlen hinsichtlich bodenmechanischer Kennwerte sind Korrekturen der Schlagzahlen erforderlich, s. dazu *DIN EN ISO 22476-3*. Im informativen Anhang F der *DIN EN 1997-2* sind Hinweise zur Ermittlung der korrigierten Schlagzahlen aufgeführt.

Die **Drucksondierung (CPT, CPTU, CPTM: *DIN EN ISO 22476-1* und *DIN EN ISO 22476-12*)** ist das Eindrücken einer Sonde in den Untergrund mit gleichbleibender Geschwindigkeit, wobei Gesamtwiderstand, Spitzenwiderstand, gegebenenfalls die lokale Mantelreibung und bei speziellen Geräten auch der Porenwasserdruck in Abhängigkeit von der Sondiertiefe gemessen werden können.

Tab. 3.27 Arten und Einsatzmöglichkeiten der Sondiergeräte, *DIN EN ISO 22476*

Benennung und Norm	Kurzzeichen	Spitzenquerschnitt	Spitzendurchmesser	Masse des Rammbaren	Fallhöhe	Messgrößen[a]	Max. Untersuchungstiefe ab Ansatzpunkt[b]	Einsatz eingeschränkt in
		A_C (cm²)	d (mm)	m (kg)	h (m)		t (m)	
DIN 4094 (nicht mehr gültig)								
Leichte Rammsonde	DPL-5	5	25,2 ± 0,2	10 ± 0,1	0,50 ± 0,01	N_{10}	8	Tonigen und schluffigen Böden und dicht gelagerten, grobkörnigen Böden
DIN EN ISO 22476-2								
Leichte Rammsonde (Dynamic Probing Light)	DPL	10	35,7 ± 0,3	10 ± 0,1	0,50 ± 0,01	N_{10}	10	Mitteldicht und dicht gelagerten Kiesen; festen, tonigen und schluffigen Böden
Mittelschwere Rammsonde (Dynamic Probing Medium)	DPM	15	43,7 ± 0,3	30 ± 0,3	0,50 ± 0,01	N_{10}	20	Dicht gelagerten Kiesen
Schwere Rammsonde (Dynamic Probing Heavy)	DPH	15	43,7 ± 0,3	50 ± 0,5	0,50 ± 0,01	N_{10}	25	–
Superschwere Rammsonde (Dynamic Probing Giant)	DPSH-B[e]	20	50,5 ± 0,5	63,5 ± 0,5	0,75 ± 0,02	N_{20}	40	–
DIN EN ISO 22476-14								
Bohrlochrammsondierung	BDP	20	50,5 ± 0,5	63,5 ± 0,5	0,76 ± 0,01	N_{30}	0,45[c]	–
DIN EN ISO 22476-1								
Drucksonde mit Messung des Spitzenwiderstandes und der lokalen Mantelreibung[d]	CPT	10	35,7 ± 0,3	–	–	q_c, f_s	40	Böden mit Steineinlagerungen, dicht gelagerten Kiesen; festen, tonigen und schluffigen Böden

[a] N_{10} Anzahl der Schläge je 10 cm Eindringtiefe, N_{30} Anzahl der Schläge je 30 cm Eindringtiefe, q_c Spitzenwiderstand in MN/m², f_s lokale Mantelreibung in MN/m². [b] Richtwerte, bei Baugrundverhältnissen mittlerer Festigkeit gemessen. [c] Ansatzpunkt ist die jeweilige Bohrlochsohle. [d] Die Drucksondierungen gibt es auch mit Spitzenquerschnitt $A_c = 15\,\text{cm}^2$ sowie jeweils mit Porenwasserdruckmessung. Das Kurzzeichen einer derartigen Sondierung ist dann CPTU 15. [e] In dieser Tabelle sind nur die Daten von DSPH-B dargelegt.

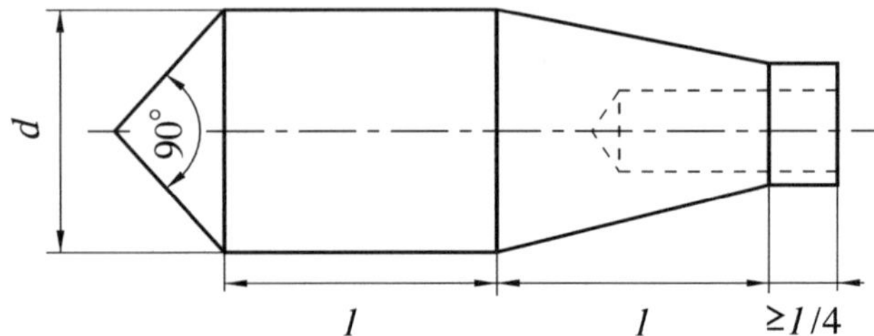

Abb. 3.34 Rammsondenspitze DPL-5, DPL, DPM-A, DPM, DPH und DPG

Der Spitzenwiderstand q_c ist die in der Sondenspitze übertragene Kraft Q_c geteilt durch den Spitzenquerschnitt A_c.

Die lokale Mantelreibung f_s ist die in der Reibungshülse übertragene Kraft Q_s geteilt durch die Mantelfläche der Reibungshülse A_s.

Nach *DIN EN ISO 22476-1* kann aus einem Reibungsverhältnis $R_f = (f_s/q_c) \cdot 100$ über ein Schaubild auf die Bodenart geschlossen werden.

Das Sondiergerät ist nach dem Zweck der Untersuchung, nach der erforderlichen Untersuchungstiefe (s. *DIN 4020*) sowie nach Art und Beschaffenheit des Bodens zu wählen, s. Tab. 3.27.

Die Kurzzeichen der Tab. 3.27 werden für die Bezeichnungen der durchgeführten Sondierung benutzt.

Abb. 3.34 zeigt die Form der Spitze bei Rammsondierungen. Durch die verdickte Spitze wird die Mantelreibung am Gestänge weitgehend ausgeschaltet.

Weitere technische Details der Sondiergeräte sind in den jeweiligen DIN-Normen aufgeführt.

3.8.3.3 Auswertung von Sondierungen

Zur qualitativen Auswertung von Sondierungen sind Vorkenntnisse über die Baugrundverhältnisse erforderlich. Qualitative Auswertungen dürfen durchgeführt werden:

a) zur Beurteilung der Gleichmäßigkeit bzw. Ungleichmäßigkeit des Baugrunds oder einer Schüttung,
b) zur Erkundung besonders lockerer oder fester Zonen bzw. Schichten, z. B. Auffüllungsbereiche oder Felshorizonte,
c) zur Beurteilung des Verdichtungserfolgs durch Vergleich der Eindringwiderstände „vorher–nachher“ oder mit Vorgabe eines Sollwerts.

Zur Aufzählung a) und c) muss der Grundwasserstand, bezogen auf den Ansatzpunkt der Sondierung, stets bekannt sein.

Quantitative Zusammenhänge zwischen

- den Sondierergebnissen und Bodenkenngrößen sowie
- den Ergebnissen von Sondierungen mit verschiedenen Sonden

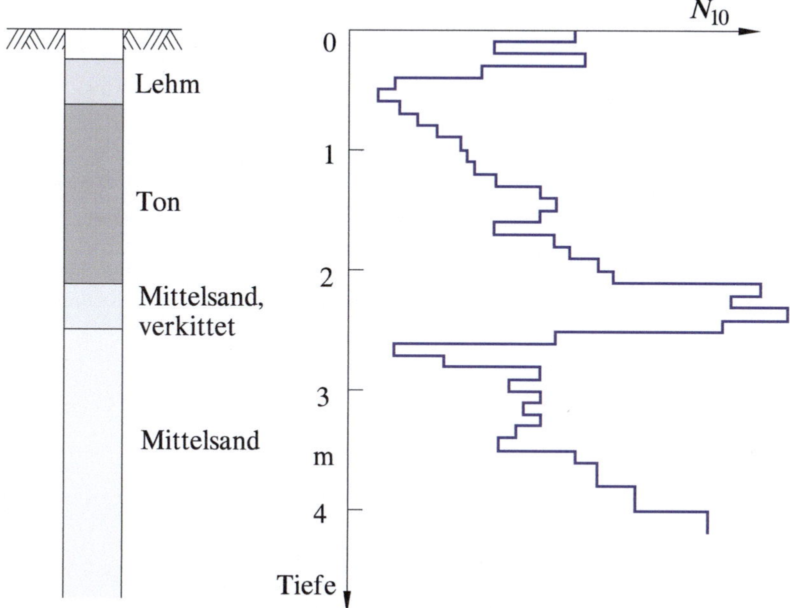

Abb. 3.35 Vergleich Bohrprofil/Rammsondierdiagramm

müssen für die jeweilige Bodenart innerhalb definierter Gültigkeitsgrenzen in nachprüfbarer Form statistisch ermittelt werden.

Hier bieten *DIN EN 1997-2* und *DIN EN ISO 22476*, teilweise auch in den informativen Anhängen dieser Normen, Korrelationen zwischen Eindringwiderständen, Lagerungsdichten D und bezogenen Lagerungsdichten I_D sowie zu Scherfestigkeiten und Steifemodule bis hin zu Dimensionierungshilfen für Flächengründungen und Pfählen. Bemerkenswert ist bei einigen Korrelationen auch der Einfluss der wirksamen Überlagerungsspannung, also die Abhängigkeit von der Sondiertiefe.

Das Rammsondierdiagramm, s. Abb. 3.35, zeigt beispielhaft den Widerstand, den der Boden dem Eindringen der Sondenspitze entgegensetzt. Man beachte die Zunahme des Eindringwiderstands in einem verkittetem Mittelsand. Aus dem Verlauf des Rammsondierdiagramms kann auf die Lagerungsdichte eines nichtbindigen Bodens, bedingt auch auf die Konsistenz eines bindigen Bodens bzw. auf den Baugrundaufbau geschlossen werden.

Können Bohr- und Sondierergebnisse von benachbarten Erkundungsorten, wie in Abb. 3.35 dargestellt, korreliert werden, dann sind Sondierungen auch als ergänzende Baugrunderkundungen wertvoll.

Beispiele für quantitative Zusammenhänge zwischen Sondierergebnissen der verschiedenen Sonden und Bodenkennwerten sind in der Literatur und in den jeweiligen Normen zusammengestellt. Insbesondere im Anhang der *DIN EN ISO 22476-14* sind umfangreiche

Tab. 3.28 Standard Penetration Test (SPT): Schlagzahlen N_{30} und Lagerungsdichte D bzw. bezogene Lagerungsdichte I_D bei enggestuftem Sand über Grundwasser gemäß *Bild B.5 der DIN EN ISO 22476-14* (N_{30} zwischen 3 und 50)

N_{30}	D	I_D
3 bis 4	0,21 bis 0,28	0,28 bis 0,35 (locker)
5 bis 27	0,28 bis 0,60	0,35 bis 0,65 (mitteldicht)
28 bis 50	0,60 bis 0,70	0,65 bis 0,75 (dicht)

Tab. 3.29 Zusammenhang zwischen der Konsistenz bindiger Böden mit der undränierten Scherfestigkeit c_u und dem Spitzendruck q_c der Drucksonde (CPT) sowie N_{30} der Bohrlochrammsondierung (BDP)

Konsistenz	undränierte Scherfestigkeit	Spitzendruck q_c (MN/m²)			Schlagzahl *SPT*
	c_u (kN/m²)	TL	TM	TA	N_{30}
Breiig und sehr weich	< 20	< 0,3	< 0,4	< 0,5	< 2
Weich	20–60	0,3–0,7	0,4–1,0	0,5–1,3	2–6
Steif	60–200	0,7–2,1	1,0–3,1	1,3–4,1	6–15
Halbfest	> 200	2,1–4,1	3,1–6,1	4,1–8,1	15–30
Fest	> 400	> 4,1	> 6,1	> 8,1	> 30

Korrelation zwischen den Ergebnissen der Bohrlochrammsondierung und anderen Sonden aufgeführt. Eine Auswertung der dort angegeben Gleichung stellt den in Tab. 3.28 aufgelisteten Zusammenhang zwischen Schlagzahl und Lagerungsichte für enggestufte Sande über Grundwasser her. Für weitere Zusammenhänge wird auf die Norm verwiesen. Die verbale Beschreibung der Lagerungsdichte beruht auf *Tabelle F.1 der DIN EN 1997-2*

Für feinkörnige, gewachsene Böden sind nach Lambe & Whitman (1969) in Tab. 3.29 Zusammenhänge zwischen der Konsistenz bindiger Böden mit der undränierten Scherfestigkeit c_u und dem Spitzendruck q_c der Drucksonde (CPT) sowie N_{30} der Bohrlochrammsondierung (BDP) zusammengestellt. Für den Spitzendruck q_c wurde ein totaler Überlagerungsdruck von 100 kN/m² zugrunde gelegt und nach der Plastizität der Böden gemäß *DIN 18196* unterschieden, s. dazu Abschn. 3.4.

Des Weiteren sei für die Auswertung von Sondierungen auf Melzer/Fecker/Westhaus (2018) sowie auf Lunne et al. (1997) verwiesen.

Für den Einfluss des Grundwassers und der damit verbundenen Auftriebswirkung auf den Boden und auf das Verhältnis von q_c zu N_{10H} sei auf Abb. 3.36 verwiesen.

3.8.3.4 Sonstige, nicht genormte Dichtebestimmungen

Nachfolgend sind bisher in Deutschland nicht genormte Versuche aufgeführt.

Strahlensonde (Radiometrische Verfahren) Mit Strahlensonden, meist Isotopensonden genannt, misst man mit zunehmender Dichte des Bodens eine Steigerung der Energiedissipation bei radioaktiver Strahlung (Dissipation: Übergang einer Energieform in

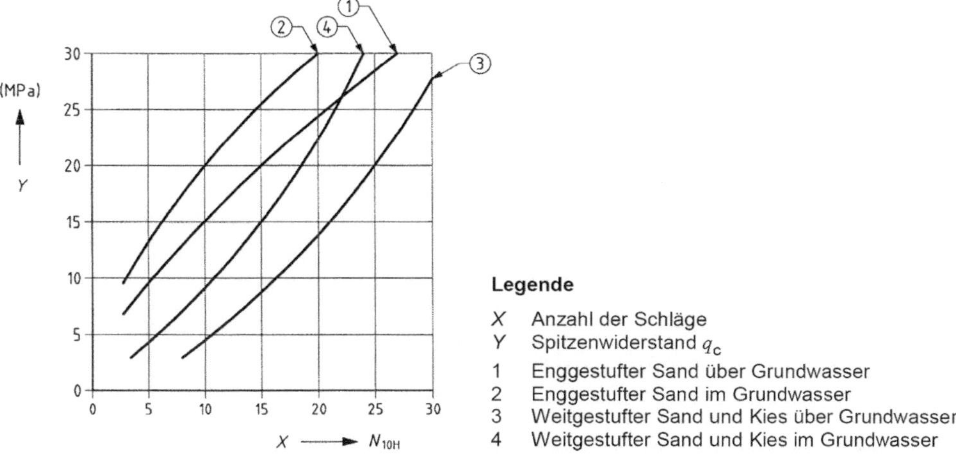

Abb. 3.36 Beispiel für Zusammenhang zwischen Schlagzahlen N_{10H} (N_{10} aus DPH) und dem Spitzenwiderstand q_c der Drucksonde für enggestufte Sande (SE) und weitgestufte Sand-Kies-Gemische (SW/GW) über und im Grundwasser nach *DIN EN 1997-2, Anhang G*

Wärmeenergie). Dazu ist die Messung der Impulsrate einer Gammastrahlung über eine definierte Entfernung erforderlich.

Ergänzend werden oft Neutronenstrahlsonden zur Messung des Wassergehalts verwendet. Gemessen wird die Neutronenabsorption durch Wasserstoffmoleküle. Die Messergebnisse sind aber unsicher, da die H-Atome des Wassers nicht die einzigen im Boden sind. Die Verwendung der Geräte unterliegt den Bestimmungen der Strahlenschutzverordnung; deshalb haben sich diese Sonden in der Praxis nur für Großbaustellen durchgesetzt.

Flächendeckende dynamische Messverfahren Aus der gemessenen Beschleunigung der Walze, also des Verdichters kann auf die erreichte Verdichtung direkt beim Verdichtungsvorgang flächendeckend geschlossen werden. Eine elektronische Datenverarbeitung gibt unmittelbar Aufschluss auf den Verdichtungserfolg. Diese Messmethode hat sich bisher allerdings nur bei nichtbindigen Böden und auf großen Erdbaustellen bewährt. Kalibrierversuche zu den genannten direkten Dichtebestimmungen sind angezeigt. Entsprechende Hinweise auf das Verfahren und Prüfvorschriften sind in der *ZTVE-StB* 2017 aufgeführt.

Dynamisches Plattendruckgerät Zunehmend findet auch das sogenannte dynamische Plattendruckgerät, zumindest bei nichtbindigen Böden, Verwendung für die Dichte- bzw. Verdichtungskontrolle.

Es ist ein Prüfverfahren, bei dem der Boden über eine kreisförmige, als starr angenommene Lastplatte (meist $r = 150\,\text{mm}$) durch ein Fallgewicht stoßartig mit einer maximalen Kraft F_s belastet wird. Die Amplitude der mittleren Normalspannung unter der Platte beträgt dabei 0,1 MN/m^2. Die aus der gemessenen Beschleunigung der Lastplatte ermittelte Setzung wird zur Ermittlung des dynamischen Verformungsmoduls E_{vd} benutzt. Siehe Weiteres über Verfahren und Prüfvorschriften in der *ZTVE-StB 2017* sowie Schmidt u. Zeller (1995).

Setzungsmessungen Durch Nivellement-Messungen nach einzelnen Verdichtungsübergängen lassen sich in Bezug auf die durch die Verdichtung erreichten Gesamtsetzungen einer verdichteten Schüttlage Schlüsse auf die erreichte Verdichtung ziehen, s. Abschn. 5.6.3.

Literatur

Atterberg, A.: Die Plastizität der Tone. Mitt. Inst. Bodenkd. **1**(10) (1911)

Bieniawski, Z.T.: The geomechanics classification in rock engineering applications. Proc. 4th Conf. ISRM, Montreaux. Bd. 2., S. 41–48 (1979)

Busch, K.-F., Luckner, L., Tiemer, K.: Geohydraulik, 3. neubearbeitete Aufl., Gebrüder Bornträger, Berlin, Stuttgart (1993)

Casagrande, A.: Classification and identification of soils. Proc. Am. Soc. Civ. Eng. **73** (1947)

Darcy, H.: Les fontaines publique de la ville de Dijon. Dalmont, Paris (1856)

Deere, D.U., Miller, R.P.: Engineering classification properties for intact rock. Technical report no. AFNL- TR-65-116. Air Force Weapons Laboratory, New Mexico (1966)

Einsele, G., Heitfeld, K., Lempp, C., Schetelig, K.: Auflockerung und Verwitterung in der Ingenieurgeologie: Übersicht, Feldansprache und Klassifikation (Verwitterungsprofile) – Einleitender Beitrag. In: Ingenieurgeologische Probleme im Grenzbereich zwischen Locker- und Festgesteinen, S. 2–23. Springer, Berlin, Heidelberg, New York, Tokyo (1985)

Hönisch, K.: Zur Strategie der Gestaltung großer Krafthauskavernen. Schriftenreihe Lehrstuhl und Prüfamt für Grundbau, Bodenmechanik und Felsbau der TU München, Heft 20 (1994)

Krabbe, W.: Über die Schrumpfung bindiger Böden. Mitt. Franzius Inst. TH Hannover (1958)

Lambe, T.W., Whitman, R.V.: Soil mechanics. John Wiley & Sons, New York, London, Sydney, Toronto (1969)

Lauffer, H.: Gebirgsklassifizierung für den Stollenbau. Geol. Bauwes. **24** (1958)

Lunne, T., et al.: Cone pentration testing in geotechnical practice. E & FN Spon, London (1997)

Melzer, K.J., Fecker, E., Westhaus, T.: Baugrunduntersuchungen im Feld, 8. Aufl. Grundbautaschenbuch, Teil 1. Ernst & Sohn, Berlin (2018)

Mitchell, J.K.: Fundamentals of soil behavior. Wiley & Sons, New York (1976)

Odenwald, B., Hekel, U., Thormann, H.: Grundwasserströmung – Grundwasserhaltung, 8. Aufl. Grundbautaschenbuch, Teil 2. Ernst & Sohn, Berlin (2018)

Proctor, R.R.: The design and construction of rolled earth dams. Eng. News Rec. **111** (1933)

Rüegger, R., Hufenus, R.: Bauen mit Geokunststoffen – Ein Handbuch für den Geokunststoff-Anwender. Schweizerischer Verband für Geokunststoffe (2003)

Rupp, D.: Stabilität und Verwitterungsverhalten natürlicher und künstlicher Böschungen in Kalk-Mergelwechselfolgen. In: Ingenieurgeologische Probleme im Grenzbereich zwischen Locker- und Festgesteinen, S. 2–23. Springer, Berlin, Heidelberg, New York, Tokyo (1985)

Schmidt, H.-H., Volm, J.: Der Dynamische CBR-Versuch – eine neue Qualitätskontrolle für den Erdbau. Geotechnik **23**(4), 271–274 (2000)

Schmidt, H.-H., Zeller, A.E.: Nachweis hinreichender Verdichtung in Leitungsgräben; Erfahrungen auf Baustellen im Rohrnetz. Gas Wasserfach **136**(5), 216 (1995)

Sides, G., Barden, L.: The microstructure of dispersed and flocculated samples of kaolinate, illite and montmorillonite. Can. Geotech. J. **8**, 391–399 (1971)

Skempton, A.W.: The colloidae activity of clay. Proc. 3. ICSMFE, I., S. 57–61 (1953)

Smoltczyk, U., et al.: Determination of the shear strength of partially decomposed mudstone. Proc. ilth. ICSMFE, San Francisco., S. 1055–1059 (1985)

von Soos, P.: Eigenschaften von Böden und Fels – ihre Ermittlung im Labor, 8. Aufl. Grundbau-taschenbuch, Teil 1. Ernst & Sohn, Berlin (2018)

Wallrauch, E.: Verwitterung und Entspannung bei überkonsolidierten tonig schluffigen Gesteinen Südwestdeutschlands. Diss. Univ. Tübingen (1969)

Weingart, W., et al.: Dynamische Labor- und Feldprüfung zur Bestimmung des CBR-Wertes von Mineralbeton. Straße **26**(1), 48–51 (1986)

Normen

DIN EN 1997-1 (Eurocode 7): Entwurf, Berechnung und Bemessung in der Geotechnik, Teil 1: Teil 1: Allgemeine Regeln, in Verbindung mit dem nationalen Anhang DIN EN 1997-1/NA und DIN 1054

DIN EN 1997-2 Eurocode 7: Entwurf, Berechnung und Bemessung in der Geotechnik – Teil 2: Erkundung und Untersuchung des Baugrunds in Verbindung mit dem nationalen Anhang DIN EN 1997-2/NA und DIN 4020

DIN 4022-1: Baugrund und Grundwasser; Benennen und Beschreiben von Boden und Fels; Schichtenverzeichnis für Bohrungen ohne durchgehende Gewinnung von gekernten Proben im Boden und im Fels (zurückgezogen)

DIN 4023: Geotechnische Erkundung und Untersuchung – Zeichnerische Darstellung der Ergebnisse von Bohrungen und sonstigen direkten Aufschlüssen

DIN 4094-4: Baugrund – Felduntersuchungen – Teil 4: Flügelscherversuche (zurückgezogen)

DIN 18121: Baugrund, Untersuchung von Bodenproben – Wassergehalt

DIN 18122: Baugrund – Untersuchung von Bodenproben – Zustandsgrenzen (Konsistenzgrenzen)

DIN 18124: Baugrund, Untersuchung von Bodenproben – Bestimmung der Korndichte – Weithalspyknometer

DIN 18125: Baugrund, Untersuchung von Bodenproben – Bestimmung der Dichte des Bodens

DIN 18126: Baugrund, Untersuchung von Bodenproben – Bestimmung der Dichte nicht bindiger Böden bei lockerster und dichtester Lagerung

DIN 18127: Baugrund, Untersuchung von Bodenproben – Proctorversuch

DIN 18128: Baugrund – Untersuchung von Bodenproben – Bestimmung des Glühverlustes

DIN 18129: Baugrund, Untersuchung von Bodenproben – Kalkgehaltsbestimmung

DIN 18130-2: Baugrund, Untersuchung von Bodenproben – Bestimmung des Wasserdurchlässigkeitsbeiwerts – Teil 2: Feldversuche

DIN 18132: Baugrund, Versuche und Versuchsgeräte – Bestimmung des Wasseraufnahmevermögens

DIN 18300: VOB Vergabe- und Vertragsordnung für Bauleistungen – Teil C: Allgemeine Technische Vertragsbedingungen für Bauleistungen (ATV) – Erdarbeiten

DIN 18301: VOB Vergabe- und Vertragsordnung für Bauleistungen – Teil C: Allgemeine Technische Vertragsbedingungen für Bauleistungen (ATV) – Bohrarbeiten

DIN 18319: VOB Vergabe- und Vertragsordnung für Bauleistungen – Teil C: Allgemeine Technische Vertragsbedingungen für Bauleistungen (ATV) – Rohrvortriebsarbeiten
DIN 18141-1: Baugrund – Untersuchung von Gesteinsproben – Teil 1: Bestimmung der einaxialen Druckfestigkeit
DIN 18196: Erd- und Grundbau – Bodenklassifikation für bautechnische Zwecke
DIN 60500-4: Geotextilien und geotextilverwandte Produkte – Teil 4: Bestimmung der Wasserdurchlässigkeit normal zur Ebene unter Auflast bei konstantem hydraulischen Höhenunterschied
DIN ISO 3310-1: Analysensiebe – Technische Anforderungen und Prüfung – Teil 1: Analysensiebe mit Metalldrahtgewebe
DIN EN 13286-47: Ungebundene und hydraulisch gebundene Gemische – Teil 47: Prüfverfahren zur Bestimmung des CBR-Wertes (California bearing ratio), des direkten Tragindex (IBI) und des linearen Schwellwertes
DIN EN ISO 11058: Geotextilien und geotextilverwandte Produkte – Bestimmung der Wasserdurchlässigkeit normal zur Ebene, ohne Auflast
DIN EN ISO 13793: Wärmetechnisches Verhalten von Gebäuden – Wärmetechnische Bemessung von Gebäudegründungen zur Vermeidung von Frosthebung
DIN EN ISO 14688: Geotechnische Erkundung und Untersuchung – Benennung, Beschreibung und Klassifizierung von Boden
DIN EN ISO 14689: Geotechnische Erkundung und Untersuchung – Benennung, Beschreibung und Klassifizierung von Fels
DIN EN ISO 17892: Geotechnische Erkundung und Untersuchung – Laborversuche an Bodenproben
DIN EN ISO 22476: Geotechnische Erkundung und Untersuchung – Felduntersuchungen

Sonstige Regelwerke

Merkblatt über die Anwendung von Geokunststoffen im Erdbau des Straßenbaus (M Geok E) (2005)
BAW Merkblatt Anwendung von geotextilen Filtern an Wasserstraßen (MAG), Bundesanstalt für Wasserbau (2021)
BAW Merkblatt Anwendung von Kornfiltern an Bundeswasserstraßen (MAK), Bundesanstalt für Wasserbau (2013)
Richtlinien für die Standardisierung des Oberbaus (RStO) Forschungsgesellschaft für Straßen- und Verkehrswesen (2012)

Formänderungs- und Festigkeitseigenschaften 4

Zusammenfassung

Für Bemessungsaufgaben des Grundbaus werden in der Regel Rechenmodelle herangezogen, die das Verhalten des Bodens bei mechanischer Beanspruchung mathematisch beschreiben. Deshalb werden 2D- und 3D-Spannungszustände und deren Zusammenhang mit Verformungen dargestellt. Dies erfolgt zunächst allgemein und für elastisch-isotropes Verhalten, wie es vielen Lösungen der klassischen Bodenmechanik zugrunde liegt, bevor auf spezielle, versuchstechnisch relevante Randbedingungen eingegangen wird. Die entsprechenden Versuche zur Bestimmung der Verformbarkeit einerseits und der Scherfestigkeit andererseits werden beschrieben. Bezüglich der Verformbarkeit steht die einaxiale Kompression im Oedometerversuch, einschließlich Zeit-Setzungsverhalten, im Mittelpunkt; zum Thema Scherfestigkeit werden der Triaxial- und der Direkte Scherversuch ausführlich behandelt. Daneben werden weitere Versuche wie Plattendruck-, Einaxialer Druck- und Flügelscherversuch beschrieben. Schließlich wird auf allgemeinere Stoffgesetze, wie sie heute in numerischen Berechnungen Verwendung finden, exemplarisch eingegangen.

4.1 Spannungen und Verformungen

Der Baugrund unterliegt seit seiner Entstehung einem Eigenspannungszustand (Primärspannungszustand). Infolge geologischer Vorgänge und Belastungsänderungen durch Bauwerke bzw. durch Verkehrslasten (z. B. Straßenverkehr) verändern sich die Spannungen; gleichzeitig treten Verformungen auf. Aufgabe der Bodenmechanik ist es, diese Zustände zu beschreiben, versuchsmäßig zu simulieren und Kennwerte für statische Berechnungen zu ermitteln.

H.-H. Schmidt, R.F. Buchmaier, C. Vogt-Breyer, *Grundlagen der Geotechnik*,
https://doi.org/10.1007/978-3-658-39834-7_4

In Ergänzung bzw. Wiederholung der Inhalte der Mechanik und Statik werden hier zum allgemeinen Verständnis grundlegende Begriffe zum Spannungs- und Verzerrungs- bzw. Verformungszustand sowie besondere Definitionen der Bodenmechanik erklärt.

▶ **Anmerkung 1** Mit Rücksicht auf die Tensor- bzw. Matrizenschreibweise erhalten alle Spannungskomponenten einheitlich das Symbol σ mit Doppelindices, also auch die sonst in der Technik mit τ bezeichneten Schubspannungen. Bei der Darstellung spezieller Spannungszustände wird nachfolgend davon abgewichen (z. B. $\sigma_y = \sigma_{yy}$; $\tau_{xy} = \sigma_{xy}$).

Analoges gilt für die Verzerrungen.

▶ **Anmerkung 2** Unter dem Begriff Verzerrungen werden Dehnungen und Scherungen (auch Schubverzerrungen oder Gleitungen) meist mit Bezug auf infinitesimal kleine Elemente zusammengefasst; der Begriff Verformungen ist allgemeiner und schließt in der Regel Formänderungen von Körpern mit endlichen Abmessungen (z. B. auch Proben) mit ein.

4.1.1 Spannungsbegriff

Um die Kräfte im Innern eines Körpers zu beschreiben, denkt man sich den betrachteten Punkt von einer geschlossenen Fläche umgeben und untersucht die auf die Oberfläche des so definierten Volumenelements wirkenden Kräfte. Ist ΔA irgendeine Teilfläche des polyedrisch gedachten Volumenelements, dann ist n der dazugehörige, nach außen gerichtete Normalen-Vektor. In der Fläche ΔA möge eine Kraft ΔF wirken, s. Abb. 4.1.

Als Spannung p wird der Grenzwert gemäß Gl. (4.1) bezeichnet. Die Größe der Spannung hängt also erstens von der Orientierung n der Fläche und zweitens von der Größe

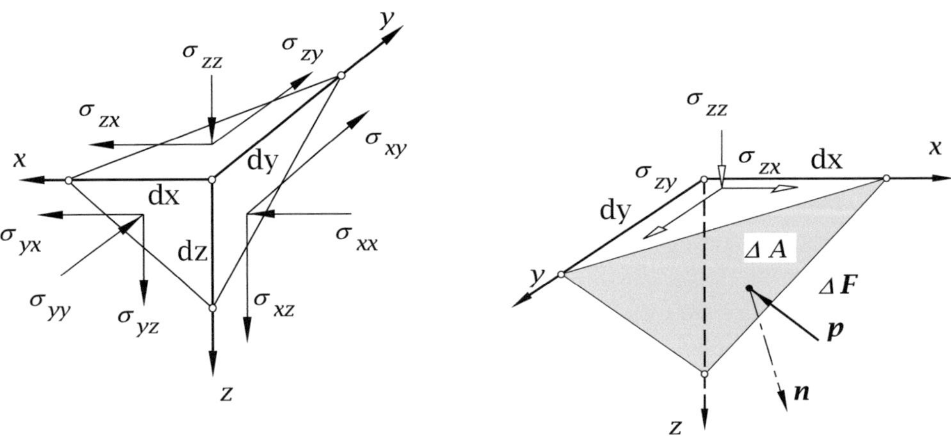

Abb. 4.1 Vorzeichenregel am Volumenelement

und Richtung von F ab. Die Spannung stellt daher eine funktionale Verknüpfung zwischen den Vektoren n und F her, Gl. (4.2). Sie hat damit Tensoreigenschaften und wird als Spannungstensor S bezeichnet. Die in Komponentenschreibweise dargestellte Beziehung nach Gl. (4.2) lässt sich auch in Matrizenschreibweise Gl. (4.3) angeben. Die Koeffizienten der Matrix sind, wie die Gleichgewichtsbetrachtung am Volumenelement zeigt, die Spannungskomponenten σ_{ik}, die auf ein orthogonales Bezugssystem x, y, z bezogen werden.

$$\boldsymbol{p} = \lim_{\Delta A \to 0} \frac{\Delta \boldsymbol{F}}{\Delta A} = \frac{d\boldsymbol{F}}{dA} \tag{4.1}$$

$$p_{ni} = \sigma_{ik} \cdot n_{nk} \; (i, k = x, y, z - \text{über gleiche Indices wird summiert}) \tag{4.2}$$

$$\begin{pmatrix} p_{nx} \\ p_{ny} \\ p_{nz} \end{pmatrix} = \begin{pmatrix} \sigma_{xx} & \sigma_{yx} & \sigma_{zx} \\ \sigma_{xy} & \sigma_{yy} & \sigma_{zy} \\ \sigma_{xz} & \sigma_{yz} & \sigma_{zz} \end{pmatrix} \cdot \begin{pmatrix} n_{nx} \\ n_{ny} \\ n_{nz} \end{pmatrix} \tag{4.3}$$

4.1.2 Vorzeichenregelung am Volumenelement

Da der Boden ein Material mit keiner oder nur geringer Zugfestigkeit ist, werden in der Bodenmechanik die Normalspannungen als Druckspannungen positiv definiert. Bei σ_{ik} bedeuten i die Flächennormalen- und k die Kraftrichtung. Eine positive Normalspannungskomponente ($i = k$) stellt man daher in Abb. 4.1 als positive Kraftrichtung auf einer negativen Fläche (oder umgekehrt) dar. Da das auch für die Schubspannungen gilt, verursachen die zugeordneten positiven Schubspannungen einmal ein Drehmoment im Uhrzeigersinn und einmal im Gegenuhrzeigersinn, d. h. $\sigma_{ik} = \sigma_{ki}$, was dem Momentgleichgewicht am Element entspricht. Daraus folgt die Symmetrie des Spannungstensors zur Hauptdiagonalen.

4.1.3 Ebener Spannungszustand

Viele bodenmechanische Probleme lassen sich vereinfacht mit dem ebenen Spannungszustand beschreiben.

► **Anmerkung** Wegen $\varepsilon_y = 0$ (sowie $\sigma_{xy} = \sigma_{yz} = 0$; $\gamma_{xy} = \gamma_{yz} = 0$) handelt es sich streng genommen um den ebenen Verzerrungs- bzw. Verformungszustand. Ein ebener Spannungszustand im engeren Sinne liegt vor, wenn $\sigma_y = 0$ und $\varepsilon_y \neq 0$ sind, wie es beispielsweise bei Bauwerkscheiben aus Stahlbeton der Fall ist.

Zum Beispiel ist für die Berechnung von Wandkonstruktionen gemäß Abb. 4.2 hauptsächlich der Spannungszustand von Bedeutung, der den größten Einfluss auf die Wand

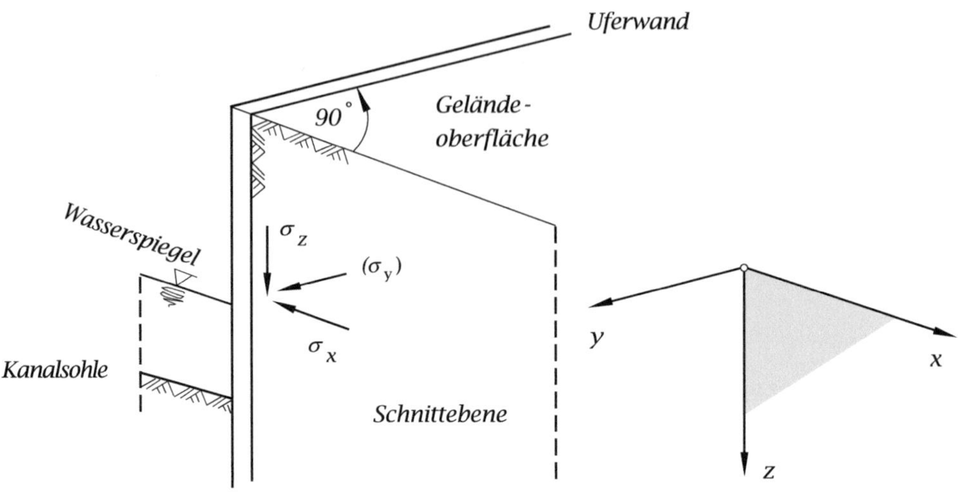

Abb. 4.2 Ebener Spannungszustand

ausübt. Dies ist der Spannungszustand in der Ebene, die den betrachteten Erdkörper (z. B. Hinterfüllung einer Uferwand) lotrecht und rechtwinklig zu seiner größten Ausdehnung schneidet, die x, z-Ebene, s. Abb. 4.2. Man geht davon aus, dass alle zu dieser Schnittebene parallelen Ebenen den gleichen Spannungszustand aufweisen.

Der in Wirklichkeit im Erdkörper vorhandene räumliche Spannungszustand wird so zu einem zweidimensionalen Problem vereinfacht. Bei der Untersuchung des Verhaltens eines Erdkörpers bei äußerer Beanspruchung wird im Allgemeinen nur dieser ebene Spannungszustand betrachtet. In der Schnittebene wirken z. B.: σ_x und σ_z. Senkrecht zu dieser Schnittebene wirkt σ_y. Diese Normalspannung befindet sich unter Voraussetzung, dass die Dehnung $\varepsilon_y = 0$ ist, im Gleichgewicht und braucht bei dieser Annahme nicht weiter beachtet zu werden.

4.1.4 Transformation des Spannungstensors

Wenn man das Bezugssystem ändert, d. h. den Spannungszustand aus einem System x, y, z in ein neues System x', y', z' transformiert, s. Abb. 4.3, ändern sich die Koeffizienten des Spannungstensors mit den Produkten der Richtungskosinus.

$$\sigma_{i'k'} = (n_{k'i}) \cdot \sigma_{ik} \cdot (n_{i'k}) \tag{4.4}$$

► **Anmerkung** Man beachte den Unterschied zu einem Vektor, der sich nur mit der einfachen Winkelfunktion transformiert.

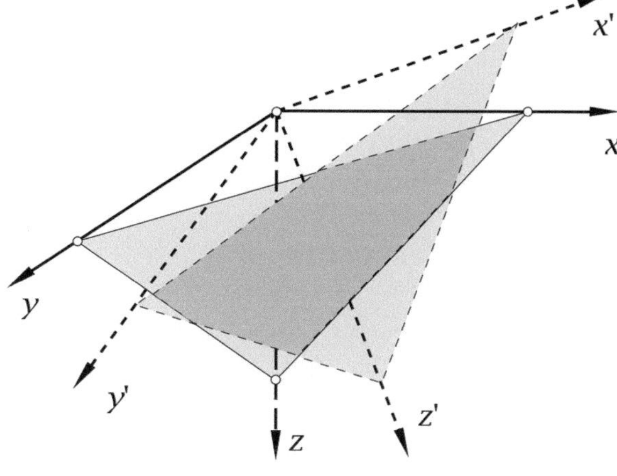

Abb. 4.3 Drehung des Koordinatensystems, räumlich

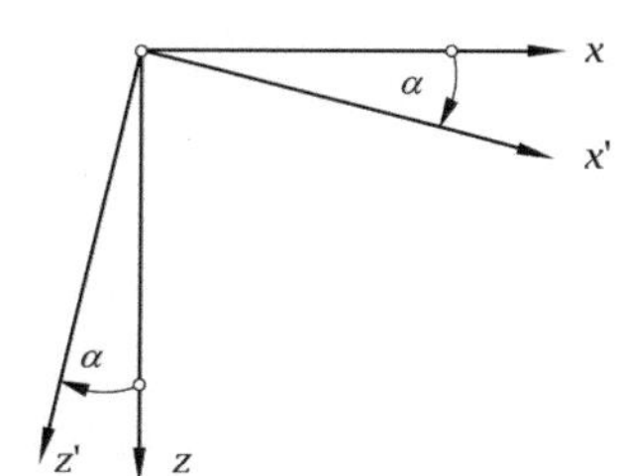

Abb. 4.4 Drehung des Koordinatensystems, ebener Fall

Beispiel: Ebener Zustand Die Ebene x, z sei Hauptspannungsebene, das Bezugssystem wird um den Winkel α, s. Abb. 4.4, gedreht.

$$\begin{aligned} n_{x'x} &= \cos(x', x) = \cos\alpha \\ n_{x'z} &= \cos\big(x', z\big) = \sin\alpha \\ n_{z'x} &= \cos\big(z', x\big) = -\sin\alpha \\ n_{z'z} &= \cos(z', z) = \cos\alpha \end{aligned} \tag{4.5}$$

Damit erhält man die Spannungskomponenten:

$$\begin{aligned} \sigma_{x'x'} &= \sigma_{xx}\cos^2\alpha + 2\cdot\sigma_{xz}\cos\alpha\cdot\sin\alpha + \sigma_{zz}\sin^2\alpha \\ &= \frac{1}{2}(\sigma_{xx}+\sigma_{zz}) + \frac{1}{2}(\sigma_{xx}-\sigma_{zz})\cos 2\alpha + \sigma_{xz}\sin 2\alpha \\ \sigma_{z'z'} &= \sigma_{zz}\cos^2\alpha - 2\cdot\sigma_{xz}\cos\alpha\cdot\sin\alpha + \sigma_{xx}\sin^2\alpha \\ &= \frac{1}{2}(\sigma_{xx}+\sigma_{zz}) - \frac{1}{2}(\sigma_{xx}-\sigma_{zz})\cos 2\alpha - \sigma_{xz}\sin 2\alpha \\ \sigma_{x'z'} &= \sigma_{xx}\cos\alpha(-\sin\alpha) + \sigma_{zx}(-\sin^2\alpha) + \sigma_{xz}\cos^2\alpha + \sigma_{zz}\sin\alpha\cdot\cos\alpha \\ &= -\frac{1}{2}(\sigma_{xx}-\sigma_{zz})\sin 2\alpha + \sigma_{xz}\cos 2\alpha \end{aligned} \tag{4.6}$$

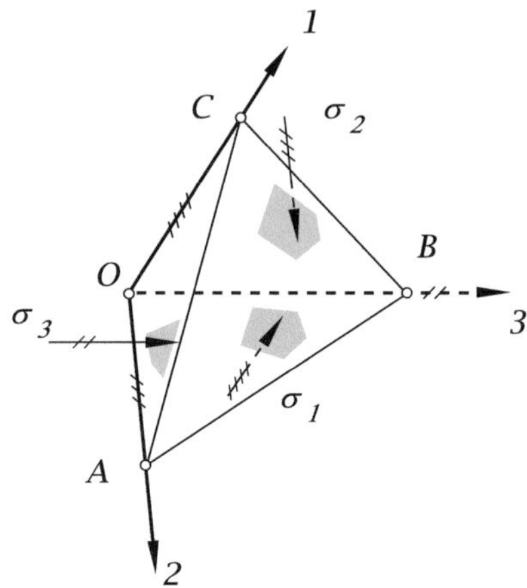

Abb. 4.5 Hauptspannungen

4.1.5 Hauptspannungen

Für jeden Spannungszustand lassen sich 3 zueinander orthogonale Flächen finden, in denen keine Schubspannungen auftreten: die Hauptspannungsflächen. Die auf diese Flächen wirkenden Normalspannungen heißen Hauptspannungen $\sigma_1, \sigma_2, \sigma_3$, s. Abb. 4.5. Die Indices 1, 2, 3 werden so gewählt, dass $\sigma_1 > \sigma_2 > \sigma_3$ ist.

Der Spannungstensor in Gl. (4.3) lässt sich damit auch in der Form (4.7) schreiben.

$$\boldsymbol{S} = \begin{pmatrix} \sigma_1 & 0 & 0 \\ 0 & \sigma_2 & 0 \\ 0 & 0 & \sigma_3 \end{pmatrix} \tag{4.7}$$

Für den ebenen Spannungszustand wie analog auch für den ebenen Verformungszustand gilt die Beziehung (4.8). Die Richtung α der Hauptspannungen ergibt sich aus der Gl. (4.9) für das ebene Beispiel, wenn – vgl. Abb. 4.4 mit Abb. 4.6 – x' durch 2 und z' durch 1 ersetzt wird:

$$\sigma_{1,2} = \frac{\sigma_{xx} + \sigma_{zz}}{2} \pm \sqrt{\frac{1}{4}(\sigma_{xx} - \sigma_{zz})^2 + \sigma_{xz}^2} \tag{4.8}$$

$$\sigma_{x'z'} = \sigma_{2,1} = 0 = -\frac{1}{2}(\sigma_{xx} - \sigma_{zz}) \sin 2\alpha - \sigma_{xz} \cos 2\alpha \Rightarrow \tan 2\alpha = \frac{2\sigma_{xz}}{\sigma_{xx} - \sigma_{zz}}. \tag{4.9}$$

4.1.6 *Mohrsche* Darstellung des Spannungszustands

Wenn ein Spannungszustand berechnet ist, kann man ihn nach einem Vorschlag von O. Mohr (1882) grafisch durch Abbildung in einer „Spannungsebene" darstellen, die man sich von der Normalspannungskomponente σ_n und der resultierenden Schubspannungskomponente τ_n der in irgendeiner Fläche n wirkenden Spannung p aufgespannt denkt

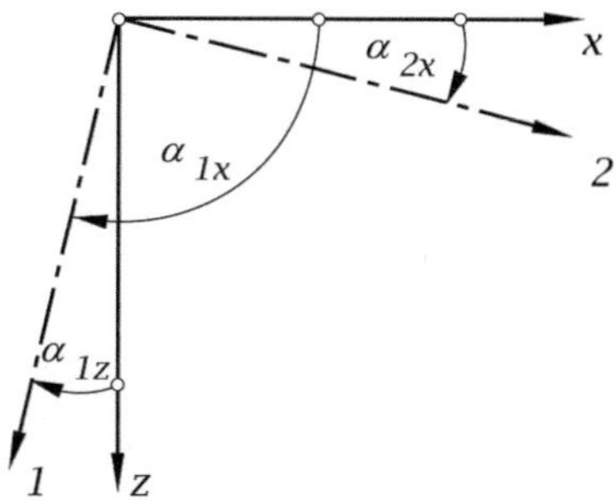

Abb. 4.6 Hauptspannungsrichtungen

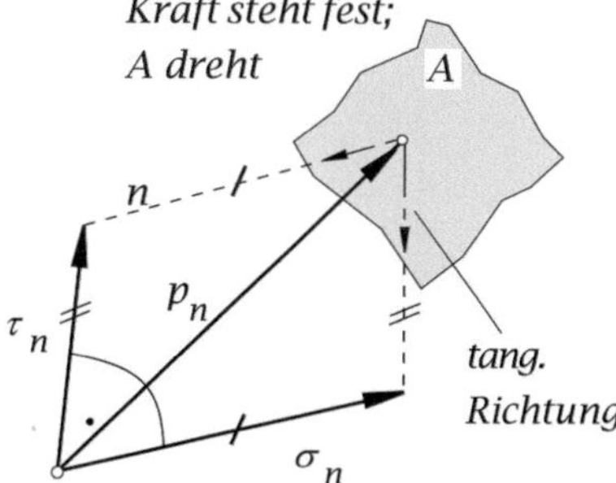

Abb. 4.7 Spannungsebene

(Abb. 4.7). Die skalare Größe des Spannungsvektors ist in Gl. (4.10) dargestellt.

$$p_n^2 = \sigma_n^2 + \tau_n^2. \tag{4.10}$$

4.1.7 *Mohrsche* Darstellung des ebenen Spannungszustands „Polkonstruktion"

Ausgehend von der in Gl. (4.8) beschriebenen Spannungsbeziehung lässt sich nach Abb. 4.8 mit dem *Mohrschen* Spannungskreis die umkehrbar eindeutige Zuordnung zwischen der physikalischen Ebene und der Spannungsebene als Bildebene darstellen. Die Vorzeichen von Normal- und Schubspannung müssen entsprechend Abschn. 4.1.2 berücksichtigt werden.

Der Richtungswinkel α erscheint in beiden Ebenen mit demselben Drehsinn. Da die Spannungskomponenten in der Bildebene Vektoren sind, sind OX und OZ gleich den resultierenden Spannungen p_x und p_z, d. h. auch die Winkel δ_x und δ_z stimmen in beiden Ebenen jeweils dem Betrag nach überein.

Mit $r = (\sigma_1 - \sigma_3)/2$ und dem Abstand des Kreismittelpunktes $\overline{OM} = \sigma_M = (\sigma_1 + \sigma_3)/2$ gelangt man zu der Gleichung des Spannungskreises. Sie lässt sich aus der Abb. 4.8 unmittelbar ablesen.

$$r^2 = (\sigma_{ii} - \sigma_M) + \sigma_{ik}^2. \tag{4.11}$$

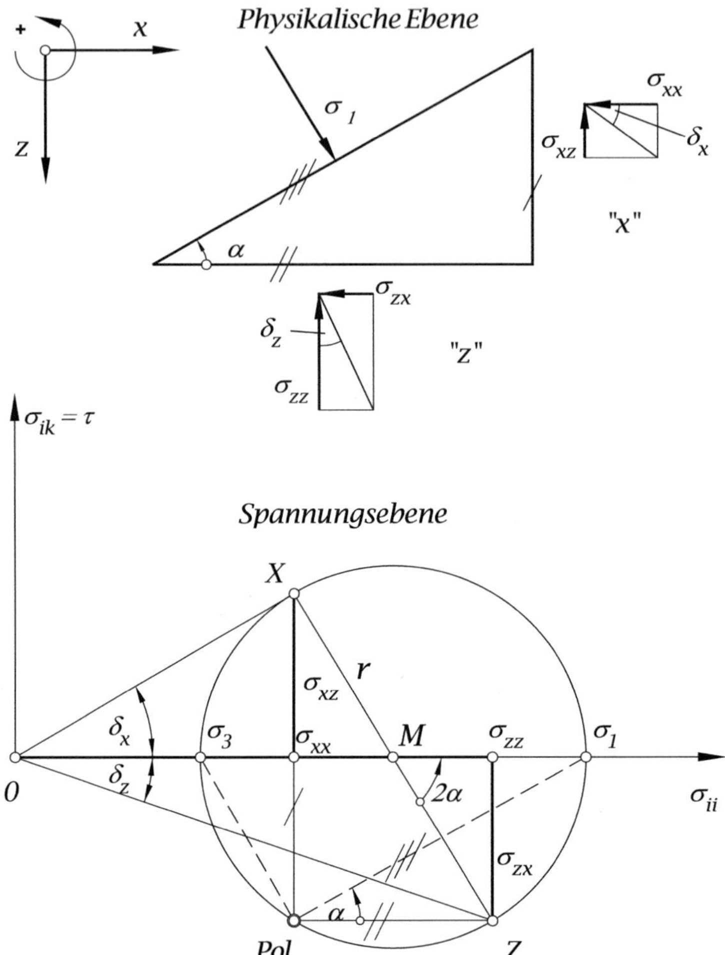

Abb. 4.8 *Mohrsche* Spannungsdarstellung

Wenn man von den einzelnen Spannungs-Bildpunkten wie X, Z, σ_1 oder σ_3 die Flächenrichtungen zieht, schneiden sie sich sämtlich in einem Punkt des Spannungskreises, der als Pol bezeichnet wird. Zum Beweis betrachte man, Abb. 4.9, eine kleine Richtungsänderung $d\alpha$ in der physikalischen Ebene. Überträgt man sie in das Spannungsdiagramm, nachdem man mit Hilfe der bekannten Richtungen von σ_1 oder σ_3 den Pol bestimmt hat, dann wandert der Spannungspunkt von A nach B, wobei der Mittelpunktswinkel nach den Regeln der Geometrie doppelt so groß ist wie der Umfangswinkel über dem gleichen Bogen. Diese Polkonstruktion lässt sich daher bequem zur grafischen Transformation ebener Zustände benutzen.

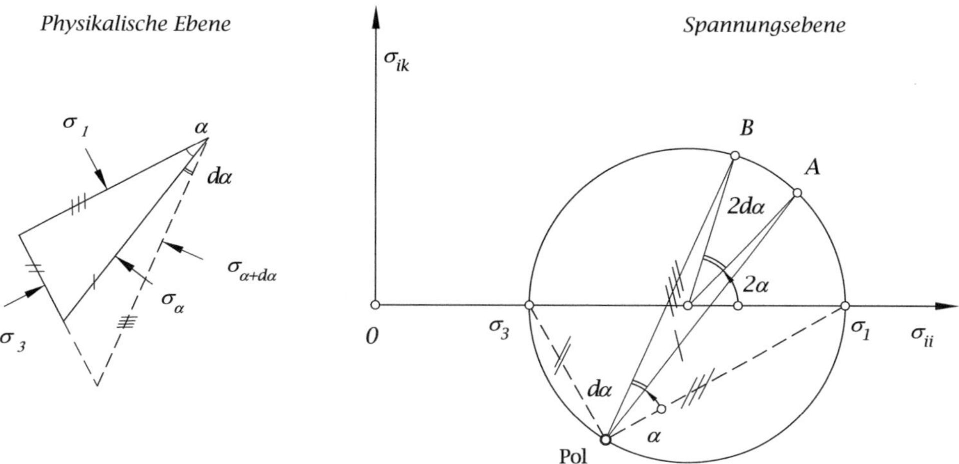

Abb. 4.9 *Mohrsche* Spannungstransformation

4.1.8 Porenwasserdruck, totale und effektive Spannung

Bei den bisherigen Ausführungen zum Thema Spannungen und Verformungen wurde entsprechend der klassischen Mechanik zunächst ein den Raum kontinuierlich ausfüllender, einphasiger Feststoff vorausgesetzt; beim Boden handelt es sich jedoch allgemein um einen Dreiphasenstoff, s. a. Abschn. 3.3, was zusätzliche Überlegungen erfordert.

Bei den folgenden Betrachtungen soll vom Sonderfall ausgegangen werden, dass die Poren (nahezu) vollständig mit Wasser gefüllt sind und es sich beim Boden (idealerweise) um einen Zweiphasenstoff handelt. Dies ist allgemein für Böden im Grundwasser der Fall, kann durch Kapillareffekte auch in Bereichen darüber zutreffen (sog. Kapillarsaum, s. Abschn. 3.6.2).

Unter dem Grundwasserspiegel entstehen dann in dem über einen größeren Bereich zusammenhängenden Porenraum entsprechend dem Prinzip kommunizierender Röhren Wasserdrücke – oder genauer: Porenwasserdrücke. Bei ruhendem Wasser gelten die Regeln der Hydrostatik, s. a. Abschn. 9.1; im allgemeinen Fall findet eine Grundwasserströmung statt. Porenwasserdrücke können in Laborversuchen und in situ gemessen werden. Ihre Größe wird häufig durch Standrohr-Wassersäulen (Piezometer) veranschaulicht. Die Erfassung und mathematische Beschreibung der Zusammenhänge mit Lösungen für praktische Anwendungsfälle sind in Kap. 22 ausführlich beschrieben.

Das Porenwasser umgibt die Körner nahezu über deren gesamte Oberfläche, sodass mit guter Näherung davon ausgegangen werden kann, dass der Porenwasserdruck in gleichem Maße in der Kornsubstanz und im Wasser wirkt. Auf das Verhalten des Korngerüstes hat dieser Spannungszustand lediglich insofern einen Einfluss als die Körner unter Auftrieb stehen. Es ergibt sich der Zusammenhang gemäß Gl. (3.14).

Für das Verformungsverhalten und die Festigkeit des Bodens ist hingegen das Korngerüst von entscheidender Bedeutung. Darin werden in den Berührungspunkten (in Wirklichkeit sehr kleine Kontaktflächen) Kräfte von Korn zu Korn übertragen. Relevante Verformungen ergeben sich dadurch, dass bei Belastungsänderung in der Regel in einem kontinuierlichen Vorgang dort Kontaktfestigkeiten überschritten werden und sich dadurch die Körner bis Erreichen einer neuen stabilen Lage umlagern.

Die Kontaktkräfte konkret zu erfassen, wäre für reale Böden unmöglich; es werden vielmehr im Sinne von Abschn. 4.1.1 Spannungen als Mittelwerte im statistischen Sinne, bezogen auf die Gesamtflächen eines Bodenelements, verwendet. Anders ausgedrückt, die Kontaktkräfte werden gedanklich über die jeweils betrachteten Schnittflächen „verschmiert".

Diese Spannungen, die den Zustand im Korngerüst charakterisieren, werden nach Terzaghi (1925) als „effektive" oder „wirksame" Spannungen σ' bezeichnet. Für den Zweiphasenstoff (wassergesättigter Boden) lassen sich nach dem Prinzip der effektiven Spannungen die beiden Zustände effektive Spannungen und Porenwasserdruck überlagern, in der Summe ergeben sich „totale" Spannungen σ. Allgemein gilt für die Normalspannungen:

$$\sigma_{ii} = \sigma'_{ii} + u \tag{4.12}$$

Der Porenwasserdruck u wird auch als „neutrale" Spannung bezeichnet. Schubspannungen werden, da Wasser hier als ideale Flüssigkeit vorausgesetzt wird, nur im Korngerüst übertragen, sodass gilt:

$$\sigma_{ik} = \sigma'_{ik} \quad (\text{für } i \neq k)$$

bzw.

$$\tau_{ik} = \tau'_{ik} \tag{4.13}$$

Sowohl Versuchsauswertungen als auch rechnerische Nachweise können sich auf totale oder effektive Normalspannungen beziehen. Zur Unterscheidung werden die effektiven Spannungen so wie hier mit einem Beistrich gekennzeichnet; soweit dies aus dem Zusammenhang eindeutig hervorgeht, wird auf eine solche Kennzeichnung aber auch häufig verzichtet.

Porenwasserdrücke können, neben der zuvor beschriebenen Weise, auch dadurch entstehen, dass wassergesättigte Böden durch Baumaßnahmen von außen beansprucht werden. Im allgemeinen Fall wird diese Beanspruchung teils über Porenwasserdruck und teils über effektive Spannungen aufgenommen. Je nach Belastungsgeschwindigkeit einerseits sowie Durchlässigkeit und Dränagemöglichkeit des Bodens andererseits fließt das Porenwasser zeitlich verzögert ab, s. a. Abschn. 4.2.3.

In Abb. 4.10 ist als Sonderfall die vertikale Belastung einer horizontalen Fläche durch eine totale Spannung σ schematisch dargestellt. Es ergibt sich die Beziehung (4.14).

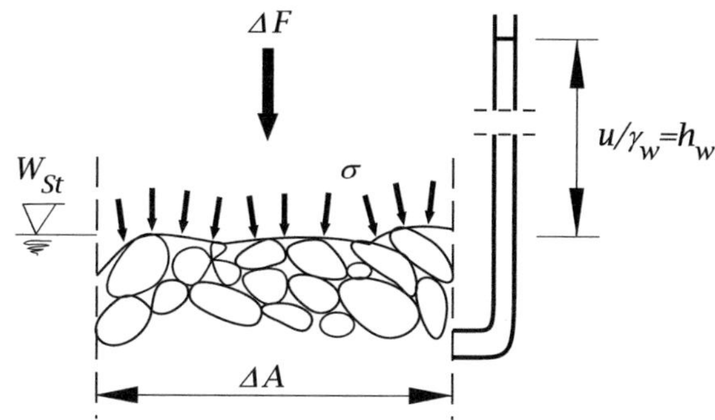

Abb. 4.10 Spannungen in Korngerüst und Porenwasserdruck

In bodenmechanischen Versuchen werden häufig der äußere Druck σ (totale Spannung) und der Porenwasserdruck u gemessen, s. dazu auch Abschn. 4.2.1, 4.2.3 und 4.4.5. Die Schubspannungen bleiben davon unbeeinflusst ($\tau = \tau'$).

$$\sigma = \frac{\Delta F}{\Delta A}$$
$$\sigma' = \sigma - u \tag{4.14}$$

Unter Grundwasser ist der den hydraulischen Randbedingungen entsprechende Wasserdruck (s. a. Abschn. 9.1 und 22.2) zu überlagern. In bestimmten Situationen wie beispielsweise bei Versuchen gemäß Abb. 4.10 ist dies vernachlässigbar. Zur Unterscheidung wird der durch Bauwerkseinwirkungen im vorgenannten Sinn erzeugte Wasserdruck zuweilen als Porenwasserüberdruck bezeichnet, wobei häufig dasselbe Symbol u Verwendung findet (Bedeutung aus dem Zusammenhang).

4.1.9 Verformungen und Verformungsmoduln

Aufgrund unterschiedlichster Versuchsbedingungen, wie z. B. im Oedometerversuch (Abschn. 4.2) und Plattendruckversuch (Abschn. 4.3) sowie bei den Scherversuchen (Abschn. 4.4) werden verschiedene Kräfte (Spannungen) und Verformungen (Dehnungen) gemessen und miteinander in Bezug gebracht. Der allgemeine Zusammenhang ist in Abb. 4.11 schematisch dargestellt. Daraus werden Verformungsmoduln für bodenmechanische und erdstatische Berechnungen hergeleitet, s. auch Abschn. 4.5.

Nachfolgend werden für verschiedene spezielle Randbedingungen, die häufig auch bei bodenmechanischen Versuchen auftreten, in Anlehnung an die Elastizitätstheorie Spannungen und Verformungen (Dehnungen) definiert und deren Zusammenhänge unter Zugrundelegung linear elastischen, isotropen Verhaltens (*Hookesches* Gesetz) aufgezeigt. In der praktischen Bodenmechanik werden insbesondere diese Beziehungen allerdings nur auf Spannungs- und Dehnungsdifferenzen angewandt.

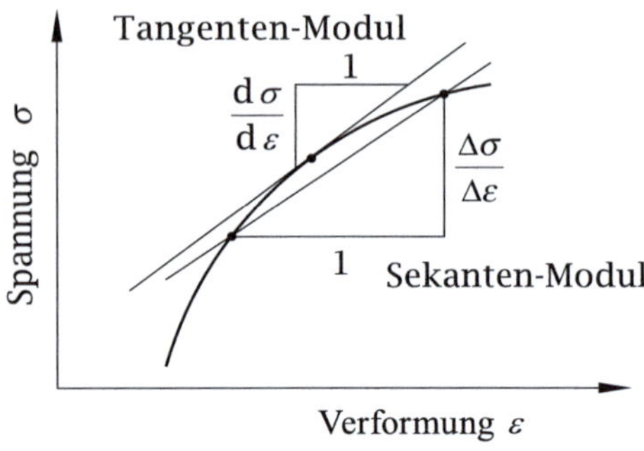

Abb. 4.11 Spannungs-Verformungsbeziehungen und daraus abgeleitete Moduln (allgemein)

4.1.9.1 Verformungsmoduln bei unterschiedlichen Randbedingungen

a) Einaxialer Druck (unbehinderte Seitendehnung)

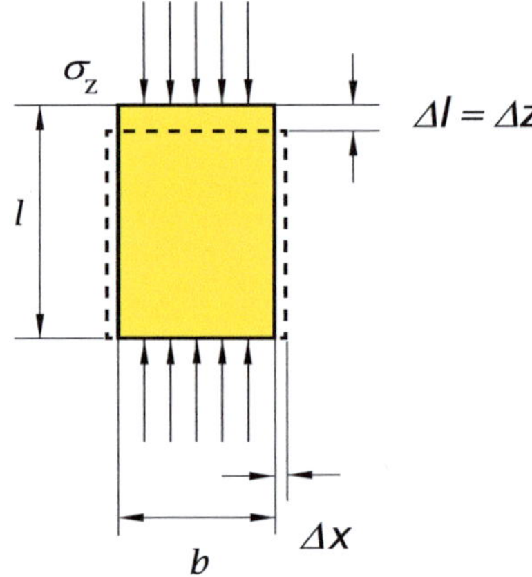

- Längsdehnung (Stauchung):

$$\varepsilon_z = \frac{\Delta l}{l} = \frac{\Delta z}{l}$$

- Querdehnung:

$$\varepsilon_x = \frac{2 \cdot \Delta x}{b}$$

- Querdehnzahl:

$$\nu = \frac{-\varepsilon_x}{\varepsilon_z}$$

- Elastizitätsmodul:

$$E = \frac{\sigma_z}{\varepsilon_z} \qquad (4.15)$$

b) Einfache Scherbeanspruchung

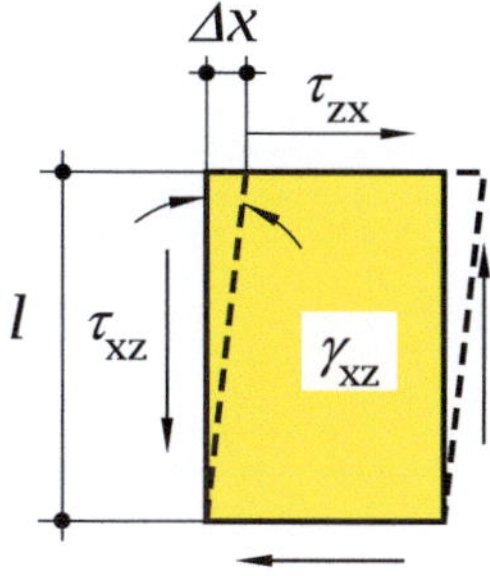

- Schubverzerrung:

$$\gamma_{zx} = \frac{\Delta x}{l}$$

- Schubmodul:

$$G = \frac{\tau_{zx}}{\gamma_{zx}} \tag{4.16}$$

c) Triaxiale Scherbeanspruchung, s. Abschn. 4.4.1, 4.4.8 und 4.5

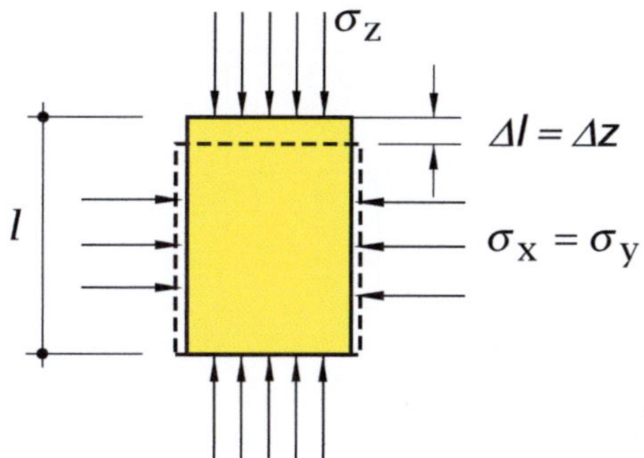

- Spannungen:

$$\sigma_z = \sigma_1 \neq \sigma_x = \sigma_y = \sigma_2 = \sigma_3$$

- Dehnungen:

$$\varepsilon_z = \varepsilon_1 = \frac{\Delta z}{l}$$

- Tangentenmodul:

$$E = \frac{\sigma_1 - \sigma_3}{\varepsilon_z} \tag{4.17}$$

d) Isotrope Kompression

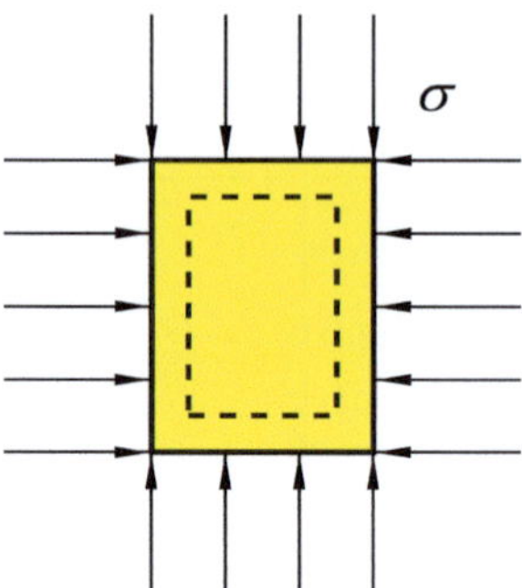

- Kompressionsmodul:

$$K = \frac{\sigma}{3 \cdot \varepsilon} = \frac{\sigma}{\varepsilon_V} \tag{4.18}$$

e) Druck bei verhinderter Seitendehnung (Oedometer), s. Abschn. 4.2.1

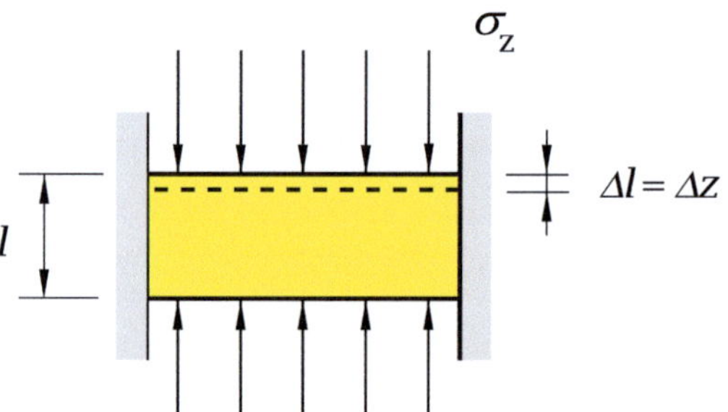

- Längsdehnung:

$$\varepsilon_z = \frac{\Delta l}{l} = \frac{\Delta z}{l} = s'$$

- Steifemodul:

$$E_s = \frac{\sigma_z}{\varepsilon_z} \tag{4.19}$$

► **Anmerkung** Bei den Versuchen entsprechend a) bis e) werden homogene Spannungs- und Verformungszustände zugrunde gelegt, sie werden oftmals auch als Elementversuche bezeichnet. Bei den nachfolgend dargestellten Versuchstypen f) und g) wird üblicherweise die Theorie der Spannungsausbreitung im elastisch isotropen Halbraum herangezogen.

f) Last auf elastischem Halbraum, z. B. Plattendruckversuch, s. Abschn. 4.3

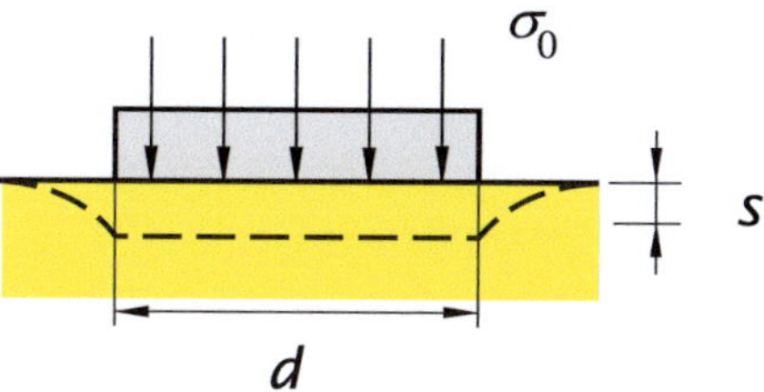

- Verformungsmodul:

$$E_V = 0{,}75 \cdot d \cdot \frac{\sigma_0}{s} \tag{4.20}$$

g) Radial-symmetrisch bzw. diametrale Druckbeanspruchung im Bohrloch (Bohrlochaufweitungsversuche)

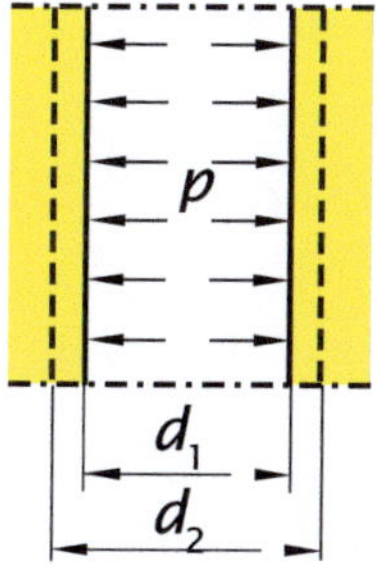

Siehe dazu *DIN EN ISO 22476-5* und *-7* sowie Abschn. 4.5.

Moduln aus Dilatometer- (D) bzw. Seitendruckversuch (B)

$$E_D = E_B = \omega \cdot \frac{d}{\Delta d} \cdot \Delta p = \omega \cdot \frac{d}{d_2 - d_1} \cdot \Delta p \tag{4.21}$$

$$\omega_D = (1 + \nu) \tag{4.22}$$

$$\omega_B = f(\nu) \quad \text{und} \quad f(\text{Gerätetyp}) \tag{4.23}$$

$$\Delta p = p - p_a \tag{4.24}$$

p_a ... Anfangsdruck

► **Anmerkung** Beim Dilatometerversuch werden bei der Ermittlung von Δp ggf. noch Korrekturdrücke zur Berücksichtigung der Gummipackersteifigkeit verwendet. Im Pressiometerversuch wird statt $d/\Delta d$ das Verhältnis der Volumen $V/\Delta V$ der verwendeten Gummimembrane verwendet. Zum Ansatz von ω, s. *DIN EN ISO 22476-5*.

4.1.9.2 Allgemeine Beschreibung und Zusammenhänge der Verformungsmoduln

Unter Voraussetzung linear elastischen, isotropen Materialverhaltens (*Hookesches* Gesetz) gelten die nachfolgenden Zusammenhänge.

Für einaxialen Druck (Kompression), s. Abb. in Abschn. 4.1.9.1, Fall a, ergeben sich die Zusammenhänge nach Gln. (4.25) und (4.26).

$$\varepsilon_z = \frac{\sigma_z}{E} \tag{4.25}$$

$$\varepsilon_x = \varepsilon_y = -\nu \cdot \varepsilon_z \tag{4.26}$$

Für einfache Scherbeanspruchung, s. Abb. in Abschn. 4.1.9.1, Fall b, gilt Gl. (4.27). Da bei einaxialer Druckbeanspruchung die Verformungen sowohl als Volumen- wie auch Gestaltsänderungsanteile (Schubverzerrungen) auftreten, ergibt sich bereits hier eine Verknüpfung zwischen Schubmodul, Elastizitätsmodul und Querdehnzahl, s. Gl. (4.28). Das heißt, nur zwei dieser elastischen Konstanten sind unabhängig voneinander.

$$\gamma_{zx} = \frac{\tau_{zx}}{G}; \quad G = \frac{\tau_{zx}}{\gamma_{zx}} \tag{4.27}$$

$$G = \frac{E}{2(1+\nu)} \tag{4.28}$$

Für den dreidimensionalen Spannungs- und Verformungszustand gelten aufgrund des Superpositionsprinzips die Gln. (4.29) bis (4.37).

$$\varepsilon_{xx} = \frac{1}{E}\left[\sigma_{xx} - \nu\left(\sigma_{yy} + \sigma_{zz}\right)\right] \tag{4.29}$$

$$\varepsilon_{yy} = \frac{1}{E}\left[\sigma_{yy} - \nu(\sigma_{zz} + \sigma_{xx})\right] \tag{4.30}$$

$$\varepsilon_{zz} = \frac{1}{E}\left[\sigma_{zz} - \nu\left(\sigma_{xx} + \sigma_{yy}\right)\right] \tag{4.31}$$

$$2 \cdot \varepsilon_{xy} = \gamma_{xy} = \frac{\tau_{xy}}{G} = \frac{\sigma_{xy}}{G} \tag{4.32}$$

$$2 \cdot \varepsilon_{yz} = \gamma_{yz} = \frac{\tau_{yz}}{G} = \frac{\sigma_{yz}}{G} \tag{4.33}$$

$$2 \cdot \varepsilon_{zx} = \gamma_{zx} = \frac{\tau_{zx}}{G} = \frac{\sigma_{zx}}{G} \tag{4.34}$$

► **Anmerkung** In Verbindung mit der Tensordarstellung ist die Verwendung von $2\varepsilon_{xy} = 2\varepsilon_{yx} = \gamma_{xy} = \gamma_{yx}$ zweckmäßig.

Tab. 4.1 Beziehungen zwischen den elastischen Konstanten

	(λ, G)	(K, G)	(G, ν)	(E, ν)	(E, G)
λ	λ	$K - \frac{2}{3} \cdot G$	$\frac{2G\nu}{1-2\nu}$	$\frac{\nu E}{(1+\nu)(1-2\nu)}$	$\frac{G(E-2G)}{3G-E}$
G	G	G	G	$\frac{E}{2(1+\nu)}$	G
K	$\lambda + \frac{2}{3} \cdot G$	K	$\frac{2G(1+\nu)}{3(1-2\nu)}$	$\frac{E}{3(1-2\nu)}$	$\frac{EG}{3(3G-E)}$
E	$\frac{G(3\lambda+2G)}{\lambda+G}$	$\frac{9KG}{3K+G}$	$2(1+\nu)G$	E	E
ν	$\frac{\lambda}{2(\lambda+G)}$	$\frac{3K-2G}{6K+2G}$	ν	ν	$\frac{E-2G}{2G}$
E_s	$2G + \lambda$	$\frac{4}{3}G + K$	$\frac{2G(1-\nu)}{1-2\nu}$	$\frac{E(1-\nu)}{(1+\nu)(1-2\nu)}$	$G\frac{4G-E}{3G-E}$

Die Dehnungs-Spannungsbeziehungen lassen sich auch in Matrizenschreibweise folgendermaßen darstellen:

$$\begin{pmatrix} \varepsilon_{xx} \\ \varepsilon_{yy} \\ \varepsilon_{zz} \\ \gamma_{xy} \\ \gamma_{yz} \\ \gamma_{zx} \end{pmatrix} = \begin{pmatrix} \frac{1}{E} & -\frac{\nu}{E} & -\frac{\nu}{E} & 0 & 0 & 0 \\ -\frac{\nu}{E} & \frac{1}{E} & -\frac{\nu}{E} & 0 & 0 & 0 \\ -\frac{\nu}{E} & -\frac{\nu}{E} & \frac{1}{E} & 0 & 0 & 0 \\ 0 & 0 & 0 & \frac{1}{G} & 0 & 0 \\ 0 & 0 & 0 & 0 & \frac{1}{G} & 0 \\ 0 & 0 & 0 & 0 & 0 & \frac{1}{G} \end{pmatrix} \cdot \begin{pmatrix} \sigma_{xx} \\ \sigma_{yy} \\ \sigma_{zz} \\ \tau_{xy} \\ \tau_{yz} \\ \tau_{zx} \end{pmatrix} \quad (4.35)$$

Die Volumendehnung ist

$$\varepsilon_V = \frac{\Delta V}{V} = \varepsilon_x + \varepsilon_y + \varepsilon_z \quad (4.36)$$

Die mittlere Normalspannung ist

$$\sigma_m = \frac{\sigma_x + \sigma_y + \sigma_z}{3} \quad (4.37)$$

Eine Zusammenfassung der Beziehung aller elastischen Konstanten ist nach Schad (2006) in Tab. 4.1 aufgeführt, wobei mit λ eine weitere (dem Bauingenieur weniger geläufige) Konstante, die *Lamésche* Elastizitätskonstante, mit aufgenommen ist.

Bei Verwendung der *Laméschen* Konstanten kann man bei Isotropie das Elastizitätsgesetz folgendermaßen in Tensorform schreiben:

$$\sigma_{ij} = 2G \cdot \varepsilon_{ij} + \delta_{ij} \cdot \lambda \cdot \varepsilon_V \tag{4.38}$$

Darin ist δ_{ij} das sogenannte Kronecker-Symbol, es stellt den Einheitstensor dar (für $i = j$ ist $\delta_{ij} = 1$, sonst $\delta_{ij} = 0$), und ε_V ist die Volumendehnung:

$$\varepsilon_V = \varepsilon_{xx} + \varepsilon_{yy} + \varepsilon_{zz} = \varepsilon_{11} + \varepsilon_{22} + \varepsilon_{33}.$$

Für die in Abschn. 4.1.9.1 weiter aufgeführten Fälle ergeben sich aufgrund der speziellen Randbedingungen die nachfolgenden Beziehungen. Grundsätzlich können auch hier wieder zwei elastische Konstanten, z. B. E und ν, unabhängig voneinander vorgegeben werden.

Isotrope Kompression:

$$\varepsilon = \frac{\sigma}{3K} \tag{4.39}$$

$$\varepsilon_V = 3\varepsilon = \frac{\sigma_m}{K} \tag{4.40}$$

$$K = \frac{E}{3(1-2\nu)} \tag{4.41}$$

Druck bei verhinderter Seitendehnung (Oedometer):

$$\varepsilon = \frac{\sigma_z}{E_s} \tag{4.42}$$

$$\varepsilon_V = \frac{\Delta V}{V} = 0 + 0 + \varepsilon_z = \frac{(1+\nu)(1-2\nu)}{(1-\nu)} \cdot \frac{\sigma_z}{E} \tag{4.43}$$

$$\varepsilon_z = \frac{(1+\nu)(1-2\nu)}{(1-\nu)} \cdot \frac{\sigma_z}{E} \tag{4.44}$$

$$E_s = E \cdot \frac{(1-\nu)}{(1+\nu)(1-2\nu)} \tag{4.45}$$

Für eine Abschätzung mit einer Querdehnzahl $\nu = 0{,}33$ ergibt sich somit für Böden: $E_s \cong 1{,}5E$. Weiter gilt

$$E_s = 3K \cdot \frac{1-\nu}{1+\nu}. \tag{4.46}$$

Mit der Bedingung $\varepsilon_x = \varepsilon_y = 0$ in Gl. (4.29) bzw. (4.30) und $\sigma_x = \sigma_y$ ergibt sich

$$\sigma_x = \sigma_y = \frac{\nu}{1-\nu} \cdot \sigma_z = K_0 \cdot \sigma_z. \tag{4.47}$$

K_0 wird als Erdruhedruck-Beiwert bezeichnet, s. auch Abschn. 9.1; in Abschn. 16.8.2 wird im Gegensatz dazu für die praktische Anwendung ein empirischer Ansatz genannt.

Last auf elastischem Halbraum Wie schon erwähnt, handelt es sich – abweichend von den zuvor genannten Fällen – hierbei um keinen Elementversuch, und es kann hier der Zusammenhang zwischen Belastung und Verformung nicht mehr dimensionslos angegeben werden. Für den Fall der starren Kreisplatte mit dem Radius r auf dem elastisch isotropen Halbraum kann man auf die Lösung von Boussinesq, s. Kezdi (1969), zurückgreifen:

$$s = \left(1 - \nu^2\right) \cdot \frac{\pi}{2} \cdot r \cdot \frac{\sigma_0}{E} \tag{4.48}$$

und mit

$$E_V = \frac{E}{1 - \nu^2} \tag{4.49}$$

ergibt sich

$$E_V = \frac{\pi}{2} \cdot r \cdot \frac{\sigma_0}{s} \tag{4.50}$$

$$\approx 1{,}5 \cdot r \cdot \frac{\sigma_0}{s} = 0{,}75 \cdot d \cdot \frac{\sigma_0}{s}. \tag{4.51}$$

Siehe auch Gl. (4.103) in Abschn. 4.3.

Ersetzt man in Gl. (4.49) E durch Gl. (4.45), ergibt sich in Gl. (4.52) bzw. (4.53) folgender Zusammenhang zwischen E_V und E_s:

$$E_V = \frac{E}{1 - \nu^2} = E_s \cdot \frac{(1 + \nu)(1 - 2\nu)}{(1 - \nu)(1 - \nu^2)} \tag{4.52}$$

$$= E_s \cdot \frac{1 - 2\nu}{(1 - \nu)^2}. \tag{4.53}$$

Für den Sonderfall, dass $\nu = 0$ ist, ergibt sich Gl. (4.54):

$$E_s = E_V = E. \tag{4.54}$$

Für die Berechnung der elastischen Verformungsmoduln für dränierte Zustände (Bezug: effektive Spannungen) sind nachfolgend Anhaltswerte für die Querdehnzahl ν genannt:

elastische Stoffe:	$0 < \nu < 0{,}5$
Fels:	$\nu = 0{,}15$ bis $0{,}25$
Sand:	$\nu = 0{,}25$ bis $0{,}35$
Ton:	$\nu = 0{,}35$ bis $0{,}45$

Die Angaben für die Querdehnzahlen von Sand und Ton gelten für Erstbelastungen. Für Ent- und Wiederbelastungen, s. Abb. 4.15, sollte eine Querdehnzahl von $\nu_{ur} \cong 0{,}2$ (ur steht für „unloaded“ und „reloaded“) für die Ermittlung von Ent- und Wiederbelastungsmoduln benutzt werden.

Bei voll gesättigten, undränierten Zuständen ($S_r \approx 1$) ist dagegen nicht nur das Korngerüst maßgebend, sondern das Gemisch aus Festsubstanz und Porenwasser. Bei Betrachtung als Einphasengemisch mit Bezug auf totale Spannungen ist die Querdehnzahl ähnlich wie bei Flüssigkeiten $\nu = \nu_u \cong 0{,}5$.

4.2 Zusammendrückbarkeit und Schwellung im Oedometerversuch

Allgemein unterscheidet man bei der Beschreibung der Verformung eines Bodens zum einen zwischen Volumen- und Gestaltsänderungen, zum anderen zwischen elastischen und bleibenden (plastischen) Verformungen. Bei den meisten Fragestellungen der Grundbaupraxis hinsichtlich der Gebrauchstauglichkeit genügt es, die Volumenverringerungen zu erfassen. Da die festen Bestandteile des Bodens wenig kompressibel sind, gehen diese bei einem Lockergestein fast ausschließlich mit einer Verringerung des Porenanteils n bzw. der Porenzahl e einher, bei wassergesättigten Böden in Verbindung mit einer entsprechenden Abnahme des Wassergehalts w. Die Verformung resultiert in diesem Sinne als Summe aller plastischen und elastischen Volumenänderungen.

$$\varepsilon = \varepsilon_{(\mathrm{pl})} + \varepsilon_{(\mathrm{el})} \tag{4.55}$$

Die entsprechenden Labor- und Feldversuche zur Feststellung der Verformungen haben allgemein das Ziel, das Setzungsverhalten von Böden zu simulieren und die gewonnenen Erkenntnisse über Modellgesetze auf die wirklichen Verhältnisse übertragen zu können. Im Folgenden wird der Oedometerversuch beschrieben; auf Bohrlochaufweitungsversuche (Dilatometerversuche) mit Seitendrucksonden, mit denen Verformungsmessungen in Bohrlöchern durchgeführt werden, wird kurz in Abschn. 4.5 mit Hinweis auf die entsprechenden Normen eingegangen.

4.2.1 Einaxiale Konsolidation (Oedometerversuch)

Um die Verformungen eines Bodens in Abhängigkeit von der Druckspannung zu messen, benutzt man im Allgemeinen den von Terzaghi (1925) eingeführten Kompressionsapparat (Oedometer), schematische Darstellung s. Abb. 4.12. Die kreiszylindrische Probe wird in Achsrichtung z (i. d. R. vertikal) durch die Last F_z zusammengedrückt; die Seitendehnung wird durch den festen Ring verhindert. Es herrscht somit ein einaxialer Verformungszustand, die Querschnittsfläche bleibt während des Versuchs konstant. Der entsprechende Spannungszustand ist in der Abbildung in Abschn. 4.1.9.1, Fall e dargestellt, in Abschn. 4.1.9.2 wird auf das Spannungs-Verformungsverhalten innerhalb der Elastizitätstheorie eingegangen. Die Durchführung und Auswertung des Versuchs ist im Detail in *DIN EN ISO 17892-5* beschrieben und wird im Folgenden zusammengefasst wiedergegeben.

► **Anmerkung 1** Die neue *DIN EN ISO 17892-5* verwendet zum Teil Symbole und Begriffe, die sich von der bisherigen Nomenklatur unterscheiden. Letztere soll jedoch weitgehend beibehalten werden, um in Bezug auf die vorangehenden und nachfolgenden Abschnitte des Kapitels sowie auf weitere Kapitel (insbesondere Kap. 9 und 10) eine möglichst konsistente Darstellung zu erzielen.

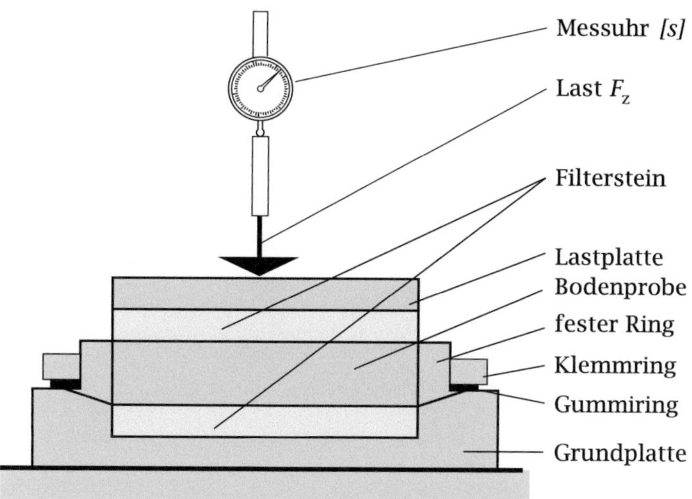

Abb. 4.12 Oedometerversuch. (Nach Schultze und Muhs 1967)

► **Anmerkung 2** Einen entsprechenden Spannungs- und Verformungszustand kann man auch in steuerbaren Triaxialzellen (s. Abschn. 4.4.1) erzeugen. Es lassen sich dann sog. K_0-Versuche (ebenfalls mit Radialdehnung gleich Null) durchführen, die gegenüber dem Oedometerversuch beispielsweise bei fein strukturierten, blättrigen Böden Vorteile bieten können, s. auch Hornig (2011).

Für den Oedometerversuch wird aus einer Sonderprobe ein kreiszylindrischer Versuchskörper von 7 cm bzw. 10 cm Durchmesser und 1,4 cm bzw. 2,0 cm Höhe ausgestochen und in einen Drucktopf mit starrer Wandung eingebaut.

Dieses Verhältnis von Durchmesser zu Höhe der Probe ist ein Kompromiss, um die Fehler aus Wandreibung, unebenen Oberflächen und nicht sattem Anliegen der Probe an der Seitenwand zu minimieren. Um die Wandreibung weiter zu reduzieren, kann der die Probe umfassende Ring so angeordnet werden, dass er nicht auf der Grundplatte aufsitzt (schwebender Ring). Die Probe liegt zwischen angefeuchteten Filtersteinen, damit sie entwässern kann. Die Last F_z wird vertikal über eine Kopfplatte mit der Querschnittsabmessung A stufenweise in geometrischer Progression aufgebracht. Auf die Probe wirkt eine mittlere Normalspannung

$$\sigma_z = \frac{F_z}{A}. \tag{4.56}$$

Gemessen wird auf jeder Laststufe das Abklingen der Zeitsetzung $s(t)$ bis zum Erreichen der Endsetzung s, s. Abb. 4.13. Dieser Vorgang heißt Konsolidation. Der Porenwasserdruck ist bei Ende der entsprechenden Laststufe $u = 0$. Die äußere, totale Spannung ist

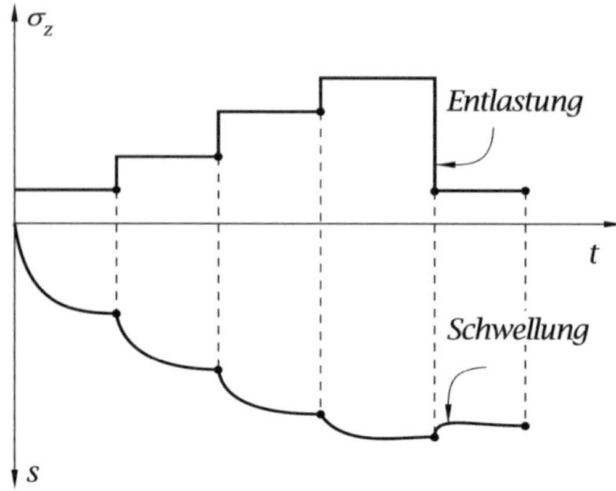

Abb. 4.13 Druckspannung σ_z und Setzung s mit der Zeit t bei einem Oedometerversuch

dann gleich der inneren effektiven Spannung:

$$\sigma_z = \sigma_z'. \tag{4.57}$$

Im Folgenden werden vorerst nur diese Endsetzungen in den einzelnen Laststufen ausgewertet und dargestellt; die zeitliche Entwicklung wird erst ab Abschn. 4.2.3 erfasst. Deshalb wird, wie auch meist in Verbindung mit der praktischen Setzungsberechnung, auf eine spezielle Kennzeichnung der Spannungen als effektive verzichtet, soweit dies aus dem Zusammenhang eindeutig hervorgeht.

Durch Bezug auf die Ausgangshöhe h_0 der Probe erhält man die bezogene Setzung (Stauchung oder negative Dehnung) $s' = \varepsilon_z = s/h_0$. Die Werte s' bzw. ε_z werden in Abhängigkeit der σ_z-Spannungen als Drucksetzungsdiagramm dargestellt. Abb. 4.14 zeigt einen typischen Kurvenverlauf für Böden bei Auftragung im linearen Maßstab. Mit aufgenommen ist das Verhalten bei Entlastung: der Boden schwillt. Abb. 4.15 zeigt eine

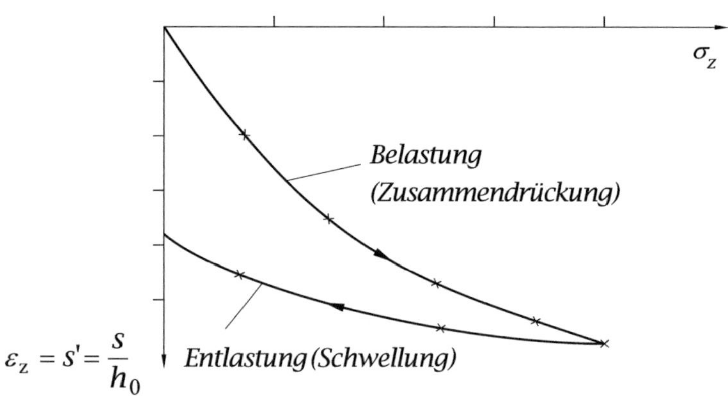

Abb. 4.14 Drucksetzungsdiagramm (linearer Maßstab)

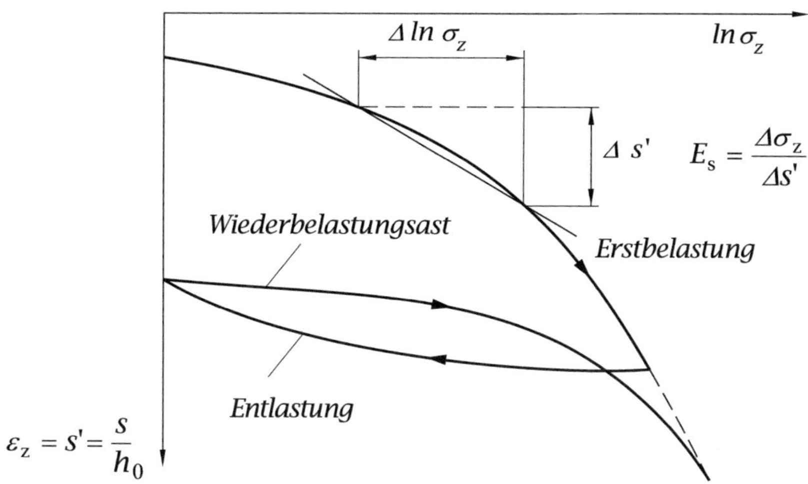

Abb. 4.15 Drucksetzungsdiagramm in halblogarithmischer Auftragung

entsprechende Darstellung bei logarithmischer Auftragung der Spannungen auf der Abszissenachse, wie sie oft alternativ verwendet wird (halblogarithmische Darstellung).

Es wird deutlich, dass der Boden im Gegensatz zu anderen Baustoffen kaum linear-elastisches Verhalten aufweist, wie es zunächst in Abschn. 4.1.9 mit dem *Hookeschen* Gesetz impliziert wurde – und wie es im Hinblick auf Verformungsberechnungen, v. a. Setzungsberechnungen, wünschenswert wäre.

Zum einen ist praktisch von Anfang der Belastung an eine ausgeprägte Nichtlinearität festzustellen, oder: es gibt praktisch keine Proportionalität zwischen Spannung und Verformung. Zum andern ergeben Entlastungen wesentlich kleinere Rückverformungen (Schwellen) gegenüber der entsprechenden Belastung, d. h. es gibt erhebliche bleibende oder plastische Verformungen.

Das bedeutet insgesamt, dass das Spannungs-Verformungsverhalten unter Verwendung der aus der Elastizitätstheore geläufigen Verformungsmoduln allenfalls in inkrementeller Form einigermaßen zutreffend beschrieben werden kann. Oder, anders ausgedrückt, der für praktische Berechnungen in diesem Sinne relevante Verformungsmodul ist abhängig von der Spannung und – ebenso wichtig – von der Belastungsrichtung!

Der über einen Spannungsbereich gemittelte Anstieg $\Delta\sigma_z/\Delta s'$ bzw. $\Delta\sigma_z/\Delta\varepsilon_z$ entspricht dem Steifemodul E_s.

$$E_s = \Delta\sigma_z/\Delta s' = \Delta\sigma_z/\Delta\varepsilon_z \tag{4.58}$$

Differenzierte Betrachtungen legen bei der Berechnung von ε_z als Bezugshöhe die momentane Probenhöhe h zugrunde, vgl. auch informativen Anhang zu *DIN EN ISO 17892-5*. In Differenzen dargestellt ergibt sich dann folgender Zusammenhang:

$$\Delta\varepsilon_z = \Delta s/h$$

oder, mit

$$h = h_0 - s\Delta\varepsilon_z = (\Delta s/h_0 - s)$$

Mit

$$\Delta s' = \Delta s/h_0$$

wird

$$\Delta\varepsilon_z = \Delta s'/(1-s') \tag{4.59}$$

Es gilt dann

$$E_s = \Delta\sigma_z/\Delta\varepsilon_z \tag{4.60}$$

Bei kleinen Verformungen kann mit guter Näherung $\Delta\varepsilon_z \approx \Delta s'$ gesetzt werden.

Im Rahmen der konventionellen Setzungsberechnung, s. Kap. 10, wird der Steifemodul meistens als bereichsweise konstanter Verformungsparameter (Sekantenmodul) benutzt.

Anhaltswerte für mittlere Steifemoduln sind in Tab. 2.2 zu finden.

Bezüglich der Auswertung und Darstellung der Ergebnisse von Oedometerversuchen sowie der daraus ableitbaren Verformungsparameter gibt es, insbesondere mit Blick auf die aktuelle Normung sowie internationale Literatur, verschiedene Varianten. Auf einige sei im Folgenden näher eingegangen.

Statt E_s ist auch die Bezeichnung E_{oed} gebräuchlich, s. a. *DIN EN ISO 17892-5*. Zudem wird statt des Steifemoduls auch dessen Reziprokwert $m_v = 1/E_s$ verwendet, der dann als Verdichtungsbeiwert oder -koeffizient bezeichnet wird.

Von weiterer Bedeutung ist, dass insbesondere im englischen Sprachraum nicht die bezogene Setzung, sondern die Veränderung der Porenzahl e als maßgebliche Verformungsgröße verwendet wird (ebenfalls möglich: Porenanteil n).

Zwischen der bezogenen Setzung $s' = \varepsilon_z$ und der Porenzahl e ergibt sich mit der Definitionsgleichung $e = V_n/V_s$ (3.3) folgender Zusammenhang:

Für den unverformten Zustand gilt somit

$$e_0 = \frac{V_0 - V_s}{V_s} \tag{4.61}$$

woraus folgt

$$V_s = \frac{V_0}{1 + e_0}. \tag{4.62}$$

Im verformten Zustand ist entsprechend

$$e = \frac{V - V_s}{V_s} = \frac{V_0 - \Delta V - V_s}{V_s}. \tag{4.63}$$

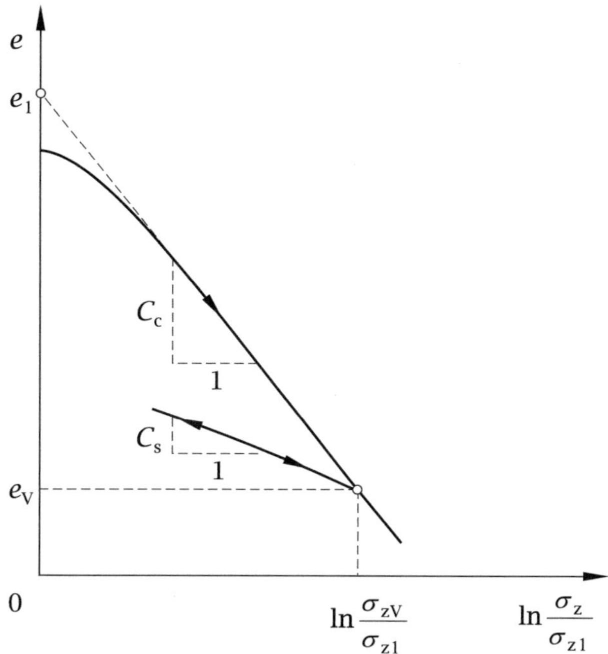

Abb. 4.16 Beschreibung des Druck-Setzungsverhaltens mittels Kompressions- und Schwellbeiwert (C_c und C_s)

Mit (4.62) ergibt sich

$$e = \frac{V_0 - \Delta V - \frac{V_0}{1+e_0}}{\frac{V_0}{1+e_0}} \tag{4.64}$$

oder

$$e = e_0 - \varepsilon_z(1 + e_0). \tag{4.65}$$

In der grafischen Auswertung gemäß Abb. 4.16 bedeutet dies lediglich eine Maßstabsveränderung in der Ordinatenachse gegenüber Abb. 4.15. Mit Verwendung der Porenzahl e wird in der Regel auch die bereits erwähnte halblogarithmische Auftragung verbunden.

Bei vielen Böden lässt sich bei dieser Auswertungsart in den messbaren und praxisrelevanten Spannungsbereichen ein linearer Verlauf der Drucksetzungslinie erkennen. Dieser Tatsache trägt auch eine auf Terzaghi (1925) zurückgehende Form der Darstellung und Beschreibung des Druck-Setzungsverhaltens Rechnung. Sie wird im englischsprachigen Ausland bevorzugt verwendet. Es wird dabei ebenfalls von der halblogarithmischen Auftragung entsprechend Abb. 4.16 ausgegangen.

Zu unterscheiden ist wiederum zwischen Erstbelastung und Ent- bzw. Wiederbelastung. Gemäß Abb. 4.16 gilt bei dimensionsloser Darstellung der Spannung und Verwendung des natürlichen Logarithmus:

$$e = e_1 - C_c \cdot \ln \frac{\sigma_z}{\sigma_{z1}} \tag{4.66}$$

für die Erstbelastung. C_c wird als Kompressionsbeiwert bezeichnet, e_1 und σ_{z1} sind ein Bezugswertepaar (grundsätzlich beliebig, aber $\sigma_{z1} > 0$ wegen $\ln 0 \to \infty$).

Für die Ent- und Wiederbelastung gilt analog:

$$e = e_V - C_s \cdot \ln \frac{\sigma_z}{\sigma_{zV}}. \tag{4.67}$$

C_s ist der Schwellbeiwert.

Ein Zusammenhang zwischen dem Kompressionsbeiwert C_c und dem Steifemodul E_s lässt sich für den Erstbelastungsbereich durch folgende Betrachtung herstellen.

Wenn man Gl. (4.66) in differentieller Form angibt:

$$de = -C_c d\left[\ln\left(\frac{\sigma_z}{\sigma_{z1}}\right)\right] \tag{4.68}$$

erhält man unter Verwendung von Gl. (4.65) und nach Differentiation

$$-d\varepsilon_z(1 + e_0) = -C_c \cdot \frac{1}{\sigma_z} d\sigma_z \tag{4.69}$$

und mit $d\sigma_z / d\varepsilon_z = E_s$ ergibt sich:

$$E_s = \sigma_z \cdot \frac{1 + e_0}{C_c}, \tag{4.70}$$

womit die Abweichung vom *Hookeschen* Gesetz noch einmal verdeutlicht wird. Analog gilt dies auch bei Verwendung des Schwellbeiwerts.

Bei Darstellung der Porenzahl e in Abhängigkeit des Zehnerlogarithmus $\log_{10}$ (auch lg) gilt für den Steifemodul folgende Beziehung:

$$E_s = \sigma_z \cdot \ln 10 \frac{1 + e_0}{C_c} \approx \sigma_z \cdot 2{,}3 \frac{1 + e_0}{C_c}. \tag{4.71}$$

Die Logarithmusbasis ist in der Literatur nicht einheitlich. Ob Zehner- oder natürlicher Logarithmus ist zwar letztlich nur eine Frage des Maßstabes; die Information, was der Auswertung bzw. dem Beiwert zugrunde liegt, ist aber bei der Weiterverwendung von Bedeutung. Gemäß Zahlenbeispiel der inzwischen durch *DIN EN ISO 17892-5* ersetzten *DIN 18135* erfolgt die Auswertung mit dem Zehnerlogarithmus.

Gl. (4.71) gilt wiederum analog für den Schwellbereich.

Entsprechend Gln. (4.66) bis (4.70), weiterhin mit Bezug auf den natürlichen Logarithmus, gelten nach Skempton (1944) und Krieg (2000) folgende Abschätzungen für den Kompressionsbeiwert:

$$C_c \cong 0{,}004(w_L - 10\,\%) \tag{4.72}$$

für ungestörte bindige Böden und

$$C_c \cong 0{,}003(w_L - 10\,\%) \tag{4.73}$$

für gestörte bindige Böden, wobei w_L in % einzusetzen ist.

Nach Schulz (2002) kann für weiche bindige, organische Böden, wie Faulschlamm, Mudden, Schlick und Torf, folgende Korrelation angegeben werden, wobei w_L als Dezimalzahl einzuführen ist:

$$C_c \cong 0{,}346 w_L^{0{,}716}. \tag{4.74}$$

Für den Schwellbeiwert kann näherungsweise $C_s = 0{,}3C_c$ bis $0{,}1C_c$ angesetzt werden, d. h., ein vorbelasteter bindiger Boden verhält sich bis zum Erreichen der Vorbelastungsspannung σ_v, s. Abb. 4.16, etwa 3-mal bis 10-mal steifer als ein erstbelasteter bindiger Boden.

Für Setzungs- bzw. Schwell-(Hebungs-)berechnungen, s. Kap. 10, kann anstelle des Steifemoduls E_s der Kompressionsbeiwert C_c bzw. Schwellbeiwert C_s indirekt verwendet werden:

Mit $\Delta e = e_0 - e$ ergibt sich aus Gl. (4.65):

$$\varepsilon_z = \frac{s}{h} = \frac{\Delta e}{1 + e_0}. \tag{4.75}$$

Mit Gl. (4.66) folgt:

$$s = C_c \cdot \ln \frac{\sigma_z}{\sigma_{z1}} \cdot \frac{h}{1 + e_0}. \tag{4.76}$$

Ein allgemeiner Ansatz für den Steifemodul geht auf Ohde (1939) zurück:

$$E_s = v_e \sigma_{at} \left(\frac{\sigma_z}{\sigma_{at}} \right)^{w_e}. \tag{4.77}$$

Für $w_e = 1{,}0$ ergibt sich formal Gl. (4.70). Für diese exponentielle Beziehung können die Parameter der Tab. 4.2 angesetzt werden. Für σ_{at} wird $100\,\mathrm{kN/m^2}$ angesetzt.

Weitere Parameter v_e und w_e sind in der *EAU*, *Empfehlungen des Arbeitsausschusses Ufereinfassungen Häfen und Wasserstraßen, Tabelle 3.1* aufgeführt. Darüber hinaus sind Korrelationen – auch für C_c und C_s in Ergänzung zu (4.72) bis (4.74) – bei von Soos/Engel (2017) zu finden.

Tab. 4.2 Parameter für Steifemodulermittlung

Bodenart	v_e	w_e
Ton	5–20	0,85–1,00
Schluff	20–80	0,80–0,95
Sand und Kies	100–750	0,55–0,70

Die in Gl. (4.77) aufgezeigte Abhängigkeit des Steifemoduls von der Spannung σ_z ist in dieser oder ähnlicher Form Bestandteil allgemeiner Stoffgesetze, um volumetrische Verformungsanteile zu erfassen. Solche Stoffgesetze werden für nichtlineare numerische Berechnungen benutzt, z. B. nach der Methode der Finiten Elemente (FEM), s. Abschn. 4.5.

4.2.2 Überkonsolidierte Böden

Geologische Vorbelastungen oder große Entlastungsvorgänge, z. B. bei tiefen Baugruben, verlangen bei einer Durchführung von Verformungs- und auch bei Scherversuchen, s. Abschn. 4.4, besondere Randbedingungen, da Spannungen im Boden oft eingeprägt bleiben, d. h. der Boden hat ein „Gedächtnis". Abb. 4.17 zeigt eine natürliche Vorbelastung (Überkonsolidation), wie sie u. a. in den süddeutschen Keupergesteinen vorhanden ist.

Ein Boden, in welchem die wirkenden Spannungen σ_z vorher nie größer waren als derzeit, so dass der Zustand mit einem Punkt auf der Erstbelastungslinie ABC definiert werden kann, wird als „normalkonsolidiert" bezeichnet, s. Abb. 4.18. Dagegen ist ein Boden, der bei einer früheren Konsolidierung eine größere Spannung $\sigma_{z\mathrm{v}}$ erfahren hat als die momentan vorhandene, z. B. beim Punkt D, vorbelastet (überkonsolidiert).

Das Konsolidierungsverhältnis (engl.: overconsolidation ratio) ist mit

$$\mathrm{OCR} = \frac{\sigma_{z\mathrm{v}}}{\sigma_{zi}} \tag{4.78}$$

definiert; s. auch Lambe, Whitman (1969) und Abschn. 4.4.5!

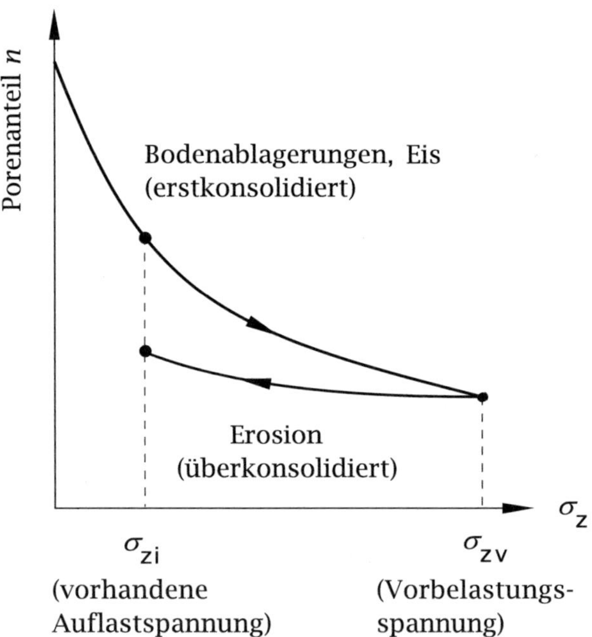

Abb. 4.17 Natürliche Vorbelastung

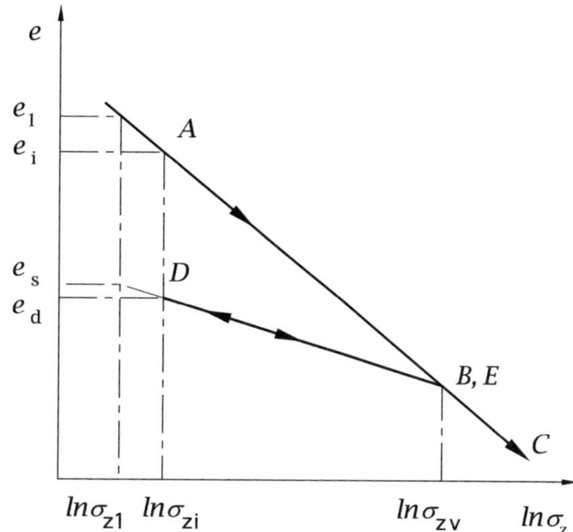

Abb. 4.18 Eindimensionale Konsolidation: Erst-, Ent- und Wiederbelastung, idealisiert im halblogarithmischen Maßstab

Bei der Darstellung von Versuchsdaten nach Abb. 4.16 und 4.18 zeigt sich in vielen Fällen die Vorbelastungsspannung σ_{zv} durch einen Knick in der Versuchsspur (Punkt E in Abb. 4.18).

4.2.3 Zeitsetzung

Besonders bei bindigen Böden tritt innerhalb der einzelnen Laststufen die bezogene Setzung s' als Funktion der Zeit in Erscheinung. Bei der Darstellung im Zeit-Setzungs-Diagramm wird die Zeit i. A. im logarithmischen Maßstab aufgetragen (Abb. 4.19).

Man unterscheidet innerhalb der Zeitsetzung folgende drei Bereiche:

Sofortsetzung: Unmittelbar nach Aufbringen der entsprechenden Laststufe tritt innerhalb sehr kurzer Zeit die Sofortsetzung ein. Sie ist besonders bei teilgesättigten Proben die Folge einer Volumenverringerung; im Übrigen können sich im Versuch Einbaustörungen auswirken. Im allgemeinen Fall, besonders bei wassergesättigten Böden, beruht der Hauptanteil der Sofortsetzung auf Gestaltsänderungen (Scherverformungen). Dieser Anteil kann allerdings im Oedometerversuch nicht auftreten. Da die Sofortsetzung im Allgemeinen gering und zudem für das frische Bauwerk unproblematisch ist, wird sie in der Regel nicht extra betrachtet.

Konsolidationssetzung: Sie stellt im Allgemeinen den Hauptanteil der Setzungen dar und ist mit dem Auspressen von Porenwasser verbunden. Diese Setzungen werden mit dem Oedometerversuch gut erfasst.

Sekundärsetzung oder Kriechsetzung: Setzungen, die bei konstanter Belastung auch nach Abschluss der Konsolidation noch lange anhalten. Die diffusen Wasserhüllen im Dreiphasensystem des Bodens spielen dabei eine entscheidende Rolle. Bindige Böden mit

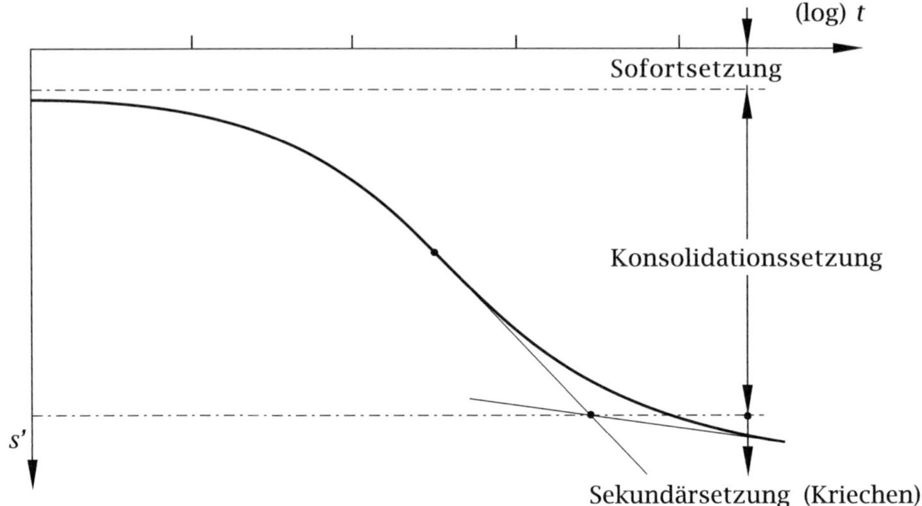

Abb. 4.19 Zeitsetzung für eine Laststufe

hoher Wasseraufnahme und großer Plastizität sowie Torfe zeigen häufig ein ausgeprägtes Kriechverhalten, so dass ggf. besondere Kriechversuche erforderlich werden. Für weitergehende Hinweise zur Ermittlung und Beschreibung des Kriechverhaltens von Böden s. Gudehus (1981), Krieg (2000) und von Soos/Engel (2017).

Die zeitliche Entwicklung der Setzung im zweiten der genannten Bereiche, der Konsolidationsphase, hängt nun zum einen davon ab, wie viel Wasser bis zum Erreichen der Endsetzung ausgepresst werden muss und zum anderen wie schnell dieses abfließen kann. Es besteht eine Wechselwirkung zwischen dem Verformungsvorgang des Korngefüges und der Strömung des zähen Wassers in dessen Poren. Als Bodeneigenschaften sind dabei die Zusammendrückbarkeit und die Durchlässigkeit maßgebend, vgl. auch Abschn. 4.1 und 4.2.1 bzw. 3.6 und 22.2.

Der Konsolidationsvorgang im eindimensionalen Fall kann mit Hilfe des Kolbenmodells in Abb. 4.20 veranschaulicht werden.

Die mathematische Beschreibung erfolgt allerdings am Kontinuumsmodell und liefert die 1923 von Terzaghi, begründete Konsolidationstheorie s. Terzaghi (1925). Sie soll hier für den einfachsten Fall dargestellt werden. Neben der Beschränkung auf eindimensionale Verhältnisse, wie sie beim Oedometerversuch oder bei großen Lastflächen in der Praxis zutreffen, sollen folgende wesentlichen Annahmen gelten:

- Boden wassergesättigt
- Wasser und Kornsubstanz je für sich inkompressibel; Volumenänderungen nur infolge von Verformungen des Korngefüges
- linearer Zusammenhang zwischen effektiven Spannungen und Verformungen (*Hooke*)

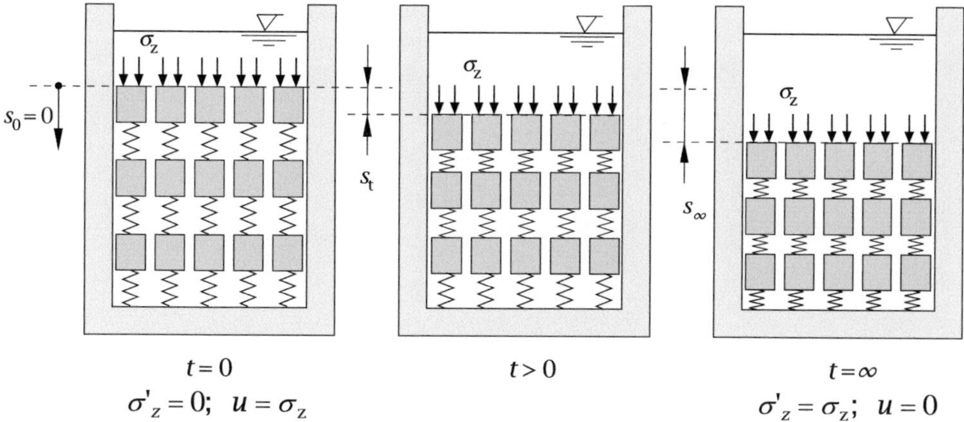

Abb. 4.20 Mechanisches Modell für die eindimensionale Konsolidation. Entsprechend Gl. (4.12) gilt $\sigma_z = \sigma'_z + u$, mit u als Porenwasserüberdruck.

- kleine Verformungen
- Grundwasserströmung laminar, lineare Beziehung zwischen dem hydraulischen Gefälle und der Filtergeschwindigkeit (*Darcy*); Trägheitskräfte vernachlässigbar
- Belastung σ_z soll plötzlich aufgebracht werden und über die Zeit konstant bleiben (entspricht ggf. Laststufe $\Delta\sigma_z$ beim Oedometerversuch).

Betrachtet wird eine Schicht wassergesättigten bindigen Bodens der Dicke h, s. Abb. 4.21. Sie soll oben durch eine im Vergleich sehr durchlässige Schicht, z. B. Sand, und unten durch eine praktisch undurchlässige Schicht, z. B. Fels, begrenzt sein. Aufgrund dieser Dränverhältnisse fließt das Porenwasser zum oberen Rand.

Zu einem beliebigen Zeitpunkt t nach Aufbringen der Randspannung σ_z ergeben sich an einem Bodenelement mit der Ortskoordinate z und der Dicke dz die folgenden Zusammenhänge.

Für die Grundwasserströmung gilt das *Darcysche* Gesetz: $v = -k \cdot i$, s. Gl. (3.44). Das Minuszeichen besagt, dass die Strömung in Richtung des kleineren Überdrucks (negativer Gradient) verläuft. Das Gefälle i lässt sich durch den orts- und zeitveränderlichen Porenwasserüberdruck u ausdrücken:

$$i = \frac{\partial u}{\gamma_w \cdot \partial z}. \tag{4.79}$$

Die pro Zeiteinheit ausgepresste Wassermenge (Wasservolumen) ergibt sich aus der Veränderung der Filtergeschwindigkeit v mit dem Ort, also

$$q = \frac{\partial v}{\partial z}. \tag{4.80}$$

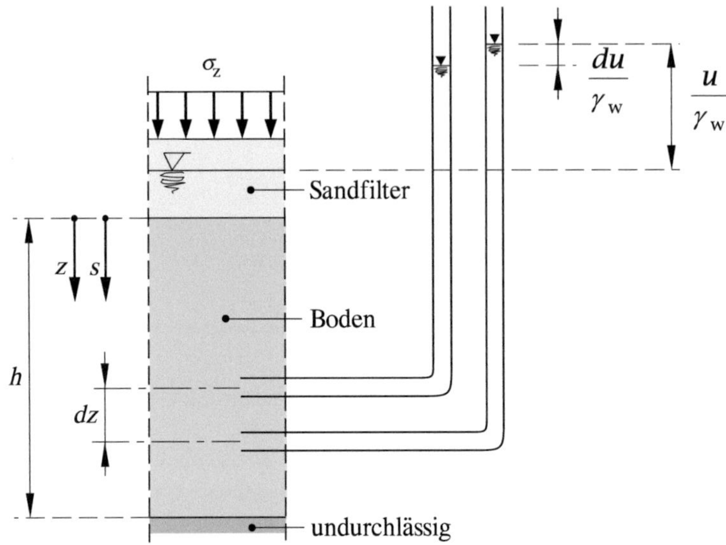

Abb. 4.21 Bezeichnungen zur eindimensionalen Konsolidationstheorie

Mit Gln. (3.44) und (4.79) wird

$$q = -\frac{k}{\gamma_{\mathrm{w}}} \cdot \frac{\partial^2 u}{\partial z^2}. \tag{4.81}$$

Die Wassermenge muss gleich der volumetrischen Verformung des Korngefüges pro Zeiteinheit sein (Kontinuität), d. h. es gilt

$$\frac{\partial \varepsilon}{\partial t} = \frac{1}{E_{\mathrm{s}}} \cdot \frac{\partial \sigma_z'}{\partial z^2}. \tag{4.82}$$

Mit der Gleichgewichtsbedingung

$$\sigma_z(z,t) = \sigma_z \tag{4.83}$$

und dem Prinzip der effektiven Spannung $\sigma_z' = \sigma_z - u$, s. Gl. (4.12) folgt

$$\frac{\partial \varepsilon}{\partial t} = \frac{1}{E_{\mathrm{s}}} \cdot \frac{\partial(\sigma_z - u)}{\partial t} \tag{4.84}$$

und wegen $\sigma_z = \mathrm{const}$:

$$\frac{\partial \varepsilon}{\partial t} = -\frac{1}{E_{\mathrm{s}}} \cdot \frac{\partial u}{\partial t}. \tag{4.85}$$

Schließlich folgt durch Gleichsetzen mit Gl. (4.81):

$$\frac{kE_{\text{s}}}{\gamma_{\text{w}}} \cdot \frac{\partial^2 u}{\partial z^2} = \frac{\partial u}{\partial t} \tag{4.86}$$

oder

$$c_{\text{v}} \cdot \frac{\partial^2 u}{\partial z^2} = \frac{\partial u}{\partial t} \tag{4.87}$$

mit

$$c_{\text{v}} = \frac{k \cdot E_{\text{s}}}{\gamma_{\text{w}}} \left[\frac{\text{m}^2}{\text{s}}\right]. \tag{4.88}$$

c_{v} wird als Konsolidationsbeiwert für den eindimensionalen Fall bezeichnet (Index v für vertikale Strömung und Zusammendrückung). Er enthält nur Materialkenngrößen des konsolidierenden Bodens.

Gl. (4.87) stellt eine partielle, lineare und homogene Differenzialgleichung zweiter Ordnung zur Beschreibung des eindimensionalen Konsolidationsvorgangs dar. Die Differenzialgleichung des vorliegenden Typs spielt auch bei einer Reihe anderer Ausbreitungsvorgänge in der Physik eine bedeutende Rolle, wie z. B. beim eindimensionalen instationären Wärmetransport in festen Körpern. Es kann daher auf die für diese Fälle seitens der Mathematik seit langem verfügbaren Lösungen zurückgegriffen werden. Im Folgenden soll daher nicht auf alle Details der mathematischen Behandlung, sondern nur auf einige grundsätzliche Überlegungen, eingegangen werden. Für die weitere Behandlung ist es zweckmäßig, die Differenzialgleichung (4.87) in eine dimensionslose Form zu überführen:

Mit

$$\zeta = \frac{z}{h} \quad \text{und} \quad T_{\text{v}} = \frac{c_{\text{v}}}{h^2} \cdot t \tag{4.89}$$

ergibt sich aus (4.87)

$$\frac{\partial^2 u}{\partial \zeta^2} = \frac{\partial u}{\partial T_{\text{v}}}. \tag{4.90}$$

Die allgemeine Lösung kann mit Hilfe eines Produktansatzes und Trennung der Variablen geschlossen angegeben werden. Für die vollständige Lösung müssen die Anfangs- und Randbedingungen mit einbezogen werden. Die Anfangsbedingung folgt aus der Tatsache, dass unmittelbar ($t = 0$) nach Aufbringen der (Zusatz-)Belastung σ_z noch kein Porenwasser abgeflossen sein kann, d. h. es muss $\varepsilon_z = 0$ für alle z bzw. ζ sein.

Wegen des hier zugrunde gelegten Stoffverhaltens (*Hookesches* Gesetz) ist dies gleichbedeutend mit $\sigma'_z = 0$ oder mit (4.12),

$$u(z, 0) = u(\zeta, 0) = \sigma_z. \tag{4.91}$$

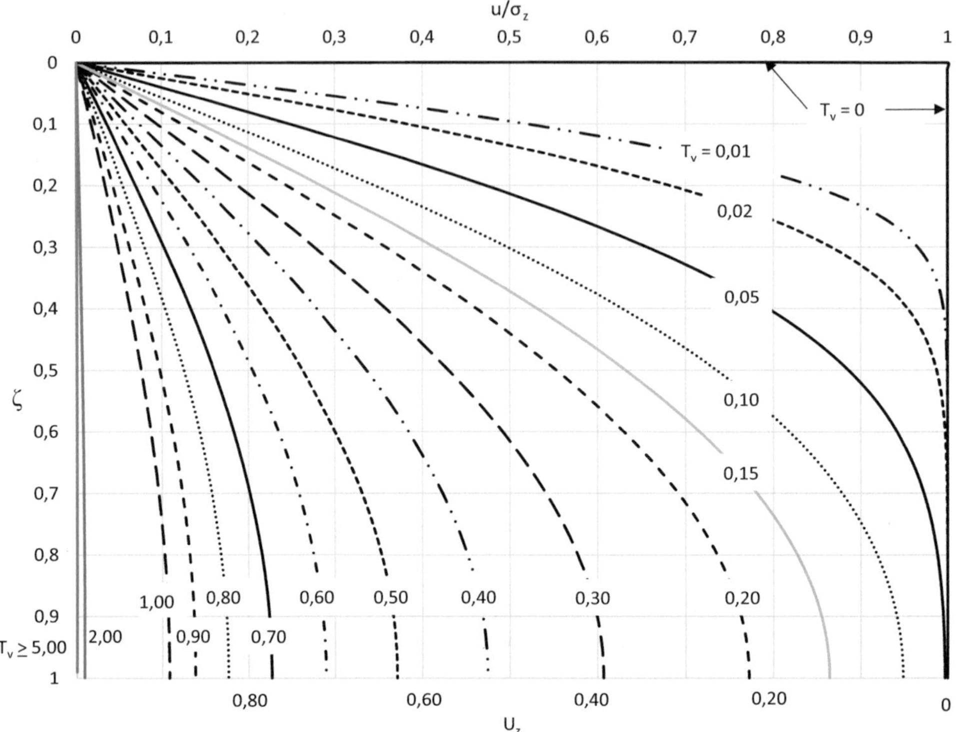

Abb. 4.22 Normierter Porenwasserüberdruck bzw. Konsolidierungsgrad U_z als Funktion der Tiefe und der Zeit (Entwässerung am oberen Rand $\zeta = 0$)

Die Randbedingungen

$$u(0,t) = 0 \quad \text{bzw.} \quad u(0,T_\mathrm{v}) = 0 \quad \text{und} \quad \frac{\partial u}{\partial z}(h,t) = 0 \quad \text{bzw.} \quad \frac{\partial u}{\partial \zeta}(1,T_\mathrm{v}) = 0 \quad (4.92)$$

besagen, dass am oberen, durchlässigen Rand der Porenwasserüberdruck und am unteren undurchlässigen Rand der Durchfluss Null sind.

Da die Randbedingungen für alle Zeiten, also auch zum Zeitpunkt $t = 0$, vgl. (4.91), erfüllt sein müssen, muss der anfangs rechteckige Verlauf des Porenwasserüberdrucks durch eine Reihenentwicklung (üblich Fourierreihe) dargestellt werden. Die vollständige Lösung lautet:

$$u(\zeta, T_\mathrm{v}) = \sigma_z \sum_{m=0}^{\infty} \frac{4}{\pi(2m+1)} \cdot \sin\left(\frac{2m+1}{2}\pi\zeta\right) \cdot e^{-\left(\frac{2m+1}{2}\pi\right)^2 T_\mathrm{v}}. \quad (4.93)$$

Die Auswertung ergibt die in Abb. 4.22 für verschiedene Zeitpunkte dargestellte Verläufe der Porenwasserüberdrücke (Isochronen).

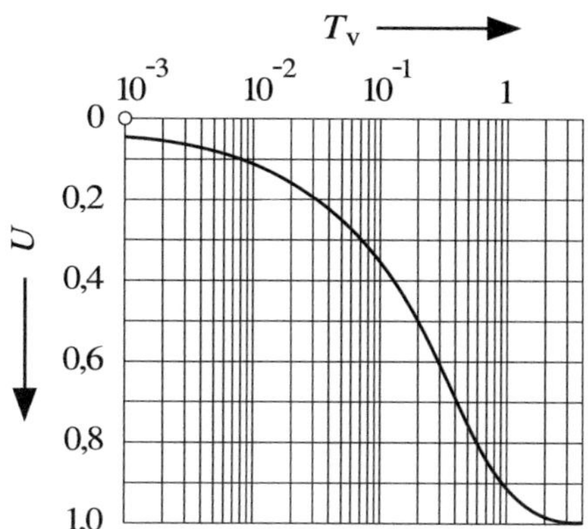

Abb. 4.23 Verfestigungsgrad U bei einseitiger Entwässerung

Anstelle des auf die Belastung bezogenen Porenwasserüberdrucks u/σ_z, wird häufig auch der Konsolidierungsgrad $U_z = 1 - u/\sigma_z$ verwendet, der den Abbau des anfänglichen Porenwasserüberdrucks in einer bestimmten Tiefe und zu einer bestimmten Zeit charakterisiert. Da dieser Abbau identisch ist mit der Umlagerung in effektive Spannungen, vgl. Gl. (4.84), liefert die Integration über die Tiefe unmittelbar die auf die Endsetzung bezogene Konsolidationssetzung, den Verfestigungsgrad U:

$$U(T_v) = \frac{s(T_v)}{s(\infty)} = 1 - \frac{8}{\pi^2} \sum_{m=0}^{\infty} \frac{1}{(2m+1)^2} \cdot e^{-\left(\frac{2m+1}{2}\pi\right)^2 T_v}. \tag{4.94}$$

Die Auswertung ergibt den in Abb. 4.23 dargestellten zeitlichen Verlauf des Verfestigungsgrades.

Für kurze Zeiten, etwa $T_v < 0{,}4$, ist nach Taylor (1948) folgende Näherung nützlich:

$$U^2 \approx \frac{4}{\pi} \cdot T_v. \tag{4.95}$$

Die bisher beschriebenen Zusammenhänge gelten voraussetzungsgemäß für den Fall der einseitigen Entwässerung. Dabei ist es unbedeutend, ob der Dränrand oben oder unten liegt – es werden ja nur Porenwasserüberdrücke betrachtet. Bei dem in der Praxis nicht minder relevanten Fall der zweiseitigen Entwässerung (bei Oedometerversuchen üblich) können die vorliegenden Lösungen für die einseitige Entwässerung unmittelbar verwendet werden, indem man für die Bezugsgrößen ζ und T_v (4.89) die tatsächliche Schichthöhe halbiert, vgl. Abb. 4.24.

Alle Porenwasserüberdruck-Isochronen sind symmetrisch zur Schichtmitte, d. h.

$$u(z,t) = u(2h - z, t) \quad \text{bzw.} \quad u(\zeta, T_v) = u(2 - \zeta, T_v). \tag{4.96}$$

Damit sind auch die zeitlichen Verläufe des Konsolidierungs- und Verfestigungsgrades gleich. Es ist allerdings zu beachten, dass sich die rechnerische Halbierung der Schichtdicke nicht auf die absoluten Setzungsbeträge beziehen kann.

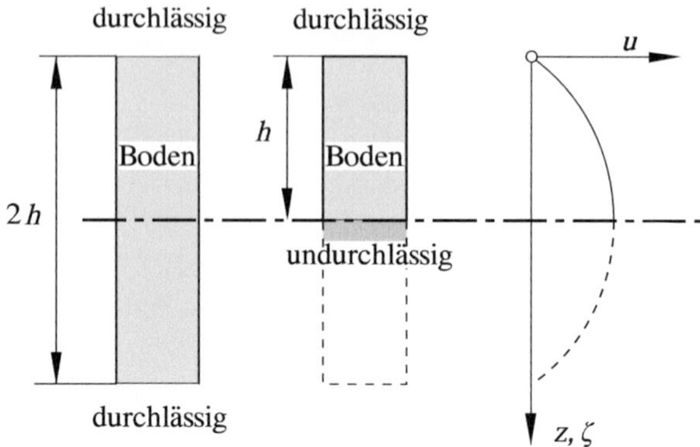

Abb. 4.24 Eindimensionale Konsolidation bei zweiseitiger Entwässerung

Mit den Bezeichnungen der Abb. 4.24 gilt vielmehr:

$$s(\infty) = \frac{\sigma_z}{E_\mathrm{s}} \cdot 2h. \tag{4.97}$$

Allgemein gilt bei verschiedenen Schichtdicken h_1 und h_2 und sonst gleichen Parametern und Randbedingungen für die Endsetzungen – unabhängig vom Konsolidationsvorgang – das Modellgesetz

$$\frac{s_1}{s_2} = \frac{h_1}{h_2} \tag{4.98}$$

s. auch Abschn. 4.1.9.

Für den Vergleich des Zeitsetzungsverhaltens bei Problemen unterschiedlicher Schichtdicken lässt sich auf der Grundlage der zuvor dargestellten eindimensionalen linearen Konsolidationstheorie ein weiteres Modellgesetz ableiten. Als Ausgang genügt hierzu die dimensionslose Differenzialgleichung (4.90). Bei gleichem Boden (c_v) und gleichen Randbedingungen muss ihre Lösung sowohl für den Fall mit der Schichtdicke h_1 als auch für den Fall mit h_2 gelten. Die Konsolidation ist also bei gleichem T_v in beiden Fällen gleich weit vorangeschritten, d. h.

$$T_\mathrm{V} = \frac{c_\mathrm{v}}{h^2}t = \frac{{c_\mathrm{v}}^2}{h_{\,1}}t_1 = \frac{{c_\mathrm{v}}^2}{h_{\,2}}t_2 \quad \text{– vergleiche Gl (4.89).} \tag{4.99}$$

Daraus folgt

$$\frac{t_1}{t_2} = \frac{t_\mathrm{M}}{t_\mathrm{N}} = \frac{h_1^2}{h_2^2} = \frac{h_\mathrm{M}^2}{h_\mathrm{N}^2}. \tag{4.100}$$

Bei diesem „Modellgesetz der Konsolidation“ werden häufig auch „M“ (Modell) und „N“ (Natur) als Indices verwendet.

Das Modellgesetz besagt, dass die Konsolidationszeiten mit dem Quadrat der Dränwege anwachsen. Wenn sich also bei entsprechender Laststufe im Oedometerversuch beispielsweise nach 10 min 90 % der Endsetzung einstellen, ist dieser Zustand bei einer

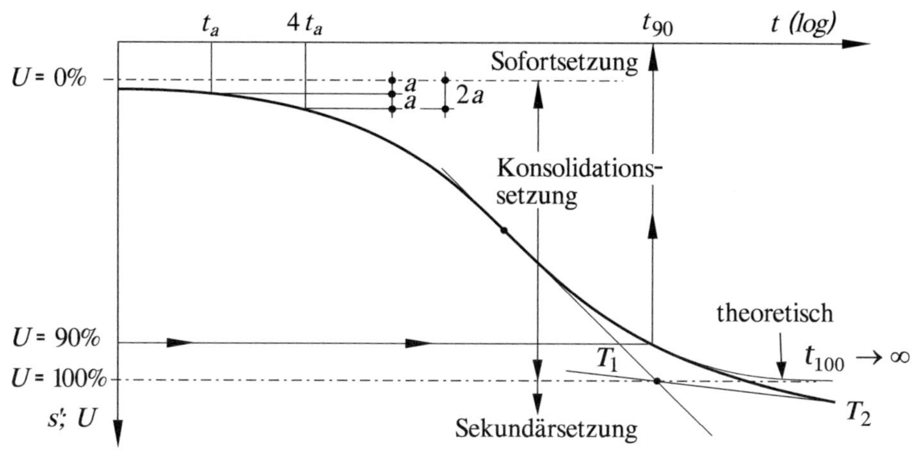

Abb. 4.25 Zeitsetzung, Auswertung. (Nach Casagrande 1936)

200-mal dickeren Schicht (bei gleichen Randbedingungen) erst in etwa 9,3 Monaten erreicht.

Für die praktische Auswertung von Oedometerversuchen und die Übertragung der Ergebnisse auf reale Probleme ist es nun erforderlich, die Setzungsanteile der Konsolidationsphase von denen der beiden eingangs erwähnten Phasen – Sofortsetzung und Sekundärsetzung – zu trennen, wobei letztere je nach Bodenart mehr oder weniger ausgeprägt sein kann. Wenn dies auch in Verbindung mit der Konsolidationstheorie erfolgt, so sind zusätzlich vereinfachende Annahmen erforderlich, was in Einzelfällen zu nicht unerheblichen Widersprüchen führen kann, da sich die einzelnen Phasen in Wirklichkeit überlagern.

Gängig sind zwei Auswertmethoden. Beim ersten Verfahren, das auf Casagrande (1936) zurückgeht, trägt man die bezogenen Setzungen s' in der entsprechenden Laststufe über der logarithmischen Zeitachse auf, s. Abb. 4.25. Den Beginn der Konsolidationssetzung erhält man, indem man von Gl. (4.95) Gebrauch macht: Für kleine Zeiten ist die Setzung proportional zur Wurzel der Zeit, d. h. dass sich innerhalb einer Zeitspanne von t_a bis $4 \cdot t_a$ die Setzung verdoppelt haben muss. Daraus lässt sich der theoretische Nullpunkt ($U = 0$) extrapolieren. Das Ende der Konsolidationsphase ($U = 100\,\%$) wird durch den Schnittpunkt der Wendetangente T_1 mit der Endtangente T_2 markiert. Beide Tangenten werden im Allgemeinen zeichnerisch ermittelt.

Aufgrund der theoretischen Lösung für die Konsolidationsphase, vgl. Gl. (4.94) bzw. Abb. 4.23, lässt sich beispielsweise für $U = 90\,\%$: $T_{v90} = 0{,}85$ angeben. Mit der für diesen Verfestigungsgrad aus der Versuchskurve herausgegriffenen Zeit t_{90} lässt sich nach Gl. (4.89) c_v bestimmen: $c_v = 0{,}85h^2/t_{90}$ ($h \mathrel{\hat{=}}$ halbe Probenhöhe bei zweiseitiger Entwässerung!). Analog ergibt sich für $U = 50\,\%$: $T_{v50} = 0{,}20$, worauf in *DIN EN ISO 17892-5* Bezug genommen wird. In dieser Norm wird in diesem Zusammenhang übrigens noch eine Temperaturkorrektur empfohlen.

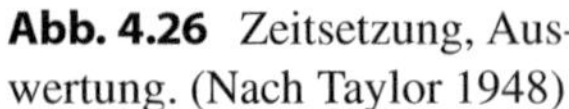
Abb. 4.26 Zeitsetzung, Auswertung. (Nach Taylor 1948)

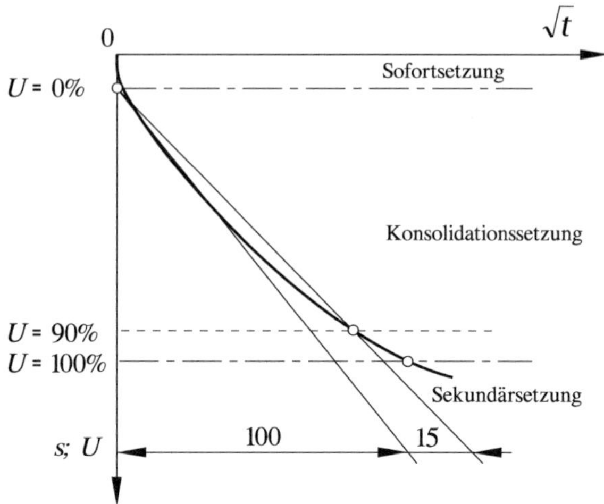

Da sich E_s aus der Endsetzung der Laststufe ergibt, kann auch der Durchlässigkeitsbeiwert k, s. Gl. (4.88), angegeben werden.

Das zweite Auswertverfahren nach Taylor (1948) legt ebenfalls die Näherungslösung Gl. (4.95) zugrunde. Bei der Verwendung eines Wurzelmaßstabs für die Zeitachse, s. Abb. 4.26, stellt sich danach die theoretische Zeitsetzungslinie im Anfangsbereich als Gerade dar. Durch Annäherung der Versuchsergebnisse mittels einer Ausgleichsgeraden ergibt sich der theoretische Nullpunkt ($U = 0$) im Schnittpunkt mit der Ordinatenachse. Das Ende der Konsolidation lässt sich hier – im Gegensatz zur ersten Methode – auch aufgrund theoretischer Überlegungen finden:

Für $U = 90\,\%$ ist das Verhältnis der Wurzeln aus t_{90} der exakten Lösung und derjenigen der Näherung 1,15. Mit Hilfe des Strahlensatzes und der Extrapolation lässt sich $U = 100\,\%$ festlegen. Die Ermittlung von c_v und k erfolgt wie beim ersten Verfahren für t_{90}.

Die insbesondere im Anschluss an die Konsolidationsphase in Erscheinung tretenden Sekundärsetzungen (Kriechsetzungen) resultieren aus langanhaltenden Verformungsvorgängen des Korngerüstes unter $u \approx 0$, die durch die viskosen Eigenschaften des in den diffusen Wasserhüllen an die Bodenkörner gebundenen Wassers verursacht werden. Für die zweckmäßige Erfassung dieser Verformungsanteile wird näherungsweise angenommen, dass die Konsolidationsphase bei $U = 98\,\%$ bzw. nach der Zeit t_{98} ($T_v = 4$) abgeschlossen ist (Abb. 4.27), s. auch Krieg (2000). Der Verlauf der anschließenden Kriechphase kann durch einen linearen Zusammenhang zwischen der Porenzahlabnahme (Setzung) und der Zeit in Anlehnung an Buisman (1936) beschrieben werden:

$$\Delta e = C_\alpha \cdot \ln \frac{t}{t_{98}} (t > t_{98}). \tag{4.101}$$

Voraussetzung ist sowohl beim Versuch als auch beim realen Problem eine über die Zeit konstante Belastung und eindimensionale Verformung, wie bei dem zuvor dargestellten Konsolidationsproblem.

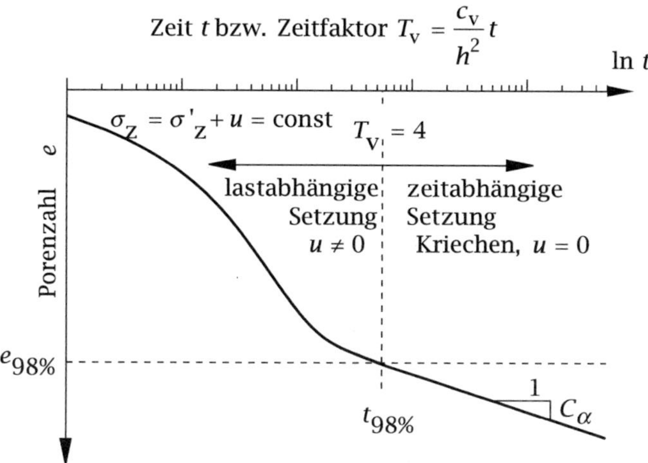

Abb. 4.27 Zeitsetzungsverlauf während einer Laststufe unter $\sigma = \sigma'_z + u = \text{const}$ mit anschließender Kriechphase

Die Kriechbeiwerte C_α können aus dem Oedometerversuch bestimmt werden (zweckmäßig logarithmische Auftragung). Als Erfahrungswerte gelten hierfür:

$C_\alpha < 0{,}002$	für überkonsolidierten Ton;
$C_\alpha = 0{,}002$ bis $0{,}02$	für leicht bis ausgeprägt plastische Tone;
$C_\alpha = 0{,}02$ bis $0{,}2$	für organische und torfige Böden.

Zu beachten ist, dass in *DIN EN ISO 17892-5* ein Kriechbeiwert $C_{\alpha\varepsilon}$ angegeben wird, der sich auf die Zusammendrückung s' anstelle der Porenzahl e bezieht, wobei $C_{\alpha\varepsilon} = C_\alpha/(1+e)$ gilt.

Wird entgegen der obigen Darstellung der Zehnerlogarithmus – wie im Zahlenbeispiel der Vorgängernorm *DIN 18135* – verwendet, ist analog zum Druck-Porenzahl-Diagramm wiederum auf eine konsistente Handhabung zu achten, es gilt $C_\alpha(\log_{10}) = 2{,}3 \cdot C_\alpha(\ln)$, vgl. Gl. (4.71).

Die Verminderung der Porenzahl während des Kriechens und die damit verbundene größere Festigkeit und Steifigkeit des Bodens bei unveränderlichem Druck wird nach Bjerrum (1967) Alterung genannt.

Für zwei- bzw. dreidimensionale Zeitsetzungsbetrachtungen s. Gußmann (1990), Krieg (2000), Poulos (2000) und für ein Streifenfundament s. Abschn. 10.8.

Für Belastungsänderungen während des Kriechens bis etwa ± 20 % kann nach Krieg (2000) die Änderung der Kriechgeschwindigkeit $\dot{e}_0 = \partial e/\partial t$ abgeschätzt werden zu

$$\dot{e} = \dot{e}_0 \left(\frac{\sigma'}{\sigma'_0} \right)^{\frac{C_c}{C_\alpha}}. \tag{4.102}$$

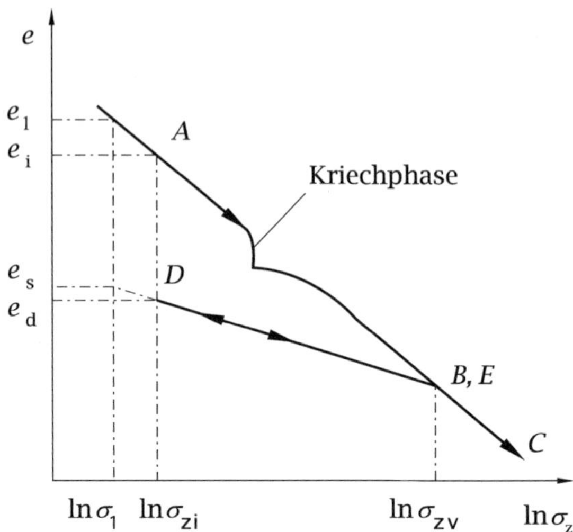

Abb. 4.28 Eindimensionale Erst-, Ent- und Wiederbelastung sowie lastunabhängige Kriechphase, idealisiert im halblogarithmischen Maßstab

Der Exponent $\frac{C_c}{C_\alpha}$, auch Zähigkeitsindex I_v genannt, variiert zwischen etwa 50 für leichtplastische Böden (TL) und 15 für organische oder ausgeprägt plastische Böden (TA). Das bedeutet, dass infolge einer bereits geringen Belastungserhöhung ein starker Anstieg und infolge einer Entlastung bzw. einer Vorbelastung eine deutliche Abnahme der Kriechgeschwindigkeit auftritt.

In Abb. 4.28 ist das Kriechen mit der Veränderung der Porenzahl e in Abhängigkeit von $\ln\sigma_z$ dargestellt.

Abschließend sei auf Leroueil (2006) als zusammenfassende Veröffentlichung zu den Themen Konsolidation und Kriechen hingewiesen; bezüglich Versuchsauswertung und Korrelationen auf von Soos/Engel (2017).

4.3 Plattendruckversuch

Zweck des Plattendruckversuchs ist es, Drucksetzungslinien für Böden in situ zu ermitteln und anhand dieser die Verformbarkeit und die Tragfähigkeit des Bodens zu beurteilen. Aus den Drucksetzungslinien können der Verformungsmodul E_v und der Bettungsmodul k_s ermittelt werden. Die Randbedingungen des Versuchs sind in Abschn. 4.1.9.1f dargestellt.

Der Plattendruckversuch wird im Zusammenhang mit der Nachprüfung der Verdichtung von Böden, s. Abschn. 5.6, zur Ermittlung von Grundlagen zur Bemessung von Straßen- und Flugplatzbefestigungen sowie gegebenenfalls (mit starker Einschränkung wegen der begrenzten Tiefenwirkung) von Fundamenten angewandt.

Versuchsdurchführung gemäß *DIN 18134* Der Plattendruckversuch ist ein Prüfverfahren, bei dem der Boden durch eine kreisförmige Lastplatte mit Hilfe einer Druckvorrichtung wiederholt stufenweise be- und entlastet wird. Für die Durchführung ist ein

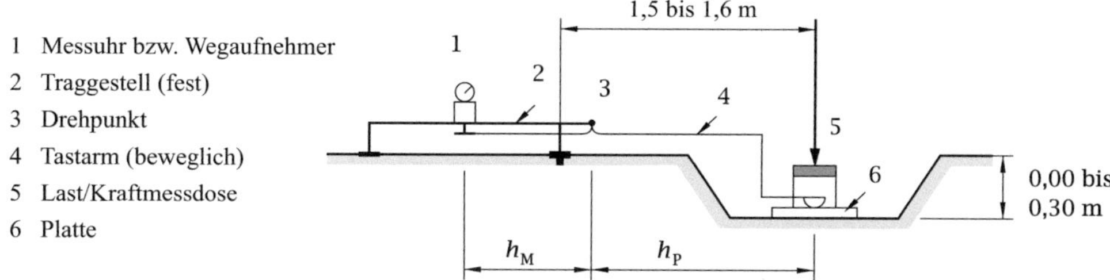

Abb. 4.29 Plattendruckgerät mit Setzungsmesseinrichtung („Tast-Vorrichtung" für 1-Punkt-Messung)

Belastungswiderlager erforderlich, z. B. ein beladener Lastkraftwagen oder ein größeres Erdbaugerät. Die Setzung wird außerhalb des Einflussbereichs der Platte per Tastapparatur (Hebelverhältnis $h_P : h_M < 2$) gemessen. In Abb. 4.29 ist das Plattendruckgerät mit Messeinrichtung schematisch dargestellt. Eine Alternative zum drehbaren Tastarm ist der in Plattennähe parallel geführte Tastarm (nicht dargestellt), der auch bei tieferen Gruben eingesetzt werden kann.

Bei der Ermittlung des Verformungsmoduls E_v im Erd- und Straßenbau wird der Versuch in der Regel mit einem Plattendurchmesser von 300 mm durchgeführt und die Belastung so lange gesteigert, bis entweder eine Setzung von etwa 5 mm oder eine Normalspannung von etwa 0,5 MN/m^2 erreicht ist, s. Abb. 4.30.

Zur Vorbereitung des Versuchs wird die Lastplatte für etwa 30 s mit $\sigma_0 = 0{,}01$ MN/m^2 vorbelastet.

Die Platte ist in drei Stufen – 50 %, 25 % und 0 % der Höchstlast – zu entlasten. Nach vollständiger Entlastung ist ein zweiter Belastungszyklus auszuführen, jedoch nur bis zur vorletzten Laststufe der Erstbelastung, um voll im vorbelasteten Bereich zu bleiben. Zur

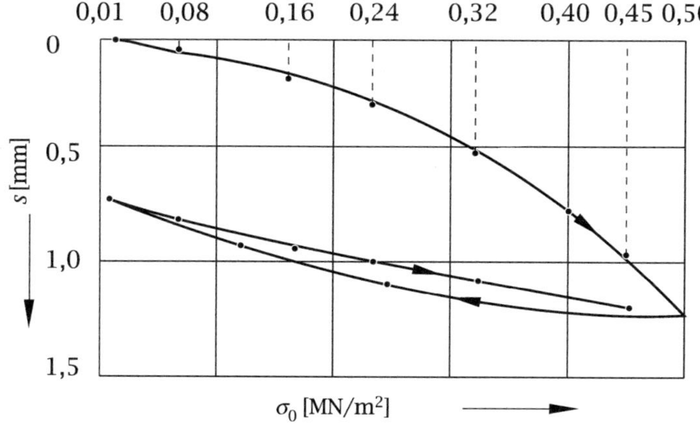

Abb. 4.30 Drucksetzungslinie zur Verdichtungskontrolle

Kontrolle der Zweitbelastung können weitere Entlastungen und Belastungen vorgenommen werden. Für weitere Details wird auf *DIN 18134* verwiesen.

Neben dem im Regelfall benutzten Plattendurchmesser $d = 300\,\text{mm}$ gibt es normgemäß noch Platten mit $d = 600$ bzw. $d = 762\,\text{mm}$.

Auswertung und Darstellung der Messergebnisse Die zu jeder Laststufe gehörige mittlere Normalspannung σ_0 und Setzung s der Platte werden protokolliert bzw. elektronisch erfasst. Die Druckspannungen und Setzungen sind nach Abb. 4.30 darzustellen. Den einzelnen Messpunkten der Be- und Entlastungszyklen wird jeweils eine ausgleichende Drucksetzungslinie zugeordnet. Zur Unterscheidung der Be- und Entlastung sind diese mit entsprechenden Richtungspfeilen zu kennzeichnen.

Der Verformungsmodul E_v ist eine weitere Kenngröße für die Verformbarkeit des Bodens. Anforderungen im Erd- und Straßenbau werden teilweise über den Verformungsmodul E_v formuliert, s. Abschn. 5.6. Seine Werte werden anhand der Drucksetzungslinie der Erst- bzw. Wiederbelastung aus der Neigung der Sekante zwischen den Punkten $0{,}3\sigma_{0\,\text{max}}$ und $0{,}7\sigma_{0\,\text{max}}$ nach der Gl. (4.103) berechnet, s. auch Gl. (4.51).

$$E_\text{v} = 1{,}5 \cdot r \cdot \frac{\Delta\sigma_0}{\Delta s} \tag{4.103}$$

Früher hat man dabei oft die an den genannten Spannungsordinaten gemessenen Setzungen direkt verwendet oder nach zeichnerischer Auftragung an diesen Stellen abgegriffen.

Genauer und nach *DIN 18134* einheitlich werden die Verformungsmoduln heute anhand der Drucksetzungslinien, die jeweils durch ein Polynom 2. Grades gemäß Gl. (4.104) ausgeglichen werden, berechnet.

Die Konstanten des Polynoms werden durch Anpassung an die Versuchsergebnisse nach der Methode der kleinsten Fehlerquadrate gewonnen:

$$s = a_0 + a_1 \cdot \sigma_0 + a_2 \cdot \sigma_0^2. \tag{4.104}$$

Es bedeuten:

σ_0 ... mittlere Normalspannung unter der Platte $[\text{MN/m}^2]$
s ... Setzung im Plattenzentrum [mm]
a_0, a_1, a_2 ... Konstanten des Polynoms 2. Grades.

Für die Ermittlung der Konstanten des Erstverdichtungsastes wird der Punkt $s = 0$ nicht berücksichtigt.

Nach Gl. (4.103) erhält man dann für die vorgegebene Druckdifferenz $\Delta\sigma_0 = (0{,}7 - 0{,}3)\sigma_{0\,\text{max}}$ mit der zugehörigen, mittels Gl. (4.104) sich ergebenden Setzungsdifferenz

$$E_\text{v} = 1{,}5 \cdot r \cdot \frac{1}{a_1 + a_2 \cdot \sigma_{0\,\text{max}}}. \tag{4.105}$$

r ... Radius der Lastplatte [mm]
$\sigma_{0\,\max}$ ... maximale mittlere Normalspannung der Erstbelastung [MN/m^2]
a_1, a_2 ... Konstanten des Polynoms 2. Grades [mm/(MN/m^2)] bzw. [mm/(MN^2/m^4)]

► **Anmerkung 1** Die Ausgleichung der Versuchsergebnisse durch das Polynom 2. Grades schließt subjektive Einflüsse bei der Auswertung aus.

► **Anmerkung 2** Zur Berechnung der Konstanten des Polynoms aus den Versuchsergebnissen eines Belastungsastes sind die im *Anhang B der DIN 18134* aufgeführten Normalgleichungen auszuwerten. Die Messwerterfassung sowie die Auswertung erfolgen im Allgemeinen rechnergestützt. Der Verformungsmodul des Erstbelastungsastes wird mit einem Index 1 (E_{v1}), der des Zweitbelastungsastes mit einem Index 2 (E_{v2}) versehen.

Der Bettungsmodul k_s ist eine Kenngröße zur Beschreibung der Nachgiebigkeit der Bodenoberfläche unter einer Flächenlast. Der mit dem Plattendruckversuch ermittelte Bettungsmodul wird häufig zur Bemessung von Deckenkonstruktionen im Straßen- und Flugplatzbau benutzt. Er wird aus der Drucksetzungslinie der Erstbelastung des Bodens bestimmt, Gl. (4.106); für die genaue Ermittlung, s. *DIN 18134*.

$$k_s = \frac{\sigma_0}{s}\left[\frac{\text{MN}}{\text{m}^3}\right]. \tag{4.106}$$

Zur weiteren Verwendung des Bettungsmoduls s. Abschn. 17.4, 19.4 und 20.2.

4.4 Scherfestigkeit

Abb. 4.31a zeigt ein Bodenelement, das neben der Normalspannung auch durch Schubspannungen beansprucht wird. Ein Lockergestein (Boden) ist ein aus Feststoffteilchen aufgebautes Gefüge (Korngerüst, Haufwerk) mit wasser- und/oder luftgefüllten Poren und deswegen empfindlich gegenüber Schub- oder Scherbeanspruchungen. Bei einem Festgestein (Fels) sind die Feststoffteilchen dagegen mineralisch verbunden oder verkittet und damit weniger empfindlich gegenüber Schubspannungen. Ein Maß für die Empfindlichkeit gegenüber Änderungen des Spannungszustands ist die Festigkeit, hier die Scherfestigkeit. Darunter versteht man die Fähigkeit eines Stoffes, Schubspannungen auszuhalten, ohne plastisch zu versagen, d. h. zu brechen (Sprödbruchverhalten) oder zu fließen (duktiles Verhalten). In Abb. 4.31b ist das Schubspannungs-Scherdehnungsverhalten eines Bodens exemplarisch dargestellt. Nach einem anfangs annähernd linear und elastischen Verhalten stellen sich in zu nehmendem Maße plastische Verformungsanteile ein, der Boden beginnt zu „fließen". Bei weiterer Schubbeanspruchung „verfestigt" sich der Boden, bis das Maximum der Scherfestigkeit $\tau_{\max}$ („peak") erreicht wird. Danach ist in vielen

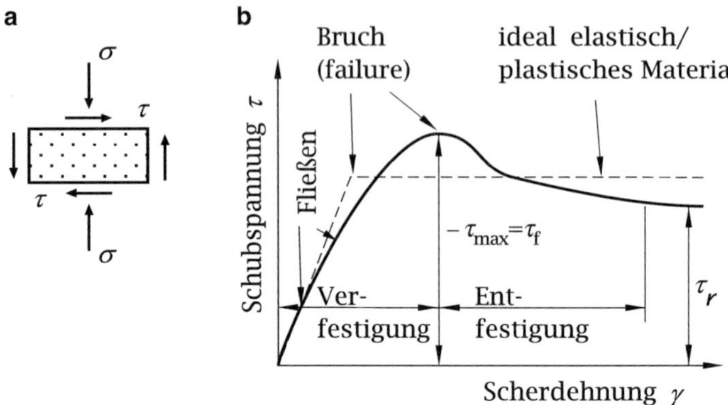

Abb. 4.31 Bodenelement unter Schub-(Scher-)beanspruchung. **a** Beanspruchung Bodenelement, **b** Schubspannungs-Scherdehnungs-Diagramm

Fällen – nicht jedoch bei lockerer Lagerung bzw. weicher Konsitenz – eine Entfestigung festzustellen. Nach großen Verformungen wird als Minimum die Restscherfestigkeit τ_r gemessen, s. auch Abschn. 4.4.8. Häufig wird aus dem beschriebenen Schubspannung-Verformungsverhalten vereinfachend ein ideal-plastisches bzw. elastisch-plastisches Stoffgesetz abgeleitet, in Abb. 4.31b gestrichelt dargestellt.

Die Scherfestigkeit entspricht der Schubspannung, die in einem Spannungszustand herrscht, der die Grenzbedingungen erfüllt: der Boden versagt dabei. Dieser Grenzspannungszustand wird häufig auch als Bruchzustand bezeichnet, wobei in der Regel keine Trennung der Bruchflächen stattfindet und die Übertragung von Spannungen nicht aufgehoben ist. Die Spannungen im Grenzzustand (engl.: failure) bekommen häufig den Index „f".

Darüber hinaus kann die Grenze der Festigkeit auch durch Brechen der Körner infolge eines extrem hohen isotropen Spannungszustandes oder durch eine Festigkeitseinbuße infolge chemischer oder physikalischer Einwirkungen (z. B. der Verwitterung) erreicht werden.

Die Scherfestigkeit hängt von der Art und von der Beschaffenheit der Bodenteilchen ab, sowie von der Struktur des Bodens, seinem Wassergehalt und ggf. von seiner Vorbelastung.

In der Bodenmechanik versteht man unter „Festigkeit" stets die Scherfestigkeit. Diese wird üblicherweise durch Scherversuche an Bodenproben im Labor, vereinzelt auch durch Feldversuche, bestimmt. Die wichtigsten Versuche sind in *DIN EN ISO 17892-7* bis *-10* sowie *DIN EN ISO 22476-9* genormt. Auf Einzelheiten wird im Folgenden noch eingegangen.

► **Anmerkung 1** Die neue *DIN EN ISO 17892* verwendet zum Teil Symbole und Begriffe, die sich von der bisherigen Nomenklatur unterscheiden. Letztere soll jedoch auch hier weitgehend beibehalten werden, um in Bezug auf die vorangehenden und nachfolgenden Abschnitte des Kapitels sowie auf weitere Kapitel eine möglichst konsistente Darstellung zu erzielen.

Von den bisherigen deutschen Normen wurde *DIN 18137-1* noch nicht zurückgezogen. Darin werden ergänzend Begriffe und Grundsätzliches zu Versuchsbedingungen erläutert.

► **Anmerkung 2** Im Zusammenhang mit der Scherfestigkeit ist wiederum zu unterscheiden, ob das Korngerüst oder der „Einphasenstoff" aus Korngerüst und Wasser (bei voller Wassersättigung) betrachtet wird. Dementsprechend ist zwischen effektiven und totalen Spannungen zu unterscheiden und je nach Randbedingung der Porenwasserdruck zu berücksichtigen, s. a. Abschn. 4.1.8. Bei der Darstellung der allgemeinen Zusammenhänge soll der Übersichtlichkeit halber vorerst auf eine Unterscheidung bzw. spezielle Kennzeichnung verzichtet werden.

Die Scherfestigkeit wird gekennzeichnet durch den Größtwert der in einer bestimmten Scherfuge erreichbaren Schubspannung τ_{max}.

Je nach Art, Randbedingungen und Messwerte im Versuch kann für die Scherbeanspruchung auch die Differenz der Hauptspannungen, die Deviatorspannung $q = \sigma_1 - \sigma_3$, herangezogen werden.

Die Scherfestigkeit eines Lockergesteins wächst mit der Normalspannung σ bzw. mit dem isotropen Spannungsanteil $p = \sigma_{\text{m}} = (\sigma_1 + \sigma_2 + \sigma_3)/3$; sie fällt mit der Zunahme des deviatorischen Spannungsanteils q ab.

Den Vorgang, die Schubbeanspruchung bis zur Scherfestigkeit zu steigern, nennt man Abscheren.

Unter einer Scherfuge versteht man das schmale, flächenhafte Gebiet, in dem die Scherverformungen des Bodens im Grenzzustand konzentriert stattfinden. Das im Grenzzustand unbehinderte Anwachsen der Scherverformungen heißt plastisches Versagen. Tritt ein plastisches Versagen unter kontinuierlicher Verformung eines räumlichen Bodenbereiches auf, so spricht man von einem Zonenbruch.

Wenn Erdkörper aus körnigem Boden gezwungen sind, sich gegeneinander zu verschieben, so werden Reibungskräfte in der Scherfuge wirksam. Wenn Erdkörper aus Feinststoffen ihre Lage zueinander ändern sollen, so müssen auch der vorbelastungs- und konsistenzbedingte Zusammenhalt (die Kohäsion) in der Scherfuge überwunden werden. Der Scherwiderstand eines Bodens hängt daher von der Reibung und von der Kohäsion ab.

Reibung Der Begriff Reibung bezeichnet im Allgemeinen den Widerstand in der Trennfläche zweier fester Körper, die gegeneinander verschoben werden. Dieser Widerstand kann nur entsprechend der Größe der aktiven Verschiebungskraft geweckt werden. Er ist der Normalkraft F_{N} direkt proportional, die auf die Trennfläche wirkt. Bei größeren Druckspannungen besteht für Böden nach Coulomb (1773) zwischen der Reibungskraft

F_R und der Normalkraft F_N bzw. zwischen der maximalen Schubspannung und der Normalspannung eine lineare Abhängigkeit:

$$F_R = \mu \cdot F_N = \tan\varphi \cdot F_N \tag{4.107}$$

$$\tau_R = \tan\varphi \cdot \sigma. \tag{4.108}$$

φ wird als Winkel der inneren Reibung oder Reibungswinkel bezeichnet. Er hängt im Wesentlichen von der (makroskopischen) Struktur des Korngerüstes ab; die Korn-zu-Korn-Reibung (mikroskopisch) spielt eine untergeordnete Rolle.

Der Reibungsanteil der Scherfestigkeit hängt auch vom Dilatanzverhalten (Dilatanzwinkel ψ) des Bodens ab, s. dazu Abschn. 4.4.6, 4.4.8 und 11.1.

Kohäsion Ursache der Kohäsionskräfte sind überwiegend die zwischen tonigen Bestandteilen bindiger Böden wirkenden Haftkräfte. Auch die Oberflächenspannungen des Wassers in den Poren bewirken kohäsive Kräfte. Die Größe dieser Haftkräfte hängt von der Art der Tonminerale, deren Anteil an der Zusammensetzung des Bodens und vom Wassergehalt des Bodens ab. Mit zunehmendem Wassergehalt und Sättigungsgrad nimmt die Kohäsion c ab – da die Haftkräfte in zunehmendem Maße vom Wasser gebunden werden – und wird in breiigem Boden praktisch zu Null. Die Vorbelastung eines bindigen Bodens hat auf die Kohäsion ebenfalls einen großen Einfluss, s. Abschn. 4.4.5.

Auch bei nichtbindigen Böden, z. B. bei feuchten Sanden, treten Haftkräfte zwischen den Bodenkörnern auf. Sie sind ausschließlich auf die Oberflächenspannung des Wassers zurückzuführen und sind nur in einem Boden mit unvollständiger Wassersättigung vorhanden. Bei Austrocknung oder Wassersättigung des Bodens werden diese Haftkräfte zu Null. Man bezeichnet diese Haftwirkung als Kapillarkohäsion oder als scheinbare Kohäsion. Sie wird in Berechnungen oft nicht berücksichtigt, bei kurzfristigen Bauzuständen aber durchaus ausgenutzt.

Spannungszustand Der kritische Spannungszustand wird durch die allgemeine Funktion der Form $\tau = f(\sigma)$ beschrieben. Hierbei bedeutet τ die Schubspannung in der Scherfläche im Grenzzustand. Die auf die Scherfläche wirksame Normalspannung ist σ.

Nach Coulomb (1773) ist der Scherwiderstand τ im Grenzzustand durch eine lineare Beziehung (*Coulombsche* Grenzbedingung) gegeben, s. Gl. (4.109). Die Größen c (Kohäsion) und φ (Reibungswinkel) stehen hierbei für die materialtypischen Eigenschaften des Bodens, s. auch Abb. 4.32, mit denen die Scherfestigkeit im Allgemeinen beschrieben wird. Die Scherfestigkeit ist jedoch physikalisch untrennbar, d. h. zu einem bestimmten Boden gehört eine bestimmtes Wertepaar c und φ. Dessen Quantifizierung hängt u. a. von den Randbedingungen des jeweiligen Scherversuchs ab, s. Abschn. 4.4.5.

$$\tau = c + \sigma \cdot \tan\varphi. \tag{4.109}$$

Der Grenzspannungszustand kann auch durch die zugehörigen Hauptspannungen beschrieben werden, die ihn herbeiführen. Nach Mohr (1882) ist der Zusammenhang zwi-

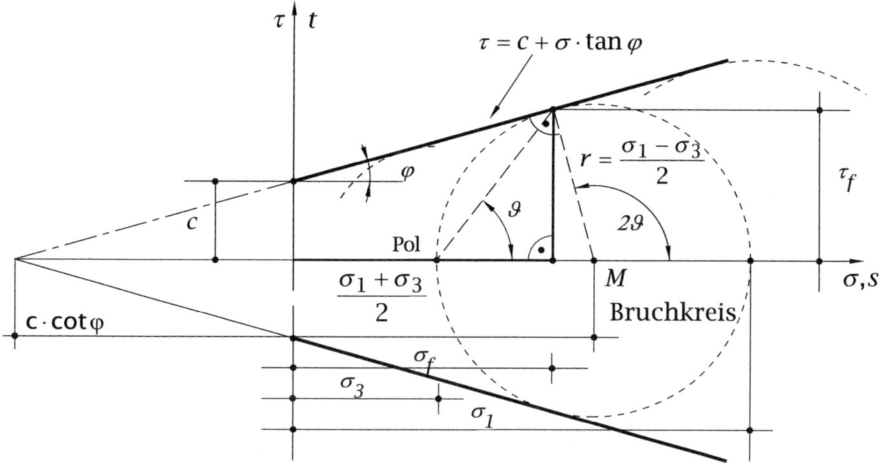

Abb. 4.32 *Mohrsche* Darstellung der Scherfestigkeit

schen der größten und der kleinsten Hauptspannung, σ_1 und σ_3, in einem Grenzzustand näherungsweise unabhängig von der zugehörigen mittleren Hauptspannung σ_2. Das Verhältnis der Hauptspannungen σ_1 und σ_3 im Grenzzustand wird durch den *Mohrschen* Spannungskreis (vgl. Abschn. 4.1.7) des Grenzzustandes (Bruchzustandes) wiedergegeben. Diese Hauptspannungskreise haben eine gemeinsame Umhüllende (*Mohrsche* Grenzbedingung). Die allgemeine Gleichung dieser Hüllkurve aller *Mohrschen* Spannungskreise für die größte und kleinste Hauptspannung, σ_1 und σ_3, im Grenzzustand ist nicht bekannt. In der Bodenmechanik wird für begrenzte Spannungsbereiche diese Umhüllende entsprechend Gl. (4.110) als Gerade angenommen, s. auch Abb. 4.32. Das hat sich auch durch Versuche als brauchbare Näherung erwiesen. Die gerade „Umhüllende" der *Mohrschen* Hauptspannungskreise im Grenzzustand wird als *Mohr-Coulombsche* Grenzbedingung bezeichnet (Tangente an die Hauptspannungskreise des Bruchzustandes).

$$\frac{\sigma_1 - \sigma_3}{2} = c \cdot \cos\varphi + \frac{\sigma_1 + \sigma_3}{2} \cdot \sin\varphi. \tag{4.110}$$

Bei der Annahme, dass Spannungsebene ($\tau/\sigma = \max$) und Scherebene (Richtung der Bruchfläche) identisch sind, ist der Winkel ϑ nach der Polkonstruktion (Abb. 4.32) der Richtungswinkel der Bruchfläche:

$$\vartheta = 45 + \frac{\varphi}{2}. \tag{4.111}$$

Die Kenngröße φ bestimmt den von der Normalspannung abhängigen Anteil der Scherfestigkeit, die Reibung. Sie entspricht dem Neigungswinkel der als Gerade dargestellten Grenzbedingungen gegen die σ-Achse, s. Abb. 4.32. Dieser Winkel wird als Winkel der Reibungswinkel bezeichnet. Die Kenngröße c erfasst den Anteil der Scherfestigkeit, der von der Normalspannung σ unabhängig ist, die Kohäsion.

Im σ-τ-Diagramm ist c der Ordinatenabschnitt, der von der als Gerade dargestellten Grenzbedingung auf der τ-Achse abgetrennt wird.

Die beiden Kenngrößen φ und c werden auch Scherparameter genannt. In der Grundbaupraxis werden sie in der Regel als für eine Schicht bzw. ein Schichtpaket (Homogenbereich) konstante Größen angesehen und dementsprechend für konventionelle Bemessungsaufgaben bzw. Standsicherheitsnachweise angesetzt; siehe jedoch auch Abschn. 4.4.5.

Zur Koordinatenbezeichnung in Abb. 4.32 ist anzumerken, dass sich σ und τ auf sämtliche Punkte des *Mohrschen* Spannungskreises beziehen, s. a. Abschn. 4.1.7. Da jeder Kreis durch seinen Scheitelpunkt beschrieben und zur Auswertung von Versuchen benutzt werden kann, werden hier und in einigen folgenden Abbildungen seine Koordinaten $\sigma = (\sigma_1 + \sigma_3)/2$ und $\tau = (\sigma_1 - \sigma_3)/2$ angegeben. Der Vorteil dieser Darstellung liegt darin, dass Spannungszustände vor dem Bruch in übersichtlicher Form dargestellt werden können. Die Verbindung der Scheitelpunkte wird als Spannungspfad oder -weg bezeichnet, s. Abb. 4.40c und 4.42.

4.4.1 Messung der Scherfestigkeit im Triaxialgerät

Im Triaxialgerät, s. Abb. 4.33, wird eine zylindrische Bodenprobe im Allgemeinen zunächst einem isotropen Spannungszustand ausgesetzt ($\sigma_1 = \sigma_2 = \sigma_3$). Danach wird in der Regel die axiale Hauptspannung σ_1 bis zum Versagen der Probe durch Ausbauchen oder Abscheren gesteigert, wobei der Zelldruck ($\sigma_2 = \sigma_3$) konstant gehalten wird. Die Steigerung von σ_1 erfolgt häufig durch konstanten Vorschub in vertikaler Richtung oder durch stufenweise Erhöhung der vertikalen Last.

Die waagerechte Druckspannung σ_3 wird in der Regel über die Zellflüssigkeit, also hydraulisch (seltener pneumatisch) in Form eines Zelldrucks aufgebracht. Damit das Druckwasser nicht in die Probe eindringt, wird diese mit einer Gummimembran umhüllt. Die Probe wird mit den Stirnflächen am Laststempel und am Sockel, wo sich Filterplatten befinden und ggf. Filterpaier eingefügt wird, plan angelegt. Das während des Versuchs ausgedrückte Porenwasser kann so abgeführt und dessen Volumen gemessen werden (offenes System). So lässt sich die volumetrische Verformung einer wassergesättigten Probe messen oder aber der sich während des Versuchs innerhalb der Probe entwickelnde Porenwasserdruck u messtechnisch erfassen (geschlossenes System).

Es werden gemessen:

- der Zelldruck σ_3
- die axiale Kraft und daraus errechnet σ_1
- die Deformation der Probe
- ggf. der Porenwasserdruck u.

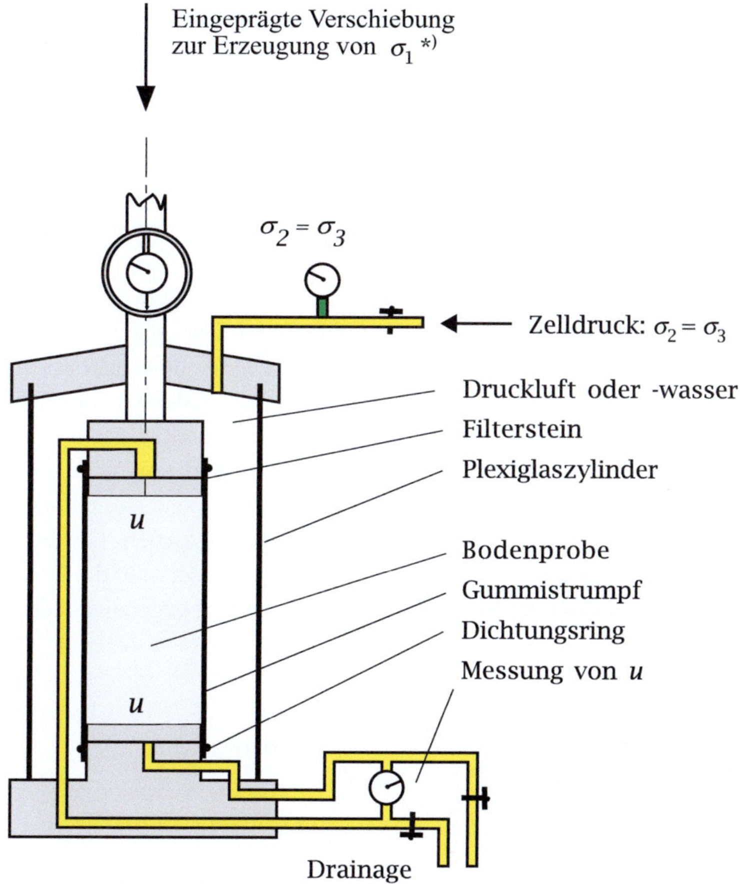

Abb. 4.33 Triaxialgerät. *) Bei deutschen Geräten erfolgt die Kraftmessung im Allgemeinen mittels Druckmessdose im Sockel der Probe

Die Scherflächen können sich frei ausbilden. Man muss in der Regel drei Versuche mit Proben des gleichen Bodens ausführen und dabei jeweils von einem anderen Zelldruck ausgehen. Mit den gemessenen Hauptspannungen gewinnt man die Scherparameter φ und c. Zur Ausführung und Auswertung der Versuche, s. Abschn. 4.4.6.

► **Anmerkung** Wegen der Axialsymmetrie des Probenkörpers und der Versuchsanordnung ist der Zelldruck $\sigma_2 = \sigma_3$. Es entsteht somit streng genommen kein allgemeiner dreiaxialer Spannungszustand. Im Folgenden wird deshalb σ_2 nicht weiter erwähnt.

4.4.2 Messung der Scherfestigkeit im Direkten Scherversuch

Es gibt verschiedene Varianten dieser Versuchsart. Gemeinsames Merkmal ist, dass eine seitlich starr gehaltene Bodenprobe senkrecht belastet und anschließend auf einer mechanisch erzwungenen horizontalen Scherfläche abgeschert wird. Einzelheiten zur Versuchsdurchführung und -auswertung sind in *DIN EN ISO 17892-10* geregelt, wobei unterschieden wird zwischen Versuchen im nachfolgend näher beschriebenen Rahmenschergerät und im Kreisringschergerät.

Entsprechend Abb. 4.34 ist beim Rahmenscherversuch die Lage der Scherfläche durch die Versuchsanordnung vorgegeben: Die Bodenprobe wird in einen zweiteiligen starren Rahmen mit quadratischem oder kreisförmigem Querschnitt eingebaut, dessen oberer Teil feststehend und dessen unterer Teil gegen den oberen beweglich ist. Die Scherfläche ist eben und verläuft zwischen dem oberen und unteren Rahmenteil, s.

Auf die Probe, die zwischen zwei Filtersteinen liegt, wird senkrecht zur Scherfläche eine Normalkraft F_N aufgebracht. Dann wird der untere Rahmenteil unter der Wirkung einer horizontalen Scherkraft F_S verschoben und die Probe abgeschert. Die Scherkraft wird dabei entweder stufenweise oder kontinuierlich gesteigert, oder aber die Teile des Scherrahmens werden mit konstanter Geschwindigkeit horizontal gegeneinander verschoben,

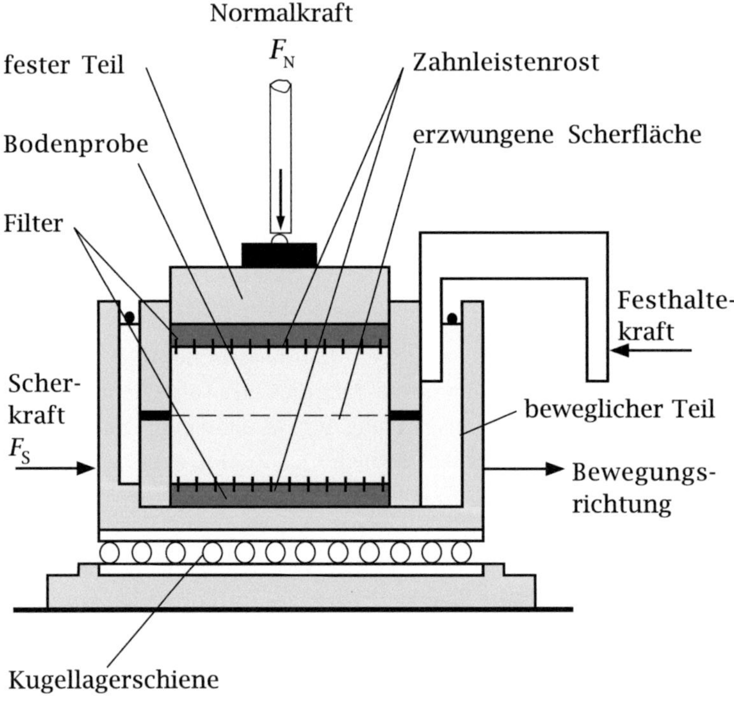

Abb. 4.34 Gerät für direkten Scherversuch (Prinzipskizze)

wobei die Scherkraft kontinuierlich gemessen wird. Man erfasst jeweils die Normalkraft, die Scherkraft und den Scherweg. Die Scherfestigkeit ergibt sich zu τ = Scherkraft/ Scherfläche und die Normalspannung zu σ = Normalkraft/Scherfläche. Es werden drei Einzelversuche durchgeführt, von denen jeder ein Wertepaar τ_{max} und σ für das Scherdiagramm liefert. Aus dem Scherdiagramm werden dann c und φ gewonnen.

Direkte Scherversuche werden häufig an nichtbindigen Böden unter bestimmten Einbaudichten und auch an teilgesättigten bindigen Böden durchgeführt, in der Regel als dränierte Versuche, was bei Vorgabe von Konsolidationszeit unter der Vertikallast und der Abschergeschwindigkeit zu berücksichtigen ist. Nach Norm ergibt sich der Höchstwert für die Abschergeschwindigkeit aus der geschätzten Scherverformung und der Konsolidationszeit, die sich aus der Normalkraftbelastung durch eine Auswertung in Anlehnung an Abb. 4.26 ergibt.

Eine künstliche Wassersättigung sowie die Messung von Porenwasserdrücken sind beim Rahmenscherversuch nicht zielführend.

Die Normalspannungen sind damit als effektive Spannungen zu bewerten, die aus den Teilversuchen erhaltenen Scherparameter sind φ' und c'.

Grundsätzlich kann man den Versuch auch als Schnellversuch (keine Konsolidation, schnelles Abscheren) zur Bestimmung der undränierten Scherfestigkeitsparameter durchführen, was aber in *DIN EN ISO 17892-10* nicht behandelt wird.

Weiter hat der Rahmenscherversuch Bedeutung bei der Bestimmung der Scherfestigkeit in Übergangsflächen wie sie beispielsweise im Deponiebau vorkommen (z. B. Boden gegen Kunststoffdichtung).

Eine direkte Scherung kann auch in Kreisring-Geräten ausgeführt werden. Diese in der Praxis nicht sehr verbreiteten Geräte haben den Vorteil, dass man mit ihnen sehr große Scherwege fahren kann – die Scherfläche bleibt während des Abschervorgangs konstant.

Direkte Scherversuche können auch an größeren Boden- oder Felsproben im Feld (Insitu-Versuche) ausgeführt werden.

4.4.3 Messung der Scherfestigkeit mit dem Einaxialen Druckversuch (Zylinderdruckversuch)

Bei diesem Versuch werden gemäß *DIN EN ISO 17892-7* zylindrische Proben unter den Spannungsbedingungen $\sigma_2 = \sigma_3 = 0$ bei konstanter Lastzunahme bzw. konstanter Geschwindigkeit (1 bis 2 % der Probekörperhöhe je Minute) abgeschert. Er stellt einen Sonderfall des Triaxialversuchs dar. Versuche an gleichen Bodenproben ergeben jeweils den identischen Bruchkreis, s. Abb. 4.35.

Die Trennung der Scherfestigkeit in Reibungs- und Kohäsionsanteil ist nicht möglich. Bei überkonsolidierten Böden oder Felsproben kann der Reibungswinkel φ geschätzt und mit der entsprechenden Tangentenneigung an dem Bruchkreis die Kohäsion c ermittelt werden. Die Scherfestigkeit wassergesättigter, bindiger Böden errechnet sich mit

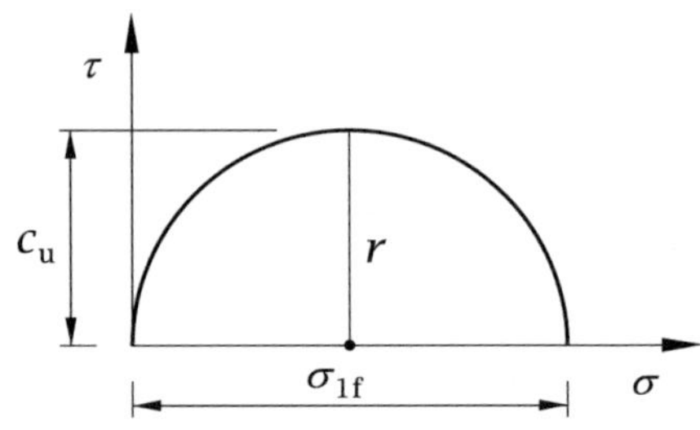

Abb. 4.35 Grenzspannungszustand im Einaxialen Druckversuch

Abb. 4.35 aus:

$$\tau = c_u = \frac{1}{2} \cdot \sigma_{1f} = r \quad \text{mit} \quad \varphi = \varphi_u = 0. \tag{4.112}$$

Zur Abminderung von c_u s. Abschn. 4.4.7.

4.4.4 Messung der Scherfestigkeit mit der Flügelsonde

An besonders weichen bindigen Böden kann die undränierte Scherfestigkeit im Labor oder im Feld mit der Flügelsonde ermittelt werden. Das Gerät und die Arbeitsweise sind für Feldversuche in *DIN EN ISO 22476-9* beschrieben. Danach ist im Standardfall das Verhältnis $h/d = 2$ einzuhalten, s. Abb. 4.36. In Anlehnung an die bisherige Norm sind zwei Flügelabmessungen üblich: $h/d = 100/50$ mm bzw. 150/75 mm.

Die konstante Drehgeschwindigkeit wird so ausgewählt, dass das Abscheren des Bodens unter undränierten Bedingungen in feinkörnigem Boden stattfindet. Erfahrungswerte liegen zwischen 0,1 und 0,5 °/s. Für die Auswertung wird vereinfachend angenommen, dass eine gleichmäßige Spannungsverteilung am Mantel und an den Stirnflächen der Flügelsonde herrscht und die Scherfestigkeit in allen Ebenen gleich groß ist.

Die Scherfestigkeit errechnet sich aus dem gemessenen max. Drehmoment M_{max} [MN · m] und d [m], dem Durchmesser der Flügelsonde, zu:

$$c_{fv} = \frac{6 \cdot M_{max}}{7 \cdot \pi \cdot d^3} \quad \left[\frac{MN}{m^2}\right]. \tag{4.113}$$

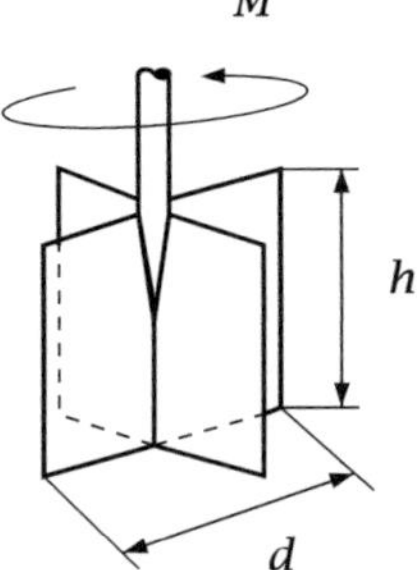

Abb. 4.36 Flügelsondenspitze

Gl. (4.113) gilt, wenn $h/d = 2$ ist.

Zur Abminderung der undränierten Flügelscherfestigkeit c_{fv} mit dem Korrekturfaktor μ: $c_{\mathrm{fu}} = c_{\mathrm{u}} = \mu \cdot c_{\mathrm{fv}}$, s. Abschn. 4.4.7 oder, davon etwas abweichend, in *DIN EN ISO 22476-9*.

4.4.5 Randbedingungen in den Versuchen zur Bestimmung der Scherfestigkeit

Durch bestimmte Versuchsbedingungen wird die Auswirkung des Porenwassers und seines Druckes auf die Scherfestigkeit berücksichtigt. Eine besondere Bedeutung hat diesbezüglich der Triaxialversuch, da bei ihm weitgehend homogene Spannungszustände erzeugt sowie Porenwasserdrücke gemessen werden können.

Diese Bedingungen hängen zum einen von der jeweiligen Bauaufgabe und zum anderen von labortechnischen Überlegungen ab. Eine auf Reibung beruhende Scherfestigkeit kann sich nur infolge der auf das Korngefüge tatsächlich wirkenden Spannungen ausbilden. Man muss daher zwischen den „total" aufgebrachten, den äußeren Spannungen σ und den tatsächlich im Korngerüst wirkenden, den „effektiven" Spannungen σ' unterscheiden, vergleiche Gl. (4.12). Die in Gln. (4.108) bis (4.111) und in Abb. 4.32 dargestellten Zusammenhänge gelten im letztgenannten Fall dann für effektive Spannungen σ'. Die zugehörigen effektiven Scherparameter werden mit φ' und c' bezeichnet.

Der Porenwasserdruck u tritt in wassergesättigtem Boden auf, der durch eine aufgebrachte Belastung gezwungen wird, sein Porenvolumen zu verringern. Dies kann nur in dem Maße geschehen, wie Porenwasser aus dem belasteten Boden entweicht – was nur in einem „offenen System" möglich ist.

In einem solchen System, bei dem Porenwasser entweichen kann, ändern sich also die effektiven Spannungen mit der Zeit, und damit auch die Scherfestigkeit.

In einem geschlossenen System, bei dem Porenwasser nicht entweichen kann, können sich Porenwasserdrücke nicht oder nur wenig ändern:

- Bei einem wassergesättigten Boden kann sich das Porenvolumen nicht verringern. Der Spannungszustand bei der Belastung bleibt daher über die Zeit unverändert.
- Bei einem nicht wassergesättigten Boden kann sich das Porenvolumen nur durch Zusammendrücken der Luft bzw. durch ihre Lösung im Wasser verringern.

Wenn die Austrittsgeschwindigkeit des Wassers deutlich kleiner ist als es der Belastungsgeschwindigkeit entspricht, baut sich im Porenwasser ein Überdruck auf, der temporär einen Teil der Belastung trägt. In dieser Phase wirkt daher nur ein Teil der aufgebrachten Normalspannung auch tatsächlich auf das Korngerüst.

Es kann von einem zunächst vollkommen undränierten Zustand ausgegangen werden. Die daraus ableitbaren Scherparameter beziehen sich auf die totalen Spannungen, sie werden mit φ_u und c_u bezeichnet und auch Parameter der undränierten Anfangsscherfestigkeit genannt. Diesbezüglich relevant sind von den bereits beschriebenen Versuchen der Scherversuch mit der Flügelsonde, der Einaxiale Druckversuch und – bei speziellen Dränagerandbedingungen, siehe nachfolgend in Abschn. 4.4.6 – der Triaxialversuch; Direkte Scherversuche eher in Ausnahmefällen.

Mit der Anpassung des Porenvolumens an die aufgebrachte Belastung baut sich der Porenwasserdruck über die Zeit ab. Die Abnahme der Porenzahl infolge einer Erhöhung der effektiven Normalspannungen bezeichnet man als Konsolidation, s. Abschn. 4.2.3. In konsolidierten Böden ist der Porenwasserdruck $u = 0$.

Die Konsolidation hat in gut durchlässigen Böden, wo sich ein evtl. Porenwasserdruck sofort ausgleichen kann, nur eine prinzipielle Bedeutung. Die Zusammendrückbarkeit eines nichtbindigen Bodens ist bei statischer Belastung gering (es sei denn, die Lagerung ist sehr locker und die Belastung ist sehr groß). Indessen muss bei Belastung in allen bindigen Böden mit Porenwasserdruck gerechnet werden. Entsprechend ihrer Durchlässigkeit baut er sich mehr oder weniger schnell ab. Die Konsolidation hat ihre Bedeutung hauptsächlich bei wassergesättigten, wenig durchlässigen Böden, wo die Angleichung des Porenvolumens an die Belastung einige Zeit benötigt.

Die hier beschriebenen Randbedingungen für „offene" und „geschlossene" Systeme werden nachfolgend in Abschn. 4.4.6 und 4.4.7 im Hinblick auf die konkrete Versuchsdurchführung und Bestimmung der Scherparameter für die Praxis weiter verfolgt.

Bei bindigen Böden ist auch die Spannungsvorgeschichte von Einfluss auf die Scherfestigkeit. Eine Bodenprobe kann erstkonsolidiert oder überkonsolidiert sein, s. Abschn. 4.2.2.

- Eine für die Spannung $\sigma' = \sigma'_c$ erstkonsolidierte (vorbelastete) Probe war niemals zuvor einer größeren wirksamen Normalspannung ausgesetzt als derjenigen, welche beim Abscheren auftritt.
- Eine für die effektive Spannung σ' überkonsolidierte (vorbelastete) Probe war zuvor einer größeren wirksamen Normalspannung $\sigma'_c > \sigma'$ ausgesetzt.

Bei nichtbindigen Böden ist der Einfluss der Spannungsvorgeschichte allerdings nur gering. Erstkonsolidierte bindige Böden besitzen in der Regel keine nennenswerte Kohäsion. Nach dem auf Hvorslev (1937) zurückgehenden Konzept lässt sich die Scherfestigkeit mit φ'_s ausdrücken. Wie Abb. 4.37 zeigt, entsteht Kohäsion durch Vorbelastung: c'_w und φ'_w sind die sog. wahren Scherparameter, bei denen bei Entlastung der Boden einen gleichen Wassergehalt hat wie bei der Erstkonsolidation, volle Wassersättigung vorausgesetzt. c' und φ' sind die Scherparameter für überkonsolidierte Böden. Es gilt, dass c'_w und c' von σ_e bzw. σ'_c abhängig sind:

$$c' = \sigma'_c \tan \varphi'_c. \tag{4.114}$$

Bei speziellen Fragestellungen sind die Triaxialversuche mit einer entsprechenden Vorbelastung zu fahren und die Scherparameter zu bestimmen. Die Abhängigkeit von der

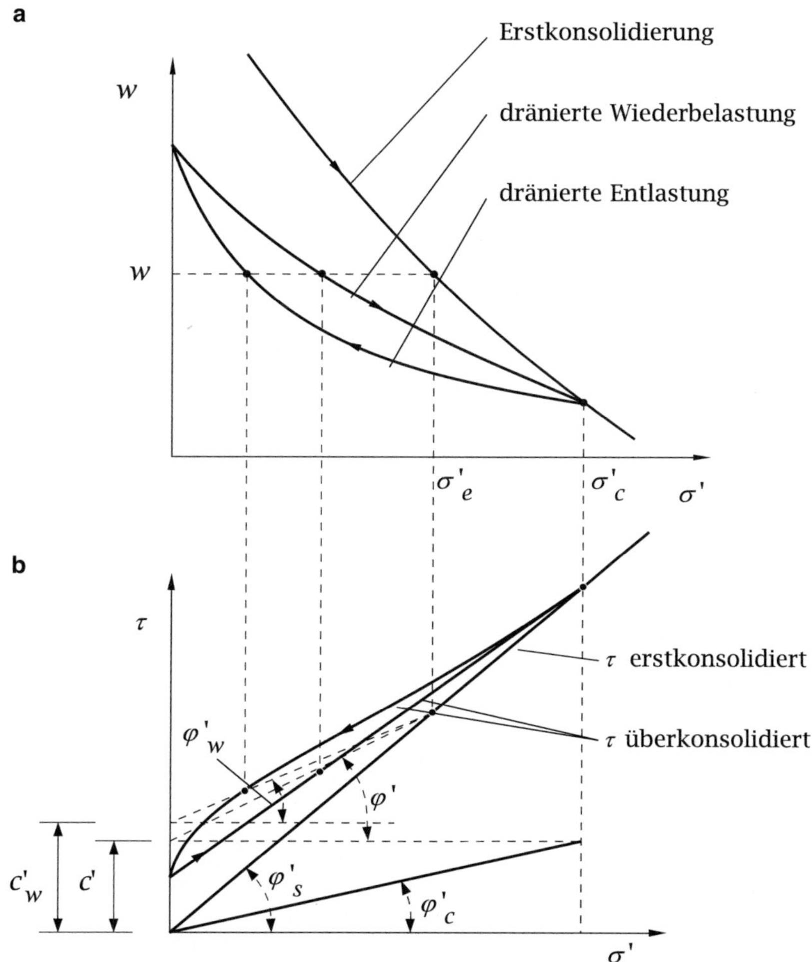

Abb. 4.37 Zusammenhang von σ', w und τ bei einem wassergesättigten, bindigen Boden. **a** Wassergehalt $w = f(\sigma')$, **b** Scherfestigkeit $\tau = f(\sigma')$

Vorbelastung wird auch in einer Reihe höherwertiger Stoffgesetzte in ähnlicher Weise erfasst. Mit diesem Ansatz wird die weit verbreitete Annahme konstanter Scherparameter (s. a. Gl. (4.109)) für eine bestimmte Bodenschicht bzw. einen bestimmten Homogenbereich verlassen. Bei verkitteten oder diagenetisch verfestigten Böden trifft das Konzept jedoch weniger zu.

Aufgrund der körnigen Struktur von Böden kommt es beim Abscheren in der Scherzone bzw. Scherfuge zu Volumenveränderungen. Unter Dilatanz versteht man die Volumenzunahme (Auflockerung) beim Abscheren eines überkritisch dichten Bodens, s. Abb. 4.45, ohne Behinderung der Volumenänderung. Eine Volumenabnahme bezeichnet man als Kontraktanz.

► **Anmerkung** Dilatanz wird manchmal auch als Oberbegriff mit entsprechenden Vorzeichen verwendet.

Zur Beschreibung von Stoffgesetzen für numerische Berechnungen wird die Volumenänderung häufig mit dem Dilatanzwinkel ψ beschrieben, s. Näheres bei Gudehus (1981) und Kolymbas/Herle (2018). Zum Dilatanzwinkel s. auch Abschn. 4.4.8 und 11.1.

4.4.6 Direkte Scher- und Triaxialversuche: spezielle Randbedingungen und Details zur Durchführung und Auswertung

Scherversuche dieser Art bestehen in der Regel aus mehreren, meistens drei Einzelversuchen mit jeweils unterschiedlichen Anfangsspannungen, d. h. Normalspannungen bzw. Zelldrücken. Je nach Belastungsgeschwindigkeit und Bodenart werden die vorgenannten Zusammenhänge bei der Durchführung der Versuche berücksichtigt.

Beim Direkten Scherversuch betrifft dies grundsätzlich alle vorgenannten Randbedingungen. Vor allem weil kein Porenwasserdruck gemessen werden kann, sollte dieser Versuch nur unter dränierten Bedingungen gemäß *DIN EN ISO 17892-10*, vorzugsweise für nichtbindige Böden, ausgeführt werden. Abb. 4.38 zeigt das Ergebnis eines Direkten Scherversuchs für einen trockenen Sand.

Triaxialversuche sind in *DIN EN ISO 17892-8* und *-9* geregelt und bestehen standardgemäß aus den beiden Phasen Konsolidation bzw. Aufbringen des Zelldrucks einerseits und Abscheren andererseits. Ggf. muss zur Probensättigung ein in der Zelle und im Porenwasser-System gleichermaßen wirkender Sättigungsdruck (auch Gegendruck oder back pressure genannt) überlagert werden. In Teil 9 der Norm wird eine ausreichende Sättigung der Probe selbst und des Porenwasser-Systems (Filter, Messsystem) gefordert. So soll eine möglichst genaue Messung der Volumenänderungen beim dränierten Abscheren und des Porenwasserdrucks beim undränierten Abscheren, um von totalen auf effektive Spannungen schließen zu können, erreicht werden.

Der erforderliche Sättigungsdruck Δu bzw. u_0 ist in Abhängigkeit von der Sättigungszahl S_r zwischen $\Delta u = 300\,\text{kN/m}^2$ bei $S_r > 0{,}95$ und $\Delta u = 900\,\text{kN/m}^2$ bei $S_r \geq 0{,}85$ zu wählen. Die Sättigung der Probe wird durch den sogenannten B-Test überprüft. Bei voller Sättigung muss eine Erhöhung des Zelldrucks $\Delta\sigma_3$ eine genauso große Zunahme des Porenwasserdrucks Δu zur Folge haben, d. h. das Verhältnis $B = \Delta u / \Delta\sigma_3$ muss $\cong 1$ sein.

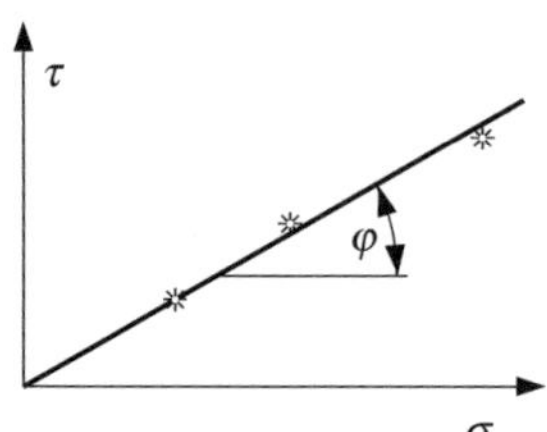

Abb. 4.38 Direkter Scherversuch, 3 Teilversuche

Je nach Dränage-Randbedingung unterscheidet man die folgenden Methoden:

a) **K**onsolidierter, **D**ränierter Versuch (**CD**-Versuch, zeitweise auch als D-Versuch bezeichnet).
Der Versuch wird insgesamt mit „offenem System" durchgeführt. Dabei kann sich die Menge des in der Bodenprobe enthaltenen Wassers mit dem Volumen der Probe ungehindert ändern.
Man belastet zunächst die Probe im Standardfall isotrop mit $\sigma_1 = \sigma_2 = \sigma_3$ bzw. oder anisotrop, z. B. mit $\sigma_2 = \sigma_3 = \sigma_1 \cdot K_0$ und wartet die Konsolidierung ab ($\sigma_3 = \sigma_c'$). Für K_0 s. Abschn. 9.1 und 16.8.2! *DIN EN ISO 17892-9* unterscheidet dementsprechend zwischen CID- und CAD-Versuchen mit isotroper bzw. anisotroper Konsolidation. Nachfolgend wird diesbezüglich nicht weiter unterschieden und der Standardfall CID-Versuch betrachtet, der dann vereinfachend mit CD-Versuch bezeichnet wird.
Nach der Konsolidation steigert man zum Abscheren der Probe die Deviator-Spannung $t = (\sigma_1 - \sigma_3)/2$ so langsam, dass der Porenwasserdruck im Innern des Probenkörpers praktisch Null ist. Die totalen und die effektiven Spannungen ändern sich fortlaufend in gleichem Maße. Um sicherzustellen, dass in Triaxialversuchen sich beim Abscheren keine nennenswerten Porenwasserdrücke aufbauen, empfiehlt die Norm max. zugelassene Versuchsgeschwindigkeiten. Diese hängen ab vom zeitlichen Verlauf der Volumenänderung in der Konsolidationsphase (t_{50} oder t_{100}) und der Form der dabei relevanten Dränage, des Weiteren von der Probenhöhe und der zu erwartenden Bruchstauchung.
Für Normalproben mit einem Querschnitt von $10\,\text{cm}^2$ ($d = 3{,}6\,\text{cm}$) und einer Probenausgangshöhe von $h_0 = 7{,}2\,\text{cm}$ können je nach Plastizität die Werte etwa zwischen $v_{max} = 0{,}01$ und $0{,}001\,\text{mm/min}$ liegen.
Für CD-Versuche wird nach *DIN EN ISO 17892-9* eine Wassersättigung der Proben vorausgesetzt, was einerseits Vorteile bei der Volumenmessung im Versuch bringt, andererseits eine mögliche spätere Aufsättigung in situ berücksichtigen soll. Bei teilgesättigten Böden festerer Konsistenz kann es abweichend davon unter Berücksichtigung der Randbedingungen der konkreten Bauaufgabe sinnvoll sein, darauf zu verzichten.
Mit dem Versuch werden die wirksamen Parameter φ' und c' ermittelt. Abb. 4.39 zeigt das Ergebnis eines CD-Versuchs in einem Triaxialgerät mit Darstellung der *Mohrschen* Spannungskreise. Abb. 4.40a zeigt die Verformung ε_1 der Proben in Abhängigkeit der Deviatorspannung t. In Abb. 4.40b sind die Volumenveränderung mit zunehmender Verformung ε_1 dargestellt.
Zunächst zeigt sich eine Verdichtung (Kontraktanz), danach eine Volumenzunahme (Dilatanz).
Ergebnisse von Triaxialversuchen können auch mit Spannungspfaden im s'-t-Diagramm dargestellt werden, s. Abb. 4.40c. Spannungspfade dieser Art entsprechen der Verbindung der Scheitelpunkte aller *Mohrschen* Kreise bis zum Versagen. Für den Scherwinkel φ' und die Kohäsion c' gelten dann die Gln. (4.115) und (4.116). Beim üblichen CD-Versuch ($\sigma_3 = \text{const}$) verlaufen die Spannungspfade voraussetzungsgemäß

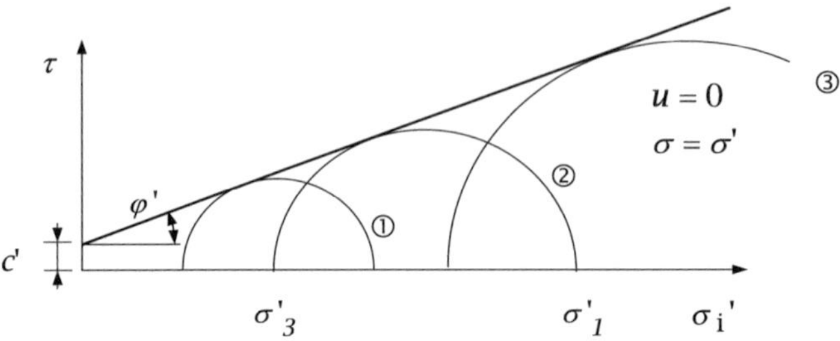

Abb. 4.39 CD-Versuch, effektive Spannungskreise, 3 Teilversuche

geradlinig unter 45°.

$$\sin\varphi' = \tan\alpha' \quad (4.115)$$

$$c' = \frac{b'}{\cos\varphi'}. \quad (4.116)$$

b) **K**onsolidierter, **u**ndränierter Versuch (**CU**-Versuch).
Die Bodenprobe wird zunächst wie bei dem CD-Versuch im „offenen System" belastet und konsolidiert. Auch hier wird, wie bei a), nach *DIN EN ISO 17892-9* unterschieden zwischen isotroper und anisotroper Konsolidation mit der Bezeichnung CIU bzw. CAU-Versuch. Nachfolgend wird diesbezüglich auch hier nicht weiter unterschieden und der Standardfall CIU-Versuch betrachtet, der dann vereinfachend mit CU-Versuch bezeichnet wird. Nach Abschluss der Konsolidation (wenn also nur noch wirksame Spannungen in der Probe vorhanden sind und der Porenwasserdruck gleich Null ist) wird das System geschlossen. Dann wird zum Abscheren die Belastung gesteigert und zusätzlich der Porenwasserdruck gemessen. Die Belastungsgeschwindigkeit kann schneller gewählt werden als beim dränierten Versuch (bis zum 10-fachen Wert). Dies ist bei bindigen Böden labortechnisch ein wesentlicher Vorteil. Der Versuch liefert die totalen Spannungen σ und den Porenwasserdruck u, sodass die wirksamen Spannungen $\sigma' = \sigma - u$ und damit die wirksamen Parameter φ' und c' bestimmt werden können.

► **Anmerkung** Mit diesem Versuch kann außerdem die Scherfestigkeit des undränierten Bodens in Abhängigkeit von der Porenzahl bzw. von der Konsolidationsspannung ermittelt werden, was aber nicht die eigentliche Zielrichtung dieser Versuchsart darstellt und nur bei speziellen Fragestellungen sinnvoll ist.

Abb. 4.41 zeigt die Ergebnisse eines CU-Versuches in Form von Spannungskreisen für die Grenzzustände von zwei Teilversuchen 1 und 2. (Ein dritter Teilversuch ist zugunsten der Übersichtlichkeit weggelassen.) Die effektiven (wirksamen) Spannungszustände und die daraus abgeleitete Schergerade mit φ' und c' sind gestrichelt dargestellt; die durchgezogen gezeichneten Kreise betreffen totale Spannungen – mit eingetragen

a

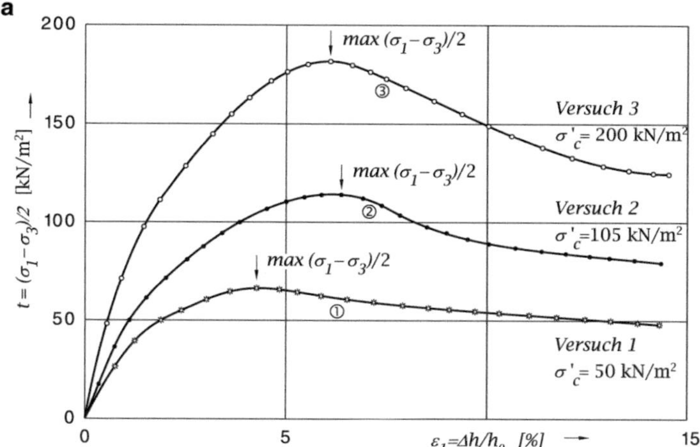

b

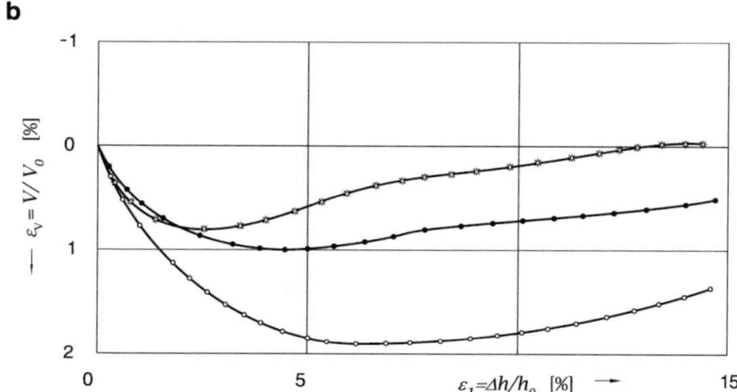

c

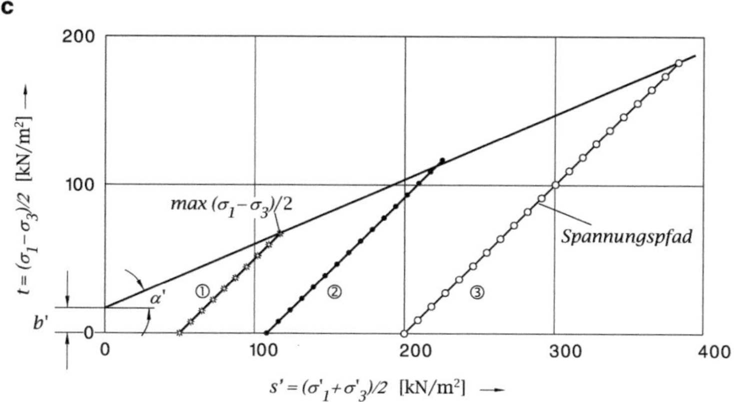

Abb. 4.40 CD-Versuch. **a** $(\sigma_1 - \sigma_3)/2$, ε_1-Diagramm, **b** $\Delta V/V_0$, ε_1-Diagramm, **c** s-t-Diagramm mit Spannungspfaden, 3 Teilversuche

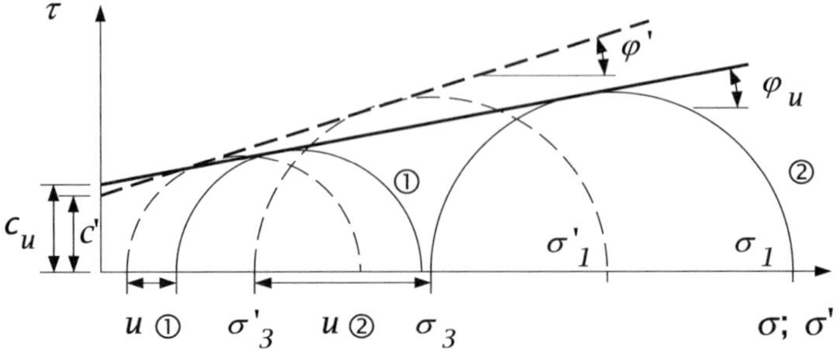

Abb. 4.41 CU-Versuch, effektive (gestrichelt) und totale Spannungskreise, 2 Teilversuche ① und ②

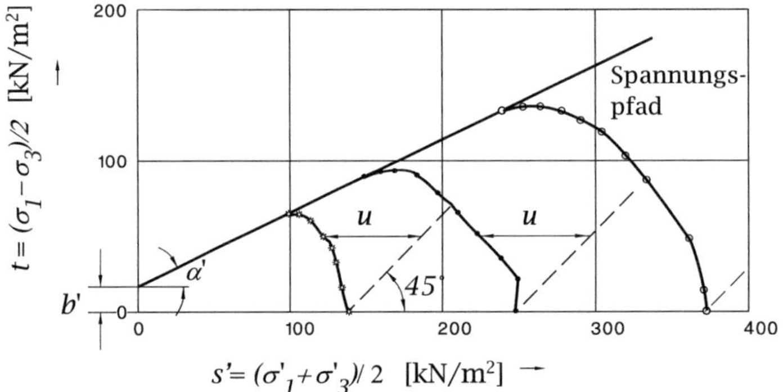

Abb. 4.42 CU-Versuch, effektive Spannungspfade, 3 Teilversuche

ist eine Schergerade für undränierte Zustände, gekennzeichnet durch φ_u und c_u, siehe jedoch obenstehende Anmerkung.

Die Ergebnisse eines CU-Versuches mit drei Teilversuchen hinsichtlich der effektiven Scherparameter mit Spannungspfaden sind in Abb. 4.42 dargestellt.

c) **U**nkonsolidierter, **u**ndränierter Versuch (**UU**-Versuch).

Dieser Versuch dient zur Bestimmung der Scherparameter φ_u und c_u, er ist in *DIN EN ISO 17892-8* geregelt. Er wird relativ schnell im „geschlossenen System" durchgeführt. Der Porenwasserdruck wird im Allgemeinen nicht gemessen. Der Wassergehalt der Bodenprobe soll dem Wassergehalt im Baugrund entsprechen. Er bleibt während des Versuches unverändert, es gibt keine Konsolidationsphase. Die Teilproben werden auf verschiedene Anfangsdrücke belastet und dann abgeschert, und zwar jeweils bei geschlossenem Porenwassersystem. Für die Mindesthöhe des Anfangsdruckes ist die Belastung im Baugrund maßgebend, ggf. auch die Bedingung der vollständigen Wassersättigung. Die axiale Dehnungsgeschwindigkeit soll beim Abscheren zwischen 0,3 und 2 % pro Minute betragen.

Die Scherparameter φ_u und c_u beziehen sich somit auf totale Spannungen, der Index u steht für undräniert. Bei voller Wassersättigung ist $\varphi_u = 0$!

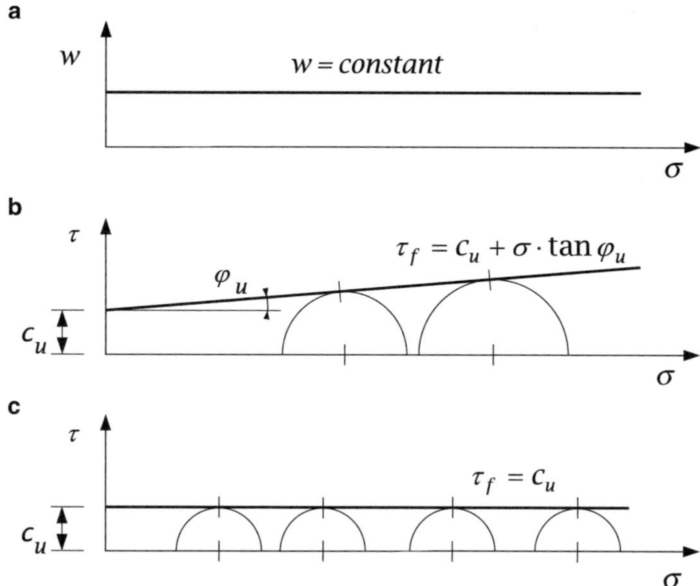

Abb. 4.43 UU-Versuchsergebnisse. **a** Wassergehalt, **b** nicht wassergesättigter Boden, zwei Teilversuche, **c** wassergesättigter Boden, vier Teilversuche

Abb. 4.43 zeigt typische Versuchergebnisse mit Auswertung mittels *Mohrscher* Kreise.

4.4.7 Die Scherparameter φ und c

Die wirksamen „effektiven“ Scherparameter φ' und c' sind Parameter des entwässerten, dränierten Bodens; sie werden durch die Grenzbedingungen der effektiven Spannungen ausgedrückt. Sie charakterisieren die Scherfestigkeit des Korngerüstes.

Die effektiven Scherparameter φ' und c' werden immer dann zugrunde gelegt, wenn die Endstandsicherheit von Bauwerken berücksichtigt werden soll. In besonderen Fällen können aber auch nicht oder teilentwässerte Zustände auf Basis der effektiven Scherparameter analysiert werden, wenn die Porenwasserdrücke durch spezielle Berechnungen oder Messungen bestimmt werden.

Die effektive Kohäsion c' ist bei nichtbindigem Boden gleich Null, sofern keine Kapillarkohäsion (scheinbare Kohäsion) vorliegt und sofern die Körner nicht miteinander verkittet sind.

Die Scherparameter φ_u und c_u des undränierten bindigen Bodens, die totalen Scherparameter, werden aus UU-Versuchen und bei besonderen Fragestellungen auch aus CU-Versuchen gewonnen. Während beim UU-Versuch der Wassergehalt sich in keinem der erreichten Spannungszustände ändert (w = const), bleibt dieser beim CU-Versuch nur in der Abscherphase konstant. Daher ergeben sich aus beiden Versuchen unterschiedliche

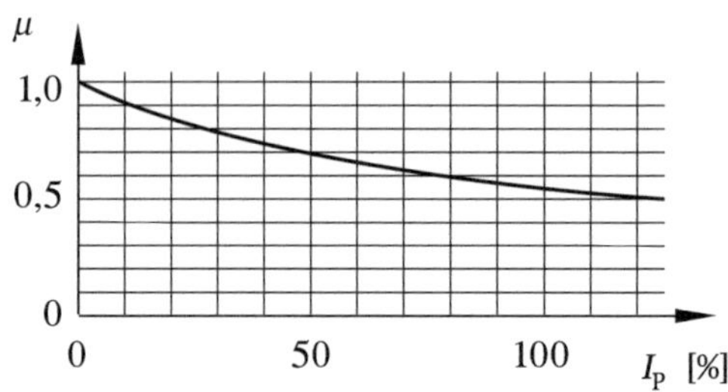

Abb. 4.44 Korrekturbeiwert μ für c_u-Festigkeit

Scherparameter φ_u und c_u. Die Scherparameter werden aus den totalen Spannungen σ des Grenzzustandes abgeleitet.

c_u hängt zum einen vom Wassergehalt ab. Des Weiteren hat die Abschergeschwindigkeit einen Einfluss. Die Scherfestigkeit eines nicht entwässerten Bodens wird zugrunde gelegt, wenn die Anfangsstandsicherheit eines Bauwerks auf bindigem Boden berechnet werden soll.

Wenn die Scherfestigkeit c_u für den undränierten Zustand mit Flügelsondierungen oder Scherversuchen ermittelt wird, ist eine Abminderung mit dem Faktor μ erforderlich. μ ist in Abb. 4.44 in Abhängigkeit von der Plastizitätszahl I_P angegeben. Das Diagramm geht auf Bjerrum (1973) zurück, der es für die Korrektur von c_{fv}-Werten aus Flügelsondierungen vorschlug. Der Korrekturfaktor wird hier aber unter Berücksichtigung von Leinenkugel (1976) auch für die Anwendung zur Korrektur von mit Laborversuchen ermittelten c_u-Werten empfohlen.

4.4.8 Scherverformungen und Dilatanzwinkel

Neben den Spannungen (Kräften) werden im Scherversuch auch die Verformungen aufgezeichnet.

Sie werden für das Grenzkriterium mit verwendet; außerdem können ggf. aus den Aufzeichnungen Fehler im Ablauf des Scherversuchs entdeckt werden. Im Allgemeinen begreift man unter Scherfestigkeit den größten Wert des Scherwiderstandes, der unter den gegebenen Bedingungen für einen Boden erreichbar ist, s. auch Abschn. 4.4.9.

Bei der Auswertung der Triaxialversuche sind die gemessenen Verformungen insofern von Bedeutung, als die Normalspannung σ_1 immer auf die aktuelle Querschnittsfläche der Bodenprobe bezogen wird. Einzelheiten dazu sowie zu weiteren Korrekturen (z. B. Einfluss von Gummihülle und von Filterpapier) sind in *DIN EN ISO 17892-8* und *-9* angegeben. Beim Direkten Scherversuch wird die kontinuierliche Veränderung der Größe der Scherfläche hingegen üblicherweise nicht berücksichtigt.

Des Weiteren können aus den Steigungen der Spannungs-Verformungs-Linien Verformungsmoduln abgeleitet werden und aus Ergebnissen von Triaxialversuchen Stoffgesetze für numerische Berechnungen nach der Methode der Finiten Elemente (FEM), s. Abschn. 4.5, formuliert werden.

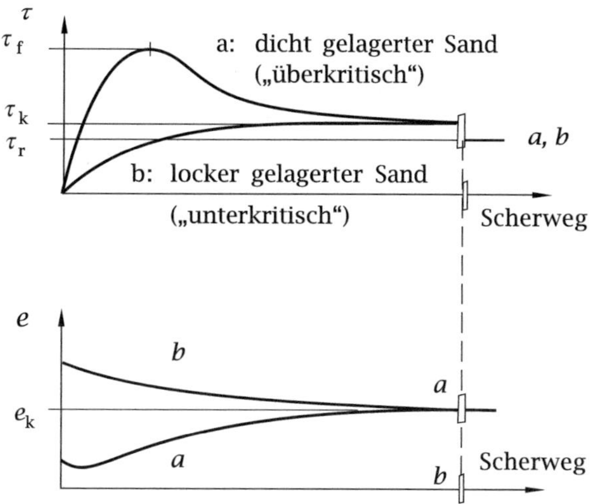

Abb. 4.45 Abhängigkeit der Schubspannung und der Porenzahl e vom Scherweg bei nichtbindigen Böden

Bei dichtgelagerten nichtbindigen Böden wird der Grenzzustand der Scherfestigkeit mit dem Größtwert τ_f schon nach geringer Formänderung (Scherverschiebung) erreicht: Der „überkritisch" dichte Boden erfährt nur eine geringe Volumenverminderung. Bei fortschreitender Verschiebung findet danach eine stetige Volumenzunahme statt. Diese Auflockerung ist von einer Entfestigung begleitet, die bis zum kritischen Grenzzustand τ_k fortschreiten kann, s. Abb. 4.45.

Der kritische Grenzzustand ist dadurch gekennzeichnet, dass die Formänderung (Verschiebung) bei gleichbleibender effektiver Spannung stattfindet und dass sie keine Volumenänderung mehr zur Folge hat. Diesem kritischen Grenzzustand ist die kritische Porenzahl e_k zugeordnet. Die Scherfestigkeit erreicht in diesem Zustand ihren kritischen Wert τ_k.

Bei lockeren nichtbindigen Böden bedarf es zum Erreichen des Grenzzustandes längerer Scherwege. Es tritt eine deutliche, stetige Volumenabnahme ein: Der „unterkritisch" dichte Boden erfährt fortlaufend eine Verdichtung bis zur kritischen Porenzahl e_k. Es findet also eine Verfestigung bis zum kritischen Grenzzustand statt. Der Grenzzustand derartiger Böden fällt mit dem kritischen Grenzzustand zusammen: Der Größtwert der Scherfestigkeit τ_f ist hierbei etwa gleich τ_k, s. Abb. 4.45. Bei weiteren Formänderungen kommt es infolge der Einregelung der Körner zu einem weiteren Abfall von τ_k bis auf τ_r, den Grenzzustand der Restscherfestigkeit. Dieser Umstand spielt bei bindigen, vorbelasteten Böden eine größere Rolle, s. Abb. 4.46, als bei nichtbindigen Böden.

Bei festen bindigen Böden wird der Größtwert τ_f der Scherfestigkeit schon nach verhältnismäßig kleinen Scherverschiebungen erreicht. Mit fortschreitender Scherverschiebung fällt der Scherwiderstand in der Scherfuge deutlich ab. Bei weichen, plastischen Tonen hingegen prägt sich kein Höchstwert des Scherwiderstandes aus, s. Abb. 4.46.

Bei sehr großen Scherverschiebungen oder bei mehrfacher Umkehr der Scherbewegung verbleibt ein Scherwiderstand in der Scherfuge, den man mit Restscherfestigkeit τ_r (Gleitfestigkeit) bezeichnet.

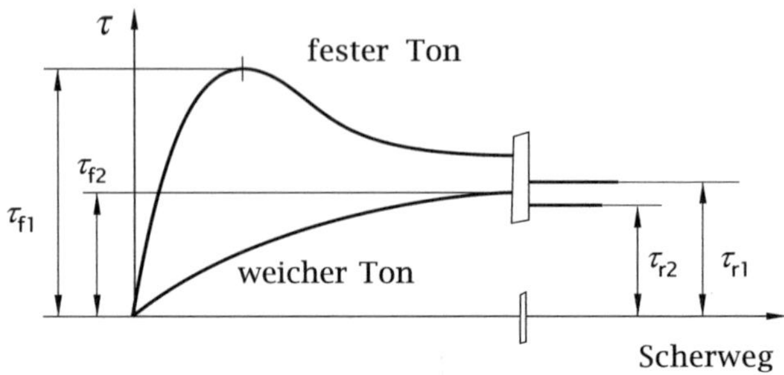

Abb. 4.46 Scherspannung-Weg-Diagramm für bindige Böden

Diese ist niedriger als die kritische Scherfestigkeit τ_k. Die Entfestigung von τ_k auf τ_r geschieht nicht durch Auflockerung, sondern ist eine Folge der Einregelung der Bodenkörner in der Scherfuge.

Ein Maß für das Verhältnis von Volumendehnung zur Axialdehnung bzw. Scherdehnung, s. auch Abb. 4.48, ist der Dilatanzwinkel ψ. Häufig wird er auch mit ν bezeichnet.

$$\tan \psi = \frac{\Delta \varepsilon_{zz}}{\Delta \gamma_{zx}}. \tag{4.117}$$

Mit Dehnungsinkrementen bzw. -geschwindigkeiten aus dem Triaxialversuch ist der Dilatanzwinkel:

$$\psi = \arcsin \frac{d\varepsilon_1 + d\varepsilon_3}{d\varepsilon_1 - d\varepsilon_3} = \arcsin \frac{\dot{\varepsilon}_1 + \dot{\varepsilon}_3}{\dot{\varepsilon}_1 - \dot{\varepsilon}_3}. \tag{4.118}$$

Mit Abb. 4.47 soll am Beispiel der einfachen Scherung das Spannungs-Verformungsverhalten und die Definition von ψ dargestellt werden.

Eine physikalische Interpretation wird mit dem Kugel- bzw. Keilmodell (für Trennfugen in Fels) in Abb. 4.48 dargestellt. Bei den Kugeln ergibt sich der Dilatanzwinkel aus der Bewegungsrichtung bei Scherbeanspruchung. Bei dem Keilmodell setzt sich der Reibungswinkel φ aus dem Dilatanzwinkel ψ (Steigung der Keilebene) und dem Reibungswinkel φ_i (Rauigkeit des Materials) zusammen.

Je dichter z. B. ein Sand gelagert ist, umso größer ist der Dilatanzwinkel. Für numerische Berechnungen ist der Dilatanzwinkel häufig in Abhängigkeit der Lagerungsdichte als Bruchteil des Reibungswinkels φ anzusetzen.

4.4.9 Grenz- oder Bruchkriterien

Für die Ermittlung von φ und c sind die erreichten Grenz- oder Bruchzustände maßgebend. Da sich diese allgemein nicht immer durch ein ausgeprägtes Maximum der Schub- bzw. Deviatorspannung (Bruch) abzeichnen, werden für das Erreichen der Grenzspannungszustände auch Verformungskriterien herangezogen.

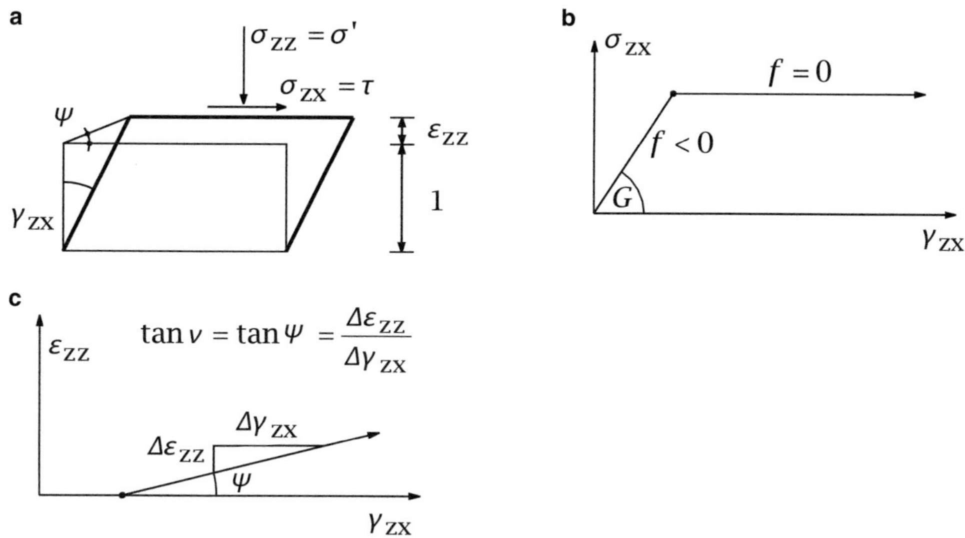

Abb. 4.47 Scherversuch (dräniert) mit Dilatanz. **a** Scherverzerrungen, **b** Scherspannungs-/Scherdehnungsdiagramm $f = 0$: Fließbedingung, s. Abschn. 11.1, **c** Dilatanzwinkel $\psi = f$ (Dehnungen)

Abb. 4.48 Interpretation des Dilatanzwinkels

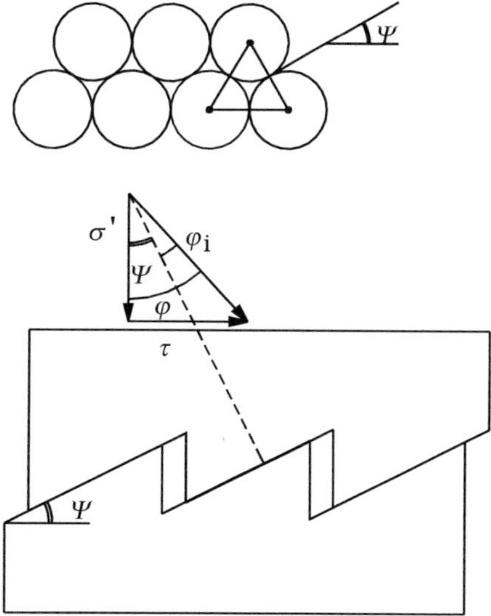

Beim Rahmenscherversuch wird auf ein eindeutiges Maximum der Scherbeanspruchung τ verwiesen, ansonsten kann eine festgelegte Verschiebung herangezogen werden, z. B. 15 % der Rahmenlänge, was allerdings keine Verzerrung im mechanischen Sinne darstellt und nicht verallgemeinert werden kann.

Bei Einaxial- und Triaxialversuchen ist der Maximalwert (peak) der Deviatorspannung maßgebend, wobei nach dessen Erreichen ein Abfallen um 20 % oder weitere 5 %

Stauchung abgewartet werden sollen. Ansonsten ist der Versuch bei 15 % Stauchung als beendet anzusehen. Beim CU-Versuch kann auch das Maximum von σ_1'/σ_3' herangezogen werden.

Für Böden, die in ihrer Geschichte oder infolge von Rutschungen schon größere Verformungen erlitten haben, werden die Bedingungen für τ_r (φ_r, c_r)) zugrundgelegt, s. Abb. 4.45 und 4.46.

4.4.10 Sensitivität

Wie in Abschn. 3.2 beschrieben, reagieren tonige Böden aufgrund der Struktur ihrer Tonminerale oft empfindlich gegenüber Scherbeanspruchungen oder bei Bewegungen. Böden, die im Labor aufgearbeitet bzw. auf der Baustelle gelöst und umgesetzt oder durch Geländebewegungen beeinflusst werden, sogenannte gestörte Böden, haben häufig eine geringere Scherfestigkeit als ungestörte Böden. Das Verhältnis:

$$\frac{\tau_{\text{ungestört}}}{\tau_{\text{gestört}}} = S_t \tag{4.119}$$

wird als Sensitivität bezeichnet.

Die Sensitivität wird häufig durch Einaxiale Druckversuche oder durch Triaxial-versuche mit UU-Randbedingungen, s. Abschn. 4.4.5, ermittelt.

Folgende Anhaltswerte für die Sensitivität werden genannt:

Boden	S_t
vorbelastete Tone	$\approx 1{,}0$
normalbelastete Tone	2 bis 4
ausgelaugte Meerwassersedimente (z. B. quickclay)	bis über 100

Bei Stützflüssigkeiten in Schlitzwänden und Bohrlöchern ist eine hohe Sensitivität vorteilhaft, da hierdurch im Ruhezustand eine gute Stützwirkung erzeilt wird, während sich die Suspension beim Ein- und Ausbau wie eine Flüssigkeit verhält.

4.4.11 Erfahrungswerte für die Scherfestigkeit

Beispiele für den Reibungswinkel φ', die Kohäsion c' und die undränierte Kohäsion c_u sind in Tab. 2.2 aufgeführt. Weitergehende Erfahrungswerte und Korrelationen sind bei v. Soos/Engel (2017) zu finden.

Ergänzend sei nach Koutsoftas und Ladd (1985) auf den empirischen Zusammenhang von c_u und c' für Tonböden hingewiesen:

$$c_u \approx c' + (0{,}22 \pm 0{,}03) \cdot \text{OCR}^{0{,}8} \cdot \sigma_o'. \tag{4.120}$$

Für OCR, s. Abschn. 4.2.2. σ'_o ist die tiefenabhängige Eigenspannung.

Ohne jegliche Vorbelastung des Tons (OCR = 1) ergeben sich sehr geringe Festigkeiten von im Mittel $c_u = 0{,}22 \cdot \sigma'_o$. Diese extrem niedrigen Werte treten in der Praxis kaum auf. Statt dessen findet man häufig leicht vorbelastete Tone mit $1{,}5 < \text{OCR} < 2{,}5$, für die die empirische Formel undränierte Scherfestigkeiten zwischen $c_u = 0{,}3\sigma'_o$ und $c_u = 0{,}5\sigma'_o$ ergibt.

Eine weitere empirische Beziehung für c_u in Abhängigkeit der effektiven Scherparameter und der Vorbelastung ist nach Mitchell (1976)

$$c_u = \frac{c' / \tan\varphi' + \sigma'_0}{2A_f - 1 + 1/\sin\varphi'} \tag{4.121}$$

wobei A_f für normal konsolidierte Böden zwischen 0,7 und 1,0 liegt.

Generell ist der Reibungswinkel von der Dichte und damit von der Dilatanz, s. Abschn. 4.4.6, 4.4.8 und Kap. 11, sowie von der Kornform und Kornverteilung abhängig.

Die Kohäsion wird von der Kornverteilung, Mineralart und -zusammensetzung sowie vor allem von der Konsistenz und der Vorbelastung eines bindigen Bodens geprägt.

4.5 Steifigkeit bei allgemeiner Beanspruchung

Vor allem für numerische Berechnungen allgemeiner Randwertaufgaben werden heute Verformungsmoduln sowohl aus dem Oedometerversuch, s. Abschn. 4.2, als auch aus dem Triaxialversuch, s. Abschn. 4.4 gewonnen und hergeleitet. Die für deviatorische Beanspruchung maßgeblichen Parameter werden in der Regel verknüpft mit den ebenfalls mittels Triaxialversuch zu bestimmenden Scherparametern, um den Grenzzustand mit einzuschließen.

Zum Vergleich werden nachfolgend beide Versuchsarten mit ihren unterschiedlichen Randbedingungen gegenübergestellt, s. auch Abschn. 4.1.9. Darauffolgend werden exemplarisch lineare, exponentielle und hyperpolische Spannungs-Verformungs-Beziehungen und die daraus abgeleiteten Verformungsmoduln dargestellt. Wegen allgemeiner Gesichtspunkte für die Anwendung von Stoffgesetzen, die heute in vielfältiger Form verfügbar sind, wird auf Kolymbas/Herle (2018) verwiesen.

Ergänzend wird auf die Ermittlung von Verformungen mit Bohrlochaufweitungs-versuchen im Feld hingewiesen. Diese eignen sich ggf. besonders bei halbfesten und festen Böden bzw. im Fels, vor allem wegen des in Laborversuchen oft nicht erfassbaren Einflusses des Trennflächengefüges.

Abb. 4.49 zeigt die Randbedingungen des Oedometerversuchs mit Darstellung des Versuchsablaufes in verschiedenen Darstellungen, auch im Vergleich zum Einaxialen Druckversuch.

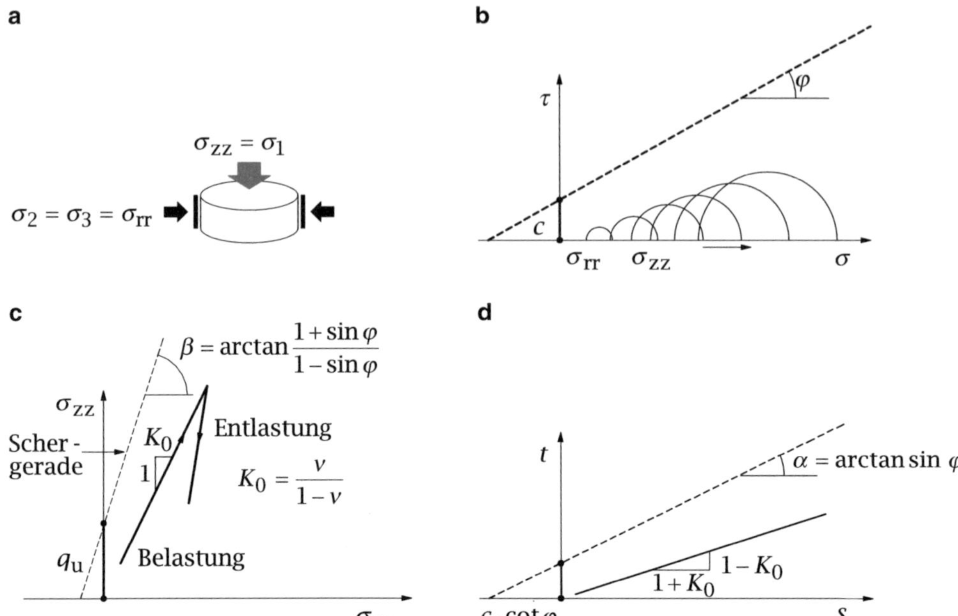

Abb. 4.49 Oedometer (einaxiale Kompression mit verhinderter Seitendehnung). **a** Probe und Spannungen, **b** bis **d** Versuchsablauf in verschiedenen Darstellungen

Die einaxiale Druckfestigkeit (Unconfined Compression Strength) tritt dort als Sonderfall ($\sigma_{rr} = 0$) und beträgt:

$$q_u = \text{UCS} = \frac{2 \cdot c \cdot \cos\varphi}{1 - \sin\varphi} = 2 \cdot c \cdot \tan\left(45^\circ + \frac{\varphi}{2}\right). \quad (4.122)$$

Abb. 4.50 zeigt die Randbedingungen des Triaxialversuchs mit Darstellung des Versuchsablaufes in verschiedenen Formen, auch im Vergleich zum Einaxialen Druckversuch.

Die Spannungspfade des Oedometerversuchs, des einaxialen Druckversuchs und des Triaxialversuchs sind zusammen in Abb. 4.51 gegenübergestellt.

Das jeweilige Spannungs- und Verformungsverhalten der Proben im Oedometer- bzw. im Triaxialversuch ist in Abb. 4.52 prinzipiell dargestellt.

Auf die Verwendung von Spannungs-Dehnungs-Beziehungen in Stoffgesetzen, s. auch Abschn. 11.2, wird im Folgenden eingegangen:

Für linear elastische/ideal plastische Stoffgesetze, wie das von *Hooke/Mohr-Coulomb*, das z. B. auch mit dem Programm *PLAXIS*, Bentley Systems (2022), benutzt werden kann, werden zur Beschreibung der Steifigkeit die mit Gl. (4.45) dargestellten Beziehungen benutzt, wobei die Querdehnungszahl ν und der Dilatanzwinkel ψ häufig geschätzt werden.

Benutzt man darüber hinaus für den Steifemodul den Ansatz aus Gl. (4.77) von Ohde (1939), der sich auf den Tangentenmodul bezieht, wird häufig auch folgende Schreibweise

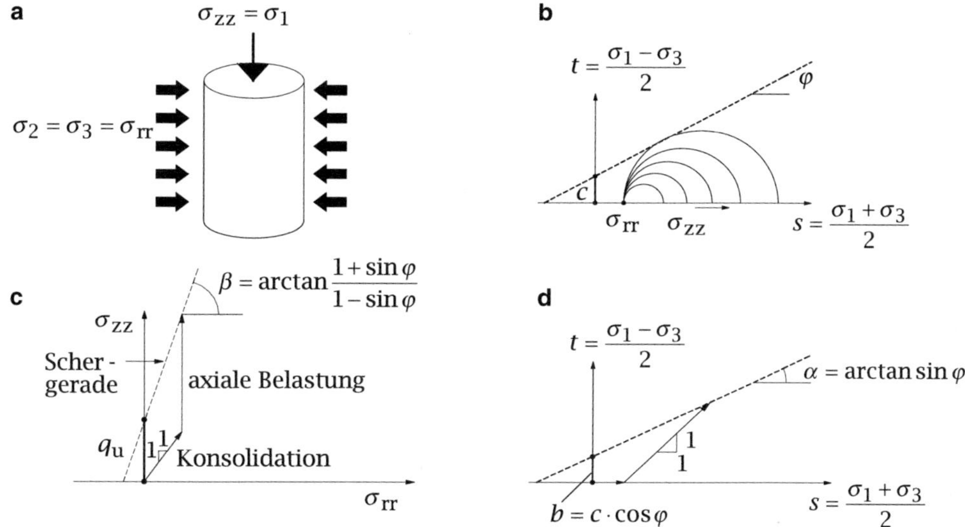

Abb. 4.50 Triaxialversuch (Standard), dräniert. **a** Probe und Spannungen, **b** bis **d** Versuchsablauf in verschiedenen Darstellungen

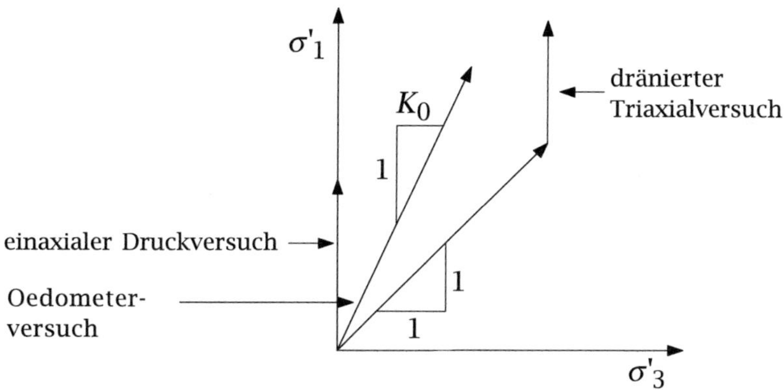

Abb. 4.51 Spannungspfade bei verschiedenen Versuchen

für das exponentielle Kompressionsgesetz gewählt:

$$E_s = E_S^{ref} \left\{ \frac{\sigma'_z}{\sigma_{at}} \right\}^m . \tag{4.123}$$

Bei Ohde (1939), s. Gl. (4.77), wird E_s^{ref} mit $\nu_e \sigma_{at}$ und m mit w_e bezeichnet. Der Atmosphärendruck σ_{at} wird zu 1 bar $= 100\,\mathrm{kN/m^2}$ gesetzt. In erster Näherung kann für Tone $m = 1{,}0$ und für Sande $m = 0{,}5$ angenommen werden. Für genauere Unterscheidungen s. Tab. 4.2 und die dortigen Hinweise.

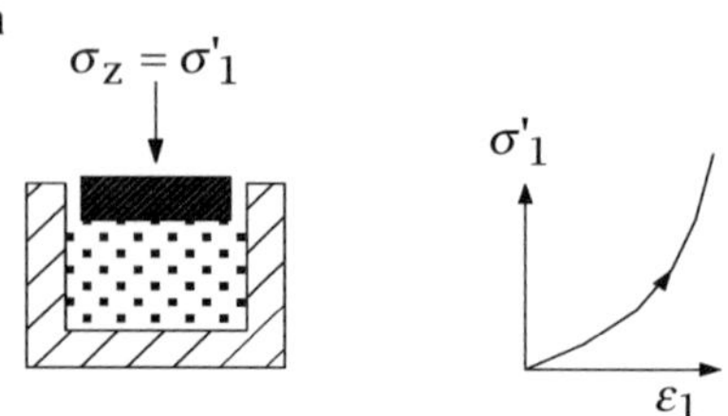

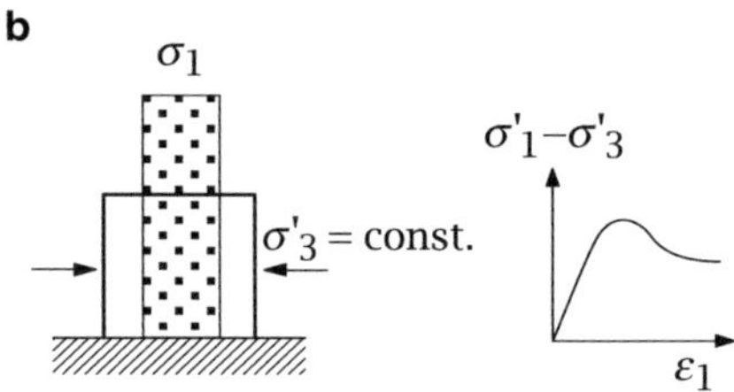

Abb. 4.52 Versucharten und Spannungs-Dehnungs-Beziehungen.**a** Oedometerversuch, **b** Triaxialversuch/Einaxialer Druckversuch ($\sigma_3 = 0$)

Für bindige, kohäsive Böden bietet sich eine Erweiterung von Gl. (4.123) an:

$$E_s = E_S^{ref} \left\{ \frac{\sigma_z' + a}{\sigma_{at} + a} \right\}^m \tag{4.124}$$

mit $a = c' \cdot \cot \varphi'$.

Gl. (4.124) wird für die Steifigkeit im Hardening-Soil-Modell (HS) in *PLAXIS*, Bentley Systems (2022), verwendet. Für die Ermittlung von E_s^{ref} kann auch Gl. (4.70) benutzt werden.

Wichtig sind bei Entlastungsvorgängen, so z. B. bei der Betrachtung eines Bodenauflagers einer Stützwand infolge des Aushubs, der Ansatz von $\nu_{ur} < \nu$ in Gl. (4.45) bzw. von E_{sur}^{ref} in Gl. (4.123) bzw. (4.124).

Im Triaxialversuch ist für das Spannungs-Dehnungsverhalten der Böden die Größe des Seitendrucks entscheidend. Für die Ermittlung des Referenzmoduls E_{50}^{ref} unter dränierten Bedingungen, s. nachfolgend, sollte dieser in einer relevanten Größenordnung gewählt werden. Aus dem dränierten Triaxialversuch wird häufig eine hyperbolische Spannungs-Dehnungsbedingung für $q < q_f$ und $q_a > q_f$ abgeleitet, s. Abb. 4.53 nach Kondner u. Zelasko (1963) und nach Duncan/Chang (1970).

Dazu wurde der folgende Hyperbelansatz zugrunde gelegt:

$$q = \sigma_1 - \sigma_3 = \frac{\varepsilon_1}{a + b \cdot \varepsilon_1}. \tag{4.125}$$

Die Parameter a und b lassen sich grundsätzlich nach Umformung und entsprechendem Auftrag der Versuchsergebnisse aus der folgenden Geraden bestimmen:

$$\frac{\varepsilon_1}{q} = a + b \cdot \varepsilon_1. \tag{4.126}$$

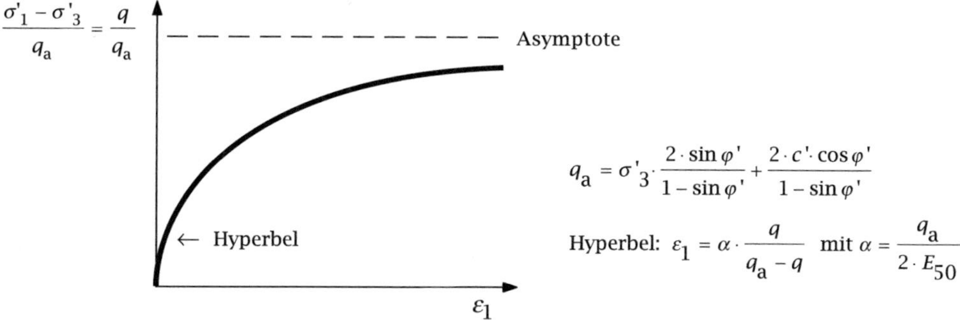

Abb. 4.53 Hyperbolische Spannungs-/Verformungsbeziehung

Duncan/Chang (1970) haben das Verhältnis $R_f = q_f/q_a$ eingeführt. Im Allgemeinen wird $R_f = 0{,}9$ gewählt.

Für das Programm *PLAXIS*, Bentley Systems (2022), wird daraus folgende hyperbolische Beziehung mit den entsprechenden Verformungsmoduln hergeleitet; dabei werden auch Ent- und Wiederbelastung beschrieben (Hardening-Soil-Modell):

$$\varepsilon_1 = \alpha \cdot \frac{q}{q_a - q} = \frac{q_a}{2 \cdot E_{50}} \cdot \frac{q}{q_a - q} \tag{4.127}$$

$$E_{50} = E_{50}^{\text{ref}} \cdot \left(\frac{\sigma_3' + a}{\sigma_{\text{at}} + a} \right)^m \tag{4.128}$$

mit

$$a = c' \cdot \cot \varphi'. \tag{4.129}$$

In Abb. 4.54 ist E_0 der Anfangstangentenmodul, E_{50} der Verformungsmodul bei $q_a/2$.

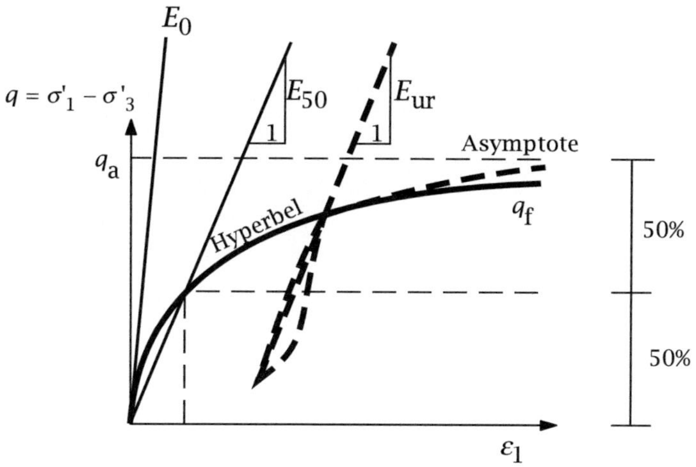

Abb. 4.54 Hyperbolischer Spannungs-Verformungs-Ansatz aus dräniertem Triaxialversuch

Häufig werden aus praktischen Gründen folgende Beziehungen gewählt.

$$E_0 \cong 2 \cdot E_{50} \tag{4.130}$$

$$E_s^{ref} \cong E_{50}^{ref}. \tag{4.131}$$

Für kleine Entlastungsdehnungen von $\Delta\varepsilon_1 < 10^{-4}$:

$$E_{ur} = E_0 \cong 4 \cdot E_{50}. \tag{4.132}$$

Für das Hardening-Soil-Modell werden für die Ingenieurpraxis häufig die folgenden Beziehungen gewählt, s. auch Vermeer (2004):

$$E_s^{ref} \cong 2 \cdot E_{50}^{ref} \tag{4.133}$$

$$E_{sur}^{ref} = E_{ur}^{ref} \cong 4 \cdot E_{50}^{ref}. \tag{4.134}$$

Für die Ermittlung von Verformungsmoduln aus Bohrlochaufweitungsversuchen s. auch Abschn. 4.1.9. Ein typischer Versuchsablauf mit Anfangs-, Erst- und Wiederbelastung nach *DIN EN ISO 22476-4* und *DIN EN ISO 22476-5* für einen Dilatometerversuch im Bohrloch ist in Abb. 4.55 dargestellt. Für die Auswertung ist im Gegensatz zum Oedo-

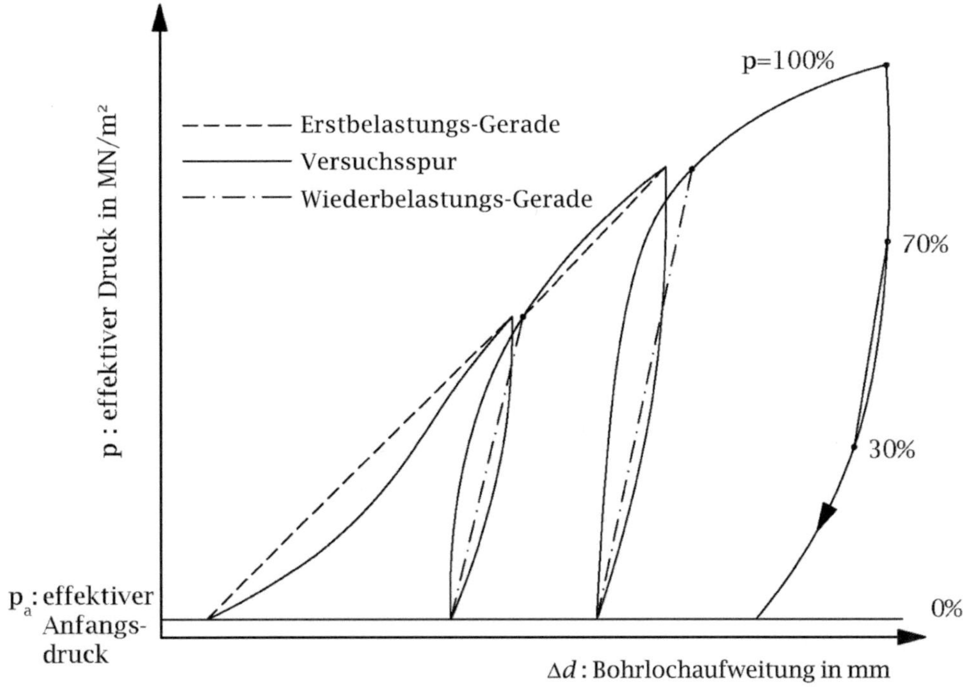

Abb. 4.55 Druck-Verformungslinien aus Dilatometerversuch

meter- bzw. Triaxversuch, analog zum Plattendruckversuch, ein räumliches Spannungs-Dehnungsmodell erforderlich. Üblicherweise wird dabei ein linear-elastisches Verhalten zugrunde gelegt.

Die Ergebnisse von Dilatometerversuchen können unmittelbar für geotechnische Verformungsberechnungen verwendet werden. Der im mittleren Bereich des Entlastungsastes bestimmte Entlastungsmodul E_E kommt erfahrungsgemäß dem Elastizitätsmodul E des geprüften Bodens sehr nahe. Dabei ist der mittlere Bereich als 30 % und 70 % des Druckbereichs zwischen oberen Umkehrpunkt (100 %) und effektivem Anfangsdruck (0 %) definiert, s. dazu beispielhaft den dritten Entlastungsast in Abb. 4.55.

Abschließend sei im Zusammenhang mit der in Abschn. 4.5 angerissenen Thematik auf die *Empfehlungen des Arbeitskreises „Numerik in der Geotechnik", EANG*, hingewiesen.

Literatur

Bentley Systems: PLAXIS general information manual. Bentley Systems, Delft (2022)

Bjerrum, L.: Engineering geology of Norwegian normally-consolidated marine clays as related to settlements of buildings. Géotechnique **XVII**, 83–117 (1967)

Bjerrum, L.: Problems of soil mechanics and construction on soft clays and structurally unstable soils (collapsible, expansive and others). Proc. 8. ICSMFE, Moskau. General Reports 3., S. 111–159 (1973)

Buisman, A.S.K.: Results of long-duration settlement tests. Cambridge. Proc. 1st Intern. Conf. on Soil Mechanics. (1936)

Casagrande, A.: The determination of pre-consolidation load and it practical significance. Cambridge. Proc. ist Intern. Conf. on Soil Mechanics. (1936)

Coulomb, C.A.: Essai sur une application des regles des maximis et minimis a quelques problemes de statique relatifs a l'architecture. Memoires de mathem. et de phys. presentees a l'Academie Roy. des Sciences par divers savants, Paris. Bd. VII. (1773)

Duncan, J.M., Chang, C.-Y.: Nonlinear analysis of stress and strain in soils. J Soil Mech Found Div Proc Asce **96**, 1625–1653 (1970)

Gudehus, G.: Bodenmechanik. Enke, Stuttgart (1981)

Gußmann, P.: Berechnung von Zeitsetzungen. In: Grundbautaschenbuch, 4. Aufl. Teil 1, Abschn. 1.9. Ernst & Sohn, Berlin (1990)

Hornig, E.-D.: Eindimensionale Kompression überkonsolidierter bindiger Böden am Beispiel des Gipskeupers. Heft 6, Veröff. Inst. f. Geotechnik. TU Bergakademie, Freiberg (2011)

Hvorslev, M.J.: Über die Festigkeitseigenschaften gestörter bindiger Böden. Kopenhagen. Ing.-vidensk. Skr.A., Nr. 45. (1937)

Kezdi, A.: Handbuch der Bodenmechanik, Bd. II. VEB Verlag für Bauwesen, Berlin, S. 139 (1969)

Kolymbas, D., Herle, I.: Stoffgesetze für Böden. In: Witt, K.J. (Hrsg.) Teil 1: Geotechnische Grundlagen, 8. Aufl. Grundbautaschenbuch. S. 458–510. Ernst & Sohn, Berlin (2018)

Kondner & Zelasko: A hyperbolic stress-strain formulation for sands. Proceedings of the Second Panamerican Conference on Soil Mechanics and Fundation Engineering. (1963)

Koutsoftas, D.C., Ladd, C.C.: Design strength of an offshore clay. JGED ASCE **3**, 337–355 (1985)

Krieg, S.: Viskoses Bodenverhalten von Mudden, Seeton und Klei. Veröffentlichung des Instituts für Bodenmechanik und Felsmechanik Heft 150. Universität Fridericiana, Karlsruhe (2000)

Lambe, T.W., Whitman, R.V.: Soil mechanics. John Wiley & Sons, New York, London, Sydney, Toronto (1969)

Leinenkugel, M.J.: Deformations- und Festigkeitsverhalten bindiger Erdstoffe, Experimentelle Ergebnisse und ihre physikalische Deutung. Veröff. Inst. Boden- und Felsmechanik, Heft 66. Universität, Karlsruhe (1976)

Leroueil, S.: The Isotach approach. Where are we 50 years after its development by professor Suklje? Tagungsband der 13. Donau-Europäischen Konferenz, Ljubljana. Bd. 1. (2006)

Mitchell, J.K.: Fundamentals of soil behavior. J. Wiley & Sons, New York (1976)

Mohr, O.: Über die Darstellung des Spannungszustandes und des Deformationszustandes eines Körperelements. Zivilingenieur **113** (1882)

Ohde, J.: Zur Theorie der Druckverteilung im Baugrund. Bauingenieur **20** (1939)

Poulos, H.: Spannungen und Setzungen im Boden, Grundbautaschenbuch, Teil 1: Geotechnische Grundlagen, 6. Aufl. Ernst & Sohn, Berlin (2000)

Schad, H.: Felsmechanik, Umdruck. Institut für Geotechnik der Universität, Stuttgart (2006)

Schultze, E., Muhs, H.: Bodenuntersuchungen für Ingenieurbauten, 2. Aufl. Springer, Berlin, Heidelberg, New York (1967)

Schulz, H.: Setzungsprognosen für weiche Böden. Bauingenieur **77** (2002)

Skempton, A.W.: Notes on the compressibility of clays. Q J Geol Soc **100** (1944)

Taylor, D.W.: Fundamentals of soil mechanics. J. Wiley & Sons, New York, London, Sidney (1948)

Terzaghi, K.: Erbaumechanik auf bodenphysikalischer Grundlage. Franz Deuticke,, Leipzig, Wien (1925)

Vermeer, P.: Zur Bestimmung von Steifigkeitsparametern, Finite Elemente in der Geotechnik – Theorie und Praxis. Technische Akademie Esslingen, Esslingen (2004)

von Soos, P., Engel, J.: Eigenschaften von Boden und Fels – ihre Ermittlung im Labor. In: Witt, K.J. (Hrsg.) Grundbautaschenbuch, Teil 1: Geotechnische Grundlagen, 8. Aufl., S. 139–242. Ernst & Sohn, Berlin (2017)

Normen

DIN 18134: Baugrund – Versuche und Versuchsgeräte – Plattendruckversuch

DIN 18137-1: Baugrund, Untersuchung von Bodenproben – Bestimmung der Scherfestigkeit – Teil 1: Begriffe und grundsätzliche Versuchsbedingungen

DIN EN ISO 17892-5: Geotechnische Erkundung und Untersuchung – Laborversuche an Bodenproben – Teil 5: Ödometerversuch mit stufenweiser Belastung

DIN EN ISO 17892-7: Geotechnische Erkundung und Untersuchung – Laborversuche an Bodenproben – Teil 7: Einaxialer Druckversuch

DIN EN ISO 17892-8: Geotechnische Erkundung und Untersuchung – Laborversuche an Bodenproben – Teil 8: Unkonsolidierter undränierter Triaxialversuch

DIN EN ISO 17892-9: Geotechnische Erkundung und Untersuchung – Laborversuche an Bodenproben – Teil 9: Konsolidierte triaxiale Kompressionsversuche an wassergesättigten Böden

DIN EN ISO 17892-10: Geotechnische Erkundung und Untersuchung – Laborversuche an Bodenproben – Teil 10: Direkte Scherversuche

DIN EN ISO 22476-4: Geotechnische Erkundung und Untersuchung – Felduntersuchungen – Teil 4: Vorgebohrter Pressiometerversuch nach Ménard

DIN EN ISO 22476-5: Geotechnische Erkundung und Untersuchung – Felduntersuchungen – Teil 5: Vorgebohrter Pressiometerversuch (ISO/DIS 22476-5:2022)

DIN EN ISO 22476–7: Geotechnische Erkundung und Untersuchung – Felduntersuchungen – Teil 7: Seitendruckversuch
DIN EN ISO 22476-9: Geotechnische Erkundung und Untersuchung – Felduntersuchungen – Teil 9: Flügelscherversuche

Sonstige Regelwerke

Deutsche Gesellschaft für Geotechnik (Hrsg.): Empfehlungen des Arbeitskreises „Numerik in der Geotechnik". Ernst & Sohn, Berlin (2014)
Deutsche Gesellschaft für Geotechnik (Hrsg.): Empfehlungen des Arbeitsausschusses „Ufereinfassungen Häfen und Wasserstraßen". Ernst & Sohn, Berlin (2020)

Erd- und Verkehrswegebau

5

Zusammenfassung

Erdbau wird betrieben beim Aushub einer Baugrube, beim Verfüllen derselben, beim Herstellen eines Einschnittes bzw. Dammes für einen Verkehrsweg sowie beim Bau von Abfalldeponien und Staudämmen. Beim Erdbau wird Boden und Fels vorrangig als Baustoff betrachtet. Daher stehen hierbei die Bestimmung der Eigenschaften von Boden und Fels und deren Eignung als Baustoff für die jeweilige Maßnahme im Vordergrund. Im Folgenden werden Erdbaugeräte beschrieben. Weiter wird auf die Auflockerung und Verdichtung beim Erdbau eingegangen. Besonderheiten beim Bau von Dämmen und erdbautechnische Aspekte bei der Verkehrswegeentwässerung sowie Abdichtungsmaßnahmen werden dargestellt. Besonders wird auf die Anforderungen hinsichtlich der Kornverteilungen von Böden und Verdichtung im Straßenbau eingegangen. Abschließend werden Methoden zur Bodenbehandlung vorgestellt.

5.1 Begriffe, Planungsgrundsätze und Geräte im Erdbau

Unter Erdbau selbst versteht man, s. Abb. 5.1:

- **Gewinnen** (Lösen und Laden): Baggern, Schürfen, Fräsen, Reißen, Meißeln, Sprengen, Saugen. Hierbei kommen Geräte zum Einsatz, die nach folgenden Merkmalen unterschieden werden:
  - Arbeitsvorgang (stehend oder fahrend, trocken oder nass)
  - Grab-, Fräs- oder Reißwerkzeug (Löffel, Schaufel, Greifer, Kübel, Schild, Fräse, Reißzahn, Meißel)
  - Fahrwerk (Raupen- oder Radfahrwerk)
  - Kraftübertragung (hydraulisch oder mechanisch mit Seil und Gestänge)
  - Antriebsart (Verbrennungsmotor oder elektrisch)

H.-H. Schmidt, R.F. Buchmaier, C. Vogt-Breyer, *Grundlagen der Geotechnik*,
https://doi.org/10.1007/978-3-658-39834-7_5

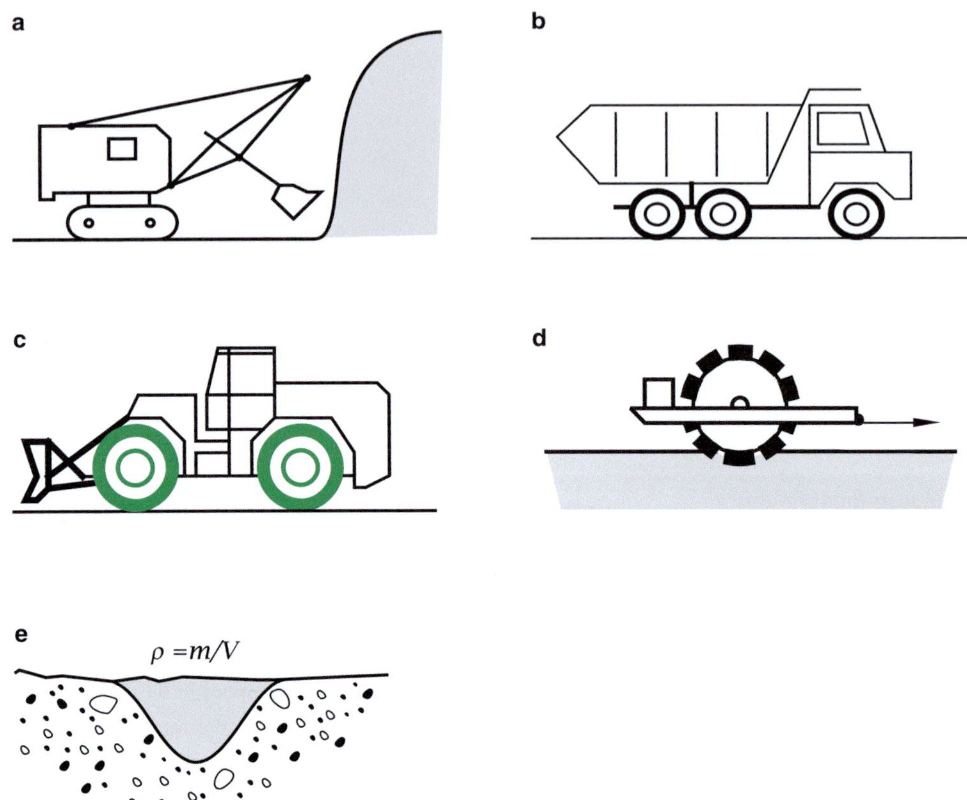

Abb. 5.1 Erdbau. **a** Lösen und Laden, **b** Fördern, **c** Einbauen und Verteilen, **d** Verdichten, **e** Prüfen der Anforderungen

Eine wesentliche Grundlage für die Planung und Ausschreibung ist die Einteilung in Homogenbereiche für Boden und Fels nach *DIN 18300*, s. Abschn. 3.4.1.

- **Fördern**: Für die zum Fördern einzusetzenden Fahrzeuge sind die Förderweiten, die Tagesleistungen sowie die Logistik der Baustellen maßgebend. Für kurze Förderweiten innerhalb der Baustelle (bis ca. 70 m) werden Planierraupen und Schaufellader verwendet, bei Weiten bis ca. 2 km kommen Scraper (Schürfkübelwagen) zum Einsatz. Für einen Transport außerhalb der Baustelle werden vorwiegend LKW, die für den öffentlichen Straßenverkehr zugelassen sind, eingesetzt. Außerhalb des Straßenraums kann der Transport mit schweren und übergroßen Dumpern (knickgelenkte Muldenkipper) oder Starrrahmen-Muldenkippern erfolgen. Bei sehr hohen Tagesleistungen sind Förderbänder oder Spülleitungen eine Alternative, bei großen Förderweiten kann Gleisbetrieb wirtschaftlich werden. Eine weitere Möglichkeit sind auf dem Wasserweg beförderte Schuten.

- **Einbauen und Verteilen**: Im großflächigen Erdbau wird die Einbaustelle des Materials als Kippe bezeichnet. Im Bergbau und auf Deponien wird zwischen Tief- und Hochkippen unterschieden, die zum Teil ohne eine anschließende Verdichtung befüllt werden. Im Verkehrswegebau ist die anschließende Verdichtung wesentlich, um die planmäßige Qualität zu erreichen. Daher ist hier ein lagenweiser Einbau mit begrenzten Dicken der jeweiligen Schüttlagen die Regel. Bei Staudämmen müssen innerhalb einer Schüttlage teilweise sogar mehrere Bodenarten nebeneinander eingebaut werden, s. Abb. 5.2. Der lagenweise Einbau erfolgt in der Regel durch Planierraupen oder Rad- bzw. Kettenlader. Beim Bodentransport mit Scrapern ist meist kein weiteres Gerät zum Verteilen notwendig.
- **Behandeln**: Für die Verwendung von Boden im Erdbau sind vorgegebene Mindestanforderungen hinsichtlich der Qualität zu erfüllen, die je nach Ausgangsmaterial nur durch eine Veränderung mit Hilfe einer Bodenbehandlung erreicht werden können. Hier unterscheidet man zwischen einer Bodenverbesserung, die die Verarbeitbarkeit verbessert und rein mechanisch oder durch den Einsatz von Bindemitteln erfolgen kann, und einer Bodenverfestigung, bei der durch die Zugabe von Bindemitteln eine langfristige Erhöhung der Tragfähigkeit und der Frostbeständigkeit erreicht wird.
- **Verdichten**: Hierbei ist zwischen nichtbindigen Böden, deren Lagerungsdichte am besten durch dynamische Einwirkungen erhöht werden kann, und bindigen Böden, deren Porenvolumen durch Kneten und Walgen, ggf. in Kombination mit Vibrationen, verringert werden kann, zu unterscheiden.

  Für großflächige dynamische Verdichtungen kommen meist selbstfahrende Walzenzüge oder Anhängevibrationswalzen zum Einsatz. Für kleinere Flächen wie Arbeitsraumverdichtungen oder Grabenverfüllungen werden Vibrationsplatten verwendet, die händisch bewegt werden. Bindige Böden werden in der Fläche effektiv mit Schaffußwalzen, bei kleinräumigen Anwendungen mit Stampfern verdichtet. Je nach Anwendung sind auch Geräte unterschiedlicher Größe im Einsatz, die dynamische und statische Verdichtung kombinieren. Gerät, Schütthöhe und Anzahl der Übergänge sind nach Schüttmaterial und vorgeschriebenem Verdichtungsgrad festzulegen, ggf. ist eine Probeverdichtung auf der Baustelle sinnvoll.

Abb. 5.2 zeigt beispielhaft den Querschnitt eines Staudamms, bei dem zur Erfüllung seiner Funktion verschiedene Erdbaustoffe nebeneinander eingebaut werden. Die erforderlichen Neigungen der Böschungen werden rechnerisch, s. Kap. 15, nachgewiesen. Zur Vermeidung von Durchströmungen werden Kernzone und – je nach Untergrund – Dichtwand vorgesehen. Die Dränschicht soll Restsickerwasser druckfrei in einen Vorfluter leiten, damit auf die luftseitige Böschung keine Wasserdrücke einwirken. Alle Abmessungen des Dammes und der einzelnen Bereiche werden ingenieurmäßig festgelegt und deren Funktion nachgewiesen.

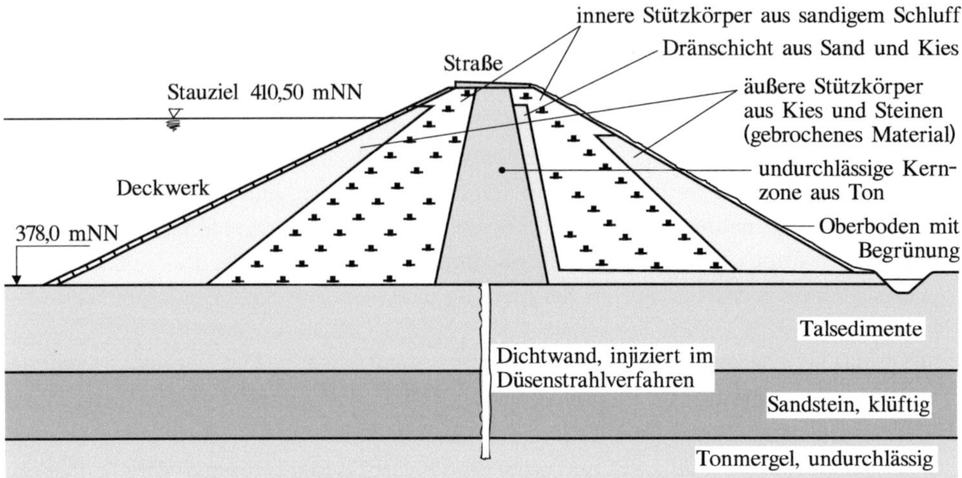

Abb. 5.2 Staudamm

Im Verkehrswegebau sind folgende Begriffe für vertraglich festgelegte Anforderungen von Bedeutung:

- Oberbau: Tragschichten und Decke
- Unterbau: unter dem Oberbau liegende Dammschüttung
- Untergrund: unmittelbar unter dem Oberbau oder unter dem Unterbau vorhandener Boden oder Fels
- Planum: unmittelbar unter dem Oberbau liegende und plangerecht bearbeitete Oberfläche des Untergrunds oder Unterbaus

Das Planum ist somit die Grenzfläche zwischen dem darunter liegendem Erdbau und dem darauf folgendem Straßenbau. Der Oberbau wird durch die straßenbau- und eisenbahnbautechnischen Anforderungen bestimmt und zählt nicht zum Erdbau. Er wird daher in diesem Kapitel nicht weiter behandelt.

Generell muss bei der Planung von Erdbauwerken beachtet werden:

- die Auswahl des richtigen Einbau- (Schütt-)materials nach bodenmechanischen Gesichtspunkten (insbesondere Verdichtbarkeit, Witterungsempfindlichkeit) sowie nach technischen und wirtschaftlichen Aspekten. Grundsätzlich kommen alle anfallenden Böden für den Erdbau in Frage, außer organische und humose Böden. Sind sie zu grob, können die entsprechenden Fraktionen aussortiert oder gebrochen werden. Ist bei feinkörnigen Böden die Konsistenz zu weich, können sie mit Bindemitteln verbessert werden, s. dazu auch Abschn. 6.3;
- der Massenausgleich unter Einbeziehung von Zwischen- und Enddeponierung von Erdstoffen;

Tab. 5.1 Auflockerungs- und Verdichtungsfaktoren α_L und α_V

Boden/Fels	Ton	Lehm Sand	Kiessand	Kies	Schluff-/ Tonstein	Kalk-/ Sandstein
Nach dem Lösen α_L	0,75–0,85	0,8–0,9	0,8–0,85	0,75–0,8	0,75–0,8	0,65–0,75
Nach dem Verdichten α_V	1,0–1,10	1,05–1,20	1,05–1,20	0,9–1,0	0,85–1,0	0,75–0,9

- die Wahl der Transportwege und des Geräteeinsatzes;
- die Berücksichtigung der Umwelt (Schutz des Grundwassers, Lärm, Erschütterungen, Staub und Emissionen) und von Raumordnungsfragen.

Erdbau wird heute überwiegend mit Maschinen betrieben. Zur Planung und Ausführung von Erdbauten s. Adam (2017), Kunze und Göhring (2012), Schmidt und Rumpelt (2009), Voss et al. (1986) sowie Kühn (1984).

Bei Massenermittlungen muss bedacht werden, dass der gewachsene Boden beim Lösen und Laden aufgelockert und beim Einbau wieder komprimiert wird, damit der Boden nach Möglichkeit ein kleineres Volumen erhält als im gewachsenen Zustand (Überverdichtung). Einen Anhalt über den Auflockerungs- bzw. Verdichtungsfaktor gibt Tab. 5.1.

Auflockerungsfaktor:

$$\alpha_\mathrm{L} = \frac{V_0}{V_\mathrm{L}} = \frac{\rho_\mathrm{L}}{\rho_0} < 1 \tag{5.1}$$

Verdichtungsfaktor:

$$\alpha_\mathrm{v} = \frac{V_0}{V_\mathrm{v}} = \frac{\rho_\mathrm{V}}{\rho_0}; \quad \text{für} \quad \alpha_\mathrm{v} > 1\text{: Überverdichtung} \tag{5.2}$$

V_0, ρ_0 ... vor Lösen
V_L, ρ_L ... nach Lösen
V_v, ρ_v ... nach Verdichten

5.2 Regelwerke und Baustoffe im Erdbau

Neben den grundlegenden Regelwerken zum Beschreiben und Prüfen von Boden und Fels, s. Kap. 3, und zu den Nachweisverfahren in der Geotechnik, s. Kap. 8, sind im Erdbau weitere anwendungsbezogenen Regelwerke von Bedeutung. Im Bereich des Straßenbaus werden die maßgeblichen Richtlinien von der Forschungsgesellschaft für Straßen- und Verkehrswesen (FGSV) herausgegeben. Neben Merkblättern zu bestimmten Bauweisen sind zusätzliche technische Vertragsbedingungen und Richtlinien sowie Technische Lieferbedingungen und technische Prüfvorschriften zu beachten. Im Bahnbau sind die Regelwerke der Deutschen Bahn zu beachten, die als Richtlinien (RiL) herausgegeben werden. Für Bauwerke des Wasserbaus liegen Merkblätter der Bundesanstalt für Wasserbau

(BAW) sowie zusätzliche Technische Vertragsbedingungen vor. Konkrete Planungsgrundlagen sind den Merkblättern der Deutschen Vereinigung für Wasserwirtschaft, Abwasser und Abfall eV (DWA) zu entnehmen.

Als Baustoffe und Baustoffgemische kommen vorrangig Boden und Fels entweder direkt aus einer Entnahmestelle oder aus einer Aufbereitung, unter Umständen mit Fremdbestandteilen, zum Einsatz. Zur Schonung natürlicher Ressourcen wird zunehmend der Einsatz von rezyklierten und/oder industriell hergestellten Gesteinskörnungen als Nebenprodukte (z. B. Eisen- oder Metallhüttenschlacken, Kraftwerksnebenprodukte oder Gießereirückstände) sowie Baustoffe aus Bergbautätigkeit geprüft. Ergänzend werden im Erdbau Geokunststoffe, Leichtbaustoffe, Bindemittel und Stoffe für Entwässerung, Abdichtungen u. ä. verwendet.

5.3 Dämme und Einschnitte

In Anlehnung an Striegler und Werner (1998) können vier Anwendungsbereiche für Dämme unterschieden werden:

Im **Verkehrswegebau** werden auf Dämmen üblicherweise Straßen und Eisenbahnlinien geführt, um Trassierungen optimal, z. B. mit geringen Steigungen und großen Radien, umzusetzen. Zu den Bezeichnungen der Bereiche eines Verkehrsdammes s. Abb. 5.3. Die Anforderungen an das Dammbauwerk sind hier recht hoch, da unter der Verkehrsbelastung neben einer ausreichenden Standsicherheit nur geringe Setzungen verträglich sind. Daraus ergibt sich bei gering tragfähigem Untergrund auch die Notwendigkeit, die Dammaufstandsfläche zu verbessern, s. Kap. 6. Dagegen sind die Anforderungen an Dämme für Schallschutzmaßnahmen gering und ermöglichen den Einbau von Aushubmaterial minderer Qualität. Einschnitte dienen ebenfalls der Trassierung. Hier liegt das Augenmerk auf den seitlich anschließenden Böschungen, die standsicher, s. Kap. 15, und erosionssicher auszuführen sind. Für den Straßenbau sind die Anforderungen und Prüfungen für Dämme und Einschnitte in den *Zusätzlichen Technischen Vertragsbedingungen und Richtlinien für Erdarbeiten im Straßenbau* (*ZTV E-Stb 17*) zu beachten, s. Abs. 5.6. Die einzubauenden Böden müssen der *Technischen Lieferbedingungen für Böden und Baustoffe im Erdbau des Straßenbaus* (*TL BuB E-Stb 20*) entsprechen.

Im **Wasserbau** dienen gemäß Adam (2017) Dammbauwerke ausschließlich dem Rückhalt von zu stauenden Wassermassen. Ihre Bauweise ist daher so zu wählen, dass eine Durchsickerung begrenzt und unschädlich ist, wobei gleichzeitig die Standsicherheit unter ungünstigen Wasserdruckverhältnissen gegeben sein muss.

Schutzdämme dienen der Abwehr von Naturgewalten und werden daher nur bei seltenen, jedoch extremen und schwer planbaren Ereignissen beansprucht. Neben Hochwasserschutzdämmen, die ähnlich wie Dauerbauwerke im Wasserbau zu bemessen sind, werden zunehmend im alpinen Raum Steinschlagschutzdämme und Lawinenschutzdämme ausgeführt. Diese sind im Extremfall sehr hohen horizontalen und dynamischen Lasten ausgesetzt.

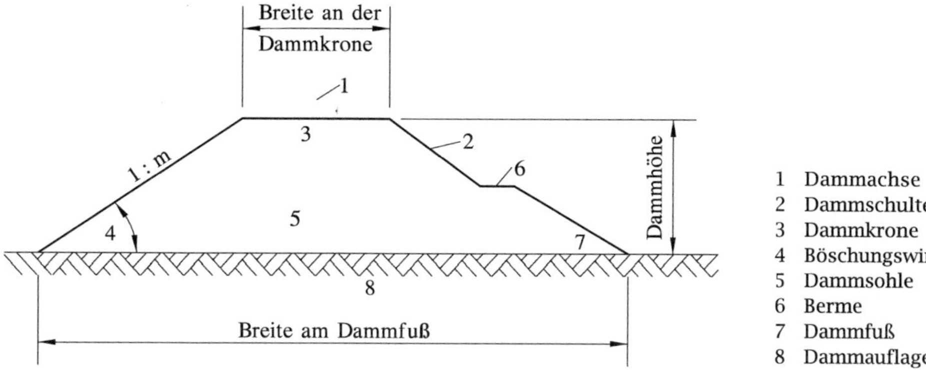

Abb. 5.3 Bezeichnung der Bereiche eines Verkehrsdammes

Der **Deponiebau** wird von Striegler und Werner (1998) ebenfalls als ein Anwendungsgebiet des Dammbaus angegeben. Auch beim Befüllen einer Deponie sind die mechanischen Eigenschaften des eingebauten Materials für die Standsicherheit der temporären und dauerhaften Böschungen maßgebend, ebenso für das Setzungsverhalten.

5.4 Erdbautechnische Aspekte bei Verkehrswegeentwässerung

Das Sammeln und Ableiten von Wasser ist für die dauerhafte Nutzung eines Verkehrsweges von größter Wichtigkeit. Aufgestautes Wasser bewirkt Aufweichungen des Unterbaus bzw. Untergrunds sowie Frostschäden. Vorgaben für die Entwässerung von Straßen werden z. B. in den *Richtlinien für die Entwässerung von Straßen (REwS),* den *Zusätzlichne Technischen Vertragsbedingungen und Richtlinien für den Bau von Entwässerungseinrichtungen im Straßenbau (ZTVEw-StB 14)* und in den *ZTV E-StB 17* gemacht. Abb. 5.4

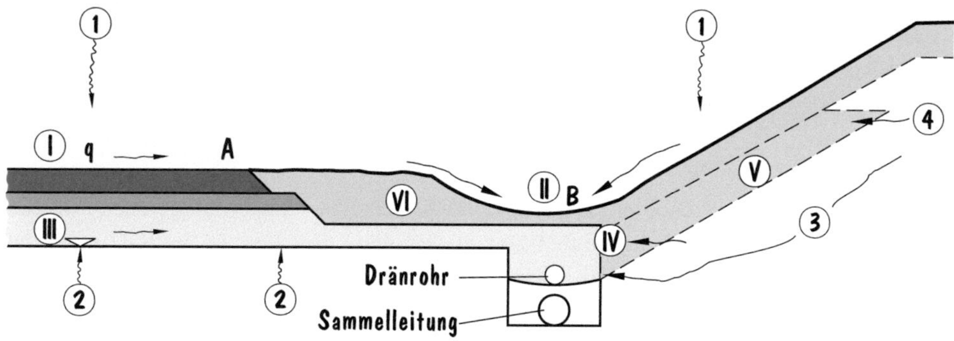

Abb. 5.4 Auftreten von Wasser und dessen Ableitung, s. auch Tab. 5.2

Tab. 5.2 Ableitung von Wasser und Entwässerungseinrichtungen

Wasserart	Ableitung und Entwässerungseinrichtungen
1 Oberflächenwasser auf Fahrbahn und Böschungen	Querneigung der Fahrbahn (I) und des Seitenstreifens bzw. Hochbord + Straßeneinlaufschächte (A), Mulde (II) mit Längsleitung und Muldeneinlaufschächten (B) sowie Sammelleitung. Des weiteren ggf. Abdeckung mit bindigem Boden und Mutterbodenauftrag (VI)
2 Kapillarwasser	„Erdplanum" (III) nach ZTVE StB[a]+ Filter- und Dränfunktion der Unteren „Tragschicht" (FS-Schicht)
3 Hangwasser	Tiefensickerung (IV) (Dränmaterial + Dränrohrleitung)
4 Schichtwasser	Besondere Dränmaßnahmen (V) Sickerschlitz, liegende Dränschicht mit Anschluss an das Entwässerungssystem

[a] Querneigung 2,5 % bzw. $\geq$ 4 % bei wasserempfindlichen Böden; Ebenheit $\pm$ 3 cm; evtl. Versiegelung.

zeigt das Ableiten verschiedener Wässer. Tab. 5.2 gibt stichwortartig Erläuterungen zu Abb. 5.4.

Nicht abgebildet sind Entwässerungsmaßnahmen oberhalb des Einschnitts, die zufließendes Wasser fassen und Erosion in der Einschnittsböschung vermeiden.

5.5 Abdichtungen im Erdbau

Zum Schutz des Bodens und des Grundwassers müssen bei Straßenneubauten und bei Ausbauten in Wasserschutzgebieten Abdichtungen an der Basis der Bauwerke vorgenommen werden, s. *Richtlinien für bautechnische Maßnahmen an Straßen in Wasserschutzgebieten (RiStWag)*. Im Wasserbau sind überall dort Abdichtungen notwendig, wo durch die natürlichen Gegebenheiten unverträgliche Wasserverluste bzw. -zutritte auftreten, typischerweise an Wasserstraßen und Kanälen, an Talsperren und Speicherbecken sowie im Küstenschutz. Bei Deponien kommt der Basisabdichtung, abhängig von den eingelagerten Stoffen, eine besondere Bedeutung für den Boden- und Grundwasserschutz zu. Anforderungen an die Basisabdichtungen von Deponien sind in der *Deponieverordnung (DepV)* in Abhängigkeit der Deponieklasse geregelt. Oberflächenabdichtungssysteme von Deponien dienen dazu, die Freisetzung und Ausbreitung von Schadstoffen z. B. durch Wind- und Wassererosion dauerhaft zu unterbinden und direkten Kontakt von Lebewesen mit Schadstoffen zu verhindern. Prinzip und Aufbau von Oberflächenabdichtungen sind in der *GDA-Empfehlung* E2-4 geregelt.

Bei der Auswahl des Dichtungssystems sind die mechanischen, biologischen und chemischen Einwirkungen auf die Abdichtung zu beachten. Sind ungleiche Setzungen der Unterlage nicht auszuschließen, ist deren Verformungsverhalten bei der Materialauswahl und Bemessung zu berücksichtigen. Gegen drückendes Wasser ist die Abdichtung durch eine Dränschicht zu schützen. Die Abdichtung ist an Kunstbauwerke wie Durchlässe und Brücken dauerhaft anzuschließen.

Abdichtungen werden heute in folgender Form gebaut:

- aus mineralischen Böden
- aus Geokunststoffen, s. Kap. 7
- als kombinierte Dichtungen aus Geokunststoffen mit mineralischen Böden oder mineralischen Dichtungsmatten
- aus Asphalt, auch in Kombination mit mineralischen Dichtungsschichten.

Für mineralische Dichtungssysteme kommen natürliche bindige Böden oder mit quellfähigen Tonen (z. B. Bentonit) aufbereitete Böden in Frage. Anforderungen bei mineralische Dichtungen sind somit in erster Linie hinsichtlich der Einbau- und Verdichtungsfähigkeit und hinsichtlich einer geringen Durchlässigkeit zu stellen. Bei Deponien ist in den Deponieklassen I bis III der dauerhafte Schutz des Bodens und des Grundwassers durch eine Kombination aus geologischer Barriere und einem Basisabdichtungssystem im Ablagerungsbereich zu erreichen. Beim Erfordernis von zwei Abdichtungskomponenten (Deponieklasse DK II und DK III) sollen diese aus einer Konvektionssperre (Kunststoffdichtungsbahn oder Asphaltdichtung) über einer mineralischen Komponente bestehen.

Dichtungen aus Geokunststoffmembranen müssen in der Regel durch Schutzschichten aus Sand oder dicken Vliesen gegen mechanische Einwirkungen beim Überschütten geschützt werden. Dichtungen bestehen häufig auch aus zwischen Vliesen eingebautem Bentonit. Diese Matten werden heute fabrikmäßig hergestellt.

Für im Wasserbau übliche Abdichtungen aus Asphalt sollten die *Empfehlungen für die Ausführung von Asphaltarbeiten im Wasserbau (EAAW)* und das *Merkblatt DWA-M 512: Dichtungssysteme im Wasserbau, Teil 1 und 2*, beachtet werden. Für Abdichtungen auf geneigten Flächen ist die Standsicherheit des Dichtungssystems nachzuweisen. Bei Kunststoffabdichtungen ist das Reibungsverhalten des Systems Unterlage/Dichtungslage/Schutzschicht unter Berücksichtigung ungünstiger äußerer Einwirkungen maßgebend, s. Kap. 7, *EBGEO (2010)* und *GDA-Empfehlung E2-07*.

5.6 Anforderungen und Prüfungen

Grundsätzlich müssen auch im Erdbau sämtliche temporäre und permanente Situationen eine ausreichende Standsicherheit aufweisen. Bei kleineres Maßnahmen ist dies z. B. durch Regelböschungen bis 5 m Höhe oder entsprechende Arbeitsschutzmaßnahmen, s. Kap. 14, sichergestellt. Bei höheren Dämmen, Einschnitten oder Deponien sind Standsicherheitsnachweise zu führen. Daraus ergeben sich Anforderungen an die Scherfestigkeit. Im Verkehrswegebau sind zudem verformungsarme Bauweisen anzustreben, woraus sich Anforderungen an die Zusammensetzung des Erdbaumaterials, die Verdichtung und den Frostschutz ergeben. Im Wasserbau und bei Abdichtungen im Deponiebau ist neben dem Trag- und Verformungsverhalten die Wasserdurchlässigkeit ein wesentlicher Parameter, die ebenfalls durch die Materialzusammensetzung und die Verdichtung beeinflusst wird.

Ob ein Baustoff oder Baustoffgemisch für den geplanten Verwendungszweck geeignet ist, wird mit Hilfe von sogenannten Eignungsprüfungen oder im Rahmen einer Güteüberwachung festgestellt. Hierzu sind klassifizierende und bodenmechanische Versuche durchzuführen, s. Kap. 3 und 4, sowie auch die Ermittlung und Bewertung etwaiger umweltrelevanter Inhaltsstoffe.

Auf der Baustelle führt der Auftragnehmer Eigenüberwachungsprüfungen durch, um festzustellen, ob die Güteeigenschaften der Baustoffe, der Baustoffgemische und der fertigen Leistung den vertraglichen Anforderungen entsprechen. Der Auftraggeber führt zusätzlich Kontrollprüfungen durch, deren Ergebnisse in der Regel der Abnahme zugrunde liegen. Die *Technische Lieferbedingungen für Bodenmaterialien und Baustoffe für den Erdbau im Straßenbau (TL BuB E-StB 20)* enthalten stoffspezifische erdbautechnische und umweltrelevante Anforderungen an Bodenmaterialien und Baustoffe, die zur Herstellung von Erdbauwerken vor allem nach *den ZTV E-StB* eingesetzt werden sowie Hinweise zur Prüfung, Prüfhäufigkeit und Kennzeichnung.

5.6.1 Anforderungen an die Kornverteilung

Während im Straßenbau für den hier nicht weiter behandelten Oberbau über die technischen Lieferbedingungen Sieblinienbereiche vorgegeben werden, orientieren sich die Vorgaben im Erdbau für den Straßenbau an den Bodengruppen der *DIN 18196.* Zusätzlich sind Anforderungen an die stoffliche Zusammensetzung zu beachten. Für Recyclingmaterial darf beispielsweise gemäß den *Technische Lieferbedingungen für Bodenmaterialien und Baustoffe für den Erdbau im Straßenbau (TL BuB E-StB 20)* der Anteil von Ausbauasphalt 10 M.-% sowie der von Fremdstoffen, wie Holz, Gummi, Kunststoffen und Textilien 0,2 M.-% am Gesamtgemisch nicht überschreiten.

Im Wasserbau ergibt sich für Dämme bei einer homogenen Bauweise ein gewisser Widerspruch aus der Forderung nach geringer Durchlässigkeit und ausreichendem Scher- und Erosionswiderstand. Hier kommen in der Regel gemischtkörnige Böden zum Einsatz. Gegliederte Dämme, wie beispielsweise in Abb. 5.2 dargestellt, mit einer Abdichtung aus einem Lehmkern oder einer Asphaltdichtung können aus einer grobkörnigen Steinschüttung hergestellt werden. Um eine gute Verdichtbarkeit einer Steinschüttung zu ermöglichen, sollte die Kornverteilung weitgestuft mit konkavem Verlauf der Sieblinie und nahezu ohne Feinanteil sein. Steinschüttungen müssen am Übergang zu Dichtungskernen aus bindigem Material filterstabil ausgebildet werden, woraus sich auch Anforderungen an die Kornverteilung ergeben. Werden Steinschüttungen zur Sicherung von Böschungen und Sohle eingesetzt, sind die *Technischen Lieferbedingungen Wasserbausteine (TLW)* zu beachten. Für Steinschlag- oder Lawinenschutzdämme ist für eine optimale Energieabsorbtion eine möglichst hohe Scherfestigkeit bei großen Massen anzustreben. Hierzu eignen sich grob- und gemischtkörnige Böden mit einer weitgestuften Kornverteilung.

5.6.2 Anforderungen an die Verdichtung im Erdbau für den Straßenbau

Für Böden im Bereich von Straßen werden in der *ZTV E-StB 17* Anforderungen hinsichtlich der Dichte (Verdichtungsgrad D_{Pr}), des Luftporenanteils n_a, s. Abschn. 3.8, und des Verformungsverhaltens (E_v-Werte, s. Abschn. 4.3) gestellt.

Die geforderten Werte sind halbempirisch ermittelt s. Voss (1961) und gewährleisten in der Regel standsichere und verformungsarme Verkehrswege.

Für größere Verkehrsbauten ist jedoch anzuraten, an natürlichen bzw. verdichteten Bodenproben das Verformungsverhalten und die Scherfestigkeit zu bestimmen, um die Kennwerte in erdstatischen Berechnungen verwenden zu können.

Die Anforderungen an die Begrenzung des Luftporengehaltes n_a bei bindigen Erdbaustoffen dienen zur Minimierung von Sackungen in Erdbauwerken. Sackungen entstehen weitgehend durch das Eindringen von Sickerwasser in die vorhandenen Luftporen. Durch das Eindringen von Wasser werden auch andere Eigenschaften, wie die Scherfestigkeit negativ beeinflusst, s. auch Rilling (1994).

Bei Einhaltung des Luftporenkriteriums aus Tab. 5.3 von $n_a \leq 12\,\%$ und $D_{Pr} \geq 97\,\%$ sind erfahrungsgemäß Sackungsmaße von 1 bis 2 % der Dammhöhe bzw. der Schütthöhe nicht zu vermeiden. Sollen kleinere Sackungsmaße erreicht werden, sollte der Luftporengehalt bis auf 6 % begrenzt werden, was durch intensive Verdichtung trockenerer

Tab. 5.3 Anforderungen an das 10 %-Mindestquantil[b] für den Verdichtungsgrad D_{Pr} bzw. an das 10 %-Höchstquantil[b] für den Luftporenanteil n_a von Bodenarten im Untergrund und Unterbau von Straßen und Wegen nach *ZTV E-StB 17*

Bereich	Bodengruppe *DIN 18196*	D_{Pr} in %	n_a in Vol-%
Planum bis 1,0 m Tiefe bei Dämmen und bis 0,5 m bei Einschnitten	GW, GI, GE, SW, SI, SE, GU, GT, SU, ST	100[b]	–
1,0 m unter Planum bis Dammsohle	GW, GI, GE, SW, SI, SE, GU, GT, SU, ST	98	–
Planum bis Dammsohle und bis 0,5 m Tiefe bei Einschnitten	GU*, GT*, SU*, ST*, U, T, OU[a], OT[a]	97	12[c]

[a] Bei den Böden OU und OT gelten die Anforderungen nur dann, wenn ihre Eignung und Einbaubedingungen gesondert untersucht und im Einvernehmen mit dem Auftraggeber festgelegt werden.
[b] Das Mindestquantil ist das kleinste zugelassenen Quantil, unter dem nicht mehr als der vorgegebe Anteil von Merkmalswerten (z. B. für den Verdichtungsgrad) der Verteilung zugelassen ist. Das Höchstquantil ist das größte zugelassene Quantil, über dem nicht mehr als der vorgegebene Anteil von Merkmalswerten (z. B. für den Luftporenanteil) der Verteilung zugelassen ist.
[c] Wenn die Böden nicht verfestigt oder qualifiziert verbessert werden, s. dazu Abschn. 6.3, empfiehlt sich bei Einbau von wasserempfindlichen gemischt- und feinkörnigen Böden eine Anforderung an das 10 %-Höchstquantil für den Luftporengehalt n_a von 8 Vol.-%, bei Einbau von veränderlich festen Gesteinen eine entsprechende Anforderung von n_a von 6 Vol.-%. Diese Forderungen sind in der Leistungsbeschreibung festzulegen.

Tab. 5.4 Anforderungen an E_{v2}- bzw. E_{vd}-Werte auf dem Planum

Untergrund bzw. Unterbau	E_{v2} (MN/m²)	E_{vd} (MN/m²)
Alle	45	–
Mit qualifizierter Bodenverbesserung	70	–
Grobkörniger Boden (GW, GI)	100	50
Grobkörniger Boden (SW, SI)	80	40

Materialien, ggf. unter Zumischung von hydraulischen Bindemitteln, erreichbar ist. Erfahrungen auf Baustellen, in denen schluffige Kiese und angewitterte Schlufftonssteine unter Zumischung von 1 bis 2 % Kalk mit Luftporengehalten von etwa $n_a = 6\,\%$ eingebaut wurden, zeigten im Mittel Trockendichten von $\rho_d = 1{,}82\,\text{t/m}^3$ und E_{v2}-Werte von etwa $85\,\text{MN/m}^2$ sowie Verhältnisse von $E_{v2}/E_{v1} \approx 2{,}0$. Dabei wurden Sackungen von etwa 0,3 % der Schütthöhe gemessen. Überlagert werden diese Sackungen mit den Eigensetzungen des Dammes und den Setzungen des Untergrundes infolge der Dammlast, die sich gemäß den in Kap. 10 aufgezeigten Methoden berechnen lassen.

Zur Ermittlung des Mindestquantils bzw. auch des Höchstquantils, s. Abschn. 5.6.3. Nach *ZTV E-StB 17* sind der Untergrund und der Unterbau von Straßen und Wegen so zu verdichten, dass die in Tab. 5.3 und in Tab. 5.4 genannten Anforderungen erreicht werden. Diese Anforderungen werden häufig auch für die Errichtung anderer Erdbauwerke, wie Auffüllungen für Flughäfen und für Staudämme, gestellt. Je nach örtlichen Erfahrungen und der Bedeutung bzw. der Beanspruchung des Bauwerks können die Anforderungen auch höher oder niedriger gestellt werden. Für weitere Bauwerke, z. B. Baugruben, Leitungsgräben, Hinterfüllungen und Überschüttungen gelten andere Forderungen als die in Tab. 5.3 genannten, s. dazu *ZTV E-StB 17*.

5.6.2.1 Anforderungen an den Verformungsmodul E_{v2} auf dem Planum

Unmittelbar vor Aufbringung von Schichten des Oberbaus sind folgende Werte der Tab. 5.4 durch Prüfungen zu belegen. Diese Anforderungen beziehen sich auf das 10 %-Mindestquantil.

Der Verformungsmodul E_{v2} wird mit dem statischen Plattendruckversuch nach DIN 18134, Abs. 4.3, und der Verformungsmodul E_{vd} mit dem dynamischen Plattendruckversuch nach TP BF-StB, Teil 8.3, nachgewiesen.

Lässt sich der erforderliche Verformungsmodul auf dem Planum nicht durch Verdichten erreichen, ist entweder

- der Untergrund bzw. der Unterbau zu verbessern oder zu verfestigen, s. Abschn. 6.3, oder
- die Dicke der ungebundenen Tragschicht zu vergrößern.

5.6.2.2 Indirekte Prüfverfahren für den Verdichtungsgrad

Als Ersatz für die Bestimmung des Verdichtungsgrades können gemäß *ZTVE-StB 17* bei grobkörnigen Böden und gemischtkörnigen Böden mit einem Feinkornanteil kleiner 15 M.-% die Ergebnisse von statischen und dynamischen Plattendruckversuche verwendet werden. Der Zusammenhang zwischen dem gewählten indirekten Prüfverfahren und dem Verdichtungsgrad ist entweder bei Herstellung eines Probefeldes oder durch entsprechend belegte Erfahrungen zu ermitteln. Hierzu können die in Tab. 5.5 angegebenen Zuordnungen verwendet werden.

Bei den Bodengruppen GE und SE sind die Zuordnungen zum dynamischen Verformungsmodul E_{vd} im Rahmen der Probeverdichtung zu überprüfen.

Zusätzlich ist der Verhältniswert der Verformungsmoduln E_{v2}/E_{v1} zur Beurteilung des Verdichtungszustandes mit heranzuziehen. Dabei kann von folgenden Verhältniswerten ausgegangen werden, s. Tab. 5.6.

Wenn der E_{v1}-Wert bereits 60 % des in der Tab. 5.5 angegebenen E_{v2}-Wertes erreicht, sind auch höhere Verhältnisse E_{v2}/E_{v1} zulässig.

Näherungsweise können für gemischt- und feinkörnige Böden der Gruppen GU, GT, SU, ST, GU*, GT*, SU*, ST*, U und T nach Floss (2019) die Richtwerte in Tab. 5.7 zur Erreichung des Verformungsmoduls E_{v2} angenommen werden.

Für Verdichtungsprüfungen in Leitungsgräben und in beengten Arbeitsräumen werden indirekte Verfahren, s. Abschn. 3.8.3, empfohlen.

Tab. 5.5 Richtwerte für die Zuordnung von Verdichtungsgrad D_{Pr}, Verformungsmodul E_{v2} und E_{vd} bei grobkörnigen Bodenarten gemäß *ZTVE-StB 17*, Tabelle 10 und 11

Bodenart	D_{Pr} (%)	E_{v2} (MN/m^2)	E_{vd} (MN/m^2)
GW, GI	≥ 100	≥ 100	≥ 50
	≥ 98	≥ 80	≥ 40
GE, SE, SW, SI	≥ 100	≥ 80	50
	≥ 98	≥ 70	40

Tab. 5.6 Nachweis E_{v2}/E_{v1}

Verdichtungsgrad D_{Pr}	Verhältnis E_{v2}/E_{v1}
≥ 100 %	$\leq 2{,}3$
≥ 98 %	$\leq 2{,}5$

Tab. 5.7 Näherungsweise Zuordnung von Porenanteil n, Wassergehalt w und E_{v2}-Modul bei fein- und gemischtkörnigen Bodenarten mit einem Luftporengehalt von $n_a \leq 12$ %

Porenanteil n (%)	Wassergehalt w (Gew.-%)	E_{v2}-Modul (MN/m^2)
$n \leq 30$	$7 \leq w \leq 15$	≥ 45
$30 < n \leq 36$	$10 \leq w \leq 20$	20 ... 45
$n > 36$	$w \geq 15$	≤ 20

5.6.3 Umfang und Methodik der Prüfungen im Erdbau gemäß *ZTVE-StB 17*

Nach *ZTV E-StB 17* sind Eignungsprüfungen, Eigenüberwachungsprüfungen und Kontrollprüfungen auszuführen. Die ausreichende Verdichtung kann nach drei Methoden überprüft werden:

- Methode *M 1*: Vorgehensweise gemäß Prüfplan,
- Methode *M 2*: Vorgehensweise bei Anwendung flächendeckender dynamischer Messverfahren, s. Abschn. 3.8.3.4 und
- Methode *M 3*: Vorgehensweise zur Überwachung des Arbeitsverfahrens.

Bei allen drei Methoden wird jeweils ein Prüflos beurteilt. Ein Prüflos ist eine unter einheitlichen Bedingungen bearbeitete Schicht verdichteten Boden, für die eine einheitliche Anforderung gilt.

Die Methode *M 1*, die in der Praxis selten Anwendung findet, eignet sich grundsätzlich nur für große Prüfflächen, in denen nach einem vorher festgelegten Prüfplan Prüfpunkte zufällig ausgewählt und hinsichtlich der Prüfergebnisse statistisch ausgewertet werden. Der erforderlich Stichprobenumfang ist in Tabelle 8 der *ZTVE-StB 17* angegeben. So sind z. B. bei Methode *M 1* für Prüflosflächen von bis zu 1000 m^2 4 Stichproben, bei Flächen bis 6000 m^2 9 Stichproben zu wählen. Die Methode *M 2* ist besonders bei großen Tagesleistungen und weitgehend gleichmäßig zusammengesetzten Bodenarten geeignet, siehe *Merkblatt über flächendeckende dynamische Verfahren zur Prüfung der Verdichtung im Erdbau (M FDVK E)*. Der hierbei mit Hilfe eines an der Walze installierten Messgerätes aus der Wechselwirkung zwischen Walze und Boden abgeleitete dynamische Messwert korreliert mit der Steifigkeit und der Verdichtung des Bodens. Bei grobkörnigen Böden kann bei vorausgegangener Kalibrierung aus dem dynamischen Messwert direkt auf die erforderlichen Qualitätswerte geschlossen werden. Aus der Kalibrierung wird ein Mindestwert für den dynamischen Messwert abgeleitet und vereinbart. Als alleinige Prüfmethode kommt die Flächendeckende Dynamische Verdichtungs-Kontrolle (FDVK) jedoch selten zum Einsatz. Sie dient meist vorrangig der Optimierung des Geräteeinsatzes und einer flächendeckenden automatischen Dokumentation. Die dabei erzeugten, großen Datenmengen erfordern eine sinnvolle vereinfachte Auswertung. Die Methode *M 3* ist weit verbreitet und eignet sich auch für kleine und beengte Baumaßnahmen. Ihre Anwendung setzt voraus, dass durch Probeverdichtung oder aufgrund bereits einschlägig vorliegender Erfahrung ein bestimmtes Arbeitsverfahren festgelegt wird und diese Festlegungen bei der Eigenüberwachung vom Auftragnehmer detailliert dokumentiert und vom Auftraggeber überprüft werden. Die Methode *M 3* erfordert jeweils eine Probeverdichtung für alle eingesetzten Verdichtungsgeräte und für alle anstehenden Bodengruppen und ist bezüglich der Anzahl der Verdichtungsübergänge, der Dicke der Schüttlagen und der Einbauwassergehalte einheitlich anzuwenden. Zusätzlich zu den Aufzeichnungen im Tagesprotokollheft sind vom Auftragnehmer Prüfungen gemäß dem in der Tabelle 9 der *ZTVE-STb 17* genannten Umfang durchzuführen.

5.7 Bodenbehandlung im Erdbau

Durch eine Bodenbehandlung können für bestimmte Zwecke ungeeignete Ausgangsmaterialein so verändert werden, dass die geforderten Eigenschaften erreicht werden können. Die *ZTV E-StB 17* definiert Bodenverfestigungen und Bodenverbesserungen als „Bodenbehandlung“ und unterscheidet dabei zwischen Bodenverfestigung, qualifizierter Bodenverbesserung und Bodenverbesserung.

- **Bodenverbesserung**: Hierdurch soll die Verarbeitbarkeit (Einbaufähigkeit und Verdichtung) eines Materials verbessert werden. Es ist zu unterscheiden in eine mechanische Bodenverbesserung (Zumischen von Grobkorn zur Optimierung der Korngrößenverteilung) und eine Bodenverbesserung mit Bindemitteln, bei der eine Veränderung des Wassergehalts im Vordergrund steht. Hierdurch ändert sich die Struktur des Bodens. Beispielsweise bekommt ein toniger Schluff die Struktur eine krümeligen, eher nichtbindigen Bodens. Die Plastizitätszahl I_P nimmt in der Regel ab, s. Little (1995).
- **Qualifizierte Bodenverbesserung**: Bei einer qualifizierten Bodenverbesserung darf die Bindemittelmenge 3 M.-% nicht unterschreiten. Bei der qualifizierten Bodenverbesserung des Planums (Verringerung der Frostempfindlichkeitsklasse F3 zu F2, s. Abschn. 3.7.3), ist die Bindemittelmenge so zu bemessen, dass die einaxiale Druckfestigkeit nach 28 Tagen mindestens beträgt bzw. der CBR-Wert, s. Abschn. 3.8.3.2, mindestens 40 % beträgt. In beiden Fällen darf nach 24 h Wasserlagerung der Festigkeitsabfall nicht größer als 50 %, bezogen auf den jeweiligen Wert vor der Wasserlagerung, sein. In Abhängigkeit von den zeitlichen Vorgaben kann die Prüfung auch schon nach 7 Tagen und/oder zu anderen Prüfzeitpunkten erfolgen.
  Bei anderen Anwendungen der qualifizierten Bodenverbesserung werden die Kriterien für die Bestimmung der Bindemittelmenge durch Anforderungen aus erdstatischen Berechnungen vorgegeben.
- **Bodenverfestigung**: Hierbei werden durch die Zugabe von Bindemitteln langfristig die Widerstandsfähigkeit des Bodens gegen Beanspruchung durch Verkehr und Klima erhöht. Dadurch wird der Boden dauerhaft tragfähig und frostbeständig. Das Kriterium für die Festlegung der Bindemittelmenge ist die einaxiale Druckfestigkeit der verfestigten Probe. Bodenverfestigungen werden im Allgemeinen in der oberen Zone des Untergrunds bzw. des Unterbaus sowie für Tragschichten des Oberbaus von Verkehrsflächen ausgeführt.

Für den Bau von Straßen und Verkehrswegen werden im *Merkblatt über Bodenverfestigungen und Bodenverbesserungen mit Bindemitteln* technische Hinweise für die Planung und Ausführung gegeben. Die Eignung der Böden für die Bodenbehandlung ist in Abhängigkeit von verwendeten Bindemittel anhand einer Eignungsprüfung nachzuweisen. Eine Übersicht über die Eignung von Bodengruppen (gemäß *DIN 18196*) und Bindemitteln ist in der Tab. 5.8 dargestellt. Bodenverfestigungen sind erfahrungsgemäß nicht für ausgeprägt plastische Tone (TA) möglich.

Tab. 5.8 Eignung von Bodengruppen für Bodenverbesserungen (auf Grundlage von: *FGSV-Merkblatt*)

Bodengruppe gemäß DIN 18196	Feinkalk, Kalkhydrat nach DIN EN 459-1	Zement nach DIN EN 197-1	Hydraul. Boden- und Tragschichtbinder nach DIN EN 13282-1
GE, GW, GI, SE, SW, SI	–	×	×
GU, GT, SU, ST	(×)	×	×
GU*, GT*, SU*, ST*, UL	×	×	×
UM, TL, TM	×	(×)	(×)
UA	×	–	–
TA	(×)+	–	–

+ Ausgeprägt plastische Tone (TA) mit halbfester und fester Konsistenz lassen sich nicht ausreichend mit den Bindemitteln homogenisieren.

Die Eignung hydraulischer Bindemittel gilt analog Tab. 5.8 für Bodenverfestigungen. Die Eignung von Kalken ist hingegen bei gemischtkörnigen Böden nur bedingt gegeben.

Ergänzend zu Tab. 5.8 ist eine Übersicht, über die Körnungsbereich, für die sich bestimmte Bindemittel besonders eignen, in Abb. 5.5 nach Floss (2019) gegeben.

Veränderlich feste Gesteine und unvollständig zersetzte Gesteine können nur verbessert werden, wenn sie sich ausreichend zerkleinern lassen und einen für die Verdichtung ausreichenden Wassergehalt aufweisen. Dies ist oftmals nicht gegeben.

Bei Böden mit organischen Beimengungen und organogenen Böden kann die hydraulische Erhärtung verzögert und/oder vermindert werden. Dies ist bei der Festlegung des Bindemittelgehaltes in der Eignungsprüfung zu berücksichtigen. Durch Zugabe von 1 bis 3 M.-% Feinkalk oder Kalkhydrat können gegebenenfalls die sauer reagierenden, organischen Bestandteile in einem vorherigen Arbeitsschritt mit einzuplanender Reaktionszeit neutralisiert werden.

Durch Mischbindemittel können die beiden Wirkungsweisen von Kalk und hydraulischen Bindemitteln (Festigkeitsentwicklung und Wassergehaltsreduzierung) abgestimmt genutzt werden.

Die Herstellung von Boden-Bindemittel-Gemischen kann durch zwei Verfahren erfolgen:

- **Baumischverfahren (mixed-in-place)**: Hierbei werden die Bindemittel zunächst gleichmäßig verteilt und dann eingefräst, eingeeggt bzw. eingepflügt. Scheibenseparatoren zum Zerkleinern von Steinen und Einmischen von hydraulischen Bindemitteln, an geeigneten Trägergeräten montiert, können vor allem bei kleineren Bauaufgaben, wie bei Grabenverfüllungen, wirtschaftlich sein. Bei der Bodenverfestigung muss für gemischtkörnige und bindige Böden eine inständige Zerkleinerung (Bodenklumpen < 8 mm) und Homogenisierung erfolgen. Zu trockene Böden müssen ggf. vorher befeuchtet werden. Eine Nachbehandlung wie für Beton ist ggf. ebenfalls notwendig.

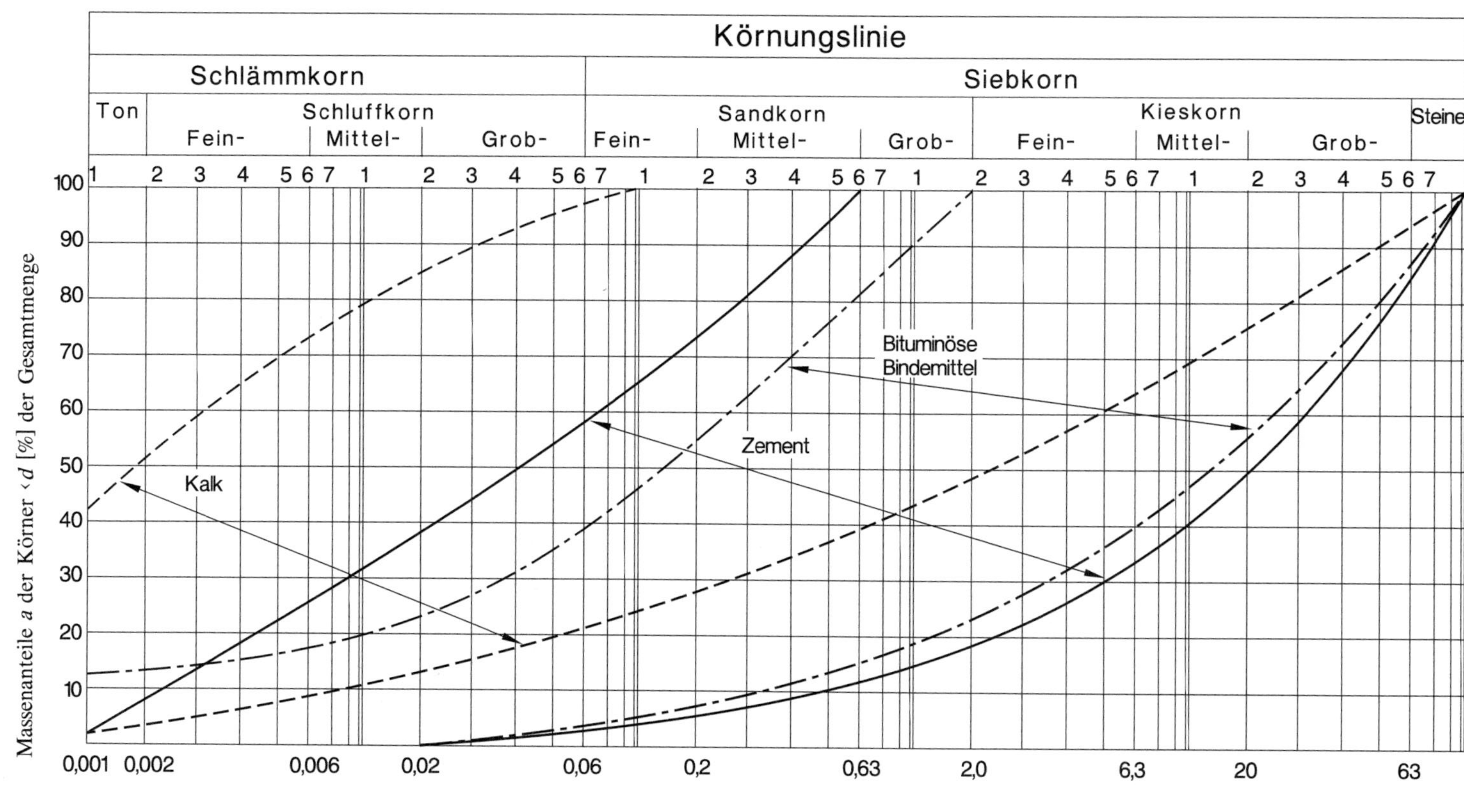

Abb. 5.5 Körnungsbereiche für die Verfestigung und Verbesserung von Böden mit verschiedenen Bindemitteln

- **Zentralmischverfahren (mixed-in-plant)**: Boden, Bindemittel und Wasser werden in einer zentralen Mischanlage (Durchlauf- oder Chargenmischer) gemischt. Dieses Verfahren eignet sich bei hohen Anforderungen an eine gleichmäßige Qualität. Anschließend wird das Boden-Bindemittel-Gemisch zur Baustelle transportiert, wobei es vor Austrocknung zu schützen ist. Aufgrund der aufwändigen Logistik kommt dies Verfahren relativ selten zum Einsatz.

Wenn am vorgesehenen Einbauort aufgrund der örtlichen Verhältnisse (bei Fahrbahnverbreiterungen, Leitungsgrabenverfüllungen, Bauwerkshinterfüllungen, in Bereichen von Ortslagen, in denen Bindemittelverwehungen vermieden werden müssen, usw.) ein Aufbringen und Einmischen des Bindemittels nicht möglich ist, kann dies auch an der Gewinnungsstelle erfolgen und das Boden-Bindemittel-Gemisch wird im Anschluss zur Einbaustelle transportiert.

Für weitere Einzelheiten, vor allem auch hinsichtlich der Kriterien für die Bestimmung der Bindemittelmengen, s. *ZTV E-StB 17, ZTV Beton-StB 07*, Schmidt und Rumpelt (2009) und Dietrich und Hotz (2017) sowie Informationsmaterial von Bindemittelherstellern.

Bei einer rein mechanischen Bodenverbesserung werden einem weichen bindigen Boden grobkörige Bestandteile als Stützkorn zugefügt. Geeignete Baustoffe können Sand, Kies, Steine, industriell hergestellte Gesteinkörnungen sowie rezyklierte Baustoffe (RC-Material) sein. Beim Einsatz von RC-Material wurden neben der mechanischen Wirkungen ähnliche Effekte wie bei einer Verbesserung mit Bindemitteln beobachtet. Umfangreiche Untersuchungen hierzu wurden von Henzinger (2017) durchgeführt. Der wesentliche Effekt ist, dass durch die Porosität des RC-Materials ein Wasseraustausch mit dem zu verbessernden Boden stattfindet, siehe auch *Merkblatt über den Einsatz von rezyklierten Baustoffen im Erd- und Straßenbau (M RC 19)*.

Literatur

Adam, D.: Erdbau, Grundbautaschenbuch, Teil 2, 8. Aufl. Ernst & Sohn (2017)

Dietrich, J., Hotz, C.: Bindemittelbasierte Bodenstabilisierung in der Geotechnik. Geotechnik **40**(4), 271–278 (2017)

Floss, R.: Handbuch ZTV E-StB: Kommentar und Kompendium Erdbau | Felsbau | Landschaftsschutz für Verkehrswege, 5. Aufl. Kirschbaum (2019)

Henzinger, C.: Bodenverbesserung mit Recyclingmaterial aus Bauschutt. Schriftenreihe Lehrstuhl und Prüfamt für Grundbau, Bodenmechanik, Felsmechanik und Tunnelbau der Technischen Universität München, Heft 63. (2017)

Kühn, G.: Der maschinelle Erdbau. B.G. Teubner (1984)

Kunze, G., Göhring, H.: Baumaschinen, Erdbau- und Tagebaumaschinen. Springer Vieweg (2012)

Little, D.N.: Handbook for the Stabilisation of Pavement Subgrades and Base Courses with Lime. Kendall/Hunt Publishing Company, Dubuque, Iowa, USA (1995)

Schmidt, H.H., Rumpelt, T.: Erdbau, Grundbautaschenbuch, Teil 2, 7. Aufl. Ernst & Sohn (2009)

Striegler, W., Werner, D.: Dammbau in Theorie und Praxis, 2. Aufl. Verlag für Bauwesen (1998)

Rilling, B.: Untersuchungen zur Grenztragfähigkeit bindiger Schüttstoffe am Beispiel von Lösslehm. Mitteilungen Institut für Geotechnik, Universität Stuttgart Heft 40. (1994)
Voß, K., Floss, R., Brüggemann, K. (Hrsg.): Die Bodenverdichtung im Verkehrswege-, Grund- und Dammbau, 6. Aufl. Werner Verlag (1986)
Voss, R.: Die Bodenverdichtung im Straßenbau. Werner-Verlag (1961)

Normen

DIN 18134: Baugrund – Versuche und Versuchsgeräte – Plattendruckversuch
DIN 18196: Erd- und Grundbau – Bodenklassifikation für bautechnische Zwecke
DIN 18300: VOB Vergabe- und Vertragsordnung für Bauleistungen – Teil C: Allgemeine Technische Vertragsbedingungen für Bauleistungen (ATV) – Erdarbeiten
DIN EN 197-1: Zement – Teil 1: Zusammensetzung, Anforderungen und Konformitätskriterien von Normalzement
DIN EN 459-1: Baukalk – Teil 1: Begriffe, Anforderungen und Konformitätskriterien
DIN EN 13282-1: Hydraulische Tragschichtbinder – Teil 1: Schnell erhärtende hydraulische Tragschichtbinder – Zusammensetzung, Anforderungen und Konformitätskriterien

Sonstige Regelwerke

Deutsche Gesellschaft für Geotechnik (Hrsg.): Empfehlungen für den Entwurf und die Berechnung von Erdkörpern mit Bewehrungen aus Geokunststoffen. Ernst & Sohn (2010)
Deutsche Gesellschaft für Geotechnik: Empfehlungen für die Ausführung von Asphaltarbeiten im Wasserbau (2008)
E-Stb, Z.T.V.: Zusätzlichen Technischen Vertragsbedingungen und Richtlinien für Erdarbeiten im Straßenbau. Forschungsgesellschaft für Straßen- und Verkehrswesen (FGSV) (2017)
REsS (2021): Richtlinie für die Entwässerung von Straßen, Forschungsgesellschaft für Straßen- und Verkehrswesen (FGSV)
DepV (2009/2021): Verordnung über Deponien und Langzeitlager (Deponieverordnung – DepV 2009, geändert 2021)
GDA-Empfehlung E 2-04 Oberflächenabdichtungssysteme (2010),
GDA-Empfehlung E 2-07: Nachweis der Gleitsicherheit von Abdichtungssystemen (2015)
Merkblatt DWA-M 512 (2016): Dichtungssysteme im Wasserbau, Teil 1 und 2, Deutsche Vereinigung für Wasserwirtschaft, Abwasser und Abfall (DWA)
M RC (2019): Merkblatt über den Einsatz von rezyklierten Baustoffen im Erd- und Straßenbau, FGSV
Merkblatt über Bodenverfestigungen und Bodenverbesserungen mit Bindemitteln (2004), FGSV
M FDVK E (2014): Merkblatt über flächendeckende dynamische Verfahren zur Prüfung der Verdichtung im Erdbau, FGSV
RAS-Ew (2008): Richtlinien für die Anlage von Straßen RAS Teil: Entwässerung, FGSV
RiStWag (2016): Richtlinien für bautechnische Maßnahmen an Straßen in Wasserschutzgebieten, FGSV
TL BuB E-StB (2020): Technische Lieferbedingungen für Bodenmaterialien und Baustoffe für den Erdbau im Straßenbau, FGSV
Technische Prüfvorschriften für Boden und Fels im Straßenbau TP BF-StB Teil B 8.3: Dynamischer Plattendruckversuch mit Leichtem Fallgewichtsgerät, Ausgabe 2012, FGSV

TLW: Technische Lieferbedingungen Wasserbausteine

ZTV Ew StB (2014): Zusätzliche Technische Vertragsbedingungen und Richtlinien für den Bau von Entwässerungseinrichtungen im Straßenbau, FGSV

ZTV Ew-StB (2014): Zusätzliche Technische Vertragsbedingungen und Richtlinien für den Bau von Entwässerungseinrichtungen im Straßenbau

Methoden zur Baugrundverbesserung 6

Zusammenfassung

Wenn der Baugrund keine ausreichende Festigkeit bzw. Steifigkeit aufweist oder sich während und nach der Baumaßnahme zu stark (und auch zu langsam) verformt, stehen im Erd- und Grundbau vielfältige Methoden für eine Verbesserung des Baugrunds zur Verfügung. Auch kann durch Veränderung der Kornverteilung und der Dichte die Durchlässigkeit von Böden verändert werden. Als Alternative zu Tiefgründung mit Pfählen haben diese Methoden in den vergangenen Jahren an Bedeutung gewonnen. Es werden die gängigen praktizierten Methoden mit Vor- und Nachteilen erläutert und ausgeführte Beispiele gezeigt.

6.1 Definitionen und Klassifikation der Verfahren

Bei einer Verbesserung des Baugrunds werden spezifisch je nach Anwendungsfall Eigenschaften verändert. Die Maßnahmen können eine Erhöhung der Tragfähigkeit zur Verbesserung der Standsicherheit als auch eine Verringerung oder Vorwegnahme/Beschleunigung von Verformungen zum Ziel haben. Die Erhöhung der Durchlässigkeit kann der Gefahr zu großer Porenwasserüberdrücke entgegenwirken, durch eine Verringerung der Durchlässigkeit können Durchströmungen reduziert oder verhindert werden.

Im Hinblick auf den Erdbau unterscheidet die *ZTV-E Stb (2017)* zwischen einer Bodenverbesserung, die die Verarbeitbarkeit verbessert und rein mechanisch oder durch den Einsatz von Bindemitteln erfolgen kann, und einer Bodenverfestigung, bei der durch die Zugabe von Bindemitteln eine langfristige Erhöhung der Tragfähigkeit und der Frostbeständigkeit erreicht wird, s. Abschn. 5.7 und 6.4. Bei der Einleitung von Gründungslasten muss eine ausreichende Sicherheit gegen Versagen und die Einhaltung verträglicher Verformungen sichergestellt werden. Bei gering tragfähigen und/oder nachgiebigen Böden kommen hier als Alternative zu einer Tiefgründung Verfahren in Betracht, die auf eine Ver-

H.-H. Schmidt, R.F. Buchmaier, C. Vogt-Breyer, *Grundlagen der Geotechnik*,
https://doi.org/10.1007/978-3-658-39834-7_6

Tab. 6.1 Übersicht und Klassifikation der Verfahren

Statische Verdichtung und dränierende Verfahren	Dynamische Verdichtung	Bewehrung (zugfest)	Verdrängen und Verfestigen	Bodenaustausch
Vorbelastung ohne/mit Vertikaldräns Aktive Entwässerungsverfahren (Brunnen, Vakuum, Elektroosmose)	Dynamische Intensivverdichtung Tiefenverdichtung (Rütteldruckverdichtung, Rüttelbohlen o. ä.) Sprengverdichtung	Geokunststoffe Stahlbänder, Stahlrohre, Bodennägel Bepflanzung	Bodenverfestigung und Bodenverbesserung mit Bindemitteln (Erdbau) Tiefenmischverfahren (trocken/nass) Stopfsäulen (ungebunden oder hydraulische gebunden) Injektionen	–

Tab. 6.2 Abhängigkeit einiger Methoden von der Kornverteilung der Böden

Ton	Schluff	Sand	Kies
Vermörteln			
Bodenaustausch			
Rüttelstopfverdichtung			
	Dynamische Intensivverdichtung, etc.		
Düsenstrahlverfahren		Tiefenverdichtung	
		Zementverpressung	
	Silikatverpressung		
Elektroosmose			
	Gefrierverfahren, etc.		
Vorbelastung			

besserung der Scherfestigkeit und der Steifigkeit abzielen. Durch dränierende Maßnahmen können Setzungen in ihrem zeitlichen Verlauf beschleunigt und ggf. Porenwasserüberdrücke reduziert werden. Durch geeignete Injektionen, die zu Abdichtungszwecken die Durchlässigkeit herabsetzen, können geohydraulische Vorgänge ebenfalls beeinflusst werden.

Einen Überblick über die Verbesserungsmethoden gibt Tab. 6.1 sowie Han (2015). Die Abhängigkeit einiger Methoden von der Kornverteilung der Böden zeigt Tab. 6.2.

6.2 Statische Verdichtung und dränierende Verfahren

Eine Reduktion des Porenvolumens von wassergesättigten, feinkörnigen Böden ist nur durch eine Verdrängung von Porenwasser möglich. Bei Aufbringen einer statischen Belastung setzt ein Konsolidationsprozess ein, s. Abs. 4.2, der in seinem zeitlichen Verlauf vorrangig von der Durchlässigkeit und dem Verformungsverhalten des Bodens, vgl. c_v in Gl. (4.88), sowie durch die Dränage-Randbedingungen bestimmt ist. Abb. 6.1 zeigt Maß-

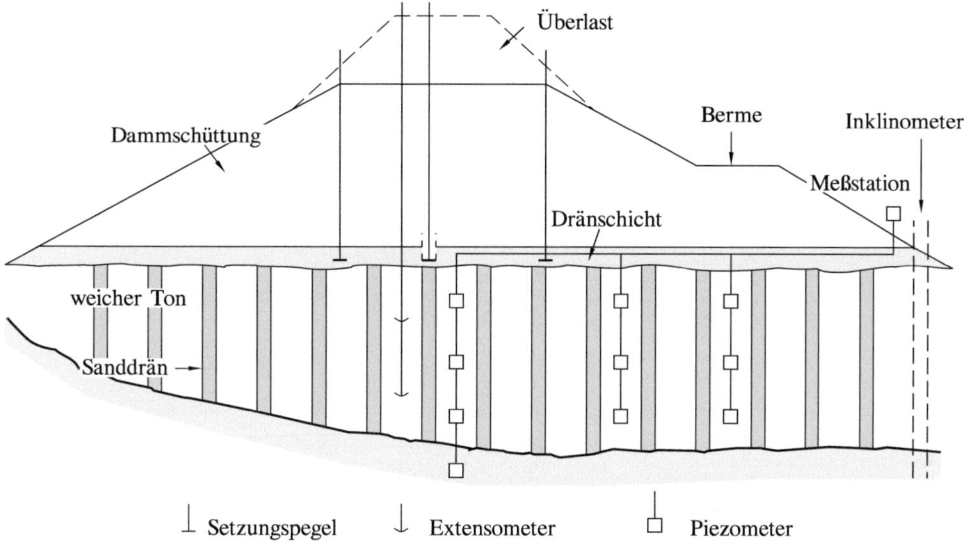

Abb. 6.1 Beschleunigung der Setzungen unter einem Damm mittels Sanddräns

nahmen zur Beschleunigung der Setzungen unter einem Damm mittels Sanddräns. Dabei werden Bohrlöcher mit Sand verfüllt. Der Damm wurde instrumentiert, um die Setzungen auf verschiedene Art zu messen. Abb. 6.2 zeigt den Zeitsetzungsverlauf für den Fall mit Dräns im Vergleich zur rechnerischen Prognose für den undränierten Fall.

Heute werden häufig geotextile Dräns oder Pappdräns für den beschleunigten Transport des Porenwassers verwendet. Die Dräns werden mit einem mäklergeführten Trägergerät mit spezieller Mastausführung im Schutze eines Stahlformrohres (Stitcher) in den zu entwässernden Boden gedrückt. Ebenfalls zur Vertikaldränage kommen geotextilum-

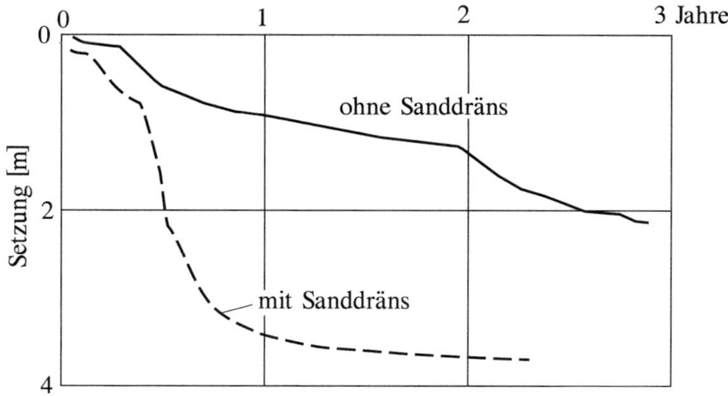

Abb. 6.2 Zeitsetzungsverlauf für Damm mit und ohne Dräns

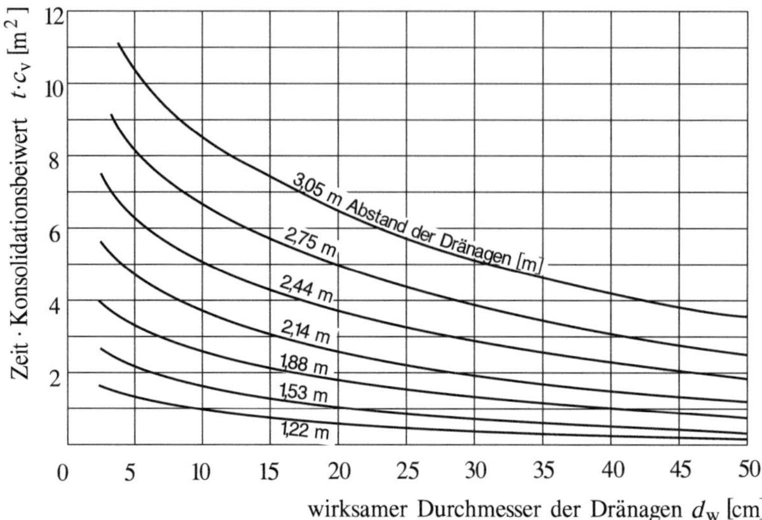

Abb. 6.3 Diagramm zur Bemessung von Dräns

mantelten Kiessäulen, hergestellt mit Tiefenrüttlern, zum Einsatz, die gleichzeitig die Tragfähigkeit von weichen Böden erhöhen und die Konsolidation beschleunigen, s. Sidak und Strauch (2003), Raithel et al. (2013), Alexiew et al. (2016) sowie Taetz et al. (2018).

Abb. 6.3 gibt das von Altes (1970) veröffentlichte Diagramm wieder; es zeigt für Sanddräns einen Zusammenhang zwischen wirksamen Dränddurchmesser, dem Dränabstand und der Konsolidationszeit für eine 90 %-Konsolidation, s. auch Abschn. 4.2.3.

Für die Berechnung der Konsolidationszeiten beim Einsatz von Dräns sei auf Carillo (1942) sowie Li und Rowe (2001) verwiesen. Gebräuchliche Dränmaterialien mit ihren Eigenschaften sind in Kirsch und Bell (2013) zusammengestellt. Die Herstellung von Vertikaldräns wird in *DIN EN 15237*geregelt.

6.3 Verfestigung von Bodenkörpern

Hier geht es um die Bemessung und Herstellung von unbewehrten Bodenverfestigungen als Bauteile, die durch Injizieren, Eindüsen und Einmischen von verfestigenden Stoffen, in der Regel Zement, hergestellt werden. Ein Sonderfall ist die hier ebenfalls aufgeführte Vereisung. Für die Bemessung dieser Körper, außer Vereisungskörper, liegt *DIN 4093* vor. Bodenverfestigungen sind im Sinne dieser Norm Bodenbereiche, die durch Injektionsverfahren, Düsenstrahlverfahren oder Deep-Mixing-Verfahren gezielt verfestigt und in der Planung und Bemessung als Tragelemente berücksichtigt werden. Nachfolgend wird in einzelnen Abschnitten auf die verschiedenen Verfahren eingegangen und es wird auf weitere Normen verwiesen.

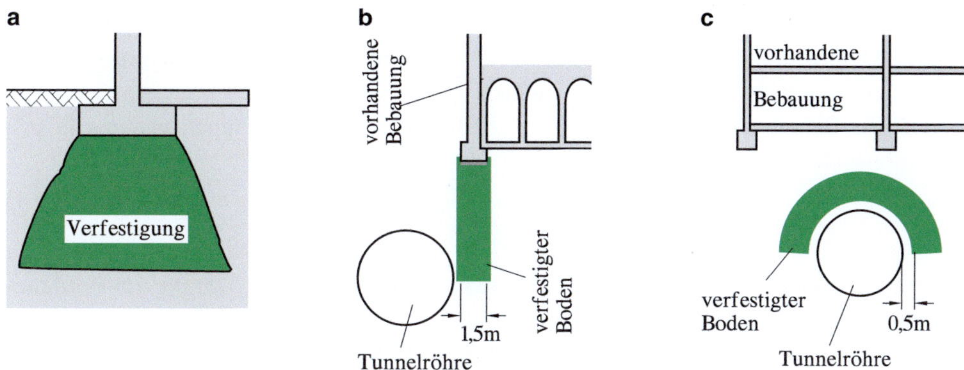

Abb. 6.4 Möglichkeiten der Bodenverbesserung (-verfestigung). **a** Fundamentverbreiterung, **b** Unterfangung, **c** Sicherung für Unterfahrungen

Unter Injektionen mit geringen bis mäßigen Drücken (Verpressungen) wird das Einbringen von Verpressgut in die Poren von Böden oder in die Klüfte von Fels verstanden, wobei deren Struktur in der Regel erhalten bleibt. Mit dem Düsenstrahlverfahren wird hingegen der Boden mittels hohen Flüssigkeitsdrücken verflüssigt und mit Injektionsgut durchsetzt. Neben dem Einmischen von Bindemitteln im Erdbau, s. Abschn. 6.4, werden auch im Baugrund tiefreichende Bodenstabilisierungen von Böden mit Mehrfachschneckenbohrungen ausgeführt. Bei der Bodenvereisung wird durch künstliche Abkühlung des Bodens unter den Gefrierpunkt das in den Poren bzw. Klüften befindliche Wasser gefroren. Es entsteht ein Eisbeton, wobei das gefrorene Wasser das Bindemittel darstellt. Es erhöht sich somit die Festigkeit und es vermindert sich die Durchlässigkeit des Gesteins.

Abb. 6.4 zeigt die Einsatzmöglichkeiten der Bodenverfestigung durch Verpressen (Injizieren), mittels Düsenstrahlverfahren (Hochdruckinjektion) oder mittels Vereisung. Häufig werden diese Methoden zur Unterfangung und zur Unterfahrung von Bauwerken benützt, s. auch Kap. 21. Weiter kann mit diesen Methoden der Zufluss von Grundwasser unterbunden werden.

Injektionen mit geringen bis mäßigen Drücken (Verpressungen) Je nach Kornverteilung, Dichte, Kluftstruktur und damit der Durchlässigkeit des Gesteins kommen als Injektionsgut chemische Lösungen und Emulsionen sowie Suspensionen, Pasten und Mörtel aus Zement und Beimischungen zur Verbesserung der Stabilität und zur Fließfähigkeit, wie z. B. Bentonit, in Frage. Mörtel und Pasten mit einem Wasser/Zementwert $w/z < 1$ eignen sich zum Verpressen von Klüften; Suspensionen auf der Basis von Zement und Feinstzement mit einem Wasser/Zementwert von meistens > 1 eignen sich für das Verpressen von Sand und Kies. Als chemische Injektionsmittel kommen Silikate und Silikatgele sowie Kunstharze, wie z. B. Acrylharz und Expoxidharz, in Frage. Feinkörnige Böden setzen bei Injektionen mittels Suspensionen oder Lösungen vergleichsweise hohen Widerstand entgegen, so dass ein großer zeitlicher und kostenmäßiger Aufwand erforderlich ist, und hier besser auf das Fracturing-Verfahren, s. unten, zurückgegriffen werden sollte. Bei chemischen Injektionsmaterialien ist besonders auf die Umweltverträglichkeit bezüglich Boden und Grundwasser zu achten.

Für die Berechnung der Mischungen gilt für den Zementverbrauch m_Z in t je m^3-Injektionsgut:

$$m_Z = \frac{\rho_Z}{1 + \frac{w}{z}\rho_Z} \tag{6.1}$$

wobei die Rohdichte $\rho_Z = 3{,}1\,\mathrm{t/m^3}$ für Portlandzement und $\rho_Z = 3{,}2\,\mathrm{t/m^3}$ für Portlandzement-HS angenommen werden kann.

Die Dichte der Verpresssuspension kann wie folgt berechnet werden:

$$\rho_{\mathrm{Sus}} = \frac{1 + \frac{w}{z}}{\frac{1}{\rho_Z} + \frac{w}{z}}. \tag{6.2}$$

Für ein Dreikomponenten-Verpressgut, z. B. aus Zement (Index Z), Bentonit (Index B) und Wasser gilt für die Masse des Verpressgutes [kg] für ein Volumen von 1000 l:

$$m_{\mathrm{Sus}} = m_Z + m_B + 1000 - \left(\frac{m_Z}{\rho_Z} + \frac{m_B}{\rho_B}\right). \tag{6.3}$$

Die Dichte des Verpressgutes ist:

$$\rho_{\mathrm{Sus}} = \frac{m_{\mathrm{Sus}}}{1000} \quad [\mathrm{t/m^3}]. \tag{6.4}$$

Das Verpressgut wird in der Regel über Einpressrohre (Einpresslanzen) mit Durchmessern bis 50 mm transportiert. Die Einpressrohre werden eingerammt, eingespült oder in Bohrlöcher eingesetzt. Die Verpressung über Bohrlöcher erfolgt nach Fertigstellung des ganzen Bohrlochs meistens abschnittsweise von unten nach oben. Nach Herstellung eines verrohrten Bohrlochs wird z. B. ein Ventilrohr mit Gummimanschetten eingestellt.

Danach wird eine Stützflüssigkeit eingebracht und die Verrohrung gezogen. Durch Doppelpacker (Gummiblasen) am danach eingeführten Verpressrohr werden die Austrittsöffnungen des Ventilrohrs nach oben und unten abgesperrt, und die jeweilige Verpressung erfolgt nur in einem bestimmten Bereich, s. Abb. 6.5. Ist die Verpressung in einem Bereich abgeschlossen, werden die Verpressrohre etwas angehoben, und es erfolgt die Verpressung des nächsten Bereichs.

Der Verpressdruck richtet sich nach der Viskosität des Injektionsguts, der Reibungsverluste in den Leitungen und der Durchlässigkeit des Gebirges. Die untere Grenze der Drücke liegt damit erfahrungsgemäß bei etwa 5 bis 15 bar. Die obere Grenze der Drücke ergibt sich aus dem Gewicht des überlagernden Bodens. Die Verpressdrücke liegen zum Beispiel im Talsperrenbau zwischen 5 und 100 bar. Bei zu hohen Drücken kommt es zu Aufsprengungen im Gebirge und zu Hebungen der Geländeoberfläche oder benachbarter Bauwerke.

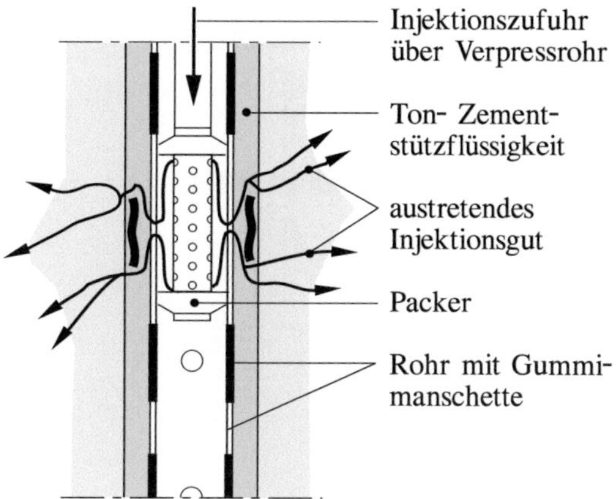

Abb. 6.5 Verpressung über Manschettenrohr und mit Doppelpacker. (Nach Haffen 1964)

Durch die geometrische Anordnung der Verpressrohre, über die Viskosität des Verpressguts und über die Drücke wird die Ausbreitung des Verpressguts im Boden oder Fels gesteuert. Zur Beurteilung der Festigkeiten des verpressten Gebirges ist auch das zeitliche Verhalten (z. B. das Kriechen) von Wichtigkeit. Der Anteil an Zement im Verpressgut bestimmt überwiegend die Festigkeit des Verpresskörpers nach dem Erhärten. Die Zugabe von Bentonit vermindert die Festigkeit, erhöht aber die Stabilität der Suspension und die Dichtigkeit des Verpresskörpers. Je nach Aufgabenstellung schwankt der Zementanteil zwischen 400 und 1500 kg/m^3 – Verpressgut, der Bentonitanteil zwischen 10 und 50 kg/m^3. Je nach Bodeneigenschaften lassen sich mit Zementen und Feinstzementen einaxiale Druckfestigkeiten von 10 bis 20 MN/m^2 erreichen. Die erzielten Durchlässigkeiten liegen zwischen 10^{-7} und 10^{-9} m/s. Die Wichten des Verpressgutes sind ähnlich der des Bodens. Für weitere Einzelheiten, s. Hornig/Stadler (2009), Kutzner (1991) sowie *DIN EN 12715, DIN 18309 (VOB)* und *DIN 19700.*

Mit dem Fracturing-Verfahren, einer besonderen Entwicklung der Verpressverfahren, werden nicht verpressbare, feinkörnige Böden durch Einpressen von Injektionsgut örtlich, über Manschettenrohre, gezielt aufgesprengt. Dieses Verfahren wird z. B. zum Anhalten von Setzungen in verwitterten Tonsteinen und zur Rückstellung von eingetretenen Setzungen ausgeführt.

Düsenstrahlverfahren (Hochdruckinjektion) Dieses Verfahren wird vorwiegend in feinkörnigeren und humosen Böden eingesetzt, in denen eine herkömmliche Verpressung mit Zementsuspensionen wegen der geringen Porengrößen nicht mehr möglich ist. Dabei wird die Bodenstruktur mit einem sich bewegenden Düsenstrahl bei Pumpendrücken bis zu 800 bar aufgefräst. Um bei diesen hohen Drücken Hebungen zu vermeiden, ist ein Materialrückfluss und damit eine Entspannung erforderlich. In Abb. 6.6 ist das Düsenstrahlverfahren dargestellt. Durch die Zugabe von Luft und durch eine langsame Ziehgeschwindigkeit kann die Reichweite des Düsenstrahls gesteigert werden. Bei nichtbindigen Böden wird ein Teil des aufgefrästen Bodens mit dem Injektionmittelrücklauf

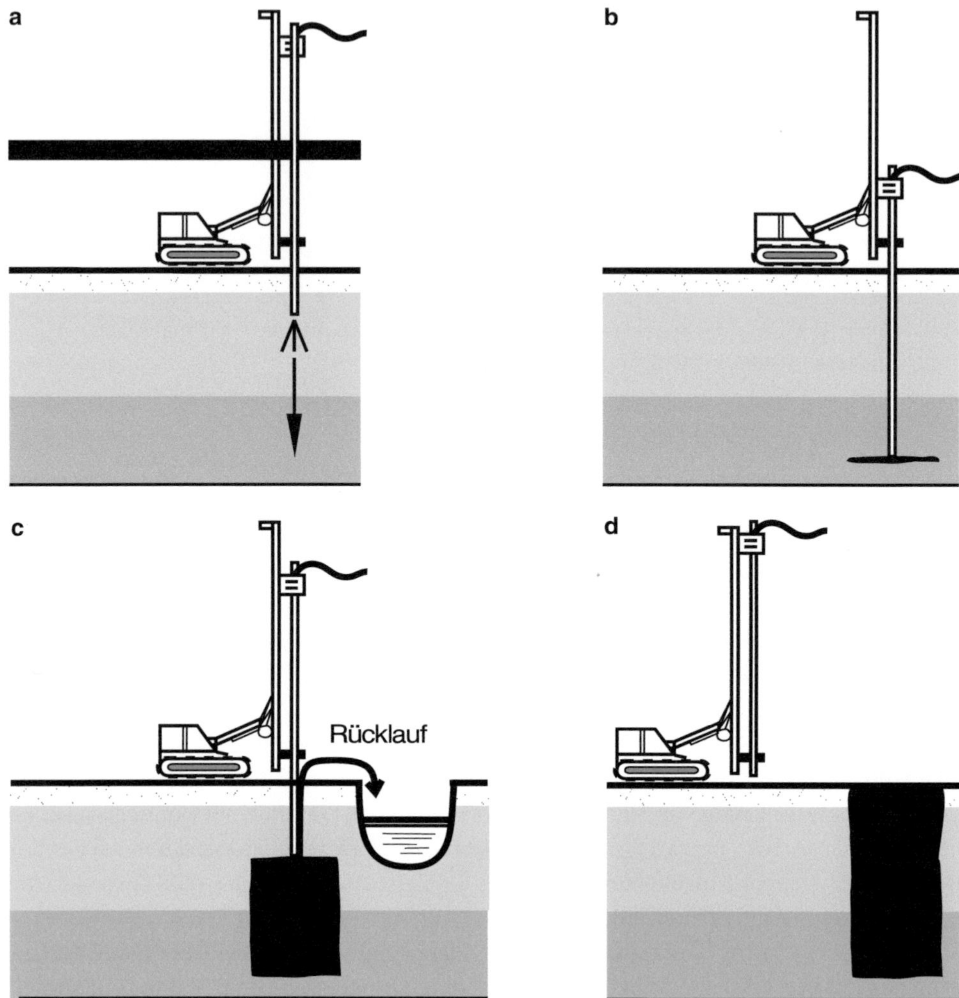

Abb. 6.6 Düsenstrahlverfahren; nach Firmenprospekt Fa. Bauer Spezialtiefbau GmbH, Schrobenhausen. **a** Bohren mit Wasserspülung, **b** Umschalten auf Vermörteln mit Suspension, **c** Vermörteln und Bodenaustausch unter Hochdruck (400 bis 800 bar), **d** fertiger, verfestigter Körper

gefördert und aufgefangen. Der verbleibende Anteil des Bodens bildet dann mit dem Zement und dem Bentonit einen nahezu homogenen Injektionskörper. Bei bindigen und humosen Böden wird der Boden durch den Rücklauf nahezu vollständig ausgetauscht und durch die Zementsuspension ersetzt. Hierzu sind Absetzbecken und ggf. Separieranlagen erforderlich.

Die einaxiale Druckfestigkeit des Injektionsgutes liegt nach dem Erhärten wie bei Injektionen in einer Größenordnung von 10 bis 20 MN/m^2. Hinsichtlich der Durchlässigkeit lassen sich wie bei der Verpressung k-Werte zwischen 10^{-7} und 10^{-9} m/s erreichen. Die

Dichten des Injektiongutes sind auch abhängig von der Dichte des Bodens, sie liegen zwischen 1,5 und 2,1 t/m^3. Für die Ausführung s. *DIN EN 12716*.

Folgende Beziehungen für die Dichte des Injektionsgutes (Suspension) ρ_{Sus}, des ausgespülten Bodenvolumens V_B pro Zeiteinheit und der Säulendurchmesser d lassen sich ableiten:

$$\rho_{Sus} = \frac{Q_W \cdot \rho_W + Q_Z \cdot \rho_Z}{Q_W + Q_Z} \tag{6.5}$$

mit

Q_W = Pumpenleistung Wasser [m^3/ min]
Q_Z = Pumpenleistung Injektionsgut [m^3/ min]

$$V_B = \frac{\rho_S - \rho_{Sus}}{\rho_{Boden} - \rho_S}(Q_W + Q_Z) \tag{6.6}$$

mit

ρ_S = Dichte der Rücklaufsuspension

$$d = \sqrt{\frac{V_B}{0{,}78 \cdot v_Z}} \quad [m] \tag{6.7}$$

mit

v_Z = Ziehgeschwindigkeit in m/min.

Tiefreichende Bodenstabilisierung und weitere Verfahren Durch die Vermischung des anstehenden Bodens aus Schluff, Sand oder Kies bzw. aus Gemischen dieser Kornfraktionen mit Bindemitteln, insbesondere mit Zement oder Zement-Bentonit-Suspension vor Ort, entsteht ein vermörtelter Boden, ein sog. Erdbeton. Die Vermischung erfolgt mit Mehrfach-Bohrschnecken mit Seelenrohren. Schneckenbohrungen zur Herstellung von Pfählen sind in Abb. 13.4 dargestellt. Durch das Überschneiden der Schneckenbohrungen werden zusammenhängende, wandartige Elemente erzeugt, so dass diese Verbesserungsmethode besonders für Baugrubenumschließungen und Dichtwände geeignet ist. Es können auch Träger oder Spundwände in den frisch vermörtelten Bereich eingebracht werden. Zur Herstellung s. *DIN EN 14679*.

Bei einem von der Fa. Bauer-Spezialtiefbau, Schrobenhausen, patentrechtlich geschützten Mixed in place-Verfahren (MIP) wird eine Dreifachschnecke bis zur Endteufe abgebohrt. Über die drei Seelenrohre wird kontinuierlich Suspension zugegeben. Beim Ziehen der Schnecke erfolgt eine Homogenisierung und Durchmischung des anstehenden Bodens mit der Bindemittelsuspension. Die Schnecken können dabei alle in einer oder in verschiedenen Richtungen gedreht werden.

Das CSM-Verfahren steht für Cutter-Soil-Mixing. Bei diesem Verfahren werden mit Fräsen, wie sie für die Schlitzwandherstellung benutzt werden, Böden aufgefräst und mit hydraulischen Bindemitteln durchmischt. Dabei können Böden bis in Tiefen von 30 m, mit hängenden Fräsen auch bis zu 50 m, verbessert werden.

Mit speziellen Spundbohlen mit Führungsschwertern und ausgesparten Stegen können durch das Einbringen von Zement-Steinmehl-Bentonit-Gemischen Schmalwände (60 bis 100 mm) zur Minderung der Durchlässigkeit von Böden und damit auch zum Einschluss von Altlasten oder zur Unterbindung einer Grundwasserströmung hergestellt werden.

Die Rezeptur der Suspension ist nach den Eigenschaften des Bodens und den geforderten Festigkeits- bzw. Durchlässigkeitseigenschaften der herzustellenden Bodenelemente mit Eignungsversuchen festzulegen.

Vereisung Die Bodenvereisung zur Erhöhung der Festigkeit von Böden und zur Verringerung der Durchlässigkeit von Böden und Fels ist nur möglich, wenn genügend Wasser in den Poren des Bodens bzw. in den Klüften von Fels vorhanden ist. Durch künstliche Abkühlung unter den Gefrierpunkt wird das Wasser in Poren bzw. Klüften gefroren. Über in den Untergrund eingebrachte Gefrierrohre zirkuliert eine weit unter den Gefrierpunkt des Wassers abgekühlte Salzlösung, oder es werden über Lanzen verflüssigte Gase (flüssiger Stickstoff) in das Gebirge geschickt und verdampft. Bei der Bodenvereisung baut sich durch kontinuierlichen Wärmeentzug ein mit der Zeit zunehmender zylindrischer Frostkörper auf, so dass sich durch benachbarte Rohranordnungen ein geschlossener, standsicherer und wasserundurchlässiger Körper ergibt. Nach Erreichen des geplanten Querschnitts kann die Kältezufuhr gedrosselt werden, weil jetzt nur die Abmessungen des Frostkörpers für die Bauzeit gehalten werden müssen.

Von besonderem Interesse sind die zeitliche und geometrische Frostausbreitung im Boden, die erforderliche Energie sowie die Festigkeit des gefrorenen Bodens und dessen Kriechverhalten. Das Verfahren ist sehr schnell und umweltfreundlich einsetzbar, jedoch teuer. Es wird aber gerade bei besonderen Tiefbaumaßnahmen und bei Notsituationen, wie unvorhersehbaren Wassereinbrüchen, zunehmend eingesetzt. Schwierigkeiten ergeben sich bei salzhaltigem Grundwasser in Küstennähe oder bei strömendem Grundwasser! Für weitere Informationen über dieses Spezialverfahren der Geotechnik, s. Orth (2018) und Arz et al. (1991).

6.4 Verbesserung und Verfestigung im Erdbau

Wegen ihres hohen Wassergehalts unzureichend bearbeitbare Böden werden durch Bindemittelzugabe und -einmischung (meist Kalk) bearbeitbar gemacht; man spricht in diesem Fall von einer Bodenverbesserung.

Bei nicht genügend tragfähigen Böden wird mit der Zugabe von Bindemitteln (Zement, Kalk, hochhydraulischer Kalk, Mischbindemitteln aus Zement und Kalk sowie Bitumen) eine nachhaltige Steigerung der Festigkeit erreicht, man spricht von einer Bodenverfestigung. Diese Verfahren werden in Abschn. 5.7 ausführlich beschrieben.

6.5 Verdichten in der Tiefe

Neben der oberflächennahen Verdichtung im Erdbau gilt es oft Böden (hohe Schüttungen und gewachsene Böden, auch unter Wasser) bis in größere Tiefen zu verdichten.

Abb. 6.7 zeigt schematisch eine Dynamische Intensivverdichtung (Deep Dynamic Compaction DCC) mit einer großen und schweren Fallplatte an einem Trägergerät mit hohem Ausleger. Diese Methode kommt dort zur Anwendung, wo eine konventionelle Verdichtung an der Oberfläche nicht ausreicht und anstehende nichtbindige Schichten großer Mächtigkeit zu veridchten sind. Empfehlungen zur Planung und Ausführung sind z. B. bei Bjerre und Stordal (2019) zu finden. Für die Einflusstiefe der Verdichtung, die direkt mit der eingebrachten Energie zusammenhängt, liegen halbempirische Formel vor. Hieraus lässt sich ein erforderliches Raster für die Verdichtungsarbeiten ableiten, siehe Moyle und Turner (2012). Ein ungewöhnlicher Einsatz der dynamischen Intensivverdichtung waren Arbeiten an der Autobahn A71 in den Jahren 2010/11. Hier konnte in einem erdfallgefährdeten Abschnitt mit Fallmassen von bis zu 35 t und Fallhöhen bis 30 m ein tragfähiges Schichtpaket geschaffen werden.

Tiefenverdichtungen von nichtbindigen Böden mit langer Rüttellanze und Wasserspülung sind bis zu 30 m Tiefe möglich.

In Abb. 6.8 sind die Arbeitsvorgänge einer Tiefenverdichtung mit Tiefenrüttlung gezeigt. Lange Ausleger an den Trägergeräten ermöglichen einen großen Radius ohne Positionsänderung, beispielweise bei abfallenden Kanten oder Ufersituationen. Abb. 6.9 gibt das Bemessungsdiagramm nach Thorburn (1975) wieder, in dem die Abhängigkeit des Verdichtungserfolges vom Verdichtungsraster aufgezeigt wird. Zur arbeitsintegrierten Verdichtungskontrolle während der Rütteldruckverdichtung, siehe Nagy und Adam (2019)

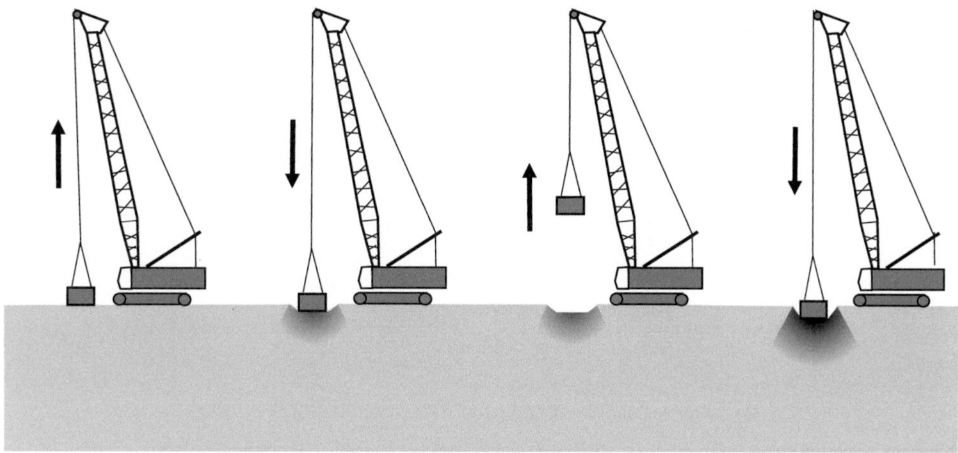

Abb. 6.7 Prinzipskizze der Dynamischen Intensivverdichtung

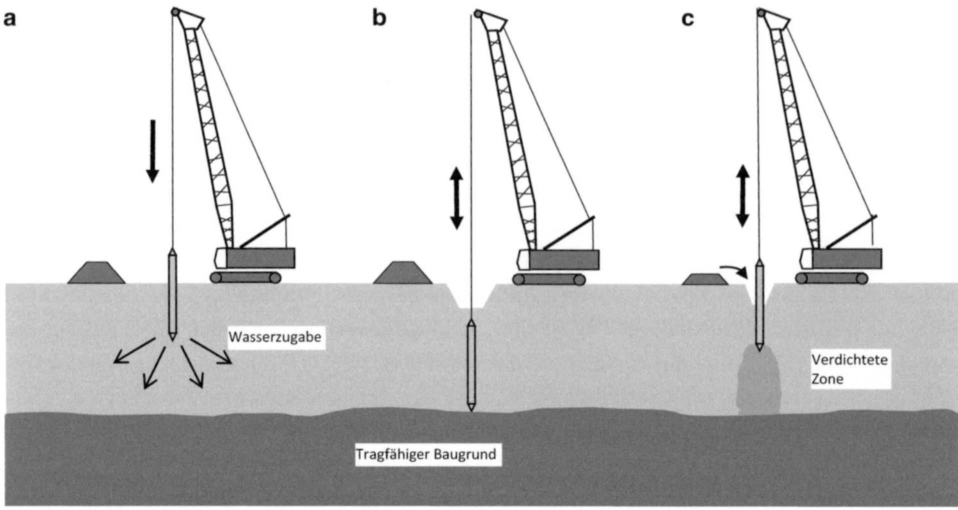

Abb. 6.8 Tiefenrüttlung: Arbeitsvorgänge beim Verdichten nichtbindiger Böden. **a** Versenken der Rüttellanze mit Spülwasserzugabe, **b** Verdichten durch stufenweises Ziehen, **c** Verdichten und Materialzugabe

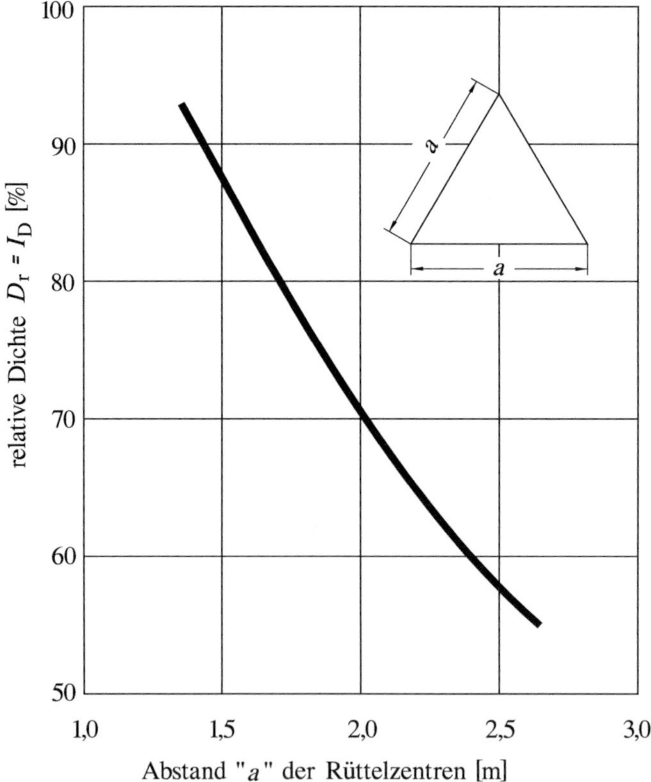

Abb. 6.9 Bemessungsdiagramm für Tiefenrüttlung

Hingewiesen sei auf *DIN EN 14731*.

Eine neuere Art der Verdichtung von mitteltiefen Bereichen grob- und gemischtkörniger Böden ist die Impulsverdichtung. Der Impulsverdichter, an einem Baggergerät montiert, ist ein dynamisches Verdichtungsgerät, das die Technologie des hydraulischen Schlaghammers ausnutzt, um den Untergrund mittels kontrollierter Schläge zu verdichten. Dabei wird die Verdichtungsleistung bzw. Verdichtungsenergie durch eine große Schlagfrequenz eines leichteren Fallgewichts von einer relativ geringen Höhe auf eine Verdichtungsplatte erzeugt. Diese Platte bleibt in ständigem Kontakt mit der Oberfläche des zu verdichtenden Bodens, so dass eine effiziente Energieeintragung gewährleistet ist. Die Verdichtung erfolgt in einem Raster von etwa 2,5 auf 2,5 m mit bis zu drei Übergängen. Nach praktischen Erfahrungen und theoretischen Untersuchungen von Adam et al. (2011) können Verdichtungstiefen von 4 bis zu 7 m erreicht werden. Mit dieser Methode kann eine Lücke zwischen oberflächennaher Verdichtung durch Platten und Walzen und durch die vorher erläuterte Tiefenverdichtung mit dynamischer Intensivverdichtung bzw. Tiefenrüttlung geschlossen werden.

6.6 Verdichten und Verdrängen

Eine Baugrundverbesserungsmethode, die sowohl einen Verdichtungseffekt als auch eine Verdrängung des Bodens sowie eine Bewehrung bewirkt, ist die Rüttelstopfverdichtung mit Kies- oder Schottersäulen, s. Abb. 6.10 und Kirsch (2004). Diese werden mit Schleusenrüttlern hergestellt und zählen als mechanische und hydraulische Verbesserungsmaßnahme. Die eingebrachten steiferen Säulen wirken im Zusammenspiel mit dem stützenden umgebenden Boden und führen so bei einem flächigen Lasteintrag zu einer Reduzierung der Setzungen. Der umgebende Boden muss daher eine Mindestfestigkeit aufweisen, die oft etwa bei c_u-Werten von $15\,kN/m^2$ angegeben wird. Baustellenerfahrungen zeigen jedoch, dass auch bei deutlich geringeren c_u-Werten bis zu etwa $5\,kN/m^2$ Schottersäulen noch hergestellt werden können. Bei steifen Böden mit c_u-Festigkeiten von $50\,kN/m^2$ wird das Verfahren wegen des hohen Energieaufwandes ggf. unwirtschaftlich. Die mit Hilfe von Schleusenrüttlern hergestellten Säulen können auch verpresst bzw. auch als Betonrüttelsäulen hergestellt werden, so dass man von unbewehrten Betonpfählen sprechen kann. Im Sinne der *DIN EN 1997-1* bzw. *DIN 1054* sind Betonrüttelsäulen jedoch nicht den Pfählen zuzuordnen.

Betonrüttelsäulen, bei denen in einen durch Verdrängung geschaffenen Hohlraum Beton eingepumpt wird, werden dort angewendet, wo feinkörnige Böden keinen tragfähigen Verbund mit Stopfsäulen bilden können. Als Anwendungsgrenze gilt eine undränierte Scherfestigkeit von $c_u \geq 15\,kN/m^2$, wobei Zwischenschichten mit c_u-Werten von 8 bis $15\,kN/m^2$ zulässig sind, sofern ihre Dicke 1,0 m nicht überschreitet.

In Abb. 6.11 ist die Anordnung von Schottersäulen unter Fundamenten aufgeführt.

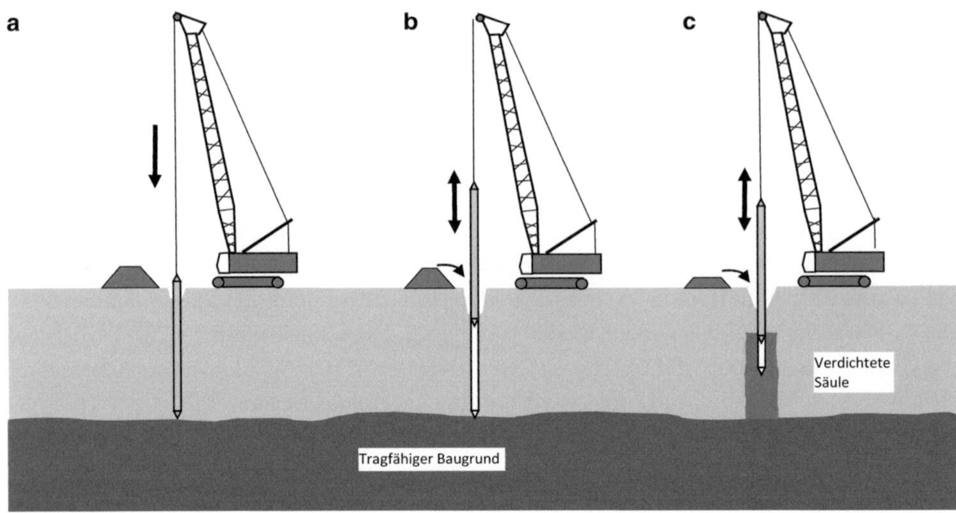

Abb. 6.10 Rüttelstopfverdichtung: Arbeitsvorgänge beim Herstellen von Schottersäulen in bindigen Böden. **a** Herstellung eines Hohlraumes, **b** Ziehen des Rüttlers und Einfüllen von Schottermaterial, **c** Wiederversenken des Rüttlers, Verdrängen von Schottermaterial

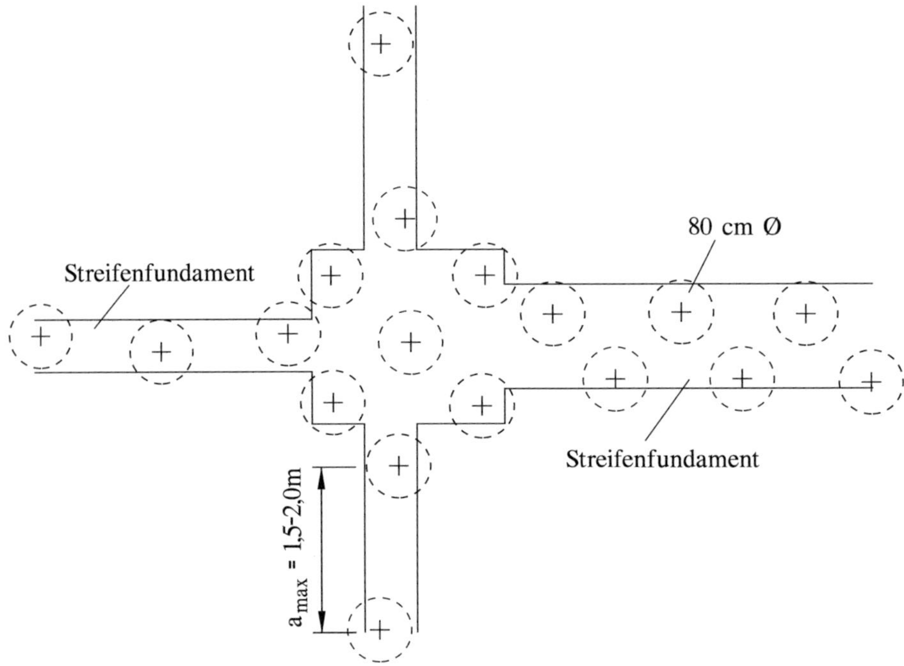

Abb. 6.11 Anordnung der Schottersäulen unter Streifenfundamenten (Grundriss)

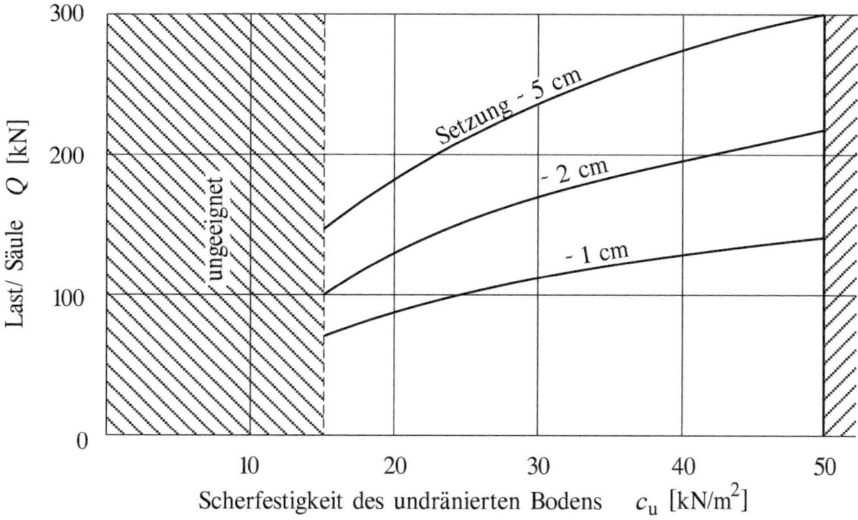

Abb. 6.12 Bemessungsdiagramm für Schottersäulen

Abb. 6.12 zeigt ein Bemessungsdiagramm für weiche Böden von Smoltczyk/Hilmer (1991) vor allem in Bezug auf das Setzungsverhalten (SLS).

Der bodenmechanische Hintergrund für die ungeeignete Zone bei kleiner undränierter Scherfestigkeit des Bodens ist in Abb. 6.13 aufgezeigt. Mit Betrachtung der undränierten Scherfestigkeit c_u des anstehenden bindigen Bodens und des Reibungswinkels φ des Schottermaterials im *Mohr-Coulombschen* Diagramm sowie unter Berücksichtigung der *Rankineschen* Erddrucktheorie, s. Abschn. 16.4.1, kann für den Grenzzustand (STR und GEO-2) ein Sohlwiderstand

$$\sigma_{0f} = (\gamma \cdot z + N_c c_u) \cdot K_p \tag{6.8}$$

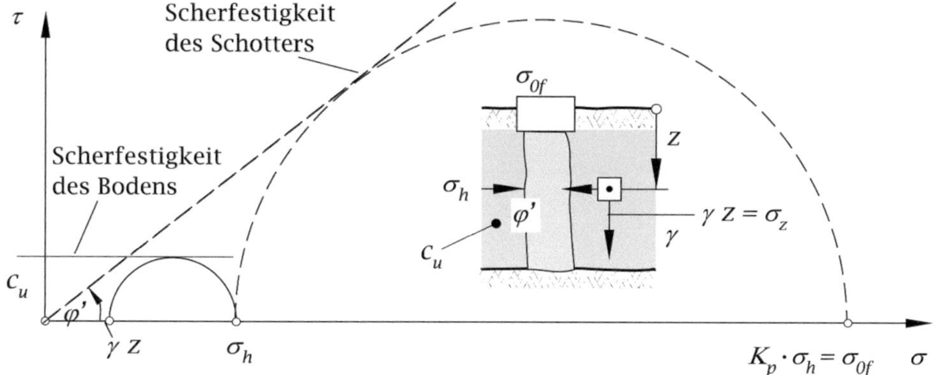

Abb. 6.13 Tragverhalten einer Schotter-Säule

berechnet werden. Der Tragfähigkeitsbeiwert wäre im ebenen Fall $N_c = 2$. Hugles und Withers (1974) haben das räumliche Problem unter Zugrundelegung einer plastizitätstheoretischen Lösung von Gipson und Anderson (1961) berücksichtigt und kommen dabei auf einen Wert von $N_c = 4$.

Für die Setzungsermittlung von Gründungen auf einem Baugrund mit in Raster angeordneten Säulen zur Verbesserung desselben werden folgende Ansätze abgeleitet. Vereinfachend wird hier angenommen, dass sich Boden und Säulen jeweils nur eindimensional, in vertikaler Richtung verformen. Die Querdehnung bleibt somit unberücksichtigt, das Verformungsverhalten ist durch den jeweiligen Steifemodul gekennzeichnet. Es wird weiter angenommen, dass durch eine durchgehende, annähernd starre Platte gleiche Setzungen erzwungen werden.

Folgende Begriffe und Symbole werden benutzt:

q :	Flächenlast
z :	Dicke der kompressiblen Schicht
A:	Gesamtfläche der Gründung bzw. Fläche des Säulenraster (bei quadratischem Raster: a^2)
A_S:	Gesamtfläche der Säulenquerschnitte bzw. Fläche eines Säulenquerschnitts mit $A_S = d_S^2 \cdot \pi/4$
α:	$\alpha = A_S/A$
$m = E_{s,S}/E_s$:	Steifemodul (Säule)/Steifemodul (Boden)
E_s^*:	Ideeller Steifemodul für verbesserten Boden
$n = E_s^*/E_s$:	Verbesserungsverhältnis
c_S:	Federsteifigkeit für Säule
c_B:	Federsteifigkeit für Boden
$c*$:	Ideelle Federsteifigkeit
σ_d, $f_{c,d}$:	Bemessungswert des Widerstands der Säule bzw. der Betonfestigkeit. Siehe zu $\sigma_d = \sigma_{0f}/\gamma_{R,e}$: Gl. (6.8) und Abb. 6.13

Für die Steifigkeit werden folgende Gleichungen aufgestellt:

$$c^* = c_B + c_S \tag{6.9}$$

$$\frac{A \cdot E_S^*}{z} = \frac{(A - A_S) \cdot E_S}{z} + \frac{A_S \cdot E_{s,S}}{z} \tag{6.10}$$

$$E_s^* = \frac{1}{A} \cdot (A \cdot E_s - A_S \cdot E_s + A_S \cdot E_{s,S}) \tag{6.11}$$

$$E_s^* = E_s \cdot (1 - \alpha + \alpha \cdot m) \tag{6.12}$$

oder

$$E_s^* = n \cdot E_s \quad \text{mit} \quad n = 1 + \alpha(m - 1). \tag{6.13}$$

Lastanteil der Säule:

$$s = s_S = \frac{Q}{c^*} = \frac{Q_s}{c_S} \Rightarrow Q_S = \frac{c_S}{c^*} \cdot Q \tag{6.14}$$

mit

$$c_S = \frac{A_S \cdot E_{s,S}}{z} \quad \text{und} \quad c^* = \frac{A \cdot E_s^*}{z}$$

folgt

$$Q_S = \frac{A_S}{A} \cdot \frac{E_{s,S}}{E_{s^*}} \cdot Q = \alpha \cdot \frac{m \cdot E_s}{n \cdot E_s} \cdot Q = \frac{\alpha \cdot m}{n} \cdot Q \tag{6.15}$$

bzw.

$$\sigma_S = \frac{Q_S}{A_S} = \frac{\alpha \cdot m \cdot q \cdot A}{n \cdot \alpha \cdot A} \tag{6.16}$$

$$\sigma_S = \frac{m}{n} \cdot q \tag{6.17}$$

oder

$$\sigma_S = \frac{m}{1 + \alpha(m-1)} \cdot q. \tag{6.18}$$

Gleichung (6.18) entspricht auch dem Ergebnis von Köhler und Heibrock (2004).

Es muss der Nachweis erbracht werden, dass $\sigma_S \leq \sigma_d$ bzw. $f_{c,d}$!

Dabei muss beim Boden vom ungünstigeren Fall des undränierten Anfangszustands (c_u-Festigkeit) ausgegangen werden, s. auch Gl. (6.8).

Der Lastanteil des Bodens kann analog bestimmt werden:

$$s = s_B = \frac{Q}{c^*} = \frac{Q_B}{c_B} \Rightarrow Q_B = \frac{c_B}{c^*} \cdot Q \tag{6.19}$$

mit

$$c_B = \frac{(A - A_S) \cdot E_s}{z} \quad \text{und} \quad c^* = \frac{A \cdot E_s^*}{z}$$

folgt:

$$Q_B = \frac{A - A_S}{A} \cdot \frac{E_s}{E_{s^*}} \cdot Q \tag{6.20}$$

$$Q_B = \frac{1 - \alpha}{n} \cdot Q \tag{6.21}$$

bzw.

$$\sigma_B = \frac{1-\alpha}{n} \cdot \frac{A - A_S}{A} \cdot q = \frac{1-\alpha}{n} \cdot \frac{1}{1-\alpha} \cdot q = \frac{q}{n} \tag{6.22}$$

oder

$$\sigma_B = \frac{q}{1 + \alpha(m-1)}. \tag{6.23}$$

Andere Ansätze, z. B. von Priebe (1995), Kolymbas (1998) und Kirsch (2004) erfassen die seitliche Interaktion Säule-Boden und gehen dabei von der Mobilisierung von Spannungen entsprechend der Erddrucktheorie, s. Kap. 16 , in unterschiedlicher Form aus.

6.7 Stabilisierungssäulen

Es werden kurz zwei der Verfahren beschrieben:

Die Abkürzung CSV-Säulen steht für „Combined soil Stabilisation with Vertical columns“ bzw. „Coplan Stabilisierungs-Verfahren“ und ist eine Trockenmörtelsäule (TMS). Für die Herstellung durchfährt eine lafettengeführte Endlosschnecke einen am Bohrloch sitzenden Vorratsbehälter mit dem Stabilisierungsmaterial aus einem trockenen Bindemittel-Sand-Gemisch und nimmt dieses in den zu verbessernden weichen, bindigen und ggf. organischen Boden mit. Beim anschließenden Ziehen wird das Material mittels Verpresskopf verdichtet. Unter Inanspruchnahme der Bodenfeuchte und von Grundwasser bindet das Stabilisierungsmaterial ab und verfestigt sich zu einer tragenden Säule. Die Voraussetzung für den Einsatz des „trockenen“ Verfahrens ist ein wassergesättigter Boden und ein für den Abbindevorgang geeignetes Grundwasser. Die vollständige Erhärtung über den gesamten Querschnitt der Säulen und eine schnelle Festigkeitsentwicklung sind für die innere Tragfähigkeit der Säulen zu gewährleisten. Günstig für eine flächige Lastabtragung ist die Gruppenwirkung der rastermäßig anzuordnenden Säulen, der Wasserentzug im umliegenden, zu verbessernden Boden und die Verspannung mit dem Boden. Die Herstellung ist auf ca. 15 m Tiefe begrenzt.

Bei dem CMC-Verfahren (Controlled Modulus Columns) der Fa. Menard werden mit einem Bohrgerät zur Herstellung von Vollverdrängungspfählen Betonsäulen als Nassmörtelsäulen mit Durchmessern von 0,2 bis 0,5 m in einem festzulegenden Raster hergestellt. Es eignet sich bis in Tiefen von ca. 20 m.

Ein weiteres ähnliches Verfahren ist das STS-Verfahren (Stabilisierungssäulen aus Beton), bei dem bei Erreichen der erforderlichen Tiefe über das Bohrgestänge ein feststoffreicher Mörtel eingepresst und der Boden dabei seitlich verdrängt wird.

Die Baugrundverbesserung besteht bei diesen Methoden, ähnlich denen im Abschn. 6.6, aus einer Kombination aus verbessertem Boden und steifen Säulenelementen, siehe auch Lerch et al. (2020). Zum Nachweis der inneren Tragfähigkeit von Stabilisierungssäulen, siehe Alber (2019).

6.8 Bodenaustausch

Eine häufige Methode für Hoch- und Verkehrswegebauten ist der Bodenaustausch oder die Bodenverdrängung, s. Abb. 6.14.

Wirtschaftlich ist die Methode auch für Hochbauten außerhalb von Ballungsgebieten bei Austauschtiefen von bis zu 4 m.

Für die in Abb. 6.14 dargestellten Beispiele mussten Moorgebiete und bestehende Baggerseen durchquert werden. Um standsichere Dämme zu bauen, mussten Torfe und Schlammablagerungen in den Seen auch bis in größere Tiefen beseitigt und durch Kiessande ersetzt werden. Der Austausch erfolgte größtenteils unter Wasser. Dabei wurden teilweise Saugbagger und sogenannte „Cutter“ aus dem Seebau eingesetzt. Die Ersatz-

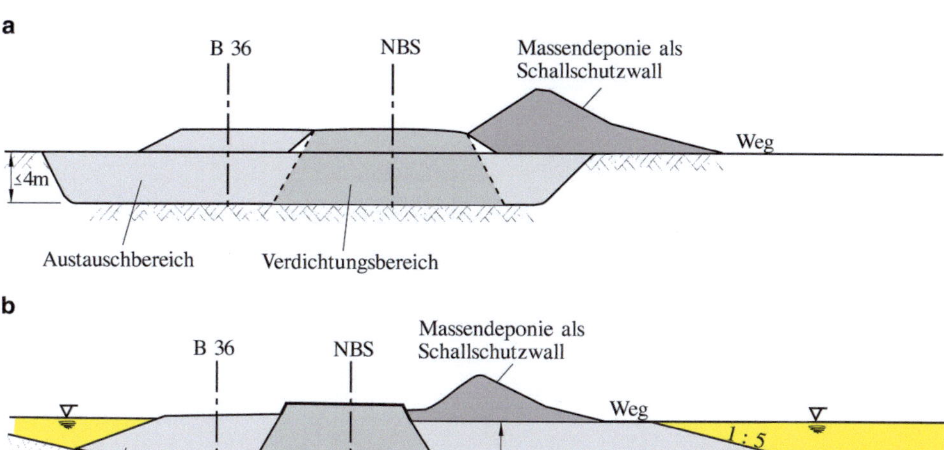

Abb. 6.14 Bodenaustausch für den Bau der Bundesbahnneubaustrecke (NBS) Mannheim-Stuttgart, Kiefert und Schmidt (1985). **a** Zwischenseebereich, **b** Seebereich

böden wurden zum Teil mit Saugbaggern gewonnen und im Spülbetrieb eingebaut. Die Verdichtung des Ersatzbodens, soweit erforderlich, wurde größtenteils mit Tiefenverdichtungen, s. Abschn. 6.4, erreicht.

Zu beachten ist der erforderliche Austauschbereich infolge der Druckausbreitung unter Fundamenten und Dämmen und infolge der Baugrubenböschungsneigung, s. Abb. 6.15 und Abschn. 15.7.

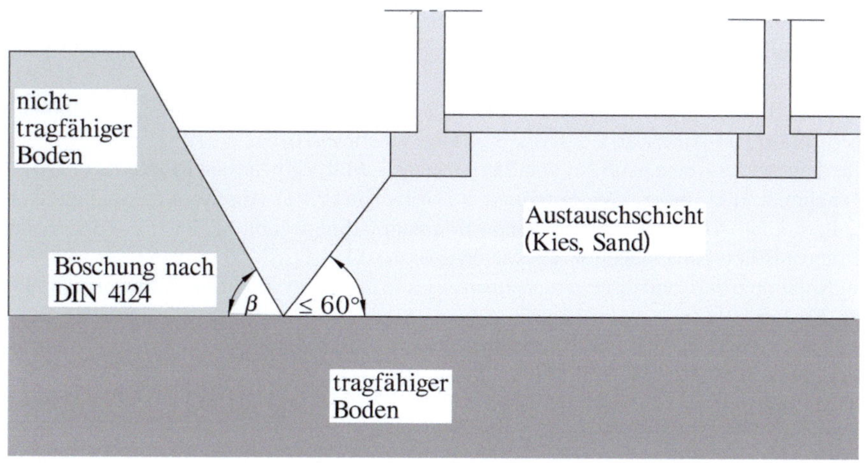

Abb. 6.15 Bodenaustausch für Flachgründung

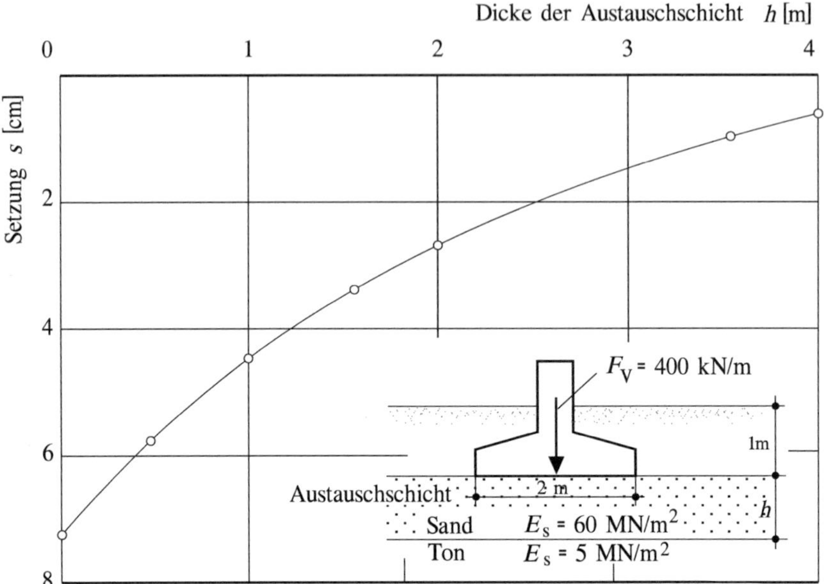

Abb. 6.16 Setzung und Austauschschicht

Abb. 6.16 zeigt den Einfluss einer Teilbodenaustauschschicht unter einem Streifenfundament auf die Setzungen.

Hinsichtlich der Bewehrung von Böden s. Abschn. 7.2,7.6 und Kap. 17.

Literatur

Adam, C., et al.: Theoretische und experimentelle Untersuchungen zur Wirkung des Impulsverdichters. 8. Österreichische Geotechniktagung. Tagungsbeiträge der ÖIAV, Wien. (2011)

Alber, D.: Vereinfachter Nachweis der inneren Tragfähigkeit von Stabilisierungssäulen. Bautechnik **96**(5), 409–414 (2019)

Alexiew, D., Blume, K.-H., Raithel, M.: Bridge approach on geosythetic encased columns. Geo-Americas 3rd Pan-American Conference on Geosythetics. (2016)

Altes, J.: Sandwicks – eine neue Art von Sanddränagen. Mitt Vgb Aachen **51**, 69–81 (1970)

Arz, P., Schmidt, H.G., Seitz, J.M., Semprich, S.: Grundbau (1991). Abschn. 4.6.2 im Betonkalender

Bjerre, J., Stordal, A.: Deep dynamic compaction with falling weight in Norway – Experience and recommendations for application. Proceedings of the XVII ECSMGE. (2019)

Carillo, N.: Simple two- and three-dimensional cases in the theory of consolidation of soils. J. Math. Phys. **21**, 1–5 (1942)

Gipson, R.E., Anderson, W.F.: In situ measurements of soil properties with the pressuremeter. Civ Engin Public Work Rev **56**, 615 (1961)

Haffen, M.: Behandlung kohäsionsloser Böden mit kolloidalen und flüssigen Injektionsgütern. Baugrundtagung 1964, DGEG, Berlin., S. 339–368 (1964)

Han, J.: Principles and Practice of Ground Improvement. Wiley & Sons, Hoboken (2015)

Hornig, W., Stadler, G.: Injektionen, Grundbautaschenbuch, Teil 2, 7. Aufl. Ernst & Sohn (2009)

Hugles, J.M.O., Withers, N.J.: Reinforcing of soft cohesive soils with stone columms. Ground Engin **7**, 42–49 (1974)

Kiefert, H., Schmidt, H.H.: Erdbautechnische Erfahrungen auf der Großbaustelle im Kiesseengebiet Oberhausen der Neubaustrecke Mannheim–Stuttgart. Eisenbahntech Rundsch. **4**, 325–331 (1985)

Kirsch F (2004): Experimentelle und numerische Untersuchungen zum Tragverhalten von Rüttelstopfsäulengruppen, Diss. TU Braunschweig, Mitteilung des Instituts für Grundbau und Bodenmechanik, Heft 75

Kirsch, K., Bell, A. (Hrsg.): Ground improvement, 3. Aufl. CRC Press, London (2013)

Köhler, U., Heibrock, G.: Geopier Bohr-Rammsäulen – eine Alternative zu Tiefgründungen. Geotechnik **27**(3), 279 (2004)

Kolymbas, D.: Geotechnik – Bodenmechanik und Grundbau. Springer (1998)

Kutzner, C.: Injektionen im Baugrund. Enke, Stuttgart (1991)

Lerch, M., Neidhart, T., Bubenicek, M., Pandrea, P.: Ableitung der Tragfähigkeit aus Probebelastungen an Betonstopfsäulen. Geotechnik **43**(4), 298–306 (2020)

Li, A.L., Rowe, R.K.: Combined effects of reinforcement and prefabricated vertical drains on embankment performance. Can Geotech J **38**(6), 1266–1282 (2001)

Moyle, R., Turner, R.: Assessment of grid spacing for dynamic compaction. ISSMGE-TC 211, International Symposium on Ground Impr. IS-GI, Brussels. Bd. 2., S. 83–92 (2012)

Nagy, P., Adam, D.: Arbeitsintegrierte Verdichtungskontrolle während der Rütteldruckverdichtung. Geotechnik **42**(3), 124–133 (2019)

Orth, W.: Bodenvereisung, Grundbautaschenbuch, Teil 2, 8. Aufl. Ernst & Sohn (2018)

Priebe, H.J.: Die Bemessung von Rüttelstopfverdichtungen. Bautechnik **72**(3) (1995)

Raithel, M., Küster, V., Alexiew, D.: 20 Jahre Gründungssysteme mit geokunststoffummantelten Säulen. Geotechnik **36**(4), 205–217 (2013)

Sidak, N., Strauch, G.: Herstellung geotextilummantelter Kiessäulen mit Keller-Tiefenrüttler, 4. Österreichische Geotechniktagung, Wien. (2003)

Smoltczyk, U., Hilmer, K.: Baugrundverbesserungen, Abschn. 2.1. Grundbautaschenbuch, Teil 2, 4. Aufl. Ernst & Sohn, Berlin, München (1991)

Taetz, S., Blume, K.-H., Keßel, M.-T., Raithel, M.: Brückenanrampungen auf geokunststoffummantelten Sandsäulen. Geotechnik **41**(1), 55–63 (2018)

Thorburn, S.: Building structures supported by stabilized ground. Geotechnique **25**, 83–94 (1975)

Normen

DIN 4093: Bemessung von verfestigten Bodenkörpern – hergestellt mit Düsenstrahl-, Deep-Mixing- oder Injektionsverfahren

DIN 18309: VOB Vergabe- und Vertragsordnung für Bauleistungen – Teil C: Allgemeine Technische Vertragsbedingungen für Bauleistungen (ATV) – Einpressarbeiten

DIN 19700: Stauanlagen

DIN EN 1997-1: Eurocode 7 – Entwurf, Berechnung und Bemessung in der Geotechnik – Teil 1: Allgemeine Regeln, in Verbindung mit dem nationalen Anhang DIN EN 1997-1/NA und DIN 1054

DIN EN 12715: Ausführung von Arbeiten im Spezialtiefbau – Injektionen

DIN EN 12716: Ausführung von Arbeiten im Spezialtiefbau – Düsenstrahlverfahren

DIN EN 14679: Ausführung von besonderen geotechnischen Arbeiten (Spezialtiefbau) – Tiefreichende Bodenstabilisierung

DIN EN 14731: Ausführung von besonderen geotechnischen Arbeiten (Spezialtiefbau): Baugrundverbesserung durch Tiefenrüttelverfahren

DIN EN 15237: Ausführung von besonderen geotechnischen Arbeiten (Spezialtiefbau) – Vertikaldräns

Sonstige Regelwerke

ZTV E-Stb (2017): Zusätzlichen Technischen Vertragsbedingungen und Richtlinien für Erdarbeiten im Straßenbau, Forschungsgesellschaft für Straßen- und Verkehrswesen (FGSV)

Geokunststoffe

7

Zusammenfassung

In der Geotechnik und im Wasserbau finden zunehmend Baumaterialien aus Kunststoffen ihre Anwendungsbereiche. Sie ersetzen herkömmliche Baustoffe und erschließen neue Möglichkeiten, z. B. die Bodenbewehrung. Die Einsatzbereiche von Geokunststoffen sind durch ständige Weiterentwicklungen der Hersteller und damit verbundenen Erfahrungen gekennzeichnet. Aufgrund technischer und wirtschaftlicher Vorteile gegenüber Bauweisen mit mineralischen Materialien nimmt ihre Verbreitung stetig zu, wobei auch die Umweltauswirkungen bei den Entscheidungen zu berücksichtigen sind. Nachfolgend wird auf die Materialien, die Wirkungsweise, Einsatzbereiche und Prüfungen mit den in bautechnischer Hinsicht wichtigsten Parametern eingegangen.

7.1 Begriffe, Regelwerke und weiterführende Literatur

Gemäß *DIN EN ISO 10318* ist Geokunststoffe ein „Oberbegriff, der ein Produkt beschreibt, bei dem mindestens ein Bestandteil aus synthetischem oder natürlichem Polymerwerkstoff hergestellt wird in Form einer Bahn, eines Streifens oder einer dreidimensionalen Struktur, das bei geotechnischen und anderen Anwendungen im Bauwesen im Kontakt mit Boden und/oder anderen Materialien verwendet wird." In der Norm werden Geokunststoffe nach Produkt, Funktion oder Eigenschaften gegeneinander abgegrenzt. Hierauf wird in den folgenden Abschnitten weiter eingegangen.

Grundsätzlich werden Geokunststoffe unterschieden nach:

- Geotextilien, z. B. Gewebe, Vliesstoffe und Maschenwaren,
- geotextilverwandte Produkte,
- Geogitter (gestreckte, gewebte, geraschelte, gelegte),
- Dichtungsbahnen,

H.-H. Schmidt, R.F. Buchmaier, C. Vogt-Breyer, *Grundlagen der Geotechnik*,
https://doi.org/10.1007/978-3-658-39834-7_7

- Dichtungsbahnverwandte Produkte und
- Geoverbundstoffe.

Die Regelwerke und weiterführende Literatur orientieren sich neben der o. g. Norm vorrangig an den Funktionen der Geokunststoffe. Für vielfältige Einsätze zur Bewehrung von Boden wird auf die *Empfehlungen für den Entwurf und die Berechnung von Erdkörpern mit Bewehrungen aus Geokunststoffen (EBGEO)* verwiesen. Das *„Merkblatt über die Anwendung von Geokunststoffen im Erdbau des Straßenbaus", (M Geok E)* behandelt breite Einsatzbereiche und gibt konkrete Hinweise zu Auswahl, Verarbeitung und Ausschreibung. Für den Bereich des Deponiebaus steht ein umfangreiches Regelwerk der Bundesanstalt für Materialprüfung (BAM) zur Verfügung. Die *Empfehlungen zu Dichtungssystemen im Tunnelbau (EAG-EDT)* regeln Anwendungen im Tunnelbau. Weitere Aspekte zum Bauen mit Geokunststoffen finden sich bei Saathoff und Bräu (2018) und Müller-Rochholz und Retzlaff (2022). Mit dem Sonderfall der Planung und Bemessung geotextiler Filter befasst sich das *Merkblatt DWA-M 511 – Filtern mit Geokunststoffen (2017)*.

Die Bestimmung der wesentlichen Eigenschaften von Geotextilien und geotextilverwandter Produkte für besondere Anwendungen oder Bauwerke sind in einer Reihe europäischer Normen (*DIN EN 13249* bis *DIN EN 13257*) geregelt. Weitere europäische Normen gibt es für geosynthetische Dichtungsbahnen mit unterschiedlichen Anwendungsbereichen wie z. B. Tunnelbau, Deponien, Verkehrsbauten u. a.

7.2 Funktionen

Nachfolgend sind die wichtigsten Funktionen von Geokunststoffen im Zusammenwirken mit dem Boden erklärt und dargestellt, wobei oftmals mehrere Funktionen in einer Anwendung von Bedeutung sind.

Trennung Durch einen Geokunststoff zwischen zwei verschiedenen Bodenarten kann die Zusammensetzung und Funktion beider Bodenmaterialien erhalten bzw. verbessert werden s. Abb. 7.1. Vliese eignen sich hier besonders im Verkehrswegebau, um Vermischungen von groben und feinkörnigen Materialien zu verhindern. Um eine Beschädigung des Geotextils durch die mechanische Beanspruchung infolge des Einbaus von grobem Schüttmaterial zu vermeiden, wurden für Produkte Robustheitsklassen eingeführt, die auf empirischen gewonnenen Erkenntnissen beruhen.

Filter Ein Boden-Kunststoff-System, das freie (quasi drucklose) Wasserbewegung durch die Ebene des Geotextils erlaubt, ohne dass Boden transportiert wird, s. Abb. 7.2 und Abschn. 3.6.3. Für Filter eignen sich besonders Vliese und Gewebe. Entscheidende Parameter für die Filterfunktion sind die Porenstruktur und die Dicke des Geotextils.

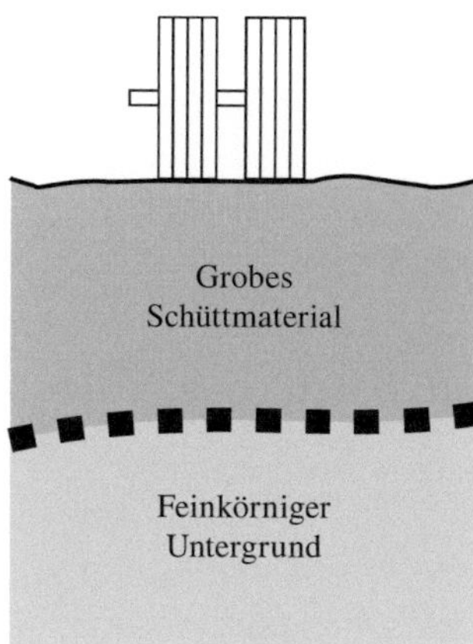

Abb. 7.1 Trennfunktion

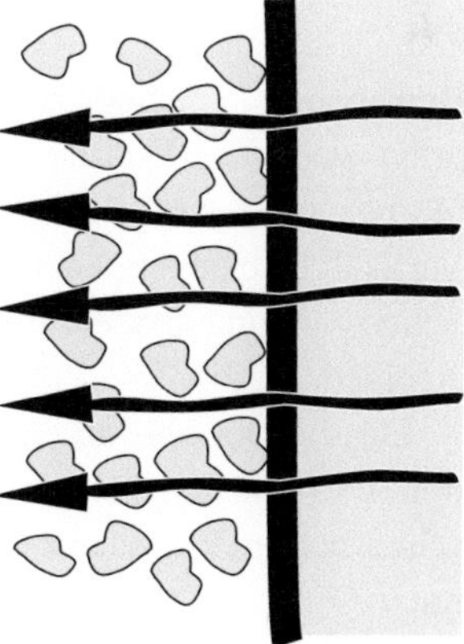

Abb. 7.2 Filterfunktion

Dränung Ein Boden-Geokunststoff-System, das freie (quasi drucklose) Wasserbewegung in der Ebene des Geokunststoffes erlaubt, ohne dass es zum Transport von Boden kommt, s. Abb. 7.3 und Abschn. 6.1. Für die Dränung eignen sich besonders Verbundstoffe mit Vliesen.

Abb. 7.3 Dränfunktion

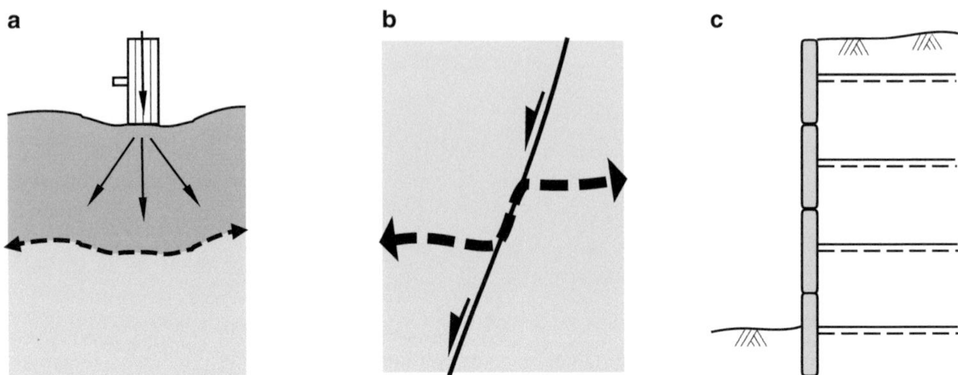

Abb. 7.4 Bewehrungsfunktion. **a** Membranwirkung, **b** bei Schervorgängen, **c** Verankerung

Bewehrung Verbesserung der Tragfähigkeit eines Bodens durch Einlegen von ausgeprägt zugfesten Kunststoffen. Die Einleitung der Kräfte in den Geokunststoff erfolgt hierbei vorrangig über Reibung. Die Zugbeanspruchung der Bewehrung kann infolge von Vertikalverschiebungen und damit verbundenen Membraneffekten, Spreizspannungen, Scherspannungen oder direkt durch Einleitung von Zugkräften durch andere Bauelemente erfolgen, s. Abb. 7.4.

Für die Bewehrung eignen sich in erster Linie Gewebe und Gitter, da sie besonders hohe Festigkeiten bei geringen Dehnungen aufweisen. In der Praxis wurden aber auch schon häufig Vliese mit einem großen Dehnungsvermögen für Bewehrungszwecke genutzt. Offensichtlich zeigen dabei Vliese im Verbund mit dem Boden geringe Dehnungen. Das Verbundverhalten zwischen Böden und Geokunststoffen ist bisher nicht abschließend geklärt. Es ist jedoch plausibel, dass der Geokunststoff im Verbund mit dem Boden ein günstigeres Kraft-Verformungsverhalten zeigt, als bei herkömmlichen Versuchen, in denen der Geokunststoff allein beansprucht wird. Ruiken (2016) konnte durch umfangreiche Versuchsreihen und numerischen Untersuchungen zeigen, dass es durch die reduzierten Bodenverschiebungen im Bereich der Geogitterlagen zu einer Gewölbewirkung im Boden kommt. Zusätzlich führt die Bewehrung zur sukzessiven Entstehung zahlreicher Scherfugen gegenüber einzelner, weniger Scherfugen im unbewehrten Boden. Für die Zukunft ist es deshalb angezeigt, die tatsächlichen In-situ-Verhältnisse weiter zu untersuchen, um das Tragverhalten des Verbundkörpers realistischer berücksichtigen zu können. Für die Bewehrung bei Böschungen und Stützkonstruktionen, s. Abschn. 17.3.1.

Schützen Druck- bzw. schlagempfindliche Bauteile durch Kunststoffe vor Beschädigungen schützen: z. B. wird eine Kunststoffdichtungsbahn häufig mit einem dicken Vlies oder einem Verbundstoff geschützt, s. Abb. 7.5.

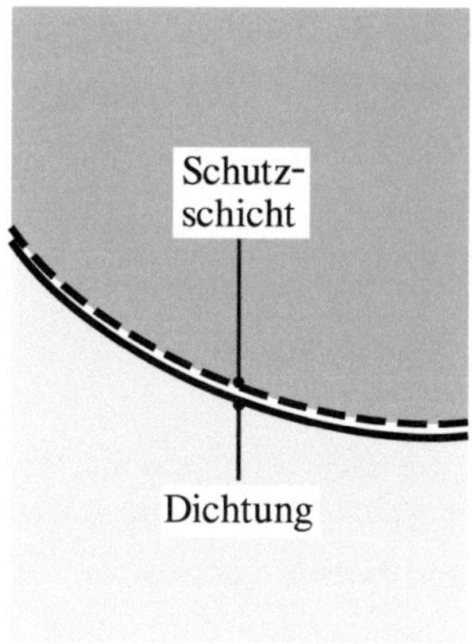

Abb. 7.5 Schutz- und Dichtungsfunktion

Dichten Verhindern des Flüssigkeitstransports durch ein Bauteil oder durch eine Bodenschicht. (Durchlässigkeit quasi gegen 0: $k < 10^{-9}\,\mathrm{m/s}$; oft sind Nähte und Anschlüsse maßgebend!), s. Abb. 7.5.

Als Dichtungssysteme kommen hauptsächlich Membranen und Verbundmatten aus Vliesen und Tonen (Bentonit) zum Einsatz.

7.3 Eigenschaften der Fertigprodukte

Je nach Anwendung werden unterschiedliche, meist jedoch mehrere Eigenschaften von Geokunststoffen maßgebend. Hier sind zu nennen

- Mechanische Eigenschaften, z. B. Last-Dehnungsverhalten, Zugfestigkeit, Verbundeigenschaften, Durchlässigkeit,
- Verarbeitbarkeit/Handling z. B. Robustheit gegen mechanische Beanspruchungen,
- chemische und mikrobiologische Beständigkeit, UV-Beständigkeit,
- Zeitstandverhalten und
- Kombinationsmöglichkeit mit andern Bauteilen (Anschlüsse, Kleben, Schweißen).

7.4 Ausgangsmaterialien und deren Eigenschaften

Ausgangsstoffe sind überwiegend von der petrochemischen Industrie gelieferte Monomere, die durch Polymerisation zu Strukturen mit großen Molekülen und mit hohem Molekulargewicht (Polymere, Thermoplaste) verknüpft werden, s. Abb. 7.6. Für Geomembranen werden auch synthetische Gummis (z. B. Elastomere) verwendet.

Abb. 7.6 Strukturformel von **a** PVC und **b** PE

a

$$\left[\begin{array}{ccc} H & & H \\ | & & | \\ -C & - & C \\ | & & | \\ H & & Cl \end{array} \right]_n -$$

b

$$\left[\begin{array}{ccc} H & & H \\ | & & | \\ -C & - & C \\ | & & | \\ H & & H \end{array} \right]_n -$$

Durch verschiedene Verarbeitungsvorgänge (Extrudieren, Schneiden, Stanzen, Verbinden) werden die Ausgangsstoffe zu Zwischenprodukten wie Fasern, Bändern, Membranen und Netzen verarbeitet.

Folgende Rohmaterialien sind überwiegend am Markt:

- Polyethylenterephthalat (PET),
- Polyproyplen (PP),
- Polyethylen (PE, PEHD),
- Polyamid (PA),
- Aramid (AR),
- Polyvinylchlorid (PVC),
- Ethylen-Vinylacetat-Copolymer (EVA) und
- Chloroprenkautschuk (CR).

Geokunststoffe unterliegen der Europäischen Bauproduktenverordnung (EU-BauPVO) und müssen Grundanforderungen bezüglich Gesundheit und Umweltschutz erfüllen. Aus

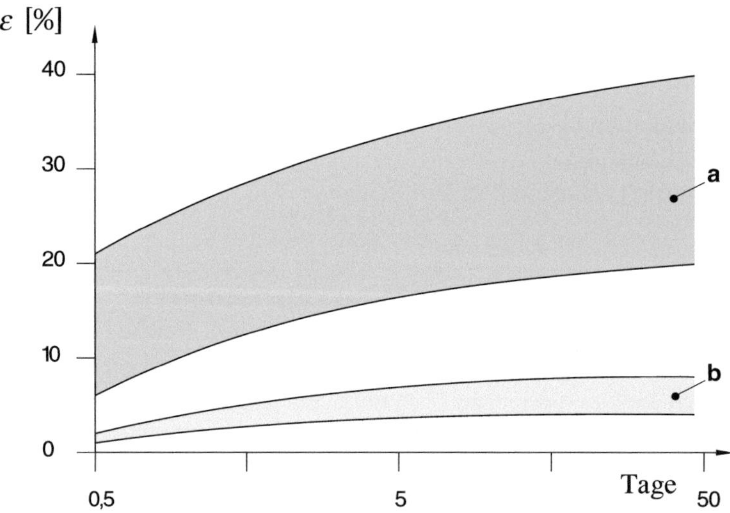

Abb. 7.7 Kriechdehnung verschiedener Materialien bei konstanter Last. **a** Gewebe aus Polypropylen, **b** Gewebe aus Polyester

dem fertiggestellten Bauwerk dürfen keine gefährlichen Stoffe in Grundwasser, Meeresgewässer, Oberflächengewässer oder Boden gelangen. Daher müssen Hersteller zukünftig angeben, ob möglicherweise gefährliche Stoffe freigesetzt werden können. Auch gewinnt das Thema Mikroplastik durch Abrieb an Bedeutung und ist je nach Gegebenheit zu untersuchen. Weiteres zu den umwelttechnischen Aspekten bei Verwendung im Verkehrswegebau, s. Maisner et al. (2019).

Die Rohmaterialien haben unterschiedliche Eigenschaften, s. Abschn. 7.3. Insbesondere das Kriechverhalten s. Abb. 7.7, kann je nach Verwendung von entscheidender Bedeutung sein.

7.5 Auswahl und Planung

Die oben beschriebenen Ausgangsmaterialien führen dazu, dass die daraus hergestellten Produkte sehr unterschiedliche Eigenschaften aufweisen. Je nach den Funktionen, die ein Geokunststoff in der Anwendung erfüllen muss, ist in der Planung ein geeignetes Material zu wählen. Im Folgenden werden für verschiedene Funktionen beispielhaft ausgewählte Eigenschaften beurteilt.

- Bewehren: Zur Begrenzung der Verformungen einer bewehrten Konstruktionen werden hierbei i. d. R. Produkte mit geringer Dehnfähigkeit bevorzugt, s. Abb. 7.8. Standardmäßig sind dies meist Geogitter aus PET, die sich gut mit dem Füllmaterial verzahnen. Bei besonderen Anforderungen kommen Gewebe aus Polyvinylalkohol (PVA) und Aramid (AR) zum Einsatz. Während Aramid eine sehr hohe Dehnsteifigkeit gewährleistet, bietet Polyvinylalkohol eine hohe Dehnsteifigkeit in Kombination mit einer sehr hohen Widerstandsfähigkeit gegenüber Chemikalien im Boden, besonders im alkalischen Bereich.
- Trennen/Schützen/Filtern/Dränen: Hier sind Vliese sinnvoll, die aus Polypropylen (PP) und Mischfasern bestehen. Deren hohe Dehnfähigkeit (Mindestdehnung) ist hier in der Regel nützlich. Eine etwas geringere Dehnfähigkeit kann aber durch umgekehrt proportional erhöhte Reißkraft kompensiert werden. Ein wesentlicher Parameter ist hierbei neben der Wasserdurchlässigkeit und dem Bodenrückhaltevermögen die Robustheit gegen mechanische Beanspruchungen.

Für die meisten Anwendungen muss jedoch je nach geotechnischer Aufgabenstellung erwogen werden, ob der Einsatz von Geokunststoffen technische und wirtschaftliche Vorteile bietet. Mit Festlegung der Haupt- und Nebenfunktion des Geokunststoffs müssen die maßgebenden Randbedingungen aus dem Boden und dem Wasser, die Einwirkungen beim Einbau des Kunststoffs sowie die äußeren Einwirkungen (Belastungen) beachtet werden. Die durch Versuche ermittelten und durch Prüfung, s. Abschn. 7.7, bestätigten mechanischen, hydraulischen, chemischen und umweltrelevanten Eigenschaften führen schließlich

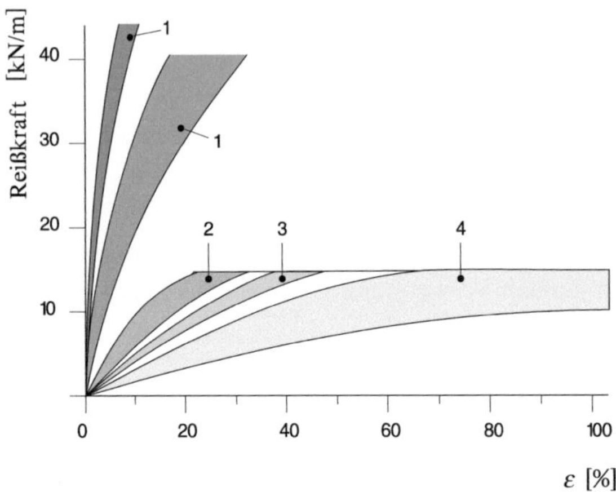

Abb. 7.8 Kraft-Dehnungs-Beziehung für verschiedene Materialien

zur Auswahl des Geokunststoffs. Das System Boden/Geokunststoff muss ggf. unter Berücksichtigung von Teilsicherheitsbeiwerten, s. Kap. 8, geplant und bemessen werden. Für die Ausschreibung der Leistung sollten klare Begriffe und Einheiten verwendet sowie Verlegeanordnungen vorgegeben werden.

7.6 Einsatzbereiche und Funktion

Für den in Abb. 7.9 dargestellten Einsatzbereich des Verkehrswegebaus (Straßen, Schienenverkehrswege, Flughäfen) werden Geokunststoffe überwiegend zur Entwässerung und zum Trennen von Erdbaustoffen mit unterschiedlicher Korngrößenverteilung benutzt. Bei unbefestigten oder nur gering befestigten Baustraßen werden Geokunststoffe auch zum Bewehren eingelegt. Steile Dammböschungen und gering scherfeste Böden erfordern häufig den Einsatz von Bewehrungslagen. Diese Bewehrungslagen können zusätzlich als Trennschicht bzw. Dränung dienen, s. Abb. 7.10. Sehr steile Böschungen mit Neigungen von > 70° werden als Stützbauwerke betrachtet, bei denen dann zur Bewehrung häufig eine Außenhaut bzw. Befestigung erforderlich wird, s. Abschn. 17.3.1.

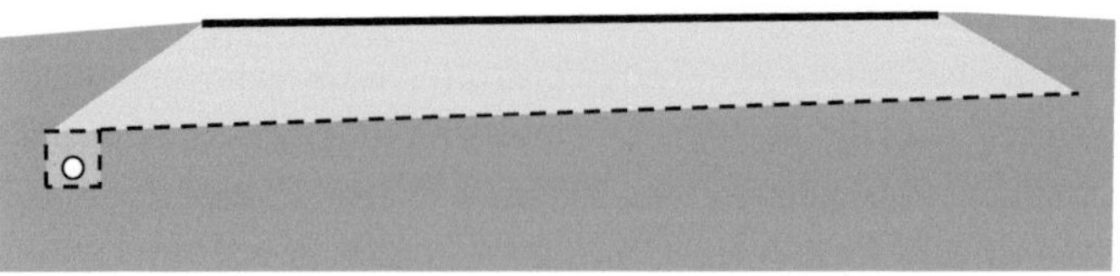

Abb. 7.9 Verkehrsweg

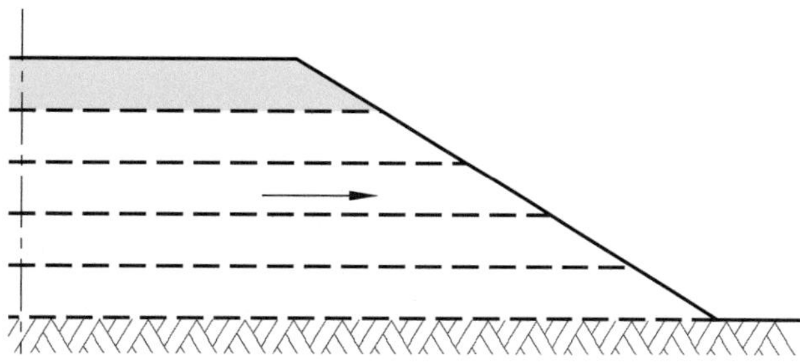

Abb. 7.10 Dämme, Böschungen, Stützbauwerke

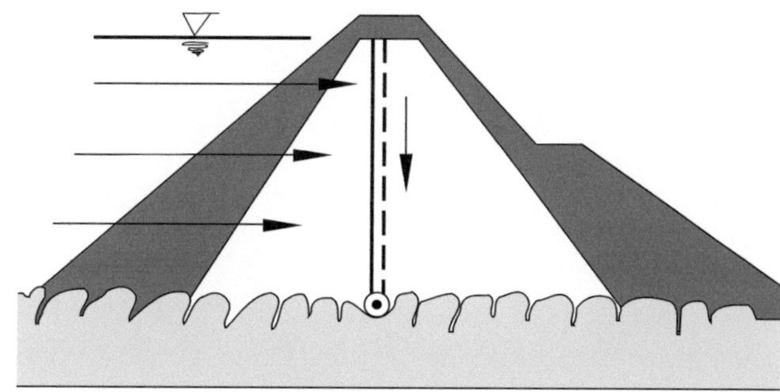

Abb. 7.11 Staudammbau

In Verbindung mit offenen Gewässern gibt es sehr vielfältige Einsatzbereiche von Geokunststoffen. Sehr frühe ingenieurmäßige Anwendungen von Geotextilien gab es im Küstenschutz, wo diese bis heute als Filterschichten in Deckwerken oder Sohlsicherungen eingesetzt werden. Wegen hoher mechanischer Einwirkungen ist hierbei eine ausgeprägte Robustheit erforderlich. Neuere Entwicklungen sind sandgefüllte Säcke und Matratzen zur Kolksicherung. Beim Aus- und Neubau von Wasserstraßen kommen Geotextilien bei durchlässigen Deckwerken als Filter- und Erosionsschutzschichten zum Einsatz. Bei Wasserstraßen über dem Grundwasserspiegel werden Dichtungssysteme notwendig, die den Beanspruchungen aus der Schifffahrt standhalten müssen. Hierzu können dichte Deckwerke aus voll vergossenen Schüttsteinen auf geotextilen Filtern ausgeführt werden, oder es werden geosynthetische Tondichtungsbahnen wie Bentonitmatten eingesetzt. Bei kleineren Gewässern werden Geotextilien neben den bisher beschriebenen Anwendungen oftmals im Rahmen von Renaturierungsmaßnahmen zum Erosionsschutz auf zu begrünenden Böschungen eingesetzt. Da hierbei eine Langzeitbeständigkeit zum Teil gar nicht erwünscht ist, sind für derartige Anwendungen biologisch abbaubare Materialien gefragt.

Im Staudammbau ergeben sich verschiedene Einsatzmöglichkeiten von Geokunststoffen mit unterschiedlichen Funktionen, abhängig vom Einbauort. Neben dem Filtern und dem Erosionsschutz an Böschungen dienen Geotextilien innerhalb des Stützkörpers meist dem Trennen von groberen und feineren Bodenschichten oder sie wirken als Dränschichten. Kunststoffdichtungsbahnen haben in Kombination mit einem schützenden und dränenden Aufbau bei Bauwerken mit Dauereinstau eine dichtende Funktion, s. Abb. 7.11.

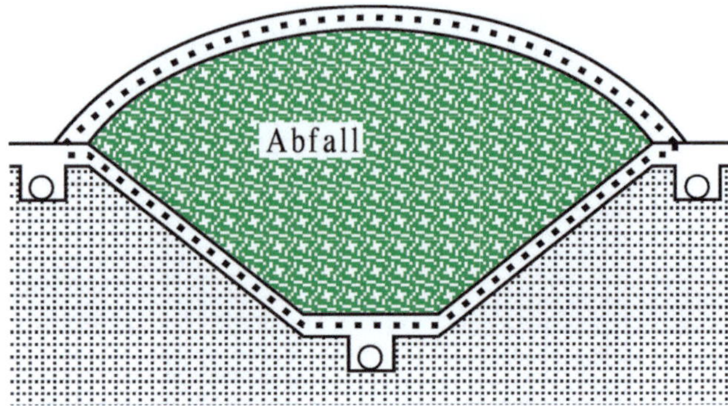

Abb. 7.12 Deponiebau, Dichtwände

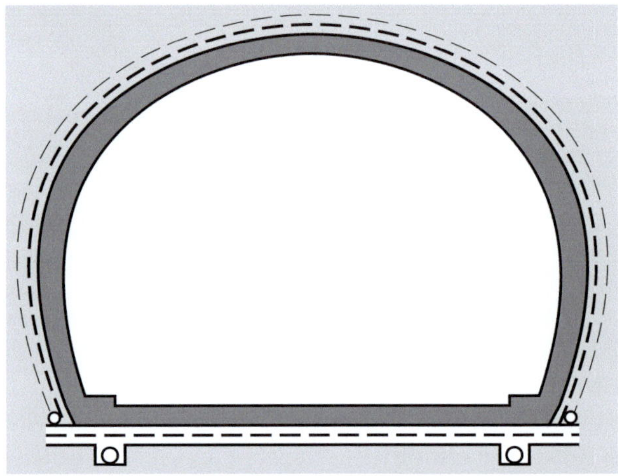

Abb. 7.13 Unterirdische Bauwerke: Tunnel, erdbedeckte Dächer

Beim Einsatz von Geokunststoffen im Deponiebau steht das Dichten mit Membranen bzw. Verbundmatten und das Schützen derselben sowie das Sammeln und Abführen von Sickerwasser im Vordergrund, s. Abb. 7.12. Mit der in einer Dränanlage gesammelten Sickerwassermenge unter einer Dichtung kann des Weiteren eine Kontrollfunktion für die Dichtung ausgeübt werden. Heute werden auch Schlitzwände, s. Abschn. 17.4.1, mit eingestellten Membranen als vertikale Dichtwände für Deponien oder zum Abdichten von Baugruben verwendet.

Für unterirdische Bauwerke, wie Tunnel oder Parkkavernen sowie für mit Erde überschüttete Dächer werden Geokunststoffe zum Dichten und zum Dränieren eingesetzt, s. Abb. 7.13.

Zum Schutz der Dichtungsmembranen kommen wiederum vorwiegend dickere Vliese zum Einsatz, s. dazu Abb. 7.13. Zur Beschleunigung von Konsolidationsvorgängen, s. Abschn. 4.2.3 und 6.1, werden sogenannte Kunststoffdräns zum Abführen des Porenwassers eingesetzt. Die Kunststoffdräns bestehen dabei aus einem Dränkörper und einem Mantelschlauch (Vliesstoff). Abb. 7.14 zeigt so eine prinzipielle Anordnung, wobei das

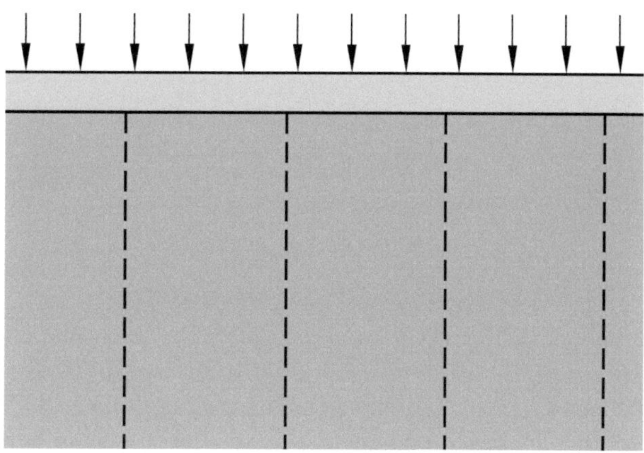

Abb. 7.14 Entwässern von Böden

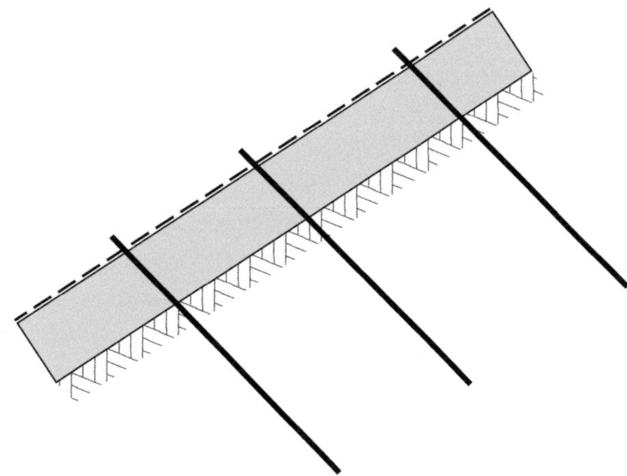

Abb. 7.15 Oberflächenschutz von Böschungen

Dränwasser infolge einer flächigen Auflast über die Dräns in die mineralische Dränschicht an der Oberfläche eingeleitet und darüber abgeführt wird.

Beim Oberflächenschutz von Baugrubenböschungen und besonders für permanente Böschungen werden Geokunststoffe gegen Erosionen und als Vegetationshilfe bei der Rekultivierung eingesetzt, s. Abb. 7.15. Hier eignen sich insbesondere Gewebe, Netze und Matten.

Für Gründungen mit Baugrundverbesserungsmaßnahmen wurden in Zusammenhang mit Bodenaustausch, s. Abschn. 6.8, schon häufig Bewehrungen aus Geweben bzw. Gittern beim schichtweisen Einbau und Verdichten von Böden eingelegt, s. Abb. 7.16.

Zum Überbrücken von Hohlräumen im Untergrund (Erdfälle und Dolinen) werden im Verkehrswegebau an der Basis zu schüttender Dämme Geogitter verlegt. Damit sollen plötzliche Einbrüche mit katastrophalen Folgen für den Verkehr vermieden werden. Mögliche, geringe Verformungen der Dammkronen werden dabei in Kauf genommen, da man sie sanieren kann.

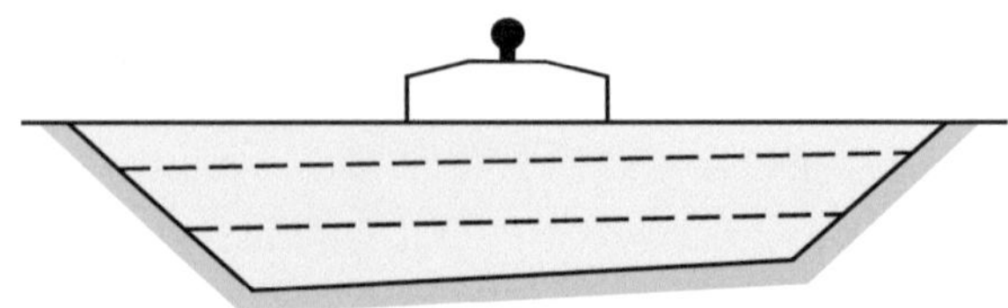

Abb. 7.16 Gründungen

7.7 Prüfungen und Produktangaben

Seit dem 01. Oktober 2002 unterliegen in Europa Geokunststoffe nach dem *Merkblatt M Geok E* der CE-Kennzeichnungspflicht. Mit dieser Kennzeichnung wird die Übereinstimmung eines Produktes mit den jeweiligen Europäischen Normen (EN) für spezifische Anwendungen und Funktionen (Trennen, Filtern, Bewehren, Schützen und Dränen) bescheinigt. Die Hersteller von Geokunststoffen können für ihre Produkte durch den Nachweis vorgegebener Eigenschaften und die Überwachung durch eine zugelassene Stelle das CE-Kennzeichen erhalten. Die Konformitätsbewertung (Assessment and Verification of Constancy of Performance, AVCP) beruht auf folgenden Elementen:

- Feststellung des Produkttyps durch den Hersteller (PTD)
- werkseigene Produktionskontrolle des Herstellers
- Zertifizierung der werkseigenen Produktionskontrolle durch eine zugelassene Stelle durch Werksinspektionen und laufende Überwachungen

Der Konformitätsbewertung liegen nur die Werte zugrunde, die für die Anwendung auf europäischer Ebene harmonisiert sind, und sind in den Normenreihen *DIN EN 13249ff* und *13361ff* geregelt. Darüber hinaus können auf nationaler Ebene anwendungsbezogen weitere Prüfverfahren oder Prüfergebnisse gefordert werden, die jedoch nicht im Widerspruch zu den europäischen Regelungen stehen dürfen. Anforderungen, die von einem Produkt für eine bestimmte Anwendung zu erfüllen sind, werden vom Anwender, üblicherweise über die Ausschreibung, auf der Grundlage des nationalen Regelwerk vorgegeben.

Beispielhaft werden anhand der *DIN EN 13249* die geforderten Eigenschaften für die Anwendung beim Bau von Straßen und sonstigen Verkehrsflächen aufgezeigt. Der Anwendungsbereich dieser Norm bezieht sich auf die Funktionen Filtern, Trennen und Bewehren. In Abb. nd die zu prüfenden Eigenschaften, abhängig von der Funktion, aufgeführt.

Bei der Verwendung von Geokunststoffen in Dränanlagen gemäß *DIN EN 13352* sind darüber hinaus hydraulische Eigenschaften von Bedeutung. Hier sind zusätzlich zu den in Tab. 7.1 genannten Prüfungen die Wasserdurchlässigkeit (Filtern/Trennen) und das Wasserableitvermögen (Dränen) zu untersuchen.

Der Widerstand gegen Einbaubeschädigung und damit gegenüber der mechanischen Beanspruchung durch Schüttmaterial und Baubetrieb wird durch die Geotextilrobustheitsklassen GRK beschrieben und definiert. Für die Funktionen Trennen, Filtern und Schützen

Tab. 7.1 Funktionen, funktionsbezogenen Eigenschaften und anzuwendende Prüfverfahren (aus *DIN 13249*)

Eigenschaft	Prüfverfahren	Funktionen		
		Filtern	Trennen	Bewehren
(1) Zugfestigkeit[b]	EN ISO 10319	A	A	A
(2) Dehnung bei Höchstzugkraft	EN ISO 10319	A	A	A
(3) Steifigkeit bei 2 %, 5 % und 10 %	EN ISO 10319	–	–	S
(4) Zugfestigkeit von Nähten und Verbindungen[c, d]	EN ISO 10321	S	S	S
(5) Durchdrückverhalten (CBR-Versuch)[a, b]	EN ISO 12236	S	A	A
(6) Durchschlagverhalten (Kegelfallversuch)[a]	EN ISO 13433	A	A	A
(7) Scherverhalten	EN ISO 12957-1; EN ISO 12957-2	S	S	S
(8) Zugkriechen	EN ISO 13431	–	–	S
(9) Beständigkeit gegen Beschädigung beim Einbau bei wiederholter Belastung	EN ISO 10722	S	S	S
(10) Charakteristische Öffnungsweite	EN ISO 12956	A	A	–
(11) Wasserdurchlässigkeit normal zur Ebene (Geschwindigkeitsindex)	EN ISO 11058	A	A	S
(12) Dauerhaftigkeit	Nach Anhang B	A	A	A

Bedeutung:
A: für alle Anwendungsbedingungen relevant
S: für besondere Anwendungsbedingungen relevant
„–“: nicht relevant für diese Funktion

[a] Das Durchdrückverhalten kann für einige Produkttypen nicht relevant sein, z. B. GGR, GCO-R oder GST.
[b] Falls die mechanischen Eigenschaften (Zugfestigkeit und Durchdrückverhalten) in dieser Tabelle mit „A“ gekennzeichnet sind, ist die Verwendung von nur einer Eigenschaft, entweder Zugfestigkeit oder Durchdrückverhalten, in der Projektspezifikation gewöhnlich ausreichend.
[c] Die Festigkeit produktinterner Verbindungen von Geozellen ist nach EN ISO 13426-1 zu prüfen.
[d] Die Festigkeit produktinterner Verbindungen von Geoverbundstoffen ist nach EN ISO 13426-2 zu prüfen.

Tab. 7.2 Geotextilrobustheitsklassen (aus *M Geok E*)

	Vliesstoffe		Bändchengewebe		Multifilamente	
Geotextil-Robustheits-klasse	Stempeldurchdrück-kraft erf. $F_{P5\,\%}$ (kN)	Masse pro Flächen-einheit erf. $M_{A5\,\%}$ (g/m²)	Höchst-Zugkraft[a] erf $F_{5\,\%}$ (kN)	Masse pro Flächen-einheit erf. $M_{A5\,\%}$ (g/m²)	Höchstzugkraft[b] erf $F_{5\,\%}$ (kN)	Masse pro Flächeneinheit[b] erf. $M_{A5\,\%}$ (g/m²)
GRK1	≥ 0,5	≥ 80	≥ 20	≥ 100	≥ 60	≥ 230
GRK2	≥ 1,0	≥ 100	≥ 30	≥ 160	≥ 90	≥ 280
GRK3	≥ 1,5	≥ 150	≥ 35	≥ 180	≥ 150	≥ 320
GRK4	≥ 2,5	≥ 250	≥ 45	≥ 220	≥ 180	≥ 400
GRK5	≥ 3,5	≥ 300	≥ 50	≥ 250	≥ 250	≥ 550

[a] Der kleinere Wert der Zugfestigkeit aus Längs- und Querrichtung.

[b] Bezogen auf Zugfestigkeit in Längsrichtung bei einem Produkttyp mit einheitlicher Zugfestigkeit in Querrichtung (50) und unterschiedlicher Längsfestigkeit.

wird die Beurteilung der Robustheit durch die Geotextilrobustheitsklassen (GRK) definiert. Die Einbaubeschädigung bei Bewehrungen wird durch Einbausimulationsversuche im Labor oder/und durch Einbauversuche auf der Baustelle bestimmt, aus denen Abminderungsbeiwerte (Teilsicherheitsbeiwerte) abgeleitet werden. Für alle Produkte kann die Eignung für eine bestimmte Baustelle auch durch Eignungsversuche nachgewiesen werden. Die nachfolgende Tab. 7.2 gibt die Geotextilrobustheitsklassen für Vliesstoffe und Gewebe nach dem *Merkblatt über die Anwendung von Geokunststoffen im Erdbau des Straßenbaus M Geok E* wieder.

Die Zuordnungen der entsprechenden Anwendungs- und Beanspruchungsfälle zu den Geotextilrobustheitsklassen sind ebenfalls in dem Merkblatt aufgeführt.

Der Index 5 % bezieht sich jeweils auf das 5 %-Mindestquantil der jeweiligen Kraft bzw. der Masse je Flächeneinheit.

Weiterführende Anforderungen für verschiedene Einsatzbereiche sind in Koerner (2012), Müller-Rochholz/Retzlaff (2022), Saathoff/Bräu (2018) und Ruegger/Hufenus (2003) zu finden.

Literatur

Koerner, R.M.: Designing with geosynthetics, 6. Aufl. Pearson Prentice Hall, Upper Sadle River (2012)

Maisner, M., Retzlaff, J., Dietrich, C.: Geokunststoffe im Verkehrswegebau in Kontakt mit Grund- und Oberflächenwasser. Umweltaspekte Georesources Z. **2**, 11–17 (2019)

Müller-Rochholz, J., Retzlaff, J.: Bauen mit Geokunststoffen. Reguvis, Köln (2022)

Ruegger, R., Hufenus, R.: Bauen mit Geokunststoffen. Schweizerischer Verband für Geokunststoffe (SVG) (2003)

Ruiken, A.: Zum Spannungs-Dehnungsverhalten des Verbundbaustoffs „geogitterbewehrter Boden“. Schriftenreihe Geotechnik im Bauwesen. RWTH Aachen (2016)

Saathoff, F., Bräu, G.: Geokunststoffe in der Geotechnik und im Wasserbau, Grundbautaschenbuch. Ernst & Sohn, Berlin (2018)

Normen

IN EN ISO 10318-1: Geokunststoffe – Teil 1: Begriffe

Normenreihe DIN EN 13249 bis DIN EN 13257: Geotextilien und geotextilverwandte Produkte – Geforderte Eigenschaften für die Anwendung beim Bau von Straßen und sonstigen Verkehrsflächen (mit Ausnahme von Eisenbahnbau und Asphaltoberbau); beim Eisenbahnbau; im Erd- und Grundbau sowie in Stützbauwerken; in Dränanlagen; in Erosionsschutzanlagen; beim Bau von Rückhaltebecken und Staudämmen; beim Kanalbau; im Tunnelbau und in Tiefbauwerken; in Deponien für feste Abfallstoffe

DIN EN 13361: Geosynthetische Dichtungsbahnen – Eigenschaften, die für die Anwendung beim Bau von Rückhaltebecken und Staudämmen erforderlich sind

DIN EN 13362: Geosynthetische Dichtungsbahnen – Eigenschaften, die für die Anwendung beim Bau von Kanälen erforderlich sind

Sonstige Regelwerke

EAG-EDT (2018): Empfehlungen zu Dichtungssystemen im Tunnelbau, Deutsche Gesellschaft für Geotechnik e. V. (Hrsg), Ernst & Sohn

EBGEO (2010): Empfehlungen für den Entwurf und die Berechnung von Erdkörpern mit Bewehrungen aus Geokunststoffen, Deutsche Gesellschaft für Geotechnik e. V. (Hrsg), Ernst & Sohn

DWA-Regelwerk (2017): Merkblatt DWA-M 511 – Filtern mit Geokunststoffen

Merkblatt über die Anwendung von Geokunststoffen im Erdbau des Straßenbaus, Forschungsgesellschaft für Straßen- und Verkehrswesen

M Geok E (2016): Merkblatt über die Anwendung von Geokunststoffen im Erdbau des Straßenbaus, Forschungsgesellschaft für Straßen- und Verkehrswesen (FGSV)

Technische Regeln für Sicherheitsnachweise im Erd- und Grundbau

8

Zusammenfassung

Mit dem geotechnischen Entwurf, der Berechnung und der Bemessung von Bauwerken des Erd- und Grundbaus sollen für den geplanten Nutzungszeitraum standsichere, gebrauchstaugliche und umweltverträgliche Bauwerke wirtschaftlich errichtet und betrieben sowie negative Einflüsse auf die Umgebung vermieden werden. Die für diese Aufgabe erforderlichen, hier behandelten Regelwerke dienen dazu, diese Ziele zu erreichen und eine einheitliche Grundlage sowohl für die Planung und Bauausführung als auch für die damit verbundenen Verträge zu schaffen. Zur Harmonisierung des europäischen Binnenmarktes wurden seit den 1980er Jahren europäische Normen entwickelt, die durch nationale Normen ergänzt werden können. Die grundlegenden Sicherheitskonzepte sowie Spezifica der nationalen Normung werden hier zusammengefasst. Für einen geotechnischen Entwurf gemäß *DIN EN 1997 (EC 7)* werden Begriffe erklärt und Grundsätze der Nachweisführung dargelegt.

8.1 Grundlegende Sicherheitskonzepte

Es gibt sehr unterschiedliche Definitionen von Sicherheit. Allen gemeinsam ist jedoch die Tatsache, dass die Sicherheit ein relatives Maß ist und es keine absolute Sicherheit gegen Eintreten des Versagens gibt. Nach Pöttler et al. (2001) könnte man als allgemeine Definition verwenden: „Sicherheit ist für die Allgemeinheit ein Zustand der Unbedrohtheit, der sich im Vorhandensein von Schutz respektive Fehlen von Gefahren ergibt". Zur Schaffung von Sicherheit sind also das Erkennen von Gefahren und deren Abwehr erforderlich. Bei

H.-H. Schmidt, R.F. Buchmaier, C. Vogt-Breyer, *Grundlagen der Geotechnik*,
https://doi.org/10.1007/978-3-658-39834-7_8

diesen Tätigkeiten steht der Ingenieur im Spannungsfeld sich konkurrierender Interessen und Ziele:

- Errichtung eines sicheren Bauwerks,
- Gebrauchstauglichkeit,
- Umweltverträglichkeit/Nachhaltigkeit,
- Wirtschaftlichkeit,
- Terminbedingungen,
- Ästhetik des Bauwerks und
- Wahrung der eigenen Konkurrenzfähigkeit.

Die Sicherheit gegen das Versagen eines Bauwerks oder Bauteils wurde im Bauingenieurwesen traditionell deterministisch und „global“ nachgewiesen, d. h. das Verhältnis minimaler günstiger zu maximalen ungünstigen Kräften, Momenten oder Spannungen gebildet. Dabei blieb die sehr unterschiedliche Varianz der beteiligten Größen unberücksichtigt. Zum Beispiel wurde nach der alten *DIN 1054 (1976)* für den Nachweis gegen das Gleiten eines Fundaments bei Einwirkung einer horizontalen Kraft, s. Abschn. 12.3.2, mit Gl. (8.1) gefordert, dass im Lastfall 1 die mögliche widerstehende Sohlreibungskraft F_s 1,5fach größer sein muss als die angreifende Horizontallast F_h.

$$\eta_g = \frac{F_s}{F_h} \geq 1{,}5. \tag{8.1}$$

Es wurde hier also eine globale Sicherheit gegen das Versagen durch Gleiten von 1,5 gefordert. Die globalen Sicherheitsfaktoren lagen im Grundbau zwischen $\eta = 1{,}05$ (Auftrieb) und $\eta = 2{,}0$ beim Nachweis für die Grundbruchsicherheit.

Der Vergleich der verschiedenen globalen Sicherheitswerte ist nicht möglich, weil ein einheitliches Sicherheitskonzept fehlt.

Die neue, europaweit harmonisierte Regelung baut auf der Wahrscheinlichkeitstheorie (probabilistisches Konzept) auf, s. auch Pöttler et al. (2001), Pöttler/Schweiger (2006), Smoltczyk (2013), Schuppener/Weißenbach (2012) und Tafur/Ziegler (2021). Die Einwirkungen und Widerstände treten dabei als zufällige, veränderliche Größen auf. Sie können durch Verteilungsfunktionen, in der Regel durch eine Normalverteilung, s. Abb. 8.1, beschrieben werden. Dabei wird ein Teilsicherheitskonzept eingeführt, bei dem Teilsicherheitsbeiwerte γ_F bei den Einwirkungen F bzw. Beanspruchung E (Kraft, Moment, Temperaturdehnungen usw.) und bei den widerstehenden Materialkennwerten bzw. Widerständen R (Bruchspannungen, Bruchlast, Scherparameter usw.) entsprechende Werte γ_M berücksichtigt werden. Mit diesen sicherheitsbeaufschlagten Größen werden dann mit den etablierten mathematisch-mechanischen Modellen die Standsicherheitsnachweise geführt. Mit den aus den Einwirkungen sich ergebenden Beanspruchungen wird die Bemessung des Bauwerks bzw. des Bauteils (Nachweis der inneren Sicherheit) nach den entsprechenden, materialspezifischen Normen, z. B. *DIN 1045* bzw. *DIN EN 1992 (EC 2)*

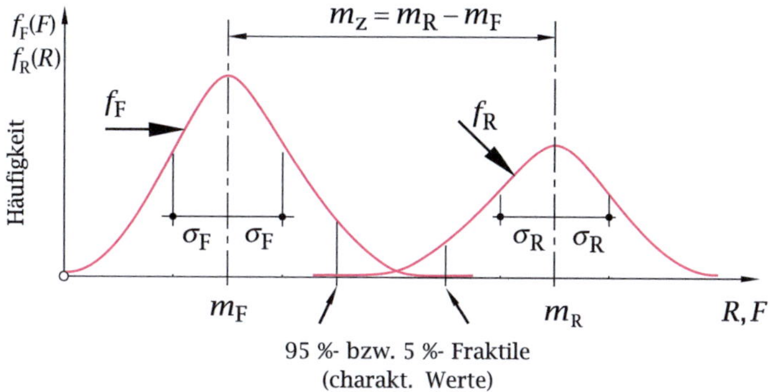

Abb. 8.1 Definition des charakteristischen Wertes

für Stahlbeton, durchgeführt. Es gilt im Allgemeinen, Gl. (8.2) bzw. (8.3) nachzuweisen.

$$\gamma_F \cdot F_k \leq \frac{R_k}{\gamma_M} \tag{8.2}$$

$$F_d \leq R_d. \tag{8.3}$$

Eine über die Teilsicherheitsbeiwerte hinaus gehende Reduktion von Widerständen kann zur Begrenzung von Verformungen zweckmäßig sein.

Abweichend von den obigen Ausführungen werden für Nachweise des Gleichgewichts bzw. gegen Verlust der Lagesicherheit (Lage der Resultierenden bei starrer Gründung auf Fels), gegen Abheben, gegen Aufschwimmen bzw. gegen hydraulischen Grundbruch (EQU, *UPL* und *HYD*) in den Grenzzustandsbedingungen die Bemessungswerte von günstigen und ungünstigen Einwirkungen einander gegenübergestellt. Widerstände werden ggf. nur beim Nachweis *UPL* berücksichtigt.

8.1.1 Probabilistische Sicherheitstheorie

Angenommen, die Verteilungen $f_F(F)$ der Einwirkungen und $f_R(R)$ der Widerstände seien bekannt und normal verteilt, s. Abb. 8.1, dann verlangt die probabilistische Sicherheitstheorie, die Mittelwerte m_F und m_R soweit auseinander zu rücken, dass noch ein Sicherheitsabstand zwischen den 5 %-Fraktilen verbleibt.

Da häufig die Gesamtheit der Werte für eine statistische Wertung nicht ausreicht, wird in diesem Fall von festgelegten Teilsicherheitswerten oder Nennwerten ausgegangen, s. unten.

Aus den charakteristischen Werten ergeben sich die „Bemessungswerte" (Index „d") durch Multiplikation bzw. Division mit den Teilsicherheitswerten, Gl. (8.2) und (8.3).

Falls die beteiligten Verteilungen – es können auch mehr als zwei sein – im Sinne der Statistik bekannt sind, ist auch die Differenz $f_R - f_F$ in ihrer Verteilung bekannt. Aus

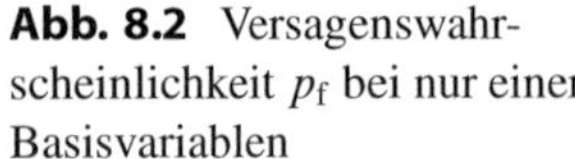

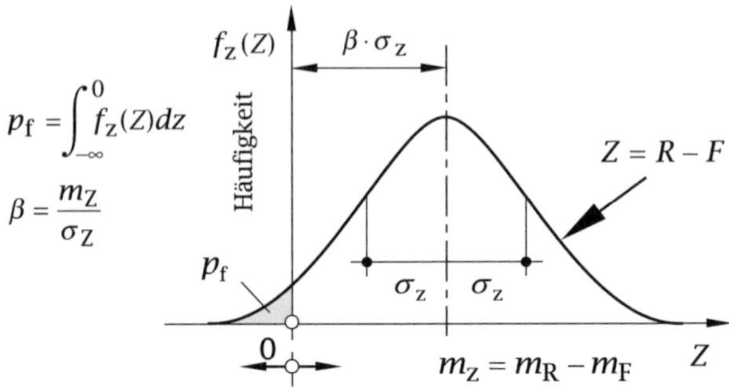

Abb. 8.2 Versagenswahrscheinlichkeit p_f bei nur einer Basisvariablen

Abb. 8.1 ergäbe sich wiederum eine Normalverteilung, s. Abb. 8.2, deren Integral p_f des negativen Abschnitts die Versagenswahrscheinlichkeit angibt. Die p_f abgrenzende Fraktile wird durch β gekennzeichnet. Die statistisch signifikante Berechnung von p_f heißt danach β-Konzept.

Die Versagenswahrscheinlichkeit p_f ist hier das Sicherheitsmaß. Bei den Berechnungen im Konstruktiven Ingenieurbau wird von einer Versagenswahrscheinlichkeit von $p_f = 10^{-6}$ ausgegangen, was einem β-Wert von 4,75 entspricht. Eine Versagenswahrscheinlichkeit von $p_f = 10^{-5}$ entspricht dagegen einem β-Wert von 4,27.

8.1.2 Charakteristische Werte

Ausgangspunkt der in den Eurocodes zugrunde gelegten Sicherheitstheorie ist, dass die 5 %-Fraktile einer Größe ihrem sogenannten charakteristischen Wert (Index „k") entspricht. Es wird z. B. der Wert eines Widerstandes dann als charakteristisch angesehen, wenn nur eine 5 %ige Wahrscheinlichkeit dafür besteht, dass noch ungünstigere Werte während der Lebensdauer eines Bauwerkes auftreten können. Da in vielen Fällen die Gesamtheit der für Werkstoffeigenschaften zur Verfügung stehenden Werte für eine statistische Wertung nicht ausreicht, kann auf der Grundlage von Erfahrungen oder physikalischen Bedingungen ein sogenannter Nennwert angegeben werden, der wie ein charakteristischer Wert behandelt wird.

Bei der Festlegung charakteristischer Werte geotechnischer Kenngrößen sind vielfältige Aspekte, wie z. B. die größere Streuung der Kohäsion im Vergleich zum Reibungswinkel zu berücksichtigen. Auch gehen die Art und der Umfang der durchgeführten Untersuchungen sowie vorliegende Kenntnisse maßgeblich ein. Generell ist zu beachten, dass in der Regel nur ein geringer Bruchteil des beanspruchten Baugrundes durch Untersuchungen und Versuche erfasst werden kann. Daher ist der charakteristische Wert einer geotechnischen Kenngröße als vorsichtige Schätzung festzulegen. Gegebenenfalls sind Grenzwertbetrachtungen durchzuführen und die ungünstigen Kombinationen oberer und unterer Werte in die Nachweise einzusetzen.

8.2 DIN EN 1990: Grundlagen der Tragwerksplanung

Die *DIN EN 1990* ist mit ihren Angaben zu Prinzipien und Anforderungen an die Tragsicherheit, Gebrauchstauglichkeit und Dauerhaftigkeit sowohl für den Entwurf und die Bemessung von Tragwerken gedacht, aber auch für technische Komitees als Bezugsdokument für weitere und speziellere Festlegungen. Sie ist in Verbindung mit *DIN EN 1991* für Einwirkungen auf Tragwerke sowie den Normen *DIN EN 1992 (EC 2)* bis *1999 (EC 9)* zu sehen, wobei für die Geotechnik vorrangig die deutschen Fassungen der *DIN EN 1997 (Eurocodes 7), Teil 1 und 2*: Entwurf, Berechnung und Bemessung in der Geotechnik als auch *DIN EN 1998 (Eurocode 8)*: Auslegung von Bauwerken gegen Erdbeben von Bedeutung sind. Die Eurocodes 2 bis 6 und 9 befassen sich mit Konstruktionen aus Stahlbeton, Stahl, Stahl-Beton-Verbund, Holz, Mauerwerk und Aluminium.

Die Zahlenwerte für Teilsicherheitsbeiwerte und andere Zuverlässigkeitsparameter in *DIN EN 1990* sind nicht normativ sondern als Empfehlungen zu verstehen. Da die Verantwortung für die Sicherheit von Bauwerken bei den Bauaufsichtsorganen der einzelnen Mitgliedsstaaten bleibt, haben diese das Recht, sicherheitsbezogene Werte national festzulegen. Dies erfolgt über einen nationalen Anhang (NA), in dem alternative Verfahren oder Zahlenwerte von sicherheitsbezogenen Parametern (NDP: nationally determined parameters) oder zusätzliche Regelungen und Hinweise, wie z. B. länderspezifische klimatische Daten, angegeben werden. Der nationale Anhang darf jedoch die Festlegungen des Eurocodes nur ergänzen bzw. präzisieren und ihm nicht widersprechen. Ergänzende Angaben sind als NCI (non-contradictory complementary information) gekennzeichnet.

Im Zusammenhang mit der Umstellung von *DIN 1054:2005* auf das europäische Normungskonzept wird die bisherige Unterscheidung in Lastfälle durch die Definition von Bemessungssituationen abgelöst. Die Definitionen der *DIN EN 1990* können wie folgt vereinfacht wiedergegeben werden:

Die ständige Bemessungssituation bezieht sich im Allgemeinen auf die übliche Nutzungssituation.

Vorübergehende Bemessungssituationen sind z. B. Bauzustände oder sonstige vorübergehende Bedingungen, die über einen wesentlich kürzeren Zeitraum als die Nutzungsdauer maßgebend sind, aber mit hoher Wahrscheinlichkeit auftreten.

Mit der außergewöhnlichen Bemessungssituation werden Bedingungen wie Brand, Explosion, Aufprall o. ä. berücksichtigt.

Eine Bemessungssituation mit Erdbeben wird separat betrachtet.

Unter der Einwirkung F ist eine Gruppe von Kräften oder aufgezwungenen Verformungen, wie z. B. Temperaturdehnungen bzw. Beschleunigungen aus Erdbeben, zu verstehen. Die daraus resultierenden Beanspruchungen wie Schnittkräfte, Spannungs- oder Dehnungsverteilungen sind Auswirkungen der Einwirkungen E.

Der Begriff Lastfall beschreibt nach *DIN EN 1990* untereinander verträgliche Lastanordnungen, Verformungen oder Imperfektionen mit vorgegebenen veränderlichen oder ständigen Einwirkungen, die für einen bestimmten Nachweis gleichzeitig zu berücksichtigen sind.

Für viele Nachweise ist der Bemessungswert einer Einwirkung F_d zu verwenden. Dieser ergibt sich aus der Multiplikation eines repräsentativen Wertes mit dem entsprechenden Teilsicherheitsbeiwert. Der repräsentative Wert einer Einwirkung entspricht in der Geotechnik (*DIN EN 1997-1*) in vielen Fällen dem charakteristischen Wert, während im Hochbau zur Reduktion der Bemessungswerte veränderlicher Einwirkungen die Beiwerte ψ_0, ψ_1 und ψ_2 für gleichzeitig wirkende Begleiteinwirkungen verwendet werden, hierzu s. auch Abschn. 8.3.4.

Bei der Bemessung von Tragwerken ist zwischen Grenzzuständen der Tragfähigkeit und der Gebrauchstauglichkeit zu unterscheiden. Der entsprechende Nachweis wird mit Teilsicherheitsbeiwerten geführt, d. h. es ist zu zeigen, dass bei Ansatz des Bemessungswertes für Einwirkungen oder deren Auswirkung (Beanspruchung) und für Tragwiderstände keiner der maßgebenden Grenzzustände überschritten wird.

Die *DIN EN 1990* gibt folgende Grenzzustände der Tragfähigkeit vor, für die bei der Tragwerksplanung Nachweise erforderlich sind (vereinfacht wiedergegeben):

EQU: Verlust der Lagesicherheit des Tragwerks oder eines seiner als starrer Körper betrachteten Teile
STR: Inneres Versagen oder übermäßige Verformung des Tragwerks oder seiner tragenden Teile, wobei die Tragfähigkeit von Baustoffen entscheidend ist
GEO: Versagen oder übermäßige Verformung des Baugrunds, bei der die Festigkeit von Boden oder Fels wesentlich an der Tragsicherheit beteiligt sind
FAT: Ermüdungsversagen des Tragwerks oder seiner Teile
UPL: Auftrieb
HYD: Hydraulischer Grundbruch, innere Erosion und Piping

Für die jeweiligen Grenzzustände der Tragfähigkeit werden im Anhang 1 der *DIN EN 1990* Teilsicherheitsbeiwerte empfohlen, die Festlegung der Teilsicherheitsbeiwerte erfolgt im Nationalen Anhang *DIN EN 1990/NA*.

Aufbauend auf diesen Definitionen von Grenzzuständen werden in der *DIN EN 1997-1* (Eurocode 7) für die Geotechnik weitere Differenzierungen und Ergänzungen vorgenommen, die im nachfolgenden Abschnitt behandelt werden.

8.3 Geotechnischer Entwurf gemäß DIN EN 1997-1 mit nationalem Anhang und DIN 1054

Wie in anderen Teildisziplinen des konstruktiven Ingenieurbaus gibt es in der Geotechnik auch die Situation, dass die *DIN EN 1997-1* in Zusammenhang mit dem nationalen Anhang *DIN EN 1997-1/NA*, der auf die *DIN 1054* verweist, anzuwenden ist. Um Doppelregelungen und Widersprüche zum Eurocode zu vermeiden, wurde *DIN 1054* derart überarbeitet, dass die Gliederung des Eurocodes übernommen wurde und sämtliche Regelungen ergänzend formuliert wurden. Diese Norm ist daher nur in Verbindung mit dem

Eurocode und dem Nationalen Anhang anwendbar und wird einer besseren Lesbarkeit wegen in einem Normenhandbuch mit diesen als fortlaufender Text zusammengeführt.

Die mit den genannten Regelwerken zu führenden Nachweise unterscheiden sich im Ergebnis nur wenig von der früher gültigen *DIN 1054:2005*; geändert haben sich Bezeichnungen und die Sohldruck-Tabellen. Nachfolgend werden die Grundlagen und die Nachweise für die verschiedenen Bauweisen und Bauteile beschrieben, wie sie gemäß *DIN EN 1997 (EC 7)* in Deutschland, d. h. unter Berücksichtigung des nationalen Anhangs, zu führen sind.

8.3.1 Inhaltliche Struktur der geotechnischen Normung

Die *DIN EN 1997* gliedert sich in zwei Teile. Der erste Teil, *DIN EN 1997-1*: Allgemeine Regeln, beinhaltet Grundlagen des geotechnischen Entwurfs und behandelt neben Grundlagen schwerpunktmäßig folgende Bauweisen:

- Flächen- und Pfahlgründungen,
- Stützbauwerke und Verankerungen,
- Dämme, Bodenverbesserung und Bodenbewehrung sowie
- Situationen, in denen die Gesamtstandsicherheit sowie hydraulisch verursachtes Versagen eine Rolle spielen.

Die Anhänge B bis D der „alten“ *DIN 1054:2005* zur Bemessung von Pfählen sind aus der Normung komplett herausgenommen und nun in der *EA-Pfähle* zu finden.

Der zweite Teil, *DIN EN 1997-2*: Erkundung und Untersuchung des Baugrunds, behandelt die Anforderungen an die Durchführung und Auswertung von Feld- und Laborversuchen.

Die *DIN EN 1997-1* ist in Verbindung mit *DIN EN 1990* anzuwenden, in der Grundsätze für die Nachweise von Tragfähigkeit und Gebrauchstauglichkeit beschrieben werden.

Anzusetzende Zahlenwerte für die Einwirkungen gibt die *DIN EN 1991* an, wobei grundbauspezifische Einwirkungen in der *DIN EN 1997-1* geregelt sind.

Zur expliziten Ermittlung von Einwirkungen bzw. Widerständen aus dem Baugrund oder speziellen Nachweisverfahren, die im Eurocode nicht detailliert festgelegt sind, wird weiterhin auf nationale Normen verwiesen. So ist beispielsweise der Nachweis gegen Grundbruch in *DIN EN 1997-1* in Verbindung mit nationalem Anhang und *DIN 1054* geregelt, die explizite Berechnung der Widerstands gegen Grundbruch regelt aber die nationale Norm *DIN 4017*. Insbesondere aufgrund der empirischen Ansätze ergeben sich damit erhebliche Unterschiede zum Vorgehen europäischer Nachbarn. Des Weiteren ist die Berechnung von Erddruck (*DIN 4085*), Setzungen (*DIN 4019*) und Geländebruch (*DIN 4084*) national geregelt. Auch ist *DIN 1055, Teil 2* weiterhin gültig, in der für einfache Fälle (Geotechnische Kategorie GK 1, s. Abs. 8.3.2 oder Einbindungen bis 3 m unter Gelände) Erfahrungswerte für Bodenkenngrößen zusammengestellt sind.

Für Bauweisen ohne rechnerischen Nachweis definierter Zustände werden in *DIN 4123* Vorgaben für Ausschachtungen und Unterfangungen und in *DIN 4124* für Baugruben und Gräben gemacht.

Die Ausführung besonderer geotechnischer Arbeiten wie z. B. Pfähle und Verpressanker, ist zum Teil in europäischen Normen geregelt, ggf. gibt es hierzu zur Berücksichtigung nationalen Besonderheiten sogenannte Anwendungsdokumente.

Ergänzend wird in *DIN 1054* unter anderem auf Empfehlungen hingewiesen, die von der Deutschen Gesellschaft für Geotechnik (DGGT) herausgegeben werden und als Stand der Technik anerkannt sind.

8.3.2 Geotechnische Kategorien

Mit der Einstufung einer Baumaßnahme in eine Geotechnische Kategorie gemäß *DIN EN 1997-1* werden Mindestanforderungen an Umfang und Qualität geotechnischer Untersuchungen, Berechnungen und der Bauüberwachung festgelegt. Grundsätzlich ist hierbei die Komplexität der Maßnahme mit dem damit verbundenen Risiko zu sehen. Die geotechnischen Kategorien sind von der Schwierigkeit einer baulichen Anlage und des Baugrunds abhängig. Vereinfacht lassen sich die Kriterien folgendermaßen wiedergeben:

Die **Geotechnische Kategorie GK 1** umfasst Baumaßnahmen mit geringem Schwierigkeitsgrad im Hinblick auf Bauwerk und Baugrund. Bei Bauwerken der Geotechnischen Kategorie GK 1 können Standsicherheit und Gebrauchstauglichkeit mit vereinfachten Verfahren aufgrund von Erfahrungen nachgewiesen werden. Beispielhaft können setzungsunempfindliche, flach gegründete Bauwerke mit Stützenlasten bis 250 kN und Streifenlasten bis 100 kN/m mit unkritischen Randbedingungen in diese Kategorie eingeordnet werden.

Die **Geotechnische Kategorie GK 2** umfasst Baumaßnahmen mit mittlerem Schwierigkeitsgrad im Hinblick auf das Zusammenwirken von Bauwerk und Baugrund. Bauwerke der Geotechnischen Kategorie GK 2 erfordern eine ingenieurmäßige Bearbeitung und einen rechnerischen Nachweis der Standsicherheit und der Gebrauchstauglichkeit auf der Grundlage von geotechnischen Kenntnissen und Erfahrungen. Außerdem ist ein geotechnischer Entwurfsbericht zu erstellen. Zur Geotechnischen Kategorie 2 gehören übliche Hoch- und Ingenieurbauten.

Die **Geotechnische Kategorie GK 3** umfasst Baumaßnahmen mit hohem Schwierigkeitsgrad. Dies kann sich auf besonders schwierige Baugrundverhältnisse beziehen, wie z. B. strukturempfindliche Seetone, auf schwierige Grundwassersituationen oder auf Bauwerke, die z. B. sehr verformungsempfindlich sind oder außergewöhnliche Lastkombinationen aufweisen, wie z. B. Offshore-Anlagen. Auch Bauwerke mit komplexem Zusammenwirken von Baugrund und Bauwerk, wie z. B. Kombinierte Pfahl-Plattengründungen sind der Geotechnischen Kategorie 3 zuzuordnen.

Bauwerke der Geotechnischen Kategorie 3 erfordern über die Vorgaben der GK 2 hinaus zusätzliche Untersuchungen sowie vertiefte geotechnische Kenntnisse und Erfahrungen in dem jeweiligen Spezialgebiet.

Je nach der für ein Bauvorhaben vorliegenden Geotechnischen Kategorie unterscheidet sich also der Aufwand für die Baugrunduntersuchung und die geotechnische Bearbeitung.

Eine übersichtliche Zusammenfassung von Merkmalen und Beispielen zur Einstufung in die Geotechnischen Kategorien befindet sich im Anhang der *DIN 1054*.

8.3.3 Bemessungssituationen und Dauerhaftigkeit

Die in *DIN EN 1990* beschriebenen Bemessungssituationen für ständige, vorübergehende und außergewöhnliche Situationen sowie Situationen infolge von Erdbeben werden in *DIN 1054* als BS-P (persistent), BS-T (transient), BS-A (accidental) und BS-E (Erdbeben) abgekürzt und in ihren Definitionen detailliert beschrieben.

Zur Beurteilung der Dauerhaftigkeit eines Bauwerks sind die Umweltbedingungen zielgerichtet zu erfassen: Bei Beton spielen Säuren und Sulfatsalze im Boden oder Grundwasser eine maßgebliche Rolle. Bei Stahl ist die Entstehung und zeitliche Entwicklung von Korrosion häufig der entscheidende Parameter, während bei Holz Feuchtigkeit oder Nässe bei Sauerstoffzutritt einen Pilzbefall fördern können. Bei Kunststoffen ist die Zusammensetzung entscheidend und die Bewertung kann i. d. R. anhand von Herstellerangaben erfolgen, s. auch Kap. 7 und 17.

8.3.4 Einwirkungen

Einwirkungen bzw. Beanspruchungen aus Bauwerken (Gründungslasten) werden gemäß *DIN 1054* in der Regel als charakteristische bzw. repräsentative Schnittgröße in Höhe der Oberkante der Gründungskonstruktion angegeben. Repräsentative Größen der Beanspruchung ergeben sich, wenn Kombinationen von veränderlichen Einwirkungen mit Kombinationsbeiwerten ψ ermittelt werden. Für eine wirtschaftlich optimierte Bemessung sollten hierzu vom Tragwerksplaner für die jeweilige Bemessungssituation die kritischen Einwirkungskombinationen sowohl für den Grenzzustand der Tragfähigkeit (Ultimate limit state: ULS) als auch den der Gebrauchstauglichkeit (Servicability limit state: SLS) zusammengestellt werden.

Bei der Ermittlung der Schnittgrößen in den Gründungselementen werden die für die Gründungsfuge (Aufstandsfläche bzw. Pfahlkopf) ermittelten Werte $E_{G,k}$, $E_{Q,k}$ bzw. $E_{Q,rep}$ als Einwirkungen G_k und Q_{rep} eingeführt.

In der Geotechnik ist neben ruhenden Bauwerkslasten und üblichen Verkehrslasten (Gründungslasten) eine Vielzahl geotechnischer Einwirkungen möglich, die in die Bemessung einzubeziehen sind. Typischerweise sind dies Spannungen im Untergrund aus Erd- und Wasserdrücken sowie aus Verschiebungen im Untergrund, beispielsweise durch Hangkriechen, Schwellen oder Sackungen.

Zyklische, dynamische oder stoßartige Einwirkungen werden in der Regel durch statische Ersatzlasten berücksichtigt, in besonderen Fällen werden weitergehende Untersuchungen im Hinblick auf Entfestigung oder Porenwasserdruckakkumulation durchgeführt. Zur Berücksichtigung von Erdbebeneinwirkungen ist *DIN EN 1998 (EC 8)* zu beachten.

Der **Bemessungswert** einer Einwirkung ergibt sich aus dem repräsentativen Wert multipliziert mit dem entsprechenden Teilsicherheitsbeiwert. Die Zahlenwerte der Teilsicherheitsbeiwerte sind im nationalen Anhang festgelegt, der auf die Tabellen der *DIN 1054* verweist und die in Tab. 8.1 wiedergegeben sind.

$$F_\mathrm{d} = F_\mathrm{rep} \cdot \gamma_\mathrm{F}. \tag{8.4}$$

In den meisten Fällen im Grundbau ist der repräsentative Wert gleich dem charakteristischen Wert, d. h. $F_\mathrm{k} = F_\mathrm{rep}$. Lediglich bei mehreren unabhängigen veränderlichen Lasten kann durch einen Kombinationsbeiwert ψ berücksichtigt werden, dass nicht alle zur gleichen Zeit in ihrer maximalen Größe auftreten. Die *DIN 1054* legt fest, dass in der Geotechnik die Kombinationsbeiwerte für sonstige Anwendungen ($\psi_0 = 0{,}8$, $\psi_1 = 0{,}7$ und $\psi_2 = 0{,}5$) anzuwenden sind. Beim Nachweis der Sicherheit gegen Aufschwimmen (UPL) und der Sicherheit gegen hydraulischen Grundbruch (HYD) dürfen keine Kombinationsbeiwerte berücksichtigt werden.

8.3.5 Charakteristische Werte für geotechnische Kenngrößen

Um im Bereich der Geotechnik rechnerische Nachweise führen zu können, müssen Eigenschaften von Boden und Fels durch Zahlenwerte beschrieben werden. Hierzu sind die Baugrundverhältnisse sorgfältig zu erkunden (s. Kap. 2) und die Eigenschaften, z. B. durch Klassifikationsversuche in Kombination mit Korrelationen und Erfahrungen sowie durch Versuche zur direkten Bestimmung des Verformungsverhaltens, der Scherfestigkeit u. ä. (s. Kap. 3 und 4) zu bestimmen. Anhand der Ergebnisse und vergleichbarer Erfahrungen ist ein charakteristischer Wert zu wählen, der als vorsichtige Schätzung eines Mittelwerts anzusehen ist. Je nach Aufgabenstellung und Nachweisverfahren kann es zweckmäßig sein, untere Werte zu wählen, die niedriger sind als die wahrscheinlichsten, oder obere Werte, die höher sind.

Aus einem charakteristischen Wert für eine geotechnische Kenngröße wird der Bemessungswert durch Division mit dem entsprechenden Teilsicherheitsbeiwert abgeleitet. Auch diese Teilsicherheiten sind in *DIN 1054* festgelegt und in Tab. 8.2 zusammengestellt. Die Tabelle verdeutlicht, dass lediglich in dem mit GEO-3 bezeichneten Grenzzustand, der dem Nachweis der Gesamtstandsicherheit entspricht, Teilsicherheitsfaktoren γ angegeben sind und somit eine direkte Abminderung der Scherfestigkeitsparameter erfolgt. Die Umrechnung von charakteristischen Werten in Bemessungswerte ist anhand folgender Gleichungen vorzunehmen:

$$\tan\varphi'_\mathrm{d} = \frac{\tan\varphi'_\mathrm{k}}{\gamma_\varphi} \tag{8.5}$$

$$c'_\mathrm{d} = \frac{c'_\mathrm{k}}{\gamma_\mathrm{c}} \tag{8.6}$$

$$\tan \varphi_{d,u} = \frac{\tan \varphi_{u,k}}{\gamma_{\varphi u}} \tag{8.7}$$

$$c_{u,d} = \frac{c_{u,k}}{\gamma_{cu}}. \tag{8.8}$$

In allen übrigen Grenzzuständen werden die charakteristischen Werte der geotechnischen Kenngrößen nicht direkt abgemindert, sondern es werden Teilsicherheiten auf daraus resultierende Widerstände angesetzt.

8.3.6 Grenzzustände der Tragfähigkeit (ULS) und Grundsätze der Nachweisführung

Die *DIN EN 1997-1 (EC 7)* mit nationalem Anhang und *DIN 1054* beschreiben die gleichen Grenzzustände der Tragfähigkeit wie die in Abschn. 8.2 zitierte *DIN EN 1990* (außer Ermüdungsversagen (FAT), das in der Geotechnik keine Bedeutung hat). In der *DIN EN 1997-1* werden dem Grenzzustand GEO je nach Versagensmechanismus zwei Nachweisverfahren zugeordnet. Der Grenzzustand GEO-2 entspricht dem in der „alten“ *DIN 1054:2005* beschriebenen GZ 1B, in dem das Versagen von Bauwerken und Bauteilen untersucht wird. Der Grenzzustand GEO-3 untersucht den Verlust der Gesamtstandsicherheit und wurde in *DIN 1054:2005* mit GZ 1C bezeichnet.

Der Nachweis der Lagesicherheit (EQU) hat in der in *DIN EN 1997-1* vorgegeben Form vorwiegend für die innere Sicherheit eines Tragwerks Bedeutung und wird sich in der Geotechnik auf seltene Fälle, wie z. B. eine starre Gründung auf Fels, beschränken. Als nationale Festlegung fordert jedoch die *DIN 1054*, dass bei Flach- und Flächengründungen ergänzend die Sicherheit gegen Gleichgewichtsverlust durch Kippen nachzuweisen ist. Ein Nachweis mit dem Ansatz der *DIN EN 1997-1* geht von einer fiktiven Kippkante am Fundamentrand aus. Tatsächlich wandert die Drehachse jedoch mit abnehmender Steifigkeit und Scherfestigkeit zunehmend in die Fundamentfläche, so dass der Nachweis um die Fundamentkante allein nicht ausreichend ist. Durch die Forderung, im Grenzzustand der Gebrauchstauglichkeit eine maximale Ausmitte der Last (s. Kap. 12) nicht zu überschreiten, wird in vielen Fällen in Verbindung mit dem Grundbruchnachweis eine ausreichende Fundamentgröße sichergestellt. Insbesondere bei Gründungen mit geringen Vertikallasten und hohen horizontalen Beanspruchungen kann trotz Einhaltung der zulässigen Ausmitte der Nachweis der Lagesicherheit (EQU) maßgebend werden. Er ist daher formal in jedem Fall zu führen.

In den Grenzzuständen, in denen der Bruch oder sehr große Verformungen in einem Bauteil oder im Baugrund maßgebend sind (STR und GEO-2), muss nachgewiesen werden, dass der Bemessungswert der Einwirkungen bzw. der Beanspruchungen den Bemessungswert des Widerstands nicht überschreitet:

$$E_d \leq R_d. \tag{8.9}$$

Im allgemeingültigen Fall, der auch nichtlinear-elastische Berechnungen und die Anwendung der Theorie 2. Ordnung erfasst, sind je nach Bemessungssituation die Bemessungswerte der Beanspruchungen unter Beachtung der Teilsicherheiten und Kombinationsbeiwerte mit Differenzierung der veränderlichen Einwirkungen zu ermitteln.

Für den häufigen Fall einer Nachweisführung mit linear-elastischer Theorie und Gültigkeit des Superpositionsprinzips werden die Einwirkungen stets als charakteristische Werte G_k und Q_k in die Berechnung eingeführt. Gemäß *DIN 1054* sind erst bei der Aufstellung der Grenzzustandsbedingung die mit diesen Werten ermittelten charakteristischen bzw. repräsentativen Beanspruchungen in Form von Schnittgrößen (z. B. Querkräfte, Auflagerkräfte, Biegemomente) oder Spannungen (z. B. Normalspannungen, Schubspannungen) mit dem Teilsicherheitsbeiwert γ_F und ggf. mit den Kombinationsbeiwerten ψ für Einwirkungen bzw. Beanspruchungen in Bemessungswerte E_d der Beanspruchung umzurechnen. Im Einzelnen wird hierauf bei der Beschreibung der Nachweisverfahren für die verschiedenen Bauteile und Bauwerke in den jeweiligen Kapiteln eingegangen.

Die Bemessungswiderstände ergeben sich im Grenzzustand STR aus dem charakteristischen Materialwiderstand R_k, der z. B. die Streckgrenze von Stahl oder die Würfeldruckfestigkeit von Beton sein kann, dividiert durch die Teilsicherheit von Materialwiderständen. Hierbei sind ggf. die Normen für den jeweiligen Baustoff zu beachten.

Im Grenzzustand GEO-2 ist der Widerstand anzusetzen, der sich ergibt, wenn der Widerstand des Baugrunds, der mit charakteristischen geotechnischen Kenngrößen ermittelt wurde, durch Division mit dem Teilsicherheitsbeiwert für Widerstände abgemindert wird.

Im Grenzzustand GEO-3, der die Gesamtstandsicherheit abbildet, ist der Nachweis ebenfalls durch den oben beschriebenen Vergleich von Beanspruchungen und Widerständen zu führen, jedoch wird der Widerstand des Baugrunds mit Bemessungswerten der geotechnischen Kenngrößen geführt, d. h. die Scherfestigkeit des Untergrunds wird durch den Ansatz von Teilsicherheitsbeiwerten abgemindert (s. Abschn. 8.3.5). Äußere Einwirkungen auf den Boden (z. B. Tragwerkslasten oder Verkehrslasten) werden mit den Teilsicherheitsbeiwerten für Einwirkungen beaufschlagt.

Werden diese beschriebenen Nachweisverfahren, die durch den nationalen Anhang und die damit verbundene *DIN 1054* festgelegt sind, im Kontext der *DIN EN 1997-1* gesehen, so entsprechen die in Deutschland zu führenden Nachweise in den Grenzzuständen STR und GEO-2 dem in *DIN EN 1997-1* beschriebenen Nachweisverfahren 2. Der Nachweis der Gesamtstandsicherheit im Grenzzustand GEO-3 bildet das Nachweisverfahren 3 ab. Die *DIN EN 1997* beschreibt des Weiteren ein Nachweisverfahren 1, dessen Anwendung in Deutschland jedoch nicht zulässig ist.

Beim Nachweis gegen Aufschwimmen (Grenzzustand UPL) ist keine sinnvolle Gegenüberstellung von Einwirkungen und Widerständen möglich. Hier ist gemäß *DIN EN 1997-1* nachzuweisen, dass der Bemessungswert der Kombination von destabilisierenden ständigen und veränderlichen vertikalen Einwirkungen $V_{dst,d}$ kleiner oder gleich der Summe des Bemessungswertes der stabilisierenden ständigen vertikalen Einwirkungen $G_{stb,d}$ und ggf. des Bemessungswertes eines zusätzlichen Widerstands gegen Aufschwimmen R_d ist.

$$V_{dst,d} \leq G_{stb,d} + R_d. \tag{8.10}$$

Beim Nachweis des hydraulischen Grundbruchs (Grenzzustand HYD) wird für Deutschland im nationalen Anhang mit Verweis auf die *DIN 1054* festgelegt, dass für jedes infrage kommende Bodenprisma der Bemessungswert der Strömungskraft $S_{\text{dst,d}}$ in dem Prisma nicht größer ist als das Gewicht unter Auftrieb ($G'_{\text{stb,d}}$) desselben Prismas.

In *DIN EN 1997-1* wird ein alternativer Nachweis beschrieben, der jedoch in Deutschland nicht zulässig ist. Hierbei wird ein gedanklicher Schnitt an der Unterseite des Bodenprismas geführt. In diesem Schnitt darf der Bemessungswert des destabilisierenden Porenwasserdrucks $u_{\text{dst,d}}$ nicht größer sein als der Bemessungswert der stabilisierenden totalen Vertikalspannung $\sigma_{\text{stb,d}}$.

8.3.7 Teilsicherheitsbeiwerte

Beim Nachweis von Grenzzuständen sind gemäß *DIN 1054* für Einwirkungen bzw. Beanspruchungen die Teilsicherheitsbeiwerte zu verwenden, die in Tab. 8.1 übernommen wurden. Tab. 8.2 gibt die Teilsicherheiten für geotechnische Kenngrößen an, wie sie bei Nachweisen im Grenzzustand GEO-3 (Gesamtstandsicherheit) anzusetzen sind. Die an-

Tab. 8.1 Teilsicherheitsbeiwerte für Einwirkungen und Beanspruchungen (nach *DIN 1054*)

	Formelzeichen	Bemessungssituationen		
		BS-P	BS-T	BS-A/BS-E
HYD und UPL: Grenzzustand des Versagens durch hydraulischen Grundbruch und Aufschwimmen				
Destabilisierende ständige Einwirkungen[a]	$\gamma_{\text{G,dst}}$	1,05	1,05	1,00
Stabilisierende ständige Einwirkungen	$\gamma_{\text{G,stb}}$	0,95	0,95	0,95
Destabilisierende veränderliche Einwirkungen	$\gamma_{\text{Q,dst}}$	1,50	1,30	1,00
Stabilisierende veränderliche Einwirkungen	$\gamma_{\text{Q,stb}}$	0	0	0
Strömungskraft bei günstigem Untergrund	γ_{H}	1,45	1,45	1,25
Strömungskraft bei ungünstigem Untergrund	γ_{H}	1,90	1,90	1,45
EQU: Grenzzustand des Verlustes der Lagesicherheit				
Ungünstige ständige Einwirkungen	$\gamma_{\text{G,dst}}$	1,10	1,05	1,00
Günstige ständige Einwirkungen	$\gamma_{\text{G,stb}}$	0,90	0,90	0,95
Ungünstige veränderliche Einwirkungen	γ_{Q}	1,50	1,25	1,00
STR und GEO-2: Grenzzustand des Versagens von Bauwerken, Bauteilen und Baugrund				
Beanspruchungen aus ständigen Einwirkungen, allgemein[a]	γ_{G}	1,35	1,20	1,10
Beanspruchungen aus günstigen ständigen Einwirkungen[b]	$\gamma_{\text{G,inf}}$	1,00	1,00	1,00
Beanspruchungen aus ständigen Einwirkungen aus Erdruhedruck	$\gamma_{\text{G,Eo}}$	1,20	1,10	1,00
Beanspruchungen aus ungünstigen veränderlichen Einwirkungen	γ_{Q}	1,50	1,30	1,10
Beanspruchungen aus günstigen veränderlichen Einwirkungen	γ_{Q}	0	0	0

Tab. 8.1 (Fortsetzung)

GEO-3: Grenzzustand des Versagens durch Verlust der Gesamtstandsicherheit				
Ständige Einwirkungen[a]	γ_G	1,00	1,00	1,00
Ungünstige veränderliche Einwirkungen	γ_Q	1,30	1,20	1,00
SLS: Grenzzustand der Gebrauchstauglichkeit				
Ständige Einwirkungen bzw. Beanspruchungen	γ_G	1,00	1,00	1,00
Veränderliche Einwirkungen bzw. Beanspruchungen	γ_Q	1,00	1,00	1,00

[a] einschließlich ständigem und veränderlichem Wasserdruck,
[b] nur beim Nachweis der Sicherheit gegen Herausziehen von Zugpfählen.

Tab. 8.2 Teilsicherheitsbeiwerte für geotechnische Kenngrößen (nach *DIN 1054*)

Bodenkenngröße	Formelzeichen	Bemessungssituationen		
		BS-P	BS-T	BS-A/BS-E
GEO-3: Grenzzustand des Versagens durch Verlust der Gesamtstandsicherheit				
Reibungsbeiwert $\tan\varphi'$ des dränierten Bodens und Reibungsbeiwert $\tan\varphi_u$ des undränierten Bodens	$\gamma_{\varphi'}$, $\gamma_{\varphi u}$	1,25	1,15	1,10
Kohäsion c' des dränierten Bodens und Scherfestigkeit c_u des undränierten Bodens	$\gamma_{c'}$, γ_{cu}	1,25	1,15	1,10

Tab. 8.3 Teilsicherheitsbeiwerte für Widerstände (nach *DIN 1054*)

Widerstand	Formelzeichen	Bemessungssituationen		
		BS-P	BS-T	BS-A/BS-E
STR und GEO-2: Grenzzustand des Versagens von Bauwerken, Bauteilen und Baugrund				
Bodenwiderstände				
Erdwiderstand und Grundbruchwiderstand	$\gamma_{R,e}$, $\gamma_{R,v}$	1,40	1,30	1,20
Gleitwiderstand	$\gamma_{R,h}$	1,10	1,10	1,10
Pfahlwiderstände aus Pfahlprobebelastungen (stat. und dyn.)				
Fußwiderstand	γ_b	1,10	1,10	1,10
Mantelwiderstand (Druck)	γ_s	1,10	1,10	1,10
Gesamtwiderstand (Druck)	γ_t	1,10	1,10	1,10
Mantelwiderstand (Zug)	$\gamma_{s,t}$	1,15	1,15	1,15
Pfahlwiderstände auf der Grundlage von Erfahrungswerten				
Druckpfähle	γ_b, γ_s, γ_t	1,40	1,40	1,40
Zugpfähle (nur in Ausnahmefällen)	$\gamma_{s,t}$	1,50	1,50	1,50
Herausziehwiderstände				
Boden- und Felsnägel	γ_a	1,40	1,30	1,20
Verpresskörper von Verpressankern	γ_a	1,10	1,10	1,10
Flexible Bewehrungselemente	γ_a	1,40	1,30	1,20

gegebenen Teilsicherheiten für Widerstände im Grenzzustand GEO-2 sowie STR sind in Tab. 8.3 zusammengestellt.

Die Teilsicherheitsbeiwerte γ_G für Einwirkungen aus Erd- und Wasserdruck und γ_{EP} für Erdwiderstand können herabgesetzt werden, wenn größere Verschiebungen oder Verformungen des Bauwerkes unschädlich sind und die Standsicherheit dadurch nicht gefährdet ist. Zur Beurteilung ist jedoch Sachkunde und Erfahrung auf dem Gebiet der Geotechnik erforderlich. Die Herabsetzung darf jedoch höchstens einer Umstufung der Bemessungssituation von BS-P nach BS-T bzw. von BS-T nach BS-A entsprechen.

Die Bemessungssituation BS-E ist in den Tabellen nicht aufgeführt, da hierbei keine Teilsicherheitsbeiwerte angesetzt werden.

8.4 Grenzzustände der Gebrauchstauglichkeit (SLS)

Im Grenzzustand der Gebrauchstauglichkeit (SLS) ist nachzuweisen, dass die Auswirkungen der Einwirkungen, hierbei handelt es sich in der Regel um Verformungen, Verschiebungen oder Verdrehungen, vorgegebene Grenzwerte nicht überschreiten. Diese Grenzwerte sollten während der Planung eines Bauwerks vereinbart werden oder es können Anhaltswerte der für die Bauweisen zutreffenden Normen (z. B. Festlegungen der *DIN 4124* für Baugrubenkonstruktionen, Bauartnormen, Sohldrucktabellen für Flächengründungen) verwendet werden.

Die Teilsicherheitsbeiwerte für Einwirkungen werden bei diesem Nachweis gleich 1,0 gesetzt, um eine möglichst realistische Abbildung des Verformungsverhaltens zu erzielen. Bei den Einwirkungen sind daher Größe, Dauer und Häufigkeit zu berücksichtigen. Bei veränderlichen Lasten, die als quasi-ständige Lasten angesetzt werden, sind Zustände abzubilden, die einer mittleren dauerhaften Situation entsprechen. Kombinationsbeiwerte von veränderlichen Lasten sind gemäß *DIN 1054* derart zu wählen, dass die setzungswirksamen Anteile der Lasten in Abhängigkeit von Zeit-Setzungsverhalten der beteiligten Böden zutreffend und auf der sicheren Seite liegend erfasst sind.

8.5 Sonstige Nachweisverfahren

In Bemessungssituationen, für die es keine anerkannten Rechenmodelle gibt oder deren Umfang so gering ist, dass eine detaillierte Berechnung unwirtschaftlich erscheint, stehen alternative Vorgehensweisen zu den in Abschn. 8.3 und 8.4 beschriebenen Verfahren zur Verfügung.

- Entwurf und Bemessung aufgrund anerkannter Tabellenwerke bzw. Richtwerte
- Probebelastungen und Modellversuche
- Beobachtungsmethode

Richt- und Tabellenwerte stehen insbesondere für Baugrubenböschungen bis 5 m Höhe und einfache Baugrubenkonstruktionen sowie für Flächengründungen zur Verfügung.

Bei Probebelastungen und Modellversuchen sind Zeit- und Maßstabseffekte zu berücksichtigen.

Die Beobachtungsmethode lässt zu, vorbereitete Entscheidungen über geotechnische Maßnahmen in Abhängigkeit von Beobachtungs- und Messergebnissen während der Bauzeit zu treffen. Sie sollte angewendet werden, wenn mit vorab durchgeführten Untersuchungen und Berechnungen die Vorhersage des Bauwerks- und Baugrundverhaltens nicht mit ausreichender Zuverlässigkeit möglich ist, z. B. bei Mischgründungen, komplexen Stützbauwerken oder Baumaßnahmen an Hängen. Die Beobachtungsmethode darf auch zur Optimierung der Bemessung und des weiteren Bauablaufs verwendet werden. Ihre Anwendung erfordert nach *DIN 1054* die Zuordnung zur Geotechnischen Kategorie GK 3.

Vor Beginn der Bauausführung sind dabei die zur Schadensverhinderung einzuhaltenden Grenzen des Bauwerks- und Baugrundverhaltens festzulegen und es ist vorab rechnerisch zu ermitteln, in welchem Bereich das Bauwerksverhalten voraussichtlich liegen wird. Es ist ein Messprogramm derart durchzuführen, dass stets rechtzeitig überprüft wird, ob das tatsächliche Systemverhalten innerhalb der einzuhaltenden Grenzen liegt. Gegebenenfalls sind erforderliche Gegenmaßnahmen rechtzeitig zu ergreifen. Es wird empfohlen, ein Alarmsystem zu installieren.

Die Kontrollmessungen müssen so angelegt sein, dass die Messdaten unverzüglich in die zum Nachweis der Grenzfälle verwendeten mechanischen Rechenmodelle eingegeben werden können, damit so schnell wie möglich reagiert werden kann. Siehe für weitere Ausführungen *DIN 1054* und *DIN EN 1997-1* sowie Riedmüller et al. (1999), Gudehus (2004) und Pohl (2017).

Literatur

Gudehus, G.: Prognosen bei der Beobachtungsmethode. Bautechnik **81**(1), 1–8 (2004)

Pohl, M.: Die Beobachtungsmethode und das Monitoring in der Geotechnik. BAW Kolloquium, Hamburg. (2017)

Pöttler, R., Schweiger, H., Thurner, R.: Probabilistische Untersuchungen für den Tunnelbau – Grundlagen und Berechnungsbeispiel. Bauingenieur **76**, 111–117 (2001)

Pöttler, R., Schweiger, H.F.: Anwendung der Random-Set-Methode (RSM) für Standsicherheitsuntersuchungen im Tunnelbau. Bautechnik **83**, 754–759 (2006)

Riedmüller, G., Schubert, W., Semprich, S.: Die Beobachtungsmethode in der Geotechnik. Beiträge zum 14. Christian Veder Kolloquium, Technische Universität Graz. (1999)

Schuppener, B., Weißenbach, A.: Zuverlässigkeit und Sicherheit bei der Bemessung in der Geotechnik. Bautechnik **89**(9), 629 (2012)

Smoltczyk, U.: Die Unsicherheit der Sicherheit in der Geotechnik. Bautechnik **90** (2013)

Tafur, E., Ziegler, M.: Harmonisierung in der Geotechnik – ein einheitliches Nachweisverfahren. Geotechnik **44**(3), 151–165 (2021)

Normen

DIN 1055-2: Einwirkungen auf Tragwerke – Teil 2: Bodenkenngrößen

DIN 4017: Baugrund – Berechnung des Grundbruchwiderstands von Flachgründungen

DIN 4019: Baugrund – Setzungsberechnungen
DIN 4084: Baugrund – Geländebruchberechnungen
DIN 4085: Baugrund – Berechnung des Erddrucks
DIN 4123: Ausschachtungen, Gründungen und Unterfangungen im Bereich bestehender Gebäude
DIN 4124: Baugruben und Gräben – Böschungen, Verbau, Arbeitsraumbreiten
DIN SPEC 18140: Ergänzende Festlegungen zu DIN EN 1536:2010-12, Ausführung von besonderen geotechnischen Arbeiten (Spezialtiefbau) – Bohrpfähle
DIN SPEC 18538: Ergänzende Festlegungen zu DIN EN 12699:2001-05, Ausführung spezieller geotechnischer Arbeiten (Spezialtiefbau) – Verdrängungspfähle
DIN SPEC 18539: Ergänzende Festlegungen zu DIN EN 14199:2012-01, Ausführung von besonderen geotechnischen Arbeiten (Spezialtiefbau) – Pfähle mit kleinen Durchmessern (Mikropfähle)
DIN/TS 18537: Ergänzende Festlegungen zu DIN EN 1537:2014-07, Ausführung von Arbeiten im Spezialtiefbau – Verpressanker
DIN EN 1990 (Eurocode): Grundlagen der Tragwerksplanung
DIN EN 1991 (Eurocode 1): Einwirkungen auf Tragwerke
DIN EN 1992 (Eurocode 2): Bemessung und Konstruktion von Stahlbeton- und Spannbetontragwerken
DIN EN 1993 (Eurocode 3): Bemessung und Konstruktion von Stahlbauten
DIN EN 1994 (Eurocode 4): Bemessung und Konstruktion von Verbundtragwerken aus Stahl und Beton
DIN EN 1995 (Eurocode 5): Bemessung und Konstruktion von Verbundtragwerken aus Stahl und Beton
DIN EN 1996 (Eurocode 6): Bemessung und Konstruktion von Mauerwerksbauten
DIN EN 1997 (Eurocode 7): Entwurf, Berechnung und Bemessung in der Geotechnik
DIN EN 1998 (Eurocode 8): Auslegung von Bauwerken gegen Erdbeben
DIN EN 1999 (Eurocode 9): Bemessung und Konstruktion von Aluminiumtragwerken
DIN EN 1536: Ausführung von besonderen geotechnischen Arbeiten (Spezialtiefbau) – Bohrpfähle
DIN EN 1537: Ausführung von Arbeiten im Spezialtiefbau – Verpressanker
DIN EN 12699: Ausführung von Arbeiten im Spezialtiefbau – Verdrängungspfähle
DIN EN 14199: Ausführung von Arbeiten im Spezialtiefbau – Mikropfähle

Sonstige Regelwerke

EAB (2021): Empfehlungen des Arbeitskreises „Baugruben“, Deutschen Gesellschaft für Geotechnik (Hrsg), 6. Auflage, Ernst & Sohn
EAU (2020): Empfehlungen des Arbeitsausschusses „Ufereinfassungen, Häfen und Wasserstraßen“, herausgegeben von der Hafenbautechnischen Gesellschaft (HTG) und der Deutschen Gesellschaft für Geotechnik (DGGT), 12. Auflage, Ernst & Sohn
EBGEO (2010): Empfehlungen für den Entwurf und die Berechnung von Erdkörpern mit Bewehrungen aus Geokunststoffen, Deutschen Gesellschaft für Geotechnik (Hrsg), 2. Auflage, Ernst & Sohn
EVB (1993): Empfehlungen „Verformungen des Baugrundes bei baulichen Anlagen“, Deutschen Gesellschaft für Geotechnik (Hrsg), Ernst & Sohn
EA-Pfähle (2012): Empfehlungen des Arbeitskreises „Pfähle“, Deutschen Gesellschaft für Geotechnik (Hrsg), 2. Auflage, Ernst & Sohn

9 Spannungen im Baugrund und Sohlspannungen

Zusammenfassung

Für die Auswirkung von Bauwerkslasten auf benachbarte oder im Baugrund befindliche Bauwerke sowie für Setzungsberechnungen muss man die räumliche Verteilung von Spannungen im Baugrund kennen. Dabei sind auch die Spannungen infolge des Bodengewichtes von Bedeutung. Diese sind, obwohl direkt nicht setzungsverursachend, wegen der Spannungsabhängigkeit der maßgeblichen Verformungsparameter i. A. relevant. Zentrale Bedeutung haben vertikale Normalspannungen im sog. Halbraum, der für die praktische Spannungs-Verformungsanalyse als elastisch-isotrop angenommen wird. Auf der Grundlage der bekannten Lösung nach *Boussinesq* für eine senkrechte Einzellast auf dem Halbraum lassen sich für verschiedene Last- und Grundrissformen Spannungsverteilungen angeben, die als Formeln oder in Diagrammform wesentliche Hilfsmittel für die im folgenden Kapitel behandelte Setzungsberechnung darstellen. Für die Bemessung von Gründungselementen ist außerdem die Größe und Verteilung der Spannungen in der Fläche zwischen Gründung und Baugrund, der sogenannten Sohlfuge, von Interesse.

9.1 Spannungen infolge Bodeneigengewicht und unendlicher Flächenlasten

Folgende Annahmen liegen der nachfolgend beschriebenen Spannungsberechnung zugrunde:

Der Halbraum sei unter der horizontalen Oberfläche (die Bodenoberfläche, $z = 0$) unendlich ausgedehnt. Er wird in der Regel als homogen, elastisch und isotrop angenommen.

H.-H. Schmidt, R.F. Buchmaier, C. Vogt-Breyer, *Grundlagen der Geotechnik*,
https://doi.org/10.1007/978-3-658-39834-7_9

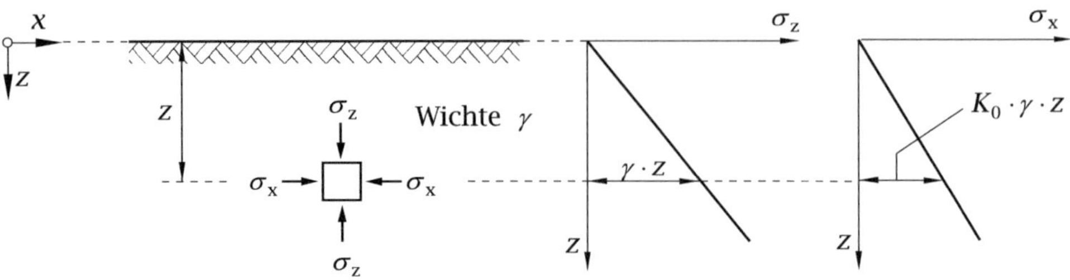

Abb. 9.1 Spannungszustand im elastisch-isotropen Halbraum

Die Wichte γ des Materials ist konstant. In der Tiefe z unter der Oberfläche ist, s. Abb. 9.1, die vertikale Spannung gleich dem Überlagerungsdruck

$$\sigma_z = \sigma_1 = \gamma \cdot z \tag{9.1}$$

Wegen Richtungsunabhängigkeit bzw. Symmetrie gilt weiter $\sigma_x = \sigma_y = \sigma_2 = \sigma_3$. Da wegen der Voraussetzungen die Deformationen in diesen Richtungen $\varepsilon_x = \varepsilon_y = \varepsilon_2 = \varepsilon_3 = 0$ sind, gilt $\sigma_x = \sigma_y = \bar{\sigma}_0$ (Ruhedruck). Nach Gl. (4.47) ergibt sich für den hier vorliegenden einaxialen Deformationszustand:

$$\sigma_x = \bar{\sigma}_0 = K_0 \cdot \gamma \cdot z = K_0 \cdot \sigma_z. \tag{9.2}$$

Der Quotient $\frac{\bar{\sigma}_0}{\sigma_z} = K_0$ wird Ruhedruckkoeffizient bzw. Erdruhedruckkoeffizient genannt. Für rein elastisches Material kann dieser Beiwert wie folgt abgeleitet werden:

$$K_0 = \frac{\nu}{1-\nu}. \tag{9.3}$$

Er hängt danach nur von der Querdehnungszahl ν ab. In Wirklichkeit verhält sich Boden aufgrund seiner Struktur ausgeprägt elastisch-plastisch, was bereits bei seiner Sedimentation und damit beim Entstehen des Erdruhedrucks von Bedeutung ist. In der Praxis wird daher meist auf Ansätze für den Ruhedruckbeiwert in Abhängigkeit vom Reibungswinkel zurückgegriffen. Zum Erdruhedruck s. auch Abschn. 16.8.2.

Wird die Bodenoberfläche mit einer unendlich weit ausgebreiteten, gleichmäßig verteilten Auflast q belastet (Abb. 9.2), so ergibt sich:

$$\sigma_z = \gamma \cdot z + q \tag{9.4}$$

$$\sigma_x = \sigma_0 = K_0(\gamma \cdot z + q). \tag{9.5}$$

Wenn der Boden ein Grundwasserträger ist, so sind in der Regel unter dem Grundwasserspiegel die Poren des Bodens zusammenhängend mit Wasser gefüllt, das ebenfalls dem Einfluss des Erdschwerefeldes unterliegt, s. Abs. 4.1.8. In einem homogenen Boden, in dem der Grundwasserspiegel in OK Gelände ansteht, gelten mit Bezug auf Abb. 9.3 nachfolgende Beziehungen.

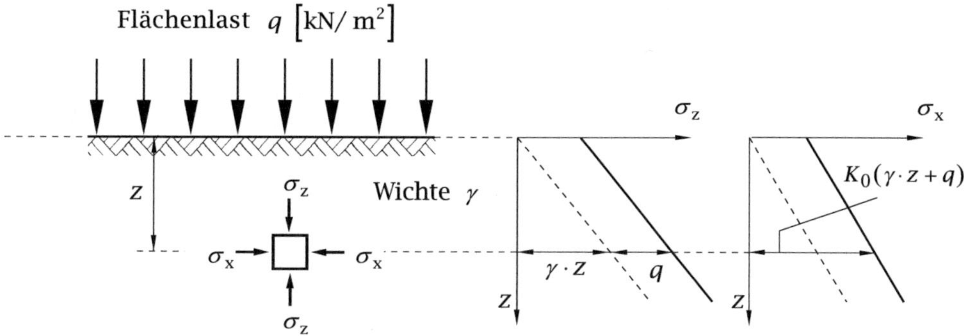

Abb. 9.2 Spannungszustand mit unendlich ausgedehnter Flächenlast q

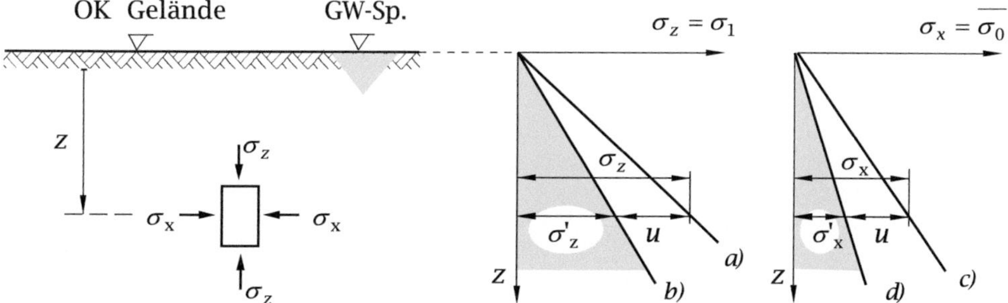

Abb. 9.3 Spannungen im isotropen Halbraum bei Grundwasser. *a)* Totale vertikale Druckspannung, *b)* effektive vertikale Druckspannung, *c)* totale horizontale Druckspannung, *d)* effektive horizontale Druckspannung

In der Tiefe z wirkt somit ein hydrostatischer Wasserdruck, der dem Porenwasserdruck u entspricht.

$$\sigma_z = z \cdot \gamma_r; \qquad \gamma_r \ \ldots \ \text{Wichte des wassergesättigten Bodens} \tag{9.6}$$

$$u = z \cdot \gamma_w. \tag{9.7}$$

Mit Gl. (4.14) wird der effektive (wirksame) Druck oder Korn-zu-Korn-Druck berechnet. Im hier betrachteten Fall hat er die Größe:

$$\sigma'_z = \sigma_z - u = z(\gamma_r - \gamma_w) = z \cdot \gamma'. \tag{9.8}$$

Die Wichte γ' wird als Wichte des Bodens unter Auftrieb bezeichnet, s. Gl. (3.13). Analog ist auch die effektive horizontale Spannung im elastisch-isotropen Halbraum reduziert:

$$\sigma'_x = \sigma_x - u = K_0 \cdot \sigma'_z = K_0 \cdot z \cdot \gamma'. \tag{9.9}$$

Im Zusammenhang mit dem Ruhedruck ist also stets von effektiven Spannungen auszugehen!

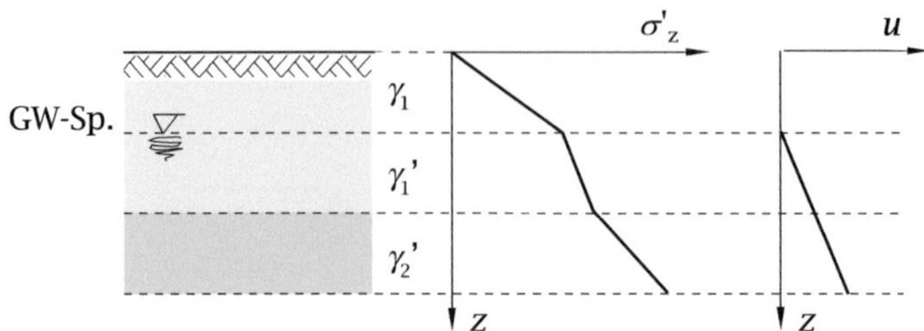

Abb. 9.4 Spannungen im Halbraum bei geschichtetem Boden und GW unterhalb der Geländeoberfläche

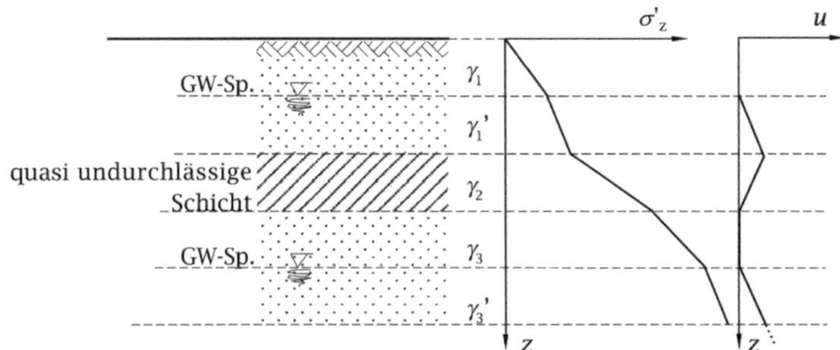

Abb. 9.5 Spannungen im Halbraum bei geschichtetem Boden und Grundwasserstockwerken

Bei Bodenschichtung (hier unterschiedliche Wichten γ_i) und bei einem Grundwasserspiegel tiefer als Geländeoberfläche ergibt sich für σ_z' ein geknickter Verlauf über die Tiefe z, s. Abb. 9.4.

Bei unterschiedlichen Grundwasserstockwerken mit Trennung durch eine quasi undurchlässige Bodenschicht ergeben sich Spannungen und Porenwasserdrücke wie in Abb. 9.5 dargestellt.

9.2 Spannungen infolge Lasten, allgemeine Hinweise

Die Frage der räumlichen Veränderung des Spannungszustandes des Bodens, auch Spannungsausbreitung im Boden genannt, ist für den Fall einer vertikalen Einzelkraft von Boussinesq (1885), s. Abschn. 9.3, und für den Fall einer horizontalen Einzelkraft von Cerutti (1888), s. Abschn. 9.4, – jeweils an der Geländeoberfläche angreifend – gelöst worden. Obwohl wirkliche Belastungen des Bodens nicht durch Einzelkräfte, sondern durch Flächenlasten erfolgen, sind diese Ergebnisse die Grundlage praxisrelevanter Lösungen, da Flächenlasten daraus mittels Integration gewonnen werden. Beide Fälle beruhen auf einer Reihe von Voraussetzungen über die Eigenschaften des Bodens, darunter auch die Linearität des elastischen Verhaltens *(Hookesches* Gesetz). Die Superposition verschiedener Einflüsse ist deshalb erlaubt. Die allgemeine Belastung (im Sinne einer einachsi-

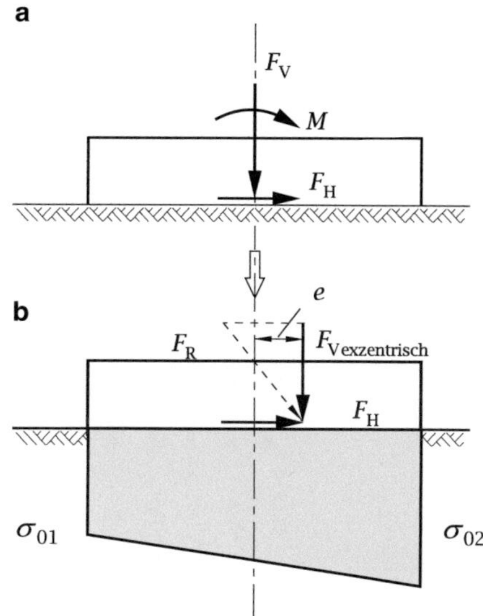

Abb. 9.6 Fundamentbelastung. **a** Komponenten der äußeren Belastung in der Gründungssohle, **b** Sohl-Normalspannungsverteilung infolge äußerer Belastung

gen Biegung) eines Fundaments durch F_V, F_H und M ist in Abb. 9.6a dargestellt. Die drei Kraftgrößen beziehen sich dabei auf den Schwerpunkt der Fundament-Sohlfläche. Sie können alternativ auf $F_{V\,exzentrisch}$ (mit konkreter Ausmitte e) und F_H zurückgeführt werden, s. Abb. 9.6b, und diese beiden Einflüsse können getrennt behandelt und dann superponiert werden. Die Verteilung der Sohl-Normalspannung entspricht der klassischen Balkenbiegetheorie.

Die zuvor bzw. in Abschn. 9.1 genannten Voraussetzungen, auf denen die elementaren Lösungen von *Boussinesq* und *Cerutti* beruhen, können in mancher Hinsicht nur in grober Näherung als erfüllt angesehen werden. Dennoch haben diese Berechnungsweisen auch heute noch Bedeutung, wenn es darum geht, auf einfache Weise unter Zuhilfenahme von Diagrammen, Tabellen, geschlossenen Formeln oder einfachen Computerprogrammen Größenordnungen für die Spannungen und Setzungen abzuschätzen. Dies kann wegen der oft schwierigen Quantifizierung der Baugrundeigenschaften und der Randbedingungen als adäquat angesehen werden. Erfahrungen und Messungen zeigen, dass solche Lösungen durchaus der Wirklichkeit nahe kommen.

Für genauere Berechnungen stehen im Übrigen heute leistungsfähige Rechenprogramme, die auf numerischen Verfahren wie z. B. der Methode der finiten Elemente aufbauen, zur Verfügung. Damit können allgemeine Probleme mit komplexen Baugrundverhältnissen und Randbedingungen analysiert werden, wobei der höhere Aufwand gegenüber Berechnungen mit konventionellen Verfahren zu beachten und ein grundlegendes Verständnis der angewendeten Verfahren notwendig ist – und dessen Sinnhaftigkeit in Relation zum Erkundungs- und Untersuchungsaufwand gesehen werden sollte.

Zunächst wird jedoch eine anschauliche Vorbetrachtung mit einem Kugelmodell vorgestellt.

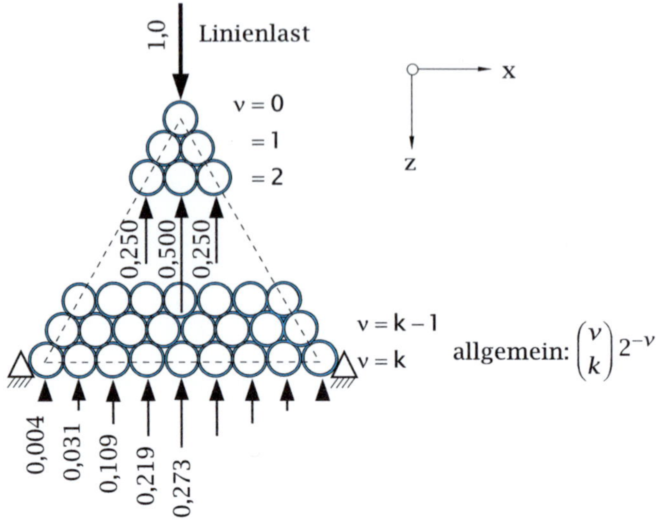

Abb. 9.7 Druckausbreitung im Kugel-Haufwerk, Zahlenwerte für Zählindex $\nu = 8$ (bedeutet hier ausnahmsweise nicht Querdehnungszahl!)

Wenn man die Druckausbreitung infolge einer Linienlast „1,0" in einem ebenen, regelmäßig geschichteten Haufen starrer Kugeln, Abb. 9.7, rechnerisch verfolgt, erhält man für die senkrechten Reaktionskräfte eine Binomialverteilung auf $k + 1$ Kugeln, die für $k \to \infty$ in eine *Gaußsche* Normalverteilung – im vorliegenden Fall in modifizierter Form – übergeht.

$$\sigma_z = \frac{h}{z \cdot \sqrt{\pi}} \cdot e^{-h^2 \cdot \frac{x^2}{z^2}} \tag{9.10}$$

Mit dem Häufigkeitsparameter h kann die Funktion an die Lastausbreitung angepasst werden.

Bei wirklicher Schüttung aus unregelmäßig geformten Körnern mit unterschiedlichen Durchmessern weichen die Druckverteilungen infolge der Schubkräfte zwischen den Partikeln zwar von der Normalverteilung ab, doch gilt nach wie vor:

a) Infolge einer senkrecht auf die Schüttung wirkenden Last stellt sich eine Spannungsverteilung ein, die überwiegend durch Druckkräfte und weniger durch Schubkräfte zwischen den Körnern bestimmt ist.
b) Die Druckverteilung ist auf einen nach der Tiefe sich ausbreitenden, im räumlichen Fall kegelförmigen Teilbereich beschränkt.

Die Aussage b) folgt aus der Aussage a). Ein experimenteller Nachweis stammt von Kögler und Scheidig (1938).

9.3 Senkrechte Einzellast

Die geschlossene Lösung von Boussinesq (1885) für eine senkreche Einzellast an der Oberfläche des Halbraumes hat eine besondere Bedeutung. *Boussinesq* fand die Lösung für Spannungen und Verschiebungen beliebiger Punkte P im elastisch isotropen Halbraum, s. Abb. 9.8 und die Gln. (9.11) bis (9.16). Eine verkürzt dargestellte Ableitung der nachfolgend aufgeführten Gleichungen findet sich z. B. bei Szabo (1956; 1959).

$$v_{\mathrm{r}} = \frac{1}{4\pi G} \cdot \left(\frac{rz}{R^3} - (1-2\nu) \frac{r}{R(z+r)} \right) \tag{9.11}$$

$$v_{\mathrm{z}} = \frac{1}{4\pi G} \cdot \left(2(1-\nu) \cdot \frac{1}{R} + \frac{z^2}{R^3} \right) \tag{9.12}$$

$$\sigma_{\mathrm{rr}} = \frac{1}{2\pi} \cdot \left(3\frac{zr^2}{R^5} - (1-2\nu) \frac{1}{R(z+R)} \right) \tag{9.13}$$

$$\sigma_{\mathrm{zz}} = \frac{3 \cdot z^3}{2\pi R^5} = \frac{3}{2\pi z^2} \cos^5 \vartheta \tag{9.14}$$

$$\sigma_{\mathrm{yy}} = \frac{1-2\nu}{2\pi} \cdot \left(\frac{r}{R(z+R)} - \frac{z}{R^3} \right) \tag{9.15}$$

$$\sigma_{\mathrm{rz}} = \frac{3}{2\pi z^2} \cdot \sin\vartheta \cdot \cos^4 \vartheta \tag{9.16}$$

► **Anmerkung** Die Symbole v_{r} und v_{z} stehen für Verschiebungen in radialer bzw. vertikaler Richtung in Punkt P; die Querdehnungszahl wird mit ν bezeichnet (Materialkenngröße).

$$G = \frac{E}{2(1+\nu)}, \quad \text{s. Abschn. 4.1.9!}$$

Man beachte, dass die Komponenten σ_{zz}, Gl. (9.14), und σ_{rz}, Gl. (9.16), als einzige von den Materialkonstanten unabhängig sind. Für $z \to 0$ ergibt sich $\sigma_{\mathrm{zz}} \to \infty$. Es ist somit eine

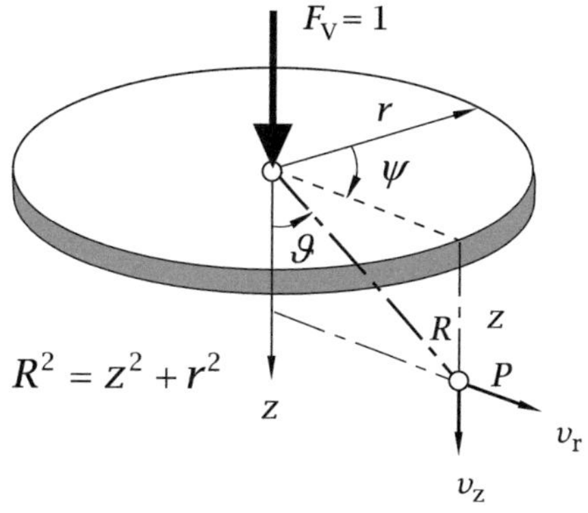

Abb. 9.8 Halbraum nach Boussinesq

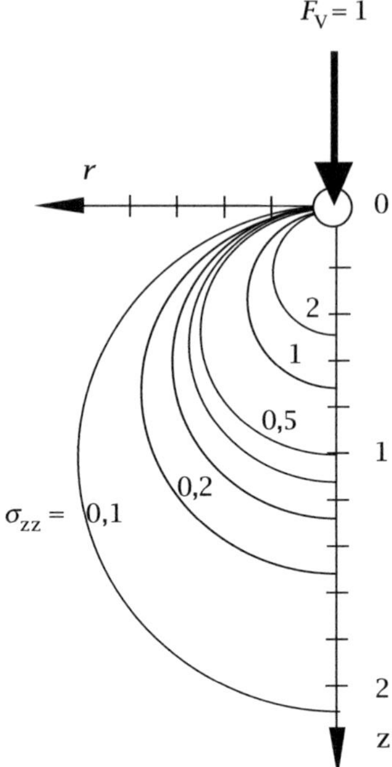

Abb. 9.9 Isobaren der σ_{zz}-Spannung

Singularität vorhanden. Die Verschiebung in z-Richtung, v_z, wird in der Bodenmechanik als Setzung bezeichnet.

Der Spannungszustand hängt empfindlich von der Querdehnzahl ν ab. Da man beispielsweise bei nichtbindigem Baugrund fordern muss, dass an der Oberfläche alle Spannungskomponenten gleich Null sind, würde die Anwendung des *Hookeschen* Stoffgesetzes auf einen solchen Baugrund bedingen, dass man $\nu = 0{,}5$, also Volumenbeständigkeit, unterstellt, s. Gl. (4.43).

Werden die Punkte gleicher Vertikalspannung infolge einer Einzellast dargestellt, so ergibt sich das als Druckzwiebel bekannte Isobarenbild, s. Abb. 9.9.

9.4 Horizontale Einzellast

Der Einfluss einer an der Oberfläche des Halbraums angreifenden Einzellast F_H (Abb. 9.10) ergibt sich für $\nu = 0{,}5$ zu:

$$\sigma_z = \frac{3F_H}{2\pi z^2} \cos\psi \sin\vartheta \cos^4\vartheta. \tag{9.17}$$

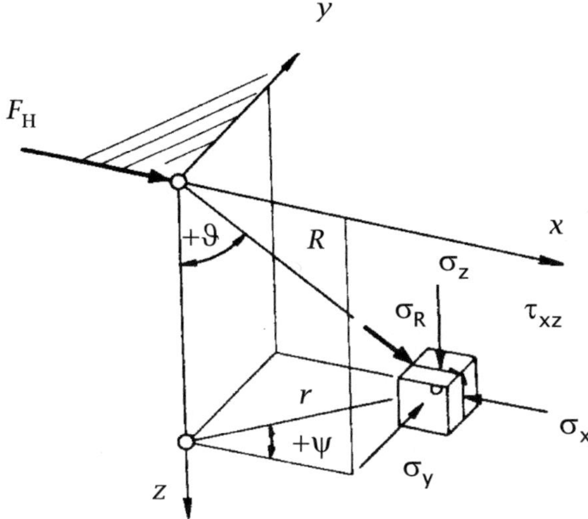

Abb. 9.10 Spannungen infolge einer horizontalen Einzelkraft F_H, die an der Bodenoberfläche angreift

Für $\psi = 0$, d. h. in der x,z-Ebene, können die Spannungskomponenten nach Cerutti (1888) wie folgt beschrieben werden:

$$\sigma_R = \frac{3F_H}{2\pi R^2} \sin\vartheta \tag{9.18}$$

$$\sigma_z = \frac{3F_H}{2\pi R^2} \sin\vartheta \cos^2\vartheta \tag{9.19}$$

$$\sigma_x = \frac{3F_H}{2\pi R^2} \sin^3\vartheta \tag{9.20}$$

$$\tau_{xz} = \frac{3F_H}{2\pi R^2} \sin^2\vartheta \cos\vartheta \quad \text{mit} \quad R^2 = x^2 + z^2. \tag{9.21}$$

Bei diesen Formeln ist das Vorzeichen (Abb. 9.10) von ϑ zu beachten. Die Kraft F_H bewirkt im Boden vom Angriffspunkt weg in Kraftrichtung Druckspannungen, im anderen Viertelsraum dagegen Zugspannungen.

Im Folgenden werden Spannungen infolge horizontaler Lasten nicht weiter beachtet. Sie spielen bei den meisten Fragestellungen der Grundbaupraxis eine eher untergeordnete Rolle.

9.5 Spannungen infolge vertikaler Flächenlast

Linienlasten und Einzellasten sind irreal. Tatsächlich werden Kräfte aus Überbauten über Einzel- und Streifenfundamente, Balken oder Platten in der Untergrund abgeleitet. Bei Schüttungen kann in der Regel von bekannten Flächenlasten ausgegangen werden.

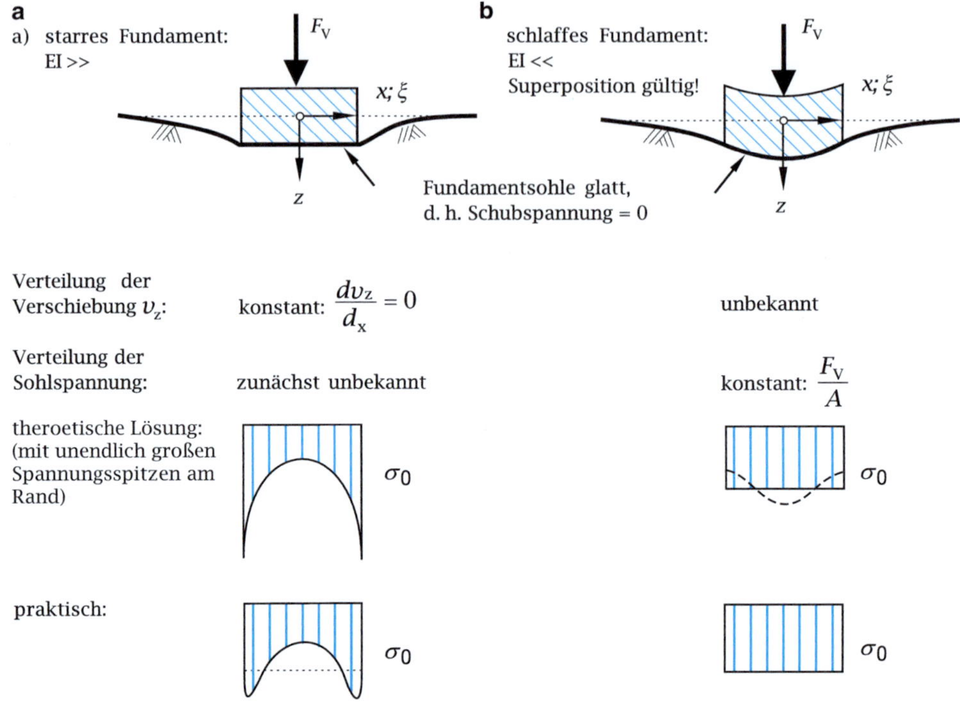

Abb. 9.11 Vergleich: **a** starres Fundament **b** „schlaffes Fundament“ – F_v ist als Resultierende einer Flächenlast zu interpretieren

Bei den erstgenannten biegesteifen Gründungskörpern sind zwei Spannungs- und Verschiebungszustände unbekannt, nämlich

a) im Fundamentkörper,
b) im Halbraum unter dem Fundamentkörper.

Bekannt ist, dass die Setzung v_z des Fundaments und des Bodens in der Sohlfuge gleich groß sind (Verträglichkeitsbedingung).

Analytische Lösungen lassen sich für die Grenzfälle des starren bzw. des ganz schlaffen Fundaments angeben, s. Abb. 9.11, wobei jeweils die bekannten Bedingungen Grundlage der Lösung sind. In beiden Fällen wird vorausgesetzt, dass außerhalb des Lastbereichs keine Spannungen und in der Sohlfuge keine Schubspannungen herrschen.

Weitere analytische Lösungen gibt es für sehr spezielle Fälle:

- elastische Kreisplatte auf elastischem Halbraum nach Szabo (1956; 1959),
- Einzelkraft auf mehrschichtigem Halbraum nach Bufler (1961).

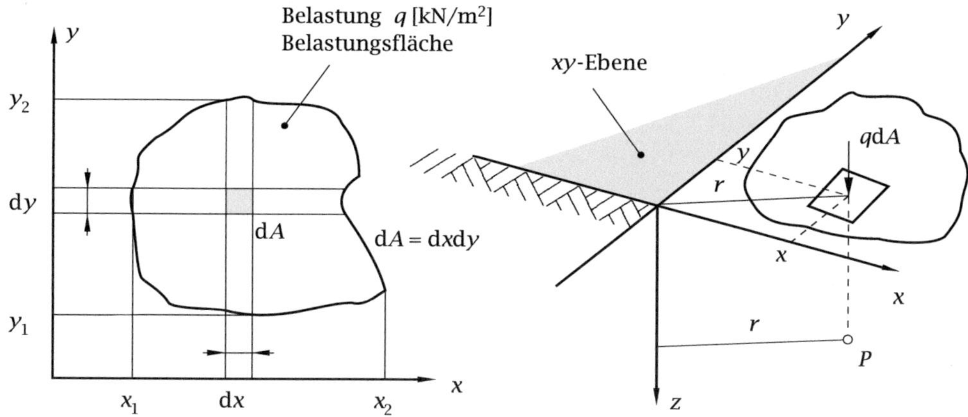

Abb. 9.12 Allgemeine Flächenlast mit gleichmäßig verteilter Belastung q

Die Lösung für die Sohlspannungsverteilung unter einem starren Streifenfundament ist in Abschn. 9.6 aufgeführt. Von besonderer Bedeutung ist, dass der Spannungszustand im Halbraum infolge einer vorgegebenen Flächenlast (Sohlspannung), also einer schlaffen Lasteintragung, durch die Integration der Grundlösung von Boussinesq (1885), Abschn. 9.3, entwickelt werden kann, da bei linear-elastischem Stoffverhalten das Superpositionsprinzip gilt. Deshalb wird für Spannungs- und Setzungsberechnungen als Näherung zumeist eine konstante bzw. lineare Sohlspannungsverteilung angenommen.

Allgemein geformte Flächenlasten werden aus Integration von Einzellasten über die ganze Fläche $\mathrm{d}F_\mathrm{V} = q\,\mathrm{d}A$ (Abb. 9.12) berechnet.

Im Punkt P mit den Koordinaten x, y, z und $r^2 = x^2 + y^2$ erzeugt die Einzellast $\mathrm{d}F_\mathrm{V} = q\,\mathrm{d}A$ die vertikale Druckspannung:

$$\mathrm{d}\sigma_\mathrm{z} = \frac{3q}{2\pi}\,\mathrm{d}A\frac{1}{z^2}\left[\frac{1}{1+\left(\frac{r}{z}\right)^2}\right]^{\frac{5}{2}} \tag{9.22}$$

und mit $q\,\mathrm{d}A = f(x,y)\mathrm{d}x\,\mathrm{d}y$ wird

$$\sigma_\mathrm{z} = \frac{3z^3}{2\pi}\int\limits_{\mathrm{x}_1}^{x_2}\int\limits_{\mathrm{y}_1}^{y_2}\frac{f(x,y)}{(x^2+y^2+z^2)^{5/2}}\,\mathrm{d}x\,\mathrm{d}y. \tag{9.23}$$

Diese Gleichung lässt sich für gleichmäßig verteilte Flächenlasten q (d. h. $f(x,y) =$ const) und auch einfache Fälle mit linearer Veränderlichkeit sowie einfache Formen der Belastungsfläche lösen. Von praktischem Interesse sind vor allem rechteck- und kreisförmige Lastflächen, für die die Einflussfaktoren „i", „I" tabelliert oder graphisch dargestellt sind (s. nachfolgend, Abschn. 9.5.1 bis 9.5.6), bzw. für die es Rechenprogramme gibt. Ge-

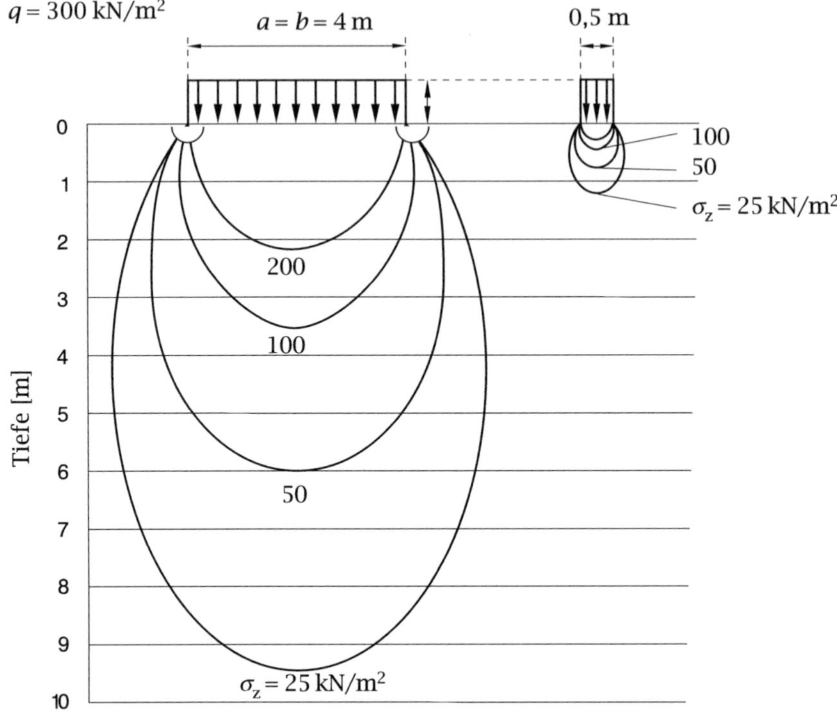

Abb. 9.13 „Druckzwiebeln" für zwei verschieden große quadratische Lastflächen

meinsam haben die Flächenlasten die typische Form der Spannungsverteilung. Abb. 9.13 zeigt die Isobaren (Druckzwiebel) der vertikalen Druckspannung σ_z unter zwei verschieden breiten, quadratischen Lastflächen. Wie man sehen kann, sind die Abmessungen der Lastfläche maßgebend für die „Tiefenwirkung".

Für die Ermittlung der Vertikalspannung unter einem beliebig gestalteten Grundriss bietet sich neben der programmmäßigen Integration die halbgraphische Lösung von Newmark (1935) an, die in älteren Fachbüchern genauer erläutert wird, heute aber für die Praxis an Bedeutung verloren hat. Dabei wird die Integration über die Fläche von Kreisring-Elementen mit jeweils gleichen Einflussfaktoren benutzt.

9.5.1 Spannungen infolge gleichmäßiger Streifenlast

Für eine „unendlich" lange, gleichmäßige Streifenlast (ebener Fall) können mit Abb. 9.14 und mit den nachfolgenden Angaben in einem beliebigen Punkt P des Halbraums die Spannungskomponenten berechnet werden.

► **Anmerkung** Berechnungen im Bogenmaß!

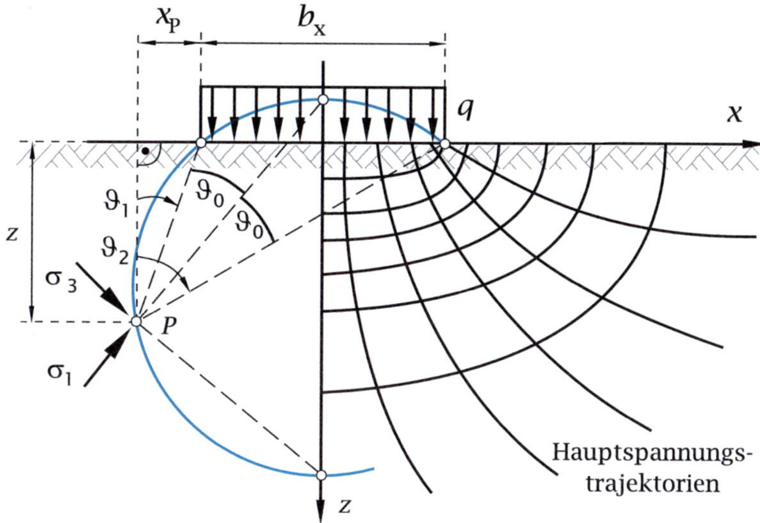

Abb. 9.14 Gleichmäßige Streifenlast; Bezeichnungen für Gln. (9.24)–(9.30) sowie Verlauf der Hauptspannungstrajektorien

$$\vartheta_1 = \arctan\left(\frac{x_P}{z}\right) \tag{9.24}$$

$$\vartheta_2 = \arctan\left(\frac{(b_x + x_P)}{z}\right) \tag{9.25}$$

$$\vartheta_m = 0{,}5 \cdot (\vartheta_1 + \vartheta_2) \qquad \vartheta_0 = \text{abs}(0{,}5 \cdot (\vartheta_1 - \vartheta_2)) \tag{9.26}$$

abs: Absolutwert oder Betrag

$$\sigma_{zz} = (2 \cdot \vartheta_0 + \cos(2 \cdot \vartheta_m) \cdot \sin(2 \cdot \vartheta_0)) \cdot \left(\frac{q}{\pi}\right) \tag{9.27}$$

$$\sigma_{xz} = -\sin(2 \cdot \vartheta_m) \cdot \sin(2 \cdot \vartheta_0) \cdot \left(\frac{q}{\pi}\right) \tag{9.28}$$

$$\sigma_{xx} = (2 \cdot \vartheta_0 - \cos(2 \cdot \vartheta_m) \cdot \sin(2 \cdot \vartheta_0)) \cdot \left(\frac{q}{\pi}\right) \tag{9.29}$$

$$\sigma_{1,3} = (2 \cdot \vartheta_0 \pm \sin(2 \cdot \vartheta_0)) \cdot \left(\frac{q}{\pi}\right) \tag{9.30}$$

Aus der Gleichung für die Hauptspannungen folgt, dass der geometrische Ort für $\sigma_{1,3} =$ const ein Kreis durch die Kantenpunkte des Streifenfundaments ist. Der größte Kreis entsteht für $\vartheta_0 = \pi/2$, d. h. in der Fundamentsohle herrscht ein hydrostatischer Spannungszustand: $\sigma_1 = \sigma_3 = q$.

► **Anmerkung** Liegt der betrachtete Punkt P im Bereich von b_x, so ist ϑ_1 negativ, und in Gl. (9.25) ist x_P von b_x zu subtrahieren. Liegt P in der rechten

Hälfte, müssen die Winkel ϑ analog zur linken Seite definiert werden. Aus Symmetriegründen sind die Spannungen dort gleich; nur die Schubspannungen (antisymmetrisch) positiv: in (9.28) ist somit das negative Vorzeichen wegzulassen.

9.5.2 Vertikalspannung unter einer gleichmäßig belasteten Rechteckfläche

Die Lösung für den allgemeinen Spannungs- und Verschiebungszustand infolge einer auf eine Rechteckfläche einwirkenden gleichmäßigen Flächenlast q (entsprechend einer mittigen Last $F_V = q \cdot b_x \cdot b_y$ auf einem „schlaffen" Rechteckfundament) wurde von Love (1928) berechnet.

Hier wird nur die Vertikalspannung σ_{zz} behandelt:

$$R_i^2 = (x + x_i)^2 + (y + y_i)^2 + z^2 \tag{9.31}$$

$$\sigma_{zz} = \frac{q}{2\pi} \cdot \sum_{i=1}^{4} (-1)^i \left[\frac{(x + x_i)(y + y_i)z}{R_i} \cdot \left(\frac{1}{(x + x_i)^2 + z^2} + \frac{1}{(y + y_i)^2 + z^2} \right) + \arctan \frac{(x + x_i)(y + y_i)}{z \cdot R_i} \right] \tag{9.32}$$

wobei einzusetzen ist für:

i	=	1	2	3	4
$2x_i$	=	$-b_x$	$-b_y$	$+b_x$	$+b_x$
$2y_i$	=	$-b_y$	$+b_y$	$+b_y$	$-b_y$

Damit ist x_i bzw. y_i jeweils die halbe Fundamentbreite $\pm\frac{b_x}{2}$ bzw. $\pm\frac{b_y}{2}$.

Ein Beispiel für die Isobaren der σ_{zz}-Spannungen für $b_x/b_y = 0{,}4$ ist in Abb. 9.15 wiedergegeben.

Im Folgenden werden in Anlehnung an die Original-Quellen die Seitenlängen auch mit a (längere Seite) und b (kürzere Seite) und die Spannungen σ_{zz} teilweise mit σ_z bezeichnet.

9.5.3 Vertikalspannung unter dem Eckpunkt einer gleichmäßig belasteten Rechteckfläche

Steinbrenner (1934) wertete die Lösung von Love (1928), s. Abschn. 9.5.2, für beliebige Seitenverhältnisse aus. Das Diagramm in Abb. 9.16 liefert die Einflusszahlen $i = \sigma_z/q$ für Punkte unter der Ecke einer schlaffen Rechtecklastfläche mit konstanter Last q und mit den Seiten a (lang) und b (kurz) in der Tiefe z.

$$\frac{\sigma_z}{q} = f\left(\frac{z}{b}; \frac{a}{b}\right). \tag{9.33}$$

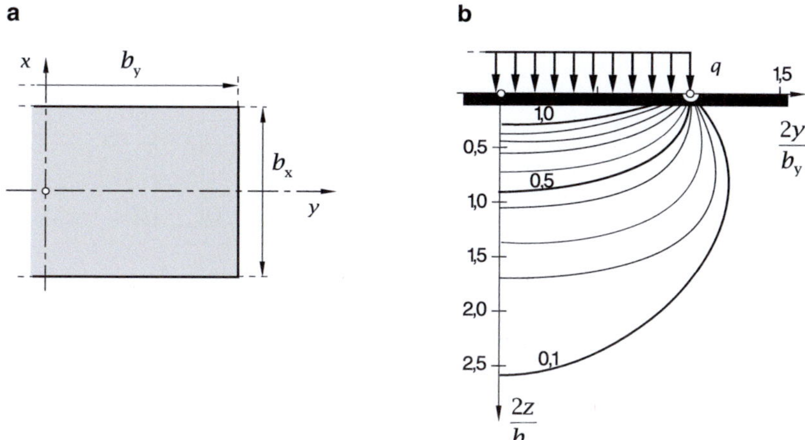

Abb. 9.15 Rechteckbelastung mit $b_x/b_y = 0{,}4$. **a** Grundriss, **b** Isobaren der σ_{zz}-Spannungen infolge q

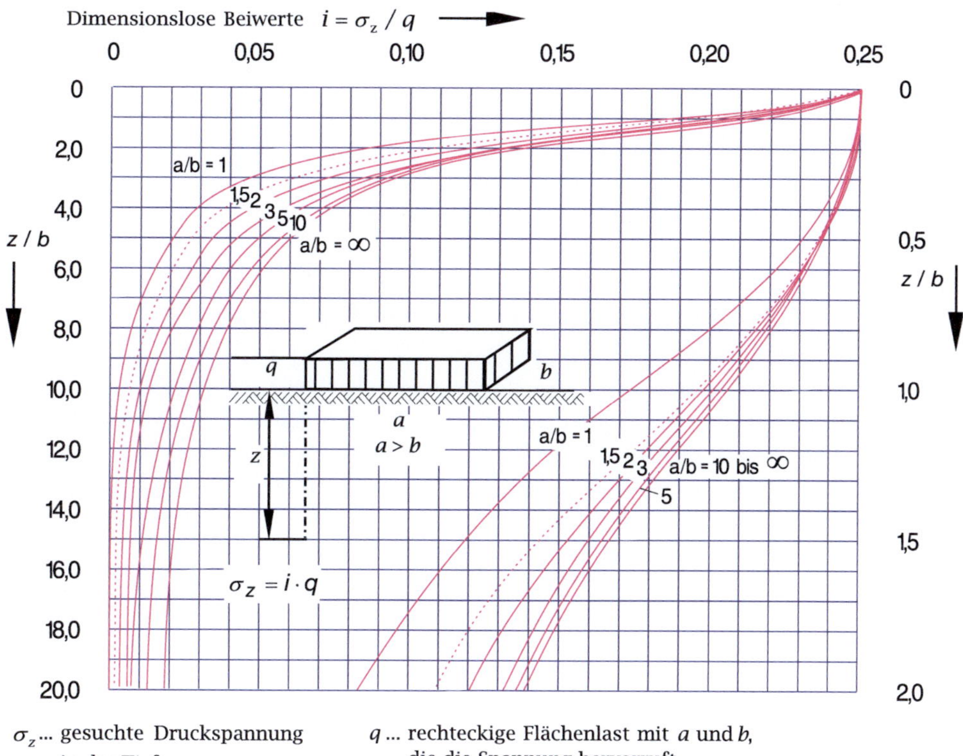

Abb. 9.16 Beiwerte i, nach Steinbrenner, zur Berechnung der durch die schlaffe Last hervorgerufenen Spannungen σ_z unter dem Eckpunkt einer Rechteckfläche (schlaffes Fundament)

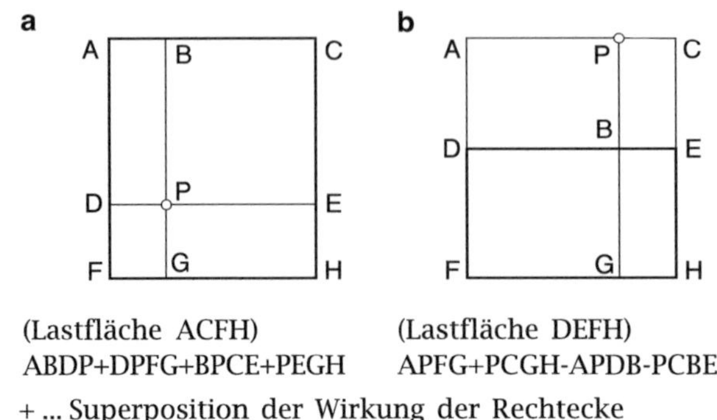

Abb. 9.17 Spannungen unter beliebigem Punkt P bei Rechtecklast. **a** „P innen", **b** „P außen"

Den Spannungszustand unter einem beliebigen Punkt bekommt man, indem man die belastete Grundrissfläche, Abb. 9.17, so in Teil-Rechtecke zerlegt, dass der gewünschte Punkt jeweils Eckpunkt von Teil-Rechtecken ist, deren Wirkungen dann zu superponieren sind.

► **Anmerkung** Die normierte Sohldruckordinate i hat direkt unter der Lastfläche ($z = 0$) den Wert 0,25, weil sich die Last hier unstetig ändert: Man denke sich den Punkt durch einen kleinen Kreis ersetzt, dessen Radius gegen 0 geht, dann ist diese Kreisfläche nur zu $\frac{1}{4}$ belastet. Durch Superposition ergeben sich für Randpunkte $i = 0{,}5$ und für Punkte im Innern $i = 1{,}0$.

9.5.4 Vertikalspannung unter der Kante einer Trapezlast

Nach Osterberg (1957) können die σ_{zz}-Spannungen infolge einer unendlich langen (Streifen), im Querschnitt trapezförmigen Flächenlast (z. B. ein in Längsrichtung zweigeteilter Damm), s. Abb. 9.18 und 9.19, mit den Gln. (9.34) und (9.35) ermittelt werden. Das Diagramm in Abb. 9.20 liefert die Einflusszahl I für Gl. (9.35). Für die Werte unter der Ecke

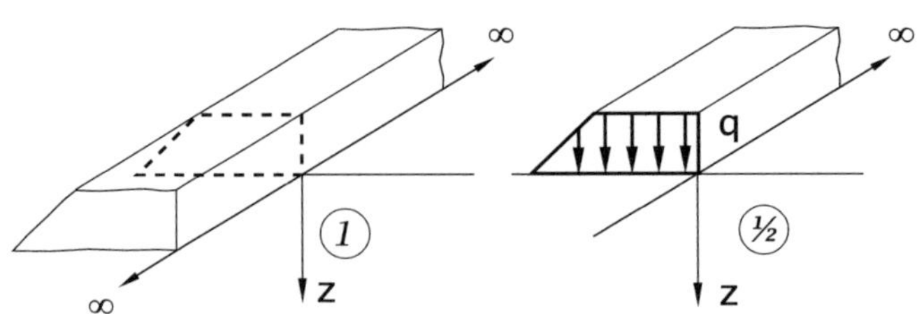

Abb. 9.18 „Unendlich" und „halbunendlich" lange Trapezlast

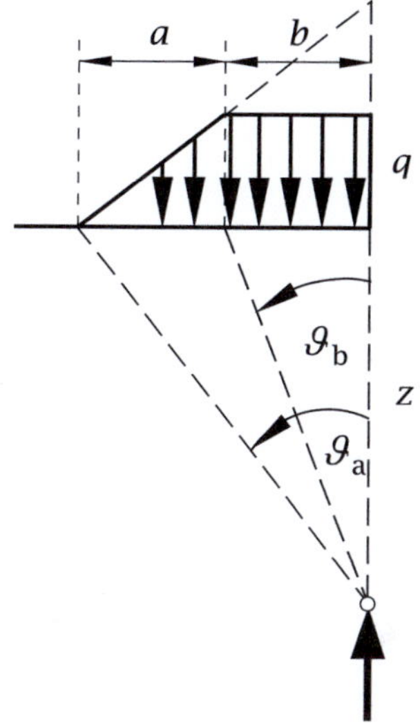

Abb. 9.19 Bezeichnungen für Gl. (9.34) bzw. Diagramm in Abb. 9.20

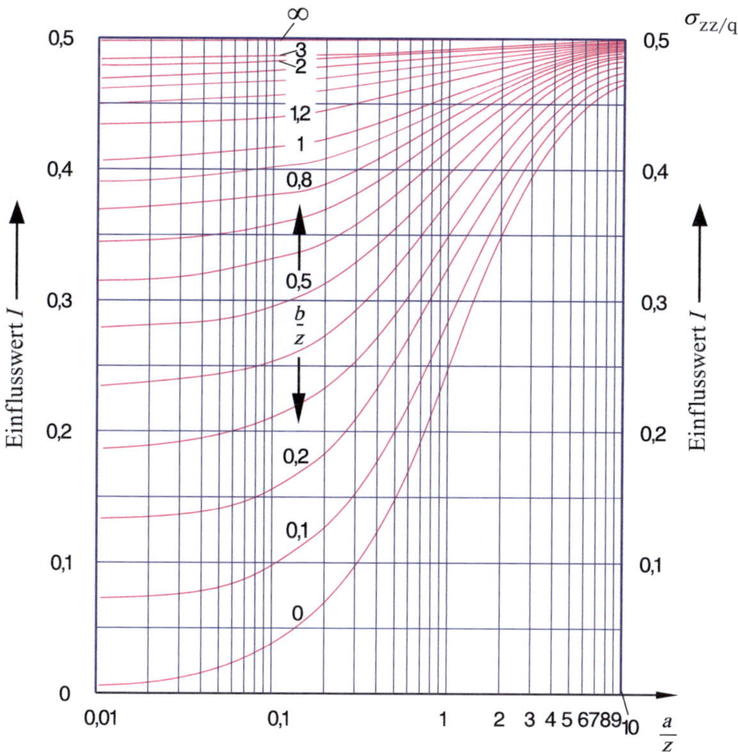

Abb. 9.20 Einflusswerte I für „unendlich" lange Trapezlasten

eines „halbunendlichen“ Streifens (Abb. 9.18, rechts) halbiert man die Einflusszahlen I.

$$\sigma_{zz} = q \cdot \frac{1}{\pi}\left[\left(1 + \frac{b}{a}\right)\vartheta_A - \frac{b}{a} \cdot \vartheta_B\right] \tag{9.34}$$

$$\sigma_{zz} = q \cdot I. \tag{9.35}$$

9.5.5 Vertikalspannung unter einer gleichmäßig belasteten Kreisfläche

Abb. 9.21 stellt nach Grasshoff (1959) für 10 verschiedene Radialabstände r vom Mittelpunkt einer gleichmäßig mit q belasteten „schlaffen“ Kreisplatte (Radius R) die Vertikalspannung σ_{zz} als Funktion der auf R bezogenen Tiefe z dar.

9.5.6 Vertikalspannung unter einer ungleichmäßig belasteten Kreisfläche

Nach Lorenz und Neumeuer (1953) können bei einer (wiederum „schlaffen“) Kreisplatte für eine von 0 auf q über den Durchmesser zunehmende Lastverteilung, s. Abb. 9.22a, an der unbelasteten Seite (A) und an der belasteten Seite (B) die σ_{zz}-Spannungen über die Tiefe z berechnet werden. In Abb. 9.22b sind die entsprechenden Einflusswerte i abzulesen. Zusammen mit der Lösung für die gleichmäßig belastete Kreisfläche in Abschn. 9.5.5 können damit für trapezförmige Belastungen die σ_{zz}-Spannungen in den Punkten (A) und (B) berechnet werden.

Neben den hier aufgeführten Formeln und Diagrammen gibt es in *DIN 4019* sowie darüber hinaus in einer Vielzahl von Empfehlungen und Handbüchern weitere Lösungen und Hilfsmittel zur Spannungsermittlung, z. B.: *EVB Empfehlungen „Verformungen des Baugrunds bei baulichen Anlagen“*; Vogt (2018), Poulos (2000) und Schultze (1986). Bei den drei letztgenannten handelt es sich um Beiträge im Grundbautaschenbuch mit unterschiedlicher Schwerpunktbildung. Da zum einen die Thematik geklärt ist und zum anderen leistungsfähige Rechenprogramme zur Verfügung stehen, haben Nachschlagewerke heute an Bedeutung verloren. Bei komplexeren Setzungsproblemen werden in der Praxis auch zunehmend allgemeine (nicht nur auf Setzungsprobleme ausgerichtete) Programmsysteme, die auf numerischen Verfahren basieren, eingesetzt, siehe auch Hinweis in Abschn. 9.2. Die aufgeführten Quellen sind allesamt in Verbindung mit der Setzungsberechnung zu sehen und sind damit auch für Abschn. 10.2 und 10.3 relevant.

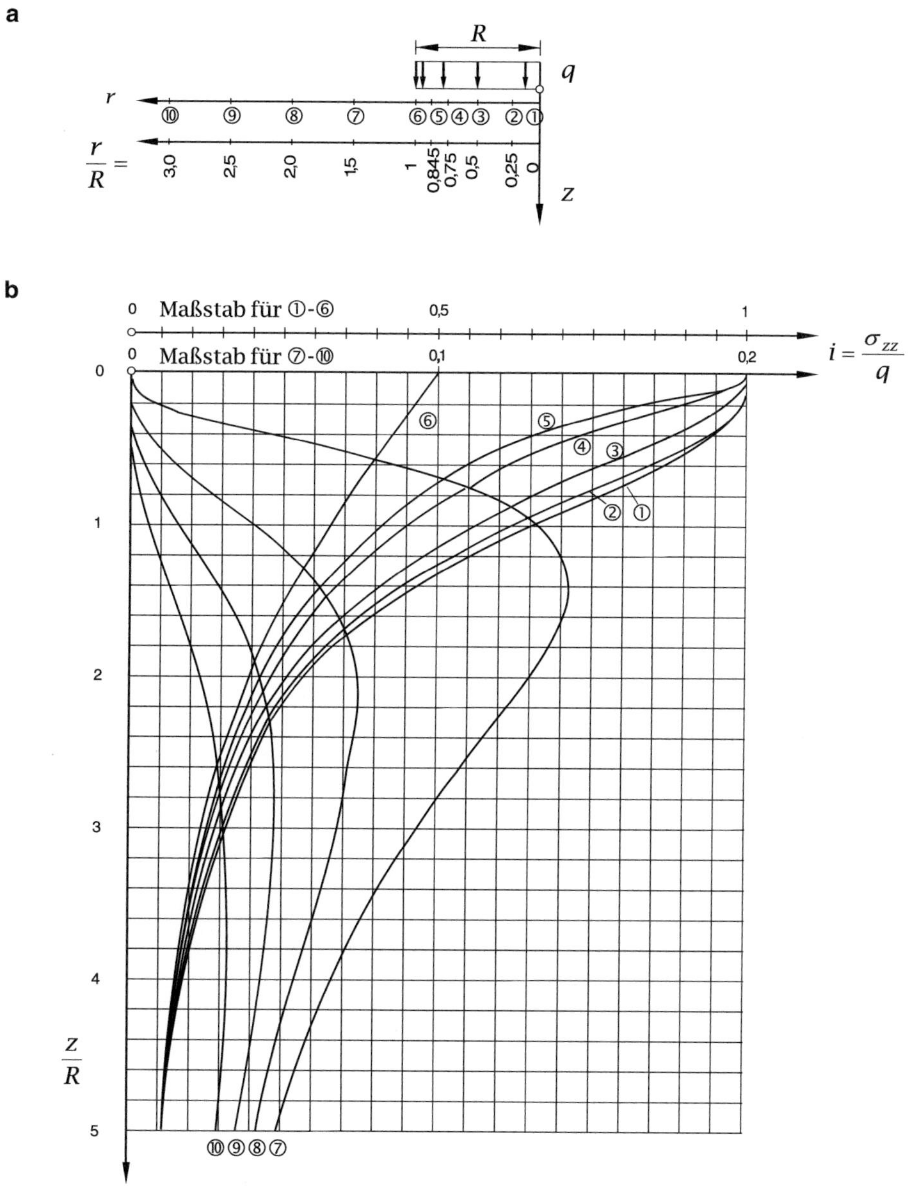

a

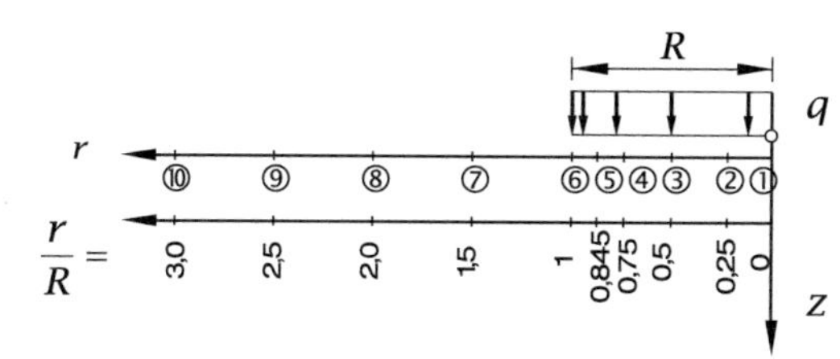

b

Abb. 9.21 Gleichmäßig belastete Kreisfläche. **a** Bezeichnung der Radialabstände, **b** Einflusswerte i für die Vertikalspannung σ_{zz}

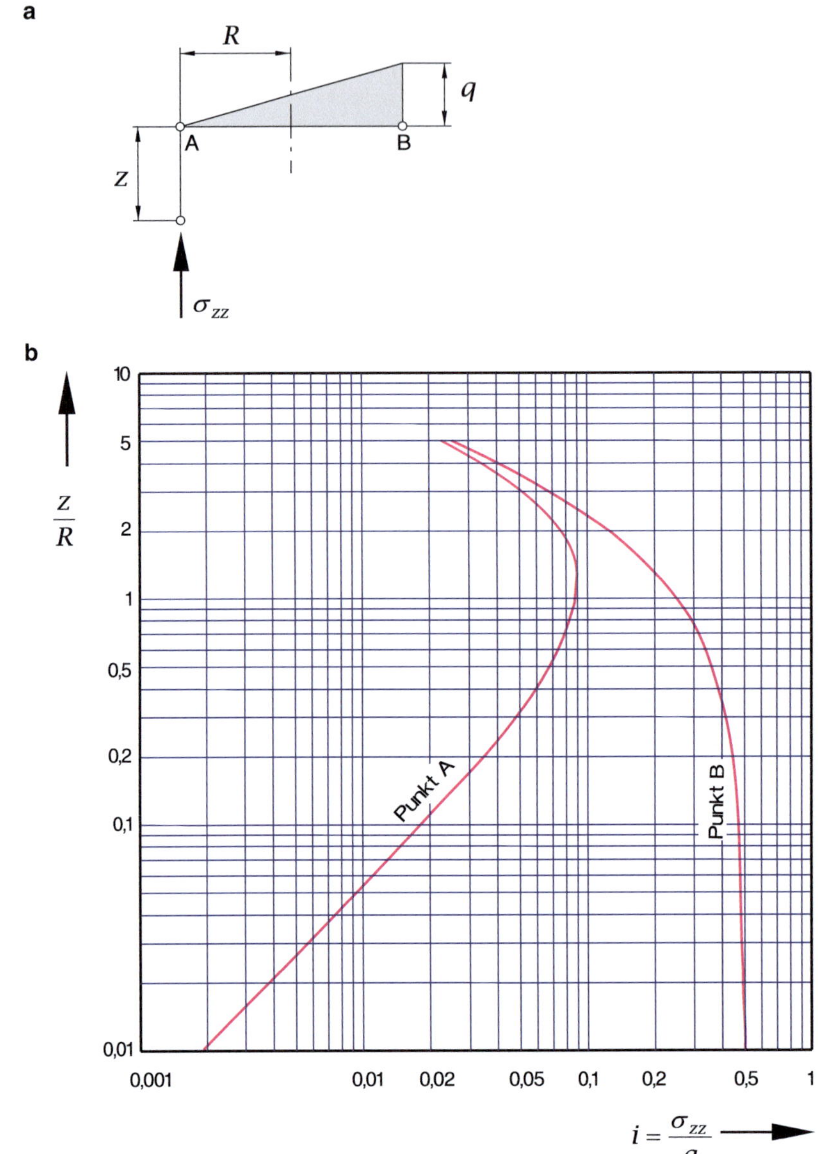

Abb. 9.22 Ungleichmäßig belastete Kreisfläche. **a** Belastung (Radialschnitt in der Biegeebene mit Randwerten 0 und q), **b** Einflusswerte i für die Vertikalspannung σ_{zz}

9.6 Sohlspannung bei starrem Streifenfundament

Für ein starres Streifenfundament mit lotrechter, mittiger bzw. ausmittiger Last können nach den unten angegebenen Formeln die Sohlspannungen $\sigma_{zz}(z = 0)$ für x, bzw. ξ, s. Abb. 9.23, berechnet werden.

Die theoretischen Spannungsspitzen am Rand des Fundaments können in Wirklichkeit nicht auftreten, weil der Boden dort plastifiziert und sich somit den hohen Spannungen entzieht.

- Sohlspannung bei mittiger Belastung nach Boussinesq (1885):

$$\sigma_{zz}(0) = \frac{2F_V}{\pi b_x \cdot \sqrt{1-\xi^2}} \quad \text{mit} \quad \xi = \frac{2x}{b_x} \tag{9.36}$$

- Sohlspannung bei ausmittiger Belastung nach Borowicka (1943):

$$\sigma_{zz}(0) = \frac{2F_V}{\pi b_x} \cdot \frac{1 + \frac{4e\xi}{b_x}}{\sqrt{1-\xi^2}} \quad \text{für} \quad e \leq \frac{b_x}{4} \quad \text{bzw.} \tag{9.37}$$

$$\sigma_{zz}(0) = \frac{2F_V}{\pi b_x} \cdot \frac{1+\xi_1}{\sqrt{1-\xi_1^2}} \quad \text{für} \quad e > \frac{b_x}{4} \quad \text{mit} \quad \xi = \frac{2x}{b_x};\ \xi_1 = \frac{2x + b_x - 4e}{2b_x - 4e}. \tag{9.38}$$

Der dazugehörige Spannungszustand im Halbraum wurde von Hruban (1944) behandelt. Weitere Lösungen für die Sohlspannungen unter mittig und ausmittig belasteten, starren

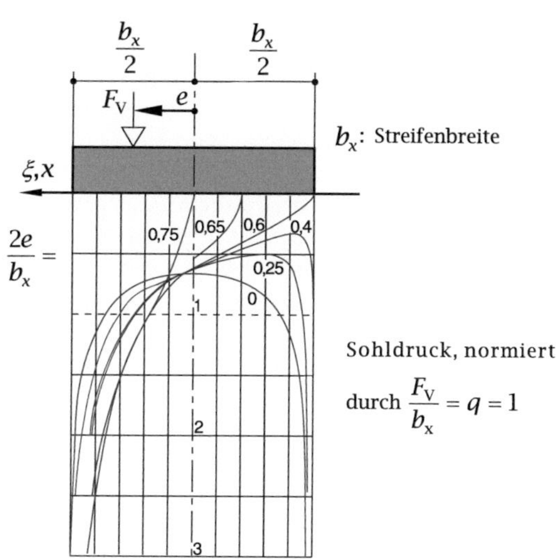

Abb. 9.23 Sohlspannungsverteilung bei starrem Streifenfundament

Fundamenten findet man bei Boussinesq (1885) für die Kreis- und bei Borowicka (1943) für die Rechteckplatte, außerdem bei Fischer (1965) für die elliptische Platte.

In der Grundbaupraxis wird bei konventionellen Setzungsberechnungen für Einzel- und Streifenfundamente in der Regel von konstanten oder linear veränderlichen Sohlspannungsverteilungen, der sog. einfachen Annahme, ausgegangen. Dies entspricht der klassischen Balkenbiegetheorie, solange sich rechnerisch keine Zugspannungen ergeben. Der Gründungskörper wird als schlaff entsprechend Abb. 9.11b angenommen; entspricht seine Steifigkeit eher dem starren Fall nach Abb. 9.11a, wird dies durch Ausgleich der Setzungsmulde oder durch Betrachtung spezieller Punkte bzw. Querschnitte berücksichtigt, s. Abschn. 10.3.

Für die innere Bemessung der Fundamentkörper müssen Sohlnormalspannungen ebenfalls bekannt sein, sie werden üblicherweise auch nach der einfachen Annahme ermittelt. Besonders zu beachten ist dabei, dass unter der Gesamtbelastung, d. h. ständigen und nichtständigen Einwirkungen, eine „klaffende Fuge" erlaubt ist. Zugspannungen sind dann auszuschließen: Bei einachsiger Exzentrizität, s. Abb. 12.19, lässt sich die in der Belastungsebene dreieickförmige Druckverteilung noch recht einfach über die Gleichgewichtsbedingungen angeben. Wesentlich aufwendiger ist die Ermittlung bei zweiachsiger Beanspruchung und klaffender Fuge für rechteckige Sohlflächen, sie ist durch erforderliche Fallunterscheidungen für unterschiedliche Verläufe der Nulllinie im Grundriss gekennzeichnet. Lösungen in Form von verschiedenen Gleichungen bzw. eines Nomogramms sind bei Vogt (2018) zu finden. Sollten nichtständige Einwirkungen setzungsrelevant sein, muss die maßgebliche Sohldruckverteilung ggf. analog ermittelt werden.

Literatur

Borowicka, H.: Über ausmittig belastete, starre Platten auf elastisch isotropem Baugrund. Ingenieur Arch **14**, 1–8 (1943)

Boussinesq, J.: Application des Potentiels a l'Etude de l'Equilibre et du Mouvement des Solides Elastiques. Ed. Gauthier-Villard, Paris (1885)

Bufler, H.: Der Spannungszustand in einem geschichteten Körper bei axialsymmetrischer Belastung. Ingenieur Arch **30**, 417–430 (1961)

Cerutti, V.: Sulla deformazione di un corpo elastico isotropo per alsune speziali condizioni ai limiti. Rendiconti Reale Accademia dei Lincei Roma, S. 785 (1888)

Fischer, K.: Beispiele zur Bodenmechanik. Ernst & Sohn, Berlin, München (1965)

Grasshoff, H: Beitrag in: Flächengründungen und Fundamentsetzungen, Ernst & Sohn, Berlin (1959)

Hruban, K.: Fließgrenze bei örtlicher Belastung des Halbraums. Publ Int Ass Bridge Struct Engng **7**, 179–213 (1944)

Kögler, A., Scheidig, A.: Druckverteilung im Baugrunde. In: Baugrund und Bauwerk, Ernst & Sohn, Berlin (1938)

Lorenz, H., Neumeuer, H.: Spannungsberechnung infolge Kreislasten unter beliebigen Punkten innerhalb und außerhalb der Kreisfläche. Bautechnik **30**, 127 (1953)

Love, A.E.H.: The stress produced in a semi-infinite solid by pressure on part of the boundary. Phil. Trans. Royal Soc. Lond A **228**, 377–420 (1928)

Newmark, N.M.: Simplified computation of vertical pressures in elastic foundations. Univ. Illinois. Engng. Exper. Stat. **24** (1935)
Osterberg, J.O.: Influence Values for Vertical Stresses in a Semi-infinite Mass Due to an Embankment Laoding. Proc. 4. ICSMFE London I., S. 393–394 (1957)
Poulos, H.: Spannungen und Setzungen im Boden, Grundbautaschenbuch, Teil 1: Geotechnische Grundlagen, 6. Aufl. Ernst & Sohn, Berlin (2000)
Schultze, E.: Setzungen. In: Grundbautaschenbuch, T. 1, 3. Aufl., S. 407–436. Ernst & Sohn, (1986)
Steinbrenner, W.: Tafeln zur Setzungsberechnung. Straße **1**, 121–124 (1934)
Szabo, I.: Beitrag zur rechnerischen und spannungsoptischen Behandlung der dicken, achsensymmetrisch belasteten Kreisplatte auf elastischer Unterlage. Konstruktion **11**(1) (1959)
Szabo, I.: Höhere Technische Mechanik. Springer, Berlin, Göttingen, Heidelberg (1956)
Vogt, N.: Flachgründungen. In: Witt, K.J. (Hrsg.) Grundbautaschenbuch, Teil 3: Gründungen und geotechnische Bauwerke, 8. Aufl., S. 1–78. Ernst & Sohn, Berlin (2018)

Normen

DIN 4019: Baugrund – Setzungsberechnungen

Sonstige Regelwerke

EVB (1993) Empfehlungen „Verformungen des Baugrunds bei baulichen Anlagen“ Deutsche Gesellschaft für Erd- und Grundbau e. V. (Hrsg) Ernst und Sohn, Berlin

Setzungen und andere Verformungen 10

Zusammenfassung

Die Vertikalverschiebung v_z der freien Oberfläche oder eines Punktes im Inneren des Halbraums als Folge einer Spannungsänderung stellt in der Grundbaupraxis i. A. die wichtigste Verschiebungskomponente dar und wird als Setzung s bezeichnet. Sie lässt sich, ausgehend von der im vorigen Kapitel behandelten Spannungsanalyse, mit Hilfe weiterer, in diesem Kapitel angegebenen Formeln und Diagramme ermitteln. Diese üblichen, konventionellen Berechnungsverfahren gehen näherungsweise davon aus, dass die seitliche Dehnung der Volumenelemente unterhalb der Belastung vollständig behindert ist – wie beim Oedometerversuch. Dementsprechend wird der aus diesem Versuch, oder aber aus Rückrechnungen gewonnene, Steifemodul (oft in Abhängigkeit der Spannung) verwendet. Im Wesentlichen wird bei der Setzungsberechnung unterschieden zwischen indirekter und direkter Methode, beide werden ausführlich beschrieben und für einige in der Praxis besonders relevante Flächenlasten Lösungen angegeben. Es wird weiter eingegangen auf die Treffsicherheit der darauf basierenden Prognosen, auf zulässige Setzungen bzw. Setzungsunterschiede und konstruktive Maßnahmen sowie die zeitliche Entwicklung von Setzungen. Kurz angesprochen werden auch andere Ursachen für Verformungen des Untergrundes.

10.1 Allgemeine Vorbetrachtungen

Infolge von Spannungsänderungen im Baugrund kommt es zu Verschiebungen $\boldsymbol{v} = (v_x\ v_y\ v_z)$. Dieser Verschiebungsvektor ist grundsätzlich eine Orts- und Zeitfunktion. Stabil ist der neue Spannungszustand, sobald zu einem auf die Spannungsänderung folgenden Zeitpunkt $\partial v/\partial t = 0$ wird. Da ein Bauwerk aufgrund der Schwerkraft meist überwiegend vertikalen Lasten ausgesetzt ist, sind die waagerechten Verschiebungskomponenten v_x und v_y in der Regel vernachlässigbar klein, und im Bauingenieurwesen berechnet man

H.-H. Schmidt, R.F. Buchmaier, C. Vogt-Breyer, *Grundlagen der Geotechnik*,
https://doi.org/10.1007/978-3-658-39834-7_10

fast ausschließlich v_z. Hierbei wird bei üblichen Berechnungen davon ausgegangen, dass die seitliche Ausdehnung der Volumenelemente unterhalb eines Fundaments wie beim Oedometerversuch vollständig behindert ist, s. Abschn. 4.1.9.

Die räumlich stetige Vertikalverschiebung v_z der freien Oberfläche des Kontinuums oder eines Punktes im Inneren als Folge einer Spannungsänderung wird in der Geotechnik als **Setzung** s bezeichnet.

Weiter tritt v_z phänomenologisch auch auf als:

- **Senkung**: das ist die Vertikalverschiebung ganzer Bodenschichten in Richtung der Schwerkraft infolge des Verbruchs eines tiefliegenden untertägigen Hohlraums, der durch Materialentzug entstanden war (Karstgebiet, Bergbau).
- **Hebung**: lotrechte Verschiebung entgegen der Richtung der Schwerkraft, häufig infolge einer Entlastung (Schwellung) oder Quellung, s. Abschn. 10.8.
- **Sackung**: Vertikalverschiebung der Oberfläche durch Zusammenbrechen des Korngerüsts in einem Teilbereich, dessen Struktur gegenüber Änderungen des Spannungszustands oder Grundwasser-Sättigung instabil ist. Diese Volumenverringerung lässt sich in etwa abschätzen, indem der Porenanteil min n bei dichtester Lagerung mit dem Porenanteil in situ im nicht gesackten Zustand verglichen wird, s. Abschn. 3.3.7.

Beispiele sind der erdfeucht geschüttete Sand, der bei Durchnässung bzw. Austrocknung seine Kapillarkohäsion („scheinbare" Kohäsion) verliert, schlecht verdichtete Arbeitsraum- oder Grubenverfüllungen oder der Löss mit makroporösem Gefüge, der unter vorhandener oder zusätzlicher Belastung, zeitlich meist unstetig, nachgibt. Bei nichtbindigen Böden können auch dynamische Einwirkungen ausschlaggebend sein.

Im Weiteren werden überwiegend Setzungen im eingangs beschriebenen Sinne behandelt. Hier unterscheidet man im Einzelnen:

- Gleichmäßige bzw. ungleichmäßige Setzung (Setzungsunterschiede) und Verkantung, je nachdem, ob sich benachbarte Punkte eines Bauwerk-Grundrisses oder einer Fundamentfläche um das gleiche Maß setzen oder nicht.
- Zeitsetzung $s(t)$, das ist der zeitliche Verlauf einer Setzung, s. Abschn. 4.2.3 und 10.7, wobei zwei Sonderfälle hervorzuheben sind: Anfangssetzung für $t = 0$ und Endsetzung $t = \infty$. In aller Regel ist die Endsetzung relevant. Bei speziellen Fragestellungen kann die Anfangssetzung eine Rolle spielen, wobei die Annahme einer verhinderten Seitendehnung insbesondere bei wassergesättigten bindigen Böden aufgegeben werden muss. In anderen Fällen kann die Betrachtung von Kriechsetzungen erforderlich werden.

Im Sinne der aktuellen Normen sind Setzungsberechnungen zum Nachweis der Gebrauchstauglichkeit (SLS) für jedes Bauwerk (mit Ausnahme einfacher Fälle) zu führen. Bei den rechnerischen Nachweisen sind charakteristische Bodenkennwerte anzusetzen.

Für die Fundamente eines Bauwerks ist der Nachweis der Setzungen insbesondere dann gefordert, wenn die zulässigen Sohldrücke aus den Tabellen der *DIN 1054* überschritten werden sollen oder strengere Setzungskriterien anzuwenden sind und damit ihre Anwendung nicht zulässig ist, s. Abschn. 12.5 sowie Vogt (2018).

Bei statisch unbestimmten Tragwerken können infolge von Setzungsunterschieden Zwängungen und damit Einwirkungen auftreten, die bei der Bemessung zu berücksichtigen sind, s. auch *DIN EN 1991* sowie Kap. 19.

Die Verfahren für die Setzungsberechnungen werden in Abschn. 10.2 und 10.3 sowie Vogt (2018) aufgeführt. Sie ergeben, da die Eigensteifigkeit des Fundaments oder des Bauwerks in der Regel nicht ohne Weiteres quantitativ berücksichtigt werden kann, in den meisten Fällen eine Setzungsmulde, die im Fundamentbereich durch eine Ausgleichsgerade bzw. Ausgleichsfläche zu ersetzen ist, falls nicht von vornherein bei konstanter Sohlspannung mit dem kennzeichnenden Punkt, s. Abb. 10.2, gerechnet wird. Nachfolgend geht es in erster Linie um die Berechnung von Setzungen und um die Bewertung von Setzungsgrößen.

Die Berechnung der Setzungen erfolgt meistens nach der „indirekten Methode", bei der die Spannungen mittels der linearen Elastizitätstheorie, s. Kap. 9, in ausgewählten senkrechten Schnitten bestimmt und die zugehörigen Setzungsanteile aus dem nichtlinearen Verlauf des Druck-Setzungs-Diagramms des Oedometerversuchs entnommen oder mittels C_c bzw. C_s ermittelt werden bzw. ein für die relevanten Spannungsbereiche gültiger Verformungsmodul verwendet wird, s. Abschn. 4.2.1. Bei Setzungsberechnungen dieser Art werden damit immer Setzungen nach Abschluss der Konsolidation (Endsetzungen) betrachtet.

Eingegangen wird des Weiteren auf die „Direkte Setzungsermittlung" mit Hilfe geschlossener Formeln für einige häufige Anwendungsfälle.

Für Setzungsberechnungen gilt *DIN 4019* in Verbindung mit *DIN EN 1997-1* und *DIN 1054*. Ergänzend sei auf die *EVB (1993) Empfehlungen „Verformungen des Baugrunds bei baulichen Anlagen"* sowie die unter Abschn. 9.5 aufgeführten Hilfsmittel hingewiesen.

In *DIN 4019* wird der für die Berechnungen relevante Verformungsmodul allgemein mit E^* bezeichnet. Vielfach kann $E^* \approx E_s$ gesetzt werden. In den folgenden Formeln wird, mit Ausnahme von Gl. (10.7), im Gegensatz zur Norm, E_s an den entsprechenden Stellen verwendet. Siehe dazu auch Abschn. 10.4.

Verformungen können ebenfalls nach der Methode der Finiten Elemente berechnet werden, was insbesondere bei komplexeren Baugrund- und Gründungsverhältnissen angezeigt ist.

10.2 Setzungsermittlung mit Hilfe vertikaler Spannungen (indirekte Methode)

Bei der indirekten Methode wird hilfsweise angenommen, dass die Verteilung von σ_{zz} von den Materialeigenschaften des Bodens unabhängig ist und in etwa den Verteilungsfunktionen entspricht, wie sie die lineare Elastizitätstheorie (*Boussinesq*), s. auch Kap. 9, angibt. Diese Spannungsverteilungen spielen also nur die Rolle des „plausiblen Ansatzes".

In Wirklichkeit hängt der Spannungszustand natürlich vom nichtlinearen Stoffverhalten sowie von Inhomogenitäten und unregelmäßiger Schichtung ab. Dass die indirekte Setzungsberechnung trotzdem brauchbare Ergebnisse liefert, hängt damit zusammen, dass die Spannungskomponente σ_{zz} „fast statisch bestimmt" ist, also ganz wenig vom Stoffgesetz abhängt, Smoltczyk (1966).

Für die Setzungsberechnung müssen, s. Abb. 10.1,

- die σ_{zz}-Spannungen unter dem betrachteten Punkt P des Bauwerks aus der Eigenlast des Bodens ① und aus der Bauwerkslast, ggf. abzüglich Aushub ②, s. Gl. (10.1), über die Tiefe z berechnet, s. Kap. 9, werden, Darstellung s. Abb. 10.1a,
- die Grenztiefe t_s bekannt sein oder ermittelt werden, s. nachfolgend,
- die Spannungs-Dehnungs-Beziehung (Stoffgesetz) des Bodens bekannt sein (im Allgemeinen wird diese aus dem Oedometerversuch gewonnen), s. Abb. 10.1c und Abschn. 4.2.1.

Bei Setzungsberechnungen kann bei normal konsolidierten Böden die um die Aushubentlastung reduzierte Sohlspannung

$$\bar{\sigma}_0 = \frac{F_V}{A} - \gamma \cdot d \tag{10.1}$$

als setzungswirksam angesetzt werden. Dies hängt mit dem deutlich steiferen Verhalten des Bodens im Wiederbelastungsbereich, der dem Aushub entspricht, zusammen.

Die Grenz- oder Setzungseinflusstiefe t_s ist die Tiefe im Boden, von der ab die rechnerischen lotrechten Bodenspannungen aus den Bauwerkslasten nur noch vernachlässigbar kleine Setzungsanteile im Boden hervorrufen. Im Allgemeinen kann die Grenztiefe t_s wie folgt festgelegt werden, wobei jeweils die geringste Tiefe t_s maßgebend ist:

a) Grenze zwischen zusammendrückbarem und im Vergleich dazu unzusammendrückbarem Baugrund (z. B. Fels);
b) beim Verhältnis $\sigma_{zz}(\bar{\sigma}_0)/\sigma_{zz}(\gamma) = 0{,}20$, s. Abb. 10.1. Diese Grenze wird auch das 20 %-Kriterium genannt – sie beruht auf empirischen Untersuchungen;
c) näherungsweise darf die zweifache kleinste Fundamentbreite b bei sich nicht beeinflussenden Fundamenten oder Plattengründungen angenommen werden.

Die Setzung eines Punktes P berechnet sich nun wie folgt:

a)

$$s = \int_0^{t_s} \varepsilon_z \, \mathrm{d}z \approx \sum_i \Delta s_i = \sum_i \Delta s_i' \cdot \Delta z_i \tag{10.2}$$

oder

b)

$$s = \int_0^{t_s} \frac{\sigma_{zz}}{E_s} \, \mathrm{d}z = \int_0^{t_s} \frac{i \cdot \bar{\sigma}_0}{E_s} \, \mathrm{d}z \approx \sum_i \frac{\sigma_{zz,i}}{E_{s,i}} \cdot \Delta z_i. \tag{10.3}$$

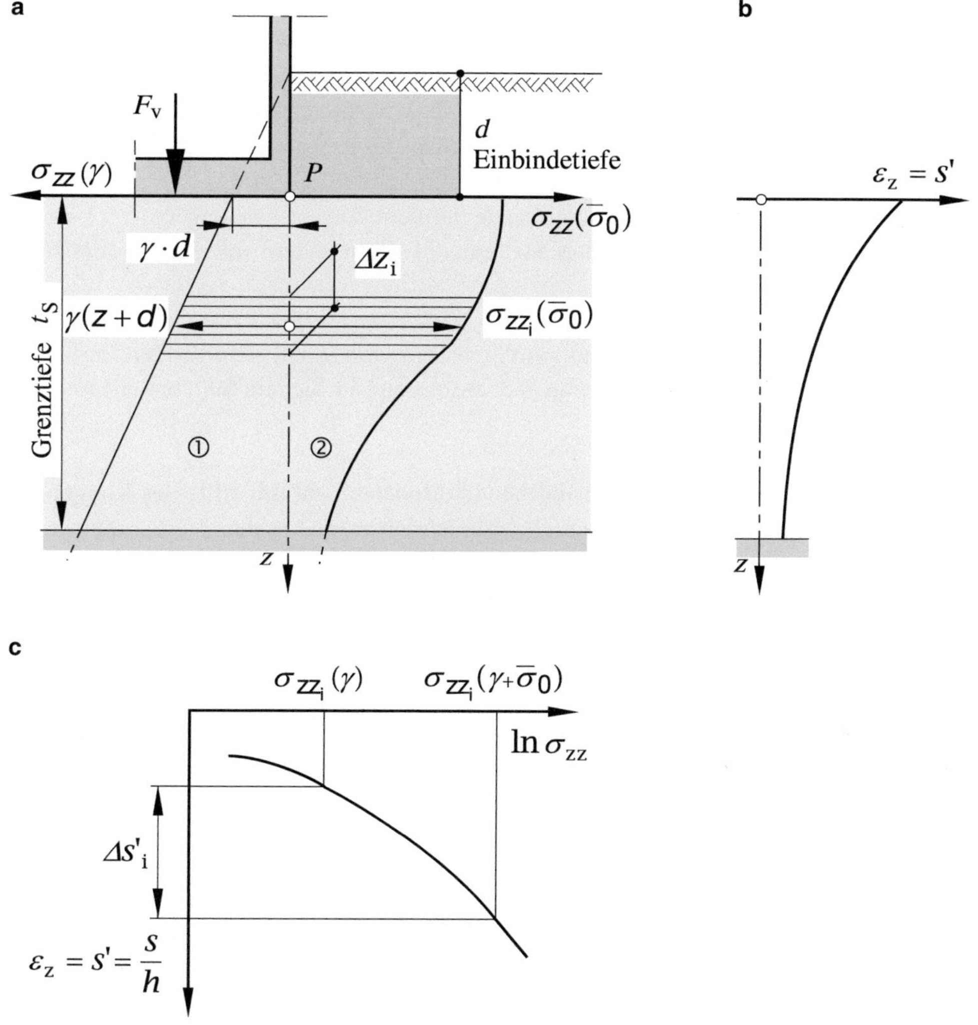

Abb. 10.1 Indirekte Setzungsberechnung für einheitliche Schicht. **a** σ_z-Spannungen, **b** Verteilung der bezogenen Setzung s', **c** Drucksetzungs-Diagramm aus Oedometer-Versuch

Für die praktische Handhabung der Setzungsberechnung ist es zweckmäßig, den Baugrund nach Abb. 10.1 rechnerisch in n Schicht-Elemente zu unterteilen. Bereiche mit einem hohen Gradient der Spannungsänderung über die Tiefe – meist nahe der Lasteinleitung – sind feiner zu unterteilen als Zonen mit geringerer Änderung. Die Dicke des Schicht-Elements i sei Δz_i. In dessen Schwerpunkt (vereinfacht in Schichtmitte) wird sowohl die in dieser Tiefe bereits vorhandene Eigengewichtsspannung ($\sigma_{zz}(\gamma) = \gamma \cdot (d + z)$) als auch die Zusatzspannung σ_{zz} ($\bar{\sigma}_0$) infolge der durch die Fundamentlast F_V

hervorgerufenen setzungswirksamen Spannung $\bar{\sigma}_0$ berechnet. Der Beitrag Δs_i, den Δz_i zur Gesamtsetzung liefert, wird ermittelt, indem man:

a) entweder im Drucksetzungsdiagramm die zu dem Spannungsbereich (Ausgangsspannung $\sigma_{zz}(\gamma)$ bis Ausgangsspannung $\sigma_{zz}(\gamma)$ plus Zusatzspannung $\sigma_{zz}(\bar{\sigma}_0)$) gehörende relative Setzung $\Delta s_i'$ abgreift und mit Δz_i multipliziert, s. Gl. (10.2)
b) oder die in einer Schicht Δz_i wirkende mittlere Zusatzspannung $\sigma_{zz,i}(\bar{\sigma}_0)$ durch den vorher ermittelten, relevanten Steifemodul E_{si} teilt und mit Δz_i multipliziert, s. Gl. (10.3).

► **Anmerkung** Das Symbol i im mittleren Term von (10.3) steht für den Einflusswert i bzw. I gemäß Abschn. 9.5; ansonsten ist i hier ein Summationsindex.

Ist das Verformungsverhalten der maßgebenden Bodenschicht mit Hilfe des Kompressionsbeiwertes C_c bzw. Schwellbeiwertes C_s beschrieben (s. Abschn. 4.2.1), können die Setzungsanteile nach Gl. (4.76) berechnet und gemäß a) in Gl. (10.2) verwendet werden. Die Gesamtsetzung ergibt sich schließlich dann in beiden Fällen durch Summation der Setzungsanteile über alle n Schicht-Elemente, s. Gl. (10.2) und (10.3).

Im Fall b) muss der Steifemodul E_{si} wegen seiner Spannungsabhängigkeit für das untersuchte Spannungsintervall und die (rechnerische) Teilschicht i genommen und außerdem entschieden werden, ob der Modul für Erst- oder der für Wiederbelastung zutreffend ist. Auch bei a) muss, wenn der Boden vorbelastet ist, die relative Setzung am Wiederbelastungsast des Drucksetzungs-Diagramms entnommen werden (oder gegebenenfalls auch unter Berücksichtigung beider Äste des Diagramms, falls der Vorbelastungspunkt bekannt ist und gerade innerhalb des betrachteten Spannungsintervalls liegt).

Die Methode der indirekten Setzungsberechnung eignet sich in gleicher Weise für geschichteten Baugrund, wobei zweckmäßigerweise sich die rechnerische Schichteinteilung an den natürlichen Schichtgrenzen orientiert.

Kann E_s für eine Schicht als nahezu konstant angenommen werden, wird in Gl. (10.3) der Quotient $\bar{\sigma}_0/E_s$ vor das Integralzeichen gesetzt. Das Integral über t_s ist dann nur noch von der Geometrie des Problems abhängig und kann damit für allgemeine Fälle berechnet und angegeben werden. Das Vorgehen entspricht dann den in Abschn. 10.3 beschriebenen Setzungsermittlungen mit geschlossenen Formeln.

Selbstverständlich kann man die Spannungs- und die Setzungsermittlung nach der indirekten Methode unter Verwendung der hier bzw. in den genannten Quellen angegebenen Formeln programmieren, entsprechende Software ist am Markt verfügbar.

10.3 Setzungsermittlung mit Hilfe geschlossener Formeln (direkte Methode)

Für einige häufige Anwendungsfälle, so z. B. für die Setzungsberechnung von Einzel- und Streifenfundamenten, haben verschiedene Autoren die Spannungsberechnungen und Integration der Setzungsanteile nach der in Abschn. 10.2 dargestellten Methode bei Annahme eines über die Schichtdicke konstanten Verformungsmoduls ausgeführt und die aus der Geometrie sich ergebenden Einflussgrößen grafisch dargestellt. Diese Darstellungen können für die Setzungsberechnungen nach Gl. (10.4) benutzt werden.

Es ist sinnvoll, diese Einflussgrößen für besondere Punkte oder Schnitte eines Fundamentgrundrisses zu ermitteln. So gibt es Tabellen und Diagramme für den Mittelpunkt, die Eckpunkte und den sogenannten kennzeichnenden Punkt bzw. Querschnitt, s. nachfolgend.

10.3.1 Setzungsberechnung für kennzeichnenden Punkt nach *Kany*

Die Berücksichtigung der wirklichen Fundamentsteifigkeit ist überschlägig auf zwei Wegen möglich:

a) einfache Mittelbildung zwischen Rand- und Mittensetzung (Ausgleichgerade),
b) nach van Hamme (1938) berechnet man die Setzung in demjenigen Punkt, in dem sich sowohl für das ganz starre wie das ganz schlaffe Fundament der gleiche rechnerische Wert s ergibt: „kennzeichnender Punkt". Beim Rechteck liegt dieser Punkt, Abb. 10.2, bei 0,74 der halben Fundamentbreite von der Mitte entfernt. Dieser kennzeichnende Punkt existiert mit diesem Wert nur für konstante Last!

Kany (1974) hat für diesen „kennzeichnenden Punkt" Einflusswerte für geschlossene Formeln hergeleitet und grafisch dargestellt $f(z/\min b;\ \max b/\min b)$, mit denen Setzungen für mittig belastete, starre Fundamente und variable Tiefen z (Dicke der kompressiblen Schicht) errechnet werden können, s. Abb. 10.3 und Gl. (10.4).

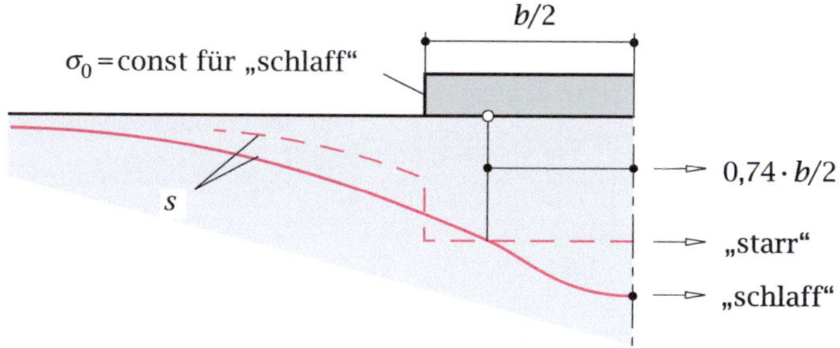

Abb. 10.2 Schnittdarstellung eines halben Fundaments mit „kennzeichnendem Punkt"

► **Anmerkung 1** In der Literatur, z. B. bei Poulos (2001), sind weitere Diagramme und Tabellen für andere Grundrissformen und Punkte (z. B. Eckpunkt) verfügbar, s. auch Hinweise am Ende von Abschn. 9.5.

► **Anmerkung 2** Die Terminologie wurde hier von Kany (1974) übernommen, max b und min b entsprechen nach Steinbrenner (Abb. 9.16) a und b; die Randspannungsordinate wird dort mit q bezeichnet.

► **Anmerkung 3** Für den Sonderfall Streifen konvergiert die Lösung mit zunehmender Tiefe nicht.

Die Setzung ergibt sich zu:

$$s = \frac{\sigma_0 \cdot \min b}{E_s} \cdot f. \tag{10.4}$$

Maßgebend für die Setzung eines Fundaments ist u. a. das Produkt aus der Sohlspannung und der Fundamentbreite: Modellgesetz für den Vergleich verschieden großer Lastflächen.

Das Diagramm in Abb. 10.3 kann auch benutzt werden, wenn die Setzungen aus einer nachgiebigen Schicht in beliebiger Tiefe zu berechnen sind oder geschichteter Baugrund vorliegt: In diesem Fall rechnet man zunächst die Setzungen einer über der ganzen Tiefe angenommenen Schicht und zieht davon die Setzungen der oberen Schicht ab, s. Abb. 10.4.

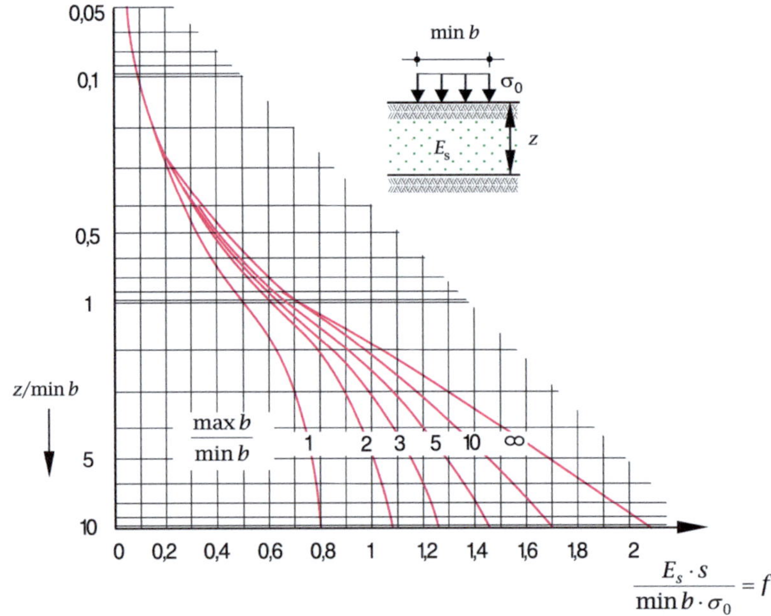

Abb. 10.3 Diagramm zur Setzungsberechnung für den „kennzeichnenden Punkt". (Nach Kany 1974)

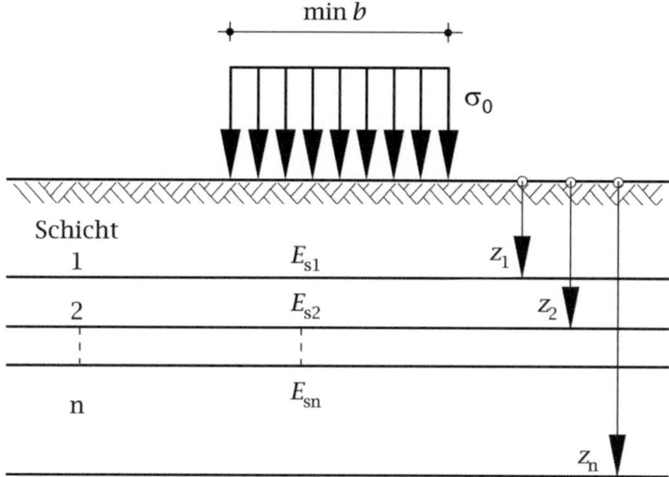

Abb. 10.4 Bezeichnungen für Setzungsberechnungen bei geschichtetem Baugrund

Mit Abb. 10.4 kann bei geschichtetem Baugrund die Setzung wie folgt berechnet werden:

$$s = \sigma_0 \cdot \min b \cdot \left\{ \frac{f_1}{E_{s1}} + \frac{f_2 - f_1}{E_{s2}} + \ldots + \frac{f_n - f_{n-1}}{E_{sn}} \right\}. \tag{10.5}$$

10.3.2 Setzungsberechnung bei außermittiger Last

Bei außermittiger Last ergeben sich unter Fundamenten bei Annahme eines linearen Verlaufs trapezförmige oder dreiecksförmige Sohlspannungsverteilungen und damit unterschiedliche Setzungen an den Fundamenträndern, so dass Verkantungen auftreten.

Schaak (1972) hat für die Setzungs- und Verkantungsermittlung Diagramme ähnlich denen von Kany aufgestellt; sie sind nachfolgend in den Abb. 10.5, 10.6 und 10.7 wiedergegeben. Beachte: Hier kann $b > a$ sein.

In Anlehnung an die Überlegungen für den kennzeichnenden Punkt wird hier davon ausgegangen, dass in dem „kennzeichnenden Querschnitt" die Setzungen für das schlaffe und starre Fundament gleich sind.

Eine Untersuchung von Gußmann, Buchmaier und Vogt, s. Smoltczyk (1981), hat jedoch ergeben, dass das Vorgehen von *Schaak* zu ungenauen Ergebnissen führen kann. Eine analytische Lösung für $\tan\alpha$ gibt es nur für den unendlich langen Streifen auf dem elastisch isotropen Halbraum, Borowicka (1943). Es sei, Abb. 10.8, $\boldsymbol{F_R} = (F_V\ F_H)$ der resultierende Lastvektor, der ein Moment $M = F_V \cdot e_x$ verursacht. Mit Bezug auf

$$\bar{M} = \frac{F_V \cdot e_x}{b_y}, \tag{10.6}$$

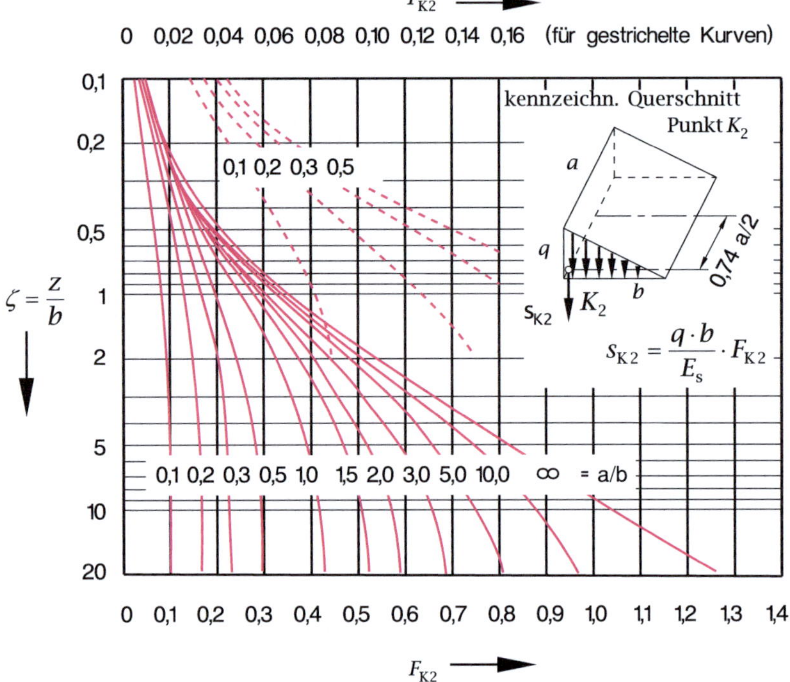

Abb. 10.5 Dimensionslose Kenngröße F_{K2} der Setzung des Punktes K_2 des kennzeichnenden Querschnitts

wobei $\bar{M}$ = Moment je lfd m ist, lässt sich die Verkantung für alle Seitenverhältnisse unter Einschluss des Falles $b_y \to \infty$ (Streifen) folgendermaßen berechnen:

$$\tan\alpha = \frac{\bar{M}\left(1-\nu^2\right)\cdot f_\alpha}{b_x^2 \cdot E}. \tag{10.7}$$

Für den Streifen ist nach *Borowicka*:

$$f_\alpha \cong \frac{16}{\pi} = 5{,}09. \tag{10.8}$$

Bei Rechteckfundamenten muss f_α numerisch ermittelt werden. Für den Halbraum (z unbegrenzt) liegt eine Lösung von Sherif und König (1975), s. a. Abb. 10.9, vor. Bei begrenzter Schichtdicke z steht $f_\alpha(z)$ nur für den Streifen zur Verfügung, Abb. 10.10 nach Gußmann, Buchmaier und Vogt, s. Smoltczyk (1981). Es wird empfohlen, auch bei anderen Breitenverhältnissen b_y/b_x dieses Diagramm zur Anpassung von f_α zu benutzen.

Ein Gl. (10.7) ähnlicher Ansatz für die Verkantung ist in *DIN 4019* zu finden, mit ebenfalls auf numerischen Untersuchungen basierenden Diagrammen für den Beiwert f_a (analog f_α, jedoch mit unterschiedlichen Eingangs- und Bezugsgößen).

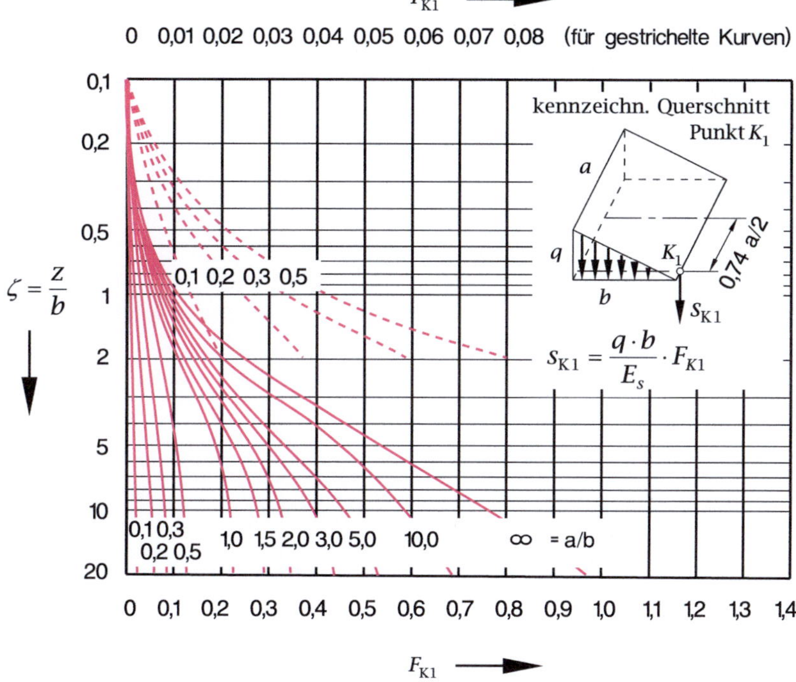

Abb. 10.6 Dimensionslose Kenngröße F_{K1} der Setzung des Punktes K_1 des kennzeichnenden Querschnitts

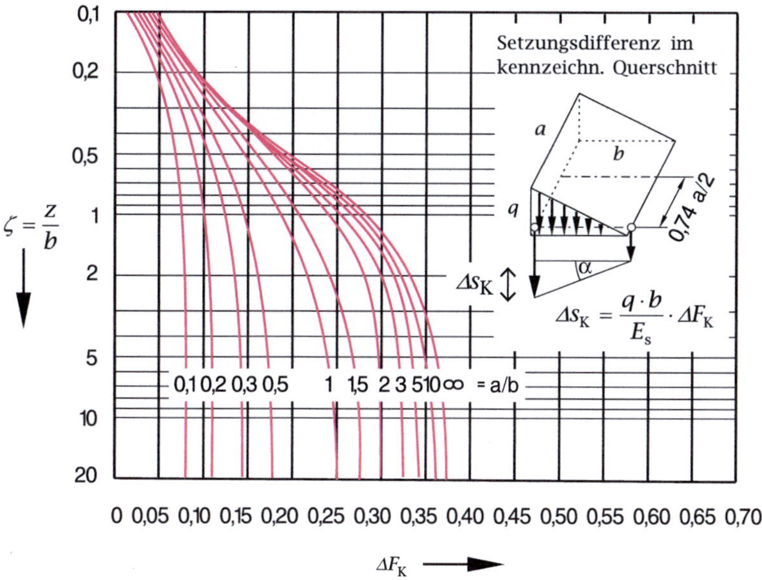

Abb. 10.7 Dimensionslose Kenngröße ΔF_K der Setzungsdifferenz der Punkte K_1 und K_2 des kennzeichnenden Querschnitts

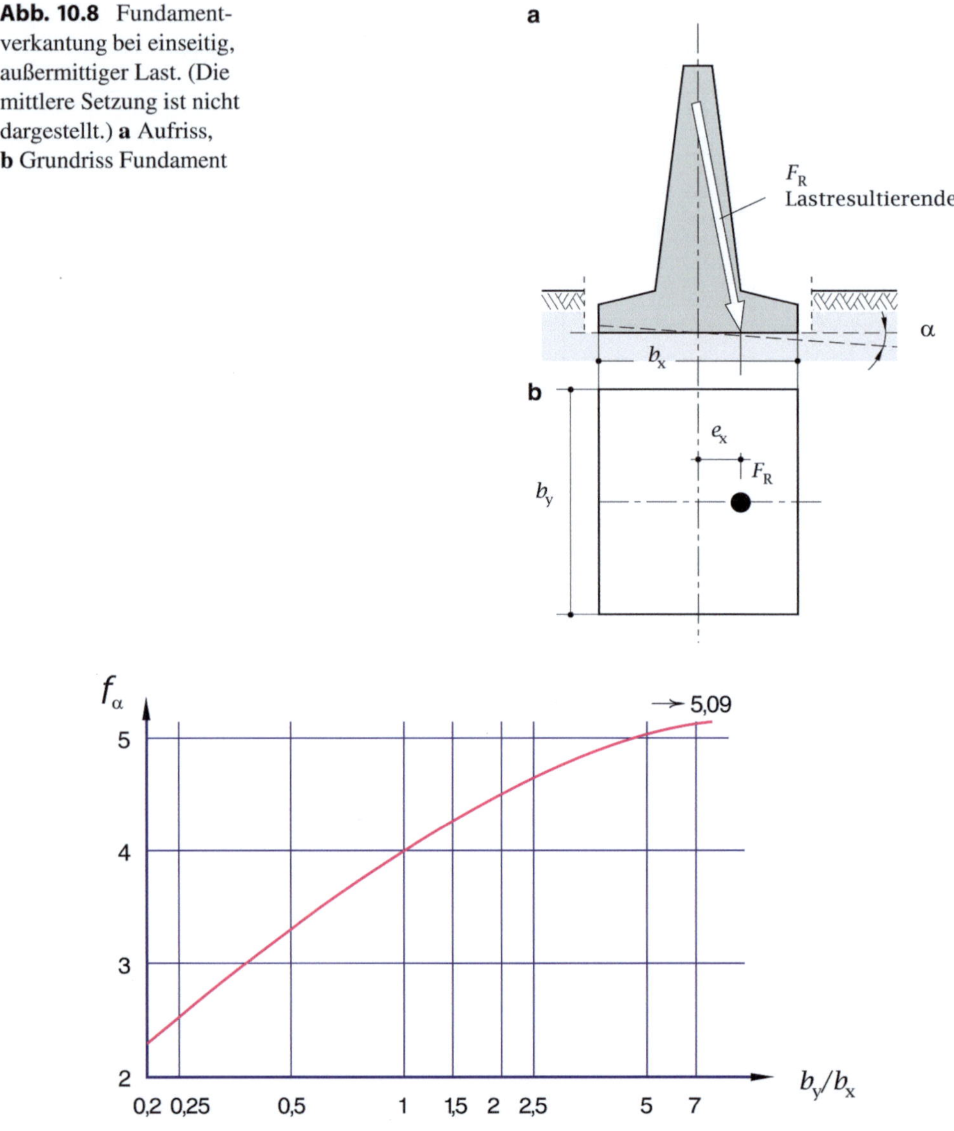

Abb. 10.8 Fundamentverkantung bei einseitig, außermittiger Last. (Die mittlere Setzung ist nicht dargestellt.) **a** Aufriss, **b** Grundriss Fundament

Abb. 10.9 Verkantungsbeiwert. (Nach Sherif und König 1975)

Eine Aushubentlastung zum Ansatz der setzungswirksamen Spannungen kann auch bei außermittiger Last entsprechend Gl. (10.1) berücksichtigt werden. Je nach Lastkonstellation sind unterschiedliche Fälle der Spannungsverteilung zu betrachten. Für das einachsig exzentrisch beanspruchte Rechteckfundament sind unter der üblichen Voraussetzung einer linearen Sohlspannungsverteilung in der Biegeebene (sog. einfache Annahme) die drei relevanten Fälle in Abb. 10.11 aufskizziert: Die zunächst nicht reduzierten, zur Erfüllung

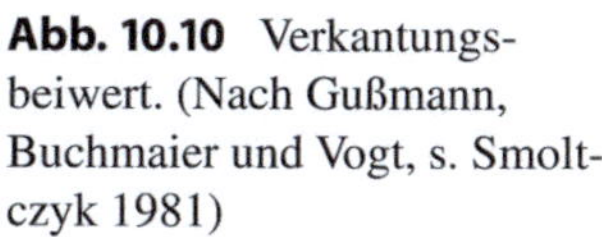

Abb. 10.10 Verkantungsbeiwert. (Nach Gußmann, Buchmaier und Vogt, s. Smoltczyk 1981)

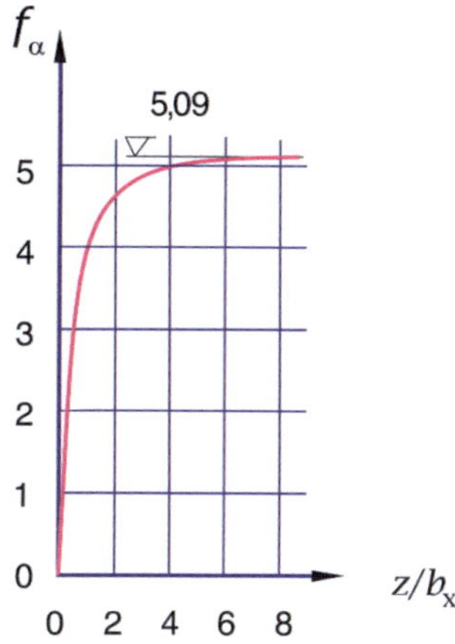

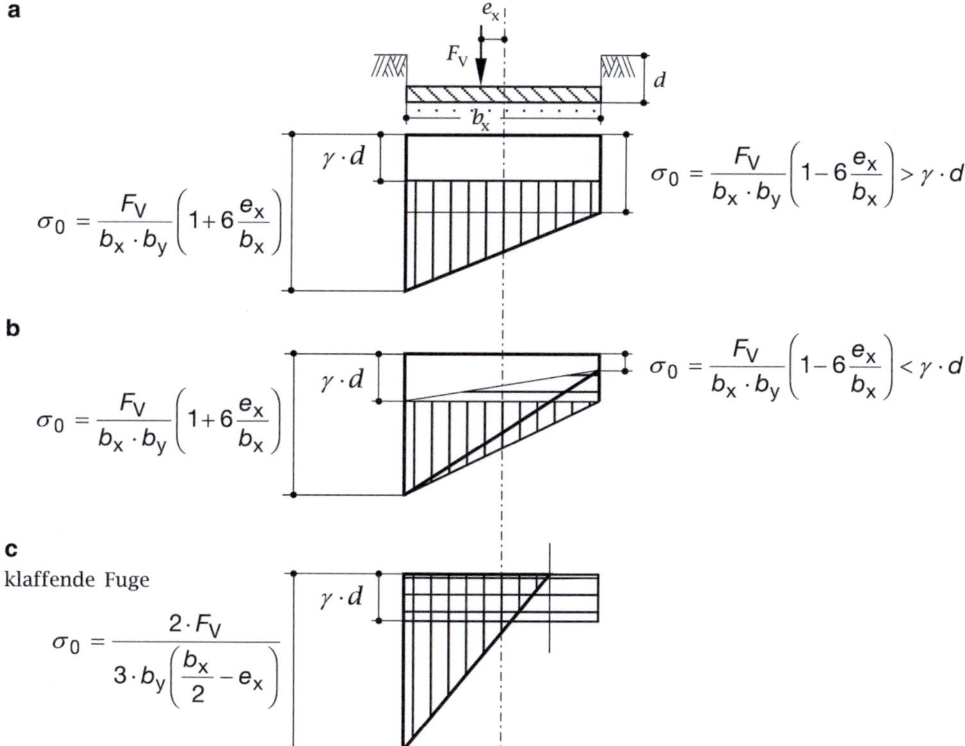

Abb. 10.11 Berücksichtigung der Aushubentlastung bei außermittiger Last – Fallunterscheidung: Setzungswirksame Spannung ist **a** über gesamte Breite positiv, **b** teilweise negativ bei nicht klaffender Fuge, **c** teilweise negativ bei klaffender Fuge

der Gleichgewichtsbedingungen erforderlichen Spannungen σ_0 ergeben in den Fällen a und b die umhüllenden Trapeze; in Fall c das (bis zur klaffenden Fuge reichende) Dreieck. Die zugehörigen Randordinaten sind jeweils vermaßt. Subtrahiert man davon nun jeweils eine über die Sohlfläche konstante Aushubentlastung $\gamma \cdot d$, erhält man für die setzungswirksamen Spannungen $\bar{\sigma}_0$ verschiedene aus Druck- (positive) und Zugspannungen (negative) zusammengesetzte Lastflächen, die für die konkrete Satzungsberechnung am besten wie folgt dargestellt werden können. Fall a: Rechteck und Dreieck, beide positiv, Fall b: je ein positives und ein negatives Dreieck, Fall c: ein positives Dreieck und ein negatives Rechteck. Die Breite ist jeweils b_x, mit Ausnahme des Dreiecks in c, dessen Breite $3 \cdot (b_x/2 - e_x)$ beträgt. Positiv anzusetzende Lasten sind in Abb. 10.11 senkrecht schraffiert, negative waagerecht.

10.4 Treffsicherheit von Setzungsprognosen

Da das Verformungsverhalten einer tragenden Bodenschicht nur stichprobenartig untersucht werden kann, ist eine Setzungsberechnung ohne Vergleich mit gemessenen Setzungen nur eine sehr eingeschränkt zuverlässige Prognose; d. h. sie gibt eher die Größenordnung an und sagt aus, ob im Einzelfall mit Setzungen von 1, 2, 4, 8, 16 ... cm gerechnet werden muss.

Durch den Oedometerversuch werden die wirklichen Verhältnisse im Boden nur unvollkommen erfasst. (Oft sind Einbaustörungen von Bedeutung; wirklichkeitsnähere Verformungsmoduln lassen sich ggf. mit entsprechenden Triaxial-Versuchen ermitteln.) Deshalb, jedoch um auch Sofortsetzungen näherungsweise zu erfassen, wurde in früheren Ausgaben der *DIN 4019* empfohlen, die berechneten Setzungen „cal s“ mit Korrekturbeiwerten κ zu multiplizieren.

$$s = \kappa \cdot \text{cal}\, s. \tag{10.9}$$

Sofern nicht genauere Erfahrungswerte vorhanden, konnten hierfür die Beiwerte κ der wie folgt eingesetzt werden:

Sand und Schluff:	$\kappa = 2/3$
einfach verdichteter und leicht überverdichteter (erstkonsolidierter und leicht überkonsolidierter) Ton:	$\kappa = 1$
stark überverdichteter (stark überkonsolidierter) Ton:	$\kappa = 1/2$ bis 1

Nach der aktuellen Norm ist es über den Rechenmodul E^* allgemein möglich, die Erkenntnisse aus Setzungsbeobachtungen und Feldversuchen sowie empirischen Beziehungen einfließen zu lassen. Im Labor ermittelte Werte sind mit Erfahrungen zu vergleichen und ggf. zu modifizieren; als Näherung darf jedoch $E^* \approx E_s$ angesetzt werden. In den Beziehungen von Abschn. 10.2 und 10.3 ist E_s durch E^* zu ersetzen. Für den Zusammenhang mit dem E-Modul gilt $E^* = E/(1 - \nu^2)$. Dieser Parameter entspricht somit dem

Verformungsmodul E_v des Plattendruckversuchs, s. Gl. (4.52), womit auch Querdehnungen einbezogen werden. Der im Erdbau übliche Plattendruckversuch ist auf Grund der Abmessungen und damit der begrenzten Tiefenwirkung in der Regel allerdings nicht für die Bestimmung eines repräsentativen Verformungsmoduls geeignet.

Setzungsberechnungen bei sensiblen und wichtigen Bauwerken sollten durch Setzungsmessungen am entstehenden und fertigen Bauwerk überprüft werden, wobei verwiesen wird auf *DIN 4107* bzw. *DIN EN ISO 18674*, die in Teilen die deutsche Norm ersetzt.

10.5 Zulässige Setzungen und Setzungsunterschiede

Das zulässige Setzungsmaß hängt nicht nur von statischen Gesichtspunkten, sondern vor allem auch von der Nutzung eines Bauwerks ab (Gebrauchstauglichkeit). Zum Beispiel lässt sich für ein Turmfundament, das sich gleichmäßig setzt, keine statisch relevante Grenze angeben. Wenn der Turm aber Rohrverbindungen nach außen hat oder als Höhen-

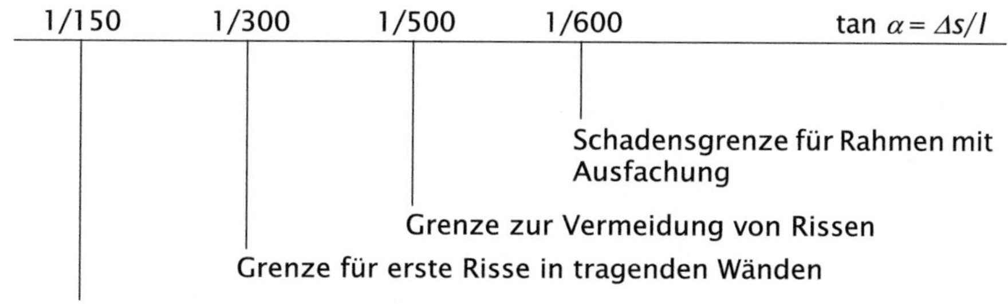

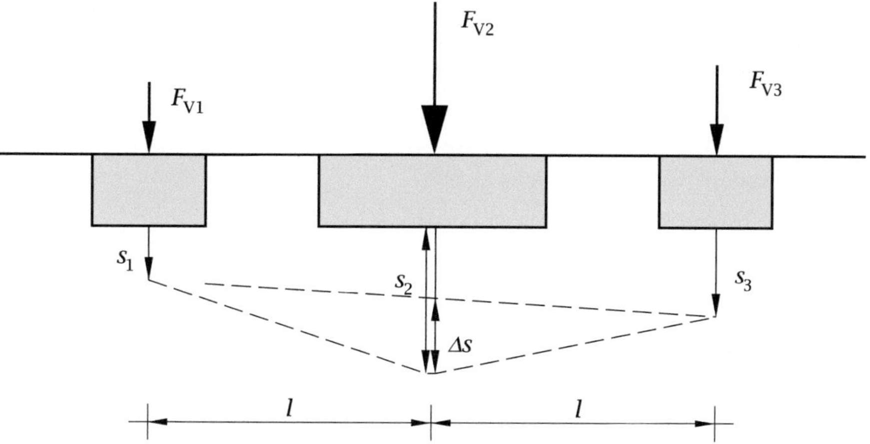

Abb. 10.12 Rissekriterium für Hochbauten bei Setzungsmulde

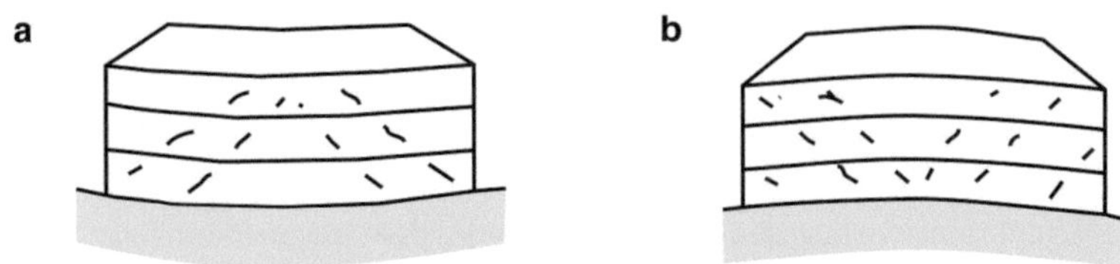

Abb. 10.13 Setzungsunterschiede. **a** Setzungsmulde, **b** Setzungssattel

festpunkt dienen soll o. ä., bestimmen diese Umstände das Maß der zulässigen Setzung. Das gilt analog auch für die Verkantung eines Bauwerks als starres Ganzes, solange die Standsicherheit noch nicht nennenswert beeinträchtigt ist.

Ungleichmäßige Setzungen – Setzungsunterschiede – infolge von Inhomogenitäten des Baugrunds, auskeilenden kompressiblen Schichten, exzentrischen, unterschiedlich großen Lasten bzw. Spannungsüberlagerungen benachbarter Fundamente oder Bauwerkslasten usw. sind von einem Bauwerk nur in einem durch das statische System, die Geometrie und den Werkstoff begrenzten Maß ohne schädliche Risse im Sinne der Nutzung zu ertragen.

Eine Zusammenstellung der in der Literatur veröffentlichten Daten, bei denen bei Hochbauten eine Rissegefahr besteht, findet man bei Schultze (1986), s. Abb. 10.12. Burland und Wroth (1975) wiesen jedoch darauf hin, dass diese Kriterien nur für Setzungsmulden verwendbar sind, während bei „reitenden“ Bauwerken, d. h. Sattel-Lagerung, nur mit den halben zulässigen Werten gearbeitet werden darf. Die zugehörigen typischen Rissbilder zeigt Abb. 10.13. Hinsichtlich der Schadenskriterien s. auch die Grenzwerte in *DIN EN 1997-1* und Abschn. 19.2.

Bei der Festlegung von Kriterien muss gegebenenfalls berücksichtigt werden, ob eine Nachbarbebauung in Mitleidenschaft gezogen werden könnte (z. B. Festlegung der Breite von Fugen zwischen aneinanderstoßenden Baukörpern). Aus dem gleichen Grund müssen Setzungsfugen dort angeordnet werden, wo die Baugrundbelastung sich sprunghaft und in größerem Umfang ändert (z. B. eingeschossige Bauwerksteile neben Hochhauskern).

Zusammenfassend kann festgestellt werden, dass keine pauschalen Aussagen über zulässige Setzungen und Setzungsunterschiede möglich sind. Es muss von Fall zu Fall eine ingenieurmäßige Entscheidung zusammen mit den Planern und Bauherrn von Bauwerken getroffen werden, wobei die Standsicherheit und die Gebrauchstauglichkeit (Rissesicherheit und Nutzbarkeit) ausschlaggebend sind.

10.6 Konstruktive Setzungsbeeinflussung

Da der Baugrund sich um so homogener verhält, je größer eine Sohlfläche ist, kann das Risiko unterschiedlicher Setzungen dadurch verringert werden, dass man die Einzelfundamente eines Bauwerks durch eine gemeinsame Gründungsplatte ersetzt.

Aus einer statistischen Untersuchung von Neuber (1961) von 129 Bauwerken ergaben sich Verhältnisse $\max s / \min s$ gemäß Tab. 10.1.

Tab. 10.1 Verhältnis max s / min s. (Nach Neuber 1961)

	Plattengründungen	Einzel- oder Streifenfundamente	Alle Typen
Anzahl der Fälle	57	72	129
max s / min s	2,2	4,0	3,5

Die Setzungsunterschiede bei Plattengründungen sind also kleiner. Daraus wird auch ersichtlich, dass das normale Hochbauwerk als „schlaffe Last" anzusehen ist. Ein nennenswerter Beitrag zur Aussteifung kommt allenfalls bei Bauwerken mit hohen Scheiben, wie z. B. Silos zum Tragen.

Des Weiteren lässt sich die Reduktion von Setzungen und Setzungsunterschieden bzw. deren negative Wirkung durch folgende Maßnahmen erreichen:

- Baugrundverbesserungen (z. B. Bodenaustausch), s. Kap. 6
- Pfahlgründungen (Tiefgründungen), s. Kap. 13 und 20
- Erzwingen von relativ gleichmäßigen Setzungen durch starre Bauwerksausbildung
- Fugenausbildung
- Tragwerksgestaltung, z. B. statisch bestimmte Tragwerke
- Variation der Sohlspannungen unter Fundamenten bei unterschiedlichen Bauwerkslasten
- Verstellbarkeit von Stützen- und Maschinenauflagern

10.7 Zeitlicher Verlauf der Setzungen

Wie in Abschn. 4.2.3 für die Verhältnisse des Oedometerversuchs bereits aufgezeigt, tritt bei der Belastung bindiger Böden eine mehr oder weniger ausgeprägte zeitliche Verzögerung der Setzung (Zeitsetzung) in Erscheinung. Diese ist auch bei allgemeineren, räumlichen Setzungsproblemen von Bedeutung. Eine Unterscheidung zwischen den drei Phasen, Sofort-, Konsolidations- und Sekundärsetzung (Kriechen) kann dabei ebenfalls sinnvoll sein. Auf einige zusätzliche Gesichtspunkte soll im Folgenden kurz eingegangen werden.

Die Sofortsetzungen können bei zwei- oder dreidimensionalen Spannungs-Verformungszuständen einen sehr hohen Anteil infolge Gestaltsänderungen (Scherverformungen) enthalten: Im Gegensatz zum Oedometerproblem kann auch bei voller Wassersättigung ein seitliches Verdrängen des Bodens stattfinden. Diese Anteile sind umso größer, je weicher der Boden und je geringer die Grundbruchsicherheit, s. Abschn. 12.3, ist.

Im Rahmen der bisher dargestellten Methoden der Setzungsberechnung kann dieser Anteil nur erfasst werden, wenn geschlossene Formeln unter Berücksichtigung der Querdehnung, s. beispielsweise Abschn. 9.3 und Gl. (10.7), im Sinne der direkten Setzungsberechnung herangezogen oder aber numerische Berechnungen durchgeführt und dabei

Verformungsparameter für den undränierten Zustand verwendet werden. Das Gemisch aus Korngerüst und Porenwasser wird dabei als Einphasensystem betrachtet. Daneben besteht eine Alternative in der gekoppelten Analyse für ein Zweiphasensystem, wobei für das Korngerüst effektive Verformungsparameter verwendet werden können.

Setzungsberechnungen nach den aufgezeigten Methoden unter Verwendung von E_s berücksichtigen ansatzgemäß nur Verformungsanteile entsprechend dem Oedometerversuch. Sie können daher nur Endsetzungen liefern, also Setzungen, die sich bis zum Abklingen der Konsolidation einstellen.

Zur Erfassung des zeitlichen Setzungsverlaufs in der Konsolidationsphase muss das räumliche Verformungsverhalten des Korngefüges über die volumetrischen Verformungen mit einer räumlichen Grundwasserströmung gekoppelt werden, was prinzipiell dem Vorgehen in Abschn. 4.2.3 entspricht. Man erhält im allgemeinen Fall ein System gekoppelter Differenzialgleichungen, in denen nicht nur die Porenwasserüberdrücke, sondern auch Verschiebungen und effektive Spannungen vorkommen. Lösungen innerhalb dieser von Biot (1941) erstmals abgeleiteten allgemeinen Konsolidationstheorie sind nur für einige einfache Randprobleme verfügbar. Brauchbare Ergebnisse für eine Reihe praxisrelevanter Fälle wurden von verschiedenen Autoren im Rahmen der sogenannten Diffusionstheorie angegeben. Sie geht von der Annahme aus, dass sich die totalen Spannungen über die Zeit nicht ändern. Die Differenzialgleichungen beinhalten somit nur den Porenwasserüberdruck als Variable, sie entsprechen formal den Gleichungen für die räumliche instationäre Wärmeleitung. Heutzutage stehen Rechenprogramme zur Verfügung, mit denen eine Kopplung von Grundwasserströmung und Bodenverformung rechnerisch abgebildet werden kann. Hierbei werden in jedem Schritt der numerischen Berechnung der Verformungs- bzw. Spannungszustand im Boden und die Porenwasserdruckverteilung gleichzeitig bestimmt.

Für im Vergleich zur Schichtdicke sehr große Lastflächen kann für die Ermittlung des zeitlichen Verlaufs des Porenwasserüberdrucks und der Setzungen die in Abschn. 4.2.3 dargestellte eindimensionale Konsolidationstheorie herangezogen werden. Maßgeblicher Parameter ist der Konsolidierungsbeiwert c_v, der aus dem Oedometerversuch gewonnen werden kann, s. Gl. (4.88). Es gilt das mit Gl. (4.100) beschriebene Modellgesetz der eindimensionalen Konsolidation.

Bei im Vergleich zur Schichtdicke kleinen Lastflächen spielt das seitliche Abströmen des Porenwassers eine wesentliche Rolle. Im Rahmen der o. g. Diffusionstheorie haben Davis und Poulos (1972) Lösungen für streifen- und kreisförmige Belastungsflächen bei verschiedenen Dränrandbedingungen angegeben. In Abb. 10.14 sind die normierten Zeitsetzungslinien für verschiedenen Verhältnisse h / b bei voller Dränung am oberen und unteren Rand angegeben. Für c_v s. Gl. (4.88). Weitere Fälle finden sich bei Poulos (2001).

Bei bindigen Böden mit hohem natürlichen Wassergehalten von $w > 40\,\%$ dürfen Kriechsetzungen, s. Abschn. 4.2.3, nicht unberücksichtigt bleiben. Bei größeren Schichtdicken von mehreren Metern können noch nach Jahrzehnten Kriechsetzungen von mehreren Millimetern pro Jahr auftreten.

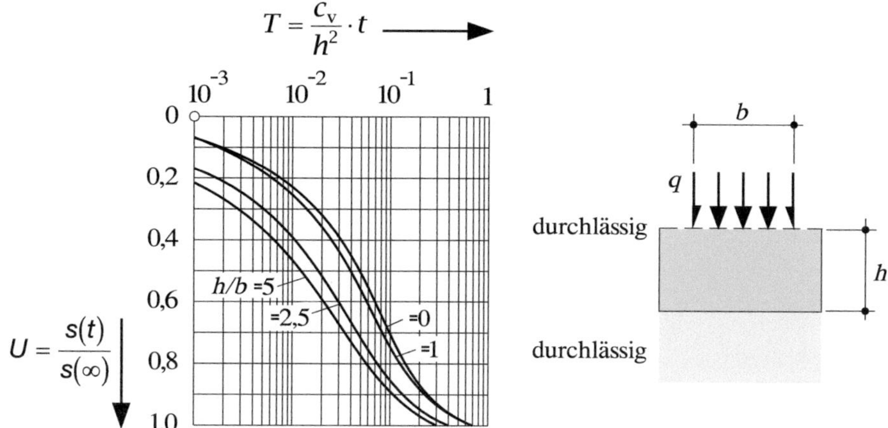

Abb. 10.14 Verfestigungsgrad bei Konsolidation unter einer Streifenlast

Hinweise zur Berechnung des zeitlichen Verlaufs der Setzung enthält auch *DIN 4019*. Darin werden sowohl für die Konsolidations- als auch für die Kriechphase Formeln zur Abschätzung bzw. Berechnung für eindimensionale Verhältnisse, dem Oedometerversuch entsprechend, angegeben.

Neben Laborversuchen können zur genaueren Bestimmung des Zeitsetzungsverhaltens Setzungsbeobachtungen an vergleichbaren Bauwerken oder aus Probeschüttungen herangezogen werden.

Die Verwendung von Vertikaldräns zur Beschleunigung der Konsolidationssetzung zielt auf die Verkürzung der Dränwege. Das Porenwasser fließt bevorzugt horizontal zu den Dränsträngen, wodurch die Konsolidationszeiten erheblich verkürzt werden, s. dazu Abschn. 6.1.

10.8 Andere Ursachen für Verformungen

Neben den schon in Abschn. 10.2 genannten Verformungserscheinungen können Vertikalverschiebungen auch durch Schrumpfen oder Quellen von Böden verursacht werden.

Schrumpfen ist die Verringerung des Bodenvolumens beim Austrocknen und damit Ursache einer Verschiebung. So sind zum Beispiel durch starken Baumbestand neben nicht unterkellerten Bauwerken besonders in trockenen Sommerzeiten Risseschäden infolge von Schrumpfen des bindigen Bodens unter den Fundamenten aufgetreten. Die Baumwurzeln unter den Fundamenten hatten dem Boden Wasser entzogen.

Quellen – manchmal auch (missverständlich) Schwellen genannt – ist die Vergrößerung des Bodenvolumens infolge eines chemisch-mineralogischen Umwandlungsprozesses, verbunden mit der Aufnahme von Fremdstoffen, z. B. Wasser, und damit Ursache für eine Verschiebung, meist einer Hebung.

Bei einer Grundwasserabsenkung, s. Abschn. 22.5, wird im Bereich zwischen altem und neuem Grundwasserspiegel die Wichte des Bodens durch Verlust des Auftriebs vergrößert und damit setzungswirksam, sodass infolgedessen die vom Auftriebverlust betroffenen Partien selbst sowie darunter liegende kompressible Schichten verformt werden und Setzungen entstehen. Hierbei handelt es sich um Setzungen im eingangs definierten, bodenmechanischen Sinn, die dementsprechend auch berechnet werden können.

Literatur

Biot, M.A.: General theory of three-dimentional consolidation. J. Appl. Phys. **12**, 155–164 (1941)

Borowicka, H.: Über ausmittig belastete, starre Platten auf elastisch isotropem Baugrund. Ingenieur Arch **14**, 1–8 (1943)

Burland, J.B., Wroth, C.P.: Settlemenmts of buldings and associated damage, COSOS. Pentech Press, Cambridge, S. 611–654 (1975)

Davis, E.H., Poulos, H.G.: Rate of settlement under two-and-three-dimentional conditions. Geotechnique **22**, 95–114 (1972)

Kany, M.: Berechnung von Flächengründungen, 2. Aufl. Ernst & Sohn, Berlin, München (1974)

Neuber, H.: Setzungen von Bauwerken und ihre Vorhersage. Berichte aus der Bauforschung Heft 19. Ernst & Sohn, Düsseldorf, München (1961)

Poulos, H.: Spannungen und Setzungen im Boden, Grundbautaschenbuch, Teil 1: Geotechnische Grundlagen, 6. Aufl. Ernst & Sohn, Berlin (2001)

Schaak, H.: Setzung eines Gründungskörpers unter dreiecksförmiger Belastung mit konstanter, bzw. schichtweise konstanter Steifezahl E_s. Bauing **47**, 220 (1972)

Schultze, E.: Setzungen. In: Grundbautaschenbuch, T. 1, 3. Aufl., S. 407–436. Ernst & Sohn, Berlin, München (1986)

Sherif, G., König, G.: Platten und Balken auf nachgiebigem Untergrund. Springer, Berlin Göttingen Heidelberg (1975)

Smoltczyk, U.: Deutung großmaßstäblicher Grundbruchversuche durch statistische Spannungszustände. Vorträge Baugrundtagung, München., S. 67–85 (1966)

Smoltczyk, U.: Verkantung von Pfeilern und Türmen infolge Baugrundnachgiebigkeit. DFG Abschlußbericht Sm 3/18, Universität Stuttgart. (1981)

Van Hamme, V.: Beschouwingen over de spanningsverdeeling in den bodem als gevolg van het aanbrengen van een belasting, Manuskript. Laboratorium voor Grondmechanica, Delft (1938)

Vogt, N.: Flachgründungen. In: Witt, K.J. (Hrsg.) Grundbautaschenbuch, Teil 3: Gründungen und geotechnische Bauwerke, 8. Aufl., S. 1–78. Ernst & Sohn, Berlin (2018)

Normen

DIN 1054: Baugrund – Sicherheitsnachweise im Erd- und Grundbau – Ergänzende Regelungen zu DIN EN 1997-1

DIN 4019: Baugrund – Setzungsberechnungen

DIN 4107: Baugrund; Berechnung der Sohldruckverteilung unter Flächengründungen (Teile zurückgezogen)

DIN EN 1997-1 (Eurocode 7): Entwurf, Berechnung und Bemessung in der Geotechnik – Teil 1: Allgemeine Regeln, in Verbindung mit dem nationalen Anhang DIN EN 1997-1/NA und DIN 1054
DIN EN 1991-1: Eurocode 1: Einwirkungen auf Tragwerke – Teil 1-1: Allgemeine Einwirkungen auf Tragwerke – Wichten, Eigengewicht und Nutzlasten im Hochbau
DIN EN ISO 18674: Geotechnische Erkundung und Untersuchung – Geotechnische Messungen (ersetzt in Teilen DIN 4107)

Sonstige Regelwerke

EVB (1993) Empfehlungen „Verformungen des Baugrunds bei baulichen Anlagen" Deutsche Gesellschaft für Erd- und Grundbau (Hrsg) Ernst und Sohn, Berlin

Grenztragfähigkeit und weitere Stoffmodelle 11

Zusammenfassung

Die Analyse von Grenzzuständen hat beim Nachweis der Grenztragfähigkeit (Standsicherheit) im Sinne der Normen, aber auch bei der Ermittlung des Erddrucks (Einwirkung; Widerstand) zentrale Bedeutung. Es werden daher die Grundlagen der Plastizitätstheorie erläutert und die gängigen Rechenverfahren (auch Näherungen) mit Bezug auf die damit in Verbindung stehenden Schrankentheoreme dargestellt. Das in der Bodenmechanik etablierte Kriterium von *Mohr/Coulomb* ist dabei als Fließbedingung anzusehen, wobei auch der Einfluss der Dilatanz diskutiert wird. Darüber hinaus wird auf elastisch-plastische Stoffmodelle eingegangen, die heute bei Berechnungen nach der FEM große Bedeutung haben und mit denen sich allgemeine Spannungs-Verformungsprobleme bis hin zum Grenzzustand zuverlässig analysieren lassen. Exemplarisch wird dazu das Cam-Clay-Modell etwas detaillierter erläutert.

11.1 Plastizität (Grenztragfähigkeit)

Die Berechnungsverfahren der Geotechnik beruhen wie die der allgemeinen Baustatik auf Theorien und Modellen, in denen die wirklichen Verhältnisse idealisiert und vereinfacht werden, so dass sie über die Gesetze der Mechanik erfassbar sowie mathematisch darstellbar und lösbar sind. So benutzt man in der in der Praxis nach der klassischen Bodenmechanik für die Berechnung von Verformungen (Gebrauchstauglichkeit) des Bodens in erster Linie die lineare Elastizitätstheorie, s. auch Abschn. 4.1.9, 4.2, Kap. 9 und 10.

Im Zusammenhang mit der Berechnung der Grenztragfähigkeit hingegen werden kritische Bruchfugen mit unterschiedlicher Geometrie untersucht oder kritische Kraft- bzw. Spannungszustände betrachtet, bei denen das Bauwerk mit dem Boden oder der Boden plastisch versagt. In der Grundbaupraxis sind dies in erster Linie Nachweise der Sicherheit

H.-H. Schmidt, R.F. Buchmaier, C. Vogt-Breyer, *Grundlagen der Geotechnik*,
https://doi.org/10.1007/978-3-658-39834-7_11

gegen Gleiten, Grundbruch, Gelände- bzw. Böschungsbruch und Versagen in der Tiefen Gleitfuge sowie die Berechnung des Erddrucks, D. h. der Boden erleidet in der Grenzbetrachtung große Scherverformungen, er schert ab. Eine einfache Darstellung plastischer Zustände ist nachfolgend aufgeführt. In Abschn. 11.2 sind elastisch-plastische Stoffgesetze in Kürze beschrieben, wie sie heute für numerische Berechnungen verwendet werden. Wegen des nichtlinearen Spannungs-Verformungsverhaltens sei auch auf Abschn. 4.5 verwiesen.

Zunächst wird mit einem anschaulichen mechanischen Modell plastisches Versagen erklärt. Anschließend werden in Abschn. 11.1.2 die Grundlagen plastischer Berechnungen in der Bodenmechanik dargestellt und danach in Abschn. 11.1.3 einige Beispiele und deren Lösung aufgezeigt.

11.1.1 Allgemeine Aussagen

Ein anschauliches Beispiel für plastisches Versagen zeigt Abb. 11.1a mit einem starren Kreisfundament auf einem ebenen, horizontalen rauen Untergrund (gilt grundsätzlich auch für andere Fundamentformen). In der Sohlfuge wirkt in vertikaler Richtung eine Kraft F_z, des weiteren die horizontalen Kräfte F_y und F_x bzw. deren resultierende Kraft $\boldsymbol{F}$.

Gleiten des Fundaments tritt auf, s. Abb. 11.1b, wenn

$$\begin{aligned} F_x &= \mu F_z;\; F_y = 0 \\ F_y &= \mu F_z;\; F_x = 0 \end{aligned} \tag{11.1}$$

mit

$$\mu = \tan\varphi \tag{11.2}$$

oder allgemein:

$$F_x^2 + F_y^2 = (\mu F_z)^2 \tag{11.3}$$

Die Grenze bzw. Grenzlinie (hier ein Kreis), bei der Gleiten mit irreversiblen Verformungen auftritt, ist die Fließfläche (engl.: yield locus oder yield surface). Zum Gleiten s. auch Abschn. 12.3.2.

Wenn, wie hier, die Richtung der Verformung senkrecht zur Grenzlinie erfolgt, s. Abb. 11.1c, wird das als Normalität bzw. als Normalitätsbedingung bezeichnet.

Wenn das Fundament und das darunter befindliche Sandmaterial elastisch wären, so würden innerhalb des Kreises elastische, umkehrbare Verformungen auftreten; Gleiten und damit plastische Verformungen hingegen bei Erreichen der kreisförmigen Grenzfläche.

Treten innerhalb der Grenzlinie Kraftzuwächse (Kraftinkremente) auf und man erhöht die Kraft, bis die Grenzlinie selbst erreicht wird, so erfolgt die Verformung senkrecht (normal) zum Kreis und nicht in der Richtung des letzten Kraftinkrementes.

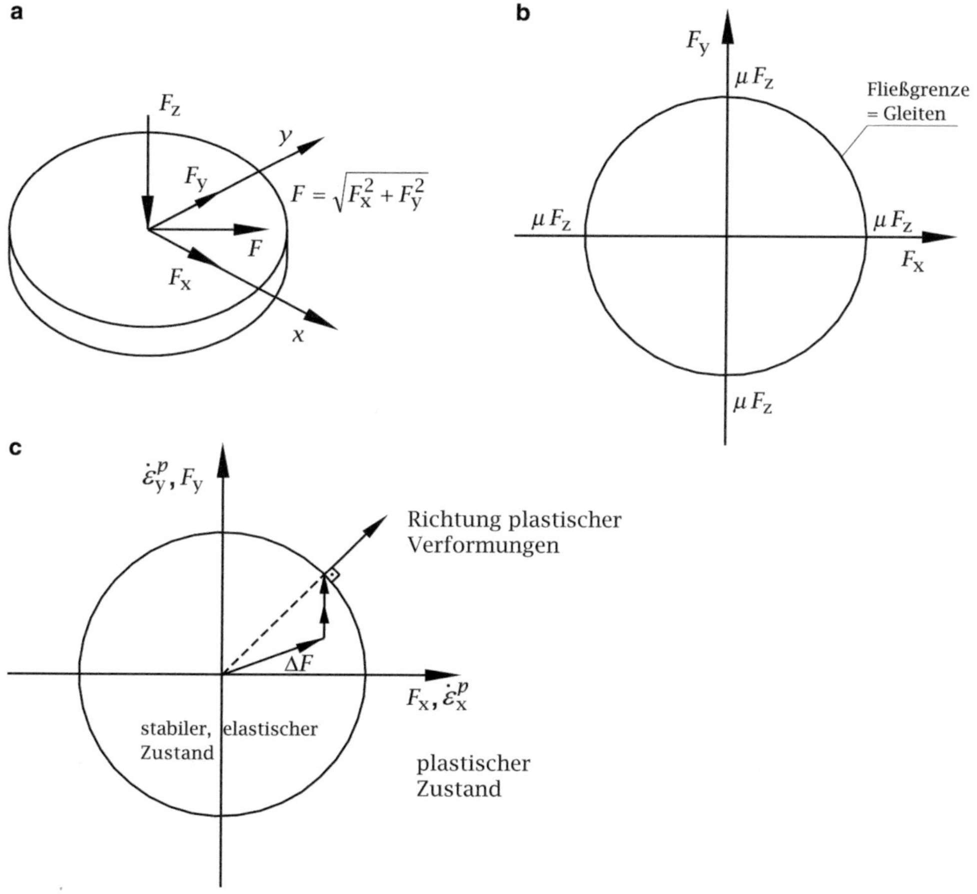

Abb. 11.1 Kreisförmiges Fundament auf rauem Untergrund. **a** Fundament mit Kräften, **b** Fließgrenze, **c** Fließregel

Die Grenzbedingung für Böden selbst wird in der Regel mit dem Gesetz von *Coulomb* bzw. *Mohr-Coulomb* beschrieben, s. dazu Abschn. 4.4. Die Fließflächen (Fließbedingungen), dargestellt im dreidimensionalen Hauptspannungsraum, sind in Abb. 11.2 für $c = 0$ gezeigt. σ_1, σ_2 und σ_3 sind Hauptspannungen, s. a. Abschn. 4.1.5, p und q sind gemäß Gln. (11.4) und (11.5) definiert.

Deviatorspannung:

$$q = \sigma_1 - \sigma_3. \tag{11.4}$$

Hydrostatischer Druck (isotrope Spannung):

$$p = \frac{\sigma_1 + \sigma_2 + \sigma_3}{3}. \tag{11.5}$$

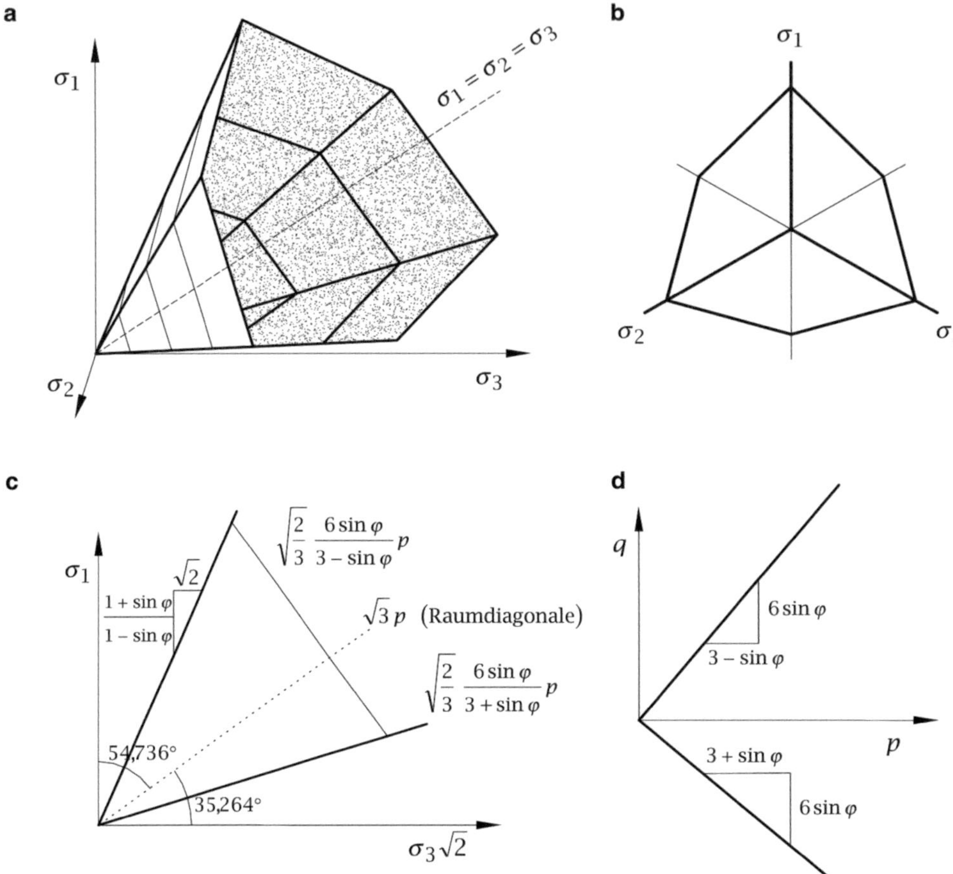

Abb. 11.2 Fließbedingung im Hauptspannungsraum und in speziellen Ebenen für $c = 0$. **a** Hauptspannungsraum, **b** deviatorische Ebene senkrecht zur Raumdiagonalen ($\sigma_1 = \sigma_2 = \sigma_3$), **c** sogenannte *Rendulic*-Ebene, **d** p-q-Diagramm. Druckspannungen: positiv

► **Anmerkung** Die Darstellungen in Abb. 11.2 sowie Gln. (11.4) und (11.5) sind hier allgemein. Im Regelfall werden die Zusammenhänge auf das Korngerüst, d. h. auf effektive Spannungen angewandt, maßgebliche Größen sind somit: σ_1', σ_2', σ_3'; $p' = 1/3(\sigma_1' + \sigma_2' + \sigma_3')$; φ'. Für q gilt $q' = \sigma_1' - \sigma_3' = q = \sigma_1 - \sigma_3$ gem. (11.4).

p und p' sind nicht zu verwechseln mit dem Porenwasserdruck u. Bei Wassersättigung gilt entsprechend Gl. (4.14): $p = p' + u; \sigma_i = \sigma_i' + u$.

11.1.2 Grundlagen für die Berechnung der Grenztragfähigkeit

Wenn ein Grundbauwerk, z. B. ein Damm, aus ideal plastischem Material besteht und es tritt Versagen ein, muss es in dem Damm eine Zone geben, in der die Scherfestigkeit erschöpft ist. Diese plastische Zone muss so ausgebildet sein, dass ein instabiler Mechanismus, z. B. ein Gleitkörper, entsteht. In der plastischen Zone müssen die Spannungs- und Dehnungskomponenten die folgenden Kriterien erfüllen

- Gleichgewichtsbedingung,
- Fließbedingung (Bruchbedingung) und
- Fließregel, sie beschreibt die Beziehung zwischen Spannungen und Dehnungsgeschwindigkeit beim Versagen.

Nachfolgend sind diese Begriffe sowie einige andere Grundlagen der Plastizitätstheorie kurz erläutert.

Gleichgewichtsbedingung Zur Definition des Gleichgewichts mit Spannungskomponenten, s. Abschn. 4.1.

Fließbedingung Die in der Bodenmechanik gebräuchlichste Grenzbedingung ist die von *Coulomb* bzw. von *Mohr-Coulomb*: $\tau_f = c + \sigma \cdot \tan\varphi$, Gl. (4.109) bzw. Gl. (4.110) in Abschn. 4.4 bzw. in nachfolgender Form, Gl. (11.7) mit Gl. (11.8).

Fließregel Für einen linear elastischen Körper definiert das *Hookesche* Gesetz die Beziehungen zwischen Spannungen und Dehnungen. Ähnlich definiert für einen vollständig plastischen Körper die Fließregel die Beziehungen zwischen den Komponenten der Grenzspannung und den entsprechenden plastischen Dehnungsinkrementen bzw. Dehnungsgeschwindigkeiten. Mit den Dehnungsgeschwindigkeiten kann man Bewegungen und Bewegungsrichtungen definieren und errechnen. Die Gesamtheit der Geschwindigkeitsvektoren, welche die Bewegungen in einer plastischen Zone beschreiben, nennt man ein Geschwindigkeitsfeld. Bewegungen bzw. Wegstrecken können wiederum benutzt werden, um Energiebetrachtungen anzustellen (innere und äußere Arbeit) und daraus Spannungen bzw. Kräfte im Grenzzustand zu berechnen.

Die allgemein übliche Form der Plastizitätstheorie ist die sogenannte Fließtheorie, bei der die plastischen Dehnungsgeschwindigkeiten in der Form

$$\dot{\varepsilon}^{\mathrm{p}} = \dot{\lambda}\frac{\partial g}{\partial \sigma} \tag{11.6}$$

angegeben werden. Dabei wird die Potenzialfläche (g) zur Definition der Richtung der Dehnungsgeschwindigkeit verwendet.

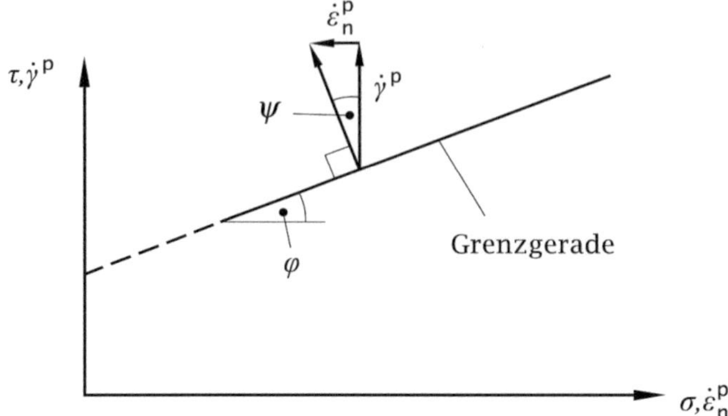

Abb. 11.3 Normalität des Dehnungsgeschwindigkeitsvektors. Es bedeuten: $\dot{\gamma}$ ... Schubdehnungsgeschwindigkeit, s. auch Abschn. 4.1.9, $\dot{\varepsilon}$ ... Längen- bzw. Volumendehnungsgeschwindigkeit, p ... Index für plastische Dehnung, n ... Index für normale (senkrechte) Richtung, ψ ... Dilatanzwinkel, hier $\psi = \varphi$

Für alle Spannungszustände auf der Fließfläche ist

$$\tau = \tau_\mathrm{f} \quad \text{bzw.} \quad f = 0. \tag{11.7}$$

Wenn, wie hier zunächst vorausgesetzt, Potenzialfläche und Fließfläche zusammenfallen, spricht man von assoziierter Fließregel oder von Erfüllung der Normalitätsbedingung. Bei idealer Plastizität nehmen bei Erreichen des Grenzzustandes die plastischen Dehnungsgeschwindigkeiten über alle Maßen zu, so dass der Faktor $\dot{\lambda}$ in Gl. (11.6) unbestimmt bleibt. Die Fließregel legt also nur das Verhältnis der Komponenten der plastischen Dehnungsgeschwindigkeiten fest. Zur anschaulichen Darstellung legt man die Spannungsebene und die Ebene der plastischen Dehnungsgeschwindigkeiten übereinander (s. Abb. 11.3). Das Verhältnis zwischen volumetrischer Dehnungsgeschwindigkeit und Scherdehnungsgeschwindigkeit wird in der Bodenmechanik im Allgemeinen über den Dilantanzwinkel ψ ausgedrückt.

In Verbindung mit der *Mohr-Coulombschen* Fließbedingung, $\tau_\mathrm{f} = c + \sigma \cdot \tan\varphi$ Gl. (4.109) bzw.

$$f = \tau - c - \sigma \tan\varphi \tag{11.8}$$

kann die Fließregel gemäß Abb. 11.3 und Gl. (11.9) dargestellt werden.

$$\frac{\dot{\gamma}^\mathrm{p}}{\dot{\varepsilon}_\mathrm{n}^\mathrm{p}} = -\frac{1}{\tan\psi}; \quad \text{s. Abb. 11.3!} \tag{11.9}$$

Im Falle der assoziierten Fließregel (Normalität) ist $\psi = \varphi$.

Die Normalitätsbedingung ist Bestandteil des *Druckerschen* Postulats, Drucker (1959), oder der Forderung nach Werkstoffstabilität. Das *Druckersche* Postulat ist eine Hypothe-

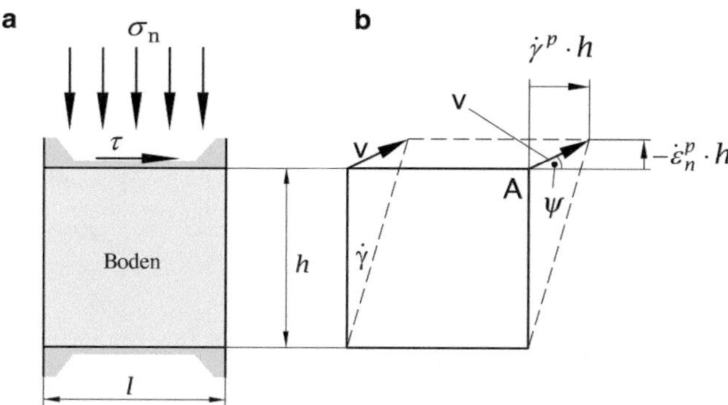

Abb. 11.4 Volumendehnung und Geschwindigkeit. **a** Boden mit Scherbeanspruchung, **b** zugehörige Dehnungsgeschwindigkeiten

se, kein Naturgesetz. Zahlreiche Stoffe, z. B. bindige Böden oder locker gelagerte Sande, erfüllen die Normalitätsbedingung nicht. Bei diesen Materialien kann vereinfachend volumenkonstantes Fließen angesetzt werden, also $\psi = 0$ oder $\dot{\varepsilon}_\mathrm{n}^\mathrm{p} = 0$.

Volumendehnung und Geschwindigkeit Für die Volumendehnung von Reibungsböden (z. B. Sand) betrachte man ein rechteckiges Element eines *Mohr-Coulombschen* Materials mit der Dicke h, s. Abb. 11.4.

Die Volumenausdehnung sei nur in vertikaler Richtung möglich und die relevanten Spannungen seien τ und σ_n. Wenn das Material eine assoziierte Fließregel besitzt, muss die horizontale Geschwindigkeit $\dot{\gamma}^\mathrm{p} \cdot h$ am Punkt A mit einer vertikalen Geschwindigkeit einhergehen. Aus Abb. 11.4 und mit Gl. (11.9) folgt:

$$-\dot{\varepsilon}_\mathrm{n}^\mathrm{p} \cdot h = \dot{\gamma}^\mathrm{p} \cdot h \cdot \tan\psi = \dot{\gamma}^\mathrm{p} \cdot h \cdot \tan\varphi. \tag{11.10}$$

Dies ergibt eine Volumendehnung, die proportional zur Schergeschwindigkeit mit

$$-\dot{\varepsilon}_\mathrm{n}^\mathrm{p} = \dot{\gamma}^\mathrm{p} \cdot \tan\varphi \tag{11.11}$$

zunimmt.

Die Geschwindigkeitsvektoren an der oberen Grenzfläche des Elements, s. Abb. 11.4, sind in Bezug zur unteren, nicht bewegten Grenzfläche nach Gl. (11.10) unter

$$\arctan\left(-\frac{\dot{\varepsilon}_\mathrm{n}^\mathrm{p}}{\dot{\gamma}^\mathrm{p}}\right) = \psi = \varphi \tag{11.12}$$

geneigt.

Dieser Winkel ψ heißt für den Grenzzustand Dilatanzwinkel. Abb. 11.5 zeigt nun die Bewegung eines starren Keils auf einer dünnen Schicht aus „Reibungsboden“ (z. B. eine Kluftfüllung). Der Geschwindigkeitsvektor ist zur Gleitschicht um $\psi = \varphi$ geneigt.

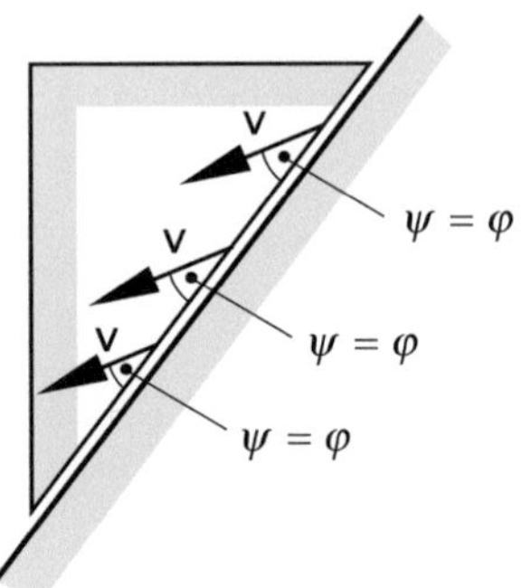

Abb. 11.5 Keilbewegung auf einer dünnen Schicht bei Dilatanzwinkel $\psi = \varphi$

Innere Arbeit bei plastischem Versagen Betrachtet man das Bodenelement in Abb. 11.4, das durch Scherbeanspruchung verformt ist, so kann die Leistung der inneren Arbeit (Geschwindigkeit der Dissipationsarbeit) volumenbezogen errechnet werden, indem die Spannungen mit den entsprechenden Dehnungsgeschwindigkeiten multipliziert werden, so dass gilt:

$$P_\mathrm{D} = \tau\dot{\gamma}^\mathrm{p} + \sigma_\mathrm{n}\dot{\varepsilon}_\mathrm{n}^\mathrm{p}. \tag{11.13}$$

Wegen des Versagens des ganzen Elements gilt mit Gln. (4.109) und (11.11):

$$P_\mathrm{D} = (c + \sigma_\mathrm{n}\tan\varphi)\dot{\gamma}^\mathrm{p} - \sigma_\mathrm{n}\dot{\gamma}^\mathrm{p}\tan\varphi = c\dot{\gamma}^\mathrm{p}. \tag{11.14}$$

Die gesamte Leistung der Energie-Dissipation in der Schnittfläche des Elements, s. Abb. 11.4, ist somit

$$P_{\mathrm{D\,ges}} = P_\mathrm{D} l h = c\dot{\gamma}^\mathrm{p} l h. \tag{11.15}$$

Mit $\dot{\gamma}^\mathrm{p} \cdot h = \psi \cos\varphi$ (Geschwindigkeitskomponente im Punkt A parallel zur Elementbegrenzung, s. Abb. 11.4) erhält man:

$$P_{\mathrm{D\,ges}} = c l \psi \cos\varphi. \tag{11.16}$$

Zur Anwendung der Gl. (11.16) s. Abschn. 11.1.3.2!

11.1.3 Berechnung der Grenztragfähigkeit

Theoretisch genügen Gleichgewichtsbedingung, Fließbedingung und Fließregel, um ein Geschwindigkeitsfeld, die Spannungsverteilungen und die Bruchlast zu bestimmen. Praktisch ist jedoch diese geschlossene Lösung nur sehr selten und nur in sehr einfachen Fällen erreichbar. In der Regel muss man sich mit Näherungslösungen unter Verwendung des „oberen" und „unteren" Grenztheorems (Schrankentheorem) von Drucker und Prager (1952) begnügen.

11.1.3.1 Untere Schranke (Untere Grenzbedingung)

Betrachten wir einen Bodenkörper, der eine bekannte Last trägt. Mit einem willkürlich angenommenen Spannungsfeld definieren wir die Spannungen im Körper, s. dazu auch Abschn. 4.1. Wenn die Spannungen nicht die Fließgrenze überschreiten, ist das Spannungsfeld zulässig. Wenn die Spannungen im Gleichgewicht mit den Eigengewichtsspannungen und den Kräften (Spannungen) an der Oberfläche sind, sagt man, das Spannungsfeld ist statisch zulässig. Aufgrund der in Abschn. 11.1.2 genannten Bedingungen kann nun nach *Drucker* und *Prager* gefolgert werden, dass bis zu der angegebenen Last kein Versagen (hier Grundbruch) auftritt.

Es kann aber sein, dass ein anderes Spannungsfeld eine größere mögliche Bruchlast ergibt. Die Berechnungen nach dem „Unteren Grenztheorem", einem sogenannten statischen Verfahren, erbringen also Ergebnisse, die auf der sicheren Seite liegen.

Für eine Streifenlast q an der Geländeoberfläche ist in Abb. 11.6 ein Beispiel gezeigt. Es wird nachfolgend erläutert.

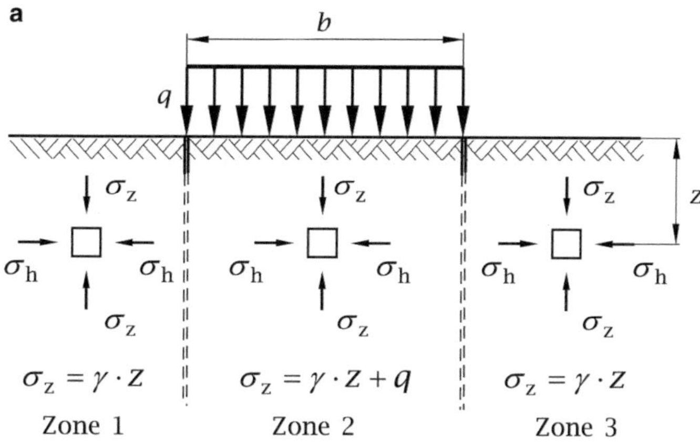

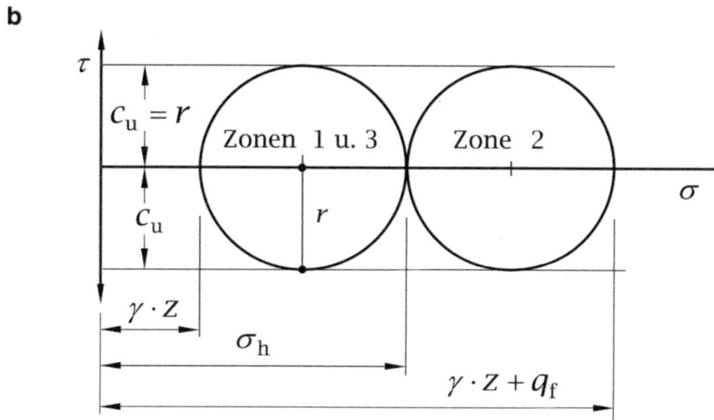

Abb. 11.6 **a** Ebener Schnitt mit Last und Spannungsfeld, **b** Fließbedingung für Boden ($\varphi_u = 0$, $\tau_f = c_u = r \neq 0$)

Die Scherfestigkeit des Bodens soll der Einfachheit halber aus der undränierten Kohäsion c_u und $\varphi_u = 0$ bestehen, s. Abschn. 4.4. Die Wichte des Bodens ist γ. Wir betrachten in einem ebenen Vertikalschnitt Hauptspannungen (willkürlich) und vertikale Fugen unterhalb der Ränder (gestrichelte Linien) der Last (ebenfalls willkürlich, jedoch möglich). Die horizontalen Spannungen sind über die Fugen hinaus im Gleichgewicht. Es muss nun beachtet werden, dass die äußere Flächenlast mit den inneren Spannungen im Gleichgewicht, das Spannungsfeld also zulässig ist, und dass die Spannungen nicht die Grenzbedingung (Tangente an die *Mohrschen* Kreise) überschreiten.

Somit ist:

$$q + \gamma \cdot z \leq \sigma_h + 2c_u \leq \gamma \cdot z + q_f \tag{11.17}$$

und

$$\sigma_h \leq \gamma \cdot z + 2c_u \tag{11.18}$$

so dass

$$q = q_f = q_{max} = 4c_u. \tag{11.19}$$

Die größtmögliche Streifenlast ist also:

$$F_f = 4 \cdot c_u \cdot b \quad \text{oder} \quad F_f = N_{c0} \cdot c_u \cdot b. \tag{11.20}$$

N_{c0} wird als Tragfähigkeitsbeiwert bezeichnet, s. Abschn. 12.3.3.

Die errechnete Bruchlast stellt einen unteren, auf der sicheren Seite liegenden Grenzwert dar.

11.1.3.2 Obere Schranke (Obere Grenzbedingung)

Hier wird ein Geschwindigkeitsfeld gewählt, das die Bewegung in jedem Teil des Körpers beschreibt. Die Bewegung muss kinematisch möglich sein. Der Grenzzustand ist dann gegeben, wenn die Leistung der äußeren Arbeit gleich der Leistung der inneren Arbeit ist. Unter den in Abschn. 11.1.2 genannten Materialbedingungen konnten Drucker und Prager (1952) zeigen, dass, wenn ein kinematisch mögliches, instabiles Geschwindigkeitsfeld gefunden werden kann, Versagen eintritt. Die mit einem sogenannten kinematischen Verfahren ermittelte Bruchlast ist ein oberer Grenzwert und liegt damit auf der unsicheren Seite.

Das in Abschn. 11.1.3.1, s. Abb. 11.6, behandelte Beispiel wird wieder aufgenommen und unter den Gesichtspunkten der geleisteten Arbeit und der möglichen Kinematik betrachtet, s. Abb. 11.7.

Wir betrachten in Abb. 11.7 ein Versagen auf einer kreisförmigen Gleitfuge wiederum in einem Boden mit c_u; $\varphi_u = 0$. Die Bewegung ist unter der Voraussetzung von Normalität nur für $\varphi = 0$ mit der Fließregel in Übereinstimmung. Für nicht assoziiertes Fließen ($\psi \neq \varphi$) ist die Bewegung auch bei $\varphi \neq 0$ und $\psi \neq 0$ zulässig. Dies macht deutlich, dass diese Methode auch als Grenzgleichgewichtsmethode, s. Abschn. 11.1.3.4, angesehen werden kann. Außerdem gibt es keine Zwänge der Bewegung an den Grenzflächen (hier die Geländeoberfläche). Das Geschwindigkeitsfeld ist somit kinematisch zulässig.

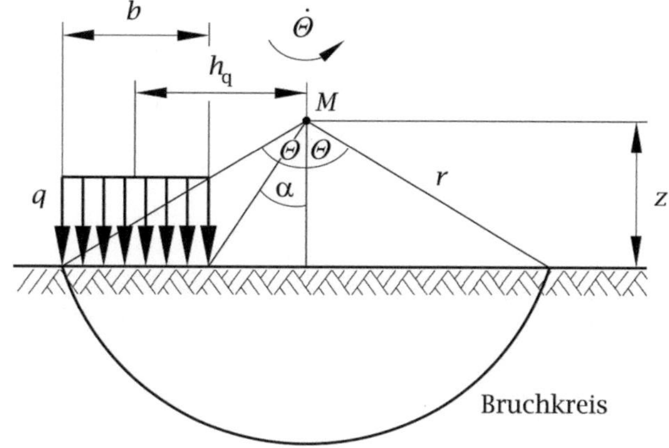

Abb. 11.7 Beispiel für Lösung mit „oberer Schranke“

Mit $\dot{\Theta} = \omega =$ Winkelgeschwindigkeit, $l = 2 \cdot \Theta \cdot \frac{z}{\cos\Theta}$, $v = r \cdot \dot{\Theta} = \frac{z \cdot \dot{\Theta}}{\cos\Theta}$ und $\varphi = \varphi_u = 0$ ergibt sich aus $c_u \cdot l \cdot \psi \cdot \cos\varphi$, Gl. (11.16), der gesamte innere Leistungsanteil zu:

$$P_{\text{D ges}} = \frac{2 \cdot c_u \cdot \Theta \cdot \dot{\Theta} z^2}{\cos^2\Theta}. \tag{11.21}$$

Die Leistung der äußeren Belastung ist

$$P_A = F \cdot v = q \cdot b \cdot h_q \cdot \dot{\Theta}. \tag{11.22}$$

Mit $b = z \cdot (\tan\Theta - \tan\alpha)$ und $h_q = z \cdot \left(\tan\alpha + \frac{1}{2}\tan\Theta - \frac{1}{2}\tan\alpha\right)$ ergibt sich

$$P_A = \frac{1}{2} q \cdot \dot{\Theta} \cdot z^2 \left(\tan^2\Theta - \tan^2\alpha\right). \tag{11.23}$$

Setzt man beide Leistungsanteile gleich und teilt beide Seiten durch $\dot{\Theta} \cdot z^2$, erhält man

$$\frac{2 \cdot c_u \cdot \Theta}{\cos^2\Theta} = \frac{1}{2} q \left(\tan^2\Theta - \tan^2\alpha\right). \tag{11.24}$$

Daraus ergibt sich:

$$q = \frac{4 \cdot c_u \cdot \Theta}{\cos^2\Theta(\tan^2\Theta - \tan^2\alpha)}. \tag{11.25}$$

Für jeden positiven Wert von Θ erreicht man für q ein Minimum, wenn $\alpha = 0$ ist. Damit wird (11.22) zu:

$$q = \frac{4 \cdot c_u \cdot \Theta}{\sin^2\Theta}. \tag{11.26}$$

q hat wiederum ein Minimum, wenn

$$0 = \frac{\partial}{\partial\Theta}\left(\frac{\Theta}{\sin^2\Theta}\right) = \frac{1}{\sin^2\Theta} - \frac{2 \cdot \Theta \cdot \cos\Theta}{\sin^2\Theta}. \tag{11.27}$$

Daraus folgt:

$$2\Theta = \tan \Theta. \qquad (11.28)$$

Diese Gleichung ist erfüllt für $\Theta = 1{,}1657$ [rad] $\mathrel{\widehat{=}} 66{,}78°$ und mit Gl. (11.26) folgt $q = q_f = q_{max} = 5{,}52c_u$.

Dann ist

$$F_f = 5{,}52 \cdot c_u \cdot b \qquad (11.29)$$

ein oberer Grenzwert der Bruchlast. Für die wirkliche Bruchlast gilt unter Einbeziehung von Gl. (11.20):

$$4 \cdot c_u \cdot b \leq F_f \leq 5{,}52 \cdot c_u \cdot b. \qquad (11.30)$$

Die Grenzen liegen relativ eng beieinander. Sie könnten noch enger gefasst werden, wenn ein anderes Geschwindigkeitsfeld betrachtet wird.

11.1.3.3 Gleitlinien-Methode (Flächenbruch)

Weitere Lösungen wurden unter der Annahme von plastifizierten Gleitzonen (Gleitlinien) gefunden. Bei bekannten Randbedingungen können die Spannungen und die Richtungen der Gleitlinien innerhalb der plastifizierten Zone angegeben werden. Kötter (1888) hat für dieses Versagen Differenzialgleichungen abgeleitet. Prandtl (1920) benutzte die *Kötterschen* Gleichungen, um eine geschlossene Lösung für ein Fundament auf gewichtslosem Boden zu finden.

Abb. 11.8 zeigt das *Prandtlsche* Gleitliniennetz, das aus Geraden und logarithmischen Spiralen besteht, s. auch Abb. 12.8.

Für einen Boden ohne Reibung ($\varphi_u = 0$, $c_u \neq 0$) ist die *Prandtlsche* Bruchlast

$$q = (2 + \pi) \cdot c_u = 5{,}14c_u. \qquad (11.31)$$

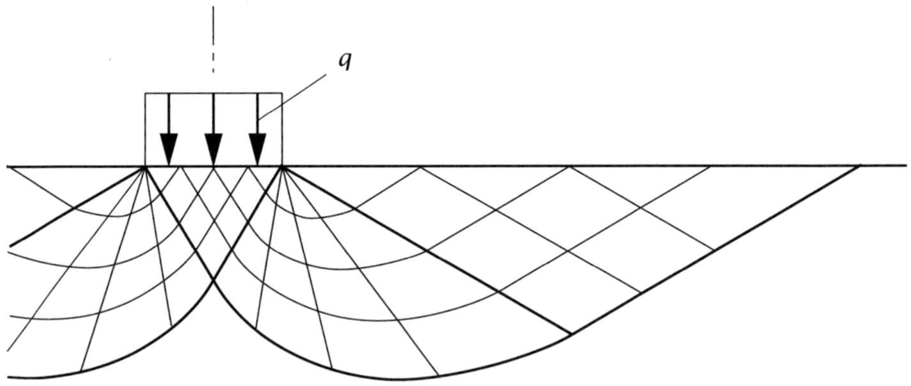

Abb. 11.8 *Prandtlsches* Gleitliniennetz

Der Tragfähigkeitsbeiwert $N_{c0} = 5{,}14$ wurde in *DIN 4017*, s. Abschn. 12.5, aufgenommen. Man bemerke, dass dieser Wert zwischen 4,0 und 5,52, den oben errechneten Tragfähigkeitsbeiwerten, liegt.

Da die Gleitlinien-Methode nur Spannungen innerhalb der plastifizierten Zonen bestimmt und nicht außerhalb, ist sie unvollständig. Mit diesen Methoden können nur Aufgaben gelöst werden, bei denen die Randbedingungen durch Spannungen bzw. Flächenlasten definiert sind und nicht etwa durch Verschiebungen. Die Lösungen sind unter den Grenz- und Gleichgewichtsbedingungen hergeleitet. Sie nehmen eine Zwischenstellung zwischen den statischen und kinematischen Verfahren ein.

Eine Gleitlinien-Lösung, bei denen die Richtung der Gleitlinien direkt aus den *Mohr-Coulombschen* Grenzbedingungen gefunden werden können, stellt die *Rankinesche* Erddrucktheorie, Rankine (1856), dar, s. Abschn. 16.4.1.

11.1.3.4 Grenzgleichgewichtsmethode (kinematische Methode)

Die am meisten verwendete Methode ist die „Grenzgleichgewichtsmethode", bei der folgendermaßen vorgegangen wird:

- Das Versagen geschieht auf einer Gleitlinie. Die Grenzbedingungen sind auf dieser Linie erfüllt. (Es werden fast ausnahmslos ebene Probleme betrachtet, d. h. die Gleitfläche kann durch eine Gleitlinie abgebildet werden.)
- Es wird die Geometrie der kinematisch möglichen Gleitlinie als bekannt vorausgesetzt (meistens eine plausible Einschätzung). Es werden häufig Gerade, Kreis und logarithmische Spirale als Gleitlinie angenommen. Außerdem werden mehrere dieser gewählten Gleitlinien untersucht.
- Für jede dieser Gleitlinien wird unter Beachtung der Gleichgewichtsbedingungen die Bruchlast errechnet.
- Systematisch muss die Gleitlinie mit der kleinsten Bruchlast bzw. mit der kleinsten Sicherheit gesucht werden.

Folgende Nachteile sind bekannt:

- Bei einem Teil der Verfahren (z. B. *Krey-Bishop*, s. Kap. 15) sind die Gleichgewichtsbedingungen nicht voll erfüllt.
- Da keine Spannungsverteilungen (also kein Spannungsfeld) bekannt sind, weiß man nicht, ob es sich bei der Lösung um einen unteren Grenzwert handelt.
- Die Lösung der Methode wird aufgrund des kinematischen Ansatzes als eine Art „oberer" Grenzwert betrachtet, die Lösung liegt also auf der unsicheren Seite.

Wird die Geometrie mit einiger Sorgfalt und Erfahrung gewählt, so sind für die Praxis im Allgemeinen verlässliche Ergebnisse erzielbar, sodass das Verfahren vielfältigen Anwendungen gefunden hat, s. Kap. 15: Böschungs- und Geländebruch.

Ein allgemeines Verfahren ist die Kinematische-Element-Methode (KEM), s. Abschn. 15.4.8 bzw. Gußmann et al. (2001). Mögliche Bruchbereiche werden durch ebene Bruchfugen in Elemente unterteilt und in ihrer Geometrie variiert, mit dem Ziel, die Traglast bzw. den wirklichen Bruchkörper zu ermitteln. Da bei der KEM die Versagensmechanismen auch bei einem Dilatanzwinkel von $\psi \neq 0$ zulässig sind, kann das Verfahren als exaktes Verfahren nach dem oberen Schrankentheorem verstanden werden.

11.1.3.5 Vergleich der Methoden

Bei dem Vergleich geht es um die Standsicherheit einer senkrechten Böschung, s. Abb. 11.9. Die Grenzhöhe h_c kann für verschiedene Bedingungen

- Anfangsstandfestigkeit mit undränierten Scherparametern des Bodens ($\varphi_u = 0$, $c_u \neq 0$) ohne Zugriss sowie
- Endstandsicherheit mit dränierten Scherparametern des Bodens ($\varphi' \neq 0$ und $c' \neq 0$) sowie ohne und mit Zugriss $n \cdot h_c$ ($n < 1$)

a

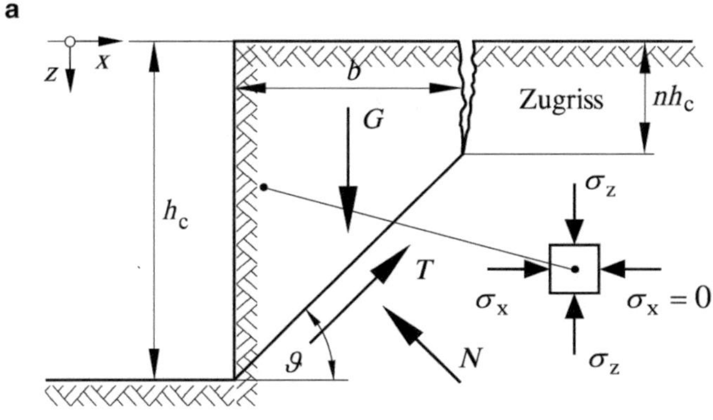

b

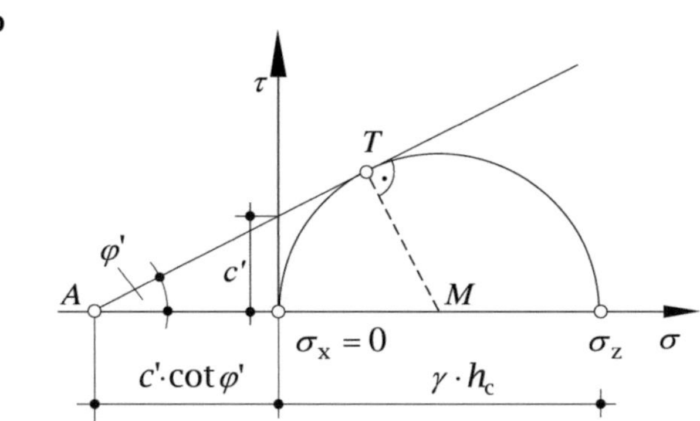

Abb. 11.9 Grenzhöhe h_c bei senkrechter Böschung. **a** Schnitt durch Böschung, **b** *Mohrscher* Spannungskreis

mittels der Grenzgleichgewichtsmethode oder mit Ansätzen nach dem oberen bzw. unteren Grenztheorem ermittelt werden, s. auch Scott (1980).

Unter Beachtung der Gleichgewichtsbedingungen und der *Mohr-Coulombschen* Grenzbedingungen sowie unter der Ableitung $\partial h / \partial \vartheta = 0$ ergibt sich der ungünstigste Gleitwinkel zu

$$\vartheta = \frac{\pi}{4} + \frac{\varphi'}{2}. \tag{11.32}$$

Siehe dazu auch Abschn. 16.4!

Nach der Grenzgleichgewichtsmethode und nach dem oberen Grenztheorem ergibt sich die in Tab. 11.1 angegebene maximale Grenzhöhe.

Nach einer Spannungsbetrachtung entsprechend der unteren Grenzbedingung folgen mit Abb. 11.9 und den nachfolgenden Gleichungen für die minimale Grenzhöhe die ebenfalls in Tab. 11.1 genannten Werte.

$$\frac{\sigma_z}{2} = \frac{\gamma \cdot h_c}{2} = \left(c' \cdot \cot \varphi' + \frac{\gamma \cdot h_c}{2}\right) \sin \varphi' \tag{11.33}$$

$$h_c(1 - \sin \varphi') = \frac{2c' \cdot \cos \varphi' \cdot \sin \varphi'}{\gamma \cdot \sin \varphi'} \tag{11.34}$$

$$= \frac{2c'}{\gamma} \cdot \cos \varphi' \tag{11.35}$$

$$h_c = \frac{2c'}{\gamma} \cdot \frac{\cos \varphi'}{1 - \sin \varphi'} = \frac{2c'}{\gamma} \cdot \tan\left(\frac{\pi}{4} + \frac{\varphi'}{2}\right). \tag{11.36}$$

Die gleiche Lösung kann auch nach der Grenzgleichgewichtsmethode unter der Bedingung $b \to 0$ gefunden werden. Für die Anfangsstandfestigkeit ($\varphi_u = 0$) ergeben sich folgerichtig die kleineren Werte in Tab. 11.1.

Fellenius (1927) fand mit der Grenzgleichgewichtsmethode unter der Annahme kreisförmiger Bruchlinien für die Anfangsstandsicherheit die Lösung:

$$h_c = \frac{3{,}83 c_u}{\gamma}. \tag{11.37}$$

Tab. 11.1 Grenzhöhe h_c für eine ebene Gleitfuge

	Anfangsstandfestigkeit	Endstandfestigkeit
Untere Schranke	$h_c = \frac{2c_u}{\gamma}$	$h_c = \frac{2c'}{\gamma} \cdot \tan\left(\frac{\pi}{4} + \frac{\varphi'}{2}\right)$
Obere Schranke und Grenzgleichgewichtsmethode	$h_c = \frac{4c_u}{\gamma}$	$h_c = \frac{4c'}{\gamma(1+n)} \cdot \tan\left(\frac{\pi}{4} + \frac{\varphi'}{2}\right)$

Da der Kreis bei $\varphi_u = 0$ kinematisch zulässig ist, stellt die Lösung einen verbesserten oberen Grenzwert dar, so dass gilt:

$$\frac{2c_u}{\gamma} \leq h_c \leq \frac{3{,}83c_u}{\gamma} \tag{11.38}$$

bzw.

$$\frac{2c'}{\gamma} \cdot \tan\left(\frac{\pi}{4} + \frac{\varphi'}{2}\right) \leq h_c \leq \frac{3{,}83c'}{\gamma} \cdot \tan\left(\frac{\pi}{4} + \frac{\varphi'}{2}\right). \tag{11.39}$$

11.2 Elastisch-plastische Modelle

Die Berechnung von Grenzzuständen ist grundsätzlich auch mit numerischen Verfahren möglich, die ursprünglich für die Analyse von Spannungs-Verformungsproblemen entwickelt worden waren. Hier ist insbesondere die Methode der Finiten Elemente (FEM) zu nennen, wofür heute leistungsfähige, praxisorientierte Programme verfügbar sind. Mit geeigneten Stoffgesetzen kann das Verhalten des Bodens bis hin zum Grenzzustand entsprechend modelliert werden. In der Geotechnik werden dabei heute überwiegend elastisch-plastische Stoffgesetze zugrundegelegt, wie sie mit den Spannungs-Dehnungsbeziehungen in Abb. 11.10 bzw. Abb. 11.11 schematisch dargestellt sind.

Abb. 11.10 zeigt ein linear elastisch-ideal plastisches Materialverhalten.

Abb. 11.11 stellt eine Spannungs-Dehnungsbeziehung mit Verfestigung des Materials dar. Bei dieser Art von Stoffmodell geht man davon aus, dass sich mit zunehmender Belastung die Fließspannungen vergrößern.

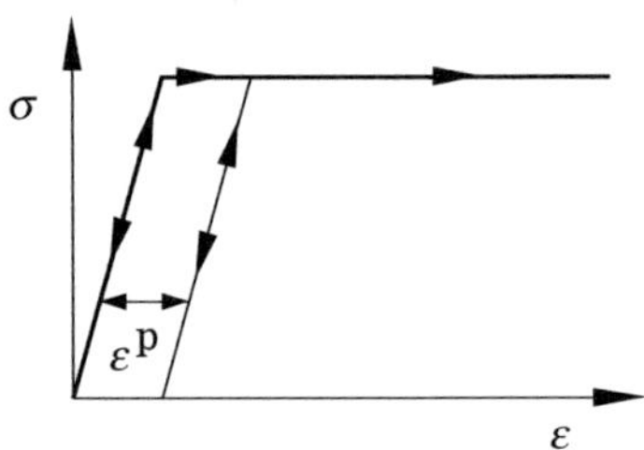

Abb. 11.10 Linear elastisch – ideal (starr) plastisches Materialverhalten

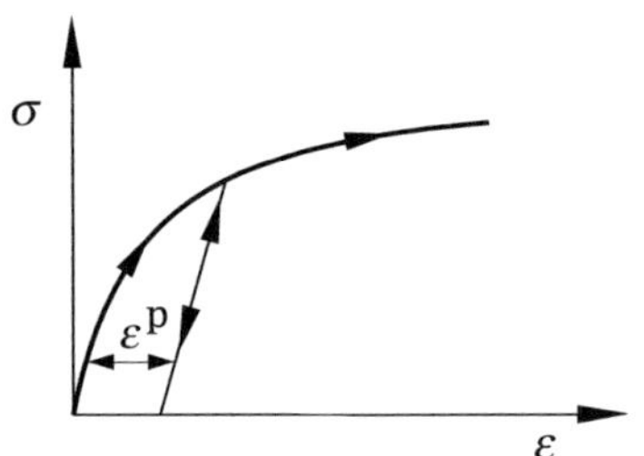

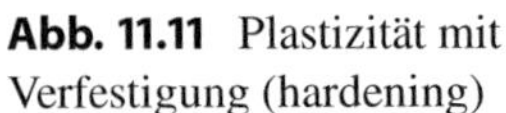

Abb. 11.11 Plastizität mit Verfestigung (hardening)

Zur Steifigkeit des Bodens im vorplastischen Bereich s. Abschn. 4.5 bzw. die nachfolgenden Ausführungen!

11.2.1 Cam-Clay-Modell

Als eines der ersten nicht linear elastisch-plastischen Modelle kann das „Cam Clay Model", das besonders für Tone entwickelt wurde, genannt werden. Es geht auf Roscoe, Schofield und Wroth (1958) sowie auf Weiterentwicklungen von Roscoe und Schofield (1963), Burland (1965) sowie Roscoe und Burland (1968) zurück. Als grundlegende bodenmechanische Literatur sei auf Schofield und Wroth (1968) sowie zusammenfassend auch auf Wood (1990) verwiesen.

Das Modell beruht auf Messungen und Darstellungen von Triaxial-Versuchen nach Abb. 11.12, wie sie teilweise ähnlich schon in den Abb. 4.16, 4.17 und 4.18 für Ver-

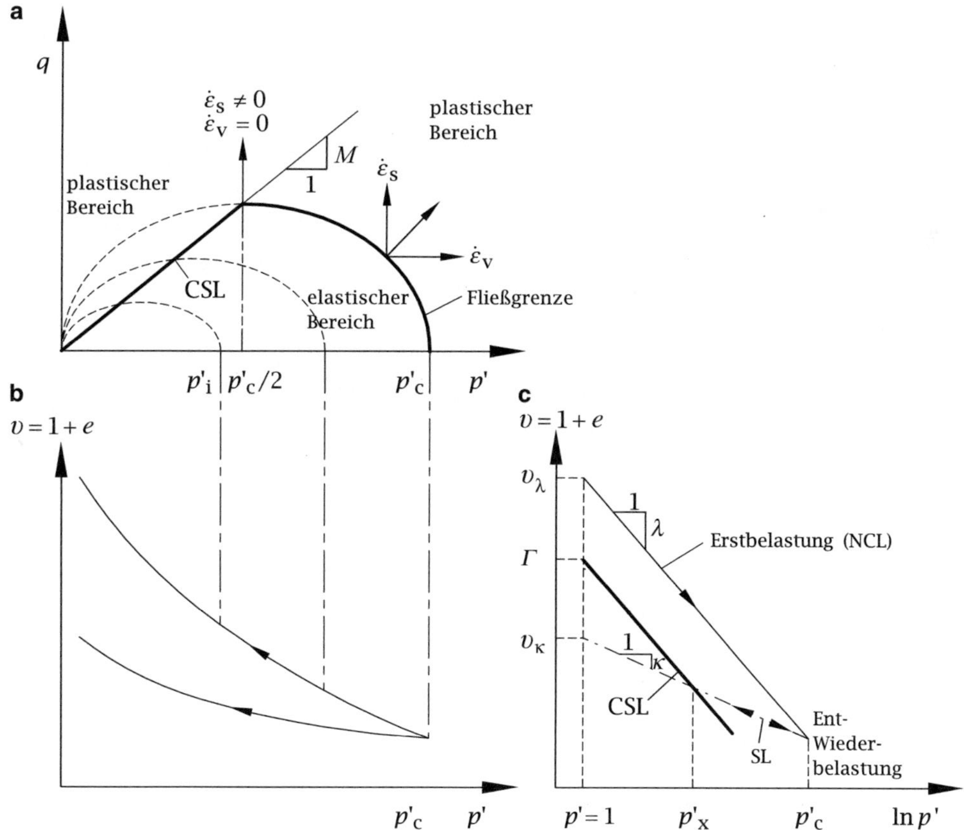

Abb. 11.12 Modifiziertes Cam-Clay-Modell, Darstellung **a** in p'-q-Ebene, **b** und **c** des Kompressions- bzw. Verfestigungsverhaltens im natürlichen bzw. halblogarithmischen Maßstab

formungen bei eindimensionaler Kompression im Oedometerversuch verwendet wurden. Kennzeichnend ist die Verbindung zur Scherfestigkeit mit der sogenannten „Critical State Line“ (CSL), die elastische und plastische Bereiche gegeneinander abgegrenzt.

Es werden die Deviatorspannung q, die mittlere effektive Spannung p' und das spezifische Volumen (in Abhängigkeit von der Porenzahl e) in einen konsistenten Zusammenhang gebracht. Elastizität und Plastizität des Bodens werden nicht getrennt voneinander betrachtet.

Mit dem Modell wird die bodenmechanische Gesetzmäßigkeit beschrieben, dass bei fortlaufender Änderung der Deviatorspannungen und damit verbundener Scherverformung die Bodenprobe in einen definierten kritischen Zustand (CSL) überführt wird, in dem weitere unbegrenzte Scherverformungen ohne weitere Änderung der effektiven Spannungen oder Änderung der Porenzahl e auftreten. Der Boden verhält sich wie eine „Reibungsflüssigkeit“. Zur kritischen Porenzahl e_k bei hinreichend großen Scherverformungen s. auch Abb. 4.46.

Im dränierten Fall mit vorgegebenen effektiven Spannungen werden die Bodenteilchen umgelagert. Im undränierten Fall, bei dem der Boden sein Volumen bzw. seine Porenzahl nicht ändern kann, ändern sich durch das Auftreten von Porenwasserdrücken die effektiven Spannungen so lange, bis ein kritisches p'_k erreicht ist.

Eine weitere Abgrenzung der elastischen und plastischen Bereiche erfolgt durch die Fließgrenze (Fließfläche), s. Abb. 11.12. Das ursprüngliche Modell ging von einer konvex gekrümmten Fließkurve in logarithmischer Form aus. Das hier beschriebene modifizierte Modell hat als Fließgrenze eine Ellipse. Die Größe der Fließkurve bzw. der Ellipse ist von der Vorbelastung p'_c des Bodens abhängig. Damit wird die volumetrische Verfestigung infolge der Vorbelastung (volumetric strain hardening) beschrieben. Es gilt für die Ellipse die assoziierte Fließregel. Im Schnittpunkt von Ellipse und der CSL-Geraden sowie links davon treten nur unendlich große plastische Scherdehnungen auf. Im linken Bereich kommt es infolge von Dilatanz zu einer Entfestigung (softening) und bei undränierten Bedingungen zu negativen Porenwasserdrücken. Im rechten Bereich kommt es dagegen bei Kompression zu einer Verfestigung (hardening) sowie bei undränierten Bedingungen zu positiven Porenwasserdrücken.

Elastische Scherdehnungen sind im Allgemeinen vernachlässigbar klein.

Zur Beschreibung der Beziehung zwischen Volumenänderung und Spannung wird hier – im Gegensatz zur Oedometerdarstellung – das spezifische Volumen $v = 1 + e$ als Zustandsvariable eingeführt.

Folgende formelmäßigen Beziehungen gelten nach Abb. 11.12c:

$$v = 1 + e = v_\lambda - \lambda \ln p' \qquad \text{(Erstbelastung: NCL)} \tag{11.40}$$

$$v = \Gamma - \lambda \ln p' \qquad \text{(Critical State Line: CSL)} \tag{11.41}$$

$$v = v_\kappa - \kappa \ln p' \qquad \text{(Ent- und Wiederbelastung: SL)} \tag{11.42}$$

$$v_\lambda - \Gamma = \lambda - \kappa \tag{11.43}$$

mit dem spezifischen Volumen bei $p' = 1\,\text{kN/m}^2$ mit den Bezeichnungen v_λ für die Erstbelastung bzw. v_κ für die Ent- und Wiederbelastung (elastisch) sowie Γ für die Critical State Line (CSL).

Werden Daten aus dem Oedometerversuch verwendet, muss für

$$p' = \frac{(1 + 2K_0)\sigma'_\text{v}}{3} \tag{11.44}$$

eingesetzt werden.

Für das elastisch-plastische Modell sind neben den schon in Abschn. 11.1.2 genannten Voraussetzungen insgesamt fünf Voraussetzungen zu erfüllen:

- Einhaltung der Gleichgewichtsbedingungen
- Elastisches Verhalten innerhalb der Fließfläche
- Fließbedingung (Fließfläche)
- Plastisches Potenzial (Fließregel)
- Verfestigungsgesetz (engl.: hardening rule): Größe der Fließfläche

Die elastischen Dehnungs-Anteile infolge p' und q lassen sich wie folgt beschreiben:

$$\delta\varepsilon_\text{p}^\text{e} = \kappa \frac{\delta p'}{v \cdot p'} \tag{11.45}$$

$$\delta\varepsilon_\text{q}^\text{e} = \frac{\delta q}{3G}. \tag{11.46}$$

Die Gleichung der Fließkurve (Ellipse) lautet bei Gültigkeit der Normalitätsbedingung:

$$g = f = q^2 - M^2[p'(p'_\text{c} - p')] = 0. \tag{11.47}$$

Der Vektor der plastischen Dehnungsinkremente ist von der Fließkurve normal nach außen gerichtet und lautet:

$$\frac{\dot{\varepsilon}_\text{V}}{\dot{\varepsilon}_\text{s}} = \frac{\delta\varepsilon_\text{p}^\text{p}}{\delta\varepsilon_\text{q}^\text{p}} = \frac{\partial g/\partial p'}{\partial g/\partial q} = \frac{M^2 - \eta^2}{2\eta} \tag{11.48}$$

mit $\eta = q/p'$.

Mit Gl. (11.43) ist die Größe der plastischen volumetrischen Dehnung:

$$\delta\varepsilon_\text{p}^\text{p} = [(\lambda - \kappa)/v] \frac{\delta p'_\text{c}}{p_\text{c}}. \tag{11.49}$$

Die Elemente des Verfestigungsgesetzes lauten:

$$\frac{\partial p'_\text{c}}{\partial \varepsilon_\text{p}^\text{p}} = \frac{v \cdot p_\text{c}}{\lambda - \kappa} \tag{11.50}$$

$$\frac{\partial p'_\text{c}}{\partial \varepsilon_\text{q}^\text{p}} = 0. \tag{11.51}$$

Somit lassen sich die elastischen und plastischen Spannungs-Dehnungsbeziehungen wie folgt mit Matrizen-Gleichungen darstellen:

$$\begin{pmatrix} \delta\varepsilon_{\mathrm{p}}^{\mathrm{e}} \\ \delta\varepsilon_{\mathrm{q}}^{\mathrm{e}} \end{pmatrix} = \begin{pmatrix} \kappa/(v \cdot p') & 0 \\ 0 & 1/3G \end{pmatrix} \begin{pmatrix} \delta p' \\ \delta q \end{pmatrix} \tag{11.52}$$

$$\begin{pmatrix} \delta\varepsilon_{\mathrm{p}}^{\mathrm{p}} \\ \delta\varepsilon_{\mathrm{q}}^{\mathrm{p}} \end{pmatrix} = \frac{(\lambda - \kappa)}{vp'(M^2 + \eta^2)} \begin{pmatrix} (M^2 + \eta^2) & 2\eta \\ 2\eta & 4\eta^2/(M^2 + \eta^2) \end{pmatrix} \begin{pmatrix} \delta p' \\ \delta q \end{pmatrix}. \tag{11.53}$$

Für den elastischen Bereich gilt, dass G, E und K proportional zu p' sind. Hinsichtlich der elastischen Parameter unter Berücksichtigung der meist als konstant angenommenen Querdehnzahl ν, s. Abschn. 4.1.9. Hingewiesen sei, dass Querdehnzahlen, die die rein elastischen Verformungen beschreiben, deutlich kleiner angesetzt werden sollten, als diejenigen, die auch plastische Anteile beinhalten. So wurden von Namy (1970) für Tonböden Werte für $\nu' = 0{,}12$ bis $0{,}14$ ermittelt.

Für den Kompressionsmodul gilt:

$$K = \frac{p'}{\kappa'} = \frac{p'(1 + e_0)}{\kappa'} = \frac{E}{3(1 - 2\nu)} = \frac{G \cdot 2(1 + \nu)}{3(1 - 2\nu)}. \tag{11.54}$$

Für den Zusammenhang von Steifemodul und λ gilt:

$$E_{\mathrm{s}} = \frac{\Delta\sigma_{\mathrm{v}}'(1 + e_0)}{\Delta e} = \frac{\sigma_{\mathrm{v}}'}{\lambda'} = \frac{\Delta\sigma_{\mathrm{v}}'(1 + e_0)}{\lambda}. \tag{11.55}$$

Aus K_0-Triax-Versuchen wurden für schluffigen Ton Verhältnisse von $\lambda'/k' = 4$ bis 5 ermittelt.

Die Parameter λ und κ entsprechen den Kompressionsbeiwerten C_{c} bzw. Schwellbeiwerten C_{s} des Oedometerversuchs, Abb. 4.16. Es gilt

$$\lambda = C_{\mathrm{c}};\ \kappa = C_{\mathrm{s}}. \tag{11.56}$$

Für normal konsolidierte Böden mit Scherwinkeln von $20° \leq \varphi' \leq 40°$ kann

$$M \cong \frac{\varphi'}{25°} \tag{11.57}$$

angenommen werden.

Somit lässt sich das Modell mit fünf Konstanten beschreiben:

- mit K oder κ' oder C_{S} oder E_{s} oder E und ν sowie
- λ
- Γ und
- M.

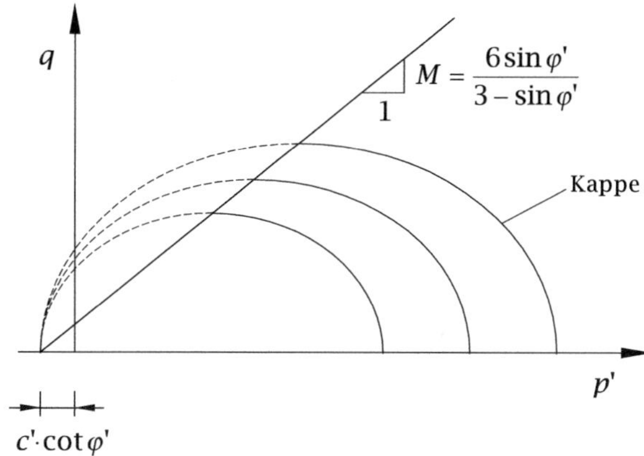

Abb. 11.13 *Mohr-Coulomb*-Gesetz mit triaxialer Kompression und mit elliptischer Kappe

Der Zusammenhang zwischen dem Cam-Clay-Modell und dem Gesetz von *Mohr-Coulomb* ergibt sich über die folgende Beziehung.

Für triaxiale Kompression ist die Steigung der Geraden nach Abb. 11.13:

$$M = \frac{6 \sin \varphi'}{3 - \sin \varphi'} \tag{11.58}$$

Für triaxiale Extension gilt:

$$M = \frac{-6 \sin \varphi'}{3 + \sin \varphi'}. \tag{11.59}$$

M und φ' stehen damit in einer festen Beziehung und können nicht unabhängig voneinander festgelegt werden. Die Kohäsion c' tritt lediglich als abhängige Zustandsvariable in Erscheinung.

Die weitere Abgrenzung der elastischen und plastischen Bereiche erfolgt mit einer elliptischen Fließgrenze (Fließfläche), die hier als Kappe bezeichnet wird.

11.2.2 Weitere Modelle

Für die praktische Anwendung steht heute mit der am Markt befindlichen Software eine Vielzahl von Stoffmodellen zur Verfügung. Diese greifen zum einen – teils in modifizierter Form – auf die dargestellten Zusammenhänge zurück, zum anderen wurden grundsätzlich andere Ansätze gewählt. Exemplarisch sei auf das Hardening Soil Model (HS), das in *PLAXIS*, Bentley Systems (2022), verwendet wird, hingewiesen. Folgende Bodeneigenschaften und Größen werden darin verwendet:

- Elastische Dehnungen,
- spannungsabhängige Verformungsmoduln,
- Vorbelastungen und Überkonsolidation,

- Erst- und Ent- bzw. Wiederbelastungen,
- Dilatanzeffekte (*Mohr-Coulomb*).

Hinsichtlich der Verformungsmoduln und der hyperbolischen Spannungs-Dehnungsbeziehungen sei auf Abschn. 4.5 verwiesen.

Neben den Verformungsmoduln und dem Exponenten m für die Erfassung der Spannungsabhängigkeit gehen die Querdehnzahl für Ent- und Wiederbelastung (ν_{ur}), die Scherparameter (φ' und c') sowie der Dilatanzwinkel (ψ) in die Berechnung ein. Für überkonsolidierte Böden wird der Erdruhedruckbeiwert nach Gl. (16.48) berechnet.

Für weitere, nichtlinear elastisch-plastische Stoffgesetze sei auf Atkinson (2007), Duncan und Chang (1970) und Schad (1979) verwiesen. Weitere Stoffgesetze für geschichteten bzw. geklüfteten Fels bzw. für kriechfähige weiche Böden sind neben dem schon aufgeführten Stoffgesetz dem Programm *PLAXIS*, Bentley Systems (2022), zugrunde gelegt.

Für nichtbindige Böden kann das nichtlineare Stoffverhalten gut mit hypoplastischen Stoffgesetzen, s. dazu Herle (1997), Fellin (2000), beschrieben werden. Des Weiteren wird auf Kolymbas und Herle (2017) verwiesen.

Literatur

Atkinson, J.: The mechanics of soils and foundations. Taylor & Francis, London, New York (2007)

Bentley Systems: PLAXIS general information manual. Bentley Systems, Delft (2022)

Burland, J.B.: Corresponding on the Yielding and dilation of Clay. Geotechnique **15**, 211–214 (1965)

Drucker, D.C.: A definition of stable inelastic material. J. Appl. Mech. **26**, 101–106 (1959)

Drucker, D.C., Prager, W.: Soil mechanics and plastic analysis or limit design. Q Jour Appl Math **X**(2), 157–165 (1952)

Duncan, J.M., Chang, C.-Y.: Nonlinear analysis of stress and strain in soils. J Soil Mech Found Div Proc Asce **96**, 1625–1653 (1970)

Fellenius, W.: Erdstatische Berechnungen mit Reibung und Kohäsion (Adhäsion) und unter Annahme kreiszylindrischer Gleitflächen. Ernst & Sohn, Berlin (1927)

Fellin, W.: Hypoplastizität für Einsteiger. Bautechnik **77**(1), 10–14 (2000)

Gußmann, P., Schad, H., Smith, I.: Numerische Verfahren, Grundbautaschenbuch, Teil 1, 6. Aufl. Ernst & Sohn, Berlin (2001)

Herle, I.: Hypoplastizität und Granulometrie einfacher Korngerüste. Veröffentlichung des Institutes für Bodenmechanik und Felsmechanik der Universität Fridericiana in Karlsruhe, Heft 142. (1997)

Kolymbas, D., Herle, I.: Stoffgesetze für Böden. In: Witt, K.J. (Hrsg.) Grundbautaschenbuch Teil 1: Geotechnische Grundlagen, 8. Aufl., S. 457–509. Ernst & Sohn, Berlin (2017)

Kötter, F.: Über das Problem der Erddruckbestimmung. Berlin. Verhandl. der Phys. Ges. (1888)

Namy, D.: An Investigation of Certain Aspects of Stress-Strain-Relationships of Clay Soils. PhD Thesis, Cornell University (1970)

Prandtl, L.: Über die Härte plastischer Körper. Göttingen. Nachrichten der Kgl. Ges. der Wissenschaften., S. 74–85 (1920). Math.-phys. Klasse

Rankine, W.J.M.: On the stability of loose earth. Transact R Soc, London, S. 147 (1856)

Roscoe, K.-H., Burland, J.B.: On the generalized stress-strain behavior of „wet“ clay. In: Hayman, Leckie (Hrsg.) Engineering plasticity, S. 553–609. University Press, Cambridge (1968)
Roscoe, K.-H., Schofield, A.N., Wroth, P.I.: On the yielding of soils. Geotechnique **8**, 22–53 (1958)
Roscoe, K.-H., Schofield, A.N.: Mechanical behaviour of an idealised wet clay. Proc. 2nd European Conf. Soil Mech., S. 47–54 (1963)
Schad, H.: Nichtlineare Stoffgleichungen für Böden und ihre Verwendung bei der numerischen Analyse von Grundbauaufgaben. Mitteilung 10. Institut für Grundbau und Bodenmechanik. Universität Stuttgart (1979)
Schofield, A., Wroth, P.: Critical state soil mechanics. McGraw-Hill, London (1968)
Scott, C.R.: Soil mechanics and foundations, 3. Aufl. Applied Science Publishers, London, S. 205–209 (1980)
Wood, D.M.: Soil behaviour and critical state soil mechanics. Cambridge University Press (1990)

Normen

DIN 4017: Baugrund – Berechnung des Grundbruchwiderstands von Flachgründungen

12 Flach- und Flächengründungen

Zusammenfassung

Bauwerkslasten (Einwirkungen) werden durch Gründungen in den Baugrund übertragen. Flach- und Flächengründungen sind dadurch charakterisiert, dass in der Sohlfläche neben normal einwirkenden auch geneigte und ausmittige Lasten übertragen werden. Für die Gründungskörper ist gemäß der geltenden Regelwerke nachzuweisen, dass der Baugrund durch geotechnische Maßnahmen nur soweit beansprucht wird, dass Bauwerke nicht versagen (Grenzzustand ULS) oder sie nicht ihre Gebrauchstauglichkeit (Grenzzustand SLS) einbüßen. Die erforderlichen Nachweise werden detailliert beschrieben, und es werden sämtliche erforderliche Kennwerte angegeben. Für einen vereinfachten Nachweis mit Tabellenwerken sind für nichtbindigen und bindigen Boden als auch für Fels die einzuhaltenden Voraussetzungen und Annahmen aufgeführt. Die Tabellenwerte dafür sind gelistet und für Ausnahmen anzusetzende Faktoren erläutert.

12.1 Begriffe

Gründungen können nach der Tiefe unterschieden werden, in der die Lasten in den Baugrund eingeleitet werden, siehe Abb. 12.1. Man bezeichnet dann als:

Flachgründung das Absetzen der Fundamentlasten auf eine der Bauwerkssohle nahen tragfähigen Bodenschicht, aber frostfrei (im Allgemeinen 80 cm tief unter Gelände, *DIN EN 1997-1, Abs. 6.4*);

► **Anmerkung** Bei nicht unterkellerten Bauwerken muss bei schrumpffähigem Boden die Gründungssohle ggf. tiefer (1,2 bis 1,5 m unter Gelände) gelegt und ein konstruktiv bewehrter Fundamentbalkenrost ausgebildet werden.

H.-H. Schmidt, R.F. Buchmaier, C. Vogt-Breyer, *Grundlagen der Geotechnik*,
https://doi.org/10.1007/978-3-658-39834-7_12

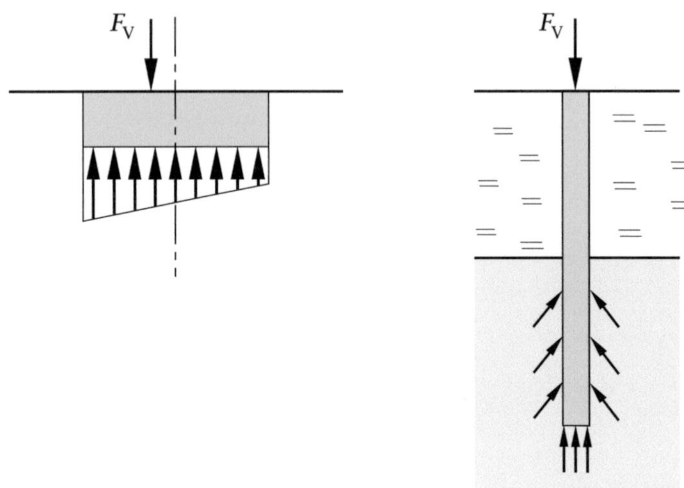

Abb. 12.1 Flach- und Tiefgründung (Pfahlgründung)

Tiefgründung das Absetzen der Fundamentlasten in einer tieferen Bodenschicht, beispielsweise mit Hilfe von Pfählen;

► **Anmerkung** Eine Mischform ist die Plattengründung in Verbindung mit Pfählen zur Reduzierung von Setzungen, Kombinierte Pfahl-Platten-Gründung KPP, s. Abschn. 20.5.

Gründungen können aber auch nach Art der Krafteinleitung unterschieden werden.
Man bezeichnet dann als:

Flächengründung eine Gründungsart, die dadurch gekennzeichnet ist, dass in der Kontaktfläche zwischen Bauwerk und Baugrund, der Sohle oder Sohlfläche, senkrechte, geneigte, mittige und ausmittige Kräfte abgetragen werden, und zwar sowohl bei Flach- als auch bei Tiefgründungen;

Pfahlgründung (Punktgründung), s. Kap. 13 und 20: eine Gründungsart, bei der die Lasten mit stützenden Stäben – überwiegend durch Normalkräfte beansprucht – in den Baugrund eingeleitet werden.

► **Anmerkung** Während eine Pfahlgründung gewöhnlich eine Tiefgründung ist, kann eine Flächengründung sowohl Flachgründung als auch Tiefgründung (Beispiel: Gründung mit Brunnen oder Pfeilern) sein. Hinsichtlich horizontal belasteter Gründungskörper bei Einspannung im Baugrund, s. Abschn. 19.7.

12.2 Hinweise für den Entwurf und die Bemessung

Die Abmessungen eines Fundaments (Seitenlängen und Tiefe) sind mindestens so groß zu wählen, dass die Spannungen in der Fundamentsohle nicht zu einem Versagen des Fundaments oder zu unzulässig großen Verformungen führen.

Vom Tragwerksplaner werden in der Regel die Einwirkungen an der Oberkante des Fundaments angegeben. Hierbei kann es sich um vertikale und horizontale Lasten handeln, die gegebenenfalls außermittig angreifen und so zu Momentenbeanspruchungen führen. Bei der Dimensionierung des Fundaments ist der Nachweis zu erbringen, dass das Fundament im Grenzzustand der **Tragfähigkeit** eine ausreichende Sicherheit aufweist. Hierzu werden unterschiedliche Versagensmechanismen untersucht:

- **Kippen:** Mit einer zunehmenden **Ausmitte** der Lasten wachsen die Randspannungen unter dem Fundament an. In Abhängigkeit der Steifigkeit und Scherfestigkeit des Bodens führt dies zu einem Nachgeben des Untergrunds und im Versagensfall kippt das Fundament. Als Grenzfall ist auch ein Kippen auf starrer Unterlage zu betrachten (s. Abschn. 12.3.1).
- **Gleiten:** Zur Aufnahme **horizontaler Beanspruchungen** werden in der Fundamentsohle Reibungskräfte mobilisiert, deren maximale Größe von der vertikalen Beanspruchung und dem Reibungswinkel des Bodens abhängt. Zusätzlich können ggf. an der Stirnseite des Fundaments auch Erdwiderstandskräfte mobilisiert werden. Im Versagensfall kommt es zu einer sehr großen horizontalen Verschiebung (s. Abschn. 12.3.2).
- **Grundbruch:** Hohe **vertikale Beanspruchungen** eines Fundaments führen zu großen vertikalen Spannungen unter dem Fundament. Da der Boden neben dem Fundament je nach Einbindetiefe deutlich geringere vertikale Spannungen aufweist, kommt es zu einer Scherbeanspruchung und im Versagensfall bricht der Boden zur Seite hin auf (s. Abschn. 12.3.3).
- **Gesamtstandsicherheit:** Falls ein Fundament nahe, auf oder in einem **Geländeknick oder -sprung** angeordnet wird, kann es in Abhängigkeit der Scherfestigkeit zu einer durchgehenden Gleitfläche im Gelände kommen und im Versagensfall rutscht das Fundament mit dem umgebenden Boden ab (s. Kap. 15).
- **Aufschwimmen:** Falls ein Bauteil/Baukörper durch seine Lage im (Grund-)Wasser Auftriebskräften ausgesetzt ist, könnte es im Versagensfall bei zu geringen nach unten wirkenden vertikalen Kräften (i. d. R. Gewicht) zu einem Aufschwimmen des Bauteils kommen (s. Kap. 22).

Im Grenzzustand der **Gebrauchstauglichkeit** ist zu prüfen, ob Bewegungen der Gründung (vertikale und horizontale Verschiebungen sowie Verdrehungen) zu einer Beeinträchtigung der Nutzung führen.

Die Auflistung verdeutlicht, dass diese Nachweise über den Baugrundaufbau und den Grundwasserstand hinaus konkret (zahlenmäßig) Kenntnisse über

- die Wichte,
- die Scherfestigkeit und
- die Zusammendrückbarkeit

der im Untergrund beeinflussten Böden erfordern.

Bei Bauwerken von geringerer wirtschaftlicher Bedeutung ist im Allgemeinen nur die Art des Baugrunds bekannt, nicht aber dessen Scherparameter und Verformungsmoduln. Hier bietet die *DIN 1054* die Möglichkeit, einfache Einzel- oder Streifenfundamente auf der Basis des in Tabellen angegebenen Bemessungswerts des Sohlwiderstands σ_{Rd} zu dimensionieren. Die Tabellen beruhen auf Grundbruch- und Setzungsberechnungen, auf großmaßstäblichen Versuchen sowie auf Erfahrungen. Bei ihrer Verwendung sind die Grenzzustände der Tragfähig- und Gebrauchstauglichkeit in der Regel abgedeckt. Näheres s. Abschn. 12.5.

Bei Anwendung der Tabellen muss bei ausmittiger Einwirkung ebenfalls das Klaffen in der Fundamentsohle bzw. das Kippen des Fundaments überprüft werden. Weiter müssen Bedingungen über die maximal zulässige Neigung der einwirkenden Last in der Fundamentsohle eingehalten werden.

► **Anmerkung** Bei allen Nachweisen sind die Lasten (Einwirkungen) auf die Gründungssohle zu beziehen!

Beim Entwurf und der Dimensionierung von Fundamenten sind jedoch weitere Gesichtspunkte zu beachten, die durch die beschriebenen Nachweise nicht erfasst werden. Beispielsweise ist zu beachten

- in welcher Tiefe geeignete tragfähige Schichten erreicht werden,
- bis zu welcher Tiefe Frostschäden auftreten können,
- ob sich Erschwernisse aus einem Aushub unter dem Grundwasserspiegel ergeben,
- ob durch das Schwellen oder Schrumpfen von Tonböden schädliche Bewegungen auftreten können,
- ob die Fundamentherstellung oder die Lasteinleitung Auswirkungen auf benachbarte Bauwerke, Leitungen o. ä. hat.

12.3 Nachweise für den Grenzzustand der Tragfähigkeit (ULS)

Für die in Abschn. 12.2 beschriebenen Versagensfälle ist nachzuweisen, dass eine ausreichende Sicherheit gegen das Eintreten des jeweiligen Bruchmechanismus vorhanden ist.

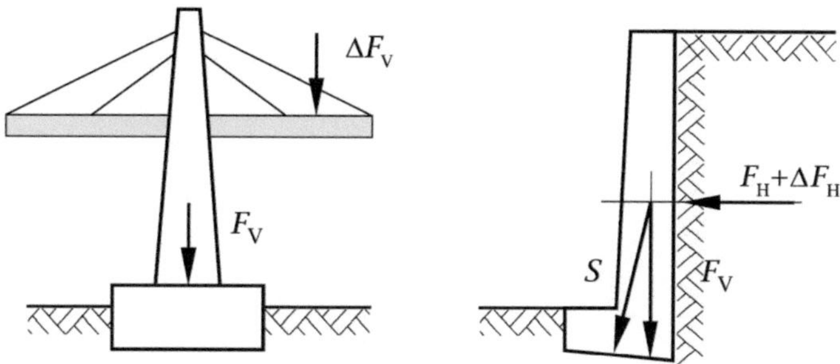

Abb. 12.2 Besonders kippgefährdete Bauwerke

12.3.1 Stark exzentrische Belastung (Kippen)

Formal darf gemäß *DIN 1054* der Nachweis gegen Gleichgewichtsverlust durch Kippen (Grenzzustand EQU) näherungsweise durch einen Vergleich destabilisierender und stabilisierender Bemessungsgrößen der Einwirkungen bzw. Beanspruchungen, bezogen auf eine fiktive Kippkante am Fundamentrand, geführt werden. Nach *DIN EN 1997-1* muss $E_{\mathrm{dst,d}} < E_{\mathrm{stb,d}}(+T_{\mathrm{d}})$ erfüllt sein. Die Beanspruchungen E sind in diesem Fall die Momente bezüglich der im o. g. Sinn idealisierten, von den Materialeigenschaften unabhängigen Kippkante. Bei den stabilisierenden Einwirkungen kann ggf. auch ein Schwerwiderstand T_{d} mit einbezogen werden. Dieser sollte aber von untergeordneter Bedeutung sein. Da die tatsächliche Kippkante jedoch mit abnehmender Steifigkeit und Scherfestigkeit in die Fundamentfläche hinein wandert, sind in jedem Fall die Nachweise zur Gebrauchstauglichkeit zu erbringen, die eine Begrenzung der Ausmittigkeit vorgeben (s. Abschn. 12.4.2). Auf diese Weise wird in den meisten Fällen auch für den Grenzzustand der Tragfähigkeit eine ausreichende Sicherheit gegen Kippen sichergestellt. Bei einem hohen Anteil veränderlicher Horizontallasten kann jedoch auch der Nachweis EQU maßgebend werden. Er ist daher in jedem Fall zu führen.

Bei Baukörpern, bei denen eine relativ kleine Veränderung der Belastung die Exzentrizität der Resultierenden erheblich verändern kann, z. B. Ladebrücken oder Stützmauern, s. Abb. 12.2, ist besonders darauf zu achten, dass die maßgebenden Einwirkungen in der ungünstigsten Kombination ermittelt werden.

12.3.2 Nachweis der Gleitsicherheit

Das Bauwerk bzw. Fundament gleitet, wenn die waagerechte Komponente der in der (üblicherweise horizontalen) Sohlfuge angreifenden resultierenden Kraft größer ist als die entgegenwirkende Scherkraft. Die Gleitgefahr wird durch den Erdwiderstand vor dem Bauwerk vermindert. Der Nachweis der ausreichenden Gleitsicherheit kann sich, s. Abb. 12.3, auf zwei Arten des Baugrundversagens beziehen: entweder gleitet der feste Fundament-

Abb. 12.3 Beispiele zur Definition des Gleitens

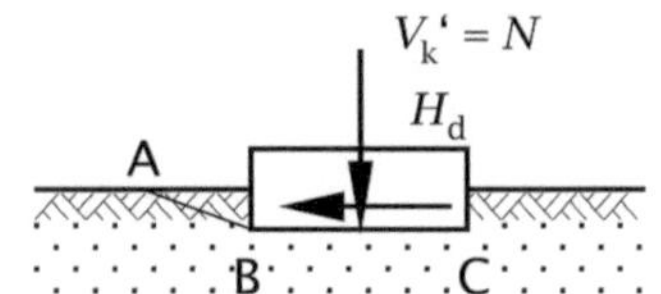

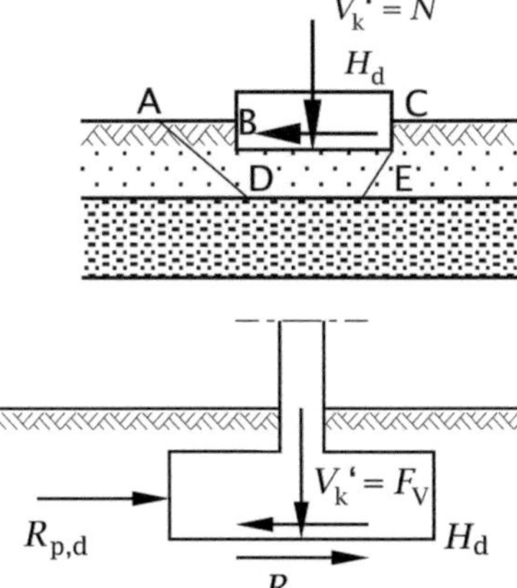

Abb. 12.4 Bezeichnungen für Gleitsicherheitsnachweis

körper auf dem Boden ab oder das Fundament und ein Teil des Bodens gleiten gemeinsam auf einer unter dem Fundament anstehenden Schicht geringerer Scherfestigkeit ab. Der letztere Fall stellt bereits den Übergang zum Grundbruch dar.

Zur Einhaltung einer ausreichenden Sicherheit gegen Gleiten ist nachzuweisen, dass für den Grenzzustand GEO-2 die Bedingung

$$H_d \leq R_d + R_{p,d} \tag{12.1}$$

erfüllt ist.

Dabei sind, siehe Abb. 12.4:

H_d ... Resultierende aller tangentialen Bemessungseinwirkungen in der Sohlfläche (bzw. einer anderen Prüffläche) inkl. aktiver Erddruckkräfte,

R_d ... der Bemessungswert des Scherwiderstandes in der Fundamentsohle nach Gl. (12.5),

$R_{p,d}$ ... der Bemessungswert des Erdwiderstandes (s. Kap. 16), parallel zur Sohlfläche an der Stirnseite des Fundamentes.

► **Anmerkung** Im seltenen Fall einer geneigten Fundamentsohle sind statt der Horizontal- und Vertikalkräfte entsprechende Tangential- und Normalkräfte zu betrachten.

Der Bemessungswert des Scherwiderstands R_d ist wie folgt zu ermitteln:

- Im konsolidierten Zustand (Endzustand):

$$R_d = V'_k \cdot \tan \delta_k / \gamma_{R,h} \tag{12.2}$$

  Hierbei sind V'_k die charakteristischen vertikalen Beanspruchungen, wobei berücksichtigt werden muss, ob die horizontalen Beanspruchungen hiervon unabhängig sind. Sofern der Sohlreibungswinkel δ_{sk} nicht gesondert ermittelt wird, darf er bei Ortbetonfundamenten gleich dem charakteristischen Wert φ'_k des effektiven Reibungswinkels angesetzt werden, jedoch $\varphi'_k = 35°$ nicht überschreiten. Bei vorgefertigten Fundamenten ist er auf $2/3 \cdot \varphi'_k$ abzumindern, es sei denn, die Fertigteile werden im Mörtelbett verlegt.
- Bei einer in Gleitrichtung ansteigenden Sohlfläche – wie bei Fundamenten mit einem Sporn – und einer durch den Boden verlaufenden Bruchfläche A:

$$R_d = (V'_k \cdot \tan \delta_k + A \cdot c'_k) / \gamma_{R,h} \tag{12.3}$$

- Im unkonsolidierten Zustand (Anfangszustand bei der raschen Beanspruchung eines wassergesättigten Bodens):

$$R_d = A \cdot c_{u,k} / \gamma_{R,h} \tag{12.4}$$

  Hierbei ist A die Sohlfläche des Fundaments und $c_{u,k}$ die charakteristische, undränierte Kohäsion des Bodens unter dem Fundament.

Beim Ansatz des Erdwiderstands $R_{p,d}$ ist die Möglichkeit in Betracht zu ziehen, dass der zur Stützung herangezogenen Boden während der Nutzungsdauer entfernt oder erodiert wird. In diesem Fall ist entweder

- die Gleitsicherheit auch ohne den Ansatz von Erdwiderstand als ausreichend nachzuweisen,
- die horizontale Einwirkung durch Abfangungen oder andere Maßnahmen zu reduzieren oder
- es wird bei einem vorübergehenden Entfernen der Nachweis für eine vorübergehende Bemessungssituation (BS-T) geführt.

Falls Erdwiderstand im Gleitsicherheitsnachweis berücksichtigt wird, ist zunächst der charakteristische Wert des Erdwiderstands $R_{p,k}$ parallel zur Sohlfläche mit einem Erddruckneigungswinkel $\delta_p = 0$ zu bestimmen. Der Bemessungswert $R_{p,d}$ ergibt sich durch Division mit dem Teilsicherheitsbeiwert $\gamma_{R,e}$ für den Grenzzustand GEO-2

$$R_{p,d} = R_{p,k} / \gamma_{R,e} \tag{12.5}$$

Sämtliche Teilsicherheitsbeiwerte sind den Tabellen in Abschn. 8.3.7 zu entnehmen.

12.3.3 Nachweis der Grundbruchsicherheit

Ein Grundbruch tritt ein, wenn ein Gründungskörper so stark belastet wird, dass sich unter ihm im Untergrund mehr oder weniger ausgeprägte Gleitbereiche bilden, in denen der Scherwiderstand des Bodens überwunden wird, die dabei aufgenommene Last entspricht dem Widerstand (Grundbruchwiderstand) im Grenzzustand der Tragfähigkeit, s. auch Abschn. 11.1.3.

Bei der Darstellung der Lastsetzungslinie kommt dies dadurch zum Ausdruck, dass die Kurve sich einer nach unten steil abfallenden Tangente nähert, s. Abb. 12.5.

Ein Grundbruch kann auch eintreten, wenn bei gleichbleibender Last der Scherwiderstand des Bodens abnimmt oder eine seitliche Auflast entfernt wird.

Ein typisches Beispiel für ein gemessenes Last-Setzungs-Diagramm zeigt Abb. 12.5 von Leussink et al. (1966). Der Baugrund bestand hierbei aus mitteldicht gelagertem Sand. In der 1. Phase sind die bleibenden Setzungen des Fundaments der Belastung proportional. Die Kurve krümmt sich bei wachsenden Lasten progressiv, bis das Fundament (g) schließlich im Boden versinkt.

Die bis zu diesem Grundbruch auftretenden einzelnen Phasen der Spannungsumlagerung im Baugrund sind schematisch und anhand der Sohldruckverteilung in Abb. 12.6 veranschaulicht und anschließend erläutert.

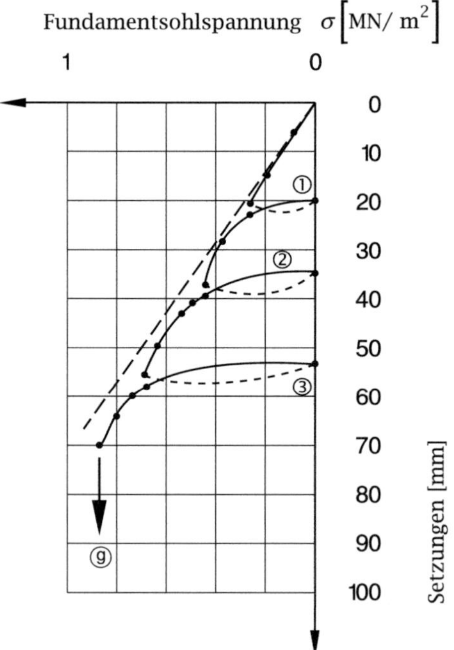

Abb. 12.5 Last-Setzungs-Kurve für Fundament

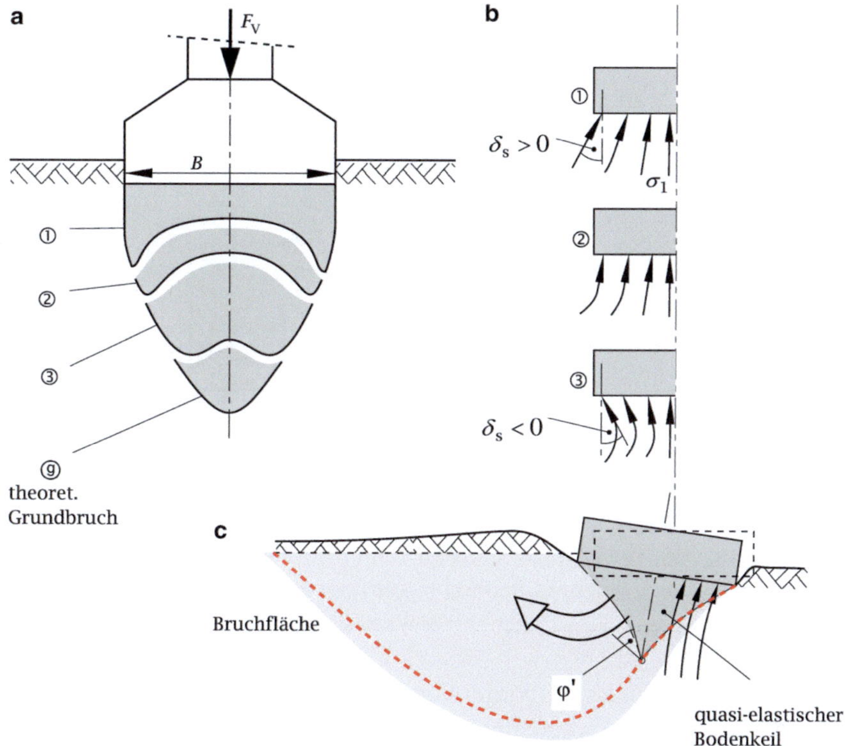

Abb. 12.6 Darstellung Grundbruch. **a** Sohlspannungsverteilung, **b** Hauptspannungsrichtungen, **c** Kinematik beim Grundbruch

Phase ① (Gebrauchslastzustand): infolge der Kerbwirkung des steifen Fundaments im Boden hat der Sohldruck zwei außenliegende Maxima, die aber nicht exakt an der Kante auftreten, weil durch lokale plastische Verdrängung des Bodens an der Kante bereits eine Sohldruckumlagerung beginnt.

Phase ② Bei zunehmender äußerer Kraft wandern die Maxima zur Mitte, da der von der Kante ausgehende Verdrängungsbereich sich ausweitet. Die Sohlspannungsfläche füllt sich im Mittelbereich auf. Gleichzeitig ändern sich die Sohlschubspannungen, indem sie von der Kante nach innen fortschreitend kleiner und sogar negativ werden.

Phase ③ Die Grenze der statisch möglichen Spannungsumlagerung ist erreicht, der Zustand wird kritisch.

Phase ⑨ Der Bodenkern, auf dem das Fundament sich abstützt, wird instabil und bricht einseitig weg – Grundbruch.

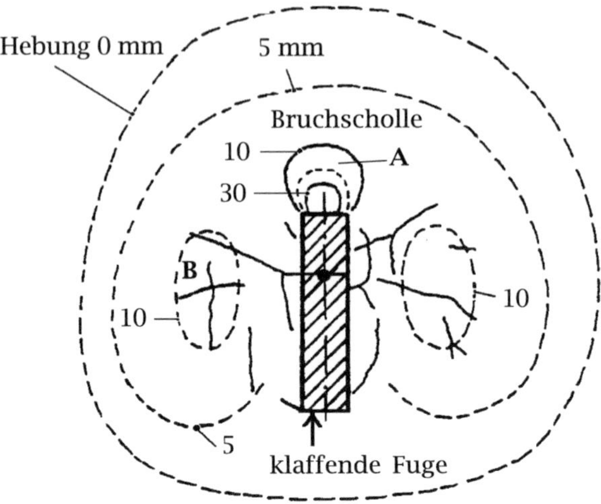

Abb. 12.7 Grundbruch, Verformungsbild im Grundriss

► **Anmerkung** Bei Belastungsversuchen kann man nur Phase 3 sinnvoll messen. Diese Phase vor dem Grundbruch soll deswegen bei Flachfundamenten als Grenzlast bezeichnet werden.

Abb. 12.7 zeigt im Grundriss das Verformungsbild nach einem Grundbruchversuch der Deutschen Forschungsgesellschaft für Bodenmechanik (Degebo) in Berlin, Muhs und Weiss (1969), bei dem das Fundament senkrecht, aber exzentrisch belastet wurde. Der Bruch trat hierbei im Gebiet von A auf, kann aber auch in B erfolgen.

Folgende allgemeine Aussagen lassen sich aus theoretischen Überlegungen und aus Beobachtungen ableiten, so dass sie Einfluss in die nachfolgenden Nachweise gefunden haben:

Die Sicherheit gegen Grundbruch wächst

- mit zunehmender Breite des Fundaments
- mit zunehmender Tiefe des Fundaments
- mit zunehmender Scherfestigkeit des Bodens in der angenommenen Bruchfuge.

Die Sicherheit gegen Grundbruch verringert sich

- mit zunehmender Exzentrizität und Neigung der Last
- mit steigendem Grundwasserspiegel
- mit abnehmender Wichte des Bodens
- bei Böden mit hohem Wassersättigungsgrad und schneller Belastung (undränierte Scherfestigkeit).

Grundbruchnachweis Zur Einhaltung einer ausreichenden Sicherheit gegen Grundbruch muss folgende Bedingung erfüllt sein:

$$V_\mathrm{d} \leq R_\mathrm{d}. \tag{12.6}$$

Dabei sind:

V_d ... Bemessungswert der Vertikallast (oder der Komponente der Einwirkungs-Resultierenden normal zur Fundamentsohle)

Ohne eine Berücksichtigung von Kombinationsbeiwerten ergibt sich der Bemessungswert V_d als Vertikallast zu:

$$V_\mathrm{d} = G_\mathrm{k} \cdot \gamma_\mathrm{G} + Q_\mathrm{rep} \cdot \gamma_\mathrm{Q} \tag{12.7}$$

mit

G_k ... Charakteristischer Wert der ständigen vertikalen Einwirkungen
Q_rep ... Repräsentativer Wert der veränderlichen Einwirkungen
γ_G, γ_Q ... Teilsicherheitsbeiwerte für Einwirkungen in GEO-2
R_d ... Bemessungswert des Grundbruchwiderstands

$$R_\mathrm{d} = R_\mathrm{n,k}/\gamma_\mathrm{R,v} \tag{12.8}$$

mit

$R_\mathrm{n,k}$ ... Charakteristischer Grundbruchwiderstand gemäß *DIN 4017*
$\gamma_\mathrm{R,v}$ ... Teilsicherheitsbeiwert für Grundbruchwiderstand in GEO-2

Gemäß *DIN 1054* darf bei der Ermittlung der resultierenden charakteristischen bzw. repräsentativen Beanspruchung in der Sohlfläche eine Bodenreaktion B_k an der Stirnseite des Fundaments (infolge Erdwiderstands) wie eine charakteristische Einwirkung angesetzt werde. Sie darf jedoch höchstens so groß sein wie die parallel zur Sohlfläche angreifende charakteristische bzw. repräsentative Beanspruchung aus den Einwirkungen. Außerdem darf sie mit Rücksicht auf die Verschiebungen beim Wecken des Erdwiderstands höchstens zu 50 % des charakteristischen Erdwiderstands (mit $\delta_\mathrm{p} = 0$) angesetzt werden.

Der charakteristische Grundbruchwiderstand $R_\mathrm{n,k}$ ist in der Regel nach *DIN 4017* unter Berücksichtigung von Neigung und Ausmittigkeit der resultierenden charakteristischen (bzw. repräsentativen) Beanspruchung in der Sohlfläche zu ermitteln. Wahlweise ist es auch zulässig, unmittelbar die Bemessungswerte E_d der Gesamtbeanspruchung und die daraus resultierende Lastneigung und Lastexzentrizität zu verwenden. Dieses Vorgehen liegt auf der sicheren Seite und führt damit zu größeren Fundamentabmessungen.

Grundbruchwiderstand gemäß *DIN 4017* Der in *DIN 4017* empfohlene Nachweis der Grundbruchsicherheit stützt sich auf das von Terzaghi (1942) vorgeschlagene und seitdem von vielen Autoren, s. z. B. de Beer (1964), weiterentwickelte halbempirische Verfahren, bei dem zur Ermittlung des Grundbruchwiderstandes Einflüsse aus der Kohäsion, der Gründungstiefe und der Gründungsbreite als Funktion des Reibungswinkel φ des als homogen angenommenen Baugrundes addiert werden. Perau (1994) hat auf der Grundlage eigener Versuche und theoretischer Untersuchungen Modifizierungen vorgeschlagen mit dem Ziel, die einzelnen Teillösungen besser aufeinander abzustimmen. Schick und Unold (2002) hat den Einfluss der Lastneigung weiter untersucht.

In sämtlichen Untersuchungen werden die Fundamente als starr angenommen. Im Sinne der Grenzkraftermittlung nach der Plastizitätstheorie, s. Kap. 11, ergibt die Grundbruchberechnung nach Terzaghi einen Grenzwert, der zwischen einem „oberen" und „unteren" Grenzwert liegt und der durch viele Vergleichsuntersuchungen als auf der sicheren Seite liegend angesehen werden kann.

DIN 4017 gilt für

- waagerechte Geländeoberfläche
- bei geneigter Geländeoberfläche, sofern die lange Fundamentseite etwa parallel zu den Höhenlinien des Geländes verläuft und die horizontale Komponente der Resultierenden der Einwirkungen etwa parallel zur kurzen Fundamentseite gerichtet ist
- nichtbindige Böden, deren Lagerungsdichte $D > 0{,}2$ bei $U \leq 3$ bzw. $D > 0{,}3$ bei $U > 3$ ist
- bindige Böden mit einer Konsistenzzahl $I_C > 0{,}5$.

► **Anmerkung** In Gleichungen und Bildern der Norm sind für den Reibungswinkel und die Kohäsion die Formelzeichen φ und c eingesetzt. Es ist aus dem jeweiligen Zusammenhang festzulegen, ob damit φ' und c' bzw. φ_u und c_u gemeint sind.

Der Grundbruchwiderstand $R_{n,k}$ ist mit charakteristischen bodenmechanischen Kennwerten zu ermitteln!

Abb. 12.8 zeigt den Grundbruchfall mit der theoretischen Gleitfigur und die für die Nachweise erforderlichen Bezeichnungen.

Folgende Baugrundeigenschaften müssen im Allgemeinen bekannt sein:

- γ_1, γ_2 bzw. wenn unter Grundwasserspiegel: γ_1', γ_2':
  Wichte des Bodens oberhalb bzw. unterhalb der Gründungssohle (nicht zu verwechseln mit Teilsicherheitsbeiwerten),

► **Anmerkung** Bei Schichtung (Kellersohle und Boden) entsprechend Abb. 12.8 ist für $\gamma_1 d$ die entsprechende vertikale Flächenlast q anzusetzen.

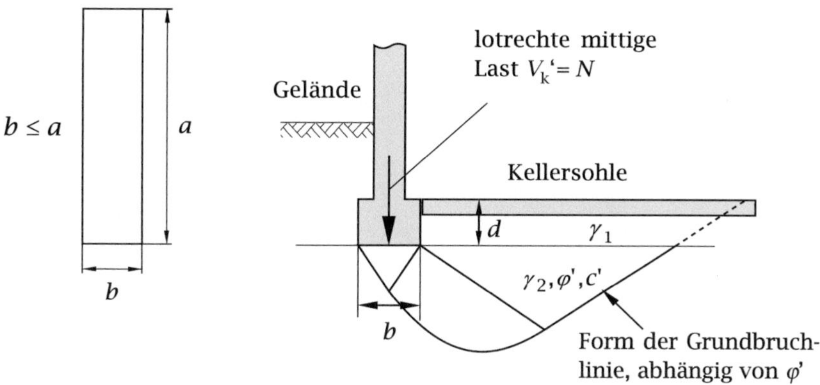

Abb. 12.8 Grundbruch bei lotrecht und mittig belastetem Fundament (nach *DIN 4017*)

- φ', c' : effektive Scherparameter,
- c_u: Scherfestigkeit (undränierte Kohäsion) des undränierten wassergesättigten Bodens mit $\varphi_u = 0$.

Die Gleichung für den Grundbruchwiderstand heißt:

$$R_n = a' \cdot b'(\gamma_2 \cdot b' \cdot N_b + \gamma_1 \cdot d \cdot N_d + c \cdot N_c). \tag{12.9}$$

Darin sind:

$$\begin{aligned} N_b &= N_{b0} \cdot \nu_b \cdot i_b \cdot \lambda_b \cdot \xi_b \\ N_d &= N_{d0} \cdot \nu_d \cdot i_d \cdot \lambda_d \cdot \xi_d \\ N_c &= N_{c0} \cdot \nu_c \cdot i_c \cdot \lambda_c \cdot \xi_c \end{aligned} \tag{12.10}$$

die Tragfähigkeitsbeiwerte. Für N_{b0}, N_{d0} und N_{c0}, s. Gl. (12.11), Tab. 12.1 und Abb. 12.9.

Gleichung (12.9) gilt für $d/b \leq 2$. Für $d/b > 2$ liegen die Ergebnisse auf der sicheren Seite, wenn mit $d/b = 2$ gerechnet wird. Die Parameter a' und b' beschreiben die rechnerische Fundamentfläche, siehe Abb. 12.10. Bei mittiger Beanspruchung entsprechen diese den Fundamentabmessungen a und b, mit $a \geq b$.

Der Boden neben dem Fundament $q = \gamma_1 \cdot d$ wirkt nur als Auflast, d. h. die Scherfestigkeit dieses Bodens bleibt unberücksichtigt. Die Gleitlinien im Übergangsbereich sind logarithmische Spiralen. Die wirklichen Gleitlinien zeigen gegenüber den theoretischen, aus dem Spannungszustand berechneten, eine Winkelabweichung, die nach neuen Untersuchungen auf die Volumenänderung des Bodens bei Scherbeanspruchung zurückzuführen ist.

In den Gl. (12.11) sind die Gleichungen für die Tragfähigkeitsbeiwerte N_{i0} formelmäßig angegeben. Alternativ sind in Tab. 12.1 für gängige charakteristische Reibungswinkel φ Tragfähigkeitswerte N_{i0} aufgeführt und Abb. 12.9 zeigt die Tragfähigkeitsbeiwerte N_{i0}

Tab. 12.1 Tragfähigkeitsbeiwerte

φ	N_{b0}	N_{d0}	N_{c0}
0°	0	1,0	5,14
5°	0	1,5	6,5
10°	0,5	2,5	8,5
15°	1,0	4,0	11,0
20°	2,0	6,5	15,0
22,5°	3,0	8,0	17,5
25°	4,5	10,5	20,5
27,5°	7	14	25
30°	10	18	30
32,5°	15	25	37
35°	23	33	46
37,5°	34	46	58
40°	53	64	75
42,5°	83	92	99

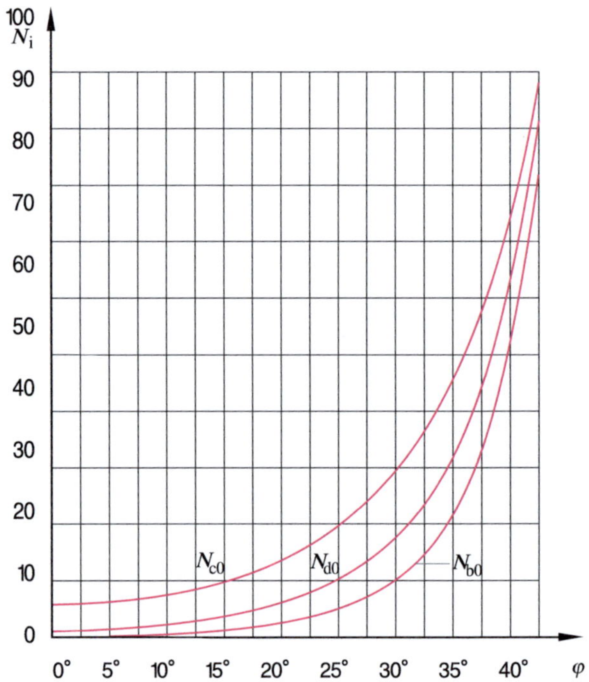

Abb. 12.9 Tragfähigkeitsbeiwerte N_{b0}, N_{d0} und N_{c0} in Abhängigkeit vom Reibungswinkel φ (*DIN 4017*)

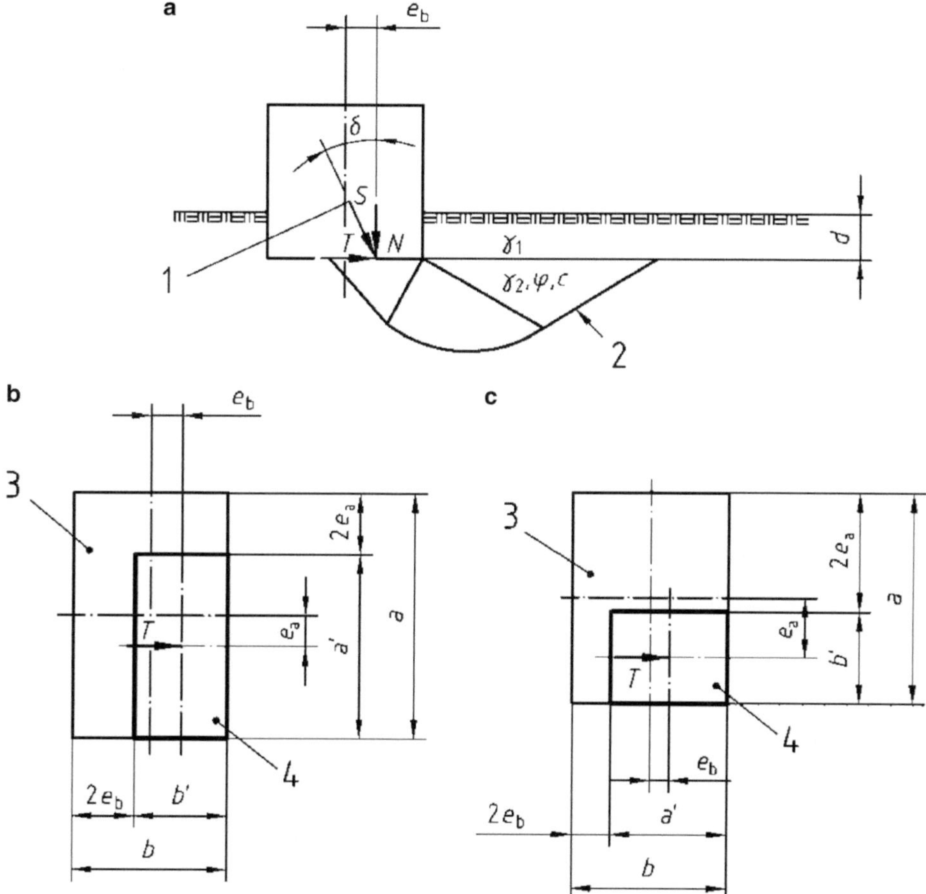

1 schräg und ausmittig wirkende Beanspruchung; Sohldruckresultierende
2 Gleitfläche; Form ist abhängig von φ und δ
3 wirkliche Grundfläche
4 rechnerische Grundfläche

Abb. 12.10 Grundbruch bei außermittig belasteten Fundamenten (*DIN 4017*). **a** Querschnitt; **b** Grundriss, T parallel zu b' (mit b' wird immer die kürzere Seitenlänge bezeichnet); **c** Grundriss, T parallel zu a'

in Abhängigkeit von φ graphisch. Die Werte N_{d0} und N_{c0} gehen auf Prandtl (1920) zurück, während die Werte N_{b0} aus empirischen Untersuchungen und theoretischen Berechnungen hergeleitet wurden, s. Muhs und Weiss (1969).

$$
\begin{aligned}
N_{d0} &= e^{\pi \cdot \tan\varphi} \cdot \tan^2\left(45° + \frac{\varphi}{2}\right) \\
N_{c0} &= (N_{d0} - 1) \cdot \cot\varphi \\
N_{b0} &= (N_{d0} - 1) \cdot \tan\varphi.
\end{aligned}
\tag{12.11}
$$

Tab. 12.2 Formbeiwerte (*DIN 4017*)

Grundrissform	ν_b	ν_d	ν_c ($\varphi \neq 0$)	ν_c ($\varphi = 0$)
Streifen	1,0	1,0	1,0	1,0
Rechteck	$1 - 0{,}3 \cdot \frac{b'}{a'}$	$1 + \frac{b'}{a'} \cdot \sin\varphi$	$\frac{\nu_d \cdot N_{d0} - 1}{N_{d0} - 1}$	$1 + 0{,}2 \cdot \frac{b'}{a'}$
Quadrat/Kreis	0,7	$1 + \sin\varphi$	$\frac{\nu_d \cdot N_{d0} - 1}{N_{d0} - 1}$	1,2

▶ **Anmerkung** Für $\varphi = 0$ ist der in Gl. (11.31) aufgeführte Grenzwert von $N_{c0} = 2 + \pi \cong 5{,}14$ zu benutzen.

Die Exzentrizität der Resultierenden wird vereinfacht in der Weise berücksichtigt, dass man mit der in Abb. 12.10 hinterlegten Ersatzfläche $A' = a' \cdot b'$ rechnet, die man aus den Seitenlängen b und a nach Abzug jeweils der doppelten Exzentrizität $2e_b$ bzw. $2e_a$ erhält: dieses Ersatzfundament ist dann sozusagen wieder zentrisch belastet. In Abb. 12.10b ist ein langgestreckter Grundriss $a > b$, in Abb. 12.10c ein gedrungener Grundriss dargestellt.

Man beachte im Fall von Abb. 12.10c, dass für die Ermittlung des Grundbruchwiderstands gegenüber dem Fall in Abb. 12.10b die Seitenbezeichnungen geändert werden müssen. Für die reduzierten Seiten ist hier analog zum Fall der mittigen Belastung $b' < a'$ maßgebend.

Für die vom Streifenfundament abweichende Form der Fundamente werden Formbeiwerte ν berücksichtigt, die empirisch ermittelt wurden, s. Tab. 12.2. Zur Ermittlung der Formbeiwerte sind die reduzierten rechnerischen Fundamentabmessungen a' und b' zu verwenden.

Geneigte Kräfte werden mit den Lastneigungsbeiwerten i erfasst. Die Berechnung der Lastneigungsbeiwerte erfolgt mit

$$\tan\delta = \frac{T_k}{N_k}. \tag{12.12}$$

Es gilt die Voraussetzung, dass $|\delta| < \varphi$ ist.

Die Lastneigungsbeiwerte i sind in Abhängigkeit von dem Lastneigungswinkel $\delta = \arctan \frac{T_k}{N_k}$ (s. Gl. (12.12)) und dessen Vorzeichen, s. Abb. 12.11, nach Tab. 12.3 zu berechnen.

Der Exponent m in den Gleichungen der Tab. 12.3 berechnet sich nach Gl. (12.13)

$$m = m_a \cdot \cos^2\omega + m_b \cdot \sin^2\omega \tag{12.13}$$

mit

$$m_a = \frac{2 + \frac{a'}{b'}}{1 + \frac{a'}{b'}} \tag{12.14}$$

$$m_b = \frac{2 + \frac{b'}{a'}}{1 + \frac{b'}{a'}}. \tag{12.15}$$

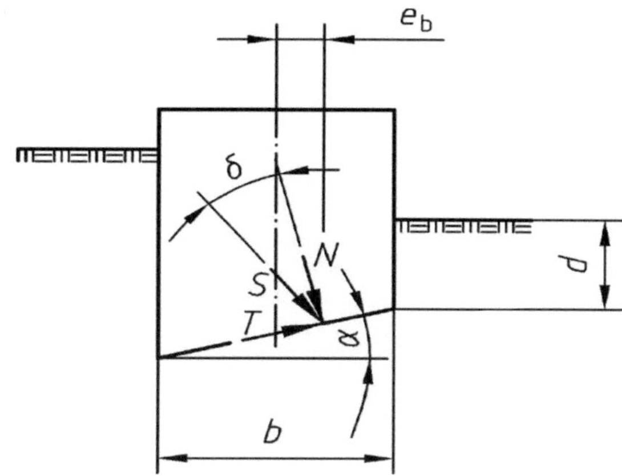

Abb. 12.11 Formelzeichen bei Berücksichtigung einer geneigten Lastfläche (*DIN 4017*)

Tab. 12.3 Lastneigungsbeiwerte (*DIN 4017*)

Fall	Lastneigungs-winkel	i_b	i_d	i_c
$\varphi > 0$ und $c \geq 0$	$\delta > 0$	$(1 - \tan\delta)^{m+1}$	$(1 - \tan\delta)^{m}$	$\frac{(i_d \cdot N_{d0} - 1)}{N_{d0} - 1}$
	$\delta < 0$	$\cos\delta \cdot (1 - 0{,}04 \cdot \delta)^{(0{,}64+0{,}028\cdot\varphi)}$	$\cos\delta \cdot (1 - 0{,}0244 \cdot \delta)^{(0{,}03+0{,}04\cdot\varphi)}$	
$\varphi = 0$ und $c > 0$	$\delta > 0$ und $\delta < 0$	Entfällt, da $N_{b0} = 0$	1,0	$0{,}5 + 0{,}5\sqrt{1 - \frac{T}{A'c}}$

Winkel sind in Grad (°) einzusetzen.

Dabei ist ω der im Grundriss gemessene Winkel von T gegenüber der Richtung von a' aus Abb. 12.12.

Für Streifenfundamente ($a' = a \rightarrow \infty$) und $\omega = 90°$ (Lastangriff quer zum Fundament) ist $m = 2$.

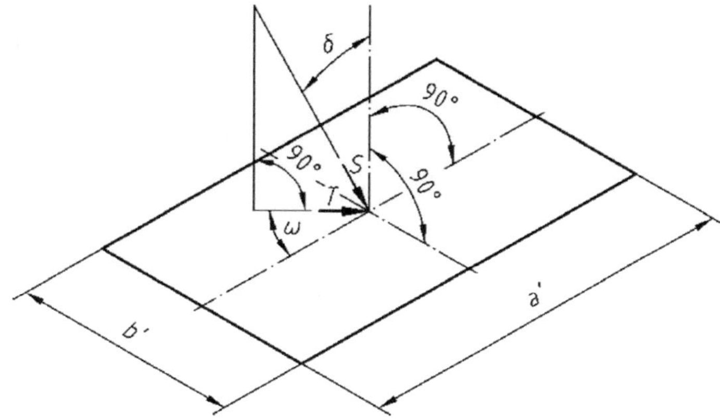

Abb. 12.12 Zur Lotrechten und zu den Seiten der Lastflächen schräg angreifende Last (*DIN 4017*)

Tab. 12.4 Geländeneigungsbeiwerte (*DIN 4017*)

Fall	λ_b	λ_d	λ_c
$\varphi > 0$ und $c \geq 0$	$(1 - 0{,}5 \tan \beta)^6$	$(1 - \tan \beta)^{1{,}9}$	$\dfrac{\left(N_{d0} \cdot e^{-0{,}0349 \cdot \beta \cdot \tan \varphi} - 1\right)}{N_{d0} - 1}$
$\varphi = 0$ und $c > 0$	Entfällt, da $N_{b0} = 0$	1,0	$1 - 0{,}4 \tan \beta$

Winkel sind in Grad (°) einzusetzen.

Tab. 12.5 Sohlneigungsbeiwerte ξ (*DIN 4017*)

Fall	ξ_b	ξ_d	ξ_c
$\varphi > 0$ und $c \geq 0$	$e^{-0{,}045 \cdot \alpha \cdot \tan \varphi}$	$e^{-0{,}045 \cdot \alpha \cdot \tan \varphi}$	$e^{-0{,}045 \cdot \alpha \cdot \tan \varphi}$
$\varphi = 0$ und $c > 0$	Entfällt, da $N_{b0} = 0$	1,0	$1 - 0{,}0068 \cdot \alpha$

Winkel sind in Grad (°) einzusetzen.

Die Geländeneigungsbeiwerte λ in Tab. 12.4 gelten unter der Voraussetzung, dass $\beta < \varphi$ ist und für Gründungskörper, deren Längsachse etwa parallel zur Böschungskante verläuft.

Für die Berücksichtigung geneigter Sohlflächen sind Sohlneigungsbeiwerte ξ nach Tab. 12.5 zu berechnen. Das Vorzeichen des Winkels α ist nach Abb. 12.13 festzulegen.

Zur Berücksichtigung einer Bermenbreite kann eine Ersatzeinbindetiefe d' angesetzt werden (Abb. 12.14):

$$d' = d + 0{,}8 \cdot s \cdot \tan \beta. \tag{12.16}$$

Durchstanzen Wenn ein Baugrund aus weichem oder breiigem gesättigtem bindigen Boden mit der maßgeblichen Scherfestigkeit $\varphi_u = 0$, $c_u \neq 0$, und einer festeren Deckschicht mit einem Reibungswinkel $\varphi > 25°$ besteht, wie es häufig bei Auffüllungen auf gering tragfähigen Boden der Fall ist, und die Deckschicht eine geringere Dicke als die 2-fache Fundamentbreite b hat, dann muss der Bemessungswert des Grundbruchwiderstands nach der Durchstanzbedingung ermittelt werden, s. dazu *DIN 4017*, Anhang B.

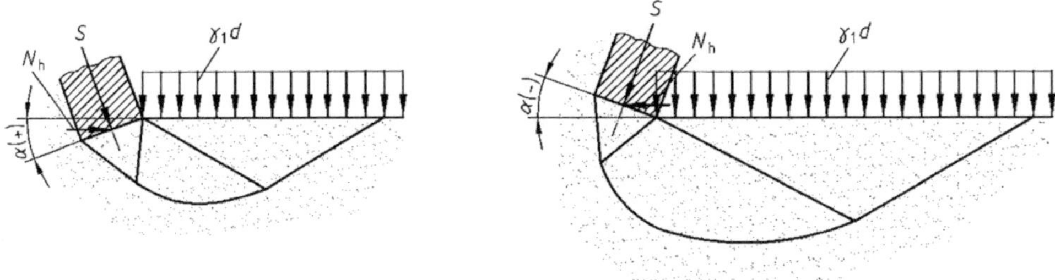

Abb. 12.13 Vorzeichenvereinbarung für den Sohlneigungswinkel α (*DIN 4017*)

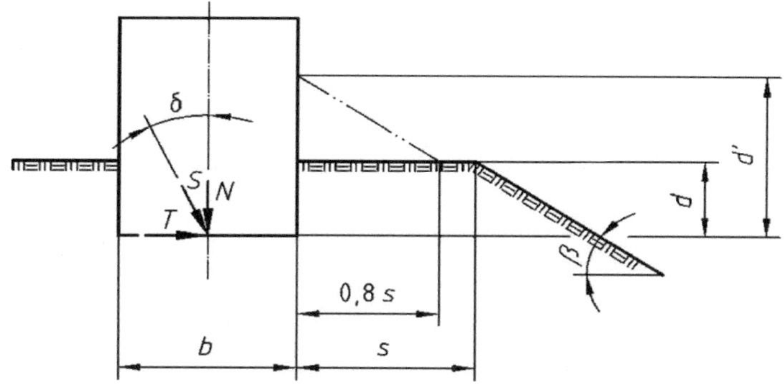

Abb. 12.14 Berücksichtigung der Bermenbreite (*DIN 4017*)

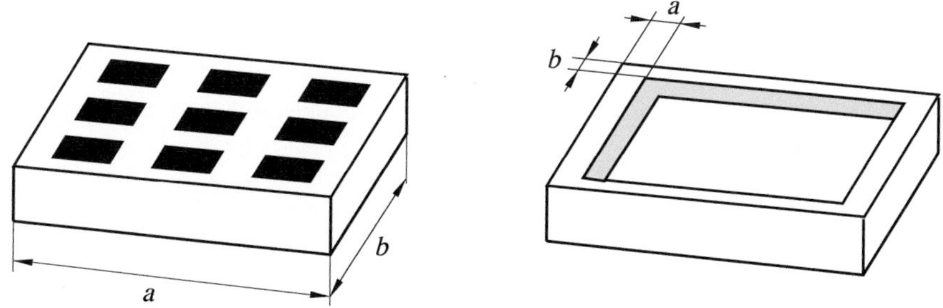

Abb. 12.15 Aufgelöste Fundamente

Aufgelöste Fundamentgrundrisse Bei den in Abb. 12.15 skizzierten aufgelösten Fundamentformen sind die äußeren Abmessungen solange für den Grundbruchnachweis maßgebend wie die Flächensumme der Aussparungen nicht größer ist als ca. 20 % der umrissenen Sohlfläche.

Verlauf der Gleitfläche Bodenuntersuchungen zur Bestimmung der Kenngrößen des Baugrundes sind in den Bereichen durchzuführen, in denen der Grundbruch eintreten kann. Einen Anhalt über den tiefen- und breitenmäßigen Verlauf der möglichen Gleitfläche in Abhängigkeit des Reibungswinkels gibt Abb. 12.16 aus *DIN 4017*. Damit kann auch überprüft werden, inwieweit die der Grundbruchgleichung zugrundeliegende Kinematik zutrifft.

► **Anmerkung** Bei geschichtetem Baugrund muss ein den Längenanteilen entsprechend gewichteter Mittelwert des Scherwinkels und damit die annähernd wirkliche Gleitfigur iterativ ermittelt werden.

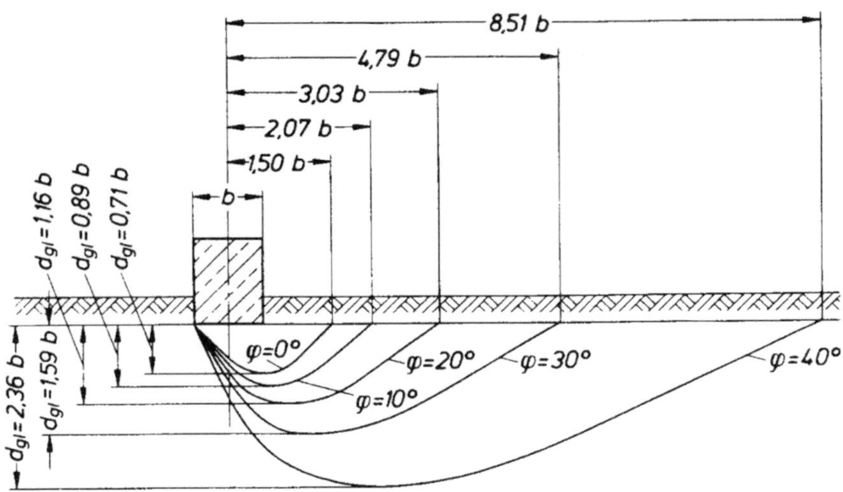

Abb. 12.16 Verlauf der Gleitflächen in Abhängigkeit vom Reibungswinkel φ bei homogenem Baugrund (*DIN 4017*)

12.3.4 Tragwerksversagen durch Fundamentbewegung

Gemäß *DIN EN 1997-1* sind neben dem unten stehenden Nachweis im Grenzzustand der Gebrauchstauglichkeit auch im Grenzzustand der Tragfähigkeit vertikale und horizontale Verschiebungsunterschiede der Fundamente nachzuweisen, um zu verhindern, dass sie im Tragwerk einen Grenzzustand der Tragfähigkeit verursachen. D. h. dieser Nachweis ist für den Grenzzustand STR mit Bemessungswerten der Einwirkungen zu führen. Für die Verformungsmoduln müssen ungünstige mögliche Grenzwerte beachtet werden. Ggf. sind die Gründung und das Tragwerk so auszulegen, dass sie den daraus resultierenden Beanspruchungen widerstehen oder sich anpassen können.

12.4 Nachweis für den Grenzzustand der Gebrauchstauglichkeit (SLS)

Im Grenzzustand der Gebrauchstauglichkeit ist der Nachweis zu erbringen, dass die Fundamente keine unverträglichen Setzungen oder Setzungsunterschiede aufweisen, die horizontalen Verschiebungen begrenzt sind und keine unverträglichen Verdrehungen auftreten. Hierfür sind beim Entwurf entsprechende Grenzwerte festzulegen (siehe auch Abschn. 8.4).

Der Nachweis der Gebrauchstauglichkeit wird mit charakteristischen Einwirkungen und wahrscheinlichen Baugrundsteifigkeiten geführt. Bei kritischen Ergebnissen oder inhomogenem Baugrund kann es zweckmäßig sein, obere und untere Grenzwerte zu betrachten.

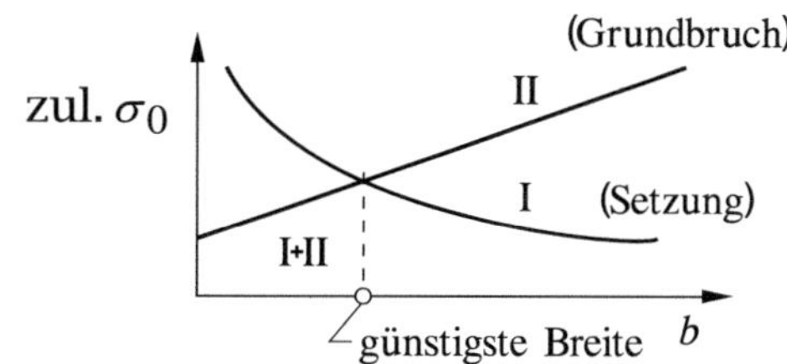

Abb. 12.17 Ermittlung der günstigsten Fundamentbreite

12.4.1 Setzungen

Die Größe der Setzungen soll auf der Grundlage der *DIN 4019* ermittelt werden. Bei Anwendung der Tabellenwerte für die Bemessungswerte des Sohlwiderstands (s. Abschn. 12.5) kann in vielen Fällen auf eine explizite Berechnung verzichtet werden. Bei Flachfundamenten der Geotechnischen Kategorie GK 2 und GK 3, die auf steifen und festen Tonen stehen, sollten jedoch die vertikalen Verschiebungen (Setzungen) nachgewiesen werden. Bei weichen Böden müssen in jedem Fall Setzungsberechnungen ausgeführt werden.

Gemäß *DIN 1054* sind bei nichtbindigen Böden regelmäßig auftretende veränderliche Einwirkungen bei der Ermittlung der Setzungen zu berücksichtigen. Bei der Ermittlung von Konsolidationssetzungen bindiger Böden dürfen veränderliche Einwirkungen vernachlässigt werden, deren Einwirkungszeit wesentlich kleiner ist als die zum Ausgleich des Porenwasserüberdrucks (Konsolidation) erforderliche Zeit.

Bei der Bewertung der Ergebnisse ist zu beachten, dass Setzungsberechnungen nicht als exakt zutreffend angesehen werden können. Sie liefern lediglich angenähert die Größenordnung der Setzungen. Zur Berechnung der Setzungen, s. Kap. 10.

Die Fundamentbreite spielt bei der Ermittlung der zulässigen Sohlspannung bzw. zulässigen Last bei Grundbruch- und Setzungsberechnungen eine gegensätzliche Rolle: Für die Fundamentdimensionierung ist bei schmalen Fundamenten die Grundbruchsicherheit maßgebend, bei breiten dagegen die Setzung. Aus beiden Berechnungen muss somit die günstigste Breite gefunden werden, s. Abb. 12.17.

Zur Beurteilung der Gebrauchstauglichkeit eines Bauwerks sind, vor allem wegen der Rissesicherheit, auch die Setzungsunterschiede von Bedeutung, s. Abschn. 10.5.

12.4.2 Fundamentverdrehung und Begrenzung einer klaffenden Fuge

Zur Begrenzung der Fundamentverdrehungen wird bei Gründungen auf Böden in der Regel der Nachweis der klaffenden Fuge geführt. Eine explizite Berechnung der Fundamentverdrehung (s. Kap. 10) und der Vergleich mit einem im Entwurf festgelegten Grenzwert kann bei einer besonderen Empfindlichkeit des Bauwerks oder bei locker gelagerten nichtbindigen oder weichen bindigen Böden erforderlich werden.

Der Nachweis der klaffenden Fuge wird mit charakteristischen bzw. repräsentativen Beanspruchungen geführt. Maßgebend für den Nachweis sind Beanspruchungskombinationen, die zu einer maximalen Ausmitte der Sohldruckresultierenden führen, wobei in

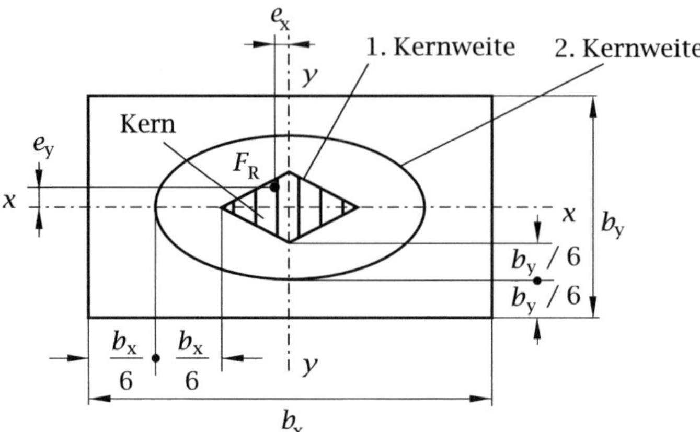

Abb. 12.18 Grundriss des ausmittig belasteten Rechteckfundaments mit Kernweiten (nach *DIN 4017*)

Kombinationen ständiger Einwirkungen und in Kombinationen ständiger und veränderlicher Einwirkungen unterschieden wird.

► **Anmerkung** Diese Unterscheidung ist nicht identisch mit der Einteilung in Bemessungssituationen gemäß Abschn. 8.3.3.

Bei ständigen Einwirkungen darf unter der Annahme einer linearen Sohldruckverteilung keine klaffende Fuge auftreten, d. h. die Ausmitte e muss innerhalb der ersten Kernweite bleiben (Abb. 12.18).

Unter ständigen und veränderlichen Einwirkungen muss die Gründungssohle des Fundaments bis zu ihrem Schwerpunkt durch Druck belastet bleiben, d. h. die Ausmitte e muss innerhalb der zweiten Kernweite bleiben (Abb. 12.18) – auch hier wird eine lineare Sohldruckverteilung zugrunde gelegt.

Angaben zur 2. Kernweite

a) Für den rechteckigen Vollquerschnitt ist die 2. Kernweite näherungsweise durch eine Ellipse gegeben, s. Abb. 12.18. D. h., es muss die Gl. (12.17) erfüllt werden.

$$\left(\frac{e_x}{b_x}\right)^2 + \left(\frac{e_y}{b_y}\right)^2 \leq \frac{1}{9}. \tag{12.17}$$

b) Für den kreisförmigen Vollquerschnitt lautet die entsprechende Bedingung:

$$\frac{e}{R} \leq 0{,}59. \tag{12.18}$$

Für einseitige Ausmitte e_x ist die Sohlspannungsverteilung in Abb. 12.19 dargestellt.

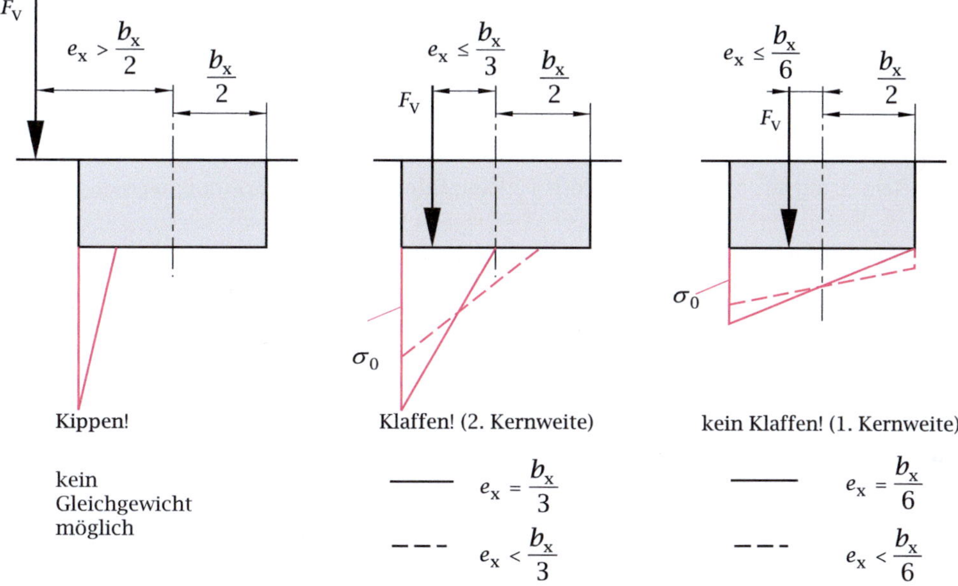

Abb. 12.19 Sohlspannung bei einseitiger Ausmitte

12.4.3 Verschiebungen in der Sohlfläche

Der Nachweis gegen unzuträgliche Verschiebungen in der Sohlfläche darf als erbracht angesehen werden, wenn beim Nachweis der Gleitsicherheit kein Erdwiderstand angesetzt wird oder unter bestimmten Voraussetzungen ein Kräftegleichgewicht mit 2/3 des Gleitwiderstands und 1/3 des Erdwiderstands, bezogen auf charakteristische Größen, erreicht wird.

12.5 Vereinfachter Nachweis des Sohlwiderstands mit Tabellenwerten

Für einfache Regelfälle bietet in Deutschland *DIN 1054* als Bestandteil der *DIN EN 1997-1* die Möglichkeit der Dimensionierung anhand von Erfahrungswerten. Unter den nachfolgend beschriebenen Voraussetzungen werden die Nachweise Grundbruch und zulässige Setzungen durch die Verwendung von Tabellenwerten ersetzt. Hierbei ist der angegebene Bemessungswert des Sohlwiderstands $\sigma_{R,d}$ dem Bemessungswert der Sohldruckbeanspruchung $\sigma_{E,d}$ gegenüber zu stellen. Der Nachweis ist erbracht, wenn

$$\sigma_{E,d} = V_d/A' \leq \sigma_{R,d}. \tag{12.19}$$

Bei mittiger Belastung ist $A' = A$, bei ausmittiger Lage der Sohldruckresultierenden ist die rechnerische Fundamentfläche analog zum Grundbruchnachweis, wie in Abschn. 12.3.3 beschrieben, zu reduzieren:

$$A' = (a - 2e_a) \cdot (b - 2e_b). \qquad (12.20)$$

Der Bemessungswert der Vertikalkraft V_d kann folgendermaßen ermittelt werden:

- aus charakteristischen bzw. repräsentativen Einwirkungen mit

$$V_d = N_{G,k} \cdot \gamma_G + N_{Q,k} \cdot \gamma_Q \qquad (12.21)$$

  oder
- aus Bemessungswerten der Einwirkungen mit $V_d = N_d$.

Die sonstigen in Abschn. 12.3 aufgeführten Nachweise (Kippen und Gleiten) sind über die Voraussetzungen zur Anwendung der Tabellenwerte zu überprüfen.

Die Tabellenwerte wurden aufgrund großmaßstäblicher Versuche, s. z. B. Muhs und Weiss (1969), Grundbruch- und Setzungsberechnungen und unter Berücksichtigung der bisherigen praktischen Erfahrungen gewählt. Die Tabellenwerte stellen in der Regel im Vergleich zu den rechnerisch ermittelten Sohlspannungen konservative Größen dar. Bei größeren Bauvorhaben werden somit aus wirtschaftlichen Gründen die Tabellenwerte nicht benutzt.

Auch müssen in allen Fällen, die durch die nachstehenden Tabellen nicht erfasst sind, die Grenzzustände der Tragfähigkeit und der Gebrauchstauglichkeit nachgewiesen werden.

Die **allgemeinen Voraussetzungen** für die Anwendung der Tabellen sind:

- Die Fundamentsohle ist waagerecht und die Geländeoberfläche sowie die Schichtgrenzen verlaufen annähernd waagerecht.
- Der Baugrund, natürlich oder künstlich hergestellt, weist bis in eine Tiefe unter der Gründungssohle, die der 2-fachen Fundamentbreite entspricht, mindestens aber bis in 2 m Tiefe, eine ausreichende Festigkeit auf.
- Der Grundwasserspiegel liegt mindestens im Abstand von b bzw. b' unter der Gründungssohle.
- Das Fundament wird nicht regelmäßig oder überwiegend dynamisch beansprucht. In bindigen Schichten entsteht kein nennenswerter Porenwasserüberdruck.
- Eine stützende Wirkung des Bodens vor dem Fundament darf nur in Rechnung gestellt werden, wenn sein Verbleib durch konstruktive oder andere Maßnahmen sichergestellt ist.
- Die Neigung der charakteristischen bzw. repräsentativen Sohldruckresultierenden hält die Bedingung $\tan\delta = H/V \leq 0{,}2$ ein.
- Die Bedingungen hinsichtlich der zulässigen Ausmitte der Sohldruckresultierenden aus Abschn. 12.4.2 sind eingehalten.

- Der Nachweis einer ausreichenden Sicherheit gegen Kippen ist erfüllt, siehe Abschn. 12.3.1.
- Ist die Einbindetiefe auf allen Seiten größer als 2 m, darf der Bemessungswert des Sohlwiderstands $\sigma_{R,d}$ erhöht werden um:

$$\Delta\sigma_{R,d} = 1{,}4(t - 2m) \cdot \gamma_{Boden}. \tag{12.22}$$

12.5.1 Nichtbindiger Boden

Für nichtbindigen Boden werden in der *DIN 1054* zwei Tabellen für den Bemessungswert $\sigma_{R,d}$ des Sohlwiderstands in Abhängigkeit der Fundamentbreite b bzw. bei ausmittiger Belastung $b' = b - 2e_b$ angegeben.

Tab. 12.6 ist auf der Grundlage einer ausreichenden Grundbruchsicherheit für die Bemessungssituation BS-P ermittelt worden, eine Anwendung für die Bemessungssituation BS-T liegt auf der sicheren Seite, da hier geringere Sicherheiten gefordert werden. Für mittige Belastungen gilt, dass sich bei nach Tab. 12.6 bemessenen Fundamenten bis zu Breiten von 1,5 m Setzungen von etwa 2 cm ergeben können, bei breiteren Fundamenten mehr (Zuwachs proportional zur Fundamentbreite).

Um eine Fundamentdimensionierung mit einer Begrenzung der Setzungen zu ermöglichen, werden in Tab. 12.7 Bemessungswerte $\sigma_{R,d}$ des Sohlwiderstands auf der Grundlage von Setzungsberechnungen (unter Einhaltung der Grundbruchsicherheit) angegeben. Die hiernach bemessenen Fundamente können sich bei Breiten bis 1,5 m um etwa 1 cm, bei breiteren Fundamenten um maximal 2 cm setzen.

Ein Vergleich der Tabellen verdeutlich, dass für kleine Fundamentabmessungen die Grundbruchsicherheit maßgebend ist, während bei großen Abmessungen das Setzungskriterium zu einer Abminderung des Sohlwiderstands führt und damit die vorhandene Grundbruchsicherheit ansteigt, siehe Abb. 12.17.

Die Anwendung der Tab. 12.6 und 12.7 setzt eine mittlere Festigkeit des Bodens voraus. Diese kann über die Lagerungsdichte D, den Verdichtungsgrad D_{Pr} oder einen

Tab. 12.6 Bemessungswerte $\sigma_{R,d}$ des Sohlwiderstands für Streifenfundamente auf *nichtbindigem* Boden (*Tabelle A 6.1* der *DIN 1054*)

Kleinste Einbindetiefe d des Fundaments	Bemessungswerte $\sigma_{R,d}$ des Sohlwiderstands (kN/m^2) b bzw. b' (m)					
(m)	0,5	1,0	1,5	2,0	2,5	3,0
0,5	280	420	560	700	700	700
1,0	380	520	660	800	800	800
1,5	480	620	760	900	900	900
2,0	560	700	840	980	980	980
Bei $0{,}3 \leq d \leq 0{,}5$ und b bzw. $b' \geq 0{,}3$ m	210					

Tab. 12.7 Bemessungswerte $\sigma_{R,d}$ des Sohlwiderstands für Streifenfundamente auf *nichtbindigem* Boden bei einer Begrenzung der Setzungen (*Tabelle A 6.2* der *DIN 1054*)

Kleinste Einbindetiefe d des Fundaments	Bemessungswerte $\sigma_{R,d}$ des Sohlwiderstands (kN/m^2) b bzw. b' (m)					
(m)	0,5	1,0	1,5	2,0	2,5	3,0
0,5	280	420	460	390	350	310
1,0	380	520	500	430	380	340
1,5	480	620	550	480	410	360
2,0	560	700	590	500	430	390
Bei $0{,}3 \leq d \leq 0{,}5$ und b bzw. $b' \geq 0{,}3$ m	210					

Tab. 12.8 Voraussetzung für die Anwendung der Tab. 12.6 und 12.7 (*Tabelle A 6.3* der *DIN 1054*)

Bodengruppe nach *DIN 18196*	Ungleichförmigkeitszahl nach *DIN 18196*	Mittlere Lagerungsdichte nach *DIN 18126*	Mittlerer Verdichtungsgrad nach *DIN 18127*	Mittlerer Spitzenwiderstand der Drucksonde
	U	D	D_{Pr}	q_c (MN/m^2)
SE, GE, SU, GU, ST, GT	≤ 3	$\geq 0{,}30$	$\geq 95\,\%$	$\geq 7{,}5$
SE, SW, SI, GE, GW, GT, SU, GU	> 3	$\geq 0{,}45$	$\geq 98\,\%$	$\geq 7{,}5$

Spitzenwiderstand q_c der Drucksonde, jeweils Mittelwerte über die Einflusstiefe, nachgewiesen werden. Kriterien zur Einhaltung dieser Forderung sind in Tab. 12.8 zusammengestellt.

Da die Werte in Tab. 12.6 und 12.7 unter den o. g. Voraussetzungen für Streifenfundamente und Baugrund mittlerer Festigkeit ermittelt wurden, ist eine Erhöhung des Bemessungswert $\sigma_{R,d}$ des Sohlwiderstands möglich, wenn günstigere Bedingungen vorliegen bzw. eine Abminderung erforderlich, falls ungünstigere Bedingungen vorliegen. Dies können sein:

- Eine **kompaktere Form des Fundamentgrundrisses** (Rechteck oder Kreis):
  Die Werte der Tab. 12.6 und 12.7 dürfen bei Rechteckfundamenten ab einem Seitenverhältnis von $a/b < 2$ bzw. bei ausmittiger Belastung $a'/b' < 2$ und bei Kreisfundamenten um 20 % erhöht werden, wenn die Einbindetiefe mindestens $0{,}6b$ bzw. $0{,}6b'$ beträgt.
- Eine **höhere Baugrundfestigkeit**:
  Die Werte der Tab. 12.6 und 12.7 dürfen um bis zu 50 % erhöht werden, wenn eine der in Tab. 12.9 genannten Bedingungen erfüllt ist.
- Ein **hoher Grundwasserspiegel**:
  Liegt der Grundwasserspiegel in Höhe der Gründungssohle, sind die Werte der Tab. 12.6 um 40 % abzumindern, Zwischenwerte für einen Abstand zur Gründungssohle zwischen 0 und b bzw. b' sind geradlinig zu interpolieren.

Tab. 12.9 Voraussetzung für die Erhöhung der Bemessungswerte $\sigma_{R,d}$ des Sohlwiderstands aus den Tab. 12.6 und 12.7 (*Tabelle A 6.4* der *DIN 1054*) bei **höherer Baugrundfestigkeit**

Bodengruppe nach *DIN 18196*	Ungleichförmigkeitszahl nach *DIN 18196*	Mittlere Lagerungsdichte nach *DIN 18126*	Mittlerer Verdichtungsgrad nach *DIN 18127*	Mittlerer Spitzenwiderstand der Drucksonde
	U	D	D_{Pr}	q_c (MN/m^2)
SE, GE, SU, GU, ST, GT	≤ 3	$\geq 0{,}50$	$\geq 98\,\%$	≥ 15
SE, SW, SI, GE, GW, GT, SU, GU	> 3	$\geq 0{,}65$	$\geq 100\,\%$	≥ 15

Liegt der Grundwasserspiegel über der Gründungssohle, dann reicht die o. g. Abminderung um 40 % nur dann aus, wenn die Einbindetiefe größer ist als 0,8 m und außerdem größer ist als die Fundamentbreite b.

- **Waagerechte Beanspruchungen**:
  Greift eine waagerechte Komponente H_k am Fundament an, ist der Bemessungswert $\sigma_{R,d}$ des Sohlwiderstands nach Tab. 12.6 (der ggf. nach obigen Angaben erhöht oder abgemindert wurde) wie folgt abzumindern:
  - mit dem Faktor $(1 - H_k/V_k)$, wenn H_k parallel zur langen Fundamentseite wirkt und das Seitenverhältnis $a/b \geq 2$ bzw. $a'/b' \geq 2$ ist;
  - mit dem Faktor $(1 - H_k/V_k)^2$ in allen anderen Fällen.

  Ergibt sich aus Tab. 12.7 ein größerer Wert als der abgeminderte Wert aus Tab. 12.6, ist der kleinere Wert maßgebend.

12.5.2 Bindiger Boden

Bei bindigen Böden hängt die Grundbruchsicherheit maßgeblich von der Kohäsion des Bodens ab, während der Einfluss der Fundamentbreite sehr gering ist. Daher wird der Bemessungswert $\sigma_{R,d}$ des Sohlwiderstands für bindige Böden in Abhängigkeit der Bodenart, der mittleren Konsistenz und der Einbindetiefe angegeben. Die Tabellen dürfen auch für bindige Schüttstoffe angewendet werden, wenn ein Verdichtungsgrad $D_{Pr} \geq 100\,\%$ im Mittel, mindestens aber 97 % als Untergrenze nachgewiesen wird.

Die Werte der Tab. 12.10 (Tabellen A 6.5 bis A 6.8 der *DIN 1054*) sind auf der Grundlage einer ausreichenden Grundbruchsicherheit für die Bemessungssituation BS-P ermittelt worden, eine Anwendung für die Bemessungssituation BS-T liegt auf der sicheren Seite, da hier geringere Sicherheiten gefordert werden.

Für mittige Belastungen gilt, dass sich bei nach Tab. 12.10 bemessenen Fundamenten Setzungen in der Größenordnung von 2 bis 4 cm ergeben können. Es ist zu prüfen, ob diese Setzungen für das Bauwerk verträglich sind. Ggf. sind explizite Setzungsberechnungen durchzuführen.

Tab. 12.10 Bemessungswerte $\sigma_{R,d}$ des Sohlwiderstands für Streifenfundamente auf *bindigem* Boden (*Tabellen A 6.5* bis *A 6.8* der *DIN 1054*)

	A 6.5	A 6.6			A 6.7			A 6.8		
Bodenart	Reiner Schluff	Gemischtkörniger Boden, z. B. Geschiebemergel			Tonig schluffiger Boden			Tonboden		
Bodengruppe *DIN 18196*	UL	SU*, ST, ST*, GU*, GT*			UM, TL, TM			TA		
Einbindetiefe d (m)	Steif bis halbfest	Steif	Halbfest	Fest	Steif	Halbfest	Fest	Steif	Halbfest	Fest
0,5	180	210	310	460	170	240	390	130	200	280
1,0	250	250	390	530	200	290	450	150	250	340
1,5	310	310	460	620	220	350	500	180	290	380
2,0	350	350	520	700	250	390	560	210	320	420

Anmerkung:– Zwischenwerte können linear interpoliert werden.– Für die *Tabellen A.6* bis *A.8* können den mittleren Konsistenzen folgende Werte der einaxialen Druckfestigkeit $q_{u,k}$ in kN/m^2 zugeordnet werden: steif: 120–300; halbfest: > 300 bis 700; fest: > 700.

Da die Werte in Tab. 12.10 unter den o. g. Voraussetzungen für Streifenfundamente und (rechnerische) Fundamentbreiten zwischen 0,5 und 2 m ermittelt wurden, ist eine Erhöhung des Bemessungswert $\sigma_{R,d}$ des Sohlwiderstands möglich, wenn günstigere Bedingungen vorliegen bzw. eine Abminderung erforderlich, falls ungünstigere Bedingungen vorliegen. Dies können sein:

- **Fundamentbreiten größer 2 m**:
  Bei Fundamentbreiten zwischen 2 und 5 m muss der in den Tab. 12.10 angegebene Bemessungswert $\sigma_{R,d}$ des Sohlwiderstands um 10 % je Meter zusätzlicher Fundamentbreite abgemindert werden.
  Bei Fundamentbreiten von mehr als 5 m müssen die Grenzzustände der Tragfähigkeit und der Gebrauchstauglichkeit nachgewiesen werden.
- Eine **kompaktere Form** des Fundamentgrundrisses (Rechteck oder Kreis):
  Die Werte der Tab. 12.10 bzw. die bei größeren Fundamentbreiten abgeminderten Werte dürfen bei Rechteckfundamenten ab einem Seitenverhältnis von $a/b < 2$ bzw. bei ausmittiger Belastung $a'/b' < 2$ und bei Kreisfundamenten um 20 % erhöht werden.

12.5.3 Fels

Besteht der Baugrund aus gleichförmigem beständigem Fels in ausreichender Mächtigkeit, so dürfen Fundamente mit der Annahme eines Bemessungswerts $\sigma_{R,d}$ des Sohlwiderstands bemessen werden. Der für quadratische Fundamente maßgebende Bemessungswert $\sigma_{R,d}$ des Sohlwiderstands darf in Abhängigkeit von der einaxialen Druckfestigkeit und vom Kluftabstand des Gebirges dem Diagramm in Abb. 12.20 entnommen werden. Der Inhalt der Abb. 12.20 ist *DIN 1054* entnommen. Er ist ein modifizierter Teil des informativen Anhangs G aus *DIN EN 1997-1*, der nach Felsarten differenzierte Werte beinhaltet, die jedoch weiterhin zulässige Sohldrücke (statt der um Faktor 1,4 erhöhten Bemessungswerte des Sohlwiderstands) sind. In Abb. 12.20 sind Bemessungswerte des Sohlwiderstands dargestellt.

Die Einstufung als beständiger Fels ist gegeben, wenn die folgenden Felseigenschaften erfüllt sind (gemäß *DIN EN ISO 14689/NA*):

- Raumausfüllung: dicht oder porös;
- mindestens mäßige Kornbindung;
- in Wasser nicht veränderlich.

Sofern die vorgenannten Felseigenschaften nicht vorliegen oder aufgrund eines Gehalts an Gips, Anhydrit, Salz oder quellfähiger Tonmineralen mit Quell- und Lösungserscheinungen zu rechnen ist, sind Einzelbetrachtungen erforderlich.

Die angegebenen Bemessungswerte des Sohlwiderstands ergeben sich bei Fels aus einer Begrenzung der Setzungen und sie gelten unter der Voraussetzung, dass im Grenzzustand der Gebrauchstauglichkeit Setzungen in der Größenordnung von 0,5 % der kleineren

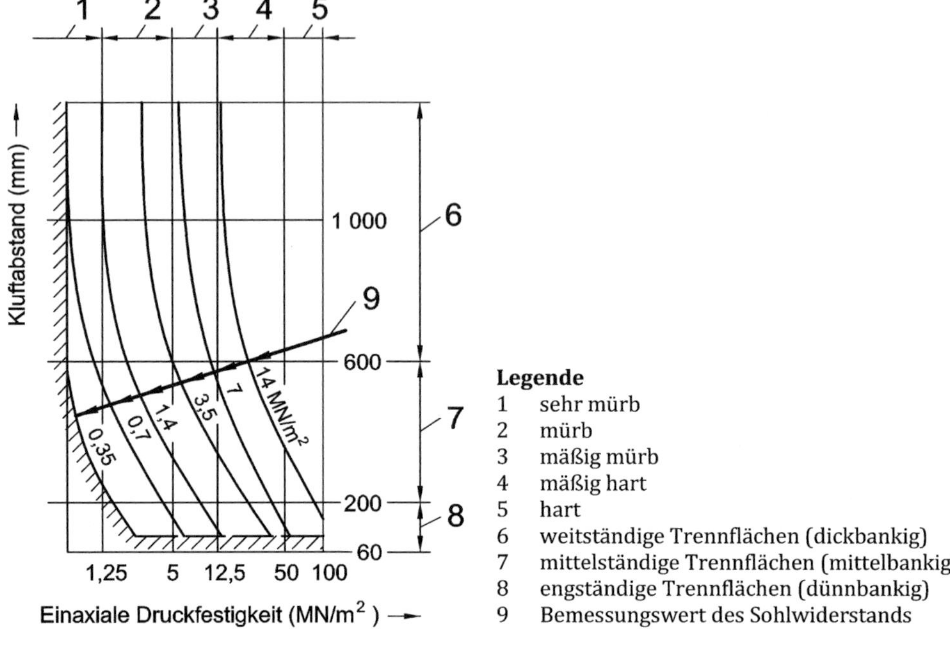

Abb. 12.20 Bemessungswert des Sohlwiderstands $\sigma_{R,d}$ für quadratische Einzelfundamente (*DIN 1054*)

Tab. 12.11 Zuordnung einaxiale Druckfestigkeit zu Bezeichnungen (*DIN 1054:2005-01*)

Einaxiale Druckfestigkeit (MN/m²)	Bezeichnung
$q_{u,k} < 1{,}25$	Sehr mürb
$1{,}25 \leq q_{u,k} < 5{,}0$	Mürb
$5{,}0 \leq q_{u,k} < 12{,}5$	Mäßig mürb
$12{,}5 \leq q_{u,k} < 50{,}0$	Mäßig hart
$q_{u,k} \geq 50{,}0$	Hart

Fundamentbreite zugelassen werden können. Bei anderen Setzungsvorgaben darf der Bemessungswert des Sohlwiderstands durch geradlinige Interpolation ermittelt werden.

Fälle in den gestrichelten Bereichen müssen einzeln untersucht werden.

Den Werten der einaxialen Druckfestigkeit $q_{u,k}$ können gemäß der „alten" *DIN 1054: 2005-01* die Bezeichnungen in Tab. 12.11 zugeordnet werden.

12.6 Betonbemessung

Nach der geotechnischen Dimensionierung müssen Fundamente betontechnisch bemessen werden. Dies geschieht in der Regel unter der Annahme geradliniger Sohlspannungsverteilung oder mit Hilfe des Bettungsmodulverfahrens (siehe Abschn. 19.4).

Fundamente müssen gemäß *DIN EN 1992 (EC 2)* für die Aufnahme der Biegemomente und der im Bereich der Wände und Stützen konzentrierten Querkräfte bemessen werden, wobei auch der Durchstanznachweis relevant ist. Für die Verteilung von Sohlspannungen bei biegesteifen Gründungsbalken und -platten, s. Kap. 19.

Literatur

De Beer, E.: Grundbruchberechnungen schräg und ausmittig belasteter Flachgründungen. In: Bodenmechanik II, S. 41–132. VDI-Verlag, Düsseldorf (1964)

Leussink, H., Blinde, A., Adel, P.G.: Versuche über die Sohldruckverteilung unter starren Gründungskörpern auf kohäsionslosem Sand. Veröff. Inst. f. Bodenmechanik. TH Karlsruhe (1966)

Muhs, H., Weiss, K.: Die Grenztragfähigkeit und Schiefstellung ausmittig-lotrecht belasteter Einzelfundamente im Sand nach Theorie und Versuch. Mitteilgn. Degebo Berlin Heft 22. (1969)

Perau, E.: Ein systematischer Ansatz zur Berechnung des Grundbruchwiderstands von Fundamenten. Mitteilungen aus dem Fachgebiet Grundbau und Bodenmechanik der Universität-Gesamthochschule Essen, Heft 19. (1994)

Prandtl, L.: Über die Härte plastischer Körper. Göttingen. Nachrichten der Kgl. Ges. der Wissenschaften., S. 74–85 (1920). Math.-phys. Klasse

Schick, P., Unold, F.: Grundbruch von Flachgründungen nach E DIN 4017:2000 und numerischen Berechnungen – Einfluss der Lastneigung. Bautechnik **79**(9), 625–631 (2002)

Terzaghi, K.: Theoretical soil mechanics. Wiley & Sons, New York (1942)

Normen

DIN EN 1997-1 (Eurocode 7): Entwurf, Berechnung und Bemessung in der Geotechnik – Teil 1: Allgemeine Regeln, in Verbindung mit dem nationalen Anhang DIN EN 1997-1/NA und DIN 1054

DIN EN 1992 (Eurocode 2): Bemessung und Konstruktion von Stahlbeton- und Spannbetontragwerken

DIN 4017: Baugrund – Berechnung des Grundbruchwiderstands von Flachgründungen

DIN 4019: Baugrund – Setzungsberechnungen

DIN 18196: Erd- und Grundbau – Bodenklassifikation für bautechnische Zwecke

DIN 18126: Baugrund, Untersuchung von Bodenproben – Bestimmung der Dichte nicht bindiger Böden bei lockerster und dichtester Lagerung

DIN 18127: Baugrund, Untersuchung von Bodenproben – Proctorversuch

DIN EN ISO 14689: Geotechnische Erkundung und Untersuchung – Benennung, Beschreibung und Klassifizierung von Fels

Pfähle 13

Zusammenfassung

Pfähle werden verwendet, um Bauwerkslasten in tieferliegenden, tragfähigen Baugrund zu übertragen. In den Regelwerken wird zwischen Bohrpfählen, Verdrängungspfählen und Mikropfählen unterschieden. Das axiale Tragverhalten von Einzelpfählen ist in der Regel durch die Widerstände aus Spitzendruck und Mantelreibung geprägt. Die Durchführung statischer und dynamischer Probebelastungen wird beschrieben und es sind Erfahrungswerte für den Widerstand der jeweiligen Pfahltypen in Tabellen zusammengestellt. Die auf diesen Werten beruhende Ermittlung der Tragfähigkeit für den Grenzzustand der Tragfähigkeit ULS und den Grenzzustand der Gebrauchstauglichkeit SLS wird ausführlich erläutert. Bezüglich der Einwirkungen sind neben Gründungslasten ggfs. negative Mantelreibung und Seitendruck auf Pfähle anzusetzen. Während im vorliegenden Kapitel Herstellungsmerkmale und Tragverhalten von Einzelpfählen im Mittelpunkt stehen, werden Pfahlgründungen im Sinne des Zusammenspiels mehrerer Pfähle oder Pfahlgruppen in Verbindung mit Pfahlkopfplatten in Kap. 20 separat behandelt.

13.1 Definitionen, Pfahlarten und Herstellung

Pfähle werden verwendet, um Bauwerkslasten in tieferliegenden, tragfähigen Baugrund zu übertragen. Pfahlgründungen gehören deshalb zu den Tiefgründungen (Abb. 13.1).

Ein Pfahl ist ein stabförmiges Bauelement, das durch Rammen, Drücken, Drehen, Rütteln oder durch Kombination dieser Verfahren (ggf. mit Spülhilfe) als Fertigteil im Boden bis auf eine planmäßige Tiefe gebracht werden muss oder das an der Einbaustelle in einen durch Rammen, Drücken, Rütteln oder Bohren erzeugten Hohlraum hergestellt bzw. eingestellt wird. Als Materialien für Fertigpfähle werden Stahlbeton, Spannbeton, Holz und Stahl verwendet. Für auf der Baustelle hergestellte Pfähle (Ortpfähle) kommen als Baustoff Beton und Stahlbeton in Frage.

H.-H. Schmidt, R.F. Buchmaier, C. Vogt-Breyer, *Grundlagen der Geotechnik*,
https://doi.org/10.1007/978-3-658-39834-7_13

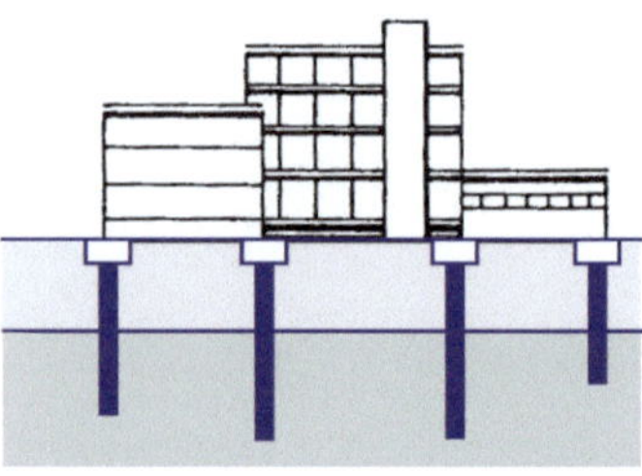

Abb. 13.1 Tiefgründungen

Im Sinne der Statik kann ein Pfahl meist als ein Pendel- oder Fesselstab betrachtet werden. Nachfolgend wird auf die Pfahlarten, auf die Herstellverfahren und die Tragfähigkeit von Pfählen eingegangen. Pfahlsysteme, s. Abb. 13.2, und deren statische Berechnung werden in Kap. 20 behandelt. Eine ausführliche Abhandlung über den Entwurf, die Berechnung und die Herstellung von Pfählen s. auch bei Franke et al. (1994), Kempfert und Moormann (2018) und Tomlinson und Woodward (2014).

Auch bei Pfählen sind die europäischen Normen jeweils in Verbindung mit dem nationalen Anhang anzuwenden. In der Geotechnik ist die *DIN 1054* Bestandteil des nationalen Anhangs. Für die innere Tragfähigkeit des Pfahls sind abhängig vom verwendeten Material die zugehörigen Eurocodes und ergänzende deutsche Normen zu beachten (s. Kap. 8).

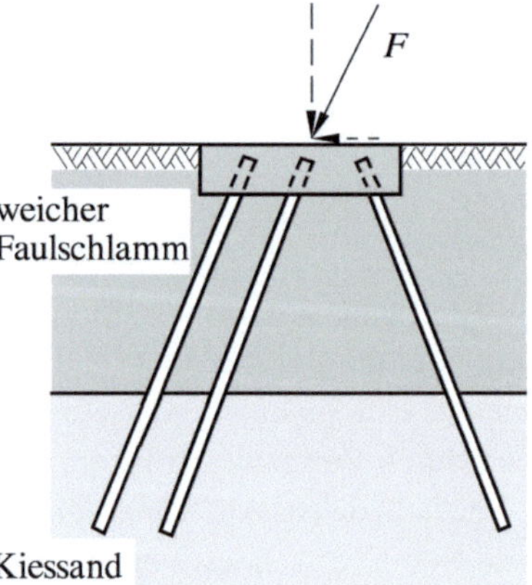

Abb. 13.2 Ebener Pfahlrost

Entsprechend der genannten Herstellungsnormen lassen sich Pfähle in folgende drei Gruppen zusammenfassen:

Bohrpfähle ***(DIN EN 1536)***

- Herstellung durch Förderung von Boden, der i. d. R. durch Stahlbeton ersetzt wird,
- Durchmesser zwischen 0,3 und 3,0 m,
- Max Neigung 4:1 (3:1 bei bleibender Verrohrung),
- Fußaufweitung:
  - bis zum 2fachen Durchmesser in nichtbindigem Boden,
  - bis zum 3fachen Durchmesser in bindigem Boden,
  - jedoch bis maximal 10 m^2;
- Schaftaufweitung bis zum 2fachen Pfahldurchmesser.

Verdrängungspfähle ***(DIN EN 12699)***

- Herstellung durch Bodenverdrängung,
- Pfahldurchmesser bzw. Querschnittsabmessung $>$ 150 mm.

Mikropfähle ***(DIN EN 14199)***

- Bei Herstellung durch Bodenförderung: Pfahldurchmesser $<$ 0,3 m,
- Bei Herstellung durch Verdrängung: Pfahldurchmesser bzw. Querschnittsabmessung $\leq$ 150 mm,
- Kraftübertragung zum Baugrund überwiegend durch Mantelreibung.

Bedingt durch die Baugrund- und Grundwassersituation, die auftretenden Einwirkungen sowie durch die Baustellensituation (Innenstadt oder freies Feld) und die Marktsituation werden verschiedenste Typen von Fertig- und Ortpfählen eingesetzt, die sich gemäß Tab. 13.1 in die drei durch die Normung vorgegebenen Gruppen einteilen lassen.

Nachfolgend wird die Herstellung gängiger Pfahlsysteme kurz beschrieben und es werden Vor- und Nachteile aufgezeigt.

13.1.1 Bohrpfähle

Bohrpfähle, s. Abb. 13.3, werden in der Regel durch hydraulisch betriebene Bohrgeräte hergestellt. Da der Boden entnommen wird, dient bei nicht standfesten Böden (vor allem auch bei anstehendem Grundwasser) ein Bohrrohr als vorübergehende Schalung. Diese Verrohrung besteht aus einzelnen druck- und zugfest miteinander verschraubten Rohrschüssen. Häufig, vor allem beim Einsatz von seilgeführten Greifern, wird mit einer Verrohrungsmaschine durch Pendeln und Drücken die Verrohrung vorgetrieben und mit deren Hilfe gezogen. Wenn der Boden standfest ist, kann auf die Verrohrung verzichtet werden.

Tab. 13.1 Übersicht über genormte Pfahlsysteme

Bohrpfähle: $0{,}3\,\text{m} \leq D \leq 3{,}0\,\text{m}$ *DIN EN 1536*	**Schlitzwandelemente/Barette** mit $A \leq 15\,\text{m}^2$
Ungestützt	Zylindrisch
Verrohrt (Rohreinbringung statisch oder dynamisch)	Zylindrisch
	Mit Fuß- oder Schaftaufweitung
	Teleskopiert
Suspensionsgestützt	Zylindrisch
	Schlitzwandelement/Barette
Erdgestützt	Mit vollständig durchgehender Bohrschnecke – kleines Seelenrohr – großes Seelenrohr (Teilverdrängungsbohrpfahl)
	Teilweise durchgehende Bohrschnecke und Großes Seelenrohr (Teilverdrängungsbohrpfahl)
Verdrängungspfähle (keine relevante Bodenförderung) *DIN EN 12699*	
Fertigrammpfähle (Einbringung dynamisch)	Stahlbeton
	Spannbeton
	Stahl
	Gußeisen
	Holz
Ortbetonrammpfähle (Einbringung dynamisch)	Innenrohrrammung z. B. Franki-Pfahl
	Kopframmung z. B. Simplexpfahl
Schraubpfähle (Vollverdrängungsbohrpfähle) Einbringung statisch (Drehen/Drücken)	z. B. Altlaspfahl oder Fundexpfahl
Verpresste Verdrängungspfähle	z. B. Verpressmörtelpfahl oder Rüttelinjektionspfahl
Mikropfähle: $D < 0{,}3\,\text{m}$ *DIN EN 14199*	
Ortbetonpfähle	
Verbundpfähle	z. B. Rohr- oder Stabverpresspfahl
Fertigpfähle < 150 mm	Hinweis: In Zukunft werden diese Pfähle in der *DIN EN 12699* geregelt

Um bei Grundwasser, vor allem durch den „Kolbeneffekt“ beim Ziehen des Bohrwerkzeugs, einen hydraulischen Grundbruch des Bodens in das Bohrloch und damit eine Bodenauflockerung zu verhindern, muss unterhalb des Grundwasserspiegels mit einem Wasserüberdruck in der Bohrung gearbeitet werden, d. h. es muss in der Regel Wasser nachgefüllt werden, da bei der Bodenförderung aus dem Bohrrohr auch Wasser entnommen wird.

Fußverbreiterungen sind mit Spezialgreifern möglich, wenn der Boden standfest ist oder durch eine Suspension gestützt werden kann.

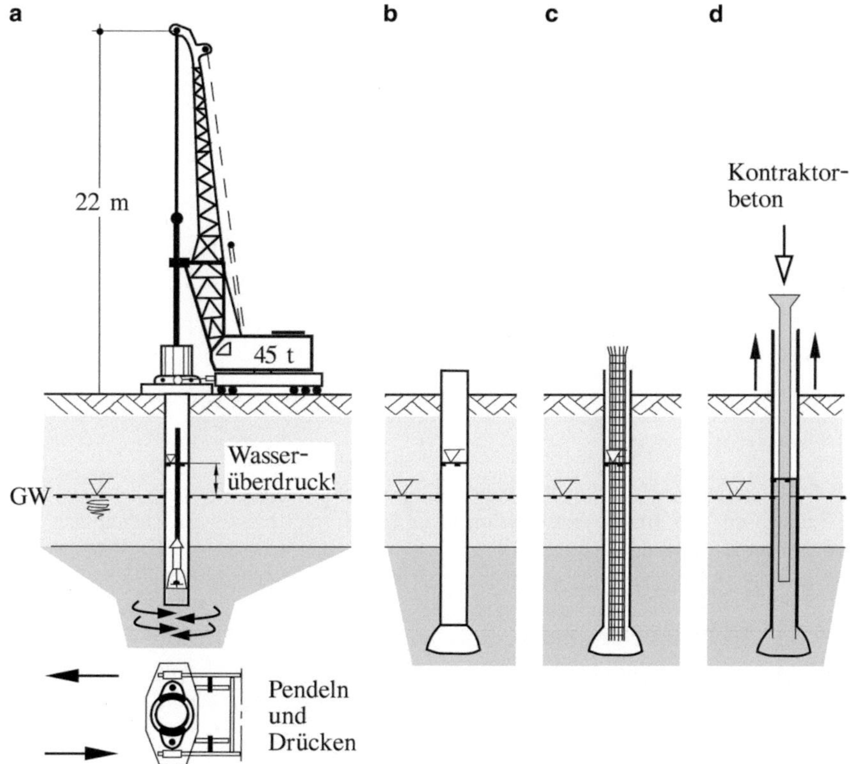

Abb. 13.3 Herstellung eines verrohrt gebohrten Bohrpfahls. **a** Bohren, **b** ggf. Fuß anschneiden, **c** Bewehren, **d** Betonieren und Ziehen des Rohres

Nach Erreichen der Endteufe wird, falls erforderlich, der vorgefertigte Bewehrungskorb eingestellt. Der Beton wird über ein Schüttrohr im Kontraktorverfahren bei gleichzeitigem Ziehen der Verrohrung eingefüllt. Dabei wird das im Bohrloch vorhandene Wasser nach oben verdrängt. Eine gesonderte Verdichtung wird aufgrund des Druckes in der Betonsäule und einer besonderen Betonrezeptur nicht ausgeführt.

Marktübliche Bohrdurchmesser sind 32, 43, 64, 90, 120 und 150 cm. Es wurden in Sonderfällen schon Durchmesser mit 400 cm ausgeführt. Pfahllängen sind heute bis 100 m herstellbar.

Im Nachbarbereich zu bestehenden Gebäuden können mit sogenannten Vor-der-Wand-Pfählen lichte Abstände von 5 cm erreicht werden.

Für weitere Details zur Planung, Berechnung und Herstellung von Bohrpfählen sei auf Seitz und Schmidt (2000) verwiesen.

Unverrohrte Bohrungen in nicht standfesten Böden können bis zu einer Neigung von 15:1 mit Hilfe einer Tonsuspension-Stützung oder im Schneckenbohrverfahren, s. Abb. 13.4, hergestellt werden.

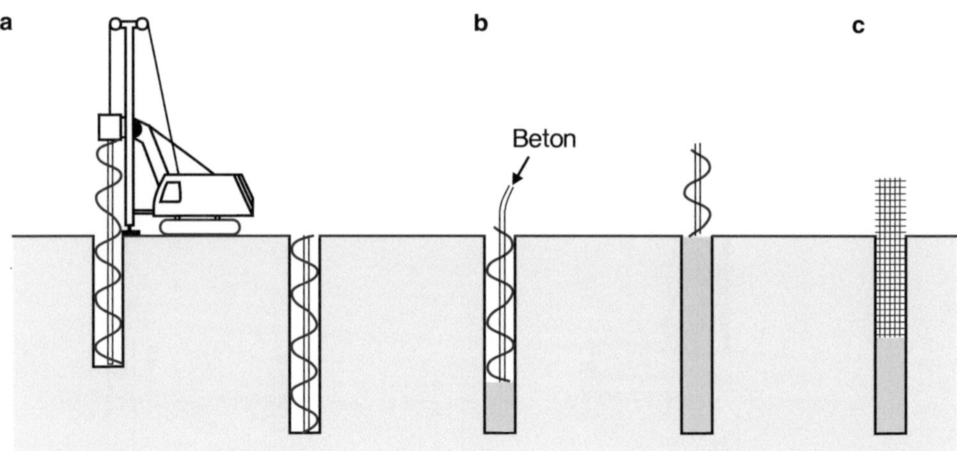

Abb. 13.4 Herstellung eines Schneckenbohrpfahles. **a** Abteufen der Bohrung durch Endlos-Schnecke, **b** Einpressen von Beton durch Schneckenrohr bei gleichzeitigem Ziehen der Schnecke, **c** Einbringen der Bewehrung

Bei Schneckenbohrpfählen muss bei instabilen Bodenschichten mit einer Mächtigkeit von mehr als dem Pfahldurchmesser die Machbarkeit des Verfahrens durch Probepfähle oder örtliche Erfahrung nachgewiesen werden. Als instabil sind anzusehen:

- gleichförmige, nichtbindige Böden mit $U < 1{,}5$,
- lockere, nichtbindige Böden mit $D < 0{,}3$,
- Tone mit hoher Empfindlichkeit (große Sensivität),
- weiche bindige Böden mit $c_u < 15\,\text{kN/m}^2$.

Laufend werden neue Pfahltypen entwickelt. So wird z. B. die Tragfähigkeit von Bohrpfählen mit Hilfe des Düsenstrahlverfahrens, s. Abschn. 6.2, oder mit Nachverpressungen von Zementsuspension an der Pfahlspitze und/oder am Pfahlmantel, wie bei der Verpressankertechnik, s. Abschn. 18.2, verbessert.

Bohrpfähle mit einem großen Seelenrohr, bei denen der Bewehrungskorb vor dem Betonieren im Schutz des Seelenrohrs eingebracht wird, werden auch als Teilverdrängungsbohrpfähle bezeichnet. Bei der Herstellung wird nur ein Teil des Pfahlvolumens an Boden gefördert und der übrige Teil wird verdrängt.

Bohrpfähle können bei geeigneten Bauvorhaben als Energiepfähle ausgebildet werden. Durch das Bestücken mit Leitungen zum Transport von Wärme- bzw. Kühlmittel werden sie dann zur Klimatisierung von Gebäuden genutzt.

13.1.2 Verdrängungspfähle

Verdrängungspfähle werden durch Rammen, Rütteln, Eindrücken und Drehen eingebracht, wobei der Boden vollständig verdrängt wird. Dabei können die Pfähle vorgefertigt sein (Fertigpfähle), in Vortriebsrohren vor Ort oder in einer Kombination dieser Verfahren in den Boden eingebracht werden. Zu Verdrängungspfählen gehören auch Spundwandprofile (s. Kap. 14) und Rohre, wenn sie überwiegend vertikale Lasten übertragen sollen.

Fertigpfähle können aus Holz, Stahl und Stahlbeton bestehen. Sie haben den Vorteil, dass ihre Materialgüte vor dem Einbau prüfbar ist und dass sie nach dem Einbringen sofort belastbar sind.

Fertigpfähle können mit bauaufsichtlich zugelassenen Kupplungen verlängert werden. Die Stoßverbindung muss mindestens die gleiche Druck- und Zugfestigkeit sowie die Biegezugfestigkeit wie der Pfahlquerschnitt außerhalb der Stoßverbindung besitzen. Die Pfahlteile müssen zentrisch und winkelgerecht gestoßen werden und dürfen sich während des Einbringens nicht lösen. Um Fertigpfähle vor der Zerstörung von Rammschlägen am Pfahlkopf zu schützen, werden Rammhauben verwendet. Die Rammhauben dienen in der Regel gleichzeitig als Führung am Mäkler. Die Auswahl des Einbringgeräts (Ramme, Vibrationsbär, Spülhilfe, etc.) hängt von der Masse des Fertigpfahls, den Baugrundverhältnissen, dem vorhandenen Gerät und den Baustellengegebenheiten ab.

Nachfolgend wird die Herstellung von häufig verwendeten Ortpfählen beispielhaft erläutert. Weitergehende Einzelheiten für die Herstellung sind bei den Firmen zu erfragen oder den entsprechenden Regelwerken zu entnehmen.

Der „Franki-Pfahl“ ist ein Ortbetonrammpfahl mit wiedergewonnenem Vortreibrohr, s. Abb. 13.5. Mit dem Rammgerät und der Mäklerkonstruktion können Pfähle bis zu 30 m Länge hergestellt werden. Durch die Bodenverdrängung und -verdichtung beim Einrammen des Vortreibrohres sowie mit der Fußausbildung durch Ausstampfen des Pfahlschaftes wird in der Regel eine hohe Tragfähigkeit und ein günstiges Setzungsverhalten erreicht. Es werden Vortreibrohre mit Durchmesser 420 bis 710 mm verwendet. Der Franki-Pfahl ist ein sehr wirtschaftlicher Pfahl und aufgrund seiner Innenrammung emissionsarm, so dass er auch in bebauten Gebieten eingesetzt werden kann. Ein ähnlicher Verdrängungspfahl, allerdings mit Außenrammung auf dem Rohr und im Boden verbleibender Fußplatte, ist der „Simplex-Pfahl“. Die Abb. 13.5b–f zeigen die Herstellung des „Franki-Pfahls“:

b) Das am Mäkler geführte Vortreibrohr wird angesetzt. Der Betonpfropfen (erdfeuchter Beton) wird eingefüllt und angestampft.
c) Das Vortreibrohr wird mit Freifallbär bei Innenrammung eingerammt.
d) Durch Ausrammen des Pfropfenbetons wird der Pfahlfuß ausgebildet, das Vortreibrohr wird dabei festgehalten.

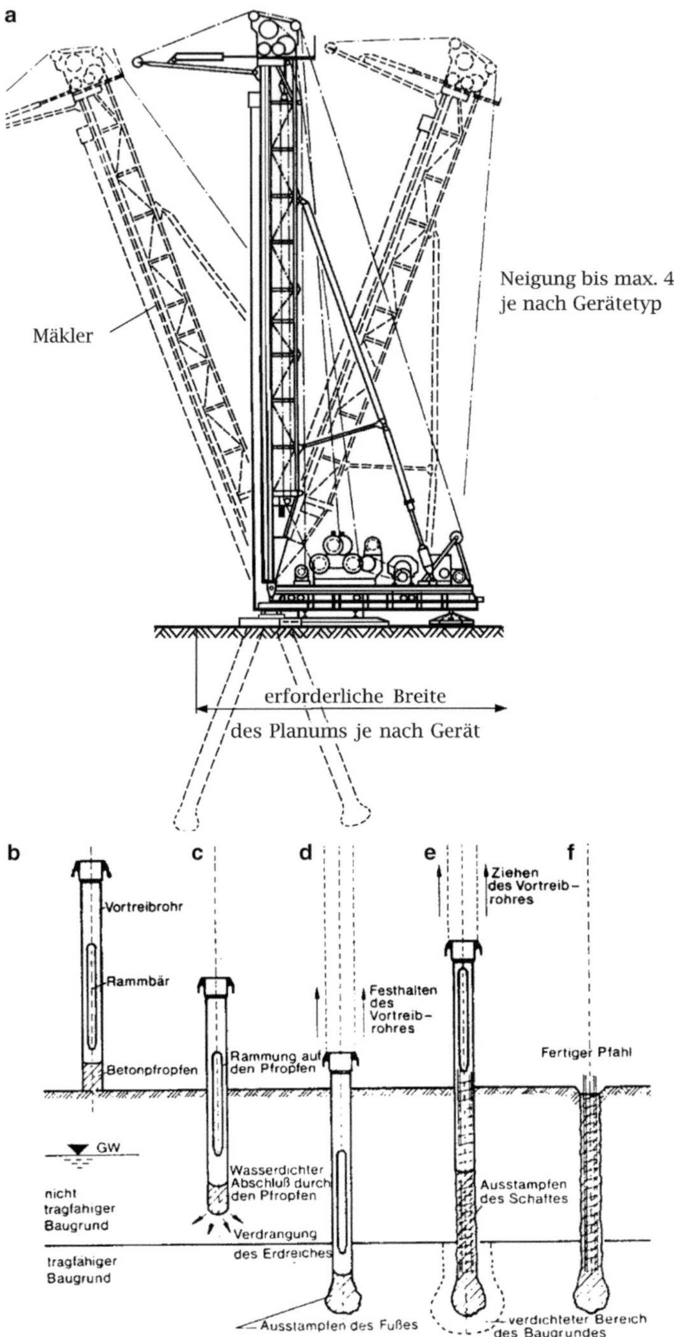

Abb. 13.5 Ortbetonrammpfahl System „Franki". **a** Rammgerät mit Mäkler, **b** bis **f** Pfahlherstellung, s. Text, aus Firmenunterlagen der Franki Grundbau GmbH & Co. KG

e) Der Bewehrungskorb wird eingestellt; durch den abschnittsweise eingebrachten Beton und Ziehen des Rohres wird der Pfahlschaft hergestellt.
f) Der obere Beton wird abgestemmt und die Anschlussbewehrung freigelegt. Nach Erhärten des Betons kann der Pfahl belastet werden.

Besonders bei Verdrängungspfählen sollte die Herstellreihenfolge vorab festgelegt werden. Tiefere Pfähle sollten zuerst hergestellt werden. Für benachbarte Pfähle sollte eine Tiefenstaffelung von 45° eingehalten werden.

In weichen Böden müssen nach *DIN EN 12699* die Abstände zwischen Ortbetonpfählen, deren Beton noch keine ausreichende Festigkeit aufweist, mindestens dem 6-fachen Pfahldurchmesser entsprechen.

13.1.3 Mikropfähle

Mikropfähle werden häufig zur Unterfangung und Sicherung bestehender Bauwerke verwendet, s. Abschn. 21.4. Sie werden dann mit kleinen Bohrgeräten, wie sie auch für die Herstellung von Verpressankern verwendet werden, z. B. vom Untergeschoss bestehender Gebäude aus eingesetzt. Außerdem werden sie als Zugpfähle zur Auftriebssicherung ausgeführt. Diese Pfähle werden auf sehr unterschiedliche Art und Weise produziert.

Bei gebohrten Mikropfählen kann aufgrund des kleinen Durchmessers der Beton nicht mehr mit einem Schüttrohr eingebracht werden. Dabei wird häufig nur eine Teillänge des Pfahlmantels im Bereich der Krafteintragungslänge mit einem größeren als dem hydrostatischen Druck verpresst, wobei die Verpressung entweder unmittelbar beim Ziehen der Verrohrung erfolgt (Primärverpressung) oder nach dem Erhärten des Pfahlbetons (Pfahlmörtels) durch ein- oder mehrmalige Nachverpressung erfolgen kann, ähnlich wie bei der Herstellung von Verpressankern, s. Kap. 18.

13.1.4 Vor- und Nachteile der Pfahlarten

Für die gängigen Pfahlarten sind in Tab. 13.2 die Vor- und Nachteile zusammenfassend genannt.

Tab. 13.2 Pfahlarten und ihre Vor- und Nachteile

Pfahlart	Vorteile	Nachteile
Holzpfähle	Leicht zu handhaben, billig	Dauernd haltbar nur unter Wasser; geringe Tragfähigkeit; kein hartes Rammen möglich
Stahlpfähle	Leicht zu handhaben; variable Länge; hartes Rammen möglich; Fußverstärkung möglich; günstig bei Biegebeanspruchung	Relativ teuer; Sandschliff im Wasser
Stahlbetonfertigpfähle	Beständig in fast jeder Umgebung	Empfindlich beim Transport und beim Rammen; schwierig zu kürzen und zu verlängern; Rammerschütterungen
Ortbetonrammpfähle (Verdrängungspfähle)	Beständig; Lagerhaltung und Transport entfallen; Durchmesser von Schaft und Fuß wie auch die Länge können dem Boden angepasst werden	Rammerschütterungen; Nachbarpfähle aus frischem Beton können beschädigt werden
Ortbetonbohrpfähle	Vorteile wie vorher; Hindernisbeseitigung möglich; weniger Belästigung als beim Rammen, Verpressmöglichkeit	Bodenentnahme, Bodenauflockerung und somit Verschlechterung des Tragverhaltens
Ortbetonverpresspfähle (Mikropfähle)		Nachteile wie vorher; relativ geringes Tragvermögen

13.2 Tragverhalten von Pfählen

Die Bemessung von Pfählen ist in Deutschland durch die *DIN EN 1997-1 (EC 7)* mit nationalem Anhang inkl. der *DIN 1054* geregelt. Hierbei ist zwischen einer „inneren" und „äußeren" Tragfähigkeit zu unterscheiden. Die innere Tragfähigkeit beinhaltet den Widerstand des Pfahlbaustoffes, der Nachweis im Grenzzustand STR ist entsprechend der jeweiligen Bauartnorm zu führen, z. B. bei Stahlbetonpfählen gemäß *DIN EN 1992* und bei Stahlpfählen gemäß *DIN EN 1993*, s. Kap. 8. Schlanke Pfähle, die teilweise im Wasser oder in sehr weichen Böden größerer Mächtigkeit angeordnet sind, müssen auf Knicken untersucht werden, s. Abschn. 20.4. Die äußere Tragfähigkeit ist der Widerstand gegen Versagen des Bodens in der Pfahlumgebung, wobei jeweils der Grenzzustand der Tragfähigkeit (ULS) als auch der Grenzzustand der Gebrauchstauglichkeit (SLS) zu untersuchen ist. Bei Zugpfählen zur Auftriebssicherung ist zusätzlich eine ausreichende Sicherheit gegen Aufschwimmen (UPL) und gegen den Verlust der Lagesicherheit (EQU) nachzuweisen.

Bautechnische Maßnahmen mit Pfahlgründungen müssen in die geotechnische Kategorie GK 2 oder GK 3 eingestuft werden. Eine Einstufung in die Geotechnische Kategorie GK 3 wird bei erheblichen zyklischen, dynamischen oder stoßartigen Einwirkungen, bei

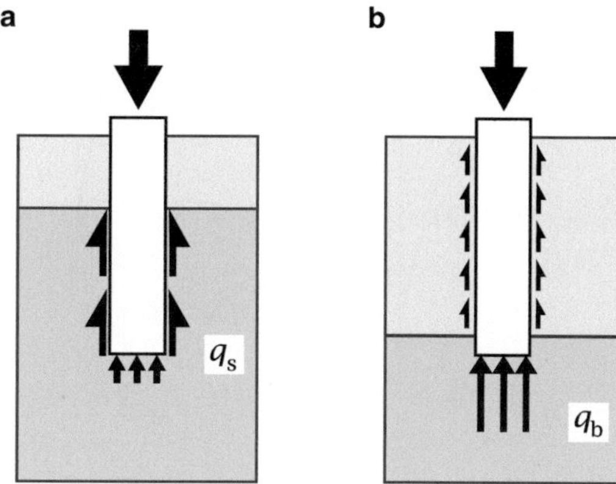

Abb. 13.6 Übertragung der einwirkenden Kräfte in den Baugrund. **a** Mantelreibungspfahl (q_s), **b** Spitzendruckpfahl (q_b)

flach geneigten Zugpfählen (kleiner 45°), bei verpressten Pfahlsystemen als Verankerungselemente, bei Pfählen mit Mantel- und/oder Fußverpressung oder bei Zugpfahlgruppen sowie bei Kombinierten Pfahl-Platten-Gründungen (KPP) erforderlich.

Horizontale Einwirkungen werden entweder über Biegung oder mit Schrägpfählen aufgenommen, s. Kap. 20. Nach *DIN 1054* als Ergänzung des nationalen Anhangs zur *DIN EN 1997-1* kann, sofern die auf einen vollständig im Boden eingebetteten Pfahl wirkende charakteristische waagerechte Beanspruchung in der Bemessungssituation BS-P nicht mehr als 3 % oder in der Bemessungssituation BS-T nicht mehr als 5 % der lotrechten Beanspruchung beträgt, im Allgemeinen auf einen besonderen Nachweis verzichtet werden.

Nachfolgend wird das Tragverhalten von Einzelpfählen aufgezeigt, die überwiegend axial durch Druck oder Zug beansprucht sind und deren Lastabtragung nicht durch andere Pfähle – weder durch den Baugrund noch durch einen Überbau – beeinflusst wird.

Die Übertragung der Einwirkungen über den Pfahl in den Baugrund erfolgt nach einem vereinfachten Modell über die Widerstände: Mantelreibung (q_s) und Spitzendruck (q_b), s. Abb. 13.6.

Beide Widerstände sind überwiegend von der Scherfestigkeit des tragfähigen Baugrunds abhängig. Dabei wird die Mantelreibung schon bei kleinen Pfahlverschiebungen geweckt, während die volle Mobilisierung des Spitzendrucks größere Verschiebungen erfordert, s. Abb. 13.7. Für zugbeanspruchte Pfähle kann für den Nachweis Grenzzustand GEO-2 nur die Mantelreibung berücksichtigt werden.

Zum Nachweis einer ausreichenden Sicherheit gegen Versagen des Bodens in der Pfahlumgebung ist für Druckpfähle die Grenzbedingung

$$F_{c,d} < R_{c,d} \tag{13.1}$$

und für Zugpfähle die Grenzbedingung

$$F_{t,d} < R_{t,d} \tag{13.2}$$

zu erfüllen.

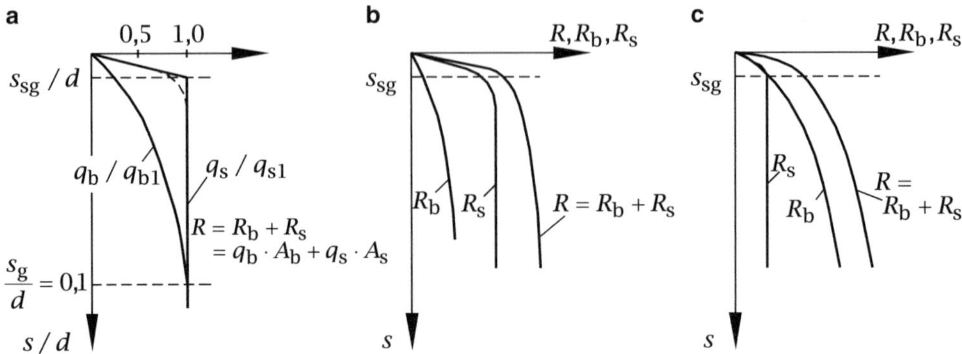

Abb. 13.7 Qualitativer Verlauf der Widerstands-Setzungslinien von Pfahlspitzenwiderstand und Mantelreibung. **a** Dimensionslose Darstellung, **b** Mantelreibungspfahl, **c** Spitzendruckpfahl (b: *base*, s: *shaft*)

Abb. 13.8 Pfahl unter Zugbeanspruchung

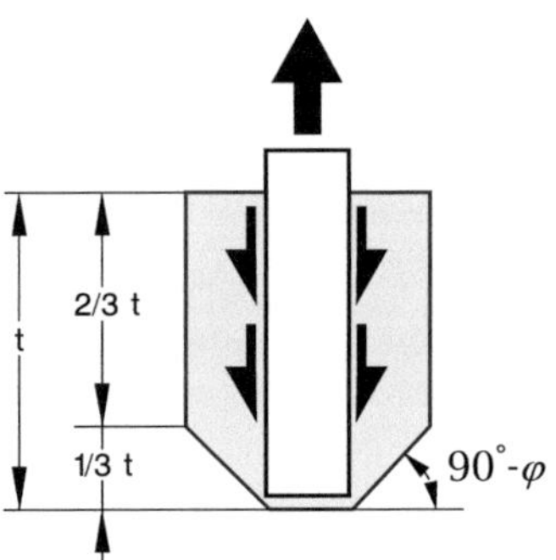

Hierbei sind $F_{c,d}$ und $F_{t,d}$ die Bemessungswerte der axialen Druckbelastung (c: compression) bzw. Zugbelastung (t: tension) auf einen Pfahl und $R_{c,d}$ und $R_{t,d}$ die Bemessungswerte der axialen Widerstände im Grenzzustand GEO-2.

Die zur Ermittlung der Bemessungswerte erforderlichen Teilsicherheitsbeiwerte sind in Kap. 8 zusammengestellt.

Zudem muss im Grenzzustand EQU mit einem plausiblen Bruchmodell, wie z. B. in Abb. 13.8 dargestellt, geprüft werden, dass bei Zugbeanspruchung nicht auch der umgebende Bodenkörper versagt. Bei der Ermittlung der Gewichtskraft des „angehängten" Bodens muss bei Pfahlgruppen nach *DIN 1054* u. a. das Rastermaß der Pfahlabstände und ein Anpassungsfaktor von $\eta = 0{,}8$ berücksichtigt werden.

Ergibt eine entsprechende Prüfung, dass die Verformungen der Pfahlgründung für das Gesamtbauwerk von Bedeutung sind, dann ist eine ausreichende Sicherheit gegen den Verlust der Gebrauchstauglichkeit (SLS) nachzuweisen. Der Nachweis ist erbracht, wenn die Bedingung

$$F_d\,(\text{SLS}) = F_k \leq R_d\,(\text{SLS}) = R_k \tag{13.3}$$

erfüllt ist.

Setzungsdifferenzen sind aus Probebelastungen oder aufgrund von Erfahrungswerten abzuleiten und ggf. bei der Bauteil- bzw. Bauwerksbemessung zu berücksichtigen.

Bei teilweise freistehenden Pfählen und bei Pfählen in weichen Böden mit einer Scherfestigkeit von $c_{u,k} \geq 10\,\text{kN/m}^2$ muss in der Regel die Knicksicherheit nicht nachgewiesen werden, bei Unterschreitung des Wertes sind die jeweiligen Pfahlnormen anzuwenden, s. a. Abschn. 20.4.

Verformungen der Pfahlgründung in der Nähe des Gebrauchszustandes können in biegesteifen, statisch unbestimmt gelagerten Tragwerken und Bauteilen einen Grenzzustand der Tragfähigkeit (ULS) hervorrufen. Beim Tragfähigkeitsnachweis sind für diesen Fall zwängungserzeugende Setzungsdifferenzen zu ermitteln und bei der Bemessung zu berücksichtigen.

Hinsichtlich der Anforderungen bei Pfahlgruppen und quer zur Pfahlachse belasteten Pfählen, s. Kap. 20.

13.2.1 Einwirkungen und Beanspruchungen

Bei Pfahlgründungen sind Einwirkungen zu unterscheiden in

- Gründungslasten, z. B. aus dem Bauwerk,
- grundbauspezifische Einwirkungen, wie z. B. negative Mantelreibung und Seitendruck.

Bei Verdrängungspfählen ergeben sich zusätzlich herstellungsbedingte Beanspruchungen, die in *DIN EN 12699* und *DIN SPEC 18538* zu finden sind.

Bei der Ermittlung von Gründungslasten aus der Tragwerksberechnung ist zu beachten, dass Pfahlwiderstände verschiebungsabhängig sind. Ggf. sind daher Ersatzfedern am Standort der Pfähle zu modellieren.

Ergibt sich durch äußere Bedingungen eine Situation, in der sich der Boden stärker setzt als der Pfahl, tritt **negative Mantelreibung** auf, die als ständige Einwirkung zu berücksichtigen ist.

Hervorgerufen wird negative Mantelreibung meist durch Setzungen einer Weichschicht infolge zusätzlicher Auflasten. Dabei hängt sich das Eigengewicht der sich setzenden Bodenschicht sowie der darüber liegenden Schichten an dem Pfahl über Mantelreibung an. Der Pfahl setzt sich so weit, bis die Einwirkungen aus negativer Mantelreibung zusammen mit den Einwirkungen aus dem Bauwerk mit den Pfahlwiderständen aus stützender Mantelreibung und Pfahlspitzenwiderstand im Gleichgewicht stehen. Die Grenze zwischen rechnerischer positiver und negativer Mantelreibung wird als neutraler Punkt bezeichnet. Bei einer Lastabtragung in gut tragfähigem Baugrund und geringen zu erwartenden Pfahlsetzungen kann der neutrale Punkt vereinfacht an der Oberkante der tragfähigen Schicht angenommen werden. Die *DIN EN 1997-1* gibt vor, dass im Grenzzustand der Tragfähigkeit die negative Mantelreibung mit dem Wert anzusetzen ist, der maximal hervorgerufen werden kann. Über die Ergänzungen der *DIN 1054* wird für die Berechnung auf die *EA-Pfähle* verwiesen.

Als charakteristischer Wert der negativen Mantelreibung darf näherungsweise für bindige Böden

$$\tau_{n,k} = \alpha \cdot c_{u,k} \tag{13.4}$$

Der Faktor α liegt je nach Bodenart und Pfahltyp zwischen 0,15 und 1,60, wobei in der *EA Pfähle* vereinfachend für bindige Böden $\alpha = 1{,}0$ empfohlen wird.

Mit effektiven Spannungen ist die negative Mantelreibung für nichtbindige und bindige Böden gemäß Gl. (13.5) zu ermitteln.

$$\tau_{n,k} = \sigma'_v \cdot K_0 \tan \varphi'_k \tag{13.5}$$

angesetzt werden.

Dabei sind:

σ'_v ... effektive Vertikalspannung im Boden und
K_0 ... der Erdruhedruckbeiwert, s. Abschn. 16.8.2.

Anstelle der Produkts aus $\tan \varphi'$ und Erdruhedruckbeiwert K_0 kann gemäß *EA Pfähle* auch ein Faktor β verwendet werden, der je nach Bodenart zwischen 0,1 und 1,0 liegt, für nichtbindige Böden typischerweise bei 0,25 bis 0,3.

Kritisch sind häufig auch Pfahlbiegebeanspruchungen durch seitliche Bodenbewegungen und dadurch verursachten **Seitendruck auf die Pfähle**, z. B. infolge einseitiger Geländeauffüllung oder infolge von Flächeneinwirkungen, s. dazu Abb. 13.9 und 13.10 sowie Bauer (2016), Fedders (1978) und Merkblatt über den Einfluss der Hinterfüllung auf Bauwerke (2017).

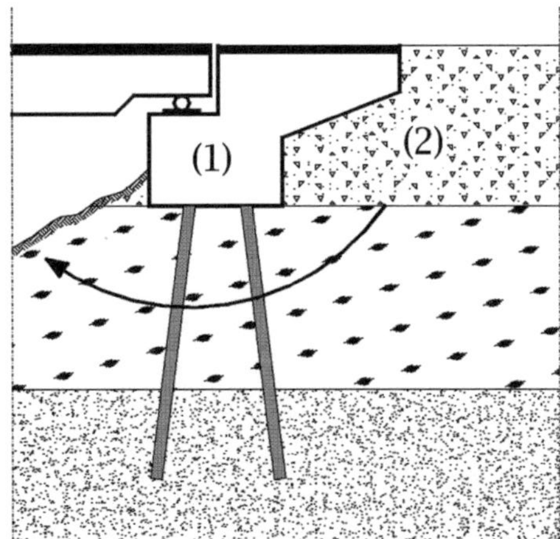

Abb. 13.9 Seitendruck auf Pfähle: Kinematik am Beispiel einer Widerlagerhinterfüllung

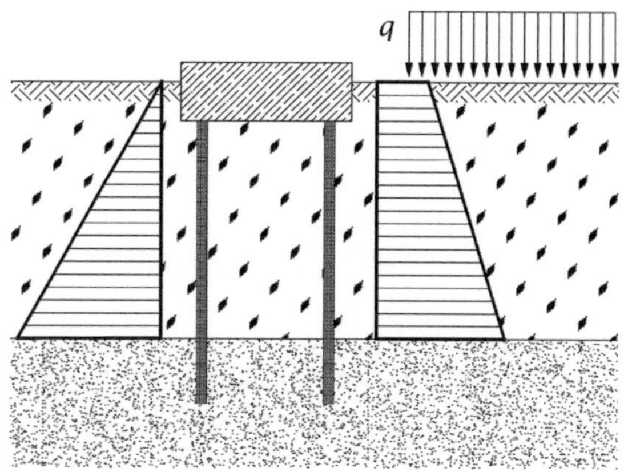

Abb. 13.10 Seitendruck auf Pfähle: Erddrücke

Zur Berechnung des Seitendrucks auf Pfähle verweist die *DIN 1054* als Ergänzung der *DIN EN 1997-1* wiederum auf die *EA-Pfähle*. Demnach ist der Seitendruck auf Pfähle, die in weichen bindigem Boden stehen, mit charakteristischen Werten als Differenz der Erddrücke nach Gl. (13.6) bzw. Abb. 13.10, s. dazu Kap. 16, bzw. mit dem Fließdruck des plastifizierten Bodens infolge des Vorbeifließens des Bodens an einem im Boden eingebetteten Bauteil bei voll ausgeschöpfter Scherfestigkeit zu berücksichtigen.

$$p_{\mathrm{k}} = e_{\mathrm{a,k}} - e_{\mathrm{p,k}}. \tag{13.6}$$

Nach dem zitierten Merkblatt über den Einfluss der Hinterfüllung auf Bauwerke kann auch folgender Wert angesetzt werden:

$$p_{\mathrm{k}} = x \cdot c_{\mathrm{u}} \quad \text{mit} \quad x = 7 \text{ bis } 10. \tag{13.7}$$

Der kleinere Wert von p_{k} ist maßgebend.

Ein anderer Weg, der die Eigensteifigkeit des Pfahles berücksichtigt, besteht darin, $e_{\mathrm{a,k}}$ als Einwirkung anzusetzen und den Pfahl als elastisch gebettet zu rechnen, s. Kap. 20.

Bei axial zyklisch beanspruchten Pfahlgründungen mit Schwell- oder Wechsellastanteilen über 20 % der charakteristischen Pfahlwiderstände $R_{2\mathrm{k}}$ im Gebrauchszustand und bei dynamischer Beanspruchung kann eine starke Verschlechterung des Pfahltragverhaltens eintreten, s. dazu *DIN 1054*.

Durch den stark zunehmenden Ausbau von Windenergieanlagen sowohl onshore als auch offshore wurden in den letzten Jahren umfangreiche Untersuchungen zum Tragverhalten von Pfählen unter zyklischen Belastungen durchgeführt, s. Carstensen et al. (2017) und Frick und Achmus (2019)

Ebenso bedürfen stoßartige waagerechte Einwirkungen einer besonderen Betrachtung.

13.2.2 Axiales Tragverhalten und Widerstände von Einzelpfählen

Gemäß *DIN EN 1997-1* müssen Entwurf und Bemessung auf einem der folgenden Verfahren beruhen:

- Ergebnisse statischer Probebelastungen, bei denen mittels Nachrechnung oder auf andere Weise gezeigt werden konnte, dass sie sonstigen einschlägigen Erfahrungen entsprechen,
- empirische oder analytische Berechnungsverfahren, deren Gültigkeit durch statische Probebelastungen in vergleichbaren Situationen nachgewiesen ist,
- Ergebnisse dynamischer Probebelastungen, deren Gültigkeit durch statische Probebelastungen in vergleichbaren Situationen nachgewiesen worden ist,
- das beobachtete Verhalten einer vergleichbaren Pfahlgründung, vorausgesetzt, die Ergebnisse der Baugrunderkundung und Baugrundversuche sind ebenfalls vergleichbar.

Gemäß den nationalen Festlegungen in Deutschland sind erdstatische Verfahren, z. B. denen Grundbruchvorstellungen im Pfahlfußbereich zugrunde liegen, bei denen als Eingangsparameter die Scherfestigkeit oder der Steifemodul der Böden Verwendung findet, nicht zulässig. Unabhängig davon ist es jedoch möglich, für bestimmte abgegrenzte Anwendungen z. B. numerische Berechnungen durchzuführen, sofern diese für die vorgesehene Anwendung an vergleichbaren Pfahlprobebelastungen kalibriert worden sind. Eine wirklichkeitsnahe Modellierung der Pfahlherstellung und der damit einhergehenden Veränderungen im umgebenden Baugrund ist jedoch sehr aufwendig und erfordert umfassende Erfahrungen.

Nach Forschungsarbeiten, s. Schmidt et al. (1999) und Wolff (2009), kann für feste Böden und für Fels die Tragfähigkeit und das Verformungsverhalten von Bohrpfählen rechnerisch nachgewiesen werden. Dazu wurde auch ein Rechenprogramm entwickelt, dessen Anwendung sich beim Vergleich zu in Deutschland vorhandenen Probebelastungsergebnissen bewährt hat.

D. h. ein allgemeingültiges Verfahren zur Berechnung von Pfahlwiderständen liegt in Deutschland nicht vor. Gemäß der nationalen Ergänzungen ist es daher der Regelfall, Pfahlwiderstände auf der Grundlage von Pfahlprobebelastungen oder aus Erfahrungswerten, die aus Probebelastungen abgeleitet sind, zu ermitteln.

13.3 Axiale Pfahlprobebelastungen

Das Ziel von Pfahlprobebelastungen ist die Ermittlung einer charakteristischen Widerstands-Setzungs-Linie, um daraus die Pfahlwiderstandsgrößen $R_{1,k}$ ($R_{c,k}$, $R_{t,k}$) und $R_{2,k}$ für die Nachweise in den Grenzzuständen der Tragfähigkeit (ULS) und der Gebrauchstauglichkeit (SLS) ableiten zu können.

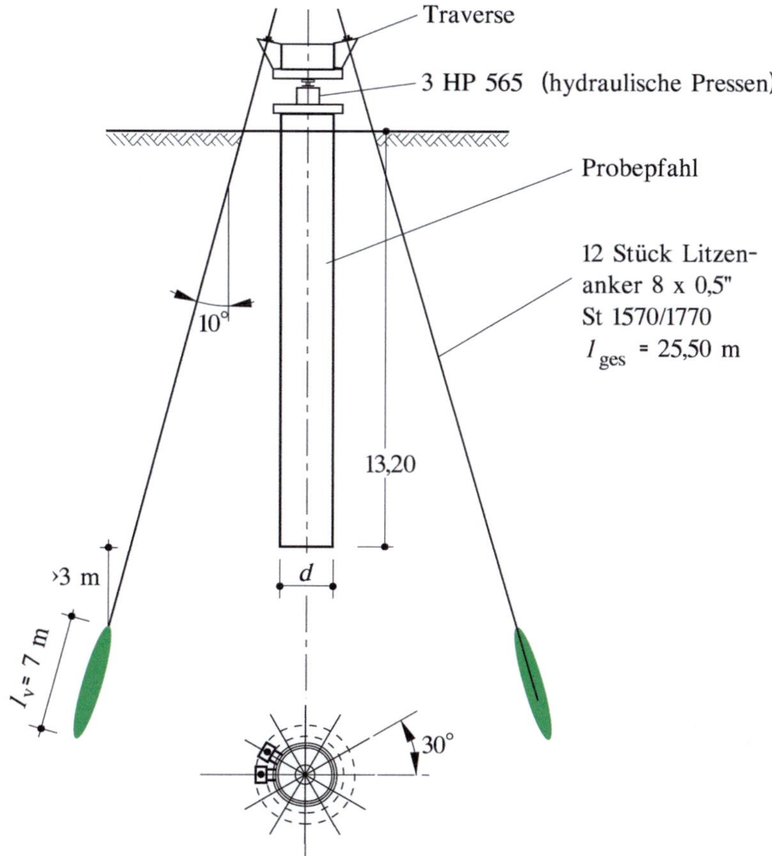

Abb. 13.11 Versuchsanordnung bei statischer Probebelastung (Bohrpfahl $d = 150\,\text{cm}$)

Für die Durchführung einer statischen Probebelastung muss eine temporäre Widerlagerkonstruktion aus Traversen und Verpressankern bzw. Zugpfählen vorgehalten werden, s. Abb. 13.11. In der *EA-Pfähle* finden sich Angaben zu Mindestabständen der Reaktionspfähle. Untersuchungen von Henke (2020) weisen darauf hin, dass diese ggf. nicht ausreichend sind, um einen Einfluss der Reaktionspfähle auf das Tragverhalten des Probepfahls zu vermeiden.

Bei kleineren Lasten kann es ausreichen, statt der Verankerung einen ausreichenden Ballast zu installieren. Über hydraulische Pressen werden die Pfähle belastet. Es werden die Widerstandskräfte und die Setzungen gemessen. Ggf. werden über Druckkissen und Dehnungsmessungen an der Pfahlbewehrung bzw. über Extensometer der Spitzendruck und die Mantelreibung getrennt ermittelt.

Während bei gerammten schlanken Fertigpfählen meist ein ausgeprägtes Versagen auftritt, wächst bei Bohrpfählen mit großem Durchmesser der Widerstand auch nach Setzun-

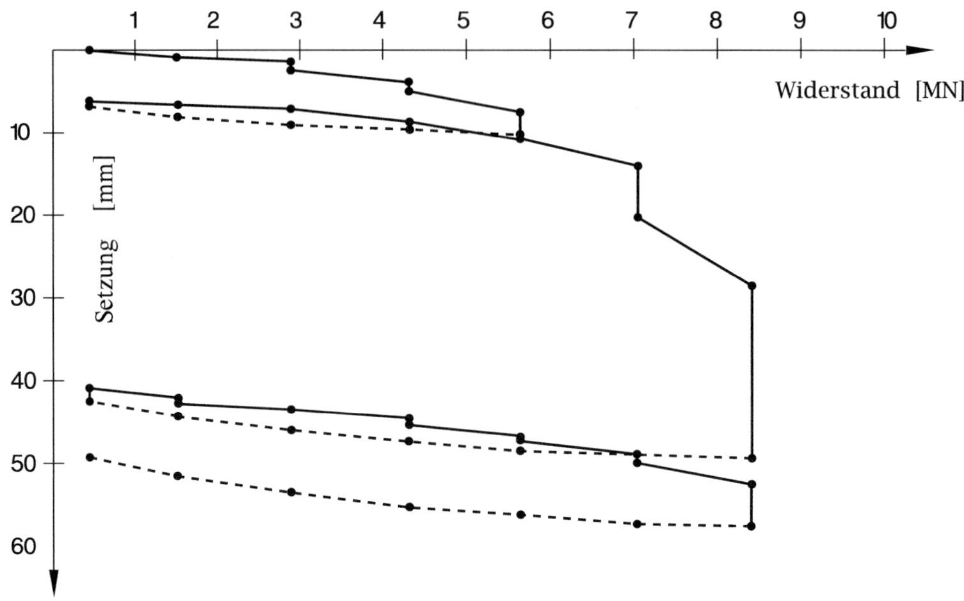

Abb. 13.12 Widerstand-Setzungs-Diagramm einer Probebelastung (Bohrpfahl $d = 150\,\text{cm}$)

gen in Dezimetergröße noch weiter an. Im zweiten Fall wird deshalb zur Bestimmung der Grenztragfähigkeit ein Setzungskriterium herangezogen, s. Abb. 13.12.

Probebelastungen können auch durch den Einbau von Druckpressen im unteren Drittel und am Fuß von Bohrpfählen ausgeführt werden, s. Pröck (2000). Die Druckpressen werden systematisch aktiviert, um einzelne Pfahlabschnitte zu bewegen. Durch eine integrierte Instrumentierung am Pfahlschaft (Dehnungsmessgeber, Extensometer) können der Spitzendruck und die Mantelreibung ermittelt werden.

Bei der Ableitung von charakteristischen Pfahlwiderständen $R_{c,k}$ aus statischen Pfahlprobebelastungen sind die Streuungsfaktoren ξ_i in Abhängigkeit der Anzahl probebelasteter Pfähle nach Tab. 13.3 anzuwenden. Dabei ist

- ξ_1 auf die Mittelwerte der bei der statischen Probebelastung gemessenen Widerstände und
- ξ_2 auf den Kleinstwert der bei der statischen Pfahlprobebelastung gemessenen Widerstände zu beziehen.

Tab. 13.3 Streuungsfaktoren ξ_i zur Ableitung charakteristischer Werte aus statischen Probebelastungen

n	1	2	3	4	≥ 5
ξ_1	1,35	1,25	1,15	1,05	1,00
ξ_2	1,35	1,15	1,00	1,00	1,00

n ist die Anzahl der probebelasteten Pfähle.

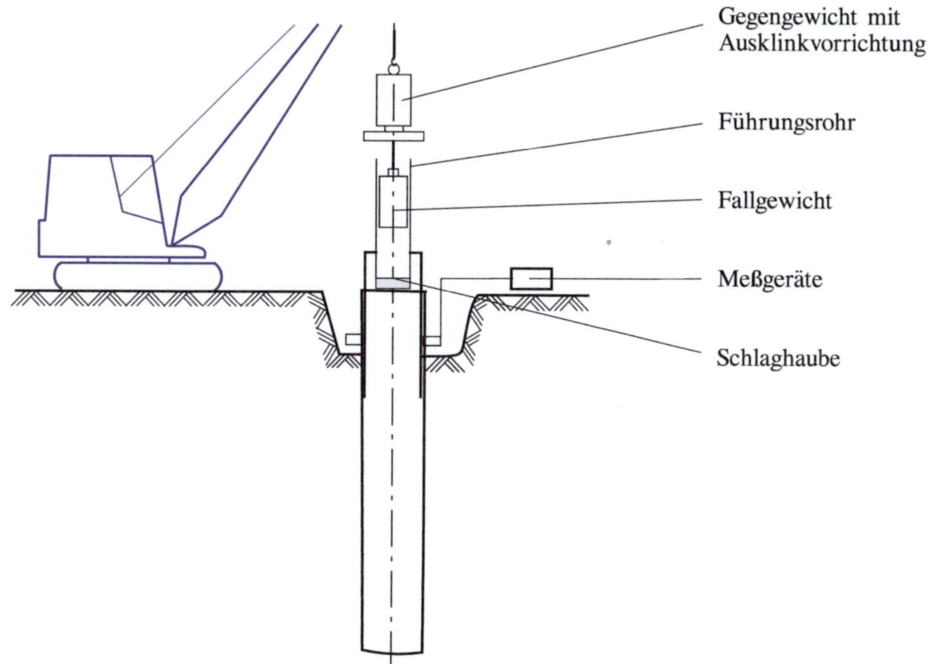

Abb. 13.13 Versuchsanordnung bei Dynamischer Probebelastung. (Nach Arz et al. 1991)

Bei Tragwerken, die nicht imstande sind, Lasten von „weichen" zu „steifen" Pfählen umzulagern, muss mindestens folgende Gleichung erfüllt werden:

$$R_{\mathrm{c,k}} = \mathrm{MIN}\left\{\frac{(R_{\mathrm{c,m}})_{\mathrm{mitt}}}{\xi_1}; \frac{(R_{\mathrm{c,m}})_{\mathrm{min}}}{\xi_2}\right\} \tag{13.8}$$

Wenn Tragwerke eine ausreichende Steifigkeit und Festigkeit haben, um Lasten von „weichen" zu „steifen" Pfählen umzulagern, dürfen die Zahlenwerte von ξ_1 und ξ_2 durch 1,1 dividiert werden, vorausgesetzt, dass ξ_1 niemals kleiner als 1,0 wird.

Neben aufwendigen statischen Probebelastungen werden heute auch Pfahltragfähigkeits- und Qualitätsprüfungen mit zerstörungsfreien, sogenannten „Dynamischen Probebelastungen" durchgeführt, s. Abb. 13.13. Grundgedanke bei den dynamischen Probebelastungen ist die Anwendung der Gesetzmäßigkeiten der eindimensionalen Stoßwellenausbreitung in dem zu prüfenden Pfahl. Gemessen werden der durch eine Stoßkraft erzeugte Zeitverlauf der Dehnung am Pfahlschaft sowie der Zeitverlauf der Beschleunigung, bei Integritätsprüfungen (Qualität) nur letzteres. Die Ermittlung des Tragverhaltens eines Pfahls infolge einer Stoßbelastung ist möglich, wenn der Zusammenhang zwischen der Bewegung des Pfahls und dem Widerstand aus Spitzendruck und Mantelreibung bekannt ist. Dies geschieht in Anlehnung bekannter empirischer Rammformeln heute mit mechanisch-theoretischen Modellen. Es kann grundsätzlich zwischen dem einfachen

CASE-Verfahren, s. Goble et al. (1975) oder TNO-Verfahren und erweiterten Verfahren mit vollständiger Modellbildung, s. Klingmüller (1991, 2013) z. B. dem CAPWAP-Verfahren, s. Rausche et al. (1985) und dem TNO-WAVE-Verfahren unterschieden werden.

Eine weitere Variante der dynamischen Probebelastung besteht darin, die Einwirkung auf den Pfahl durch das Anheben einer großen Masse durch Explosion in einer Kammer oberhalb des Pfahles zu erzeugen, wobei Kräfte von bis zu 30 MN auftreten können. Dieses Verfahren nennt die niederländische Fa. TNO „STATNAMIC".

Zur weiteren Information sei auf Grabe und Schuler (1991), Klingmüller und Schaller (2016) und auf die *EA-Pfähle* verwiesen.

Gemäß *DIN EN 1997-1* muss, wenn eine dynamische Probebelastung bzw. ein dynamischer Schlagversuch („Hammerschlag") verwendet wird, um den Widerstand einzelner Druckpfähle festzustellen, die Gültigkeit des Ergebnisses dadurch nachgewiesen werden, dass zuvor bei einer statischen Probebelastung an einem gleichen Pfahl mit vergleichbaren Baugrundverhältnissen ein bezüglich der Übereinstimmung zufriedenstellendes Verhalten erzielt worden ist.

Werden dynamische Pfahlprobebelastungen durch eine vollständige Modellbildung ausgewertet, lassen sich Mantelreibung und Spitzendruck annähernd bestimmen und das Widerstands-Setzungsverhalten simulieren.

Zur Ableitung von charakteristischen Pfahlwiderstanden aus Stoßversuchen bzw. dynamischen Pfahlprobebelastungen sind ebenfalls Streuungsfaktoren zu verwenden. Diese Streuungsfaktoren sind nach dem von *DIN 1054* vorgegebenen Verfahren zu ermitteln. Folgende Bedingungen sind hierbei von Bedeutung:

- Anzahl der probebelasteten Pfähle,
- Art der Kalibrierung (Erfahrung oder statische Probebelastung),
- Vergleichbarkeit einer statischen Probebelastung (z. B. gleiches Baufeld),
- Auswerteverfahren (direkt oder erweitert mit vollständiger Modellbildung),
- Fähigkeit des Tragwerks zur Lastumlagerung.

Rammformeln dürfen in Deutschland nur in Ausnahmefällen zur Ermittlung des Pfahlwiderstands angewendet werden. Dynamische Pfahlprobebelastungen werden als genauere Methode angesehen, die nur einen geringen Mehraufwand verursacht.

13.4 Axiale Pfahlwiderstände aus Erfahrungswerten

Falls keine Probebelastungen ausgeführt werden und eigene Erfahrungen nicht vorliegen, können gemäß *DIN EN 1997-1* axiale Pfahlwiderstände für Druckpfähle aus Erfahrungswerten unter Hinzuschaltung eines Sachverständigen für Geotechnik ermittelt werden. Bei Zugpfählen sollten – bis auf wenige Ausnahmen – immer Probebelastungen durchgeführt werden.

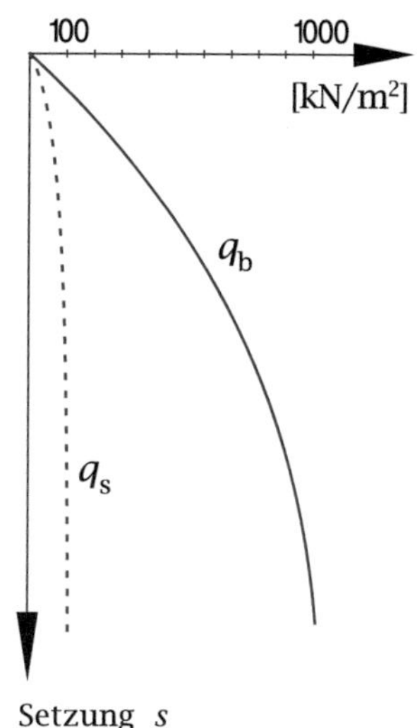

Abb. 13.14 Spitzendruck und Mantelreibung in Abhängigkeit von der Setzung

Bei den Erfahrungswerten lässt die Norm sowohl die in der *EA-Pfähle* aufgeführten Werte zu, die für häufige Pfahltypen nachfolgend zusammengestellt sind, als auch alle Erfahrungswerte, deren Brauchbarkeit für den jeweiligen Anwendungsfall durch entsprechende Nachweise belegt werden kann. Die in der *EA-Pfähle* angegebenen charakteristischen Erfahrungswerte sind aus den Ergebnissen von Probebelastungen abgeleitet und werden getrennt als Spitzendruck $q_{\mathrm{b,k}}$ und als Mantelreibung $q_{\mathrm{s,k}}$ angegeben. Der gesamte charakteristische Pfahlwiderstand ergibt sich in Abhängigkeit der Pfahlsetzung s zu

$$R_{\mathrm{c,k}}(s) = R_{\mathrm{b,k}}(s) + R_{\mathrm{s,k}}(s) = q_{\mathrm{b,k}} \cdot A_{\mathrm{b}} + \sum_i q_{\mathrm{s,k},i} \cdot A_{\mathrm{s},i} \qquad (13.9)$$

A_{b} ... Spitzenfläche
$A_{\mathrm{s},i}$ ... Mantelfläche in Schicht i
$q_{\mathrm{b,k}}$ ... Spitzendruck
$q_{\mathrm{s,k},i}$ ... Mantelreibung in Schicht i

► **Anmerkung** Die Indizes b bzw. s stehen für Spitze (*base*) bzw. Mantel (*skin oder shaft*).

Somit setzt sich der Pfahlwiderstand aus einem Spitzendruck- und einem Mantelreibungsanteil zusammen. Der Pfahlspitzendruck $q_{\mathrm{b,k}}$ und die Mantelreibungswerte $q_{\mathrm{s,k},i}$ sind abhängig von der Dichte des Bodens (Spitzenwiderstand der Drucksonde q_{c}) bzw. von der undränierten Scherfestigkeit c_{u} sowie beim Spitzendruck im starken Maße auch von der vom Pfahlfußdurchmesser d_{b} bzw. der von der Schlitzwandelementdicke d_{s} abhängigen Pfahlsetzung, s. z. B. Abb. 13.14.

13.4.1 Widerstände von Bohrpfählen

Für Bohrpfähle wird der Pfahlfußwiderstand setzungsabhängig angegeben, wobei mit Bezug auf die Vorgaben für Probebelastungen angenommen wird, dass bei einer Grenzsetzung s_g von $0{,}1\,d_b$ (d_b: Durchmesser des Pfahlfußes) der Grenzzustand der Tragfähigkeit (ULS) erreicht ist und eine weitere Laststeigerung nicht möglich ist, d. h. der Pfahl versagt.

Für den charakteristischen Mantelwiderstand $R_{s,k}$ gilt im Bruchzustand folgende Grenzsetzung:

$$s_{sg}\,[\text{cm}] = 0{,}5 \cdot R_{s,k}(s_{sg})\,[\text{MN}] + 0{,}5\,[\text{cm}] \leq 3{,}0. \qquad (13.10)$$

Die in den Tab. 13.4 bis 13.7 für **Böden** angegebenen Erfahrungswerte der *EA-Pfähle* gelten für Bohrpfähle mit Schaftdurchmessern von 0,3 bis 3 m, die mindestens 2,5 m in eine tragfähige Schicht einbinden, und sind abhängig

- vom über die Tiefe gemittelten Spitzenwiderstand q_c der Drucksonde bei nichtbindigen Böden und
- von der Scherfestigkeit des undränierten Boden $c_{u,k}$ bei bindigen Böden.

Liegen keine Ergebnisse von Spitzenwiderständen q_c der Drucksondierungen vor, so kann auch mit anderen Versuchsergebnissen, z. B. mit denen aus Rammsondierungen, eine Korrelation zur Dichte und zum Sondierspitzenwiderstand q_c erzielt werden, s. auch

Tab. 13.4 Bohrpfähle: Spannen der Erfahrungswerte für **nichtbindigen Boden**. Charakteristischer *Pfahlspitzendruck* $q_{b,k}$

Bezogene Pfahlkopfsetzung s/d_s bzw. s/d_b	Pfahlspitzendruck $q_{b,k}$ (kN/m^2)		
	Bei einem mittleren Sondierspitzenwiderstand q_c (MN/m^2)		
	7,5	15	25
0,02	550–800	1050–1400	1750–2300
0,03	700–1050	1350–1800	2250–2950
0,1 ($\widehat{=}\ s_g$)	1600–2300	3000–4000	4000–5300

Zwischenwerte dürfen geradlinig interpoliert werden. Bei Bohrpfählen mit Fußverbreiterung sind die Werte auf 75 % abzumindern.

Tab. 13.5 Bohrpfähle: Spannen der Erfahrungswerte für **nichtbindigen Boden**. Charakteristische *Pfahlmantelreibung* $q_{s,k}$

Mittlerer Sondierspitzenwiderstand q_c (MN/m^2)	Bruchwert $q_{s,k}$ der Pfahlmantelreibung (kN/m^2)
7,5	55–80
15	105–140
≥ 25	130–170

Zwischenwerte dürfen geradlinig interpoliert werden.

Tab. 13.6 Bohrpfähle: Spannen der Erfahrungswerte für **bindigen Boden**. Charakteristischer *Pfahlspitzendruck* $q_{b,k}$

Bezogene Pfahlkopfsetzung s/d_s bzw. s/d_b	Pfahlspitzendruck $q_{b,k}$ (kN/m²)		
	Scherfestigkeit c_u des undränierten Bodens (kN/m²)		
	100	150	250
0,02	350–450	600–750	950–1200
0,03	450–550	700–900	1200–1450
0,1 ($\hat{=}\ s_g$)	800–1000	1200–1500	1600–2000

Zwischenwerte dürfen geradlinig interpoliert werden. Bei Bohrpfählen mit Fußverbreiterung sind die Werte auf 75 % abzumindern.

Tab. 13.7 Bohrpfähle: Spannen der Erfahrungswerte für **bindigen Boden**. Charakteristische *Pfahlmantelreibung* $q_{s,k}$

Scherfestigkeit $c_{u,k}$ des undränierten Bodens (kN/m²)	Bruchwert $q_{s,k}$ der Pfahlmantelreibung (kN/m²)
60	30–40
150	50–65
≥ 250	65–85

Zwischenwerte dürfen geradlinig interpoliert werden.

Abschn. 3.8.3. Dabei wird für die Anwendung der Werte der Tab. 13.4 und 13.7 vorausgesetzt, dass die Dicke der tragfähigen Schichten unterhalb der Pfahlspitze 3-mal dem Pfahlfußdurchmesser entspricht, mindestens aber 1,5 m mächtig sind und die

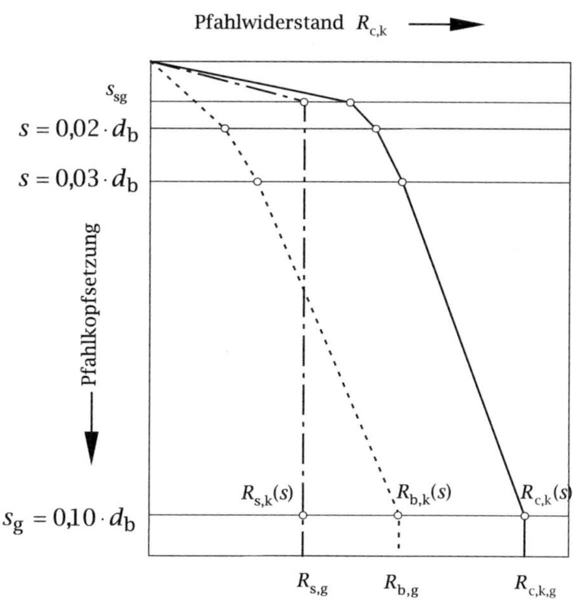

Abb. 13.15 Konstruktion der Widerstands-Setzungslinien unter Verwendung der Tab. 13.4 bis 13.7

Festigkeiten für diesen Bereich mit $q_c \geq 7{,}5\,\mathrm{MN/m^2}$ bzw. $c_{u,k} > 0{,}10\,\mathrm{MN/m^2}$ nachgewiesen ist. Andernfalls ist ein Nachweis gegen Durchstanzen zuführen und es ist nachzuweisen, dass der darunter liegende Boden das Setzungsverhalten nicht nachteilig beeinflusst.

► **Anmerkung** In *DIN EN 1997-1* und in der *EA Pfähle* sind die Pfahldurchmesser mit D bezeichnet. Geometrische Abmessungen werden dagegen in diesem Buch mit kleinen Buchstaben, hier also mit d benannt.

Mit den Angaben in den Tab. 13.4 bis 13.7 (*EA-Pfähle*) können theoretische Widerstands-Setzungs-Linien konstruiert werden, s. Abb. 13.15.

Für Bohrpfähle in **Fels** gibt die *EA-Pfähle* Erfahrungswerte an, die jedoch aus einer vergleichsweise geringen Datenbasis abgeleitet wurden und daher nur für eine grobe Abschätzung geeignet sind (Tab. 13.8). Sie werden neben bestimmten Anforderungen an die Beschaffenheit des Felsuntergrunds (Gleichförmigkeit, Trennflächengefüge) unter folgenden Voraussetzungen angegeben:

- Mindesteinbindung der Bohrpfähle in den Fels von 0,5 m bei einer einaxialen Druckfestigkeit $q_{u,k} \geq 5\,\mathrm{MN/m^2}$ bzw. einer
- Mindesteinbindetiefe in den Fels von 2,5 m bei einer einaxialen Druckfestigkeit $q_{u,k} \leq 0{,}5\,\mathrm{MN/m^2}$.

Bei Bohrpfahlwänden können sich je nach Ausführungsvariante sehr geringe Bohrpfahlabstände bis hin zu einer durchgehenden Wand ergeben. Das Tragverhalten einer Schlitzwand ist mit dem einer überschnittenen Bohrpfahlwand vergleichbar.

In der *EA Pfähle*, die gemäß *DIN EN 1997-1* für die Pfahlbemessung heranzuziehen ist, werden Angaben zur Gruppenwirkung von Bohrpfählen gemacht, die sich auf die Setzungen und zunächst auf quadratische Bohrpfahlgruppen beziehen und erst ab einem Pfahlabstand vom 2-fachen Pfahldurchmesser angewendet werden sollten. Der Nachweis der Tragfähigkeit von Pfahlgruppen darf gemäß *EA Pfähle* setzungsunabhängig für einen Ersatzeinzelpfahl geführt werden, d. h. ein Hinweis auf eine Abminderung bei sehr geringen Pfahlabständen, wie sie bei Bohrpfahlwänden oder Schlitzwänden vorkommen, ist der

Tab. 13.8 Bohrpfähle: Spannen der Erfahrungswerte für **Fels**. Charakteristischer *Pfahlspitzendruck* $q_{b,k}$ und charakteristische *Mantelreibung* $q_{s,k}$

Einaxiale Druckfestigkeit $q_{u,k}$ ($\mathrm{MN/m^2}$)	Charakteristischer Pfahlspitzendruck $q_{b,k}$ ($\mathrm{kN/m^2}$)	Charakteristische Pfahlmantelreibung $q_{s,k}$ ($\mathrm{kN/m^2}$)
0,5	1500–2500	70–250
5,0	5000–10.000	500–1000
20	10.000–20.000	500–2000

Zwischenwerte dürfen geradlinig interpoliert werden.

EA Pfähle nicht zu entnehmen. In der früheren Norm für Bohrpfähle, *DIN 4014*, *Tabelle 6*, gab es die Angabe, dass der Spitzendruck bei einer durchgehenden Wand auf 60 % abzumindern ist und erst ab einem Pfahlabstand größer dem 3-fachen Durchmesser der für Einzelpfähle gültige Wert angesetzt werden sollte.

13.4.2 Widerstände von Fertigrammpfählen

Die nachfolgenden Angaben beziehen sich auf Fertigrammpfähle aus Stahl und Beton und gelten nicht für Holzpfähle oder Gusseisenpfähle. Die Tragfähigkeit von Holzpfählen kann weiterhin auf der Grundlage der *DIN 4026:1975-08* abgeschätzt werden.

Analog zu den Angaben für Bohrpfähle wird auch für Fertigrammpfähle der Pfahlfußwiderstand setzungsabhängig angegeben. Auch für diese Pfähle kann angenommen werden, dass bei einer Grenzsetzung s_g von $0{,}1d_{eq}$ (d_{eq}: äquivalenter Durchmesser des Pfahlfußes) der Grenzzustand der Tragfähigkeit (ULS) erreicht ist. Der äquivalente Pfahldurchmesser beträgt für

Quadratische Pfähle:

$$d_{eq} = 1{,}13a_s$$

Rechteckige Pfähle und Stahlprofile:

$$d_{eq} = 1{,}13 \cdot a_s \cdot \sqrt{a_L/a_s}$$

mit

a_s ... (kleinere) Seitenlänge des Pfahlquerschnitts
a_L ... größere Seitenlänge des Pfahlquerschnitts

Bei Stahlprofilen gelten hierbei die Längen der umrissenen Pfahlfußfläche.

Bei Fertigrammpfählen wird eine bilineare Mobilisierung des charakteristischen Mantelwiderstand $R_{s,k}$ zugrunde gelegt. Hierbei ist s^*_{sg} die Setzung, bei der die Mobilisierung der charakteristischen Pfahlmantelreibung beginnt. Für sie gilt:

$$s^*_{sg}\ [\text{cm}] = 0{,}5 \cdot R_{s,k}\left(s^*_{sg}\right)\ [\text{MN}] \leq 1{,}0. \tag{13.11}$$

Die Grenzsetzung für die Mantelreibung s_{sg} wird der Grenzsetzung des Pfahles gleichgesetzt: $s_{sg} = s_g$.

Zusätzlich zu den bisher eingeführten Größen sind beim charakteristischen Pfahlwiderstand von Stahlprofilen Modellfaktoren η_b und η_s gemäß Tab. 13.9 zu berücksichtigen:

$$R_{c,k} = R_{b,k} + R_{s,k} = \eta_b \cdot A_b \cdot q_{b,k} + \sum_i \eta_s \cdot A_{s,i} \cdot q_{s,i,k}. \tag{13.12}$$

Tab. 13.9 Modellfaktoren für Fertigpfähle η_b und η_s

Pfahltyp		η_b	η_s
Stahlbeton und Spannbeton		1,0	1,0
Stahlträgerprofil[a] ($h \leq 0{,}5\,\text{m}$ und $h/b_F \leq 1{,}5$)	$s = 0{,}035\,d_{eq}$	$0{,}61–0{,}30\,h/b_F$	0,6
	$s = 0{,}10\,d_{eq}$	$0{,}78–0{,}30\,h/b_F$	
Doppeltes Stahlträgerprofil		0,25	0,6
Offenes Stahlrohr und Hohlkasten ($0{,}3\,\text{m} \leq d_b \leq 1{,}6\,\text{m}$)		$0{,}95\,e^{-1{,}2d_b}$	$1{,}1\,e^{-0{,}63d_b}$
Geschlossenes Stahlrohr ($d_b \leq 0{,}8\,\text{m}$)		0,8	0,6

[a] h = Höhe des Stahlträgerprofils, b_F = Flanschbreite des Stahlträgerprofils.

Bei Stahlprofilen können für die Spitzendruckfläche A_b die Fläche innerhalb der einhüllenden Umrisslinie und für die Mantelfläche A_s die sich aus der Abwicklung ergebende Fläche angesetzt werden.

Die in den Tab. 13.10, 13.11, 13.12 und 13.13 angegebenen Erfahrungswerte der *EA-Pfähle* gelten für Fertigrammpfähle mit üblichen Abmessungen, die mindestens 2,5 m in eine tragfähige Schicht einbinden und sind ebenfalls abhängig

- vom über die Tiefe gemittelten Spitzenwiderstand q_c der Drucksonde bei nichtbindigen Böden und
- von der Scherfestigkeit des undränierten Boden $c_{u,k}$ bei bindigen Böden.

Hinsichtlich des Durchstanzens gelten die für Bohrpfähle genannten Angaben analog, die Mächtigkeit der tragfähigen Schicht unterhalb der Pfahlsohle muss jedoch mindestens das 5-fache des äquivalenten Durchmessers des Pfahlfußes d_{eq} betragen.

Tab. 13.10 Fertigrammpfähle: Spannen der Erfahrungswerte für **nichtbindigen Boden**. Charakteristischer *Pfahlspitzendruck* $q_{b,k}$

Bezogene Pfahlkopfsetzung s/d_{eq}	Pfahlspitzendruck $q_{b,k}$ (kN/m²)		
	Bei einem mittleren Sondierspitzenwiderstand q_c (MN/m²)		
	7,5	15	25
0,035	2200–5000	4000–6500	4500–7500
0,1	4200–6000	7600–10.200	8750–11.500

Zwischenwerte dürfen geradlinig interpoliert werden.

Tab. 13.11 Fertigrammpfähle: Spannen der Erfahrungswerte für **nichtbindigen Boden**. Charakteristische *Pfahlmantelreibung* $q_{s,k}$

Setzung	Pfahlmantelreibung $q_{s,k}$ (kN/m²)		
	Bei einem mittleren Sondierspitzenwiderstand q_c (MN/m²)		
	7,5	15	25
s_{sg}^*	30–40	65–90	85–120
$s_{sg} = s_g = 0{,}1 d_{eq}$	40–60	95–125	125–160

Zwischenwerte dürfen geradlinig interpoliert werden.

Tab. 13.12 Fertigrammpfähle: Spannen der Erfahrungswerte für **bindigen Boden**. Charakteristischer *Pfahlspitzendruck* $q_{b,k}$

Bezogene Pfahlkopfsetzung s/d_{eq}	Pfahlspitzendruck $q_{b,k}$ (kN/m²) Scherfestigkeit $c_{u,k}$ des undränierten Bodens (kN/m²)		
	100	150	250
0,035	350–450	550–700	800–950
0,1	600–750	850–1100	1150–1500

Zwischenwerte dürfen geradlinig interpoliert werden.

Tab. 13.13 Fertigrammpfähle: Spannen der Erfahrungswerte für **bindigen Boden**. Charakteristische *Pfahlmantelreibung* $q_{s,k}$

Setzung	Pfahlmantelreibung $q_{s,k}$ (kN/m²) Scherfestigkeit $c_{u,k}$ des undränierten Bodens (kN/m²)		
	60	150	250
s_{sg}^*	20–30	35–50	45–65
$s_{sg} = s_g = 0{,}1 d_{eq}$	20–35	40–60	55–80

Zwischenwerte dürfen geradlinig interpoliert werden.

13.4.3 Widerstände von Mikropfählen

Falls im Ausnahmefall für verpresste Mikropfähle ($d_s \leq 0{,}3$ m) keine Probebelastungen ausgeführt werden, kann der charakteristische Pfahlwiderstand $R_{c,k}$ anhand der in Tab. 13.14 und 13.15 angegebenen Erfahrungswerte für die charakteristische Pfahlmantelreibung $q_{s,k}$ ermittelt werden. Pfahlspitzendruck darf nicht zum Ansatz gebracht werden.

Tab. 13.14 Mikropfähle: Spannen der Erfahrungswerte für die charakteristische *Pfahlmantelreibung* $q_{s,k}$ in **nichtbindigem** Boden

Mittlerer Sondierspitzenwiderstand q_c (MN/m²)	Charakteristische Pfahlmantelreibung $q_{s,k}$ (kN/m²)
7,5	135–175
15	215–280
≥ 25	255–315

Zwischenwerte dürfen geradlinig interpoliert werden.

Tab. 13.15 Mikropfähle: Spannen der Erfahrungswerte für die charakteristische *Pfahlmantelreibung* $q_{s,k}$ in **bindigem** Boden

Scherfestigkeit $c_{u,k}$ des undränierten Bodens (kN/m²)	Charakteristische Pfahlmantelreibung $q_{s,k}$ (kN/m²)
60	55–65
150	95–105
≥ 250	115–125

Zwischenwerte dürfen geradlinig interpoliert werden.

13.4.4 Erfahrungswerte für sonstige Pfähle

Über die hier zitierten Erfahrungswerte hinaus sind in der *EA-Pfähle* Angaben für Pfahlwiderstände im Grenzzustand der Tragfähigkeit (ULS) für folgende Pfahltypen zusammengestellt:

- Ortbetonrammpfähle
  - Simplexpfähle
  - Frankipfähle
- Teilverdrängungsbohrpfähle
- Vollverdrängungsbohrpfähle (Schraubpfähle)
- Verpresste Verdrängungspfähle
  - Verpressmörtelpfähle
  - Rüttelinjektionspfähle
  - Rohrverpresspfähle

13.5 Konstruktive Gesichtspunkte

Je nach Pfahlart und Einbringverfahren sind die Abstände zwischen den Pfählen und die Reihenfolge beim Einbringen so zu wählen, dass eine Beschädigung oder eine negative gegenseitige Beeinflussung ausgeschlossen werden kann. Daher sollte besonders bei Verdrängungspfählen die Herstellreihenfolge vorab festgelegt werden. Tiefere Pfähle sollten zuerst hergestellt werden. Für benachbarte Pfähle sollte eine Tiefenstaffelung von $\leq 45°$ eingehalten werden. Um die gegenseitige Beschädigung beim Rammen von Pfählen in weichen bindigen Böden zu vermeiden, sind in *DIN EN 12699* Mindestabstände festgelegt. Die Abstände zwischen Ortbetonpfählen, deren Beton noch keine ausreichende Festigkeit aufweist, soll mindestens dem 6-fachen Pfahldurchmesser entsprechen.

Für Böden mit c_u-Werten von $15\,\text{kN/m}^2 < c_u < 50\,\text{kN/m}^2$ muss mindestens folgender Abstand eingehalten werden:

$$a \geq 6 + \frac{50 - c_u}{8{,}75}\ [\text{m}] \tag{13.13}$$

Für Bohrpfähle und Verdrängungspfähle werden in den Regelwerken keine weiteren Angaben zu Mindestabständen gemacht. Bei engen Pfahlanordnungen (Achsabstand $< 3d$) sollte jedoch eine Abminderung der Mantelreibung berücksichtigt werden. Hierbei ist vergleichend zu betrachten, ob die auf die Pfahloberflächen bezogene Mantelreibung die auf eine Umhüllende bezogene Mantelreibung überschreitet. Auch muss bei eng stehenden Pfählen das Setzungsverhalten von Pfählen ggf. besonders beachtet werden, s. Abschn. 20.3.

Pfähle bilden mit Pfahlkopfplatten und -balken zusammen eine Tiefgründung. Hier sind gemäß den Regeln des Stahlbetonbaus die entsprechenden Nachweise für auftretende Biege- und Querkraftbeanspruchungen zu führen und die notwendigen konstruktiven

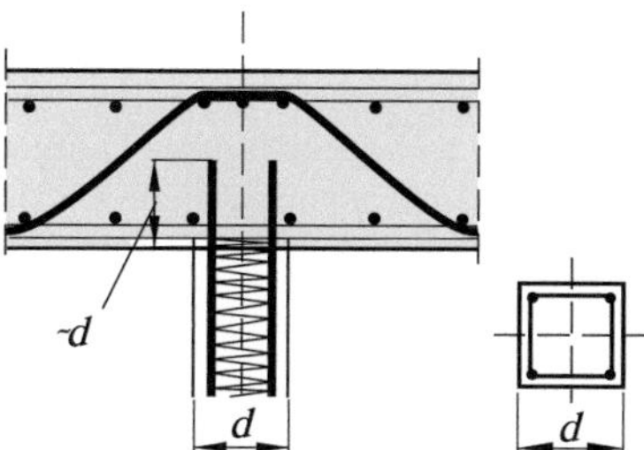

Abb. 13.16 Pfahlanschluss

Maßnahmen zu ergreifen, s. als Beispiel Abb. 13.16 für einen Druckanschluss bei einem Stahlbetonpfahl mit Stahlbetonplatte.

Für Bohrpfähle ist mindestens ein Beton der Festigkeitsklasse C 20/25 zu verwenden. Falls es die Bemessung erfordert, kann auch ein Beton höherer Güte verwendet werden.

Ortbetonpfähle können auch unbewehrt hergestellt werden, wenn nur Drucklasten auftreten. Für unplanmäßige Einwirkungen ist eine Mindestbewehrung vorzusehen, die als Kopfbewehrung ausgeführt werden kann.

Die Mindestbetonüberdeckung beträgt bei Ortbetonpfählen 50 mm, bei Bohrpfählen mit einem Schaftdurchmesser $d > 60$ cm 60 mm.

Literatur

Arz, P., Schmidt, H.G., Seitz, J.M., Semprich, S.: Grundbau (1991). Abschn. 4.6.2 im Betonkalender

Bauer, J.: Seitendruck auf Pfahlgründungen in bindigen Böden infolge quer zur Pfahlachse wirkender Bodenverschiebungen. Schriftenreihe Geotechnik Universität Kassel, Heft 26. (2016)

Carstensen, A., Heins, E., Vavrina, L., Plohmann, U., Wardinghus, P., Grabe, J.: Zum Einfluss von Schwellbelastungen auf das Tragverhalten von Stahlbetonfertigrammpfählen für Windenergieanlagen an Land. Geotechnik **40**(1), 15–34 (2017)

Fedders, H.: Seitendruck auf Pfähle durch Bewegung von weichen, bindigen Böden. Empfehlungen für Entwurf und Bemessung. Geotechnik **2**, 100-104 (1978)

Franke, E., Lutz, B., El-Mossalamy, Y.: Pfahlgründungen und die Interaktionen Bauwerk/Baugrund. Geotechnik **17**, 157–172 (1994)

Frick, D., Achmus, M.: Model tests on the displacement accumulation of monopiles subjected to general cyclic loading. In: Goseberg, N., Schlurmann, T. (Hrsg.) Coastal structures, S. 913–922. Bundesanstalt für Wasserbau, Karlsruhe (2019)

Goble, et al.: Bearing capacity of piles from dynamic measurements. Ohio Department of Transportation (1975)

Grabe, J., Schuler, U.: Auswertung von dynamischen Pfahlprüfungen nach verschiedenen Verfahren. Geotechnik **1**, 37–41 (1991)

Henke, S.: Numerische Untersuchungen zum Einfluss von Reaktionspfählen auf statische Pfahlprobebelastungen. Geotechnik **44**(1), 14–23 (2020)

Kempfert, H.G., Moormann, C.: Pfahlgründungen, Grundbautaschenbuch, Teil 3, 8. Aufl. Ernst & Sohn (2018)

Klingmüller, O.: Dynamische Pfahlprüfung als Optimierungsproblem. Mitteilung des Instituts für Grundbau und Bodenmechanik, TU Braunschweig, Heft 38., S. 149–176 (1991)

Klingmüller, O.: Vorgaben des EC7 für Dynamische Pfahlprobebelastungen und Regelungen im Deutschen Normenhandbuch – Vorschlag zur Vereinfachung. Geotechnik **36**, 3–9 (2013)

Klingmüller, O., Schaller, M.: Design methods based on dynamic pile load tests. ISSMGE – ETC 3 International Symposium on Design of Piles in Europe, Leuven. (2016)

Pröck, St.: Großbohrpfähle My Thuan Brücke, Vietnam. Baugrundtagung, Hannover. DGGT, S. 199–206 (2000)

Rausche, F., Goble, G.G., Likins, G.E.: Dynamic Determination of Pile Capacity. J. Geot. Eng. Div. ASCE **111**(3), 367–383 (1985)

Schmidt, H.H., Seidel, J.P., Haberfield, C.M.: Tragfähigkeit von Bohrpfählen in festen Böden und Fels. Bautechnik **76**(9), 795–800 (1999)

Seitz, J.M., Schmidt, H.G.: Bohrpfähle. Ernst & Sohn, Berlin (2000)

Tomlinson, M.J., Woodward, J.: Pile design and construction practice, 6. Aufl. Taylor & Francis, London (2014)

Wolff, Th : Ein methodischer Bemessungsansatz zur Abschätzung des Tragverhalten von Pfahlgründungen in weichem kalkigem Sedimentgestein. Schriftenreihe geotechnik, Bauhaus-Universität Weimar, Heft 22. (2009)

Normen

DIN 4126: Nachweis der Standsicherheit von Schlitzwänden

DIN 18301: VOB Vergabe- und Vertragsordnung für Bauleistungen – Teil C: Allgemeine Technische Vertragsbedingungen für Bauleistungen (ATV) – Bohrarbeiten

DIN 18304: VOB Vergabe- und Vertragsordnung für Bauleistungen – Teil C: Allgemeine Technische Vertragsbedingungen für Bauleistungen (ATV) – Ramm-, Rüttel- und Pressarbeiten

DIN EN 1997-1: Eurocode 7 – Entwurf, Berechnung und Bemessung in der Geotechnik – Teil 1: Allgemeine Regeln, in Verbindung mit dem nationalen Anhang DIN EN 1997-1/NA und DIN 1054

DIN EN 1536: Ausführung von Arbeiten im Spezialtiefbau – Bohrpfähle

DIN EN 1538: Ausführung von Arbeiten im Spezialtiefbau – Schlitzwände

DIN EN 12699: Ausführung von Arbeiten im Spezialtiefbau – Verdrängungspfähle

DIN EN 12794: Betonfertigteile – Gründungspfähle

DIN EN 14199: Ausführung von Arbeiten im Spezialtiefbau – Mikropfähle

DIN SPEC 18140: Ergänzende Festlegungen zu DIN EN 1536

DIN SPEC 18538: Ergänzende Festlegungen zu DIN EN 12699

DIN SPEC 18539: Ergänzende Festlegungen zu DIN EN 14199

Sonstige Regelwerke

Deutsche Gesellschaft für Geotechnik: EA-Pfähle: Empfehlungen des Arbeitskreises „Pfähle", 2. Aufl. Ernst & Sohn (2012)

M HifüBau (2017): Merkblatt über den Einfluss der Hinterfüllung auf Bauwerke, Forschungsgesellschaft für Straßen- und Verkehrswesen (FGSV)

Bau unterirdischer Leitungen

14

Zusammenfassung

Das Verlegen von Leitungen und Kanälen kann entweder in offenen, temporären Gräben oder mit Hilfe sogenannter grabenloser Verfahren erfolgen. Bei der Planung sind neben technischen und wirtschaftlichen Fragestellungen vor allem auch die Arbeitssicherheit und der Umweltschutz zu beachten. Es wird auf Grabenböschungen und Grabenverbauten nach *DIN 4124*, auf die Techniken und Anwendungsgebiete der Verfahren des grabenlosen Leitungsbau sowie auf Arbeitsschutzmaßnahmen eingegangen. Bei den grabenlosen Verfahren werden insbesondere Horizontalbohrungen, Rohrvortrieb und Mikrotunnelbau erläutert.

14.1 Baugruben und Gräben nach DIN 4124

DIN 4124 regelt die Ausführung von geböschten und verbauten Baugruben und Gräben sowie für andere vorübergehende Aufgrabungen und Ausschachtungen. Für einfache Fälle enthält sie Bemessungsregeln, bei deren Beachtung rechnerische Standsicherheitsnachweise entfallen können, z. B. zu Regelausführungen des waagerechten und des senkrechten Verbaus. Auf diese soll im Folgenden eingegangen werden; größere Baugruben mit Böschungen und Stützkonstruktionen, für die rechnerische Nachweise erforderlich sind, werden in Kap. 15 und 17 behandelt.

Zur Beurteilung der Standsicherheit der Grabenböschungen oder des Verbaus von Gräben sind im Allgemeinen folgende Angaben und Unterlagen erforderlich:

- Maße des Grabens,
- Baugrundverhältnisse, Bodenschichtung, Ergebnisse bodenmechanischer Versuche,
- Grundwasserverhältnisse,
- Verlegetiefe, Ausbildung der Bettung und Abstand angrenzender Bauwerke,

H.-H. Schmidt, R.F. Buchmaier, C. Vogt-Breyer, *Grundlagen der Geotechnik*,
https://doi.org/10.1007/978-3-658-39834-7_14

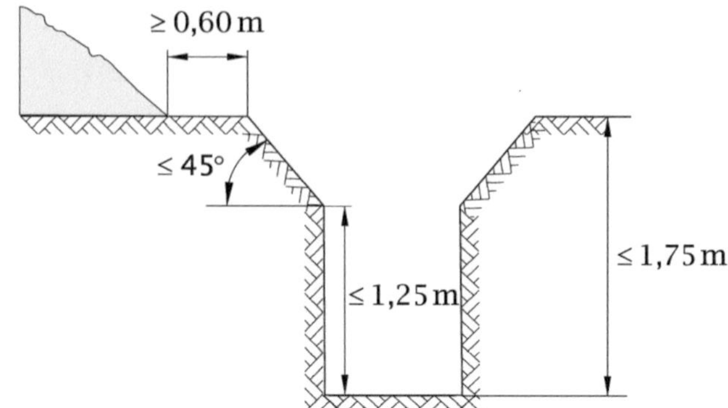

Abb. 14.1 Graben mit abgeböschten Kanten (nach *DIN 4124*)

- Belastungen und Erschütterungen innerhalb und außerhalb des Grabens,
- Leitungen, Kanäle und dergleichen im Nachbarbereich der Baugrube oder des Grabens,
- Verbauart, ggf. mit Konstruktionszeichnungen und
- Standsicherheitsnachweise, sofern nach den Festlegungen von DIN 4124 erforderlich.

Die beim Aushub freigelegten Erd- und Felswände von Gräben sind so abzuböschen, zu verbauen oder anderweitig zu sichern, dass sie während der einzelnen Bauzustände standsicher sind. Dabei sind alle Einflüsse, welche die Standsicherheit der Grabenwände beeinträchtigen, zu berücksichtigen. Erst wenn diese Voraussetzungen für die Standsicherheit gegeben sind, dürfen Baugruben und Gräben betreten werden.

Bei Einhaltung der nachfolgenden Bedingungen, die bei Überschreitung einen rechnerischen Standsicherheitsnachweis erforderlich machen, dürfen Gräben bis 1,25 m ohne Sicherung senkrecht geböscht werden, wenn die anschließende Geländeoberfläche

- bei nichtbindigen und weichen bindigen Böden nicht stärker als 1:10,
- bei mindestens steifen bindigen Böden nicht stärker als 1:2 geneigt ist.

Betretbare Gräben mit einer Tiefe von > 1,25 m dürfen un- bzw. teilverbaut nur in der in den Abb. 14.1, 14.2, 14.3 und 14.4 dargestellten Art und Weise hergestellt werden. Abweichungen davon bedürfen besonderer Nachweise oder einer Sicherung mit Verbaumaßnahmen.

Wie in Abb. 14.2 beschrieben, muss auch in den Fällen der Abb. 14.1 bis 14.3 in den Grabenwänden mindestens steifer bindiger Boden oder Fels anstehen, die anschließende Geländeoberfläche darf nicht stärker als 1:10 ansteigen.

Wird zur Verringerung der Höhe eines Grabenverbaus ein geböschter Voraushub hergestellt, dann muss zwischen Verbau und Böschungsfuß ein mindestens 0,6 m breiter waagerechter Streifen angeordnet werden, sofern dort Beschäftigte tätig werden, s. Abb. 14.4.

Werden Gräben mit Tiefen von mehr als 1,25 m bzw. 1,75 m ohne Verbau ausgeführt, sind Böschungen mit ausreichender Standsicherheit vorzusehen, s. Kap. 15.

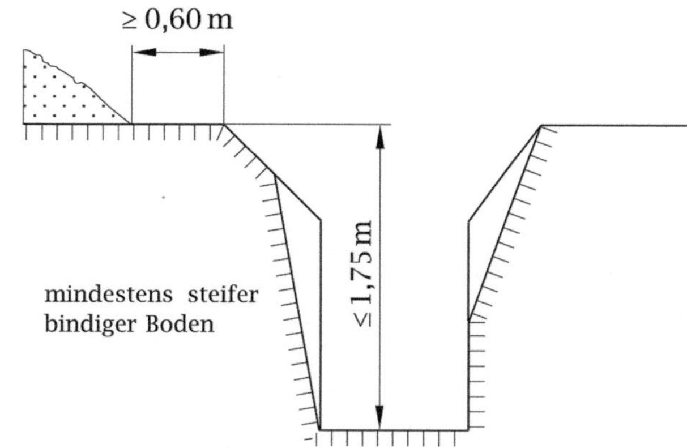

Abb. 14.2 Variante zur Ausführung von Abb. 14.1 (nach *DIN 4124*)

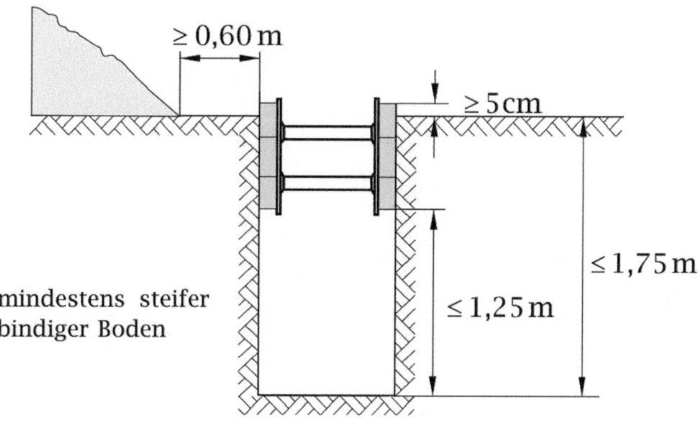

Abb. 14.3 Graben, teilweise gesichert (*DIN 4124*)

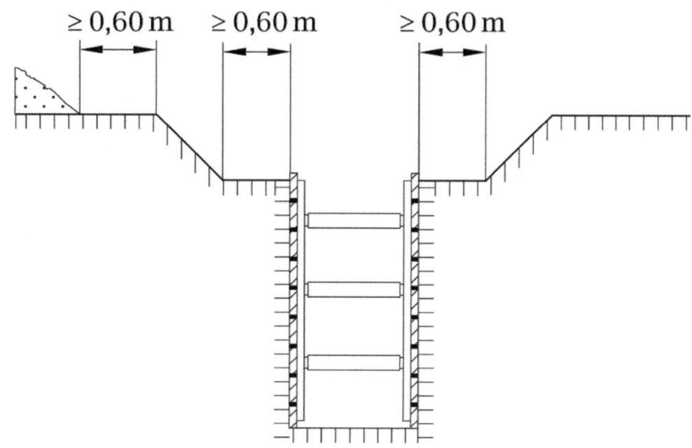

Abb. 14.4 Verbauter Graben mit geböschtem Voraushub (*DIN 4124*)

14.2 Verbaute Gräben

In Abs. 5 von DIN 4124 werden Grabenverbaugeräte zur Sicherung von Grabenwänden behandelt. Sie bilden den fertigen Verbau eines Grabenteilstückes. Für den Verbau von Gräben sei auf die Abs. 6 und 7 von DIN 4124 verwiesen. Beispielhaft ist in Abb. 14.5 ein senkrechter Grabenverbau mit Kanaldielen und Steifen dargestellt. Bei einer Tiefe von mehr als 2 m ist statt eines Überragungsmaßes von 5 cm, s. Abb. 14.3, ein Maß von 10 cm erforderlich.

Abb. 14.6 zeigt einen Grabenverbau in vorübergehend standfesten Boden mit vorbereitetem Verbaurahmen. Dabei sind die in der Abbildung aufgeführten Arbeitsschritte erforderlich.

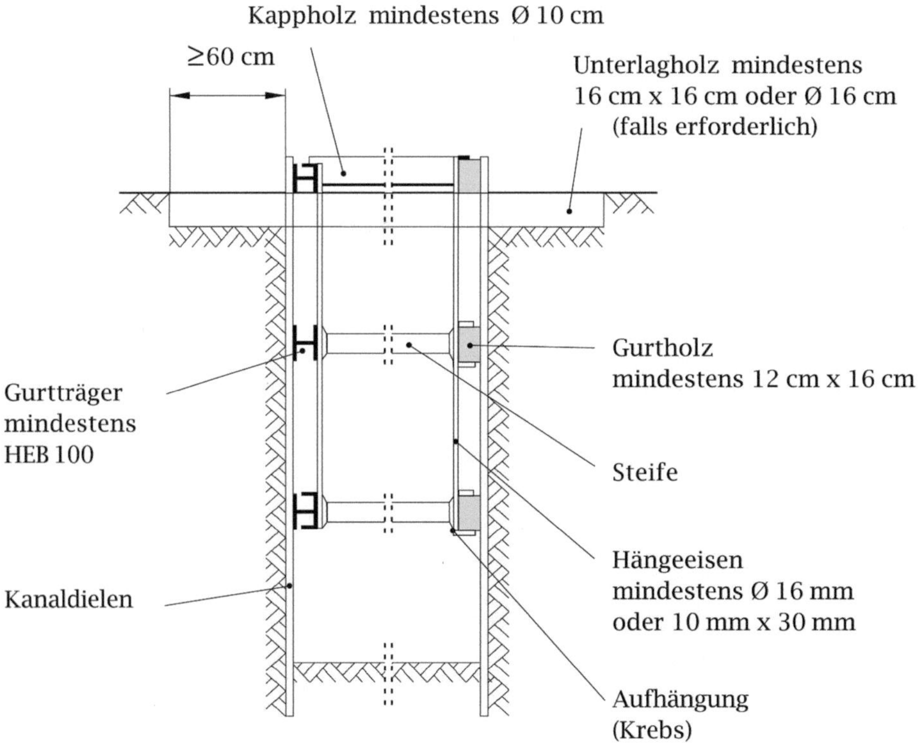

Abb. 14.5 Senkrechter Verbau mit Kanaldielen

① Ein Tieflöffelbagger, vor Kopf stehend, hebt den vollen Querschnitt des Grabens aus. Je nach Bodenart sind hier Böschungsneigungen gemäß Abschn. 14.1 bzw. Abschn. 14.2, ggf. mit Berücksichtigung der räumlichen Randbedingungen zu beachten

② Mit einer Kette nimmt er den vorbereiteten Verbaurahmen mit den Spindelsteifen auf und baut ihn mit den Verbauplatten ein.

③ Aussteifen und Säubern der Sohle in Schutz des Verbaues.

④ Verlegen der Rohrleitung

⑤ Verfüllung und Rückbau

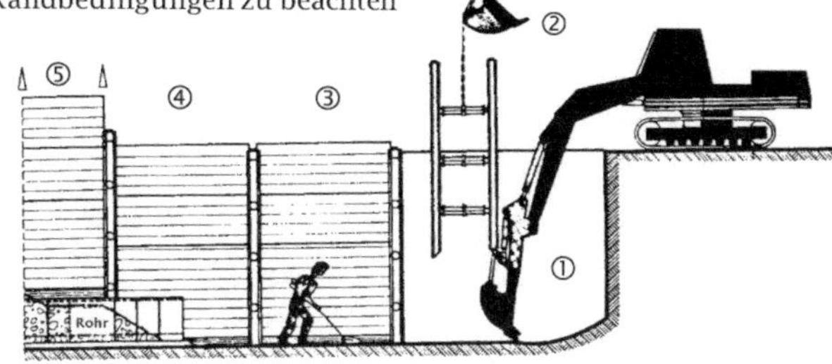

Abb. 14.6 Grabenverbau bei vorübergehend standfesten Boden

14.3 Grabenlose Verfahren für den Kanal- und Leitungsbau

Im Folgenden werden grabenlose Verfahren in ihren Grundzügen beschrieben. Es soll damit ein Überblick über aktuelle Verfahren und deren möglichen Einsatzbereiche sowie zu Anwendungsgrenzen gegeben und diese zusammenfassend und vergleichend dargestellt werden. Für detaillierte Angaben zur Planung, zur Bemessung und zur Ausführung der jeweiligen Verfahren wird auf Stein (2003), Zech (2009), Schad et al. (2017) und Schad et al. (2003) verwiesen.

Umfangreiche Hinweise sind auch im Entwurf der neuen *DIN EN 12889* zu finden, die um Anhänge erweitert wurde. Hier sind Planungsinformationen für die Anwendung verschiedener Systeme (Anhang B) sowie typische Anwendungsbereiche hinsichtlich Durchmessern und Längen in geeigneten Böden (Anhang C und D) zusammengestellt. Zur Gliederung der Verfahren nach *DIN EN 12889* siehe Abb. 14.7.

Nichtsteuerbare Rohrvortriebsverfahren sind unbemannte, recht einfache und preiswerte Verfahren, die für kurze Vortriebsstrecken und homogene Baugrundverhältnisse geeignet sind. Beispielsweise wird hierbei ein offenes Stahlrohr horizontal in den Boden gerammt und der Boden innerhalb des Rohres mit Wasser bei geeignetem Druck entfernt. Alternativ gibt es auch Verfahren, bei denen ein Stahlrohr mit einer hydraulisch angetriebenen Pressbohranlage eingebracht wird bei gleichzeitigem Abbau des Bodens an der Ortsbrust mittels Bohrkopf und mechanischer Förderung des Bohrguts mit Förderschnecken. Nachteilig wirkt sich bei ungesteuerten Verfahren aus, dass es bei Inhomogenitäten zu starken Richtungsabweichungen kommen kann und dass die Gefahr besteht, dass aufgrund der großen Toleranzen benachbarte oder querende Leitungen beschädigt werden können. Um die Zielgenauigkeit beim Pressbohrverfahren zu verbessern, kann der Bohrvorgang in zwei Schritten stattfinden. Zuerst wird eine Pilotbohrung hergestellt, die in einem zweiten Bohrvorgang aufgeweitet wird, s. Abb. 14.8.

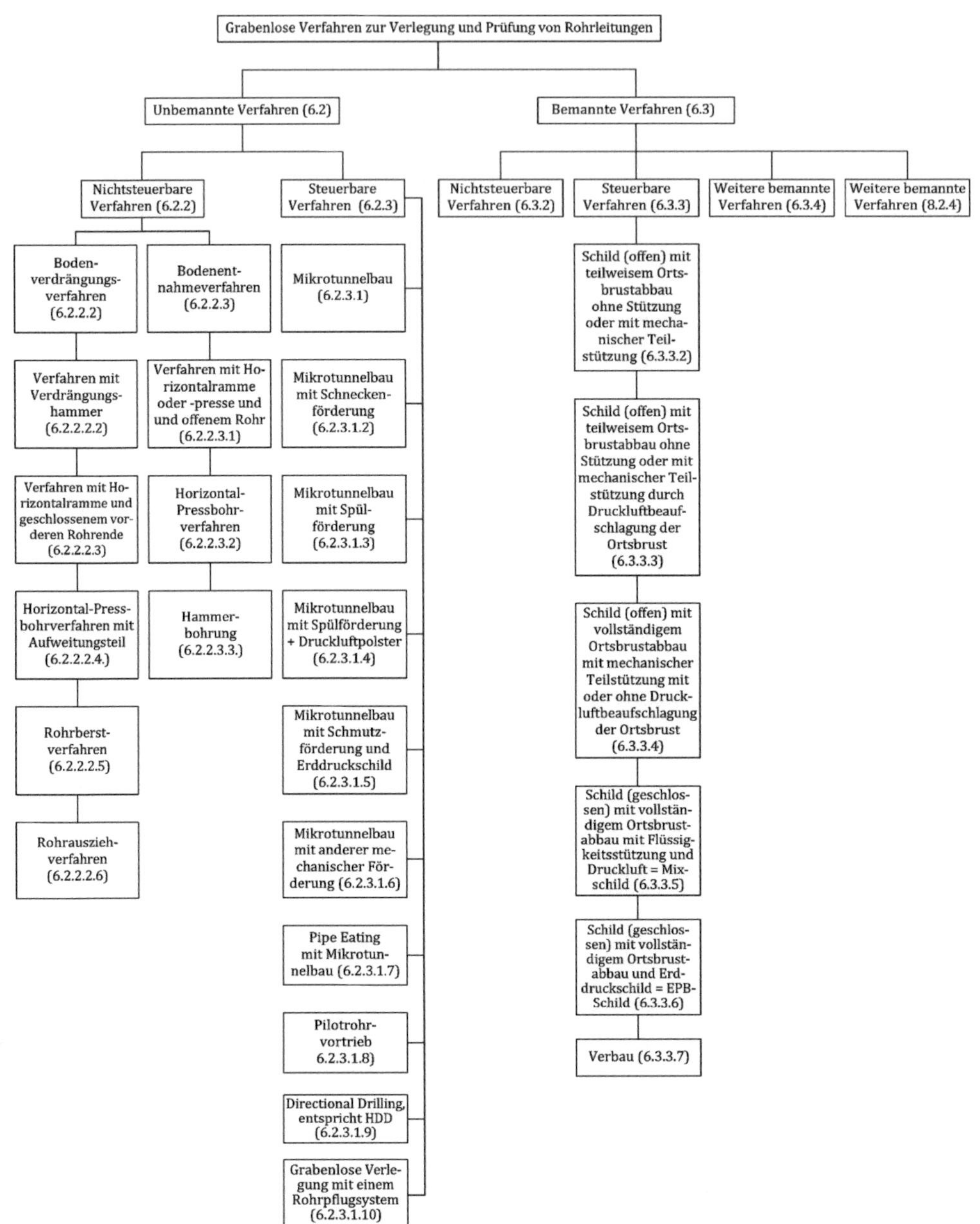

Abb. 14.7 Gliederung der Verfahren nach *DIN EN 12889*

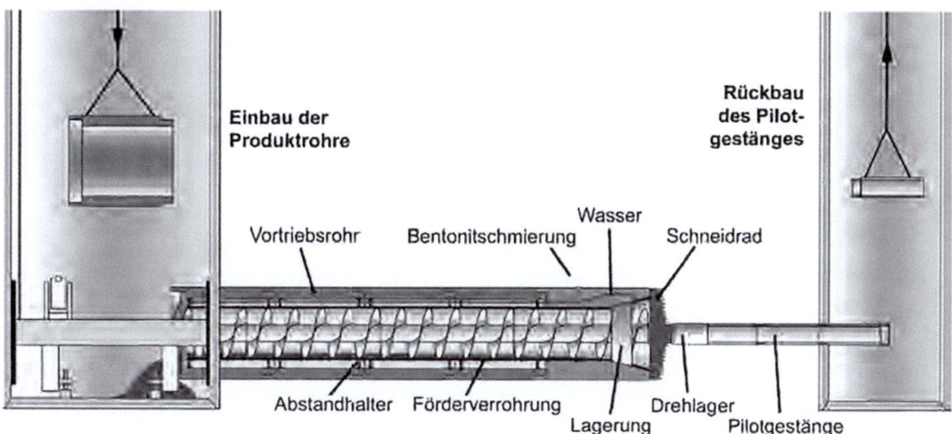

Abb. 14.8 Pressbohrverfahren mit Pilotbohrung (aus Tracto-Technik)

Unbemannte, ferngesteuerte Rohrvortriebsverfahren werden gemäß *DIN EN 12889* unter dem „engeren" Begriff Mikrotunnelbau zusammengefasst. Abhängig von den Baugrund- und Grundwasserverhältnissen sowie vom herzustellenden Durchmesser und der Vortriebslänge kommt hier eine breite Palette an Verfahren zum Einsatz, die sich vorrangig hinsichtlich des Bodenabbaus, der Ortsbruststützung und der Förderung des Materials unterscheiden. Aufgrund eines großen Spektrums an möglichen Durchmessern von ca. DN 200 bis über 4 m und guten Steuermöglichkeiten können Leitungen und Kanäle mit geringen Toleranzen in ihrer Lage und für vielfältige Zwecke eingebracht werden. Es handelt sich hierbei um leistungsfähige Verfahren mit großen Einsatzbereichen, siehe Abb. 14.9.

Bei bemannten steuerbaren Rohrvortriebsverfahren werden Rohre mit Hydraulikpressen in den Untergrund vorgepresst. Im Bereich vor dem ersten Vortriebsrohr wird das Locker- oder Festgestein im Schutz eines Vortriebsschildes gelöst. Bei offenen Schilden

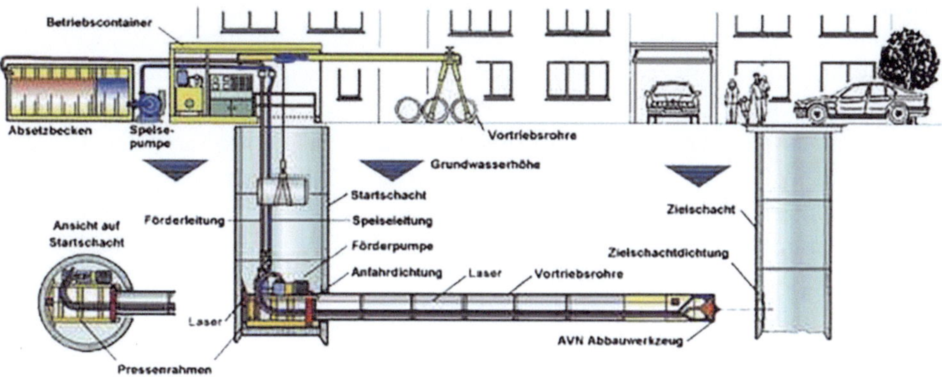

Abb. 14.9 Verfahrensdarstellung des Microtunnelling mit Spülförderung (aus: Herrenknecht)

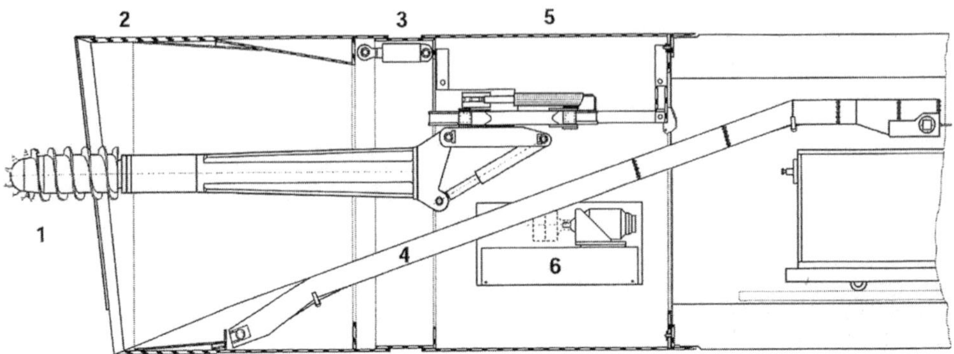

1: Schrämkopf, 2: Haubenschild, 3: Steuerpressen, 4: Förderband, 5: Maschinenrohr, 6: Hydraulikaggregat

Abb. 14.10 Teilschnittmaschine mit Längsschneidkopf (aus: Schad/Bräutigam/Bramm)

kommen hierzu Bagger und Fräsmaschinen, in seltenen Fällen auch Handarbeit zum Einsatz, siehe Abb. 14.10. Bei Verwendung eines geeigneten Bohrkopfes kann der Abbau bei geringerem Personalbedarf auch im Vollschnitt erfolgen. Abhängig von der Standsicherheit der Rohrortsbrust kann eine mechanische Teilstützung oder bei Grundwasserandrang eine Druckluftbeaufschlagung erforderlich werden. Bei schwierigen geologischen Verhältnissen kommen Tunnelvortriebsmaschinen zum Einsatz, die bei geschlossenem Schild eine Ortsbruststützung durch Druckluftpolster oder Flüssigkeits- bzw. Erddruckstützung erreichen. Eine Hindernisbeseitigung ist hierbei jedoch wegen der schlechteren Zugänglichkeit der Ortsbrust aufwendiger als bei offenen Schilden. Bei kleineren Durchmessern können Tunnelvortriebsmaschinen auch ferngesteuert betrieben werden.

Ob ein Vortrieb begehbar ist und somit auch bemannt aufgefahren werden kann, hängt grundsätzlich davon ab, ob die Mindestabmessungen der Unfallverhütungsvorschriften (UVV) Bauarbeiten eingehalten werden. Bei Längen unter 50 m muss ein Kreisquerschnitt ein Mindestlichtmaß von 0,8 m aufweisen, bei Längen über 100 m von 1,2 m und bei Längen dazwischen von 1,0 m.

Grundsätzlich ist für Rohrvortriebe die Herstellung eines Anfahrschachtes und eines Zielschachtes sowie ggfs. von Zwischenschächten erforderlich, siehe Abb. 14.9. Startschächte müssen so ausgelegt sein, dass Pressenkräfte schadlos aufgenommen werden können und ausreichend Platz für das Einbringen der Rohre sowie für Geräte und Zugang zur Verfügung steht. In der Regel wird hierbei die Länge der Rohrverschiebebahn maßgebend. Zielschächte bzw. Zielbaugruben werden am Ende der Gesamt- oder einer Teilvortriebsstrecke angeordnet und dienen dem Anschluss der Vortriebsstrecke sowie ggfs. dem Ausbau der Vortriebsmaschine.

Bei Bauvorhaben, bei denen Versorgungsleitungen in geringer Tiefe (Straßenraum, Hausanschlussbereich) grabenlos verlegt werden sollen, bietet sich die Horizontalbohrtechnik (HDD) an. Zum Anfahren der Bohrung genügt in der Regel eine kleine ober-

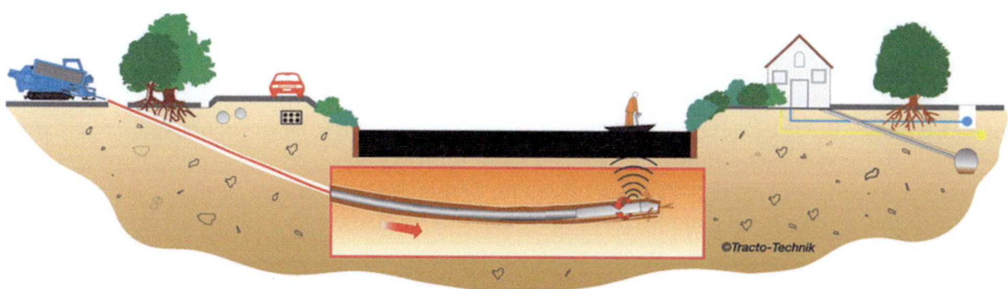

Abb. 14.11 Prinzip einer typischen HDD-Bohrung (Tractor-Technik)

flächennahe Baugrube, siehe Abb. 14.11. Der maschinelle Antrieb befindet sich hierbei außerhalb der Bohrung. Im Vergleich zu Mikrotunnelbohrmaschinen sind hierbei die Investitionskosten deutlich geringer und je nach Bauaufgabe kann die hohe Mobilität der Anlagen von Vorteil sein. Bei diesen Verfahren werden die Rohre eingezogen, so dass als Materialien PEHD, Guss und Stahl zum Einsatz kommen. Die Anwendungsgrenzen des Verfahrens ergeben sich aus der Leistungsfähigkeit der Bohrgeräte, den einzuhaltenden Toleranzen und der begrenzten Möglichkeiten auf Hindernisse im Untergrund zu reagieren.

Neben der Auswahl des Verfahrens und der Optimierung der Maschinentechnik ist für den Bauzustand und den Endzustand sicherzustellen, dass zwischenzeitliche Aushubzustände sowie die eingebauten Rohre und die Nebenbauwerke eine ausreichende Tragfähigkeit aufweisen und gebrauchstauglich sind. Zur statischen Bemesung von Vortriebsrohren wird das *Arbeitsblatt DWA-A 161* verwiesen.

Bei einem Vergleich der dargestellten grabenlosen Verfahren mit konventionellem, offenen Kanalbau zeigen sich einige Vorteile, die hauptsächlich daraus resultieren, dass ein Eingriff von der Geländeoberfläche nur in einem sehr kleinen Teilbereich notwendig ist und nicht auf der gesamten Leitungs- oder Kanallänge. Die Massen für Aushub und Transport verringern sich deutlich, was auch einen positiven Effekt auf die CO_2-Bilanz bewirkt. Auch wird der Aufwand zur Verlegung anderer Leitungen, ggfs. zum Betreiben einer Grundwasserhaltung sowie zur Wiederherstellung von Straßenbelägen o. ä. reduziert. Für die Umgebung der Baumaßnahme verringern sich somit die Lärmbelastungen, die Verkehrsbeeinträchtigungen, die Unfallgefahren und je nach Umgebung die Schäden an Nachbarbebauungen bzw. die Eingriffe in die Natur. Auf der anderen Seite spielen bei allen grabenlosen Verfahren die Unwägbarkeiten hinsichtlich der Beschaffenheit des Untergrunds eine maßgebliche Rolle. Diese können sowohl aus natürlichen Baugrundinhomogenitäten und Hindernissen, aber auch aus innerstädtischer Altbebauung wie Pfahlresten oder Fundamenten resultieren. Auch erfordern die grabenlosen Verfahren sowohl in der Planung als auch in der Ausführung umfassende Spezialkenntnisse und eine aufwendigere gerätetechnische Ausrüstung. Die hieraus entstehenden Mehrkosten sind den oben genannten Vorteilen gegenüberzustellen.

Literatur

Schad, H., Bräutigam, T., Bramm, S.: Rohrvortrieb. Ernst & Sohn, Berlin (2003)
Schad, H., Vogt-Breyer, C., Bayer, H.-J.: Horizontalbohrungen und Rohrvortrieb, Grundbautaschenbuch T. 2. Ernst & Sohn, Berlin, S. 505–558 (2017)
Stein, D.: Grabenloser Leitungsbau. Ernst & Sohn, Berlin (2003)
Zech, H.: Technische Regeln und Richtlinien für grabenlose Bauweisen (2009)

Normen

DIN 4124: Baugruben und Gräben – Böschungen, Verbau, Arbeitsraumbreiten
DIN 4126: Nachweis der Standsicherheit von Schlitzwänden
DIN EN 12889: Grabenlose Verlegung und Prüfung von Abwasserrohren und -kanälen
DIN 18301: VOB Vergabe- und Vertragsordnung für Bauleistungen – Teil C: Allgemeine Technische Vertragsbedingungen für Bauleistungen (ATV) – Bohrarbeiten
DIN 18319: VOB Vergabe- und Vertragsordnung für Bauleistungen – Teil C: Allgemeine Technische Vertragsbedingungen für Bauleistungen (ATV) – Rohrvortriebsarbeiten

Böschungen und Geländesprünge – Gesamtstandsicherheit 15

Zusammenfassung

Im Zusammenhang mit Baumaßnahmen entstehende Böschungen und Geländesprünge müssen – wie alle anderen Bauwerke – standsicher und gebrauchstauglich sein. Im Mittelpunkt des Kapitels steht das Thema Gesamtstandsicherheit. Nach der Beschreibung möglicher Versagensformen werden für verschiedene Randbedingungen geeignete und in der Praxis gängige Berechnungsverfahren im Detail dargestellt, wobei im Wesentlichen Bezug auf *DIN 4084* genommen wird. Wegen der besonderen Bedeutung werden in speziellen Abschnitten die Auswirkungen von Verankerungen und Grundwasser behandelt. Da überschaubare, praxisgerechte Rechenmodelle zur Verformungsberechnung nicht verfügbar sind, wird auf die Möglichkeit numerischer Analysen bzw. einfacher Abschätzungen zur Beurteilung der Gebrauchstauglichkeit verwiesen. Hinweise und Empfehlungen für Böschungsneigungen runden das Kapitel ab.

15.1 Einführung, Begriffe

Unter einem Geländesprung versteht man eine natürliche oder künstlich entstandene Stufe im Gelände, mit oder ohne Stützbauwerk. Bei einem Erdkörper mit geneigter Geländeoberfläche spricht man von einer Böschung, wenn diese durch Abtrag oder Auffüllen künstlich hergestellt wurde; ist diese natürlich entstanden, handelt sich es um einen Hang, vgl. a. *DIN 4084*. Böschungen sind also durch bauliche Maßnahmen wie Dammschüttungen, Einschnitte und Baugruben gekennzeichnet, Hänge hingegen durch geomorphologische Vorgänge wie Erosion, Bodenhebung und Sedimentation.

Eine Unterscheidung zwischen Geländesprung, Böschung und Hang ist bodenmechanisch – insbesondere bei der hier im Mittelpunkt stehenden Frage nach der Standsicherheit – nicht zwingend erforderlich; die Bezeichnungen sollen im Folgenden je nach Randbedingung verwendet werden.

H.-H. Schmidt, R.F. Buchmaier, C. Vogt-Breyer, *Grundlagen der Geotechnik*,
https://doi.org/10.1007/978-3-658-39834-7_15

Eine Böschung bzw. ein Geländesprung ist standfest, wenn der Baugrund infolge der wirkenden Lasten (Einwirkungen) keine bleibenden Scherverformungen größeren Ausmaßes erleidet und ein Versagen (Bruch) in der Form, dass die Einwirkungen nicht mehr im Gleichgewicht mit den Widerständen stehen, ausgeschlossen werden kann.

Im vorliegenden Zusammenhang werden Konstruktionen zur Sicherung eines Geländesprungs als Stützkonstruktionen bezeichnet. Zur Tragwirkung der Stützbauwerke, siehe Kap. 17.

Wenn ein Geländesprung in diesem Sinne nicht standsicher ist, wird dieser früher oder später durch eine Rutschung mit durchgehenden Gleitflächen oder plastifizierten Zonen versagen, die je nach Art der Randbedingungen als Böschungsbruch, Geländebruch oder aber auch als Gleiten oder Grundbruch (oder in Kombination) auftreten wird.

Aus wirtschaftlichen Gründen wird bei künstlich herzustellenden Böschungen immer ein möglichst großer Böschungswinkel β angestrebt. Der mögliche Böschungswinkel hängt vor allem von der Scherfestigkeit des Bodens ab. Es sind jedoch auch andere Einflüsse maßgebend, s. Abschn. 15.3.

Nach *DIN EN 1997-1 (EC7-1)* in Verbindung mit *DIN 1054* sind die Nachweise für die Böschungs- und Geländebruchsicherheit als Nachweis der Gesamtstandsicherheit mit dem Nachweisverfahren 3 (GEO-3) zu führen. Einzelheiten sind in *DIN 4084* geregelt. Neben dem Nachweis der Tragfähigkeit ist auch der Gebrauchstauglichkeitsnachweis zu beachten.

Aufgaben, die in die Geotechnische Kategorie GK 2 bzw. GK 3 einzuordnen sind, erfordern einen rechnerischen Nachweis.

Für die Berechnung der Standsicherheit stehen grundsätzlich die im Kap. 11 aufgeführten Methoden der Plastizitätstheorie zur Verfügung. Dazu kommen heute numerische Methoden mit finiten Elementen (FEM) oder Randelemente-Methoden, bei denen in der Regel elasto-plastische Stoffgesetze verwendet werden.

Vereinfachte, in der Praxis verwendete kinematische Rechenverfahren sind in *DIN 4084* aufgeführt. Die darin und die nachfolgend aufgeführten Rechenverfahren gelten für den ebenen Fall; sie sind näherungsweise auch anwendbar, wenn räumliche Einflüsse günstig wirken. Die Schnittkurven der Gleitflächen in der Darstellungs- und Berechnungsebene werden als Gleitlinien oder Gleitfugen bezeichnet.

15.2 Kinematik und Bruchmechanismen

Wie auch bei der Behandlung des Erddruckproblems, s. Kap. 16, ist bei der Kinematik einer versagenden Böschung zwischen dem Linienbruch und dem Zonenbruch zu unterscheiden:

Linienbruch: Rotations- und Translationsbewegungen eines oder eines aus mehreren großen Teilen bestehenden Gleitkörpers, der sich im Wesentlichen wie ein starrer Körper

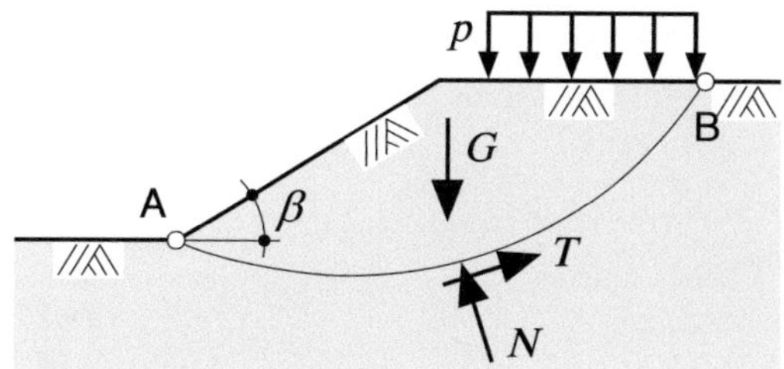

Abb. 15.1 Böschungsbruch

verhält. Der Bruch findet auf einer Gleitfläche statt. Die Gleitlinie ist der Schnitt zwischen der Gleitfläche und der betrachteten Ebene.

Zonenbruch: Der Rutschkörper befindet sich im Zustand des Versagens mit einem insgesamt oder in Teilbereichen stetigen Verschiebungsfeld.

Ein Sonderfall des Linienbruchs sind die Felsstürze. Ein Sonderfall des Zonenbruchs sind durch Oberflächenfließen bedingte Schutt- oder Schlammströme sowie Muren.

Der klassische Fall des Böschungsbruchs wird dadurch ausgelöst, dass die Einwirkungen, s. Abb. 15.1, wie z. B. das Gewicht G des Bruchkörpers und ggf. eine Oberflächenlast p (p_1 und ggf. p_2), nicht mehr mit den Reaktionen N (Normalkräfte) und T (Tangentialkräfte = Widerstände) im Gleichgewicht stehen, die längs der ungünstigsten Bruchfuge A..B maximal verfügbar sind.

Als Geländebruch bezeichnet man das Versagen eines Geländesprungs aufgrund der gleichen Ursachen. Es handelt sich also bodenmechanisch um den gleichen Sachverhalt. Der Geländesprung unterscheidet sich von der Böschung nur durch Stützbauwerke, Abb. 15.2 und 15.3, die die Böschung bzw. den Geländesprung ganz oder teilweise sichern.

Für Bauwerke in oder oberhalb einer Böschung oder eines Geländesprungs muss neben den erdstatischen Nachweisen – etwa der Erddruckberechnung oder dem Grundbruchnachweis – für die Gesamtheit oder für Teile der Geländebruchnachweis geführt und eine ausreichende Sicherheit gegen Versagen nachgewiesen werden. Für die Sicherheitsnach-

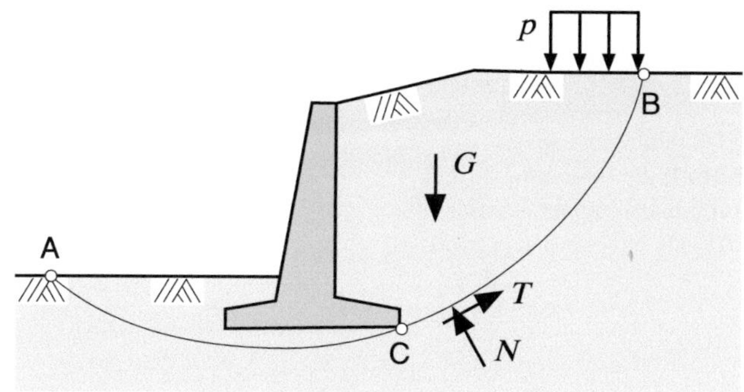

Abb. 15.2 Geländebruch

Abb. 15.3 Geländebruch

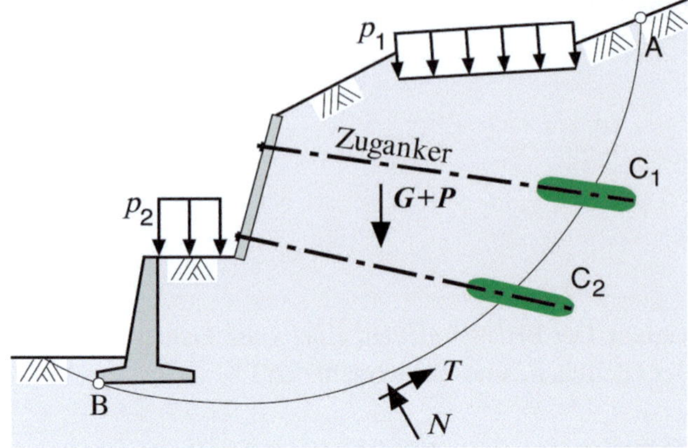

weise, s. Abschn. 15.4, müssen alle in Frage kommenden Bruchmechanismen in Betracht gezogen werden.

Dies sind:

a) ein Gleitkörper
   - mit gerader Gleitlinie (Gleitfuge), s. Abb. 15.4
   - mit kreisförmiger Gleitlinie, s. Abb. 15.5
   - mit beliebig einsinnig gekrümmter Gleitlinie, s. Abb. 15.6
b) zusammengesetzte Bruchmechanismen mit mehreren Gleitkörpern und geraden Gleitlinien, s. Abb. 15.7.

► **Anmerkung** Die Pfeile in Abb. 15.4–15.7 stellen Bewegungsrichtungen dar.

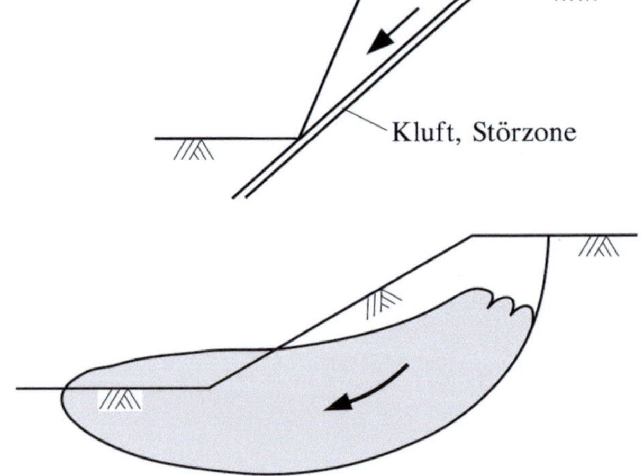

Abb. 15.4 Bruchkörper mit gerader Gleitlinie

Abb. 15.5 Böschungsbruch auf kreisförmiger Gleitlinie

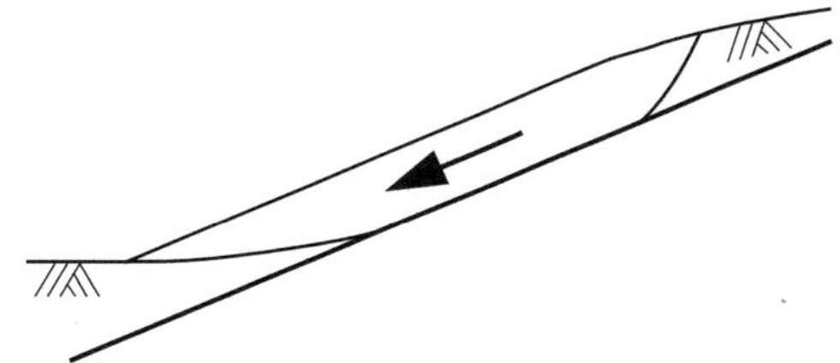

Abb. 15.6 Einsinnig gekrümmte, langgestreckte Gleitlinie

Alle in *DIN 4084* angegebenen und alle nachfolgend behandelten Verfahren beruhen auf der kinematischen Methode. Diese hat sich bei ausreichender Variation aller in Frage kommenden Bruchmechanismen bewährt. Bei Geländesprüngen mit Stützbauwerken und bei Böschungen, bei denen konstruktive Elemente mitwirken, reichen durch kreisförmige Gleitlinien gekennzeichnete Bruchkörper alleine oft nicht aus; in der Regel sind zusätzlich oder bevorzugt gerade Gleitlinien mit mindestens zwei Gleitkörpern auf der aktiven Seite bzw. zusammengesetzte Bruchmechanismen mit geraden Gleitlinien zu untersuchen. Durch geologische Verhältnisse vorgegebene Gleitlinien müssen berücksichtigt werden. Bei verankerten Böschungen und Geländesprüngen müssen sowohl Bruchmechanismen, deren Gleitlinien die Zugglieder schneiden, als auch Bruchmechanismen, die die Zugglieder voll einschließen, untersucht werden. Auf diese Weise wird nachgewiesen, dass die für die Erfüllung des Grenzzustands erforderliche Länge von Zuggliedern ausreicht.

Nach *DIN 4084* sind bei Böschungen mit längerer Standzeit in kohäsiven Böden Zugrisse mit einer Tiefe von

$$h_c = \frac{2 \cdot c'}{\gamma} \cdot \tan\left(45° + \frac{\varphi'}{2}\right) \tag{15.1}$$

zu berücksichtigen, s. Abb. 15.8 und Abschn. 11.1.3.5.

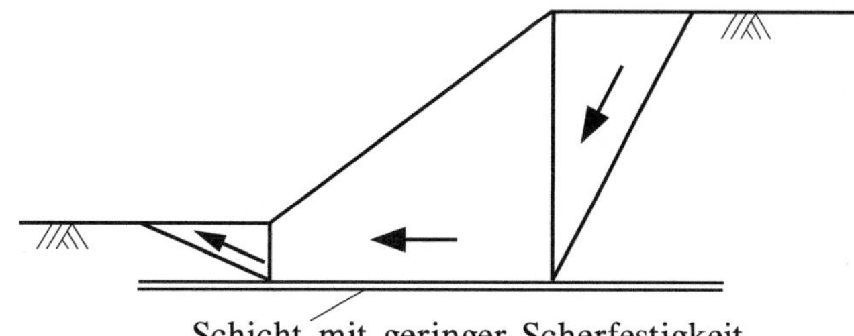

Abb. 15.7 Bruchmechanismus mit mehreren Gleitkörpern

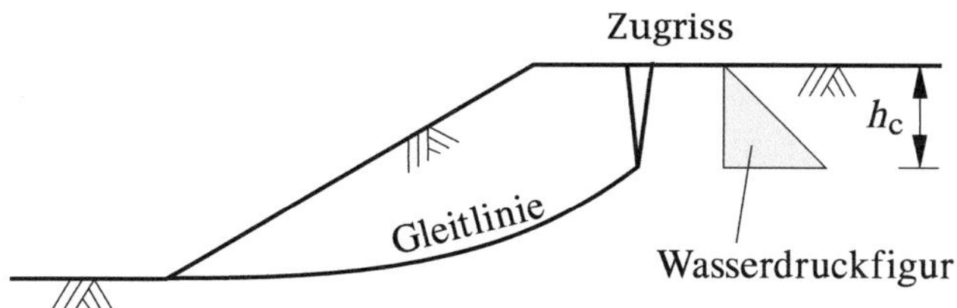

Abb. 15.8 Böschung mit Zugriss und Wasserfüllung in kohäsivem Boden (*DIN 4084*)

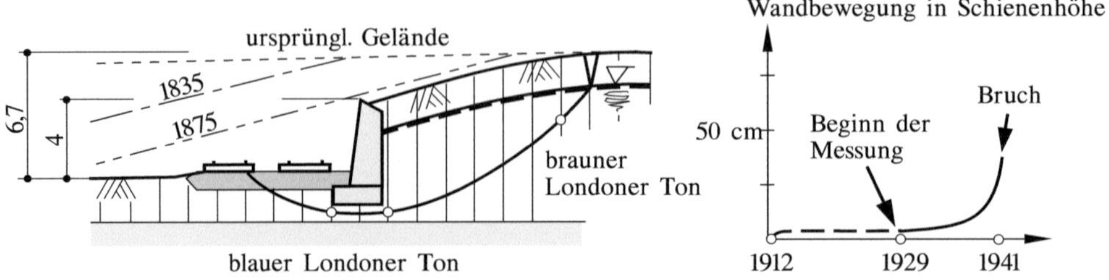

Abb. 15.9 Zeitlicher Verlauf eines Geländebruchs

Die Wasserdrücke in den Rissen sind anzusetzen, wenn sich die Risse mit Wasser füllen können.

Zum zeitlichen Verlauf von Rutschungen ist anzumerken, dass diese entweder plötzlich oder als Endstadium einer progressiven, u. U. sehr langfristigen Kriechbewegung auftreten. Häufig kündigen sich natürliche Rutschungen durch sehr langfristig vorauslaufende Bewegungen an, was sich z. B. durch Risse im obenliegenden Gelände oder bei natürlichen Hängen an dem säbelförmigen Wuchs von Bäumen ablesen lässt. Abb. 15.9 zeigt eine über 29 Jahre beobachtete Rutschung im Londoner Ton (Skempton, 1964).

Der Hergang einer Rutschung kann folgendermaßen beschrieben werden: Die Bruchzonen entwickeln sich hier progressiv: nahe dem Böschungsfuß treten große Scherverformungen, am Böschungskopf große Zugspannungen auf, die Anrisse verursachen. Darin sammelt und staut sich Niederschlagswasser. Die Kriechbewegungen sind deshalb auch oft saisonal schwankend. Die Geschwindigkeit der Talbewegung eines Kriechhanges hängt vom Gefälle und im Übrigen davon ab, wie weit durch das bereits eingetretene Verschiebungsmaß die effektive Scherfestigkeit auf die Restscherfestigkeit abgebaut ist, s. auch Abschn. 4.4.8 und 4.4.9. Zur Beurteilung der Standsicherheit von hohen Böschungen und Hängen empfiehlt sich häufig die Beobachtungsmethode, s. Abschn. 8.5.

15.3 Einwirkungen und Widerstände

Für die Untersuchung der Standsicherheit von Böschungen und Geländesprüngen müssen in einem ersten Schritt die Einwirkungen und Widerstände ermittelt werden.

15.3.1 Einwirkungen

Folgende Einwirkungen sind zu beachten:

- Eigenlast des Gleitkörpers und der Stützkonstruktion
- Lasten in oder auf dem Gleitkörper, sofern sie ungünstig wirken

- Kräfte von vorgespannten Zuggliedern, wenn sie nicht selbstspannend sind, s. Abschn. 15.5.2, diese Anker sind als Einwirkung mit ihrer Festlegekraft F_0 anzusetzen
- Wasserdrucklasten und Strömungsdrücke
- Lasten aus Erdbebenkräften bzw. aus anderen Erschütterungen

15.3.2 Widerstände

Als Widerstände kommen in Betracht:

- Bemessungswerte der Scherkräfte infolge der Reibung und der Kohäsion des Bodens in den Gleitflächen. Bei bindigen Böden ist zu entscheiden, ob die Scherparameter des undränierten Bodens (φ_u; c_u für die Anfangsstandsicherheit) oder die des dränierten Bodens (φ'; c' für die Endstandsicherheit) zugrunde zu legen sind.
- Bemessungswerte der widerstehenden Kräfte aus Zuggliedern, Dübeln, Pfählen und Steifen, wenn sie günstig wirken, wobei für Zugglieder besondere Regeln gelten, s. Abschn. 15.5.2.
- Bemessungswerte der Scherkräfte von Stützkonstruktionen, die durch die Gleitfläche geschnitten werden, s. Abb. 15.25 und 15.29.

15.4 Berechnungsverfahren

Für den Standsicherheitsnachweis von Böschungen und Geländesprüngen wird in der Praxis im Allgemeinen auf vereinfachte kinematische Verfahren zurückgegriffen; eine allgemeine Spannungs-Verformungsanalyse unter Berücksichtigung elasto-plastischen Verhaltens des Erdkörpers bis hin zum Bruchzustand ist aufwändig und eher in Sonderfällen angezeigt. Nach *DIN EN 1997-1 (EC 7)* ist eine Analyse mit der FEM explizit als Alternative erlaubt.

Bei den in *DIN 4084* angegebenen kinematischen Verfahren kommen als Bruchmechanismen in Frage:

a) ein Gleitkörper mit gerader, kreisförmiger oder beliebig einsinnig gekrümmter Gleitlinie;
b) zusammengesetzte Bruchmechanismen mit mehreren Gleitkörpern und geraden Gleitlinien.

Die hauptsächlichen Vereinfachungen sind:

- Die (Teil-)Bruchkörper werden als starre Scheiben idealisiert, an denen das Gleichgewicht der Kräfte und/oder Momente bei vereinfachenden Annahmen z. B. hinsichtlich Spannungsverteilung und Wirkungsrichtung der Kräfte nachgewiesen wird.

- Die Gleitlinie ist ein Kreis, eine Gerade oder sie besteht aus mehreren Geradenstücken.
- In Analogie zur *Coulombschen* Erddruckberechnung, s. Kap. 16, wird durch Variation der geometrischen Parameter (beim Kreis z. B. Mittelpunkt-Koordinaten, Radius) der Bruchkörper mit dem größten Ausnutzungsgrad μ gesucht, s. nachfolgend.

Die kinematische Methode setzt eine ausreichende Variation aller infrage kommenden Bruchmechanismen voraus.

15.4.1 Grenzzustand und Sicherheiten

Wie eingangs schon erwähnt, ist die Gesamtstandsicherheit nach dem Nachweisverfahren 3 (GEO-3) zu berechnen, bei dem im Unterschied zu GEO-2 die Scherfestigkeiten über die entsprechenden Teilsicherheiten reduziert werden., s. Abschn. 8.3. Können die Grenzzustandsgleichungen damit erfüllt werden, ist rechnerisch eine ausreichende Standsicherheit gegeben. Darüber hinaus ist es nützlich, ein Maß für die tatsächlich vorhandene Sicherheitsreserve: f, quasi eine fiktive globale Sicherheit, einzuführen. Sie bedeutet, in welchem Maß die Scherfestigkeit des Bodens reduziert werden kann, bis die Böschung gerade versagt. Durchgesetzt hat sich die *Fellenius-Regel* (Fellenius, 1927), s. Gl. (15.2) und Abb. 15.10. Inzwischen wird häufig der Reziprokwert von f verwendet, der als Ausnutzungsgrad μ bezeichnet wird. Dieser Parameter spielt bei der Variation der Bruchgeometrie als Zielfunktion eine wichtige Rolle.

$$\begin{aligned}\text{fiktive Sicherheit } f &= 1/\mu = \frac{\tau_\text{f}}{\tau_\text{mob}} \\ &= \frac{\text{vorhandene Scherfestigkeit}}{\text{mobilisierte Scherfestigkeit}} = \frac{\tan\varphi}{\tan\varphi_\text{mob}} = \frac{c}{c_\text{mob}}. \end{aligned} \tag{15.2}$$

Das Gleichgewicht an einem möglichen Bruchkörper wird damit unter der Voraussetzung nachgewiesen, dass die Reaktionskräfte aus der Scherfestigkeit des Bodens nur in einem entsprechend dem Ausnutzungsgrad μ verminderten Maß in Anspruch genommen werden.

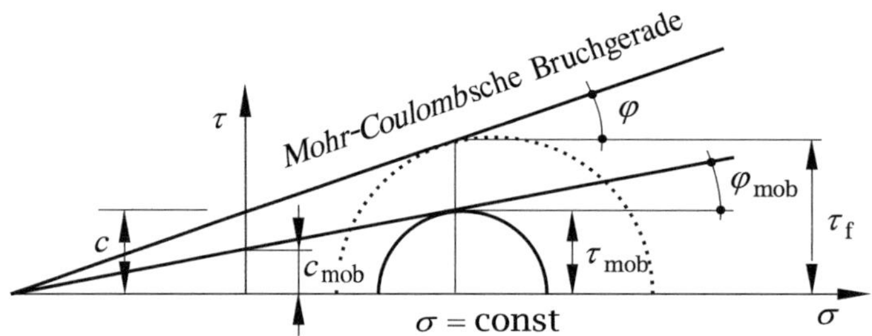

Abb. 15.10 Mobilisierte Scherfestigkeit

Eine ausreichende Sicherheit gegen Versagen wird eingehalten, wenn die allgemeine Gleichung für den Grenzzustand der Tragfähigkeit erfüllt ist:

$$E_{\mathrm{d}} \leq R_{\mathrm{d}}$$

bzw.

$$E_{\mathrm{Md}} \leq R_{\mathrm{Md}} \tag{15.3}$$

wobei sich die erste Aussage auf die Kräfte, die zweite auf die Momente bezieht. Bei keinem Bruchmechanismus darf die Bedingung für den Grenzzustand der Tragfähigkeit verletzt werden. Die Gleichungen (15.3) können auch in folgender Schreibweise der Gleichungen (15.4) verwendet werden:

$$\frac{E_{\mathrm{d}}}{R_{\mathrm{d}}} = \mu \leq 1$$

bzw.

$$\frac{E_{\mathrm{Md}}}{R_{\mathrm{Md}}} = \mu \leq 1. \tag{15.4}$$

Soll neben dem Nachweis der Standsicherheit nach den Gln. (15.3) und (15.4) der Ausnutzungsgrad $\mu = 1/f$ der Bemessungswiderstände ermittelt werden, so ist rechnerisches Gleichgewicht zwischen Einwirkungen und Widerständen herzustellen. Dazu sind die Bemessungswerte der Widerstände mit μ zu multiplizieren, so dass gilt:

$$\mu R_{\mathrm{d}} = E_{\mathrm{d}} \quad \text{bzw.} \quad \mu R_{\mathrm{Md}} = E_{\mathrm{Md}} \tag{15.5}$$

In den folgenden Abschn. 15.4.2 bis 15.4.8 werden die in *DIN 4084* enthaltenen Verfahren näher erläutert und ergänzt durch ein Diagramm sowie Hinweise zur Methode der Kinematischen Elemente (KEM).

► **Anmerkung 1** Die mit Gln. (15.3) bis (15.5) in allgemeiner Form und nachfolgend für spezielle Bruchmechanismen angegebenen Grenzzustandsbedingungen sind im Wesentlichen mit dem Index d versehen. (Der Übersichtlichkeit halber sind bei einigen Detaildarstellungen und -ableitungen diese weggelassen.) Sie beziehen sich damit auf den in der Praxis meist relevanten Nachweisfall mit Entwurfswerten. Sämtliche Beziehungen können auch zur Erfassung des „tatsächlichen" Grenzzustandes unter Verwendung charakteristischer Rechenwerte (beispielsweise Rückrechnung einer Rutschung) herangezogen werden. In *DIN 4084* ist diese Indizierung weitgehend nicht enthalten.

► **Anmerkung 2** Bei einigen Nachweisverfahren geht der Ausnutzungsgrad μ an weiteren Stellen in R_{d} bzw. R_{Md} ein, sodass bei gesuchtem Ausnutzungsgrad μ keine expliziten Bestimmungsgleichungen angegeben werden können.

► **Anmerkung 3** Die hier gewählte Reihenfolge weicht von derjenigen in der Norm ab. Für eine bessere Zuordnung sind die Nummern der Abschnitte nach *DIN 4084* jeweils in Klammern mit angegeben. Es werden nicht unbedingt alle Details der Norm wiedergegeben. Einzelne weitere Abweichungen in Form und Darstellung sind an entsprechender Stelle erläutert.

► **Anmerkung 4** Berechnungsbeispiele finden sich in *DIN 4084, Beiblatt 1*.

15.4.2 Lamellenfreies Verfahren für Gleitkreise (vgl. 9.2.2, *DIN 4084*)

Zur Berechnung der Sicherheit gegen Böschungsbruch bei nur einer Bodenschicht werden bei kreisförmigen Gleitlinien die einwirkenden Größen zu einer resultierenden Kraft F_d zusammengefasst und deren Abstand e vom Kreismittelpunkt bestimmt, s. Abb. 15.11.

Das einwirkende Moment ergibt sich zu:

$$E_\mathrm{Md} = F_\mathrm{d} \cdot e. \tag{15.6}$$

Das Moment aus dem Widerstand beträgt:

$$R_\mathrm{Md} = Q_\mathrm{d} \cdot \xi \cdot r \sin \varphi_\mathrm{d} + F_\mathrm{cd} \cdot r \frac{\operatorname{arc} \alpha_\mathrm{r}}{\sin \alpha_\mathrm{r}} \tag{15.7}$$

mit

$$Q_\mathrm{d} = \left(F_\mathrm{d}^2 - 2 \cdot F_\mathrm{d} \cdot F_\mathrm{cd} \cdot \sin \omega + F_\mathrm{c,d}^2\right)^{0,5}$$

$$\xi = 0{,}5 \cdot \left(1 + \frac{\operatorname{arc} \alpha_\mathrm{r}}{\sin \alpha_\mathrm{r}}\right)$$

$$F_\mathrm{cd} = 2 \cdot c_\mathrm{d} \cdot r \cdot \sin \alpha_\mathrm{r}$$

für sichelförmige Normalspannungsverteilung. Im Grenzfall einer punktförmigen Lastübertragung in der Gleitlinie ist $\xi = 1$.

Die Kraft Q_d ist die Resultierende aus den Normal- und Reibungskräften in der Gleitlinie, F_cd die Kohäsionskraft.

► **Anmerkung** Die hier dargestellten Zusammenhänge stellen einen Sonderfall des in der aktuellen *DIN 4084* beschiebenen Verfahrens dar. Dort werden Grundwasser sowie eine Verankerung mit einbezogen, außerdem wird die iterative Bestimmung des Ausnutzungsgrades μ beschrieben. Details sowie ein Anwendungsbeispiel finden sich bei Goldscheider und Hettler (2011).

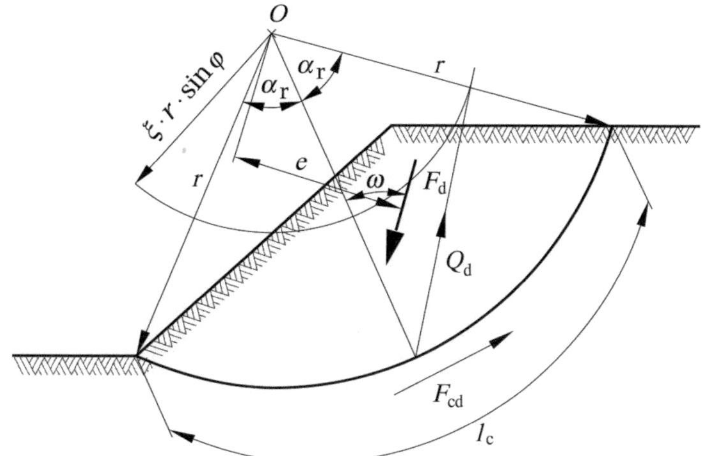

Abb. 15.11 Lamellenfreier Bruchkörper im homogenen Boden (*DIN 4084*)

15.4.3 Lamellenfreies Verfahren bei einer gerader Gleitlinie (vgl. 9.4.1, *DIN 4084*)

Abb. 15.12 zeigt eine Böschungssicherung mit Spritzbeton und Nägeln. Bei gerader Gleitlinie ergibt sich, bezogen auf die Richtung der Gleitfuge, die Einwirkung zu:

$$E_d = G_d \cdot \sin\vartheta + P_d \cdot \cos(\varepsilon - \vartheta) \tag{15.8}$$

Der Widerstand beträgt:

$$R_d = \left(G_d \cdot \cos\vartheta + \sum_j F_{Ndj} \cdot \sin(\varepsilon_{Nj} + \vartheta) + P_d \cdot \sin(\varepsilon - \vartheta)\right) \cdot \tan\varphi_d \\ + C_d + \sum_j F_{Ndj} \cdot \cos(\varepsilon_{Nj} + \vartheta) \tag{15.9}$$

mit $C_d = c_d \cdot l_C$; l_C = Länge der Gleitfuge.

Der ungünstigste Gleitkörper bzw. die max. erforderlichen Nagelkräfte sind mit der Variation von ϑ zu ermitteln!

► **Anmerkung** In *DIN 4084* sind die entsprechenden Gleichungen erweitert um eine Festlegekraft für vorgespannte Zugelemente und um eine auf die Gleitfläche einwirkende Porenwasserdruckkraft. Anstatt der Bezeichnungen F_{Ni} und ε_i werden dort F_{Ai} und α_{Ai} verwendet.

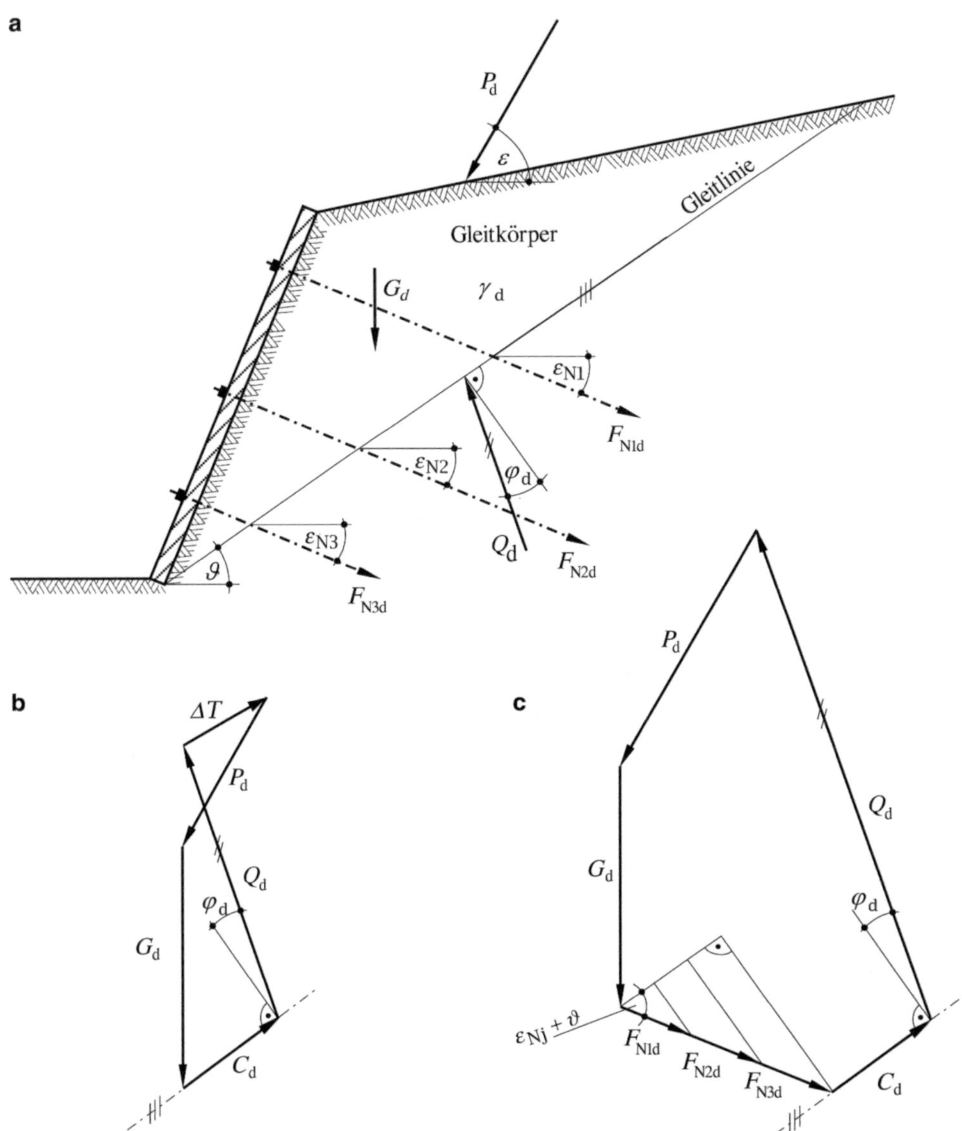

Abb. 15.12 Gleitkörper mit gerader Gleitlinie. **a** Gleitkörper, **b** Krafteck ohne Nägel. Für ein Gleichgewicht ist eine haltende Zusatzkraft ΔT erforderlich, d. h. die Sicherheit reicht nicht aus, **c** Krafteck für den Zustand mit Nägeln. Es ergibt Gleichgewicht zwischen den Bemessungswerten der Einwirkung und der Widerstände (siehe auch *DIN 4084*)

15.4.4 Lamellenfreies Verfahren bei böschungsparalleler Gleitlinie (vgl. 9.4.2, *DIN 4084*)

Bei einer Dicke d des Gleitkörpers ist die Einwirkung im Fall der nicht durchströmten Böschung durch die Kraft je Volumeneinheit gegeben:

$$E_\mathrm{d} = \gamma_\mathrm{d} \cdot \sin\beta. \tag{15.10}$$

Der Widerstand beträgt in diesem Fall:

$$R_\mathrm{d} = \gamma_\mathrm{d} \cdot \cos\beta \cdot \tan\varphi_\mathrm{d} + \frac{c_\mathrm{d}}{d}. \tag{15.11}$$

Für bis zur Geländeoberfläche durchströmte Böschungen im homogenen Boden gilt bei böschungsparalleler Strömung:

$$E_\mathrm{d} = \gamma_\mathrm{rd} \cdot \sin\beta, \tag{15.12}$$

$$R_\mathrm{d} = \gamma'_\mathrm{d} \cdot \cos\beta \cdot \tan\varphi_\mathrm{d} + \frac{c_\mathrm{d}}{d}. \tag{15.13}$$

► **Anmerkung** Für Böschungen mit nicht böschungsparalleler Durchströmung sind in *DIN 4084* die entsprechenden Formeln aufgeführt. Mit den hier angegebenen Gln. (15.11) und (15.13) kann auch eine Kohäsion berücksichtigt werden.

Für den kohäsionslosen Boden fällt im nicht durchströmten Fall die Neigung der ungünstigsten Gleitfläche mit der Böschungsneigung zusammen. Nach Gln. (15.10) und (15.11) gilt dann:

$$\mu = \frac{1}{f} = \frac{E_\mathrm{d}}{R_\mathrm{d}} = \frac{\tan\beta}{\tan\varphi_\mathrm{d}}. \tag{15.14}$$

Der maßgebende Bruchkörper ist somit unabhängig von der Dicke d.

15.4.5 Bemessungsdiagramm für Böschungen bei homogenen Böden

Einfache, homogene Böschungen, in denen kein Strömungsdruck, kein Porenwasserüberdruck oder andere äußere Einwirkungen auftreten, können nach Abb. 15.13, s. auch Taylor (1948), bemessen werden. Das Diagramm impliziert die Erfüllung des Grenzgleichgewichtes entsprechend Gl. (15.3). bzw. (15.4). Damit kann beispielsweise der maximal mögliche Böschungswinkel $\beta(h)$ in Abhängigkeit von der Wichte γ und den Scherparametern ermittelt werden. Der Sonderfall $c_\mathrm{d} = 0$ führt zu $N \to \infty$ und damit $\beta \to \varphi_\mathrm{d}$ – die Kurven verlaufen dementsprechend asymptotisch, vgl. auch Gln. (15.10) und (15.11)

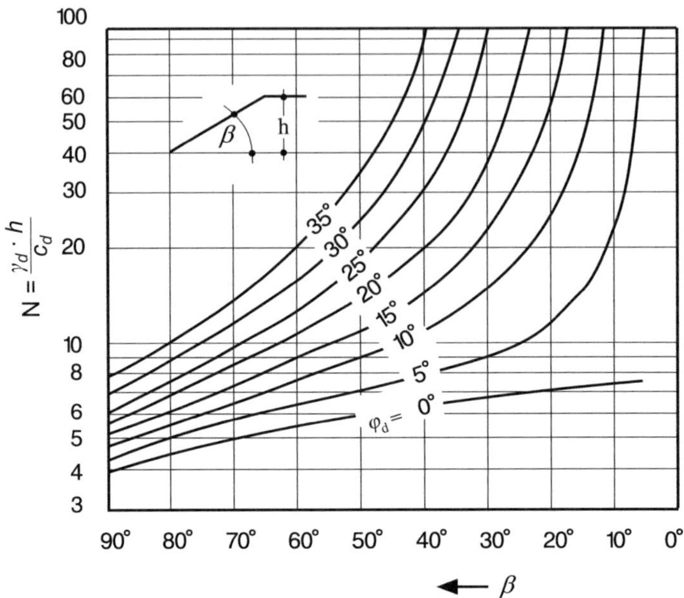

Abb. 15.13 Bestimmung des Böschungswinkels nach Taylor

15.4.6 Lamellenverfahren mit kreisförmigen Gleitlinien (vgl. 9.2.1, *DIN 4084*)

In allgemeinen Nachweisfällen, insbesondere bei mehrschichtigem Baugrundaufbau und unregelmäßiger Geländeform, wird der kreisförmige Bruchkörper in eine Folge senkrechter Lamellen unterteilt, an denen je für sich das Gleichgewicht nachzuweisen ist. Die Lamellenbegrenzungen sind fiktive, statische Schnitte; sie stellen keine Gleitlinien dar. Dabei treten Erddrücke auf die Lamellenflanken als neue Unbekannte auf. Ihre Verteilung und Richtung ist unbekannt. Zu ihrer Bestimmung sind weitere Annahmen erforderlich (z. B. Konstruktion einer Stützlinie im Bruchkörper) bzw. die Einbeziehung des Momentengleichgewichts für die Lamellen. Demzufolge wurden im Laufe der Zeit eine Reihe von Verfahren mit unterschiedlichen Näherungsstufen entwickelt. Eine Übersicht geben beispielsweise Gußmann (1999) und Goldscheider (2018).

Darauf wird jedoch bei dem gängigen Lamellenverfahren, wie es in *DIN 4084* aufgenommen ist, verzichtet: Als für die Lösung der Aufgabe ausreichend angesehen wird die Erfüllung des Kräftegleichgewichtes an den Einzellamellen sowie des Momentengleichgewichtes am gesamten Bruchkörper, wobei an den seitlichen Lamellenrändern nur horizontale Erddrücke angesetzt werden; das Gleichgewicht der Horizontalkräfte insgesamt wird nicht exakt eingehalten. Der mit den Vereinfachungen verbundene statische Fehler ist aber für die üblichen Anwendungen nicht ausschlaggebend, weshalb das Verfahren wegen seiner einfachen Handhabung international eingeführt ist. Das Verfahren

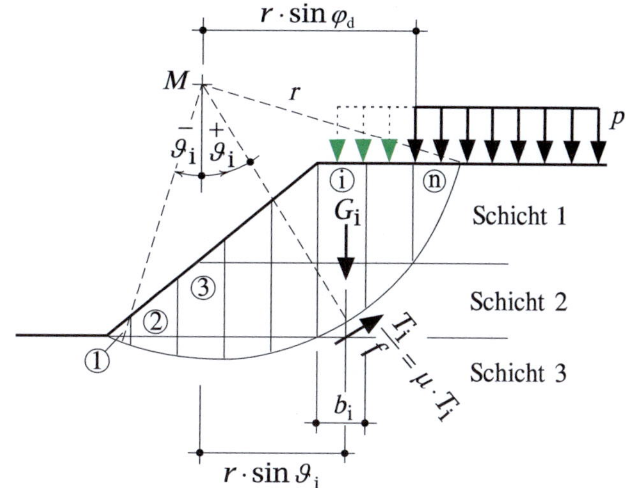

Abb. 15.14 Bruchkörper mit Lamelleneinteilung

geht auf Krey (1926) und Bishop (1954) zurück. Entsprechende Software ist weit verbreitet. Vor diesem Hintergrund sei aber ausdrücklich darauf hingewiesen, dass stets zu prüfen ist, ob außer dem durch den Kreis gekennzeicheneten Bruchmechanismus auch andere Versagensformen (alternativ bzw. ergänzend) in Betracht gezogen werden müssen, siehe dazu auch vorangehende und nachfolgende Abschnitte. Eine Orientierung an der Verfügbarkeit von Rechenprogrammen kann zu gravierenden Fehleinschätzungen führen.

Folgendermaßen wird vorgegangen, s. Abb. 15.14:

- Man wählt Mittelpunkt M und Radius r eines möglichen Bruchkreises.
- Die Lamelleneinteilung ist auf die Schichtgrenzen abzustimmen: Schichtgrenzen müssen mit Lamellenflanken zusammenfallen. Die Breiten b der Lamellen sollten im Hinblick auf eine Hand- oder teilweise programmierte Berechnung zwischen $r/5$ und $r/10$ liegen. Jede Lamelle ist durch den Richtungswinkel ϑ_i und die Breite b_i in ihrer Lage fixiert.
- Veränderliche Einwirkungen, wie eine Verkehrslast p, sind ungünstig nur außerhalb eines Abstandes $r \cdot \sin \varphi_{\mathrm{d}}$ vom Mittelpunkt anzusetzen.
- Berechnung der Anteile der Lamellen an den Einwirkungen und Widerständen, Summation, Berechnung des Ausnutzungsgrades
- Variation zur Ermittlung des größten Ausnutzungsgrades.

Im Folgenden wird die Ableitung der Formeln für den Schwerwiderstand T in der Gleitlinie kurz dargelegt, s. Abb. 15.15, wobei äußere Lasten und Kräfte aus Zuggliedern sowie konstruktive Widerstände zunächst nicht enthalten sind.

An jeder Lamelle wird die Gleichgewichtsbedingung der Vertikalkräfte aufgestellt (auf die Nennung des Index i wie auch des Index d wird hier und den folgenden Ableitungen

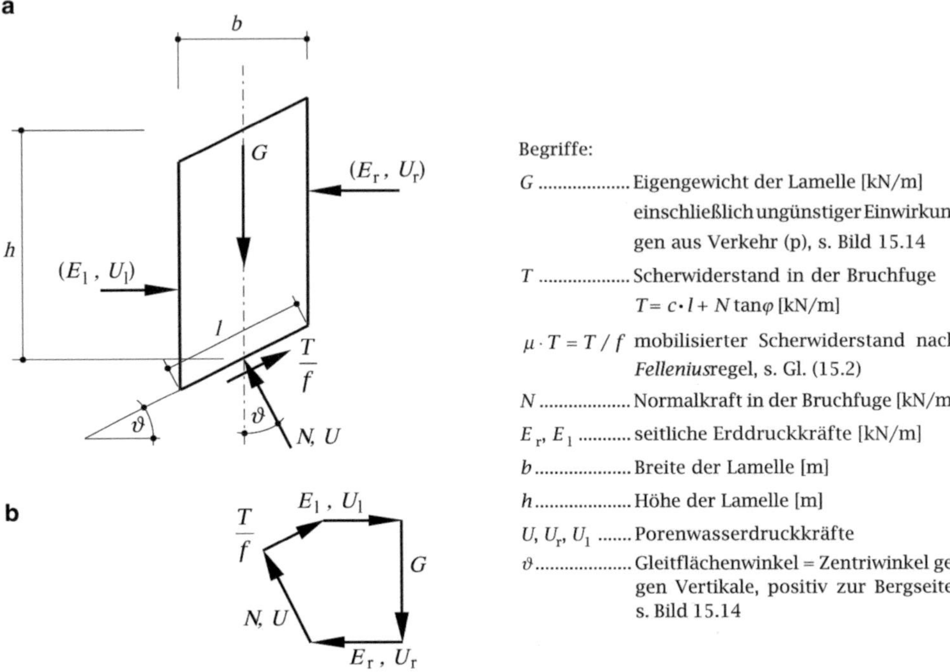

Abb. 15.15 Kräfte an einer Lamelle (ohne Indices d und i). **a** Lageplan, **b** Krafteck

überwiegend verzichtet).

$$\sum V : G - N \cdot \cos\vartheta - U \cdot \cos\vartheta - \frac{T}{f} \cdot \sin\vartheta = 0;$$

$$G = N \cdot \cos\vartheta + U \cdot \cos\vartheta + \frac{T}{f} \cdot \sin\vartheta. \tag{15.15}$$

Die *Coulombsche* Bruchbedingung für den Scherwiderstand lautet, nach Abschn. 4.4, Gl. (4.109) – hier in Kräften:

$$T = N \cdot \tan\varphi + C; \quad N \cdot \tan\varphi = T - C; \quad N = (T - C) \cdot \cot\varphi. \tag{15.16}$$

(15.16) in (15.15):

$$\begin{aligned} G &= (T - C) \cdot \cot\varphi \cos\vartheta + U \cdot \cos\vartheta + \frac{T}{f} \cdot \sin\vartheta \\ &= T \cdot \left(\cot\varphi \cdot \cos\vartheta + \frac{\sin\vartheta}{f}\right) - C \cdot \cot\varphi \cdot \cos\vartheta + U \cdot \cos\vartheta \end{aligned}$$

$$T = \frac{G + C \cdot \cot\varphi \cdot \cos\vartheta - U \cdot \cos\vartheta}{\cot\varphi \cdot \cos\vartheta + \frac{\sin\vartheta}{f}}. \tag{15.17}$$

Mit $U = u \cdot l$ und $C = c \cdot l$ und $l = \frac{b}{\cos\vartheta}$ erhält man:

$$T = \frac{G + c \cdot \cot\varphi \cdot b - u \cdot b}{\cot\varphi \cdot \cos\vartheta + \sin\vartheta \cdot \frac{1}{f}}. \tag{15.18}$$

Nach Multiplikation von Zähler und Nenner mit $\frac{1}{\cos\varphi} = \tan\varphi$ erhält man:

$$T = \frac{G \cdot \tan\varphi + c \cdot b - u \cdot b \cdot \tan\varphi}{\cos\vartheta + \sin\vartheta \cdot \tan\varphi \cdot \frac{1}{f}} = \frac{(G - u \cdot b)\tan\varphi + c \cdot b}{\cos\vartheta + \sin\vartheta \cdot \tan\varphi \cdot \frac{1}{f}}. \tag{15.19}$$

Auf Grund der eingangs getroffenen Annahmen braucht hier das Kräftegleichgewicht bezüglich der Horizontalkräfte an der Lamelle nicht mehr betrachtet zu werden.

Hinzu kommt die Momentenbedingung am Gesamtsystem, s. Gl. (15.5):

$$\mu = \frac{1}{f} = \frac{E_{\text{Md}}}{R_{\text{Md}}} = \frac{r \cdot \sum_i G_{\text{d}i} \cdot \sin\vartheta_i}{r \cdot \sum_i T_{\text{d}i}} \tag{15.20}$$

Berücksichtigt man bei den Lamellengewichten noch vertikal einwirkende Lasten $P_{\text{vd}i}$ sowie darüber hinaus einwirkende äußere Momente M_{sd}, kann man die resultierenden Momente aus Einwirkungen E_{Md} und Widerständen R_{Md} unter Bezug auf Gln. (15.19) und (15.20) wie folgt berechnen:

$$\sum E_{\text{Md}} = r \sum_i (G_{\text{d}i} + P_{\text{vd}i}) \cdot \sin\vartheta_i + \sum M_{\text{sd}} \tag{15.21}$$

$$\sum R_{\text{Md}} = r \sum_i \frac{(G_{\text{d}i} + P_{\text{vd}i} - u_{\text{d}i} \cdot b_i) \cdot \tan\varphi_{\text{d}i} + c_{\text{d}i} \cdot b_i}{\cos\vartheta_i + \mu \cdot \tan\varphi_{\text{d}i} \cdot \sin\vartheta_i}. \tag{15.22}$$

Für einen angenommen Wert von μ bzw. f wird R_{Md} nach Gl. (15.22) berechnet und mit dem Wert E_{Md} nach Gl. (15.21) in Gl. (15.20) eingesetzt.

Mit dem so erhaltenen verbesserten Wert $f = 1/\mu$ wird Gl. (15.22) erneut berechnet. Die Iteration wird fortgesetzt, bis aufeinanderfolgende Werte von f auf 3 % übereinstimmen. Soll nur das Ausreichen der Standsicherheit nachgewiesen werden, so darf in Gl. (15.22) $\mu = f = 1$ gesetzt werden. Zur Variation der Bruchgeometrie, s. Abschn. 15.4.9.

Konstruktive Elemente wie Steifen, Pfähle, Dübel u. ä. sowie Zugglieder (Anker, Nägel, Bewehrungselemente aus Stahl oder Geokunststoffen) erhöhen unter bestimmten Bedingungen die Standsicherheit von Böschungen und Geländesprüngen, s. hierzu auch Abschn. 15.5.2.

In den meisten Fällen ergeben sich zusätzliche Widerstände; je nach Randbedingung kann auch eine Berücksichtigung bei den Beanspruchungen in Frage kommen. Die Erweiterung von Gln. (15.21) und (15.22) liefert dementsprechend Gln. (15.23) und (15.24), wobei bedeuten:

α_{Ai} … die Neigung der Achse des Zugglieds/konstr. Elements gegen die Horizontale,
F_{Adi} … die Zugglied- oder Pfahlkraft (Herauszieh- bzw. Bauteilwiderstand),
F_{A0i} … die Festlegekraft vorgespannter Zugglieder,
R_{sdi} … den Scherwiderstand eines Konstruktionsteils am Schnitt mit der Gleitfläche in deren Richtung und
M_{Rd} … das widerstehende Moment aus Kräften, die weder in F_{Adi} noch R_{sdi} enthalten sind.

Bei Zuggliedern ist zum einen zu unterscheiden, ob diese vorgespannt sind oder nicht. Zum anderen ist ein wichtiges Kriterium, ob diese als selbstspannend oder nicht selbstspannend einzustufen sind, s. Abschn. 15.5.2. Schließlich ist von Bedeutung, ob diese innerhalb des Bruchkörpers

a) auf einen Großteil bzw. volle Länge freies Spiel haben oder aber
b) auf die ganze Länge in vollem Verbund mit dem Boden stehen.

Typisch für Fall a) sind Verpressanker, die zunächst – hier im Zusammenhang mit dem Lamellenverfahren – etwas näher betrachtet werden sollen.

Sie werden beim Standsicherheitsnachweis berücksichtigt, soweit Verpresskörper (teilweise oder ganz, s. a. Abb. 15.25 und 15.27) außerhalb des im Rahmen der Variation maßgeblichen Gleitkreises liegen. Ähnliche Überlegungen gelten auch für andere Bruchmodelle, s. Abschn. 15.5.2.

$$\sum E_{Md} = r \sum_i [(G_{di} + P_{vdi}) \cdot \sin\vartheta_i - F_{A0i}\cos(\vartheta_i + \alpha_{A0i})] + \sum M_{Sd} \tag{15.23}$$

$$\begin{aligned}\sum R_{Md} = r \sum_i \Bigg[& \frac{(G_{di} + P_{vdi} + \mu \cdot F_{Adi} \cdot \sin\alpha_{Ai} + F_{A0i} \cdot \sin\alpha_{A0i} - u_{di} \cdot b_i) \cdot \tan\varphi_{di}}{\cos\vartheta_i + \mu \cdot \tan\varphi_{di} \cdot \sin\vartheta_i} \\ & + \frac{c_{di} \cdot b_i + R_{sdi} \cdot \cos\vartheta_i}{\cos\vartheta_i + \mu \cdot \tan\varphi_{di} \cdot \sin\vartheta_i}\Bigg] \\ & + r \sum F_{Adi} \cdot \cos(\vartheta_i + \alpha_{Ai}) + \sum M_{Rd}.\end{aligned} \tag{15.24}$$

Beim konkreten Nachweis nach *Bishop* geht die Ankerkraft F_A in Gln. (15.23) und (15.24) gemäß *DIN 4084* wie folgt ein:

- für vorgespannte, nicht selbstspannende Anker als F_{A0i},
- für selbstspannende, vorgespannte oder nicht vorgespannte Anker als F_{Adi}.

Nicht vorgespannte, nicht selbstspannende Anker haben keine Wirkung, s. a. Tab. 15.1; besondere Überlegungen sind bei verankerten Stützwänden mit festem Fußauflager anzustellen, siehe Abschn. 15.5.2.

Der Summationsindex steht für die Lamelle, in der die Ankerkraft einzurechnen ist; die nicht indizierte Summe ist über die Anzahl der Anker zu bilden.

Tab. 15.1 Fallunterscheidung für anzusetzende Zugkräfte. Anmerkung: Die hier genannte Festlegekraft ist nur für die Ausführung maßgebend

Vorgespannt	Selbstspannend	Zugkraft F_A bzw. Festlegekraft F_{A0}	
Nein	Ja	$\psi_A \leq 90°$	F_A als Minimum aus Bemessungswert {Herausziehwiderstand, Zugglied-Festigkeit}
		Steifes, unverschiebliches Fußauflager	Zugkraft F_A aus separater statischer Berechnung zur Aufnahme der Bemessungswerte der Erd- und Wasserdrücke
Nein	Nein	Keine: „Nicht selbstspannende Zugglieder, die nicht vorgespannt sind, haben keine Wirkung“	
Ja	Ja	$F_{A0} = 0{,}8 \cdot$ rechnerisch erforderliche Zugkraft $F_{A,\,erf}$	
Ja	Nein	$F_{A0} = 1{,}0 \cdot$ rechnerisch erforderliche Zugkraft $F_{A,\,erf}$	

Zu den einzelnen mit F_A behafteten Termen der beiden Gleichungen ist Folgendes anzumerken:

- Der Anteil $r \cdot F_{A0i} \cdot \cos(\vartheta_i + \alpha_{Ai})$ in Gl. (15.23) stellt eine negative Einwirkung dar. Er ergibt sich auf Grund der Momentenbetrachtung am Gesamtsystem. Wie man leicht zeigen kann, schließen die Wirkungslinie von F_A und r dabei am Schnittpunkt mit dem Gleitkreis den Winkel $90° - \vartheta_i - \alpha_{Ai}$ ein, womit sich der Hebelarm von F_A in Bezug auf den Kreismittelpunkt zu $e = r \cdot \cos(\vartheta_i + \alpha_{Ai})$ ergibt, maßgebend ist also ϑ_i der Lamelle mit vorgenanntem Schnittpunkt.
- Auf Grund einer gleichen Betrachtung ergibt sich ein analog aufgebauter Term für F_{Adi}, wobei dieser nun sinnvollerweise den widerstehenden Momenten, im vorletzten Summanden von Gl. (15.24), zugeordnet wird.
- Für die Lamelle, in der die Ankerkraft eingeleitet wird, muss darüber hinaus auch das Kräftegleichgewicht betrachtet werden. Dies führt, wie man ebenfalls leicht nachvollziehen kann, zu den beiden mit Zugkräften F_A behafteten Termen im Zähler des ersten Bruchs in Gl. (15.24).
  Die Ankerkraft wird in der Regel per Kopfplatte oder Stützkonstruktion nahe der Oberfläche meist konzentriert, eingeleitet. Diese Stelle wird allgemein nicht in derselben Lamelle wie der zuvor genannte Schnittpunkt der Ankerachse mit dem Gleitkreis liegen, womit sich hier ein anderer Winkel ϑ_i gegenüber dem zuvor genannten ergibt.
- Davon abweichend gibt *DIN 4084* allerdings vor: „Steifenwiderstände werden am Ort ihrer Entstehung erfasst und über M_{Rd} berücksichtigt; die übrigen Kräfte am Schnittpunkt ihrer Wirkungslinie mit der Gleitlinie.“

Im Gegensatz zum Verpressanker wird beim oben unter b) angesprochenen Fall von Bodennägeln und ähnlichen Zuggliedern die Zugkraft in den Bruchkörper (wie auch außerhalb, dort aber entgegengesetzt) wegen des vollen Verbunds über Schubspannungen kontinuierlich eingeleitet. (Sie können nicht vorgespannt werden.) Damit sind in alle Lamellen, durch die ein Zugglied verläuft, anteilige Kräfte einzurechnen. Wegen Details dazu sowie weiterer allgemeiner Betrachtungen zum *Bishopschen* Verfahren sei auf Goldscheider (2018) verwiesen.

15.4.7 Lamellenverfahren für annähernd böschungsparallele Gleitlinien (vgl. 9.3, *DIN 4084*)

Das Rechenverfahren für nicht kreisförmige, annähernd böschungsparallele Gleitlinien geht auf Janbu (1954) zurück. Es ist ähnlich aufgebaut wie das in Abschn. 15.4.6 für Gleitkreise ausführlich beschiebene *Bishopsche* Lamellenverfahren. Der wesentliche Unterschied besteht darin, dass nunmehr für die Gleichgewichtsbetrachtung am Gesamtsystem die Horizontalkräfte statt der Momente herangezogen werden.

Nach Abb. 15.16 ergeben sich Einwirkungen und Widerstände an dem mit Lamellen unterteilten Gleitkörper wie folgt:

$$E_\mathrm{d} = \sum_i \left[(G_{\mathrm{d}i} + P_{\mathrm{vd}i}) \cdot \tan\vartheta_i - F_{\mathrm{A0}i} \cdot \frac{\cos(\alpha_{\mathrm{A0}i} + \vartheta_i)}{\cos\vartheta_i} \right] + F_\mathrm{hd} \tag{15.25}$$

$$\begin{aligned} R_\mathrm{d} = \sum_i \Bigg[& \frac{(G_{\mathrm{d}i} + P_{\mathrm{vd}i} + \mu \cdot F_{\mathrm{Ad}i} \cdot \sin\alpha_{\mathrm{A}i} + F_{\mathrm{A0}i} \cdot \sin\alpha_{\mathrm{A0}i} - u_{\mathrm{d}i} \cdot b_i) \cdot \tan\varphi_{\mathrm{d}i}}{\cos^2\vartheta_i \cdot (1 + \mu \cdot \tan\varphi_{\mathrm{d}i} \cdot \tan\vartheta_i)} \\ & + \frac{c_{\mathrm{d}i} \cdot b_i + R_{\mathrm{sd}i} \cdot \cos\vartheta_i}{\cos^2\vartheta_i \cdot (1 + \mu \cdot \tan\varphi_{\mathrm{d}i} \cdot \tan\vartheta_i)} \Bigg] \\ & + \sum_i F_{\mathrm{Ad}i} \frac{\cos(\alpha_{\mathrm{A}i} + \vartheta_i)}{\cos\vartheta_i}. \end{aligned} \tag{15.26}$$

Die horizontale Komponente der Summe aller äußeren Lasten F_hd ist in Gl. (15.25) positiv einzusetzen, wenn sie antreibend wirkt.

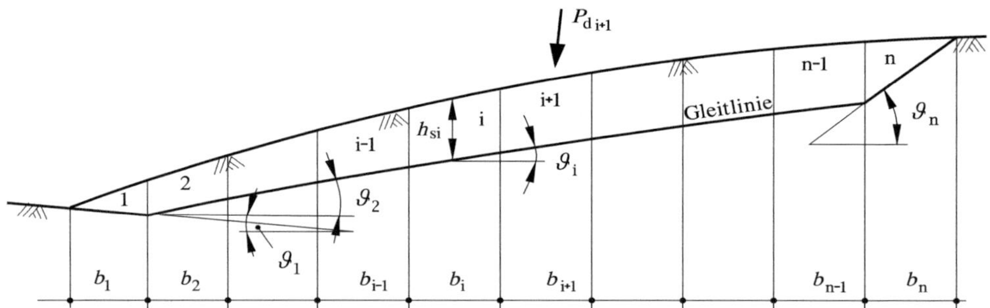

Abb. 15.16 Nicht kreisförmige, annähernd böschungsparallele Gleitlinie mit Lamelleneinteilung (siehe auch *DIN 4084*)

Für den Ansatz von μ bzw. f und die erforderlichen Iterationsschritte gilt das unter Abschn. 15.4.6 Gesagte. Das Gleiche gilt für den Ansatz der Ankerkräfte. Des Weiteren wird auf die dort verwendeten Bezeichnungen verwiesen.

15.4.8 Verfahren für Bruchmechanismen mit mehreren geraden Gleitlinien

Bei Wahl der geraden Gleitlinien muss die kinematische Verträglichkeit gewährleistet sein. Beim vorher dargestellten Verfahren nach *Janbu* sowie dem nachfolgenden Blockgleitverfahren ist dieses im Sinne einer Näherung nicht exakt erfüllt. Beim Verfahren mit zusammengesetzten Bruchmechanismen – wozu als verallgemeinerte Form auch die Kinematische-Element-Methode (KEM) gehört – werden die Bewegungsmöglichkeiten der Gleitkörper korrekt berücksichtigt.

Blockgleit-Verfahren (vgl. 9.5, *DIN 4084*) Bei dem Blockgleit-Verfahren werden je nach Bodenschichtung 3 bis 5 Teilgleitkörper mit senkrechten inneren Lamellengrenzen betrachtet, s. Abb. 15.17. Die Richtung der an diesen Lamellengrenzen anzusetzenden Erddruckkräfte können – auf der sicheren Seite liegend – als horizontal angenommen werden. Es dürfen aber auch geneigte Erddruckkräfte angenommen werden, wobei die Scherfestigkeit in diesen Vertikalschnitten nicht überschritten werden darf. Hilfreich kann in diesem Zusammenhang die Konstruktion einer Stützlinie sein. Sie darf durch die Schnittpunkte der Gleitlinien mit der Geländeoberfläche und zwischen der Mitte und dem unteren Drittelspunkt der Lamellengrenzen verlaufend angenommen werden.

Die Sicherheit gegen Geländebruch ist ausreichend, wenn mit den Bemessungswerten der Einwirkungen und Widerstände für jeden Bruchmechanismus durch Hinzufügen einer in antreibender Richtung wirkenden Zusatzkraft $\Delta T_i > 0$ Gleichgewicht hergestellt werden kann. Der Nachweis ist an mehreren Bruchmechanismen zu führen. Es empfiehlt sich, ΔT_i am jeweils größten Gleitkörper des Bruchmechanismus anzubringen. Ein Beispiel zur Ermittlung der erforderlichen Ankerkraft ist in Abb. 15.17 dargestellt und wird nachfolgend kurz erläutert.

Zielfunktion ist hierbei nicht ein Ausnutzungsgrad μ der Scherfestigkeit in der Gleitfuge, sondern die notwendige Ankerkraft F_{A1}, um die Grenzzustandsgleichung mit $\mu = f = 1$ zu erfüllen.

Der Gang der Rechnung ist dann folgender:

a) Wahl eines kinematisch möglichen Bruchmechanismus; hier in Abb. 15.17 drei Körper
b) Ermittlung der Widerstandskräfte nach Größe und Richtung bzw. nur nach Richtung
c) Erfüllung des Grenzgleichgewichts am Körper 1
d) Ergänzung des Kraftecks um die Einwirkungen G_2 und G_3
e) Erfüllung des Grenzgleichgewichts am Körper 3

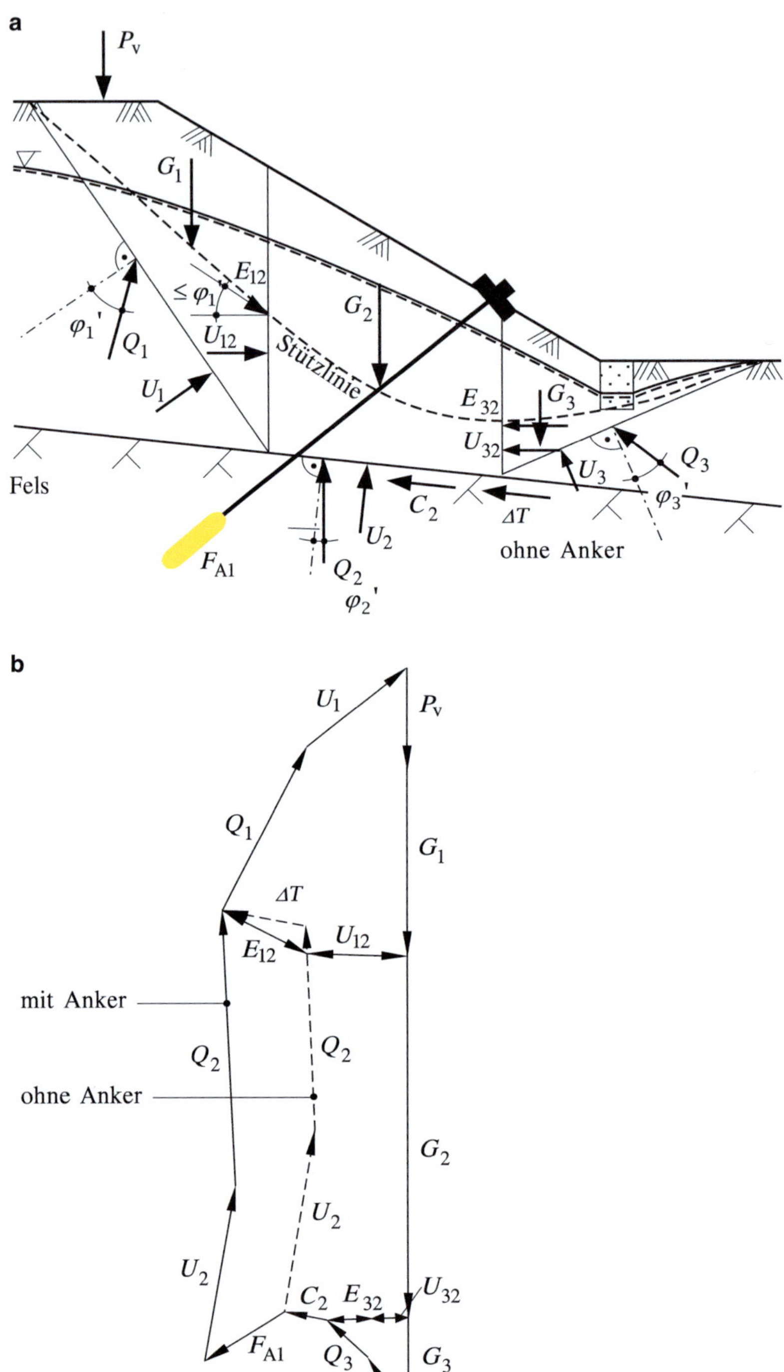

Abb. 15.17 Bestimmung der erforderlichen Ankerkraft mit Blockgleitverfahren. **a** Bruchmechanismus, Lageplan **b** Krafteck; Ergebnis: ΔT ist als zusätzliche Stützkraft nötig, daher Anker

f) Ergänzung des Kraftecks um die nach Größe und Richtung bekannten Kräfte C_2 (Kohäsionswiderstand) und U_2 (Sohlwasserdruck)
g) Eintragung der Kraftrichtung Q_2 und Feststellung des Gleichgewichtsfehlers ΔT: ist ΔT als zusätzliche Stützkraft nötig, dann ist ein Anker erforderlich, dessen Kraft sich nach Wahl seiner Wirkungsrichtung betragsmäßig aus dem Krafteck ergibt.

Wenn sich ΔT im antreibenden Richtungssinn ergibt, ist auch ohne Anker eine ausreichende Sicherheit gegen Versagen gegeben. Man könnte dann den Ausnutzungsgrad μ ermitteln. Er ist für den Vergleich mehrerer Bruchmechanismen nützlich. Er könnte auch von Interesse sein, wenn man sich einen Eindruck von der Wahrscheinlichkeit des Auftretens kriechender Hangverformungen machen will.

► **Anmerkung** Für den Nachweis ausreichender Sicherheit bzw. die Bemessung müssen Entwurfswerte mit dem Index d angesetzt werden, ist hier der Übersichtlichkeit halber weggelassen.

Dammfußgleiten Ein Sonderfall für das Blockgleitverfahren ist der Nachweis gegen „Dammfußgleiten". Dabei ist für den Dammfuß ein Zwei-Gleitkörpermodell maßgebend. Bei waagerechter Dammaufstandsfläche ergibt sich als fiktive Sicherheit gegen Gleiten:

$$f = \frac{\tan \varphi_{\mathrm{d}}}{\tan \delta_{\mathrm{Rd}}} = \frac{\tan \varphi_{\mathrm{d}} \text{ (Untergrund)}}{K_{\mathrm{agh}} \cdot \tan \beta \text{ (Dammfuß)}} \tag{15.27}$$

δ_{R} ... Neigungswinkel der Resultierenden aus Erddruck E_{ah} und Gewicht des Böschungsfußes G
K_{agh} ... Erddruckbeiwert $= f(\varphi_{\mathrm{d,Damm}}, \delta_{\mathrm{a}} = 0, \beta)$, s. Abschn. 16.8
β ... Böschungsneigung
$\mu = 1/f$ ... Ausnutzungsgrad

Zusammengesetzte Bruchmechanismen mit geraden Gleitlinien (vgl. 9.6, *DIN 4084*) Ein zusammengesetzter Bruchmechanismus mit geraden Gleitlinien besteht aus mehreren in sich starren Gleitkörpern. Jeder dieser Gleitkörper gleitet mit je einer äußeren Gleitlinie auf dem unbewegten Untergrund und mit einer bzw. zwei inneren Gleitlinien relativ zu den angrenzenden Gleitkörpern. Durch den Schnittpunkt von zwei äußeren Gleitlinien geht eine innere Gleitlinie, s. Abb. 15.18.

Bruchmechanismen und Gleitlinienrichtungen, bei denen sich zwischen den Gleitkörpern senkrecht zu den Gleitlinien rechnerisch Zugkräfte oder unendlich große Druckkräfte im Boden ergeben, sind auszuschließen. Dazu müssen die Winkel $\Delta\vartheta_j$ zwischen den äußeren und inneren Gleitlinien die Ungleichung erfüllen:

$$\Delta\vartheta_j > \operatorname{arc}\frac{\tan \varphi_{j\mathrm{d}}}{f} + \operatorname{arc}\frac{\tan \varphi_{ji\mathrm{d}}}{f} \quad \text{mit} \quad j = i + 1. \tag{15.28}$$

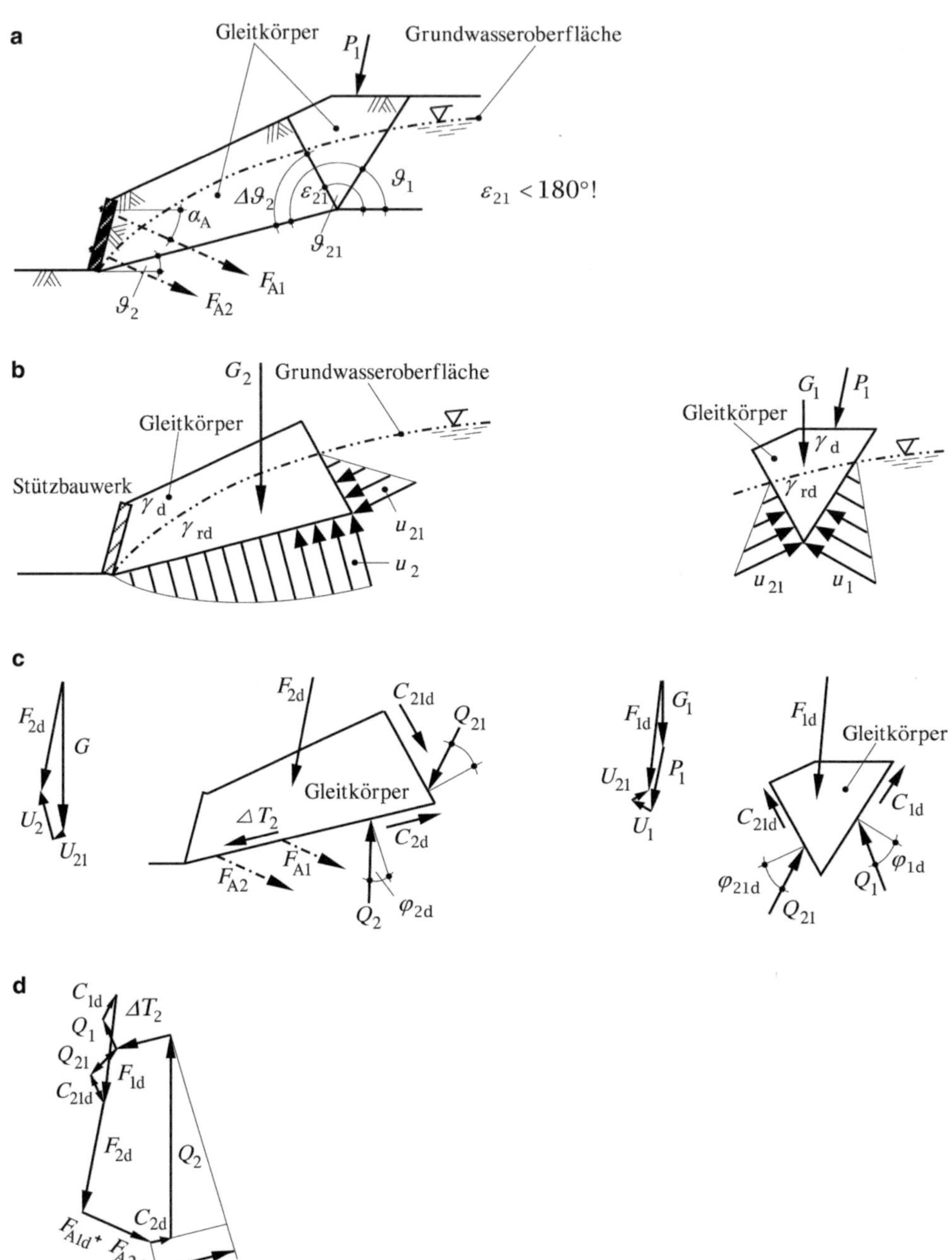

Abb. 15.18 Zusammengesetzter Bruchmechanismus mit zwei Gleitkörpern (*DIN 4084*). **a** Bruchmechanismus, **b** Ansatz der einwirkenden Größen an den Gleitkörpern: Eigenlast der Gleitkörper, Porenwasserdruck, Nutzlasten, **c** Resultierende der Lasten und Kräfte nach **b**, widerstehende Kräfte, Kräfte aus geschnittenen Zuggliedern und Zugkraft ΔT_2 an den Gleitkörpern, **d** Krafteck für das Gesamtsystem, es ergibt sich eine treibende Zugkraft $\Delta T_2 > 0$: ausreichende Sicherheit (Index d teilweise weggelassen)

▶ **Anmerkung** Bei Bruchmechanismen in kohäsiven Böden reicht Gl. (15.28) nicht aus, um Zugkräfte auszuschließen. In solchen Fällen sind für den Zustand des rechnerischen Grenzgleichgewichts die Normalkräfte in allen Gleitlinien zu berechnen, und es ist zu prüfen, ob sich trotz Einhaltung der Gl. (15.28) in einem Teil der inneren Gleitlinien rechnerische Zugkräfte ergeben. Ist dies der Fall, so sind Bruchmechanismen zu untersuchen, deren Gleitlinien nicht in der betreffenden kohäsiven Schicht verlaufen.

Nachweis der Sicherheit Die Sicherheit gegen Geländebruch ist ausreichend, wenn mit den Bemessungswerten der Einwirkungen und Widerstände für jeden Bruchmechanismus durch Hinzufügen einer in antreibender Richtung wirkenden Zusatzkraft $\Delta T_i \geq 0$ Gleichgewicht hergestellt werden kann. Der Nachweis ist an mehreren Bruchmechanismen zu führen.

Berechnung des Ausnutzungsgrades μ Um unterschiedliche Bruchmechanismen zu vergleichen, wird der Ausnutzungsgrad $\mu = 1/f$ der Bemessungswiderstände berechnet. Diese Berechnung wird außer bei rein kohäsiven Böden iterativ durchgeführt. Dazu wird ein Wert μ geschätzt, mit dem alle Bemessungswiderstände multipliziert werden. Nun wird geprüft, ob sich mit diesen abgeminderten Widerständen rechnerisch Grenzgleichgewicht zwischen allen auf die Gleitkörper einwirkenden Kräften, den widerstehenden Kräften und den Normalkräften in den Gleitlinien ergibt.

Um rechnerisches Gleichgewicht zu erhalten, wird eine Zusatzkraft ΔT_i am größten Gleitkörper parallel zu dessen äußerer Gleitlinie angenommen und berücksichtigt. Ergibt sich aufgrund der Gleichgewichtsberechnungen $\Delta T_i = 0$, so gilt rechnerisch Grenzgleichgewicht, und der angenommene Wert μ ist der Ausnutzungsgrad des Bemessungswiderstandes für den untersuchten Bruchmechanismus. Die Iteration darf abgebrochen werden, wenn:

$$\left|\frac{\Delta T_i}{T_{i\mathrm{d}}}\right| \leq 0{,}03.$$

$T_{i\mathrm{d}}$ ist der rechnerische Gesamtwiderstand in der äußeren Gleitlinie des Gleitkörpers i, der sich für $\mu = 1$ ergibt.

▶ **Anmerkung** Ergibt sich ΔT_i als treibende Kraft ($\Delta T_i > 0$), so ist μ beim nächsten Schritt zu vermindern, ergibt sich dagegen ΔT_i als haltende Kraft ($\Delta T_i < 0$), so ist μ zu erhöhen.

Berücksichtigung von Schichtgrenzen Verläuft bei einem Bruchmechanismus mit zusammengesetzten Bruchmechanismen eine Gleitlinie in zwei oder mehr Schichten mit verschiedenen Reibungswinkeln, so sind zur Ermittlung der Scherkräfte in den einzelnen Schichten Lamellenschnitte an den Schichtgrenzen einzuführen. Die Neigungswinkel δ der Erddrücke aus Reibung sind so zu wählen, dass die Zusatzkraft ΔT_i in antreibender

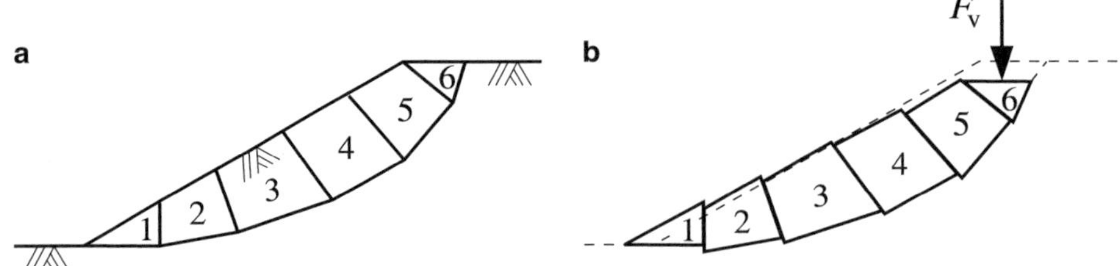

Abb. 15.19 Geometrie des Bruchkörpers bei KEM. **a** Unverschoben, **b** Verschiebung durch Kraft F_v ausgelöst

Richtung möglichst groß wird. Er darf im Bereich $\frac{\beta_m}{2} \leq \beta \leq \varphi_{md}$ angenommen werden; dabei ist β_m der mittlere Böschungswinkel der beiden an den Lamellenschnitt angrenzenden Gleitkörperabschnitte bis zum Ausbiss einer Gleitlinie oder eines Lamellenabschnitts, φ_{md} ist der gewogene Mittelwert der Bemessungswerte der Reibungswinkel längs des Lamellenschnitts.

Methode der kinematischen Elemente (KEM) Eine Verallgemeinerung der zuvor beschriebenen Methode stellt das von Gußmann (1992) entwickelte Verfahren zur Berechnung von Bruchzuständen in Böden und Fels dar. Es basiert auf Matrizenformulierungen und wird als Kinematische-Elemente-Methode (KEM) bezeichnet. Das Verfahren eignet sich im Besonderen für den Nachweis des Grenzzustandes von Böschungen und Geländesprüngen, aber auch für die Berechnung von Erddruck- und Grundbruchproblemen, s. auch Gußmann (1999), Gußmann et al. (2001) sowie Ruhr-Universität Bochum RUB (2020).

Das Kontinuum wird dabei durch endliche, aber kinematisch verschiebliche, starre Bruchkörper diskretisiert: die Elemente, s. Abb. 15.19. Die Unterteilung kann in Abhängigkeit des Problems, grob oder fein durchgeführt werden. In den Begrenzungen der Elemente gegeneinander bzw. nach außen soll die *Coulombsche* Bruchbedingung wie in den vorangegangenen Abschnitten, siehe z. B. Abschn. 15.4.6, gelten.

Als Elementformen werden ausschließlich durch Geraden (bei 3D-Grenzzuständen: Ebenen) begrenzte Elemente betrachtet. Auf die Elemente wirken eingeprägte Kräfte (z. B. Eigengewicht), äußere Kräfte und der Wasserdruck.

Die Berechnung folgt dem Ablaufschema:

a) Entwicklung bzw. Wahl eines geeigneten, relativ einfachen Bruchmechanismus
b) Beschreibung der Geometrie einschließlich geometrischer und bodenmechanischer Zuordnung
c) Ermittlung der Kinematik für vorzugebende Randverschiebungen
d) Ermittlung der Kräfte in Abhängigkeit der Relativverschiebungen aus c)

e) Definition und Ermittlung einer geeigneten Zielfunktion
f) Optimierung der Ausgangsgeometrie im Hinblick auf die Zielfunktion unter Beachtung von einschränkenden Nebenbedingungen (z. B. dürfen keine Zugkräfte auftreten)
g) Verfeinerung des Bruchmechanismus und Wiederholung der Schritte b) bis f)

Als Zielfunktion wird die Arbeit der äußeren Kräfte mit den vorzugebenden Randverschiebungen des verschieblichen Randes definiert. Daraus kann für das Böschungsbruchproblem die Sicherheit bzw. der Ausnutzungsgrad μ als Zielfunktion gewählt werden. Der maßgebende Wert ergibt sich durch Variation der Geometrie und der Bruchmechanismen. Die Variation kann durch Optimierungsprogramme unterstützt werden.

Da die KEM zu den kinematischen Verfahren gehört, ist eine ausreichende Variation der Bruchgeometrie von elementarer Bedeutung. Dies setzt bei praxisgerechter Anwendung ein Rechenprogramm voraus, bei dem der Anwender interaktiv eingebunden (sog. adaptives Vorgehen) ist.

15.4.9 Variation der Bruchgeometrie

Wie schon mehrfach vorher betont, müssen bei den kinematischen Verfahren Variationen der Bruchgeometrie durchgeführt werden, um ein sicheres Rechenergebnis zu erhalten. Die für die kreisförmigen Gleitflächen aufgezeigten Standsicherheitsberechnungen müssen für verschiedene Mittelpunktskoordinaten mit jeweiliger Variation des Radius vorgenommen werden, wobei die Variation zweckmäßigerweise auf der Basis eines regelmäßigen Rasters erfolgt. (Berechnung meist mit Rechenprogramm).

Man erhält eine Ergebniskarte mit Werten, in der sich Linien gleicher fiktiver Sicherheit f (Isoasphalien) bzw. Linien gleicher Ausnutzungsgrade μ einzeichnen lassen. Bei Böschungen in homogenem Boden haben die Isophalien die Form einer schmalen Ellipse, s. Abb. 15.20. Danach ist es zweckmäßig, den Mittelpunkt der Kreise zuerst parallel zur Böschung zu variieren und dann erst in der Richtung der Böschungsnormalen.

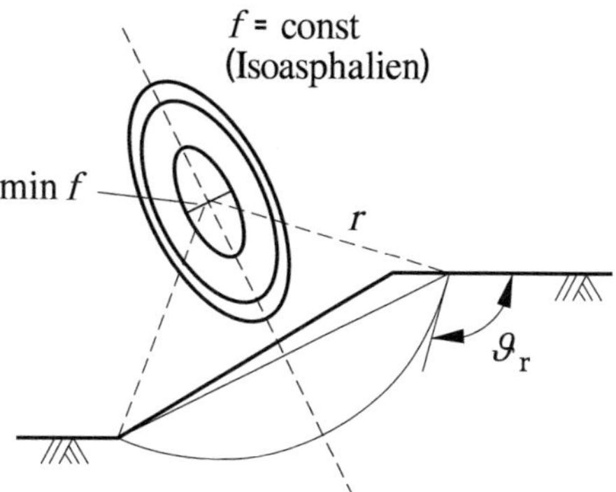

Abb. 15.20 Linien gleicher Sicherheit (Isoasphalien)

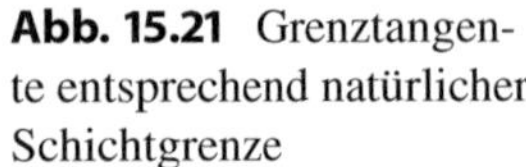
Abb. 15.21 Grenztangente entsprechend natürlicher Schichtgrenze

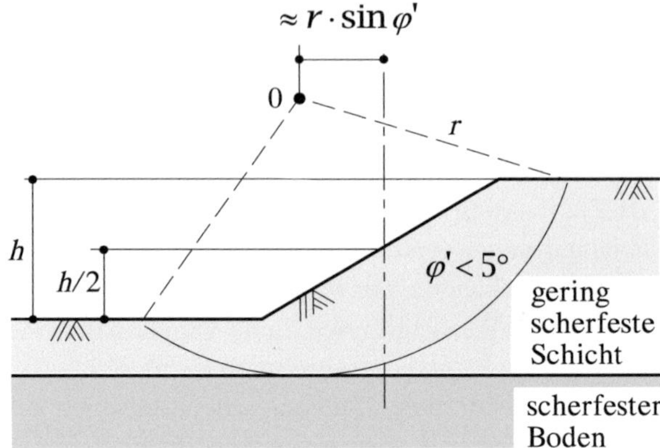

Eine Begrenzung der Variation ergibt sich aus folgenden Regeln:

a) Der ungünstigste Bruchkreis geht durch den Böschungsfuß, solange $\varphi_\mathrm{k}' \geq 5°$ ist, Taylor (1948).
b) Bei Geländesprüngen, bei denen unterhalb des Böschungsfußes $\varphi_\mathrm{k}' < 5°$ oder $\varphi_\mathrm{u} = 0$, $c_\mathrm{uk} \neq 0$ ist, sind tiefliegende Gleitkreise (Austrittspunkte vor dem Böschungsfußpunkt) zu untersuchen.
c) Überkippende Böschungskanten brauchen nicht untersucht zu werden: $\vartheta_\mathrm{r} \leq 90°$, s. Abb. 15.20.
d) Wenn eine weiche über einer festen Schicht liegt, bildet die Schichtgrenze eine natürliche Grenztangente für die in Frage kommenden Bruchkreise, Abb. 15.21. Im Bild ist eine geometrische Näherungskonstruktion für die Lage des ungünstigsten Bruchkreises bei sehr weichen Deckschichten mit eingetragen.
e) An der unteren Austrittstelle darf die Gleitlinie nicht steiler sein als die sich aus der Geländeneigung für $\delta_\mathrm{p} = 0$ ergebenden Erdwiderstandsgleitfuge, s. Abschn. 16.4. Für horizontales Gelände gilt:

$$\vartheta_\mathrm{p} = 45° - \frac{\varphi}{2}. \qquad (15.29)$$

Darüber hinaus gibt es aber kaum Regeln, die es gestatteten, die Variation der Bruchkinematik einzuschränken oder gar darauf zu verzichten. Es kann hingegen sogar vorkommen, dass ein relatives Minimum irrtümlich für das absolute Minimum gehalten wird, insbesondere bei Geländebruch-Nachweisen.

Für gerade Gleitlinien sind zum Aufsuchen des ungünstigsten Bruchmechanismus im Allgemeinen die äußeren (und inneren) Gleitlinien zu variieren, soweit sie nicht durch geologische Verhältnisse vorgegeben bzw. aus Messungen bekannt sind. In der Regel genügt die Untersuchung von Bruchmechanismen mit höchstens vier Gleitkörpern, wobei der Winkel ε_{ij} zwischen zwei sich schneidenden äußeren Gleitlinien kleiner als 180° sein sollte, s. Abb. 15.18a.

15.5 Wasserdrücke und äußere Kräfte

Äußere Kräfte können einwirkend (z. B. Wasserdrücke) oder widerstehend (z. B. Steifen) wirken.

15.5.1 Wasserdrücke

Die Sicherheit einer Böschung bzw. eines Geländesprungs wird im Allgemeinen durch die Wirkung eines Wasserüberdrucks herabgesetzt. Auch der Auftrieb bei ausgeglichenem (Grund-)Wasserstand kann sich auf die Standsicherheit auswirken.

Abb. 15.22 zeigt vergleichshalber den Fall mit ausgeglichenem Wasserspiegel innerhalb und außerhalb der Böschung: kein Überdruck. Die Berechnung des Eigengewichts erfolgt mit γ_d oberhalb und γ_d' unterhalb des Wasserspiegels.

► **Anmerkung** Bei homogenen, nichtbindigen Böden ($c = 0$) ist die Sicherheit bei voll eingetauchter und vollständig wasserfreier Böschung gleich groß; dazwischen hat sie einen Kleinstwert.

Wenn das Außenwasser niedriger steht als das Grundwasser, Abb. 15.23, strömt das Wasser seinem Gefälle nach ab und belastet das Korngerüst des Böschungsbodens mit einem Strömungsdruck. Die auftretenden Kräfte aus dem Wasserdruck werden korrekt mit dem auf die Gleitflächen wirkenden Porenwasserdruck $u = \gamma_\mathrm{w} \cdot h$ erfasst. In vielen Fällen wird hierzu ein Netz von Strom- und Potenziallinien herangezogen, s. Abb. 15.23 und Abschn. 22.3. Näherungsweise kann der Porenwasserdruck auch aus der Ortshöhe h_S der freien Spiegellinie über der Gleitlinie ermittelt werden (Annahme einer waagerechten Strömung). Beim Lamellenverfahren ist dann je Lamelle die Porenwasserdruckkraft $U_i = u_i \cdot l_i$ bzw. $u_i \cdot b_i$, s. Gleichungen (15.18) und (15.22) bzw. (15.23) und (15.24) sowie (15.26), zu berücksichtigen. Das Bodeneigengewicht unter dem Grundwasserspiegel wird mit der Sättigungswichte γ_rd berechnet.

Eine einfache, aber im Allgemeinen auf der sicheren Seite liegende Abschätzung besteht darin, den hydrostatischen Wasserüberdruck $\gamma_\mathrm{w} \cdot \Delta h_\mathrm{w}$ als äußere, resultierende Horizontalkraft W anzusetzen, s. Abb. 15.24. Das daraus resultierende antreibende Moment M

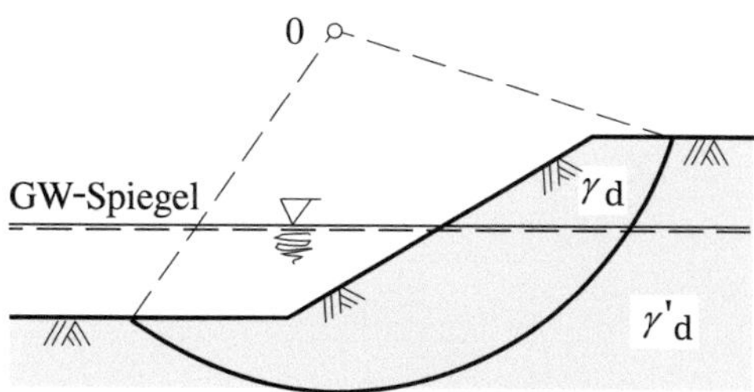

Abb. 15.22 Wasserspiegel, innen und außen gleich (Sonderfall zu Abb. 15.24)

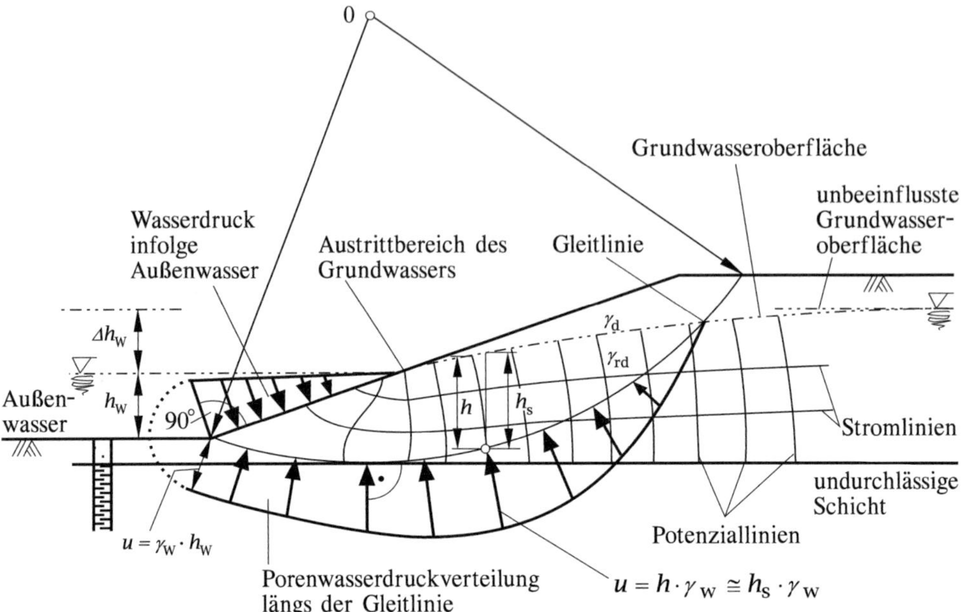

Abb. 15.23 Böschung mit Gleitkreis, Strömungsnetz, Wasserdruck und Porenwasserdruck

wird dann in Gl. (15.21) berücksichtigt:

$$M = W \cdot a = M_{sd}. \tag{15.30}$$

Das Bodengewicht ist hierbei, wie im Falle von Abb. 15.22, mit γ_d oberhalb und γ'_d unterhalb des Grundwasserspiegels zu ermitteln. Bei diesem Ansatz bleibt der Term $u_i b_i$ in Gl. (15.22) bzw. (15.24) unberücksichtigt. Wegen des Zusammenhangs der Wichten unter Grundwasser s. auch Gl. (3.14).

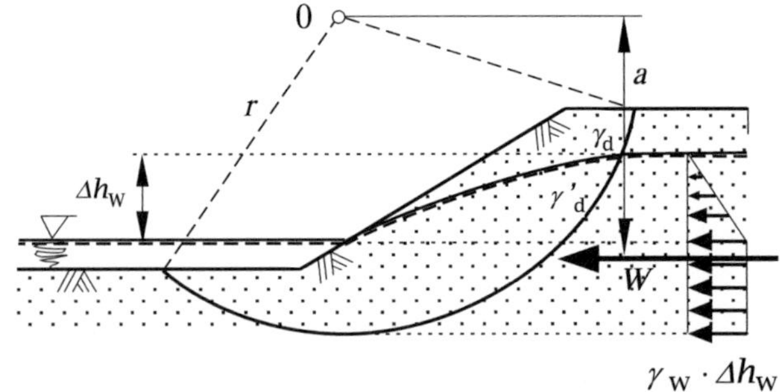

Abb. 15.24 Wasserüberdruck, einfacher Ansatz

15.5.2 Äußere Kräfte

Äußere Kräfte, die aus Ankern, Steifen, Dübeln oder Pfählen resultieren, können in der Regel als widerstehende Größen, z. B. in Gln. (15.24) und (15.26), angesetzt werden, s. Abb. 15.25, wenn sie ihr Widerlager voll oder teilweise außerhalb des Bruchkörpers haben oder wenn konstruktive Elemente fiktiv geschnitten werden. Die Bemessungswerte der Kräfte F_{Ad} sind nach *DIN 4084* bei Steifen an deren Angriffspunkt, ansonsten am Schnittpunkt mit der Gleitlinie anzusetzen. Grundsätzlich ist zu beachten, dass der Bemessungswert des Bauteilwiderstands oder des Eindring-/Herausziehwiderstands im Boden maßgebend sein kann: der ungünstigste Wert ist anzusetzen.

Die in Abb. 15.26 gezeigten Kräfte müssen als „innere Schnittkräfte" definiert werden und als Widerstände unberücksichtigt bleiben.

Anker und andere Zugglieder Für Zugglieder gelten, wie unter Abschn. 15.4.6 im Zusammenhang mit Gl. (15.24) schon erwähnt, besondere Regeln. Ein Zugglied wirkt grundsätzlich günstig, wenn es beim Erreichen des Grenzzustandes gedehnt wird. Auf Grund rein kinematischer Überlegungen ist dies der Fall, wenn der Winkel ψ_A zwischen der Achse des Zuggliedes und der Gleitlinie $\leq 90°$ ist, s. Abb. 15.28. Bei geringfügig unter diesem Grenzwert liegenden ψ_A ist allerdings mit größeren Verformungen zu rechnen. Wegen des möglichen kontraktanten Verhaltens des Bodens (Kontraktanz = negative Di-

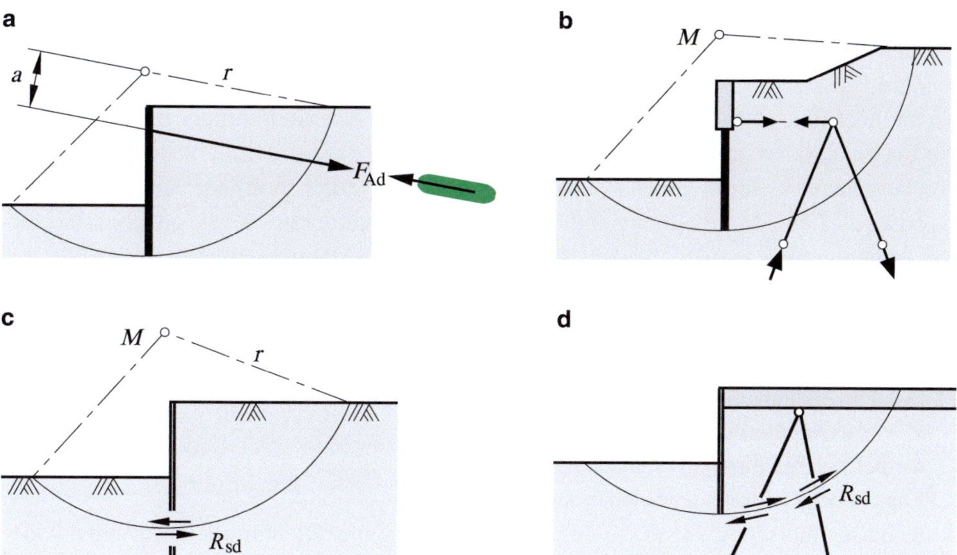

Abb. 15.25 Äußere Kräfte. **a** Verankerung außerhalb des Bruchkörpers, **b** Verankerung außerhalb des Bruchkreises mit Pfahlblock, **c** Dübelwirkung einer Stützwand, **d** Dübelwirkung eines Pfahlrostes

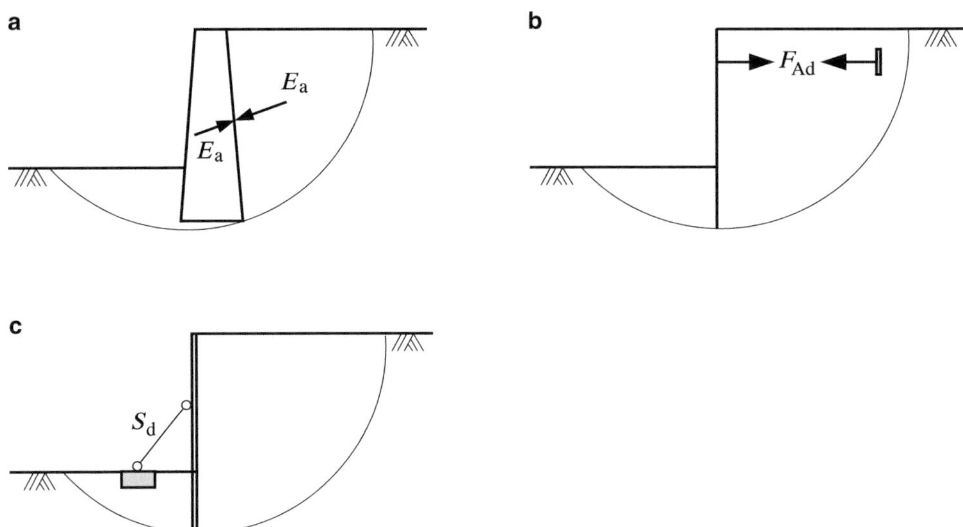

Abb. 15.26 Innere Schnittkräfte, nicht ansetzbar. **a** Erddruck, **b** Verankerung im Bruchkörper, **c** Stützung im Bruchkörper

latanz = Volumenverringerung bei Scherbeanspruchung, s. a. Abschn. 4.4.8 und 11.1.2) trifft dies umso mehr zu, je lockerer die Lagerung nichtbindiger bzw. je weicher die Konsistenz bindiger Böden ist. In Verbindung mit möglicherweise geringen Herausziehwiderständen sind dann gesonderte Betrachtungen bei Planung und Ausführung erforderlich.

Zum Einsatz von Ankern und anderen Zuggliedern s. auch Kap. 18. Bei Zuggliedern dürfen höchstens die Bemessungswerte der außerhalb des Gleitkörpers im nichtbewegten Boden aktivierbaren Kräfte angesetzt werden, sofern diese Kräfte nicht dauernd oder vorübergehend verloren gehen können, s. Abb. 15.27. Zur Ermittlung der aktivierbaren Zugkraft darf die Mantelreibung entlang der Krafteintragungsstrecke als gleichmäßig verteilt angenommen werden. Soweit keine gesicherten Erfahrungen über die Größe der mittleren Mantelreibung vorliegen, s. dazu Kap. 18, ist sie durch Versuche zu ermitteln.

Folgende Regeln sind nach *DIN 4084* zu beachten:

a) Für den Ansatzwert der Bemessungswerte der Kräfte von Zuggliedern ist zwischen
   - vorgespannten und
   - nicht vorgespannten (schlaffen)

   Zuggliedern zu unterscheiden.

   Es ist zu unterscheiden, ob ein Zugglied aufgrund seiner Richtung selbstspannend oder nicht selbstspannend ist.

   Ein Zugglied gilt als selbstspannend, wenn der Winkel ψ_A, s. Abb. 15.28, maximal 90° beträgt.

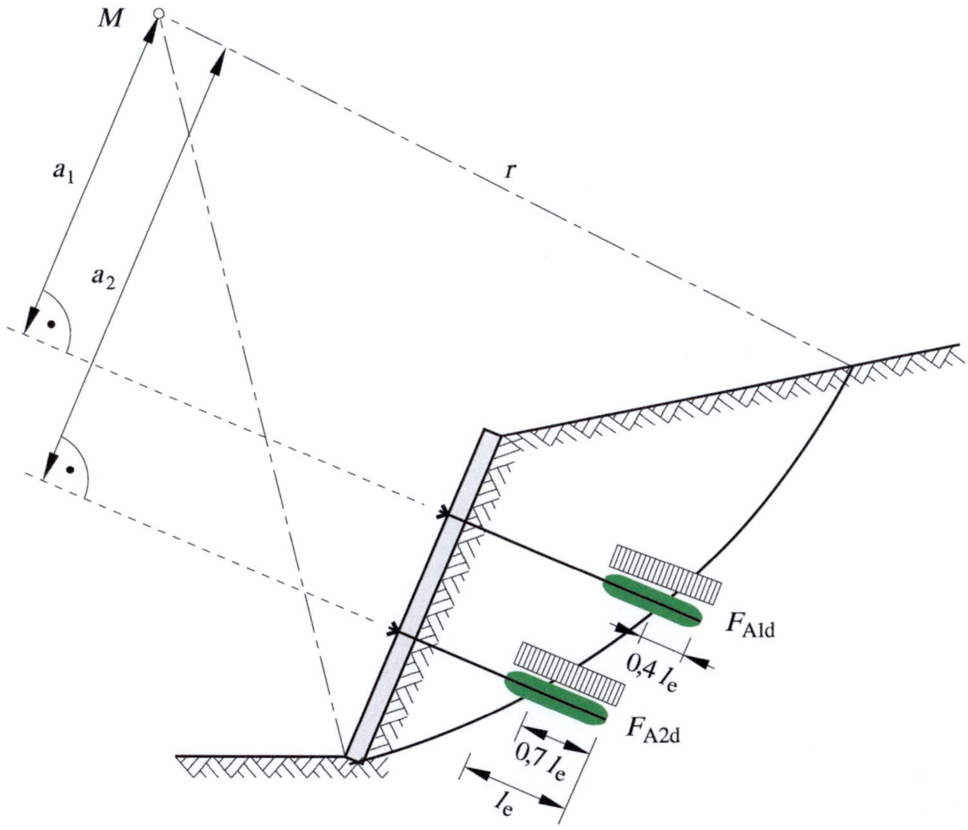

Abb. 15.27 Ansatz der Ankerkraft aus der Restlänge der Krafteinleitungsstrecke im nichtbewegten Boden

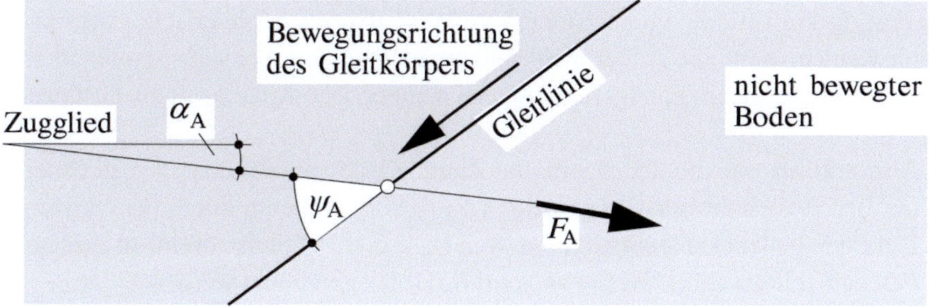

Abb. 15.28 Bedingungen für den Ansatz eines günstig wirkenden, selbstspannenden Zuggliedes: $\psi_A \leq 90°$. Anmerkung: ψ_A ist der Winkel zwischen Gleitrichtung und Richtung des Zugglieds; α_A ist der Neigungswinkel des Zugglieds gegen die Horizontale

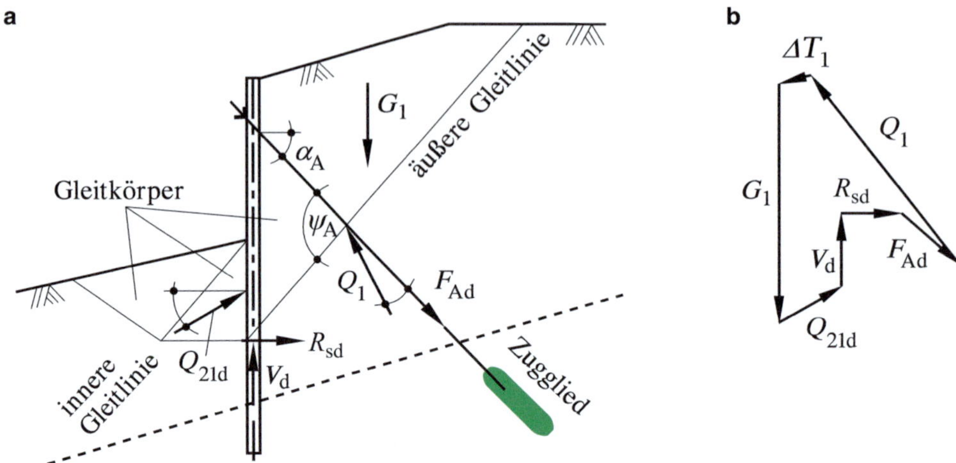

Abb. 15.29 Beispiel für den Ansatz einer Zugkraft bei einem ungünstig wirkenden Zugglied. **a** Stützkonstruktion, **b** Krafteck

► **Anmerkung** Vorgespannte Zugglieder sind z. B. vorgespannte Verpressanker. Nicht vorgespannte Zugglieder sind z. B. Zugpfähle, Verpresspfähle, Bodennägel, Stahlbänder, Geokunststoffe und Ähnliches.

b) Nicht selbstspannende Zugglieder, die nicht vorgespannt sind, haben rechnerisch keine Wirkung.
c) Bei selbstspannenden Zuggliedern darf der Bemessungswert aus dem Herausziehwiderstand und dem Bauteilwiderstand des Stahlzuggliedes ermittelt werden. Der kleinere Wert ist maßgebend.
d) Bei Böschungen und Geländesprüngen, bei denen sich die Ankerkraft aus den Berechnungen zur Erfüllung des Grenzzustands ergibt, s. Abschn. 15.4.6 bis 15.4.8, muss als Festlegekraft für die vorgespannten Verpressanker die rechnerische Ankerkraft gewählt werden, wenn die Anker nicht selbstspannend sind; bei selbstspannenden (ssp), vorgespannten Ankern genügt die 0,8fache rechnerische Ankerkraft als Festlegekraft.

► **Anmerkung** In Abb. 15.29 wird das Zugglied, obwohl für den eingezeichneten Bruchmechanismus „ungünstig" ($\psi_A > 90°$) wirkend, durch den aktiven Erddruck gedehnt, indem sich die Wand um den Fußpunkt dreht. In diesem Fall darf mit der Zugkraft aus aktivem Erddruck gerechnet werden.

Bei ungünstig wirkenden Zuggliedern muss aufgrund der Randbedingungen und möglichen Bewegungen geprüft werden, ob ein Zugglied durch aktiven Erddruck oder ggf. durch Wasserdruck gedehnt und somit gespannt sein kann oder nicht, s. Abb. 15.29. Im Zweifelsfalle muss mit und ohne Zugkraft gerechnet werden, wobei der ungünstigere Fall maßgebend ist. Wenn sich die Zugkraft aus Erd- oder Wasserdruckkräften ergibt, ist ihr Bemessungswert mit den charakteristischen Werten der Scherparameter zu ermitteln. Es sei hier noch einmal auf Tab. 15.1 nach Ziegler (2012) verwiesen, die zusammenfassend und allgemein einen Überblick über die Fallunterscheidung und die anzusetzenden Zugkräfte für Zugglieder gibt.

15.6 Grenzzustand der Gebrauchstauglichkeit

Die allgemeine Forderung nach Gebrauchstauglichkeit, die im Wesentlichen eine Begrenzung der Verformungen beinhaltet, muss auch bei Böschungen und Geländesprüngen erfüllt sein. Ein einfaches, praxisgerechtes Rechenmodell (wie etwa das für die Berechnung der Setzungen von Fundamenten – vgl. Kap. 10) steht für eine Prognose der Verformungen jedoch nicht zur Verfügung. Hierzu in Frage kommen heute grundsätzlich numerische Verfahren, wobei der richtigen Wahl des Stoffgesetzes und der -parameter gerade bei dieser Fragestellung besondere Bedeutung zukommt.

In *DIN EN 1997-1 (EC7-1)* wird sogar darauf hingewiesen, dass die derzeitig verfügbaren analytischen und numerischen Verfahren gewöhnlich keine zuverlässigen Verformungsvoraussagen ermöglichen. Die Einhaltung der Gebrauchstauglichkeit soll demnach durch eine Begrenzung der mobilisierten Scherfestigkeit oder durch Anwendung der Beobachtungsmethode sichergestellt werden.

Nach *DIN 1054* kann bei mindestens mitteldicht gelagerten nichtbindigen und mindestens steifen bindigen Böden bei Einhaltung der Teilsicherheitsbeiwerte für die Bemessungssituation BS-P im Grenzzustand GEO-3 davon ausgegangen werden, dass die Kriterien der Gebrauchstauglichkeit erfüllt sind. Für Geländesprünge neben Bauwerken sollen Bodenwiderstände abgemindert bzw. die Beobachtungsmethode angewandt werden.

In *DIN 4084* finden sich ergänzende Hinweise. Danach gilt das zuvor für GEO-3 und BS-P Ausgesagte auch für temporäre und für BS-T bemessene Stützkonstruktionen.

Des Weiteren ist demnach bei Böschungen in weichen bindigen Böden in der Regel der Grenzzustand der Gebrauchstauglichkeit maßgebend. Zur Einhaltung des Grenzzustands der Gebrauchstauglichkeit ist bei Böden, die im undränierten Triaxialversuch mehr als 20 % Scherdehnung aufweisen, der Ausnutzungsgrad von $\mu = 0{,}67$ zugrunde zu legen. Bei Böden mit Scherdehnungen zwischen 10 und 20 % darf zwischen $\mu = 1{,}0$ und $\mu = 0{,}67$ linear interpoliert werden.

Des Weiteren sei auf den bereits in Abschn. 15.5.2 für selbstspannende Zugglieder dargelegten Zusammenhang hinsichtlich der Verformungen hingewiesen.

Bei nicht vorgespannten Zuggliedern, insbesondere bei Bewehrungslagen aus Geokunststoffen, muss, soweit nicht nachweisbare Erfahrungen vorliegen, geprüft werden, ob die zulässigen Verformungen des Geländesprungs ausreichen, um die notwendigen Kräfte der Zugglieder zu mobilisieren. Außerdem muss auf die Verträglichkeit der Verformungen des Bodens und des Geokunststoffes geachtet werden, s. Abschn. 17.3.1.

15.7 Vorgaben und Empfehlungen für Böschungsneigungen

Beim Entwurf von Böschungen ist es sinnvoll, zwischen temporären und permanenten Baumaßnahmen zu unterscheiden.

Im ersten Fall ist *DIN 4124* von Bedeutung, s. a. Abschn. 14.1. Diese Norm regelt die Ausführung u. a. von geböschten Baugruben und Gräben. Für einfache Fälle enthält sie Bemessungsregeln, bei deren Beachtung rechnerische Standsicherheitsnachweise entfallen können.

So dürfen Baugruben und Gräben bis 1,25 m ohne Sicherung senkrecht geböscht werden, wenn die anschließende Geländeoberfläche

- bei nichtbindigen und weichen bindigen Böden nicht stärker als 1 : 10,
- bei mindestens steifen bindigen Böden nicht stärker als 1 : 2 geneigt ist

Baugruben und Gräben bis 1,75 m Tiefe dürfen bis 1,25 m über Sohle ebenfalls senkrecht ausgehoben werden, wenn der Bereich darüber unter dem Winkel $\beta \leq 45°$ geböscht wird (abgeböschte Kanten) und mindestens steifer bindiger Boden oder Fels ansteht und die Geländeoberfläche nicht steiler als 1 : 10 ansteigt.

Nicht verbaute Baugruben und Gräben mit einer Tiefe von mehr als 1,25 m bzw. 1,75 m müssen mit abgeböschten Wänden hergestellt werden.

Die Böschungsneigung richtet sich unabhängig von der Lösbarkeit des Bodens nach dessen bodenmechanischen Eigenschaften unter Berücksichtigung der Zeit, während der die Baugrube bzw. der Graben offen zu halten sind und nach den äußeren Einflüssen, die auf die Böschung wirken.

Ohne rechnerischen Nachweis der Standsicherheit dürfen folgende Böschungswinkel nicht überschritten werden:

a) bei nichtbindigen oder weichen bindigen Böden $\beta = 45°$,
b) bei steifen oder halbfesten bindigen Böden $\beta = 60°$,
c) bei Fels $\beta = 80°$.

Für die Beurteilung der Konsistenz bindiger Böden genügen Handversuche nach *DIN EN ISO 14688-1*, siehe auch Abschn. 3.3.4.

Die Begrenzung der Belastung (Gesamtgewicht, Achslasten; Abstände) durch Fahrzeuge und Baugeräte Geräte ist ebenfalls zu beachten. Details sind der *DIN 4124* zu entnehmen.

Insgesamt gelten für die genannten Regeln nachfolgende Einschränkungen. Geringere Wandhöhen bzw. geringere Böschungsneigungen sind vorzusehen, wenn besondere Einflüsse die Standsicherheit gefährden. Solche negativen Einflüsse können z. B. sein:

a) Störungen des Bodengefüges wie Klüfte oder Verwerfungen,
b) zur Einschnittsohle hin einfallende Schichtung oder Schieferung,

c) nicht oder nur wenig verdichtete Verfüllungen oder Aufschüttungen (locker gelagert),
d) erhebliche Anteile an Seeton, Beckenschluff, organischen Bestandteilen und weicher bindiger Boden,
e) Grundwasserabsenkung durch offene Wasserhaltungen in Feinsanden und Schluffböden,
f) Zufluss von Schichtenwasser,
g) nicht entwässerter, im wassergesättigten Zustand zum Fließen neigender Boden,
h) der Verlust der Kapillarkohäsion eines nichtbindigen Bodens durch Austrocknen,
i) starke Erschütterungen, z. B. aus Verkehr, Rammarbeiten, Verdichtungsarbeiten oder Sprengungen.

Ist damit zu rechnen, dass die Standsicherheit einer nicht verbauten Wand durch Wasser, Trockenheit, Frost oder ähnliches gefährdet wird, so sind entweder die freigelegten Flächen gegen derartige Einflüsse zu sichern oder es ist die Wandhöhe bzw. die Böschungsneigung zu verringern.

Die Standsicherheit nicht verbauter Wände ist nach *DIN 4084*, s. insbesondere Abschn. 15.4, rechnerisch bzw. durch Sachverständigengutachten nachzuweisen, wenn

a) bei senkrechten Wänden die vorgenannten Bedingungen nicht erfüllt sind,
b) die Böschung mehr als 5 m hoch ist oder bei geböschten Wänden die oben angegebenen Böschungswinkel überschritten werden, wobei eine Böschungsneigung von mehr als 80° bei Böden bzw. nicht mehr als 90° bei Fels in keinem Fall zulässig ist,
c) einer der oben genannten negativen Einflüsse vorliegt und die zulässige Wandhöhe bzw. die Böschungsneigung nicht nach vorliegenden Erfahrungen zuverlässig festgelegt werden kann,
d) vorhandene Leitungen, andere bauliche Anlagen oder Verkehrsflächen gefährdet werden können,
e) das Gelände neben der Graben- bzw. Böschungskante für die jeweiligen Fälle stärker als 1 : 10 bzw. 1 : 2 ansteigt oder unmittelbar neben dem Schutzstreifen von 0,60 m eine stärker als 1 : 2 geneigte Erdaufschüttung bzw. Stapellasten von mehr als 10 kN/m^2 zu erwarten sind
f) Straßenfahrzeuge, die nach der Straßenverkehrs-Zulassungs-Ordnung allgemein zugelassenen, sowie Baumaschinen oder Baugeräte nicht die vorgenannten Abstände zwischen der Außenkante der Aufstandsfläche und der Graben- bzw. Böschungskante einhalten.

Ist die Geländeoberfläche zur Baugrube bzw. zum Graben geneigt, dann ist, zumindest im Fall der versiegelten Oberfläche, der Zulauf von Oberflächenwasser über die Baugruben- bzw. Grabenkante, z. B. durch einen Wulst aus Magerbeton oder Kaltasphalt, zu verhindern.

Bermen sind waagerechte Ebenen in Böschungen. Sie sind zum Auffangen von abrutschenden Steinen, Felsbrocken, Findlingen und Bauwerksresten und dergleichen oder zum Einrichten von Wasserhaltungsanlagen nützlich. Jedoch ist darauf zu achten, dass sich auf den Bermen kein Oberflächenwasser sammelt und konzentriert in die Böschung einsickert. Im Übrigen wird der erdstatische Vorteil gegenüber einer mit dem mittleren Böschungswinkel geneigten Ausführung ohne Berme oft überbewertet.

Böschungen müssen regelmäßig überprüft und gegebenenfalls abgeräumt werden. Dies gilt insbesondere nach längeren Arbeitsunterbrechungen, nach starken Regen- und Schneefällen, nach dem Lösen größerer Erd- oder Felsmassen, bei einsetzendem Tauwetter und nach Sprengungen.

Permanente Böschungen anzulegen kann im Zusammenhang mit Baumaßnahmen durchaus unterschiedlicher Art in Betracht kommen; Schwerpunkt bildet allerdings der Landverkehrswegebau. Für die Wahl der Böschungsgeometrie, insbesondere der Neigung, kommt neben erdstatischen Gesichtspunkten einer Reihe weiterer Kriterien wie beispielsweise Landschaftsgestaltung, Lärmschutz, Unterhalt, Massenausgleich an Bedeutung zu.

Für die Vordimensionierung von permanenten Böschungen ohne Wasserdruck und äußeren Lasten für Einschnitte und Dämme kann man von folgenden Erfahrungswerten für die Neigungen ausgehen:

- bei nichtbindigen Böden zwischen 1 : 2 (Feinsand) bis 1 : 1,5 (Kiessande)
- bei bindigen Böden (schwach toniger, sandiger Schluff) und Höhen bis 6 m zwischen 1 : 1,25 für Einschnitte und 1 : 1,5 für Dämme
- bei bindigen Böden (schwach toniger, sandiger Schluff) und Höhen bis 15 m zwischen 1 : 1,6 für Einschnitte und 1 : 2 für Dämme
- bei bindigen Böden (Ton: $I_P > 0{,}3$) und Höhen bis 6 m zwischen 1 : 1,25 für Einschnitte und 1 : 1,4 für Dämme
- bei bindigen Böden (Ton: $I_P > 0{,}3$) und Höhen bis 15 m zwischen 1 : 2 für Einschnitte und 1 : 3 für Dämme.

Ähnliche Empfehlungen sind bei Floss (2019) zu finden.

Abschließend sei darauf hingewiesen, dass über den eigentlichen Erdbau hinausgehend Maßnahmen zur Sicherung der Böschungsoberfläche sinnvoll oder gar notwendig sind. Diese sollen die Oberfläche vor Verwitterung, d. h. Entfestigung durch Aufweichen, Austrocknen und ggf. Frost sowie Erosion schützen. Bei Baugruben reichen die Maßnahmen vom Abdecken mit Kunststofffolien oder Vliesen – ggf. in Kombination mit Betonstahlmatten-Befestigung – bis hin zur Versiegelung mit Spritzbeton (unbewehrt oder mit konstruktiver Bewehrung). Bei permanenten Böschungen ist eine rasche Begrünung z. B. durch Nassansaat mit Bodenkleber oder in Verbindung mit Flechtwerken anzustreben. Wichtig ist zu beachten, dass diese Maßnahmen in aller Regel keine stützende Wirkung mit sich bringen. Zu Böschungssicherungsmethoden siehe auch Abschn. 17.6.

Literatur

Bishop, A.W.: The use of the slip circle in the stability analysis of slopes. Proc. Europ. Conf. Stability Earth Slopes, Stockholm. Bd. 1., S. 1–13 (1954)
Fellenius, W.: Erdstatische Berechnungen mit Reibung und Kohäsion (Adhäsion) und unter Annahme kreiszylindrischer Gleitflächen. Ernst & Sohn, Berlin (1927)
Floss, R.: Handbuch ZTVE-StB. Kommentar und Kompendium Erdbau I Felsbau I Landschaftsschutz für Verkehrswege. Kirschbaum, Bonn (2019)
Goldscheider, M.: Berechnung von Gleitkreisen mit dem Lamellenverfahren und die Berücksichtigung von Zuggliedern. Geotechnik **41**, 109–123 (2018)
Goldscheider, M., Hettler, A.: Zur Gleitkreisberechnung ohne Lamellen nach DIN 4084. Geotechnik **34**, 181–192 [8] (2011)
Gußmann, P.: Explizite Traglastformel sowie effiziente Standsicherheitsberechnung von Böschungen. Geotechnik **1**, 14–22 (1999)
Gußmann, P., Schad, H., Smith, I.: Numerische Verfahren, Grundbautaschenbuch, Teil 1, 6. Aufl. Ernst & Sohn, Berlin (2001)
Gußmann, P.: Die Methode der kinematischen Elemente und adaptive Optimierung. Bauingenieur **67**, 409–417 (1992)
Janbu, N.: Application of composite slip surfaces for stability analysis. Proc. Europ. Conf. Stability Earth Slopes, Stockholm., S. 43 (1954)
Krey, H.D.: Erddruck, Erdwiderstand und Tragfähigkeit des Baugrundes. Ernst & Sohn, Berlin (1926)
Ruhr-Universität Bochum RUB, Lehrstuhl für Bodenmechanik, Grundbau und Umweltgeotechnik: Handbuch zu KEM 9.1 (2020)
Skempton, A.W.: Long-term stability of clay slopes. Geotechnique **14**, 77–101 (1964)
Taylor, D.W.: Fundamentals of soil mechanics. J. Wiley & Sons, New York, London, Sidney (1948)
Ziegler, M.: Geotechnische Nachweise nach EC 7 und DIN 1054 – Einführung mit Beispielen, 3. Aufl. Ernst & Sohn, Berlin (2012)

Normen

DIN 1054: Baugrund – Sicherheitsnachweise im Erd- und Grundbau – Ergänzende Regelungen zu DIN EN 1997-1
DIN 4084: Baugrund – Geländebruchberechnungen
DIN 4084-Beiblatt Baugrund – Geländebruchberechnungen – Beiblatt 1: Berechnungsbeispiele
DIN 4124: Baugruben und Gräben – Böschungen, Verbau, Arbeitsraumbreiten
DIN EN 1997-1 (Eurocode 7): Entwurf, Berechnung und Bemessung in der Geotechnik – Teil 1: Allgemeine Regeln, in Verbindung mit dem nationalen Anhang DIN EN 1997-1/NA und DIN 1054

Erddruck

16

Zusammenfassung

Zunächst wird der Erddruck physikalisch und per Definition erklärt sowie seine Abhängigkeiten von der Scherfestigkeit des Bodens und von Wand- bzw. Bauteilbewegungen erläutert. Die Erddrucktheorien von Rankine und Coulomb werden ausführlich mit Abbildungen behandelt. Auf die Theorien anderer Autoren wie *Ohde*, *Streck*, *Caquot/Kerisel* und *Gudehus* wird ebenfalls eingegangen. Es folgen die kinematischen Methoden zur Ermittlung des Erddrucks. Umfangreich werden die Inhalte der *DIN 4085* zur Ermittlung des Erddrucks mittels Formeln, Tabellen und Graphiken zum praktischen Gebrauch dargestellt und erläutert. Des Weiteren werden besondere Aspekte, wie der teilmobilisierte Erdwiderstand, Zusatzerdrücke infolge von Verdichtung des Bodens bei Hinterfüllungen, Erddrücke infolge dynamischer Einwirkungen, Erddrücke bei sackender Hinterfüllung und Drücke auf Silowände sowie Erddrücke infolge Hangbewegungen beschrieben.

16.1 Begriffliche Definitionen und Einfluss der Scherfestigkeit

Die Erddruckkraft ist, entsprechend der in Abb. 16.1 dargestellten Situation, die zur seitlichen Stützung eines Erdkörpers erforderliche Kraft, wenn dieser steiler abgeböscht ist, als es seinem natürlichen Böschungswinkel β_0 entspricht. Sie ist also eine Aktionskraft des Bodens, die durch die aus Gleichgewichtsgründen erforderliche Reaktionskraft des Stützbauwerks definiert ist.

Wenn mit den Koordinaten x; z ein Volumenelement $(\mathrm{d}x; \mathrm{d}z; 1)$ im ebenen Verformungszustand definiert wird, ergibt sich die Erddruckspannung σ_{xx} durch Bezug der x-Komponente von E auf das Flächenelement $\mathrm{d}z \cdot 1$:

$$\sigma_{xx} = e_\mathrm{h} = \frac{\partial E_x}{\partial z} \quad \left[\mathrm{kN/m^2}\right] \tag{16.1}$$

H.-H. Schmidt, R.F. Buchmaier, C. Vogt-Breyer, *Grundlagen der Geotechnik*,
https://doi.org/10.1007/978-3-658-39834-7_16

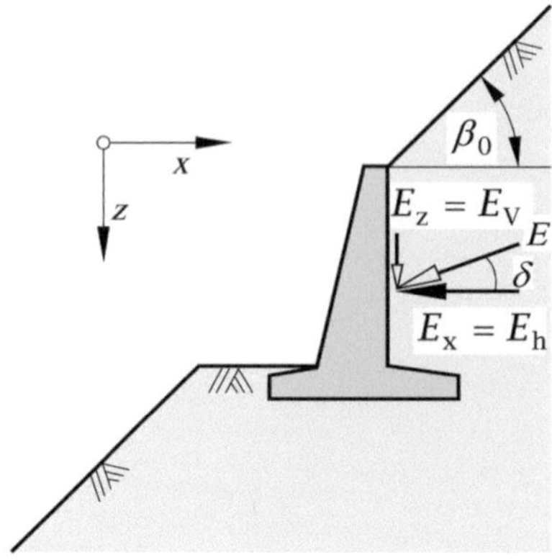

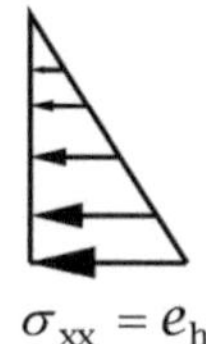

Abb. 16.1 Erddruck auf Stützmauer

► **Anmerkung** In der Baupraxis bezeichnet man häufig sowohl die Erddruckkraft E als auch die Erddruckspannung e als „Erddruck", wobei die Bedeutung aber aus dem Zusammenhang bzw. aus der Dimensionsangabe ersichtlich ist.

Im oben geschilderten Fall, bei dem die Stützmauer nachgibt, d. h. sie bewegt sich geringfügig vom Boden weg, wird die Kraft bzw. Spannung als aktiver Erddruck bezeichnet. Je nach Bewegung des Bauteils können unterschiedlich große und unterschiedlich gerichtete Erddrücke, der aktive Erddruck, der Erdruhedruck, der passive Erddruck bzw. teilmobilisierte Erddrücke auftreten. Die Größe der Erddrücke hängen im Wesentlichen ab von

- der Wichte des Boden und ggf. einer darauf einwirkenden Belastung,
- der Scherfestigkeit des Bodens,
- Rauigkeit der Wand und
- von der Art der angesprochenen Wandbewegung (Zwänge der Bewegungsmöglichkeit durch Auflager) ab.

Die Berechnung des Erddrucks ist in *DIN 4085* geregelt.

Im Sinne des aktuellen Sicherheitskonzepts können Erddrücke Einwirkungen und Widerstände sein.

Hingewiesen sei auch auf Hettler (2018).

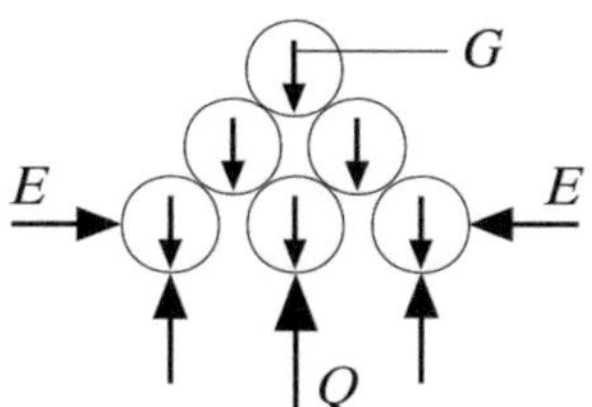

Abb. 16.2 Modell „Kugelschüttung"

Abb. 16.3 Modell „Boden“

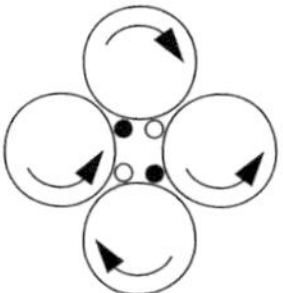

Als Gedankenmodell zur Erläuterung des Erddrucks wird auf das Modell einer Kugelschüttung zurückgegriffen, siehe Abb. 16.2., das idealisiert die Partikel eines trockenen Sandes darstellt. Grundsätzlich sind Lockergesteine Systeme von Partikeln mit relativ schwachen Kohäsionskräften (Gegensatz: Festkörper), deren innere Kräfte durch Druck- und Schubkräfte in einzelnen Kontaktpunkten übertragen werden. Im Modell „Kugelschüttung“ ist bei alleiniger Wirkung der Eigengewichtskräfte ein Gleichgewicht nur bei Ansatz von Stützkräften E möglich – falls nicht zufällig die Kugelschwerpunkte lotrecht über den Kontaktpunkten stehen.

Abb. 16.3 zeigt, wie eine bei gleich großen Kugeln an sich kinematisch mögliche Drehung durch die Kontakt-Reibung und durch die Sperrwirkung kleinerer Teilchen behindert wird. In Wirklichkeit sind daher kleinere Stützkräfte als im Gedankenmodell erforderlich: der Erddruck ist somit eine Funktion des Scherwiderstands (Scherfestigkeit), s. Abschn. 4.4.

Zudem wirkt sich die Kohäsion von Böden günstig auf die Erddruckkräfte aus.

► **Anmerkung** In den nachfolgenden Abschnitten wird die Scherfestigkeit durch die effektiven Scherparameter φ' und c' bezeichnet. Im Weiteren werden jedoch auch die allgemeinen Bezeichnungen für die Scherparameter φ und c mit Bezug auf *DIN 4085* verwendet.

16.2 Erddruck als Funktion der Wandbewegung

Ohne eine Bewegung der Wand, $s = u = 0$, bleiben die Bodenteilchen in Ruhe und es tritt der Erdruhedruck E_0 auf, s. auch Abschn. 9.1.

Bei nachgebender Stützwand lagern sich die Bodenteilchen um, wobei die innere Reibung zwischen ihnen mobilisiert wird. Dementsprechend nimmt die erforderliche Stützkraft ab, und der Erddruck sinkt, Abb. 16.4, auf einen Grenzwert E_a, den aktiven Erddruck, ab. Er deutet darauf hin, dass nun die inneren Reaktionskräfte des Haufwerks ausgeschöpft sind und bei weiterem Ausweichen der Stützung mit einem Versagen des Haufwerks durch Bruch zu rechnen ist.

Das Versagen kann auf zweierlei Weise eintreten:

a) Wenn keine kinematischen Zwangsbedingungen dem entgegenstehen, entwickelt sich im Inneren des Bodens bis zur freien Oberfläche eine dünne Bruchfuge, und ein quasi monolithischer Bruchkörper gleitet auf dem Restkörper ab (Linienbruch).

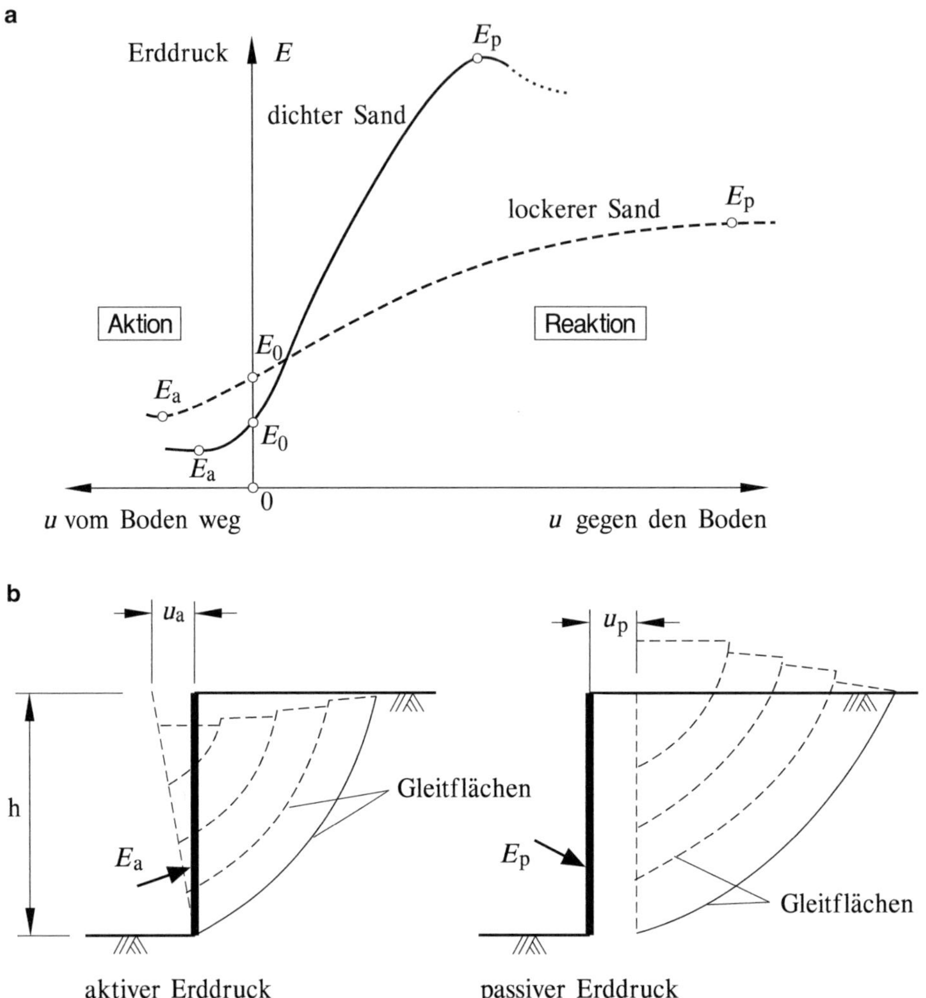

Abb. 16.4 Erddruck als Funktion der Wandbewegung. **a** Mobilisierungsfunktion, **b** Wand- und Bodenbewegungen bei aktivem und passivem Erddruck

b) Sind kinematische Zwänge vorhanden, entsteht ein in sich vollständig plastifizierter Bruchkörper (Flächen- oder Zonenbruch), s. Abb. 16.4; die darin dargestellten Gleitflächen müssen nicht gekrümmt sein.

Wird die Wand demgegenüber gegen den Boden verschoben, nimmt die erforderliche Kraft zu, bis die Reaktionskräfte des Haufwerks wiederum erschöpft sind und bei einer weiteren Verschiebung der Bruch im Haufwerk (Grenzzustand) eintritt.

Die Darstellung in Abb. 16.4 für dichten und locker gelagerten Sand soll wiederum die Abhängigkeit des Erddrucks von der Scherfestigkeit zeigen: ein dichter Sand hat eine größere Scherfestigkeit als ein locker gelagerter.

Dieser Grenzwert des Erddrucks wird als passiver Erddruck E_p bzw. als Erdwiderstand bezeichnet. Das Versagen kann wiederum in der in a) und b) beschriebenen Weise erfolgen.

Somit werden drei Extremfälle des Erddrucks unterschieden:

1. **Erdruhedruck E_0:** Erddruckkraft eines ungestörten Erdkörpers, wobei der ungestörte Zustand dadurch definiert ist, dass die Bodenteilchen nach ihrer Sedimentation im Halbraum keine Verschiebungen mehr erlitten haben. Idealisiert wird der Erdruhedruck deshalb auf nahezu unverschiebliche Bauwerke angesetzt.
2. **aktiver Erddruck E_a:** Aktionskraft bei nachgebender Stützfläche (Entspannung).
3. **passiver Erddruck (Erdwiderstand) E_p:** Reaktionskraft eines Erdkörpers bei einer von außen eingeprägten Stützkraft durch Verschiebung der Stützfläche zum Erdreich hin.

Zum Erreichen der für die Grenzzustände notwendigen Bauwerksbewegungen können für mitteldichte Sande und steife bis halbfeste bindige Böden für E_a bzw. E_p, Abb. 16.5, folgende Größenordnungen je nach Art der Wandbewegung angenommen werden:

$$\begin{aligned} E_a:\quad & u_1 = 1\,‰ & E_p:\quad & u_1 = 50 \cdot 1\,‰ = 5\,\% \\ & u_2 = 2\,‰ \text{ von } h & & u_2 = 50 \cdot 2\,‰ = 10\,\% \text{ von } h \\ & u_3 = 5\,‰ & & u_3 = 10 \cdot 5\,‰ = 5\,\%. \end{aligned} \tag{16.2}$$

Weitere Angaben für erforderliche Wandbewegungen zum Erreichen des aktiven Erddrucks bzw. des passiven Erddrucks sind, in Abhängigkeit von der Lagerungsdichte nichtbindiger Böden ebenso wie der Einfluss der Wandbewegungsart auf die Erddruckverteilung in Abschn. 16.8.4 und 17.4 zu finden.

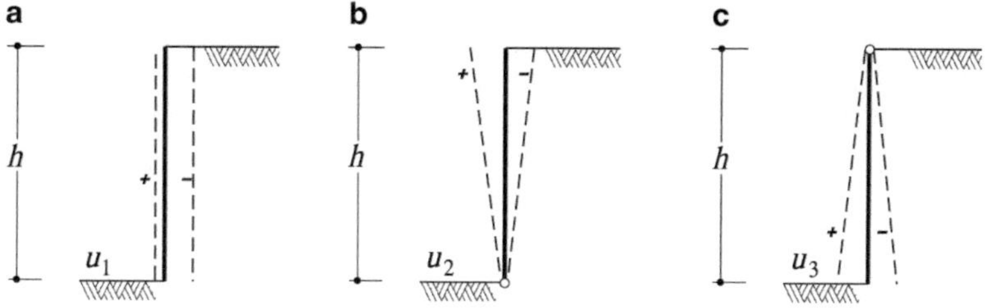

Abb. 16.5 Grundformen der Wandbewegung. **a** Parallelverschiebung, **b** Fußpunktdrehung, **c** Kopfpunktdrehung

Für Nachweise im Grenzzustand GEO-2 wird der passive Erddrucks als Widerstandskraft durch Teilsicherheitsbeiwerte abgemindert. In Hinblick auf Verformungskompatibilität wird er ggf. weiter reduziert.

Zur Weckung des halben passiven Erddrucks für nichtbindige Böden sind nach *DIN EN 1997-1, Anhang C, Tab. C.2* für die Parallelverschiebung und bei der Fußpunktdrehung etwa 1 bis 2 % von h bzw. bei der Kopfpunktdrehung 0,5 bis 1,5 % von h erforderlich.

Nach Wittlinger (1994) sind für steife bis halbfeste bindige Böden zur Mobilisierung des passiven Erddrucks parallele Wandbewegungen von 7 bis 10 % von h bzw. für Fußpunktdrehungen etwa 5° (etwa 9 %) erforderlich. Die halben Erdwiderstandskräfte wurden für Parallelbewegung bei 0,7 bis 2 % von h erreicht.

► **Anmerkung** Es sei darauf hingewiesen, dass die notwendigen Bewegungen im Einzelfall sowohl kleiner als auch größer sein können, da sie u. a. sehr stark von der Scherfestigkeit, vom Wandreibungswinkel, von der Bodenschichtung, der Geländeform und von Auflasten abhängen können. Im Zusammenhang mit *DIN 4085* werden nachfolgend die Wandbewegungen auch mit s_a bzw. s_p bezeichnet!

Bei nicht ausreichenden Wandbewegungen ist

- im aktiven Fall ein erhöhter aktiver Erddruck, der aber kleiner als der Erdruhedruck ist, s. Abschn. 16.14
- im passiven Fall ein Erddruck kleiner als der passive Erddruck, der jedoch größer als der Erdruhedruck ist, s. auch Abschn. 16.9,

zu berücksichtigen.

16.3 Neigungswinkel des Erddrucks

In der Regel stehen E_a und E_p nicht orthogonal auf der betrachteten Stützfläche, sondern bilden mit der Flächennormalen den Neigungswinkel des Erddrucks (Erddruckneigungswinkel) δ_a bzw. δ_p, Abb. 16.6. Die Erddruckkraft wird für die weitere Verarbeitung in der Regel in einen horizontalen und vertikalen Anteil zerlegt. Dabei spielt neben der Wandneigung der Erddruckneigungswinkel eine maßgebliche Rolle. Im Allgemeinen entspricht der Erddruckneigungswinkel dem Wandreibungswinkel, der von der Beschaffenheit der Wandfläche abhängt, s. Tab. 16.1.

Die in Abb. 16.6 dargestellten Richtungen des Erddrucks treten bei den üblichen Wandbewegungen auf ($\delta_a \geq 0$ und $\delta_p \leq 0$). Verschiebt sich jedoch z. B. eine Wand infolge großer äußerer Vertikaleinwirkungen stärker als der Boden, können die Erddrücke ihre Richtung und damit die Erddruckneigungswinkel ihre Vorzeichen ändern.

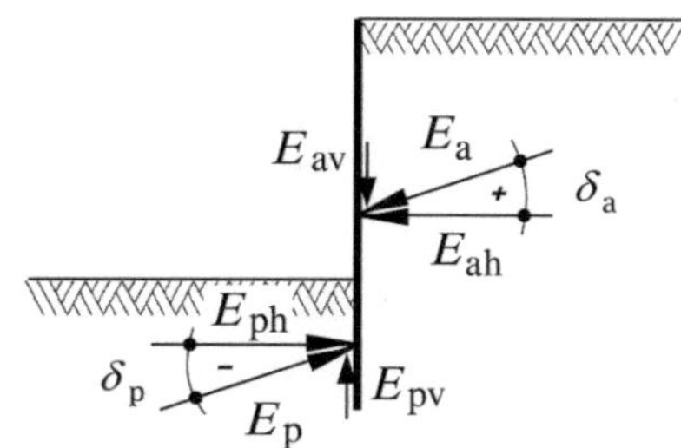

Abb. 16.6 Vorzeichendefinition des Neigungswinkels des Erddrucks δ

Der Neigungswinkel des Erddrucks ist im Wesentlichen abhängig von:

- der Scherfestigkeit des Bodens,
- der Oberflächenrauigkeit der Wand (Scherfestigkeit in der Kontaktfläche),
- der Fähigkeit der Wand, tangentiale Kräfte aufzunehmen,
- der Relativbewegung zwischen Wand und Boden und
- der Form der Gleitfläche im Boden, s. auch Abschn. 16.5.

Es darf im Allgemeinen bei rauen Wänden mit einem Neigungswinkel des Erddrucks von $\delta = 2/3\varphi'$ gerechnet werden, wenn die Vertikalkräfte einwandfrei in den Untergrund abgeleitet werden können. Andernfalls müssen kleinere Neigungswinkel und sogar welche mit umgekehrtem Vorzeichen, s. Abb. 16.6, angesetzt werden.

Sofern nicht sichergestellt ist, dass durch den Bauvorgang ein guter Scherverbund zwischen Wand und Boden entsteht, z. B. bei Trägerbohlwänden in weichen bindigen Böden oder bei dynamischen Einwirkungen, sollte $\delta = 0$ angenommen werden.

Tab. 16.1 Nach *DIN 4085* empfohlene betragsmäßige Wandreibungswinkel des Erddrucks in Abhängigkeit von der Wandbeschaffenheit

Wandbeschaffenheit	Wandreibungswinkel	
	Gekrümmte Gleitflächen	Ebene Gleitflächen
Verzahnt z. B. der Wandbeton wird so eingebracht, dass eine Verzahnung mit dem angrenzenden Boden entsteht	φ'_k	$2/3 \cdot \varphi'_k$
Rau z. B. unbehandelte Oberflächen von Stahl, Beton, Holz oder Mauerwerk	$\leq 27{,}5°$ $\leq \varphi'_k - 2{,}5°$	$2/3 \cdot \varphi'_k$
Weniger rau z. B. Wandabdeckungen aus verwitterungsfesten, plastisch nicht verformbaren Kunststoffplatten	$1/2 \cdot \varphi'_k$	$1/2 \cdot \varphi'_k$
Glatt z. B. stark schmierige Hinterfüllung; Dichtungsschicht, die keine Schubkräfte übertragen kann	0	0

Bei der Ermittlung des Erddrucks im Fall eines nicht konsolidierten, weichen, bindigen Bodens darf an Stelle einer Wandreibung eine Adhäsion $a \leq 0{,}5 \cdot c_u$ angesetzt werden ($c_u =$ Kohäsion des undränierten Bodens).

Für statische Berechnungen werden nach *DIN 4085* in Abhängigkeit von der Wandrauigkeit die Neigungswinkel des Erddrucks in Tab. 6.1 empfohlen.

16.4 Größe und Verteilung des aktiven und passiven Erddrucks

Für die Ermittlung des Erddrucks gibt es zwei grundlegende Theorien. Die von Rankine (1856) beruht bei Annahme eines Flächenbruchs auf einer spannungsmäßigen Betrachtung, s. Abschn. 16.4.1. Die Theorie von Coulomb (1773) hat das Modell eines Linienbruchs und eine kräftemäßige Betrachtung zur Grundlage, s. Abschn. 16.4.2.

16.4.1 Flächenbruch nach Rankine

Rankine ging vom Modell des unbegrenzten Halbraumes aus, in dem er die Spannungsverhältnisse an kleinen Bodenelementen betrachtete. Die Elemente sind seitlich durch lotrechte Flächen (Wand) und oben und unten durch parallele Flächen begrenzt, die in Richtung der Geländeoberflächen verlaufen. Aus dem Eigengewicht des Bodens wirken auf diese Flächen lotrechte und waagerechte Spannungen. Sie sind Hauptspannungen, paarweise gleich groß und haben paarweise gleiche Richtungen. Die seitlichen Spannungen verlaufen aus Gleichgewichtsgründen parallel zur Geländeoberfläche, s. Abb. 16.9 und 16.10.

Mit der Definition des Flächenbruchs, Abschn. 16.2, und der Darstellung der Grenzzustände mit den Mohrschen Spannungskreisen, Abb. 16.7 (s. auch Abschn. 4.4), lassen sich zunächst für nichtbindige Böden ($c' = 0$) und für $\delta = 0$ mit den Hauptspannungen die folgenden Grenzbedingungen ableiten. Dabei geht es nach Berechnung der Spannung $\sigma_z = \sigma_1 = \gamma \cdot z$ um die Ermittlung der σ_x-Spannung bei Entspannung (aktiver Erddruck) und bei Stauchung oder Kompression (passiver Erddruck). Gegeben ist die Grenzbedingung durch die *Coulombsche* Gerade, σ_1 und σ_{30} (Ruhezustand).

Im Grenzfall kann sich σ_{3a} bzw. σ_{3p} einstellen. Damit kann der Erddruckbeiwert $K = \sigma_3/\sigma_1 = \sigma_x/\sigma_z$ für beide Grenzfälle definiert und berechnet werden.

Es ist im aktiven Zustand:

$$\sin\varphi' = \frac{(\sigma_1 - \sigma_{3\text{fa}})/2}{(\sigma_1 + \sigma_{3\text{fa}})/2} \Rightarrow \tag{16.3}$$

$$\frac{\sigma_{3\text{fa}}}{\sigma_1} = \frac{1 - \sin\varphi'}{1 + \sin\varphi'} = K_\text{f} = K_\text{a} \tag{16.4}$$

$$= \tan^2\left(\frac{\pi}{4} - \frac{\varphi'}{2}\right) \Rightarrow \tag{16.5}$$

$$\sigma_x = \sigma_{3\text{fa}} = K_\text{a} \cdot \sigma_1 = K_\text{a} \cdot \sigma_z \tag{16.6}$$

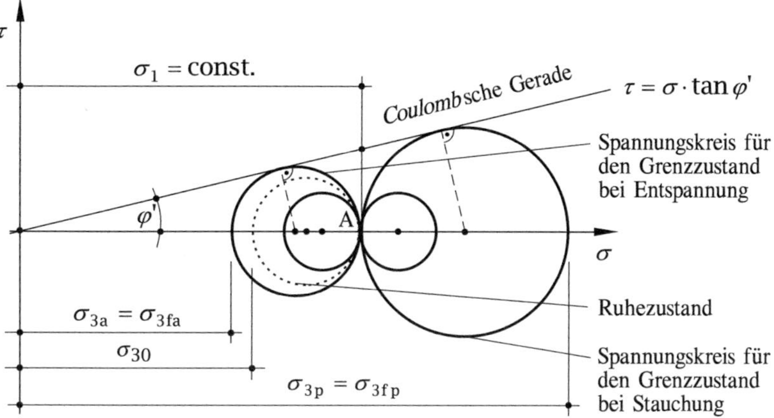

Abb. 16.7 *Mohrsche* Darstellung der Hauptspannungskreise bei Entspannung und bei Stauchung (Kompression)

bzw. im passiven Zustand:

$$\sin\varphi' = \frac{(\sigma_{3\mathrm{fp}} - \sigma_1)/2}{(\sigma_{3\mathrm{fp}} + \sigma_1)/2} \Rightarrow$$

$$\frac{\sigma_{3\mathrm{fp}}^*}{\sigma_1} = \frac{1+\sin\varphi'}{1-\sin\varphi'} = \frac{1}{K_\mathrm{f}} = K_\mathrm{p} \tag{16.7}$$

$$= \tan^2\left(\frac{\pi}{4} + \frac{\varphi'}{2}\right) \tag{16.8}$$

$$\sigma_x = \sigma_{3\mathrm{fp}} = K_\mathrm{p} \cdot \sigma_1 = K_\mathrm{p} \cdot \sigma_z. \tag{16.9}$$

* Es ist hier die sonst übliche Konvention verletzt, dass $\sigma_3 < \sigma_1$, also σ_3 die kleinere Hauptspannung, ist.

Die Gleitflächen, in denen das Verhältnis Schubspannungen/Normalspannungen kritisch wird, s. Abb. 16.8 bzw. 16.9 (nur aktiver Fall), haben nach der Polkonstruktion, s. auch Abschn. 4.1.7, die Richtungswinkel ϑ:

$$\vartheta_{\mathrm{a}1,2} = \frac{\pi}{2} \pm \left(\frac{\pi}{4} + \frac{\varphi'}{2}\right); \ \frac{\pi}{2} = 90^\circ \tag{16.10}$$

und im passiven Zustand

$$\vartheta_{\mathrm{p}1,2} = \frac{\pi}{2} \pm \left(\frac{\pi}{4} + \frac{\varphi'}{2}\right). \tag{16.11}$$

Diese aus dem *Mohrschen* Spannungsdiagramm grafisch abzulesenden Beziehungen gehen auf *Rankine* zurück. Man bezeichnete die kritischen Richtungen als Gleitrichtungen in der Annahme, dass dies auch die kinematischen Richtungen des Gleitens sind, was nur für einen Dilatanzwinkel von $\Psi = 0$ exakt zutrifft, s. auch Abschn. 11.1.

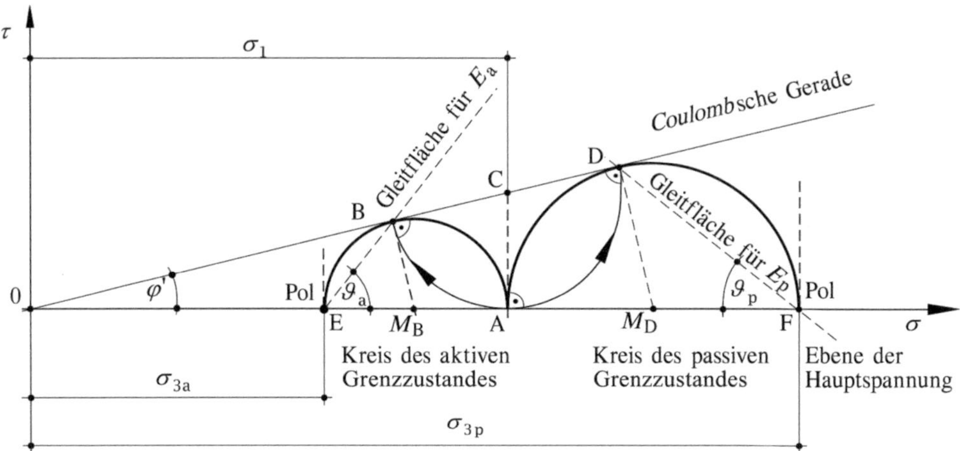

Abb. 16.8 Spannungskreise im aktiven und passiven Grenzzustand; Ermittlung der Gleitflächenrichtungen

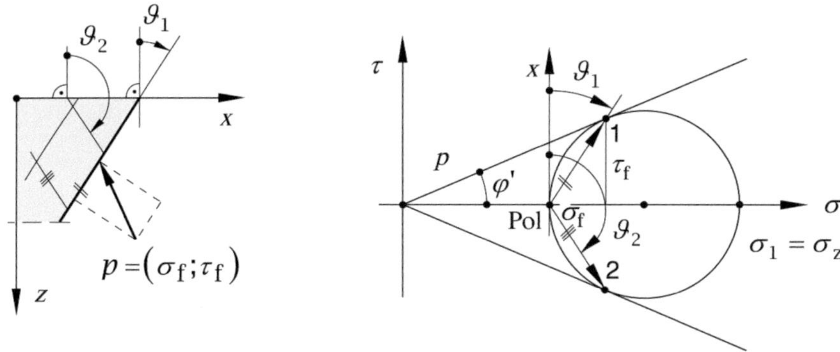

Abb. 16.9 Richtungswinkel der Gleitflächen (aktiver Fall)

Verteilung des Erddrucks, Angriffspunkt Aus dem *Rankineschen* Ansatz folgt die in Abb. 16.10 für die lotrechte, glatte Wand, waagerechtes Gelände und kohäsionslosen Boden dargestellte Erddruckverteilung: mit der linearen Zunahme der Erddruckspannung über z greift die resultierende Erddruckkraft E in $h/3$ an.

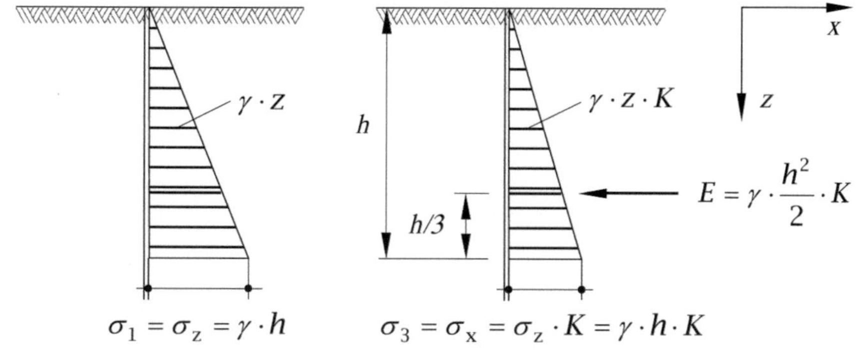

Abb. 16.10 Spannungen (Hauptspannungen) im Halbraum

Erddruckverteilung infolge kinematischer Zwangsbedingungen Sowohl für den Flächen- wie für den Linienbruch gibt es bestimmte Verschiebungs-Randbedingungen, s. auch Abschn. 16.2, bei denen sich zwängungsfrei der mit der Tiefe linear zunehmende Erddruck einstellt; dies tritt in der Regel bei der Fußpunktdrehung einer Wand auf. In allen anderen Fällen kommt es zu statisch unbestimmten Veränderungen des einfachen Erddruckbildes.

Ein Beispiel ist die Kopfpunktdrehung des Stützelements, Abb. 16.11, bei der ein Gewölbeeffekt eintritt: oben steigt die Horizontalspannung an, unten nimmt sie ab. Gleichzeitig ist auch die Vertikalspannung kleiner als $\gamma \cdot z$.

In der Praxis werden häufig für solche Zwangsbedingungen rechteckige oder trapezförmige Erddruckumverteilungen angenommen, s. dazu auch Abschn. 17.4.

Dabei wird das Integral der Spannungen, also die Erddruckkraft, als konstant angenommen.

Kinematische Zwangsbedingungen führen also bei Wänden, die im Kopfbereich unverschieblich gestützt sind, zu Lasterhöhungen im Stützen- und Lastverringerungen im Feldbereich.

Zur Verteilung des Erddrucks bei den verschiedenen Wandbewegungsmöglichkeiten, s. auch *DIN 4085* und *Empfehlungen des Arbeitskreises „Baugruben" (EAB)*.

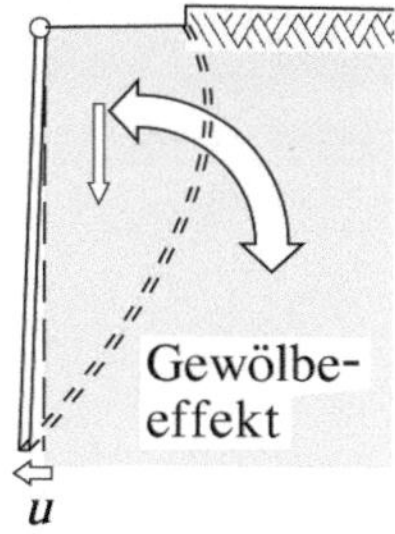

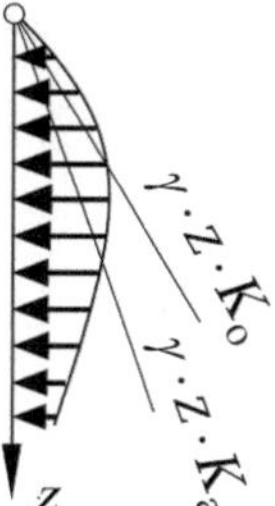

Abb. 16.11 Erddruckumverteilung

Flächenbruch im kohäsiven Boden Die *Rankineschen* Überlegungen lassen sich sinngemäß auch auf den Fall des bindigen, kohäsiven Bodens übertragen. Aus den geometrischen Beziehungen am Spannungskreis, Abb. 16.12a, folgt für den aktiven Fall und $\delta = 0$:

$$\sin\varphi' = \frac{\sigma_1 - \sigma_3}{2 \cdot c' \cdot \cot\varphi' + \sigma_1 + \sigma_3}. \tag{16.12}$$

Mit $K_a = \frac{\sigma_3}{\sigma_1}$ ergibt sich:

$$\sigma_3 = K_a \cdot \sigma_1 - 2 \cdot c' \frac{\cos\varphi'}{1 + \sin\varphi'} = K_a - \sigma_1 - 2 \cdot c' \cdot \sqrt{K_a}. \tag{16.13}$$

Es gibt somit eine Tiefe z_0, in der $\sigma_3 = 0$ ist, und mit $\sigma_1 = \gamma \cdot z_0$ ergibt sich, Abb. 16.12b:

$$z_0 = \frac{2 \cdot c'}{\gamma \cdot \sqrt{K_a}}. \tag{16.14}$$

Bis zu der Tiefe z_0 können Zugspannungen durch die Kohäsion aufgenommen werden, so dass man theoretisch unterhalb z_0 auch die Druckspannung entsprechend dem Inhalt der Zugspannungsfläche (= Zugkraft) abmindern könnte, d. h. den Erddruck erst unterhalb von $2 \cdot z_0$ überhaupt ansetzen müsste. In der Praxis muss aber mit gerissener Zugzone gerechnet werden, d. h. der Erddruck beginnt schon bei $z = z_0$.

Nach *DIN 4085* ist dagegen für den Zugspannungsbereich z_0 ein Mindesterddruck anzusetzen, s. Abschn. 16.8.1.

Für den passiven Erddruckfall gilt analog:

$$\sigma_3 = K_p \cdot \sigma_1 + 2 \cdot c' \frac{\cos\varphi'}{1 - \sin\varphi'} = K_p \cdot \sigma_1 + 2 \cdot c' \cdot \sqrt{K_p}. \tag{16.15}$$

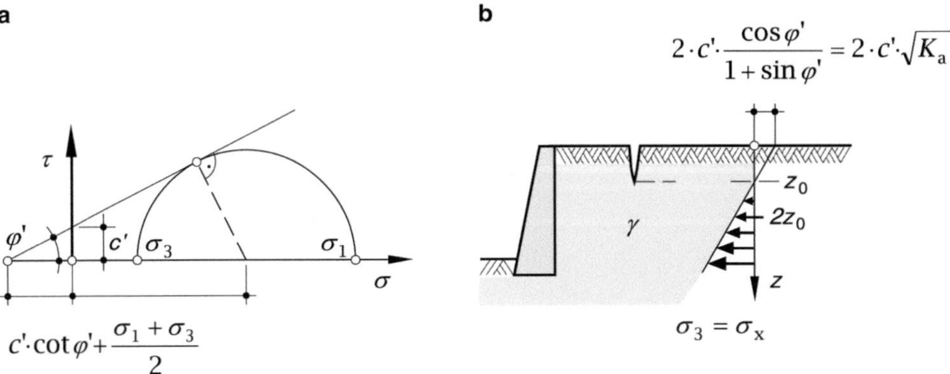

Abb. 16.12 Erddruck bei bindigen Böden. **a** Darstellung mit Spannungskreis, **b** Erddruckspannungen

16.4.2 Erddruck nach Coulomb

Die *Rankinesche* Theorie befasst sich mit einem Sonderfall des Erddrucks, d. i. der homogene Spannungszustand. In der Praxis genügt es meist, die Erddruckkraft E, also das Spannungsintegral, zu kennen: man erfüllt die Gleichgewichtsbedingungen nicht an jedem Volumenelement, sondern im Mittel über das Gesamtvolumen, wobei ein Linienbruch vorausgesetzt wird. Als Bruchfuge wird eine mathematisch einfach zu handhabende Figur, d. h. eine Gerade, ein Polygonzug aus Geraden, ein Kreis o. ä. zugrunde gelegt, deren Bestimmungsstücke im Sinne der kinematischen Methode, s. Abschn. 11.1.3, so lange variiert werden, bis ein Extremwert des Erddrucks E gefunden ist. Abb. 16.13 zeigt den einfachsten Fall mit einer Ebene, bei der nur der Gleitflächenwinkel ϑ unbekannt ist. Der Bruch kommt hier durch eine Parallelverschiebung der Stützwand zustande.

Diese Art der Erddruckberechnung geht auf Coulomb (1773) zurück. Sie ist als kinematische Methode einzuordnen. Abb. 16.14 zeigt die Berechnungselemente für den Grundfall mit lotrechtem Wandrücken und ebenem Gelände für den aktiven Fall.

Wenn man (die Spannungsverteilung ist bei dieser Betrachtungsweise unbekannt!) annimmt, dass alle an dem Erdkeil angreifenden Kräfte Integrale von linear mit der Tiefe anwachsenden Spannungen sind, schneiden sich G, Q und E_a in einem Punkt (Drittelpunkt der Bruchfuge) und es ist, falls $\delta_a = 0$ ist (Vereinfachung):

$$G = \gamma \cdot \frac{h^2}{2} \cdot \cot \vartheta_a; \quad E = G \cdot \tan\left(\vartheta_a - \varphi'\right). \tag{16.16}$$

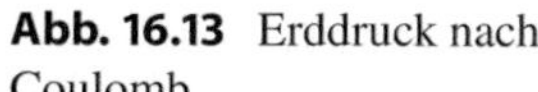

Abb. 16.13 Erddruck nach Coulomb

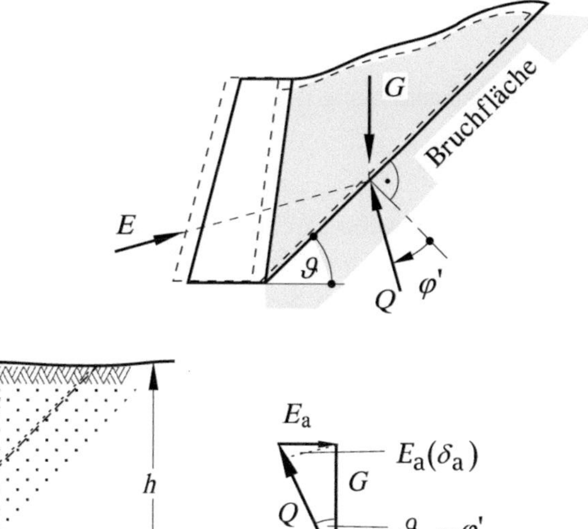

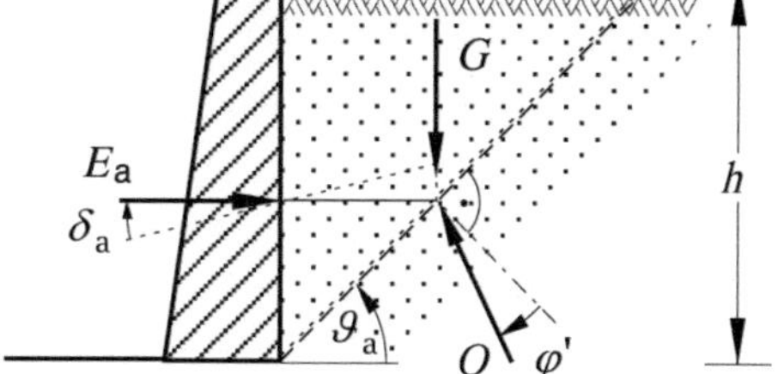

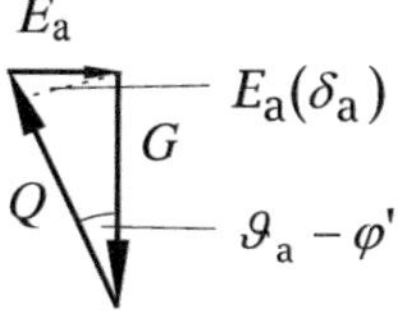

Abb. 16.14 Erddruckermittlung nach Coulomb

Die Extrembedingung $\frac{\mathrm{d}E}{\mathrm{d}\vartheta_\mathrm{a}} = 0$ führt auf

$$\vartheta_\mathrm{a} = \frac{\pi}{4} + \frac{\varphi'}{2} \tag{16.17}$$

und

$$E_\mathrm{a} = \gamma \cdot \frac{h^2}{2} \cdot \tan^2\left(\frac{\pi}{4} - \frac{\varphi'}{2}\right) = \gamma \cdot \frac{h^2}{2} K_\mathrm{a}. \tag{16.18}$$

In den Gln. (16.17) und (16.18) ist φ' im Bogenmaß einzusetzen.

Der K_a-Wert ist also für den betrachteten Sonderfall derselbe wie in Gl. (16.5), da dieselben Voraussetzungen gemacht werden (Bruchfläche eben; Hauptspannung waagerecht: $\delta_\mathrm{a} = 0$).

Einfluss der Wandschubspannung Da die *Coulombsche* Theorie den vollen Verbund zwischen Stützmauer und Boden zulässt, muss die o. g. Berechnung durch Berücksichtigung eines Wandreibungswinkels δ_a modifiziert werden (in Abb. 16.14 als Strichlinie eingezeichnet).

Überträgt man diese geneigte Erddruckrichtung ins Krafteck, dann wird E_a kleiner als für $\delta_\mathrm{a} = 0$. Aber das Momentengleichgewicht ist jetzt verletzt. Die Erfüllung der Gleichgewichtsbedingungen erzwingt daher in Wirklichkeit eine leichte Krümmung der Bruchfläche im Fußbereich der Wand, die aber vernachlässigt werden kann.

Für den passiven Erddruckfall liefert die Variation von ϑ einen 2. Extremwert, die Erdwiderstandskraft E_p. Für $\delta_\mathrm{p} = 0$ gilt dann (φ' im Bogenmaß):

$$E_\mathrm{p} = \gamma \cdot \frac{h^2}{2} \cdot \tan^2\left(\frac{\pi}{4} + \frac{\varphi'}{2}\right) = \gamma \cdot \frac{h^2}{2} K_\mathrm{p}. \tag{16.19}$$

Die Gleitflächenrichtung ist:

$$\vartheta_\mathrm{p} = \frac{\pi}{4} - \frac{\varphi'}{2}. \tag{16.20}$$

Einfluss der Kohäsion Wenn in der Bruchfläche zusätzlich eine Kohäsionskraft C wirkt, kann sie im Krafteck nach Größe und Richtung mit eingetragen werden, ohne das Prinzip der Ableitung zu stören. Sie verletzt auch nicht das Momentengleichgewicht, weil sie durch den gemeinsamen Angriffspunkt der übrigen 3 Kräfte auch hindurchgeht.

16.5 Erdwiderstand bei gekrümmten oder mehreren Gleitflächen

Die Annahme von Coulomb, dass für die Ermittlung des Erddrucks eine ebene Gleitfläche maßgebend sei, ist willkürlich. Insbesondere beim Erdwiderstand ist es wichtig, von dieser Annahme abzuweichen. Auf Krey (1932) geht die Berechnung von Erdwiderstandswerten unter Zugrundelegung kreisförmiger Bruchfiguren zurück, Abb. 16.15b.

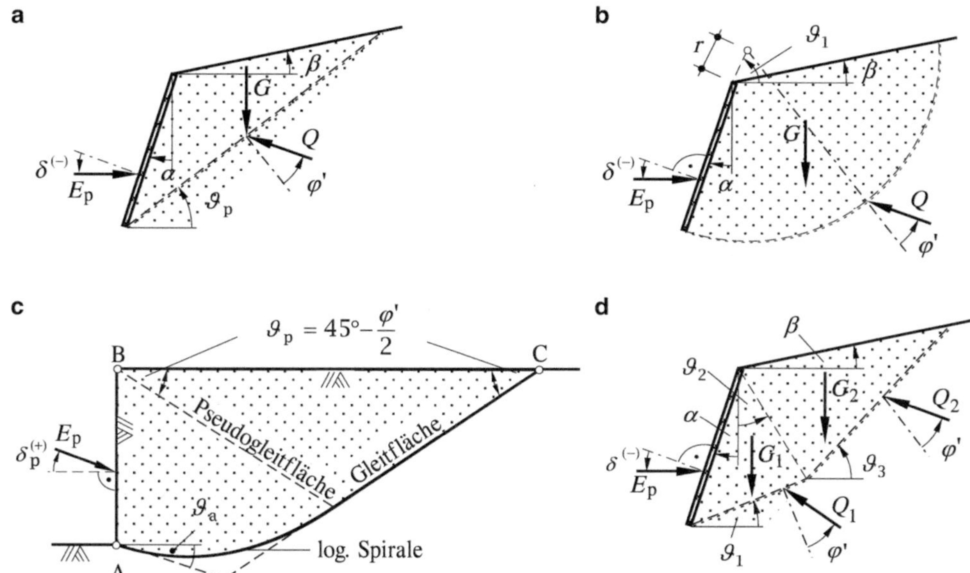

Abb. 16.15 Unterschiedliche Gleitflächen. **a** Gleitfläche nach Coulomb, **b** Gleitfläche nach Krey, **c** Gleitfläche nach Ohde, **d** Gleitfläche nach Gudehus

Ohde (1938) untersuchte einen Bruchmechanismus mit einer logarithmischen Spirale mit anschließender Gerade, s. Abb. 16.15c. Ohde zeigte, dass die Gleitfläche solange eben sein muss, wie eine zweite Gleitfläche – als Pseudogleitfläche bezeichnet – in die freie Oberfläche ausmündet.

Gudehus und Goldscheider (1974) haben Erdwiderstände für mehrere ebene Gleitflächen berechnet, s. Abb. 16.15d. Zur Ermittlung des Erddrucks mussten drei Gleitflächenrichtungen mit einem Rechenprogramm variiert werden. Die Erddruckbeiwerte für diesen Bruchmechanismus wurden von Gudehus (1990) tabelliert.

Es lässt sich bisher keine allgemeine Regel angeben, bei welcher der in Abb. 16.15 skizzierte Bruchmechanismus im Einzelfall eintritt oder ob noch andere Gleitflächen, wie z. B. die gekrümmte Gleitfläche von Caquot und Kerisel (1967), maßgeblich sind.

Tatsächlich verlangt die kinematische Methode, dass die Form der Bruchfigur variiert wird. Vergleichsrechnungen zeigen – Streck (1966) – dass die ebene Bruchfläche von Coulomb nicht die ungünstigste ist, s. Abb. 16.16, und somit für große Reibungswinkel die Erdwiderstandsbeiwerte von Coulomb vergleichsweise groß sind: der Erdwiderstand wird danach zu günstig angesetzt.

In *DIN 4085*, s. Abschn. 16.8.4, sind die Erddruckbeiwerte für gekrümmte Gleitflächen nach Pregl (2002) aufgeführt.

Die Form und Neigung der Gleitfläche und damit die Größe des passiven Erddrucks hängen weiter entscheidend von der Größe und Richtung des Erddruckneigungswinkels ab, s. Abb. 16.17 und auch Abschn. 16.3.

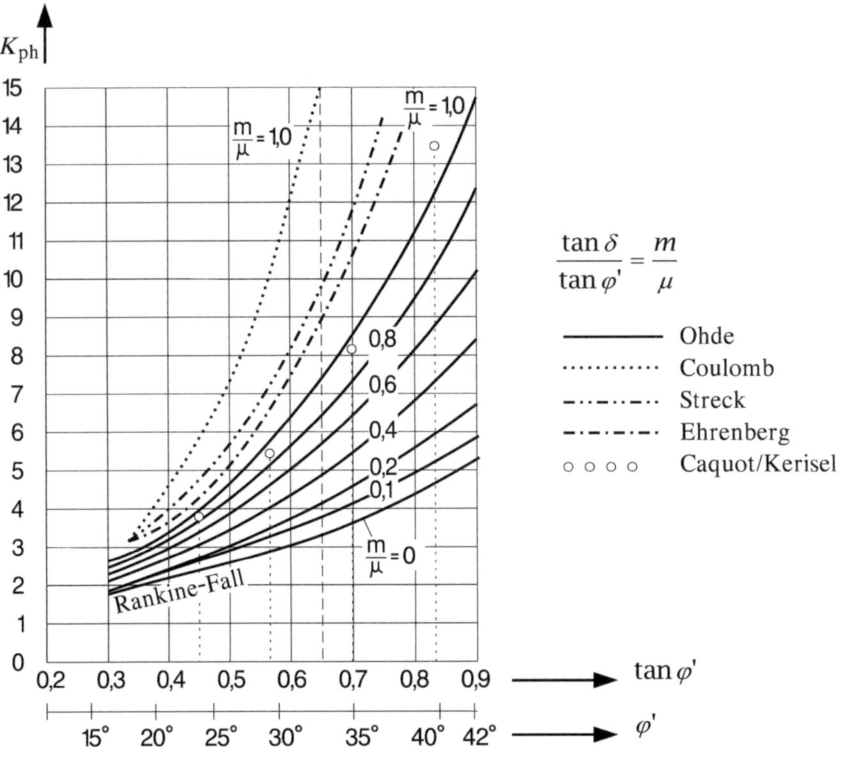

Abb. 16.16 Erdwiderstandsbeiwerte K_{ph} nach Ohde (log. Spirale) für verschiedene δ und Vergleichswerte von verschiedenen Autoren. Anmerkung: Der Erddruckneigungswinkel δ ist hier im Sinne von Abb. 16.15 nur betragsmäßig anzusetzen

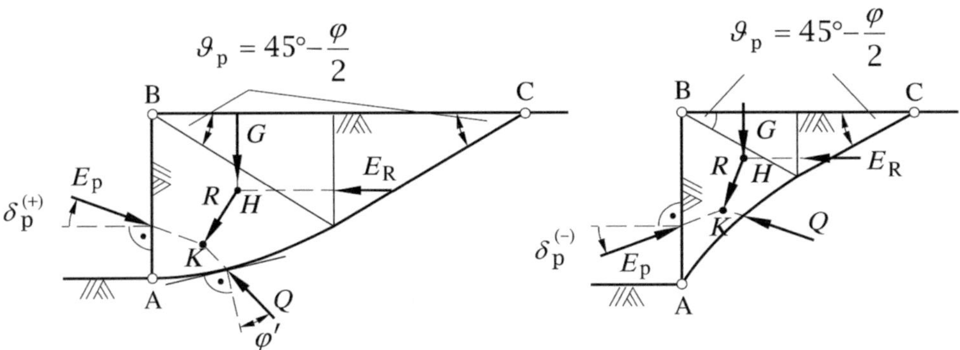

Abb. 16.17 Einfluss der Wandreibung auf die Gleitfläche, nach Ohde

16.6 Erddruckermittlung mit weiteren kinematischen Methoden

Das Extremalverfahren nach Coulomb, s. Abschn. 16.4.2, lässt sich auch bei beliebig gestalteter Oberfläche oder bei einzelnen Krafteinwirkungen anwenden, indem man max E_a durch Probieren, d. h. durch die Wahl verschiedener Gleitflächenneigungen bestimmt. Somit entspricht dieses Vorgehen wieder der kinematischen Methode.

Zur Rationalisierung des damit verbundenen Aufwands wurden im 19. Jahrhundert verschiedene grafische Verfahren entwickelt, z. B. von Culmann (1866). Dabei wird, Abb. 16.18, das Krafteck um den Winkel $(\pi/2 - \varphi')$ im Uhrzeigersinn gedreht und in den Querschnitt hineinverlegt. Damit fällt der Vektor G in die Böschungslinie, Q in die gewählte Bruchlinie und E_a steht unter $\varphi' + \delta_a$ gegen den Mauerrücken.

Das Verfahren von Culmann ist auch in *DIN 4085* aufgenommen.

Berücksichtigung einer Kohäsion Wie Abb. 16.19 zeigt, kann auch eine Kohäsionskraft C' beim Verfahren von Culmann im gedrehten Krafteck sinngemäß berücksichtigt werden. Gleichermaßen kann auch der passive Erddruck grafisch ermittelt werden.

Angriffspunkt der Erddruckkraft Bei der Berechnung von Flächenbrüchen nach Abschn. 16.4.1 erhält man aus den Spannungsintegralen die Kräfte und Momente. Dagegen liefert die Theorie von Coulomb, s. Abschn. 16.4.2, keine Spannungsverteilung und damit auch keinen Kraftangriffspunkt.

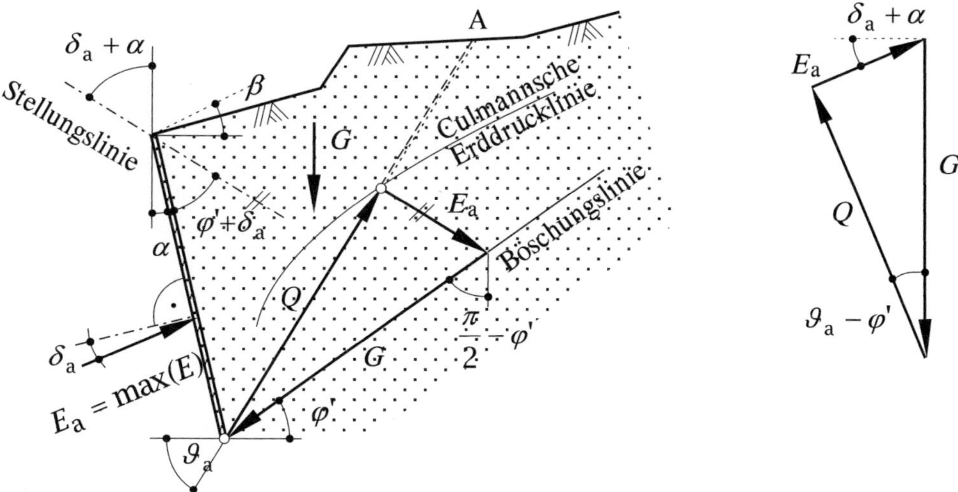

Abb. 16.18 Erddruckermittlung nach Culmann

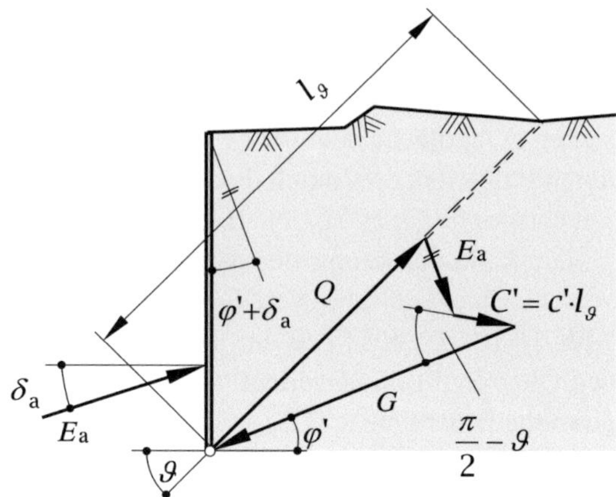

Abb. 16.19 Erddruckermittlung nach Culmann

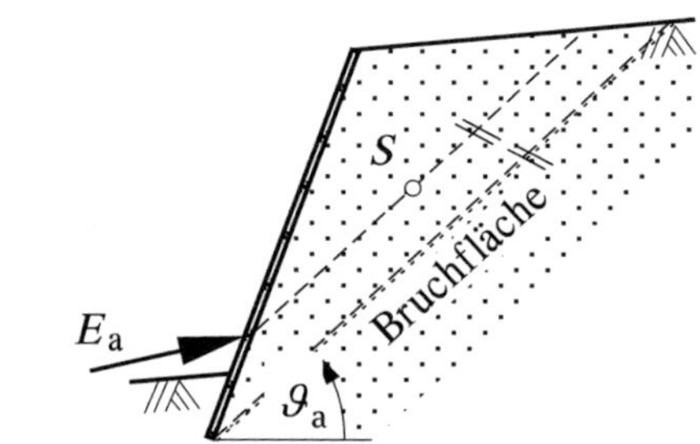

Abb. 16.20 Ermittlung des Angriffspunkts von E_a bei grafischem Verfahren

Eine einfache Abschätzung für kohäsionslose Böden besteht, auch bei dem grafischen Verfahren nach Abb. 16.20, darin, den Schwerpunkt S des Bruchkeils zu bestimmen und durch ihn die Parallele zur Bruchfläche zu ziehen. Der Schnittpunkt mit der Wand liefert den Angriffspunkt von E_a.

Grafisches Verfahren mit mehreren ebenen Gleitflächen Bei Behinderung der Translationsbewegung eines Bauteils müssen sich im Allgemeinen aus kinematischen Gründen mehrere Gleitflächen einstellen. Für diese Fälle kann nach Gudehus und Goldscheider (1974) und nach Gudehus (1974) die Methode zusammengesetzter Bruchmechanismen gewählt werden, s. auch Abschn. 15.4.8.

Mit der Bewegungsmöglichkeiten der Mauer in Abb. 16.21 sind die passenden Gleitflächen so zu wählen, dass sie einen kinematisch möglichen Gleitmechanismus bilden. Dazu zeichnet man zweckmäßigerweise einen Hodographen, dessen Maßstab beliebig ist. Der Hodograph gibt die Relativgeschwindigkeit der durch die Gleitflächen voneinander getrennten Teilkörper wieder. Es empfiehlt sich, den jeweils unbewegten Teilkörper mit 0 und das hodographische Bild mit 0′ zu bezeichnen. Die sich bewegenden Teilkörper werden mit 1 und 2 und die hodographischen Bilder mit 1′ und 2′ bezeichnet. Aus dem Hodographen erkennt man die Bewegung der Teilkörper und daraus die Richtung der Reibungskräfte.

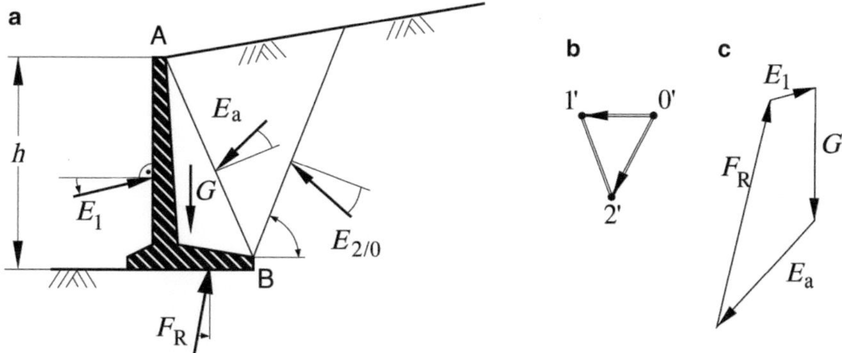

Abb. 16.21 Grafische Verfahren mit mehreren ebenen Gleitflächen. **a** Wand und Gleitflächen, **b** Hodograph, **c** Krafteck. Hinweis: E_1 und F_R wirken am inneren Bodenkörper

Abb. 16.21 zeigt ein Beispiel für eine Winkelstützmauer auf Fels, so dass nur eine horizontale Translationsbewegung möglich ist, s. den Hodographen. Als eine maßgebliche Gleitfläche kann die Verbindungslinie zwischen Wandkopf und rückwärtigen Sporn angesehen werden; s. dazu auch den Beitrag in Abschn. 17.2.3.

Man berechnet den aktiven Erddruck auf die Gleitfläche A B.

Die Erdruckkraft E_1 auf die senkrechte Wand wird näherungsweise aus dem Krafteck mit E_a, G und der Sohlwiderstandskraft F_R ermittelt, wobei für die Neigungen und Angriffpunkte von E_1 und F_R plausible Annahmen getroffen werden müssen ($\delta_1 = 2/3\varphi'$ bei rauer Wand; $\delta_s =$ klein), wodurch eine gewisse Ungenauigkeit besteht.

Weitere Beispiele für die Verwendung mehrerer ebener Gleitfugen sind unter Abschn. 16.12 und 16.13 und in Abschn. 17.2.3 aufgeführt.

Das für die Winkelstützmauer in Abb. 16.21 gezeigte Vorgehen entspricht als einfacher Fall der Kinematischen Elementmethode (KEM), s. Abschn. 15.4.8. Mit Hilfe eines Rechenprogramms werden die Gleitflächen variiert, um den ungünstigsten Mechanismus mit dem Extremwert des Erddrucks zu finden. Diese Methode kann bevorzugt bei unregelmäßiger Geländeoberfläche, bei unregelmäßigen Einwirkungen und bei geschichtetem Baugrund zum Erfolg führen.

16.7 Geschichteter Baugrund

Ein häufiger Fall ist die horizontale oder annähernd horizontale Schichtung des Baugrunds, s. Abb. 16.22. Bei horizontaler Oberfläche ist es statisch möglich, dass in der Grenzfläche keine Schubspannung auftritt und der Erddruck $\sigma_x = e$ eine Sprungstelle hat. Daher wendet man die Erddrucktheorie Schicht für Schicht mit den jeweiligen Scherparametern und Wichten an. Da ϑ in jeder Schicht einen anderen Wert hat, entsteht ein geknickter Bruchlinienzug.

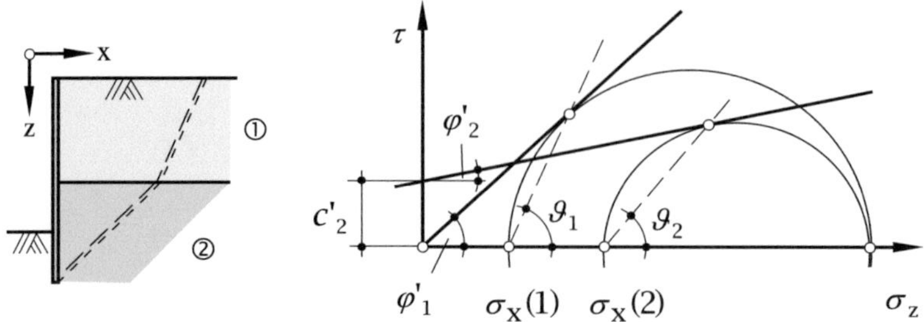

Abb. 16.22 Geschichteter Baugrund

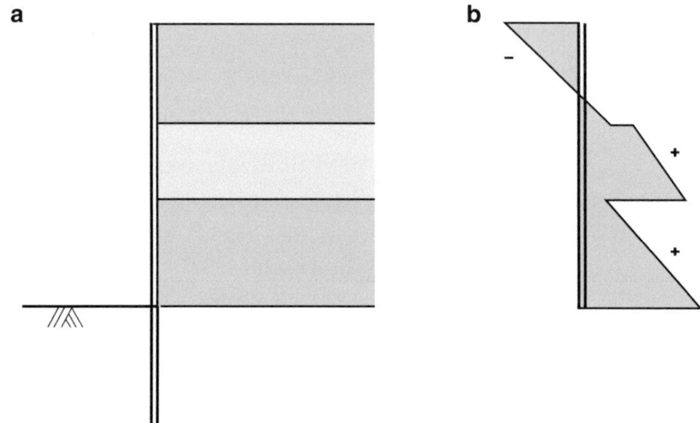

Abb. 16.23 Aktiver Erddruck bei geschichtetem Baugrund, teilweise mit bindigem Boden. **a** Bodenschichtung, **b** Erddruck *e*

Abb. 16.23 zeigt ein Beispiel für einen dreischichtigen, teilweise bindigen Baugrund, bei dem sich die Erddruckfigur an den Schichtgrenzen sprunghaft und aufgrund unterschiedlicher Wichten schichtweise mit anderen Neigungen ergibt.

Bei geneigter Oberfläche treten in der Schichtgrenze Schubspannungen auf, die den Erddruck in der schiebenden oberen Schicht etwas verringern, in der geschobenen unteren etwas vergrößern. Dieser Effekt tritt im Übrigen auch bei waagerechtem Gelände auf, wenn die Wandschubspannung berücksichtigt wird (sehr schwacher Einfluss).

16.8 Ermittlung des Erddrucks für allgemeine Fälle nach *DIN 4085*; Erddrucktabelle und Diagramme

Die angegebenen Formeln für die aktive Erddrucklast beruhen auf dem Verfahren nach Coulomb. Die Formeln und Diagramme für den passiven Erddruck gehen auf Pregl (2002) zurück.

Die Art der Wandbewegung hat auf die Größe des aktiven Erddrucks keinen maßgeblichen Einfluss. Die Angaben für den passiven Erddruck gehen zunächst von einer Parallelbewegung der Wand aus.

Die nachfolgend aufgeführten Indizes, wie h und v für horizontale und vertikale Komponenten des Erddrucks, wie c für „infolge Kohäsion“, wie g für „infolge Bodeneigengewicht“ oder wie p, für „passiven Zustand“ und auch für „infolge vertikaler Oberflächenlast“, werden in *DIN 4085* benutzt.

16.8.1 Aktiver Erddruck – ebener Fall

Der Erddruck e_a setzt sich zusammen aus den Anteilen aus Bodeneigengewicht (Wichte γ) sowie ggfs. der Kohäsion c und großflächigen Gleichlasten p.

$$e_a = e_{ag} + e_{ac} + e_{ap} \tag{16.21}$$

Die Horizontal- und die Vertikalkomponenten ergeben sich nach Abb. 16.24 zu

$$e_{ah} = e_a \cdot \cos(\alpha + \delta_a) \tag{16.22}$$

und

$$e_{av} = e_{ah} \cdot \tan(\alpha + \delta_a) \tag{16.23}$$

Die Erddruckanteile aus Eigenlast des Bodens, aus Kohäsion und aus an der Geländeoberfläche gleichmäßig verteilter Lasten dürfen in der Regel mit Hilfe der Erddruckbeiwerte für den Gleitflächenneigungswinkel ϑ_{ag} berechnet werden.

Der Erddruckanteil aus Linien- oder Streifenlasten darf auch mit Hilfe von Erddruckbeiwerten ermittelt werden, wenn durch diese Lasten der Gleitflächenwinkel aus der Eigenlast des Bodens ϑ_{ag} nicht wesentlich verändert wird.

Hinsichtlich der Bezeichnungen für den aktiven Erddruck s. Abb. 16.24.

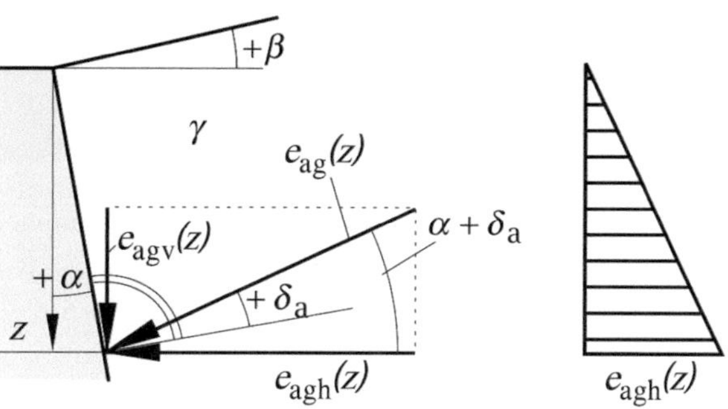

Abb. 16.24 Bezeichnungen bei der Berechnung des aktiven Erddrucks (*DIN 4085*)

Erddruckanteil infolge Eigengewicht des Bodens (Wichte γ) Der horizontale Erddruckanteil infolge Eigengewicht des Bodens berechnet sich wie folgt:

$$e_{\text{agh}} = \sigma_z'(\gamma) \cdot K_{\text{agh}} \tag{16.24}$$

Der Erddruckbeiwert für die Horizontalkomponente des Erddrucks aus Bodeneigengewicht ist

$$K_{\text{agh}} = \left[\frac{\cos(\varphi - \alpha)}{\cos\alpha \left(1 + \sqrt{\frac{\sin(\varphi+\delta_{\text{a}})\cdot\sin(\varphi-\beta)}{\cos(\alpha-\beta)\cdot\cos(\alpha+\delta_{\text{a}})}}\right)} \right]^2. \tag{16.25}$$

Der Gleitflächenwinkel für den aktiven Erddruck aus Bodeneigenwicht ist

$$\vartheta_{\text{a}} = \varphi + \arctan\left[\frac{\cos(\varphi - \alpha)}{\sin(\varphi - \alpha) + \sqrt{\frac{\sin(\varphi+\delta_{\text{a}})\cdot\cos(a-\beta)}{\sin(\varphi-\beta)\cdot\cos(\alpha+\delta_{\text{a}})}}} \right]. \tag{16.26}$$

Wie unter Abschn. 16.4 dargestellt, ist für den Sonderfall $\alpha = \beta = \delta_{\text{a}} = 0$

$$K_{\text{agh}} = \frac{1 - \sin\varphi}{1 + \sin\varphi} = \tan^2\left(45^\circ - \frac{\varphi}{2}\right) \tag{16.27}$$

und

$$\vartheta_{\text{a}} = 45^\circ + \frac{\varphi}{2}. \tag{16.28}$$

Erddruckanteil infolge gleichmäßiger vertikaler großflächiger Gleichlast p_{v} Der Erddruckzuwachs infolge großflächiger vertikaler Gleichlasten ist

$$e_{\text{aph}} = p_{\text{v}} \cdot K_{\text{aph}} \tag{16.29}$$

mit

$$K_{\text{aph}} = \frac{\cos\alpha \cdot \cos\beta}{\cos(\alpha - \beta)} \cdot K_{\text{agh}}. \tag{16.30}$$

Erddruckanteil infolge Kohäsion Der aktive Erddruck wird durch die Wirkung der Kohäsion verringert

$$e_{\text{ach}} = -c \cdot K_{\text{ach}} \tag{16.31}$$

mit

$$K_{\text{ach}} = \frac{2 \cdot \cos(\alpha - \beta) \cdot \cos\varphi \cdot \cos(\alpha + \delta_{\text{a}})}{[1 + \sin(\varphi + \alpha + \delta_{\text{a}} - \beta)] \cdot \cos\alpha}. \tag{16.32}$$

Im Sonderfall $\alpha = \beta = \delta_{\text{a}} = 0$ ist

$$K_{\text{ach}} = 2 \cdot \sqrt{K_{\text{agh}}} \tag{16.33}$$

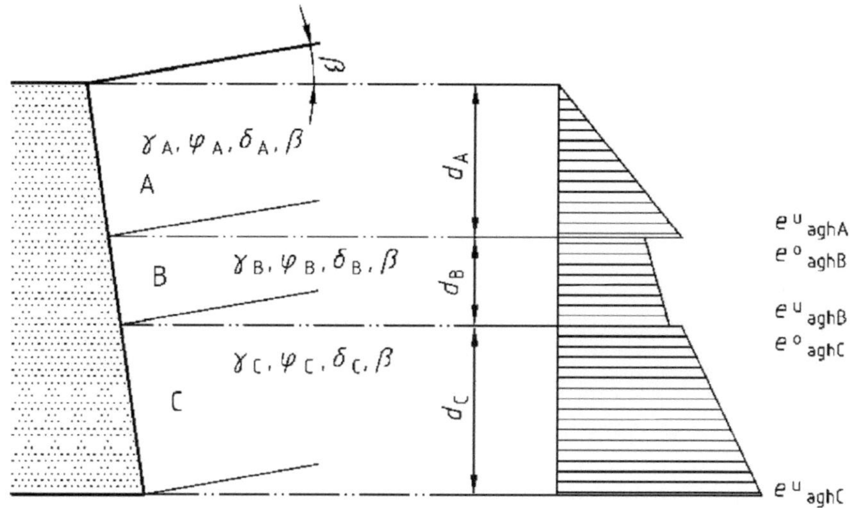

Abb. 16.25 Erddruckansatz bei oberflächenparallel geschichtetem Boden (*DIN 4085*)

Resultierende Erddruckkräfte Die Komponenten der Erddruckkraft ergeben sich aus den schichtweise aufintegrierten Erddruckspannungen. Hierbei werden in der Regel die Anteile aus Eigengewicht und Kohäsion, ggfs. unter Berücksichtigung eines Mindesterddrucks zusammengefasst:

$$E_{\mathrm{ah},i} = (e^{\mathrm{o}}_{\mathrm{agh},i} + e^{\mathrm{u}}_{\mathrm{agh},i})/2 \cdot d_i \tag{16.34}$$

$$E_{\mathrm{av},i} = E_{\mathrm{ah},i} \cdot \tan(\alpha + \delta_{\mathrm{a}}) \tag{16.35}$$

Darin bedeuten, s. Abb. 16.25:

$e^{\mathrm{o}}_{\mathrm{agh},i}$ ... Erddruckspannung an der Schichtoberseite
$e^{\mathrm{u}}_{\mathrm{agh},i}$ ... Erddruckspannung an der Schichtunterseite
d_i ... Schichtdicke

Die Komponenten der Erddruckkraft infolge einer vertikalen großflächigen Gleichlast werden meist, da ggfs. in Nachweisen unterschiedliche Teilsicherheitsbeiwerte zu berücksichtigen sind, separarat berechnet und sind je Schicht i:

$$E_{\mathrm{aph},i} = p_{\mathrm{v}} \cdot K_{\mathrm{aph},i} \cdot d_i \tag{16.36}$$

$$E_{\mathrm{apv},i} = E_{\mathrm{aph},i} \cdot \tan(\alpha + \delta_{\mathrm{a},i}). \tag{16.37}$$

Geneigte Geländeoberfläche Wenn die Geländeoberfläche unter β geneigt, der Boden aber mit anderer Neigung geschichtet ist, darf das Vorgehen nach Abb. 16.25 angewendet werden. In diesem Fall sind die Erddruckbeiwerte ebenfalls mit dem Neigungswinkel der Geländeoberfläche β zu berechnen.

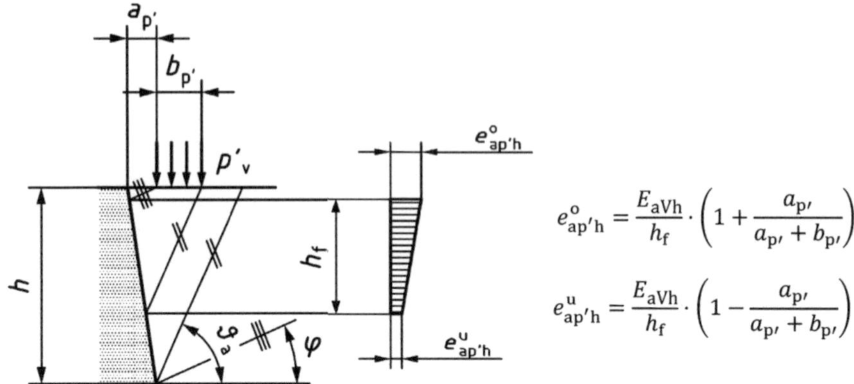

Abb. 16.26 Einfluss einer Streifenlast auf den Erddruck (aus *DIN 4085*)

Mindesterddruck Infolge Kohäsion können sich in der Nähe der Geländeoberfläche rechnerisch negative Erddrücke ergeben, s. Abschn. 16.4.1. Um Unsicherheiten infolge örtlicher Schwachstellen des Bodens zu begegnen, darf bei der Berechnung von Stützbauwerken, s. Kap. 17, ein Mindestwert für den Erddruck nicht unterschritten werden, s. dazu Abb. 16.26.

Der anzusetzende Mindesterddruck gemäß *DIN 4085* entspricht dem Erddruck, der sich bei Annahme einer Scherfestigkeit entsprechend $\varphi = 40°$ und $c = 0$ infolge des Bodeneigengewichts bei Beibehaltung der geometrischen Größen α und β sowie des Verhältnisses δ_a/φ ergibt. D. h. als Beiwert für den Mindesterddruck soll angesetzt werden

$$K^*_{agh} = K_{agh}(\varphi = 40°). \tag{16.38}$$

Der Mindesterddruck ergibt sich dann zu

$$e^*_{agh} = \sigma'_z(\gamma) \cdot K^*_{agh} \tag{16.39}$$

Bei bindigen Böden mit Kohäsion ist nun für jede Schicht vergleichend eine Untersuchung durchzuführen zwischen Mindesterddruck und dem Erddruck, der sich bei Ansatz der charakteristischen Bodenkenngrößen φ und c ergibt, also den Erddruckanteilen aus Eigenwicht und Kohäsion für den anstehenden Boden. Maßgebend ist die größere Erddruckresultierende, bei geschichtetem Boden die größere Erddruck resultierende der jeweiligen Schicht.

Erddruckanteil aus vertikalen Linien- oder Streifenlast Der Erddruckanteil infolge einer vertikalen Linien- oder Streifenlast F_V, die die Neigung der Erddruckgleitfläche aus Eigenlast des Bodens nicht wesentlich verändert, kann nach Gl. (16.40) berechnet werden. Diese Bedingung wird näherungsweise erfüllt, wenn die Last auf dem Gleitkeil angreift und nicht größer ist als 1/10 der Eigenlast des Gleitkeils. In anderen Fällen, s. *DIN 4085*.

$$E_{\mathrm{aFvh}} = F_{\mathrm{V}} \frac{\sin(\vartheta_{\mathrm{ag}} - \varphi) \cdot \cos(\alpha + \delta_{\mathrm{a}})}{\cos(\vartheta_{\mathrm{ag}} - \alpha - \delta_{\mathrm{a}} - \varphi)}. \tag{16.40}$$

In dieser Beziehung ist F_{V} eine vertikale Linienlast oder die Resultierende einer vertikalen Streifenlast mit der Breite b:

$$F_{\mathrm{V}} = p_{\mathrm{V}} \cdot b. \tag{16.41}$$

Für die Verteilung der Erddrucklast, s. Abb. 16.26.

Zum Erddruckanteil aus im Grundriss begrenzten Auflasten und horizontalen Linien- und Streifenlasten s. *DIN 4085*.

16.8.2 Erdruhedruck

Mit dem Erdruhedruck (Index 0) muss bei Unverschieblichkeit und auch bei kleinen Verdrehungen bis zu einem Tangenswert von 0,000 05 entsprechend einem horizontalen Verschiebungsweg von 1/20000 der Wandhöhe gerechnet werden.

Bei waagerechtem Gelände und vertikaler Wand ist die Horizontalkomponente des Erdruhedrucks wie folgt zu berechnen:

$$e_{0\mathrm{gh}} = \sigma_z' \cdot K_{0\mathrm{gh}} \tag{16.42}$$

Dabei darf gemäß *DIN 4085* bei unvorbelastetem Boden der Erdruhedruckbeiwert $K_{0\mathrm{gh}}$ mit dem Näherunganstz von Jaky (1944) nach der Gleichung

$$K_{0\mathrm{gh}} = K_{0\mathrm{g}} = 1 - \sin\varphi. \tag{16.43}$$

berechnet werden. Die Kohäsion des Bodens bleibt außer Ansatz, da bisher nicht geklärt ist, inwieweit sie den Erdruhedruck beeinflusst. Nendza (1973) schlägt die Einführung eines Ersatzreibungswinkels φ_{c} für die Ermittlung des Erdruhedruckbeiwerts mit (16.44) vor:

$$\tan\varphi_{\mathrm{c}} = \tan\varphi + \frac{c'}{\sigma_{\mathrm{m}}}. \tag{16.44}$$

σ_{m} ist die maßgebende σ_z-Spannung im Schwerpunkt der Erddruckfigur.

Goldscheider (2020) hat anhand hochgenauer Quaderversuche an Sand gezeigt, dass für Reibungsböden der Ansatz von Jaky (1944) zu deutlich zu kleinen Erdruhedruckbeiwerten führt. Die Abweichung steigt mit zunehmenden Werten des Reibungswinkels φ und zunehmender Dilatanz und erreicht bei $\varphi = 40°$ etwa 27 % Abweichung zu den von Goldscheider ermittelten Werten. Goldscheider schlägt einen Ansatz vor, der auf der Grundlage üblicher dränierter Triaxialversuche berechnet werden kann. Hierbei wird der

Verlauf der Volumenänderung e_v in Abhängigkeit der axialen Stauchung im Grenzzustand ausgewertet.

Für überkonsolidierte Böden wird der Erdruhedruckbeiwert mit

$$K_{0gh} = (1 - \sin\varphi) \cdot \sqrt{\mathrm{OCR}} \tag{16.45}$$

ermittelt. Hinsichtlich *OCR* s. Abschn. 4.2.2.

Bei plastischen bindigen Böden mit einer großen Kohäsion und vernachlässigbar kleiner Relativverschiebung ist die plastische Dehnung = 0. Nach der Elastizitätstheorie, s. Abschn. 9.1, ergibt sich aus der Bedingung $\varepsilon_{xx} = 0$ der Erdruhedruckbeiwert

$$K_{0g} = \frac{\nu}{1-\nu}. \tag{16.46}$$

Bei der Ermittlung des Erdruhedrucks in ansteigendem Gelände kann die Kraftrichtung parallel zur Geländeoberfläche angenommen werden.

Im Grenzfall $\beta = \varphi$ erhält man dann für eine unendliche Ausdehnung der Böschung:

$$K_{0g} = \cos\varphi. \tag{16.47}$$

bzw.

$$K_{0gh} = \cos^2\varphi. \tag{16.48}$$

Nach Rankine ist bei geneigtem Gelände ($\beta = \varphi = \delta$):

$$K_0 = K_a = K_p = \cos\delta. \tag{16.49}$$

Anteil des Erdruhedrucks infolge einer gleichmäßigen vertikalen Auflast Der Erddruckzuwachs infolge einer gleichmäßig verteilten vertikalen, quasi unendlichen Auflast kann wie folgt berechnet werden

$$e_{0ph} = p_v \cdot K_{0ph} \tag{16.50}$$

Bei geneigter Wand ist gemäß *DIN 4085* der Erdruhedruck unter der Vorgabe zu berechnen, dass das Spannungsfeld im Boden das gleiche ist wie im Fall einer senkrechten Wand. Der resultierende Erdruhedruck e_0 setzt sich in diesem Fall aus einer Normalkomponente und einer Schubkomponente zusammen, für die *DIN 4085* Gleichungen in Abhängigkeit der Wandneiung α angibt.

Anteil des Erdruhedrucks bei Punkt-, Linien- und Streifenlasten Der Erdruhedruck infolge von Punkt-, Linien- und Streifenlasten darf gemäß *DIN 4085* nach der Theorie der Spannungsverteilung im elastischen Halbraum ermittelt werden, s. Kap. 9. Vereinfachend darf auch die Theorie nach *Fröhlich* zugrunde gelegt werden, s. a. *EAB* und Weißenbach (1975).

Die Summe der resultierenden Erddrücke aus Bodeneigengewicht und großflächen Auflasten kann bei hohen Auflasten kleiner als im aktiven Fall sein. Dies ist bei der Bemessung auf der sicheren Seite liegend zu berücksichtigen.

Tab. 16.2 Erddruckbeiwerte und Gleitflächenwinkel

	φ	15°	17,5°	20°	22,5°	25°	27,5°	30°	32,5°	35°	37,5°	40°
K_{agh}	$\delta_a = 0$	0,59	0,54	0,49	0,45	0,41	0,37	0,33	0,30	0,27	0,24	0,22
K_{agh}	$\delta_a = +2/3\varphi$	0,52	0,47	0,43	0,38	0,35	0,31	0,28	0,25	0,22	0,20	0,18
K_{ach}	$\delta_a = 0$	1,53	1,46	1,40	1,34	1,27	1,21	1,15	1,10	1,04	0,99	0,93
K_{ach}	$\delta_a = +2/3\varphi$	1,34	1,26	1,18	1,11	1,04	0,98	0,92	0,87	0,81	0,76	0,71
K_{0gh}	$\delta_a = 0$	0,74	0,70	0,66	0,62	0,58	0,54	0,50	0,46	0,43	0,39	0,36
ϑ_a	$\delta_a = 0$	52,5	53,8	55,0	56,3	57,5	58,8	60,0	61,3	62,5	63,8	65,0
ϑ_a	$\delta_a = +2/3\varphi$	47,0	48,5	50,0	51,5	53,0	54,5	56,0	57,5	58,9	60,4	61,9

16.8.3 Erddruckbeiwerte für aktiven Erddruck und Erdruhedruck sowie Gleitflächenwinkel

Für den häufigen Sonderfall: horizontales, ebenes Gelände ($\beta = 0$) und senkrechte Wand ($\alpha = 0$) wurden für die Wandreibungswinkel $\delta = 0$ und $\delta = \frac{2}{3}\varphi$ die Erddruckwerte K_{ah}, K_{ach} und K_0 (φ, δ, $\beta = 0$, $\alpha = 0$) tabelliert (Tab. 16.2). Außerdem sind die Gleitflächenwinkel ϑ_a in Tab. 16.2 aufgeführt.

16.8.4 Passiver Erddruck (Erdwiderstand), ebener Fall

Der passive Erddruck dient in der Regel als wichtigste Ausgangsgröße bei der Ermittlung der möglichen seitlichen Stützwirkung des Bodens. Dabei muss die Abhängigkeit des passiven Erddrucks von der möglichen und zulässigen Bewegung des betrachteten Bauteils beachtet werden.

Beim Ansatz der maßgebenden Bodenkenngrößen ist zu beachten, dass die Gleitfläche im passiven Bruchzustand in Wandnähe in der Regel tiefer im Boden verläuft als die betrachtete Wand endet, s. Abb. 16.27 und 16.28. Das ist bedeutungsvoll, wenn unter dem Wandfuß weichere, weniger scherfeste Schichten anstehen. Ggf. kann dann ein anderer Bruchmechanismus maßgebend werden. Die Formeln zur Ermittlung der Gleitflächenausbildung sind im Anhang D.3 der *DIN 4085* aufgeführt.

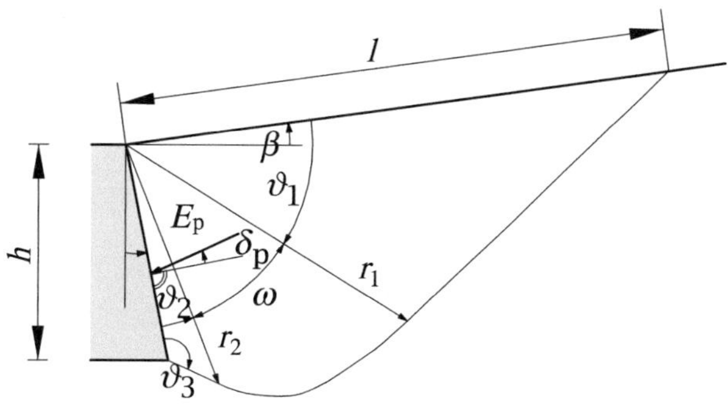

Abb. 16.27 Gleitflächenausbildung (*DIN 4085*)

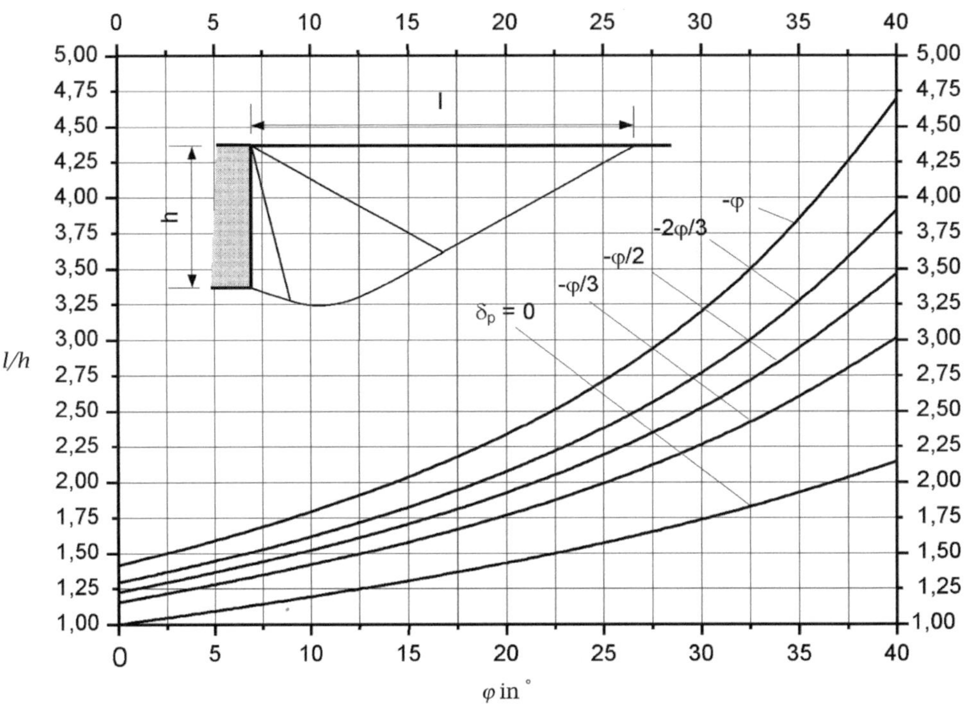

Abb. 16.28 Verhältnis Bruchkörperlänge l zur Wandhöhe h (*DIN 4085*)

Das Verhältnis von Bruchkörperlänge l zur Wandhöhe h im passiven Zustand in Abhängigkeit des Reibungswinkels φ und des Neigungswinkels δ_p kann aus Abb. 16.28 entnommen werden. Dies gilt für $\alpha = \beta = 0$ und die Eigenlast des Bodens.

Der passive Erddruck e_p setzt sich zusammen aus den Anteilen aus Bodeneigengewicht (Wichte γ) sowie ggfs. der Kohäsion c und großflächigen Gleichlasten p, die als Widerstand nur angesetzt warden dürfen, wenn sie ständig wirksam sind.

Die Horizontal- und die Vertikalkomponenten ergeben sich zu

$$e_{ph} = e_p \cdot \cos(\alpha + \delta_p) \tag{16.51}$$

und

$$e_{pv} = e_{ph} \cdot \tan(\alpha + \delta_p) \tag{16.52}$$

Die Horizontalkomponente des passiven Erddrucks aus Eigenlast des Bodens erhält man wie folgt:

$$e_{pgh}(z) = \sigma'_z(\gamma) \cdot K_{pgh} \tag{16.53}$$

Der passive Erddruck wird durch Kohäsion erhöht:

$$e_{pch}(z) = c \cdot K_{pch} \tag{16.54}$$

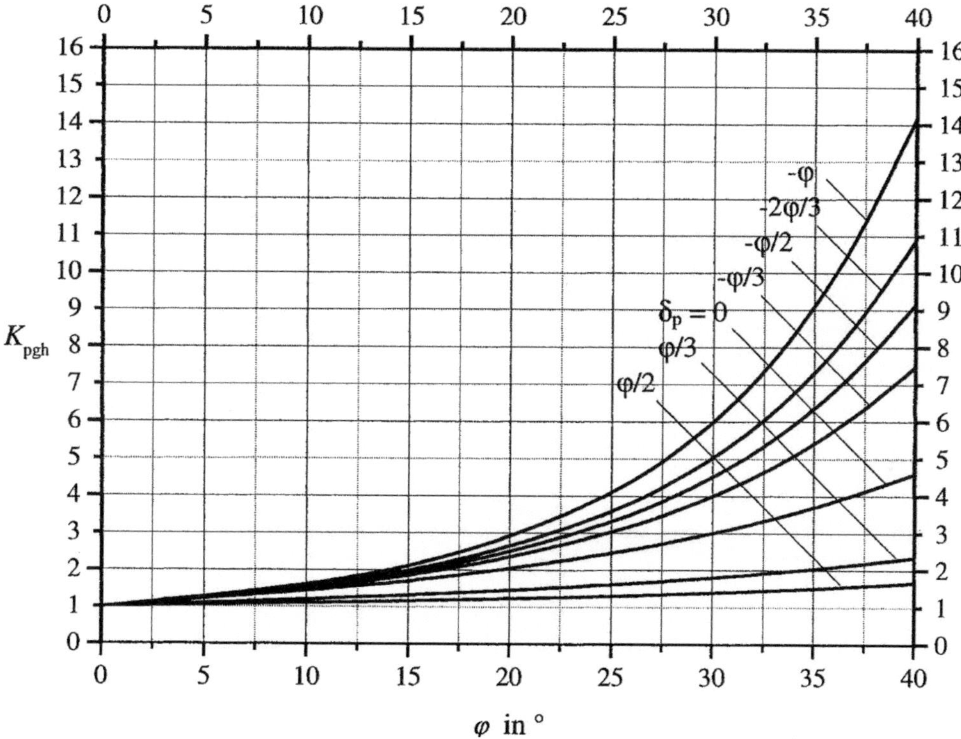

Abb. 16.29 Erddruckbeiwerte K_{pgh} für gekrümmte Gleitflächen. (Nach Pregl 2002) (*DIN 4085*)

Großflächig verteilte Gleichlasten führen zu folgender Erhöhung des passiven Erddrucks:

$$e_{\mathrm{pph}}(z) = p_{\mathrm{v}} \cdot K_{\mathrm{pph}} \tag{16.55}$$

Die Erddruckbeiwerte (für die horizontale Komponente) für gekrümmte Gleitflächen in Abhängigkeit des Neigungswinkels δ_{p} für die Fälle $\alpha = \beta = 0$ können für die Anteile aus Bodeneigengewicht, Kohäsion und großflächigen Gleichlasten den Abbildungen Abb. 16.29, 16.30 und 16.31 entnommen werden.

Der Erddruckbeiwert ist entsprechend der gewählten Erddruckneigung (δ_{p}), für die vertikales Gleichgewicht gewährleistet werden kann, zu ermitteln.

Im Sonderfall $\alpha = \beta = \delta = 0$, s. Abschn. 16.4.1, ist

$$\vartheta_{\mathrm{p}} = 45° - \frac{\varphi}{2} \tag{16.56}$$

und

$$K_{\mathrm{pgh}} = K_{\mathrm{pph}} = \frac{1 + \sin\varphi}{1 - \sin\varphi} = \tan^2\left(45° + \frac{\varphi}{2}\right). \tag{16.57}$$

sowie

$$K_{\mathrm{pch}} = \sqrt{K_{\mathrm{pgh}}}. \tag{16.58}$$

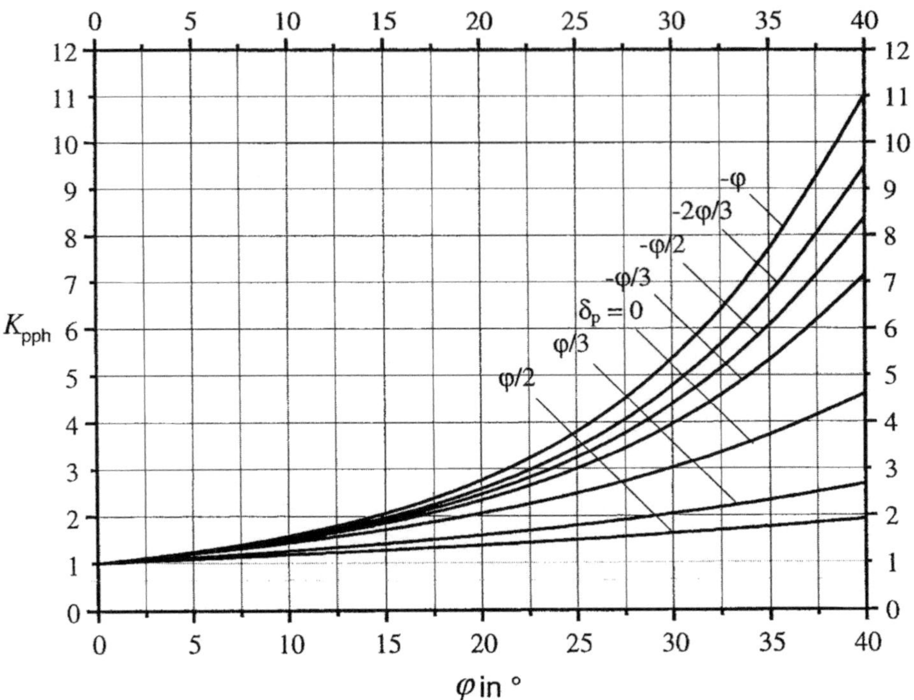

Abb. 16.30 Erddruckbeiwerte K_{pph} für gekrümmte Gleitflächen. (Nach Pregl 2002) (*DIN 4085*)

Bei einer parallelen Bewegung der Wand ist der passive Erddruck in etwa dreiecksförmig verteilt, dies stellt den Grundfall dar und ist in *DIN 4085* mit dem Zusatz [b)] versehen, s. Tab. 16.3

Für Abweichungen von Fall b) der Wandbewegung sind in Tab. 16.3 für andere idealisierte Wandbewegungen die Größe und Verteilung der passiven Erddrücke angegeben.

Alternativ zu den Diagrammen lassen sich die Erddruckbeiwerte für den resultierenden passiven Erddruck mit den nachfolgenden Formeln nach Pregl (2002) berechnen. Sie gelten für etwa parallele Wandbewegung. Bei der Berechnung sind Winkel im Bogenmaß einzusetzen.

Für $\varphi > 0$:

$$K_{\mathrm{pg}} = K_{\mathrm{pg},0} \cdot i_{\mathrm{pg}} \cdot g_{\mathrm{pg}} \cdot t_{\mathrm{pg}} \tag{16.59}$$

$$K_{\mathrm{pp}} = K_{\mathrm{pp},0} \cdot i_{\mathrm{pp}} \cdot g_{\mathrm{pp}} \cdot t_{\mathrm{pp}} \tag{16.60}$$

$$K_{\mathrm{pc}} = K_{\mathrm{pc},0} \cdot i_{\mathrm{pc}} \cdot g_{\mathrm{pc}} \cdot t_{\mathrm{pc}}. \tag{16.61}$$

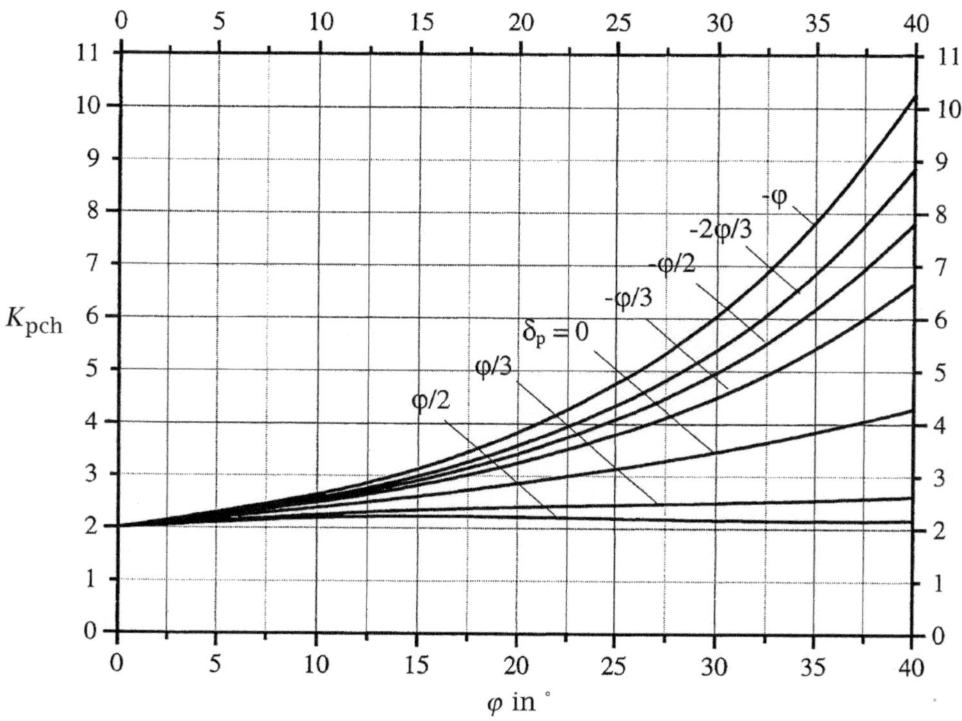

Abb. 16.31 Erddruckbeiwerte für gekrümmte Gleitflächen. (Nach Pregl 2002) (*DIN 4085*)

Mit den Werten für $\alpha = \beta = \delta = 0$:

$$K_{pg,0} = K_{pp,0} = \frac{1 + \sin\varphi}{1 - \sin\varphi} \tag{16.62}$$

$$K_{pc,0} = \left(K_{pp,0} - 1\right) \cdot \cot\varphi. \tag{16.63}$$

Für $\delta_p \leq 0$:

$$i_{pg} = \left(1 - 0{,}53 \cdot \delta_p\right)^{0,26+5,96\cdot\varphi} \tag{16.64}$$

$$i_{pp} = \left(1 - 1{,}33 \cdot \delta_p\right)^{0,08+2,37\cdot\varphi} \tag{16.65}$$

$$i_{pc} = i_{pp}. \tag{16.66}$$

Für $\delta_p > 0$:

$$i_{pg} = \left(1 + 0{,}41 \cdot \delta_p\right)^{-7,13} \tag{16.67}$$

$$i_{pp} = \left(1 - 0{,}72 \cdot \delta_p\right)^{2,81} \tag{16.68}$$

$$i_{pc} = \left(1 + 4{,}46 \cdot \delta_p \cdot \tan\varphi\right)^{-1,14+0,57\cdot\varphi}. \tag{16.69}$$

Tab. 16.3 Anhaltswerte für die zur Erzeugung des passiven Erddrucks erforderlichen Wandbewegung (s_p) und einfache Lastfiguren für die Verteilung des Erddrucks aus Bodeneigengewicht für verschiedene Wandbewegungsarten für nichtbindigen Boden und für die Fälle $\alpha = \beta = 0$ (*DIN 4085*, Tabelle B.3)

Art der Wandbewegung	Bezogenene Wandbewegungen s_p/h in Abhängigkeit von der Lagerungsdichte D für $D > 0{,}3$	Erddruckkraft E_{pgh} vereinfachte Verteilung des passiven Erddrucks und Näherung für die Größe der Erddruckkraft[a]
a) Drehung um den Wandfuß 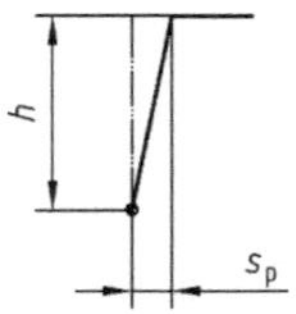	$s_p/h = -0{,}08 \cdot D + 0{,}12$ Die angegebene Gleichung gilt näherungsweise, wenn im negativen Bereich für δ_p dem Betrag nach $\delta_p \leq \varphi/2$ ist und liefert Mittelwerte. Abweichungen von bis zu ± 20 % sollten berücksichtigt werden. Innerhalb des Streubereiches nehmen die Werte mit der Wandhöhe etwas zu. Wenn im negativen Bereich für δ_p dem Betrag nach $\delta_p > \varphi/2$ ist, können größere Beträge für s_p/h auftreten.	$\frac{1}{2} \cdot E^b_{pgh} \leq E^a_{pgh} \leq \frac{2}{3} \cdot E^b_{pgh}$ 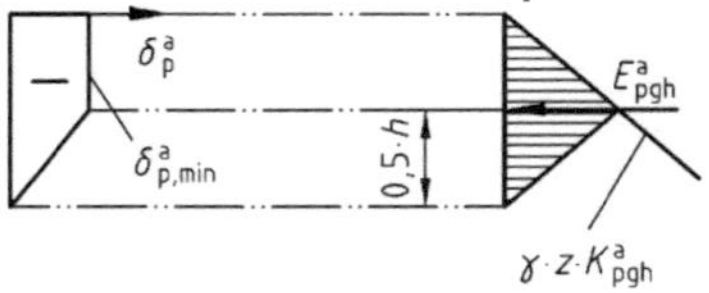 $E^a_{pgv} = E^a_{pgh} \cdot \tan \delta^a_{p,mittel}$ $\delta^a_{p,mittel} = \frac{3}{4} \cdot \delta^a_{p,min}$
b) Parallele Bewegung 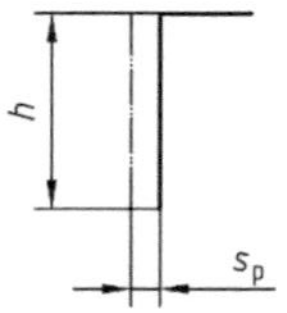		$E^b_{pgh} = \frac{1}{2} \cdot \gamma \cdot h^2 \cdot K^b_{pgh}$ 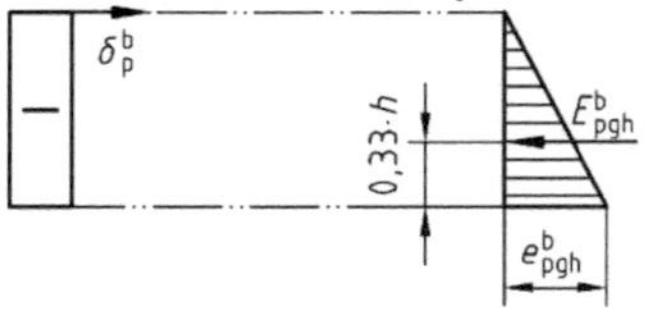 $\delta^b_{p,mittel} = \delta^b_{p,min}$
c) Drehung um den Wandkopf 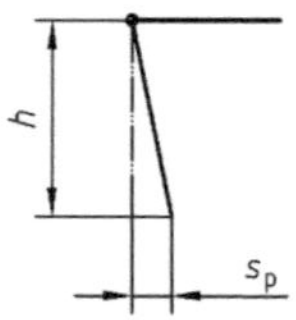	$s_p/h = -0{,}05 \cdot D + 0{,}09$ Die angegebene Gleichung liefert Mittelwerte. Die Streuung beträgt bei dieser Art der Wandbewegung etwa ± 20 %. Innerhalb des Streubereiches nehmen die Werte mit der Wandhöhe etwas zu.	$E^c_{pgh} \approx \frac{2}{3} \cdot E^b_{pgh}$ 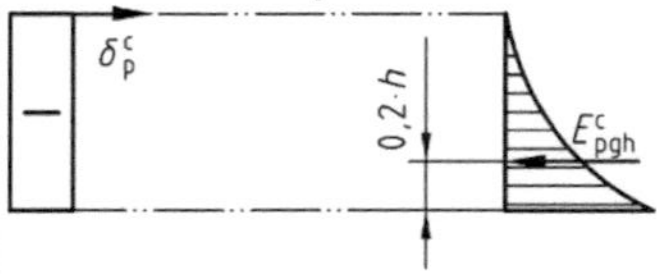 $\delta^c_{p,mittel} = \delta^c_{p,min}$

Anmerkung zu [a] in den Bildern: Vereinfachte Verteilung des passiven Erddrucks und Näherung für die Größe der Erddruckkraft. Entsprechend der Vorzeichenregel nach Abb. 16.6 ist $\delta_{p,min}$ der Betrag nach größte negative Neigungswinkel des passiven Erddrucks an der betrachteten Wand.

Für $\beta \leq 0$:

$$g_{pg} = (1 + 0{,}73\beta)^{2{,}89} \tag{16.70}$$

$$g_{pg} = (1 + 1{,}16 \cdot \beta)^{1{,}57} \tag{16.71}$$

$$g_{pc} = (1 + 0{,}001 \cdot \beta \cdot \tan\varphi)^{205{,}4+2232\cdot\varphi}. \tag{16.72}$$

Für $\beta > 0$:

$$g_{pg} = (1 + 0{,}35 \cdot \beta)^{0{,}42+8{,}15\cdot\varphi} \tag{16.73}$$

$$g_{pp} = (1 + 3{,}84 \cdot \beta)^{0{,}98\cdot\varphi} \tag{16.74}$$

$$g_{pc} = e^{2\cdot\beta\tan\varphi}. \tag{16.75}$$

Für $\alpha < 0$:

$$t_{pg} = (1 + 0{,}72 \cdot \alpha \cdot \tan\varphi)^{-3{,}51+1{,}03\cdot\varphi}. \tag{16.76}$$

Für $\alpha > 0$:

$$t_{pg} = (1 - 0{,}0012 \cdot \alpha \cdot \tan\varphi)^{2910-1958\cdot\varphi} \tag{16.77}$$

$$t_{pp} = \frac{e^{-2\cdot\alpha\cdot\tan\varphi}}{\cos\alpha} \tag{16.78}$$

$$t_{pc} = t_{pp}. \tag{16.79}$$

Für $\varphi = 0$:

$$K_{pg} = 1; \quad K_{pp} = 1; \quad K_{pc} = \frac{2(1+\beta)(1-\alpha)}{\cos\alpha}. \tag{16.80}$$

16.8.5 Räumlicher aktiver und passiver Erddruck

In räumlichen Erddrucksituationen treten gegenüber den für den ebenen Verformungszustand abgeleiteten Erddrucktheorien weitere Spannungen bzw. Kräfte oder zusätzliche Widerstände wie z. B. Seitenreibung oder Gewölbeeffekte auf. Es kommt zu einer geänderten Belastung von Stützbauwerken, die z. B. bei schmalen Druckflächen oder kleinen Baugrubengrundrissen berücksichtigt werden sollten.

16.8.5.1 Räumlicher aktiver Erddruck

Dieser Fall tritt ein, wenn sich eine (im Grundriss) kurze Wand mehr bewegt als die seitliche Umgebung, z. B. an der Stirnseite einer grabenförmigen Baugrube.

Bei der Berechnung des Erddrucks auf eine kurze Wand darf der Einfluss des räumlichen Spannungszustands im Boden berücksichtigt werden, wenn sich ein Gewölbe ausbilden kann. Bei dem in *DIN 4085* aufgeführten Berechnungsverfahren wird das durch die Einführung von Formbeiwerten erreicht, die zu einer Abminderung gegenüber dem ebenen Fall führen. Maßgeblich sind hierbei neben dem Reibungswinkel die Höhe und Breite der Stützwand.

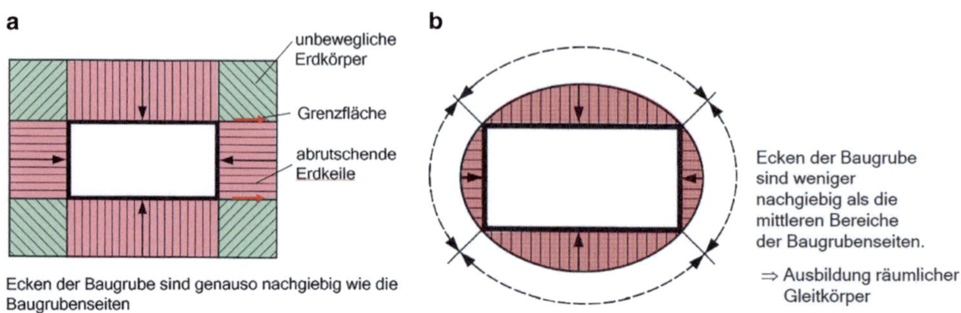

Abb. 16.32 Gedankenmodelle für räumlichen Erddruck **a** Seitenreibungsmodell **b** Gewölbemodell

In der *Empfehlung des Arbeitskreises „Baugruben" (EAB)* werden Angaben für Baugruben mit rechteckigem Grundriss gemacht mit dem Hinweis, dass bei nichtbindigen Böden und bei mindestens steifen bindigen Böden die infolge der räumlichen Wirkungen auftretende Verminderung des Erddruck berücksichtigt werden darf.

Für die Ermittlung der abgeminderten Erddrucklast kommen im Grundsatz folgende Verfahren in Frage, s. Abb. 16.32:

a) Verfahren, die von Scherkräften an den Flankenflächen eines abrutschenden ebenen Erdkeils ausgehen (Seitenreibungsmodell),
b) Verfahren, die von einem abrutschenden räumlichen Gleitkörper ausgehen (Gewölbemodell).

Die genannten Verfahren setzen eine Baugrubenkonstruktion voraus, die ausreichend verformbar ist, um den Erdruhedruck auf den aktiven Erddruck absinken zu lassen.

Bei den Verfahren, die von Scherkräften an den Flankenflächen von abrutschenden Erdkeilen ausgehen (Seitenreibungsmodell), liegt als Gedankenmodell eine Baugrube zugrunde, bei der sich an allen Seiten ein Erdkeil auf die Baugrube zubewegt, während die vier Eckbereiche keine Bewegung ausführen können. Somit werden in den Grenzflächen zwischen den abrutschenden Erdkeilen und den unbeweglichen Eckkörpern Reibungskräfte und gegebenenfalls Kohäsionskräfte mobilisiert, welche die Erdkörper auf den Baugrubenseiten beim Abrutschen behindern und die Gesamtlast des aktiven Erddruckes abmindern. Dieses Verfahren bietet sich an, wenn die Ecken der Baugrubenwände ebenso nachgiebig sind wie die mittleren Bereiche der Baugrubenseiten. Die Verminderung des Gesamterddruckes kann in Form von Abschrägungen oder in Form von Abstufungen der ohne räumliche Wirkung ermittelten durchgehenden Erddrucklast E_h, in die Bemessung der Einzelteile umgesetzt werden.

Bei den Verfahren, die von einem räumlichen Bruchkörper (Gewölbemodell) ausgehen, spielt die Ausbildung eines Gewölbes im Boden die entscheidende Rolle für die Abminderung des Erddruckes. In Frage kommen die Verfahren von Karstedt (1982) sowie Piaskowski und Kowalewski (1965) bzw. die Angaben der *DIN 4085*. Die Verfahren auf der Grundlage von räumlichen Gleitkörpern (Gewölbemodell) bieten sich an, wenn die Ecken der Baugrubenwände weniger nachgiebig sind als die mittleren Bereiche der Baugrubenseiten.

In den Untersuchungen von Moormann und Klein (2014) werden basierend auf der messtechnischen Untersuchung der Verformungscharakteristik tiefer Baugruben mit rechteckigem Grundriss durch In-situ-Messungen und einer zusammenfassenden Darstellung analytischer Ansätze Ergebnisse von Modellversuchen und einer numerischen Studie vorgestellt. Hierbei werden der Einfluss der räumlichen Tragwirkung u. a. auf das Verformungsverhalten, die Verteilung des Erddrucks und die innere Beanspruchung der Verbaukonstruktion ausgewertet und mit Ansätzen in technischen Regelwerken verglichen.

Hierbei zeigte sich, dass das Verhältnis der Steifigkeit der Baugrubenecken zur Nachgiebigkeit der Verbauwand einen maßgeblichen Einfluss hat. Messtechnische und numerische Untersuchen haben gezeigt, dass das Trag- und Verformungsverhalten von tiefen, rechteckigen Baugruben von vergleichsweise unverschieblichen Ecken geprägt ist. Die Gegenüberstellung der numerisch ermittelten Verteilung des Erddrucks auf die Baugrubenseitenwände und des vereinfachten Erddruckansatzes der *EAB*, Gewölbemodell, zeigt maßgebliche Diskrepanzen in Bezug auf Betrag und Länge der sich infolge der Spannungsumlagerungen ergebenden Abminderungsbereiche auf.

Im Gegensatz zu üblichen Baugruben sind bei Schachtbauwerken die Kantenlänge oder der Durchmesser oft kleiner sind als seine Tiefe. Damit treten bei Schachtbauwerken ausgeprägte räumliche Effekte auf, auch hier bilden sich Gewölbe im Boden, die den Erddruck auf das Bauwerk günstig beeinflussen.

In welchem Maß sich ein Gewölbe ausbildet, hängt zum einen vom Verhältnis des Schachtdurchmessers zur Schachttiefe und zum anderen vom Verformungsverhalten des Verbaus ab. Als Faustformel kann man davon ausgehen, dass es sich lohnt, die räumliche Wirkung zu berücksichtigen, wenn die Tiefe den Durchmesser überschreitet.

Zur rechnerischen Erfassungen dieser räumlichen Effekte sind in der Literatur einige Ansätze zu finden. So zeigt beispielsweise Steinfeld über die Gleichgewichtsbedingungen am Kegelstumpf, wie der radiale Erddruck über Ringdruckspannungen abgetragen wird und somit den radialen Druck auf die Schachtwand verringert.

Auch für Baugruben mit kreisförmigem Grundriss werden in der *EAB* Berechnungsverfahren angegeben. Diese sind von der Nachgiebigkeit des Systems abhängig und gehen auf Erddruckansätze von Walz und Hock (1988), Steinfeld (1958) und Beresanzew (1958) zurück.

16.8.5.2 Räumlicher passiver Erddruck

Bei im Grundriss schmalen Wänden ist der passive Erddruck größer als bei einem Ausschnitt einer unendlich langen Wand gleicher Breite. Bei dem in *DIN 4085* aufgeführten Berechnungsverfahren wird der Einfluss des räumlichen Spannungszustands auf den passiven Erddruck durch die Einführung von Formbeiwerten erreicht. Die Erddruckbeiwerte entsprechen denen für den ebenen Fall. Abb. 16.33 zeigt den maßgeblichen Bruchkörper

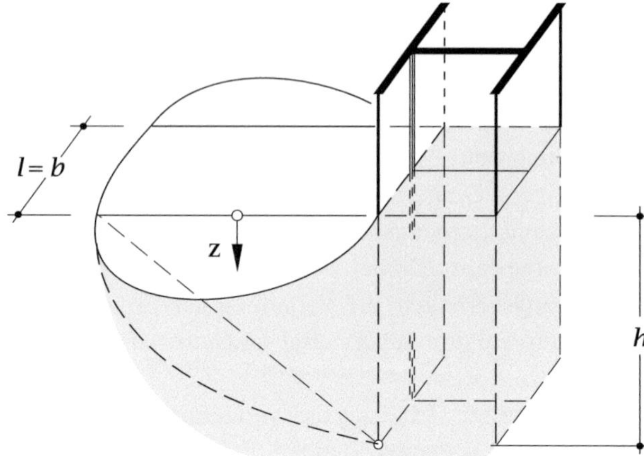

Abb. 16.33 Erddruck vor einem Träger: maßgeblicher Bruchkörper

für den im Grundbau wichtigsten Anwendungsfall, den Erdwiderstand vor dem Fuß eines Baugrubenträgers als Reaktionskraft, s. auch Kap. 17.

Die Horizontalkomponente der räumlichen Erddruckkraft pro Meter infolge Eigenlast des Bodens, Kohäsion und gleichmäßig verteilter Auflast ist auf die gesamte rechnerische Wandlänge:

$$E^{\mathrm{r}}_{\mathrm{ph}} = E^{\mathrm{r}}_{\mathrm{pgh}} + E^{\mathrm{r}}_{\mathrm{pph}} + E^{\mathrm{r}}_{\mathrm{pch}} \tag{16.81}$$

Mit den Anteilen

$$E^{\mathrm{r}}_{\mathrm{pgh}} = 1/2 \cdot \gamma \cdot h^2 \cdot K_{\mathrm{pgh}} \cdot \mu^{(\mathrm{res})}_{\mathrm{pgh}} \tag{16.82}$$

für den Anteil aus Bodeneigengewicht,

$$E^{\mathrm{r}}_{\mathrm{pph}} = p_{\mathrm{v}} \cdot h \cdot K_{\mathrm{pph}} \cdot \mu^{(\mathrm{res})}_{\mathrm{pph}} \tag{16.83}$$

für den Anteil aus großflächigen Gleichlasten und

$$E^{\mathrm{r}}_{\mathrm{pch}} = c \cdot h \cdot K_{\mathrm{pch}} \cdot \mu^{(\mathrm{res})}_{\mathrm{pch}} \tag{16.84}$$

für den Anteil aus Kohäsion.

Die Formbeiwerte sind Tab. 16.4 zu entnehmen.

Die Höhe des Angriffspunkts der Erddruckkraft $E^{\mathrm{r}}_{\mathrm{ph}}$ über dem Wandfuß darf näherungsweise wie folgt angenommen werden:

Im Gebrauchszustand (etwa halbe Bruchlast): $y = h/3$.

Im passiven Bruchzustand bei $y = h/4$ für $b \leq h$ und $y = h/3$ für $b \geq 10\,h$.

Bei $h < b < 10\,h$ darf geradlinig interpoliert werden.

Wenn mehrere kurze Wände der Länge l mit geringem Abstand nebeneinander angeordnet sind, ist die Summe der passiven Erddruckkräfte $E^{\mathrm{r}}_{\mathrm{ph}}$ auf die Einzelflächen mit der passiven Erddruckkraft auf eine gedachte durchgehende Wand zu vergleichen. Der kleinere Wert ist maßgebend. Dabei ist die Erddruckkraft auf die durchgehende Wand der

Tab. 16.4 Formbeiwerte beim Räumlichen Erdwiderstand (aus DIN 4085)

	$b \le 0{,}3\,h$	$b \ge 0{,}3\,h$
$\mu_{\text{pgh}}^{(\text{res})}$	$0{,}55 \cdot (1 + 2 \cdot \tan\varphi) \cdot \sqrt{\frac{h}{b}}$	$1 + 0{,}6 \cdot \frac{h}{b} \cdot \tan\varphi$
$\mu_{\text{pph}}^{(\text{res})}$	$\mu_{\text{pgh}}^{(\text{res})}$	$\mu_{\text{pgh}}^{(\text{res})}$
$\mu_{\text{pch}}^{(\text{res})}$	$1{,}1 \cdot (1 + 0{,}75 \cdot \tan\varphi) \cdot \sqrt{\frac{h}{b}}$	$1 + 0{,}3 \cdot \frac{h}{b} \cdot (1 + 1{,}5 \cdot \tan\varphi)$

Länge a wie folgt zu berechnen:

$$E_{\text{p}}^{\text{durchg}} = E_{\text{p}}^{\text{I}} \cdot (a - l) + E_{\text{p}}^{\text{II}} \cdot l \tag{16.85}$$

mit

a … Abstand der Systemachsen der kurzen Wand
E_{p}^{I} … passive Erddruckkraft auf die vertikale Schnittfläche $(a - l) \cdot h$ im Boden für $\delta_{\text{p}} = 0$
E_{p}^{II} … passive Erddruckkraft auf die kurze Wandfläche
h … Höhe der kurzen Wand

16.9 Teilmobilisierter Erdwiderstand

Nach Abb. 16.4 steigt der Erddruck, wenn eine Stützwand gegen den Boden gedrückt wird, bis auf einen Grenzwert E_{p}, den passiven Erddruck oder Erdwiderstand, an. Der Erstautor hat 1981 bei großmaßstäblichen Versuchen mit Sand Wandelemente gegen den Boden gedreht und im Sinne einer Setzung verschoben und dabei die in Abb. 16.34 wiedergegebenen Druckverteilungen gemessen: schon bei einem Drehwinkel von 0,0005 springt die Resultierende von $h/3$ hoch auf $h/2$. Bei Drehungen um 0,004 wird nahe der Oberfläche der passive Grenzzustand erreicht.

Mit dem Übergang vom aktiven zum passiven Erddruckzustand sind erhebliche Kornumlagerungen verbunden, weil sich die Richtung der 1. Hauptspannung zur Waagerechten hin dreht. Deswegen ist die Weckung des Erdwiderstands in Reibungsböden mit wesentlich größeren Wandverschiebungen verbunden als die Entspannung auf den aktiven Grenzzustand, s. auch Abschn. 16.2.

Aus der Auswertung von großmaßstäblichen Modellversuchen und Messungen an Schleusenkammerwänden hat Vogt (1984) empirisch eine Beziehung nachgewiesen, die eine Abhängigkeit zwischen dem mobilisierten Erddruckbeiwert K_{mob} und der Verschiebung für jede einzelne Stelle einer Wand in der Tiefe z beschreibt. Mit den Beiwerten der Grenzwerte des Erddrucks, einem Beiwert a für passive Mobilisierung, der für dichten bis lockeren Sand zu $0{,}01 \le a \le 0{,}1$ ermittelt und einem Beiwert $b = a/10$ ergeben sich folgende Beziehungen, für die aktive Mobilisierung:

$$K_{\text{mob}} = K_0 - (K_0 - K_{\text{ah}}) \cdot \frac{\frac{u}{z}}{b + \frac{u}{z}} \tag{16.86}$$

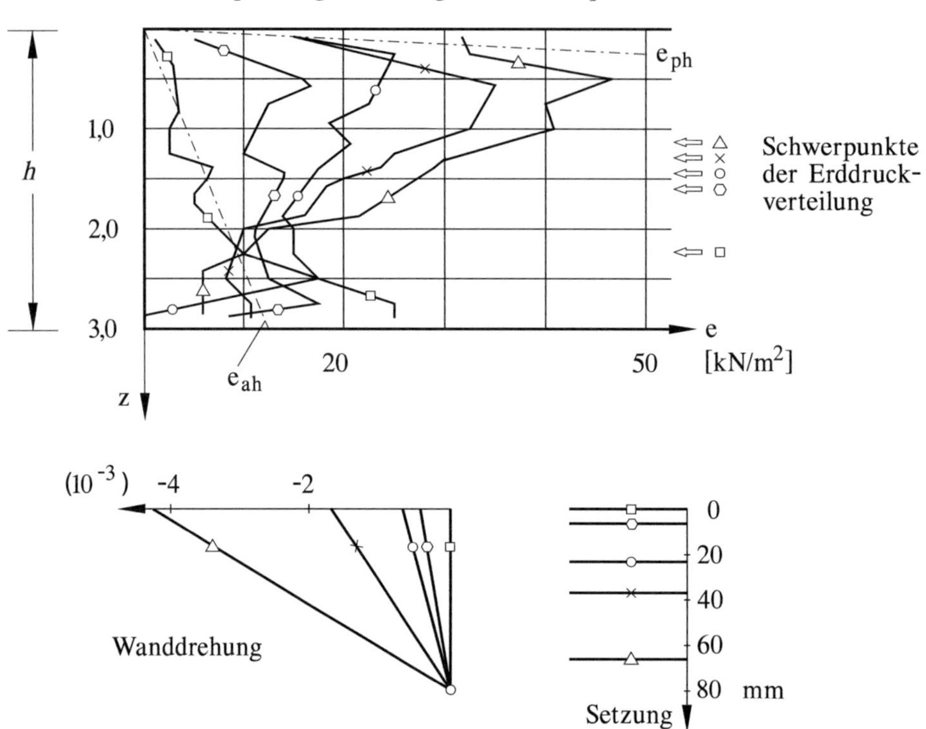

Abb. 16.34 Teilmobilisierter Erdwiderstand bei Wanddrehung

und für die passive Mobilisierung entsprechend:

$$K_{\text{mob}} = K_0 + \left(K_{\text{ph}} - K_0\right) \cdot \frac{\frac{u}{z}}{a + \frac{u}{z}}. \tag{16.87}$$

Nach *DIN 4085* darf bei nichtbindigen Böden der teilmobilisierte passive Erddruck nach folgender Gleichung von Bartl (2004) abgeschätzt werden:

$$E'_{\text{pgh}} = \left(E_{\text{pgh}} - E_{\text{0gh}}\right) \cdot \left[1 - \left(1 - \frac{s}{s_{\text{p}}}\right)^{\text{b}}\right]^{\text{c}} + E_{\text{ogh}}. \tag{16.88}$$

s ist die tatsächliche Wandverschiebung und s_{p} die Verschiebung zur Erzeugung von E_{p}. Bei weichen bindigen Böden und bei nichtbindigen Böden unter Wasser können die Verschiebungen s_{p} 1,5- bis 2-fach größer sein als bei nichtbindigen Böden.

Bei einer Parallelverschiebung der Wand darf gemäß *DIN 4085* mit den Exponenten $b = 1{,}45$ und $c = 0{,}7$ gerechnet werden. In der alten *DIN 4085* war zusätzlich für eine

Fußpunktdrehung ein Wert von $b = 1{,}07$ bzw. für eine Kopfpunktdrehung von $b = 1{,}72$ angegeben. Soll zusätzlich eine Vorbelastung berücksichtigt werden, darf der Ansatz von Besler (1995) verwendet werden.

Für bindige Böden eignen sich gemäß *DIN 4085* die Ansätze von Pelz (2011).

16.10 Zusatz-Erddruck infolge Verdichtung

Seit Terzaghi (1934) ist bekannt, dass die Verdichtung von Schüttungen zu zusätzlichen Erddrücken auf Stützwände führt. Weiterührende Untersuchungen führte Spotka (1979) durch.

Nach *DIN 4085* darf der Verdichtungserddruck nach Abb. 16.35 und Tab. 16.5 angesetzt werden. Dabei wird bei nachgiebiger Wand der aktive Erddruck, bei unnachgiebiger Wand der Erdruhedruck überlagert. Die Ordinate z_p ergibt sich aus:

$$z_p = \frac{e_{vh}}{\gamma \cdot K_{pgh}(\delta_p = 0)}. \tag{16.89}$$

Nach Franke (2008) genügt es für leichte Verdichtung mit Vibrationsplatten bis zu einer Betriebsmasse von 250 kg, wie sie gewöhnlich für die Verfüllung von Arbeitsräumen neben Kelleraußenwänden ausgeführt wird, einen Verdichtungserddruck von $e_{vh} = 15\,\text{kN/m}^2$ gemäß Abb. 16.35 anzusetzen; bei nachgiebiger Wand ist z_a ebenfalls 2,0 m.

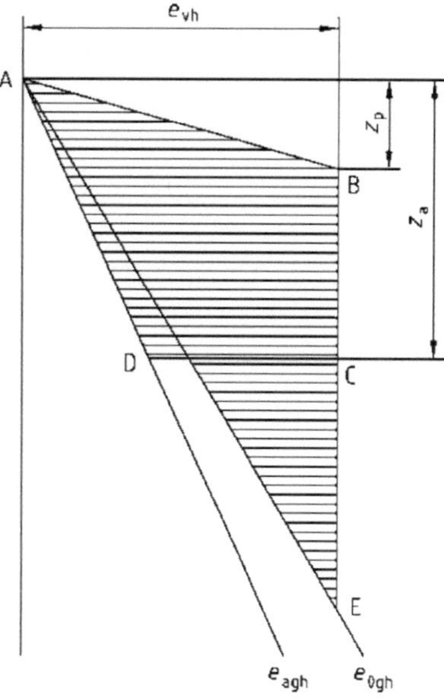

Abb. 16.35 Ansatz des Verdichtungserddruck (*DIN 4085*)

Tab. 16.5 Angaben zum Verdichtungserddruck nach Abb. 16.35 (nach *DIN 4085*)

	Intensive Verdichtung		Leichte Verdichtung
Nachgiebigkeit der Wand	Breite des zu verfüllenden Raumes b		Mit Vibrationsplatten mit einer Betriebsmasse von $\leq 250\,\text{kg}$
	$b \leq 1{,}0\,\text{m}$	$b \geq 2{,}5\,\text{m}$	
Nachgiebig	$e_{\text{vh}} = 25\,\text{kN/m}^2$ $\quad z_{\text{a}} = 2{,}00\,\text{m}$		$e_{\text{vh}} = 15\,\text{kN/m}^2$ $\quad z_{\text{a}} = 2{,}00\,\text{m}$
Unnachgiebig	$e_{\text{vh}} = 40\,\text{kN/m}^2$	$e_{\text{vh}} = 25\,\text{kN/m}^2$	$e_{\text{vh}} = 15\,\text{kN/m}^2$
	Für Zwischenwerte von b darf geradlinig interpoliert werden		

16.11 Erddruck bei dynamischer Anregung

Dynamische Einwirkungen können aus Erbeben oder Verkehrslasten resultieren.

Nach *DIN 4085* darf, wenn eine Verflüssigung des Hinterfüllmaterials ausgeschlossen werden kann, unter Zugrundelegung ebener Gleitflächen die seismische Erddruckkraft näherungsweise quasi statisch ermittelt werden. Unter Verwendung der horizontalen und vertikalen Komponenten der Erdbeschleunigung gibt *DIN 4085* eine Gleichung zur Ermittlung eines Erddruckbeiwertes infolge Bodeneigengewicht und seismischer Beanspruchung an.

16.12 Erddruck infolge sackender Hinterfüllung und Silodruck

Für unnachgiebige Stützwände mit sackender Hinterfüllung hat der Erstautor (1981) für starre Stützbauwerke mit einem kinematischen Modell mit zwei Gleitflächen unter Variation der Gleitflächenwinkel, Abb. 16.36, die nachfolgenden Rechenansätze abgeleitet und empfohlen:

$$K_{\text{hs}} = \cos^2 \varphi'. \tag{16.90}$$

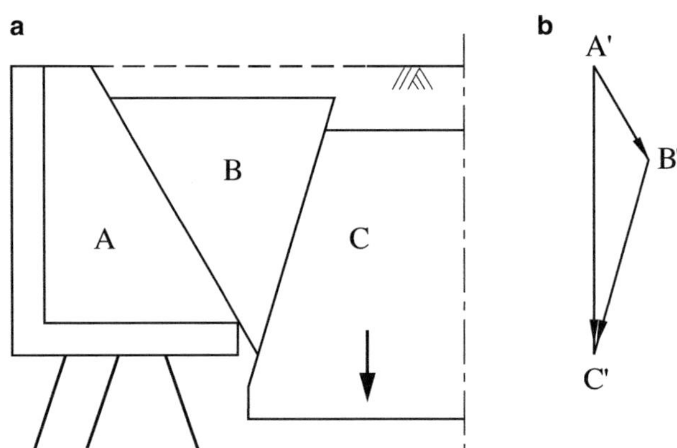

Abb. 16.36 Winkelstützwand mit absackender Hinterfüllung. **a** Gleitmechanismus, **b** Hodograph

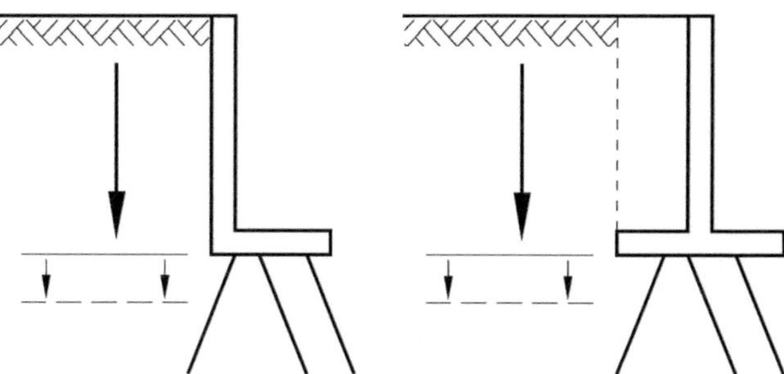

Abb. 16.37 Sackende Hinterfüllung

Die Variation ergab nahezu senkrechte Gleitflächen. Der Erddruck ist daher auf eine senkrechte Ersatzfläche über dem Sporn wie üblich, unter der Verwendung von K_{hs}, zu berechnen. Für biegsame Bauwerke wurde der Ansatz empirisch festgelegt:

$$K_{\mathrm{hs}} = 1 - \sin\varphi. \tag{16.91}$$

Abb. 16.37 zeigt Anwendungsfälle für sackende Hinterfüllungen: Stützbauwerke auf Pfählen, bei denen sich die Hinterfüllung infolge von Untergrundsetzungen nach unten bewegt.

Der Silodruck entsteht durch Füllgut bei Silobauwerken mit parallelen Wänden. Der Boden zwischen zwei parallelen Wänden, s. Abb. 16.38 (ebener Fall), übt aus Symmetriegründen auf beide Seiten den gleichen Druck aus. Durch die Nachbarschaft der Wände kann sich der Erddruck ab einer bestimmten Tiefe z unter der Oberfläche des Füllguts nicht mehr wie bei einem seitlich unbegrenzten Halbraum ausbilden. Im aktiven Zustand gilt das etwa für $z > b - \tan\vartheta_{\mathrm{ag}}$. Er wächst mit der Tiefe degressiv und strebt einem Grenzwert zu.

Der Silodruck kann nach *DIN 4085* wie folgt berechnet werden:

$$e_{\mathrm{Sh}} = \frac{\gamma \cdot b}{2 \cdot \tan\delta}\left[1 - e^{\left(-2 \cdot K_{\mathrm{Sh}} \cdot \frac{z}{b} \cdot \tan\delta\right)}\right]. \tag{16.92}$$

K_{Sh} ist das Verhältnis e_{Sh}/σ_z an der Wand, wobei $\sigma_z \leq \gamma \cdot z$ ist.

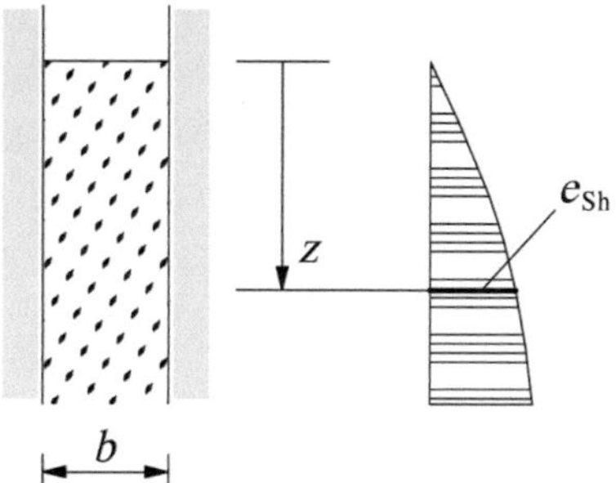

Abb. 16.38 Bezeichnungen zur Berechnung des Silodrucks nach *DIN 4085*, Beuth-Verlag, Berlin

Sind die Wände unnachgiebig und ist vom Ruhezustand im Boden auszugehen, dann darf $K_{\text{Sh}} = K_{0\text{hg}}$ gesetzt werden. Kann davon ausgegangen werden, dass zwischen den Wänden der aktive Zustand herrscht, dann ist $K_{\text{Sh}} = K_{\text{ahg}}$.

Der Neigungswinkel δ ist wegen der Reibung an den Wänden und der Setzung positiv.

16.13 Erddruck infolge Hangbewegung

Bei Stützbauwerken zur Sicherung von kriechenden Hängen sowie Bauwerken in solchen Gebieten (z. B. Brückenpfeiler) tritt oft ein erhöhter Kriech- oder Staudruck auf der Hangseite des Bauwerks auf, der den Erdruhedruck bei weitem überschreitet und theoretisch im Grenzfall die Größe des passiven Erddrucks erreichen kann. Brandl (2009) hat für den Sonderfall, dass die Böschungsneigung β gleich dem Reibungswinkel φ sei, die auf das starre bzw. flexible Stützbauwerk wirkende horizontale Erddruckkraft infolge Hangkriechens (Index kr) wie folgt angegeben:

$$E_{\text{kr,h}} = m(\varphi) \cdot \gamma \cdot \frac{h^2}{2} \cdot \cos^2 \varphi. \tag{16.93}$$

Der Faktor $m(\varphi)$ kann aus Abb. 16.39 entnommen werden.

Nach Gudehus (1990) kann der Erddruck auf eine verankerte, starre Wand infolge Hangkriechens bei oberflächenparalleler Hangbewegung mit dem in Abb. 16.40 dargestellten Bruchmodell mit zwei Gleitflächen grafisch ermittelt werden. Dabei muss der Winkel α variiert werden, um den mimimalen Erddruck E_{p} zu finden, s. dazu auch Abschn. 16.6. Der minimale Erdwiderstand E_{p} beträgt für das dargestellte Beispiel bei $\alpha = -89°$: $E_{\text{p}} = 1{,}96\,\text{MN/m}$.

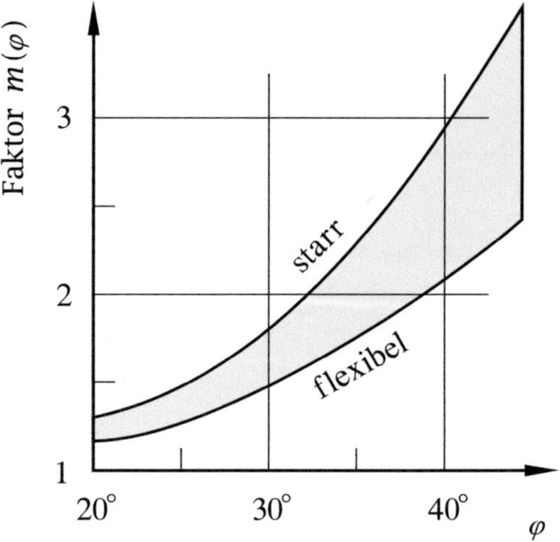

Abb. 16.39 Faktor $m(\varphi)$ für Erddruck nach Brandl

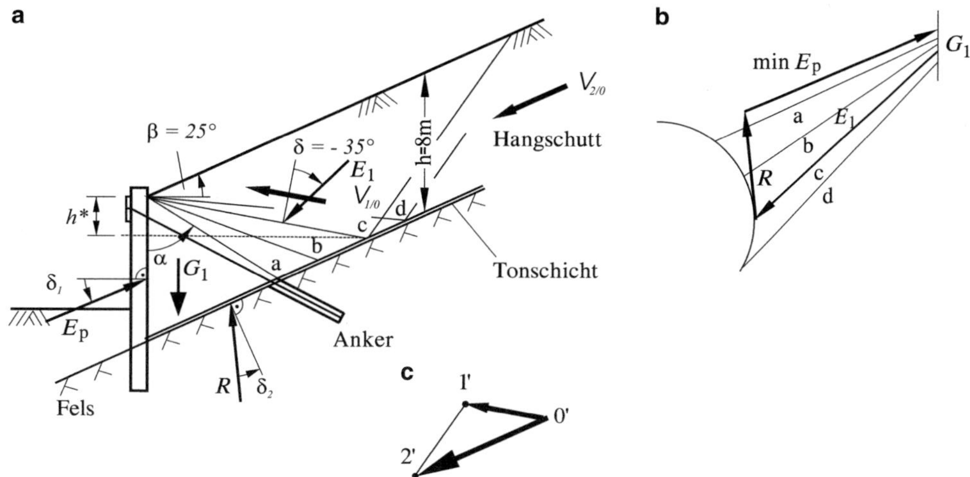

Abb. 16.40 Verankerte Bohrpfahlwand vor einem Kriechhang nach Gudehus (1990). **a** Schnitt, **b** Krafteck, **c** Hodograph für Gleitfuge c; Kennwerte für Hangschutt: $\varphi = 35°$, $c = 0$, $\gamma = 20\,\text{kN/m}^3$; Kennwerte für Tonschicht: $\varphi = 25°$, $c = 0$

Man beachte, dass für die Ermittlung von E_1 die jeweilige Höhe h^* anzusetzen ist:

$$E_1 = E_{\text{p1}} = \gamma \cdot \frac{h^{*2}}{2} \cdot K_{\text{pgh}} \cdot \frac{1}{\cos(\delta - \alpha)}. \tag{16.94}$$

Eine gewisse Unsicherheit liegt wiederum, vergleiche auch Beispiel in Abb. 16.21, im Ansatz des Neigungswinkels der Kräfte an der Wand (δ_1) bzw. in der Sohle (δ_2).

16.14 Erhöhter aktiver Erddruck

Erddrücke werden als Einwirkungen und als Widerstände für erdberührte Wände und Bauteile angesetzt.

Wie gezeigt, ist die Größe und die Verteilung des Erddrucks von der Bewegung zwischen Bauteil und Boden, von der Bewegung des Bauteils selbst sowie durch vom Bauteil unabhängigen Einflüssen wie Hangbewegung und Verdichtung abhängig.

Je nach Nachgiebigkeit der Stützkonstruktion bilden sich Werte des Erddrucks zwischen Erdruhedruck und aktivem Erddruck aus (erhöhter aktiver Erddruck). Im Anhang der *DIN 4085* sind Empfehlungen zusammengestellt zur Abhängigkeit zwischen der Nachgiebigkeit der Stützkonstruktion und dem zugrunde zu legenden Erddruckansatz. Je nach Art der Stützung sind neben einer Erhöhung des aktiven Erddruck Umlagerungen des Erddrucks anzusetzen.

Literatur

Bartl, U.: Zur Mobilisierung des passiven Erddrucks in kohäsionslosem Boden. Technische Universität Dresden, Dissertation (2004)

Beresanzew, V.G.: Earth pressure on cylindrical retaining walls. Proc. Brussels Conf. On Earth Pressure Problems II., S. 21 (1958)

Besler, D.: Verschiebungsgrößen bei der Mobilisierung des Erdwiderstands von Sand. Bautechnik **72**(11), 748–755 (1995)

Brandl, H.: Stützbauwerke und konstruktive Hangsicherungen, Grundbautaschenbuch, T. 3, 7. Aufl. Ernst & Sohn, Berlin (2009)

Caquot, A., Kerisel, J.: Grundlagen der Bodenmechanik. Springer, Berlin, Heidelberg, New York (1967)

Coulomb, C.A.: Essai sur une application des regles des maximis et minimis a quelques problemes de statique relatifs a l'architecture. Memoires de mathem. et de phys. presentees a l'Academie Roy. des Sciences par divers savants. Vol. VII, Paris (1773)

Culmann, K.: Die graphische Statik, Abschnitt XIII, 1866. Schweiz. Ges. für Boden- und Felsmechanik, Zürich (1982). Nachdruck von Teilen der 1. Aufl

Franke, D.: Verdichtungserddruck bei leichter Verdichtung. Bautechnik **85**(3), 197–198 (2008)

Goldscheider, M.: Der Erdruhedruckbeiwert K0 von Reibungsböden – Materialgesetz und Bestimmung aus einem Triaxialversuch. Geotechnik **43**(2), 84–96 (2020)

Gudehus, G., Goldscheider, M.: Verbesserte Standsicherheitsnachweise. DGEG Vorträge der Baugrundtagung, Frankfurt/Main. (1974)

Gudehus, G.: Erddruckermittlung, Grundbautaschenbuch, Teil 1, Abschn. 1.10, 4. Aufl. Ernst & Sohn, Berlin (1990)

Gudehus, G.: Konstr Statisch Möglicher Spannungsfelder Erdkörpern. Straße/Brücke/Tunnel. **6**, 157–161 (1974)

Hettler, A.: Erddruck, Grundbautaschenbuch, Teil 1, 8. Aufl. Ernst & Sohn, Berlin (2018)

Jaky, J.: Der Ruhedruckbeiwert. Archiv des Geotechnik-Departments der TU Budapest (1944). veröffentlicht in ungarischer Sprache in der Zeitschrift: M.M.E.E. Közlönye, übersetzt von v. Soos (1993)

Karstedt, J.-P.: Untersuchungen zum aktiven räumlichen Erddruck im rolligen Boden bei hydrostatischer Stützung der Erdwand. Veröffentlichungen des Grundbauinstituts der Technischen Universität Berlin, Heft 10. (1982)

Krey, H.D.: Erddruck, Erdwiderstand, 4. Aufl. Ernst & Sohn, Berlin (1932)

Moormann, C., Klein, L.: Bemessung tiefer Baugruben mit rechteckigem Grundriss unter Berücksichtigung des räumlichen Erddrucks. Bautechnik **91**, 633–655 (2014)

Nendza, H.: Sicherung tiefer Baugruben neben Bauwerken. Tiefbau Ingenieurbau Straßenbau **9** (1973)

Ohde, J.: Zur Theorie des Erddrucks unter besonderer Berücksichtigung der Erddruckverteilung. Bautechnik **10/11**, 150 (1938)

Pelz, G.: Die Berücksichtigung einer Vorbelastung bei der Mobilisierung des passiven Erddruckes feinkörniger Böden. TUM Zentrum Geotechnik, H. 48. (2011)

Piaskowski, A., Kowalewski, Z.: Application of thixotropic clay suspensions for stability of vertical sides of deep trenches without strutting. Proc. of the Sixth International Conference on Soil Mechanics and Foundation Engineering, Montreal. Bd. II., S. 526–529 (1965). Vol. III, S 563–564

Pregl, O.: Bemessung von Stützbauwerken. Handbuch der Geotechnik, Bd. 16. Eigenverlag des Instituts für Geotechnik, Universität für Bodenkultur, Wien (2002)

Rankine, W.J.M.: On the stability of loose earth. Trans. R Soc Lond **147**, 9–27 (1856)

Schmidt, H.-H.: Beitrag zur Ermittlung des Erddrucks auf Stützwände bei nachgiebigem Baugrund. Mitt. Nr. 14. Baugrundinstitut der Universität Stuttgart. (1981)

Spotka, H.: Einfluß der Bodenverdichtung mittels Oberflächen-Rüttelgeräten auf den Erddruck einer Stützwand bei Sand. Geotechnik **2** (1979)

Steinfeld, K.: Über den Erddruck auf Schacht- und Brunnenwandungen. Vorträge der Baugrundtagung 1958, Hamburg. Deutsche Gesellschaft für Erd- und Grundbau e. V., Essen (1958in)

Streck, A.: Erddruck und Erdwiderstand. Grundbautaschenbuch, 2. Aufl. Bd. 1. Ernst & Sohn, Berlin (1966)

Terzaghi, K.: Large retaining wall tests. Engin News Rec **112**, 136–140 (1934)

Vogt, N.: Erdwiderstandsermittlung bei monotonen und wiederholten Bewegungen im Sand. Mitteilung Nr. 22, Baugrundinstitut der Universität Stuttgart. (1984)

Walz, B., Hock, K.: Berechnung des räumlichen Erddrucks auf die Wandungen von schachtartigen Baugruben. Taschenbuch für den Tunnelbau. Verlag Glückauf, Essen (1988)

Weißenbach, A.: Baugruben, T. 1, Konstruktion und Bauausführung. Ernst & Sohn, Berlin (1975)

Wittlinger, M.: Ebene Verformungsuntersuchungen zur Weckung des Erdwiderstandes bindiger Böden. Mitteilung 35 des Instituts für Geotechnik der Universität Stuttgart. (1994)

Normen

DIN EN 1997-1: Eurocode 7 – Entwurf, Berechnung und Bemessung in der Geotechnik – Teil 1: Allgemeine Regeln, in Verbindung mit dem nationalen Anhang DIN EN 1997-1/NA und DIN 1054

DIN 4085: Baugrund – Berechnung des Erddrucks

Sonstige Regelwerke

EAB: Empfehlungen des Arbeitskreises „Baugruben“, Deutsche Gesellschaft für Geotechnik (Hrsg), Ernst & Sohn

Entwurf und Berechnung von Stützbauwerken und Böschungssicherungen 17

Zusammenfassung

Stützbauwerke sind Konstruktionen zur vorübergehenden und langfristigen Sicherung vertikaler oder steiler Geländesprünge. Gemäß *DIN EN 1997-1* umfassen Stützbauwerke alle Arten von Mauern, Wänden oder Stützsystemen, bei denen Bauteile durch Kräfte aus dem zu stützenden Erdkörper beansprucht werden. Hierbei wird unterschieden zwischen Gewichtsstützwänden, bei denen das Wandgewicht einschließlich stabilisierender Hinterfüllmassen für die Stützwirkung eine wesentliche Rolle spielt, schlanke Wände, die maßgeblich auf Biegung beansprucht werden, und zusammengesetzte Stützkonstruktionen, die typischerweise aus schlanken Frontelementen mit Zuggliedern zur Verankerung bestehen. Bewehrte Bodensysteme, die durch eine Zusammenwirken von Bewehrungselementen, Boden und Frontelementen geprägt sind, werden sowohl zur Sicherung von Geländesprüngen als auch als Böschungssicherungen eingesetzt. Verschiedene Bauweisen werden beschrieben und die Berechnungsverfahren für die Bemessung bzw. Nachweise nach aktuellen Regelwerken erläutert.

17.1 Begriffe, Tragverhalten und Entwurfsprinzipien

Bei der Bemessung von Stützbauwerken sollten gemäß *DIN EN 1997-1* (Eurocode 7) folgende drei Hauptarten unterschieden werden:

Stützmauern sind Konstruktionen oder Bauteile, bei denen das Wandgewicht selbst, ggf. einschließlich stabilisierender Boden-, Fels- oder anderer Hinterfüllmassen bei der Stützwirkung eine wesentliche Rolle spielen. Die Einwirkungen werden in der Regel ohne eine Verankerung über eine relativ breite Sohle auf den Untergrund übertragen. Sohlenbreite und Gewichte sollten hierbei so konzipiert sein, dass es unter ständigen Lasten nicht zu einem Klaffen in der Sohle (1. Kernweite), s. a. Abschn. 17.2, kommt.

H.-H. Schmidt, R.F. Buchmaier, C. Vogt-Breyer, *Grundlagen der Geotechnik*,
https://doi.org/10.1007/978-3-658-39834-7_17

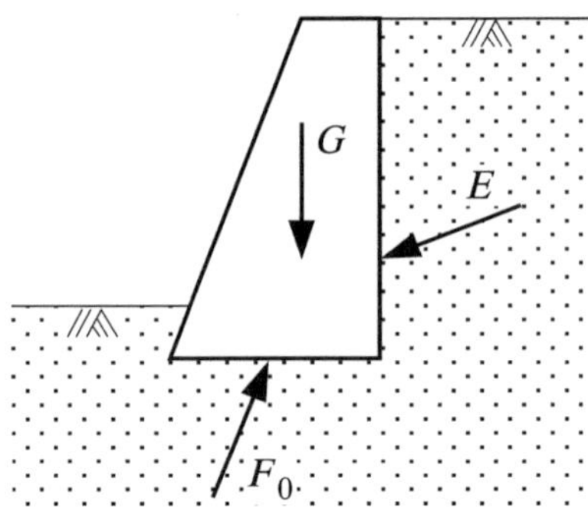

Abb. 17.1 Gewichtsmauer

► **Anmerkung** Zur Unterscheidung von schlanken, in den Boden einbindenden Stütz**wänden**, die in der Regel horizontal gestützt sind, wird hier bewusst der Begriff Stütz**mauer** für breite Stützkonstruktionen gewählt, die die Einwirkungen im Wesentlichen über die Sohle in den Baugrund übertragen und deren Gewicht für die Standsicherheit von Bedeutung ist. In *DIN EN 1997-1* werden Stützmauern als Gewichtsstützwände bezeichnet.

Abhängig davon, wie das Gewicht zustande kommt, können folgende Konstruktionen unterschieden werden. Ihre Ausführung und Bemessung werden in Abschn. 17.2 beschrieben:

- Gewichtsmauern, siehe Abb. 17.1, nutzen zur Stabilisierung nur das Eigengewicht der Mauer, s. Abschn. 17.2.1.
- Raumgittermauern, siehe Abb. 17.2, werden mit Boden befüllt und aktivieren so zusätzlich das Eigengewicht des Füllstoffs als stabilisierendes Element, s. Abschn. 17.2.2
- Winkelstützmauern, siehe Abb. 17.3, können durch einen bergseitigen Sporn zusätzlich Erdauflasten als stabilisierende Einwirkung nutzen, s. Abschn. 17.2.3

Zusammengesetzte Stützkonstruktionen und Böschungssicherungen Konstruktionen, die sich aus verschiedenen Elementen der vorgenannten Arten zusammensetzen. Typischerweise sind dies schlanke Front-Elemente in Kombination mit Zuggliedern zur Verankerung, bei denen in den meisten Fällen der hinterfüllte bzw. bergseitig anstehende Boden mitträgt. Hierunter fallen bewehrte Bodensysteme, Kastenfangedämme als auch viele System zur konstruktiven Böschungssicherung. Auf Ausführungsbeispiele und Bemessungsgrundlagen wird in Abschn. 17.3 eingegangen.

Stützwände sind relativ dünne, auf Biegung beanspruchte Wände aus Stahl, Stahlbeton oder Holz, die meist in den Boden einbinden und durch Verankerungen, Steifen bzw. Erdwiderstand vor dem Wandfuß gestützt werden, s. Abb. 17.4. Die Biegesteifigkeit solcher Wände spielt bei der Stützwirkung eine wesentliche Rolle, während das Wandgewicht ohne große Bedeutung ist. Stützwände werden aufgrund des geringen Platzbedarfs häufig

Abb. 17.2 Raumgittermauer

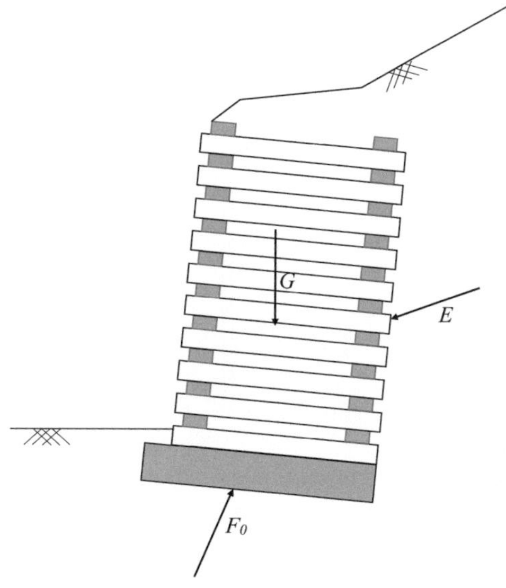

Abb. 17.3 Winkelstützmauer

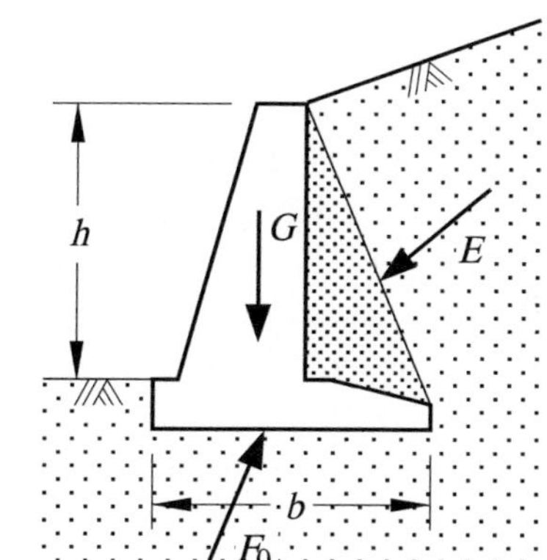

als Baugrubenverbauten eingesetzt. Mögliche Ausführungsvarianten und deren Bemessung werden in Abschn. 17.4 näher erläutert.

Für den **Entwurf** einer Stützkonstruktion oder einer Böschungssicherung stehen dem Konstruierenden damit viele Lösungen zur Verfügung, um ein technisches, wirtschaftliches und umweltfreundliches Optimum zu finden. Für die Herstellung ist entscheidend, ob es sich um eine Auf- oder Abtragssituation handelt und wie die Umgebungsbedingungen für den Geräteeinsatz sind. Für die Bemessung sind die Dauer der Nutzung, der anstehende Baugrund, Verfüll- und Hinterfüllmaterialien, Einwirkungen aus äußeren Lasten und die Grundwassersituation maßgebend. Bei der Materialwahl ist der Ressourcenverbrauch unter Berücksichtigung von Dauerhaftigkeit und Wiederverwendbarkeit ein wesentliches Kriterium.

Schließlich muss die Konstruktion auch ästhetischen Ansprüchen gerecht werden können, wenn sie ständig sichtbar ist.

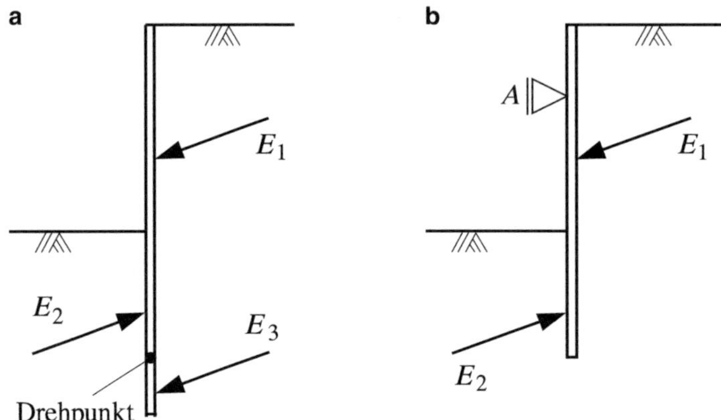

Abb. 17.4 Stützwände. **a** eingespannt, frei auskragend, **b** mit luftseitigem Auflager und Lagerung im Boden

Die **Bemessung** muss auf der Grundlage der entsprechenden Normen und technischen Regelwerke erfolgen, die am Ende des Kapitels zusammengestellt sind. Insbesondere für zusammengesetzte Stützkonstruktionen stehen zahlreiche Merkblätter der Forschungsgesellschaft für Straßen- und Verkehrswesen (FGSV) zur Verfügung, die ausführliche Hinweise zur Herstellung und Bemessung enthalten.

Abgesehen von Stützbauwerken bis 2 m Höhe, Grabenverbaugeräten und Normverbauten nach *DIN 4124* sind Stützbauwerke im Allgemeinen in die Geotechnische Kategorie GK 2 einzuordnen. Eine Einstufung in die Geotechnische Kategorie GK 3 wird erforderlich, wenn die Stützhöhe mehr als 10 m beträgt, empfindliche Bauwerke dicht angrenzen oder es sich um Verbauten für Baugruben in weichen Böden handelt.

17.2 Stützmauern

Nachfolgend werden Besonderheiten der Berechnungen für die einzelnen Stützmauerarten beschrieben, die durch die Stützwirkung des Wandgewichts oder ggf. Hinterfüllmassen gekennzeichnet sind.

17.2.1 Massive Stützmauern

Massive Stützmauern bestehen in der Regel aus Mauersteinen oder Beton. Ihre Abmessungen müssen so gewählt werden, dass die Resultierende Kraft F_0 aus Eigengewicht G der Mauer, dem Erddruck E_a und gegebenenfalls auch der Wasserdruckkraft W die Sohlfläche bzw. die Mauerfugen jeweils in der 1. Kernweite, s. Abschn. 12.4.2, schneidet. Bei gelegentlichem Ansteigen des Wasserdrucks kann ein Auswandern von F_0 bis zur

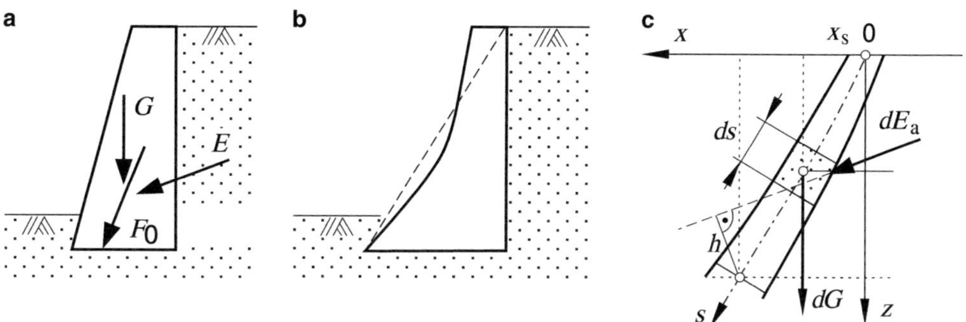

Abb. 17.5 Form der Gewichtsmauer. **a** Grundform der Stützmauer, **b** Stützmauer mit veränderlichem Quersschnitt, **c** Grundlagen zur Ermittlung des idealen Querschnitts

2. Kernweite zugelassen werden. Abb. 17.5a zeigt die Grundform. Nur bei kleinen Höhen wird man eine konstante Breite wählen. Normalerweise verbreitert sich der Querschnitt nach unten, wobei die Abschrägung im Allgemeinen auf der Luftseite erfolgt, damit der Erddruck nicht unnötig ansteigt, s. Abb. 17.5b.

► **Anmerkung** Die Idealform der Mauer lässt sich mathematisch aus der Bedingung ableiten (s. Abb. 17.5c), dass für jeden Punkt s $(x; z)$ der Mauerachse die Momentensumme 0 sein soll, d. h.

$$\int_0^z g(x;z)(x - x_s)\mathrm{d}z = \int_0^s e_a(x;z)h(x;z)\mathrm{d}s. \quad (17.1)$$

Wenn man diese Integralgleichung (im Allgemeinen numerisch) auswertet, ergibt sich eine stetig gekrümmte Mauerform, Bendel und Hugi (1971), die asymptotisch in eine Gerade übergeht. In der Praxis ist das aus Herstellungsgründen uninteressant; man kann dem allenfalls in der Weise von Abb. 17.5b Rechnung tragen.

Bei hohen Mauern ist es sinnvoll, bezüglich der Kraftübertragung in der Sohle, die vorgenannte Bedingung durch Anfügen eines Talsporns zu erfüllen, s. Abb. 17.6.

In Abb. 17.7 ist eine Stützmauer mit bergseitigem Sporn zur Minderung des Erddrucks dargestellt. Die schräge Fundamentsohle dient zur Verbesserung der Gleitsicherheit.

Gewichtsmauern können auch aus einzelnen Betonelementen, Natursteinblöcken oder Gabionen (mit Steinen gefüllte Drahtgitterkörbe) hergestellt werden. Umfangreiche Hinweise zur Ausführung und Bemessung sind im *Merkblatt über Stütz- und Lärmschutzkonstruktionen aus Betonelementen, Blockschichtungen oder Gabionen* (M Gab) der FGSV zusammengestellt. Da Gewichtsmauern aus einzelnen Elementen in der Regel recht robust gegenüber kleineren Verformungen reagieren und keine Rissbildungen wie bei durchgehenden Wänden zu befürchten sind, müssen diese nicht generell frostsicher gegründet

Abb. 17.6 Mauer mit Talsporn

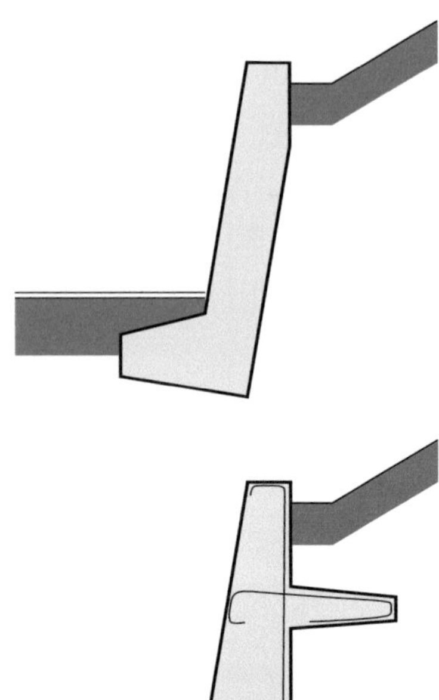

Abb. 17.7 Mauer mit Talsporn (Fundament) und Bergsporn

werden. Hier kann eine Ausgleichsschicht aus kornabgestuftem Mineralstoff ausreichend sein, s. Abb. 17.8.

Bei **Nachweisen der Standsicherheit** ist zwischen der äußeren Standsicherheit und der inneren Standsicherheit der Konstruktion zu unterscheiden. Die Einwirkungen ergeben sich vorrangig aus Eigengewicht sowie Erd- und ggf. Wasserdrücken und Ver-

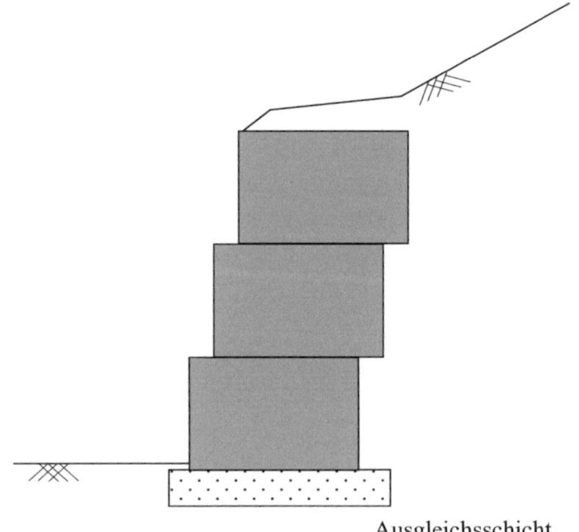

Abb. 17.8 Blockschichtung

kehrslasten. Bei stufenweisen Vorsprüngen von Elementen darf die für die Erddruckberechnung günstig wirkende Wandneigung vereinfacht als mittlere Neigung angesetzt werden. Der Wandreibungswinkel ist abhängig vom Reibungswinkel des Hinterfüllmaterials und des Materials in der Kontaktzone. Die Anordnung von Trenn- und Filtervliesen reduziert die Rauigkeit. Konkrete Angaben sind den zugehörigen Regelwerken zu entnehmen.

Für die Nachweise der äußeren Standsicherheit sind die Beanspruchungen in der Sohle zu ermitteln und damit die auch für Streifenfundament erforderlichen Nachweise für die Grenzzustände ULS und SLS zu führen, s. Kap. 12. Zusätzlich ist zu untersuchen, ob eine asureichende Sicherheit gegen Geländebruch gegeben ist, s. Kap. 15.

Bei der inneren Standsicherheit ist die Art der Konstruktion maßgebend. Stahlbetonwände sind auf Biegung zu bemessen und entsprechend zu bewehren. Bei Schichtungen aus einzelnen Elementen (Beton- oder Natursteinblöcke, Gabionen) ist das Gleiten und Kippen in Lagerfugen sowie das Versagen einzelner Elemente, wie z. B. das Ausbauchen von Gabionen, zu prüfen.

17.2.2 Raumgittermauern

In Österreich wurden seit Jahrhunderten in Gebirgsregionen Stützkonstruktionen aus Holzbalken mit Erdfüllungen, sogenannte „Krainer Wände“, hergestellt. Die Holzkonstruktion ist der einer heute gebräuchlichen Kompoststeige aus Rundhölzern ähnlich. In der Regel wird der anstehende Boden zur Füllung verdichtet eingebaut. Dieses Bauprinzip wurde im Laufe der Jahre mit Stahlbeton-Fertigteilen kopiert. Die heute am Markt eingeführten Systeme unterscheiden sich darin, ob Läufer- und Binderelemente getrennt oder als liegende Rahmen hergestellt werden. Ein Vorteil liegt in der Begrünbarkeit dieser Mauern, wenn sie an der Luftseite nicht zu steil hergestellt werden (Aufnahmemöglichkeit von Niederschlägen für den Pflanzenwuchs).

Insgesamt wird die Raumgittermauer als „massive“ Stützmauer betrachtet, so dass hier die gleichen Nachweise wie für die sonstigen Gewichtsmauern zu erfüllen sind.

Zusätzlich ist jedoch nachzuweisen, dass die siloartigen Raumgittertragwerke die inneren Kräfte aus der Erdfüllung und -verdichtung aufnehmen können; hier muss eine entsprechende Bemessung für die zu verwendenden Gitterkonstruktionen erfolgen. Für die Nachweise, s. *Merkblatt für Raumgitterkonstruktionen der Forschungsgesellschaft für das Straßenwesen* (2016) sowie Brandl (2009).

17.2.3 Winkelstützmauern

Aufgrund des bergseitigen Sporns kann nicht die Kinematik des *Coloumbschen* Erddrucks für eine senkrechte Fläche angenommen werden. Bei der Bemessung ist daher für die Berechnung des Erddrucks von kinematischen Modellen mit konjugierten Gleitflächen

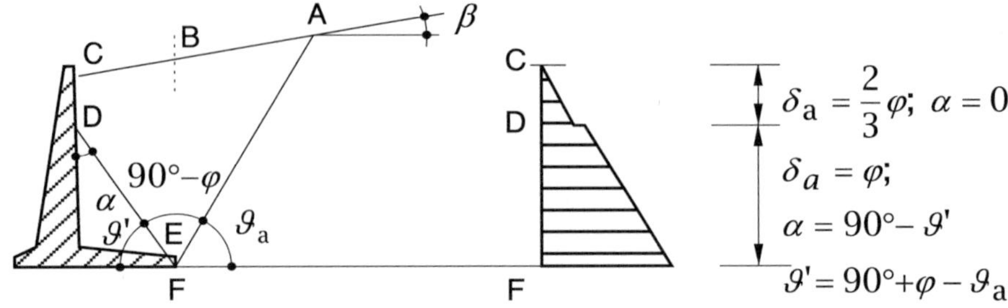

Abb. 17.9 Winkelstützmauer mit kurzem Fundamentsporn

entsprechend Abb. 17.9 und 17.10 auszugehen, vergleiche auch Abschn. 16.6. Der Erddruck ist dann auf die schrägen Flächen D-F bzw. C-F anzusetzen.

► **Anmerkung** ϑ wird hier vereinfachend von Punkt F aus angesetzt, eigentlich gilt Punkt E!

Als Näherung darf gemäß *DIN 4085* für die geotechnischen Nachweise im Sinne einer „äußeren Bemessung" der Erddruck alternativ auf eine fiktive senkrechte Wandfläche durch die Hinterkante des bergseitigen Sporns mit entsprechend größerem Bodengewicht über dem Fundament berechnet werden, s. Abb. 17.11. Bei einem kurzen Sporn liegt diese Näherung auf der sicheren Seite. Die Neigung der Erddrucklast ist dabei parallel der Neigung der Geländeoberfläche anzusetzen. Auf die vertikale Wandrückseite der Winkelstützwand wirkt gemäß *DIN 4085* ein erhöhter aktiver Erddruck.

Abb. 17.12 zeigt den Erddruck auf eine Stützmauer mit talseitigem Fundamentsporn und hochliegender bergseitiger Konsole.

Für die stahlbetonmäßige, „innere" Bemessung der zuvor betrachteten Winkelstützmauer ist die Ebene unmittelbar neben der lotrechten Wand zu betrachten. Dort ist ein

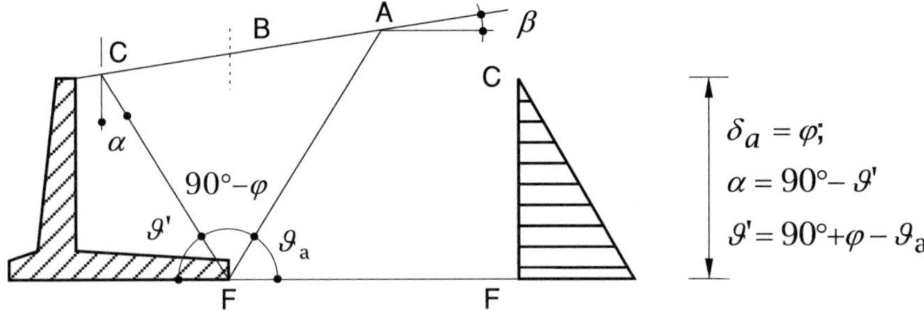

Abb. 17.10 Winkelstützmauer mit langem Fundamentsporn

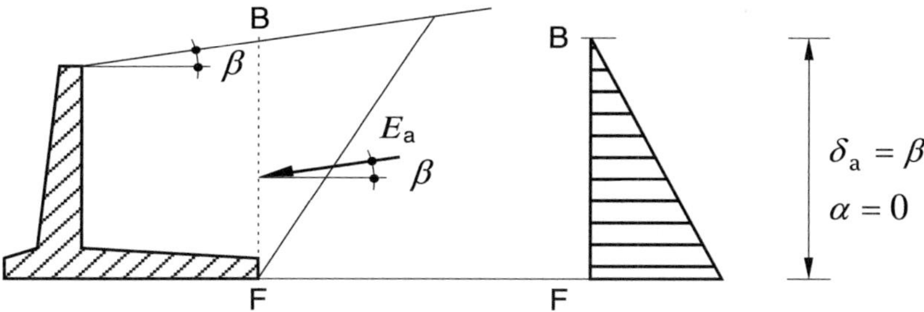

Abb. 17.11 Winkelstützmauer und Ersatzfläche

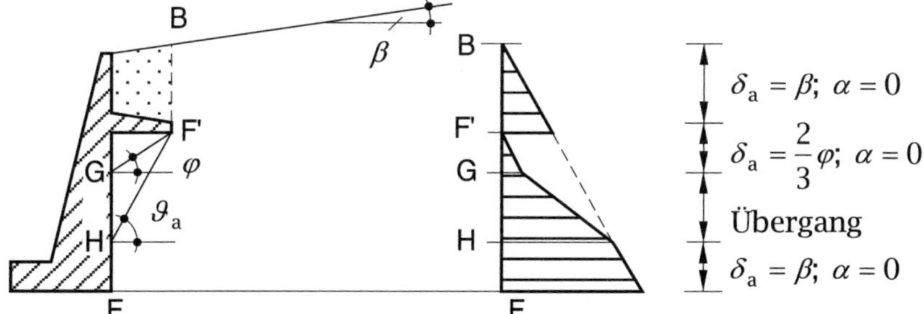

Abb. 17.12 Winkelstützmauer mit bergseitiger Konsole

erhöhter aktiver Erddruck unter Berücksichtigung der inneren Schenkelhöhe anzusetzen. Zur Größe und Verteilung des erhöhten aktiven Erddrucks sowie zur Überlagerung mit Verdichtungserddruck, s. a. Schmidt (1981), Jones (1979) und Thamm (1987).

Mit diesen Einwirkungen aus Erddruck sowie den sonstigen Einwirkungen ist dann wieder wie bei Gewichtswänden die äußere Standsicherheit analog zu den Standsicherheitsnachweisen für Streifenfundamente nachzuweisen.

17.3 Zusammengesetzte Stützkonstruktionen und Böschungssicherungen

Neben den beschriebenen Gewichtswänden, die zusätzlich zum Eigengewicht Verfüllmaterial zur Stabilisierung aktivieren, gibt es vielfältige Konstruktionen, die typischerweise aus einer Kombination von Frontelementen und zugfesten Verbindungen oder Verankerungen bestehen und dadurch einen Bodenkörper erzeugen, der hinsichtlich der äußeren Standsicherheit wie eine Gewichtsmauer wirkt, s. Abb. 17.13.

Typische Vertreter zusammengesetzter Konstruktionen sind bewehrte Bodensysteme, auf die in Abschn. 17.3.1 eingegangen wird, und Fangedämme, die in Abschn. 17.3.2 behandelt werden.

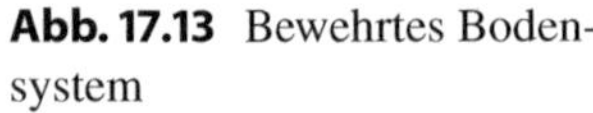

Abb. 17.13 Bewehrtes Bodensystem

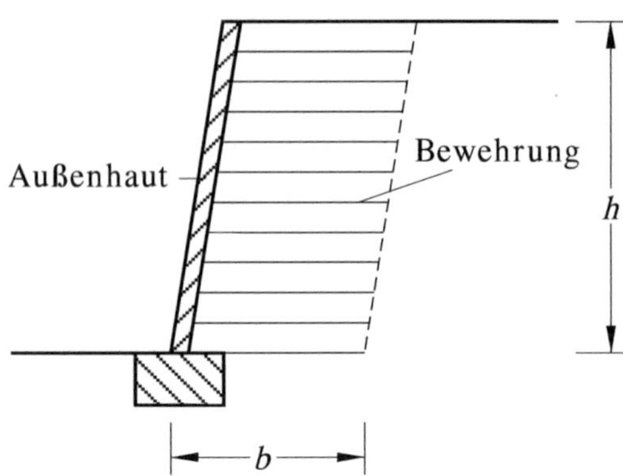

17.3.1 Bewehrte Bodensysteme

Analog zum Stahlbeton nimmt bei bewehrten Bodensystemen der Boden die Druckspannungen, die Bewehrung die Zugspannungen auf. Der so bewehrte Körper kann dann als monolithischer Block betrachtet und nachgewiesen werden.

Bewehrte Bodensysteme werden heute mit

a) Nägeln,
b) Stahlbändern (verzinkt): System „Bewehrte Erde“ und
c) Kunststoffen (Geokunststoffe)

hergestellt.

Die Lösung a) kommt bei Abtragssituationen, z. B. bei einer Baugrubensicherung, die Lösungen b) oder c) bei Geländeauftragssituationen, z. B. zur Verbreiterung von Dämmen oder auch als Widerlagerkonstruktionen zur Anwendung. Zur Ausführung von bewehrten Bodensystemen sind in *DIN EN 14475* viele Vorgaben sowohl hinsichtlich des Schüttmaterials als auch zu den Bewehrungen aus Stahl und Kunststoff sowie zu möglichen Frontelementen zusammengestellt.

Für die erforderlichen statischen Nachweise ist das Modell in Abb. 17.14 nützlich: danach wird das bewehrte Bodensystem in drei Zonen aufgeteilt.

Zone A: Die aktive Zone A, welche den inneren Erddruck und damit die Spannungen in der Bewehrung (hier Geokunststoff) erzeugt, liegt nahe der Außenfläche, hier baut sich die Zugkraft F_z auf.

Zone B: Die passive Zone B liegt hinter der aktiven Zone A und hält die aktive Zone durch Abbau der Zugkraft F_z zurück.

Zone C: Die Zone C liegt hinter der passiven Zone B. Aus der Zone C wirkt der aufzunehmende aktive Erddruck auf die „massive“ Stützmauer.

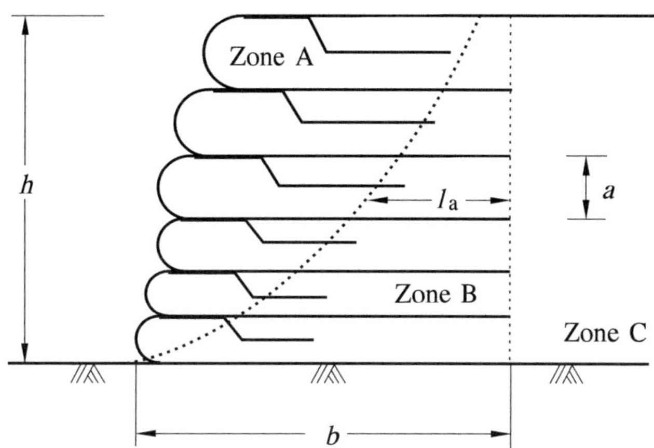

Abb. 17.14 bewehrtes Bodensystem, Zonen

Wie für Gewichtsmauern werden bei bewehrten Bodensystemen zunächst für die Mauerabmessungen $h/b/l$ (Zone A und B in Abb. 17.14) die Nachweise für den Grenzzustand der Tragfähigkeit gemäß Grenzzustand *GEO-2* (äußere Standsicherheit) und hinsichtlich der Gesamtstandsicherheit (*GEO-3*) geführt.

Für weitere ungünstige Bruchmechanismen, die die Bewehrungselemente schneiden, werden im Grenzzustand *GEO-3* die erforderlichen Haltekräfte in Bewehrungsrichtung ermittelt bzw. der Nachweis für die Herausziehwiderstände der durch die fiktiven Gleitflächen geschnittenen Bewehrungselemente geführt. Nach *DIN 4084* sollen bei Geländesprüngen mit Stützbauwerken und bei Böschungen, bei denen konstruktive Elemente mitwirken, gerade Gleitlinien und zusammengesetzte Bruchmechanismen mit geraden Gleitlinien mit in der Regel mindestens zwei Gleitkörpern untersucht werden, s. Kap. 15. Dabei wird nur die Summe der erforderlichen Haltekräfte bestimmt, die dann auf die einzelnen Bewehrungselemente bzw. -lagen aufgeteilt wird.

Das in Abb. 17.15 dargestellte Versagenssystem hat sich durch zahlreiche Versuche als zutreffend erwiesen, Gäßler (1978) und Stocker und Gäßler (1979).

Die Wirkung des zweiten, kleineren Gleitkörpers (Gleitkörper nach *Coulomb*) wird durch Ansatz des aktiven Erddrucks auf die vertikale Fläche ersetzt. Mit diesem Modell wurde experimentell bestätigt, dass das Momentengleichgewicht am Gleitkörper vernachlässigt werden kann.

Der Nachweis gegen Materialversagen (innere Tragfähigkeit) ist für die jeweiligen Materialien im Grenzzustand *STR* verlangt.

Die Beanspruchung der einzelnen Bewehrungselemente ergibt sich als Maximum

- der Herausziehkraft beim oben erläuterten Bruchmechanismus nach Grenzzustand GEO-3 bzw.
- der Beanspruchung der Frontelemente (z. B. Außenhaut aus Spritzbeton, etc.) auf die dem Bewehrungselement zugeordneten Teilfläche.

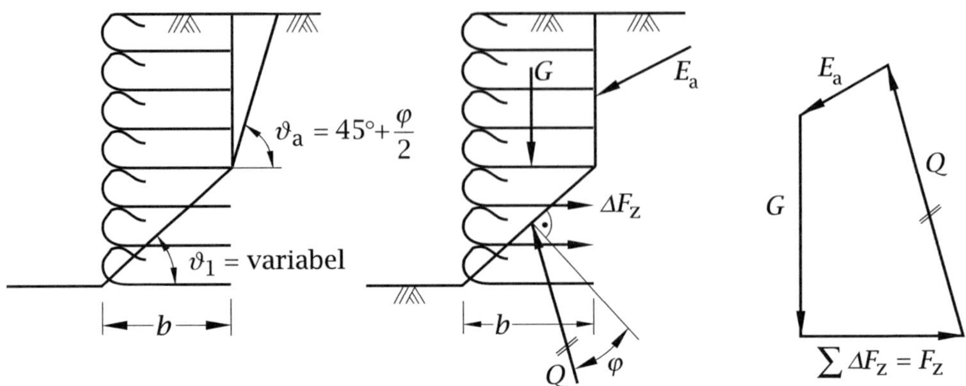

Abb. 17.15 Bewehrtes Bodensystem, Zwei-Körper-Translations-Bruchmodell

Die Beanspruchung der Frontelemente ergibt sich wiederum als Maximum

- der auf die Teilfläche umgelegten Herausziehkraft des zugeordneten Bewehrungselementes
- des auf die Teilfläche wirkenden Erddrucks.

Bodenvernagelungen Die Ausführung von Bodenvernagelungen ist in *DIN EN 14490* geregelt. Die Herstellung einer Bodenvernagelung ist in Abb. 17.16 schematisch dargestellt. Bodennägel sind in der Regel gerippte Stahlstäbe, die in ein vorab gebohrtes Loch eingebracht und mit Zementmörttel auf voller Länge verpresst werden. Teilweise kommen

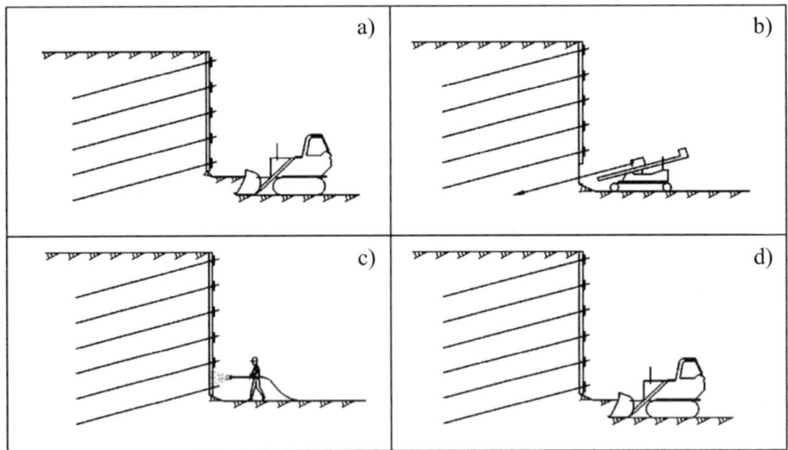

Abb. 17.16 Herstellung einer Vernagelung (aus *DIN EN 14490*)

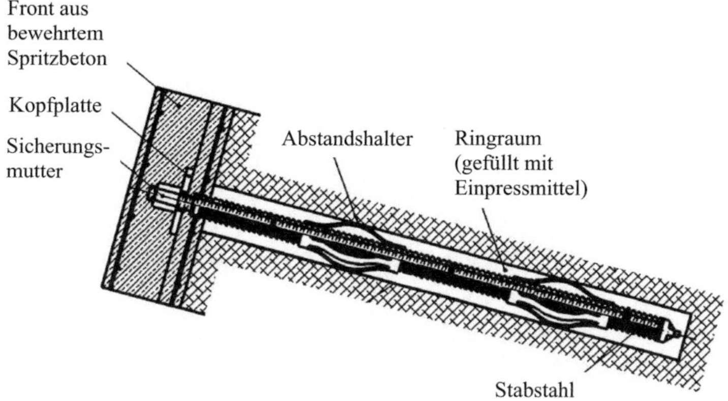

Abb. 17.17 Bestandteile eines Bodennagelsystems (aus *DIN EN 14490*)

selbstbohrende Nägel zum Einsatz, die aus Hohlprofilen bestehen und gleichermaßen als Bohrgestänge, Injektionsrohr und als bleibendes Stahltragglied fungieren. Zum Bohren werden verlorene Bohrkronen eingesetzt, über die auch die Spülung und Verpressung erfolgt.

Die Oberflächensicherung erfolgt in der Regel mit bewehrtem Spritzbeton. Bei Felsböschungen werden aber auch Frontausbildung aus Stahlmatten oder Geokunststoffen, teilweise kombiniert mit Erosionsschutzmatten, verwendet. Die Verbindung des Nagels mit dem Frontsystem erfolgt durch eine Kopfplatte bzw. Krallplatte bei Netzen. Bodenvernagelungen können nur in mindestens kurzzeitig standfesten Böden ausgeführt werden. Die typischen Bestandteile eines Bodennagelsystems sind Abb. 17.17 zu entnehmen.

Da eine Bodenvernagelung für die äußere Standsicherheit wie ein monolithischer Block angesehen wird, dürfen die Bodennägel gewisse Abstände, i.d.R. 1,5 m, in horizontaler und vertikaler Richtung nur überschreiten, wenn ein räumlicher Standsicherheitsnachweis geführt wird.

Ähnlich wie bei Verpressankern sind die Ausführungen insbesondere hinsichtlich des Korrsionschutzes zu unterscheiden, und zwar in solche für vorübergehende Zwecke bis zwei Jahre und Ausführungen für dauerhafte Einsätze. Die Verwendbarkeit einer Bodenvernagelung wird für das jeweilige System mit einer allgemeinen bauaufsichtlichen Zulassung nachgewiesen.

Für Bodenvernagelungen sind die oben aufgeführten Nachweise zu führen. Der längenbezogenen Herausziehwiderstand von Bodennägel muss durch Herausziehversuche in-situ ermittelt werden. Die Probebelastungen sind mindestens an 3 % aller Nägel bzw. mindestens an 3 Nägeln je Bodenart durchzuführen.

Aufgrund von Messungen und Modellversuchen über das Tragverhalten von Nägeln, bei denen festgestellt wurde, dass die max. Zugkraftbeanspruchung nicht unmittelbar an der Außenhaut auftritt (s. Abb. 18.4c), werden bei diesen Bewehrungselementen nach den bauaufsichtlichen Zulassungen die Erddruckkräfte bzw. die sich aus den auf die Teilflächen umgelegten Herausziehkräfte nur zu 85 % angesetzt. Bei der Ermittlung der auf die Oberflächensicherung wirkenden Erddruckkräfte sind diese mit einer Neigung parallel zu den Richtungen der Bewehrungselemente zu berechnen und anzusetzen. Die Erddruckverteilung wird in der Regel rechteckförmig umverteilt angenommen.

Hinsichtlich der detaillierten Nachweise bei Vernagelungen nach *DIN 1054*, s. Kudella (2005) und die jeweiligen bauaufsichtlichen Zulassungen.

Geokunststoffbewehrte Stützkonstruktionen Für diese Art der bewehrten Bodensysteme liegen in Deutschland die von der DGGT veröffentlichten *Empfehlungen für den Entwurf und die Berechnung von Erdkörpern mit Bewehrungen aus Geokunststoffen* (*EBGEO*) vor. Ein ähnliches Handbuch, das aber in Deutschland nicht den Charakter eines Regelwerks hat, sind die „*Nordic Guidelines for Reinforced Soils and Fills*" der Norwegischen Geotechnischen Gesellschaft. Begriffe und Symbole für Geokunststoffe sind in *DIN EN ISO 10318* geregelt. Im *Merkblatt über die Anwendung von Geokunststoffen im Erdbau des Straßenbaus* (*M Geok E*) werden Ausführungshinweise zum Bewehren der Böschungen von Erdkörpern gegeben. Auch *DIN EN 14475* zeigt vielfältige Bauweisen mit Bewehrungen aus Geokunststoffen auf und regelt die Ausführung, Überwachung und Prüfung. Zu den grundsätzlichen Eigenschaften von Geokunststoffen, s. a. Kap. 7.

Als Bewehrung kommen überwiegend hochzugfeste Gewebebahnen, Gewebebänder oder Gitter in Frage. Sie werden auf der profilierten Bodenschüttlage ausgebreitet und überschüttet. Oft bildet der Geokunststoff auch die Außenhaut. In diesem Fall muss die mechanische Filterwirksamkeit beachtet werden, damit das Verfüllmaterial nicht durch den Geokunststoff erodiert. Häufig kommen deshalb auch Verbundstoffe zum Einsatz.

Durch Einbau von Humuszonen und Einlegen von Pflanzenstecklingen oder Samen zwischen den Geokunststoffbahnen kann auch eine Begrünung der Stützkonstruktion sowie ein gleichzeitiger Schutz gegen Alterung erreicht werden.

Es gilt, für die Beanspruchung beim Einbau ein ausreichend festes Material zu wählen und Beschädigungen zu vermeiden. Die Durchlässigkeit der Geokunststoffe verhindert im Allgemeinen einen Wasseraufstau. Bedacht werden muss bei der Materialauswahl und beim Entwurf auch die Alterungsbeständigkeit gegen UV-Strahlung, Mikroorganismen sowie die Beständigkeit gegen Tierbiss und Vandalismus. Besonders muss bei dem Entwurf das langfristige Festigkeits- und Verformungsverhalten beachtet werden, um die erforderlichen Zugkräfte aufnehmen zu können.

Bei Geokunststoffen finden unter Belastung neben rein elastischen Verformungen auch viskose Verformungsvorgänge (Kriechen) statt. Dies hat zur Folge, dass die Belastbarkeit reduziert wird und/oder größere Dehnungen im Vergleich zum Kurzzeitverhalten auftreten. Die Reduzierung der Belastbarkeit kann zum Bruch (Zeitstandsbruch) und die Dehnungszunahme (Kriechdehnung) zu unakzeptablen Verformungen führen. Bei einer Bemessung gemäß *EBGEO* (2010) wird der Zeitstandsbruch durch die Verwendung eines Abminderungsfaktors für den Grenzzustand der Tragfähigkeit (ULS) berücksichtigt. Dieser wird entweder anhand von Zeitstandsbruchkurven gemäß *DIN EN ISO 13431* ermittelt

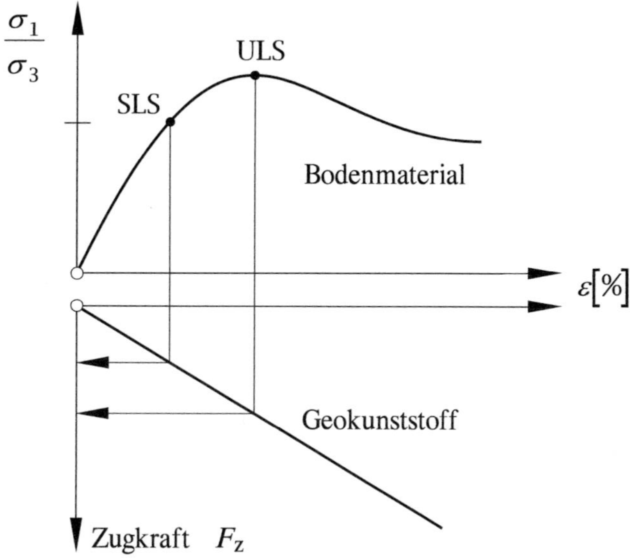

Abb. 17.18 Materialverhalten Boden/Geokunststoff und Grenzzustände

oder es sind bei fehlendem Nachweis auf der sicheren Seite liegende Mindestwerte anzusetzen. Für Berechnungen des Grenzzustandes der Gebrauchstauglichkeit SLS kann zur Berücksichtigung des Langzeitdehnverhaltens von Geokunststoffbewehrungen die Auswertung produktspezifischer Isochronenkurven verwendet werden. Hierbei besteht die Möglichkeit der Begrenzung auf einen definierten Verformungszustand.

Beim Entwurf ist darauf zu achten, dass die Verformungen des Materials Boden mit denen des Geokunststoffs kompatibel sind. Wie aus Abb. 17.18 hervorgeht, kann damit die Festigkeit des Geokunststoffs oft nicht voll ausgenutzt werden. Häufig wird von Dehnungen der Geokunststoffe von $\varepsilon < 3\,\%$ ausgegangen. Der in der Arbeitslinie für das Bodenmaterial eingetragene Grenzzustand der Tragfähigkeit (ULS) ist als Beispiel zu verstehen und soll darauf hinweisen, dass aber auch die max. Scherfestigkeit nicht in jedem Fall maßgebend ist, sondern derjenige Wert, der sich nach Berücksichtigung der Teilsicherheitsbeiwerte für die Scherwiderstände ergibt.

Für die Übertragung der Zugkräfte in das umgebende Bodenmaterial ist das Reibungsverhalten zwischen Geokunststoff und Boden bzw. zwischen den Geokunststoffen von Bedeutung. Hier ist bezüglich der Verbundbeiwerte zwischen dem Abgleiten/Abscheren in einer Kontaktfläche Geokunststoff Boden und dem Herausziehen der Bewehrung zu unterscheiden und es sind verschiedene Versuche durchzuführen, s. *EBGEO*. Wenn keine genauen Versuchsergebnisse vorliegen, können für Vorbemessungen folgende minimale Reibungsbeiwerte verwendet werden:

Geokunststoff/Füllboden: $f_{sg,k} = 0{,}5 \cdot \tan\varphi'_k$,

Geokunststoff/Geokunststoff: $f_{gg,k} = 0{,}20$.

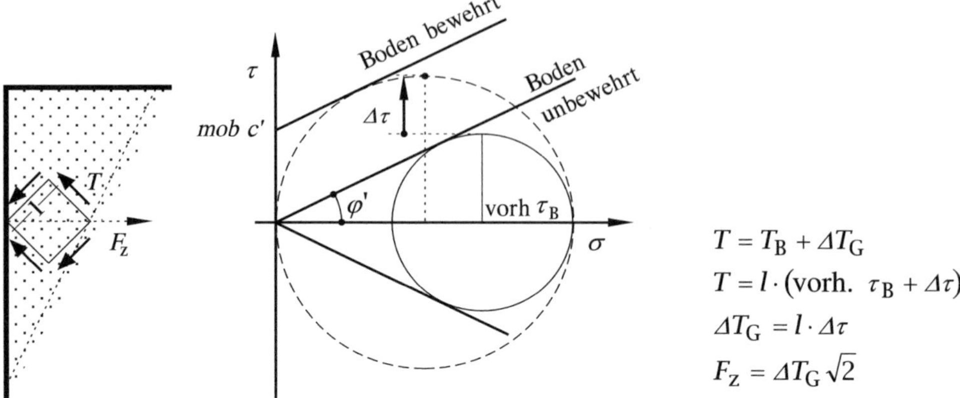

Abb. 17.19 Wirkungsweise des Geokunststoffs

Die charakteristische Herausziehwiderstandskraft in der i-ten Bewehrungslage mit der Länge l_{Ai} kann bei beidseitiger Reibung wie folgt berechnet werden:

$$R_{\mathrm{A,k}} = 2 \cdot (\sigma_{\mathrm{vi,k}} \cdot f_{\mathrm{sg,k}}) \cdot l_{\mathrm{A,i}}. \tag{17.2}$$

Eine andere, bodenmechanische Betrachtungsweise für eine mit Geokunststoffen bewehrte Stützmauer erlaubt Abb. 17.19. Die Zugkraft F_z aus einer Bewehrung kann als eine zusätzliche Scherfestigkeit bzw. als mobilisierbare Kohäsion gedeutet werden. Bei enger Bewehrungsanordnung oder bei faserbewehrten Böden, s. Heun und Schmidt (1989), könnte man Standsicherheitsnachweise mit einem Boden anstellen, dem künstlich eine entsprechende Kohäsion verliehen wird.

17.3.2 Fangedamm

Ein Fangedamm ist ein aus zwei gegenseitig verankerten Wänden bestehendes Verbund-Stützbauwerk, das in der Regel mit nichtbindigen Böden verfüllt ist. Das Tragverhalten des Fangedamms ist damit wesentlich von der Scherfestigkeit der Bodenfüllung geprägt. Die Wände sind gewöhnlich Spundwände, die als Zellen- oder Kastenfangedämme zusammengefügt werden. Nachfolgend wird überwiegend auf den Kastenfangedamm eingegangen. Ein Fangedamm dient häufig als Baugrubenumschließung und -sicherung in nicht zu tiefen Gewässern. Das übliche Verhältnis von Breite zur Höhe eines Fangedamms liegt etwa bei $0{,}6 \leq b/h \leq 1{,}0$.

Grundsätzlich sind gemäß der *Empfehlungen des Arbeitsausschusses Ufereinfassungen Häfen und Wasserstraßen (EAU)* die folgenden vier Nachweise gegen Versagen im Baugrund zu führen.

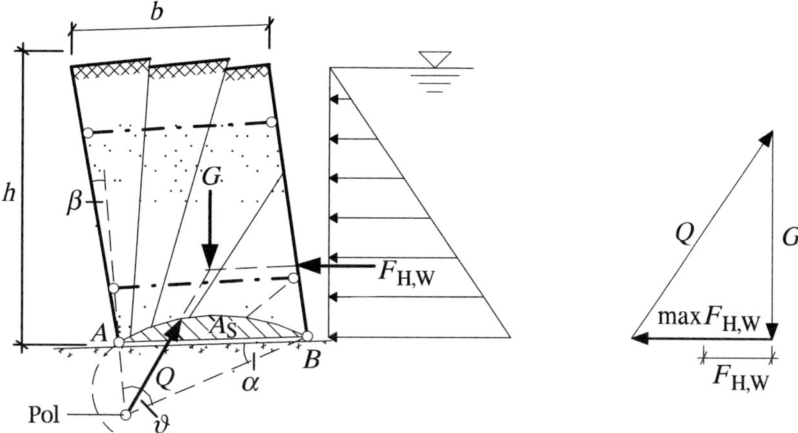

Abb. 17.20 Fangedamm mit logarithmischer Spirale und Krafteck

Für den Nachweis des Versagens gegen Kippen und Gleiten sind die Einwirkungen und Widerstände in der Gleitfuge zu betrachten. Jelinek und Ostermayer (1967) entwickelten aufgrund von Modellversuchen und der Annahme von Gleitlinienfeldern ein Rechenverfahren, das in der Sohle des Fangedamms eine nach oben gekrümmte logarithmische Spirale als Bruchfuge annimmt, s. Abb. 17.20, die einen Fangedamm mit einer Einwirkung infolge Wasserdruck zeigt. Der Nachweis wird geführt, in dem die aus den Einwirkungen resultierenden Momente um den Pol der Spirale mit den widerstehenden Momenten verglichen werden, jeweils durch Teilsicherheiten für den Grenzzustand GEO-2 erhöht bzw. abgemindert. Die ungünstigste Gleitlinie für den Nachweis ist diejenige logarithmische Spirale, für die sich das kleinste Verhältnis zwischen den Bemessungswerten der widerstehenden und einwirkenden Momenten ergibt.

Bei tiefer Einbindung des Fangedamms in den Boden ist der Nachweis auch mit einer nach unten gekrümmten logarithmischen Spirale zu führen.

Zusätzlich muss nach *EAU* der Nachweis einer ausreichenden Grundbruchsicherheit (GEO-2) und einer ausreichenden Sicherheit gegen Verlust der Gesamtstandsicherheit (GEO-3) geführt werden.

Ebenfalls müssen ggf. Strömungskräfte und deren Wirkung, z. B. hinsichtlich der Gefahr eines hydraulischen Grundbruchs, berücksichtigt und nachgewiesen werden.

17.4 Stützwände

Schlanke, meist in den Boden einbindende Stützwände haben einen deutlich geringeren Platzbedarf als Gewichtswände und werden daher vorrangig zur Sicherung von Baugruben eingesetzt, wenn diese nicht frei geböscht werden können. Hierzu steht eine Vielzahl von

Lösungen zur Verfügung, bei deren Auswahl die Baugrund- und Grundwasserverhältnisse, die Stützhöhe, Einwirkungen aus der Umgebung, die erforderlichen Steifigkeiten zur Begrenzung von Verformungen, Anforderungen an den Rückbau als auch wirtschaftliche und ökologische Aspekte eine Rolle spielen.

17.4.1 Bauweisen für Baugrubenverbauten

Eine wirtschaftliche und häufig verwendete Bauweise ist der Trägerverbau, s. Abb. 17.21. Einteilige Träger oder durch Bindebleche verschweißte Doppel-U-Profile werden im Abstand von 1,5 bis 3,5 m in den Baugrund gerammt, gerüttelt bzw. in vorgebohrte Löcher eingestellt. Bei der letzteren Lösung muss eine Sicherung des Fußes mit einer Fußplatte aus Stahl und mit einem „Betonfundament" erfolgen. Nach Einbringen der Träger wird der Boden abschnittweise senkrecht ausgehoben und nach jedem Aushubabschnitt durch

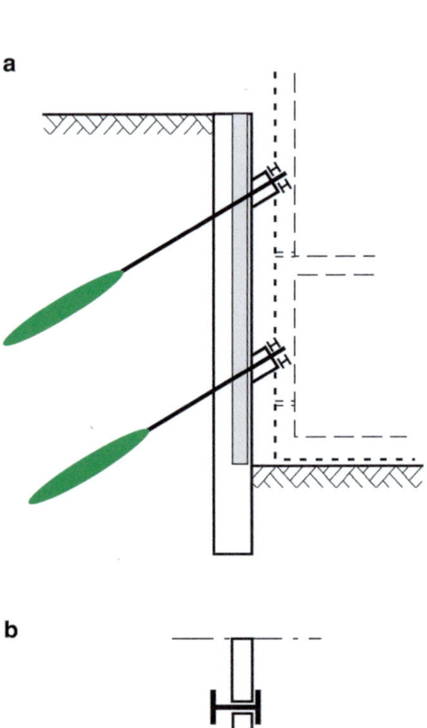

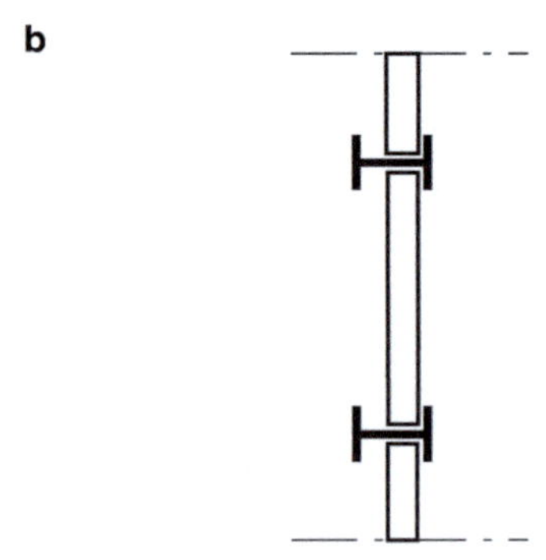

Abb. 17.21 Trägerverbau. **a** Schnitt, **b** Grundriss

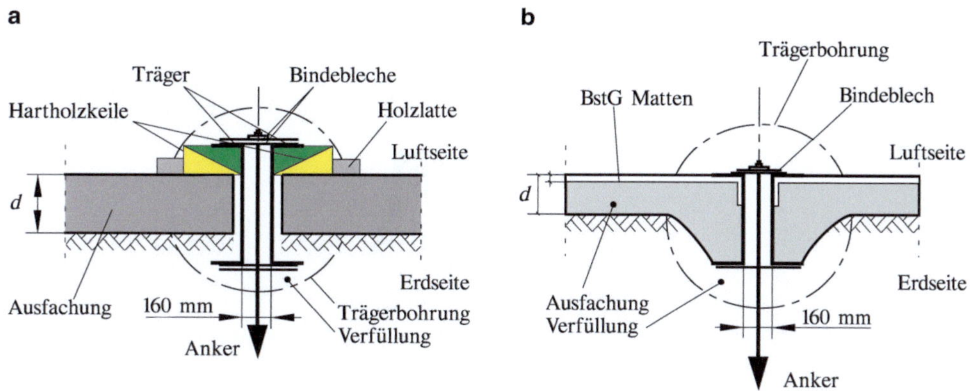

Abb. 17.22 Trägerverbau (U-Profile) mit Detail der Ausfachung. **a** mit Holzausfachung, **b** mit Betonausfachung

die Ausfachung zwischen den Trägern flächig gesichert. Der Boden muss also kurzfristig standfest sein. Bei gestützen Konstruktionen werden in den entsprechenden Tiefenlagen Anker oder Steifen eingebaut. Bei Grundwasser oberhalb der Baugrubensohle muss dieses durch eine Grundwasserhaltung abgesenkt werden.

Die übliche Ausfachung besteht aus Holzbohlen („Berliner Verbau"), aus Spritzbeton bzw. eingeschaltem Ortbeton sowie aus Kanaldielen und Stahlbetonfertigteilen, s. Abb. 17.22. Bei einer Ortbetonausfachung kann der Verbau in der Regel nicht wie-

Abb. 17.23 Verbau mit Spundwand

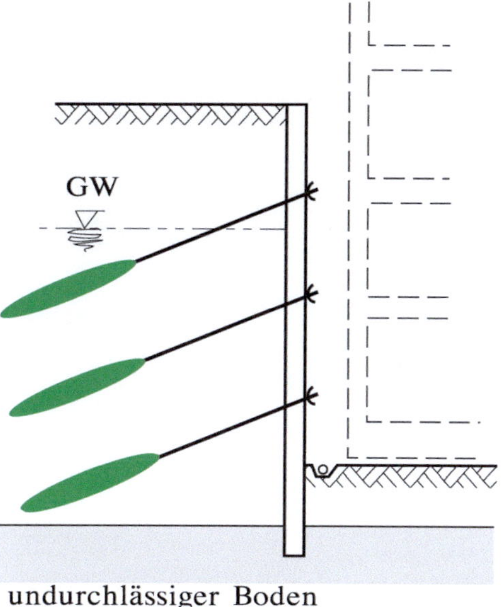

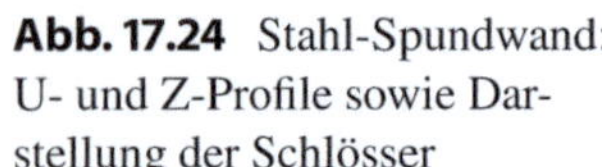

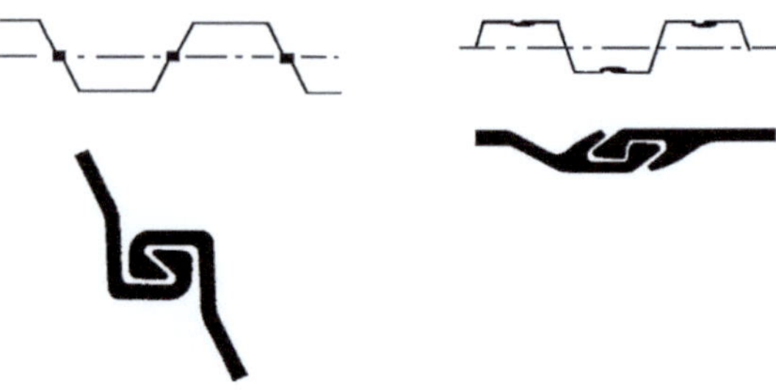

Abb. 17.24 Stahl-Spundwand: U- und Z-Profile sowie Darstellung der Schlösser

der gewonnen werden, er verbleibt im Boden, während ein Verbau mit Holzausfachung rückgebaut werden kann und sollte, um spätere Sackungen zu vermeiden.

Für Baugruben, in denen Grundwasser ausgesperrt bzw. dessen Zufluss gemindert werden muss, sind der Spundwandverbau s. Abb. 17.23 und 17.24, die überschnittene Bohrpfahlwand, s. Abb. 17.26a und die Schlitzwand, s. Abb. 17.27 und 17.28 ideale Lösungen.

Spundwände bestehen überwiegend aus Stahlwalzprofilen, die über Schlossverbindungen zu einer Baugrubenumschließung aneinandergefügt werden, s. Abb. 17.24.

Für weitere Angaben zu Spundwänden und deren Herstellung bzw. deren Rückbau durch Ziehen s. Arbeitsunterlagen der Hersteller und Lieferanten von Spundwandprofilen. Zum Einbringen von Stahlspundbohlen sei auf den Beitrag von Döhl und Roth (1989) hingewiesen.

Eine fast vollständige Aussperrung des Grundwassers kann erreicht werden, wenn die Spundwandschlösser gedichtet werden und die Spundwände in eine natürlich vorhandene „wasserundurchlässige" Bodenschicht einbinden. Ist so eine Schicht nicht vorhan-

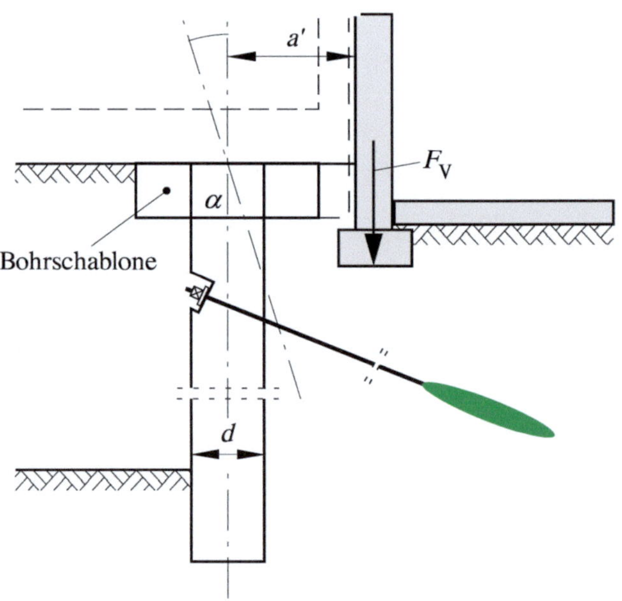

Abb. 17.25 Bohrpfahlwand

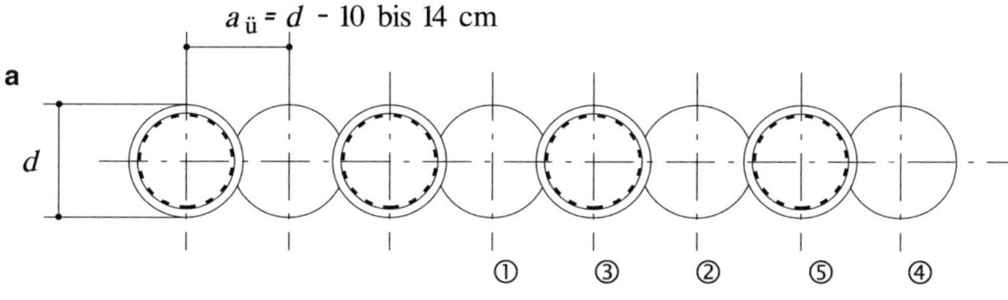

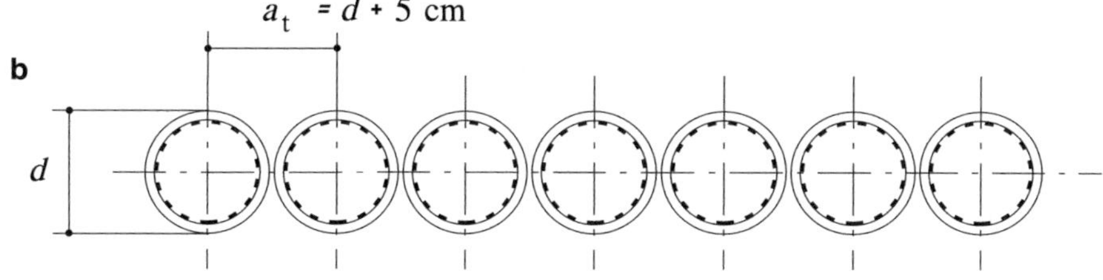

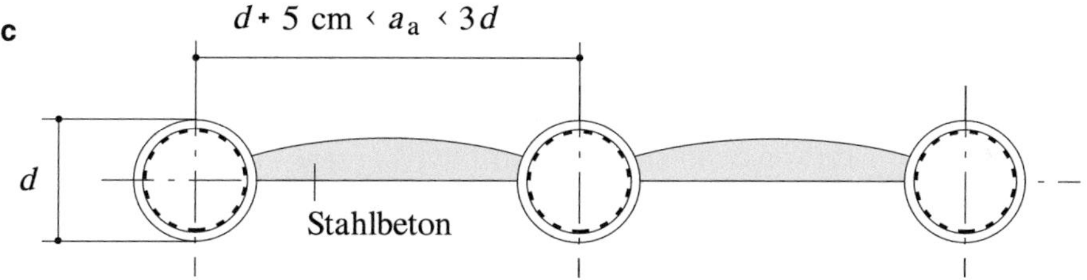

Abb. 17.26 Bohrpfahlwand: Abstand der Bohrpfähle. **a** Überschnittene Bohrpfahlwand, **b** Tangierende Bohrpfahlwand, **c** Aufgelöste Bohrpfahlwand

den, so kann sie künstlich durch Injektion (Verpressung), durch Düsenstrahlverfahren, s. Abschn. 6.6, oder durch Unterwasserbeton, s. Kap. 22, geschaffen werden.

Da eine vollständige Aussperrung infolge von Undichtigkeiten in den Wänden und durch Zufluss von der Baugrubensohle nicht erreicht werden kann und außerdem Tagwasser anfällt, muss mit Restwassermengen kalkuliert werden. Für grobe Abschätzungen kann von folgenden Werten ausgegangen werden:

- Zufluss von den Wänden: 0,5 l/s je 1000 m^2 wasserbenetzter Wandfläche
- Zufluss von der Sohle: 3 l/s je 1000 m^2 Sohlfläche und je m Wasserspiegeldifferenz.

Spundbohlen werden eingerammt, einvibriert oder auch eingepresst, so dass Erschütterungen und Lärm teilweise vermieden werden können. Bei festeren Böden bzw. bei Hindernissen im Baugrund kann durch Vorbohren das Einbringen der Spundbohlen erleichtert werden. Vorteilhaft ist, dass Spundwände wieder gezogen werden können.

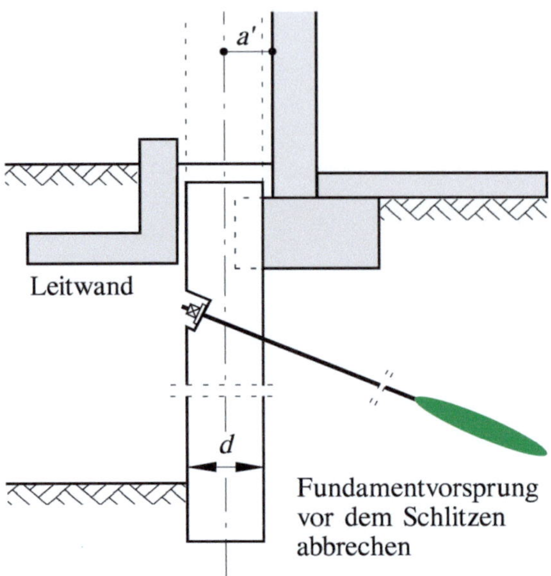

Abb. 17.27 Schlitzwand neben bestehendem Bauwerk, vertikaler Schnitt

Massive Wände aus Stahlbeton können in Form von Bohrpfahlwänden, s. Abb. 17.25 und 17.26 oder in Form von Schlitzwänden, s. Abb. 17.27 und 17.28 hergestellt werden. Diese Verbauten können nicht zurückgebaut werden.

Sie werden überwiegend dann eingesetzt, wenn besonders biegesteife Wände unmittelbar neben bestehenden Bauwerken erforderlich sind und/oder wenn die Baugrubenwand ebenfalls als spätere Bauwerkswand genutzt werden soll. Die Wände sind in der Regel weitgehend wasserundurchlässig. Sonderformen von wasserdurchlässigen Bohrpfahlwänden sind die tangierende bzw. die aufgelöste Bohrpfahlwand. Bohrpfahlwände werden

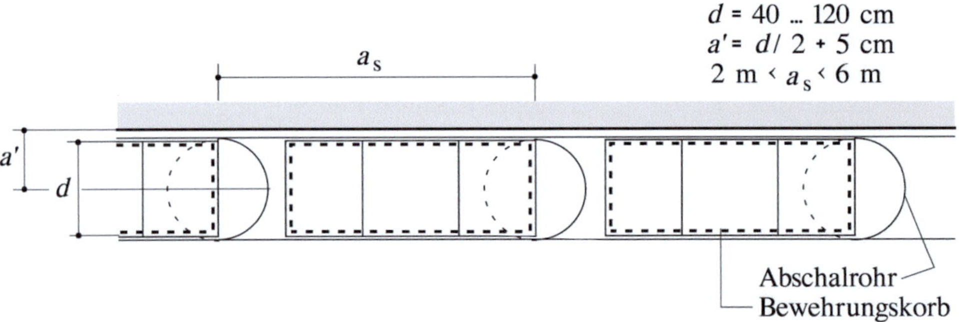

Abb. 17.28 Schlitzwand im Grundriss

als aneinandergereihte Bohrpfähle, s. Abschn. 13.1, hergestellt. Für überschnittene Bohrpfahlwände wird in der Regel vor Bohrbeginn eine Bohrschablone aus Ortbeton hergestellt.

Für die überschnittene Bohrpfahlwand beachte man die Reihenfolge der Herstellung der einzelnen Pfähle in Abb. 17.26a. Gerätebedingt ist ein Mindestabstand a', s. Abb. 17.25, von Nachbarbauwerken erforderlich. Bei engen Platzverhältnissen können Geräte mit verändertem Aufbau eingesetzt werden. Bohrpfähle können auch geneigt hergestellt werden. Weitere Details für die Herstellung von Bohrpfählen sind in *DIN EN 1536* ausgeführt.

Schlitzwände werden mit Greifern oder Fräsen abschnittweise in tiefen Gräben (Schlitzen) hergestellt. Die vorübergehende Stützung des Schlitzes erfolgt mit einer thixotropen Stützflüssigkeit. Die Stützflüssigkeit besteht aus quellfähigen Tonen (meist Bentonit), Wasser und ggf. aus Füllstoffen und Zusatzmitteln. Mit Füllstoffen wird die Dichte und das Eindringmaß der Suspension beeinflusst. Mit Zusatzmitteln werden die mechanischen Eigenschaften der Suspension wie das Fließverhalten, das Eindringverhalten und die Stabilität verändert. Die Leitwand, s. Abb. 17.27, ist meistens auf beiden Seiten des Schlitzes erforderlich. Sie dient der Stabilität des oberen Schlitzbereiches und der Führung des Greifers bzw. der Fräse. Nach Erreichen der Endtiefe werden das Abschalrohr oder ein spezielles Übergangselement mit Gummidichtung und der Bewehrungskorb eingesetzt. Das Abschalrohr, s. Abb. 17.28, oder das Übergangselement dient dem sauberen Abschluss der Schlitzlamelle, und das Profil gewährleistet einen guten Verbund zur nächsten Lamelle. Beim anschließenden Betonieren im Kontraktorverfahren wird die Stützflüssigkeit nach oben verdrängt, gesammelt und für den weiteren Gebrauch aufbereitet. Für die Konstruktion und Ausführung ist *DIN EN 1538* zu beachten.

Es müssen insbesondere die Stützfunktion der Suspension und die begrenzte Eindringung der Suspension in die Poren des zu stützenden Bodens nachgewiesen werden.

Weiterhin muss sichergestellt sein, dass

- kein Grundwasser in den Schlitz eindringt,
- örtlich keine Bodenteilchen in den Schlitz abgleiten,
- eine genügend hoher Flüssigkeitsspiegel im Schlitz den Verlust an Suspension kompensiert,
- kein Bruch des benachbarten Bodens in den Schlitz erfolgt (hier handelt es sich um ein räumliches Bruch- bzw. Erddruckproblem).

Für die Stützflüssigkeit ist *DIN 4127* zu beachten. Die Stahlbetonbemessung und die konstruktive Ausbildung (z. B. genügende Betondeckung) sind in *DIN EN 1538* bzw. in *DIN EN 1992* geregelt.

Baugrubenwände können auch mit Bodenvernagelungen, s. Abschn. 17.3.1, gesichert werden. Für kurzfristige Sicherungen lokaler Bereiche kommen auch Vereisungen von feuchten und wasserhaltigen Böden in Betracht.

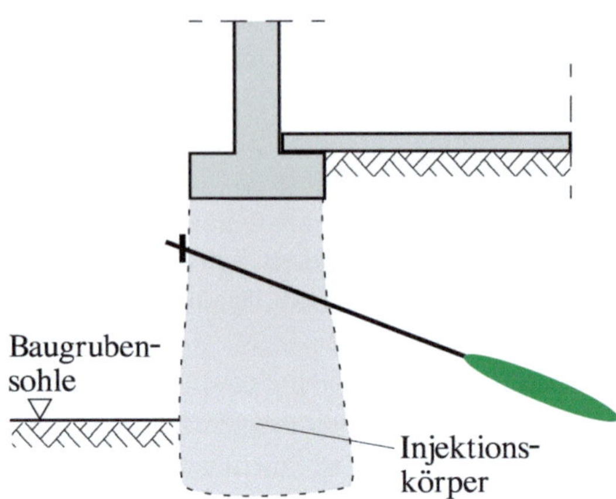

Abb. 17.29 Sicherung mit Injektionskörper

Vor allem Wände, die gleichzeitig als Unterfangung bestehender Fundamente dienen sollen, werden häufig durch Injektion, s. *DIN EN 12715* oder im Düsenstrahlverfahren, s. *DIN EN 12716* hergestellt, s. Abb. 17.29 und Kap. 21.

Baugrubenwände, die Wasser bei großen Druckhöhenunterschieden aussperren oder über deren Wände Verkehrsverbindungen laufen sollen, werden häufig als Fangedämme ausgebildet, s. Abschn. 17.3.2.

17.4.2 Berechnung von Stützwänden

Die Berechnung schlanker, in den Boden einbindender Stützwände besteht aus der Ermittlung der erforderlichen Einbindetiefe, dem Nachweis der Beanspruchungen (Biegung, Querkraft und Normalkraft) für die jeweiligen Materialien der Wand und – gegebenenfalls – der Berechnung der Auflagerkräfte und der Bemessung der Gurte und Anker bzw. Steifen. Bei sehr schlanken und hohen Wänden muss auch das Maß der Durchbiegung berechnet werden, um das Zusatzmoment aus dem Biegestich (Theorie 2. Ordnung) nachzuweisen.

Weiter gilt es, das Verformungsverhalten des Wandsystems und des gestützten Bodenkörpers zu erfassen. Neben dem Endzustand sind auch Zwischenbau- und bei Baugruben auch Rückbauzustände zu untersuchen.

Die wesentliche Besonderheit gegenüber den aus dem konstruktiven Ingenieurbau bekannten Berechnungs- und Bemessungsverfahren besteht darin, dass der Erddruck und das statische System davon abhängen, wie die Wand im Boden gelagert ist (Gelenk oder Einspannung) und wie sich die Zwangsbedingungen durch eventuelle Steifen oder Anker auf die Verteilung des Erddrucks hinter der Wand auswirken.

Durch das Vorspannen von Steifen und Ankern kann die Erddruckverteilung hinter der Wand gesteuert und damit das Verformungsverhalten der Wand günstig beeinflusst werden.

► **Anmerkung** Steifen und Anker sind zwei verschiedene Stützarten. Steifen sind relativ starre, äußere Auflager, Anker dagegen sind rückverhängte Auflager, die vor allem auf das Verformungsverhalten einer Wand sehr unterschiedliche Auswirkungen haben können.

Die vertikale Stützkraft wird als statisch bestimmt angesehen, weil die Anker und Steifen bei einer virtuellen senkrechten Verschiebung im Allgemeinen keine mechanische Arbeit leisten.

Die Ermittlung der Kräfte und Beanspruchungen erfolgt nach den Regeln der Statik von Hand, mit Stabwerkprogrammen bzw. nach der Methode der finiten Elemente (FEM).

Zusatzerddrücke infolge von Eignungs- und Abnahmeprüfungen von Verpressankern bei Zwischenbauzuständen und infolge von Vorspannmaßnahmen sowie äußerer Lasten müssen getrennt ermittelt und im Einleitungsbereich superponiert werden.

Auch das Traglastverfahren wird vereinzelt für die Berechnung von Stützwänden verwendet. Dabei müssen die mögliche Ausbildung von Fließgelenken, die sich daraus ergebenden möglichen Wandverschiebungen und Erddruckverteilungen abgeschätzt und ggf. variiert werden. Auf das Verfahren wird jedoch nicht eingegangen.

Zu Stützwänden s. auch Hettler et al. (2018).

Stützsysteme und Berechnungsverfahren Die in Abb. 17.30 dargestellten Auflagersysteme können prinzipiell für Stützwände – auch in Kombination – gewählt werden. Hohe Wände werden oberhalb der Talsohle bzw. Aushubsohle häufig mehrfach gestützt. Bei einer Einspannung in den Boden, s. Abb. 17.30a, kann auf luftseitige Auflager verzichtet werden, wenn beträchtliche Wandverformungen zugelassen werden können. Beachtet werden sollte, dass es sich bei den luftseitigen Lagern, obwohl sie als feste Lager darge-

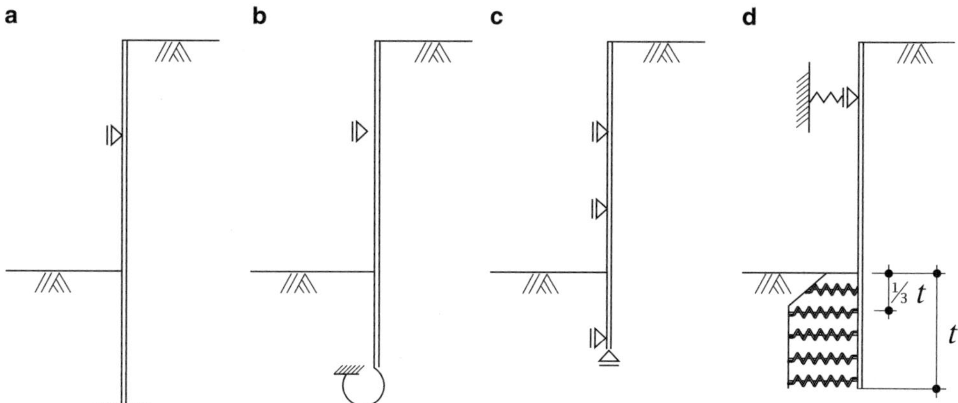

Abb. 17.30 Statische Systeme und Auflagerbedingungen. **a**, **b**, **c** Ein- oder mehrfach gestützt, im Boden starr eingespannt, elastisch eingespannt (teilweise eingespannt) bzw. frei drehbar gelagert, **d** mit elastischer Bettung im Boden und mit nachgiebiger Lagerung

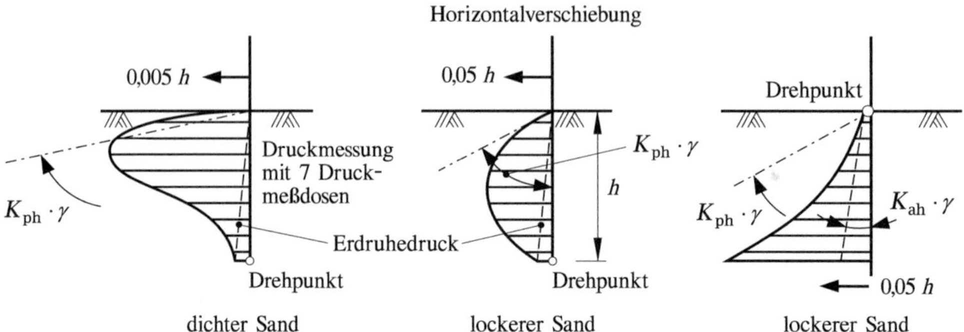

Abb. 17.31 Stützung des Wandfußes im Boden: Reaktionsspannungen

stellt sind, in der Regel nicht um unverschiebliche horizontale Auflager handelt, sondern es infolge von Ankerdehnungen bzw. Stauchungen von Steifen durchaus zu Verformungen der Auflager und damit der Wände kommt.

Die Wahl der Auflagerbedingungen hängt überwiegend von geometrischen Randbedingungen und vom Baugrund ab. Steht z. B. unter der Aushubsohle fester Fels an, wird aus herstellungstechnischen Gründen u. U. auf eine Einbindung in diesen verzichtet; die horizontale Stützung am Fuß erfolgt dann ebenfalls über Steifen oder Anker.

Die Stützung einer Wand im Boden kann dadurch zustande kommen, dass sich ihr Fußpunkt, wenn auch geringfügig, zur Bergseite hin verschiebt, d. h. die Wand muss in Fußnähe einen Drehpunkt haben. Die für einen solchen Fall in kleinmaßstäblichen Versuchen von Rowe (1952) gemessenen Reaktionsspannungen zeigt Abb. 17.31, in dem auch der große Einfluss der Lage des (bei den Versuchen zwangsweise vorgegebenen) Drehpunkts auf die Druckverteilung deutlich wird. Für die Praxis werden meist keine konkreten Verteilungen betrachtet, sondern es wird die Lage der Resultierenden in den Regelwerken, z. B. *Empfehlungen des Arbeitskreises „Baugruben" (EAB)*, vorgegeben.

Für die in Abb. 17.30 dargestellten Stützsysteme wurden im Laufe der Zeit viele Rechenverfahren entwickelt. In Deutschland am meisten verbreitet sind die rechnerischen und grafischen Verfahren am Ersatzbalken nach Blum (1931), die nachfolgend erläutert werden.

Zunächst sei für eine einmal gestützte und im Boden frei drehbar bzw. veschieblich gelagerte Wand die Erddruckverteilung ohne Umlagerungen für einfache Verhältnisse in Abb. 17.32 dargestellt. Der aktive Erddruck wird als Einwirkung auf einen Balken mit zwei Auflagern angesetzt. Das Erdauflager kommt durch Erdwiderstand zustande.

Soll die Wand im Boden mit Einspannung gehalten werden, Abb. 17.33, muss aus Gleichgewichtsgründen ein bergseitiger Erdwiderstand angesetzt werden. Nach Blum wird vereinfachend eine Ersatzkraft C eingeführt. Sie ersetzt den Erdwiderstand unterhalb des Drehpunktes D. Der Erdwiderstand ist wegen der hohen Geländeauflast auf der Bergseite so groß, dass er zu einer Ersatzkraft C im Drehpunkt näherungsweise zusammengefasst werden kann.

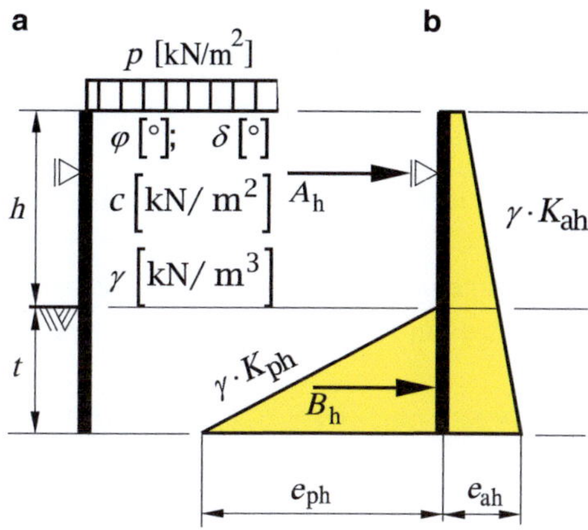

Abb. 17.32 Gestützte und im Boden frei drehbar gelagerte Wand. **a** Querschnitt, **b** Erddruck-Spannungen

Um jedoch den in Wirklichkeit unterhalb des Drehpunktes D flächenhaft verteilten Erdwiderstand im Boden zu wecken und durch die Ersatzkraft erfassen zu können, muss die theoretische Wandtiefe t_0 um Δx vergrößert werden.

Kombinationen der beiden statischen Systeme in Abb. 17.32 und 17.33 sind möglich. Bei mehreren luftseitigen Auflagern bzw. bei luftseitigem Auflager und Einspannung im Boden handelt es sich im Sinne der Balkenstatik um statisch unbestimmte Tragwerke.

Die an den *Blumschen* Systemen ermittelten Durchbiegungen resultieren nur aus der Verbiegung der Wände, d. h. sie sind nur von deren Biegesteifigkeit abhängig. Sie beinhalten jedoch nicht die Verformungen des Bodens im Erdwiderstandsbereich und damit der Wand am Fuß. Die volle Inanspruchnahme des Erdwiderstands als Bodenreaktion widerspricht den Regeln, ihn nur reduziert anzusetzen, damit die zur Mobilisierung von E_a und E_p nötigen Wandverschiebungen in derselben Größenordnung liegen, also kompatibel sind. Es ist daher in der Regel zu empfehlen, einen nur teilmobilisierten Erdwiderstand

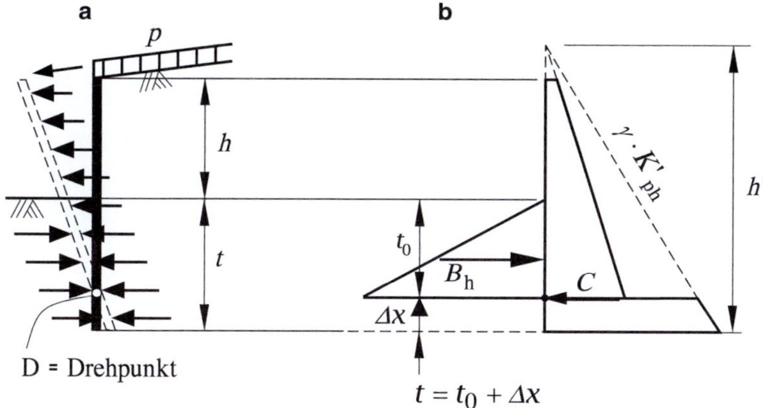

Abb. 17.33 *Blumscher* Ansatz für eingespannte Wand. **a** Querschnitt, **b** ideelles Erddruck-Bild

$\eta \cdot E_{\text{ph,d}}$ anzusetzen. Will man die Verformungen im Fußbereich besser erfassen, bietet sich die Berechnung der Wand als elastisch gebetteter Balken an. Dabei muss beachtet werden, dass die errechneten Reaktionsspannungen $e = \sigma_x$ nicht größer sind als der passive Erddruck.

Bei reiner Wassereinwirkung kann ebenfalls wie beschrieben vorgegangen werden. Dabei muss E durch die resultierende Wasserdruckkraft ersetzt werden. Bei komplizierten Erddruckeinwirkungen, z. B. bei geschichtetem Baugrund, sind die Erddrücke summarisch zu einer resultierenden Erddruckkraft zusammenzufassen.

Nachweise nach *DIN EN 1997-1* mit *DIN 1054* und *EAU* sowie *EAB* Erd- und Wasserdrücke, auch aus Umströmung, stellen die wichtigsten Einwirkungen für Stützwände dar.

Die Berechnung und Bemessung von Stützwänden erfolgt in der Regel gemäß Grenzzustand GEO-2 und STR. Dabei werden zunächst die charakteristischen Einwirkungen bzw. Beanspruchungen und Widerstände ermittelt, bevor durch Erhöhung bzw. durch Verringerung mit den Teilsicherheitsbeiwerten nach Abschn. 8.3 die Entwurfsgrößen berechnet und gegenübergestellt werden.

Grundsätzlich sind für Stützwände neben dem Nachweis der Gesamtstandsicherheit im Grenzzustand GEO-3 folgende Nachweise im Grenzzustand GEO-2 bzw. STR. zu führen, die nachfolgend näher erläutert werden:

- Sicherheit gegen Versagen des Erdwiderlagers,
- Sicherheit gegen Versinken,
- Sicherheit gegen inneres Versagen (Materialversagen) und
- Sicherheit gegen Versagen der Verankerung, s. Kap. 18.

Einfach gestützte Wände Für das System nach Abb. 17.32 werden zunächst für eine vorgegebene, geschätzte Einbindetiefe t aus den zur Verfügung stehenden zwei Gleichgewichtsbedingungen $\left(\sum M = 0;\ \sum F_{\text{H}} = 0\right)$ die beiden Auflagerkräfte $A_{\text{h,k}}$ und $B_{\text{h,k}}$ infolge der charakteristischen Einwirkung des Erddrucks berechnet, um den Nachweis nach Gl. (17.4) und die Überprüfung gemäß Gl. (17.5) durchzuführen. Bei geneigten Ankern geht der Vertikalanteil der Ankerkraft auch in Gl. (17.6) ein.

Bei einfachen Verhältnissen kann auch t explizit dargestellt werden, was auf eine Gleichung 3. Grades hinführt.

Der Nachweis gegen **Versagen des Erdwiderlagers** wird wie folgt geführt:

$$B_{\text{h,d}} \leq E_{\text{ph,d}} \tag{17.3}$$

$$B_{\text{Gh,k}} \cdot \gamma_{\text{G}} + B_{\text{Qh,k}} \cdot \gamma_{\text{Q}} \leq \frac{\eta \cdot E_{\text{ph,k}}}{\gamma_{\text{Ep}}} = \frac{E'_{\text{pgh}}}{\gamma_{\text{Ep}}}. \tag{17.4}$$

Mit dem Anpassungsfaktor $\eta < 1$ kann auf eine Begrenzung der Verformungen am Wandfuß Rücksicht genommen werden.

Die Überprüfung der **Mobilisierung des Neigungswinkels** δ_p wird mit charakteristischen Größen geführt und stellt ergänzend zu dem vorgenannten Nachweis sicher, dass die Aufnahme der Bodenreaktion mit dem zunächst plausibel angenommenen Neigungswinkel auch tatsächlich möglich ist. Es handelt sich hierbei nicht um einen Nachweis für einen Grenzzustand, daher müssen keine Teilsicherheiten berücksichtigt werden.

Die Mobilisierung des Neigungswinkels ist dann gewährleistet, wenn alle an der Wand einwirkenden vertikalen Lasten größer oder gleich dem vertikalen Anteil der charakteristischen Bodenreaktion sind. Ein Spitzenwiderstand $R_{b,k}$ wird hierbei nicht angesetzt:

$$F_{V,k,min} = V_{k,min} = \sum V_{k,i} \geq B_{v,k} = B_{h,k} \cdot \tan \delta_p. \tag{17.5}$$

Ist diese Bedingung nicht erfüllt, muss der Neigungswinkel auf $\delta_{p,mob}$ reduziert werden. Dies tritt in der Regel bei eingespannten, unverankerten Stützwänden oder bei der Mobilisierung von Erdwiderstand vor Ankerplatten auf.

Der Nachweis gegen das **Versinken von Bauteilen** ist wie folgt zu führen:

$$F_{V,d} = V_d = \sum V_{d,i} \leq R_d. \tag{17.6}$$

Für V sind alle ständigen und veränderlichen vertikalen Einwirkungen der Wand mit den jeweiligen Teilsicherheitsbeiwerten anzusetzen.

Nach unten gerichtete Vertikalkräfte auf die Stützwand rufen eine Relativverschiebung zwischen Wand und Boden hervor, deren Verschiebungswert von der Größe der Vertikalkräfte und der Festigkeit des Baugrunds unter dem Wandfuß abhängt. Wenn dabei eine andere Relativverschiebung zwischen Baugrund und Wand auftritt als diejenige, die sich bei der üblichen Ausbildung der Gleitkörper von Erddruck und Erdwiderstand einstellt, s. Kap. 16, kann dies zu einer Änderung der anzusetzenden Neigungswinkel führen. Damit gehen veränderte, ungünstigere Erddrücke und Erdwiderstände einher. Diese Umstände müssen dann bei den vorgenannten Nachweisen berücksichtigt werden.

Der charakteristische Widerstand gegen Versinken der Wand kann wie bei Pfahlgründungen, s. Kap. 13, ermittelt werden. Hierbei ist zu beachten, dass auf Flächen, die durch einen von oben nach unten wirkenden Erddruck belastet sind, nicht gleichzeitig Mantelreibung angesetzt werden kann. Auf der Erdwiderstandsseite der Wand kann die Vertikalkomponente der Fußauflagerkraft $B_{v,k}$ oder eine auf der Grundlage von Erfahrungswerten ermittelte Mantelreibung angesetzt werden. Gemäß *EAB (EB 85)* dürfen für den Fall, dass keine Probebelastungen vorliegen, charakteristische Widerstände zur Vertikallastabtragung auf der Grundlage von Erfahrungswerten festgelegt werden. Beim Ansatz des Fußwiderstandes im Sinne eines Spitzendrucks ergibt sich bei Spundwänden entgegen früheren Festlegungen die maßgebende Fußfläche aus der vorhandenen Stahlquerschnittsfläche. Erfahrungswerte für Mantelreibung und Spitzendruck für gerammte Spundwände in nichtbindigen Böden sind im Anhang A.10 der *EAB* zusammengestellt. Weitergehende Untersuchungen zur vertikalen Tragfähigkeit von Spundwänden liegen von Becker und Kempfert (2008) vor.

Bei gerammten Bohlträgern darf der volle umrissene Trägerquerschnitt zugrunde gelegt werden.

Zum Ansatz von Spitzendruck bei Ortbetonwänden und im Fußbereich einbetonierte oder eingerammte Bohlträger, s. Abschn. 13.4.1.

Der Nachweis der **luftseitigen Auflager** erfolgt für die Materialien der gewählten Steifen mit Nachweis der Knicksicherheit, ggf. mit dem Nachweis für notwendige Gurte (Längsträger) bzw. für Anker nach Kap. 18.

Die Nachweise gegen **Materialversagen der Wandbaustoffe** sind nach den jeweiligen Regelwerken für die gewählten Materialien zu führen. So sind z. B. für die Bemessung von Stahlspundwänden und deren Teile (z. B. Stahlgurte) die entsprechenden Beanspruchungen zu berücksichtigen und die maßgebenden Regelwerke, wie *DIN EN 1993 (EC 3)* und insbesondere *DIN EN 1993-5* (Pfähle und Spundwände) zu beachten.

Sowohl nach *EAB* als auch nach *EAU* können bei günstigen Randbedingungen gegenüber *DIN 1054* für die Ermittlung der Biegemomente, der Querkräfte und der Auflagerkräfte abgeminderte Teilsicherheitsbeiwerte $\gamma_{\text{Ep,red}}$ verwendet werden.

Weiter sind bei **Grundwasserströmung bzw. Wasserdrücken** die in Kap. 22 aufgeführten Einflüsse auf die Erddrücke bzw. Nachweise gegen hydraulischen Grundbruch zu führen. Für die Wasserdrücke hinsichtlich der Bemessung der Wand und ihrer Teile können gemäß *EAU* gegenüber *DIN 1054* reduzierte Teilsicherheitsbeiwerte angesetzt werden.

Des Weiteren ist für den durch die Wand sich ergebenden Geländesprung die Gesamtstandsicherheit nach Kap. 15 nachzuweisen. Bei Verankerungen ist der Nachweis der Standsicherheit auf der „Tiefen Gleitfuge" zum Nachweis ausreichender Ankerlängen zu führen, s. Abschn. 18.4.1.

Eingespannte Wände Für im Boden eingespannte Wände ohne luftseitiges Auflager, s. Abb. 17.33, wird nach Blum (1931) zur Ermittlung der Einbindetiefe t_0 zweckmäßigerweise die Bedingung $\sum M_{(\text{D})} = 0$ herangezogen, womit direkt $B_{\text{h,d}}$ berechnet werden kann. Danach ist Gl. (17.4) bzw. (17.5) zu überprüfen. Auch hier lässt sich in einfachen Fällen die Einbindetiefe t explizit darstellen (Gleichung 3. Ordnung).

Die gesamte Einbindetiefe unterhalb der Berechnungssohle setzt sich aus t_0 bis zum theoretischen Fußpunkt und dem Tiefenzuschlag Δx zusammen. Die Zusatzlänge Δx ist erforderlich, um den Bemessungswert der im theoretischen Fußpunkt D wirkenden Horizontalkomponente $C_{\text{h,d}}$ der Ersatzkraft C als eine tatsächlich über die Tiefe Δx verteilte Bodenreaktionskraft aufnehmen zu können. Soweit der weiter unten aufgeführte, genauere Nachweis zur Ermittlung von Δx nicht geführt wird, darf der Tiefenzuschlag vereinfachend mit

$$\Delta x = 0{,}2 t_0 \tag{17.7}$$

berechnet werden.

Bei erheblichen Wasserdruckeinwirkungen muss der Tiefenzuschlag mit der Kraft

$$C_{\text{h,d}} \leq \sum (C_{\text{Gh,k}} \cdot \gamma_{\text{G}} + C_{\text{Gh,W,k}} \cdot \gamma_{\text{G,red}} + C_{\text{Qh,k}} \cdot \gamma_{\text{Q}}) \tag{17.8}$$

berechnet werden. Die Anteile der Kraft C werden dabei jeweils über die Bedingung $\sum F_{\mathrm{H}} = 0$ ermittelt.

Schließlich muss erfüllt werden:

$$C_{\mathrm{h,d}} \leq E_{\mathrm{phC,d}} = \frac{E_{\mathrm{phC,k}}}{\gamma_{\mathrm{Ep}}}. \tag{17.9}$$

Dabei ist

$$E_{\mathrm{phC,k}} = \Delta x \cdot e_{\mathrm{phC,k}} \tag{17.10}$$

und $e_{\mathrm{phC,k}}$ der charakteristische Wert der Erdwiderstandsspannung auf der Ersatzkraftseite in Höhe von D:

$$e_{\mathrm{phC,k}} = \sigma_{\mathrm{z,C}} \cdot K_{\mathrm{pgh,C}} + c'_{\mathrm{k}} \cdot K_{\mathrm{pch,C}}. \tag{17.11}$$

Bei der Ermittlung der Erdwiderstandskraft zum Nachweis für die Ersatzkraft C ist hinsichtlich der Neigung zu beachten, dass sich für die Mobilisierung von C im Allgemeinen kein Bruchkörper ausbildet und deshalb $\delta_{\mathrm{C,k}} = 0$ gesetzt werden sollte.

Andernfalls wird nach *EAU* vorgeschlagen, je nach vertikaler Wandbewegung folgende Grenzen zu beachten:

$$-\frac{2}{3} \cdot \varphi'_{\mathrm{k}} \leq \delta_{\mathrm{C,k}} \leq +\frac{1}{3} \cdot \varphi'_{\mathrm{k}}. \tag{17.12}$$

Für den Nachweis des mobilisierbaren Neigungswinkels δ_{p} und der Vertikalkräfte nach Gl. (17.5) bzw. (17.6) muss für die ansetzbare Ersatzkraft C beachtet werden, dass sich bei dem Ansatz nach Blum (1931) eine zu große Kraft ergibt, weil der für das Bodenauflager B_{k} mobilisierbare Erdwiderstand bis zum theoretischen Fußpunkt D in voller Größe wirkend angesetzt wird. Bei Berücksichtigung des tatsächlichen Verlaufs der stützenden Bodenreaktion tritt die Ersatzkraft C nur in etwa der halben rechnerischen Größe auf. Gleichzeitig ist das zugehörige Bodenauflager um eben diesen Betrag geringer. Um diesen Fehler auszugleichen, werden die Horizontalkomponenten der Ersatzkraft und des Bodenauflagers für die Berechnung der zugehörigen Vertikalkomponenten um jeweils

$$0{,}5 \cdot C_{\mathrm{h,k,Blum}} \tag{17.13}$$

vermindert.

Bei luftseitiger Auflagerung und Einspannung im Boden handelt es sich im Sinne der Balkenstatik um statisch unbestimmte Tragwerke, die in der Regel mit entsprechenden Programmen berechnet werden. Dabei kann der Grad der Einspannung durch die Einbindetiefe t_0 gesteuert werden.

Aufgelöste Wände Aufgelöste Wände bestehen aus vertikalen Haupttraggliedern und Ausfachungen zwischen den Haupttraggliedern. Der bekannteste Typ ist die Trägerwand, bei dem die Träger unter die Baugrubensohle einbinden, während die Ausfachung nur bis zur Baugrubensohle reicht, s. Abb. 17.34.

Daher ist für aufgelöste Wände zu beachten, dass unterhalb der Tal- bzw. Baugrubensohle keine durchgehende Wand vorhanden ist. In der Regel wird der aktive Erddruck als

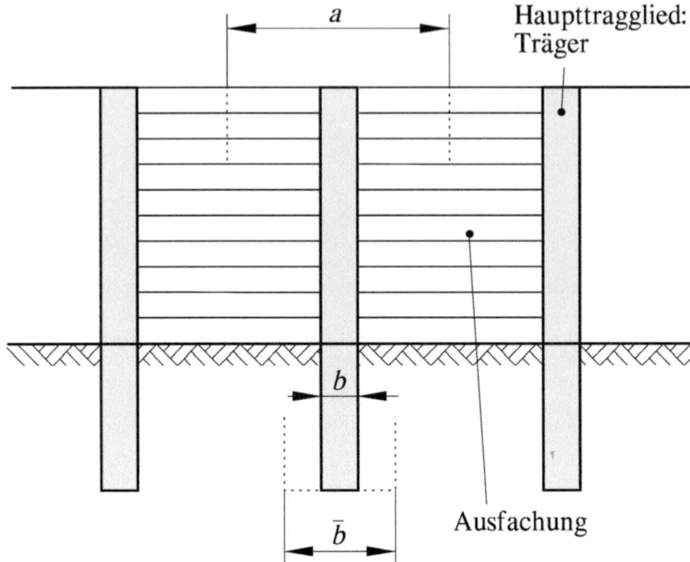

Abb. 17.34 Trägerwand mit Holzausfachung (Längsschnitt)

Einwirkung nur bis zur Aushubsohle angesetzt. Darunter kann nur der räumliche Erdwiderstand (hier auf eine ideelle Breite $\bar{b} = l_{\mathrm{p}}^{\mathrm{Er}}$ wirkend dargestellt), s. Abschn. 16.8.5, als Reaktionskraft am Fuß genommen werden.

Da bei kleinen Trägerabständen die dem räumlichen Erdwiderstand entsprechenden Bruchkörper sich überschneiden können, ist weiterhin auch der Nachweis für den ebenen Erdwiderstand vor dem Wandfuß zu führen.

Für gestützte Baugruben mit frei drehbarem Fußauflager wird im einfachsten Fall nach *EAB* der in Abb. 17.35 dargestellte umverteilte Ansatz des Erddrucks und der Angriffspunkt des Erdwiderstands empfohlen. Je nach Höhe des Ankerangriffspunktes und der Wandart werden durch die *EAB* verschiedene Lastfiguren vorgegeben. Die Höhe des Ansatzpunktes für die Bodenreaktion (Erdwiderstand) hängt von der Bodenart und der Wandverschiebung ab. Auch hier differenziert die *EAB* nach verschiedenen Kriterien.

Abb. 17.35 Erddruckansatz bei Trägerwand, mehrfach gestützt, im Boden frei drehbar gelagert

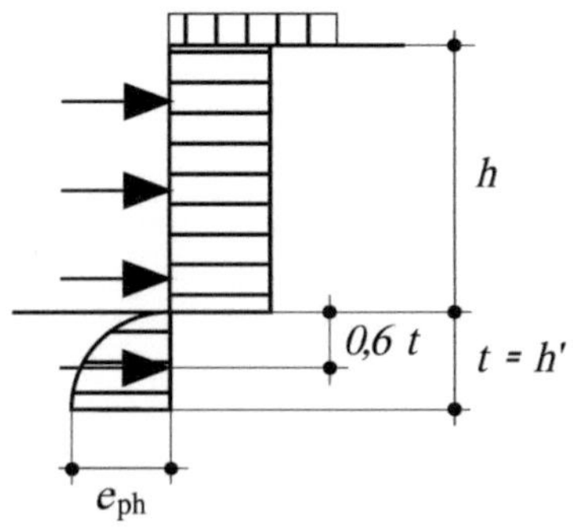

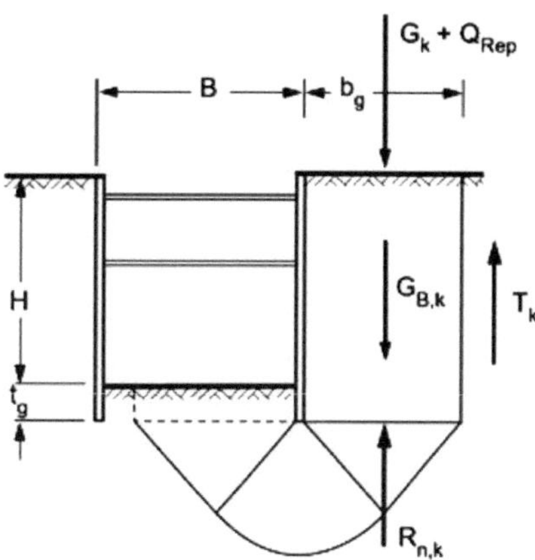

Abb. 17.36 Aufbruch der Baugrubensohle

Gemäß *EAB* darf unter gewissen Randbedingungen der Erddruck $\Delta E_{\mathrm{ah,d}}$ unterhalb der Baugrubensohle beim Nachweis des Erdauflagers mit räumlichem Erdwiderstand vor dem Trägerfuß dann vernachlässigt werden, wenn nachgewiesen wird, dass er zusammen mit der Bemessungsauflagerkraft $B_{\mathrm{h,d}}$ aus den Bohlträgern den Erdwiderstand einer durchgehenden Wand nicht überschreitet:

$$B_{\mathrm{h,d}} + \Delta E_{\mathrm{ah,d}} \leq E_{\mathrm{ph,d}}. \tag{17.14}$$

Baugruben in weichen Böden Werden tiefe Baugruben in weichem oder tonigem Boden ausgehoben, kann es zum Aufbruch der Baugrubensohle kommen, besonders dann, wenn die Baugrubenwand nicht oder nur wenig unter die Baugrubensohle reicht. Dies gilt besonders für Baugruben $b > 0{,}2 \cdot h$. Ein dem Grundbruch analoges Bruchmodell mit den Kräften ist in Abb. 17.36 dargestellt.

Es muss gemäß Grenzzustand GEO-2 die folgende Bedingung erfüllt werden, s. auch *EAB*, *EB 99*:

$$G_{\mathrm{d}} + p_{\mathrm{d}} \cdot b_{\mathrm{g}} \leq R_{\mathrm{n,d}} + T_{\mathrm{d}}. \tag{17.15}$$

R_{n} ist die Grenztragkraft des Streifens der Breite b_{g} analog der Grundbruchtheorie, s. Abschn. 12.5. G ist die Eigenlast des Erdkörpers der Breite b_{g} und $p \cdot b_{\mathrm{g}}$ der auf diesen Streifen entfallende Anteil der Verkehrslast p.

Die charakteristische Widerstandskraft $R_{\mathrm{V,k}}$ ist

$$R_{\mathrm{V,k}} = c_{\mathrm{u,k}}(h + t). \tag{17.16}$$

Die Breite b_{g} ergibt sich wie folgt:

- Ohne seitliche Auflasten erhält man die maßgebende Breite $b_{\mathrm{g}} = b$, sofern die Scherfestigkeit des undränierten Bodens $c_{\mathrm{u,k}}$ über die Tiefe konstant ist.
- Bei seitlichen Auflasten bzw. veränderlicher Scherfestigkeit $c_{\mathrm{u,k}}$ ist die Breite zur Auffindung des max. Ausnutzungsgrades zu variieren.

Für die Erkundung des Baugrundes im Zusammenhang mit Baugruben in weichen Böden ist in den meisten Fällen die Geotechnische Kategorie *GK 3* zugrunde zu legen. Weitere Hinweise zum Ansatz der Scherfestigkeit, zur Ausführung und zur Bemessung von Baugruben in weichen Böden liefert die *EAB*.

17.4.3 Verformungen von Stützwänden

Insbesondere für Wände neben bestehenden Bauwerken und neben Straßen mit Versorgungsleitungen muss der Grenzzustand der Gebrauchstauglichkeit (*SLS*) nachgewiesen werden.

Verformungen bei Wänden lassen sich im Allgemeinen nicht vollkommen vermeiden. Dabei geht es einmal um die Verformungen der Auflager (Steifen bzw. Anker und des Bodenauflagers am Wandfuß, s. Abb. 17.37), der Wand selbst und daraus resultierende Verschiebungen in der Nachbarschaft der Wand. Auskragende, nur im Boden eingespannte Wandsysteme sind besonders Verformungen unterworfen, die häufig in der Praxis nicht richtig erfasst und beachtet werden. Diese Systeme werden häufig mit Volleinspannung nach Blum unter Ansatz des Erdwiderstands gerechnet. Die Verformungen ergeben sich dann rechnerisch ausschließlich aus den Biegeanteilen der Wandprofile. Beachtet werden muss jedoch, dass die Erdwiderstandskräfte als Fußauflager Grenzkräfte sind und das Verformungsverhalten bis zum Grenzzustand mit diesem Ansatz nicht erfasst wird. Wie schon unter Abschn. 17.4.2 ausgeführt, kann die Begrenzung der Verformungen erreicht werden, indem der Erdwiderstand nur zum Teil (Einführung eines Anpassungsfaktors) angesetzt wird, was eine größere Einbindetiefe zur Folge hat. Eine genauere quantitative Erfassung der Verformungen am Trägerfuß lässt sich näherungsweise mit dem Bettungsmodulverfahren erreichen. Vorgehensweisen zur Ermittlung zutreffender Bettungsmodule sind nachfolgend dargestellt.

Nicht dargestellt sind außerplanmäßige Vertikalverschiebungen der Wand infolge nachgebenden Bodens am Fuß. Diese treten häufig bei Trägerwänden auf, bei denen die Träger in vorgebohrte Löcher gestellt und die Füße fehlerhaft hergestellt werden, z. B. mit einem nicht ordnungsmäßig verfüllten Betonfuß.

Bei der Anwendung des Bettungsmodulverfahrens ist die Größe und Verteilung des Bettungsmoduls von Bedeutung. Es bestehen Abhängigkeiten von der Geometrie des Wandfußes, von der Scherfestigkeit und Verformbarkeit des Bodens vor dem Wandfuß sowie von der Mobilisierbarkeit des Erdwiderstands. Hettler und Besler (2001) und Hettler et al. (2018) befassen sich mit der Problematik für gestützte Baugrubenwände in Sand. Brand et al. (2011) haben umfangreiche Vergleichsberechnungen mit ausgeführten Baugruben durchgeführt. Diese Ergebnisse sind die *EAB, EB 102* direkt eingeflossen und es liegen damit ausführliche Hinweise zur Anwendung des Bettungsmodulverfahrens vor.

Für nichtbindige Böden wird von Terzaghi (1955) und vielen anderen Autoren eine mit der Tiefe lineare Zunahme des Bettungsmoduls vorgeschlagen, s. auch Abschn. 20.2.

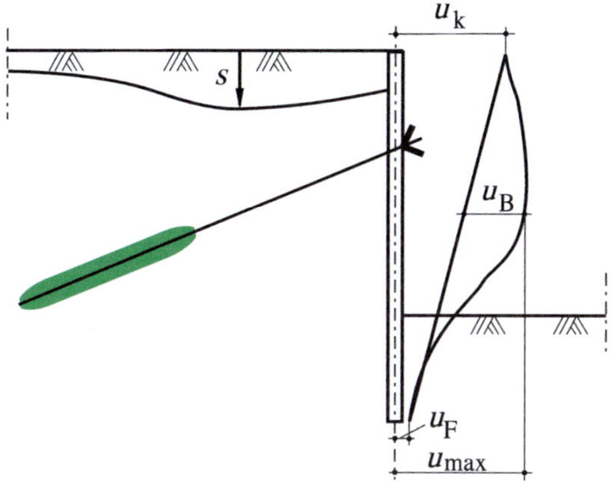

s = vertikale Verschiebungen (Setzung des Geländes)
u_k = Kopfverschiebung
u_B = Ausbauchung bei gestützten Wänden
u_F = Fußpunktverschiebung
u_{max} = maximale Horizontalverschiebung

Abb. 17.37 Kennzeichnende Wandverformungen

Genauere Berechnungen der Verformungen der Wand und der Umgebung lassen sich nach der Methode der finiten Elemente (FEM) unter Verwendung nichtlinearer Stoffgesetze durchführen.

Sollen Wandverformungen und damit Bewegungen für unmittelbar angrenzende Bauteile oder Bauwerke reduziert werden, gilt es, für die Bemessung einen erhöhten aktiven Erddruck oder sogar den Erdruhedruck anzusetzen, s. Abschn. 16.2, damit durch stärkere Wandprofile eine große Biegesteifigkeit und eine größere Einbindetiefe erreicht werden. Um Verformungen von Wänden zu verringern, bieten sich vor allem aber Stützungen der Wände mit luftseitigen Steifen und Ankern an. Anker müssen und Steifen sollten vorgespannt werden, denn der Ansatz eines erhöhten Erddrucks allein bietet keine ausreichende Gewähr, dass sich die Wand weniger verformt: solange eine Steife noch nicht eingebaut und vorgespannt ist, dient der Boden des temporären Aushubzustandes auf der Luftseite als Auflager, und der bergseitige Boden kann sich entspannen. Erst eine Vorspannung (z. B. 90 bis 100 % der charakteristischen Ankerlast) und somit eine „Vorwegnahme" der späteren Stützenverformungen vermeidet spätere große Verformungen. Beim Vorspannen von Ankern oder Steifen muss beachtet werden, dass ggf. auftretende erhöhte Erddrücke (bis zum Erdwiderstandsbereich, wenn sich die Wand gegen den Boden bewegt), bei der Wandbemessung berücksichtigt werden.

Für Zwischenbauzustände muss besonders beachtet werden, dass vor dem Setzen der ersten Stütze in der Regel Kragsysteme auftreten, die schon zu beträchtlichen Verformungen führen können. Deshalb sollte die erste Stützung so weit wie möglich oben angeordnet werden.

Unabhängig von den vorgenannten Maßnahmen treten selbst bei Wänden mit vorgespannten Steifen oder Ankern Verformungsmechanismen am Gesamtsystem Wand-Stützung-Boden auf, die bei Nachbarbebauung zu beachten sind. Viele Messungen und Beobachtungen an tiefen und langen Baugruben zeigen, dass sich die Verformungen aus drei Anteilen zusammensetzen, s. Abb. 17.38.

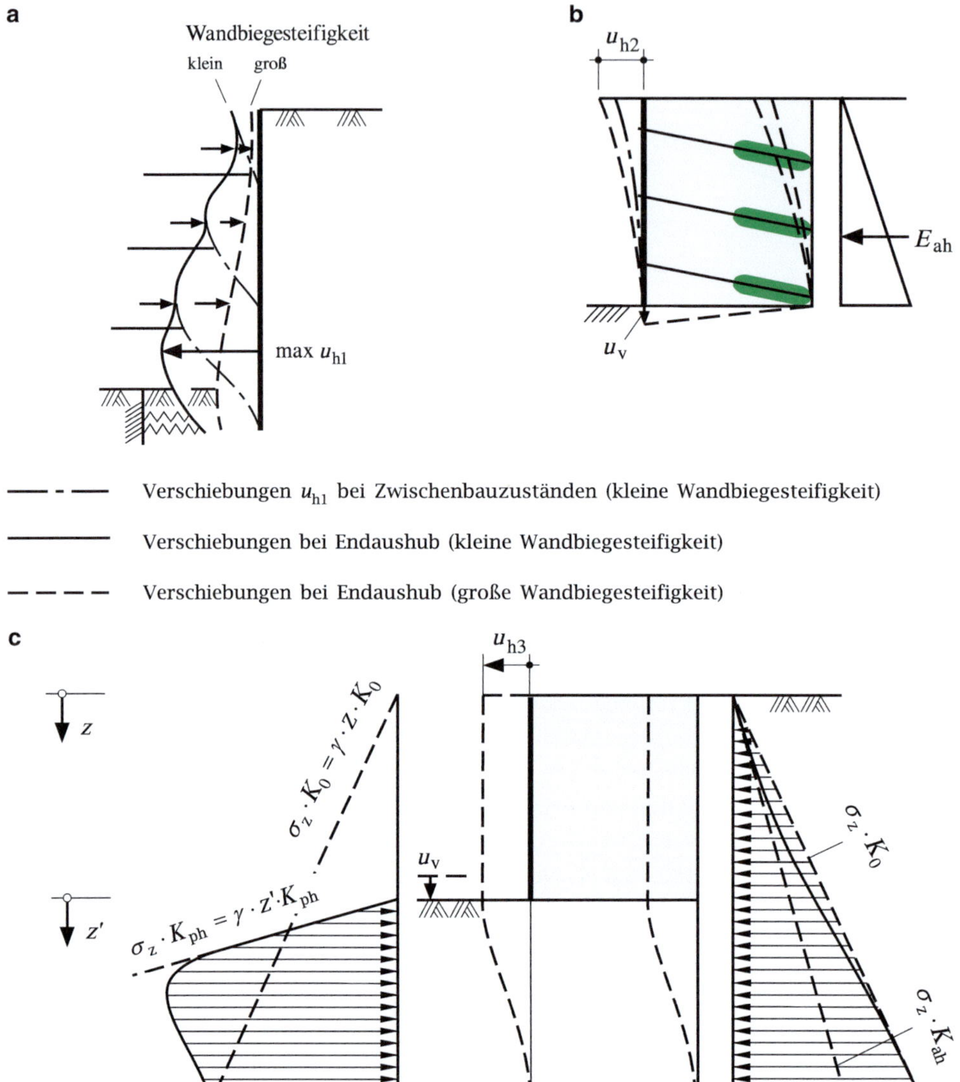

Abb. 17.38 Wandverformung bei gestützten Wänden. **a** Verschiebung u_{h1} infolge Wandverbiegung und Nachgiebigkeit der Auflager, **b** Verschiebung u_{h2} infolge Biegung und Schub, **c** Horizontalverschiebung des durch Anker zusammengespannten Bodenkörpers

a) Die Horizontalverschiebung u_{h1} setzt sich aus der Nachgiebigkeit der Wand selbst und aus der Nachgiebigkeit der Auflagerpunkte, vor allem aus der des Bodenauflagers am Fuß zusammen. Abb. 17.38a zeigt vereinfacht die Verformungen, die sich bei einer mehrfach gestützten Wand selbst bei relativ unnachgiebigen Steifen ergeben.

b) Die Horizontalverschiebung u_{h2} resultiert aus Schub- und Biegebeanspruchung des durch Anker zusammengespannten Bodenkörpers, s. Abb. 17.38b.
c) Der Verschiebungsanteil u_{h3} als Parallelverschiebung des mit Ankern zusammengespannten Bodenkörpers ergibt sich infolge der Entlastung vor der Wand und der Erdruckbelastung hinter dem Bodenkörper und der damit verbundenen Scherverformungen unterhalb der Baugrubensohle, s. Abb. 17.38c.

Bei den Erscheinungen der beiden Bewegungen u_{h2} und u_{h3}, die sich überlagern und hier nur der Verständlichkeit wegen getrennt genannt sind, spricht man vom sogenannten Fangedammeffekt. Die Größe der Verformungen ist vor allem von der Geometrie des zusammengespannten Bodenkörpers, also von der Länge der Anker, der Baugrubentiefe und auch von der Länge der Baugrube abhängig. Diese Bewegungen können durch die Länge der Anker, durch die gestaffelte Anordnung der Ankerverpresskörper in horizontaler und vertikaler Richtung, s. Abb. 17.39, gesteuert, jedoch nicht völlig vermieden werden. Es sind in der Regel längere Anker erforderlich als sie sich aus dem Nachweis für die „tiefe Gleitfuge"ergeben. Bei angrenzenden Gebäuden sollten die Verpresskörper von Ankern hinter den Gebäuden angeordnet werden.

Bei stark verformbaren Böden kann der Anteil u_{h3} durch Ankerverlängerung häufig nicht ausreichend reduziert werden. In diesem Fall müssen Anker durch Steifen ersetzt werden, wobei dann ggf. bei einem Teilaushub der Baugrube gegen schon fertiggestellte Bauwerksteile bzw. mit einer Platte als „Bauwerksdeckel" abgesteift werden muss. Günstig wirken sich auch Unterwasserbetonsohlen auf das Verformungsverhalten von Baugrubenwänden im Grundwasser aus. Die aufgeführten qualitativen Aussagen über das Verformungsverhalten von verankerten Wänden lassen erkennen, dass diese Wandsysteme nur für Bauwerke oder Bauwerksteile oberhalb des verankerten Bodensystems günstig sind. Schädlich können sie allerdings für Bauwerke unmittelbar hinter den Ankerverpresskörpern sein, da hier besonders große horizontale Verschiebungen, damit einhergehende Setzungen und Setzungsunterschiede und somit Risse in Bauwerken auftreten können.

Überschlagsberechnungen für die Verformungen u_{h1} bis u_{h3} sind mit herkömmlichen Ansätzen möglich. Genauere Verformungsanalysen ergeben sich aus Berechnungen nach der Methode der Finiten Elemente (FEM).

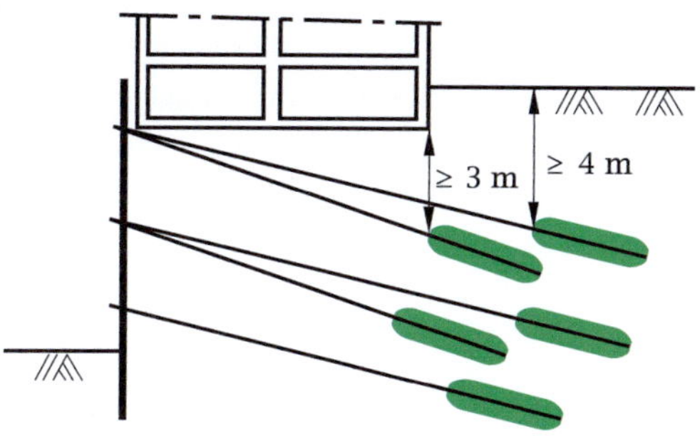

Abb. 17.39 Wand mit gespreizten und gestaffelten Ankern. (Für empfohlene Abstände, s. Kap. 18)

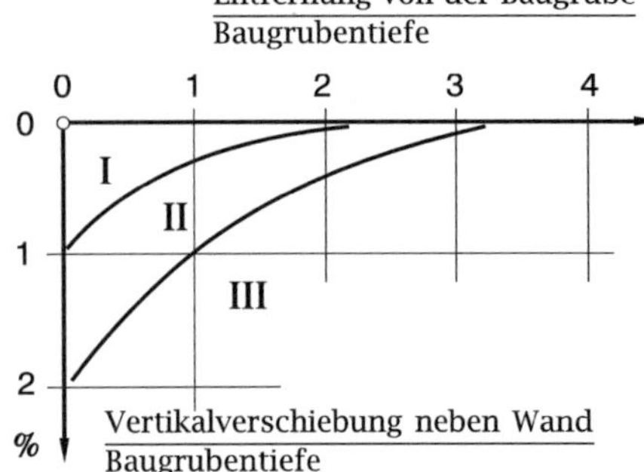

Bereich I:
Sand und steifer bindiger Boden; durchschnittliche Ausführung

Bereich II:
Sehr weicher bindiger Boden; Setzung durch Ausführungsschwierigkeiten beeinflusst

Bereich III:
Sehr weicher Ton bis in größere Tiefen

Abb. 17.40 Vertikalverschiebung neben Wand. (Nach Peck 1969)

Rechenansätze und Beispiele für das Verformungsverhalten von verankerten Stützwänden wurden auch von Ostermayer (1995) und Weißenbach und Gollub (1995) veröffentlicht.

Nach einer Auswertung von Moormann (2002) für bis zu 30 m tiefe Baugruben sind bei weichen Böden Verschiebungen von $u_h/h = 1\,\%$ bis vereinzelt 2 % gemessen worden. Dabei traten die größten Verformungen im Bereich der Baugrubensohle auf. Für steife Böden wurden überwiegend Verschiebungen von $u_h/h = 0{,}4\,\%$ beobachtet. Nach diesen Auswertungen zeigen sich ebenfalls gleiche Vertikalverformungen in der Nachbarschaft der Baugruben. Die Maximalbeträge der Setzungen treten dabei etwa bei in einem Abstand von $0{,}5h$ vom Baugrubenrand auf.

Abb. 17.40 gibt einen Eindruck von der Größe der zu erwartenden Vertikalverformungen in der Nachbarschaft von Baugrubenwänden in Abhängigkeit von der Bodenqualität und von der Entfernung von der Baugrubenwand.

Für Baugruben, bei denen Verformungen entscheidenden Einfluss auf die Standsicherheit und Gebrauchstauglichkeit benachbarter Bauwerke bzw. Bauteile haben können, wird empfohlen, die Beobachtungsmethode anzuwenden.

17.5 Dränanlagen für Stützkonstruktionen

Um Wasserdrücke aus Sickerwasser oder infolge geringem Grundwasserzufluss bei wenig durchlässigen Böden auf Stützmauern (bedingt auch bei Stützwänden) zu vermeiden, ist es erforderlich, Dränanlagen zu entwerfen und auszuführen. Siehe dazu *DIN 4095*: Dränung zum Schutz baulicher Anlagen.

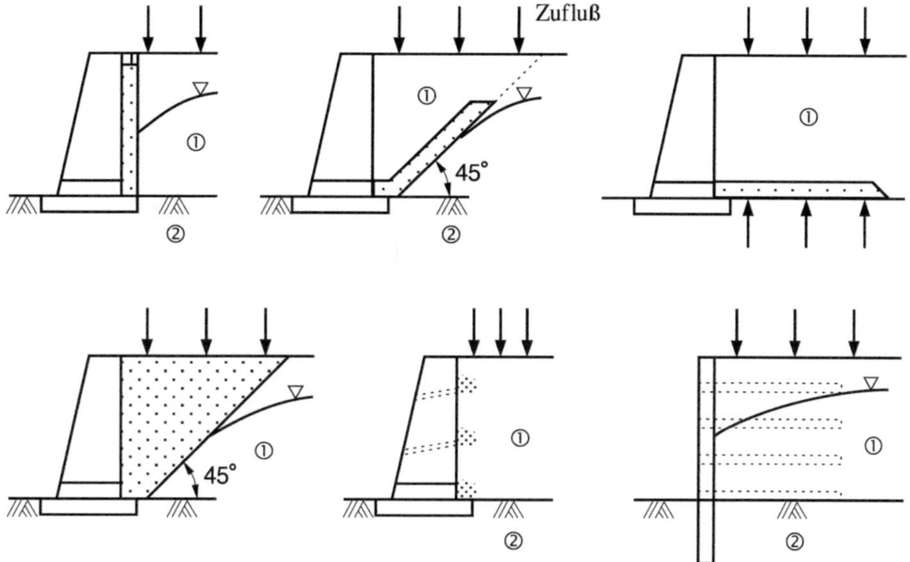

Abb. 17.41 Anordnung der Dränschichten hinter Stützkonstruktionen (Nach Floss 2019)

Abb. 17.41 nach Floss (2019) zeigt schematisch Möglichkeiten von Dränanlagen hinter Stützkonstruktionen.

Abb. 17.42 zeigt exemplarisch die Ausbildung einer Dränanlage für eine Stützmauer.

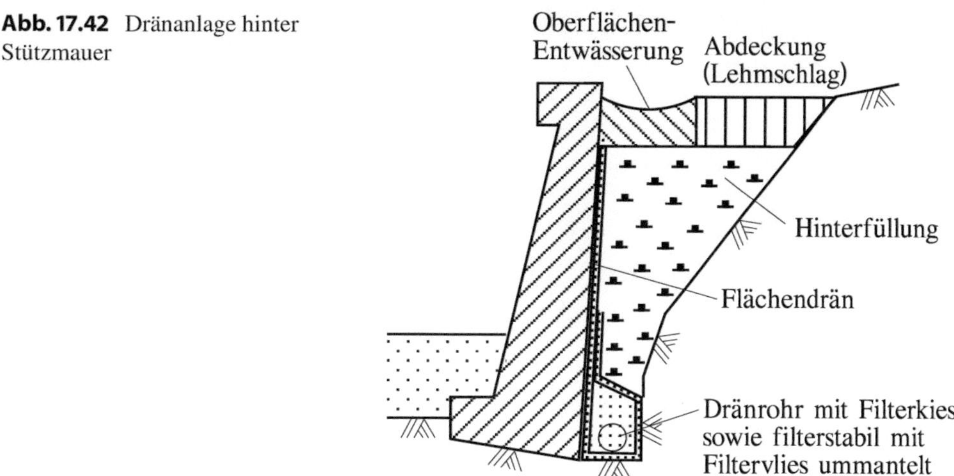

Abb. 17.42 Dränanlage hinter Stützmauer

17.6 Böschungssicherungsmethoden

Die Standsicherheit von Böschungen kann prinzipiell durch folgende Maßnahmen – teilweise auch in kombinierter Form – erhöht werden, s. Abb. 17.43 mit zugehörigen Erläuterungen.

Nicht immer lassen sich, vor allem bei Sanierungsaufgaben, die nach den Normen geforderten Sicherheiten rechnerisch nachweisen. In diesen Fällen sind pragmatische Lösungen unter Beachtung der Beobachtungsmethode, s. Abschn. 8.5, gefragt.

- Abflachen der Neigung oder Wiederaufbau einer Böschung, wenn genügend Platz vorhanden, Abb. 17.43a
- Auflasten an günstiger Stelle, ggf. mit Bodenaustausch (besonders am Böschungsfuß), Abb. 17.43a
- Erhöhung der Schubfestigkeit durch konstruktive Elemente (z. B. Dübel, Nägel), Einkornbetonscheiben (stützend, entwässernd), Abb. 17.43b
- Erhöhung der Scherfestigkeit mit Einpressungen (Injektionen) s. Abb. 17.43c und Abschn. 6.2 sowie Bewehrungen, s. Abb. 17.43d und Abschn. 17.3.1

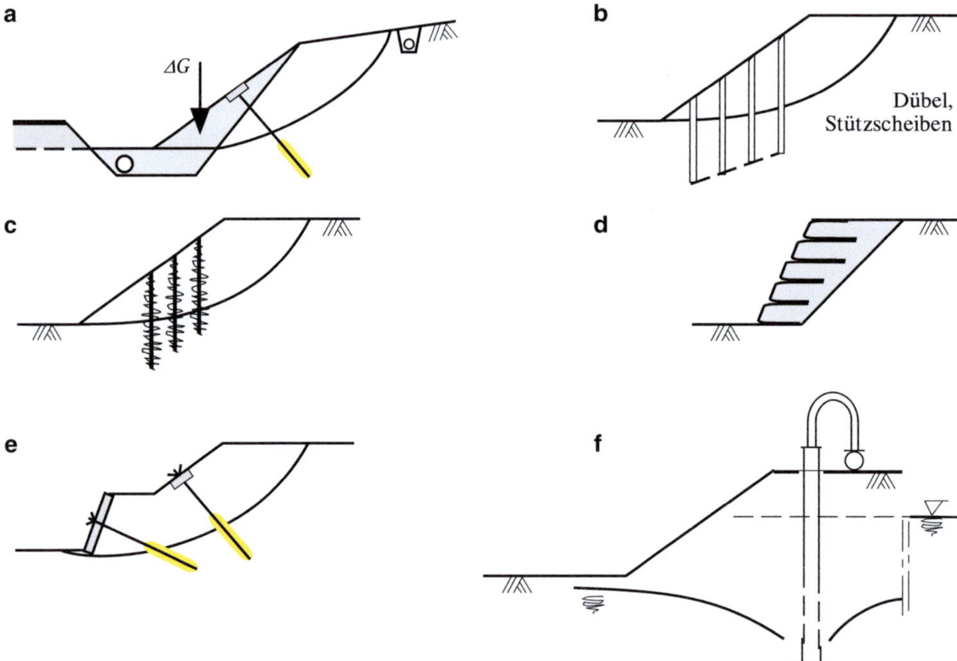

Abb. 17.43 Prinzipielle Sicherungsmethoden für Böschungen. **a** Auflasten an günstiger Stelle, Entwässerung (Dränung), Bodenaustausch: Verwendung von nichtbindigem Material und ggf. Anker, **b** Erhöhung der Schubfestigkeit, **c** Injektion/Düsenstrahlinjektion, **d** Bodenbewehrung (Nägel, Geokunststoffe), **e** äußere Kräfte (Anker) und Stützkonstruktion, **f** Entwässern (Wasserhaltung mit Brunnen)

- Ansatz von rückhaltenden Kräften mittels Ankern und Nägeln, in Verbindung mit Stützkonstruktionen, Abb. 17.43e und a sowie dieses Kapitel und Kap. 18
- Entwässern (Dränieren) und somit Beseitigung von Strömungs- und Wasserdrücken, Abb. 17.43a, f und Kap. 22
- Erosions- und Steinschlagsicherung durch Netze, Gitter, Spritzbeton bzw. ingenieurbiologische Verbauweisen, s. Abschn. 17.6.2. Häufig werden diese Sicherungen in Kombination mit Ankern und Nägeln eingesetzt.

Nachfolgend werden einige Lösungen detailliert gezeigt.

17.6.1 Beispiele von Sicherungsmaßnahmen für den Verkehrswegebau

Alte Dämme zeigen häufig zunehmende Sackungen und Bewegungen an den Dammböschungen, und es kann schließlich zum Böschungsbruch kommen. Ursachen sind zu geringe Verdichtung des Dammbaustoffes bei der Herstellung, in der Folge die Bildung von „Schottersäcken", unzureichende Dränmaßnahmen, Wasserzutritt und zunehmende Verkehrsbelastung. Als Sanierung ist es hier möglich, die Rutschmasse abzutragen und verzahnt mit dem Bestanddamm tragfähiges Material verdichtet einzubauen und eine erosionssichere Böschungsoberfläche herzustellen, je nach Sitauion in Kombination mit geeigneten Dränmaßnahmen.

Stützscheiben (auch Sickerstützschlitze oder Rigolen) in rutschgefährdeten Böschungen können neben der dränierenden Wirkung auch zur konstruktiven Sicherung beitragen.

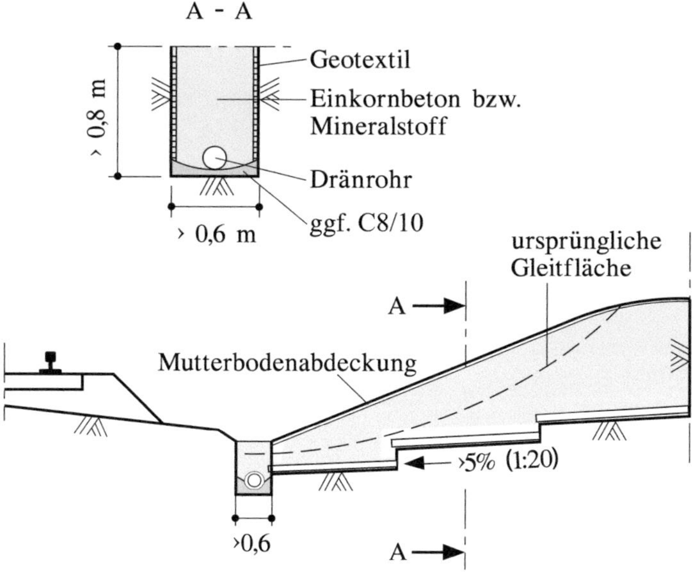

Abb. 17.44 Sickerstützscheiben

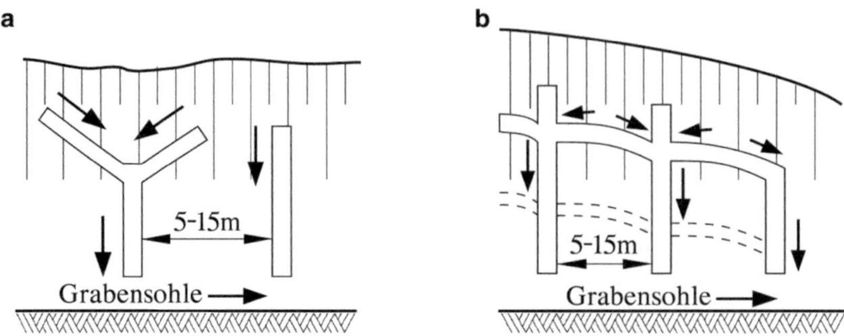

Abb. 17.45 Anordnung von Sickerstützscheiben. **a** Bei einzelnen nassen Stellen, **b** bei flächenhaftem Wasseraustritt

Sie werden senkrecht zur Böschung hergestellt, entweder durch grabenartigen Aushub oder bei großen Abmessungen mit Hilfe von Bohrpfählen. Bei Einbau von scherfestem, nichtbindigen Bodenmaterial wirken sie stützend bei gleichzeitiger Dränung des im Böschungsbereich anfallenden Wassers. Zur inneren und äußeren Tragwirkung derartiger Stützscheiben liegen aktuelle numerische Untersuchungen von Marte et al. (2020) vor.

In Abb. 17.44 ist ein Sickerschlitz im Längs- und Querschnitt dargestellt. Abb. 17.45 zeigt Sickerstützscheiben in verschiedener Anordnung in der Draufsicht auf eine Böschung gezeigt.

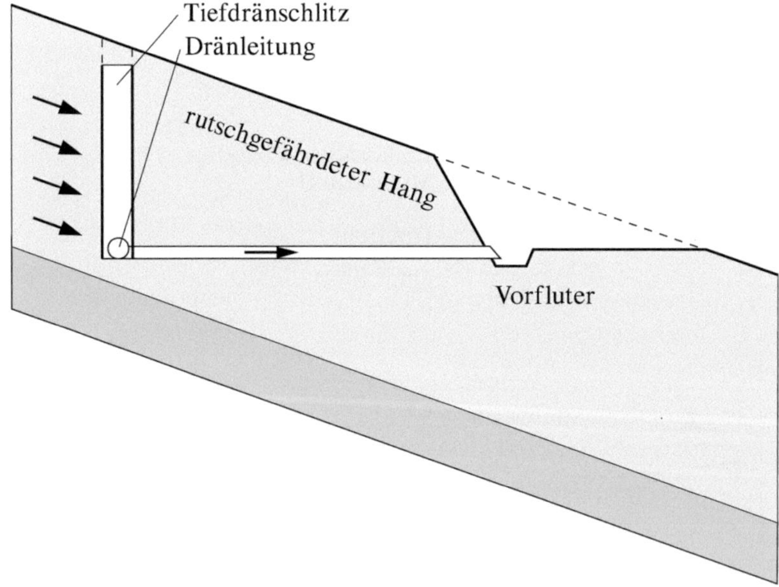

Abb. 17.46 Stabilisierung eines Hanges mit Tiefenentwässerung

Eine Tiefenentwässerung als Beitrag zur Stabilisierung eines rutschgefährdeten Hanges ist in Abb. 17.46 dargestellt. Der Tiefendränschlitz kann wirtschaftlich bis in größere Tiefen im Bohrpfahlverfahren hergestellt werden. An der Sohle der Bohrungen können Dränleitungen verlegt werden. Statt Beton wird beim Ziehen der Verrohrung Filterkies oder -sand eingefüllt und verdichtet. Horizontalbohrungen mit Ausbau zur Dränleitung vom Einschnitt her ermöglichen die Entwässerung zum Böschungsfuß, s. Abschn. 14.3.

17.6.2 Ingenieurbiologische Bauweisen

Nach Schiechtl (2001) sind ingenieurbiologische Bauweisen zum Verwitterungs- und Erosionsschutz solche, bei denen Pflanzen, Pflanzenteile oder ganze Pflanzengesellschaften als Baumaterial Verwendung finden. Vielfach werden die Pflanzen zusammen mit nicht lebenden Baustoffen wie Boden, Holz, Stahl und Geokunststoffen eingesetzt. Dadurch entstehen zusätzliche technische und besonders ökologische Effekte, die viele Vorteile gegenüber den Methoden des klassischen Ingenieurbaus besitzen.

Das Ergebnis ingenieurbiologischer Sicherungsbauweisen sind lebende Systeme, die durch Selbstregelung ohne künstliche Energiezufuhr im Gleichgewicht bleiben. Die mechanische Wirkung von Pflanzenwurzeln sei mit deren Zugfestigkeit verdeutlicht:

Gräser	5 bis 10 MN/m^2
Kräuter	3 bis 60 MN/m^2
Gehölze	10 bis 160 MN/m^2.

Grundsätzlich müssen freie Böschungen begrünt werden. Die Vegetationsdecke schützt den Untergrund vor der unmittelbaren Einwirkung des Klimas und des Wassers, entzieht ihm einen Teil des Porenwassers (wird von den Pflanzen durch Verdunstung abgegeben) und sorgt so für die Erhaltung und langsame Zunahme der Kohäsion in der Deckschicht des Bodens. Sträucher und Bäume schützen durch ihre Wurzeln, die den Boden bis zum Dreifachen des Kronendurchmessers durchdringen, zusätzlich und steigern den Wasserentzug bis zu 3 m Tiefe (Eiche, Kiefer: 6 m). Wurzeln umschlingen loses Gestein und legen es damit fest. Der Scherwiderstand des durchwurzelten Bodens kann dreimal so groß sein wie wurzelloser (Waldron/Dakessian 1982). Baumstümpfe an Böschungen sollten deswegen nach Möglichkeit nicht gerodet werden. Eine Bepflanzung verringert die Gefahr des Steinschlags und erfüllt außerdem Aufgaben des Immissionsschutzes (Lärm, Abgase).

Uferböschungen an Binnenwasserstraßen sind vorrangig hydraulischen Belastungen ausgesetzt, sowohl aus natürlichen als auch aus schiffsinduzierten Ursachen. Zur Sicherung der Böschungen kommen in der Regel Schüttsteindeckwerke zum Einsatz, s. BAW-*Merkblatt „Grundlagen der Bemessung von Böschungs- und Sohlensicherungen an Binnenwasserstraßen (GBB).“* Um eine naturnahe Gestaltung zu ermöglichen, werden zunehmend technisch-biologische Maßnahmen untersucht, s. Fleischer et al. (2021).

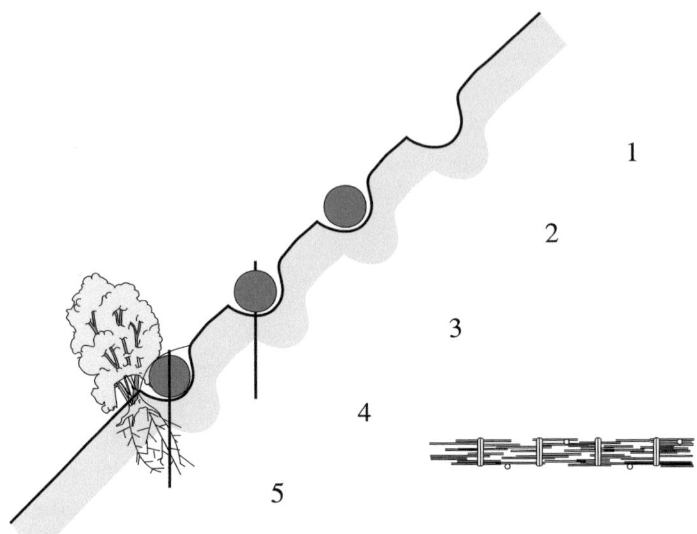

Abb. 17.47 Sicherung mit Hangfaschinen

Konstruktive Begrünungshilfen Auf steilen Flächen muss man vor der Ansaat konstruktive Stützhilfen einbringen, dies können entweder 20 bis 50 cm lange Rundstäbe aus Holz oder Stahl (5 bis 10 Stück/m^2) sein oder Flechtwerk aus triebfähigem Buschholz in Linien oder Rautenanordnung, damit das Wasser abläuft.

Als Beispiel einer sogenannten Stabilbauweise sei der Hangfaschinenbau genannt, Abb. 17.47. Er wird dort eingesetzt, wo eine großflächige und tiefgründigere Befestigung notwendig ist. Faschinen sind durch Draht zusammengeschnürte Bündel aus lebenden Ästen und Ruten (Weiden- oder Haselholz, ∅ 10 bis 40 cm). Die kostengünstige Verbaumethode wirkt durch die horizontale Anordnung wasserspeichernd oder bei geneigter Anordung als Faschinendrän wasserabführend (kontrollierte Abführung). Die bodenfestigende und stabilisierende Wirkung tritt später durch die Anwurzelung ein. Die Methode ist gut geeignet für Anschnittsböschungen im Lockergestein.

Lebendverbauten Am Institut für Geotechnik der Universität Stuttgart wurde das in Abb. 17.48 skizzierte System Stuttgarter Lebendverbau (Wulstverbau) zum Schutz und zur Sicherung von Steilböschungen von Smoltczyk und Malcharek (1981) entwickelt. Dabei werden Wülste, bestehend aus Geotextil-Geweben und Siebschutt, vor einer frisch angeschnittenen Steilböschung aus z. B. steifem Ton gestapelt und mit Gehölzstecklingen besetzt (Abb. 17.48). Der erdstatische Nachweis erfolgt ähnlich wie bei bewehrten Stützsystemen, s. Abschn. 15.4 und 17.3.1.

Inzwischen gibt es eine Reihe anderer derartiger Systeme mit Bewehrung aus Geotextilgeweben, Geogittern bzw. aus Stahlbändern und Fertigelementen zur Ausbildung der Außenhaut bzw. Außenschale.

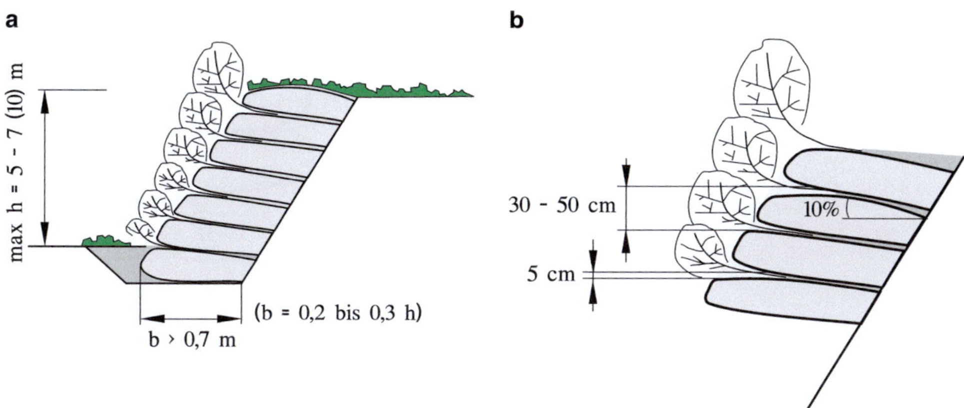

Abb. 17.48 Lebendverbau mit Geokunststoffen. **a** Gesamtquerschnitt, **b** Ausschnitt

17.6.3 Sicherung von Felsböschungen

Durch Verwitterung und Erosion kommt es in Felsböschungen meist nicht zu großräumigen Versagensmechanismen, sondern vorrangig zu lokalem Ausbrechen einzelner Felsblöcke oder dem Abwittern oberflächennaher Bereiche. In der Vergangenheit wurden Felsböschungen häufig mit Futtermauern gestützt, die mittlerweile ebenfalls durch Verwitterung zerfallen.

Als Sicherungsmaßnahmen stehen verschiedene Systeme zur Verfügung, die der Situation, insbesondere den Platzverhältnissen, aber auch Aspekten wie Zugänglichkeit, Wartung und Umweltschutz anzupassen sind.

Die Sicherung einzelner größerer Felsblöcke ist mit Nägeln oder Felsankern möglich, die ins Gestein gebohrt und verpresst werden und am Kopf über eine Stahlplatte die Kraft einleiten, s. Abb. 17.49. Bei tieferliegenden Klüften oder Gleitflächen werden Elementwände ausgeführt, bei denen Betonfertigteile oder Ortbetonplatten mit Verpressankern auf der Böschungsoberfläche verspannt werden, s. Abb. 17.50. Zunehmende Verbreitung finden hochfeste Stahlnetze in Kombinationen mit (rasterförmig angeordneten) Nägeln, die über Krallplatten einen guten Verbund zwischen Drahtgeflecht und Böschungsoberfläche sicherstellen. Damit können verwitterte Bereiche oder Lockergesteinsschichten überspannt und gesichert warden. Diese können auch in Verbindung mit Erosionsschutzmatten angeordnet werden.

Abb. 17.49 Sicherung von Felsblöcken mit Nägeln

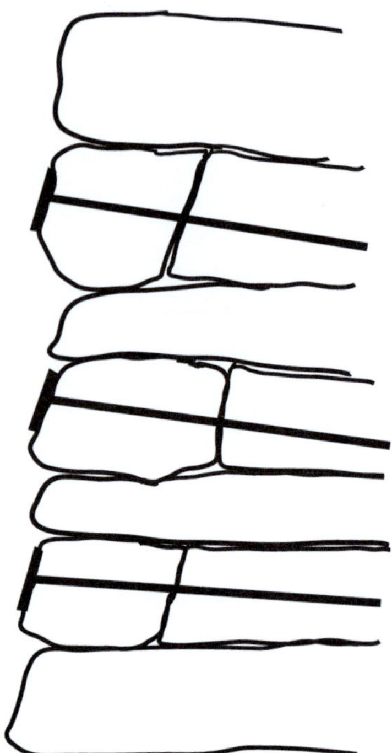

Abb. 17.50 Elementwand

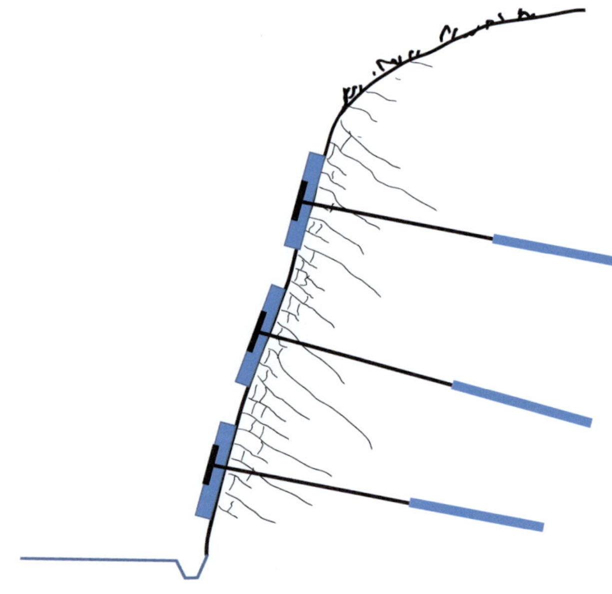

Literatur

Becker, P., Kempfert, H.-G.: Zum Stand der vertikalen Tragfähigkeit von Spundwandprofilen aus Erfahrungswerten. Geotechnik **31**(1), 35–40 (2008)

Bendel, H., Hugi, H.R.: Stützmauern. Grundbautaschenbuch, Bd. I. Ernst & Sohn, Berlin, München, Düsseldorf (1971). Ergänzungsband

Blum, H.: Einspannungsverhältnisse bei Bohlwerken. Ernst & Sohn, Berlin (1931)

Brand, T., Bastian, D., Hillmann, S.: Die Berechnung von Baugruben mit dem Bettungsmodulverfahren nach EB 102. Bautechnik **88**, 694–706 (2011)

Brandl, H.: Stützbauwerke und konstruktive Hangsicherungen. In: Witt, K-J. (Hrsg): Grundbautaschenbuch, 3. Teil, S. 747–901, 7. Aufl., Ernst & Sohn, Berlin (2009)

Döhl, G., Roth, S.: Einbringen von Stahlspundbohlen. Geotechnik **3**, 117–126 (1989)

Fleischer, P., Gering, C., Stelzer, O.: Technisch biologische Ufersicherungen. Geotechnik **44**(3), 178–190 (2021)

Floss, R.: Handbuch ZTVE-StB. Kommentar und Kompendium Erdbau | Felsbau | Landschaftsschutz für Verkehrswege. Kirschbaum, Bonn (2019)

Gäßler, G.: Large scale dynamic test of in situ reinforced earth. In: Proc. Dyn. Methods in Soil and Rock Mechanics Karlsruhe. Bd. 2, S. 333. Balkema, Rotterdam (1978)

Hettler, A., Besler, D.: Zur Bettung von gestützten Baugruben in Sand. Bautechnik **78**(2), 89–100 (2001)

Hettler, A., Triantafyllidis, T., Weißenbach, A.: Baugruben, 3. Aufl. Ernst & Sohn (2018)

Heun, T., Schmidt, H.-H.: TEXSOL, ein neuer Baustoff für den Erd- und Grundbau. Geotechnik **2**, 86–90 (1989)

Jelinek, R., Ostermayer, H.: Zur Berechnung von Fangedämmen und verankerten Stützwänden. Bautechnik **44**, 167–171 (1967)

Jones, C.J.F.R.: Current practice in designing earth retaining structures. Ground Engin **12**(6), 40–45 (1979)

Kudella, P.: Kopplung von GZ 1B und GZ 1C beim Nachweis von Stützmauervernagelungen nach DIN 1054:2005. Bautechnik **82**(12), 912–922 (2005)

Marte, R., Choosrithong, K., Schweiger, H.: Numerische Studien zur Sicherung von Baugruben und Geländesprüngen mit Stützscheiben. Geotechnik **43**(3), 160–172 (2020)

Moormann, C.: Trag- und Verformungsverhalten tiefer Baugruben in bindigen Böden unter besonderer Berücksichtigung der Baugrund-Tragwerk- und der Baugrund-Grundwasser-Interaktion. Mitt. Heft 59. Inst. und Versuchsanstalt f. Geotechnik, Technische Universität Darmstadt (2002)

Ostermayer, H.: Das Verhalten des Systems Bauwerk-Anker-Boden als Grundlage für den Entwurf verankerter Konstruktion. Bauingenieur **70**, 371–380 (1995)

Peck, R.B.: Deep excavations and tunneling, state-of-the-art-volume. Proc. VII. ICSMFE, Mexico City., S. 225–290 (1969)

Rowe, P.W.: Anchored sheet pile walls, I, Teil 1. In: Proc. Inst. Civil Eng Lond, S. 27–70. (1952)

Schiechtl, H.M.: Böschungssicherungen mit ingenieurbiologischen Bauweisen. In: Smoltczyk, U.: Grundbautaschenbuch, 2. Teil, S. 747–844, 6. Aufl., Ernst & Sohn, Berlin (2001)

Schmidt, H.-H.: Beitrag zur Ermittlung des Erddrucks auf Stützwände bei nachgiebigem Baugrund. Mitt. Nr. 14. Baugrundinstitut der Universität Stuttgart. (1981)

Smoltczyk, U., Malcharek, K.: Lebendverbau von Steilböschungen. Tiefbau Ingenieurbau Straßenbau **23**, 396–402 (1981)

Stocker, M., Gäßler, G.: Ergebnisse von Großversuchen über eine neuartige Baugrubenwandvernagelung. Tiefbau Ingenieurbau Straßenbau **9** (1979)

Terzaghi, K.: Evaluation of coefficient of subgrade reaction. Geotechnique **4**, 297–326 (1955)

Thamm, B.: Erddruckverteilung und Gleitwiderstand einer hohen Winkelstützmauer aus Betonfertigteilen. Geotechnik **3**, 132 (1987)
Waldron, L.J., Dakessian, S.: Effect of grass, legume and tree roots on soil shearing resistance. Soil Sci. Soc. Am. J. **46**, 894–899 (1982)
Weißenbach, A., Gollub, P.: Neue Erkenntnisse über mehrfach verankerte Ortbetonwände. Bautechnik **12**, 780–799 (1995)

Normen

DIN 4084: Baugrund – Geländebruchberechnungen
DIN 4085: Berechnung des Erddrucks
DIN 4095: Baugrund; Dränung zum Schutz baulicher Anlagen; Planung, Bemessung und Ausführung
DIN 4124: Baugruben und Gräben – Böschungen, Verbau, Arbeitsraumbreiten
DIN 4127: Erd- und Grundbau – Prüfverfahren für Stützflüssigkeiten im Schlitzwandbau und für deren Ausgangsstoffe
DIN EN 1536: Ausführung von Arbeiten im Spezialtiefbau – Bohrpfähle
DIN EN 1538: Ausführung von Arbeiten im Spezialtiefbau – Schlitzwände
DIN EN 1992 (Eurocode 2): Bemessung und Konstruktion von Stahlbeton- und Spannbetontragwerken
DIN EN 1993 (Eurocode 3): Bemessung und Konstruktion von Stahlbauten
DIN EN 1997-1 (Eurocode 7): Entwurf, Berechnung und Bemessung in der Geotechnik, in Verbindung mit dem nationalen Anhang DIN EN 1997-1/NA und DIN 1054
DIN EN 12715: Ausführung von Arbeiten im Spezialtiefbau – Injektionen
DIN EN 12716: Ausführung von Arbeiten im Spezialtiefbau – Düsenstrahlverfahren
DIN EN 14475: Ausführung von besonderen geotechnischen Arbeiten (Spezialtiefbau) – Bewehrte Schüttkörper
DIN EN 14490: Ausführung von Arbeiten im Spezialtiefbau – Bodenvernagelung
DIN EN ISO 10318-1: Geokunststoffe – Teil 1: Begriffe
DIN EN ISO 13431: Geotextilien und geotextilverwandte Produkte – Bestimmung des Zugkriech- und des Zeitstandbruchverhaltens

Sonstige Regelwerke

EAB (2021): Empfehlungen des Arbeitskreises „Baugruben“, 6. Auflage, Deutsche Gesellschaft für Geotechnik (Hrsg), Ernst & Sohn
EAU (2020): Empfehlungen des Arbeitsausschusses „Ufereinfassungen“, 12. Auflage, Ernst & Sohn
EBGEO (2010): Empfehlungen für den Entwurf und die Berechnung von Erdkörpern mit Bewehrungen aus Geokunststoffen, Deutsche Gesellschaft für Geotechnik (Hrsg), Ernst & Sohn
M GAB (2014): Merkblatt über Stütz- und Lärmschutzkonstruktionen aus Betonelementen, Blockschichtungen oder Gabionen, Forschungsgesellschaft für Straßen- und Verkehrswesen (FGSV)
M Raumgitterkonstruktionen (2016): Merkblatt über Raumgitterkonstruktionen, FGSV
M SASE (2010) Merkblatt über Stützkonstruktionen aus stahlbewehrten Erdkörpern, FGSV
Bundesanstalt für Wasserbau (BAW): Grundlagen der Bemessung von Böschungs- und Sohlensicherungen an Binnenwasserstraßen (2010)
Zulassungsbescheide für Bodenvernagelungen, Deutsches Institut für Bautechnik (DIBt).

Verankerungen 18

Zusammenfassung

Zum Rückverhängen von Zugkräften werden in der Geotechnik u. a. Verankerungen eingesetzt. In diesem Kapitel werden Verpressanker ausführlich behandelt, Anwendungsbeispiele aufgezeigt und Wirkungsprinzipien erläutert, auf Anker mit Ankerplatten wird ebenfalls eingegangen. Pfähle und Nägel als weitere Zugglieder werden im Buch an anderer Stelle beschrieben. Insbesondere für Verpressanker werden die Herstellung, das Tragverhalten und die Prüfungen erklärt. Zu erwartende Grenzkräfte in Abhängigkeit von der Bodenart und der Lagerungsdichte bzw. der Konsistenz sind in Diagrammen angegeben. Die nach dem Regelwerk bzw. der bauaufsichtlichen Zulassung erforderlichen Prüfungen und Nachweise der zu erreichenden Widerstände sind gesondert beschrieben. Auf die gegenseitige Beeinflussung hinsichtlich der Widerstände, in Abhängigkeit der geometrischen Anordnungen, wird eingegangen. Für verformungsarme Stützwände wird die Notwendigkeit der Vorspannung aufgezeigt. Auch sind die erforderlichen Ankerlängen und die dazugehörigen Nachweise Inhalt dieses Kapitels.

18.1 Wirkungsprinzip eines Ankers

Ein Anker ist eine zugfeste Verbindung, durch die zwei Punkte in ihrer räumlichen Lage zueinander in der Verankerungsrichtung festgelegt werden. In der Geotechnik liegen Anker innerhalb des Gesteins (Locker- und Felsgestein), so dass die beiden fixierten Punkte ein Teilvolumen des Gesteins verbinden. Von den beiden Punkten liegt mindestens einer, der Spannpunkt, auf einer freien Oberfläche oder Wandfläche, während sich der zweite, der Ankerpunkt, im Innern des Gesteins befindet. Der Spannpunkt wird in der Form des Ankerkopfes realisiert, der seine Kraft über eine Platte oder einen Balken auf das Gestein überträgt. Der Ankerpunkt wird entweder über eine in den Boden eingesetzte Ankerwand

H.-H. Schmidt, R.F. Buchmaier, C. Vogt-Breyer, *Grundlagen der Geotechnik*,
https://doi.org/10.1007/978-3-658-39834-7_18

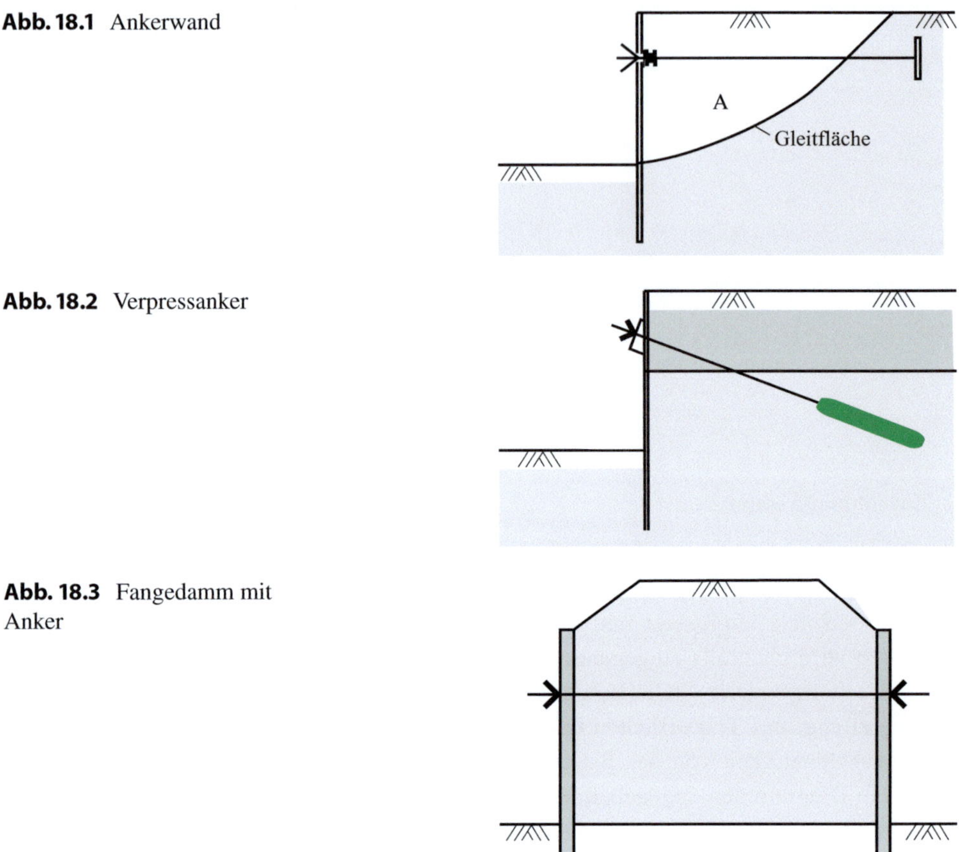

Abb. 18.1 Ankerwand

Abb. 18.2 Verpressanker

Abb. 18.3 Fangedamm mit Anker

(oder -platte), durch einen Verpresskörper aus erhärtetem Zementmörtel (Zementstein) oder konstruktiv wie ein Spannpunkt ausgebildet.

Abb. 18.1 zeigt die Verankerung mit einer Ankerwand bzw. mit einer Ankerplatte, die hinter der Bauwerkshinterfüllung A liegt. In Abb. 18.2 ist ein Verpressanker, der heute am häufigsten verwendet wird, dargestellt. Abb. 18.3 zeigt das Fangedammprinzip mit zwei Spannpunkten (Ankerpunkten), s. dazu Abschn. 17.3.2.

Anker sind also dadurch gekennzeichnet, dass die zu übertragenden Kräfte in einer bestimmten Entfernung vom Ankerkopf in das Gestein eingeleitet werden. Damit werden „instabile" Zonen in „stabile" Zonen rückverhängt (verankert). Dies gilt sowohl für die Ankerwand bzw. für die Ankerplatte wie auch für Verpressanker, bei denen infolge der nur bereichsweise vorgenommenen Verpressung die Kräfte über die Krafteinleitungslänge l_0 übertragen werden. Werden Ankerstähle jedoch auf der gesamten Länge vermörtelt und so als Bewehrungselemente im Zusammenwirken mit dem Gestein eingesetzt, sprechen wir im Grundbau von Nägeln, s. Abschn. 15.5.2 und 17.3.1. Im Bergbau und Tunnelbau wird der Begriff Nagel nicht verwendet, sondern hier wird von Gebirgsankern gesprochen

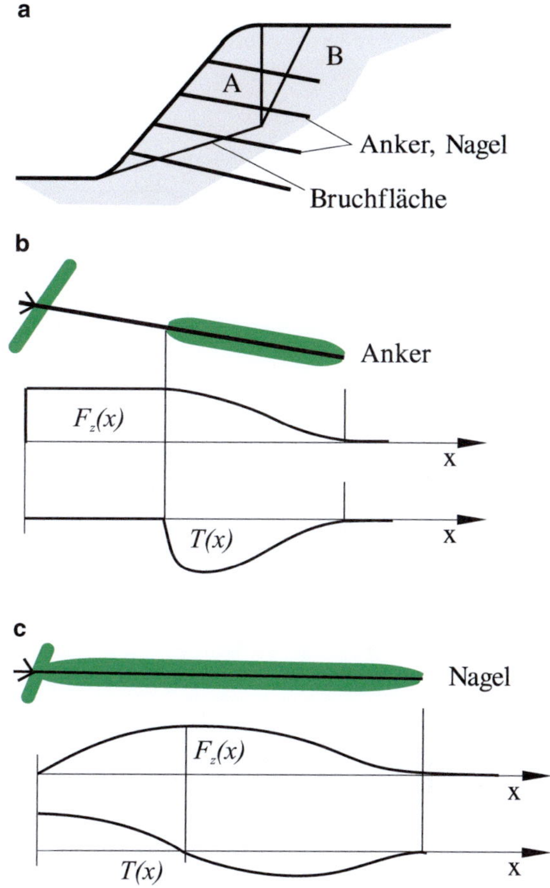

Abb. 18.4 Allgemeines Prinzip der Verankerung, Unterschied Anker – Nagel. **a** Bruchmechanismus mit „instabiler" (A) und „stabiler" (B) Zone, **b** Anker, **c** Nagel

und dabei zwischen Freispielankern, blockierten Ankern und Vollverbundankern unterschieden.

Der Unterschied im Grundbau zwischen Anker und Nagel hinsichtlich der Krafteinleitung in den Boden ist in Abb. 18.4 dargestellt. Dabei ist F_z die Zugkraft, T die Schubkraft längs des Verpresskörpers.

18.2 Verpressanker

Verpressanker in Lockergestein wurden in Deutschland entwickelt und 1958 das erste Mal in der Praxis eingesetzt. Typische Beispiele für die Verwendung von Verpressankern sind schematisch in Abb. 18.5 dargestellt. Die technischen Regeln für den Entwurf und die Bemessung von Verpressankern sind in *DIN 1997-1, Abschnitt 8* und in *DIN 1054* enthalten. Die Ausführung und Prüfung von Ankern ist in *DIN EN 1537* geregelt. Diese

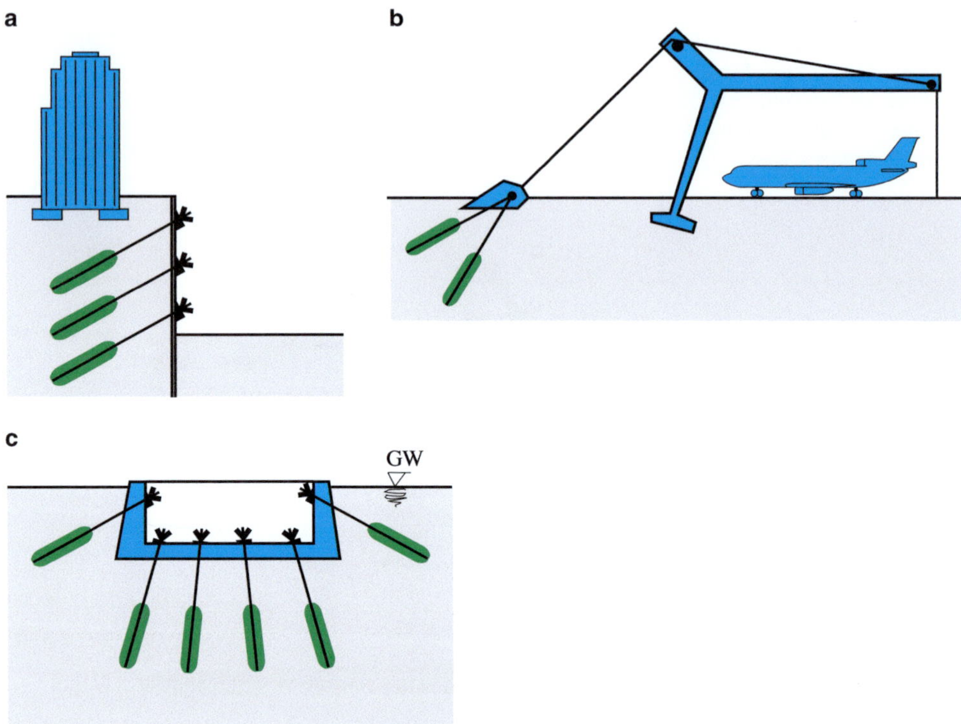

Abb. 18.5 Anwendungsbeispiele für Verpressanker. **a** Sicherung von Baugrube und Nachbarbauwerk, **b** Fundamentanker, **c** Sicherung gegen Aufschwimmen

wird als nationales Dokument durch *DIN/TS 18537* ergänzt, die nur in Verbindung mit *DIN EN 1537* gültig ist. Für Gebirgsanker im Bergbau und Tunnelbau, s. *DIN 21521*.

Bei Verpressankern wird unterschieden nach:

- dem Gestein:
  zwischen Erd(Boden)-Ankern und Felsankern,
- der Nutzungsdauer:
  zwischen Kurzzeit-(Temporär)-Ankern für eine Nutzungszeit von bis zu 2 Jahren und Dauer-(Permanent)-Ankern für längere Nutzungen von mehr als 2 Jahren und
- der Art und Anzahl der Stahlzugglieder:
  Einstabanker (∅ 18,6 bis 63,5 mm);
  Bündelanker mit Litzen (∅ 0,5″ oder 0,6″)

► **Anmerkung** Für den Berg- und Tunnelbau gibt es auch Bündelanker mit 6 bis 12 Einzelstäben aus glasfaserverstärkten Kunststoffen. Sie weisen bei geringem Gewicht hohe Festigkeiten auf. Nachfolgend wird darauf nicht weiter eingegangen.

Die Berechnungen für den Grenzzustand der Tragfähigkeit (ULS) ergeben die Kräfte in den Verankerungen. Die Verankerungen müssen dafür bemessen werden. Dabei geht es um den Nachweis eines ausreichenden Widerstands aus der Stahlzugfestigkeit (Grenzzustand STR) und des Widerstands aus dem Verbund zwischen Verpresskörper und dem umliegenden Gestein (Herausziehwiderstand; Grenzzustand GEO-2). Rechnerisch darf nur die Stahlfestigkeit nachgewiesen werden, s. Abschn. 18.2.4. Zum Nachweis der Kraftübertragung in den Baugrund sind nach den Richtlinien Zugversuche vor Ort erforderlich. Für Vordimensionierungen können Erfahrungswerte, s. Abschn. 18.2.5, verwendet werden. Zur erforderlichen Länge von Ankern, s. Abschn. 18.4.

18.2.1 Herstellung

Verpressanker setzen Bohrungen mit Durchmessern von 80 bis 150 mm voraus, die in jeder räumlichen Richtung und in Längen bis zu etwa 100 m ausführbar sind. Eine Mindestneigung nach unten von 10 bis 20° gegen die Horizontale ist für die Herstellung und Tragwirkung zweckmäßig.

Die meist raupenartigen Trägergeräte für das hydraulisch getriebene Bohrgestänge sind klein ($l \times b \times h \approx 5 \times 2 \times 2{,}5$ m) und relativ leicht (2–10 t). Abb. 18.6 zeigt schematisch ein Bohrgerät für Anker.

Je nach Bodenart und Grundwassersituation werden verschiedene Bohrverfahren verwendet. Mit Richtungsabweichungen bis etwa 3 % im dichtgelagerten Lockergestein oder Fels muss gerechnet werden. Beim Bohren ist ein Protokoll zu führen, mit dem die Beobachtungen wie der Bohrwiderstand, Spülwasserverbrauch, Bohrkleinanfall usw. festzuhalten sind. Eine Kontrolle der Bodenart über das Bohrklein ist in der Regel jedoch nicht möglich.

Zur Herstellung des Verpresskörpers kommen in der Regel Zementmörtel gem. *DIN EN 447* ggf. mit Zusatzmitteln gem. *DIN EN 934-2* zum Einsatz, bei deren Auswahl die Umgebungsbedingungen sowie die geplante Nutzungsdauer des Verpressankers zu beachten sind. Alternativ dürfen Kunstharze oder Kunstharzmörtel verwendet werden, wenn eine entsprechende Eignung nachgewiesen wurde.

Das Verpressen mit Mörtel erfolgt vom erdseitigem Ende her über die Bohrrohre oder über Verpressschläuche. Nach dem Aushärten der Erstverpressung bzw. -verfüllung können weitere Verpressungen durchgeführt werden. Hierzu sind die Anker bereits vor dem Einbau mit Verpressschläuchen und entsprechenden Ventilen auszustatten. Bei mehrfacher Verpressung sind diese Schläuche ggf. frei zu spülen. Das damit verbundene Aufsprengen des abgebundenen Zementmörtels erfolgt im Allgemeinen einen Tag nach der vorangegangenen Verpressung mit Wasser und hohem Druck von bis zu 80 bar.

Die Erstverpressung wird in der Regel bei Drücken von bis zu 5 bar, die Nachverpressung bei Drücken von 30 bis 50 bar vorgenommen. Die Wasserzementwerte der Mörtelsuspension liegen zwischen $w/z = 0{,}4$ und $w/z = 0{,}6$. Bei Dichten von Zement zwischen etwa $\rho = 2{,}95\,\mathrm{t/m^3}$ und $\rho = 3{,}1\,\mathrm{t/m^3}$ ist der Zementanteil nach Gl. (6.1) etwa $1{,}1\,\mathrm{t/m^3}$ bis $1{,}3\,\mathrm{t/m^3}$ – bezogen auf die Suspension.

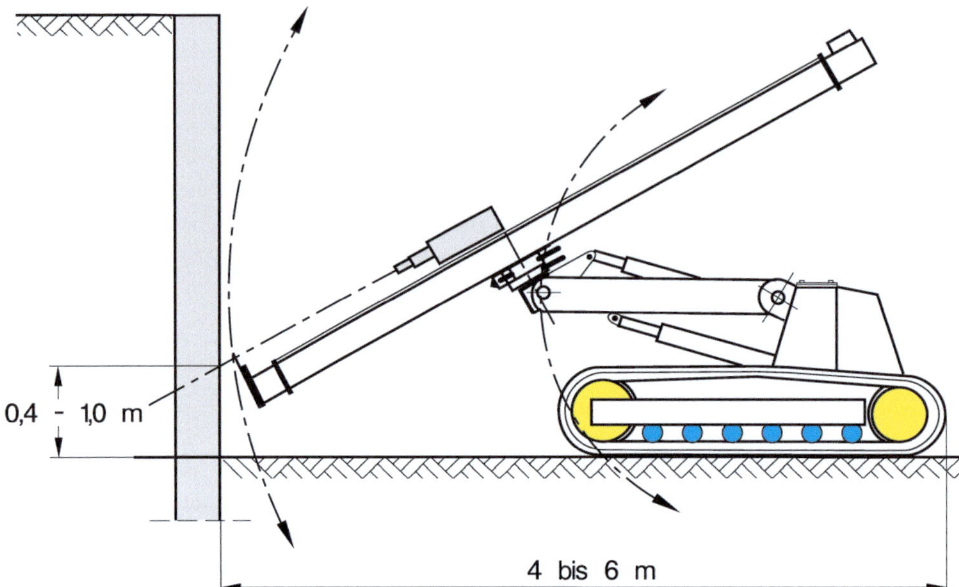

Abb. 18.6 Ankerbohrgerät, schematisch dargestellt

Als Verfüllmengen werden in der Regel ein um den Faktor b vergrößertes Bohrlochvolumen kalkuliert. Bei Erstverpressungen ist dieser Faktor b in Abhängigkeit von der Bodenart erfahrungsgemäß wie folgt:

- Kies, schluffig: $b = 1{,}6 \div 1{,}9$
- Schluff, tonig (TM): $b = 1{,}5 \div 1{,}8$
- Fels, feinklüftig: $b = 2 \div 2{,}2$

D. h. für eine Ankerbohrung mit Durchmessern von 0,1 bzw. 0,125 m werden für die Verpressung etwa 20 bis 30 kg Zement je m Verpresslänge benötigt.

Bei Nägeln werden aufgrund der geringeren Verpressdrücke etwas geringere Zementmengen benötigt.

In stark klüftigem Fels muss ggf. zunächst eine Vergütung des Fels mit einem Mörtel mit geringem w/z-Wert und ein anschließendes Aufbohren zum Setzen des Ankers und Verpressen erfolgen.

Für Nachverpressungen werden in der Regel 1 bis 12 kg Zementanteil/lfd. Meter Verpressstrecke benötigt.

Nach den Allgemeinen Geschäftsbedingungen Spezialtiefbau der deutschen Bauindustrie, Ausgabe 1991, ist bei Verpressankerarbeiten (STB-VA) eine Gesamtmenge an Zementverbrauch von 350 kg je Anker als Nebenleistung abzurechnen.

Die Länge des Verpresskörpers (Krafteinleitungslänge) ist entsprechend den statischen Vorgaben zu begrenzen (freie Ankerlänge), s. Abb. 18.8. Hierzu sind zwei Wege gangbar:

- am luftseitigen Ende des Verpresskörpers wird ein Packer gesetzt (im Fall einer Verrohrung muss diese so weit gezogen sein) oder
- das Bohrloch wird zunächst voll verpresst und anschließend mit einer Spüllanze bzw. einem Spülschlauch freigespült.

Auf die Begrenzung der Krafteinleitungslänge kann nur dann verzichtet werden, wenn aufgrund der Baugrundverhältnisse (z. B. weicher, verformbarer organischer Schluff) eine Kraftübertragung im Bereich der geplanten freien Ankerlänge ausgeschlossen werden kann. Bei setzungsempfindlicher Nachbarschaft wird der Bereich der planmäßig freien Ankerlänge häufig mit einer Zement-Bentonit-Suspension verfüllt, um Nachsackungen infolge des Bohrhohlraumes zu vermeiden. Dann ist eine wirksame mechanische Entkopplung des Verpresskörpers vom Verfüllbereich der freien Ankerlänge vorzusehen, da andernfalls der Widerstand des Ankers im Rahmen von Ankerprüfungen z. T. erheblich überschätzt werden kann.

Abb. 18.7 zeigt schematisch die Arbeitsschritte für einen Kurzzeit-Verpressanker nach einem Prospekt der Fa. BAUER-Spezialtiefbau GmbH, Schrobenhausen.

18.2.2 Ankertypen und Bezeichnungen

Hinsichtlich der Kraftübertragung vom Stahlzugglied in den Baugrund wird zwischen Verbund- und Druckrohrankern unterschieden. In der Baupraxis werden aus Kostengründen für Kurzzeitanker überwiegend Verbundanker eingesetzt; Druckrohranker sind aufwendiger und finden fast nur als Daueranker Verwendung.

Verbundanker Verbundanker (s. Abb. 18.8 und 18.9a) sind Verpressanker, bei denen die Kräfte über das Stahlzugglied vom luftseitigen Ende der Verankerungslänge aus unmittelbar in den Verpresskörper eingetragen werden. Dabei entstehen infolge der Zugbeanspruchung im Verpresskörper Risse, so dass Korrosionsgefahr besteht. Vorsicht ist deshalb bei aggressiven Wässern und Böden geboten. Allerdings werden wegen der relativ kurzen Einsatzdauer und bei normalen Böden und Wässern die meisten Kurzzeitanker als Verbundanker hergestellt.

Druckrohranker Druckrohranker, s. Abb. 18.9b, sind Verpressanker, bei denen die Kräfte vom Stahlzugglied über ein Stahldruckrohr, das am Ankerfuß mit dem Stahlzugglied verbunden ist, vom Ende her in den Verpresskörper übertragen werden. Der Verpresskörper wird somit auf Druck beansprucht und kann nicht reißen. Somit ergibt sich eine verminderte Korrosionsgefahr und eine größere Steifigkeit des Ankers.

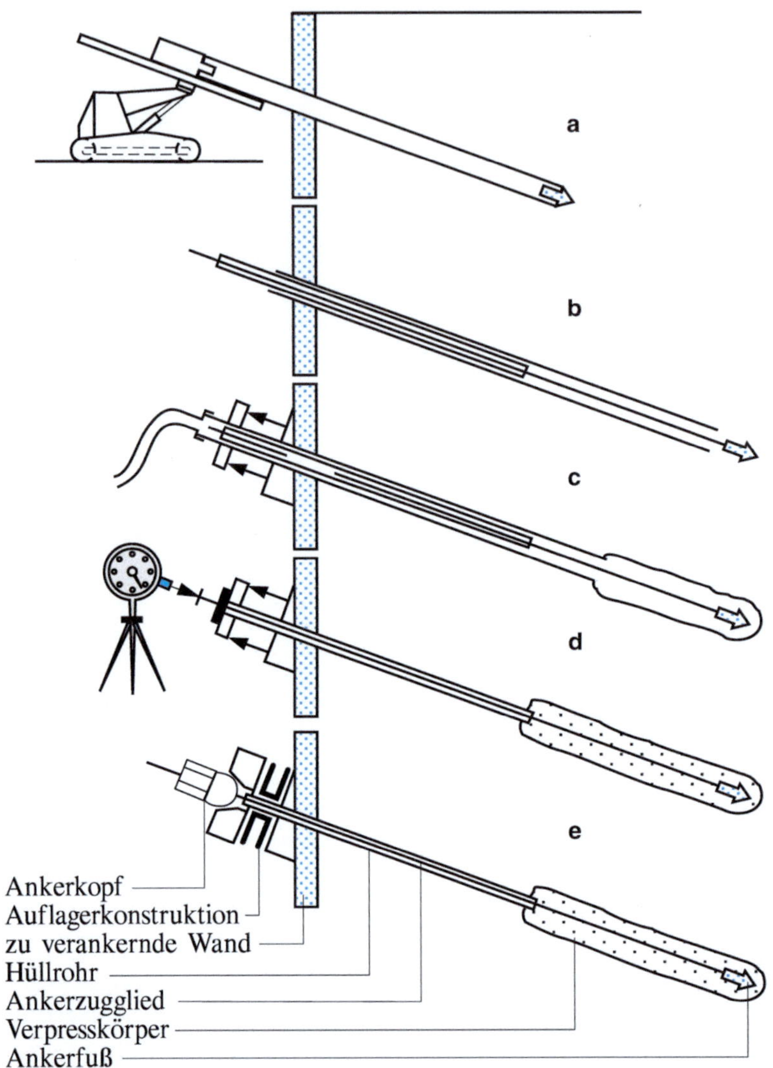

Abb. 18.7 Herstellung eines Verpressankers, Ankerbezeichnungen nach Prospekt Fa. BAUER-Spezialtiefbau GmbH, Schrobenhausen. **a** Herstellung eines Bohrlochs mit Durchmessern von 70–150 mm durch Schlagbohren, Drehbohren, Spülbohren oder Schneckenbohren; im Allgemeinen verrohrte Bohrlöcher. In standfesten Böden werden auch unverrohrte Bohrungen hergestellt. **b** Ziehen des Bohrgestänges, **c** Einführen des Ankerzuggliedes, **d** Verpressen des Hohlraums mit Mörtel über die Verpresslänge, ggf. unter gleichzeitigem Ziehen der Verrohrung, **e** Prüfen und Festlegen des Ankers auf die gewünschte Vorspannlast, ca. 6–8 Tage nach dem Verpressen

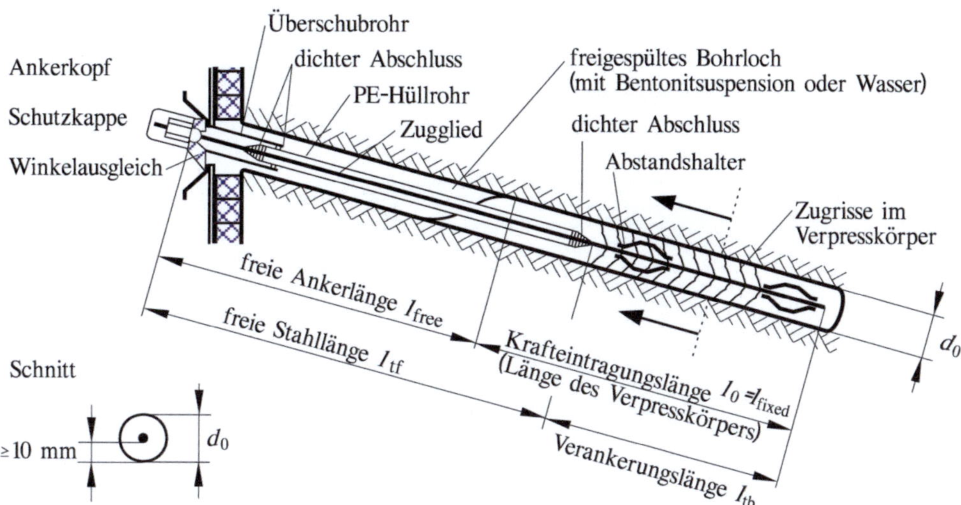

Abb. 18.8 Schema eines Temporärankers (Verbundanker) mit Bezeichnungen. (vgl. Ostermayer (2001) sowie *DIN EN 1537*)

18.2.3 Korrosionsschutz

Die Korrosionsgefahr ist bei Verpressankern von zahlreichen Einflussfaktoren abhängig, wie Aggressivität von Wasser, Boden und Atmosphäre, Grundwasserspiegel, Durchlässigkeit des Untergrundes, elektrische Felder (Streuströme), chemische Zusammensetzung und Festigkeit der Stähle, Stahlspannung usw. Da in der Praxis selten alle Einflüsse bekannt sind, muss der Korrosionsschutz von Ankern im Boden und Fels die nach *DIN EN 1537* und den Zulassungsbedingungen des Deutschen Instituts für Bautechnik (DIBt) gestellten Anforderungen erfüllen.

Für Kurzzeitanker wird ein sog. einfacher Korrosionsschutz gefordert. Bei den üblichen Ausführungen ist dieser im Bereich der freien Stahllänge durch ein Kunststoffhüllrohr und im Bereich der Verankerungslänge durch eine Zementsteinüberdeckung von mindestens 10 mm gegeben. Zur Einhaltung dieser Forderung sind Abstandhalter zur Zentrierung des Stahls im Bohrloch erforderlich.

Für Daueranker ist ein lückenloser und dauerhafter Korrosionsschutz vorzusehen. Zementstein allein ist wegen der bei Verbundankern (auch bei Felsankern) unvermeidlichen Zugrisse als Schutz im Allgemeinen nicht ausreichend. Gemäß *DIN EN 1537* muss der Korrosionsschutz um das Zugglied aus mindestens einer einzigen ununterbrochenen Schicht eines Korrosionsschutzmaterials bestehen, dessen Wirksamkeit während der geplanten Lebensdauer des Ankers nicht beeinträchtigt werden darf. Dazu werden in der Regel zwei Korrosionsschutzhüllen oder besondere Schutzsysteme verwendet. Beispiele dafür sind in *DIN EN 1537* beschrieben.

a

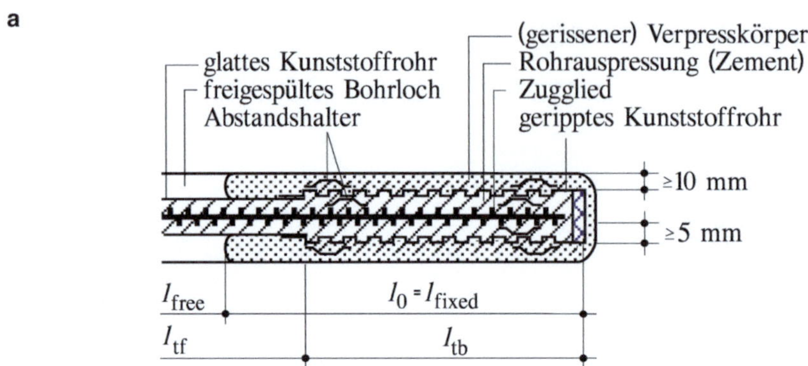

b

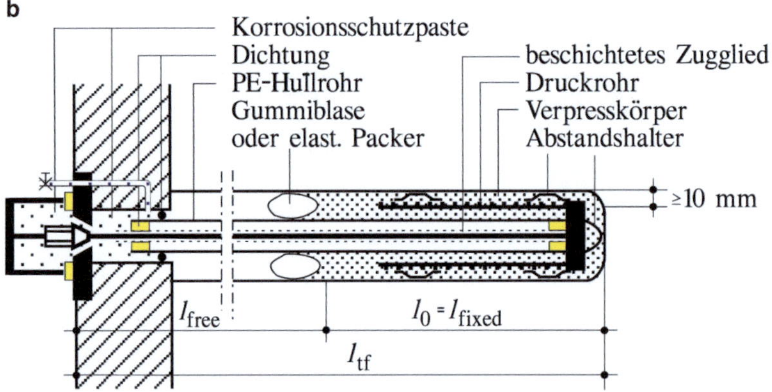

Abb. 18.9 Schema von Dauerankern und Bezeichnungen, ohne Darstellung einer Neigung. **a** Verbundanker, **b** Druckrohranker. (vgl. Ostermayer (2001) sowie *DIN EN 1537*)

Prüfungsmethoden zum Nachweis eines wirksamen Korrosionsschutzes sind ebenfalls in *DIN EN 1537* aufgeführt.

Der Korrosionsschutz muss bei Dauerankern in der Regel vor dem Einbau unter werkmäßigen Bedingungen aufgebracht werden. Beim Verbundanker wird z. B. der Ringraum zwischen Zugglied und Kunststoffhüllrohr (gerippt im Bereich der Verankerungslänge, glatt im Bereich der freien Stahllänge) mit Zementmörtel ausgepresst. Bei Druckrohrankern wird das Zugglied z. B. auf ganze Länge beschichtet und durch ein Hüllrohr mechanisch geschützt. Da der Korrosionsschutz beim Druckrohranker im Gegensatz zum Verbundanker keine Verbundspannungen zu übertragen hat, können auch plastische Korrosionsschutzmittel zwischen Zugglied und Hüllrohr eingepresst werden. Wenn der Boden oder das Wasser stark aggressiv gegenüber Stahl ist oder aus anderen Gründen besondere Korrosionsgefahr besteht (z. B. Streuströme), sind zusätzliche Schutzmaßnahmen

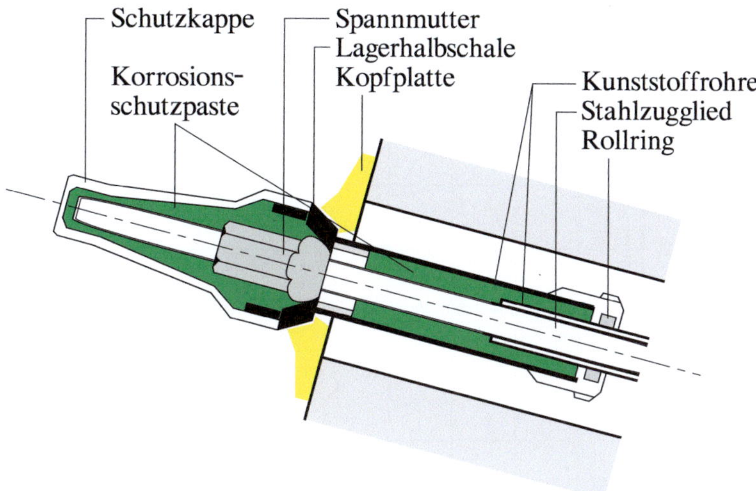

Abb. 18.10 Ankerkopf bei Daueranker nach Prospekt Fa. BAUER-Spezialtiefbau GmbH, Schrobenhausen

erforderlich. Bei aggressiven Substanzen im Boden oder Grundwasser, z. B. Sulfate oder Kohlensäure, müssen für die Verpresskörper unter Berücksichtigung der Durchlässigkeit des Bodens und der geplanten Lebensdauer der Anker entsprechende Zemente ausgewählt werden. Die Aggressivität ist nach *DIN EN 206* in Verbindung mit *DIN 1045-2* zu bestimmen. In Abhängigkeit der Expositionsklassen werden in *DIN/TS 18537* Angaben zum Einsatz von Verpressankern gemacht. Bei mäßig und stark angreifender Umgebung wird die Heranziehung eines Sachverständigen empfohlen. Besondere konstruktive Sorgfalt erfordert der Übergang vom Anker zum Ankerkopf; der gesamte Kopfbereich wird in eine hülsenartige Kammer eingeschlossen, die ebenfalls mit einem dauerplastischen Stoff (Korrosionsschutzpaste) ausgepresst wird, s. Abb. 18.10.

18.2.4 Stahl, Stahlzugfestigkeit

Gewindestähle für Anker werden in den Nenndurchmessern 18,6 mm, 26,5 mm, 32, 36, 40 mm bzw. als GEWI-Stäbe auch mit 50 und 63,5 mm geliefert. Bei den Spannstahllitzen wird für Anker vorzugsweise der Durchmesser 0,6″ verwendet. Gewindestähle werden in Längen bis zu 30 m angeboten und können über Koppelelemente gestoßen werden. Litzen werden auf Coils aufgewickelt und sind bis zu 3000 m Länge lieferbar.

Die Stahlzugglieder müssen den in *DIN EN 1537* aufgeführten europäischen Normen bzw. solange hierzu keine harmonisierten Normen vorliegen, den in *DIN/TS 18537* aufgeführten nationalen Vorgaben entsprechen.

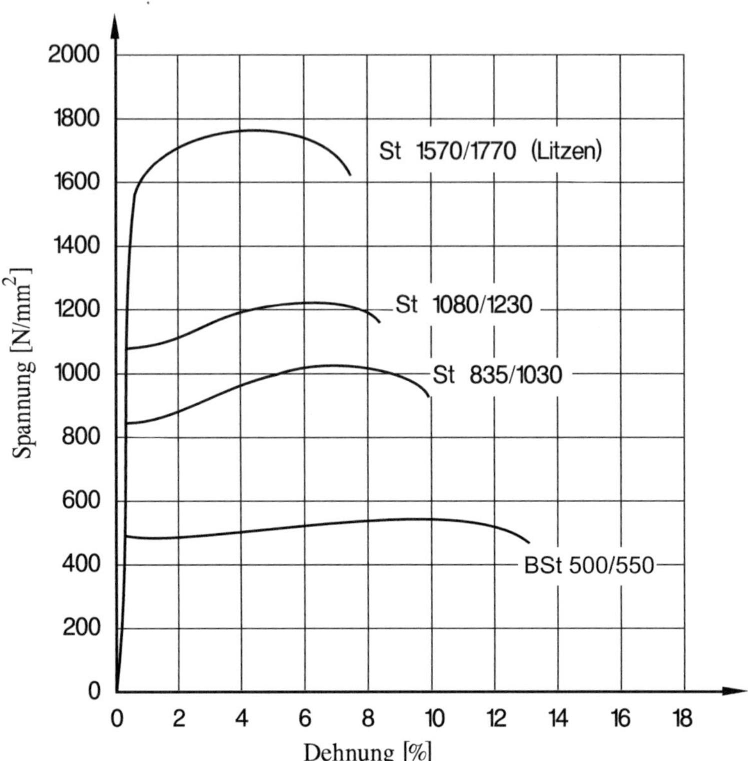

Abb. 18.11 Spannungs-Dehnungs-Linien für Beton- und Spannstähle. (SUSPA – DSI GmbH, Königsbrunn 2005)

Für einige der verfügbaren Stahlqualitäten (Streck- und Zugfestigkeitsgrenzen) für Spannstahl-Litzen und Gewindespannstähle sind ihre Spannungs-Dehnungs-Linien in Abb. 18.11 dargestellt.

► **Anmerkung** Anstelle der Streckgrenze wird nach den neuen Normen nunmehr als Bezugsgröße der charakteristische Wert der Spannung des Stahlzuggliedes bei 0,1 % bleibender Dehnung; $f_{t,0.1,k}$ für Spannstähle sowie der charakteristische Wert der Spannung bei 0,2 % bleibender Dehnung $f_{t,0.2,k}$ für Betonstahl genannt.

In der Herstellung unterscheiden sich die vorgenannten Spannstähle in ihrer chemischen Zusammensetzung und in ihrer Nachbehandlung. Bei St 835/1030 und St 1080/1230 handelt es sich um gereckte und angelassene Stäbe, bei St 1570/1770 um kaltgezogene, glatte Drähte.

Die Herstellungsmerkmale, Festigkeitseigenschaften und Maßangaben, zulässige Spannungen und Krümmungsradien, Vorschriften über Werkskennzeichnung, Transport und Lagerung sowie Angaben über Güteüberwachung und Prüfung sind in den jeweiligen Zulassungsbescheiden für den Spannstahl festgehalten. Der Spannstahl wird bereits in den Lieferwerken auf Materialgüte und Maßhaltigkeit überprüft.

18.2.5 Kraftübertragung in den Baugrund

Der Verpresskörper hat im Allgemeinen einen Durchmesser von 100 bis 150 mm und 4 bis 10 m Länge. An der Außenwandung des Verpresskörpers findet die Lasteinleitung in den Baugrund statt, die durch den maximalen Herausziehwiderstand des Ankers $R_{a,k}$ begrenzt ist. Typische Werte des Herausziehwiderstands liegen in der Größenordnung von:

- 1 MN im bindigen Boden
- 1,5 MN im nichtbindigen Boden
- 10 MN im Fels.

Die Aussagen über die Widerstände von Verpressankern setzen eine Mindestüberdeckung an Gestein voraus. Ein oberflächennahes Versagen, vergleiche auch die Widerstandswirkung von Ankerplatten und -wänden, Abschn. 18.3, ist im Allgemeinen nicht mehr zu erwarten, wenn der Abstand des Verpresskörperschwerpunkts von der Geländeoberfläche die Größenordnung von 4 m erreicht.

Ab etwa 4 m Abstand von der Geländeoberfläche entwickelt sich um den Verpresskörper im Boden ein Eigenspannungszustand, der nicht mehr von der Auflast abhängig ist, sondern nur noch von der Scherfestigkeit bei behinderter Dilatanz, Wernick (1978). Infolge des Dilatanzverhaltens dicht gelagerter nichtbindiger Böden und halbfester bis fester bindiger Böden sind bei Zugbeanspruchung der Anker die Radialspannungen am Verpresskörper um ein Vielfaches größer als die vertikalen Überlagerungsspannungen aus dem Boden. Eine bodenmechanische Berechnung des Ankerwiderstands führt im Allgemeinen zu unzutreffenden Ergebnissen und ist nach den vorliegenden Regelwerken nicht erlaubt. Für Bodenarten wie Sand oder Kies gibt es inzwischen relativ gut gesicherte Erfahrungsdiagramme wie das in Abb. 18.12 von Ostermayer (2001).

Zurückhaltender sollte man mit Erfahrungsdiagrammen für bindige Bodenarten, s. Abb. 18.13, umgehen. Diese Diagramme können für Vorbemessungen verwendet werden, sofern keine eigenen Erfahrungen dokumentiert sind.

Nach *DIN EN 1997-1* und *DIN 1054* soll letztlich die Tragfähigkeit anhand von Versuchsergebnissen und aufgrund örtlicher Erfahrung bewertet werden.

Schließlich muss die Trag- und Gebrauchstauglichkeit eines jeden Ankers durch Prüfungen auf der Baustelle belegt werden.

Aus den Abb. 18.12 und 18.13 kann folgendes abgeleitet werden:

a) Der Herausziehwiderstand $R_{a,k} = F_k$ bzw. $q_a = q_{s,k}$ eines Verpressankers wächst mit der Scherfestigkeit, d. h. mit der Lagerungsdichte bzw. Konsistenz des Bodens.

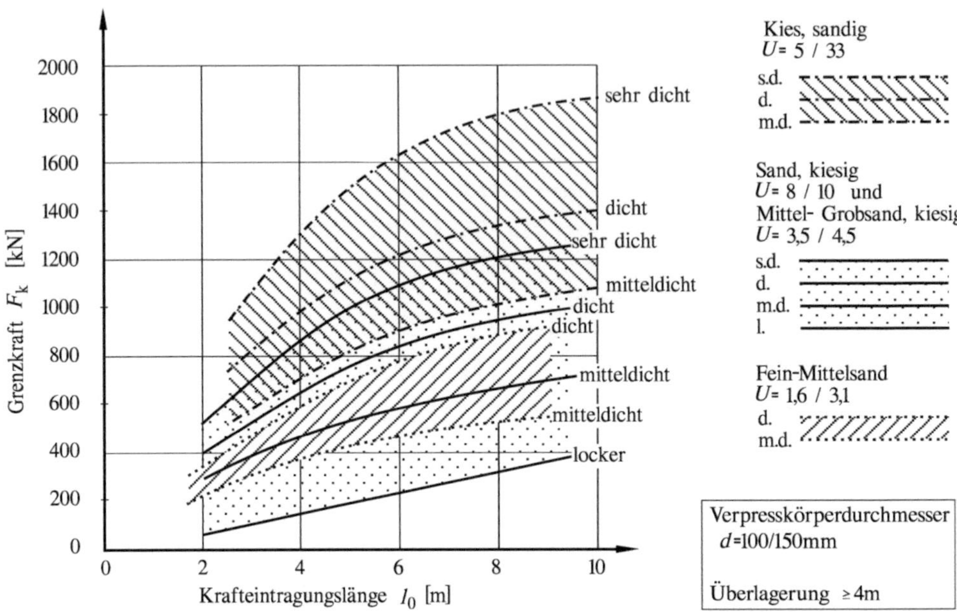

Abb. 18.12 Grenzkraft von Ankern in nichtbindigen Böden (Nach Ostermayer 2001)

b) Die Grenzkraft $F_k = R_{a,k}$ wächst nicht proportional mit der Länge des Verpresskörpers: Längen von $l_0 < 4$ m sollten vermieden werden. Längen über $l_0 > 10$ m sind wegen des progressiven Bruchs längs des Verpresskörpers im Allgemeinen unwirtschaftlich, Ostermayer (2001). Bei Litzen- und Bündelankern in Böden konnten allerdings in England durch gestaffelte Verankerungslängen und gestaffelte Nachverpressung mittels Ventilrohren mit Krafteinleitungslängen von bis zu 30 m Grenzkräfte von bis zu 3 MN erreicht werden.
c) Ungleichförmige Sande tragen mehr als gleichförmige.
d) Bei nichtbindigen Böden ist der Durchmesser des Verpresskörpers im Rahmen der gängigen Maße zwischen 100 und 150 mm ohne nennenswerten Einfluss auf die Grenzkraft.
e) In bindigen Böden nimmt die Tragfähigkeit eines Ankers mit wachsender Plastizität ab.
f) Im bindigen Boden ist die Mantelreibung unabhängig vom Durchmesser des Verpresskörpers, d. h. entgegen der Aussage d) für nichtbindige Böden nimmt hier die Grenzlast mit dem Durchmesser zu.
g) In bindigen Böden lässt sich die Tragkraft durch Nachverpressen beträchtlich erhöhen. Dabei werden 1 Tag nach der Primärverpressung die Verpresskörper mit erhöhtem Druck (meist mit Wasser) aufgesprengt und es erfolgt eine Nachverpressung mit Zementsuspension. Dieser Vorgang wird ggf. wiederholt.

a

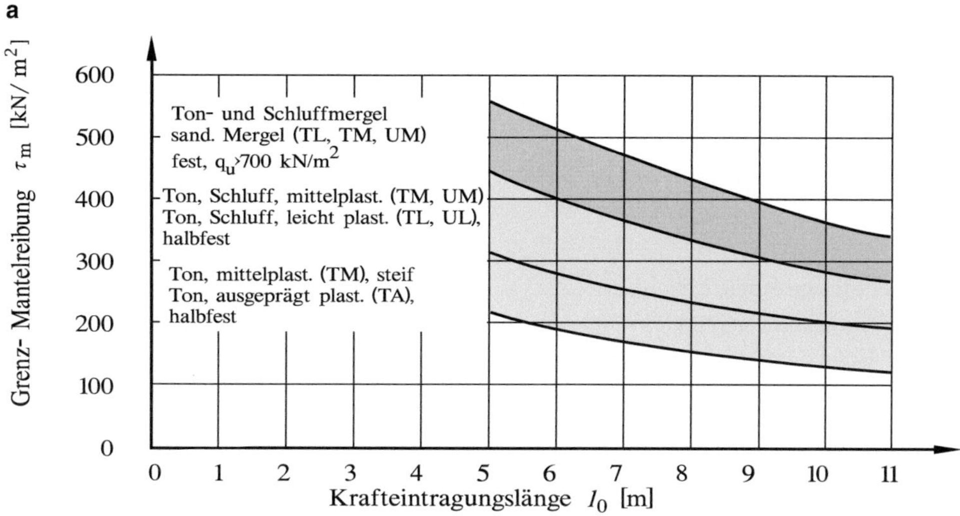

b

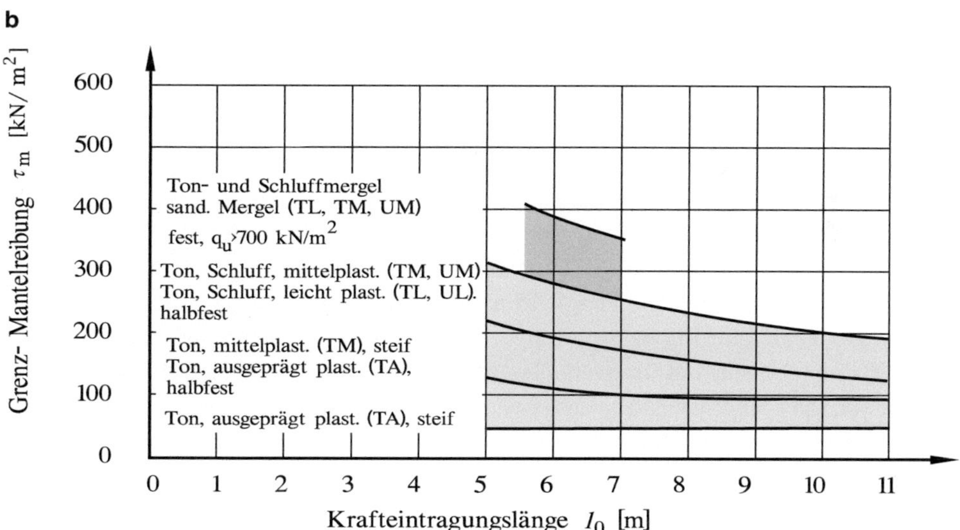

Abb. 18.13 Grenzwerte der mittleren Mantelreibung $\tau_m = \tau_{m,k} = q_{s,k}$ bei Ankern in bindigen Böden (mit und ohne Nachverpressung) nach Ostermayer (2001). **a** Mit Nachverpressen, **b** ohne Nachverpressen

18.2.6 Prüfungen

Verpressanker sind sensible Tragglieder. Nach einer möglichen Vorbemessung muss mit den Prüfungen die Brauchbarkeit von Ankersystemen und die Tragfähigkeit der Anker vor Ort sichergestellt werden.

Nach *DIN 1997-1* und *DIN EN 1537* werden folgende Prüfungen (Versuche) unterschieden:

a) Untersuchungsprüfungen

Untersuchungsprüfungen haben vor Herstellung der Bauwerksanker zu erfolgen. Sie dienen der Untersuchung der Eignung eines Ankersystems in Baugrundverhältnissen, für die bislang keine solche Prüfungen vorgenommen wurden oder wo höhere Gebrauchslasten als bisher in vergleichbaren Baugrundverhältnissen abzutragen sind. Des Weiteren kann mit ihnen die Fachkompetenz des Ausführenden festgestellt werden. Die Anker sind bis zum Bruch (Kriechmaß: $k_s = 2$ mm, s. nachfolgend) oder bis zu den nachfolgend genannten Grenzkräften für das Stahlzugglied zu belasten.

Bei diesem Versuch sollen vor allem der Herausziehwiderstand, je nach nachfolgend genanntem Prüfverfahren, die kritische Kriechlast, das Kriechverhalten bis zum Bruch bzw. der Spannungsabfall im Grenzzustand der Gebrauchstauglichkeit sowie die rechnerische freie Stahllänge ermittelt werden. Die Vorgabe der Prüfkraft P_p beruht auf der Abschätzung des Herausziehwiderstands.

DIN 1054 als nationales Dokument ergänzt zur Vorgabe der *DIN EN 1997-1*, dass Untersuchungsprüfungen bei Verpressankern in der Regel nicht erforderlich sind, da das Tragverhalten durch Eignungs- und Abnahmeprüfungen nachzuweisen ist. Bei Verpressankern nach *DIN EN 1537*, die als Daueranker zum Einsatz kommen, ist ein gesonderter Nachweis (z. B. Bauartgenehmigung) erforderlich. Für Verpressanker handelt es sich daher um eine erweiterte Eignungsprüfung, die in Sonderfällen durchgeführt wird, wenn keine Erfahrungen über das Tragverhalten der Anker bei vergleichbaren Baugrundbedingungen vorliegen und die Anker aus diesem Grund bis zum Erreichen des maximalen Herausziehwiderstandes belastet werden.

b) Eignungsprüfungen

Eignungsprüfungen sollen im jeweiligen Bemessungsfall die Ergebnisse der Untersuchungsprüfung bestätigen oder Erkenntnisse über die o. g. Eigenschaften liefern, falls keine Untersuchungsprüfungen durchgeführt wurden. Mit einer Eignungsprüfung soll nachgewiesen werden, dass ein bestimmter Ankertyp für die vorhandenen Baugrundverhältnisse geeignet ist.

Für Daueranker sind Eignungsprüfungen an mindestens drei Ankern durchzuführen, die unter gleichartigen Ausführungsbedingungen wie die Bauwerksanker hergestellt werden. Bei Verpressankern, die als Kurzzeitanker zum Einsatz kommen, darf nur dann auf die Eignungsprüfung verzichtet werden, wenn Ergebnisse von Eignungsprüfungen mit dem gleichen Ankersystem in vergleichbarem Baugrund und mit demselben Herstellungsverfahren vorliegen. Die Versuchsdurchführung von Eignungsprüfungen muss *DIN EN ISO 22477-5* entsprechen.

c) Abnahmeprüfungen
Durch die Abnahmeprüfung ist an jedem Bauwerksanker nachzuweisen, dass

- die Prüflast, s. nachfolgend, vom Anker übernommen werden kann,
- die freie Stahllänge ausreichend ist,
- die Festlegekraft die geplante Größe besitzt und
- für den Nachweis im Grenzzustand der Gebrauchstauglichkeit (SLS) das Kriechmaß bzw. der Kraftabfall eingehalten wird.

d) Nachprüfungen, Bauüberwachung und Kontrollmessungen
Sind in dem System Anker-Bauwerk-Baugrund Verformungen zu erwarten, die wesentliche Dehnungs- und Kraftänderungen in den Ankern hervorrufen können und die ungünstige Folgen haben, sollten die Anker so mit Messeinrichtungen ausgestattet werden, dass das Ankerverhalten über einen längeren Zeitraum, ggf. während der geplanten Lebensdauer, überwacht werden kann. An nicht instrumentierten Ankern kann mittels sogenannten Abhebeversuchen die Festlegekraft auch noch nachträglich überprüft werden, sofern die Ankerköpfe zugänglich sind.

Messgrößen Mit der in Abb. 18.14 dargestellten Messanordnung werden am Ankerkopf, meistens mit einer temporären Verlängerung (Spannüberstand) des Stahlzuggliedes, Ankerkraft- und Verschiebungsmessungen vorgenommen, um die o. a. Prüfkriterien erfüllen zu können. Einzelheiten der Prüfungen und Anforderungen an die Messgenauigkeit sind in *DIN EN 1537* und in *DIN EN ISO 22477-5* aufgeführt.

Gemessen werden bei bestimmten Laststufen, bei denen die Lasten über vorgegebene Zeitspannen konstant gehalten werden, die Verschiebungen des Ankerkopfes.

In *DIN EN 1537* und *DIN EN ISO 22477-5* sind die in Abb. 18.15 dargestellten drei Prüfverfahren zugelassen. Die Verfahren unterscheiden sich im Wesentlichen durch den Verlauf der Ankerkraftaufbringung. Jeweils wird eine Vorbelastung von in der Regel 10 % der Prüflast aufgebracht.

Prüfverfahren 1 ist das bisher in Deutschland bekannte und nach *DIN 1054* vorgeschriebene Verfahren. Dabei wird der Anker stufenweise bis zur Prüfkraft jeweils be- und entlastet. Zwischen Be- und Entlastung einer jeden Laststufe wird eine gewisse, u. a. von der Bodenart abhängige Zeit die Ankerkraft konstant gehalten und die Zunahme der Verschiebung als Funktion der Zeit gemessen.

Das Prüfverfahren 2 ist in Großbritannien eingeführt. Der Anker wird ähnlich wie beim Verfahren 1 stufenweise be- und entlastet. Gemessen wird hier am Ende einer jeden Laststufe der Ankerkraftabfall bei festgehaltenem Ankerkopf.

In Frankreich ist das Verfahren 3 üblich. Hier wird die Ankerkraft ebenfalls in Stufen aufgebracht, jedoch erfolgt hier bei den jeweiligen Laststufen keine Ent- und Wiederbelastung.

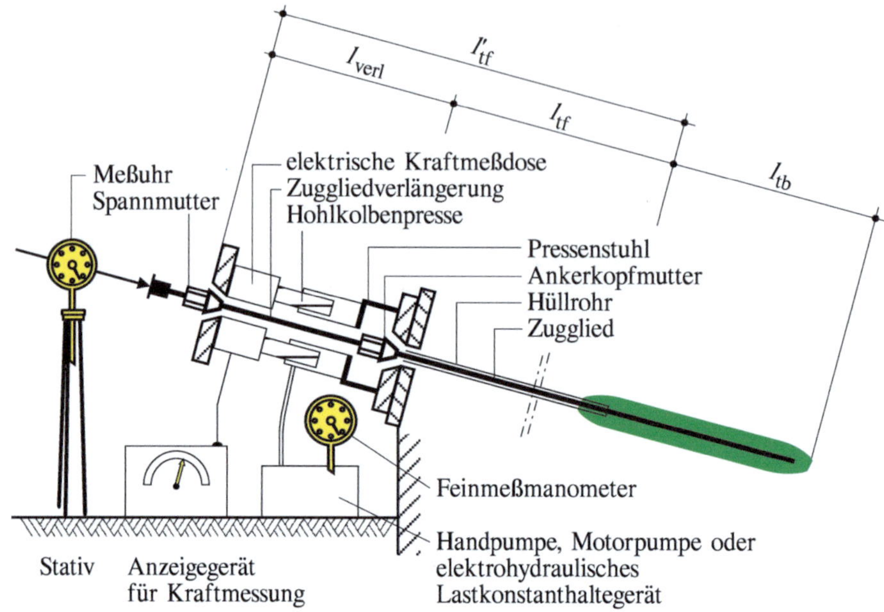

Abb. 18.14 Messanordnung bei Ankerzugversuchen. (Nach Ostermayer 2001)

Für jedes Prüfverfahren sind für alle drei oben aufgeführten Prüfungen die max. Prüflasten, die Anzahl der Spannzyklen sowie die Mindestbeobachtungszeiten festgelegt.

Gemäß *DIN 1054* ist in Deutschland weiterhin das Prüfverfahren 1 anzuwenden. Beispielhaft werden nachfolgend für die Abnahmeprüfung nach diesem Prüfverfahren 1 die Einzelheiten der Prüfung dargestellt, s. auch Abb. 18.16.

Die Prüfkraft ist gemäß *DIN 1054* wie folgt festgelegt: $P_\text{p} \geq 1{,}1 P_\text{d} = E_\text{d}$. Dabei ist bei der Dimensionierung vor allem die Beanspruchung des Stahlzugliedes zu beachten.

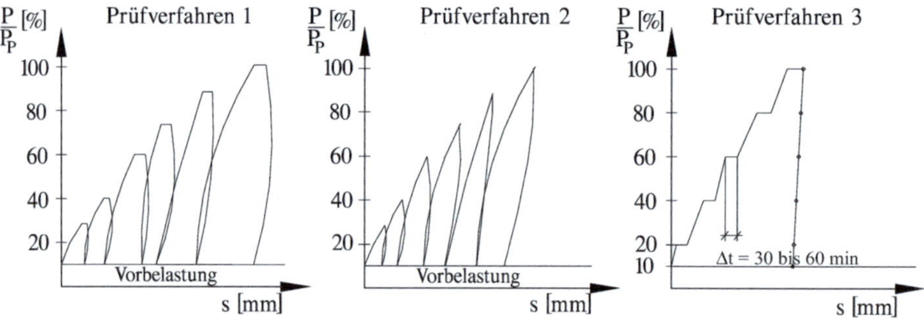

Abb. 18.15 Ankerprüfung gemäß *DIN EN 1537*

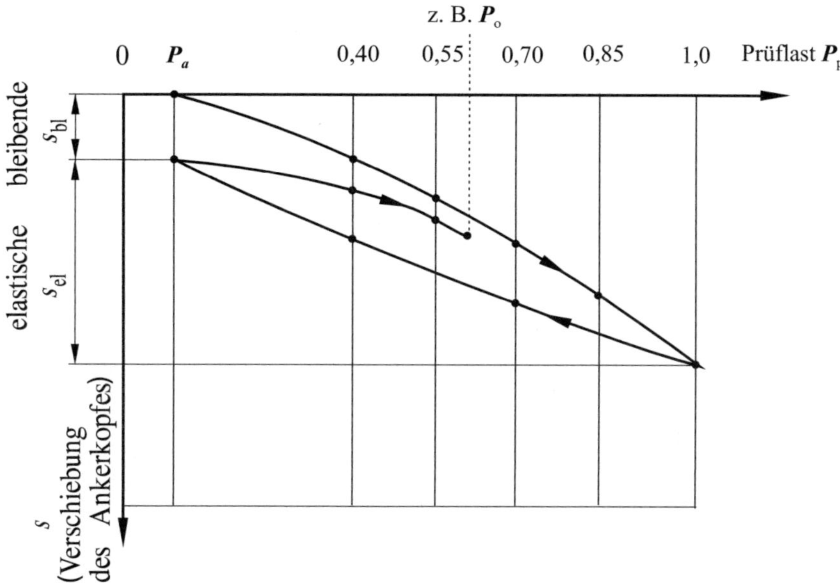

Abb. 18.16 Arbeitslinie einer Abnahmeprüfung bei Dauerankern

Gemäß *DIN EN ISO 22477-5* sollte ausgehend von der Vorlast $P_a\left(0{,}1\,P_p < P_a < 50\,\text{kN}\right)$ die maximale Prüfkraft P_p in 5 Stufen (0,40P_p, 0,55P_p, 0,70P_p, 0,85P_p, 1,0P_p) erreicht werden.

Die Mindestbeobachtungszeiten betragen bei den Zwischenstufen 1 min und bei der Prüfkraft P_p 5 min bei nichtbindigen Böden bzw. 15 min bei bindigen Böden und Fels.

In Abb. 18.17 sind beispielhaft für eine Abnahmeprüfung eines Kurzzeitankers in bindigem Boden die Kriterien für eine Prüfung mit Mindestbeobachtungszeit dargestellt.

Die Mindestbeobachtungszeit bei der Prüfkraft P_p ist zu verlängern, wenn die Zunahme der Verschiebungen in nichtbindigen Böden zwischen $t_a = 2\,\text{min}$ und $t_b = 5\,min$ $\Delta s > 0{,}20\,\text{mm}$ oder in bindigen Böden zwischen $t_a = 5\,\text{min}$ und der $t_b = 15\,\text{min}$ $\Delta s >$ 0,25 mm ist. In diesen Fällen ist die Beobachtung so lange fortzusetzen, bis die Kriechmaße eindeutig ermittelt werden können. Die Verschiebung muss während der verlängerten Beobachtungszeit in Zeitabständen von 5 min gemessen werden.

Nach der Prüfung sollte der Anker auf die Vorbelastung P_a entspannt und dann auf die Festlegelast P_0 gespannt und festgelegt werden.

Hinsichtlich der Festlegekraft P_0, s. Abschn. 18.2.7.

Das Kriechmaß α, als Maß für die zeitabhängige Zunahme der Verschiebung des Verpresskörpers unter konstanter Ankerkraft ist definiert durch, s. Abb. 18.17:

$$\alpha\ [\text{mm}] = \frac{\Delta s}{\Delta \log t} = \frac{s_b - s_a}{\log \frac{t_b}{t_a}}. \tag{18.1}$$

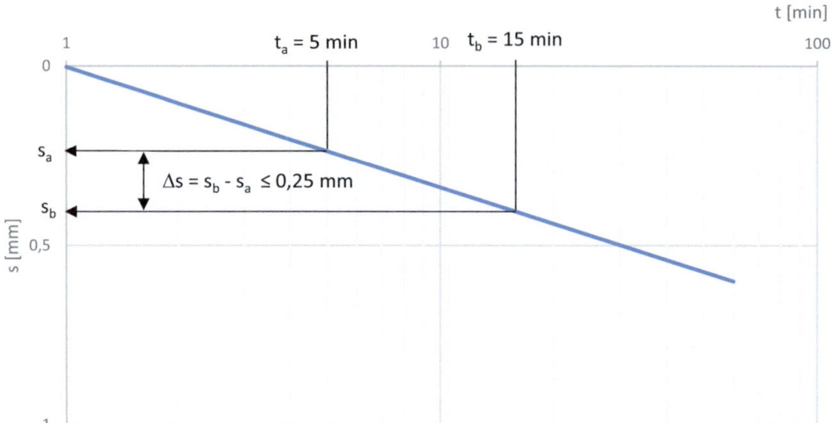

Abb. 18.17 Beispielhafte Zeit-Verschiebungslinie für eine Abnahmeprüfung an Kurzzeitankern in bindigem Boden

Hierin bedeuten:

$s_b - s_a$ … Differenz der Verschiebungen im Zeitraum zwischen t_a und t_b
$\log(t_b/t_a)$ … Logarithmus des Quotienten der Beobachtungszeiten $= \log t_b - \log t_a$

► **Anmerkung** In früheren Normen wurde das Kriechmaß α mit k_s bezeichnet.

Das Kriechmaß α_1 ist das max. zulässige Maß für eine bestimmte Belastungsstufe für das (in Deutschland verwendete) Prüfverfahren 1. Beim Erreichen der Prüfkraft darf gemäß *DIN 1054* das Kriechmaß α_1 von 2 mm nicht überschritten werden.

Aus der gemessenen elastischen Längenänderung Δs_{el} des Stahlzugglieds infolge Entlastung (s. Abb. 18.16) wird die rechnerische freie Stahllänge abgeleitet:

$$l_{app} = \frac{\Delta s_{el}}{P_p - P_a} E_t \cdot A_t. \tag{18.2}$$

Damit soll nachgewiesen werden, dass diese sich nicht wesentlich von der geplanten freien Stahllänge l_{tf} unterscheidet und dass die Reibungsverluste klein und sich in den in *DIN EN 1537* vorgegebenen Grenzen befinden.

Für Untersuchungs- und Eignungsprüfungen ist ein erheblich umfangreicheres Belastungsprogramm auszuführen. Die Prüfkraft P_p ist in 6 Lastschleifen (Untersuchungsprüfung) bzw. in 5 Lastschleifen stufenweise aufzubringen, wobei während jeder Laststufe das Kriechmaß zu bestimmen ist. Die Mindestbeobachtungszeiten hängen von der geplanten Lebensdauer (Temporär-/Daueranker) als auch von dem Gestein im Bereich der Verankerungslänge (nichtbindiger/bindiger Boden) und können je Laststufe bis zu 180 min betragen.

18.2.7 Nachweise

Gemäß *DIN EN 1997-1* und *DIN 1054* sind Konstruktionen mit Ankern im Allgemeinen in die Geotechnische Kategorie GK 2 einzuordnen. Bei Daueranker und Ankern mit Schwell-, Wechsel- oder dynamischer Beanspruchung, für deren Herstellung keine Erfahrungen vorliegen, ist die Geotechnische Kategorie GK 3 maßgebend.

In der statischen Berechnung der jeweiligen Bauaufgabe werden die charakteristischen Schnittgrößen und Auflagerkräfte (Beanspruchungen) infolge der charakteristischen Einwirkungen ermittelt. Auflagerkräfte können durch Anker in den Baugrund abgetragen werden. Damit ergibt sich die charakteristische Beanspruchung P_k für Verpressanker.

Den Bemessungswert der Beanspruchung P_d erhält man nach Abschn. 8.3 durch Multiplikation mit einem vom der Einwirkung und dem Lastfall abhängigen Teilsicherheitsbeiwert.

Die Dimensionierung von Ankern (Ankerlänge, Ankerstahl und Herausziehwiderstand) erfolgt im Allgemeinen im Grenzzustand STR und GEO 2. Lediglich beim Nachweis der Gesamtstandsicherheit geht bei verankerten Konstruktionen der Widerstand des Verpresskörpers mit den Teilsicherheiten des Grenzzustands *GEO 3* in die Berechnung ein. Für die Bemessung der Anker für Stützbauwerke im Grenzzustand der Gebrauchstauglichkeit (SLS) sind die Anker als Feder bzw. vorgespannte Feder zu betrachten. Bei der Wahl der Festlegelast ist *DIN EN 1997-1* zu beachten.

Der Widerstand des Verpresskörpers bei der Übertragung der Zugkraft in den Baugrund definiert den charakteristischen Herausziehwiderstand R_{ak} für den Nachweis gemäß Grenzzustand GEO 2. Er ist durch die Untesuchungsprüfung zu bestimmen, ggf. durch Eignungsprüfungen nachzuweisen und über Abnahmeprüfungen an jedem Anker zu bestätigen.

In der Untersuchungsprüfung bzw. bei Kurzzeitankern in der Eignungsprüfung, ist der Herausziehwiderstand eines Ankers erreicht, wenn das Kriechmaß den in *DIN EN 1997-1* angegebenen Wert von 2 mm überschreitet. Wird das Kriechmaß von 2 mm während der Prüfung nicht überschritten, entspricht die aufgebrachte Prüflast dem gemessenen Herausziehwiderstand, der in *DIN EN ISO 22477-5* mit $R_{ULS,m}$ bezeichnet wird. Wird in der Eignungsprüfung der Grenzwert für das Kriechmaß von 2 mm vor Erreichen der Prüfkraft P_p überschritten, muss der zulässige Bemessungswert der Beanspruchung für alle betroffenen Anker auf der Grundlage der niedrigeren Last, bei der das Kriechmaß von 2 mm noch eingehalten wurde, bestimmt werden.

Die Prüfkraft P_p bei der Eignungsprüfung ergibt sich aus dem Bemessungswert P_d der Ankerbeanspruchung zu

$$P_p = \gamma_a \cdot P_d = 1{,}1 \cdot P_d, \tag{18.3}$$

s. Abb. 18.18.

Die Stahlzugglieder aller Anker müssen nicht nur für den Bemessungswert P_d der Ankerbeanspruchung, sondern auch für die Prüfkraft P_p bemessen werden.

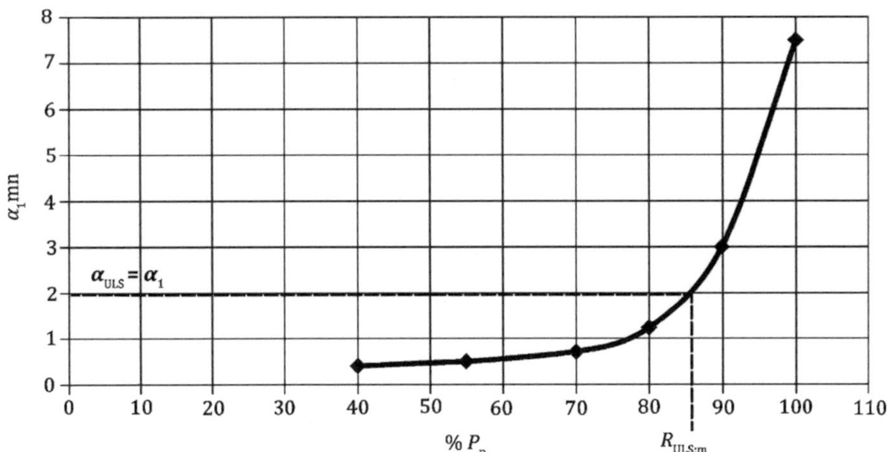

Abb. 18.18 Darstellung des Kriechmaßes α in Abhängigkeit von der Ankerkraft am Beispiel einer Untersuchungsprüfung (Der Herausziehwiderstand ist kleiner als die angestrebte Prüfkraft P_p), aus *DIN EN ISO 22477-5*

Der Bemessungswert des Herausziehwiderstands im Grenzzustand GEO 2 ergibt sich zu

$$R_{a,d} = \frac{R_{a,k}}{\gamma_a}. \tag{18.4}$$

Für die Teilsicherheitsbeiwerte s. Abschn. 8.3.7.

Der charakteristische Widerstand des Stahlzugglieds R_{ik} im Grenzzustand *STR* ist wie folgt definiert:

$$R_{t,k} = A_t \cdot f_{t,0.1,k} \quad \text{bzw.} \quad = A_t \cdot f_{t,0.2,k} \tag{18.5}$$

mit A_t: Querschnitt des Stahlzugglieds, $f_{t,0.1,k}$ bzw. $f_{t,0.2,k}$: charakteristischer Wert der Spannung des Stahlzugglieds bei 0,1 % bleibender Dehnung für Spannstahl bzw. charakteristischer Wert der Spannung des Stahlzugglieds bei 0,2 % bleibender Dehnung bei Betonstahl.

Die Bemessung der Ankerkopfkonstruktion ist nicht abschließend geregelt; für diese ist gemäß *DIN 1054* sowohl für Daueranker wie auch für Kurzzeitanker ein gesonderter Nachweis (z. B. Bauartgenehmigung) erforderlich.

Falls die Anker zu Untersuchungs- oder Eignungsprüfungen herangezogen werden sollen, ist die Prüflast auf den kleineren der beiden folgenden Werte zu begrenzen:

$$P_P = \min\{0{,}80 \cdot A_S \cdot f_{t,k} \quad \text{und} \quad 0{,}95 \cdot A_S \cdot f_{t,0,1,k} \quad \text{bzw.} \quad 0{,}95 \cdot A_t \cdot f_{t,0.2,k}\}. \tag{18.6}$$

Dabei ist $f_{t,k}$ der charakteristische Wert der Zugfestigkeit des Stahlzugglieds.

Der Bemessungswert des Widerstands des Stahlzugglieds im Grenzzustand *STR* ergibt sich zu:

$$R_{t,d} = \frac{R_{t,k}}{\gamma_M} = \frac{R_{t,k}}{1{,}15}. \tag{18.7}$$

Der Nachweis der Tragfähigkeit im Grenzzustand *STR* ist erbracht, wenn die Bedingung

$$E_d \leq R_d \tag{18.8}$$

erfüllt ist.

R_d ist dabei der kleinere Wert aus dem Bemessungswert des Herausziehwiderstands und des Widerstands des Stahlzugglieds:

$$R_d = \min\{R_{a,d}; R_{t,d}\}. \tag{18.9}$$

Der Nachweis der Sicherheit gegen Bruch des Bodens für Verpressankergruppen richtet sich nach dem ungünstigsten zu erwartenden Bruchmechanismus, s. nachfolgend Abschn. 18.4.

Der Nachweis der Gebrauchstauglichkeit für den Einzelanker ist mit der Abnahmeprüfung nach *DIN EN 1537* erbracht. Die Prüfkraft wird mit

$$P_p = \gamma_a \cdot P_d = 1{,}1 \cdot P_d \tag{18.10}$$

festgelegt.

Ebenfalls muss nach dieser Norm der Nachweis der rechnerischen freien Stahllänge durchgeführt werden.

Nach *DIN EN 1537, Abs. 8.4.4* werden Verpressanker nach dem Prüfen in der Regel vorgespannt und bei einer Kraft gemäß *DIN EN 1997-1* festgelegt.

Bei Ankern, die mit einer kleineren Kraft als P_k festgelegt werden sollen, ist zu prüfen, ob die Kraftübertragung im Ankerkopf auch bei einer späteren Veränderung der Ankerkraft sichergestellt ist. Hierbei ist besonders auf die ordnungsgemäße Funktion von Keilen bzw. Verankerungsmuttern zu achten.

Zur Ermittlung der Verschiebungen und Verkantungen eines durch Verpressanker zusammen gespannten Bodenblocks, z. B. bei einer mehrfach verankerten Stützwand, s. Abschn. 17.4.3, verweist die *DIN EN 1997-1* mit *DIN 1054* ohne nähere Erläuterungen auf die *Empfehlungen des Arbeitskreises „Baugruben“ (EAB).*

18.2.8 Gegenseitige Beeinflussung, Ankerabstände, Vorspannung

Wie aus Modellversuchen in Sand und theoretischen Überlegungen hervorgeht, Werner (1975), braucht man eine gegenseitige Beeinträchtigung des Tragverhaltens bei Verpressankern dann nicht mehr zu befürchten, wenn ihr Abstand größer ist als der 10-fache Durchmesser ihres Verpresskörpers. Es empfiehlt sich daher, einen Abstand von 1,0 m nicht zu unterschreiten, wenn sich das konstruktiv erreichen lässt.

Bei Stützwänden mit Ankern sollte folgendes beachtet werden, s. auch. Abb. 17.39 und Abschn. 17.4.3:

- Die freie Ankerlänge sollte mindestens so gewählt werden, dass eine Lage des Verpresskörpers im aktiven *Coulombschen* Gleitkörper, s. Abb. 16.13, bzw. ein Kraftschluss zur Wand vermieden wird.
- Die Verpresskörperlänge bzw. Krafteinleitungslänge, s. Abb. 18.8, ist gemäß den Zulassungen der einzelnen Anker festzulegen. Es wird empfohlen, Verpresskörperlängen von mindestens 4 m zu wählen.
- Der Abstand vom Schwerpunkt des Verpresskörpers zur Geländeoberkante sollte ≥ 4 m betragen, da diese Bodenüberlagerung für die Kraftübertragung in den Baugrund notwendig ist.
- Der Abstand der Verpresskörper zu Bauwerken oder Bauwerksteilen sollte möglichst mit ≥ 3 m eingehalten werden, um ungünstige Lastbeeinflussungen und das Einfließen von Verpressgut zu vermeiden.
- Um den „Fangedammeffekt" bei mehrfach verankerten Stützwänden zu mildern, sollten die Verpresskörper von Ankern gestaffelt und gespreizt angeordnet werden.
- Anker sollten dann vorgespannt werden (Vorwegnahme der Stahldehnungen), wenn Wandverformungen und Setzungen im Bereich zwischen Wand und Verpresskörper nahezu vermieden werden sollen. Anker werden dabei in der Regel auf 80 bis 100 % ihrer späteren Gebrauchslast (charakteristische Einwirkung P_k) vorgespannt und festgelegt.

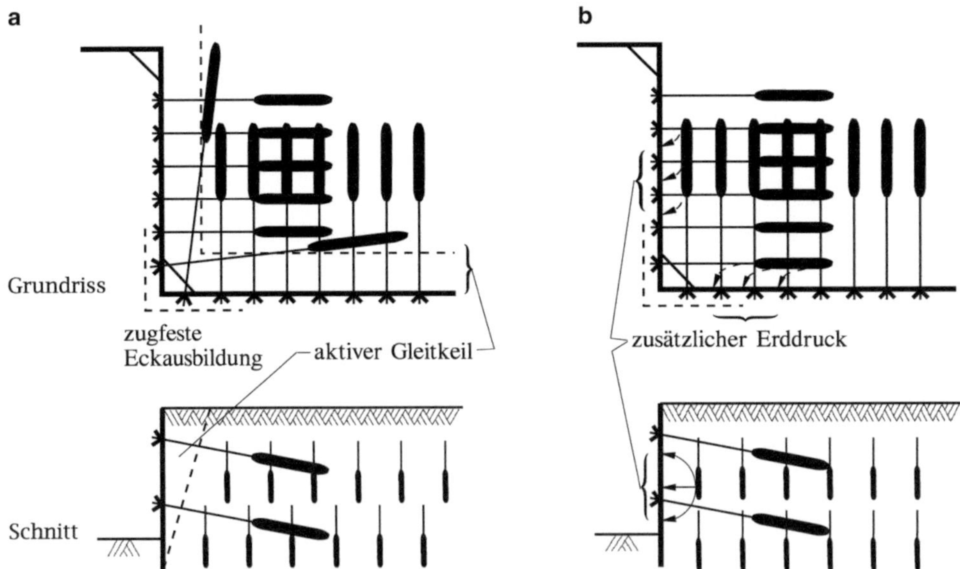

Abb. 18.19 Verankerung bei Baugrubenecken nach Ostermayer (2001). **a** Verankerte Ecke bei $E = E_a$, **b** verankerte Ecke bei $E > E_a$

In diesem Fall kann es sinnvoll sein, die Wand auf einen erhöhten aktiven Erddruck oder auf den Erdruhedruck zu bemessen, s. Abschn. 16.2, 16.14 und 17.4.2.

Besondere Probleme ergeben sich bei Wandecken durch einander kreuzende Ankerlagen, s. Abb. 18.19. Die Verpresskörper sollten a) nicht im aktiven Gleitkeil der parallel zu den Ankern verlaufenden Wand liegen; andernfalls müssen b) die Zusatz-Erddrücke aus den Verpresskörpern auf die Wand berücksichtigt werden.

18.3 Ankerwände und Ankerplatten

Verankerungen mit Ankerwänden bzw. mit Ankerplatten werden in der Regel als „schlaffe", d. h. nicht vorgespannte, Anker hergestellt; sie werden vor allem bei hinterfüllten Uferwänden ausgeführt. Die notwendigen Stützkräfte für die Wand werden über Rundstähle mit einem Nenndurchmesser von 38 bis 150 mm zu den Ankerwänden bzw. -elementen geleitet. Es werden Stahlgüten nach S235 (früher St 37) und S355 (früher St 52) verwendet. Für die Stähle sind die entsprechenden Nachweise für den Grenzzustand der Tragfähigkeit entsprechend Abschn. 18.2.7 zu führen.

Die Tragfähigkeit der Ankerwand kann im Gegensatz zu den Verpressankern mit erdstatischen Methoden nachgewiesen werden, s. dazu auch *DIN EN 1997-1* und *DIN 1054, Abs. 8.5.3*. Sie ergibt sich im Grenzzustand der Tragfähigkeit (GEO 2) mit Ansatz der mobilisierbaren Erddrücke, s. Abb. 18.20. Es wird hier für den passiven Erddruck ein oberflächennahes Versagen bei gekrümmten Gleitflächen angenommen, Abschn. 16.8.4 sowie 16.8.5.2.

Der Bruchkörper reicht am Ankerpunkt bis zur Geländeoberfläche, weil der Boden im Fall des Bruchs mitgenommen wird. Bei der Ermittlung von E_{ph} darf nur dann ein Neigungswinkel des Erddrucks $\delta \neq 0$ berücksichtigt werden, wenn die Gleichgewichtsbedingung $\sum V = 0$ erfüllt werden kann, s. auch Abschn. 17.4.2.

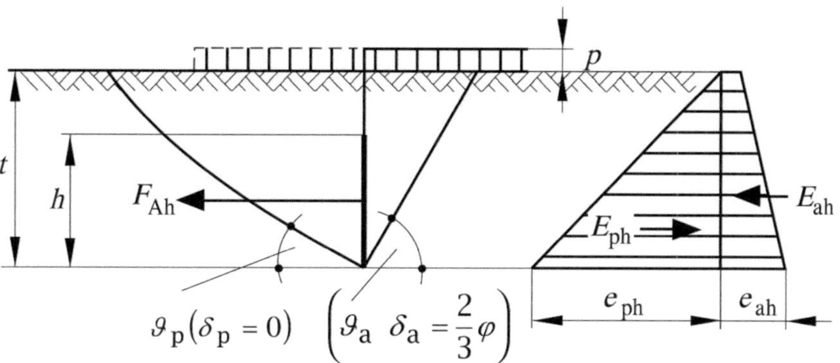

Abb. 18.20 Tragmodell bei Ankerwand

Tab. 18.1 Faktor β für den kritischen Ankerabstand bei Ankertafeln

$\frac{t}{h}$	1	2	3	4	5	5,5
β	2,1	2,3	2,5	2,8	3,1	3,3

Folgende Bedingung ist für den Ausnutzungsgrad μ einzuhalten:

$$\mu = \frac{F_{\text{Ah,d}} + E_{\text{ah,d}}}{E_{\text{ph,d}}} \leq 1{,}0. \tag{18.11}$$

Die Verkehrslast auf der Geländeoberfläche wird nur insoweit angesetzt, als sie den aktiven Erddruck auf die Ankerwand ungünstig beeinflusst.

Die Verankerungen mit Ankertafeln oder Ankerelementen können nach Buchholz (1930) als durchlaufende Ankerwand betrachtet werden, wenn ein kritischer Ankertafelabstand nicht überschritten wird. Bei quadratischen Ankertafeln und Sandboden ist der kritische Ankerabstand:

$$a_{\text{krit}} = h \cdot \beta. \tag{18.12}$$

Der Faktor β ergibt sich nach Tab. 18.1, wobei t die Bodenüberdeckung bis zur Unterkante der Ankertafel und $h = b$ die Abmessungen der Ankerplatte sind.

Für $\frac{t}{h} > 5{,}5$ hat die Gl. (18.12) keine Gültigkeit mehr.

Nach *EAB*, EB 44, kann bei einzelnen Ankerplatten eine um das halbe lichte Maß zwischen den einzelnen Ankerplatten vergrößerte Ersatzankerwand angesetzt werden.

18.4 Länge und Lage von Ankern

In Ergänzung der Ausführungen in Abschn. 18.3 zu Ankerwänden und Ankerplatten, deren Geometrie und Lage unmittelbaren Einfluss auf die aufnehmbare Kraft haben, wird nachfolgend auf die Länge und Lage von Verankerung bei Stützwänden und Bauwerken allgemein eingegangen.

18.4.1 Verankerung von Stützwänden

Im Folgenden wird das Zusammenwirken von Stützwand, Anker und Boden betrachtet, wobei die Länge und Lage des Ankers eine entscheidende Rolle spielt. Bei Verpressankern wird häufig als Ankerpunkt der Schwerpunkt des Verpresskörpers angesehen. Der Ankerpunkt bei Ankerwänden ist deren Unterkante.

Grundsätzlich ist nach *DIN 1054*, *EAB* und *Empfehlungen des Arbeitsausschusses „Ufereinfassungen, Häfen und Wasserstraßen“* (*EAU*) bei verankerten Stützwänden neben Geländebruchnachweis nach *DIN 4084* auch der sogenannte Standsicherheitsnachweis in der tiefen Gleitfuge nach Kranz (1953) zu führen.

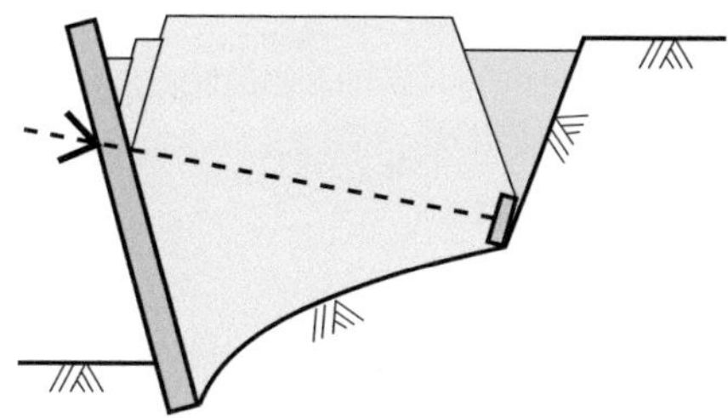

Abb. 18.21 Versagen auf „tiefer Gleitfuge“

Beim Nachweis der tiefen Gleitfuge nach Kranz geht man von der Vorstellung aus, dass die Verankerung zusammen mit der Wand und dem von ihnen erfassten Erdreich einen zusammenhängenden Bodenblock bilden, der im Bruchzustand auf einer nach obengekrümmten Gleitfläche abrutscht und sich um einen tief gelegenen Punkt dreht siehe Abb. 18.21.

Beim Nachweis des Geländebruchs nimmt man im Allgemeinen einen kreisförmigen, monolithischen Bruchkörper an, bei dem sich der Wandfuß weiter als der Wandkopf zur Luftseite hin bewegt, s. Abb. 18.22.

Zur Bestimmung der richtigen Länge und Lage von Ankern bei Wänden empfiehlt Goldscheider (2000) auf die Geländebruchnachweise mit ebenen (geraden) Gleitflächen (Gleitlinien) zurückzugreifen, siehe dazu auch Kap. 15. Damit können sowohl die Geländebruchsicherheit als auch die erforderliche Ankerlänge für Stützwände bestimmt werden.

Für den Nachweis der Standsicherheit in der tiefen Gleitfuge gemäß *EAB* und *EAU* genügt in der Praxis bei homogenem Baugrund näherungsweise die Untersuchung einer ebenen Bruchfläche, die durch die geradlinige Verbindung des Ankerpunktes D mit demjenigen Punkt F der zu verankernden Wand festliegt, der sich bei freier Fußlagerung ergeben würde. Bei eingespannten Wänden ist F der Querkraftnullpunkt. Bei mehreren Ankern bzw. bei geschichtetem Baugrund sind verschiedene tiefe Gleitfugen bzw. ein geknickter Gleitfugenverlauf zu untersuchen. An dem auf der tiefen Gleitfuge (unter ϑ geneigt) ruhenden Bodenkörper muss eine Gleichgewichtsbetrachtung, s. Abb. 18.23, angestellt werden. Dazu wird zwischen Wand und dem Bodenkörper ein Schnitt im Sinne der Statik definiert. Zwischen der den Bodenkörper stützenden Kraft E_a (Erddruck auf die Wand, stützend angetragen), dem Gewicht des Bodenkörpers G (+ ggf. wirkende

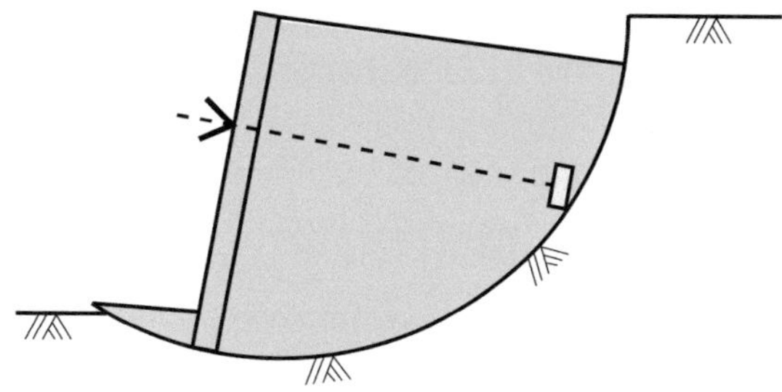

Abb. 18.22 Geländebruch auf Gleitkreis

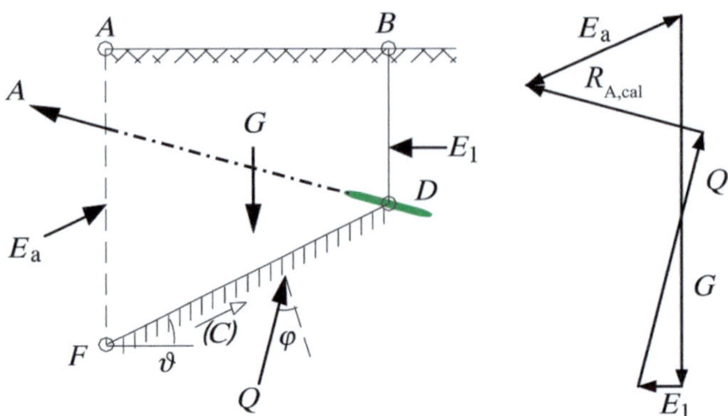

Abb. 18.23 Nachweis des Versagens auf „tiefer Gleitfuge“

Verkehrslasten), der Bodenwiderstandskraft Q, dem auf die Ankerwand bzw. auf eine angenommene vertikale Bruchfuge wirkenden aktiven Erddruck E_1 und der Zugkraft des Ankers $R_{\mathrm{A,d}}$ muss Gleichgewicht hergestellt werden. Der Nachweis lässt sich von Hand am besten zeichnerisch am Krafteck führen, s. Abb. 18.23: Eine ausreichende Sicherheit ist nach *DIN EN 1997* und *DIN 1054* nachgewiesen, wenn im Grenzzustand *GEO 2*

$$R_{\mathrm{A,d}} \geq = P_{\mathrm{d}} \tag{18.13}$$

bzw.

$$\frac{R_{\mathrm{A,cal}}}{\gamma_{\mathrm{R,e}}} \geq P_{\mathrm{G,k}} \cdot \gamma_{\mathrm{G}} + P_{\mathrm{Q,k}} \cdot \gamma_{\mathrm{Q}}. \tag{18.14}$$

Eine gegebenenfalls vorhandene Kohäsion wird mit der Kohäsionskraft C im Krafteck entsprechend berücksichtigt.

Weitere Regelungen für diesen Nachweis, z. B. für Baugruben mit erhöht aktivem Erddruck, für Ankerwände mit geringen Abständen oder für mehrfach verankerte Stützkonstruktionen oder für Zugpfähle sind in der Empfehlung EB 44 der *EAB* sowie in der Empfehlung E10 der *EAU* aufgeführt. Neben der zeichnerischen Lösung sind auch analytische Berechnungen möglich.

Die Verkehrslast auf der Geländeoberfläche wird im Bereich des Gleitkörpers nur dann ungünstig angesetzt, wenn $\vartheta > \varphi$ ist.

► **Anmerkung** Da es sich bei dem Nachweis der Tiefen Gleitfuge um einen Sonderfall eines Geländebruchs handelt, müsste er eigentlich als Grenzzustand GEO-3 behandelt werden. Um allerdings den Rechenaufwand für verankerte Stützwände zu minimieren, ist, wie schon vorstehend erwähnt, nach *DIN 1054* der Grenzzustand GEO-2 zugrunde zu legen.

Fellin (2017) hat vergleichende Berechnungen durchgeführt und hält das Versagensmodell zum Nachweis der tiefen Gleitfuge für gut begründet, regt aber an, die Sicherheitsdefinition über die Ankerkraft zu überdenken. Er empfiehlt einen direkten Vergleich zwischen Widerständen und Beanspruchingen in der Gleitfuge.

18.4.2 Weitere Formen und Anwendungen von Verankerungen

Neben den bisher im Wesentlichen auf Stützkonstruktionen bezogenen Anwendungsfällen für die Verankerung gibt es noch weitere Bauwerke oder Bauwerkteile, die auf Grund typischer Zugbeanspruchung zweckmäßigerweise verankert werden. Im Folgenden sind ein paar Fälle exemplarisch dargestellt. Abb. 18.24 zeigt ein verankertes Fundament, wie es z. B. für Seilbrücken hergestellt wird. Unter der Annahme eines plausiblen Bruchkörpers mit eben begrenzten Bruchflächen kann mit Hilfe einer Kräftebetrachtung ein Standsicherheitsnachweis geführt werden, wobei G und E_a größen- und richtungsmäßig, hingegen die mögliche Zugkraft R und die Widerstandskraft Q nur richtungsmäßig bekannt sind und ihre Größen über das Kräftegleichgewicht (Krafteck in Abb. 18.24a) zu bestimmen sind.

Für den Fall in Abb. 18.24b sollte nur die Scherfestigkeit des Fels angesetzt werden, da die des Bodens aufgrund des unterschiedlichen Verformungsverhaltens kaum mobilisiert wird.

Die Sicherheit ist gegeben, wenn der Ausnutzungsgrad

$$\mu = \frac{F_{A,d}}{R_d} \leq 1{,}0 \tag{18.15}$$

erfüllt ist.

In Abb. 18.25 ist eine Verankerung für ein Becken mit einer Einwirkung aus Auftrieb dargestellt. Wie auch zuvor ist neben der Tragfähigkeit der Verankerung selbst nachzuweisen, dass das Bauwerk und der mit Ankern durchsetzte Bodenkörper nicht versagen. Mit den Angaben und Kräften in Abb. 18.25 bzw. mit dem nach *DIN EN 1997-1* und *DIN 1054* geforderten Nachweis für Zugpfahlgruppen ist für den Grenzzustand *UPL* eine ausreichende Sicherheit gegen Aufschwimmen nachzuweisen. Für den Stahl ist wiederum der Grenzzustand *STR* zugrunde zu legen, s. auch Abschn. 18.2.4.

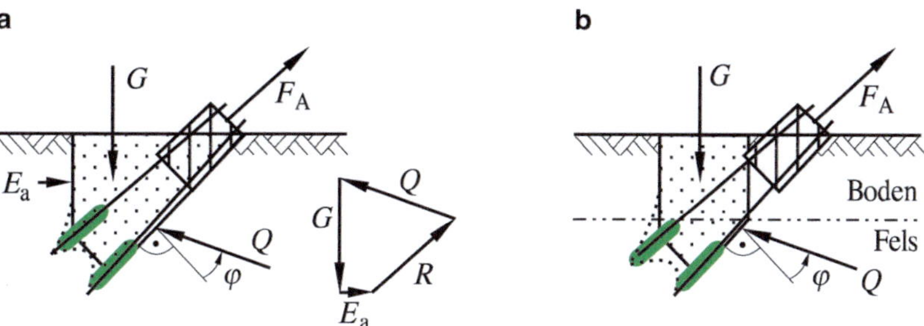

Abb. 18.24 Ermittlung der Standsicherheit bei verankerten Gründungskörpern. **a** Verankerung im Boden, **b** Verankerung im Fels

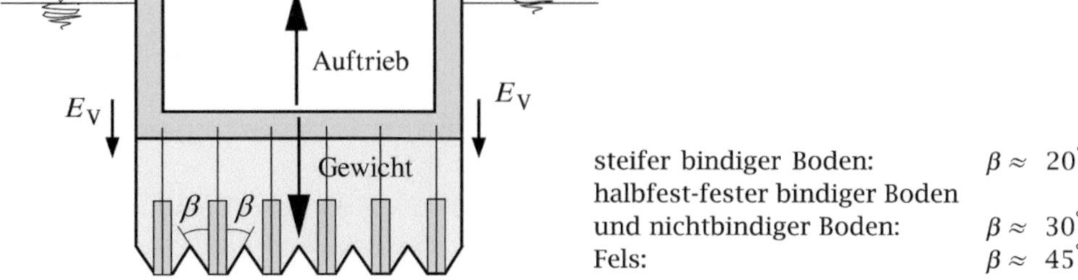

Abb. 18.25 Einwirkung aus Auftrieb

Vertikal zugbelastete Ankerelemente mit Platten wurden in ihrer Tragwirkung von Gruhle (1981) untersucht, s. Abb. 18.26. Danach kann neben dem Gewicht des Ankerelementes und dem Gewicht des Bodens über dem Ankerelement auch der Einfluss des Schubwiderstandes berücksichtigt werden. Dabei ergibt sich als charakteristischer Widerstand gegen Herausziehen aus dem Boden:

$$R_{A,k} = G_1 + N_A \cdot G_2 = G_1 + N_A \cdot A \cdot \gamma \cdot t. \tag{18.16}$$

Es sind:

G_1 ... Eigengewicht des Ankerelements
G_2 ... Eigengewicht des Bodens über dem Ankerelement
A ... Querschnitt des Ankerelements (Grundrissfläche)
d ... Durchmesser des Ankerelements
γ ... Wichte des Bodens über dem Ankerelement
t ... Überlagerungstiefe des Ankerelements bis zur Geländeoberfläche
N_A ... Tragfähigkeitsbeiwert

$$2N_A = 3{,}3 \cdot \left(\frac{t}{d}\right)^{2,3} \quad \text{für dichten Sand}$$

$$N_A = 1{,}8 \cdot \left(\frac{t}{d}\right)^{1,9} \quad \text{für lockeren Sand.}$$

Die Nachweise für die Ankerkonstruktion müssen gesondert geführt werden.

Abb. 18.26 Vertikal zugbelastete Ankerplatte

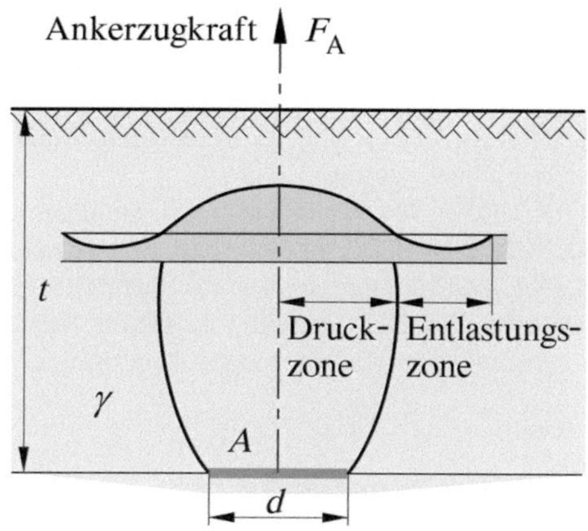

Literatur

Buchholz, W.: Erdwiderstand auf Ankerplatten. Jahrbuch der Hafenbautechnischen Gesellschaft e. V., Bd. 12. Hannover (1930)

Fellin, W.: Zum Nachweis der Sicherheit in der tiefen Gleitfuge. Geotechnik **40**(3), 162–171 (2017)

Goldscheider, M.: Zum Nachweis der Geländebruchsicherheit und der erforderlichen Ankerlänge verankerter Stützwände. Bautechnik **77**(9), 641–656 (2000)

Gruhle, H.-D.: Das Verhalten des Baugrundes unter Einwirkung vertikal gezogener Ankerplatten als räumliches Problem des Erdwiderstandes. Baugrundinstitut Stuttgart, Universität Stuttgart, Mitt. 17. (1981)

Hauptverband der Deutschen Bauindustrie e.V.: Allgemeine Geschäftsbedingungen Spezialtiefbau (1991)

Kranz, E.: Über die Verankerung von Spundwänden, 2. Aufl. Ernst & Sohn, Berlin (1953)

Ostermayer, H.: Verpreßanker, Grundbautaschenbuch, Teil 2, 6. Aufl. Ernst & Sohn, Berlin (2001)

Werner, H.-U.: Das Tragverhalten von gruppenweise angeordneten Erdankern. Bautechnik **52**, 387–390 (1975)

Wernick, E.: Tragfähigkeit zylindrischer Anker im Sand unter besonderer Berücksichtigung des Dilatanzverhaltens. Veröff. Inst. f. Bodenmech. und Felsmechanik der Universität Karlsruhe 75. (1978)

Normen

DIN EN 1997-1: Eurocode 7 – Entwurf, Berechnung und Bemesung in der Geotechnik – Teil 1: Allgemeine Regeln, in Verbindung mit dem nationalen Anhang DIN EN 1997-1/NA und DIN 1054

DIN EN 1537: Ausführung von Arbeiten im Spezialtiefbau – Verpressanker

DIN/TS 18537: Ergänzende Festlegungen zu DIN EN 1537, Ausführung von Arbeiten im Spezialtiefbau – Verpressanker

DIN EN ISO 22477-5: Geotechnische Erkundung und Untersuchung – Prüfung von geotechnischen Bauwerken und Bauwerksteilen – Teil 5: Prüfung von Verpressankern
DIN 21521: Gebirgsanker für den Bergbau und den Tunnelbau
DIN 4125: Verpressanker – Kurzzeitanker und Daueranker – Bemessung, Ausführung und Prüfung (nicht mehr gültig)
DIN 1045-2: Tragwerke aus Beton, Stahlbeton und Spannbeton – Teil 2: Beton
DIN EN 206: Beton – Festlegung, Eigenschaften, Herstellung und Konformität
DIN EN 447: Einpressmörtel für Spannglieder – Allgemeine Anforderungen
DIN EN 934-2: Zusatzmittel für Beton, Mörtel und Einpressmörtel – Teil 2: Betonzusatzmittel – Definitionen, Anforderungen, Konformität, Kennzeichnung und Beschriftung

Sonstige Regelwerke

EAB (2021): Empfehlungen des Arbeitskreises „Baugruben“, 6. Auflage, Deutsche Gesellschaft für Geotechnik (Hrsg), Ernst & Sohn
EAU (2020): Empfehlungen des Arbeitsausschusses „Ufereinfassungen, Häfen und Wasserstraßen“, 12. Auflage, Deutsche Gesellschaft für Geotechnik (Hrsg), Ernst & Sohn

19 Sonderfälle der Wechselwirkung Bauwerk – Baugrund

Zusammenfassung

Da jedes Bauwerk im Baugrund gegründet ist, ergibt sich aus den Eigenschaften des Bauwerks und des Bodens in jedem Fall eine Wechselwirkung. Eine besondere Bedeutung hat diese bei Flächengründungen in Form von längeren Fundamentbalken oder ausgedehnten Gründungsplatten. Zunächst erfolgen einige grundsätzliche Überlegungen zu Größe und Verträglichkeit von Setzungsunterschieden anhand zweier statisch unbestimmt gelagerter Balken, wobei die Steifigkeit unter Rissbildung im Beton berücksichtigt wird. Nach Diskussion möglicher Modellbildungen wird ausführlich auf das Bettungsmodulverfahren eingegangen. Differenzialgleichung, allgemeine Lösung und Lösungen für spezielle Randbedingungen des elastisch gebetteten Balkens werden abgeleitet, diskutiert und für die Anwendung aufbereitet. Es wird auch verdeutlicht, dass der Bettungsmodul im Einzelfall per Setzungsberechnung bestimmt werden muss und keine Bodenkonstante darstellt. Dem gegenüber stellt das Steifemodulverfahren ein Halbraumverfahren mit E_s als maßgeblichem Bodenkennwert dar. Es wird wiederum am einfachen Balken erklärt und dem Bettungsmodulverfahren vom Ansatz her und in den Ergebnissen gegenübergestellt. Schließlich wird auch auf Gründungskörper, deren seitliche Bettung relevant ist, etwas näher eingegangen (Gründungspfeiler).

19.1 Modelle für die Wechselwirkung

Da jedes Bauwerk (bis auf ganz wenige Ausnahmen wie z. B. Traglufthallen oder Pontonbrücken) im Baugrund gegründet ist, ergibt sich aus den Eigenschaften des Bauwerks und des Bodens in jedem Fall eine Wechselwirkung. Außer bei Gründungen interessiert eine solche Wechselbeziehung ebenfalls bei Erddruckproblemen, s. Kap. 16, bei Stützbauwerken und bei Tunnelbauwerken. Im Folgenden soll schwerpunktmäßig auf die Verhältnisse bei Flächengründungen eingegangen werden.

H.-H. Schmidt, R.F. Buchmaier, C. Vogt-Breyer, *Grundlagen der Geotechnik*,
https://doi.org/10.1007/978-3-658-39834-7_19

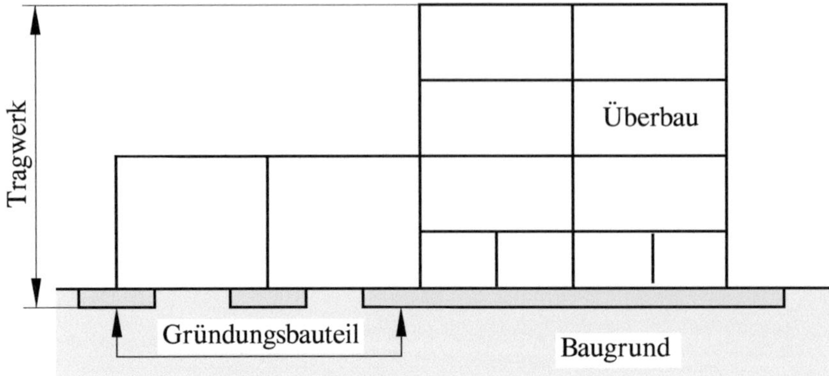

Abb. 19.1 Definition: Tragwerk, Gründungsbauteil, Überbau, Baugrund

Das Bauwerk setzt sich aus Tragwerk und nichttragenden Teilen des Überbaus (z. B. nichttragende Zwischenwände) zusammen, s. Abb. 19.1. Die aus dem Bauwerk kommenden Lasten müssen im Baugrund abgetragen werden, s. Kap. 9 und 12. Die dabei im Baugrund verursachten Setzungen, s. Kap. 10, haben wiederum Einfluss auf das Bauwerk.

Bei äußerlich statisch bestimmten Tragwerken erzeugen Setzungen keine Zwängungen und somit keine Schnittgrößen, sie sind somit für die Tragfähigkeit unbedeutend. Allerdings können Einbauteile, z. B. leichte Trennwände, verformt und in ihrer Gebrauchstauglichkeit infolge von Rissbildungen beeinträchtigt werden. Auch bei statisch unbestimmt gelagerten Bauwerken wird der Einfluss der Setzungen häufig vernachlässigt, weil einfache und gleichzeitig korrekte Rechenmodelle kaum zur Verfügung stehen. Bisher wird meist nur bei Brücken und bei Fundamentbalken und -platten die Beeinflussung der Lastverteilung und der Schnittgrößen durch Setzungen berücksichtigt. Nachfolgend wird auf Berechnungsmodelle, die das Zusammenwirken von Bauwerk und Baugrund erfassen, auf die Gebrauchstauglichkeit sowie auf die Interaktion bei Fundamentbalken und -platten und deren Einfluss auf die Bemessungsgrößen eingegangen.

In Abschn. 19.7 sind die Besonderheiten der Einspannung von Gründungskörpern in den Baugrund behandelt.

Eine vollständige Erfassung und Beschreibung der direkten Interaktion zwischen Bauwerk und Baugrund ist heute grundsätzlich möglich, da leistungsfähige Rechenprogramme, die auf ausgereiften numerischen Verfahren basieren, und entsprechende Hardware verfügbar sind. Zukünftig werden so in zunehmenden Maße auch räumliche FE-Berechnungen von ganzen Tragwerken unter Einbeziehung des Halbraumes in die Praxis Eingang finden, mit denen die Interaktionen zwischen Bauwerk und Baugrund relativ wirklichkeitsgetreu erfasst werden können. Trotzdem wird sich die Frage nach der Verhältnismäßigkeit von Aufwand und Nutzen stellen. Daher werden auch zukünftig die bisher in der Praxis üblichen Vereinfachungen mit der Trennung von Überbau und Gründung eine bedeutende Rolle spielen., s. Abb. 19.2.

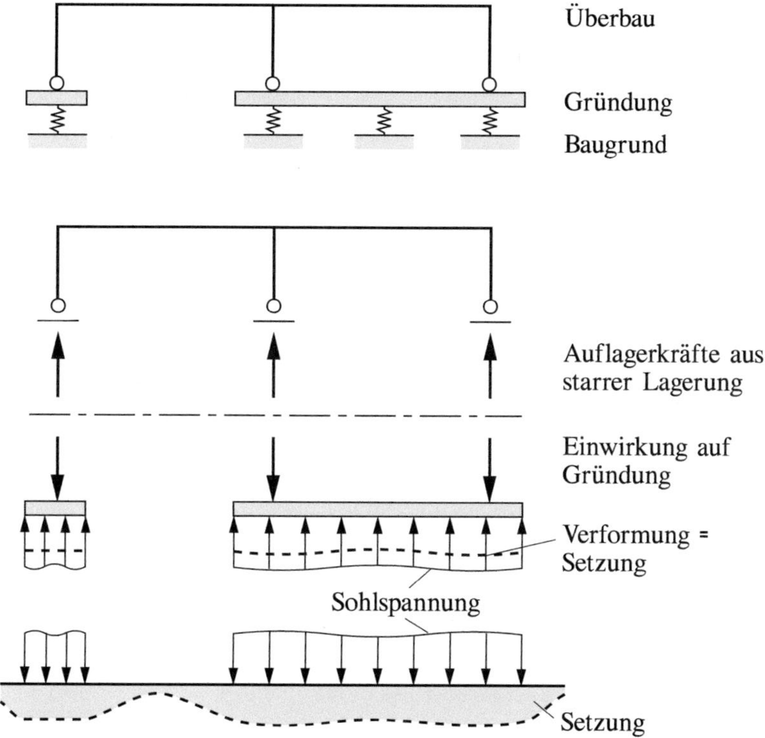

Abb. 19.2 Modellierung Tragwerk – Gründungskörper/Baugrund

Dabei wird für das Tragwerk im Allgemeinen ein linear elastisches Verhalten vorausgesetzt. Bei der Kraftübertragung in der Gründungssohle wird für den Baugrund in der Regel ebenfalls ein linear elastisches Verhalten zugrunde gelegt, wobei von Fall zu Fall untersucht werden muss, ob sich Fundamente in ihrem Setzungsverhalten gegenseitig beeinflussen oder nicht. Findet keine gegenseitige Beeinflussung der Fundamente statt, hängt die Kraft (oder Sohlspannung) von der örtlichen Setzung ab:

$$F_i = k_i \cdot s_i . \tag{19.1}$$

Berücksichtigt man gegenseitige Beeinflussung der Fundamente oder der Sohlspannungen, so erfolgt eine Koppelung über die Steifigkeitsmatrix:

$$F_i = \sum_{j=1}^{n} k_{i,j} \cdot s_j . \tag{19.2}$$

Natürlich können für den Baugrund auch nichtlineare und zeitabhängige Stoffgesetze in numerischen Berechnungen berücksichtigt werden.

Zilch (1993) und DIN-Fachbericht 130 (2003) empfehlen verschiedene Modellierungsstufen, um die Wechselwirkung zu berücksichtigen.

19.2 Hinweise zur Gebrauchstauglichkeit

In Abschn. 10.5 und 10.6 sind Angaben über zulässige Setzungen und Setzungsunterschiede aufgeführt. Sie gelten als grobe Anhaltswerte. Genaue Angaben zu statischen Systemen, zur Lastaufbringung während des Bauablaufs sowie über die Beschaffenheit des Baugrunds gehen allerdings nicht ein. Zilch (1993) zeigt für einen statisch unbestimmt gelagerten Zweifeldträger die Wirkung der Zwängungen. Der zwängungswirksame Setzungsanteil ergibt sich aus der Differenz der Setzungen dreier Punkte unter Abzug der Starrkörperverschiebung, s. Abb. 19.3.

Je nach Ausbildung des Tragwerks und der Wirkungsweise des Systems muss aus der wirksamen Zwängungssetzung Δs beim Biegeträger die Krümmung κ oder bei einem Schubträger die relative Winkelverdrehung (Verzerrungen) berechnet werden. Eine Abschätzung der maßgebenden Einflussgrößen wird für den Zweifeldträger für zwei verschiedene Auflagerbedingungen, nämlich einen gelenkig gelagerten Balken und einen an den Enden eingespannten Balken, vorgenommen. Die beiden Systeme und der Krümmungsverlauf bei einer Setzung der Mittelstütze sind in Abb. 19.4 dargestellt.

Der Zusammenhang zwischen Differenzsetzung Δs und Krümmung κ lässt sich nach dem Prinzip der virtuellen Kräfte mit einer virtuellen Einwirkung 1 am Ort der Mittelstütze bestimmen:

$$\Delta s = \int M'(x)\kappa(x)\mathrm{d}x. \tag{19.3}$$

M' ... virtuelles Moment
κ ... Balkenkrümmung

Für das gelenkig gelagerte System folgt daraus:

$$\Delta s = \frac{1}{3} \max \kappa \cdot l^2 \tag{19.4}$$

und für das eingespannte System:

$$\Delta s = \frac{1}{6} \max \kappa \cdot l^2. \tag{19.5}$$

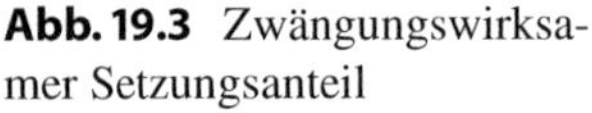

Abb. 19.3 Zwängungswirksamer Setzungsanteil

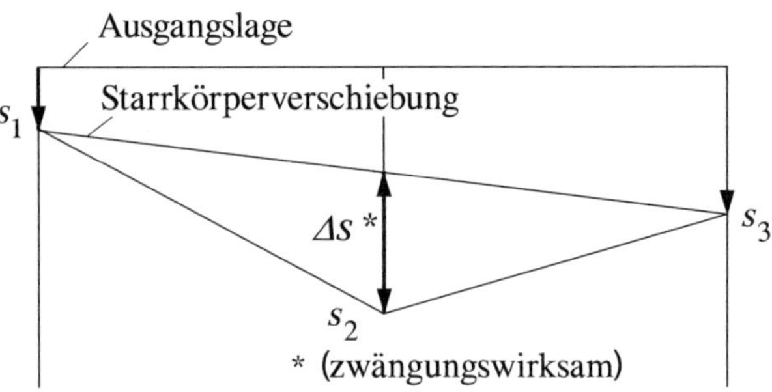

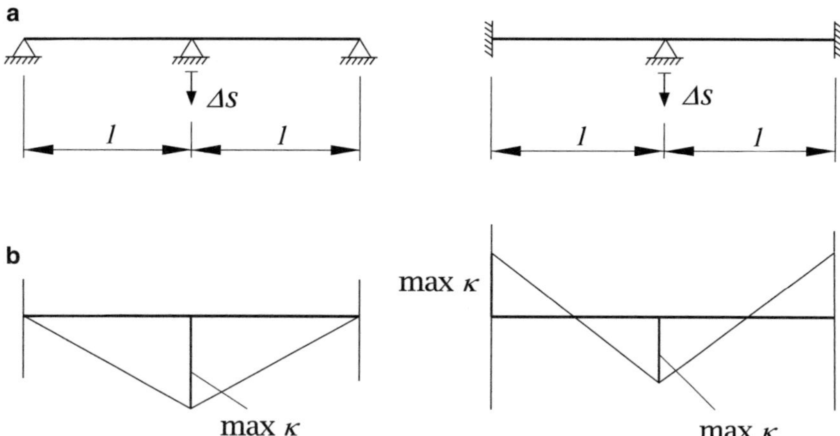

Abb. 19.4 Zweifeldträger und Definition des wirksamen Setzungsunterschieds Δs. **a** Systeme, **b** Krümmungsverlauf

Die Krümmung lässt sich durch die Randdehnungen ε_o, ε_u und die Bauteilhöhe d darstellen:

$$\kappa = \frac{\varepsilon_u - \varepsilon_o}{d}. \tag{19.6}$$

Durch Einsetzen von (19.6) in (19.4) und Umformen ergibt sich für das gelenkig gelagerte bzw. für das eingespannte System:

$$\frac{\Delta s}{l} = \frac{1}{3} \cdot \frac{l}{d}(\varepsilon_u - \varepsilon_o) \quad \text{bzw.} \quad \frac{\Delta s}{l} = \frac{1}{6} \cdot \frac{l}{d}(\varepsilon_u - \varepsilon_o). \tag{19.7}$$

Bei Unterscheidung zwischen Druck- und Zugzone im Querschnitt gilt:

$$\frac{\Delta s}{l} = \frac{1}{3} \cdot \frac{l}{d}(\varepsilon_D + \varepsilon_z) \quad \text{bzw.} \quad \frac{\Delta s}{l} = \frac{1}{6} \cdot \frac{l}{d}(\varepsilon_D + \varepsilon_z). \tag{19.8}$$

Die Betonzugfestigkeit wird, unabhängig von der Betonfestigkeitsklasse, bei einer Zugdehnung von 0,1 ‰ erreicht, s. Abb. 19.5.

Aus dem Verhalten des Stahlbetonbalkens unter Zugzwang ergibt sich ein ganz ähnliches Verhalten wie unter Biegezwang, s. Abb. 19.6.

Aus Gleichgewichtsgründen kann für zur Biegeachse symmetrische Querschnitte beim Erreichen des Rissmomentes mit gleichen Dehnungen auf der Zug- und Druckseite von 0,1 ‰ gerechnet werden. Die Auswertung von Gl. (19.7) für den gelenkig gelagerten Träger ergibt dabei die Spalte a) von Tab. 19.1. Da Rissbildungen systemimmanente Erscheinungen im Stahlbeton sind und bei der Begrenzung der Rissbreiten auch unschädlich hinsichtlich der Korrosion sind, kann die o. g. „Ventilwirkung" des Stahlbetons ohne Nachteile ausgenutzt werden. Dies insbesondere deswegen, weil sich die Rissbreite im

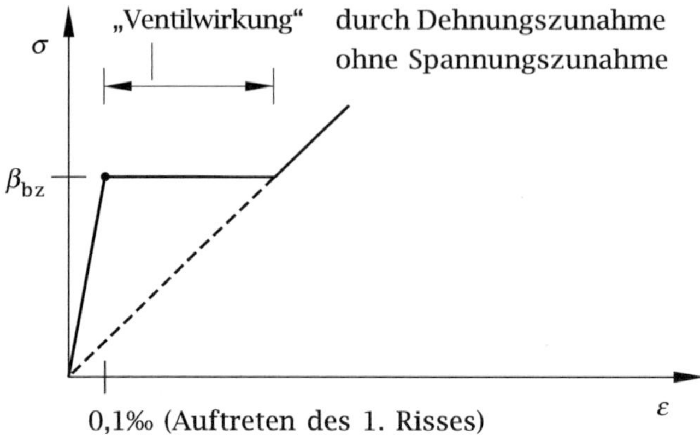

Abb. 19.5 Vereinfachte Arbeitslinie σ- ε eines Stahlbetonträgers unter Zugzwang

„Ventilbereich“ kaum ändert, sondern lediglich die Anzahl der Risse zunimmt. Setzt man vorsichtig den „Ventilbereich“ des Stahlbetons auf der Zugseite mit 0,4 ‰ an, so ergeben sich zulässige Setzungsunterschiede benachbarter Fundamente entsprechend Spalte b) der Tab. 19.1. Die in den Tragwerken auftretenden Zwangsschnittgrößen führen dabei zu günstigen Lastumlagerungen. Diese Lastumlagerungen werden im Allgemeinen nicht berücksichtigt (Modellierungsstufe 1).

Bei der Ermittlung der zulässigen Zwangsverformungen innerhalb des „Ventilbereichs“ der Konstruktion sind die tatsächlichen Steifigkeitsverhältnisse des Gesamtsystems zu erfassen.

Interessant ist die Übereinstimmung der beiden ersten Setzungsunterschiede hinsichtlich zulässiger Risse mit den entsprechenden Angaben in Abb. 10.12.

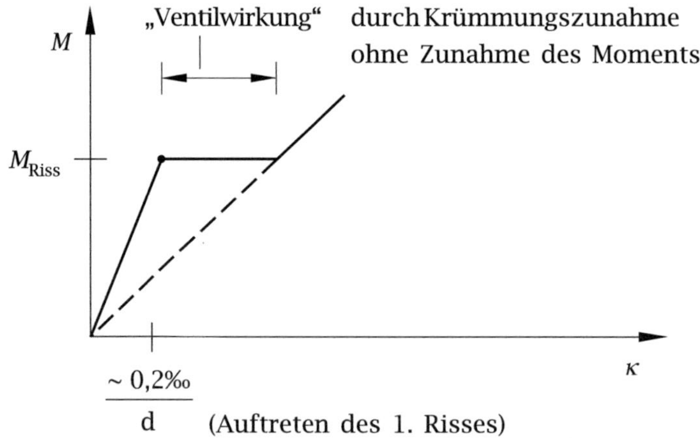

Abb. 19.6 Vereinfachte Arbeitslinie M-κ eines Stahlbetonträgers unter Biegezwang

Tab. 19.1 Grenzwerte für bezogene Setzungsunterschiede $\Delta s / l$ bei gelenkig gelagertem Zweifeldsystem

	$\varepsilon_u - \varepsilon_o = 0{,}2\,‰$ [a]	$\varepsilon_u - \varepsilon_o = 0{,}5\,‰$ [b]
$\frac{l}{d} = 20$	$\frac{1}{750}$	$\frac{1}{300}$
$\frac{l}{d} = 10$	$\frac{1}{1500}$	$\frac{1}{600}$
$\frac{l}{d} = 2$	$\frac{1}{7500}$	$\frac{1}{3000}$

[a] rissefreier Beton, [b] zulässige Risse im Beton.

19.3 Berechnung der Wechselwirkung bei Flächengründungen

Eine Wechselwirkung zwischen Baugrund und Bauwerk (Interaktion) ergibt sich, wenn in der Kontaktzone (z. B. Fundamentsohle) die Übertragung der Lasten durch kinematische Übergangsbedingungen beeinflusst wird. Dabei geht es vorwiegend um die Abtragung der Bauwerkslasten über Normalspannungen in der Kontaktfläche zum Baugrund. Die Schubspannungen sind in der Regel vernachlässigbar klein.

Wechselwirkungen aus horizontaler Verformungsbehinderung von Gründungskörpern bei Verkürzung der Gründung infolge Abkühlung, Schwinden oder Vorspannen sowie aus Verlängerung infolge Erwärmung sind Spezialgebiete, auf die hier nicht eingegangen wird. In solchen Fällen tritt überwiegend eine Beeinflussung durch Schubspannungen auf, die vor allem Normalkräfte hervorrufen. Lösungsansätze für derartige Probleme finden sich bei Kolb (1988).

Die Interaktion beeinflusst streng genommen jede Sohldruckverteilung unter einem Fundament und damit die Biegemomente und Querkräfte im Gründungskörper und im Bauwerk. Die Berücksichtigung dieses Einflusses ist aber in der Baupraxis nur für die Bemessung von Platten- und Balkengründungen notwendig.

Die Verteilung der Normalspannung unter Gründungen oder neben horizontal beanspruchten Bauteilen hängt in erster Linie von

a) der Biegesteifigkeit des Bauwerks oder des Bauteils (EI),
b) der Art und Stellung der Belastung (Einzel- oder Flächenlast),
c) der Verformbarkeit des Baugrundes ab.

Siehe zur Spannungsverteilung auch Abschn. 9.5!

In Abb. 19.7 werden für einen Balken mit verschiedenen Belastungsarten und bei der Annahme, dass es sich einmal um ein starres, im anderen Fall (gestrichelt dargestellt) um ein schlaffes System handelt, die Sohlnormalspannungen und der Biegemomentenverlauf näherungsweise dargestellt. Das Bild zeigt, dass es für die Bemessung des Balkens wichtig wäre, die Steifigkeit des Systems wirklichkeitsgetreu einzuschätzen.

Die Verteilung der Normalspannungen ist dann richtig, wenn die Lasten, die Spannungen, und die Verformungen des Bauwerks sowie die Setzungen miteinander verträglich sind. Im Folgenden werden nur Gründungen behandelt.

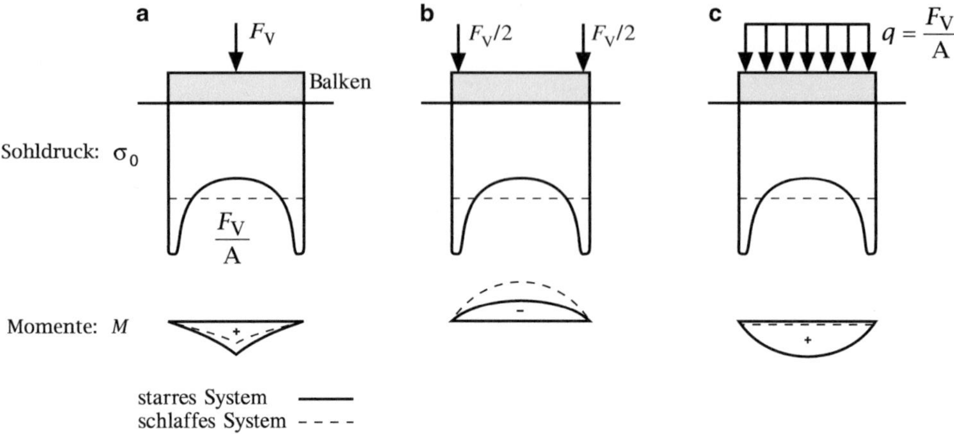

Abb. 19.7 Sohlspannungen und Biegemomentenverlauf bei verschiedener Balkensteifigkeit und Lastanordnung (Einwirkung). Die für Idealfall „schlaff" dargestellten Sohldruckverteilungen gelten streng genommen nur für $q = F_V/A = \text{const}$

Die Biegesteifigkeit des Bauwerks und die Verformbarkeit des Untergrundes werden durch die Systemsteifigkeit erfasst. Allgemein gilt nach Sherif und König (1975):

$$K = \frac{E \cdot I}{E_s \cdot l^3 \cdot b}. \tag{19.9}$$

Für Rechteckplatten bzw. -balken ergibt sich:

$$K = \frac{E}{12 \cdot E_s} \cdot \left(\frac{d}{l}\right)^3 \tag{19.10}$$

und für Kreisplatten gilt näherungsweise:

$$K = \frac{E}{12 \cdot E_s} \cdot \left(\frac{d}{D}\right)^3. \tag{19.11}$$

Darin sind:

$E \cdot I$ … Biegesteifigkeit des Gründungskörpers (Bauwerks)
E … E-Modul des Baustoffs, im Allgemeinen Beton
l … Länge des Bauwerks in der untersuchten Biegeachse (m)
b … desgleichen, senkrecht dazu
d … Dicke des Balkens bzw. der Fundamentplatte
D … Durchmesser der Kreisplatte
E_s … Steifemodul des Baugrunds

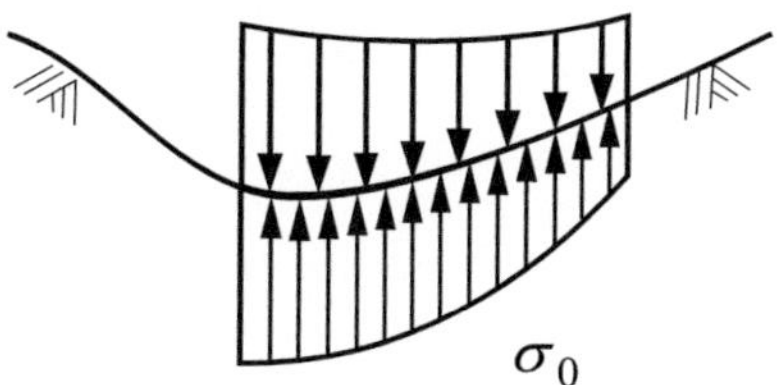

Abb. 19.8 Schlaffes Lastbündel

Es werden folgende Grenzwerte der Steifigkeit definiert:

- $K = 0$ für schlaffe Platten und Balken bzw. für starren Baugrund (Fels). Abb. 19.8 zeigt die schlaffe Last, bei dem sich der nachgiebige Baukörper der Setzungsmulde angepasst, ohne dass eine Biegebeanspruchung auftritt. Ideal schlaffe Lasten sind Bodenschüttungen oder frisch geschütteter Beton.
- $K = \infty$ für starre Platten und Balken oder unendlich kompressiblen Boden (unendlich kleiner Steifemodul).

  Bei einem starren Baukörper kann sich keine Setzungsmulde ausbilden, die Setzungen sind bei mittiger Belastung überall gleich groß. Es kommt zu Zwängungen, so dass die Spannungen zum Rand hin zunehmen müssen.

  Eine theoretische Spannungsverteilung wurde von Boussinesq abgeleitet, s. Abschn. 9.6. Da am Rande nur Spannungen in Größe der Grenzspannungen (lokal betrachtet: Grundbruch) auftreten können, muss die *Boussinesqsche* Verteilung korrigiert (umgelagert) werden, s. Abb. 19.9.
- Für $0 < K < \infty$ gilt die Gründung bzw. das Bauwerk als biegesteif.

  Nach *DIN 4018* „Berechnung der Sohldruckverteilung unter Flächengründung" mit Beiblatt 1 kann für die praktische Anwendung der Bereich, innerhalb dessen eine Berechnung für die biegesteife Gründung (Bauwerk) sinnvoll ist, in erster Näherung

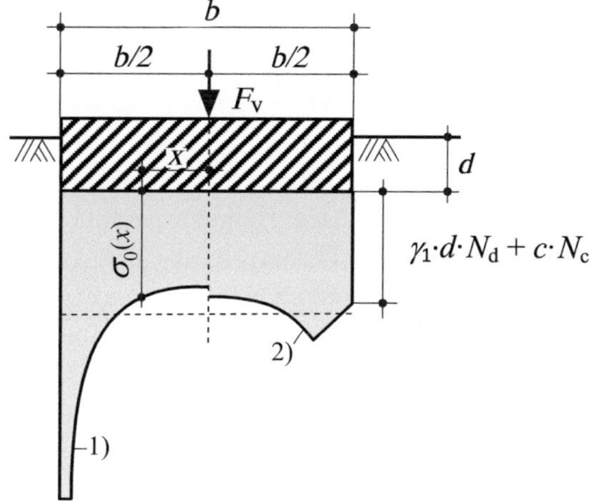

Abb. 19.9 Verteilung der Sohlspannung unter einem unendlich langen, starren Streifenfundament *1)* nach Boussinesq, *2)* bei Berücksichtigung der Grenztragfähigkeit am Rand

folgendermaßen angegeben werden:

$$0{,}001 < K \leq 0{,}1: \quad \text{biegesteife Gründung.}$$

Dort sowie im DIN-Fachbericht 130 (2003) finden sich weitergehende, verfeinernde Einstufungen.

Mögliche Annahme der Sohlspannung Allgemein kommen für die Sohlnormalspannung unter Gründungskörpern je nach Zielrichtung folgende Annahmen in Betracht:

a) Grundbruch bzw. aufnehmbarer Sohldruck: gleichmäßig verteilt s. Kap. 12, wobei bei exzentrischer Einwirkung zur Erfüllung des Momentengleichgewichts die rechnerische Sohlfläche reduziert werden muss. Dies hat allerdings für die Ermittlung der Schnittgrößen keine Bedeutung.
b) Setzungsnachweis: geradlinig. Die Sohlspannungsverteilungen ergeben sich allein aus den Gleichgewichtsbedingungen („Spannungstrapez").
c) Bauteilbemessung: Nach *DIN EN 1997-1 (EC 7)* darf bei starren Fundamenten eine lineare Sohldruckverteilung angesetzt werden, wovon auf Grund genauerer Untersuchungen auch abgewichen werden kann. Bei biegeweichen Gründungen wird auf die Wechselwirkung abgehoben, wobei für den Baugrund Feder- oder Kontinuumsmodelle in Frage kommen. In *DIN 1054* wird in diesem Zusammenhang auf den oben erwähnten DIN-Fachbericht 130 verwiesen, wo verschiedene Näherungsstufen bzw. Berechnungsmodelle definiert und erläutert werden.

Für die Bemessung von biegesteifen Gründungsplatten und -balken (-streifen) können in diesem Sinne in einfachen Fällen vorgegebene, plausible (die Gleichgewichtsbedingungen erfüllende) Sohlspannungsverteilungen gemäß Abb. 19.10a bis c nützlich sein. Die Verteilungen nach Abb. 19.10d beinhalten dagegen Berechnungen, s. Abschn. 19.4 und 19.5, die neben dem Gleichgewicht das Last-Verformungsverhalten der Gründung und des Baugrunds erfassen und koppeln (statisch unbestimmtes System). Die Berechnungen ergeben die wirklichkeitsnäheren Sohlspannungen.

Als Rechenmodelle bieten sich dafür im Einzelnen an:

- Bettungsmodulverfahren (elastisch gebetteter Balken)
- Steifemodulverfahren (Halbraumverfahren)
- Kombination von Bettungsmodul- und Steifemodulverfahren
- Halbraumverfahren mit nichtlinearen Stoffgesetzen (numerische Verfahren).

In Hinblick auf den mathematischen Aufwand wie auch hinsichtlich der Verwendung von Stabwerksprogrammen ist das Bettungsmodulverfahren das einfachste Verfahren. Die Berücksichtigung des Baugrundverhaltens mit Federn bedeutet, dass die Koppelung der Lasteinwirkung an einem Punkt i mit der Setzung an einem Punkt j allein über das Bauwerk erfolgt. Realistische Setzungsberechnungen können mit diesem Modell nicht

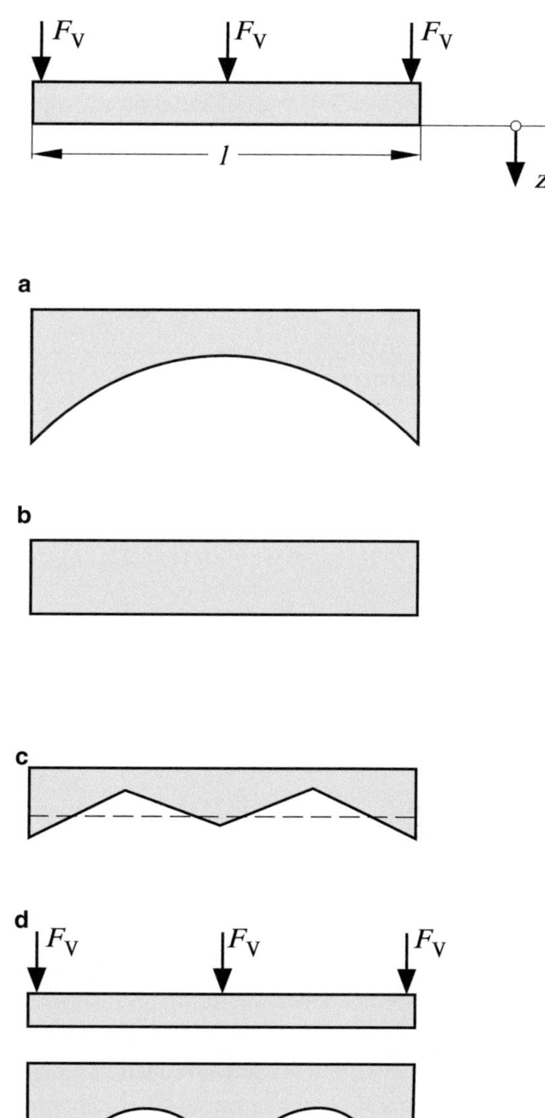

Abb. 19.10 Sohlspannungsverteilung unter biegesteifen Gründungen. **a** In Anlehnung an *Boussinesq*, bei sehr biegesteifen Bauwerken und $z_s < l$, **b** bei sehr großen Platten $l \gg z_s$ sowie bei leichten Bauwerken mit hinreichend gleichmäßiger Lastverteilung, **c** Berücksichtigung von Lastkonzentration bei Näherungsverfahren, **d** wirklichkeitsnah nach Berechnungen. Anmerkung: $z_s \ldots$ Dicke der kompressiblen Schicht, $l \ldots$ Länge der betrachteten Biegeachse

durchgeführt werden. Daher müssen vorab mit Berechnungen auf der Basis der Halbraumtheorie die Setzungen, s. Kap. 10, ermittelt und daraus der Bettungsmodul k_s bestimmt werden. Der Bettungsmodul kann in manchen Fällen auch direkt mit einem Plattendruckversuch, s. Abschn. 4.3, ermittelt werden, wobei dessen begrenzte Tiefenwirkung zu beachten ist.

Wirklichkeitsgetreuer, jedoch hinsichtlich der mathematischen Berechnung schwieriger, ist das Steifemodulverfahren.

Durch Messungen wurde allerdings festgestellt, dass die Setzungsmulde, die sich auf der Basis des Steifemodulverfahrens ergibt, zu ausgedehnt ist. Nach Schad (1994) lässt sich eine passende Setzungsmulde erzielen, wenn das Steifemodulverfahren und das Bettungsmodulverfahren überlagert werden (*Repnikow*-Verfahren) oder mit einer zur Tiefe hin zunehmenden Baugrundsteifigkeit gerechnet wird.

Mit der Entwicklung der FE-Methode und nichtlinearer Stoffgesetze ergibt sich die Möglichkeit, das nichtlineare Verhalten des Bodens (und des Bauwerks) sowie die wirklichen Randbedingungen der Gründung und des Bauwerks zu erfassen.

19.4 Bettungsmodulverfahren

Wenn man den Boden mit einer Lastplatte belastet, zeigt sich bei ausreichender Sicherheit gegen Grundbruch näherungsweise eine Proportionalität zwischen der Last F_V und der Setzung s der Platte:

$$\frac{F_V}{s} = \text{const.} \tag{19.12}$$

Das Bettungsmodul-Verfahren geht über diese Erfahrungstatsache hinaus und unterstellt, dass auch (A = Gründungsfläche)

$$\frac{F_V}{A \cdot s} = \frac{\sigma_0}{s} = k_s = \text{const} \quad \left[\text{kN/m}^3\right] \tag{19.13}$$

sei. Die Konstante k_s heißt Bettungsmodul.

Die Hypothese, dass k_s eine Bodenkonstante sei, wurde von Winkler (1867) aufgestellt, um Eisenbahnschienen zu berechnen. Wie ein Vergleich mit Setzungsberechnungen zeigt, ist die *Winklersche* Hypothese noch nicht einmal für eine Platte auf einem ideal elastischen, isotropen Halbraum richtig, sondern s wächst proportional (Dimensionsanalyse!) zu $\sqrt{A}$. Nur beim ebenen Verformungszustand trifft sie zu.

Der Bettungsmodul kann also keine Bodenkonstante sein, weil er nicht nur vom Materialverhalten des Bodens, sondern auch von den Randbedingungen des jeweiligen Gründungsproblems abhängt. Er muss daher näherungsweise durch eine Setzungsberechnung für die belastete Fläche in jedem Einzelfall nach den in Kap. 10 dargestellten Verfahren ermittelt werden. Aus Gl. (19.13) wird dann k_s berechnet.

► **Anmerkung** Bei der Setzungsberechnung wird gewöhnlich die Aushubentlastung (Einbindetiefe d, siehe Abschn. 10.2) in Rechnung gestellt. Der rechnerische k_s-Wert ergibt sich dann aber aus dem so errechneten Wert s und der Gesamtspannung ohne Aushub-Abzug. Bei tiefen Baugruben müssen die Setzungen und damit die Bettungsmoduln mit Berücksichtigung der Entlastung infolge Baugrubenaushub und der Wiederbelastung durch das Bauwerk ermittelt werden.

Das Bettungsmodul-Verfahren versagt bei konstantem Sohldruck (Lastfall „Eigengewicht"), weil dann auch $s = \text{const}$ folgt und die Platte bzw. der Balken keinerlei Biegebeanspruchung erhält. Der Anwendungsbereich des Bettungsmodulverfahrens ist deswegen vorwiegend für Fälle geeignet, bei denen relativ weiche Platten oder Balken durch konzentrierte Lasten beansprucht werden.

Das Verfahren wird im Folgenden nur für den Balken vorgeführt. Er habe die Breite b quer zur betrachteten Ebene. Nach der Theorie der Balkenbiegung gilt zwischen Biegemoment und Krümmung die Beziehung

$$M(x) = -EI \cdot \left(\frac{\mathrm{d}^2 v_z}{\mathrm{d}x^2}\right) \tag{19.14}$$

(x – Koordinate in Balkenrichtung; v_z – Durchbiegung nach unten) sowie zwischen dem Biegemoment und einer Linienlast $q(x)$ (Gleichgewicht)

$$\frac{\mathrm{d}M^2(x)}{\mathrm{d}x^2} = -q(x). \tag{19.15}$$

Während in der klassischen Baustatik $q(x)$ in der Regel bekannt ist, ist im vorliegenden Zusammenhang darin die noch unbekannte Sohlreaktion enthalten. Wenn darüber hinaus keine äußeren Linienlasten berücksichtigt werden sollen, ergibt sich aus Gl. (19.14) und (19.15) mit $q(x) = -b \cdot \sigma_0(x)$:

$$b \cdot \sigma_0 = -EI \frac{\mathrm{d}^4 \cdot v_z}{\mathrm{d}x^4} = 0. \tag{19.16}$$

Die Setzung des Fundamentbalkens besteht aus der mittleren Setzung im Sinne einer Starrkörperverschiebung (die keine Biegung verursacht) und einem ortsveränderlichen Anteil. Sie muss aus Gründen der Kontinuität gleich $v_z = s$ sein. Mit Gl. (19.13) folgt

$$b \cdot k_s \cdot v_z + EI \frac{\mathrm{d}^4 \cdot v_z}{\mathrm{d}x^4} = 0. \tag{19.17}$$

Mit Erweiterung der Gl. (19.17) mit

$$\frac{4}{b \cdot k_s}$$

und mit der Abkürzung:

$$\frac{4EI}{b \cdot k_s} = L^4 \tag{19.18}$$

ergibt sich:

$$4v_z + L^4 \frac{\mathrm{d}^4 v_z}{\mathrm{d}x^4} = 0 \tag{19.19}$$

bzw., nach zweimaliger Differenziation und mit Gl. (19.14),

$$4M + L^4 \frac{\mathrm{d}^4 M}{\mathrm{d}x^4} = 0. \tag{19.20}$$

► **Anmerkung** L heißt elastische Länge. Sie wird benutzt, um x zu normieren und mit der dimensionslosen Koordinate ξ zu rechnen.

Mit $\xi = x/L$ lautet die Lösung der Differenzialgleichung (19.20):

$$M(\xi) = (A_1 \cos\xi + A_2 \sin\xi) \cdot e^{-\xi} + (A_3 \cos\xi + A_4 \sin\xi) \cdot e^{+\xi}. \tag{19.21}$$

Durch Differenziation erhält man die Gleichungen für die übrigen 3 statischen Größen: Querkraft Q, Sohldruck σ_0 (und damit die Biegelinie v_z) und den Drehwinkel $\mathrm{d}v_z/\mathrm{d}x$.

► **Anmerkung** Entgegen dem inzwischen gebräuchlichen Symbol V für die Querkraft, wird hier nach wie vor das Symbol Q verwendet.

$$\begin{aligned} Q(\xi) &= \frac{\mathrm{d}M}{\mathrm{d}x} = \frac{1}{L} \cdot \frac{\mathrm{d}M}{\mathrm{d}\xi} \\ &= \frac{1}{L} \cdot \{[(A_2 - A_1)\cos\xi - (A_2 + A_1) \cdot \sin\xi] \cdot e^{-\xi} \\ &\quad + [(A_3 + A_4)\cos\xi - (A_4 - A_3) \cdot \sin\xi] \cdot e^{-\xi}\} \end{aligned} \tag{19.22}$$

$$\begin{aligned} \frac{bL^2}{2} \cdot \sigma_0(\xi) = \frac{2EI}{L^2} v_z &= (-A_2 \cos\xi + A_1 \sin\xi) \cdot e^{-\xi} \\ &\quad + (A_4 \cos\xi - A_3 \sin\xi) \cdot e^{+\xi} \end{aligned} \tag{19.23}$$

$$\begin{aligned} \frac{2EI}{L} \cdot \frac{\mathrm{d}v_z}{\mathrm{d}x}(\xi) &= [(A_1 + A_2)\cos\xi - (A_1 - A_2)\sin\xi] \cdot e^{-\xi} \\ &\quad + [(A_4 - A_3)\cos\xi - (A_4 + A_3)\sin\xi] \cdot e^{+\xi}. \end{aligned} \tag{19.24}$$

19.4.1 Grundfälle

Es genügt, einige Grundfälle zu betrachten, da für die praktische Berechnung zahlreiche Tabellenwerke veröffentlicht sind, bzw. diese Funktionen unter Berücksichtigung der jeweiligen Randbedingungen leicht zu programmieren sind.

Abb. 19.11 zeigt einen Balken von der Länge l mit einer Einzellast $F_\mathrm{V} = 1$ an der Stelle

$$x_\mathrm{F} < l\left(\xi_\mathrm{F} = \frac{x_\mathrm{F}}{L}\right).$$

Wegen der Last-Unstetigkeit sind die Gln. (19.21) bis (19.24) für beide Balkenabschnitte getrennt zu schreiben, wobei dann $2 \cdot 4 = 8$ Integrationskonstanten A_ik $(i = 1\ldots4, k = 1{,}2)$ zu bestimmen sind.

Da M und Q an beiden Balkenenden 0 sein müssen, hat man 4 Bestimmungsgleichungen. 4 weitere Gleichungen ergeben sich aus der Notwendigkeit, dass in x_F die Querkraft um $-F_\mathrm{V}$ springt und die übrigen 3 statischen Funktionen links und rechts denselben Wert

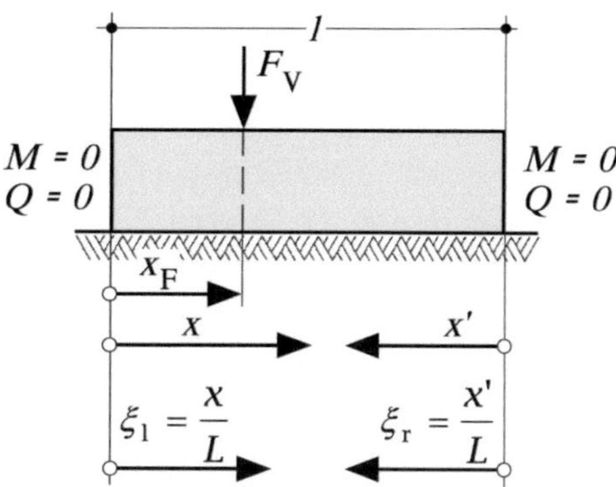

Abb. 19.11 Balken mit Einzellast

haben müssen (Übergangsbedingungen). Allgemein muss bei jeder unstetigen Änderung des Balkenprofils, der Belastung oder des Bettungsmoduls jeweils ein neuer Integrationsbereich mit 4 Konstanten und Übergangsbedingungen angeschlossen werden.

► **Anmerkung** Bei Programmrechnungen fasst man die 4 statischen Größen zweckmäßig zusammen und arbeitet mit Übertragungsmatrizen, s. z. B. die Berechnung von Petersen (1967) für den kreisförmigen Träger.

Abb. 19.12 stellt vier Grundfälle dar, aus denen sich alle übrigen Lastfälle entwickeln lassen, vgl. Pasternak (1925). Insbesondere kann man aus dem Fall (a) die Berechnung einer elastisch gelagerten Gelenkkette ableiten.

Wie man sieht, können sich negative Sohldrücke, also Zugspannungen, ergeben, die physikalisch unmöglich sind. Es ist dann zu prüfen, ob die Superposition des Eigengewichts der Gründung nicht doch zu einem Druckspannungszustand führt; andernfalls müssen die Zugspannungen umgelagert werden, indem man z. B. einen Teil des Balkens als „nicht-mittragend" in der Berechnung iterativ berücksichtigt.

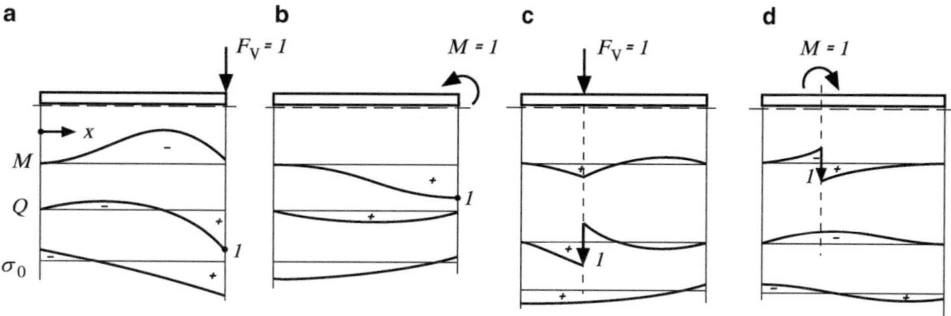

Abb. 19.12 Grundfälle der Belastung bei elastischer Bettung

19.4.2 Unendlich langer Balken

Wenn die Balkenlänge l größer als $3L$ ist, kann man den Balken als unendlich lang ansehen und die Integrationskonstanten $A_{3,4} = 0$ setzen.

Für den in Abb. 19.13 gezeichneten Lastfall, bei dem eine Last F_V auf der gedachten Schnittstelle eines Balkens steht, ist $\left[\frac{dv_z}{dx}\right]_{x=0} = 0$ und deswegen nach Gl. (19.24): $A_2 = -A_1$. Ferner ist nach Gl. (19.22):

$$L \cdot Q(0) = \frac{F_V \cdot L}{2} = -2A_1. \tag{19.25}$$

Die Gleichungen für die Schnitt- und Verformungsgrößen lauten somit hier:

$$M(\xi) = \frac{F_V L}{4} \cdot e^{-\xi} \cdot (\cos\xi - \sin\xi) \tag{19.26}$$

$$Q(\xi) = -\frac{F_V}{2} \cdot e^{-\xi} \cdot \cos\xi \tag{19.27}$$

$$v_z(\xi) = \frac{F_V}{2Lbk_s} \cdot e^{-\xi} \cdot (\cos\xi + \sin\xi) \tag{19.28}$$

$$\frac{dv_z}{dx}(\xi) = -\frac{F_V}{bk_s L^2} \cdot e^{-\xi} \cdot \sin\xi. \tag{19.29}$$

Aus Gl. (19.28) für v_z ergibt sich mit Gl. (19.13):

$$\sigma_0 = k_s v_z = \frac{F_V}{2Lb} \cdot f(\xi). \tag{19.30}$$

Für die Ermittlung von v_z bzw. σ_0 ist die Wertetabelle Tab. 19.2 für $f(\xi)$ nützlich.

$$f(\xi) = e^{-\xi}(\cos\xi + \sin\xi). \tag{19.31}$$

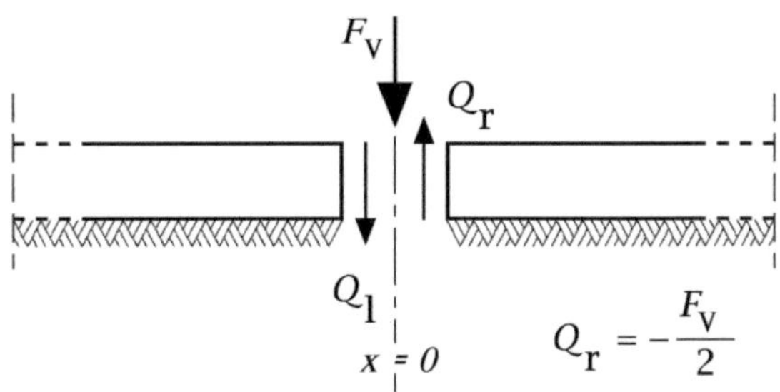

Abb. 19.13 Last bei unendlich langem Balken

Tab. 19.2 Zahlenwerte für $f(\xi)$

ξ	0,25	0,50	0,75	1,0	1,5	2,0	2,36	π
$f(\xi)$	0,95	0,82	0,67	0,51	0,24	0,07	0	−0,04

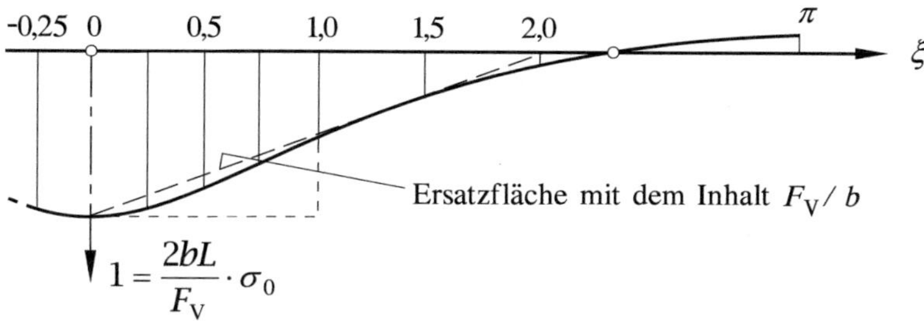

Abb. 19.14 Normierte Sohldruckverteilung bei unendlich langem Balken mit Einzellast in der Mitte

Abb. 19.14 stellt nach Gl. (19.30) die normierte Sohldruckverteilung dar. Sie soll benutzt werden, um die Möglichkeiten zur Berechnung eines zutreffenden k_s-Wertes zu untersuchen. Dabei ist die Vorausberechnung um so zutreffender, je besser die der Setzungsberechnung zugrunde gelegte Sohlspannungsfigur mit der später errechneten bereits übereinstimmt. Im vorliegenden Fall wäre das die in Abb. 19.14 eingetragene dreieckige Ersatzfläche.

Es sei z. B. $b = 0{,}4L$. Dann erhält man aus Abb. 10.5 im kennzeichnenden Querschnitt mit $\zeta = 3$ die Setzung $s = 2 \cdot \sigma_0 \cdot \frac{2L}{E_s} \cdot 0{,}15$ und somit $k_s = 0{,}67 \cdot \left(\frac{E_s}{b}\right)$.

Würde man stattdessen eine rechteckige Sohldruckverteilung gleichen Inhalts zugrunde legen, dann erhielte man wegen der stärkeren Lastkonzentration einen größeren Setzungsbeiwert und somit einen kleineren Bettungsmodul.

Die rechteckige Sohldruckfläche stellt also den Baugrund weicher dar, als er wirklich ist. Der Fehler beeinflusst L allerdings wenig und ist um so kleiner, je dünner die kompressible Schicht unter dem Balken bzw. je steifer der Baugrund ist.

19.4.3 Halbunendlich langer Balken

Der unter Abschn. 19.4.2 ermittelte Bettungsmodul für den unendlich langen Balken trifft bestimmt nicht gut zu, wenn z. B. eine Last am Balkenrand wie im Grundfall „a" in Abb. 19.12. steht. Es soll allerdings wieder ein sehr langer Balken betrachtet werden – entsprechend Abb. 19.13 nur die rechte Seite („halbunendlich lang").

Wie in Abschn. 19.4.2 gilt $A_3 = A_4 = 0$, und da am Balkenanfang $M(0) = 0$ ist, muss auch $A_1 = 0$ sein. Des Weiteren ist dort die Querkraft bekannt: $Q(0) = -F_V$, so dass aus Gl. (19.22) folgt:

$$A_2 = -F_V \cdot L$$

und weiter aus Gl. (19.23)

$$\sigma_0(\xi) = k_s v_z = \frac{2F_V}{L \cdot b} \cdot \cos\xi \cdot e^{-\xi}. \tag{19.32}$$

Die passende Ersatz-Sohldruckfläche für eine Setzungsberechnung ist das in Abb. 19.15 gestrichelt eingetragene Dreieck mit der Nullstelle bei $\xi = 1$.

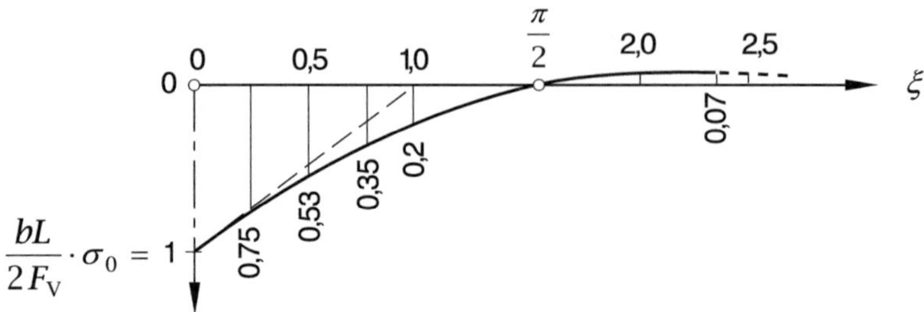

Abb. 19.15 Sohldruckverteilung für eine Querkraft F_V am Rand ($\xi = 0$)

Als Beispiel sei wieder wie in Abschn. 19.4.2: $b = 0{,}4 \cdot L$. Dann erhält man aus dem Diagramm in Abb. 10.5 im kennzeichnenden Punkt mit $\zeta = 3$ die Setzung

$$s = \frac{\sigma_0 \cdot L}{E_S} \cdot 0{,}27 \quad \text{und} \quad k_s = 1{,}48\left(\frac{E_S}{b}\right).$$

Beim halbunendlichen Balken ist also k_s – bei sonst gleichen Parametern – größer als beim unendlich langen Balken, vgl. Abschn. 19.4.2. Man würde zu ungünstig rechnen, wenn man den für den unendlich langen Balken ermittelten Bettungsmodul auch für diesen Fall verwenden würde. Der Balken kann als halbunendlich angesehen werden, wenn dessen Länge $l > 2L$ ist.

Abb. 19.16 Iterative Ermittlung der Bettungsmoduln

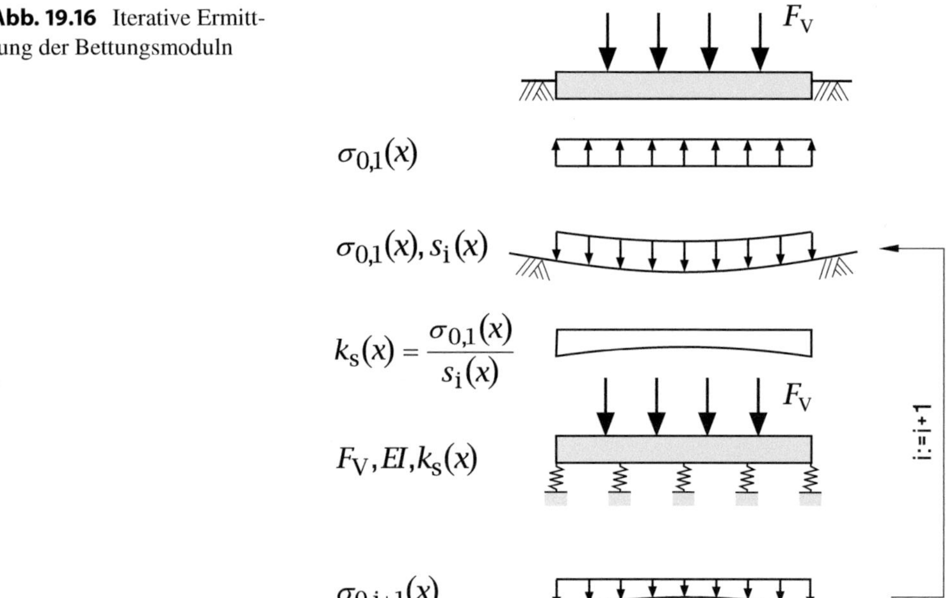

Für die Auswertung dieser Gleichungen bzw. allgemeinerer Formulierungen im Rahmen von Stabwerksmodellen werden heute fast ausschließlich Rechenprogramme eingesetzt. Da der Bettungsmodul keine Konstante ist, lohnt es sich ggf., wie in Abb. 19.16 dargestellt, iterativ vorzugehen. Nach einer ersten Setzungsberechnung für konstante Sohlspannung werden die Setzungen und damit die Bettungsmoduln über die Balken- bzw. Plattenlänge errechnet. Dann wird solange iteriert, bis Setzungen und Sohlspannungen mit dem Vorhergehenden übereinstimmen.

In ähnlicher Weise ist es sinnvoll, nichtlineare Effekte, wie z. B. das Ausschalten von Zugspannungen oder die Begrenzung von Druckspannungen entsprechend dem Grundbruchwiderstand, iterativ zu erfassen.

19.5 Steifemodulverfahren (Halbraumverfahren)

Grundlage der Berechnungsmethode ist die Annahme, dass eine begrenzte Sohlspannung eine Setzungsmulde – im Gegensatz zu den punktuellen Verschiebungen beim Bettungsmodulverfahren – verursacht und diese dann mit der Durchbiegung der Gründung übereinstimmt. Die gesamte Sohlspannungsverteilung ist so lange zu variieren, bis diese Übereinstimmung erzielt ist. Die Setzungen werden aufgrund der Lösung von *Boussinesq*, s. Abschn. 9.3, für den elastisch isotropen Halbraum ermittelt.

Im Gegensatz zum Bettungsmodulverfahren ist hier keine mathematisch geschlossene Lösung möglich, da komplizierte Integralgleichungen entstehen. Man ist daher gezwungen, die Kontinuität zwischen Bauwerk und Baugrund näherungsweise nur in diskreten Punkten zu formulieren und somit auf Summengleichungen überzugehen. Je feiner diese Diskretisierung ist, desto genauer sind die Ergebnisse, aber um so größer ist auch der Rechenaufwand, was heute aber selbst bei feiner Intervallteilung des Gründungskörpers kein Problem darstellt.

Die Herstellung der Kontinuität in diskreten Punkten kann nach verschiedenen Methoden erfolgen. So betrachtet z. B. Ohde (1942) den Gründungskörper als Durchlaufträger auf elastischen Stützen und formuliert die Kontinuitätsbedingungen über die *Clapeyronsche* Dreimomentengleichung. Davon ausgehend vereinfachte Kany (1954) den Berechnungsaufwand, indem er den Verlauf der Setzungsmulde durch einen empirischen Ansatz festlegte und daraus ein Tabellenwerk für die Ermittlung der Sohldrücke und Momente entwickelte.

Die Verwendung derartiger Tabellen wurde durch die EDV-Entwicklung eingeholt, durch die die Lösung großer Gleichungssysteme zur Routine geworden ist. Damit ist man heute nicht mehr an die vereinfachenden Annahmen des *Kany*-Verfahrens gebunden.

Die Herleitung der Ausgangsgleichungen für die numerische Berechnung eines Fundamentbalkens bzw. Plattenstreifens im Rahmen des Steifemodulverfahrens soll im Folgenden in den wesentlichen Schritten dargestellt werden. Durch die oben bereits angesprochene Diskretisierung entsteht als statisches System ein vielfach statisch unbestimmter

Balken auf nachgiebigen Stützen, für dessen Berechnung grundsätzlich alle bekannten Verfahren der Stabstatik eingesetzt werden können.

Gewisse Vorteile bietet das Kraftgrößenverfahren in einer Variante der von *Ohde* vorgeschlagenen Form. Dabei wird der im Hinblick auf seine Schnittgrößen und Sohlspannungen zu untersuchende Balken der Länge l in n – aus Gründen der Rechenerleichterung – gleich große Abschnitte der Länge a unterteilt, Abb. 19.17. Zur weiteren Vereinfachung soll hier von über die gesamte Balkenlänge konstanten Querschnittswerten (Breite b, Dicke d, Biegesteifigkeit EI) ausgegangen werden.

Die als bekannt angenommene Vertikalbelastung p des Balkens sowie die noch unbekannte Sohlspannung σ_0 werden als abschnittsweise konstant angenommen und zu den jeweils in Abschnittsmitte angreifenden Kräften P_i und S_i zusammengefasst. Das statisch bestimmte Grundsystem wird nun durch Einführung von Momentengelenken an diesen Stellen festgelegt.

Entsprechend der Berechnung von Durchlaufträgern lässt sich die Verträglichkeitsbedingung am Gelenk i in Form der Dreimomentengleichung

$$-s_{i-1} + 2s_i - s_{i+1} = \frac{a^2}{6EI}(M_{i-1} + 4M_i + M_{i+1}) \tag{19.33}$$

darstellen, wobei sich die rechte Seite aus den Einheitszuständen an den Gelenken $i-1$, i und $i+1$ ergibt. Die linke Seite enthält als einzige Lastglieder die Anteile aus den – noch unbekannten – Setzungen („Lastfall Stützenverschiebung").

Sowohl die Momente als auch die Setzungen werden nun durch die primären Unbekannten, die Sohldruckkräfte S_i, ausgedrückt.

Für die Momente ergibt sich unter Einbeziehung der Belastung:

$$\begin{aligned} M_1 &= 0 \\ M_2 &= (S_1 - P_1)a \\ M_3 &= (S_1 - P_1)2a + (S_2 - P_2)a \quad \text{usw.} \end{aligned} \tag{19.34}$$

oder allgemein:

$$M_i = \sum_{j=1}^{i-1}(i-j) \cdot a\big(S_j - P_j\big). \tag{19.35}$$

Die Setzungsordinaten sollen voraussetzungsgemäß die räumliche Spannungsausbreitung berücksichtigen und werden daher auf der Grundlage der für den elastisch-isotropen Halbraum abgeleiteten Beziehungen gemäß Kap. 10 ermittelt. Da sich die gesamte Setzungsmulde aus den n Setzungsanteilen der verschiedenen, noch unbekannten Sohldruckkräfte S_i zusammensetzt, soll zunächst die Setzung infolge einer Einheitslast $S_i' = 1$ betrachtet werden. Infolge der Belastung der Teilfläche i durch die Sohlspannung $\sigma_0' = 1/(a \cdot b)$ lässt sich eine Einheitssetzungsmulde entsprechend Abb. 19.18 mit den Ordinaten c_0, c_1,

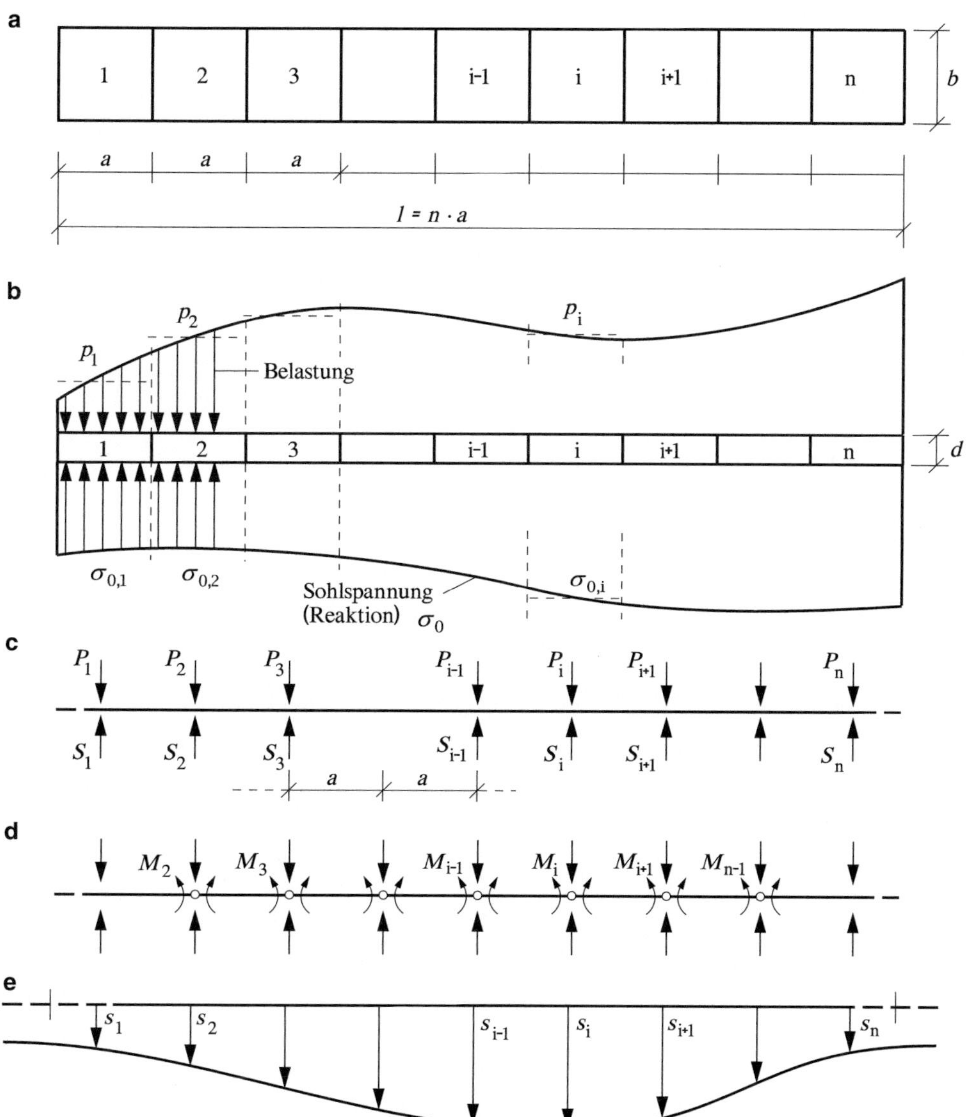

Abb. 19.17 Biegeweicher Balken auf nachgiebigem Untergrund. **a** Grundriss mit Unterteilung, **b** Längsschnitt mit Unterteilung und Belastung (Einwirkung) und Sohlspannung (Widerstand), **c** Diskreditierung der Belastung, **d** statisch bestimmtes Hauptsystem, **e** Setzungsmulde

$c_2, \ldots$ ermitteln. (Bei in Querrichtung starren Fundamentbalken empfiehlt sich dabei, den kennzeichnenden Querschnitt heranzuziehen.)

Unter der Voraussetzung linearen Materialverhaltens und horizontaler Bodenschichtung lässt sich die einmal gewonnene Setzungsmulde auf die übrigen Punkte übertragen.

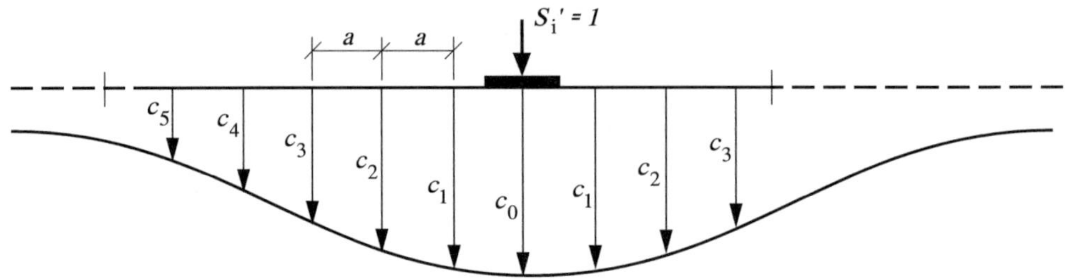

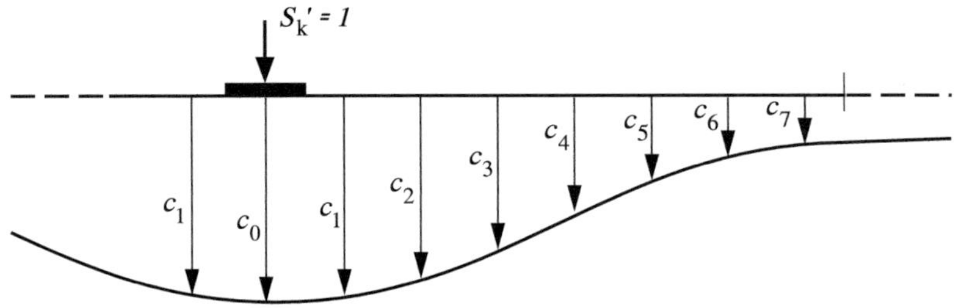

Abb. 19.18 Setzungsmulde infolge Einheitslast $S_i' = 1$ bzw. $S_k' = 1$

Durch Superposition aller Setzungsanteile erhält man schließlich die Setzung an den Punkten $1, 2, \ldots . i$:

$$\begin{aligned} s_1 &= S_1 \cdot c_0 + S_2 \cdot c_1 + S_3 \cdot c_2 + S_4 \cdot c_3 + \ldots S_n \cdot c_{n-1} \\ s_2 &= S_1 \cdot c_1 + S_2 \cdot c_0 + S_3 \cdot c_1 + S_4 \cdot c_2 + \ldots S_n \cdot c_{n-2} \\ s_3 &= S_1 \cdot c_2 + S_2 \cdot c_1 + S_3 \cdot c_0 + S_4 \cdot c_1 + \ldots S_n \cdot c_{n-3} \quad \text{usw.} \end{aligned} \tag{19.36}$$

oder allgemein:

$$s_i = \sum\nolimits_{j=1}^{i} S_j \cdot c_{i-j} + \sum\nolimits_{j=i+1}^{n} S_j \cdot c_{j-i}. \tag{19.37}$$

Gleichungen (19.35) und (19.37) enthalten die unbekannten Sohldruckkräfte und werden in die Verträglichkeitsbedingung Gl. (19.33) eingesetzt. Es stehen damit $n-2$ Gleichungen zur Bestimmung dieser Unbekannten zur Verfügung. Zwei weitere Gleichungen liefern die Gleichgewichtsbedingungen am Gesamtsystem, z. B. $\sum F_V = 0$ und $\sum M = 0$, sodass schließlich ein lineares Gleichungssystem mit n Gleichungen zur Bestimmung der n unbekannten Sohldruckkräfte vorliegt. Nach dessen Auflösung lassen sich die Schnittkräfte und die Verschiebungen mit Hilfe der oben verwendeten Beziehungen rekursiv ermitteln.

Es sei noch darauf hingewiesen, dass das dargestellte Verfahren das Bettungsmodulverfahren als Sonderfall enthält: anstelle von Gl. (19.37) ist dann

$$s_i = \frac{\sigma_{0i}}{k_s} = \frac{S_i}{a \cdot b \cdot k_s} \tag{19.38}$$

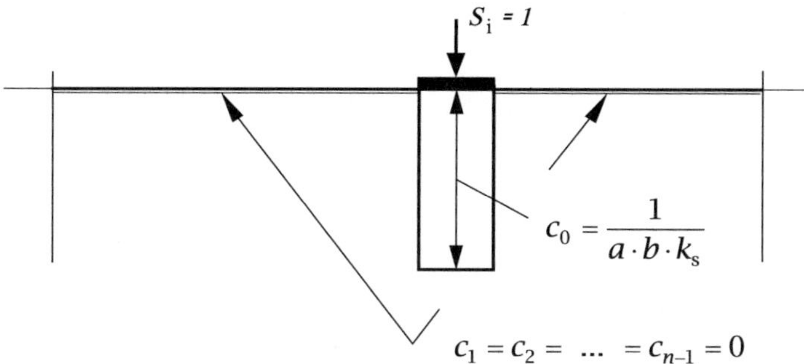

Abb. 19.19 „Setzungsmulde" beim Bettungsmodulverfahren, zum Vergleich

zu setzen, was durch „Setzungsmulden" für die Einheitszustände gemäß Abb. 19.19 veranschaulicht werden kann.

Ein über das bisher Dargestellte hinausgehendes Verfahren, das die Kontinuität zwischen Bauwerk und Baugrund berücksichtigt, hat z. B. Netzel (1975, 1996) entwickelt. Mit Hilfe der Matrizen-Verschiebungsmethode wurde die Berechnung für den ebenen Verformungszustand (Balken; einachsig ausgesteifte Gründungsplatte) auf der Grundlage der Einflussfunktion für die Setzungen EDV-gerecht aufbereitet. Hierbei können eine Baugrundschichtung, ein Gründungskörper mit variablen Abmessungen, ein mit der Gründung verbundener Überbau verschiedenster Form und beliebige Lasten berücksichtigt werden. Das Gesamtsystem Baugrund-Gründungskörper-Überbau wird als geschlossene Einheit behandelt, da erhebliche Wechselwirkungen möglich sind. Sohldruckspitzen, die in der Natur durch Plastifizierung des Bodens abgebaut werden, oder rechnerische Sohlzugspannungen werden iterativ eliminiert. Außerdem kann die Auswirkung des Steifigkeitsverlustes durch Rissbildung (Zustand II) iterativ erfasst werden.

19.6 Einflüsse und Bewertung von Bettungsmodul- und Steifemodulverfahren

Nach Smoltczyk et al. (2001) lassen sich aufgrund vieler gerechneter Beispiele folgende Aussagen, auch im Vergleich von Steifemodul- und Bettungsmodulverfahren, machen:

Die Konzentration der Sohldrücke ist grundsätzlich unter Wänden und Stützen um so stärker – und damit die Biegebeanspruchung der Gründungsplatte bzw. des -balkens um so kleiner – je weicher die Gründung im Verhältnis zum Baugrund ist, d. h.

- je kleiner d ist
- je größer l ist
- je größer E_s ist
- je dünner die zusammendrückbare Schicht ist.

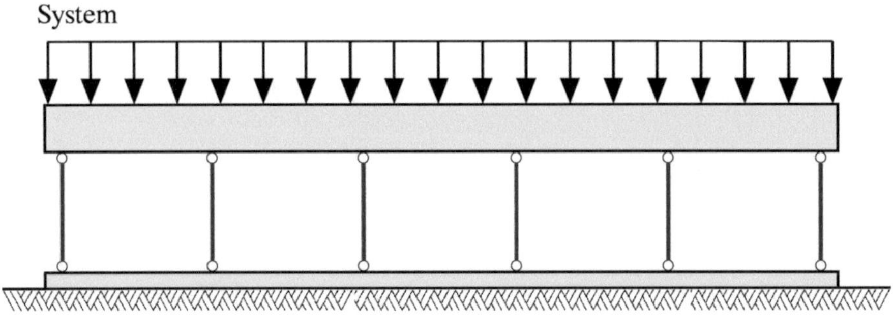

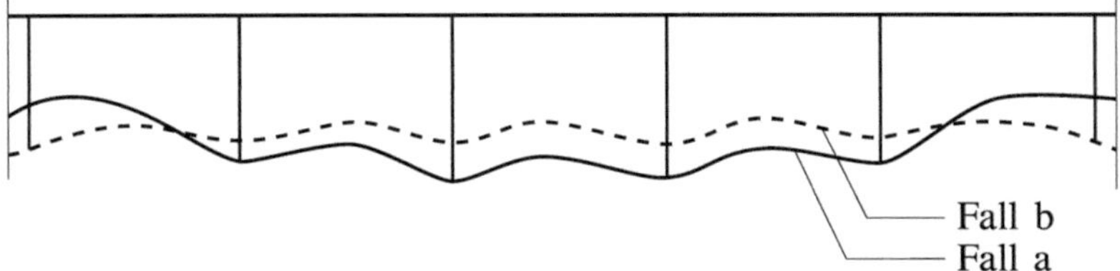

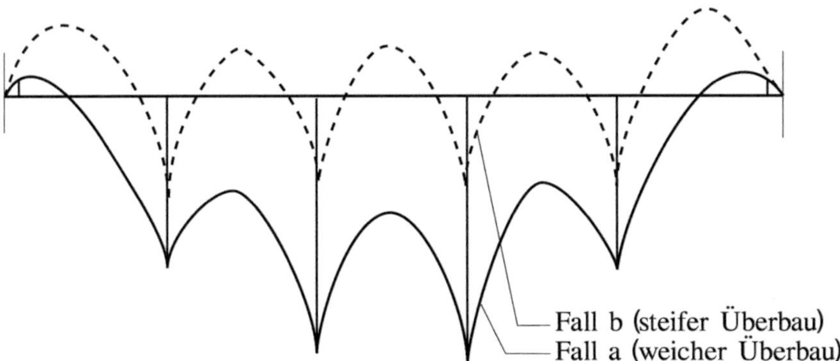

Abb. 19.20 Unterschied „weicher" und „steifer" Überbau

Die Biegemomente werden bereits im Zustand I (ungerissener Beton) in günstigen Fällen auf einen Bruchteil derjenigen Werte abgemindert, die sich bei gleichmäßiger Sohldruckverteilung ergäben.

Den Einfluss der Überbausteifigkeit auf die Setzungen und vor allem auf die Momentenverteilung in einer einachsig ausgesteiften Gründungsplatte üblicher Dicke von 30 bis 60 cm zeigt Abb. 19.20. Voraussetzung für das Beispiel ist eine relativ dicke kompressible Schicht unter der Platte.

Die Biegemomente in der Gründungsplatte weichen für starren Überbau (z. B. Wandscheiben) und schlaffen Überbau (z. B. Fertigteilkonstruktion) um so mehr voneinander ab, je steifer das System im Verhältnis zum Baugrund ist. Eine Momentenlinie mit gleichem Vorzeichen über nahezu die ganze Bauwerkslänge ist nur bei weichem Überbau zu erwarten, s. Abb. 19.20: Fall a. Ein steifer Überbau schiebt die M-Linie nach oben, so dass qualitativ das für einen Durchlaufträger mit starren Auflagern typische Momentenbild entsteht: Fall b in Abb. 19.20. Ursache hierfür ist die bei starrem Überbau erzwungene gleich große Setzung unter den Wänden. Einhergehend ist damit die Laststeigerung in den Außenwänden sowie eine Entlastung der Innenwände. Die günstige, den Gründungskörper entlastende Wirkung eines steifen Überbaus muss als belastende Wirkung von den aufgehenden Wänden und vom Überbau selbst übernommen werden.

Bei kleiner Dicke einer weniger kompressiblen Schicht unter der Gründungsplatte hat dagegen die Steifigkeit des Überbaus keinen wesentlichen Einfluss auf die Momentenverteilung der Gründungsplatte üblicher Dicke.

Beim Vergleich biegesteifer und gelenkiger Wandanschlüsse ergeben sich im Allgemeinen nur in den Endbereichen der Platte unterschiedliche Schnittgrößen. Biegesteife Wandanschlüsse sollten möglichst vermieden werden, weil die Entlastung der Platte in der Regel unerheblich ist, während die Wände erheblich auf Biegung beansprucht werden.

Wenn die elastische Berechnung unrealistische Sohldruckspitzen bzw. rechnerische Sohlzugspannungen ergibt, können diese durch Lastumlagerung unter Wahrung der Gleichgewichtsbedingungen auf die realistischen Werte (z. B. Grundbruch-Nachweis) begrenzt werden, s. z. B. Netzel (1975). Häufig reicht es, derartige Abschätzungen nur qualitativ zu machen, wie es Abb. 19.21 zeigt.

Man erkennt, dass der Abbau zu hoher Sohldruckwerte durch Umlagern zu einem „Auffüllen" der Sohldruckverteilung zwischen den Wänden führt und damit die Biegemomente der Platte vergrößert. Beim Abbau von Sohlzugspannungen im Feld muss der Sohldruck unter den Wänden entsprechend kleiner werden, wodurch die Feldmomente „geglättet" und die Stützmomente betragsmäßig verkleinert werden.

Letztlich sollten Bauwerke jedoch so konstruiert werden, dass Umlagerungen vermieden werden können, da sie zu hohen Beanspruchungen von Bauwerksteilen führen.

Die im Zustand II (gerissene Zugzone) verminderte Plattensteifigkeit reduziert die Biegemomente um so mehr, je steifer der Boden und je weicher die Platte ist. Qualitativ kommt es durch die reduzierte Plattensteifigkeit zu Sohldruckkonzentrationen und damit zu verminderten Biegemomenten in der Platte.

Es sei abschließend angemerkt, dass die Steifigkeit von Tragwerk (Überbau) sowie der Gründungsplatte bzw. des Gründungsbalkens im Allgemeinen überschätzt werden, da die in Abb. 19.6 dargestellte „Ventilwirkung" bestimmend ist, diese jedoch häufig unberücksichtigt bleibt. Weiter führt das Betonkriechen zu einer Abnahme der Steifigkeit des Gesamttragwerks. Dagegen führen lang anhaltende Setzungen zu einem mit der Zeit

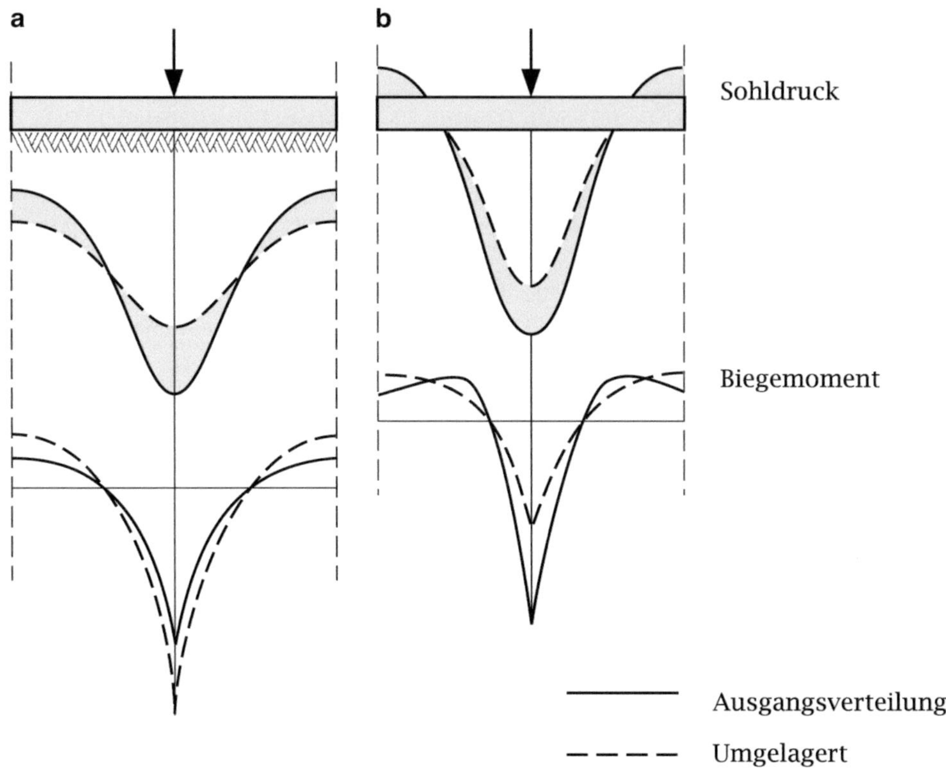

Abb. 19.21 Umlagerung von Sohlspannungen mit Auswirkung auf Biegemomente. **a** Elimination von Sohldruckspitzen, **b** Elimination von Sohlzugspannungen

weicher werdenden Baugrund, wodurch es über das Steifigkeitsverhältnis Gründung – Baugrund zu Sohldruckverlagerungen von Wänden und Stützen weg und zu einer Zunahme der Biegebeanspruchung des Gründungskörpers kommt.

Bewertung Nach dem Bettungsmodulverfahren und nach dem Steifemodulverfahren gerechnete Beispiele lassen erkennen, dass die Biegemomente um so mehr voneinander abweichen, je steifer die Platte und je weicher der Baugrund ist. Bei Abweichungen ist typisch, dass die nach dem Bettungsmodulverfahren gerechneten M-Linien zu weit oben liegen. Damit wird in der Regel auch der Stahlverbrauch bei einer Bemessung nach dem Bettungsmodulverfahren größer, da die größeren negativen Feldmomente mit der oben durchlaufenden, kaum abgestuften Bewehrung sich massenmäßig stärker auswirken als die höheren Stützmomente nach dem Halbraumverfahren mit der dafür erforderlichen, stark abstufbaren Bewehrung. Das Bettungsmodulverfahren sollte daher vor allem dann angewendet werden, wenn genügend weiche Gründungskörper mit Einzellasten in großen Abständen und hinreichend steifer Baugrund gegeben sind.

19.7 Einspannung im Baugrund bei seitlicher Stützung

Flachgründungen – also Flächengründungen geringer Einbindetiefe – sind dadurch gekennzeichnet, dass die einwirkenden Bauwerkslasten ganz oder zumindest überwiegend über deren Sohle in den Baugrund übertragen werden. Steht der Lastvektor nicht normal zur Sohlfläche, kann beim Gleitnachweis der passive Erddruck an der Stirnseite des Fundaments, neben der Sohlreibung, als Widerstand mit in Ansatz gebracht werden; beim Grundbruchnachweis kann dieser darüber hinaus in abgeminderter Form bei den Einwirkungen berücksichtigt werden, s. *DIN 1054* sowie Abschn. 12.3.

Mit zunehmender Einbindetiefe in den tragfähigen Baugrund ist es sinnvoll, die seitlichen Bodenreaktionen auch bei der Aufnahme der Momente einzubeziehen.

Im Gegensatz zur Einspannung eines Stabes in einem festen Körper mit der maximalen Biegebeanspruchung im Einspannpunkt, muss der Gleichgewichtszustand im Boden durch eine Drehung des Stabes bzw. des Gründungskörpers im Boden bewirkt werden, durch die der anteilige bzw. volle Erdwiderstand geweckt wird.

Abb. 19.22 zeigt schematisch für drei verschiedene Situationen bezüglich der Einbindetiefe bzw. Steifigkeit des Gründungskörpers die Unterschiede im Tragverhalten:

Fall a) geht von der typischen Flachgründung aus. Der Erdwiderstand wirkt nur von links, entgegen der einwirkenden Horizontalkraft. Der Drehpunkt des als starr angenommenen Fundaments liegt unterhalb oder näherungsweise in der Sohle. Je nach Geometrie-

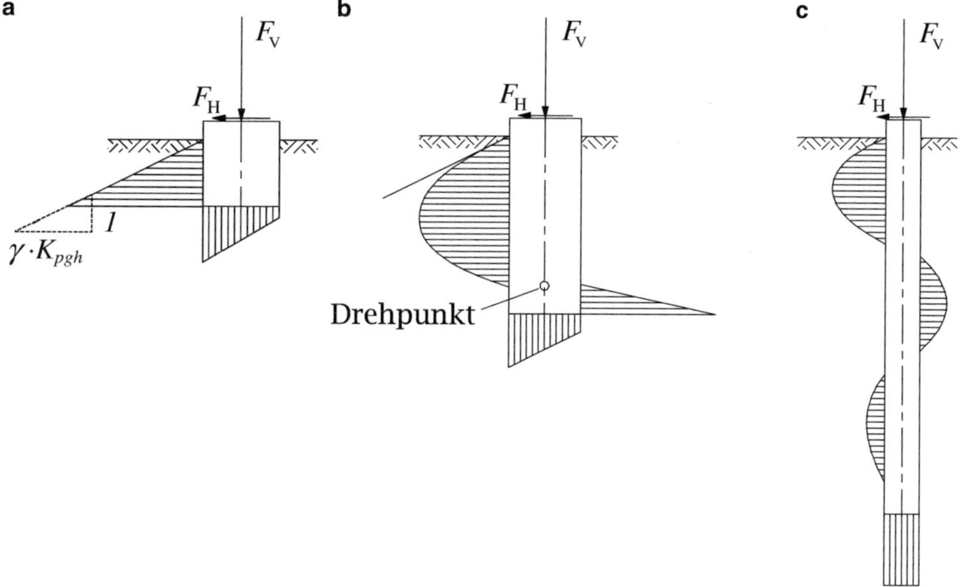

Abb. 19.22 Einspannung im Baugrund bei zunehmender Einbindetiefe (**a** bis **c**) und abnehmender Steifigkeit (von **b** nach **c**) des Gründungskörpers (γ – Bodenwichte; K_{pgh} – Erdwiderstandsbeiwert)

und Lastkonstellation kann es sein, dass der Erdwiderstand in erster Linie zur Einhaltung der Gleitsicherheit oder zur Aufnahme des Moments erforderlich wird. Im zweiten Fall wird – mit Zunahme der Einbindetiefe bzw. der Hebelarms von F_{H} – auf Grund des Momentengleichgewichts die Sohlreibungskraft abnehmen und ggf. ihr Vorzeichen ändern, wobei der Drehpunkt dann geringfügig über (näherungsweise in) der Sohle liegen muss. Die Tragfähigkeit ist dann erreicht, wenn entweder der Erdwiderstand oder die (in Richtung von F_{H} wirkende) Sohlreibung voll ausgeschöpft ist. Sollte Letzteres der Fall sein, ist der Ansatz nicht mehr sinnvoll.

Im Fall b) – oft als Pfeilergründung bezeichnet – wird ein über der Sohle liegender Drehpunkt angenommen. Damit kann gegenüber a) eine weitere Erdwiderstandskraft im Fußbereich, hier von rechts wie die Sohlreibungskraft und die äußere Horizontalkraft wirkend, zur Aufnahme des Moments herangezogen werden. Auf den Fall wird weiter unten noch näher eingegangen.

In den beiden dargestellten Fällen a) und b) werden die Gründungskörper als starr angesehen. Bei der Momentenaufnahme wird allgemein die Exzentrizität (bis zu $b/6$ bzw. $b/3$) der Sohldruckresultierenden berücksichtigt; allerdings wird dieser Anteil mit zunehmender Einbindetiefe bzw. Momentenbeanspruchung von untergeordneter Bedeutung und kann ggf. vernachlässigt werden.

Fall c) unterscheidet sich diesbezüglich von a) und b): Der Gründungskörper wird nicht mehr als starr, sondern als biegsam und in Wechselwirkung mit den Verformungen des umgebenden Baugrunds stehend betrachtet. Die Annahme trifft auf schlanke, horizontal belastete Pfähle zu. Die Momenten- und Querkraftaufnahme erfolgt damit ausschließlich durch die seitliche Bodenreaktion, so dass nur noch die vertikale Last oder ihr noch verbleibender Rest am Fuß mittig in den Baugrund eingeleitet wird. Die Berechnung erfolgt üblicherweise nach der Theorie des elastisch gebetteten Balkens, s. dazu Abschn. 19.4 und 20.2.

Wie schon erwähnt, wird nunmehr das Rechenmodell gemäß Abb. 19.22b etwas ausführlicher erläutert. Es sollen zunächst charakteristische Einwirkungen und Widerstände betrachtet werden. Die Situation mit den maßgeblichen Parametern ist in Abb. 19.23 dargestellt. Der Drehpunkt D soll sich in der Höhe $\alpha \cdot d$ über der Sohle befinden. Es wird homogener kohäsionsloser Baugrund vorausgesetzt. Der aktive Erddruck und vertikale Reaktionen entlang der Seitenflächen bleiben näherungsweise unberücksichtigt, ebenso soll das Gewicht bzw. eine mögliche vertikale Einwirkung zunächst nicht einbezogen werden: $F_{\mathrm{V}} = 0$. Es wird insgesamt der ebene Fall betrachtet.

Weiter wird angenommen, dass der volle Erdwiderstand nur jeweils am oberen und am unteren Rand des Gründungskörpers voll aktiviert werden kann. Die mögliche Erdwiderstandskraft E_1 lässt sich in Verbindung mit der Annahme einer parabelförmigen, zum Drehpunkt auf null zurückgehenden Erdwiderstandsverteilung mit $e_1 = \gamma \frac{1-\alpha}{2} d K_{\mathrm{pgh}}$

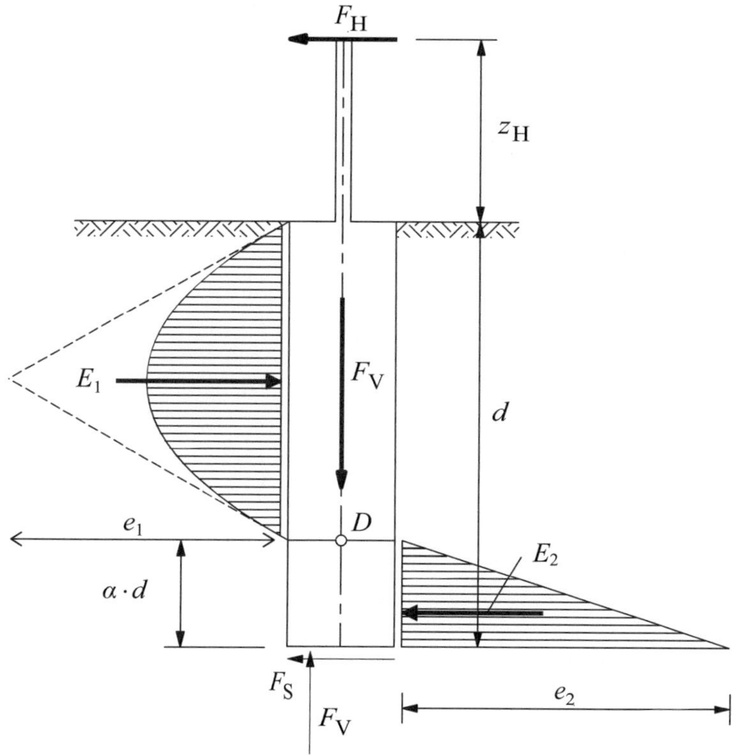

Abb. 19.23 Einwirkungen und Widerstände beim Gründungspfeiler (vgl. dazu auch *DIN 1054*)

(Parabelstich: $e_1/2$) ermitteln zu:

$$E_1 = \frac{1}{3}(1-\alpha)^2 \cdot E^* \tag{19.39}$$

mit

$$E^* = \frac{1}{2}\gamma d^2 K_{\text{pgh}}. \tag{19.40}$$

Unterhalb des Drehpunktes wird unter der Annahme einer ebenfalls von null ausgehenden linearen Erddruckverteilung mit dem Maximum $e_2 = \gamma d K_{\text{pgh}}$

$$E_2 = \alpha E^*. \tag{19.41}$$

Bei vorgegebenen Bodeneigenschaften sowie allgemeiner Belastung und Geometrie können die verfügbaren Gleichgewichtsbedingungen nur erfüllt werden, wenn neben α als zweiter freier Parameter ein Mobilisierungsgrad η für den Erdwiderstand eingeführt wird, wobei $0 \leq \eta \leq 1$ erfüllt sein muss.

Insgesamt lassen sich die Zusammenhänge unter den genannten Vereinfachungen durch die beiden folgenden Gleichungen darstellen:

$$\frac{d + z_\mathrm{H}}{2d} = \frac{1 - \alpha - \alpha^2 + \alpha^3}{1 - 5\alpha + \alpha^2} \tag{19.42}$$

$$\eta = \frac{F_\mathrm{H}}{E^*} \cdot \frac{3}{1 - 5\alpha + \alpha^2}. \tag{19.43}$$

Je nach Angriffspunkt der Horizontalkraft $z_\mathrm{H} \geq 0$ ergibt sich demnach für die Lage des Drehpunktes: $0{,}12 \leq \alpha \leq 0{,}21$, unabhängig von der Größe der beteiligten Kräfte. Für eine wirtschaftliche Lösung sollte $\eta \approx 1$ sein.

Die Gleichungen lassen sich auch direkt für Bemessungswerte für den Grenzzustand der Tragfähigkeit gemäß *GEO-2* anwenden. Da die statischen Größen linear von den Partialsicherheiten abhängen, kann in Gl. (19.43) $\eta = 1/\gamma_\mathrm{Ep} \cdot \gamma_\mathrm{G}$ gesetzt werden.

Bei einer größeren Breite und massiver Ausführung des Fundaments bzw. einer relevanten äußeren Vertikalkraft ist es sinnvoll, die vertikale Einwirkung F_V zu berücksichtigen, und zwar zum einen in Form der aktivierbaren Sohlreibung F_S und zum anderen mit der Ausnutzung der möglichen Exzentrizität bis $b/3$ bzw. $b/6$ für die charakteristische Sohlbeanspruchung. Es sind dann Fallunterscheidungen erforderlich, und die Zusammenhänge lassen sich nicht mehr geschlossen darstellen.

Im Folgenden werden für die Einbeziehung der Sohlreibungskraft F_S die maßgebenden Gleichungen angegeben; F_V soll jedoch zentrisch wirken. Der Drehpunkt wird vereinfachend fest im unteren Viertelspunkt angenommen ($\alpha = 1/4$).

Die maximal möglichen Erdwiderstandsresultierenden sind dann

$$E_1 = \frac{3}{32} \cdot \gamma \cdot d^2 \cdot K_\mathrm{pgh} \tag{19.44}$$

und

$$E_2 = \frac{1}{8} \gamma \cdot d^2 K_\mathrm{pgh}. \tag{19.45}$$

Näherungsweise wird angenommen, dass E_2 mit F_S in der Sohle angreift, wobei

$$F_\mathrm{S} = F_\mathrm{V} \cdot \tan \varphi' \tag{19.46}$$

ist.

Um die Gleichgewichtsbedingungen $\sum M = 0$ und $\sum F_\mathrm{H} = 0$ bei gegebenen Werten von F_H und z_H und einem gewählten Wert von d zu erfüllen, müssen die max. möglichen Erdwiderstandskräfte E_1 und E_2 jetzt mit den Mobilisierungsgraden (Anpassungsgraden) η_1 und η_2 angesetzt werden. Damit lauten die Gleichgewichtsbedingungen:

$$\sum M = 0: \quad F_\mathrm{H}(z_\mathrm{H} + d) = \eta_1 \cdot E_1 \cdot \frac{5}{8} \cdot d \tag{19.47}$$

$$\sum F_\mathrm{H} = 0: \quad F_\mathrm{H} - \eta_1 \cdot E_1 + \eta_2 \cdot E_2 + F_\mathrm{V} \cdot \tan \varphi = 0. \tag{19.48}$$

Aus diesen beiden Gleichungen können die erforderlichen Mobilisierungsgrade η_1 und η_2 bestimmt werden, wobei sich Werte von $0 < \eta_i \leq 1$ ergeben müssen. Aus diesen Bedingungen für die mobilisierbaren Erdwiderstände lassen sich nach Vogt (2018) folgende Beschränkungen ableiten:

$$\frac{8 \cdot F_{\mathrm{H}}}{5 \cdot E_1}\left(\frac{z_{\mathrm{H}}}{d} + 1\right) \leq 1 \tag{19.49}$$

$$\frac{8 \cdot z_{\mathrm{H}}}{5 \cdot d} + \frac{3}{5} - \frac{E_2}{F_{\mathrm{H}}} \leq \frac{F_{\mathrm{S}}}{F_{\mathrm{H}}} = \frac{\tan\varphi' \cdot F_{\mathrm{V}}}{F_{\mathrm{H}}} < \frac{8 \cdot z_{\mathrm{H}}}{5 \cdot d} + \frac{3}{5}. \tag{19.50}$$

Wenn auch nur eine dieser Schranken-Gleichungen nicht eingehalten werden kann, ist bei der gewählten Einbindetiefe d kein Gleichgewicht möglich, so dass d vergrößert werden muss. Der Nachweis für die vertikalen Einwirkungen kann unabhängig davon geführt werden.

In *DIN 1054* wird ein ähnlicher Ansatz vorgeschlagen, wobei der Drehpunkt etwa im unteren Drittelspunkt liegen sollte. Bei den Gleichgewichtsbedingungen sind die Bemessungswerte der Einwirkungen anzusetzen, während E_1 höchstens 25 % der bis zur Tiefe des Drehpunktes maximal möglichen charakteristischen Erddruckkraft erreichen darf.

Neben der Exzentrizität der Sohlreaktionskraft können die Berücksichtigung der Wandreibung sowie der räumlichen Wirkung des Erddrucks zu günstigeren Ergebnissen führen.

Da die angesetzte Erdwiderstandskraft E_1 bereits viel kleiner ist als ein über die Tiefe voll mobilisierter Erdwiderstand, ist eine weitere Abminderung aus Verformungsgründen in diesem Fall nicht erforderlich, d. h. $\eta_i = 1$ ist zulässig. Für einen Nachweis der Gebrauchstauglichkeit kann die Verdrehung auf der Grundlage von Mobilisierungsfunktionen, s. *DIN 4085* sowie Abschn. 16.9, abgeschätzt werden. Wird bei breiten Körpern die Exzentrizität der Sohldruckresultierenden ausgenutzt, kann die Verdrehung andererseits für die Sohle gemäß Abschn. 10.3.2 ermittelt werden. Aus Verträglichkeitsgründen müssen beide Verdrehungswerte gleich sein, sodass ggf. eine Umverteilung der Anteile Sohl- und Wandreaktionen auf iterativem Wege erforderlich wird.

Zur Annahme des Drehpunktes ist anzumerken, dass die beiden Gleichgewichtsbedingungen dazu führen, dass bei diesem Rechenmodell der Drehpunkt umso tiefer liegt, je größer die Sohlreibungskraft F_{S} im Vergleich zu E_2 ist. Insofern ist die hier getroffene Annahme plausibel. Die genaue Verteilung des Erdwiderstandes ist für das Ergebnis von untergeordneter Bedeutung.

Es sei abschließend darauf hingewiesen, dass das zuvor beschriebene Modell gemäß Abb. 19.22b bzw. 19.23 grundsätzlich als Grenzfall auch Fall a) in Abb. 19.22 enthält, wegen des unterschiedlichen Erdwiderstandverlaufs aber nicht zu denselben Ergebnissen führt. Entsprechendes gilt beim Vergleich mit der klassischen Spundwandbemessung gemäß Abschn. 17.4.2.

Literatur

DIN-Fachbericht 130: Wechselwirkung Baugrund/Bauwerk Flachgründungen, Herausgeber DIN: Deutsches Institut für Normung e. V. Beuth-Verlag, Berlin (2003)

Kany, M.: Beitrag zur Berechnung von Gründungskörpern auf nachgiebiger Unterlage. Diss. TH Darmstadt, D 17 (1954)

Kolb, H.: Ermittlung der Sohlreibung von Gründungskörpern unter horizontalem kinematischem Zwang. Mitt. 28, Baugrundinstitut Stuttgart. (1988)

Netzel, D.: Beitrag zur wirklichkeitsnahen Berechnung und Bemessung einachsig ausgesteifter, schlanker Gründungsplatten. Bautechnik **52**(209–213), 337–343 (1975)

Netzel, D.: Flächengründungen aus Sicht des Konstruktiven Ingenieurbaus. Bautechnik **73**, 582–594 (1996)

Ohde, J.: Die Berechnung der Sohldruckverteilung unter Gründungskörpern. Bauingenieur **23**, 99–102–105 (1942)

Pasternak, P.: Die baustatische Theorie biegesteifer Balken und Platten auf elastischer Bettung. Beton Eisen, 163–178 (1925)

Petersen, C.: Die Übertragungsmatrix des kreisförmig gekrümmten Trägers auf elastischer Unterlage. Bautechnik **44**, 289–294 (1967)

Schad, H.: Interaktion bei Flächengründungen. Geotechnik **17**, 150–156 (1994)

Sherif, G., König, G.: Platten und Balken auf nachgiebigem Untergrund. Springer, Berlin Göttingen Heidelberg (1975)

Smoltczyk, U., Netzel, D., Kany, M.: Flachgründungen. Grundbautaschenbuch, Teil 3, Kap. 3.1, 6. Aufl. Ernst & Sohn, Berlin (2001)

Vogt, N.: Flachgründungen. In: Witt, K.J. (Hrsg.) Grundbautaschenbuch, Teil 3: Gründungen und geotechnische Bauwerke, 8. Aufl., S. 1–78. Ernst & Sohn, Berlin (2018)

Winkler, E.: Die Lehre von der Elasticitaet und Festigkeit. Dominicus, Prag (1867)

Zilch, K.: Verfahren für die Berechnung der Interaktion von Baugrund und Bauwerk. Der Prüfingenieur **3**, 10 (1993)

Normen

DIN 1054: Baugrund – Sicherheitsnachweise im Erd- und Grundbau – Ergänzende Regelungen zu DIN EN 1997-1

DIN 4018: Berechnung der Sohldruckverteilung unter Flächengründung

DIN 4018 Beiblatt 1: Baugrund; Berechnung der Sohldruckverteilung unter Flächengründungen; Erläuterungen und Berechnungsbeispiele

DIN 4085: Baugrund – Berechnung des Erddrucks

DIN EN 1997-1 (Eurocode 7): Entwurf, Berechnung und Bemessung in der Geotechnik – Teil 1: Allgemeine Regeln, in Verbindung mit dem nationalen Anhang DIN EN 1997-1/NA und DIN 1054

Pfahlgründungen 20

Zusammenfassung

In Kap. 13 wird allgemein auf Pfähle als Gründungselemente eingegangen, wobei die verschiedenen Pfahltypen und das Tragverhalten axial belasteter Pfähle näher beschrieben werden. Nachfolgend werden nun der Entwurf und die Berechnung von Pfahlsystemen behandelt. Hierbei werden hinsichtlich des Tragverhalten klassische Pfahlroste mit schlanken, in der Regel nur axial belasteten Pfählen von Pfahlsystemen mit großen Pfahldurchmessern und hohen Biegesteifigkeiten unterschieden. Erstere können im Sinne der Statik als elastische Pendelstützen idealisiert werden. Mit der Annahme einer starren Kopfplatte lässt sich so das Rechenverfahren von *Schiel* ableiten. Bohrpfähle mit großem Durchmesser, die überwiegend senkrecht hergestellt werden, können infolge des großen Querschnitts und der Bewehrungsmöglichkeit außer großen Vertikallasten auch Einwirkungen aus Horizontalkräften und Momenten aufnehmen und in den Boden abtragen. Schließlich wird als neuere Gründungsform die kombinierte Pfahl-Plattengründung (KPP) beschrieben.

20.1 Pfahlroste mit schlanken Pfählen

Bis etwa Ende der 1950er Jahre wurden herstellungstechnisch bedingt überwiegend schlanke Pfähle verwendet, die in Gruppen angeordnet, im Wesentlichen nur axial belastet werden konnten, s. Abb. 20.1 und 20.2. Zur Abtragung von Horizontallasten mussten Schrägpfähle angeordnet werden. Diese Pfahlsysteme werden als Pfahlroste bezeichnet, die als elastische Stabwerke modelliert und berechnet werden.

Man geht bei schlanken Pfählen von kleinen oder gar keinen Setzungen aus. Nur bei Pfahlrosten mit sehr vielen und relativ eng stehenden Pfählen, wie z. B. bei Brückengründungen, werden allgemein die Setzungen in der Pfahlfußebene wie bei einer tiefliegenden Flächengründung mit den Grundrissabmessungen der gesamten Pfahlaufstands-

H.-H. Schmidt, R.F. Buchmaier, C. Vogt-Breyer, *Grundlagen der Geotechnik*,
https://doi.org/10.1007/978-3-658-39834-7_20

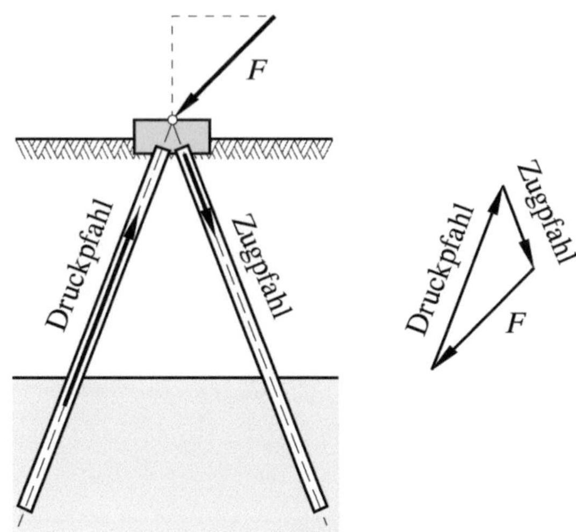

Abb. 20.1 Pfahlbock mit Kraftverteilung

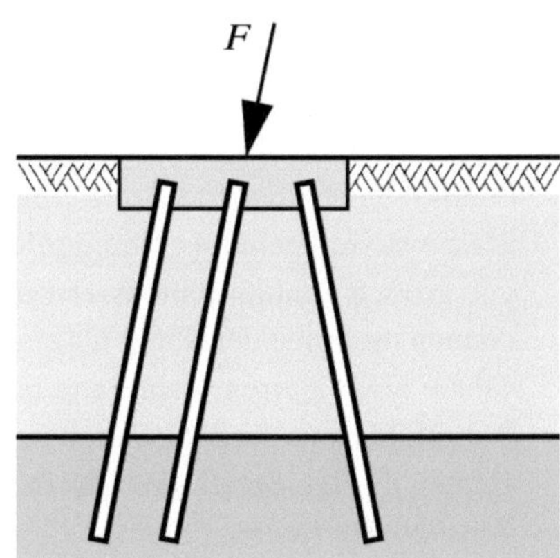

Abb. 20.2 Ebener Pfahlrost

fläche ermittelt. Dieses Modell ist allerdings nur bei Spitzendruckpfählen einigermaßen richtig. Für Pfähle, die über Mantelreibung Lasten abtragen, müssen auch Setzungen infolge Zusammendrückung des Bodens zwischen den Pfählen berücksichtigt werden, s. Abschn. 20.3 und 20.4.

Schlanke Pfähle (bis etwa $d = 50\,\text{cm}$) werden in der Regel nur axial und meist gruppenweise als Pfahlrost belastet. Darunter versteht man ein Gründungssystem, bei dem eine Gruppe von Pfählen durch eine Kopfplatte oder einen Kopfbalken zu einer Tiefgründung für ein Bauwerk verbunden ist. Heutzutage kommen hierfür in der Regel Fertigramm-Pfähle aus Stahlbeton, Stahl oder Gußeisen zum Einsatz, die an eine Stahlbetonplatte angeschlossen werden.

► **Anmerkung** Die Bezeichnung Pfahlrost stammt aus einer Zeit, als Holzpfähle durch einen Balkenrost zimmermannsmäßig verbunden wurden.

20.1.1 Konstruktionshinweise

Pfahlroste werden möglichst so entworfen, dass keiner ihrer Pfähle bei irgendeinem Lastfall auf Zug beansprucht wird. Mindestens wird man versuchen, wenn sich Wechselbeanspruchungen Druck-Zug-Druck nicht vermeiden lassen, das Verhältnis der Zugkraft zur Druckkraft klein zu halten.

Pfahlroste ohne Lotpfähle, d. h. nur mit paarweise symmetrischen Schrägpfählen, haben sich in Erdbebenzonen bewährt Schenck et al. (1992), s. auch Abschn. 23.7.

Man wird bemüht sein, so zu konstruieren, dass die Pfähle entweder nur oder überwiegend axial durch Normalkräfte und erst in zweiter Linie auf Biegung beansprucht werden, da dann ihre Tragfähigkeit und der Verschiebungs- und Verdrehungswiderstand der Gründung groß sind.

20.1.2 Berechnungsannahmen

Wenn eine Pfahlgründung so konstruiert wird, dass die Pfähle als annähernd momentenfreie Stützstäbe wirken, gelten folgende Berechnungsannahmen:

- Die Pfahlrostplatte ist im Verhältnis zu den Pfählen so steif, dass sie sich statisch wie ein starrer Körper verhält,
- die tragende Bodenschicht ist im Verhältnis zur Pfahlkopfbewegung setzungsfrei; ihr elastisches Verhalten geht rechnerisch in die Elastizität der Pfähle mit ein,
- die Pfähle gelten an Kopf und Fuß als gelenkig gelagert, wobei die letztere Annahme um so besser zutrifft, je tiefer die tragende Schicht liegt und
- die Pfähle wirken wie voneinander unabhängige elastische Federn und verhalten sich linear-elastisch.

Mit diesen Annahmen ergibt sich das in Abb. 20.3 skizzierte statische Modell.

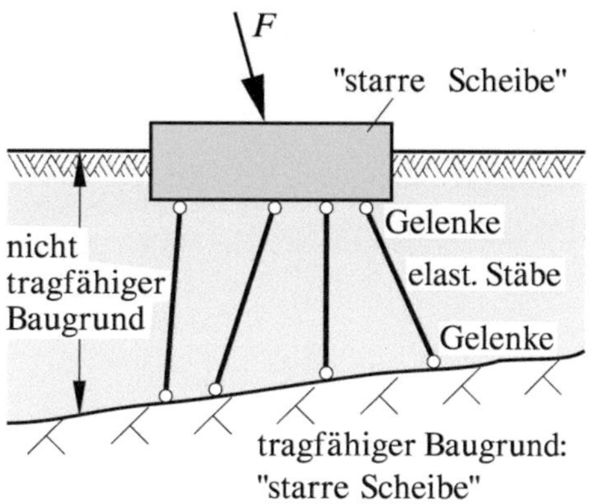

Abb. 20.3 Rechenmodell: axial belastete Pfahlsysteme, ebene Darstellung

Die o. g. Vereinfachungen sind nicht mehr zulässig, wenn

- die Pfahlfußpunkte größere, lastabhängige Verschiebungen (Setzungen) erleiden, so dass die Annahmen b) und d) entfallen,
- die Pfahlrostplatte sehr biegeweich ist, wie z. B. bei aufgelösten Konstruktionen bzw. wenn die Pfähle sehr steif sind (Beispiel: Großbohrpfähle). Die mit Annahme a) errechneten Pfahlkräfte werden durch die Nachgiebigkeit der Pfahlrostplatte umgelagert oder
- das Bauwerk zusätzlich durch waagerechte oder annähernd waagerechte Hilfsmittel, wie z. B. Anker, gestützt ist.

► **Anmerkung** Solche Bauelemente können als zusätzliche Pendelstäbe angesehen werden, haben allerdings meist ein völlig anderes elastisches Verhalten als die Pfähle.

20.1.3 Statische und kinematische Bestimmtheit bei Pfahlrosten

Ein räumlicher Pfahlrost, dessen Pfähle nur Normalkräfte aufnehmen, ist statisch bestimmt, wenn er durch 6 Pfähle so gestützt wird, dass (s. Abb. 20.4)

a) sich höchstens 3 Pfähle in einem Punkt schneiden,
b) höchstens 3 Pfähle zueinander parallel stehen und
c) die Pfähle in mindestens 3 voneinander unabhängigen Ebenen stehen.

Aus den 6 räumlichen Gleichgewichtsbedingungen lassen sich dann die 6 Pfahlkräfte $Q_1 \ldots Q_6$ berechnen.

Ein ebener Pfahlrost ist statisch bestimmt, wenn er durch 3 Pfähle so gestützt wird, dass (s. Abb. 20.5)

a) sich höchstens 2 Pfähle in einem Punkt schneiden und
b) höchstens 2 Pfähle parallel zueinander stehen.

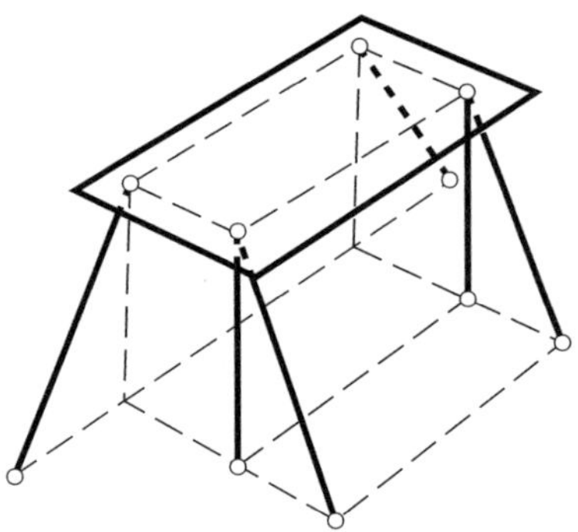

Abb. 20.4 Räumlicher Pfahlrost

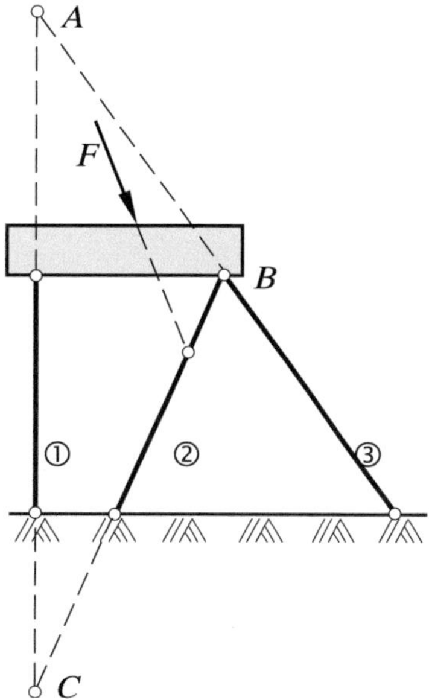

Abb. 20.5 Ebener Pfahlrost, statisch bestimmt

Aus den 3 Bedingungen des Gleichgewichts in der Ebene lassen sich dann die 3 unbekannten Pfahlkräfte berechnen. Das geht am einfachsten, indem man 3 voneinander unabhängige Momenten-Gleichgewichtsbedingungen um die Schnittpunkte der Pfahlachsen, s. Abb. 20.5, benutzt. Dies entspricht dem aus der Statik bekannten *Ritterschen* Verfahren.

$$\sum M \text{ um } B \text{ ergibt } Q_1; \quad \sum M \text{ um } C \text{ ergibt } Q_3; \quad \sum M \text{ um } A \text{ ergibt } Q_2$$

► **Anmerkung** Dieses Verfahren kann näherungsweise auch bei mehr als 3 Pfählen angewendet werden, wenn man sie (Abb. 20.6) zu 3 Gruppen je paralleler Pfähle zusammenfassen kann. Es ist umso ungenauer, je weiter der einzelne Pfahl von der Gruppenachse entfernt steht (Versatzmoment)!

Ein räumlicher Pfahlrost ist kinematisch unbestimmt, wenn er Dreh- oder Verschiebungsmöglichkeiten hat, für die durch Pfahlnormalkräfte allein kein Gleichgewicht hergestellt werden kann.

Solche Systeme können nur einen Teil der drei äußeren Kräfte und drei äußeren Momente übertragen. Abb. 20.7 zeigt einen 5-pfähligen Pfahlrost, der keine Momente um die x-Achse aufnimmt. Diese Momente sind hier also eine unverträgliche Belastung.

Schiel (1960) bezeichnet kinematisch unbestimmte Pfahlsysteme als degenerierte Systeme.

Abb. 20.8 zeigt ein Beispiel für ein degeneriertes System, das nur 3 Kräfte bzw. Momente zu übertragen vermag.

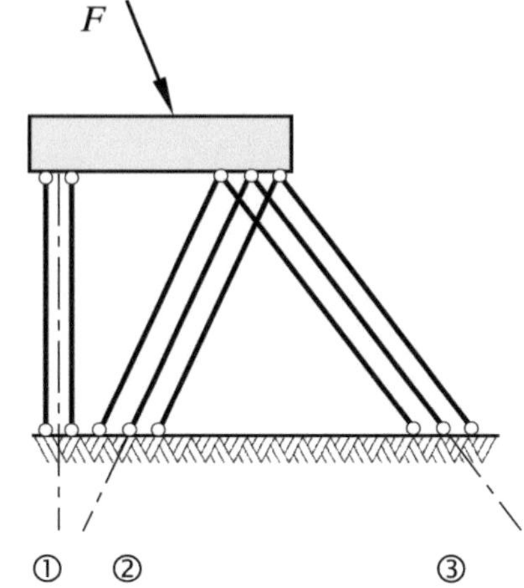

Abb. 20.6 Ebener Pfahlrost, mit 8 Pfählen, in 3 Systemachsen zusammengefasst

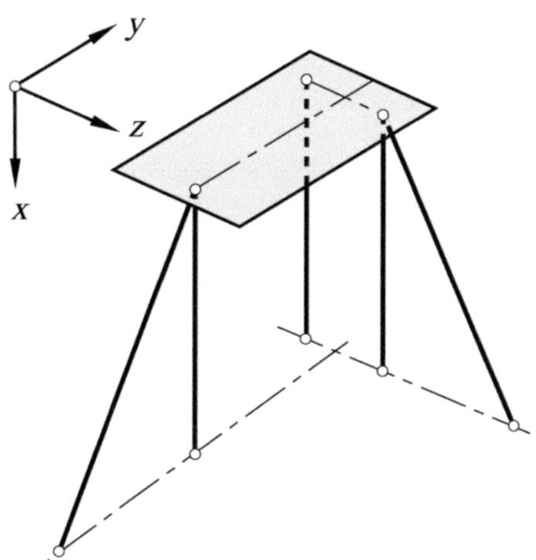

Abb. 20.7 Pfahlrost, einfach kinematisch unbestimmt

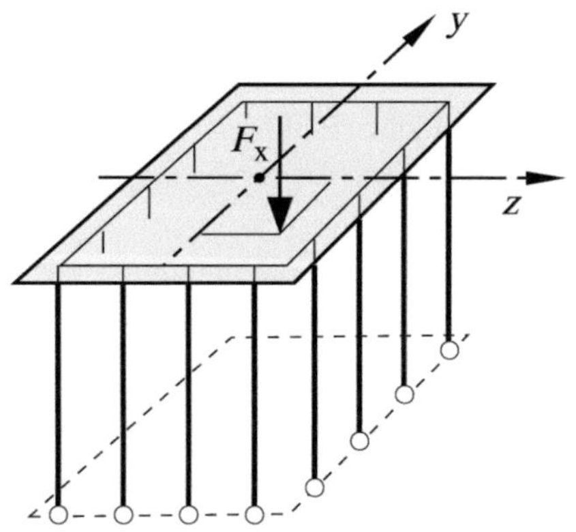

Abb. 20.8 Pfahlrost, dreifach kinematisch unbestimmt

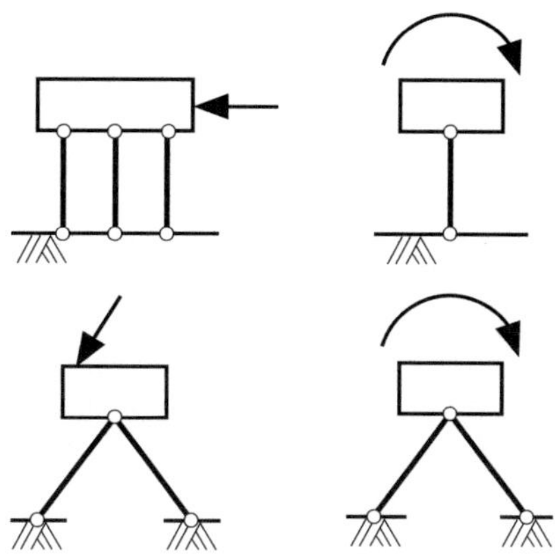

Abb. 20.9 Pfahlroste, kinematisch unbestimmt

> **Anmerkung** Pfähle, die nur wenig gegen das Lot geneigt sind, wirken praktisch nicht mehr wie Schrägpfähle, sondern werden durch H-Lasten schon sehr stark auf Biegung beansprucht. Daher ist ein Pfahlrost mit lauter 10 : 1 geneigten Pfählen ein „fast degeneriertes System". Um Biegebeanspruchungen in Pfählen weitestgehend zu vermeiden, sollten Schrägpfähle mindestens unter 6:1 geneigt sein.

Weiter gibt Abb. 20.9 Beispiele für ebene Pfahlroste, bei denen die eingezeichneten Lasten unverträglich sind, nach Schiel (1960).

20.1.4 Statisch unbestimmte Pfahlroste

Die systematische Berechnung mit Berücksichtigung der elastischen Verformungen der Pfähle geht auf Schiel (1960) zurück. Im Sinne der Statik handelt es sich um ein spezielles Verschiebungsgrößenverfahren.

Das System hat mehr als 6 Pfähle (im ebenen Fall mehr als 3 Pfähle) und ist kinematisch bestimmt; die Pfahlplatte leistet im Rahmen dieser Berechnung keinen Beitrag zur elastischen Arbeit.

Folgende Annahmen und Schritte werden festgelegt:

a) Erfassung der Geometrie für
- Wirkungsrichtungen der Pfahlnormalkräfte,
- Momentenwirkung der Pfahlnormalkräfte,
- äußere Lasten,
- Verschiebungen und Verdrehungen der starren Überbaukonstruktion (Kopfplatte),

b) Es gilt der Arbeitssatz: äußere Arbeit = innere Arbeit

c) Die Pfähle wirken als linear elastische Federn (*Hookesches* Gesetz)

$$Q_i = s_i \cdot v_i = \left(\frac{E \cdot A}{l}\right)_i \cdot v_i \,. \tag{20.1}$$

$$v_i = \text{Unbekannt!}$$

d) Erfüllung der Gleichgewichtsbedingungen mit Definition der Steifigkeit S am Gesamtsystem (lineares Gleichungssystem),
e) Lösung des linearen Gleichungssystems; Ergebnis: je 3 Verschiebungs- und Verdrehungsgrößen,
f) Ermittlung der Verschiebungskomponenten v_i und
g) Berechnung der Pfahlkräfte Q_i nach c).

Geometrie Die Geometrie wird nach Abb. 20.10 festgelegt: der 0-Punkt des Koordinatensystems x, y, z mit x als vertikaler Achse wird entweder in die Herstellebene oder in eine Ebene gelegt, in der sich Systemachsen schneiden.

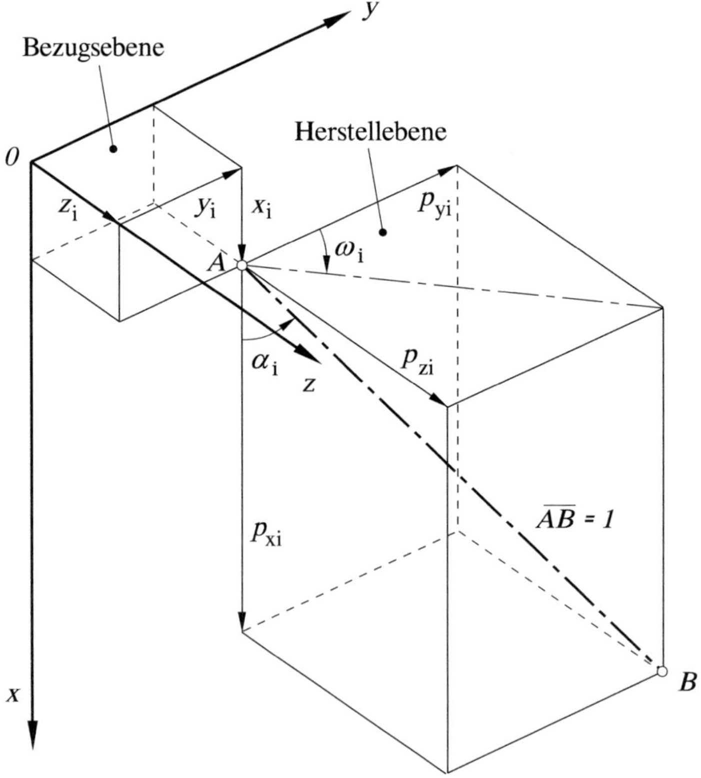

Abb. 20.10 Geometrie für räumliche Pfahlsysteme. Anmerkung: Die Verwendung von x als senkrechte Achse geht auf Schiel (1960) zurück

In der Herstellebene werden die Durchstoßpunkte der Pfahlachsen durch die Koordinaten (x_i, y_i, z_i) festgelegt und in den Pfahlplan eingetragen. Wenn, wie in der Regel, $x_i = \text{const}$ für alle Pfähle ist, genügt es, diesen Wert, auf NN bezogen, nur einmal im Plan anzugeben.

In Übereinstimmung mit der Art, wie man auf der Baustelle das Pfahlgerät (Ramme; Bohrgerät) für die Herstellung eines Pfahles einrichtet, werden im Pfahlplan außerdem der horizontale Richtungswinkel ω_i (rechts drehend positiv) und die Pfahlneigung als Neigungswinkel α_i oder, praxisgerechter, als $n : 1 = \cot \alpha_i$ eingetragen.

Die Achsrichtung des Pfahles ist dann durch (p_{xi}, p_{yi}, p_{zi}) definiert. Wenn die Länge $AB = 1$ als Bezugslänge genommen wird, sind die Komponenten dieses Richtungsvektors durch die in Abb. 20.10 eingetragenen Strecken gegeben:

$$\begin{aligned} p_{xi} &= \cos \alpha_i && \text{(Richtungskosinus von } AB \text{ gegen } x) \\ p_{yi} &= \sin \alpha_i \cdot \cos \omega_i && \text{(Richtungskosinus von } AB \text{ gegen } y) \\ p_{zi} &= \sin \alpha_i \cdot \sin \omega_i && \text{(Richtungskosinus von } AB \text{ gegen } z). \end{aligned}$$

Somit ist

$$p_{xi}^2 + p_{yi}^2 + p_{zi}^2 = 1. \tag{20.2}$$

Um außerdem die Momentenwirkung der Pfahlnormalkraft in Bezug auf *0* festzulegen, ermittelt man den Drehvektor der Pfahlachse mit den Komponenten:

$$\begin{aligned} p_{ai} &= y_i\, p_{zi} - z_i\, p_{yi} && \text{(Drehung um die } x\text{-Achse)} \\ p_{bi} &= z_i\, p_x - x_i\, p_{zi} && \text{(Drehung um die } y\text{-Achse)} \\ p_{ci} &= x_i\, p_{yi} - y_i\, p_{xi} && \text{(Drehung um die } z\text{-Achse).} \end{aligned} \tag{20.3}$$

Richtungs- und Drehvektor werden im Weiteren zu einem Vektor (Vektor im Sinne der Matrizendarstellung) mit 6 Komponenten zusammengefasst:

$$\boldsymbol{p}_i = \begin{pmatrix} p_x \\ p_y \\ p_z \\ p_a \\ p_b \\ p_c \end{pmatrix}_i \tag{20.4}$$

Analog werden die äußeren Lasten, bestehend aus einer resultierenden Kraft mit den Komponenten F_x, F_y, F_z und einem resultierenden Moment mit den Komponenten:

$$\begin{aligned} F_a &= y_R\, F_z - z_R\, F_y \\ F_b &= z_R\, F_x - x_R\, F_z \\ F_c &= x_R\, F_y - y_R\, F_x \end{aligned} \tag{20.5}$$

zu einem 6-Komponenten-Vektor zusammengefasst:

$$\boldsymbol{F}^{\mathrm{T}} = \begin{pmatrix} F_x & F_y & F_z & F_{\mathrm{a}} & F_{\mathrm{b}} & F_{\mathrm{c}} \end{pmatrix}. \tag{20.6}$$

Ebenso die gesuchte Verschiebung und Drehung der Kopfplatte:

$$\boldsymbol{v}^{\mathrm{T}} = \begin{pmatrix} v_x & v_y & v_z & v_{\mathrm{a}} & v_{\mathrm{b}} & v_{\mathrm{c}} \end{pmatrix}. \tag{20.7}$$

Arbeitssatz Da äußere und innere Arbeit des Systems gleich sein müssen, leistet eine Pfahlkraft 1 bei einer Pfahlkopfverschiebung v_i die äußere Arbeit $1 \cdot v_i$ gleich der Summe der Arbeiten aller 6 Komponenten von $\boldsymbol{p}_i$:

$$\begin{aligned} 1 \cdot v_i &= p_{xi} v_x + p_{yi} v_y + p_{zi} v_z + p_{\mathrm{a}i} v_{\mathrm{a}} + p_{\mathrm{b}i} v_{\mathrm{b}} + p_{\mathrm{c}i} v_{\mathrm{c}} \\ &= \begin{pmatrix} p_x \\ p_y \\ p_z \\ p_{\mathrm{a}} \\ p_{\mathrm{b}} \\ p_{\mathrm{c}} \end{pmatrix}_i \cdot \begin{pmatrix} v_x & v_y & v_z & v_{\mathrm{a}} & v_{\mathrm{b}} & v_{\mathrm{c}} \end{pmatrix} = \boldsymbol{p}_i \cdot \boldsymbol{v}^{\mathrm{T}}. \end{aligned} \tag{20.8}$$

Pfahl als linear elastische Feder Da der Pfahl als linear-elastische Feder (Querschnittsfläche A, Elastizitätsmodul E, Länge l) angesehen wird, kann mittels des *Hookeschen* Gesetzes aus v die Pfahlnormalkraft Q_i abgeleitet werden:

$$Q_i = \left(\frac{E \cdot A}{l}\right)_i \cdot v_i = s_i \cdot v_i = s_i \cdot \boldsymbol{p}_i \cdot \boldsymbol{v}^{\mathrm{T}} \tag{20.9}$$

womit die Verknüpfung der einzelnen Pfahlkraft mit der Bewegung der starren Kopfplatte hergestellt ist.

Gleichgewichtsbedingungen Jede Komponente von $\boldsymbol{F}^{\mathrm{T}}$ muss gleich der Summe aller entsprechenden Pfahlkraft- bzw. -momentenkomponenten sein. Beispielsweise ergibt das Gleichgewicht der Kräfte in senkrechter Richtung:

$$F_x = \sum_i p_{xi} Q_i = \sum_i p_{xi} s_i v_i. \tag{20.10}$$

Unter Einsetzen von (20.8) erhält man ein lineares Gleichungssystem zur Berechnung der Komponenten des Verschiebungszustands:

$$
\begin{aligned}
F_x &= \sum_i p_{xi}\big(p_{xi}v_x + p_{yi}v_y + p_{zi}v_z + p_{ai}\,v_a + p_{bi}\,v_b + p_{ci}\,v_c\big)\cdot s_i \\
F_y &= \sum_i p_{yi}\big(p_{xi}v_x + p_{yi}v_y + p_{zi}v_z + p_{ai}\,v_a + p_{bi}\,v_b + p_{ci}\,v_c\big)\cdot s_i \\
&\;\vdots \\
F_c &= \sum_i p_{ci}\big(p_{xi}v_x + p_{yi}v_y + p_{zi}v_z + p_{ai}\,v_a + p_{bi}\,v_b + p_{ci}\,v_c\big)\cdot s_i\,.
\end{aligned}
\tag{20.11}
$$

Steifigkeit Die Koeffizienten des Gleichungssystems (20.11) bilden die Steifigkeitsmatrix des Pfahlrostes. Sie erhalten die Abkürzung

$$S_{kl} = \sum_i s_i\, p_{ki}\, p_{li} = S_{lk}. \tag{20.12}$$

Wenn man, wie in den meisten Fällen, nur Pfähle mit annähernd gleicher Federsteifigkeit hat, ist $s_i = \text{const} = s$ und kann bei der Erstellung und Lösung der Gl. (20.11) bzw. (20.12) sowie bei der anschließenden Rückrechnung der Pfahlkräfte nach Gl. (20.15) auch $= 1$ gesetzt werden. Falls die Verschiebungskomponnten dertatsächlichen Pfahlkopfbewegung von Interesse sind, müssen die mit $s = 1$ ermittelten Werte wieder durch den wahren Wertdividiert werden.

Gleichung (20.11) bzw (20.12). lautet in Matrizenschreibweise

$$\boldsymbol{F} = \boldsymbol{S}\cdot\boldsymbol{v} \tag{20.13}$$

mit der Lösung

$$\boldsymbol{v} = \boldsymbol{S}^{-1}\cdot\boldsymbol{F} \tag{20.14}$$

► **Anmerkung zu (20.13)** Die Elemente der Steifigkeitsmatrix können als Reaktionskräfte des Pfahlrostes infolge von Verschiebungskomponenten mit der Größe 1 gedeutet werden, z. B.

S_{xx} = Reaktionskraft in x-Richtung infolge $v_x = 1$
S_{cx} = Reaktionsmoment in c-Richtung infolge $v_x = 1$ usw.

Ermittlung der Pfahlkraft Die Pfahlkraft ist

$$Q_i = s_i\cdot(p_{xi}v_x + p_{yi}v_y + p_{zi}v_z + p_{ai}\,v_a + p_{bi}\,v_b + p_{ci}\,v_c). \tag{20.15}$$

Eine notwendige, aber nicht hinreichende Rechenkontrolle kann über die Gleichgewichtsbedingungen erfolgen.

Heutzutage werden Pfahlroste in der Praxis computerunterstützt berechnet. Viele Rechenprogramme basieren jedoch weiterhin auf den Grundlagen der Methode von *Schiel*, so dass anhand der aufgezeigten Gleichungen Ergebnisse nachvollzogen und Eingabefehler aufgedeckt werden können. Darüber hinaus können mit modernen Stabwerksprogrammen oder der Methode der Finiten-Elemente auch allgemeinere Fälle untersucht werden, die von den Voraussetzungen für das Verfahrens nach *Schiel* abweichen.

20.1.5 Sonderfälle von statisch unbestimmten Pfahlsystemen

Für die folgenden Sonderfälle ergeben sich die aufgeführten Gleichungssysteme bzw. deren Lösungen für die Verschiebungskomponenten.

Pfahlrost mit nur senkrechten Pfählen Das System in Abb. 20.11 kann nur Kräfte F_x bzw. Momente $F_\mathrm{b} = F_x e_z$ und $F_\mathrm{c} = F_x e_y$ übernehmen. Es wird häufig im Hochbau verwendet, da geringe H-Kräfte (z. B. aus Wind auf flache Bauwerke) durch hier vernachlässigbare Querkräfte übernommen werden können. Rechnerisch geht man davon aus, dass $v_y = v_z = v_\mathrm{a} = 0$ ist.

Um das Gleichungssystem zu entkoppeln, legt man den 0-Punkt des Koordinatensystems zweckmäßigerweise in den Schwerpunkt. Dann ist $S_{x\mathrm{b}} = 0$ und $S_{x\mathrm{c}} = 0$, und es bleibt das Gleichungssystem

$$\begin{pmatrix} F_x \\ F_\mathrm{b} \\ F_\mathrm{c} \end{pmatrix} = \begin{pmatrix} S_{xx} & 0 & 0 \\ 0 & S_\mathrm{bb} & S_\mathrm{bc} \\ 0 & S_\mathrm{cb} & S_\mathrm{cc} \end{pmatrix} \cdot \begin{pmatrix} v_x \\ v_\mathrm{b} \\ v_\mathrm{c} \end{pmatrix} \tag{20.16}$$

mit der Lösung:

$$v_x = \frac{F_x}{S_{xx}}; \quad v_\mathrm{b} = \frac{S_\mathrm{cc} \cdot F_\mathrm{b} - S_\mathrm{bc} \cdot F_\mathrm{c}}{S_\mathrm{bb} \cdot S_\mathrm{cc} - S_\mathrm{bc}^2}; \quad v_\mathrm{c} = \frac{S_\mathrm{bb} \cdot F_\mathrm{c} - S_\mathrm{bc} \cdot F_\mathrm{b}}{S_\mathrm{bb} \cdot S_\mathrm{cc} - S_\mathrm{bc}^2}. \tag{20.17}$$

Wenn, wie in Abb. 20.11, das System außerdem symmetrisch ist, wird auch $S_\mathrm{bc} = 0$.

Ebener Pfahlrost Wenn der Pfahlrost z. B. in die Ebene $x; y$ gelegt wird, kann das System nur Lasten F_x, F_y und F_c aufnehmen ($p_z = p_\mathrm{a} = p_\mathrm{b} = 0$).

Damit reduziert sich das Gleichungssystem (20.13) auf

$$\begin{pmatrix} F_x \\ F_y \\ F_\mathrm{c} \end{pmatrix} = \begin{pmatrix} S_{xx} & S_{xy} & S_{x\mathrm{c}} \\ S_{yx} & S_{yy} & S_{y\mathrm{c}} \\ S_{\mathrm{c}x} & S_{\mathrm{c}y} & S_\mathrm{cc} \end{pmatrix} \cdot \begin{pmatrix} v_x \\ v_y \\ v_\mathrm{c} \end{pmatrix} \tag{20.18}$$

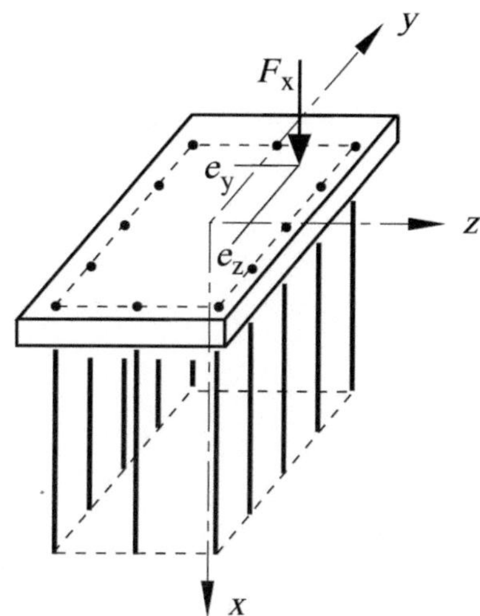

Abb. 20.11 Pfahlrost mit nur senkrechten Pfählen

Ebener, symmetrischer Pfahlrost Der ebene, symmetrische Pfahlrost ist in Abb. 20.12 dargestellt. Im Unterschied zum vorhergehenden allgemeinen Fall werden $S_{xy} = 0$ und $S_{xc} = 0$, weil die ω-Winkel paarweise symmetrischer Pfähle 0 und 180° sind, so dass p_y (und analog p_c wegen y_i) mit gleichen Werten aber umgekehrten Vorzeichen in die S_{kl}-Summen eingeht.

► **Anmerkung** Werden die Lasten z. B. auf den elastischen Schwerpunkt bezogen, ergeben sich häufig weitere Vereinfachungen, weil weitere Glieder der Steifigkeitsmatrix zu 0 werden. Der elastische Schwerpunkt eines ebenen Pfahlsystems (x, y) ist derjenige Punkt, in dem eine äußere Last nur eine Verschiebung v_x, v_y, aber keine Drehung verursacht, s. auch Schenck

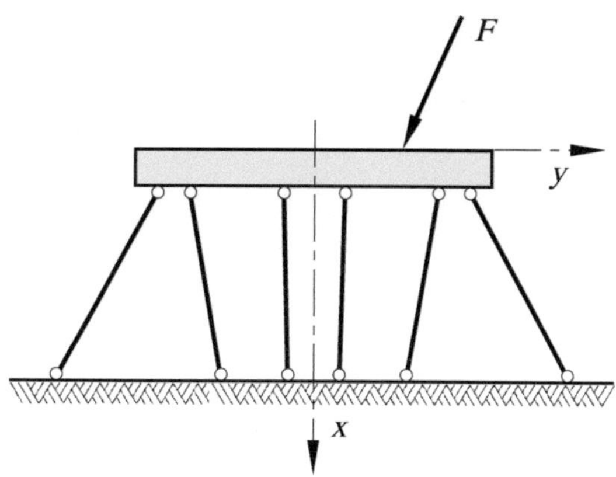

Abb. 20.12 Ebener, symmetrischer Pfahlrost

et al. (1992). Seine Lage muss allgemein über die Steifigkeitswerte ausgerechnet werden; bei nur einem Paar Schrägpfähle kann der Schnittpunkt deren Wirkungslinien als solcher direkt angegeben werden, womit sich eine Rechenvereinfachung wegen $Syc = 0$ ergibt.

Lösung:

$$\begin{aligned} v_x &= \frac{F_x}{S_{xx}} \\ v_y &= \frac{F_y \cdot S_{\mathrm{cc}} - F_{\mathrm{c}} \cdot S_{y\mathrm{c}}}{S_{yy} \cdot S_{\mathrm{cc}} - S_{y\mathrm{c}}^2} \\ v_{\mathrm{c}} &= \frac{F_{\mathrm{c}} \cdot S_{yy} - F_y \cdot S_{y\mathrm{c}}}{S_{yy} \cdot S_{\mathrm{cc}} - S_{y\mathrm{c}}^2}. \end{aligned} \tag{20.19}$$

Räumlicher Pfahlrost mit zwei Symmetrie-Ebenen Von den 21 Koeffizienten S_{kl} verschwinden 13, so dass die Lösung lautet:

$$\begin{aligned} v_x &= \frac{F_x}{S_{xx}}; & v_{\mathrm{a}} &= \frac{F_{\mathrm{a}}}{S_{\mathrm{aa}}} \\ v_y &= \frac{F_y \cdot S_{\mathrm{cc}} - F_{\mathrm{c}} \cdot S_{y\mathrm{c}}}{S_{yy} \cdot S_{\mathrm{cc}} - S_{y\mathrm{c}}^2}; & v_{\mathrm{c}} &= \frac{F_{\mathrm{c}} \cdot S_{yy} - F_y \cdot S_{y\mathrm{c}}}{S_{yy} \cdot S_{\mathrm{cc}} - S_{y\mathrm{c}}^2} \\ v_z &= \frac{F_z \cdot S_{\mathrm{bb}} - F_{\mathrm{b}} \cdot S_{\mathrm{b}z}}{S_{zz} \cdot S_{\mathrm{bb}} - S_{\mathrm{b}z}^2}; & v_{\mathrm{b}} &= \frac{F_{\mathrm{b}} \cdot S_{zz} - F_z \cdot S_{\mathrm{b}z}}{S_{zz} \cdot S_{\mathrm{bb}} - S_{\mathrm{b}z}^2}. \end{aligned} \tag{20.20}$$

Axialsymmetrischer Pfahlrost Häufig angewendet bei Turmgründungen, s. Abb. 20.13. Mit Rücksicht auf die H- und M-Lasten empfiehlt es sich, m Lotpfähle und n Schrägpfähle zu setzen, wobei $n, m \geq 4$. Es bleiben nur 3 Komponenten v_x, v_y, v_{c} aus einem vollständig entkoppelten Gleichungssystem zu berechnen. Falls alle Pfähle gleich sind ($s_i = \text{const} = s$), lautet die Lösung wegen

$$\sum \cos^2 \omega_0 = \sum \sin^2 \omega_i = \frac{n}{2}; \quad (1 \leq i \leq n):$$

$$\begin{aligned} v_x &= \frac{F_x}{s(n \cdot \cos^2 \alpha_n + m)} \\ v_y &= \frac{2 \cdot F_y}{s(n \cdot \sin^2 \alpha_n)} \\ v_{\mathrm{c}} &= \frac{2 \cdot F_{\mathrm{c}}}{s(m \cdot y_0^2)}. \end{aligned} \tag{20.21}$$

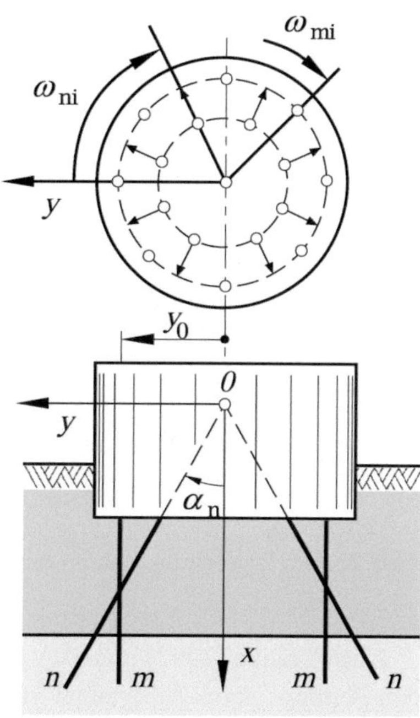

Abb. 20.13 Axialsymmetrischer Pfahlrost

20.2 Biegesteife Pfahlsysteme

Ab den 1950er Jahren wurden maschinentechnisch bedingt zunehmend auch Bohrpfähle mit großem Durchmesser und überwiegend senkrecht hergestellt. Infolge des großen Querschnitts und der Bewehrungsmöglichkeit können außer großen Vertikallasten auch Einwirkungen aus Horizontalkräften und Momenten aufgenommen und in den Boden abgetragen werden, s. Abb. 20.14.

Vor allem bei Pfählen größeren Durchmessers spielen das Setzungsverhalten des Einzelpfahles, s. Abschn. 13.3, und die Gruppenwirkung bei Vertikal- und Horizontalbelastung eine größere Rolle als bei schlanken Pfählen, was so stärker beachtet werden muss.

Die Berechnung der Beanspruchungen horizontal und damit biegebeanspruchter Einzelpfähle, s. Abb. 20.15, erfolgt in der Regel nach dem Bettungsmodulverfahren, s. Abschn. 19.4. Für das Tragverhalten von horizontal belasteten Pfählen sind nach Franke (1992) zwei Grenzfälle zu unterscheiden, s. auch Abschn. 19.7:

a) „kurze“ Pfähle, die sich als starre Körper im Boden verdrehen;
b) „unendlich lange“ Pfähle, bei denen die seitliche Verschiebung den Pfahlfuß nicht erreicht.

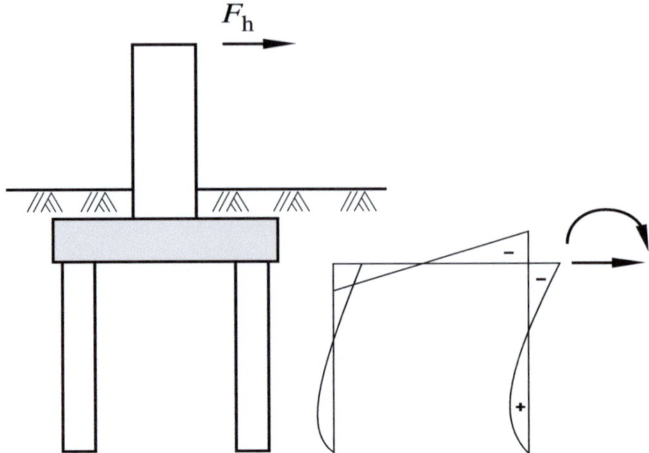

Abb. 20.14 Horizontallast und Moment bei Pfahlrahmentragwerk mit senkrechten Pfählen

Nach Franke (1992) und *DIN 1054* genügt es für die Berechnung der Schnittgrößen, den Bettungsmodul näherungsweise als Quotient aus Steifemodul und Pfahldurchmesser

$$k_s = \frac{E_s}{d} \tag{20.22}$$

zu ermitteln.

Größe und Verteilung des Bettungsmoduls müssen aus Probebelastungen ermittelt werden, wenn Verformungen der Pfahlgründung für das Tragverhalten des Bauwerks relevant

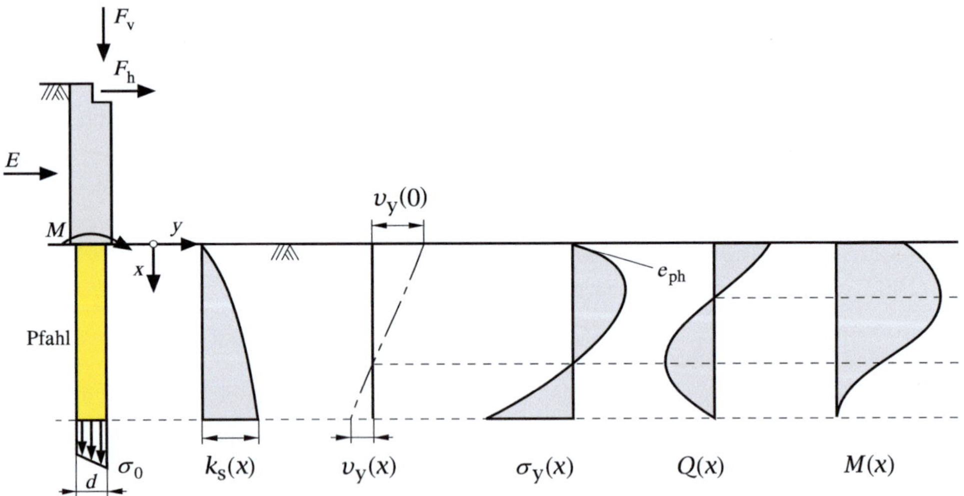

Abb. 20.15 Pfahl und Horizontallast

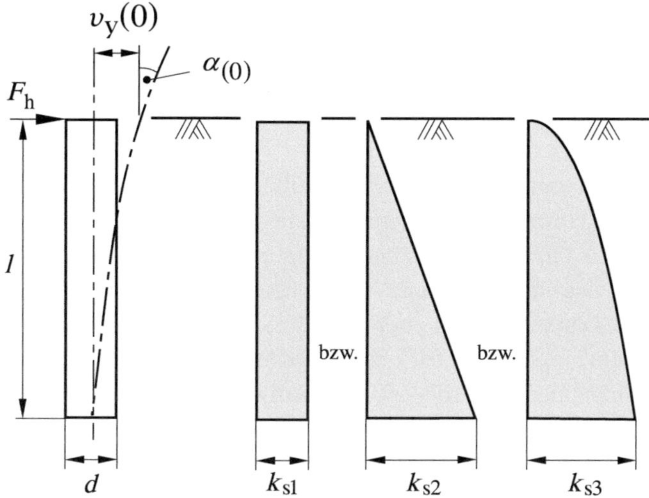

Abb. 20.16 Horizontal belasteter Pfahl und unterschiedlicher Ansatz des Bettungsmoduls

sind und keine Erfahrungen vorliegen. Für die Berechnung von Verformungen, vor allem vor Stützwänden, s. Abschn. 17.4.3!

Gleichung (20.22) liefert in der Regel kleinere Werte als sich aus Rückrechnungen aus Versuchen ergibt, Franke et al. (1994). Falls obere Grenzwerte für die Bemessung maßgeblich sein können, müssen die Bettungsmoduln aus Probebelastungen abgeleitet werden, sofern keine ausreichenden Erfahrungen vorliegen, s. *DIN 1054* und *Empfehlungen des Arbeitskreises „Pfähle" (EA Pfähle)*.

Ggf. muss bei der Auswertung und beim Ansatz der Verlauf des Bettungsmoduls entlang der Pfahlachse variiert werden. Konstante, dreiecksförmige und gekrümmte Verläufe sind denkbar, s. Abb. 20.16.

Maßgeblich für das Tragverhalten eines langen Pfahls ist seine elastische Länge L, s. Abschn. 19.4. Die elastische Länge kann für einen konstanten Bettungsmodulverlauf aus Gl. (20.23) und für einen dreiecksförmigen Verlauf aus Gl. (20.24) errechnet werden. Bei einer Pfahllänge von $l \geq 4L$ kann vereinfachend das Tragverhalten des „unendlich langen" Pfahles zugrunde gelegt werden. Um eine sichere Einspannung zu erreichen, sollte der Pfahl mit etwa $l = 2L$ in den tragenden Boden einbinden.

$$L = \sqrt[4]{\frac{4E \cdot I}{d \cdot k_{s1}}} \quad [\mathrm{m}] \tag{20.23}$$

$$L = \sqrt[5]{\frac{E \cdot I \cdot l}{d \cdot k_{s2}}} \quad [\mathrm{m}]. \tag{20.24}$$

$E \cdot I$ = Biegesteifigkeit des Pfahles!

Werden die horizontalen Reaktionsspannungen aus der Pfahlverschiebung mit dem Bettungsmodulverfahren ermittelt, muss beachtet werden, dass der Erdwiderstand als Grenzbedingung nicht überschritten werden kann. Auch aus dieser Bedingung ergibt sich häufig, dass der Bettungsmodul mit seinem Verlauf variiert und ggf. iterativ vorgegangen werden muss.

Ein verfeinertes Bettungsmodulverfahren stellt die sogenannte p-y-Methode dar. Bei ihr werden stetige, nichtlineare Federkennlinien in Abhängigkeit von der Bodenart und der Tiefe konstruiert. Als Grenzwert enthalten ist der einem räumlichen Modell entsprechende Erdwiderstand. Die in der Literatur angegebenen Ansätze sind an Probebelastungen kalibriert worden. Darunter fallen auch Richtlinien für Offshore-Bauwerke, wofür das Verfahren bevorzugt eingesetzt wird, s. hierzu Achmus (2012) und Kempfert (2009).

Mit den Bezeichnungen in Abb. 20.17 lauten nach Schiel und Shen (1970) die am Pfahlkopf angreifenden Momente und Kräfte, die eine Einheitsverdrehung bzw. eine Einheitsverschiebung erzeugen – „Federkonstanten":

- Pfahlkopf gelenkig angeschlossen (ohne Bild):

$$s_y = -\frac{3(E \cdot I)_{\text{Pfahl}}}{(h + L)^3 + 0{,}5L^3} \quad [\text{kN/m}] \tag{20.25}$$

- Pfahlkopf eingespannt:

$$s_y = \frac{12(E \cdot I)_{\text{Pfahl}}}{(h + L)^3 + 2L^3} \quad [\text{kN/m}] \tag{20.26}$$

$$s_c = \frac{(E \cdot I)_{\text{Pfahl}}}{h + L} \quad [\text{kN} \cdot \text{m}]. \tag{20.27}$$

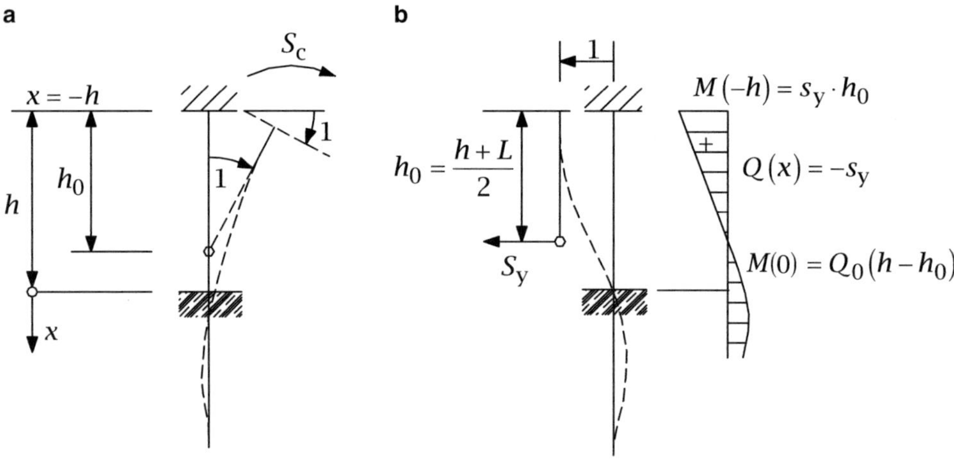

Abb. 20.17 Einzelpfahl mit Biegung; nach Schiel und Shen (1970) **a** Einheitsverdrehung, **b** Einheitsverschiebung

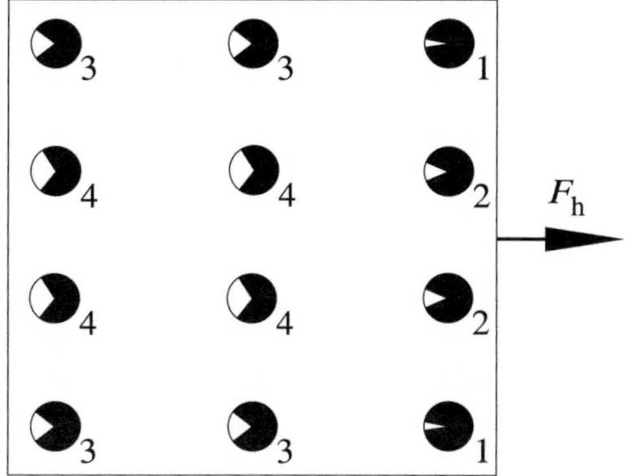

Abb. 20.18 Lastverteilung innerhalb einer durch H-Last beanspruchten Pfahlgruppe (qualitativ, Vollkreis ≙ Tragverhalten Einzelpfahl). (Nach Franke et al. 1994)

Die Verteilung von horizontalen Einwirkungen bei Pfahlgruppen auf die einzelnen Pfähle hängt von den Pfahlabständen untereinander in Kraftrichtung und quer dazu sowie von der Lage des Einzelpfahles in der Pfahlgruppe ab.

Wie in Abb. 20.18 exemplarisch dargestellt, ergeben sich für die (bezüglich der Aufnahme von Druckreaktionen) vorderen Pfähle die stärkeren Beanspruchungen, s. Franke et al. (1994). Die Randpfähle nehmen mehr als die Mittelpfähle auf. Diese Aussagen gelten vorrangig für Gebrauchslasten. Generell ist die Verteilung der Beanspruchungen innerhalb einer Pfahlgruppe verschiebungsabhängig, so dass gesonderte Betrachtungen erforderlich werden, wenn eine Pfahlgruppe bis zum Grenzzustand der Tragfähigkeit belastet werden soll, wie z. B. bei Anprallschutz-Bauwerken. Abminderungsfaktoren gegenüber dem Einzelpfahl sowie anzusetzende Bettungsmoduln für die einzelnen Pfähle in der Gruppe sind in den *EA-Pfähle* angegeben.

20.3 Setzungen und Lastverteilungen bei Pfahlgruppen

Wie schon eingangs erwähnt, beeinflussen sich Einzelpfähle in Pfahlgruppen setzungsmäßig ähnlich wie nebeneinander angeordnete Flächengründungen. Die Erfassung des Setzungsverhaltens ist bei Pfahlgruppen allerdings schwieriger als bei normalen Fundamenten. So wird bei gleichem Lastanteil ein Eckpfahl sich weniger setzen als ein Pfahl im Zentrum der Gruppe. Umgekehrt werden durch eine starre Pfahlkopfplatte die Pfahllasten nicht gleichmäßig abgetragen: Eckpfähle werden durch das Erzwingen gleichmäßiger Setzungen stärker beansprucht als Mittelpfähle. Es sind somit die Setzungen als auch die Lastverteilung positionsabhängig. Dieser Setzungseinfluss ist besonders bei Bohrpfahlgründungen zu beachten, da bei Ramm- bzw. Verdrängungspfählen in der Regel eine herstellungsbedingte Bodenverbesserung erzielt wird, so dass die Setzungen allgemein oft vernachlässigbar klein sind.

Für die Erfassung der komplexen Zusammenhänge bei normalkraftbeanspruchten Pfahlgruppen gibt es in der Literatur eine Vielzahl unterschiedlicher Ansätze. Dabei ist im Wesentlichen zu unterscheiden zwischen Pfahltyp (Bohr-/Verdrängungspfahl), Vorzeichen der Beanspruchung (Druck/Zug) und Grenzzustand (Setzung/Tragfähigkeit) sowie dem jeweiligen Ansatz (analytisch/numerisch/empirisch); z. T. wird auch nach Bodenarten (nichtbindig/bindig) unterschieden. Es liegen nicht für alle Fälle ausreichend abgesicherte Erkenntnisse vor. Eine Übersicht gibt Kempfert (2009). In der *EA-Pfähle* wird für druckbeanspruchte Bohrpfahlgruppen ein auf umfangreichen 3D-FEM-Analysen basierendes Näherungsverfahren mit Nomogrammen empfohlen. Im Folgenden soll auf einen klassischen Ansatz etwas näher eingegangen werden.

Der Setzungseinfluss einer Bohrpfahlgruppe kann folgendermaßen erfasst bzw. superponiert werden:

- Einzelpfahlsetzung entsprechend der kurzfristigen Probebelastung oder der in Abschn. 13.2 bis 13.4 angegebenen Arbeitslinien;
- Setzungsanteil aus Spitzendruck, verteilt auf die umrissene Fläche aller Pfähle, zu berechnen nach den herkömmlichen Verfahren, s. Kap. 10;
- Berechnung des Setzungsanteils aus Mantelreibung nach Cooke (1974) und Randolph und Wroth (1979), s. dazu Franke et al. (1994) und nachfolgend.

Das Verfahren von Cooke setzt einen starren Pfahl und nur die Wirkung von konstanter Mantelreibung voraus, s. Abb. 20.19. Die Normalspannungen in der Pfahlumgebung werden vernachlässigt. Der radiale Setzungseinfluss des Einzelpfahls muss allerdings nach Randolph und Wroth (1979) auf

$$r_{\mathrm{m}} = 2{,}5 \cdot l(1 - \nu) \tag{20.28}$$

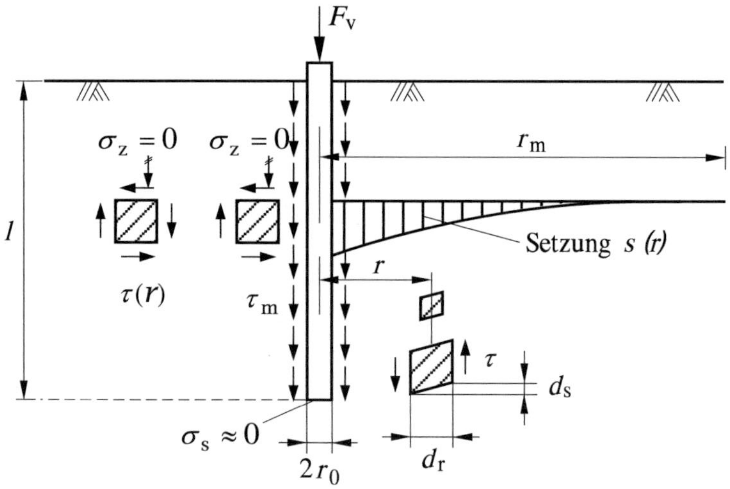

Abb. 20.19 Setzung infolge Mantelreibung (Näherungslösung)

beschränkt werden, da sonst unwirkliche Setzungen errechnet werden. Hierbei entspricht ν der Querdehnzahl des Bodens in der Pfahlumgebung.

Die Lösung von *Cooke* beruht auf näherungsweiser Anwendung der Elastizitätstheorie und unter Beachtung der Gleichgewichtsbedingungen der vertikalen Kräfte, wobei die Verformungen aus den Schubspannungen infolge Mantelreibung $\tau_m = q_s$ in einem radialen Bereich (r_m) integriert werden, s. Gln. (20.29) bis (20.34).

Der Setzungseinfluss benachbarter Pfähle muss über Superposition der einzelnen Setzungsanteile erfasst werden.

$$\pi \cdot 2r_0 \cdot l \cdot \tau_m = \pi \cdot 2r \cdot l \cdot \tau; \quad \text{aus} \sum \mathrm{V} = 0 \tag{20.29}$$

$$\Rightarrow r_0 \cdot \tau_m = r \cdot \tau \tag{20.30}$$

$$\frac{\mathrm{d}s}{\mathrm{d}r} = \frac{\tau}{G} = \frac{r_0 \cdot \tau_m}{G \cdot r} \tag{20.31}$$

$$s(r_0) = \int_{r_0}^{r_m} \frac{r_0 \cdot \tau_m}{G \cdot r} \cdot \mathrm{d}r = \frac{r_0 \cdot \tau_m}{G} \int_{r_0}^{r_m} \frac{1}{r} \cdot \mathrm{d}r \tag{20.32}$$

$$s(r_0) = \frac{r_0 \cdot \tau_m}{G} \cdot \ln \frac{r_m}{r_0} \tag{20.33}$$

$$s(r) = \frac{r_0 \cdot \tau_m}{G} \cdot \ln \frac{r_m}{r}. \tag{20.34}$$

20.4 Pfahl-Knicken

Nach *DIN EN 1997-1* müssen schlanke Pfähle, die teilweise in Wasser oder sehr weichen Sedimenten größerer Dicke stehen, auf Knicken untersucht werden. Weiter heißt es dort, dass in der Regel kein Knicknachweis erforderlich ist, wenn die Pfähle von Böden mit $c_{u,k} > 10\,\mathrm{kN/m^2}$ umschlossen sind. In *DIN 1054* wird dies allerdings durch eine Anmerkung relativiert, wonach bei Mikropfählen auch dann eine Knickgefahr besteht, wenn das vorgenannte Kriterium bezüglich c_u erfüllt ist. Die Schlankheit selbst als maßgebliche Systemgröße geht als Kriterium nicht ein.

Zunächst soll das Vorgehen für den seitlich nicht gestützten Fall betrachtet werden. Dabei sind die in Abb. 20.20 (Schiel und Shen 1970) skizzierten unterschiedlichen Lagerbedingungen der Pfahlköpfe zu prüfen. Da der Einspannpunkt eines Pfahles unterhalb der Bodenoberfläche bzw. der Oberfläche des tragfähigen Bodens liegt, schätzt man für seitlich ungestützte Pfähle mit der Höhe h nach *Schiel/Shen* die Lage dieses Punktes mit Hilfe der elastischen Länge L nach Gl. (20.23) bzw. (20.24) wie folgt ab:

Fall a: Kopf gegen Verschiebung und Verdrehung festgehalten

$$l_k = \frac{h + L}{2}. \tag{20.35}$$

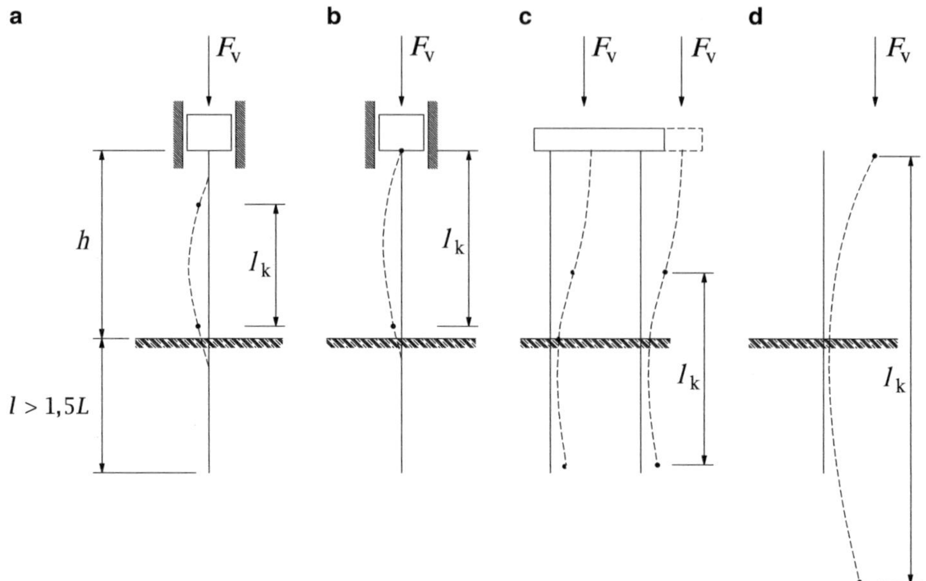

Abb. 20.20 Knicklängen. Anmerkung: die Vermaßung links gilt für **a** bis **d**

Fall b: Kopf nur gegen Verschiebung festgehalten

$$l_k = \frac{h + L}{\sqrt{2}}. \tag{20.36}$$

Fall c: Kopf nur gegen Verdrehung festgehalten

$$l_k = h + L. \tag{20.37}$$

Fall d: Kopf frei

$$l_k = 2 \cdot (h + L). \tag{20.38}$$

Die Knicklast kann nach der bekannten *Euler*-Lösung berechnet werden:

$$N_k = n^2 \left(\frac{\pi}{l_k} \right)^2 \cdot (E \cdot I)_{\text{Pfahl}}. \tag{20.39}$$

Dabei ergeben sich analytisch entsprechend den verschiedenen Eigenformen (Welligkeit der Knickfigur), die in Gl. (20.39) durch Faktoren $n = 1, 2, 3 \ldots$ beschrieben werden, mehrere Lösungen. In der Regel wird ein *Euler*-Stab bei der zu $n = 1$ zugehörigen Last versagen.

Eine weitergehende Betrachtung kann nach einer analytischen Lösung, die auf *Engesser* zurückgeht, angestellt werden. Für einen oben und unten gelenkig gelagerten Stab mit der Länge $l = l_k$ ergibt sich bei linear-elastischer Bettung in weichem Boden eine Erhöhung der Knicklast nach Gl. (20.39) um den zweiten Summanden in Gl. (20.40):

$$N_k = n^2 \left(\frac{\pi}{l}\right)^2 \cdot (E \cdot I)_{\text{Pfahl}} + \frac{1}{n^2}\left(\frac{l}{\pi}\right)^2 \cdot k_l. \tag{20.40}$$

► **Anmerkung** k_l ist hier ein auf die Pfahlachse bezogener Bettungsmodul (Linienfeder [kN/m²]), wobei $k_l = k_s \cdot b$ bzw. $k_s \cdot d$.

Die maßgebende Welligkeit kann einem Diagramm von Pflüger (1964) entnommen werden.

Bei einem voll im Boden elastisch gebettet gelagerten Stab ergibt sich die Knicklänge zu

$$l_k = \pi \cdot \left[\frac{(E \cdot I)_{\text{Pfahl}}}{k_l}\right]^{\frac{1}{4}}. \tag{20.41}$$

Beim unendlich langen Pfahl ergibt sich die Knicklast, frei von den Auflagerbedingungen, zu

$$N_k = 2 \cdot \sqrt{(E \cdot I)_{\text{Pfahl}}} \cdot \sqrt{k_l}. \tag{20.42}$$

Nach Wenz (1972) und Meek (1996) werden die Bettungsmoduln für Mikropfähle mit der undränierten Scherfestigkeit wie folgt korreliert:

$$70 \cdot c_u \leq k_l \leq 100 \cdot c_u. \tag{20.43}$$

Da bei weichen, plastischen Böden der seitliche Bodenwiderstand mit zunehmender seitlicher Verschiebung des Pfahls nur begrenzt zunimmt, werden nach Engesser in Verbindung mit den oben genannten Ansätzen die Knicklasten oft überschätzt. Deshalb wird auf elastisch-plastische Tragmodelle, s. Randolph und Houlsby (1984), sowie auf durch Modellversuche untermauerte Ansätze, s. Vogt et al. (2005), Vogt und Vogt (2005) und Vogt und Cudmani (2018), verwiesen. Dabei werden Grenzwerte für die seitlichen Bodenwiderstände gleich oder ähnlich angesetzt, wie sie auch als Einwirkung für den Seitendruck auf Pfähle, s. Abschn. 13.2, angegeben sind. Weitere Hinweise s. auch *EA-Pfähle* und Kempfert (2009).

20.5 Kombinierte Pfahl-Plattengründung

Seit einiger Zeit werden Pfähle in Verbindung mit Plattengründungen als kombinierte Pfahl-Plattengründung (KPP) verwendet, überwiegend mit dem Ziel, gegenüber einer reinen Plattengründung die Setzungen zu reduzieren.

Wie in Abb. 20.21 dargestellt, werden bei dieser kombinierten Gründungsart die Bauwerkseinwirkungen über die Pfähle und über die Platte in den Baugrund eingetragen. Die

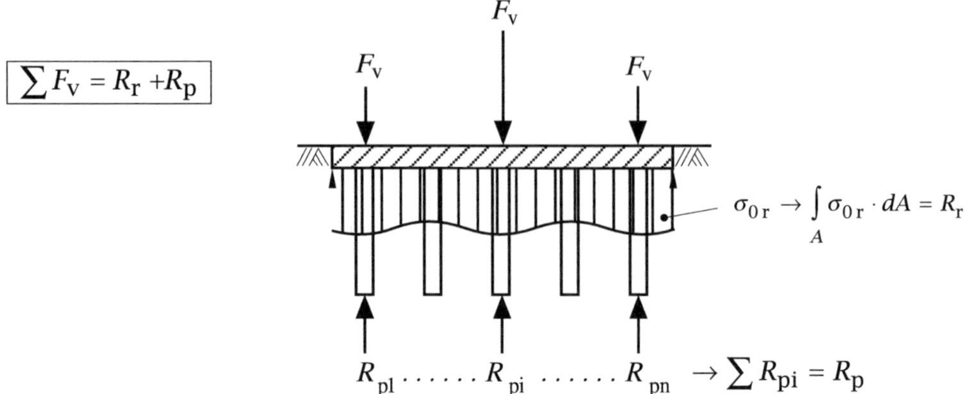

Abb. 20.21 Pfahl-Plattengründung: Verteilung der Last

Pfähle dienen in der Regel als Mantelreibungspfähle (schwimmende Pfähle) zur Erhöhung der Untergrundsteifigkeit, vor allem untermittelbar unter großen Einwirkungen.

▶ **Anmerkung** In Abb. 20.21 sowie nachfolgend werden die Widerstände mit R, jeweils mit dem Index r für die Platte (raft) bzw. mit p für die Pfähle (pile) bezeichnet.

Diese Gründungsart wird heute in Deutschland als Kombinierte Pfahl-Plattengründung (KPP) bezeichnet, s. *KPP-Richtlinie (2001/2021)* sowie Hanisch et al. (2002). (Die *KPP-Richtlinie* 2001 ist in zweitgenannter Veröffentlichung enthalten, die *KPP-Richtlinie* 2021 wurde lediglich um Anhänge ergänzt.) Danach ist die KPP eine geotechnische Verbundkonstruktion, die die gemeinsame Tragwirkung der Gründungselemente Fundamentplatte und Pfähle unter Inanspruchnahme der Interaktionseinflüsse zwischen diesen Gründungselementen bei der Einleitung von Bauwerkseinwirkungen in den Baugrund erfasst.

Ziele für die Anwendung der KPP sind:

- Setzungsreduzierungen (settlement reducer), s. Burland et al. (1977),
- Erhöhung der Standsicherheit (Kippsicherheit), vor allem bei hohen Bauwerken mit relativ kleiner Gründungsfläche,
- Zentrierung von Einwirkungen und Widerständen bei exzentrisch beanspruchten Gründungskörpern,
- Reduzierung der „inneren" Beanspruchungen von Fundamentplatte und Pfählen sowie
- Reduzierung von Hebungen beim Aushub, da die Pfähle eine Entspannung des Bodens beim Aushub behindern, s. Moormann (2003).

Erste Anwendungen der KPP dienten der Setzungsreduzierung bei Hochhausgründungen. So war das Bestreben bei der Planung von Hochhäusern in Frankfurt am Main in den 80er und 90er Jahren des letzten Jahrhunderts, die bei den davor bei Hochhäusern mit Plattengründungen aufgetretenen Setzungen von 15 bis 40 cm bzw. Setzungsunterschiede von bis zu 20 cm mit Hilfe der KPP erheblich zu reduzieren sowie die Gefahr von Schiefstellungen infolge von Setzungsunterschieden und Verkantungen zu beseitigen, s. Sommer et al. (1990) sowie Moormann (2003).

Ein besonderer Vorteil ist dann gegeben, wenn ohnehin eine Platte, z. B. für eine wasserundurchlässige Wanne, benötigt wird.

Die Tragwirkung Kombinierter Pfahl-Plattengründungen wird durch komplexe Wechselwirkungen zwischen Fundamentplatte, Gründungspfählen und Boden bestimmt. Zur Abbildung dieser Wechselwirkungen und zur Bemessung von KPP stehen heute verschiedene Methoden zur Verfügung, die sich im Hinblick auf Abbildungsgenauigkeit, Modellierungsaufwand und erzielbaren Ergebnisumfangs deutlich unterscheiden, Moormann et al. (2004). Als besonders geeignete und in der Ingenieurpraxis bewährte Verfahren haben sich numerische Modelle (FEM; BEM) etabliert.

Beim Entwurf und bei der Berechnung geht es in erster Linie um die Frage der auf Pfähle und Platte entfallenden Lastanteile, um die Pfahlanordnung und die erforderliche Länge der Pfähle sowie um die Plattenbemessung, s. dazu auch Kap. 19.

Nach der *KPP-Richtlinie* wird ein Pfahl-Plattenkoeffizient zur Bestimmung der Widerstandsanteile in Abhängigkeit der Setzung s unter Bezug auf charakteristische Werte definiert:

$$\alpha_{\text{KPP}}(s) = \frac{\sum_{j=1}^{m} R_{\text{p},j}(s)}{R_{\text{tot}}(s)} \tag{20.44}$$

$$R_{\text{tot}}(s) = \sum_{j=1}^{m} R_{\text{p},j}(s) + R_{\text{r}}(s) \geq \sum F_{\text{V}}. \tag{20.45}$$

Für den Grenzfall, dass $\alpha_{\text{KPP}} = 1$ ist, wird die gesamte Bauwerkslast über die Pfähle abgetragen. Umgekehrt liegt bei $\alpha_{\text{KPP}} = 0$ eine Flächengründung vor. Im Allgemeinen wird ein Pfahl-Plattenkoeffizient von $\alpha_{\text{KPP}} \approx 0{,}4$ bis 0,8 angestrebt.

Diese Aufteilung ist nur zulässig, wenn eine Verformungsverträglichkeit zwischen Fundamentplatte und Pfählen nachgewiesen werden kann.

Bei der Modellierung des Systems sind verschiedene Interaktionseinflüsse zu beachten. So stehen in Interaktion: Pfahl und Boden durch Tragwirkung infolge Mantelreibung und Spitzendruck, die benachbarten Pfähle als Pfahlgruppe, die Fundamentplatte und der sie tragende Boden sowie die Rückwirkung der Pfähle auf die Platte (Stützung und Bodenverbesserung). Siehe dazu auch Kempfert (2009).

Die *KPP-Richtlinie* gilt für überwiegend vertikal belastete Gründungen. Sie gilt sinngemäß auch für Gründungen mit anderen Tiefgründungselementen wie Schlitzwandelementen, Schlitzwänden bzw. Spundwänden etc.

Sie gilt nicht für Fälle,

- bei denen unter der Fundamentplatte Schichten mit relativ geringer Steifigkeit (z. B. weiche bindige bzw. organische Böden, sackungsfähige Auffüllungen) anstehen

- bei geschichtetem Boden mit einem Steifigkeitsverhältnis der oberen zur unteren Schicht von $E_{\text{s,oben}}/E_{\text{s,unten}} \leq 1/10$.
- Sowie in allen Fällen, bei denen der Pfahl-Plattenkoeffizient $\alpha_{\text{KPP}} > 0{,}9$ ist.

Nach der *KPP-Richtlinie* und *DIN 1054* ist eine KPP-Gründung in die Geotechnische Kategorie GK 3 gemäß *DIN 1054* einzuordnen.

Nach *DIN 1054* ist der Nachweis der Grenztragfähigkeit einer KPP gemäß GEO-2 mit dem Bemessungswert des Gesamtwiderstandes bei Druckbeanspruchung

$$R_{\text{c,tot,d}} = R_{\text{c,tot,k}}/\gamma_{\text{R,v}} \tag{20.46}$$

zu führen, wobei der Teilsicherheitsbeiwert $\gamma_{\text{R,v}}$ entsprechend dem Grundbruchwiderstand anzusetzen ist, s. a. Abschn. 8.3. Das verwendete Berechnungsverfahren muss, wie schon erwähnt, die Interaktion zwischen Baugrund, Sohlplatte und Pfählen in ausreichender Weise berücksichtigen. Ein Nachweis der Einzelelemente Sohlplatte und Einzelpfähle im Grenzzustand GEO-2 („äußerer Nachweis“) darf entfallen. Für Pfähle und Gründungsplatte sind nach bauartspezifischen Regeln Nachweise gegen Materialversagen (Index M) für den Grenzzustand STR zu führen („innere Bemessung“):

$$E_{\text{d}} \leq R_{\text{M,d}}. \tag{20.47}$$

Für den Grenzzustand der Gebrauchstauglichkeit SLS sind verträgliche Setzungen (äußere Gebrauchstauglichkeit) und für die innere Gebrauchstauglichkeit zulässige Durchbiegungen und Rissbreitenbeschränkungen im Regelfall mit charakteristischen Beanspruchungen und Widerständen nachzuweisen.

Von Katzenbach et al. (1999) wurden vergleichende numerische Studien zum Tragverhalten von Flächengründungen, Pfahlgründungen und Pfahl-Plattengründungen angestellt. Danach wurde gezeigt, dass die Mantelreibung bei langen Pfählen in Abhängigkeit von der Überlagerungsspannung nahezu linear mit der Tiefe zunimmt. Der für die Mobilisierung der Mantelreibung maßgebende Spannungszustand im Boden wird durch den Einfluss der Fundamentplatte auf das Spannungsniveau im Boden bestimmt.

Bekanntlich wird die Größe der Mobilisierung der Mantelreibung eines Einzelpfahles durch die Relativverschiebung zwischen Pfahlschaft und benachbartem Boden und die mit der Tiefe zunehmende Primärspannungen bestimmt. Es wurde jedoch festgestellt, dass der Schervorgang am Pfahlmantel, d. h. das Erreichen einer Grenzmantelreibung bei KPP-Pfählen nicht auftritt und sich stattdessen der Pfahlmantelwiderstand, bedingt durch den Einfluss der Fundamentplatte auf das Spannungsniveau im Boden zwischen den Pfählen mit zunehmender Setzung erhöht. Dieser Effekt erhöht sich bei abnehmendem Pfahlabstand.

Andererseits wird das Tragverhalten der Fundamentplatte ebenfalls durch die Pfähle beeinflusst: es tritt eine deutliche Reduzierung des Sohldrucks, insbesondere in der Nähe des Pfahlschaftes, auf.

Die Fundamentplatte und die über sie mobilisierbaren Sohldrücke führen bei einer KPP zu einer Vergleichmäßigung des positionsabhängigen Widerstand-Setzungsverhaltens der Pfähle (Pfahlgruppenwirkung). Zugleich führt die Fundamentplatte zu einer Verringerung der Pfahlsteifigkeit, insbesondere bei einer KPP mit kleinen Setzungen.

Die oben aufgeführte Studie zeigt für eine gewählte Beispielkonfiguration bei Einsatz einer KPP eine Setzungsreduktion um 63 % gegenüber einer Flachgründung und um 25 % im Vergleich zu einer Pfahlgruppengründung. Die Verdoppelung des Pfahlabstandes von $e = 3 \cdot d$ auf $e = 6 \cdot d$ und damit eine Einsparung der Pfahlmassen um ca. 60 % führte immer noch zu einer Setzungsreduktion um 50 % gegenüber der Flachgründung.

Außerdem wurde gezeigt, dass bei einem bezogenen Pfahlabstand $e/d = 3$ das Tragverhalten eines Pfahles in der Pfahlgruppe bzw. bei der KPP in starkem Maße von seiner Position innerhalb der Pfahlanordnung abhängt. Er zeigt ein anderes Widerstands-Setzungs-Verhalten als ein vergleichbarer Einzelpfahl. Insbesondere die innen stehenden Pfähle können durch den Einfluss der Nachbarpfähle geringere Pfahlwiderstände, insbesondere geringere Mantelreibung entwickeln. Eckpfähle übernehmen dagegen anteilig die meiste Last. Mit größerem Pfahlabstand verringert sich die Interaktion Pfahl/Pfahl: bei einem Verhältnis von $e/d = 6$ zeigen alle Pfähle nahezu das gleiche, von ihrem Standort unabhängige Tragverhalten. Von den Autoren der o. g. Studie wird aus ökonomischen Gründen ein Verhältnis von $e/d = 4{,}5$ empfohlen, da erst bei größeren Pfahlabständen die Tragwirkung der Fundamentplatte sowohl im Hinblick auf die direkte Lastabtragung über die Sohlpressung als auch indirekt im Hinblick auf ihre Wirkung hinsichtlich der Tragfähigkeit der Pfähle optimal genutzt wird.

Für die Berechnung von KPP stehen verschiedene Verfahren zur Verfügung: empirische Verfahren, Verfahren mit äquivalenten Ersatzmodellen, analytische Verfahren und numerische Verfahren. Eine Übersicht über verschiedene Berechnungsansätze findet sich bei Kempfert (2009). Erwähnenswert ist das von Wahrmund (1993) entwickelte Verfahren, das eine Kombination aus FEM und BEM darstellt und in der Arbeit von Walter (2011) entsprechend aufbereitet und bei Berücksichtigung der Nichtlinearität in ein allgemeines Tragwerkprogramm implementiert wurde. Vor dem Hintergrund der heute verfügbaren Rechnerkapazitäten und Software geht der allgemeine Trend allerdings zur Volldiskretisierung der gesamten aus Baugrund, Pfählen und Platte bestehenden KPP, ggf. einschließlich der aufgehenden Konstruktion, durch 3D-FEM-Analysen.

Die nachfolgend aufgeführten empirischen Rechenverfahren beziehen sich auf das Bettungsmodulverfahren und die Annahme einer Federsteifigkeit für die Pfähle. Dabei wird in der Regel auf das Tragverhalten eines Einzelpfahles bei Probebelastungen zurückgegriffen. Die o. a. Erfahrungen der vielfältigen Interaktion können nur durch die Berücksichtigung bereichsweise unterschiedlicher Steifigkeiten erfasst werden.

Das folgende Vorgehen für Entwurf und Berechnung wurde von Schmidt und Rumpelt (1993) vorgeschlagen und bei verschiedenen Bauvorhaben angewendet. Dabei wurden die in Abschn. 20.3 beschriebenen Setzungsbeeinflussungen bei Pfahlgruppen in erster Näherung negiert. Die Lastabtragung vom Pfahl in den Baugrund erfordert zwischen Pfahl und Baugrund eine ausreichend große Relativverschiebung. Erfahrungsgemäß erfordert bei

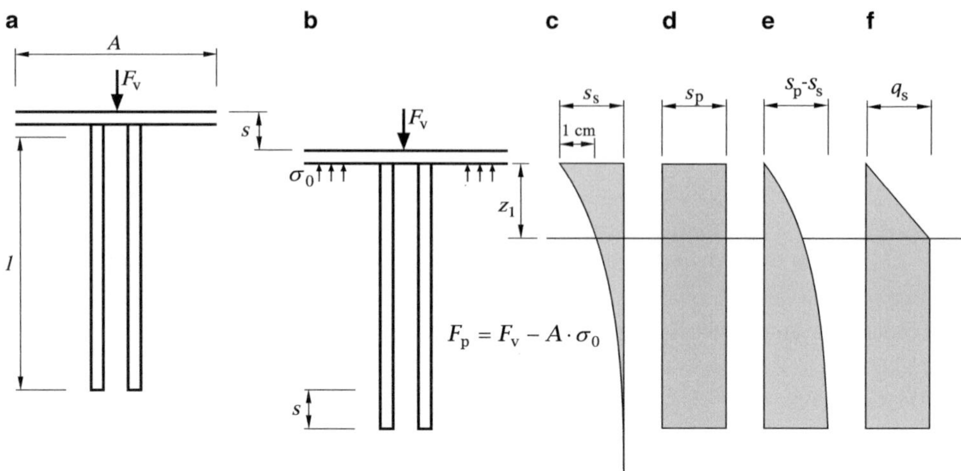

Abb. 20.22 Pfahl-Platten-Gründung: Setzung und Ansatz der Mantelreibung (Setzung überhöht dargestellt). **a** System, **b** System nach Setzung, **c** Setzung des Baugrundes neben Pfahl (s_s), **d** Setzung (Verschiebung) Pfahl (s_p), **e** Relativverschiebung ($s_p - s_s$), **f** mobilisierte Mantelreibung q_s

Bohrpfählen die Aktivierung der Mantelreibung im Grenzzustand eine Relativverschiebung von 1,0 bis 2,0 cm, s. Abschn. 13.3. Ein gleicher Setzungsbetrag sollte über den Widerstandsanteil R_r auch für die Platte (und für den Baugrund unter der Platte) erreicht werden. Der für die Platte verbleibende Lastanteil kann über Anzahl und Länge der Pfähle gesteuert werden. Die Setzungsberechnung für die Platte erfolgt nach der Halbraumtheorie, s. Kap. 10. Setzt sich also der Baugrund neben dem Pfahl, bezogen auf die Länge des Pfahles, z. B. um etwa 2 cm, so beträgt bei unendlich steif angenommenen Pfählen die relative Pfahlfußverschiebung ebenfalls 2 cm. Im oberen Bereich des Pfahles kann die Mantelreibung allerdings nicht voll angesetzt werden. Es muss eine Grenztiefe z_1 eingeführt werden, in der die Relativbewegung zwischen Pfahl und Baugrund mindestens 1 cm (unterer Wert der o. a. Relativverschiebung) beträgt, s. Abb. 20.22. Dieser Wert muss in der Regel iterativ bestimmt werden.

Die mobilisierte Mantelreibung kann in diesem Bereich annähernd linear zunehmend angesetzt werden; ab z_1 wirkt sie konstant. Somit ergibt sich die vom Einzelpfahl aufnehmbare Last zu:

$$R_{\text{pd}} = \pi \cdot d\left(l - \frac{z_1}{2}\right) \cdot q_{\text{s,k}}. \tag{20.48}$$

Bei anderen zulässigen Setzungen oder bei Ansatz des Setzungsanteils aus Spitzendruck müssen die Setzungsprofile und der Ansatz der Mantelreibung in Abb. 20.22 entsprechend modifiziert werden. Die Dimensionierung der Platte kann z. B. mit Programmen unter Verwendung des Bettungsmodulverfahrens vorgenommen werden.

a

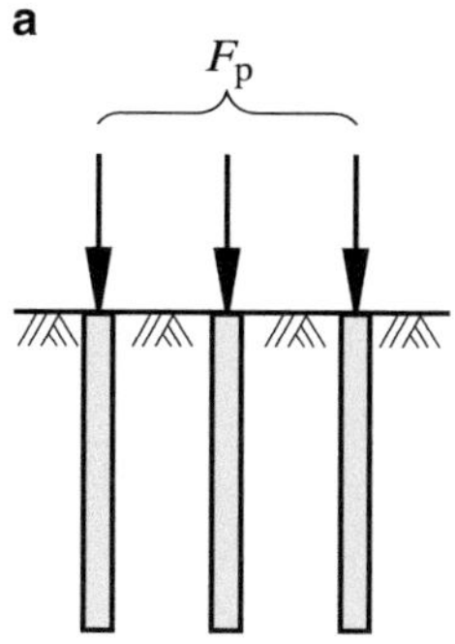

b

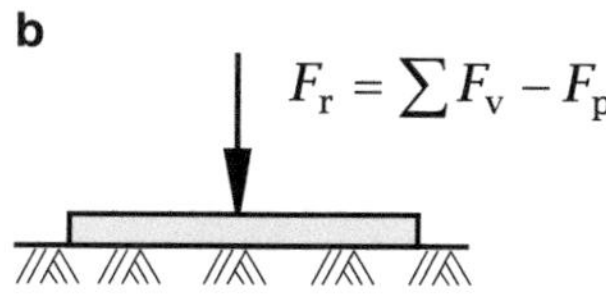

$\sum F_v$ .. Bauwerkseinwirkung
F_p .... Einwirkung Pfahlgruppe
F_r .... Einwirkung Platte (Abtragung über Sohlpressung)

Abb. 20.23 Aufteilung Pfahlgruppe/Platte. **a** Starre Pfahlgruppe, **b** starre Platte

Der Ansatz der Pfahlsteifigkeit erfolgt nach Gl. (20.49).

$$k_p = \frac{R_{pd}}{s_p}. \tag{20.49}$$

Erfahrungsgemäß muss beim Ansatz der Pfahlsteifigkeit und der Bettungsmoduln iterativ vorgegangen werden, um unverträgliche Vertikalverschiebungen zu vermeiden und um die angestrebte Lastverteilung zwischen Pfählen und Platte auch tatsächlich zu erreichen.

Ein ähnliches Näherungsverfahren wurde von Franke et al. (1994) sowie Lutz et al. (2006) vorgestellt: Die Gründung wird in eine Pfahlgruppe und eine starre Gründungsplatte unterteilt, s. Abb. 20.23.

Das Setzungsverhalten des Gesamtsystems kann analog dem Vorgehen bei statisch unbestimmten Pfahlsystemen, wie in Abb. 20.23 dargestellt, in Matrixform beschrieben werden: Gl. (20.50).

$$\begin{pmatrix} k_{pp} & k_{pr} \\ k_{rp} & k_{rr} \end{pmatrix} \cdot \begin{pmatrix} F_p \\ F_r \end{pmatrix} = \begin{pmatrix} s \\ s \end{pmatrix}. \tag{20.50}$$

Dabei ist k_{pp} der Setzungseinfluss für die Pfahlgruppe infolge ihrer Teillast. Die Berechnung kann für $s_i = \text{const}$, wie oben beschrieben, erfolgen oder nach Cooke und Randolph, s. Abschn. 20.3. Der Setzungseinflusswert k_{rr} für die Platte auf der Hauptdiagonalen der Systemmatrix kann über konventionelle Setzungsberechnungen nach Kap. 10 ermittelt werden. Die Matrizenglieder seitlich der Hauptdiagonalen $k_{rp} = k_{pr}$ beschreiben die In-

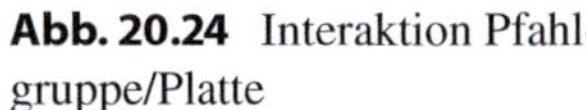

Abb. 20.24 Interaktion Pfahlgruppe/Platte

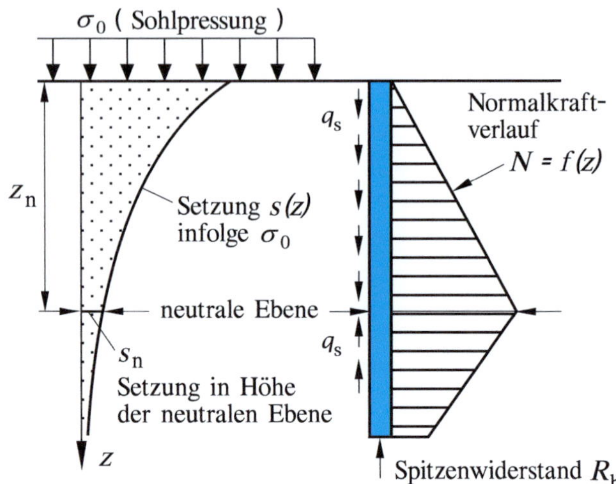

teraktion zwischen Pfählen und Platte. Die Ermittlung dieser Interaktionsfaktoren kann nach einem von Baumgartl (1986) vorgeschlagenen Verfahren zur Ermittlung negativer Mantelreibung infolge einer Geländeauflast erfolgen, s. Abb. 20.24.

Zur Erfüllung des Gleichgewichts der Vertikalkräfte entlang des Pfahles ergibt sich bezüglich der Kräfte aus Mantelreibung ein Nulldurchgang und somit die Tiefe z_n am neutralen Punkt (bzw. Ebene). In der Tiefe z_n ist die Pfahlsetzung gleich der Setzung des umgebenden Bodens. Näherungsweise kann nach Baumgartl (1986) die Setzung mit herkömmlichen Methoden, s. Kap. 10, für $\sigma_0 = F_r/A_r$ und die Tiefe z_n berechnet werden, d. h., es kann k_{rp} gleichgesetzt werden mit $s(z = z_n)$ infolge $\sigma_0 \cdot A_r = F_r = 1$.

Mit diesem Verfahren werden die das Tragverhalten bestimmenden Interaktionen erfasst. Durch Vergleichsberechnungen können zur Einhaltung zulässiger Setzungen Pfahlanzahl, Pfahllänge und -durchmesser sowie die Anordnung der Pfähle variiert werden. Für die Dimensionierung der Platte wird, wie auch bei Schmidt und Rumpelt (1993), auf das Bettungsmodul- bzw. Steifemodulverfahren zurückgegriffen, s. Kap. 19.

Literatur

Achmus, M.: Zum Tragfähigkeitsnachweis für horizontal belastete Pfähle für die Grenzzustände GEO-2 und GEO-3. Geotechnik **35**, 119–129 (2012)

Baumgartl, W.: Ein einfaches Rechenmodell für negative Mantelreibung (Plastisches Model PM). Beiträge zum Symposium Pfahlgründungen. Inst. f. Grundbau, Boden- und Felsmechanik, TH Darmstadt., S. 71–76 (1986)

Burland, J.B., Broms, B.B., De Mello, V.F.B.: Behaviour of foundations and structures. Proc. 9th ISSMFE-Conference, Tokyo., S. 495–546 (1977)

Cooke, R.W.: The settlement of friction pile foundations. Proc. Conf. Tall Buildings, Kuala Lumpur, Vol. 3, S. 1–16 (1974)

Franke, E., Lutz, B., El-Mossalamy, Y.: Pfahlgründungen und die Interaktionen Bauwerk/Baugrund. Geotechnik **17**, 157–172 (1994)

Franke, E.: Grundbautaschenbuch, Kap. 3.3, 4. Aufl. Bd. 3. Ernst & Sohn, Berlin (1992)

Hanisch, J., Katzenbach, R., König, G.: Kombinierte Pfahl-Plattengründungen. Ernst & Sohn, Berlin (2002)

Katzenbach, R., Moormann, C., Reul, O.: Ein Beitrag zur Klärung des Tragverhaltens von Kombinierten Pfahl-Plattengründungen (KPP). Pfahl-Symposium, Institut für Grundbau und Bodenmechanik TU, Braunschweig., S. 261–299 (1999)

Kempfert, H.-G.: Pfahlgründungen, Grundbautaschenbuch, Teil 3, 7. Aufl. Ernst & Sohn, Berlin (2009)

Lutz, B., El-Mossallamy, Y., Richter, Th : Ein einfaches, für die Handrechnung geeignetes Verfahren zur Abschätzung des globalen Last-Setzungsverhaltens von Kombinierten Pfahl-Plattengründungen. Bauingenieur **81**, 61 (2006)

Meek, J.W.: Das Knicken von Verpresspfählen mit kleinem Durchmesser in weichen bindigen Boden. Bautechnik **73**(3), 162–168 (1996)

Moormann, Ch , Schunck, M., Funk, W.: Gründung des Van Technology Centers auf einer aufgelösten Kombinierten Pfahl-Plattengründung (KPP) im verwitterten Stuttgarter Gipskeuper. 4. Kolloquium „Bauen in Boden und Fels", Technische Akademie Esslingen., S. 485–498 (2004)

Moormann, Ch : Zur Tragwirkung und Beanspruchung von Gründungspfählen beim Baugrubenaushub. Pfahlsymposium 2003. Mitt. des Inst. für Grundbau und Bodenmechanik. Technische Universität Braunschweig H. 71, S. 351–378 (2003)

Pflüger, A.: Stabilitätsprobleme der Elastostatik, 3. Aufl. Springer, Berlin, Heidelberg, New York (1964)

Randolph, M.F., Houlsby, G.T.: The limiting pressure on a circular pile loaded laterally in cohesive soil. Geotechnique **34**(4), 613–623 (1984)

Randolph, M.F., Wroth, C.P.: An analysis of the vertical deformation of pile groups. Geotechnique **29**(4), 423–439 (1979)

Schenck, W., Smoltczyk, U., Lächler, W.: Pfahlroste, Berechnung und Konstruktion. Grundbautaschenbuch, Teil 3, 4. Aufl. Ernst & Sohn, Berlin (1992)

Schiel, F., Shen, M.K.: Statik der Pfahlwerke. Springer, Berlin (1970)

Schiel, F.: Statik der Pfahlwerke, 1. Aufl. Springer, Berlin (1960)

Schmidt, H.-H., Rumpelt, Th : Pile Load Capacity in Preconsolidated Keuper Marls of Southwest Germany: Design and Performance. Proc. Intern. Symp. „Geotechnical Engineering of Hard Soils–Soft Rock", Athens. A.A. Balkema. Brookfield, Rotterdam (1993)

Sommer, H., Katzenbach, R., De Benedittus, C.: Last-Verformungsverhalten des Messeturms Frankfurt, Main. Vorträge der Baugrundtagung, Karlsruhe. DGEG, Essen, S. 371–380 (1990)

Vogt, S., Cudmani, R.: Pfähle in weichen Böden – Biegeknicknachweis auf Basis von Probebelastungen. Beitrag zum 17. Geotechnik-Tag, TU München. (2018)

Vogt, N., Vogt, S., Kellner, Ch : Knicken von schlanken Pfählen in weichen Böden. Bautechnik **82**(12), 889–901 (2005)

Vogt, N., Vogt, S.: Knicken von Pfählen mit kleinem Durchmesser in breiigen Böden. Bauforschungsbericht, Bd. 3084. Fraunhofer IRB, Verlag (2005)

Wahrmund, H.: Numerische Berechnungsmethode zur Abschätzung der Lastverteilung und des Last-Setzungsverhaltens vertikal belasteter Pfahlgruppen und Pfahl-Platten-Gründungen, Dissertation. Hochschule für Architektur und Bauwesen Weimar (1993)

Walter, M.: Erarbeitung und Implementierung eines Algorithmus zur Berechnung von Kombinierten Pfahl-Plattengründungen, Masterthesis. SG Grundbau/Tunnelbau, Hochschule f. Technik, Stuttgart (unveröffentlicht) (2011)

Wenz, K.P.: Das Knicken von schlanken Pfählen in weichen bindigen Erdstoffen. H. 50. Institut für Bodenmechanik und Felsmechanik der Universität Fridericiana, Karlsruhe (1972)

Normen

DIN EN 1991-1 (Eurocode 1): Einwirkungen auf Tragwerke

DIN EN 1997-1 (Eurocode 7): Entwurf, Berechnung und Bemessung in der Geotechnik, in Verbindung mit dem nationalen Anhang DIN EN 1997-1/NA und DIN 1054

Sonstige Regelwerke

KPP-Richtlinie 2001/2021: Kombinierte Pfahl-Plattengründungen, Hrsg.: Zinnobergruen GmbH, Düsseldorf; Deutsche Gesellschaft für Geotechnik e. V. -DGGT-, Essen; Jürgen Hanisch J, Katzenbach R, König G, Ernst & Sohn

Sicherung bestehender Bauwerke 21

Zusammenfassung

Ausschachtungen und Gründungsarbeiten neben bestehenden Bauwerken sowie Unterfangungen bestehender Bauwerksteile müssen so geplant und ausgeführt werden, dass die Standsicherheit dieser Gebäude gewährleistet bleibt und dass diese keine schädlichen Bewegungen erleiden. Es müssen also für die bestehenden Bauwerke die Grenzzustände der Tragfähigkeit und der Gebrauchstauglichkeit vom Planenden der neuen Baumaßnahme nachgewiesen werden. Zunächst wird auf die Regelausführungen bei unmittelbarer Nachbarbebauung gemäß *DIN 4123* und die dabei erforderlichen Nachweise eingegangen. Besonderes Augenmerk liegt dabei auf Unterfangungen bestehender Gebäude. Im Weiteren werden Unterfangungen mittels Injektionen und dem Düsenstrahlverfahren sowie Unterfangungen mit Verbauten und Pfählen behandelt.

21.1 Unterfangungen und Bauausführung gemäß *DIN 4123*

Nach BGB, § 909, darf ein Grundstück nicht in der Weise vertieft werden, dass der Boden des Nachbargrundstücks die erforderliche Stütze verliert, es sei denn, dass für eine genügende, anderweitige Befestigung gesorgt wird.

Für die Planung von Unterfangungen sind sorgfältige bautechnische Erhebungen durchzuführen, die Angaben über die vorhandenen und die geplanten Gebäude, über den Aufbau und die Eigenschaften des Baugrundes sowie über die Belastung des Baugrundes ermöglichen. Ebenfalls sind Angaben über die Grundwasserverhältnisse erforderlich. Verwiesen sei auch auf Witt (2018).

Als vorbereitende Maßnahme empfiehlt es sich, zur Beweissicherung vor Beginn der Bauarbeiten unter Mitwirkung aller Beteiligten den Zustand der vorhandenen Bausubstanz festzustellen, s. *DIN EN ISO 18674*. Auch empfiehlt es sich, gefährdete Bauwerke

H.-H. Schmidt, R.F. Buchmaier, C. Vogt-Breyer, *Grundlagen der Geotechnik*,
https://doi.org/10.1007/978-3-658-39834-7_21

während der Bauarbeiten zu beobachten oder gar Sicherungsarbeiten an diesen Gebäuden selbst vorzunehmen.

Derartige Sicherungen an den bestehenden Gebäuden können folgendermaßen ausgeführt werden, s. auch *DIN 4123*:

- Rückverankerung gefährdeter Bauteile
- Versteifen von Wänden (z. B. durch Ausmauern von Wandöffnungen)
- Auszimmern bzw. Zusammenspannen von Gewölben
- Aussteifen oder Verankern des bestehenden Gebäudes gegen bereits fertiggestellte, neue Bauteile usw.

DIN 4123 gilt für Ausschachtungen und Gründungsarbeiten neben bestehenden Gebäuden sowie für die herkömmliche Unterfangung von Gebäudeteilen in schmalen Streifen mit Mauerwerk, Beton oder Stahlbeton. Bei Ausschachtungen geht es um die Ausbildung von Baugruben neben bestehenden Bauwerken. Als Unterfangung bezeichnet man eine Maßnahme, durch die der Gründungshorizont eines bestehenden Bauwerks an einzelnen Stellen oder insgesamt tiefer gelegt wird. Nach *DIN 4123* sind bei den dort genannten Randbedingungen für Zwischenbauzustände im Allgemeinen keine besonderen Nachweise zu führen, wenn die Ausführungsbedingungen der Norm eingehalten werden. In der Regel bedürfen diese Arbeiten keiner speziellen Arbeitsgeräte des Spezialtiefbaus. Für den Endzustand sind jedoch für Unterfangungen die entsprechenden Nachweise für die Grenzzustände der Tragfähigkeit und der Gebrauchstauglichkeit nach *DIN EN 1997-1* und *DIN 1054* zu führen, s. „Nachweise" der Standsicherheit am Ende dieses Abschnitts.

In *DIN 4123* wird ausdrücklich darauf hingewiesen, dass bei Maßnahmen nach dieser Norm geringfügige Bewegungen bestehender Gebäudeteile, die je nach Bauwerkszustand Risse zur Folge haben können, nicht auszuschließen sind. Gilt es diese zu vermeiden, sind u. U. Zusatzmaßnahmen (Gebrauch von Stahldoppelkeilen oder Pressen zum Anheben von Bauwerksteilen) zu verwenden oder es sind andere Unterfangungstechniken zu wählen. Es ist besonders auf den Kraftschluss zwischen Unterfangung und bestehendem Fundament zu achten. Als weitgehend unvermeidbar gelten Haarrisse sowie Setzungen der unterfangenen Gebäudeteile bis 5 mm sowie Risse, deren Breite vom Material und vom Zustand des Bauteils abhängt, z. B. Haarrisse bis 0,2 mm bei Stahlbetonbauteilen.

DIN 4123 kann angewendet werden, wenn

- die vorhandenen Gebäude auf Streifenfundamenten oder auf Stahlbetonplatten gegründet sind,
- der charakteristische Wert der von den Streifenfundamenten bzw. Stahlbetonplatten auf den Untergrund zu übertragende vertikale Fundamentlast bzw. Wandlast nicht mehr als 250 kN/m beträgt, wobei anzumerken ist, dass mit dieser Last in der Regel Wohngebäude, Bürogebäude und vergleichbare Gebäude mit einem Kellergeschoss, fünf Vollgeschossen und einem ggf. ausgebautem Dach erfasst werden,

- bei auf Streifenfundamenten gegründeten Gebäuden der charakteristische Wert der Nutzlast, die unmittelbar über den Kellerboden auf den Untergrund einwirkt, nicht größer ist als $3{,}5\,\mathrm{kN/m^2}$,
- die zu unterfangende Wand aufgrund ihrer Beschaffenheit oder aufgrund von zusätzlichen Sicherungsmaßnahmen als Scheibe wirkt, die eine Überbrückung der Stichgräben sicherstellt,
- der Baugrund im Einflussbereich der geplanten Baugrube aus der bestehenden Gründung oder durch anderweitige Einflüsse, z. B. Verkehr oder Baubetrieb, überwiegend vertikale Lasten aufzunehmen hat,
- der Baugrund sowohl im Bereich der bestehenden Gründung als auch im Bereich der geplanten Gründung oder Unterfangung ausreichend standsicher und tragfähig ist, das Grundwasser ausreichend tief ansteht oder abgesenkt wird und keine sonstigen, über das übliche Maß hinausgehenden Beanspruchungen vorliegen.

Soweit die genannten Voraussetzungen nicht zutreffen, sind die Anforderungen dieser Norm im Einzelfall durch zusätzliche konstruktive Maßnahmen und zusätzliche Standsicherheitsnachweise zu ergänzen.

Nach *DIN 4123* müssen im Einflussbereich der Ausschachtungen und der Gründungsarbeiten Bodenarten anstehen, für die in *DIN 1054* Bemessungswerte des Sohlwiderstands festgelegt sind, d. h. nichtbindiger Boden muss mindestens mitteldichte Lagerung besitzen, bindiger Boden muss mindestens von steifer Konsistenz sein, bzw. es müssen die Einzelnachweise nach Kap. 12 geführt werden.

Im Folgenden wird verkürzt auf die Abschn. 21.7 bis 21.10 der *DIN 4123* eingegangen:

Ausschachtungsarbeiten neben vorhandenen Bauwerken Diese Arbeiten werden der geotechnischen Kategorie GK 1 zugeordnet.

Werden die in Abb. 21.1 dargestellten Randbedingungen hinsichtlich

- Aushubtiefe,
- Bermenbreite,
- Böschungsneigung und
- Abstand Grundwasserspiegel zur Aushubsohle

eingehalten, braucht der sonst erforderliche Nachweis des Geländebruchs nicht geführt zu werden.

Gründungen bei unmittelbarer Nachbarbebauung Diese Arbeiten werden in die geotechnische Kategorie GK 2 eingeordnet.

Soll, wie in Abb. 21.2 dargestellt, unmittelbar neben einem bestehenden Fundament auf gleicher Höhe gegründet werden, müssen die Bedingungen von Abb. 21.2 eingehalten werden.

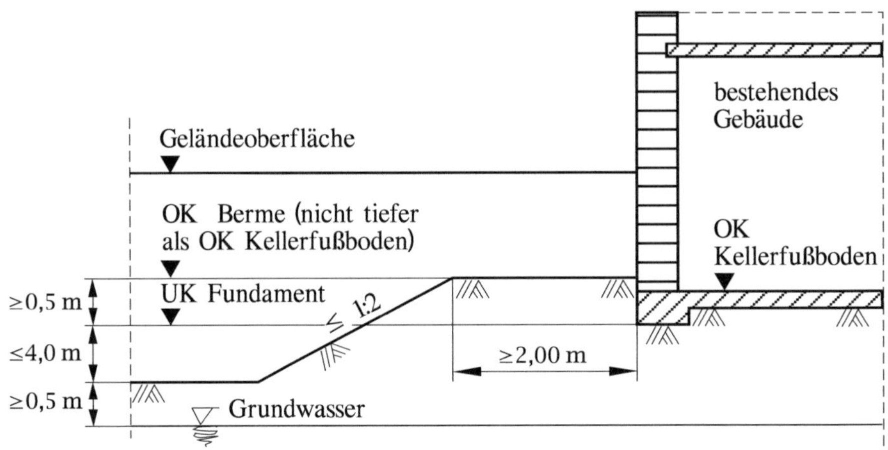

Abb. 21.1 Bodenaushubgrenzen (*DIN 4123*)

Um die Grundbruchsicherheit des bestehenden Fundaments durch Entfernen der seitlichen Bodenauflast (Tiefenglied beim Grundbruchnachweis, s. Abschn. 12.3.3), nicht unzulässig zu verringern, schreibt *DIN 4123* ein abschnittweises Freilegen und Herstellen des Fundaments in einer max. Breite von 1,25 m vor. Zwischen gleichzeitig hergestellten Stichgräben bzw. Schächten ist ein Abstand von mindestens der dreifachen Breite eines Stichgrabens bzw. eines Schachtes einzuhalten. Weitere Stichgräben oder Schächte dürfen erst hergestellt werden, wenn die vorangegangenen neuen Fundamentabschnitte eine ausreichende Festigkeit haben. Die Gräben und Schächte müssen im Bereich des Erdblocks annähernd senkrecht sein und ggf. gemäß *DIN 4124* gesichert werden, s. Kap. 17.

Wird von gleicher Gründungstiefe abgewichen, gilt Folgendes:

a) Liegt die neue Gründungsebene tiefer als die bestehende, so ist das vorhandene Fundament zu unterfangen, siehe folgend, sofern nicht das neue Gebäude als Stütze für das bestehende Gebäude dienen wird, z. B. wenn die Außenwand des neuen Gebäudes im Schlitzwandverfahren hergestellt wird.
b) Liegt die Gründungsebene des neuen Gebäudes höher als die des bestehenden Gebäudes, dann muss nachgewiesen werden, dass die sich aus der neuen Gründung ergebenden Lasten von dem bestehenden Gebäude aufgenommen werden können.

► **Anmerkung** Es ist eine rechtliche Absicherung erforderlich, wenn ein neues Gebäude als Stütze für ein bestehendes Gebäude oder umgekehrt benutzt wird.

Neue Fundamente, die keine oder nur eine konstruktive Längsbewehrung haben, müssen mindestens 0,5 m hoch und breit sein.

Für neue Fundamente mit statisch erforderlicher Längsbewehrung ist, damit sie durchgehend bewehrt und sauber betoniert werden können, wegen der Grundbruchgefahr zu-

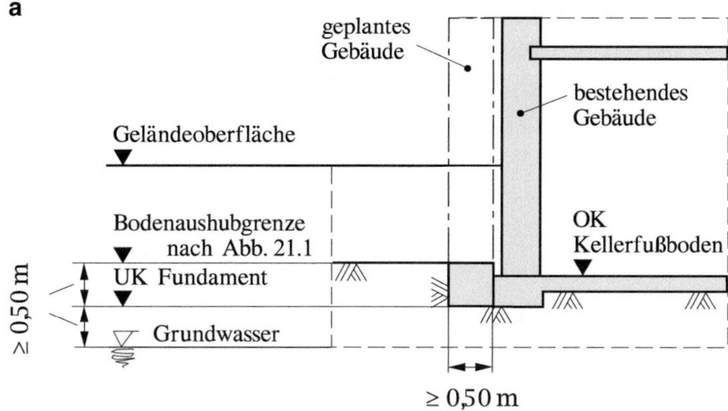

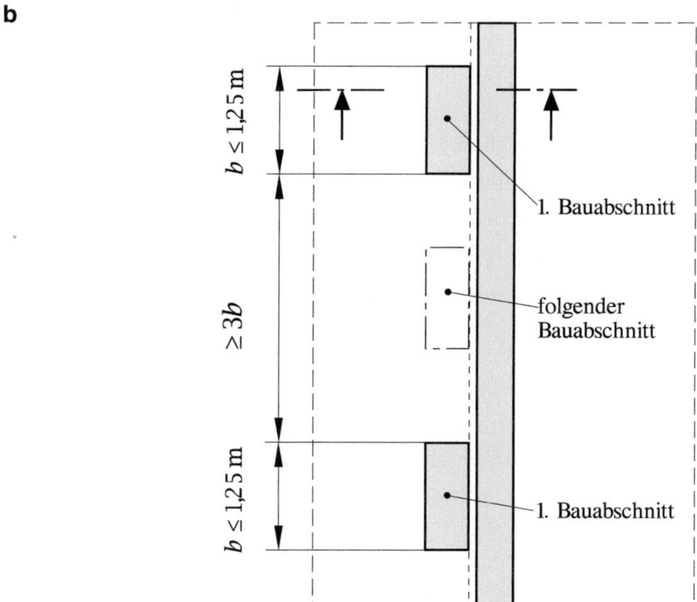

Abb. 21.2 Nachbarfundament auf gleicher Höhe. **a** Schnitt; **b** Grundriss (*DIN 4123*)

nächst ein unbewehrtes Fundament von mindestens 0,5 m Höhe und Breite unterkantengleich mit dem vorhandenem Fundament abschnittsweise einzubringen. Nach ausreichendem Erhärten des Betons darf auf ganzer Länge das Stahlbetonfundament oberhalb der unbewehrten Fundamente betoniert werden.

Sofern die örtlichen Verhältnisse es erlauben, dürfen die Stahlbetonfundamente in Abschnitten, deren Länge durch die Breite der Stichgräben bestimmt wird, auf einem mindestens 5 cm dicken Unterbeton eingebracht werden, dessen Sohle höhengleich mit der des vorhandenen Fundaments ist. Sie müssen eine Höhe und Breite von jeweils mindestens 0,5 m aufweisen. Die Längsbewehrung der einzelnen Abschnitte ist durch Bewehrungsstöße, z. B. Muffenstöße, zu verbinden. Die Arbeitsfugen zwischen den einzelnen Abschnitten sind vor dem Betonieren nach *DIN 1045-3* vorzubereiten.

Die Wechselwirkung zwischen Baugrund und Bauwerk ist bei der Planung zu berücksichtigen. Die zusätzliche Belastung des Baugrunds durch das neue Gebäude kann zu Setzungen sowohl des neuen als auch des bestehenden Gebäudes führen. Da beide Bauwerke sich unterschiedlich setzen können, sollten das bestehende Gebäude und das neue Gebäude durch eine Bewegungsfuge getrennt werden.

Mit den Arbeiten ist an den am höchsten belasteten Abschnitten des bestehenden Gebäudes zu beginnen.

Unterfangungen Diese Arbeiten sind je nach Schwierigkeitsgrad den geotechnischen Kategorien GK 2 oder GK 3 zuzuordnen.

Soll das neue Fundament tiefer als das bestehende, benachbarte Fundament gegründet werden, so empfiehlt sich die abschnittsweise Unterfangung des bestehenden Fundaments, s. Abb. 21.3. Bei der Herstellung der Stichgräben und Schächte sind, insbesondere hinsichtlich der Erfordernis von Verbauten, die Vorgaben der *DIN 4124* einzuhalten.

Nach *DIN 4123* ist das bestehende Fundament auf Länge des neuen Fundaments und in einem Übergangsbereich abgetreppt, höchstens aber auf der Länge des alten Fundaments zu unterfangen. Die Neigung der Abtreppung richtet sich nach der Tiefe der Unterfangung, der Bauart des Gebäudes und der Standfestigkeit des anstehenden Bodens. Üblicherweise wird eine Neigung von 1:2 bis 1:1 gewählt. Gleichzeitig mit der Unterfangung ist auch das Fundament des neuen Gebäudes abschnittsweise herzustellen und von dieser ggf. durch eine Fuge zu trennen. Die Unterfangungsabschnitte müssen der Tiefe nach in einem Arbeitsgang und soweit wie möglich untereinander verbunden werden. Abschnitte des bestehenden Gebäudes mit der höchsten Belastung, z. B. an Zwischenwänden, sind zuerst zu unterfangen. Gegebenenfalls müssen auch die anstoßenden Längs- und Querwände abgetreppt unterfangen werden.

Die Wanddicke der Unterfangung richtet sich nach den Nachweisen der Grenzzustände unter Berücksichtigung

- der für den gewählten Baustoffen gültigen Normen und
- des anstehenden Bodens und den Vorgaben der *DIN EN 1997-1* und *DIN 1054*.

Sie ist mindestens in der Dicke des zu unterfangenden Fundamentes auszuführen. Erfolgt die Unterfangung nicht auf gleicher Tiefe wie die geplante neue Gründung, so ist in gleicher Weise zu verfahren wie bei den oben aufgeführten „Gründungen bei unmittelbarer Nachbarbebauung“ beschrieben.

a

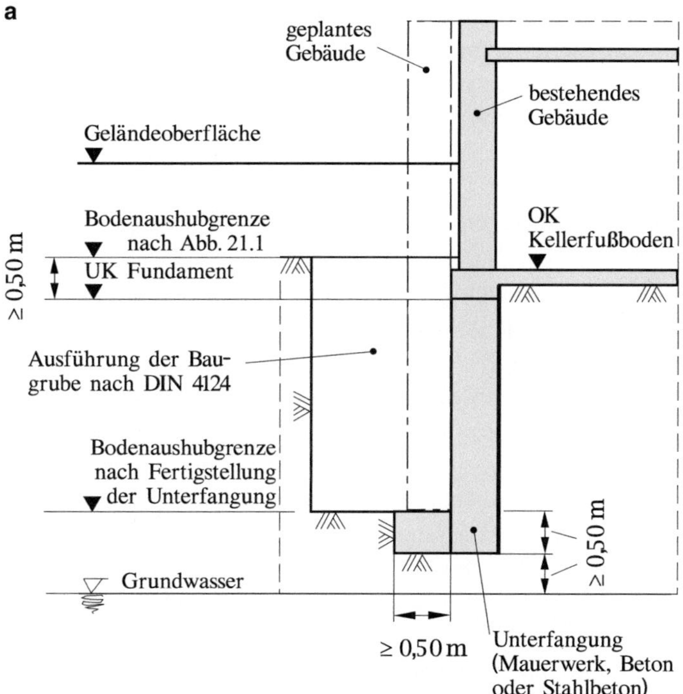

b

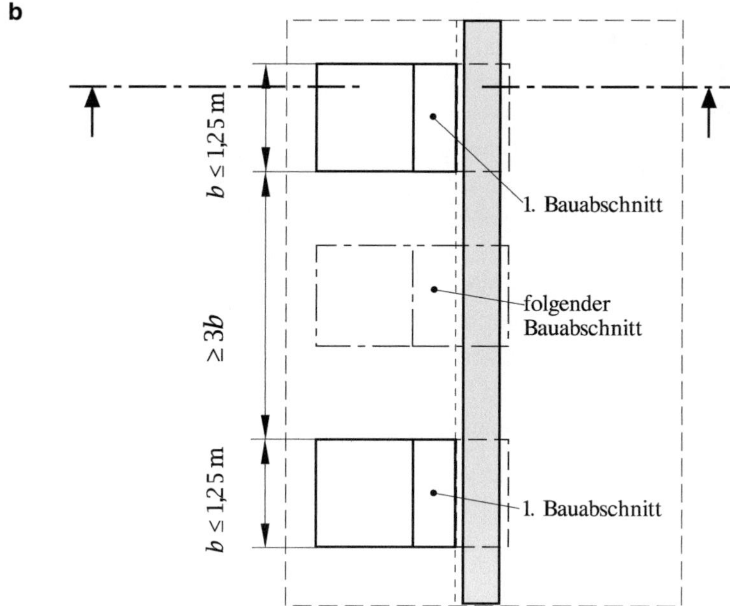

Abb. 21.3 Unterfangung. **a** Schnitt; **b** Grundriss (*DIN 4123*)

Bei Unterfangungen mit einer freien Höhe von mehr als etwa 2 m wird i. A. eine Sicherung durch Anker oder Steifen erforderlich, um die Standsicherheit zu gewährleisten.

► **Anmerkung** Die Unterfangung eines bestehenden Gebäudes und ggf. das Einbringen von Verankerungen bedürfen der Zustimmung des Eigentümers.

Bei großen Unterfangungshöhen kommen zwei Bauweisen in Frage:

- die Unterfangung wird lamellenweise jeweils in einem Arbeitsgang bis zur vorgesehenen Gründungsebene hergestellt. Nach dem Schließen der letzten Lamelle ist die gesamte Unterfangung fertig;
- die Unterfangung wird in Form eines Unterfangungsstreifens lamellenweise zunächst nur bis zu einer festgelegten Zwischentiefe hergestellt. Dann wiederholt sich der Vorgang, ggf. mehrmals, bis die vorgesehene Gründungsebene erreicht ist. Voraussetzung für diese Bauweise ist die Ausführung in Form von Lamellen in Stahlbeton, die innerhalb eines jeden Unterfangungsstreifens so miteinander verbunden sind, dass eine durchgehende starre Scheibe entsteht. Bei dieser Bauweise können die unvermeidlichen Verformungen und Setzungen wiederholt auftreten und kumulieren.

Nachweise Für den Zustand nach Abb. 21.1 ist nachzuweisen, dass im Bauzustand, in dem der Boden bis zur vorgesehenen Bermenoberfläche ausgehoben ist, die Standsicherheit des bestehenden Gebäudes sichergestellt ist. Hierzu ist unter Berücksichtigung evtl. geplanter Veränderungen am Fundament für die Bemessungssituation BS-P eine ausreichende Grundbruchsicherheit nachzuweisen bzw. es ist der zulässige Sohldruck gemäß *DIN 1054* einzuhalten.

Werden im Einzelfall die zugehörigen Randbedingungen der *DIN 4123* nicht eingehalten oder sind die genannten Voraussetzungen nicht erfüllt, dann muss für den betreffenden Bauzustand die Standsicherheit nachgewiesen werden. Hierbei darf die Bemessungssituation BS-T zugrunde gelegt werden. Besteht die Möglichkeit, dass als Folge der Abweichungen größere Verformungen oder Bewegungen auftreten als bei der Einhaltung der genannten Randbedingungen und Voraussetzungen zu erwarten wäre, dann ist auch der Nachweis der Gebrauchstauglichkeit zu erbringen.

Bei jeder Unterfangungswand ist für den Endzustand der Unterfangung und gegebenenfalls für die Zwischenbauständе ein Standardsicherheitsnachweis zu führen, s. *DIN 4123*.

Für die Standsicherheit des neuen Gebäudes wird auf den Abschnitt 10.4 dieser Norm verwiesen.

Sind die Bedingungen für die „einfachen“ Fälle, ebenfalls nach *DIN 4123*, nicht gegeben oder sollen andere Gründungsverfahren angewendet werden, s. nachfolgende Abschnitte, sind umfangreiche Standsicherheitsnachweise gemäß *DIN EN 1997-1* und *DIN 1054* erforderlich.

21.2 Unterfangung mit Injektionen bzw. dem Düsenstrahlverfahren

Bei größeren Bauvorhaben bieten sich heute Unterfangungsmethoden mit dem Düsenstrahlverfahren an, s. Abschn. 6.2. Das Düsenstrahlverfahren, bei dem der Baugrund unter dem zu unterfangenden Fundament bereichs- und zeitweise verflüssigt wird, verlangt wie bei herkömmlichen Unterfangungen in Richtung des zu unterfangenden Fundaments in der Regel ein abschnittsweises und in der Tiefe ein stufenweises Vorgehen.

Einzelheiten für das Düsenstrahlverfahren sind für Spezialfirmen in baurechtlichen Zulassungen geregelt. Für genauere Angaben zur Ausführung und Ausschreibung, s. *DIN EN 12716*, *DIN 4093*, *DIN 18321* (VOB) sowie Baumann (1984) und Lackmann (1991).

Der Verpresskörper mit den Einwirkungen aus Eigengewicht, Bauwerkslast und Erddruck ist als Gewichtsmauer zu betrachten, s. auch Kap. 17. Als Erddruck sollte zumindest für den Grenzzustand der Gebrauchstauglichkeit der Erdruhedruck angesetzt werden und Lasteneinflüsse benachbarter Fundamente sind unter der Voraussetzung des elastisch isotropen Halbraums zu betrachten, s. Kap. 9.

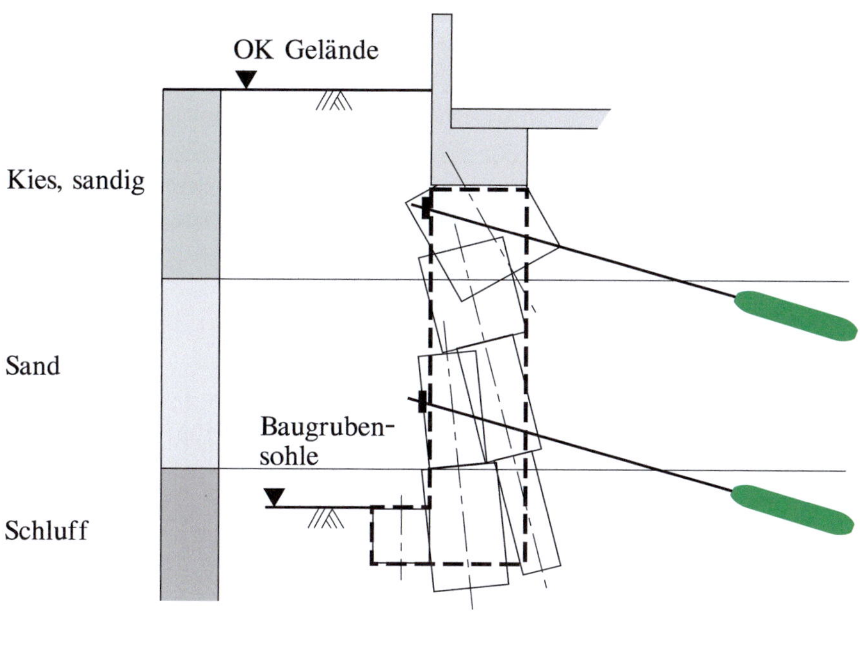

Abb. 21.4 Unterfangungsmauer, hergestellt mit dem Düsenstrahlverfahren

Die Bemessung beinhaltet den Festigkeitsnachweis für das Material des Unterfangungskörpers. Es sind die Festigkeits- und Verformungseigenschaften des Injektionskörpers zugrundezulegen.

Bei größeren Unterfangungen (> 2 m) führt eine Verankerung im Allgemeinen zu kleineren Abmessungen des Unterfangungskörpers und damit zu wirtschaftlichen Lösungen. Abb. 21.4 zeigt eine Unterfangung mit dem Düsenstrahlverfahren. In die Baugrube vorstehende Teile des Unterfangungskörpers müssen ggf. abgestemmt werden.

21.3 Unterfangungen mit Verbauten

Als weitere Elemente für Unterfangungen und Sicherungen kommen auch – wegen ihrer großen Biegesteifigkeit – Bohrpfahlwände oder Schlitzwände in Frage. Für die Herstellung von Bohrpfahlwänden bei derartigen Bauaufgaben stehen heute spezielle Bohrgeräte zur Verfügung, die es ermöglichen, im sog. Vor-der-Wand(VdW)-Verfahren Pfahlbohrungen wenige Zentimeter vor Bestandsgebäuden erschüttungsarm abzuteufen.

Zwei Beispiele mit Bohrpfahlwänden sind in den Abb. 21.5 und 21.6 dargestellt. Häufig empfiehlt sich der Einsatz von Dauerankern, damit auf das neue Bauwerk auch langfristig keine Lasten aus der Nachbarschaft wirken. Das Ankern auf Nachbargrundstücken bedarf allerdings der Genehmigung durch den Nachbarn.

Für die Ausführung in Abb. 21.6 wurde zunächst das alte, brüchige Fundament mit einem neuen, bewehrten Fundamentbalken unterfangen. Die schrägen Bohrungen wurden aus Platzersparnisgründen gewählt. Dabei wurde durch das bestehende Mauerwerk gebohrt. Hier wurde nur jeder zweite Pfahl der überschnittenen Bohrpfahlwand mit einem Träger bewehrt. Die Anker wurden durch die unbewehrten Pfähle hindurchgeführt.

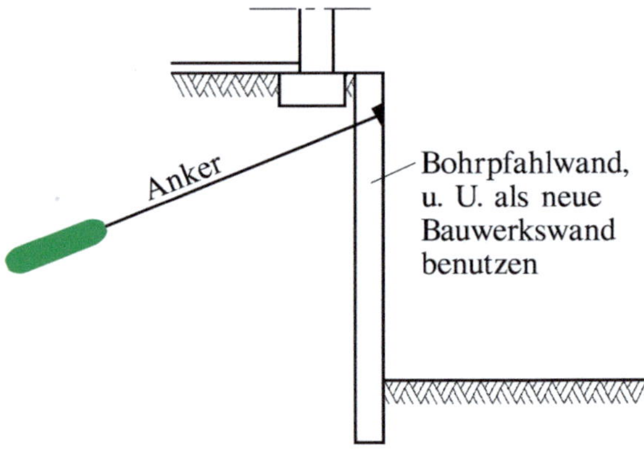

Abb. 21.5 Sicherung mit verankerter Bohrpfahlwand

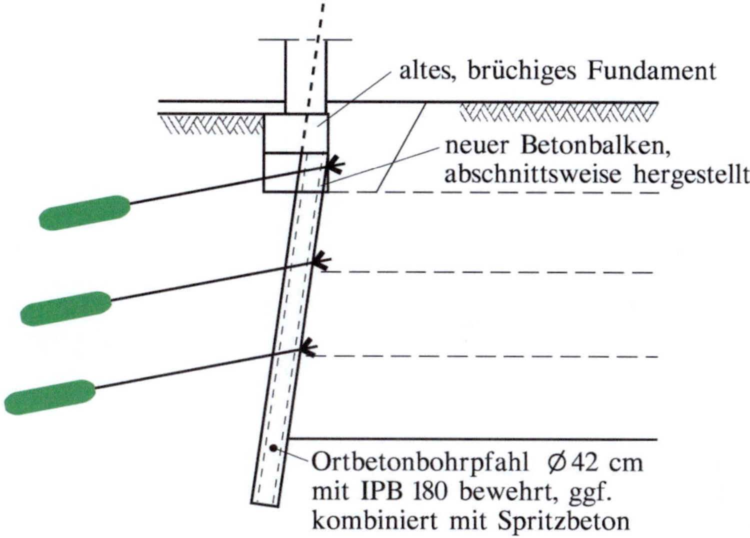

Abb. 21.6 Sicherung mit schräger Bohrpfahlwand, platzsparend

21.4 Unterfangung mit Pfählen

Besonders für die Unterfangung bzw. für die Abfangung von Innenwänden und Stützen bietet sich die Unterfangung mit Mikropfählen an, s. Abschn. 13.1.3. Diese können auch bei beengten Verhältnissen, beispielsweise von Untergeschossräumen aus, hergestellt werden.

Abb. 21.7 zeigt prinzipiell einige mögliche statische Systeme, Smoltczyk und Hilmer (1991).

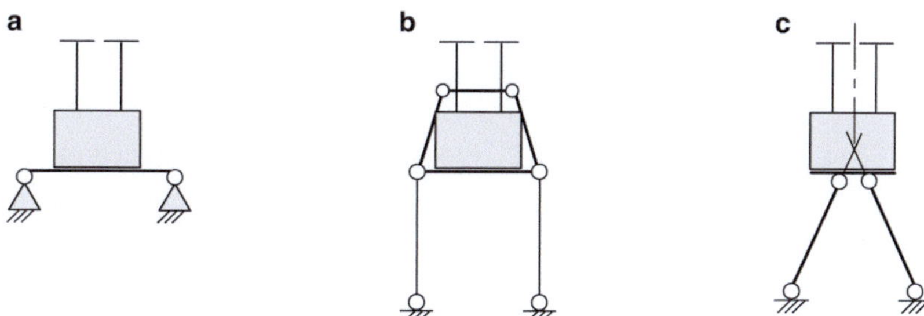

Abb. 21.7 Statische Systeme für Unterfangungen mit Mikropfählen. **a** Jochbalken, **b** Sprengwerk, **c** Pfahlbock aus Schrägpfählen

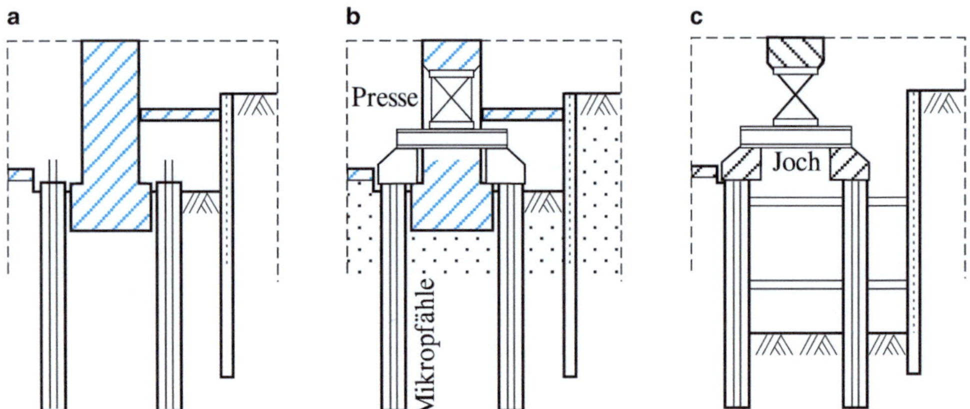

Abb. 21.8 Unterfangungen mit Mikropfählen (Joch oberhalb des alten Fundaments). **a** Herstellen der Pfähle; **b** Herstellen der Kopfbalken und des Jochträgers und evtl. Anheben durch hydraulische Pressen, **c** Aushub für neue Baumaßnahme

Die Lösungen setzen voraus, dass das bestehende Mauerwerk (bzw. der Beton) imstande ist, die Kraftumleitung zu ertragen. Unter Umständen muss das Mauerwerk durch Verpressen verfestigt oder durch spezielle Anker zusammengespannt werden.

In Abb. 21.8 und 21.9 sind zwei Lösungen für die Unterfangung von Innenwänden detailliert dargestellt.

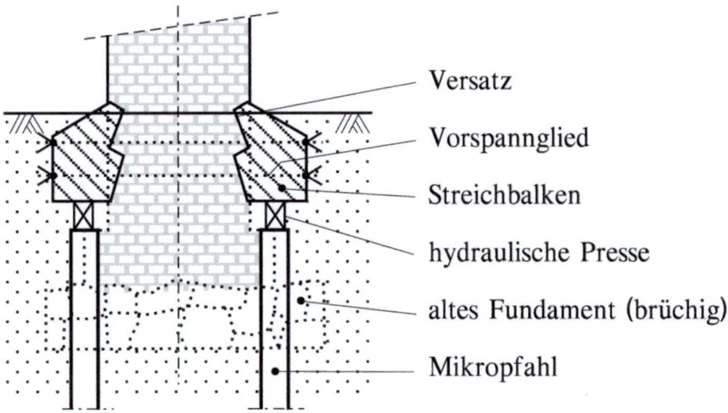

Abb. 21.9 Unterfangungen mit Versatz und Streichbalken; Statisches System: Sprengwerk

21.5 Unterfahrungen

Von Unterfahrungen spricht man, wenn unter einem bestehenden Bauwerk, unmittelbar unter den Fundamenten, ein Tunnel oder Stollen gebaut wird, und dazu Unterfangungs- und Abfangungsarbeiten erforderlich sind.

Für die Herstellung von Tunnel im innerstädtischen Bereich sind häufig teilweise oder völlige Unterfahrungen von bestehenden Bauwerken erforderlich. Bevor der Tunnel gebaut werden kann, sind Unterfangungen der bestehenden Fundamente, häufig mit Mikropfählen, notwendig. Abb. 21.10 zeigt ein beipielhaftes Projekt, bei dem die Baugrubenwand außerhalb des zu unterfahrenden Gebäudes als Bohrpfahlwand und darunter als Vernagelung ausgeführt wurde.

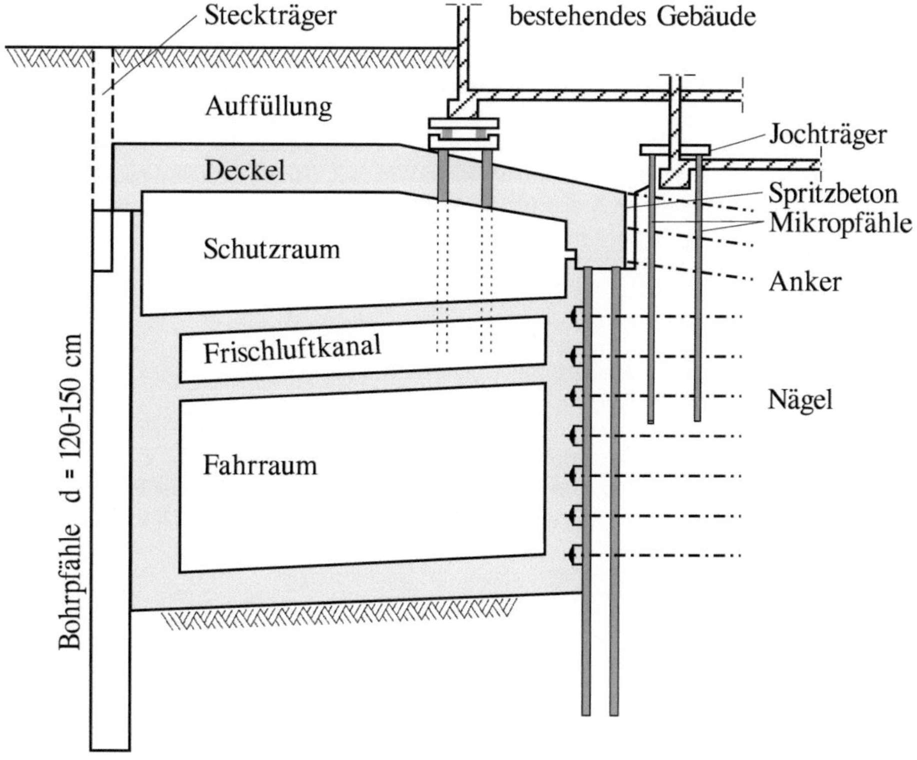

Abb. 21.10 Teilunterfahrung mit Unterfangung und Deckelbauweise (LHS Stuttgart, Tiefbauamt)

Bei einer Unterfahrung sind prinzipiell folgende Schritte erforderlich:

a) Aus dem Kellergeschoss des zu sichernden Gebäudes werden beidseits der Fundamente Mikropfähle niedergebracht.
b) Nach gleichzeitigem Herstellen der sonst erforderlichen Baugrubensicherungen erfolgt ein Voraushub
c) Einbau einer Deckelplatte mit Auflagerung auf den Baugrubenwänden, Abtrag der Gebäudelasten über den Deckel auf die Baugrubenwände
d) Im Schutze des Deckels und der Baugrubenwände: Kappen der Pfähle unter dem Deckel, weiterer Erdaushub und Bau des Tunnels

Literatur

Baumann, V.: Das Soilcrete-Verfahren in der Baupraxis. Vorträge Baugrundtagung Düsseldorf, DGEG, Essen. (1984)

Lackmann, T.: Bodenstabilisierung mit Hochdruckinjektionsverfahren. Tiefbau BG (2) (1991)

Smoltczyk, U., Hilmer, K.: Baugrundverbesserungen, Kap. 2.1. Grundbautaschenbuch Teil 2, 4. Aufl. Ernst & Sohn, Berlin, München (1991)

Witt, K.J.: Verstärkung von Gründungsstrukturen. In: Witt, K.J. (Hrsg.) Grundbautaschenbuch, Teil 2: Geotechnische Verfahren, 8. Aufl. Ernst & Sohn, Berlin (2018)

Normen

DIN EN 1997-1 (Eurocode 7): Entwurf, Berechnung und Bemessung in der Geotechnik, in Verbindung mit dem nationalen Anhang DIN EN 1997-1/NA und DIN 1054

DIN 4123: Ausschachtungen, Gründungen und Unterfangungen im Bereich bestehender Gebäude

DIN 4124: Baugruben und Gräben – Böschungen, Verbau, Arbeitsraumbreiten

DIN 1045-3: Tragwerke aus Beton, Stahlbeton und Spannbeton – Teil 3: Bauausführun

DIN 4093: Bemessung von verfestigten Bodenkörpern – Hergestellt mit Düsenstrahl-, Deep-Mixing- oder Injektions-Verfahren

DIN 18321: VOB Vergabe- und Vertragsordnung für Bauleistungen – Teil C: Allgemeine Technische Vertragsbedingungen für Bauleistungen (ATV) – Düsenstrahlarbeiten

DIN EN 12716: Ausführung von Arbeiten im Spezialtiefbau – Düsenstrahlverfahren

DIN EN ISO 18674: Geotechnische Erkundung und Untersuchung – Geotechnische Messungen

Bauen im Grundwasser

22

Zusammenfassung

Zunächst werden die Grundlagen einer Strömung des in den Poren des Bodens vorhandenen freien Wassers anhand der ebenen, stationären Grundwasserströmung dargestellt. Damit im Zusammenhang lässt sich bereits eine Vielzahl an Fragen beantworten, die entstehen, wenn Bauwerke ins Grundwasser eingreifen, sei es, dass Grundwasser ausgesperrt oder teilweise bzw. ganz abgesenkt wird. So werden die Themen Aufschwimmen, hydraulischer Grundbruch, Auftrieb, Strömungskräfte, Wasserdruck auf Bauwerksflächen (z. B. Sohldruck), Setzung infolge Auftriebsverlustes sowie Grundwasserabsenkung in offener Form oder mit Brunnen in diesem Kapitel behandelt. In diesem Zusammenhang werden auch Feldversuche zur Bestimmung der maßgeblichen Bodeneigenschaft, der Durchlässigkeit, beschrieben.

22.1 Allgemeine Vorbetrachtungen

Der Baugrund enthält in der Regel Wasser, das die Poren der Böden sowie die Klüfte, Spalten und ggf. andere Hohlräume von Fels teilweise oder ganz ausfüllt. Ein Teil des Porenwassers ist insbesondere bei feinkörnigen Böden an die Festsubstanz gebunden und prägt auf diese Weise die bautechnischen Eigenschaften, s. hierzu Abschn. 3.1, 3.3, 3.6 und 3.7.

Im vorliegenden Zusammenhang wird ausschließlich das freie, bewegliche Porenwasser betrachtet, das, wenn es die Hohlräume ganz und über einen größeren Bereich zusammenhängend ausfüllt, als Grundwasser (GW) bezeichnet wird, s. a. Abschn. 2.3. Die Strömungs- und Druckverhältnisse werden im Grundwasser durch die Graviationskräfte, d. h. auf das Wasser einwirkende Eigengewichtskräfte, gekennzeichnet. Grundwasser kann im betrachteten Bereich auch mit offenem Wasser in Verbindung stehen.

H.-H. Schmidt, R.F. Buchmaier, C. Vogt-Breyer, *Grundlagen der Geotechnik*,
https://doi.org/10.1007/978-3-658-39834-7_22

► **Anmerkung** Darüber hinaus kann Wasser auch in Form von Sickerwasser und Kapillarwasser in Erscheinung treten, s. a. Abschn. 2.3.3 sowie *DIN EN ISO 22475-1*, was aber hier nicht weiter einbezogen werden soll. Die dargelegten Zusammenhänge gelten für Boden, der im Verhältnis zu den Bauwerksabmessungen sehr geringe Partikelgrößen aufweist und so als ein aus einer festen und einer flüssigen Phase sich überlagerndes Kontinuum behandelt werden kann; bei Fels ist dies nur in gewissen Grenzen möglich, worauf aber hier nicht weiter eingegangen werden soll.

Wird bei einer Baumaßnahme ins Grundwasser (GW) eingegriffen, entsteht eine in der Regel komplexe Wechselwirkung, die in vielerlei Hinsicht Konsequenzen nach sich zieht, erhebliche Kosten verursacht und Risiken in sich birgt. Deshalb sollte während der Planung eines Bauwerks grundsätzlich geprüft werden, ob dieses nicht oberhalb des GW-Spiegels gebaut werden kann. Ist der Eingriff allerdings zwingend, sind sowohl aus bautechnischer als auch aus wasserwirtschaftlicher Sicht Untersuchungen und Nachweise erforderlich. Diese betreffen nicht nur die Bemessung bzw. die Sicherheitsnachweise des Bauwerks und der Bauhilfsmaßnahmen selbst, sondern auch die Genehmigungsverfahren bei den Umwelt- bzw. Wasserwirtschaftsbehörden sowie eine eindeutige und erschöpfende Leistungsbeschreibung im Hinblick auf Ausschreibung, Kalkulation und Bauvertrag. Im Wesentlichen sind folgende Punkte zu klären bzw. zu beachten:

- Soll das Grundwasser ausgesperrt oder abgesenkt werden?
- Ist der Eingriff temporär oder permanent?
- Welches sind die relevanten Einwirkungen (Wasserdrücke, Strömungskräfte)?
- Besteht insbesondere die Gefahr des Aufschwimmens oder des hydraulischen Grundbruchs?
- Welche Wassermengen müssen (ggf. über welchen Zeitraum) entnommen werden?
- Wie ist die Stauwirkung des Bauwerks? Müssen Maßnahmen zur Wasserumläufigkeit ergriffen werden?
- Ist das Grundwasser in Ruhe oder in Bewegung (GW-Spiegel innerhalb des betrachteten Bereichs horizontal oder nicht konstant)?
- Wie sind die Auswirkungen auf Nachbarbereiche?

Bereits im Vorfeld der eigentlichen Baumaßnahme müssen im Zuge der Baugrunderkundung auch die Grundwasserverhältnisse im Baugebiet sorgfältig geklärt werden. Schon die Beobachtung des Grundwassers während des Abteufens der Baugrunderkundungsbohrungen ist wichtig, um z. B. gespannte Grundwasserhorizonte erkennen zu können. Ggf. ist der Ausbau von Bohrungen zu Grundwassermessstellen erforderlich, um die zeitabhängigen Schwankungen des Grundwasserspiegels zu erfassen.

Durch geeignete Feldversuche können (über Erfahrungswerte bzw. Laborversuche, s. Abschn. 3.6, hinaus) hydraulische Kennwerte des Baugrundes zuverlässig gewonnen werden, s. Abschn. 22.6. Zur Grundwassererkundung s. a. Abschn. 2.3. Die Grundwasserqualität sollte durch chemische Untersuchungen an gewonnenen Wasserproben analysiert werden, um eine eventuelle Aggressivität bezüglich der Baustoffe berücksichtigen und die Möglichkeiten der Ableitung bzw. Wiedereinspeisung von abgepumptem Grundwasser klären zu können. Entsprechende Anforderungen an die Grundwasseruntersuchungen sind in *DIN EN1997-2* und *DIN 4020* geregelt.

In den folgenden Abschnitten wird auf die wichtigsten der angesprochenen Punkte detaillierter eingegangen, wobei zunächst einige elementare Zusammenhänge der Wechselwirkung Grundwasser-Boden-Bauwerk dargestellt werden. Des Weiteren sei auf Odenwald et al. (2018) sowie Witt (2018) verwiesen.

22.2 Ebene stationäre Grundwasserströmung

Die folgende vereinfachte Darstellung der mathematischen Zusammenhänge dient zum einen dem Grundverständnis für die Grundwasserströmung und liefert zum anderen ein nützliches Werkzeug zur Lösung einfacher Fragestellungen aus der Praxis.

Grundwasser strömt natürlich bzw. aufgrund baulicher Maßnahmen infolge unterschiedlicher Grundwasserspiegelhöhen. Dabei ergeben sich Fragen nach Drücken auf Bauwerksflächen, Strömungskräften und Durchflussmengen.

Für die weiteren Betrachtungen wird das Problem als in einer vertikalen Ebene, d. h. zweidimensional (2D), darstellbar behandelt, wie es beispielsweise bei langen Dämmen oder Baugrubenwänden zutrifft. Des Weiteren sollen sämtliche Parameter zeitlich unveränderlich sein. Es handelt sich somit um eine ebene stationäre Grundwasserströmung.

► **Anmerkung** Eine Grundwasserströmung in diesem Sinn wird teilweise auch als Sickerströmung bezeichnet, obwohl man unter Sickerwasser Wasser versteht, das sich im ungesättigten Boden, in kleineren Mengen zusammenhängend und ohne größeren Druckaufbau, durch Überwiegen der Schwerkraft nach unten bewegt.

Als grundlegend wird die Annahme einer laminaren Strömung des Wassers im Porensystem vorausgesetzt, d. h. dass sich die Strömungsbahnen benachbarter Wasserteilchen nicht überkreuzen, s. Abb. 22.1. Solche Strömungsbahnen – im Folgenden als Stromlinien (SL) bezeichnet – können durch Farbmarkierungen im Modellversuch recht gut verdeutlicht werden.

Es gelten weiter folgende Voraussetzungen:

- Wasser und Bodenpartikel sind inkompressibel, ebenso wird das Korngerüst als starr angenommen
- Durchlässigkeit, Zähigkeit, Dichte, Temperatur, Längen sind konstant
- Es wirken keine Kapillar- und Oberflächenkräfte (nur freies Porenwasser)
- Homogenität und Isotropie

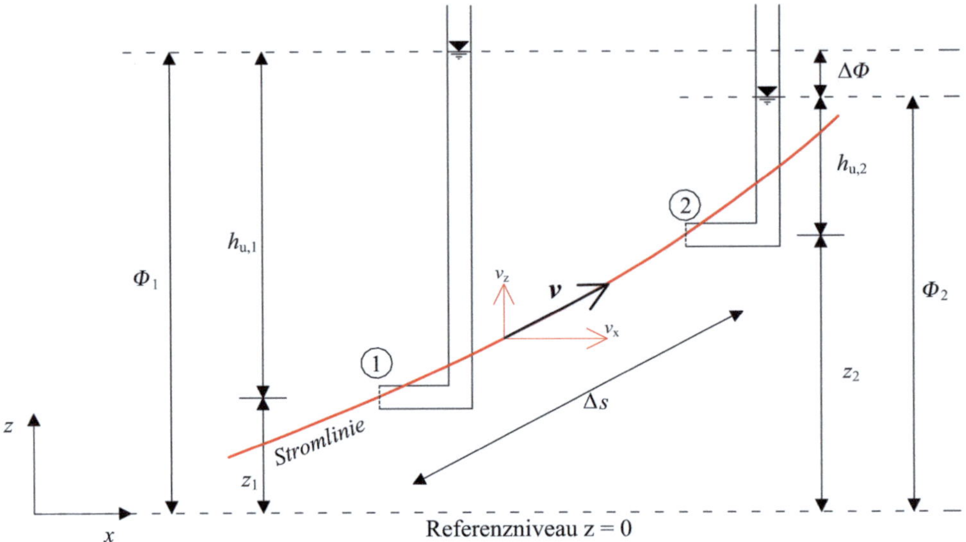

Abb. 22.1 Druckhöhe und Potenzial zweier auf einer Stromlinie benachbarter Punkte

- Quellen- und Wirbelfreiheit
- Geschwindigkeiten sind klein, (kinetische Anteile vernachlässigbar)
- Gültigkeit des *Darcyschen* Gesetzes, Gl. (3.44).

Wie oben schon erwähnt, wird der Strömungsvorgang durch einen räumlichen Unterschied der GW-Spiegelhöhen ausgelöst. Es entsteht ein hydraulisches Gefälle, das sich im durchströmten Gebiet in der Regel kontinuierlich verteilt. Für die weitere Betrachtung ist es zweckmäßig, wie in Abb. 22.1 dargestellt, zwei benachbarte Punkte 1 und 2 im Abstand von Δs auf einer Stromlinie im Innern des Gebiets herauszugreifen und die Druckverhältnisse genauer zu erfassen.

Der Wasserdruck u an einem bestimmten Punkt kann auch durch die Höhe der Wassersäule dargestellt werden, die sich in einem an dieser Stelle gedanklich eingebauten Standrohr einstellen würde (was sich im Experiment übrigens ebenfalls leicht zeigen lässt). Es gilt mit den hier verwendeten Bezeichnungen

$$u = \gamma_{\mathrm{w}} \cdot h_{\mathrm{u}}. \tag{22.1}$$

h_{u} wird auch als Druckhöhe bezeichnet. Für Punkt 1 gilt beispielsweise $u_1 = \gamma_{\mathrm{w}} \cdot h_{\mathrm{u},1}$.

► **Anmerkung** Es werden immer über dem Atmosphärendruck liegende Drücke betrachtet. Neben dem (auch in der Kornsubstanz) wirkenden Wasserdruck werden im Korngerüst effektive Spannungen übertragen, siehe hierzu Abschn. 4.1.8.

Die Drücke in den beiden Punkten 1 und 2 bzw. ihre Differenz selbst stehen aber offensichtlich nicht in direktem Zusammenhang mit der Bewegung des Wassers auf der Stromlinie. Am Sonderfall, dass beide Standrohrspiegel gleich hoch, die Punkte aber in unterschiedlicher Tiefe liegen, lässt sich dies verdeutlichen: Es ist ein Druck(höhen)-Unterschied vorhanden, das Wasser ist aber erfahrungsgemäß in Ruhe, es herrscht ein hydrostatischer Zustand. Maßgebend ist vielmehr die Differenz der Standrohrspiegelhöhen, vgl. auch Abschn. 3.6.

Es ist zweckmäßig, die Standrohrspiegelhöhen auf ein einheitliches Niveau (z. B. $z = 0$) zu beziehen. Mit z als geodätischer Höhe ist

$$\Phi = h_\mathrm{u} + z \tag{22.2}$$

wobei Φ als Potenzial bezeichnet wird. (Die Potenzialeigenschaft ist damit noch nicht bewiesen.)

► **Anmerkung** Die beiden Summanden $h_\mathrm{u} = u/\gamma_\mathrm{W}$ und z in Gl. (22.2) entsprechen denjenigen, die in der bekannten, in der Hydromechanik gebräuchlichen *Bernoulli*-Gleichung enthalten sind; die Geschwindigkeitshöhe $v^2/2g$ entfällt voraussetzungsgemäß.

Gemäß Abschn. 3.6 ist der Zusammenhang zwischen der Differenz $\Delta\Phi$ der Potenziale Φ_1 und Φ_2 und der Filtergeschwindigkeit v unter Einführung des hydraulischen Gefälles (hydraulischen Gradienten)

$$i = \frac{\Delta\Phi}{\Delta s} \tag{22.3}$$

durch das *Darcysche* Gesetz (3.44)

$$v = k \cdot i$$

gegeben. Die Geschwindigkeit v ist dabei die Wassermenge q, die durch eine senkrecht zur Stromlinie gedachte Kontrollfläche ΔA in der Zeiteinheit durchfließt:

$$v = \frac{q}{\Delta A}. \tag{22.4}$$

► **Anmerkung 1** Gleichung (22.4) entspricht Gl. (3.43) in Abschn. 3.6, Gl. (22.3) geht aus (3.45) hervor. Es werden dort z. T. etwas andere Bezeichnungen verwendet. Auch in der Literatur und selbst in Regelwerken sind diese nicht einheitlich.

► **Anmerkung 2** v und i sind vektorielle Größen. Sie werden hier, soweit relevant, durch ihre Komponenten dargestellt. In Sonderfällen genügt die Betrachtung ihrer Resultierenden, wobei auf die vektorielle Darstellung verzichtet wird. Sie werden über den Durchlässigkeitsbeiwert (Skalar) entsprechend dem

Darcyschen Gesetz miteinander verknüpft. Bei Berücksichtigung von Anisotropie muss bei allgemeiner Darstellung die Durchlässigkeit als Tensor 2. Stufe eingeführt werden.

► **Anmerkung 3** Wie schon in Abschn. 3.6 ausgeführt, ist zu beachten, dass die Strömungsgeschwindigkeit (Filtergeschwindigkeit) v ein über das ganze, die Kornsubstanz und das Wasser enthaltende Volumen genommener Mittelwert ist. Die wirkliche Strömungsgeschwindigkeit des Wassers in den Poren ist wegen der längeren, „kurvenreichen" Porenkanäle und der kleineren Volumen- bzw. Flächenanteile deutlich größer, wobei in den Porenkanälen selbst die Verteilung ebenfalls nicht konstant ist (vgl. Rohrleitungsströmung der technischen Hydromechanik).

Für die weitere mathematische Behandlung sollen die Zusammenhänge zwischen den noch unbekannten Feldgrößen in einem kartesischen x-z-Koordinatensystem erfasst werden. In Abb. 22.2 sind dazu die Verhältnisse an einem infinitesimal kleinen Element mit den Abmessungen dx, dz und 1 dargestellt.

Dabei sind $\partial\Phi/\partial x = i_x$ und $\partial\Phi/\partial z = i_z$ die Komponenten des hydraulischen Gefälles sowie v_x und v_z die Geschwindigkeitskomponenten in horizontaler und vertikaler Richtung.

Wendet man das *Darcysche* Gesetz jeweils auf diese Komponenten an, erhält man

$$v_x = -k \cdot i_x = -k\frac{\partial\Phi}{\partial x} \quad \text{und}$$
$$v_z = -k \cdot i_z = -k\frac{\partial\Phi}{\partial z}. \tag{22.5}$$

Das Minuszeichen bedeutet, dass das Grundwasser sich in Richtung des abnehmenden Potenzials bewegt.

Bilanziert man nun unter den eingangs getroffenen Voraussetzungen die Wassermengen, die in einer Zeiteinheit auf den angeströmten Seiten in das Element einfließen mit denjenigen, die auf den gegenüberliegenden Seiten abströmen, erhält man die Kontinuitätsbedingung wie folgt:

$$\left(v_x + \frac{\partial v_x}{\partial x}\mathrm{d}x\right)\mathrm{d}z + \left(v_z + \frac{\partial v_z}{\partial z}\right)\mathrm{d}x - (v_x\mathrm{d}z + v_z\mathrm{d}z) = 0 \tag{22.6}$$

oder

$$\frac{\partial v_x}{\partial x} + \frac{\partial v_z}{\partial z} = 0. \tag{22.7}$$

Setzt man Gl. (22.5) nach Differenziation in (22.7) ein, erhält man schließlich

$$\frac{\partial^2\Phi}{\partial x^2} + \frac{\partial^2\Phi}{\partial z^2} = 0. \tag{22.8}$$

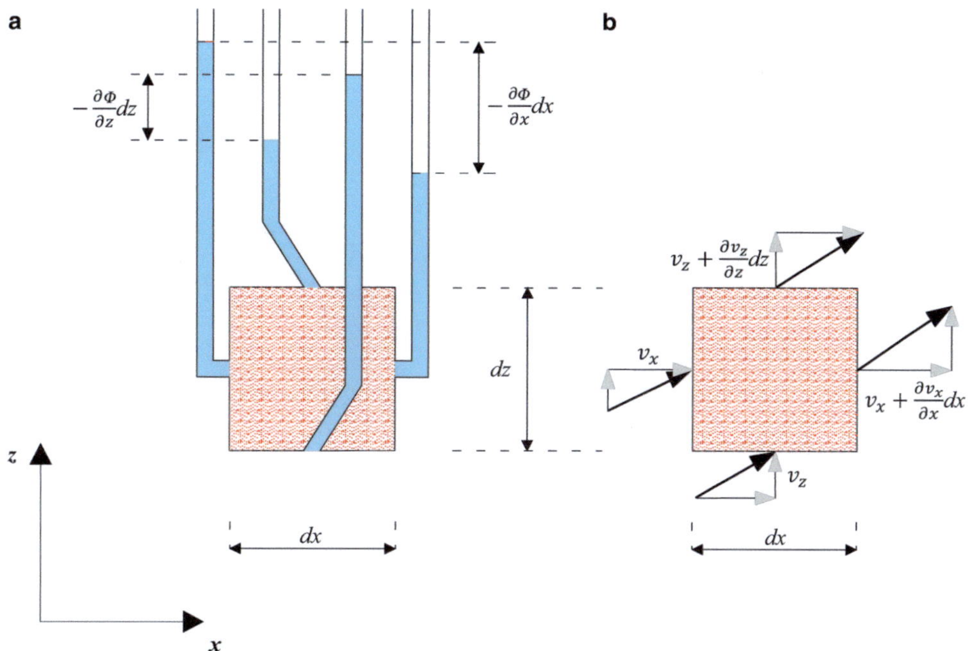

Abb. 22.2 Verhältnisse am Element bezüglich **a** Standrohrspiegelhöhe (Potenzial), **b** Geschwindigkeit

Dies ist die bekannte Potenzial- oder *Laplace*-Gleichung, mit der auch andere Transportvorgänge in der Physik beschrieben werden können, wie beispielsweise die Wärmeleitung oder die Leitung elektrischen Gleichstroms.

Ziel ist es nun, Lösungen für die konkrete Anwendung zu finden. Vorweg sei erwähnt, dass es sinnvoll ist, neben den bereits erwähnten Stromlinien auch Linien gleichen Potenzials, sogenannte Äquipotenziallinien (oder kürzer: Potenziallinien), im Zuge der Lösung bzw. zur Darstellung und weiteren Auswertung der Ergebnisse zu verwenden. Zur Verdeutlichung sei bemerkt, dass für alle Punkte auf einer solchen Linie der Wasserspiegel in einem jeweils gedachten Standrohr bis zum selben Niveau ansteigen würde. Durch weitere mathematische Überlegungen kann gezeigt werden, dass die Potenziallinien (PL) und die Stromlinien (SL) aufeinander senkrecht stehen. In der Kombination beider Kurvenscharen ergibt sich ein Netz aus Strom- und Potenziallinien, auch Strömungsnetz genannt.

Abb. 22.3 und 22.4 zeigen zwei typische Strömungsnetze.

Unter Einbeziehung der Randbedingungen (Druck bzw. Potenzial, Durchfluss; ggf. gemischt) lassen sich auf verschiedene Weise Lösungen gewinnen. Mathematisch geschlossene Lösungen existieren allerdings nur für wenige einfache Randwertprobleme. Während früher elektrische Analogiemodelle eine bemerkenswerte Stellung einnahmen, stehen heute für praktische Anwendungen leistungsfähige Rechenprogramme, basierend auf numerischen Lösungsverfahren (Differenzen- und Element-Verfahren), mit komfortablen Benutzeroberflächen zur Verfügung.

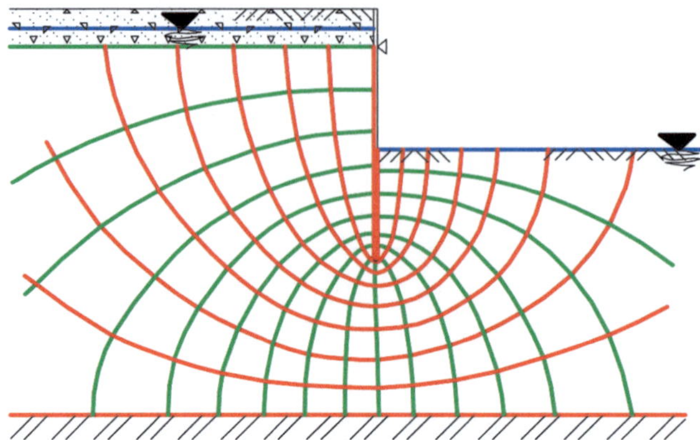

Abb. 22.3 Umströmung einer Spundwand (Die Durchlässigkeit der oberen Deckschicht sei deutlich höher als die des übrigen durchströmten Bodens; der untere Rand sei undurchlässig.)

Große Bedeutung hat nach wie vor die zeichnerische Ermittlung des Strom- und Potenziallieniennetzes. Mit diesem sehr anschaulichen Verfahren kann in vielen Fällen mit angemessenem Aufwand per Handarbeit eine genügend genaue Lösung iterativ gefunden werden. Es sollen daher die wichtigsten Schritte der Methode kurz erläutert werden.

Bei der Konstruktion des Netzes ist zu beachten, dass Strom- und Potenziallinien aufeinander senkrecht stehen. Des Weiteren müssen sie im gesamten durchströmten Gebiet, soweit $k = \text{const}$, Rechtecke mit konstantem Seitenverhältnis (am besten Quadrate – zur Kontrolle müssen Kreise einbeschrieben werden können) bilden. Die wichtigsten Randbedingungen sind undurchlässige Ränder, die Stromlinien darstellen, und Ränder mit Verbindung zum offenen Wasser, die Potenziallinien sind. Es ist zu empfehlen, mit diesen Linien die zeichnerische Konstruktion zu beginnen.

► **Anmerkung** An Rändern mit Knicken bzw. bei denen PL und SL nicht senkrecht aufeinander stehen, können Singularitäten entstehen, und die Bedingung quadratischer Maschen kann nur näherungsweise erfüllt werden.

Eine freie Spiegellinie (auch Sickerlinie genannt), wie sie beispielsweise bei der Durchströmung eines Dammes in Erscheinung (Abb. 22.4) tritt, ist ebenfalls eine Stromlinie mit

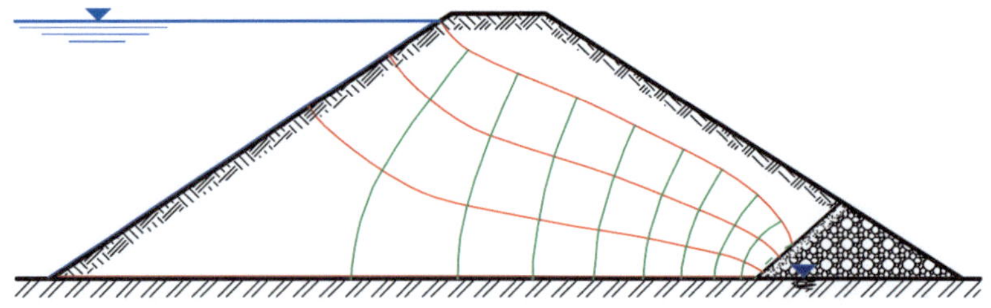

Abb. 22.4 Durchströmung eines Dammes

$u = 0$, wobei diese zunächst geschätzt und durch Iteration bestimmt werden muss. Die Schnittpunkte der Potenziallinien mit der freien Spiegellinie müssen untereinander denselben Höhenunterschied haben. Wasseraustrittsflächen zur Luft (ohne stehendes Wasser) oder in nicht gesättigte Böden größerer Durchlässigkeit sind weder Strom- noch Potenziallinien.

Liegt das Strömungsnetz vor, können die Wasserdrücke usw. sowohl im Innern als auch am Rand des durchströmten Gebietes leicht ermittelt werden. Der Abbau der äußeren Potenzialdifferenz erfolgt in gleich großen Schritten $\Delta\Phi$ von Potenziallinie zu Potenziallinie bzw. pro Masche. Das gesamte Netz soll gekennzeichnet sein durch das Potenzial an der Eintrittsfläche Φ_{OW} (Oberwasser) und das an der Austrittfläche Φ_{UW} (Unterwasser) sowie durch $n + 1$ Potenziallinien und $m + 1$ Stromlinien bzw. n Potenzialdifferenzen und m Stromröhren (von zwei benachbarten Stromlinien begrenzter Bereich). Die netzspezifische Potenzialdifferenz ist damit

$$\Delta\Phi = (\Phi_{\mathrm{OW}} - \Phi_{\mathrm{UW}})/n. \tag{22.9}$$

Gemäß Abb. 22.5 wird im Folgenden ein Punkt, der der Einfachheit halber auf einer Potenziallinie liegen soll, betrachtet. Es gilt dann

$$\Phi_{\mathrm{P}} = \Phi_{\mathrm{OW}} - n_{\mathrm{o}} \cdot \Delta\Phi = \Phi_{\mathrm{UW}} + n_{\mathrm{u}} \cdot \Delta\Phi. \tag{22.10}$$

n_{o} ist dabei die Anzahl der Potenzialdifferenzen $\Delta\Phi$ bis zur Potenziallinie k von OW aus, n_{u} gilt entsprechend für UW. Die Summe muss $n = n_{\mathrm{o}} + n_{\mathrm{u}}$ sein. (Es kann auch mit nicht ganzzahligen Werten interpoliert werden.)

Der Porenwasserdruck in P ist dann

$$u_{\mathrm{P}} = h_{\mathrm{u,P}} \cdot \gamma_{\mathrm{W}} = (\Phi_{\mathrm{P}} - z_{\mathrm{P}}) \cdot \gamma_{\mathrm{W}}. \tag{22.11}$$

Für eine Masche ist das hydraulische Gefälle

$$i = \frac{\Delta\Phi}{\Delta s}, \tag{22.12}$$

wobei sich Δs aus der Zeichnung abgreifen lässt. Entsprechend lässt sich auch ein Mittelwert über mehrere Maschen ermitteln.

Damit können als weitere abgeleitete Größen die Geschwindigkeit (*Darcy*, Gl. (3.44))

$$v = k \cdot i$$

und die spezifische Strömungskraft f_{s} angegeben werden. Diese lässt sich anhand einer Betrachtung der in Bezug auf die Wasserphase einer Masche wirkenden Kräfte wie folgt ableiten, s. Abb. 22.5.

In Strömungsrichtung wirkt an der Potenziallinie k die Wasserdruckkraft U_{k}, in der Gegenrichtung an der nächsten Potenziallinie l die Kraft U_{l}. Die resultierende Druckkraft ergibt sich jeweils aus dem über Δa wirkenden Wasserdruck in der Form $U_{\mathrm{i}} = u_{\mathrm{i}} \cdot \Delta a$

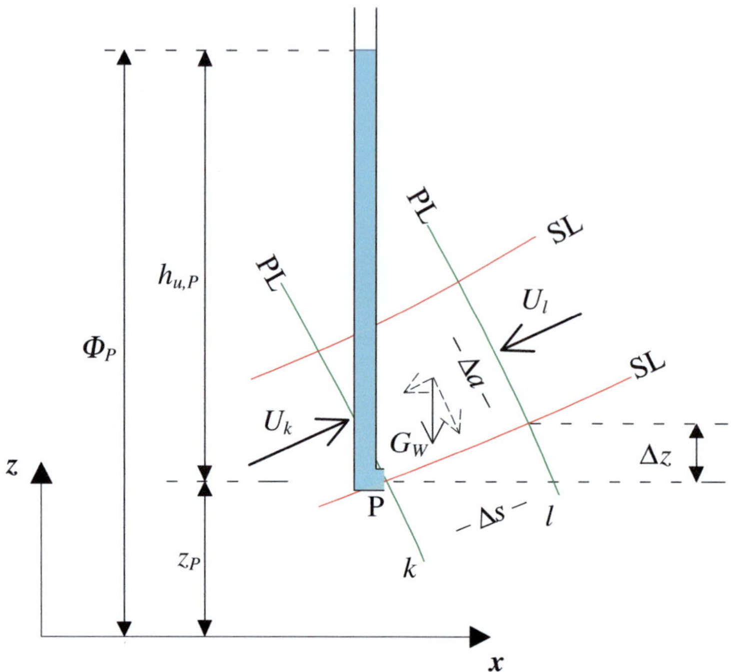

Abb. 22.5 Potenzial und Druckhöhe an einem Punkt P sowie in Strömungsrichtung wirkende Kräfte (Wasserphase) an einer durch je zwei Potenziallinien (PL) und Stromlinien (SL) gebildeten Masche

(Mittelwerte). Mit einbezogen werden muss noch die entsprechende Komponente der Gewichtskraft des Wassers $G_W = \Delta a \cdot \Delta s \cdot \gamma_W$, wobei das gesamte Volumen angesetzt wird, denn das Korngerüst steht unter Auftrieb, vgl. a. Abschn. 3.3.1 und 9.1.

Die resultierende, auf das Korngerüst zu übertragende Kraft ist damit

$$F_s = U_k - U_l - G_W \frac{\Delta z}{\Delta s}$$

und mit Gl. (22.1) bzw. (22.11) ergibt sich

$$F_s = (\Phi_k - z_k) \cdot \gamma_w \cdot \Delta a - (\Phi_l - z_l) \cdot \gamma_W \cdot \Delta a - \Delta a \cdot \Delta s \cdot \gamma_W \cdot \frac{\Delta z}{\Delta s}$$

oder

$$F_s = \Delta\Phi \cdot \Delta a \cdot \gamma_W. \tag{22.13}$$

Bezogen auf das Volumen $\Delta a \cdot \Delta s \cdot 1$ ist dann

$$f_s = \Delta\Phi \cdot \gamma_W / \Delta s$$

oder

$$f_s = i \cdot \gamma_W. \tag{22.14}$$

Die spezifische Strömungskraft f_s ist wie i und v eine vektorielle Größe und kann dementsprechend auch in Komponenten angegeben werden. Alle drei genannten Größen haben dieselbe Richtung, die sich aus der Stromlinie an der entsprechenden Stelle ergibt.

Schließlich ist der Durchfluss für die betrachtete Stromröhre

$$q = v \cdot \Delta a = k \cdot i \cdot \Delta a = k \frac{\Delta \Phi}{\Delta s} \cdot \Delta a. \tag{22.15}$$

Für quadratische Maschen ($\Delta a \approx \Delta s$) gilt speziell

$$q = k \cdot \Delta \Phi \tag{22.16}$$

und zwar unabhängig von der Maschengröße, woraus sich für die Durchflussmenge aller Stromröhren insgesamt

$$Q = m \cdot k \cdot \Delta \Phi \tag{22.17}$$

oder, mit Gl. (22.9)

$$Q = k \cdot \frac{m}{n} \cdot (\Phi_{\mathrm{OW}} - \Phi_{\mathrm{UW}}) \tag{22.18}$$

ergibt.

► **Anmerkung** $\Phi_{\mathrm{OW}} - \Phi_{\mathrm{UW}} = n \cdot \Delta \Phi$ wird im Folgenden auch mit Δh_{W} bezeichnet.

22.3 Einfluss des Grundwassers bei der Bemessung

Bei der Bemessung in der Grundbaupraxis kommen bekanntlich je nach Fragestellung bzw. Teilaspekt unterschiedliche Berechnungsmodelle zum Tragen. Je nach Zielrichtung und Art des Nachweises kann auch die Wirkung des Wassers in unterschiedlicher Form eingehen. Grundsätzlich kann unterschieden werden zwischen der Einwirkung des Wassers in Bezug auf eine Fläche und derjenigen auf einen Bodenkörper.

Der erste Fall trifft meist auf undurchlässige Bauwerksflächen zu, die im Sinne einer Membran wirken. Dies bedeutet, dass in einer im Verhältnis zu den Bauwerksabmessungen sehr dünnen Schicht der Wasserdruck vollständig abgebaut und übertragen wird und (praktisch) kein Wassertransport senkrecht zu dieser Fläche stattfindet. Dies ist in der Regel bei Gründungs- und Stützelementen aus undurchlässigem Material (Stahlspundwände, Wände und Sohlen mit Dichtungsbahnen bzw. aus WU-Beton – „schwarze/weiße Wanne" usw.) der Fall. In gewissen Grenzen gilt diese Betrachtungsweise auch für mit Injektionsmaterial vergüteten Boden bzw. bei Fels sowie bei Boden mit einer von Natur aus sehr geringen Durchlässigkeit. Es ist aber auch möglich, eine Fläche im Innern eines Bodenkörpers im Sinne eines statischen Schnittes zu betrachten. Neben den effektiven Spannungen im Korngerüst sind dann die gemäß Gl. (22.11) zu ermittelnden Porenwasserdrücke relevant. Im Fall des ruhenden Wassers können diese wie auch für das freie Wasser direkt nach den Regeln der Hydrostatik bestimmt werden, vgl. Gl. (9.7).

Im zweiten Fall ist die GW-Einwirkung auf einen Bodenkörper durch das in den Poren befindliche Wasser gekennzeichnet. Damit steht das Korngerüst unter Auftrieb, zur Berechnung der effektiven Spannungen ist die Auftriebswichte γ' maßgebend, s. a. Gleichungen. (3.14) und (9.8). Ist das GW in Bewegung, werden auf Grund dessen Zähigkeit kontinuierlich Kräfte auf das Korngerüst übertragen. Es entsteht zusätzlich eine spezifische Strömungskraft f_s (auch Strömungsdruck genannt) gemäß Gl. (22.14).

Im Falle des nicht ruhenden GW ist es demnach in beiden Fällen erforderlich, die Strömung im Sinne von Abschn. 22.2 zu analysieren. Für die Praxis stehen teilweise aber auch Näherungslösungen zur Verfügung.

In den Abb. 22.6, 22.7, 22.8 sind Beispiele zu den einzelnen Fällen schematisch dargestellt.

Eine besondere Stellung nehmen im vorliegenden Zusammenhang die Betrachtungen zum Thema Aufschwimmen und hydraulischer Grundbruch ein. Sie werden in *DIN EN 1997-1* und *DIN 1054* speziell im Abschnitt „Hydraulisch verursachtes Versagen" behandelt. Es sei aber angemerkt, dass dies nicht die einzigen Versagensformen sind, bei denen Grundwasser als wesentliche Einwirkung relevant sein kann.

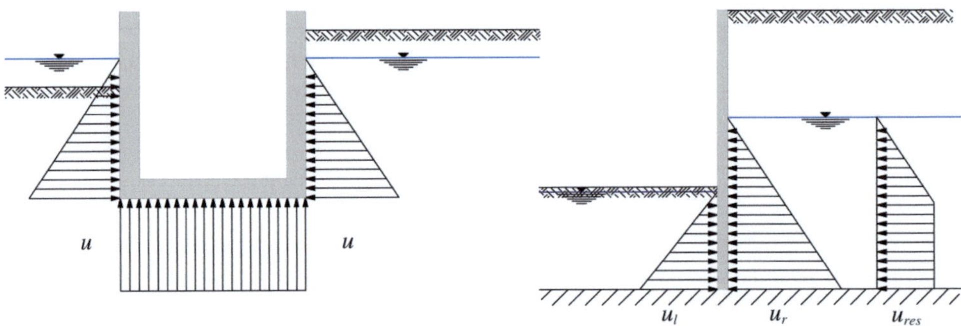

Abb. 22.6 Wasserdrücke bei ruhendem (Grund-)Wasser

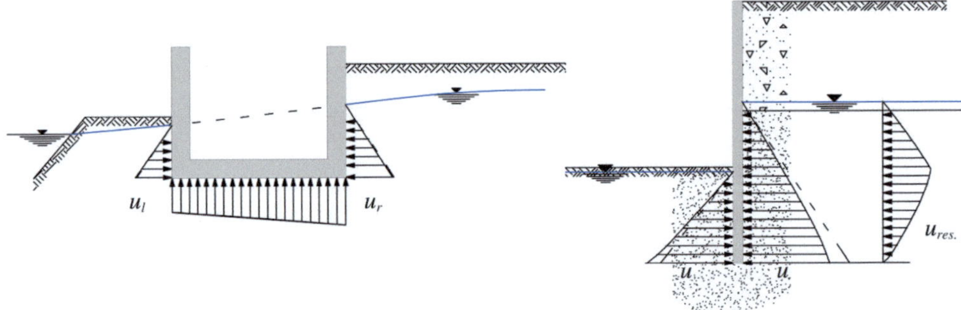

Abb. 22.7 Wasserdrücke bei strömendem Grundwasser

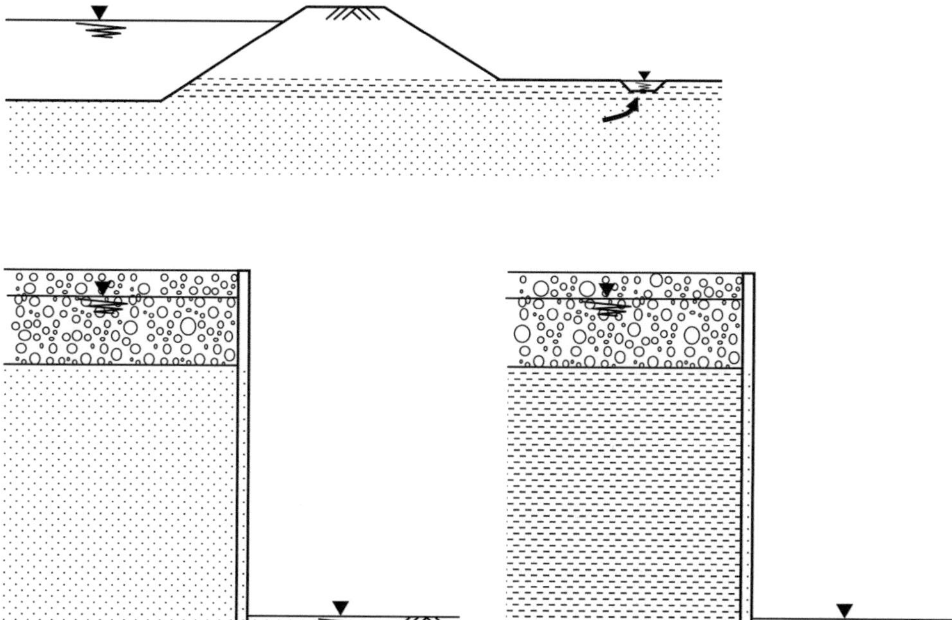

Abb. 22.8 Typische Fälle mit (überwiegend) nach oben gerichteten Strömungskräften bei unterschiedlichen Randbedingungen bzw. Bodenschichtungen

Tab. 22.1 Übersicht zur Wirkung des Wassers bei rechnerischen Nachweisen in der Geotechnik

Thema	Erfassung der Wirkung des Wassers über	s. Abschnitt
Aufschwimmen	Wasserdruck auf Grenzfläche	Abschn. 22.4.1.2
Hydraulischer Grundbruch	Strömungsdruck; bei großem Unterschied in den Durchlässigkeiten (zusätzlich) Wasserduck gemäß Aufschwimmen	Abschn. 22.4.2.2
Erddruck	Auftriebswichte, Strömungsdruck	Abschn. 22.4.2.1
Geländebruch	Wasserdruck auf innere Schnittfläche oder Strömungsdruck bzw. Auftrieb	Abschn. 15.5.1
Grundbruch	Auftriebswichte (nur ruhendes Wasser)	Abschn. 12.5
Versagen auf der tiefen Gleitfuge	Analog Geländebruch	Hier nicht speziell behandelt
Setzung	Bei äußerer Last: indirekt, wenn Spannungsabhängigkeit von E_S; direkt: Verlust des Auftriebs	Abschn. 10.2, Abschn. 22.5.8

In Tab. 22.1 sind die in diesem Sinne wichtigsten Themen des Grundbaus mit den entsprechenden Ansätzen und mit Hinweisen für die weitere Bearbeitung aufgelistet.

Zu beachten ist, dass bei Stützwänden auch bei abgesenktem GW, das keinen direkten Kontakt zur Wand hat, der Erddruck durch eine Strömungskraft im maßgeblichen Gleitkörper beeinflusst werden kann. Entsprechendes gilt für den Nachweis für die tiefe Gleitfuge, s. Abschn. 18.4.1, und speziell dazu Berhane (2015).

22.4 Grundwasseraussperrung

22.4.1 Voll ausgesperrtes Grundwasser

22.4.1.1 Formen der Aussperrung

In den Abb. 22.6 und 22.7, links, sind schematisch sowie in Abb. 22.13 im Detail typische Aussperrungen für Bauwerke, wie sie sich im Endzustand ergeben, dargestellt. Zu deren Herstellung sind häufig Wasserhaltungsmaßnahmen gemäß Abschn. 22.5 erforderlich.

In den Fällen, bei denen ein Einbringen des Bauwerks ohne GW-Absenkung wirtschaftlich sinnvoll oder bautechnisch notwendig ist, müssen wasserundurchlässige, das Grundwasser verdrängende Elemente wie Spundwände (Abb. 22.9 und 22.10), überschnittene Bohrpfahlwände, Schlitzwände sowie Dichtungssohlen aus Unterwasserbeton, Verpressungen, Vereisungen usw. hergestellt werden. Auch können ganze, seitlich und unten geschlossene Gründungskörper oder Bauwerksteile, siehe weiter unten (Senkkasten) niedergebracht werden.

Als Sohlabsperrung kann auch eine natürliche Schicht aus sehr schwach durchlässigem Boden herangezogen werden: In Abb. 22.9 befindet sich unterhalb der Baugrubensohle eine undurchlässige Bodenschicht, z. B. ein toniger Schluff, die von einer durchlässigen, in Verbindung mit dem eingezeichneten GW stehenden Bodenschicht unterlagert wird.

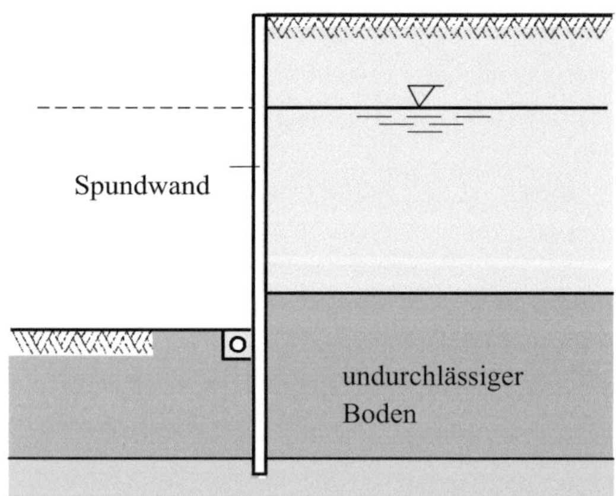

Abb. 22.9 Grundwasseraussperrung durch Spundwand und natürliche undurchlässige Bodenschicht

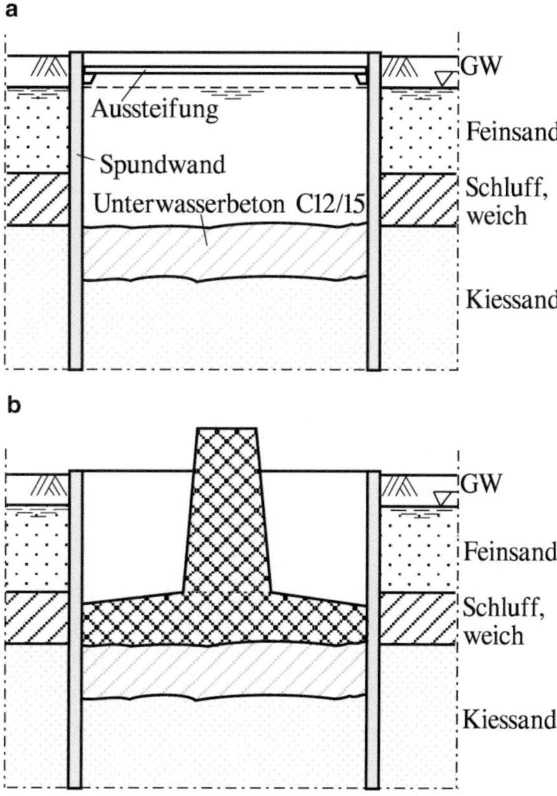

Abb. 22.10 Aussperrung des Grundwassers mit Spundwandbaugrube und Unterwasserbeton. **a** Aushub und Unterwasserbeton (Kontraktorverfahren). **b** Bauen der Brückenpfeiler in trockener Baugrube

► **Anmerkung** Als annähernd wasserundurchlässig gilt eine Bodenschicht, wenn sie eine Durchlässigkeit aufweist, die um mindestens zwei Zehnerpotenzen kleiner ist als die Durchlässigkeit des übrigen Bodens. Im vorliegenden Abschnitt werden solche Böden vereinfachend als undurchlässig bezeichnet.

Vorlaufend zum schrittweisen Aushub kann mittels Drängräben und Pumpensümpfen das Wasser innerhalb der Baugrube gesammelt, abgepumpt und in einen Vorfluter geleitet werden. Nach dem Aushub müssen geringes Restwasser, das ggf. durch die Spundwandschlösser oder Arbeitsfugen in die Baugrube gelangt sowie Niederschlagswasser gefasst und abgepumpt werden.

Hinsichtlich der Restwassermengen, s. Abschn. 17.4.1.

Ist keine natürliche Dichtungsschicht vorhanden, kann eine künstliche Dichtung durch eine Unterwasserbetonsohle nach dem Aushub unter Wasser, s. Abb. 22.10, durch Verpressen des Bodens oder mit dem Düsenstrahlverfahren vor dem Aushub hergestellt werden. Beispielsweise werden beim Verpressen mit einem Zement-Bentonit-Gemisch die Poren des Bodens größtenteils geschlossen.

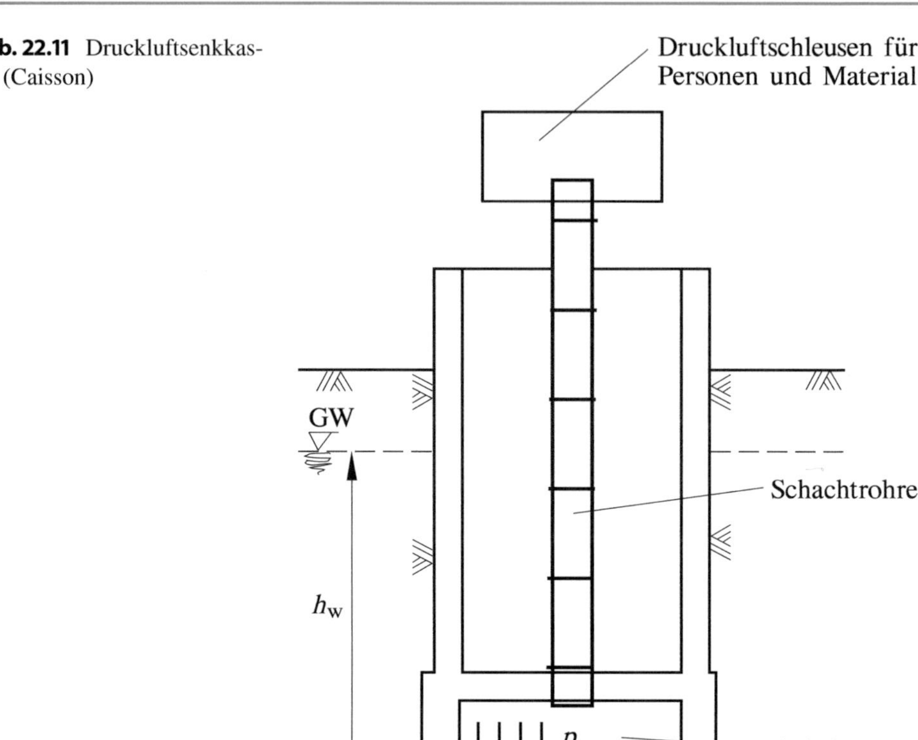

Abb. 22.11 Druckluftsenkkasten (Caisson)

Für die Tiefe der Wände ist häufig die Sicherheit gegen Aufschwimmen der Baugrubensohle maßgebend, s. Abb. 22.12.

Die Baugrubenumschließung kann auch in Form eines Senkkastens, s. Abb. 22.11, bzw. mit fertigen Brunnenringen ausgebildet werden. Erste Senkkästen wurden schon im Altertum in Mauerwerk hergestellt. Bis Ende der sechziger Jahre wurden Senkkästen häufig für die Gründung von großen Brückenpfeilern verwendet. Wegen der zunehmenden Beachtung des Grundwassers finden Senkkästen heute wieder weitgehende Verwendung, so z. B. beim Bau von unterirdischen Becken und Tiefgaragen.

Ein Senkkasten wird gewöhnlich an der Geländeoberfläche in Stahlbetonbauweise hergestellt und durch Ausbaggern bzw. Untergraben der schneidenartigen Wandfüße abgesenkt: es werden also künstlich Grundbrüche zur Absenkung erzeugt. Durch Aushub unter Wasser wird der Senkkasten bis auf die erforderliche Tiefe abgesenkt. Ist keine natürliche Dichtungsschicht vorhanden, erfolgt die Dichtung wiederum über Verpressungen, mit dem Düsenstrahlverfahren oder durch eine Unterwasserbetonsohle.

Soll im Trockenen ausgehoben werden oder müssen im Trockenen Bauarbeiten unterhalb des Wasserspiegels vorgenommen werden, z. B. die Herstellung einer bewehrten

Betonsohle, kann eine Grundwasserverdrängung aus geschlossenen Arbeitsräumen mit Druckluft erfolgen. In Abb. 22.11 ist ein Druckluftsenkkasten dargestellt.

Der Druck in der Arbeitskammer ($p_{ü}$) muss größer sein als der äußere Wasserdruck ($h_w \cdot \gamma_W$). Personen und Material müssen zur Anpassung an die jeweiligen Druckverhältnisse bzw. wegen der Druckregulierung über Schächte transportiert und geschleust werden. Nach der Verordnung über Arbeiten in Druckluft sind Arbeiten bis 30 m unter Wasserspiegel möglich.

Besondere Beachtung muss der Bemessung der Schneide geschenkt werden. Auch müssen für den Absenkvorgang das Gewicht des Senkkastens und die Widerstände infolge der Scherfestigkeit des Bodens an den Senkkastenaußenwänden beachtet werden.

Zur Minderung dieser Widerstände wird häufig als Absenkhilfe oberhalb der Schneide der Grundrissquerschnitt geringfügig verjüngt und der Ringraum mit einer Bentonitsuspension gefüllt. Genauere Angaben über Senkkästen finden sich bei Lingenfelser (2001) und bei Arz et al. (1991).

22.4.1.2 Aufschwimmen

Der Nachweis gegen ein Versagen durch Aufschwimmen ist für den Grenzzustand UPL nach *DIN 1997-1* und *DIN 1054* in der Form

$$V_{\mathrm{dst,d}} \leq G_{\mathrm{stb,d}} + R_{\mathrm{d}} \tag{22.19}$$

zu führen. Dabei ist $V_{\mathrm{dst,d}}$ der Bemessungswert der Kombination von destabilisierenden ständigen und veränderlichen vertikalen Einwirkungen, der sich in der Regel als lotrechte Komponente der Resultierenden des von unten auf das Bauwerk einwirkenden Wasserdrucks (Auftrieb) darstellt. $G_{\mathrm{stb,d}}$ ergibt sich aus den Eigengewichten von Sohle bzw. Boden und Wänden sowie ggf. Aussteifungen usw. Die charakteristischen Werte der Wichten für Boden sind dabei vorsichtig (untere Werte) anzusetzen. Für unbewehrten/bewehrten Beton darf nach den *Empfehlungen des Arbeitskreises Baugruben (EAB)* höchstens 23 bzw. 24 kN/m^3 angesetzt werden. Die Partialsicherheitsbeiwerte sind entsprechend Abschn. 8.3 anzusetzen.

Sofern nur $V_{\mathrm{dst,d}}$ und $G_{\mathrm{stb,d}}$ vorhanden sind, werden damit nur Einwirkungen miteinander verglichen. Im Sinne der bereits erwähnten Membran-Betrachtung werden damit die oberhalb der Schnittebene einwirkenden Gewichtskräfte bzw. Wichten ohne Auftrieb angesetzt. Diese Betrachtung ist auch bei gering durchlässigem Boden möglich, wobei in diesem Falle ggf. zusätzlich der Nachweis gegen hydraulischen Grundbruch gemäß Abschn. 22.4.2.2 geführt werden muss.

► **Anmerkung** In den meisten Fällen ist wegen der höheren Sicherheitsbeiwerte dieser Nachweis maßgebend. In Ziegler (2012) ist mit Bezug auf *EAB* aufgezeigt, in welchen Fällen dieser zu führen ist und ggf. auf der unsicheren Seite liegende Ergebnisse liefert.

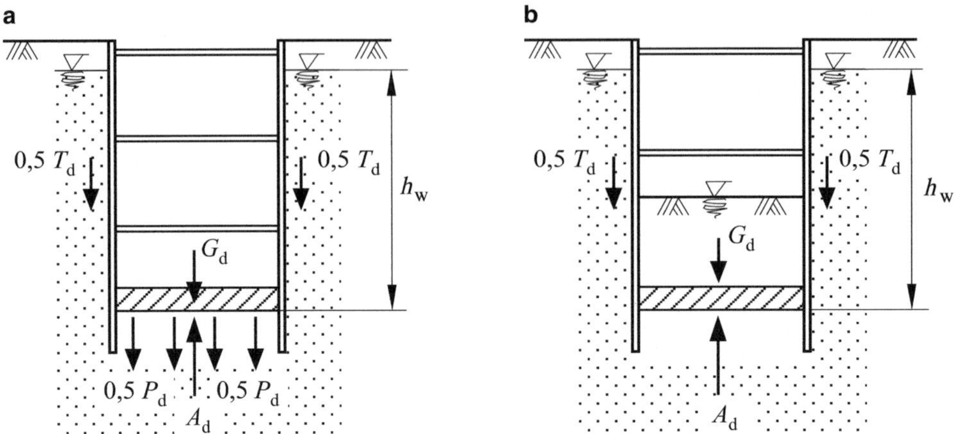

Abb. 22.12 Ansatz der Kräfte beim Nachweis der Sicherheit gegen Aufschwimmen. **a** Sicherung mit Dichtsohle und Verankerung. **b** Sicherung mit Dichtsohle ohne Verankerung

Die Mitwirkung von seitlichen Scherkräften und Zugelementen kann in Gl. (22.19) über den Term R_d berücksichtigt werden. Diese Vertikalkomponenten von Widerständen dürfen hierbei wie ständige Einwirkungen angesetzt werden.

▶ **Anmerkung** Dem liegt die Überlegung zugrunde, dass sich im Grenzfall keilförmige Bodenkörper ausbilden und damit ein begrenztes Bodenvolumen für die Herstellung des Gleichgewichts in vertikaler Richtung zur Verfügung steht, vgl. auch Abschn. 13.2 und 16.4. Bei der Ermittlung der seitlichen Scherkräfte wird der aktive Erddruck herangezogen, wobei je nach Bemessungssituation ein Anpassungsfaktor $\eta_z = 0{,}8$ bzw. 0,9 zu berücksichtigen ist. Die Zugelemente müssen darüber hinaus – wie alle anderen Bauwerksteile – für die Grenzzustände GEO-2 und STR bemessen werden.

Für die in Abb. 22.12 dargestellte Situation ergibt sich mit den darin verwendeten Bezeichnungen Gl. (22.19) zu

$$A_d \leq G_d + T_d + P_d. \tag{22.20}$$

▶ **Anmerkung** G_d wird für den Fall b) in Abb. 22.12 u. a. mit der Wichte des gesättigten Bodens (γ_r) ermittelt! Außerdem entfällt bei b) der Anteil P_d in Gl. (22.20).

22.4.1.3 Trockenhaltung von Bauwerken und Umleitung von Grundwasser

Für das fertige, im GW stehende Bauwerk muss entweder eine wasserundurchlässige Ausführung mit z. B. einer „weißen Wanne" aus Stahlbeton, s. Grube (1982), bzw. eine dauerhafte Abdichtung auf bituminöser Basis („schwarze Wanne"), s. Lufsky (1983),

Haack (2009), oder eine ständig wirksame Dränanlage vorgesehen werden. Dränanlagen für den Dauerbetrieb werden in der Regel nur noch bei sehr geringem oder kurzzeitigem Wasseranfall genehmigt. Als wichtigste Regelwerke für Bauwerksabdichtungen sei auf *DIN 18195* und *DIN 18336* verwiesen.

Gründungskörper aus Beton, die ständig dem GW ausgesetzt sind, müssen ggf. – vor allem bei hohem Sulfatgehalt – gegen aggressives Grundwasser geschützt werden.

Um bei Baumaßnahmen im Grundwasser den bestehenden Grundwasserhaushalt mit seinem Strömungsgefälle nicht nachhaltig zu stören, werden häufig Umläufigkeitsmaßnahmen ergriffen. Andernfalls kann es z. B. zu einem Grundwasseraufstau vor einem Bauwerk kommen, so dass bisher trockene Untergeschosse in der Nachbarschaft überflutet werden. In Abb. 22.13 ist eine Maßnahme bei einem Stuttgarter Bauvorhaben dargestellt, bei der während der Bauzeit das anfallende Grundwasser (max. 1,5 l/s) mit einer offe-

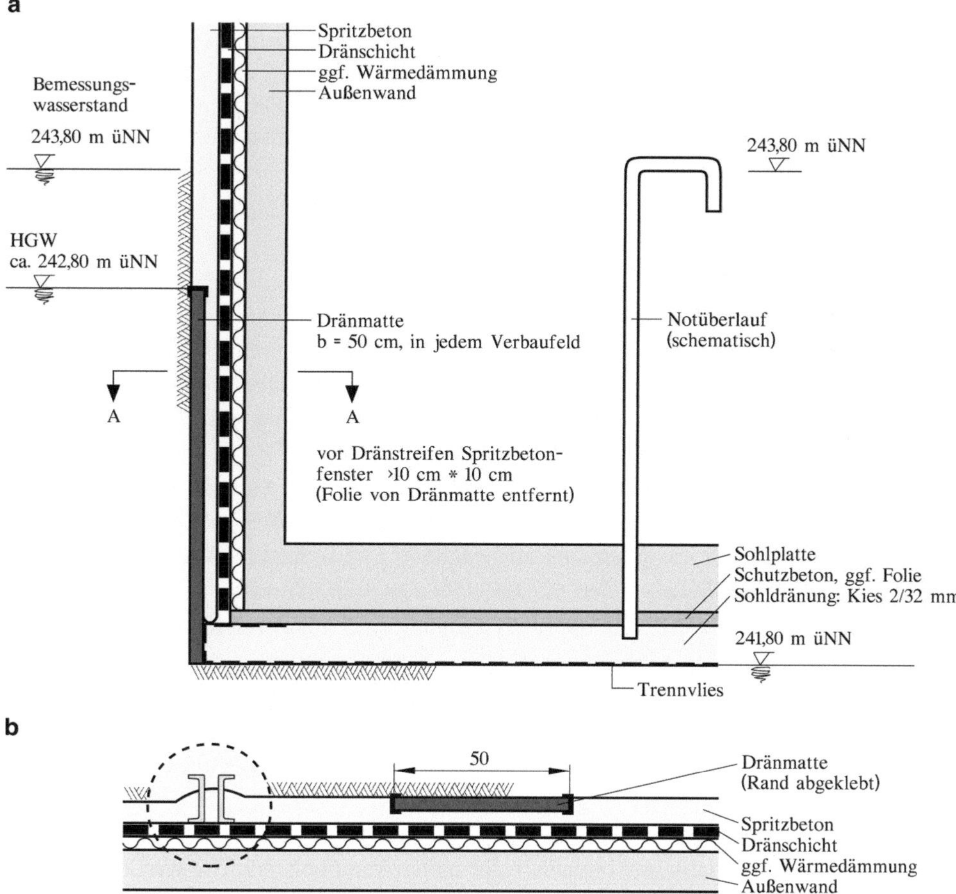

Abb. 22.13 Maßnahmen zur Grundwasserumleitung. **a** Vertikaler Schnitt. **b** Schnitt A–A

nen Wasserhaltung beseitigt wurde. Gegen den Trägerverbau mit Spritzbetonausfachung wurde einhäuptig geschalt und die Untergeschossaußenwände und die Sohlplatte in wasserundurchlässigem Beton hergestellt. Zuvor waren zwischen bindigem Boden und Spritzbeton in jedem Verbaufeld eine Dränmatte angebracht und Aussparungen von 10 × 10 cm im Spritzbeton vorgehalten worden, um während der Bauzeit keine Wasserdrücke auf die Spritzbetonschale ansetzen zu müssen und um die Verbindung zur Sohldränung zu schaffen. Eine weitere vollflächige Dränmatte wurde auf dem Spritzbeton angebracht; sie diente zur Regulierung des Wasserdrucks auf das Bauwerk und somit zur Auftriebssicherung. Das Grundwasser kann über die Dränschichten und über die Sohldränung unter dem Bauwerk hindurchfließen. Zur Sicherung gegen Aufschwimmen war weiter der Notüberlauf in Höhe des festgelegten Bemessungswasserstandes angeordnet worden.

22.4.2 Teilweise ausgesperrtes Grundwasser (bei Stützwänden)

Es soll hier an die bereits unter Abschn. 22.3 angesprochenen Fragen zum Wasserdruck und Erddruck sowie zum hydraulischen Grundbruch in Fällen, bei denen das Grundwasser nur teilweise ausgesperrt wird, angeknüpft werden. Dabei soll bevorzugt auf die Situation eingegangen werden, wie sie für seitlich durch dichte Wände umschlossene und nach unten durchlässige Baugruben typisch ist.

Es sei zudem darauf hingewiesen, dass bei strömendem Wasser auch die zufließenden Wassermengen beachtet werden müssen, s. hierzu Abschn. 22.2.

22.4.2.1 Wasserdrücke, Erddrücke

Wasserdrücke bei ruhendem oder strömendem Wasser können entscheidenden Einfluss auf die Standsicherheit und Bemessung von Stützbauwerken haben. Wasserdrücke bzw. resultierende Wasserüberdrücke werden als Einwirkung zusätzlich zu den Erddrücken angesetzt.

Von grundlegender Bedeutung ist der zutreffende Ansatz von Bemessungswasserständen. Dabei sind gewisse Zuschläge sowie konstruktive Maßnahmen zur Begrenzung (Überlauf- bzw. Flutungsmöglichkeit) zu beachten. Für plötzliche Wasserspiegeländerungen wird selbst bei Stützwänden mit Entwässerungseinrichtungen (Durchlaufentwässerungen bei Spundwänden) und bei durchlässigem Baugrund beispielsweise nach *EAU 2020 – Empfehlungen des Arbeitsausschusses „Ufereinfassungen Häfen und Wasserstraßen“* vorsorglich ein Mindestwasserüberdruck von 0,5 mWS angesetzt.

Bei den im Folgenden dargestellten Situationen bei Stützwänden ist der Wasserspiegelunterschied zwischen Berg- und Talseite maßgeblich. Dieser wird hier mit Δh_w bezeichnet und entspricht in Gl. (22.9) der Potenzialdifferenz $\Phi_{OW} - \Phi_{UW}$.

Wasserdrücke in ruhendem (Grund-)Wasser entsprechend Abb. 22.6 ergeben sich nach den Regeln der Hydrostatik und brauchen hier nicht weiter behandelt zu werden. Für erdstatische Berechnungen senkrechter Wände wird in der Regel der horizontale Anteil des Wasserüberdrucks als äußere Einwirkung angesetzt. Der vertikale Anteil wird mit Ansatz der Wichte des Bodens unter Auftrieb γ' berücksichtigt, s. auch Abschn. 15.5. Die hydrostatischen Ansätze können in einfachen Fällen auch näherungsweise für den durchströmten Fall (siehe nachfolgend) herangezogen werden.

Wird ein Bauwerk umströmt, übt das strömende Grundwasser einen Strömungsdruck auf die für die Erddrücke maßgeblichen Gleitkörper aus. Bei Umströmung einer Stützwand ist der Strömungsdruck, besonders im wandnahen Bereich, vorwiegend senkrecht gerichtet. Dafür stehen die nachfolgend aufgeführten Lösungsmöglichkeiten mit unterschiedlichen Näherungsstufen zur Verfügung.

Dies hat besondere Folgen:

- Hinter der Wand (Bergseite) wird der Erddruck durch den nach unten gerichteten Strömungsdruck mittelbar erhöht, da die lotrechten wirksamen Spannungen im Korngerüst des Bodens ansteigen. Der Wasserdruck auf die Wand vermindert sich entsprechend gegenüber dem hydrostatischen Zustand.
- Vor der Wand (Talseite) wird der Erdwiderstand durch den nach oben gerichteten Strömungsdruck mittelbar verringert, da die lotrechten wirksamen Spannungen im Korngerüst des Bodens kleiner werden. Der Wasserdruck auf die Wand wird entsprechend größer.
- Im Bereich des Wandfußes kann die Gefahr für eines hydraulischen Grundbruchs (unabhängig von der Stützung der Wand) eintreten, s. Abschn. 22.4.2.2.

Um die genannten Einflüsse genauer zu erfassen, kann man auf der Grundlage einer Lösung für das Strömungsproblem (z. B. Strömungsnetz) die Wasserdrücke direkt gemäß Gl. (22.11) berechnen. Für die Erddrücke müssen die Wichte unter Auftrieb γ' und der Strömungsdruck f_s nach Gl. (22.14) – streng genommen vektoriell – überlagert werden. Die unterschiedlichen Maschenweiten sind dabei umgekehrt proportional dem hydraulischen Gefälle. Das hydraulische Gefälle je Potenzialstufe, also je Netzmasche, ist nach Abschn. 22.2 (Gl. (22.12))

$$i = \frac{\Delta\Phi}{\Delta s}.$$

Dieses kann grundsätzlich pro Masche ermittelt werden; meist genügt es in guter Näherung, f_s bzw. i bereichsweise als Mittelwert und vertikal wirkend anzusetzen. Die Erddrücke können dann auf die übliche Weise mit den nachfolgenden Gln. (22.21) und (22.22) für die wirksamen Wichten für den Boden berechnet werden. Anstatt die Wasserdrücke, wie oben angegeben, nach Gl. (22.14) maschenweise genau zu berechnen, können diese unter der gleichen Voraussetzung nach den Gln. (22.23) und (22.24) für die wirksamen Wichten des Wassers bestimmt werden.

Die wirksamen Wichten für den Boden ergeben sich zu:

$$\gamma_a = \gamma + i_a \cdot \gamma_w \quad \text{für die } E_a\text{-Seite,} \tag{22.21}$$

$$\gamma_p = \gamma + i_p \cdot \gamma_w \quad \text{für die } E_p\text{-Seite } (i_p \text{ ist negativ}). \tag{22.22}$$

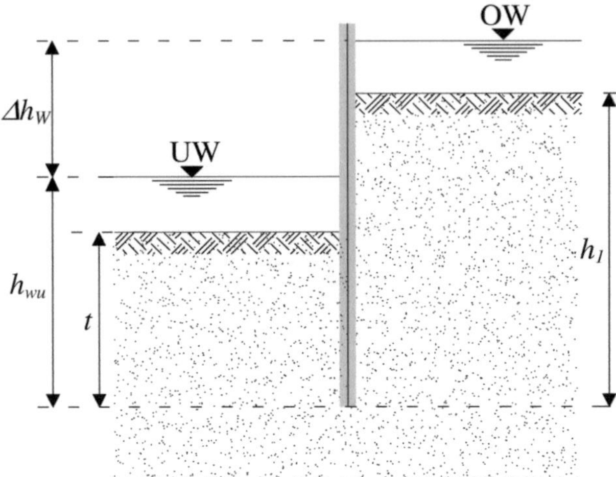

Abb. 22.14 Bezeichnungen für die Berechnung der hydraulischen Gefälle i_a und i_p sowie der Potenzialdifferenz h_r gemäß Gln. (22.25) und (22.26) bzw. (22.32). Hierin bedeuten: Δh_w Wasserspiegelunterschied zwischen Ober- und Unterwasser, h_l durchströmter Weg hinter der Wand bis zum Fußpunkt, h_{wo} oberseitige Wasserspiegelhöhe über dem Spundwandfuß $= h_{wu} + \Delta h_w$, h_{wu} unterseitige Wasserspiegelhöhe über dem Spundwandfuß und t Rammtiefe der Spundwand, durchströmter Weg vor der Spundwand

Die wirksamen Wichten für das Wasser ergeben sich zu:

$$\gamma_{wa} = (1 - i_a) \cdot \gamma_w \quad \text{für die abwärts gerichtete Strömung,} \tag{22.23}$$

$$\gamma_{wp} = \left(1 - i_p\right) \cdot \gamma_w \quad \text{für die aufwärts gerichtete Strömung; } (i_p \text{ ist negativ}). \tag{22.24}$$

Steht kein Strömungsnetz o. ä. zur Verfügung, kann das nachfolgende Näherungsverfahren gemäß *DIN 4085* und *EAU* für die Berechnung des hydraulischen Gefälles herangezogen werden. Es beruht auf der Annahme eines eigenen mittleren hydraulischen Gefälles für jede Seite der Stützwand, Bezeichnungen gemäß Abb. 22.14.

► **Anmerkung** Es sei darauf hingewiesen, dass sich dieser Näherungsansatz und derjenige für den Nachweis der Sicherheit gegen hydraulischen Grundbruch (s. Abschn. 22.4.2.2) jeweils auf unterschiedliche Bodenbereiche beziehen.

Für die E_a-Seite (abwärts gerichtete Strömung) ist

$$i_a = \frac{0{,}7 \cdot \Delta h_w}{h_l + \sqrt{h_l \cdot t}} \tag{22.25}$$

und für die E_p-Seite (aufwärts gerichtete Strömung):

$$i_p = \frac{0{,}7 \cdot \Delta h_w}{t + \sqrt{h_l \cdot t}}. \tag{22.26}$$

► **Anmerkung** Gln. (22.25) und (22.26) entsprechen den Angaben in der *EAU (2004)*; gemäß der aktuellen Ausgabe *EAU (*2021*)* entfällt jeweils der Faktor 0,7.

22.4.2.2 Hydraulischer Grundbruch

In Abb. 22.15 ist die Umströmung einer Stützkonstruktion schematisch dargestellt. Ist das hydraulische Gefälle am Fuß der Stützkonstruktion sehr groß, so ist der Boden davor besonders gefährdet: in einem begrenzten Bereich vor dem Fuß der Konstruktion wird das Eigengewicht des Bodens praktisch aufgehoben, wenn der nach oben gerichtete Strömungsdruck den Wert:

$$i_{\text{krit}} \cdot \gamma_{\text{w}} = \gamma' \tag{22.27}$$

erreicht. Der Boden wird aufgelockert und Bodenkörner werden vom strömenden Wasser mitgerissen. Eine Aufspülung des Bodens ist die Folge. Diesen Vorgang bezeichnet man als hydraulischen Grundbruch.

Obige Gl. (22.27) gilt nur, wenn eine Schicht gleichmäßig in vertikaler Richtung durchströmt wird, wie beispielsweise in Abb. 22.8, rechts, dargestellt. Der Nachweis der Sicherheit gegen hydraulischen Grundbruch kann dadurch erbracht werden, dass das kritische hydraulische Gefälle dem vorhandenen hydraulischen Gefälle gegenübergestellt wird. Dabei müssen die Teilsicherheitsbeiwerte berücksichtigt werden.

Für eine grobe Abschätzung kann im in Abb. 22.15 dargestellten Fall angenommen werden, dass die Druckhöhendifferenz Δh_{W} entlang des mittleren Strömungsweges l_{m} gleichmäßig abgebaut wird. Damit wird

$$i = \Delta h_{\text{W}} / l_{\text{m}} \tag{22.28}$$

und damit (Gl. (22.14))

$$f_{\text{s}} = i \cdot \gamma_{\text{W}}.$$

f_{s} darf im Grenzfall nicht größer werden als γ' (bezüglich der Bemessungswerte).

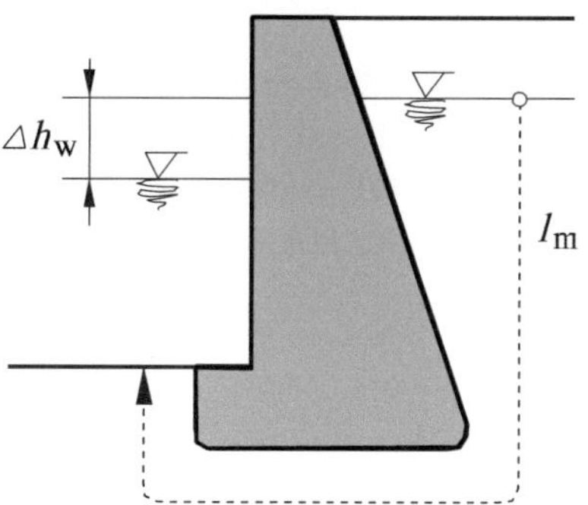

Abb. 22.15 Umströmte Mauer; Gefahr: hydraulischer Grundbruch

Nach *DIN 1054* ist die Annahme eines linearen Potenzialabbaus im Fall der umströmten Stützwand allerdings ausdrücklich nicht erlaubt.

Da im allgemeinen Fall der Strömungsdruck nicht konstant ist, werden bei der Grenzbedingung nach *DIN EN 1997-1* und *DIN 1054* Strömungs- und Gewichtskräfte verglichen, die sich auf einen bestimmten Aufbruchkörper beziehen. Der Nachweis der Sicherheit gegen hydraulischen Grundbruch erfolgt dann gemäß Grenzzustand *HYD* durch den Vergleich der ungünstigen mit den günstigen Einwirkungen:

$$S_{\mathrm{dst,d}} \leq G'_{\mathrm{stb,d}} \tag{22.29}$$

oder

$$S_{\mathrm{dst,k}} \cdot \gamma_{\mathrm{H}} \leq G'_{\mathrm{stb,k}} \cdot \gamma_{\mathrm{G,stb}}. \tag{22.30}$$

Die Partialsicherheitsbeiwerte γ_{H} und $\gamma_{\mathrm{G,stb}}$ sind entsprechend Abschn. 8.3 anzusetzen. Hervorzuheben ist dabei, dass bei γ_{H} zwischen günstigem und ungünstigem Untergrund zu unterscheiden ist. Als günstig können Kies, Kiessand und mindestens mitteldicht gelagerter Sand mit Korngrößen über 0,2 mm sowie mindestens steifer toniger bindiger Boden eingestuft werden; ungünstig hingegen locker gelagerter Sand, Feinsand, Schluff und weicher bindiger Boden. Bei Aufbringen einer mindestens 0,3 m dicken filtergerechten Schutzschicht dürfen auch bei ungünstigem Untergrund die Beiwerte für den günstigen Fall verwendet werden.

Grundsätzlich muss der Nachweis für jedes in Frage kommende Bodenprisma erbracht werden. $S_{\mathrm{dst,d}}$ ist der Bemessungswert der destabilisierenden Strömungskraft und $G'_{\mathrm{stb,d}}$ der Bemessungswert der ständigen stabilisierenden Einwirkungen (Bodenwichte unter Auftrieb!).

Wenn der Boden vor dem Fuß einer Stützwand entsprechend Abb. 22.16 überwiegend vertikal, von unten nach oben, in homogenem Boden durchströmt wird, kann nach Terzaghi und Jelinek (1954) und Terzaghi und Peck (1961) ein Quader der Tiefe t und der Breite $t/2$ betrachtet werden (Aufbruchkörper nach *Terzaghi*), wobei t die Einbindetiefe ist.

Die auf einen solchen Körper einwirkende Strömungskraft lässt sich wiederum am genauesten auf der Grundlage einer Lösung für das Strömungsproblem ermitteln. So können beispielsweise bei Vorliegen des Strömungsnetzes maschenweise die anteiligen Strömungskräfte bestimmt und (vektoriell) aufsummiert werden.

Mit Bezug auf den *Terzaghi*-Aufbruchkörper gemäß Abb. 22.16 kann die maßgebliche, nach oben einwirkende Strömungskraft S_{k} aus dem Mittelwert des in diesem Körper abzubauenden Potenzials wie folgt ermittelt werden:

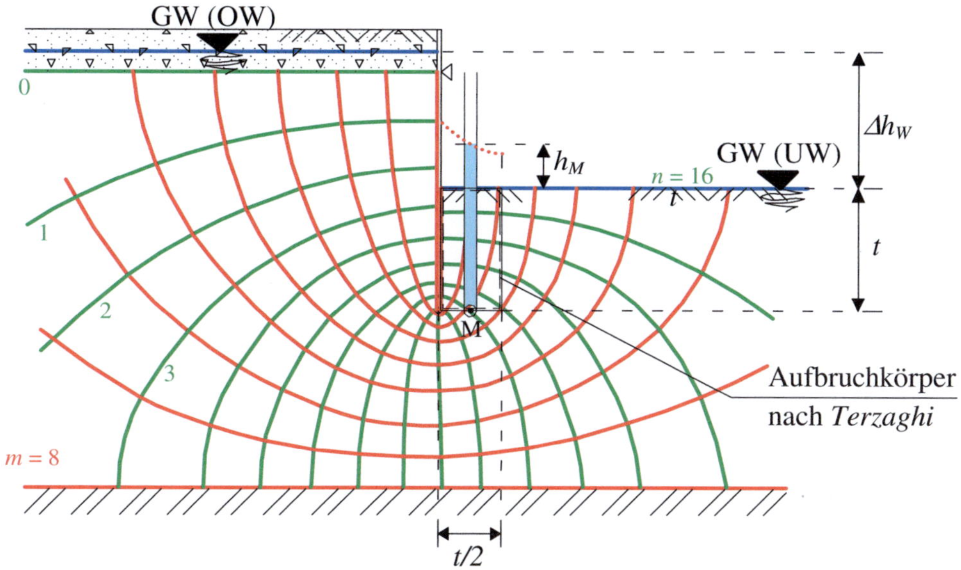

Abb. 22.16 Umströmung einer Spundwand (vgl. Abb. 22.3) – Eingangsgrößen für den Nachweis der Sicherheit gegen hydraulischen Grundbruch

Mit dem mittleren hydraulischen Gefälle

$$i_m = h_m/t$$

wird

$$f_s = i_m \cdot \gamma_W = h_m/t \cdot \gamma_W$$

und damit

$$S_k = f_s \cdot t \cdot t/2$$

oder

$$S_k = h_m \cdot \gamma_W \cdot t/2. \tag{22.31}$$

Der Wert h_m ergibt sich streng genommen aus dem nicht linearen Verlauf (in Abb. 22.16 punktiert dargestellt) der Potenzialdifferenzen zwischen der Sohlfläche und der Oberfläche des Bruchkörpers über die Breite $t/2$.

► **Anmerkung** Gleichbedeutend ist die Betrachtung des von unten auf den Aufbruchkörper einwirkenden Wasserüberdrucks, der sich durch den Faktor γ_W von den Potenzialdifferenzen unterscheidet. Die Überdruck-Resultierende muss vom Korngerüst des Bruchkörpers aufgenommen werden.

Ohne größeren Genauigkeitsverlust kann man für h_m den Mittelwert aus den beiden Potenzialdifferenzen am linken und rechten Rand der Sohle verwenden, näherungsweise auch den in der Mitte abgegriffenen Wert h_M.

Steht kein Strömungsnetz o. ä. zur Verfügung, kann auch hier das maßgebliche hydraulische Gefälle über ein Näherungsverfahren ermittelt werden: Nach *EAU* kann für lotrecht umströmte Spundwandbauwerke die Differenz der Standrohrspiegelhöhe h_r gegenüber der Unterwasserspiegelhöhe wie folgt gemäß Gl. (22.32) berechnet werden:

$$h_r = \frac{h_{wu} \cdot \sqrt{h_1} + h_{wo} \cdot \sqrt{t}}{\sqrt{h_1} + \sqrt{t}} - h_{wu} \quad (22.32)$$

mit den Bezeichnungen entsprechend Abb. 22.14.

Anstatt h_m ist dann in Gl. (22.31) h_r zu verwenden.

Innere Erosion und Piping Im engen Zusammenhang mit den Betrachtungen zur Umströmung von Bauwerken und zum hydraulischen Grundbruch stehen Überlegungen zum Transport und Austrag von Bodenteilchen durch strömendes Wasser. In *DIN EN 1997-1* werden neben dem Aufschwimmen und dem hydraulischen Grundbruch die innere Erosion und der Erosionsgrundbruch (Piping) als hydraulisch verursachte Versagensformen aufgeführt. In dieser Norm heißt es dazu weiter:

Innere Erosion wird durch den Transport von Bodenteilchen innerhalb einer Bodenschicht, an Schichtgrenzen oder an der Kontaktfläche zwischen dem Boden und einem Bauwerk verursacht. Das kann schließlich zu einer rückschreitenden Erosion und damit zum Einsturz des Bauwerks führen.

Piping ist eine Sonderform des Versagens, etwa eines Staubeckens, durch innere Erosion, die an der Oberfläche beginnt und sich dann rückschreitend einen röhrenförmigen Fließweg im Boden oder zwischen Boden und Bauwerk oder an der Schichtgrenze zwischen bindigen und nichtbindigen Bodenschichten schafft. Der Bruch tritt ein, sobald das oberstromige Ende der erodierten Stromröhre den Beckenboden erreicht.

Diese Versagensformen können nicht durch Grenzzustandsgleichungen dargestellt werden. Zur Vermeidung kritischer Zustände sind Filterkriterien und konstruktive Maßnahmen von besonderer Bedeutung, des Weiteren sind Beobachtungen am Bauwerk als sehr wichtig einzustufen. In *DIN 1054* wird wegen weiterer Details auf die *EAU* und *MSD, BAW-Merkblatt: Standsicherheit von Dämmen an Bundeswasserstraßen* (2011), verwiesen, siehe hierzu auch *MMB, BAW-Merkblatt: Materialtransport im Boden.*

22.5 Grundwasserhaltung

22.5.1 Grundwasserabsenkung

Je nach Bodenart, Wasserdurchlässigkeit (Beiwert k) und Absenktiefe stehen eine Reihe von Absenkungsverfahren zur Verfügung, auf die in den einzelnen Abschnitten eingegangen wird. Eine Übersicht bietet Abb. 22.17.

Abb. 22.18 zeigt eine offene Wasserhaltung mit Drängräben am Rand einer Baugrube. Theoretisch handelt es sich hier um den ebenen Absenkfall, s. Abschn. 22.5.1.1, wie er auch für Bauwerks-Dränanlagen anwendbar ist. In Abb. 22.19 ist die Grundwasserabsenkung mit einem Brunnen, der axialsymmetrische Fall der Grundwasserabsenkung, abgebildet, s. Abschn. 22.5.1.2. Dieser Fall wird erweitert auch für die Absenkung mit mehreren Brunnen betrachtet, s. Abschn. 22.5.1.5.

Im Folgenden wird auf die Berechnung einiger für die Praxis wichtiger Fälle eingegangen.

Bodenarten	Kies			Sand			Schluff			Ton
	grob	mittel	fein	grob	mittel	fein	grob	mittel	fein	
Korngröße von [mm]	20	6	2	0,5	0,2	0,05	0,02	0,005	0,002	<0,002
bis	60	20	6	2	0,5	0,2	0,05	0,02	0,005	
k [m/s]	>1	>1	10^{-1}	10^{-2}	10^{-3}	10^{-4}	10^{-5}	10^{-6}	10^{-7}	$<10^{-7}$

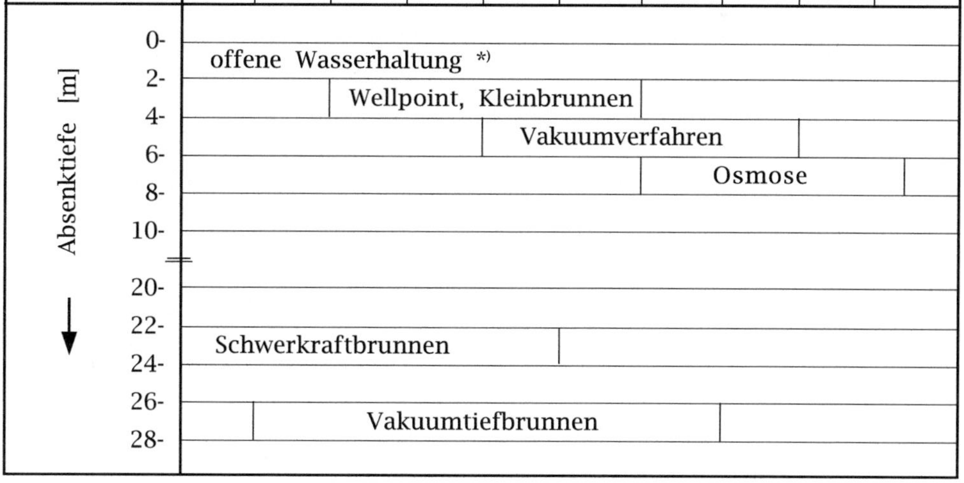

Absenktiefe [m]
0-
2-
4-
6-
8-
10-
20-
22-
24-
26-
28-

offene Wasserhaltung *)
Wellpoint, Kleinbrunnen
Vakuumverfahren
Osmose
Schwerkraftbrunnen
Vakuumtiefbrunnen

*) offene Wasserhaltung bei feinkörnigen Böden und bei Fels auch mit größeren Absenktiefen

Abb. 22.17 Absenkverfahren, Prospekt Bauer Spezialtiefbau, Schrobenhausen

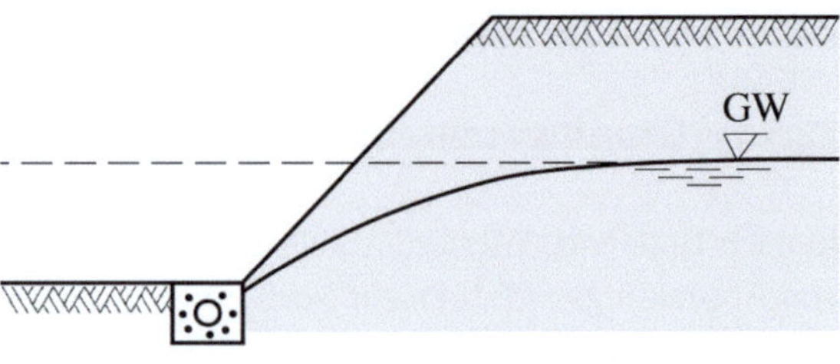

Abb. 22.18 Offene Wasserhaltung mit Dränleitung

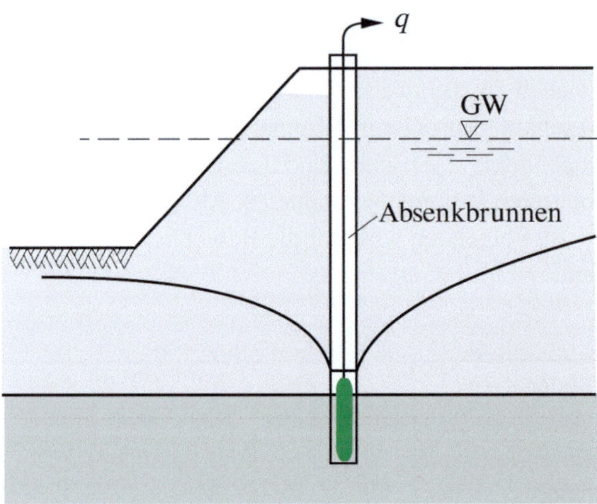

Abb. 22.19 Grundwasserabsenkung mit Brunnen

22.5.1.1 GW-Absenkung durch Einzelfassung, ebener Fall

Das Wasser ströme durch einen durchlässigen Boden, oberhalb einer eben berandeten, undurchlässigen Schicht zu einer Wasserfassung in Form einer Dränleitung oder eines Sickerschlitzes, aus dem die Wassermenge q abgepumpt wird bzw. abfließt, s. Abb. 22.20.

Folgende Bezeichnungen werden in Abb. 22.20 und in den nachfolgenden Ableitungen verwendet:

x, y ... Koordinaten für die Wasserspiegellinie
h_0 ... unabgesenkte Wasserspiegelhöhe, gemessen von der undurchlässigen Schicht
r_0 ... Reichweite, Abstand des unabgesenkten Wasserspiegels von Dränleitung

Die GW-Strömung ist gewöhnlich laminar, und es gelten das *Darcysche* Gesetz:

$$v = k \cdot i \approx k \cdot \frac{\mathrm{d}y}{\mathrm{d}x} \tag{22.33}$$

sowie die Kontinuitätsgleichung:

$$q = v \cdot A \approx v \cdot y \cdot 1. \tag{22.34}$$

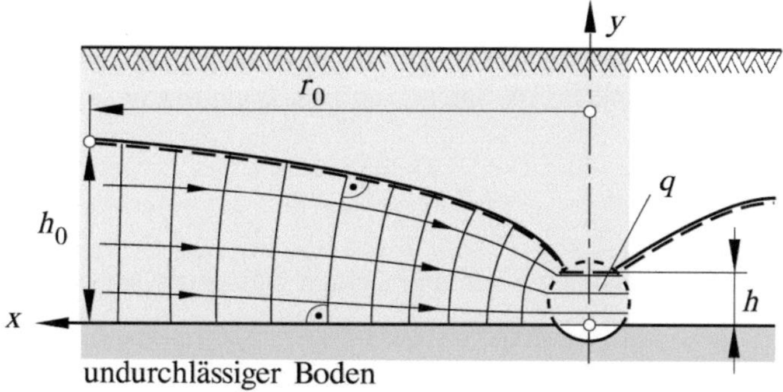

Abb. 22.20 Grundwasserhaltung mit Einzelfassung, ebener Fall (Dränrohr)

Aus der Verbindung des *Darcyschen* Gesetzes Gl. (22.33) mit der Kontinuitätsgleichung Gl. (22.34) lässt sich die Form der Spiegellinie wie folgt herleiten:

► **Anmerkung** Nach Dupuit (1863) können innerhalb eines mittleren Bereiches (x nicht sehr groß und nicht sehr klein), der durch die Reichweite r_0 begrenzt ist, die Potenziallinien im durchlässigen Boden durch Lote auf die Unterlage (unterste Stromlinie) ersetzt werden. Dabei steht die Spiegellinie als oberste Stromlinie sowie die übrigen Stromlinien (außer der untersten) nicht mehr senkrecht auf den Potenziallinien, wie es die Theorie fordert.

Ist y die Spiegelordinate, dann gilt für den einseitigen Zufluss:

$$q = \text{const} = k \cdot \frac{\mathrm{d}y}{\mathrm{d}x} \cdot y, \tag{22.35}$$

$$y \cdot \mathrm{d}y = \frac{q}{k} \cdot \mathrm{d}x. \tag{22.36}$$

Durch Integration der Gleichung ergibt sich:

$$\frac{1}{2}y^2 = \frac{q}{k} \cdot x \pm C, \tag{22.37}$$

$$\text{mit } y(0) = h \text{ ist } C = \frac{1}{2}h^2 \tag{22.38}$$

und die Lösung lautet:

$$\frac{k}{2}\left(y^2 - h^2\right) = q \cdot x \quad (x \geq 0). \tag{22.39}$$

► **Anmerkung** Bei beiderseitigem Zufluss muss q verdoppelt werden.

Die Lösung erhält physikalisch nur dann einen Sinn, wenn angenommen wird, dass in der Entfernung $x = r_0$ die Wassermenge q durch Quellen eingespeist wird, so dass dort die Spiegelhöhe h_0 (unabgesenkter GW-Spiegel) auftritt. Dann ist mit Gl. (22.39)

$$q = \frac{k}{2} \cdot \frac{h_0^2 - h^2}{r_0} \tag{22.40}$$

bzw. mit Gl. (22.39) die Geometrie des abgesenkten Wasserspiegels beschrieben:

$$\frac{y^2 - h^2}{h_0^2 - h^2} = \frac{x}{r_0}. \tag{22.41}$$

► **Anmerkung** Man beachte die hier speziell getroffenen Voraussetzungen – waagerechter undurchlässiger Horizont – in Verbindung mit Inkompressibilität von Korngerüst und Wasser; Konstanz von Durchlässigkeit, Zähigkeit und Dichte; Fehlen von Kapillar- und Oberflächenkräften und von Quellen und Senken im Strömungsfeld. Damit entfallen vertikale Geschwindigkeitskomponenten. Andere Randbedingungen werden für die praktische Berechnung oft durch Korrekturbeiwerte berücksichtigt.

22.5.1.2 GW-Absenkung durch Einzelfassung, axialsymmetrischer Fall

Bei sinngemäß gleicher Ableitung wie unter Abschn. 22.5.1.1 folgt hier mit Abb. 22.21:

$$q = v \cdot A = k \cdot i \cdot A = k \cdot \frac{\mathrm{d}y}{\mathrm{d}x} \cdot 2 \cdot \pi \cdot x \cdot y, \tag{22.42}$$

$$y \cdot \mathrm{d}y = \frac{q}{2 \cdot \pi \cdot k} \cdot \frac{1}{x} \mathrm{d}x. \tag{22.43}$$

Durch Integration der Gl. (22.43) ergibt sich:

$$\frac{1}{2} y^2 = \frac{q}{2 \cdot \pi \cdot k} \cdot \ln x \pm C. \tag{22.44}$$

Die Integrationskonstante der Gl. (22.13) wird mit den Randbedingungen bestimmt:

$$y = h_0; \quad x = r_0$$
$$y = h; \quad x = r.$$

Damit lautet die Gleichung der Spiegelfläche des Absenktrichters:

$$h_0^2 - h^2 = \frac{q}{\pi \cdot k} \cdot (\ln r_0 - \ln r) \tag{22.45}$$

oder allgemein:

$$y_1^2 - y_2^2 = \frac{q}{\pi \cdot k} \cdot (\ln x_1 - \ln x_2). \tag{22.46}$$

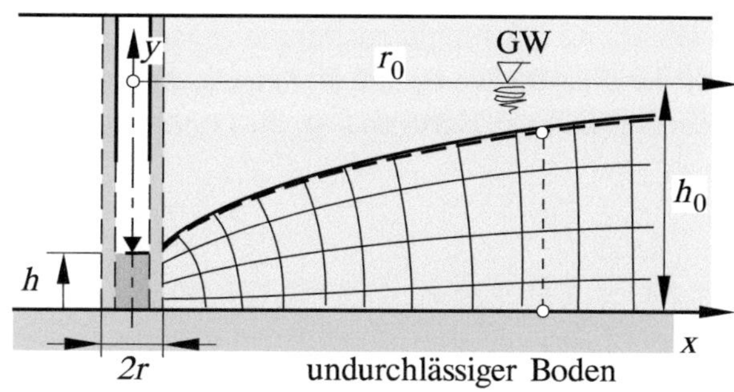

Abb. 22.21 Grundwasserhaltung mit Einzelbrunnen

Aus Gl. (22.14) ergibt sich die *Thiemsche* Brunnengleichung zur Berechnung der Wassermenge q, Thiem (1870):

$$q = k \cdot \pi \cdot \frac{h_0^2 - h^2}{\ln \frac{r_0}{r}}. \tag{22.47}$$

Dabei ist r der gebohrte Brunnenradius, also einschließlich der Filterkiesschicht, s. Abschn. 22.5.1.6.

Ein Brunnen, der wirklich auf einer undurchlässigen Schicht steht, also der Voraussetzung der theoretischen Ableitung exakt entspricht, heißt vollkommener Brunnen. Aber auch unvollkommene Brunnen lassen sich näherungsweise mit derselben Theorie berechnen, da das Wasser überwiegend horizontal nachströmt. q muss in diesen Fällen um rund 20 % erhöht werden, s. a. Herth und Arndts (1995).

Die zuverlässige Prognose von GW-Mengen hängt vor allem von der richtigen Einschätzung der Größe von k ab, s. Abschn. 22.6, während sich die Genauigkeit des theoretischen Ansatzes kaum auswirkt, da q ein vom Stromlinienverlauf weitgehend unbeeinflusster Integralwert ist.

22.5.1.3 Reichweite

Mit Gl. (22.40) wurde die Reichweite r_0 eingeführt. Für die praktische Berechnung von Brunnenanlagen ist es noch erforderlich, r_0 vorzugeben.

Die Wassermenge q hängt nur schwach von der Reichweite r_0 ab. Deswegen genügt für r_0 eine empirische Abschätzung.

Für den ebenen Zustand nach Abschn. 22.5.1.1 (*US Corps of Engineers*) ist

$$r_0 = 1500 \cdot (h_0 - h) \cdot \sqrt{k}. \tag{22.48}$$

Für den axialsymmetrischen Fall, s. Abschn. 22.5.1.2, nach Sichardt (1927) ist

$$r_0 = 3000 \cdot (h_0 - h) \cdot \sqrt{k}. \tag{22.49}$$

Die Gln. (22.48) und (22.49) sind nicht dimensionsrein: k ist in [m/s] einzusetzen.

Gleichung (22.49) gilt auch für eine Mehrbrunnenanlage, und zwar für den Regelfall, dass der Ersatzradius $r_A \leq 0{,}4 \cdot r_0$ ist, s. Abschn. 22.5.1.5. Wenn r_A größer ist, wird von Weber (1928), s. a. Herth und Arndts (1995), eine Korrektur

$$r'^2 = r_0^2 + r_A^2 \tag{22.50}$$

empfohlen. Dabei ist r_0 nach Gl. (22.49) einzusetzen. Die Gleichungen gelten für den Beharrungszustand, der sich nach dem Auspumpen des Absenkungstrichters einstellt.

22.5.1.4 Brunnenergiebigkeit

Das Absenkziel ist nur erreichbar, wenn das Schluckvermögen des Brunnens (Ergiebigkeit) ausreicht: h darf (Abb. 22.21) nicht zu klein werden, sonst reicht der Einlaufquerschnitt $2 \cdot \pi \cdot r \cdot h$ nicht aus. Nach Sichardt (1927) setzt man empirisch

$$\max q = 2\pi r \cdot h \cdot \frac{k}{15} \quad \left[\frac{\text{m}^3}{\text{s}}\right]. \tag{22.51}$$

Hierbei ist $\frac{\sqrt{k}}{15}$ die maximale Einlaufgeschwindigkeit, d. h. das kritische Gefälle, das nicht überschritten werden kann, ist am Brunnenfilter:

$$\max i = \frac{1}{15 \cdot \sqrt{k}}. \tag{22.52}$$

Bei Verwendung der Gln. (22.51) und (22.52) sind die Längen in [m] und k in [m/s] einzusetzen. Eine ausführliche Diskussion dieses Näherungsverfahrens findet man bei Szechy (1965).

22.5.1.5 GW-Absenkung durch mehrere Brunnen

Zur Trockenhaltung einer Baugrube werden gewöhnlich mehrere Brunnen, möglichst außerhalb der Baugrube, angeordnet. Wenn man sich die Grube ringförmig mit n Einzelbrunnen umgeben denkt, Abb. 22.22, kann man die ganze Baugrube als einen großen Ersatzbrunnen mit der n-fachen Kapazität der Einzelbrunnen und dem Ringradius r_A als Brunnenradius r auffassen.

► **Anmerkung** Bei sehr langgestreckten Baugruben ($l \geq 3b$) ist das Denkmodell einer radialen Anströmung nicht mehr haltbar. Es ist dann $r_A = l/3$ zu bevorzugen, wobei l die Länge und b die Breite der Baugrube ist.

Die insgesamt abzupumpende Wassermenge ist dann

$$Q = k \cdot \pi \cdot \frac{H^2 - h^2}{\ln\left(\frac{r_0}{r_A}\right)}. \tag{22.53}$$

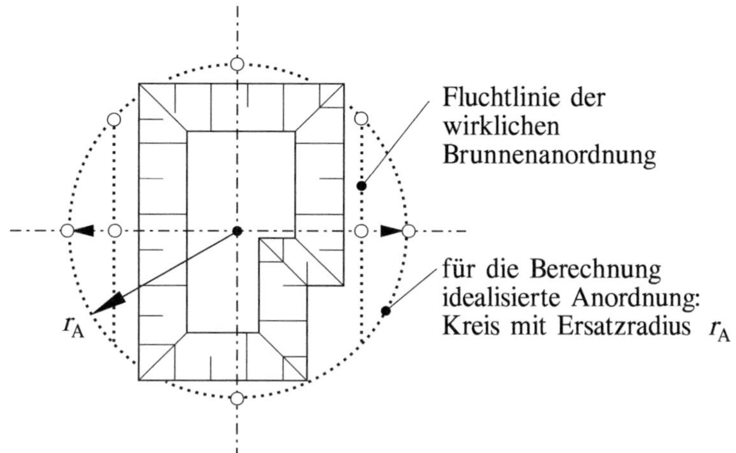

Abb. 22.22 GW-Absenkung mit mehreren Brunnen

Bei Baugruben mit $\frac{r_A}{r_0} > 0{,}5$ wird von Weyrauch, s. Herth und Arndts (1995), empfohlen, mit

$$Q = k \cdot \pi \cdot \left(H^2 - h^2\right)\left(2\frac{r_A}{r_0} + 0{,}25\right) \tag{22.54}$$

zu rechnen.

Absenkziel Da die Brunnen nicht unendlich dicht beieinander stehen, strömt zwischen ihnen Wasser ins Innere des Ringes, so dass das Absenkziel in Ringmitte höher liegt als das des Einzelbrunnens. Es ist also nachzuweisen, wie tief im Einzelbrunnen abgesenkt werden muss, damit das Absenkziel h in allen Punkten der Baugrube gewährleistet ist (im Allgemeinen sind 50 cm unter dem Arbeitsplanum zweckmäßig).

Dazu wird auf eine Ableitung von Forchheimer (1898) zurückgegriffen, die eine Abschätzung zur sicheren Seite darstellt: n Brunnen stehen in einem GW-Träger.

Sie haben alle die gleiche Reichweite r_0 und den gleichen Brunnenradius r und fördern Wassermengen $q_1, q_2, \ldots, q_n$. Ihre Abstände von einem zu untersuchenden Punkt (Abb. 22.23) seien $x_1, x_2, \ldots, x_n$ ($\ll r_0$).

Die resultierende Wirkung aller n Brunnen ergibt im betrachteten Punkt eine Absenkordinate y. Da Gl. (22.47), vgl. a. (22.70), auf beliebige Punkte des Absenktrichters anwendbar ist, gilt

$$k \cdot \pi(h_0^2 - y^2) = q_1(\ln r_0 - \ln x_1) + q_2(\ln r_0 - \ln x_2) + \ldots + q_n(\ln r_0 - \ln x_n). \tag{22.55}$$

Wenn alle Brunnen in etwa gleich ergiebig sind, kann man annehmen, dass sie auch ungefähr die gleiche Wassermenge, nämlich $q = Q/n$ fördern: $q_1 = q_2 = \ldots = q_n = q$.

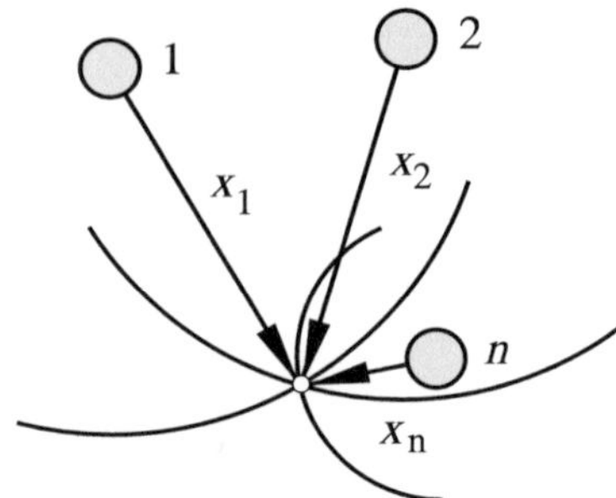

Abb. 22.23 Absenkziel

Somit:

$$Q = k \cdot \pi \cdot \frac{n \cdot (h_0^2 - y^2)}{n \cdot \ln r_0 - (\ln x_1 + \ln x_2 + \ldots + \ln x_n)} \tag{22.56}$$

► **Anmerkung 1** Gleichung (22.56) lässt sich auch anwenden, um den Spiegelunterschied zwischen 2 beliebigen Punkten mit den Absenkordinaten $\bar{y}$ und y zu berechnen: man setzt dann $\bar{y}$ anstelle von h_0 und $(\ln \bar{x}_1 + \ln \bar{x}_2 + \ldots + \ln \bar{x}_n)$ anstelle von $n \cdot \ln r_0$ ein.

► **Anmerkung 2** Die Forchheimersche Gleichung (22.56) setzt an sich voraus, dass die Einflussbereiche der Einzelbrunnen einen höchstens einfach zusammenhängenden Bereich bilden, also keine geschlossene Ringfläche. Dadurch wird q zu groß und das Absenkziel am Einzelbrunnen zu tief berechnet.

Eintauchtiefe der Brunnen Wichtig für das Absenkziel ist die richtige Berechnung der Eintauchtiefe eines Brunnens, sie ist gleich der Höhe h_0, s. Abb. 22.24.

$$h_0 = h + h_s = h' + \Delta h + h_s. \tag{22.57}$$

Nach Herth und Arndts (1995) vereinfacht sich der Nachweis für den Sonderfall, dass die Brunnen im Abstand $2b$ gleichmäßig über den Umfang eines Kreises verteilt sind, s. Abb. 22.24. Das der Baugrube zufließende Wasser fließt zum Teil zwischen den Brunnen hindurch und von dort im Bogen den Brunnen zu. Daher sollte hier als Ersatzradius der halbe Brunnenabstand b und statt h_0 die Höhe h in die Berechnungen eingehen. Die Entnahmemenge des Einzelbrunnens muss allerdings bei normalen Brunnenabständen um den Faktor 1,5 erhöht werden.

Für die Berechnung der benetzten Höhe des Einzelbrunnens h', durch die auch das Fassungsvermögen eines Einzelbrunnens festgelegt ist, s. auch Abschn. 22.5.1.4, ergibt sich dann mit Gl. (22.46):

$$h' = \sqrt{h^2 - 1{,}5q \cdot \frac{\ln b - \ln r}{k \cdot \pi}}. \tag{22.58}$$

Der Faktor 1,5 muss bis auf 2,0 erhöht werden, wenn die Brunnen sehr eng stehen.

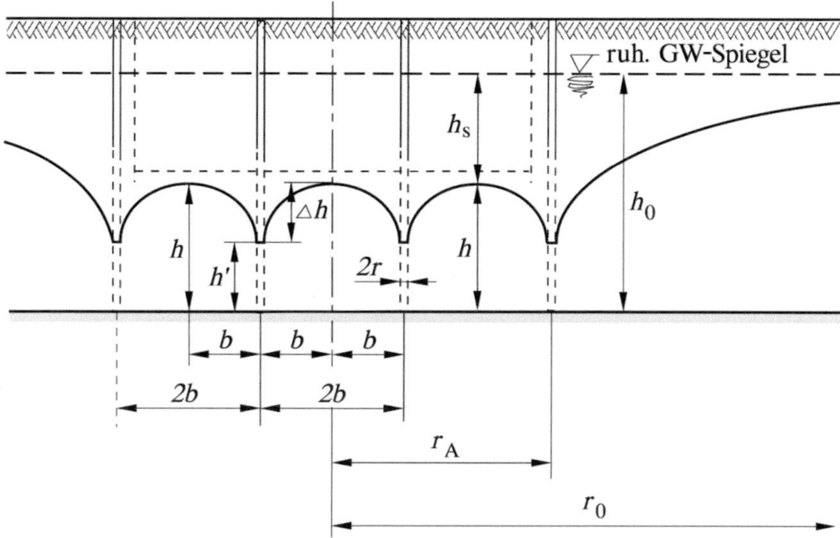

Abb. 22.24 Brunneneintauchtiefe bei gleichem Abstand

22.5.1.6 Konstruktion eines Großbrunnens, Pumpen

Brunnen kleinen Durchmessers (Vakuumbrunnen, Wellpoints) können in den Boden gerammte oder eingespülte, perforierte, dünne Rohre (Lanzen) sein, s. Abschn. 22.5.6. Für Wasserversorgungen baut man häufig Schachtbrunnen.

Für die Grundwasserabsenkung nach Abschn. 22.5.1 kommen dagegen praktisch ausschließlich gebohrte Brunnen mit Durchmessern von etwa 0,6 bis 1,0 m in Frage, da ein großer Brunnen wirtschaftlicher ist als mehrere kleine. Die Bohrtiefe ergibt sich aus der Berechnung der Ergiebigkeit nach Abschn. 22.5.1.4 bzw. nach Abschn. 22.5.1.5 oder aus der Unterseite der grundwasserführenden Schicht, zuzüglich $l = 1$ bis 3 m für die Bauhöhe der Tauchpumpe und 2 m für das Sumpfrohr, s. Abb. 22.25.

Nach dem Bohren erhält das Bohrloch eine Sauberkeitsschicht aus Filterkies, auf die das unten geschlossene Sumpfrohr mit dem mindestens 3 m langen Filterrohr und darüber den erforderlichen Aufsatzrohren hineingestellt werden. Dann wird der Filterkies (4–8 mm) eingefüllt. Bei feinkörnigen Böden muss der Filter, zur Beachtung der Filterregel in Abschn. 3.6.3, zweistufig ausgeführt werden, wobei meist außen die Körnung 1–3 mm genommen wird. Ebenfalls werden auch Filterrohre mit entsprechendem Sand- bzw. Kiesbesatz fertig geliefert. Zweck des Filters ist es einerseits, einen ausreichenden Druckabfall bis zum Rohr zu gewährleisten und andererseits eine Erosion des Bodens in den Brunnen hinein zu verhüten. Die Steigleitung mit der Tauchpumpe wird ins Filterrohr gehängt.

Die Förderleistung und die Feststellung des Energiebedarfs kann für die gebräuchlichen Tauchpumpen aus den Charakteristiken der Hersteller ermittelt werden, s. z. B. Rappert (1991).

Abb. 22.25 Ausbau eines Großbrunnens

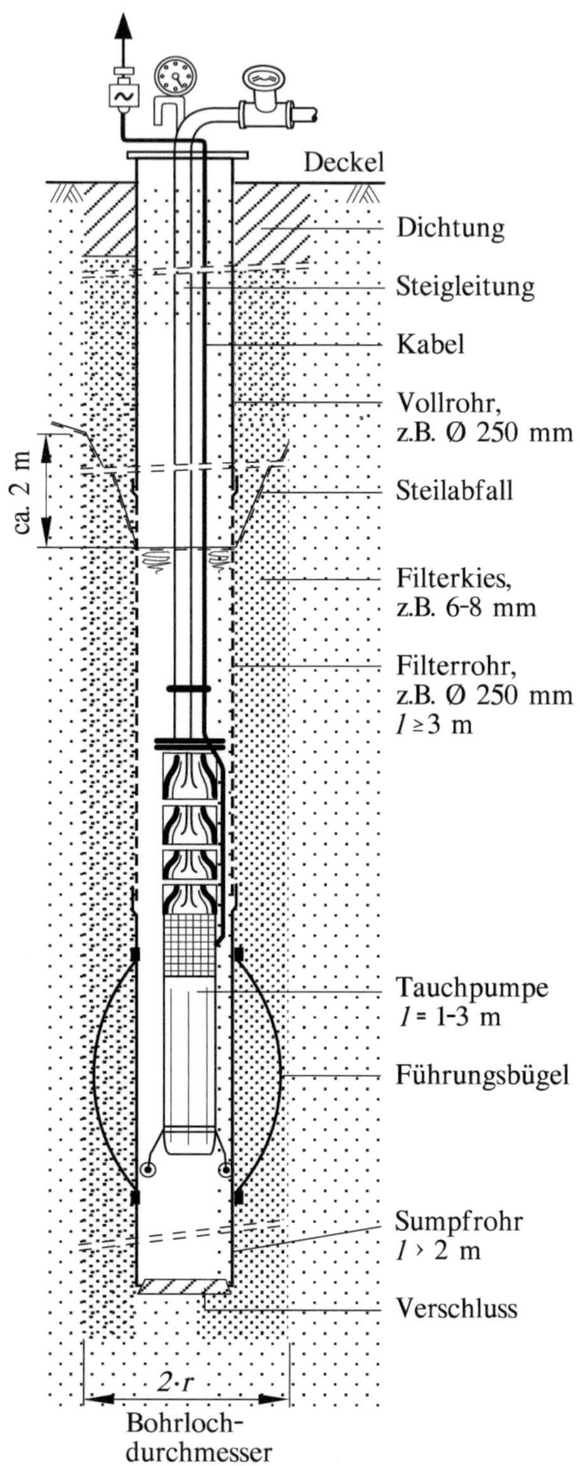

Der günstigste Wirkungsgrad der Pumpe ist bei optimalem Drehzahlbereich 75 %, normalerweise aber etwa 60 %. Mit dem Wirkungsgrad η_P der Pumpe und η_M des Motors beträgt die erforderliche Anschlussleistung aus dem Netz nach Rappert (1991):

$$N = \frac{q \cdot h_{\text{man}}}{101{,}9 \cdot \eta_p \cdot \eta_M} \quad [\text{kW}]. \tag{22.59}$$

q … Fördermenge [l/s]
h_{man} … manometrische Förderhöhe [m]

oder vereinfacht als Erfahrungsformel:

$$N = \frac{q \cdot h}{40}. \tag{22.60}$$

q … Fördermenge [l/s]
h … geometrische Förderhöhe [m] zwischen abgesenktem Wasserspiegel im Brunnen und Wasserauslauf

► **Anmerkung** Da die Förderleistung bis zum Erreichen des stationären Absenkzustands abnimmt und dann konstant bleibt, ist es oft wirtschaftlicher, statt einer großen zwei kleinere Tauchpumpen einzuhängen und eine davon später abzuschalten. Keinesfalls darf eine Pumpe bei nachlassender Ergiebigkeit eines Brunnens mit dem Druckschieber geregelt werden. Auch ein Hohlsog soll vermieden werden; man schaltet dann den Brunnen besser ganz ab.

Die Filterfläche eines Brunnes sollte bei längerer Betriebsdauer wegen möglicher Verschlämmung, Verkalkung oder Verockerung (bei eisenhaltigem Wasser) um 15 % überbemessen werden.

Bei der Bemessung der Brunnenlänge muss auch der Steilabfall des Grundwasserspiegels im Filterbereich, s. Abb. 22.25, berücksichtigt werden, da der Bohrlochdurchmesser $2r$ in die Berechnung der Ergiebigkeit eingeht. Es empfiehlt sich, dafür 2 m zusätzliche Filterrohrlänge vorzusehen.

Es ist nicht zu empfehlen, an der Installation der Brunnen für eine GW-Haltung zu sparen, da in der Regel nicht die Einrichtungskosten, sondern die Betriebskosten wirtschaftlich ausschlaggebend sind. Um das Risiko eines Stromausfalls zu vermeiden, müssen Notstromaggregate ausreichender Kapazität vorgehalten werden.

22.5.2 Grundwasserrückführung (Versickerung)

Statt das Wasser in benachbarte Vorfluter zu leiten, wird häufig angestrebt, das bei der Grundwasserabsenkung entnommene Wasser in der Nähe der Baustelle versickern zu lassen. Dies hat ggf. wirtschaftliche Vorteile und wirkt sich günstig auf die abgesenkte

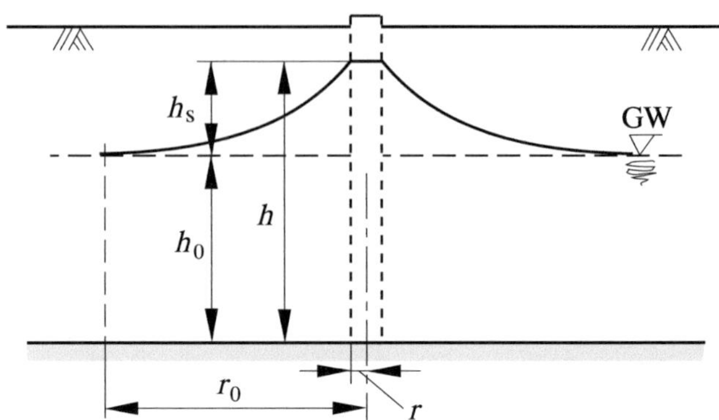

Abb. 22.26 Versickerungsbrunnen

Grundwasserspiegellinie aus; die Gefahr von Setzungsschäden wird dadurch häufig verringert, s. Abschn. 22.5.8.

Mit der *Thiemschen* Brunnengleichung (22.47), einer negativ eingesetzten Wassermenge $-q$ und mit einer um h_s erhöhten Höhe h,

$$h = h_0 + h_s \tag{22.61}$$

s. Abb. 22.26, ergibt sich die Wassermenge eines Einzelbrunnens zu:

$$q = \frac{\pi \cdot k(2h_0 \cdot h_s + h_s^2)}{\ln r_0 - \ln r}. \tag{22.62}$$

22.5.3 Grundwasserentspannung

Wenn in wenig wasserdurchlässigem Boden eine Baugrube ausgehoben wird, wirkt die angegrabene Schicht quasi als Grundwassersperrschicht gegen tiefer anstehende, durchlässige Schichten. Dennoch findet eine geringe Grundwasserströmung statt. Beim Nachweis der Sicherheit gegen hydraulischen Sohlaufbruch (hydraulischer Grundbruch, s. Abschn. 22.4.2.2) sind deshalb die nach oben gerichteten Strömungskräfte den Gewichtskräften des unter Auftriebs stehenden Bodens gegenüber zu stellen, s. Abb. 22.27. Es muss sein:

$$S'_d \leq G'_d \tag{22.63}$$

$$S'_k \cdot \gamma_H \leq G'_k \cdot \gamma_{G,stb} \tag{22.64}$$

$$(h_w - z) \cdot \gamma_w \cdot \gamma_H \leq \gamma' \cdot z \cdot \gamma_{G,stb}. \tag{22.65}$$

Hinsichtlich der Teilsicherheitsbeiwerte, s. Abschn. 8.3!

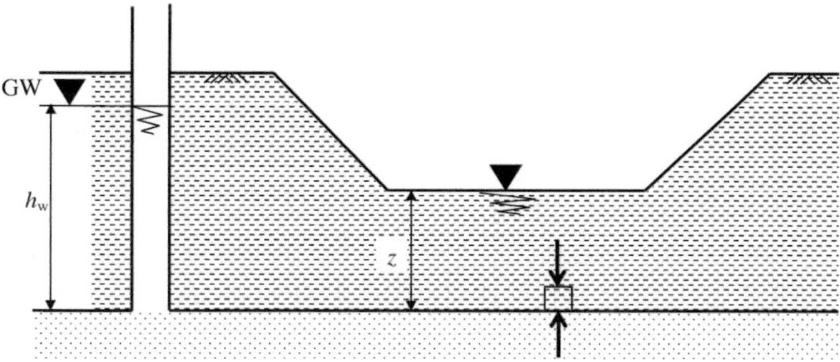

Abb. 22.27 Sicherheit gegen hydraulischen Sohlaufbruch

Darüber hinaus ist ggf. ein Nachweis der Sicherheit gegen Aufschwimmen gemäß Abschn. 22.4.1.2 zu führen., s. auch *DIN EN 1997-1*.

► **Anmerkung** Diese Wirkung stellt sich auch im Feinsand ein, der über einem Mittel- bis Grobsand ansteht.

Wenn sich keine ausreichende Sicherheit ergibt, muss der Wasserüberdruck reduziert, d. h. das Grundwasser entspannt werden. Dazu werden Entspannungsbrunnen gesetzt, s. Abb. 22.28, oder es werden Vertikaldränungen hergestellt, s. Abb. 22.29. Die letztere Lösung ist allerdings nur bei nicht allzu durchlässigen Wasserleitern zweckmäßig.

Des Weiteren beachte man auch die Problematik des hydraulischen Grundbruchs infolge GW-Strömung bei Stützwänden, s. Abschn. 22.4.2.2.

Bei der Berechnung ersetzt man in den Gleichungen für den Fall des freien GW-Spiegels den dort variablen Strömungsquerschnitt durch die konstante Schichtdicke h_u der wasserführenden Schicht und erhält für den Einzelbrunnen folgende Gleichungen,

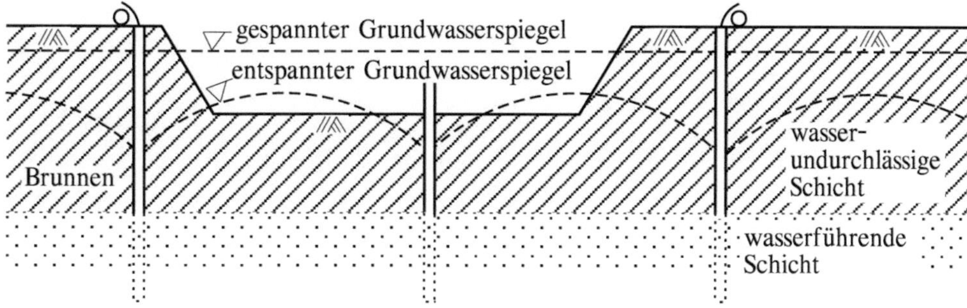

Abb. 22.28 Grundwasserabsenkung durch Entspannungsbrunnen

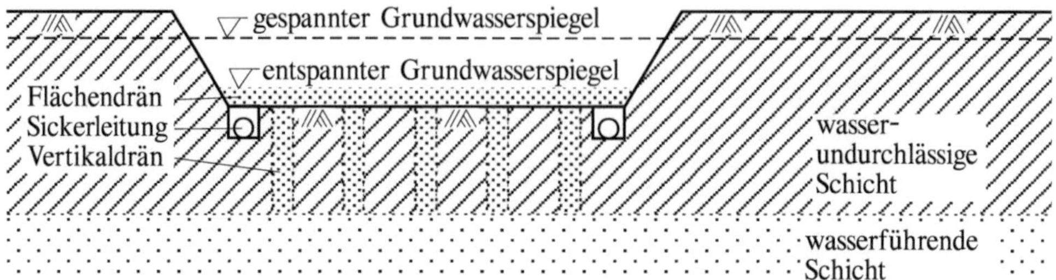

Abb. 22.29 Grundwasserabsenkung durch Vertikaldränung

s. Abb. 22.30:

$$q = 2k \cdot \pi \cdot h_u \frac{h_0 - h}{\ln r_0 - \ln r} \tag{22.66}$$

bzw.

$$q = 2k \cdot \pi \cdot h_u \frac{y_1 - y_2}{\ln x_1 - \ln x_2}. \tag{22.67}$$

Das Produkt $k \cdot h_u$ heißt Transmissivität, was man mit Durchflussvermögen gleichsetzen kann. Typisch ist, dass q nur linear vom gewünschten Absenkziel abhängig ist, so dass zur Entspannung relativ kleine Pumpenleistungen genügen. Wenn h_u relativ groß ist und die Brunnen tief genug reichen, bildet sich im GW-Träger teilweise ein freier GW-Spiegel bis zum Schnitt mit der Deckschicht aus. Auch dieses Problem lässt sich unter den o. g. Voraussetzungen in gleicher Weise geschlossen lösen, indem man die Diff.-Gl. (22.42) für den brunnennahen Bereich mit dem entsprechenden Ansatz für die GW-Entspannung im ferneren Bereich kombiniert und die Übergangsstelle aus der Bedingung $y = h_u$ bestimmt, s. Tessendorff (1961).

Abb. 22.30 Grundwasserentspannung

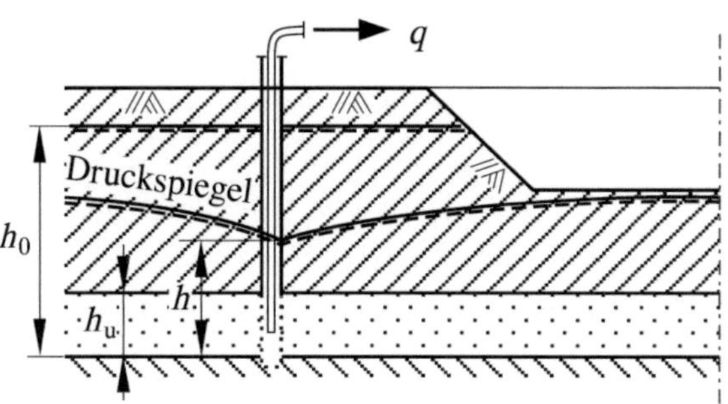

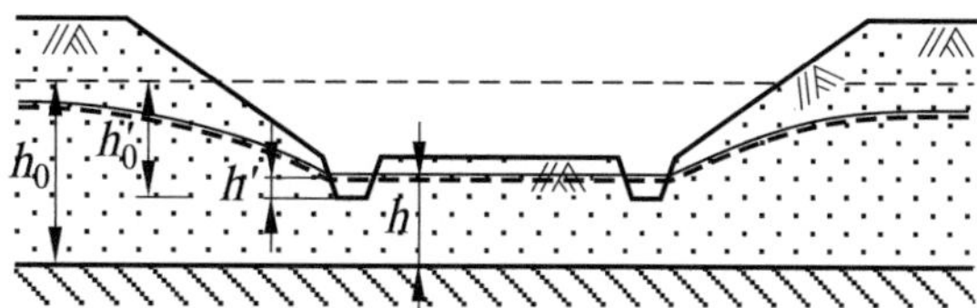

Abb. 22.31 Offene Wasserhaltung

22.5.4 Offene Grundwasserhaltung

Wenn das GW nur wenig abgesenkt werden muss oder der Boden nur wenig GW führt, wird eine offene Wasserhaltung angelegt, s. Abb. 22.31. Drängräben oder mit Filterkies ummantelte und abgedeckte Dränrohre leiten das Wasser zu einem Pumpensumpf, s. Abb. 22.32, von dem aus es in eine Vorflut gepumpt wird.

Nach Rappert (1991) verhalten sich die Wassermengen q_0 bei offener und q bei GW-Haltung mittels Dränrohr, s. Abschn. 22.5.1.1, näherungsweise wie

$$\frac{q_0}{q} = \frac{h_0'^2 - h'^2}{h_0^2 - h^2}. \tag{22.68}$$

Entweder wird jeweils die Wassermenge für eine Baugrubenhälfte oder $Q_0 = 2q_0$ und $Q = 2q$ für die ganze Baugrube ermittelt.

Es empfiehlt sich, die Sohle des Pumpensumpfes mit einer ca. 50 cm dicken umgekehrten Filterschicht (grobe Fraktion oben) abzudecken.

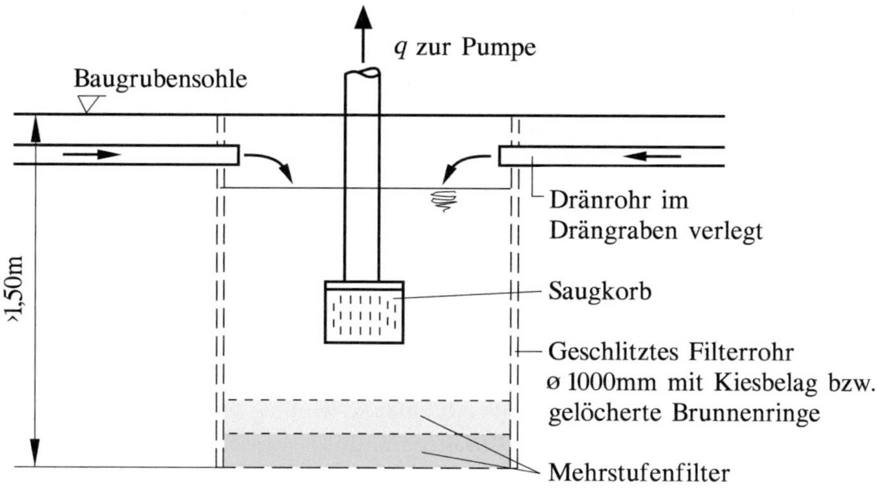

Abb. 22.32 Pumpensumpf

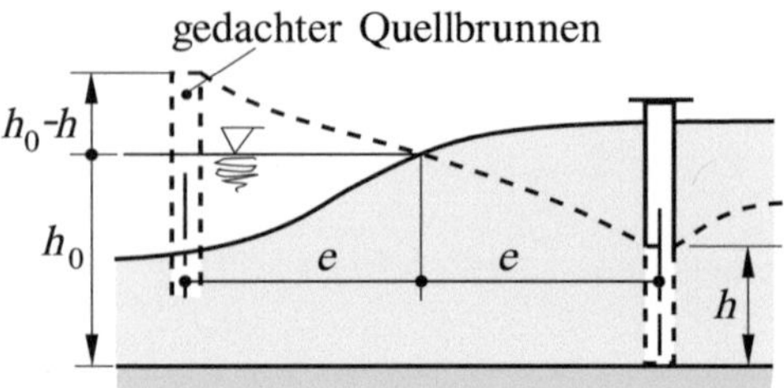

Abb. 22.33 GW-Wasserhaltung neben Gewässer

22.5.5 Grundwasserhaltung neben einem Gewässer

Wenn Baugruben in Ufernähe ausgehoben werden müssen, könnte man die Gefahr einer unmittelbaren Stromverbindung vermuten. Im Allgemeinen haben die Gewässer aber auf der Sohle eine Schlickschicht, so dass sich die Sohle in der Anlaufphase einer nahen GW-Absenkungsanlage selbst dichtet. Wenn das nicht der Fall ist, wirkt das freie Gewässer wie ein Quellbrunnen im spiegelsymmetrischen Abstand e vom Ufer, s. Abb. 22.33.

Man kann die bereits abgeleiteten Gleichungen benutzen, wenn man nur auf der angeströmten Seite für die Reichweite r_0 den Abstand $2 \cdot e$ einsetzt und mit einem aufgehöhten Wasserstand (Quellbrunnen) $h_0 + h_0 - h$ rechnet. Der Abstand des Brunnens von der Uferlinie ist e.

22.5.6 Entwässerung feinkörniger Böden mit Kleinbrunnen und Unterdruck

Die Entwässerung mittels Tiefbrunnen ist auf Bodenarten beschränkt, deren k-Wert zwischen 1 und 0,001 m/s, äußerstenfalls bei 0,0001 m/s liegt, s. Abschn. 22.5.1.

Feinkörnige Böden mit einem merklichen Kapillarpotenzial lassen sich nicht mehr durch die einfache Schwerkraft entwässern. Bei Feinsanden und Schluffen, die schon bei geringen Porenwasserüberdrücken zum Ausfließen neigen (Fließsand), hat sich das von *Streck*, siehe Steinfeld (1951), in Deutschland eingeführte Vakuumverfahren ausgezeichnet bewährt. Sind feinkörnige Böden zu erwarten, sollte auf einer Tiefbaustelle eine Vakuumanlage kurzfristig verfügbar sein.

Abb. 22.34 zeigt einen Querschnitt durch eine vakuumentwässerte Böschung.

Die Wasserfassung erfolgt durch eingespülte (3 bis 5 min. Spüldauer) oder eingerammte Lanzen (Durchmesser 1–2″), die wegen der geringen Reichweite in 1–2 m Abstand anzuordnen sind. Die praktisch erreichbare Absenktiefe liegt bei 6 m (Atmosphärendruck – Leitungsverluste), d. h. bei größeren Absenktiefen müssen mehrere Staffeln eingesetzt werden. Die Lanzen werden gruppenweise an einen gemeinsamen Sammelstrang angeschlossen; auf je 50 m Stranglänge kommt eine Vakuumpumpe (Membranpumpe), die einen ständigen Unterdruck von etwa 1 bar aufrechterhalten muss. Da die Wassermengen klein sind, ist die Vorausberechnung meist entbehrlich.

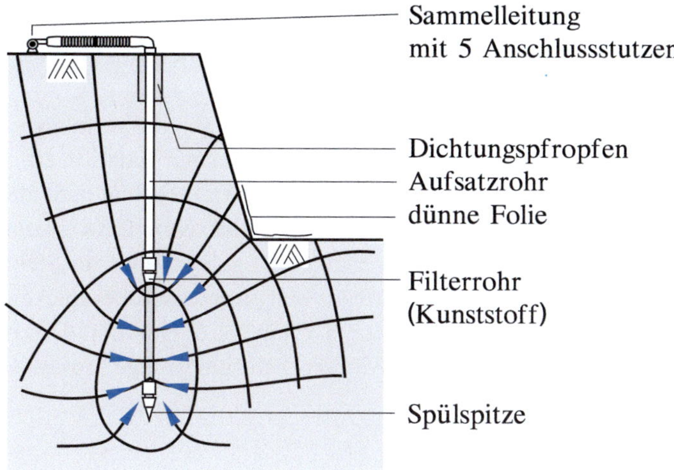

Abb. 22.34 Vakuumbrunnen

Nach *Kovacs*, siehe Szechy (1959), ist

$$Q = k \cdot \pi \cdot \left(1 + \frac{\Delta p}{h_s \cdot \gamma_w} \cdot \frac{h_0^2 - h^2}{\ln r_0 - \ln r_A}\right). \tag{22.69}$$

h_s ... Absenktiefe
Δp ... Unterdruck

Die Brauchbarkeit der Gleichung ist von Herth und Arndts (1995) bestätigt worden.

Der Vorteil des durch eine Vakuumanlage gesteigerten Druckgefälles lässt sich auch bei dem in Abschn. 22.5.1.6 beschriebenen Brunnen anwenden. Ein Vakuumtiefbrunnen entsteht, wenn man das Vollrohr oben luftdicht verschließt, zwischen Aufsetzrohr und Bohrlochwand eine Dämmschicht einbringt (z. B. ein Zement-Bentonit-Gemisch) und im Aufsetzrohr durch eine getrennte Pumpe den Unterdruck erzeugt. Das Wasser muss dann durch ein Schleusenventil mittels Tauchpumpe nach außen gedrückt werden.

Die im Ausland verbreitete „Wellpoint"-Methode mit Filterrohren im Durchmesser von 2″ bis 4″ entspricht in der Einrichtung dem Vakuumverfahren, wird dort aber auch bei grobkörnigen Böden ohne Anwendung eines Unterdrucks eingesetzt.

22.5.7 Elektroosmose

Wenn im Boden ein elektrisches Gleichstromfeld erzeugt wird, verursacht der Potenzialunterschied zwischen Anode und Kathode eine Diffusion des Porenwassers zur Kathode, d. h. der Wassergehalt nimmt in der Umgebung der Anode ab, an der Kathode dagegen, die man als Filterrohr ausbildet, zu. Der Boden darf keinen zu niedrigen elektrischen Widerstand haben, sonst geht der größte Teil der hineingesteckten elektrischen Energie durch Aufheizen verloren.

Das Verfahren wird, zumal seit Entwicklung des Vakuum-Verfahrens, selten angewendet, weil der Energieaufwand beträchtlich ist und es nur funktioniert, wenn der Boden genügend freies Porenwasser enthält, also einen Wassergehalt nahe der Fließgrenze hat, Smoltczyk (1962). In solchen Böden wird man aber ohne Entwässerung kaum eine freie Böschung herstellen können. Das Verfahren ist gelegentlich zur Stabilisierung von Rutschhängen, Henke (1970), und zum Abbau von Porenwasserüberdrücken in Böden mit k-Werten unter 10^{-7} m/s verwendet worden, s. Chapell und Burton (1975) und auch Gray (1976), bei denen eine Verringerung des Wassergehalts um wenige Prozente bereits Erfolg bringt.

22.5.8 Setzungen durch GW-Absenkung

Die GW-Absenkung ist in der Regel eine weiträumige Baumaßnahme, die in der ganzen Umgebung die effektiven Vertikalspannungen durch Wegfall des Auftriebs vergrößert und so bei kompressiblen Böden zu relevanten Setzungen (z. B. bei Gebäuden) führen kann. Bei Kenntnis der Absenkung können die Setzungen mit dem indirekten Verfahren, s. Abschn. 10.2, berechnet werden. Ein weiterer Nachteil kann darin liegen, dass zuvor wassergesättigte Bodenschichten jetzt belüftet werden, sodass Holzpfähle zu faulen und Stahl zu korrodieren beginnen. Gelegentlich versucht man dem entgegenzuwirken, indem man das abgepumpte Wasser vor der benachbarten Gebäudeflucht über Versickerungsbrunnen (Schluckbrunnen) wieder in den Boden einspeist, s. Abschn. 22.5.2.

22.6 Feldversuche zur Bestimmung der Durchlässigkeit

Der Durchlässigkeitskoeffizient k wird im Feld aus Pumpversuchen oder Bohrlochversuchen, oder aber im Labor, s. Abschn. 3.6.1, bestimmt. Wenn immer vertretbar, sollten zur Erfassung von In-situ-Bedingungen Feldversuche Laborversuchen vorgezogen werden, weil damit die Heterogenität des Gebirges und die Randbedingungen, also die realen Verhältnisse vor Ort, besser erfasst werden.

> ► **Anmerkung** Die Bestimmung der Durchlässigkeit durch Feldversuche erfolgt im Allgemeinen in einer frühen Planungsphase. Da für das Verständnis bzw. die Auswertung auf die Zusammenhänge der vorangehenden Abschnitte zurückgegriffen wird, wurde das Thema hier an den Schluss gestellt.

In *DIN 4020* wird in Ergänzung der Regelungen für die Erkundung der Grundwasserverhältnisse nach *DIN EN 1997-2* speziell auf geohydraulische Versuche hingewiesen

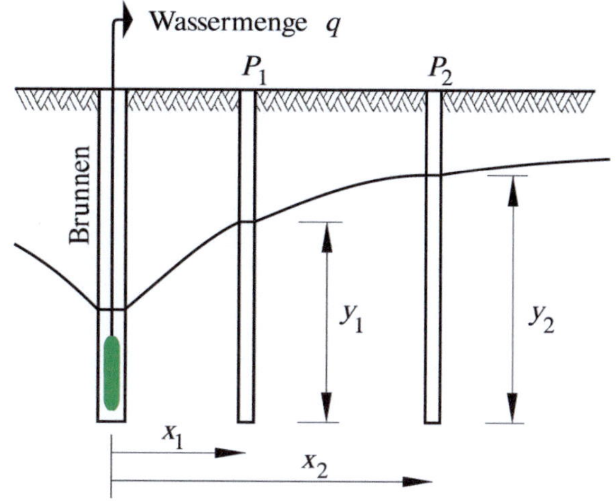

Abb. 22.35 Brunnen und Beobachtungsmessstelle bei Pumpversuch

und dabei die infrage kommenden Verfahren gemäß *DIN ISO 22282 (Teile 1 bis 6)* und *DIN 18130-2* erwähnt.

Je nach Versuchsanordnung kann unterschieden werden zwischen Pumpversuchen mit und ohne Messstellen außerhalb des Probebrunnens sowie (einfachen) Bohrlochversuchen am offenen und am geschlossenen System. Statt Wasser abzupumpen kann grundsätzlich auch Wasser aufgefüllt werden oder aber verdrängt werden (Tauchkörper: Slug/Bail-Test; Druckluft: Einschwingversuch usw.). Im Folgenden soll auf zwei unterschiedliche Methoden näher eingegangen werden.

Pumpversuch In einer zum Brunnen ausgebauten Bohrung, die die hauptsächlich wasserführende Schicht durchteuft und dort mit einem Filter versehen ist, wird Wasser abgepumpt. Für die Auswertung von stationären Pumpversuchen hinsichtlich des k-Wertes, z. B. nach Thiem (1870) werden zusätzlich zum Pumpbrunnen zwei Beobachtungsmessstellen benötigt, s. Abb. 22.35.

Versuche, bei denen die Absenkung bzw. Aufhöhung des Wasserspiegels und die Entnahme oder Zugabe von Wasser nach einer instationären Phase konstant bleiben, werden stationär genannt. Theoretisch können echt stationäre Verhältnisse nur erreicht werden, wenn

- Zustrom aus einem tieferen Grundwasserleiter
- Zusickerung aus einem Oberflächengewässer oder
- Grundwasserneubildung

erfolgt.

Bei einer instationären Versuchsanordnung wird in der Regel die Entnahme bzw. die Zugabe konstant gehalten und die Änderungen des Wasserspiegelverlaufs gemessen. Nach

Tab. 22.2 Auswirkung des Bohrlochausbauradius und des k-Wertes auf die Dauer des Brunnenspeichereinflusses (wirksamer Bohrradius $r_w = 150\,\text{mm}$, Grundwasserleitermächtigkeit $d = 10\,\text{m}$)

Bohrlochausbauradius [mm]	k-Wert [m/s]	Dauer des Brunnenspeichereffekts [min]
25	10^{-7}	1400
	10^{-6}	140
	10^{-5}	14
	10^{-4}	2
	10^{-3}	0,4
50	10^{-7}	6000
	10^{-6}	600
	10^{-5}	60
	10^{-4}	6
	10^{-3}	1,7
75	10^{-7}	16.000
	10^{-6}	1600
	10^{-5}	160
	10^{-4}	13
	10^{-3}	5

dem Abstellen der Pumpe wird der Wiederanstieg im Brunnen und in den Beobachtungsstellen kontinuierlich beobachtet.

Die Dauer der Wiederanstiegsmessung muss genau so lange erfolgen, wie die Dauer der Pumpzeit. Eine sinnvolle Auswertung der Pumpversuchsdaten (Wasserspiegel, Entnahme q) kann nur erfolgen, wenn Brunnen- bzw. Kluftspeichereffekte vernachlässigbar klein sind bzw. wenn die gemessene Absenkung nur noch von der Speicherentleerung des Grundwasserleiters abhängt. Eine Beurteilung, ob der Einfluss von Brunnenspeichereffekten überwunden ist, kann ohne Kenntnis der Transmissivität T bzw. des Durchlässigkeitskoeffizienten k nur durch eine zeitnahe Auswertung, z. B. grafisch und idealerweise vor Ort, erfolgen. Grundsätzlich gilt: je durchlässiger der Untergrund und je kleiner der Bohrlochausbauradius, desto kürzer ist der Einfluss des Brunnenspeichers, s. Tab. 22.2.

Zur Erreichung eines stationären Wasserspiegels ist häufig mit einer Versuchsdauer von 1 bis 2 Wochen zu rechnen.

Der Durchlässigkeitsbeiwert ergibt sich, wenn Gl. (22.43) in den Grenzwerten von x_1 bis x_2 integriert wird, Gl. (22.70):

$$k = \frac{q}{\pi} \cdot \frac{\ln(x_2/x_2)}{y_2^2 - y_1^2}. \tag{22.70}$$

Um die langen Versuchszeiten bei stationären Versuchen zu umgehen und weil für die k-Wertbestimmung oft nur ein Pumpbrunnen ohne Beobachtungsmessstellen zur Verfügung steht, werden in der Praxis auch instationäre Einbrunnentests durchgeführt. Hinsichtlich

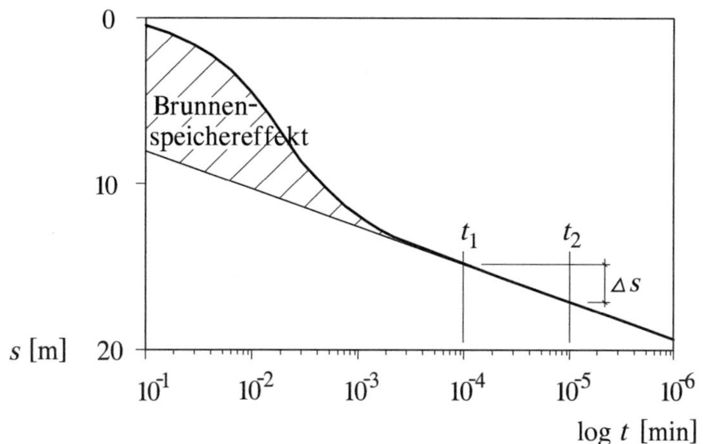

Abb. 22.36 Beispiel einer Auswertung der Absenkdaten nach Cooper und Jacob (1946)

der Pumpdauer sind dabei die oben gemachten Ausführungen zu den Brunnenspeichereffekten jedoch unbedingt zu beachten.

Die Auswertung von instationären Pumpversuchen erfolgt oft computergestützt bzw. grafisch mit Geradlinien- und Typkurvenverfahren, s. Kruseman und de Ridder (1991).

Für eine Geradlinienauswertung nach Cooper und Jacob (1946) werden die Absenkungsdaten halblogarithmisch aufgetragen, s. Abb. 22.36:

Eingangsdaten für $d = 20\,\text{m}$: Entnahme $q = 12{,}5\,\text{l/s}$; $\Delta s = 2{,}3\,\text{m}$.

Ergebnisse: Transmissivität $T = 0{,}001\,\text{m}^2/\text{s}$; Durchlässigkeitskoeffizient $k = 5 \cdot 10^{-5}\,\text{m/s}$.

Nach Cooper und Jacob (1946) beträgt die Absenkung zum Zeitpunkt t_1 und t_2:

$$t_1 \colon s_1 = \frac{2{,}302 \cdot q}{4 \cdot \pi \cdot T} \log \frac{2{,}25 \cdot T \cdot t_1}{r_\text{w}^2 \cdot s}, \tag{22.71}$$

$$t_2 \colon s_2 = \frac{2{,}302 \cdot q}{4 \cdot \pi \cdot T} \log \frac{2{,}25 \cdot T \cdot t_2}{r_\text{w}^2 \cdot s}, \tag{22.72}$$

mit $t_2 > t_1$ und $s_2 > s_1$.

Nach Potenzieren und Subtrahieren ergibt sich:

$$s_2 - s_1 = \Delta s = \frac{2{,}302 \cdot q}{4 \cdot \pi \cdot T} \cdot \log\left(\frac{t_2}{t_1}\right). \tag{22.73}$$

Werden t_1 und t_2 so gewählt, dass Δs für eine logarithmische Dekade bestimmt wird, vereinfacht sich Gl. (22.73) zu:

$$\Delta s = \frac{2{,}302 \cdot q}{4 \cdot \pi \cdot T}. \tag{22.74}$$

Mit $T = d \cdot k$ = Transmissivität; $d = h_0$ Mächtigkeit des Grundwasserleiters ergibt sich dann

$$k = \frac{2{,}302 \cdot q}{4 \cdot \pi \cdot d \cdot \Delta s}. \tag{22.75}$$

Einschwingversuch Das Einschwingverfahren nach Krauss-Kalweit (1983) ist ein spezielles Verfahren zur Bestimmung hydraulischer Kennwerte von Böden und Felsgestein in einem geschlossenen System.

Eine wasserrechtliche Anzeige oder Bewilligung ist im Gegensatz zum Pumpversuch nicht erforderlich, da Wasser weder entnommen noch eingespeist wird.

Es wird ein EDV-Programm zur Datenerfassung und zur sofortigen Versuchsauswertung vor Ort benötigt.

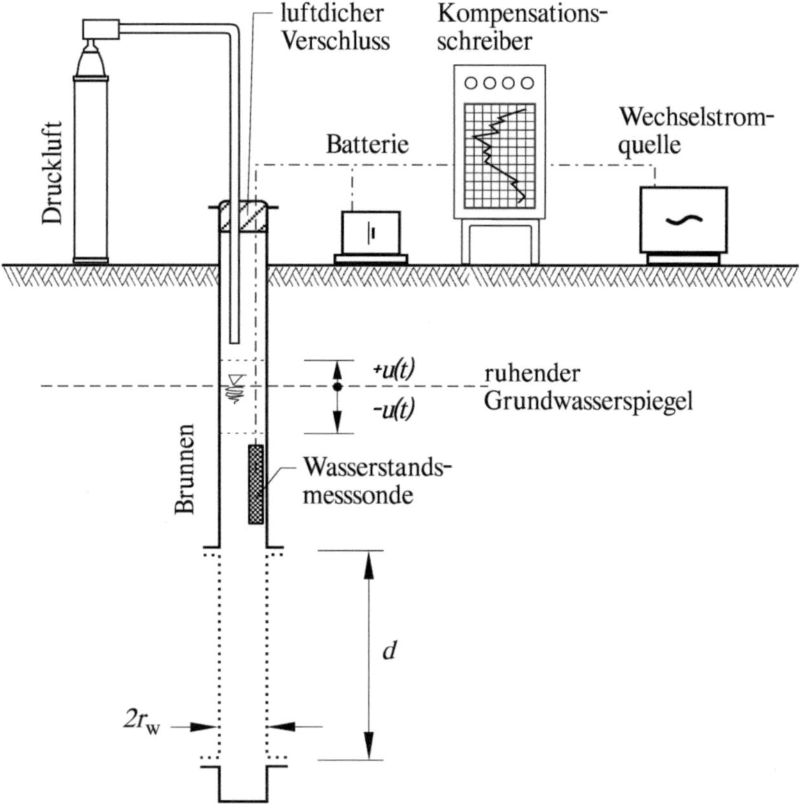

Abb. 22.37 Vorrichtung für Einschwingversuch, nach Firmenprospekt Smoltczyk & Partner, Stuttgart

Beim Einschwingverfahren wird nach den Gesetzen der Dynamik, s. auch Abschn. 23.1, in einem Brunnen-Grundwasserleiter-System eine definierte kurzzeitige Wasserspiegeländerung angeregt, s. Abb. 22.37.

Dazu wird eine Grundwassermessstelle oder ein Brunnen (50 bis 200 mm Durchmesser) luftdicht verschlossen und der Grundwasserspiegel mittels Druckluft aus seiner Ruhelage um etwa 50 cm abgesenkt. Danach wird der Verschluss plötzlich geöffnet, der Wasserspiegel kehrt wieder in seine Ruhelage zurück: bei gering durchlässigen Böden asymptotisch, bei gut durchlässigen Böden und ausreichend großer Höhe der schwingenden Wassersäule im Brunnen mit Überschwingen der Nulllage, s. Abb. 22.38.

Aus dem Verlauf der gemessenen Wasserspiegel lässt sich der Durchlässigkeitskoeffizient k wie folgt ermitteln:

Durch Messen bzw. rechnerisch-iterative Ermittlung der Eigenfrequenz ω_{w} und des Dämpfungskoeffizienten β lässt sich die Transmissivität T bzw. die Durchlässigkeit k des Grundwasserleiters in Höhe des Brunnenfilters bestimmen:

$$T = 1{,}3 \cdot r_{\mathrm{w}}^2 \cdot \frac{\omega_{\mathrm{w}}}{\beta} \quad \left[\frac{\mathrm{m}^2}{\mathrm{s}}\right], \tag{22.76}$$

$$k = \frac{T}{d} \quad \left[\frac{\mathrm{m}}{\mathrm{s}}\right] \tag{22.77}$$

r_{w} ... wirksamer Bohrradius
d ... Dicke der wasserführenden Schicht bzw. Länge der Filterstrecke

Als wirksamer Bohrradius r_{w} ist der Radius der senkrecht schwingenden Wassersäule heranzuziehen. Im Fall einer unverrohrten Bohrung sowie bei ungespanntem Grundwasser

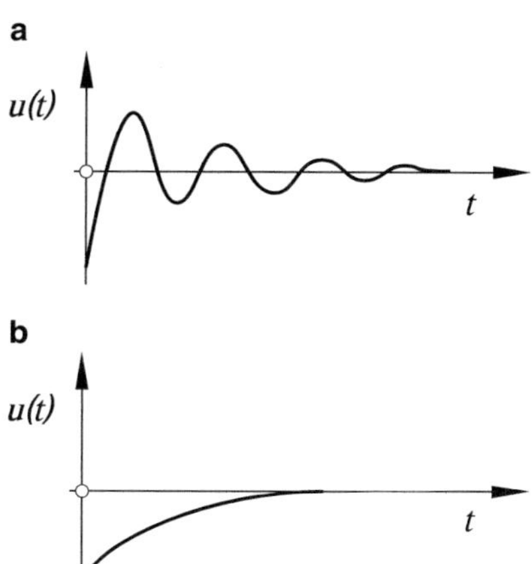

Abb. 22.38 Schwingung bzw. Auslenkung der Wassersäule. **a** Gut durchlässig, **b** gering durchlässig

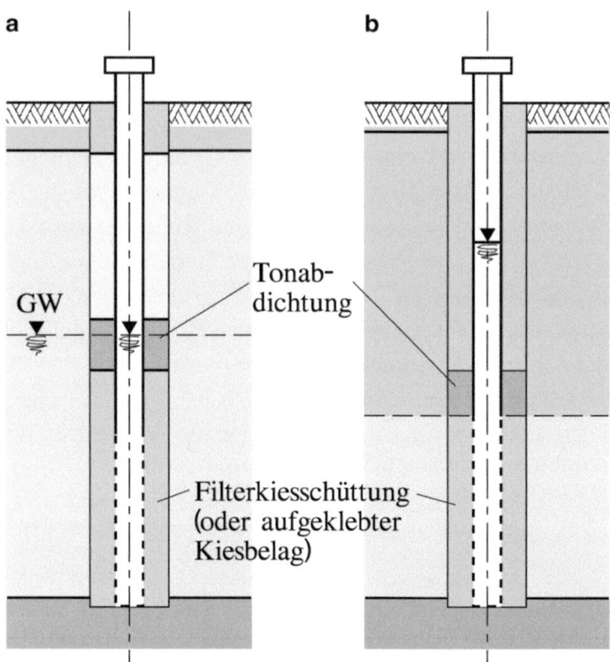

Abb. 22.39 Ausbau der Bohrung für Einschwingversuch. **a** Grundwasser, ungespannt; **b** Grundwasser, gespannt

entsprechend Abb. 22.39a ist dies in der Regel der Radius der Bohrung; bei gespanntem Grundwasser gemäß Abb. 22.39b ist der Radius der Verrohrung anzusetzen.

Der Ableitung des Einschwingverfahrens liegt ein homogener, isotroper, gespannter Grundwasserleiter zugrunde. Erfahrungen bei zahlreichen Messungen haben jedoch gezeigt, dass das Einschwingverfahren ebenso wie herkömmliche Auswertungen von Pumpversuchen auch bei inhomogenen, anisotropen und ungespannten Grundwasserleitern zu verlässlichen Ergebnissen führt. Die Messzeit beträgt wenige Minuten; ein Ergebnis liegt sofort vor. Der Einschwingvorgang erfasst einen Bereich von 50 bis 100 m um die Messstelle. Laterale und vertikale Inhomogenitäten haben keinen starken Einfluss auf die Messergebnisse. Beim Ausbau der Messstelle sollte oberhalb der Filterstrecke eine Tonabdichtung vorgesehen werden, Abb. 22.39, um Eigenschwingungen im Filterkies zu verhindern.

Literatur

Arz, P., Schmidt, H.G., Seitz, J.M., Semprich, S.: Grundbau, Abschn. 4.6.2 im Betonkalender (1991)

Berhane, G.: Standsicherheitsnachweis in der tiefen Gleitfuge unter Berücksichtigung von Strömungskräften. Geotechnik **38**(3), 205–217 (2015)

Chapell, B.A., Burton, P.L.: Electro-osmosis applied to unstable embankment. J Geotechn Engng Div Proc Asce **101**, 733–740 (1975)

Cooper, H.H., Jacob, C.E.: A generalized graphical method for evaluating formation constants and summarizing well field history. Am Geophys Union Trans **27**, 526–534 (1946)

Dupuit, A.J.: Etudes theoretiques et pratiques sur le mouvement des eaux a travers les terrains permeables. Dunond, Paris (1863)

Gray, D.H.: Zuschrift zu Chappell/Burton. J Geotechn Engng Div Proc Asce **102**, 119–121 (1976)

Forchheimer, P: Grundwasserspiegel bei Brunnenanlagen. Z. Österr. Ing. Arch. Verein **50**, 629 (1898)

Grube, H.: Wasserundurchlässige Bauteile aus Beton, Buchreihe Bauphysik für die Baupraxis. Otto Elsner, Darmstadt (1982)

Haack, A.: Abdichtungen und Fugen im Tiefbau, Grundbautaschenbuch, Teil 2, 7. Aufl. Ernst & Sohn, Berlin (2009)

Henke, K.F.: Sanierung von Böschungsrutschungen durch Anwendung von Horizontal-Drainagebohrungen und Elektroosmose. Bauing **45**, 235–241 (1970)

Herth, W., Arndts, E.: Theorie und Praxis der Grundwasserabsenkung, 3. Aufl. Ernst & Sohn, Berlin (1995). unveränd. Nachdruck 2017

Krauss-Kalweit, I.: Das Einschwingverfahren, Eine neue Methode der Grundwassererkundung. Der Wasserkalender. Erich-Schmidt, Berlin (1983)

Kruseman, G.P., de Ridder, N.A.: Analysis and evaluation of pumping test data, 2. Aufl. Int. Institute for Land Reclamation and Improvement. Publication 47, Wageningen (1991)

Lingenfelser, H.: Senkkästen, Grundbautaschenbuch, Teil 3, 6. Aufl. Ernst & Sohn, Berlin (2001)

Lufsky, K.: Bauwerksabdichtungen. BG Teubner, Stuttgart (1983)

Odenwald, B., Hekel, U., Thormann, H.: In: Witt, K.J. (Hrsg.) Grundbautaschenbuch, Teil 2: Grundwasserströmung – Grundwasserhaltung, 8. Aufl., S. 635–820. Ernst & Sohn, Berlin (2018)

Rappert, C.: Grundwasserströmung – Grundwasserhaltung, Grundbautaschenbuch, Teil 2, 4. Aufl. Ernst & Sohn, Berlin (1991)

Sichardt, W.: Das Fassungsvermögen von Bohrbrunnen und seine Bedeutung für die Grundwasserabsenkung insbesondere für größere Absenktiefen. Diss. TH Berlin (1927)

Smoltczyk, U.: Grenzen des elektroosmotischen Verfahrens. Baumasch Bautechnik **9**, 243–247 (1962)

Steinfeld, K.: Die Entwässerung von Feinböden. Bautechnik **36** (1951)

Szechy, K.: Beitrag zur Theorie der Grundwasserabsenkungen. Bautechnik **36** (1959)

Szechy, K.: Der Grundbau, Teil 1, Bd. 2. Springer, Wien (1965)

Terzaghi, K., Jelinek, R.: Theoretische Bodenmechanik, 5. Aufl. Springer, Berlin, Göttingen, Heidelberg (1954)

Terzaghi, K., Peck, R.B.: Die Bodenmechanik in der Baupraxis. Springer, Berlin, Göttingen, Heidelberg (1961)

Tessendorff, H.: Theoretische Betrachtungen zur Brunnenergiebigkeit beim Übergang von gespanntem zu freiem Grundwasser. Wasserwirtschaft **51**, 128–132 (1961)

Thiem, A.: Über die Ergiebigkeit artesischer Bohrlöcher, Schachtbrunnen und Filtergalerien. Z Gas Wasservers **13**, 450 (1870)

Weber, H.: Die Reichweite von Grundwasserabsenkungen mittels Rohrbrunnen. Springer, Berlin (1928)

Witt, K.J.: In: Witt, K.J. (Hrsg.) Grundbautaschenbuch, Teil 2: Hydraulisch bedingte Grenzzustände, 8. Aufl., S. 821–861. Ernst & Sohn, Berlin (2018)

Ziegler, M.: Geotechnische Nachweise nach EC 7 und DIN 1054 – Einführung mit Beispielen, 3. Aufl. Ernst & Sohn, Berlin (2012)

Normen

DIN 1054: Baugrund – Sicherheitsnachweise im Erd- und Grundbau – Ergänzende Regelungen zu DIN EN 1997-1

DIN 4020: Geotechnische Untersuchungen für bautechnische Zwecke – Ergänzende Regelungen zu DIN EN 1997-2

DIN 4085: Berechnung des Erddrucks

DIN 18130: Baugrund, Untersuchung von Bodenproben – Bestimmung des Wasserdurchlässigkeitsbeiwerts – Teil 2: Feldversuche

DIN 18195: Abdichtung von Bauwerken – Begriffe

DIN 18336: VOB Vergabe- und Vertragsordnung für Bauleistungen – Teil C: Allgemeine Technische Vertragsbedingungen für Bauleistungen (ATV) – Abdichtungsarbeiten

DIN EN 1997-1 (Eurocode 7): Entwurf, Berechnung und Bemessung in der Geotechnik – Teil 1: Allgemeine Regeln, in Verbindung mit dem nationalen Anhang DIN EN 1997-1/NA und DIN 1054

DIN EN 1997-2 (Eurocode 7): Entwurf, Berechnung und Bemessung in der Geotechnik – Teil 2: Erkundung und Untersuchung des Baugrunds, in Verbindung mit dem nationalen Anhang DIN EN 1997-2/NA und DIN 4020

DIN ISO 22282 (Teile 1 bis 6): Geotechnische Erkundung und Untersuchung – Geohydraulische Versuche

DIN EN ISO 22475-1: Geotechnische Erkundung und Untersuchung – Probenentnahmeverfahren und Grundwassermessungen – Teil 1: Technische Grundlagen für die Probenentnahme von Boden, Fels und Grundwasser

Sonstige Regelwerke

EAU 2020 (2021) Empfehlungen des Arbeitsausschusses „Ufereinfassungen Häfen und Wasserstraßen" HTG/DGGT (Hrsg). Ernst&Sohn, Berlin

EAB (2021): Empfehlungen des Arbeitskreises „Baugruben", DGGT (Hrsg) 6. Aufl., Ernst & Sohn

MSD (2011): BAW-Merkblatt Standsicherheit von Dämmen an Bundeswasserstraßen, Bundesanstalt für Wasserbau

MMB (2013): BAW-Merkblatt Materialtransport im Boden Bundesanstalt für Wasserbau

Baugrunddynamik

23

Zusammenfassung

Nach einem kurzen Umriss dynamischer Fragestellungen und Probleme in der Bodenmechanik und im Grundbau werden zunächst die grundlegenden Zusammenhänge der Dynamik anhand des Einmassenschwingers dargestellt. Nach der Beschreibung der Wellenausbreitung im Untergrund und deren verschiedener Formen wird auf Messungen von Schwingungen eingegangen. Darauf folgt die Beschreibung und Bewertung von Erschütterungseinwirkungen auf Menschen und Bauwerke. Die für die Analyse von dynamischen Vorgängen im Baugrund relevanten Stoffparameter werden in einem weiteren Abschnitt ausführlich behandelt, wobei Besonderheiten und Zusammenhänge dargestellt und durch Erfahrungswerte ergänzt werden. Danach werden dynamische Einwirkungen auf Gründungen diskutiert. Schließlich wird auf Einwirkungen durch Erdbeben und die daraus resultierenden Bemessungsgrößen sowie auf erdbebengerechtes Konstruieren näher eingegangen.

23.1 Kontext und Grundlagen

Dynamische Kräfte (z. B. Windkräfte) oder Stöße (z. B. Rammschläge) sind bezüglich der Zeit bzw. der Wirkungsrichtung veränderliche Kräfte, die schwingungsfähige elastische Systeme hin- und herschwingen und in ihre ursprüngliche Lage wieder zurückkehren lassen. Das Phänomen der Ausbreitung von Schwingungen in einem Medium, bei denen ein Energie-, jedoch kein Massentransport stattfindet, wird als „Welle" bezeichnet. Schwingungen und Wellen werden in der Mechanik, Akustik, Elektrotechnik, Optik und in der Atomphysik behandelt. Nachfolgend wird dem Fachgebiet entsprechend nur auf mechanische, hier baudynamische, Fragestellungen eingegangen.

H.-H. Schmidt, R.F. Buchmaier, C. Vogt-Breyer, *Grundlagen der Geotechnik*,
https://doi.org/10.1007/978-3-658-39834-7_23

Dynamische Probleme im Bauwesen und damit auch in der Bodenmechanik und im Grundbau haben im Laufe der Zeit an Bedeutung gewonnen, obwohl schon Lorenz (1934) erste dynamische Bodenuntersuchungen ausführte. Beispielsweise können seismische Verfahren zur Baugrunderkundung eingesetzt werden. Dabei wird der Baugrund künstlich erregt, und es wird die Wellenausbreitung registriert, s. Abschn. 2.3 und 23.5. Weiter haben z. B. bei der Bodenverdichtung nichtbindiger Böden dynamische Einflüsse in der Regel eine günstige Wirkung. Anderseits kann es durch dynamische Einwirkungen, vor allem bei starken Beschleunigungen der Bodenteilchen, zu einer Auflockerung von Boden und bei schluffigen, wassergesättigten Sanden sogar zu einer Verflüssigung (liquefaction) kommen. Solche Effekte sind also für die Tragfähigkeit von Böden ungünstig und müssen beachtet werden. Ebenfalls bei der Herstellung von Pfählen oder Spundwänden, bei denen Rammen oder Vibratoren eingesetzt werden, spielen dynamische Effekte bei der Herstellung der Bauteile wie auch die Beeinflussung durch Erschütterungen auf benachbarte Bauwerke und Menschen eine Rolle. Gleiches gilt für die Beeinflussung durch Verkehrserschütterungen auf die Nachbarschaft oder für die Lockerung von Fels mittels Sprengungen oder durch Meißeln.

In baulichen Anlagen oder im Boden führen mechanische Schwingungen zu dynamischen Einwirkungen, die beim Entwurf und bei der Bemessung ggf. beachtet werden müssen. Unter Erschütterungen werden Schwingungsemissionen oder Schwingungsimmissionen verstanden. Mechanische Schwingungen und Erschütterungen bestimmter Intensität können in speziellen Frequenzbereichen subjektiv wahrgenommen werden. Die Beurteilung der Wirkung von Schwingungen und Erschütterungen auf bauliche Anlagen und auf den Baugrund kann allerdings nicht aufgrund subjektiver, menschlicher Wahrnehmung, sondern muss im Allgemeinen durch Berechnungen und durch Messungen erfolgen. Dynamische Erregungen sind auch beim Entwurf und bei der Bemessung von Maschinenfundamenten zu beachten, s. Abschn. 23.3 und 23.6.

Um Schäden infolge von Erdbeben zu vermeiden, müssen bei dem Entwurf von Bauwerken konstruktive Gesichtspunkte und bei der Berechnung zusätzliche dynamische Lasteinflüsse beachtet werden, s. Abschn. 23.7.

Nachfolgend werden einige Grundlagen der Mechanik erläutert und einige Fragestellungen und Probleme der Baugrunddynamik behandelt. Dabei wird hauptsächlich auf die *Empfehlungen des Arbeitskreises „Baugrunddynamik"der DGGT*, die *Broschüre „Erdbebensicher Bauen*" (2008) sowie auf *DIN EN 1998 (Eurocode 8)* Bezug genommen. Die *EA „Baugrunddynamik"* (hier und nachfolgend verkürzte Bezeichnung) wurden mit der 2. Auflage überarbeitet. Insbesondere in den Abschnitten „Dynamisch belastete Gründungen" und „Bleibende Verformungen und Standsicherheit" gab es maßgebliche Ergänzungen. Für weitergehende Betrachtungen wird auf Grundsatzliteratur, s. Lorenz (1960), Haupt (1986), Klein (2001), Studer et al. (2007), Vrettos (2017) und Kramer (2012) hingewiesen.

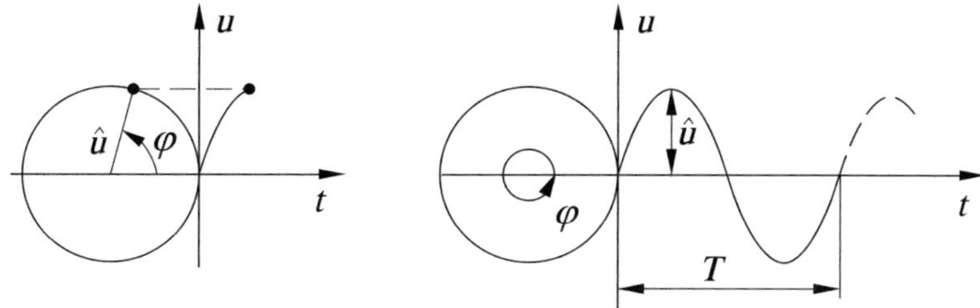

Abb. 23.1 Harmonische Schwingung; Analogie zur Kreisbewegung

Freie ungedämpfte Schwingungen Die einfachste Form der Schwingung ist die harmonische Schwingung, s. Abb. 23.1. In der Technik treten häufig sinus- oder kosinusförmige Schwingungen auf.

Für diese Schwingungen gilt:

$$u(t) = \hat{u} \cdot \sin\left(2\pi \cdot \frac{t}{T}\right) = \hat{u} \cdot \sin(2\pi \cdot f \cdot t). \tag{23.1}$$

Zur Beschreibung einer Schwingung werden benötigt:

$u, u(t)$	Auslenkung einer physikalischen Größe [m]
$\hat{u}$	Maximale Auslenkung, Amplitude [m]
x, y, z	Ortskoordinaten [m]
t	Zeit [s]
T	Periodendauer einer Schwingung [s]
$f = 1/T$	Frequenz einer Schwingung [Hz]

Wie in Abb. 23.1 dargestellt, kann man bei harmonischen Schwingungen eine Analogie zur Kreisbewegung herstellen: Ein Punkt rotiert mit der Winkelgeschwindigkeit ω. Der momentane Drehwinkel beträgt:

$$\varphi = \omega \cdot t = \frac{2\pi \cdot t}{T} = 2\pi \cdot f \cdot t. \tag{23.2}$$

Projiziert man die Position des Punktes auf die senkrechte Achse, erhält man:

$$u = \hat{u} \sin(2\pi \cdot f \cdot t). \tag{23.3}$$

Dieses Ergebnis stimmt mit Gl. (23.1) überein. Hinsichtlich dieser Analogie zur Kreisbewegung führt man zur Beschreibung von Schwingungen die Winkelgeschwindigkeit oder Kreisfrequenz ein:

$$\omega = 2\pi \cdot f = \frac{2\pi}{T}. \tag{23.4}$$

Man bezeichnet den Drehwinkel $\varphi = \omega \cdot t$ als Phase oder Phasenwinkel.

Eine Schwingung kann um den Phasenwinkel φ_0 verschoben sein. Die Auslenkung u muss nicht $u = 0$ zur Zeit $t = 0$ sein. Somit gilt allgemein für die harmonische Schwingung:

$$u = \hat{u}\sin(2\pi \cdot f \cdot t + \varphi_0) = \hat{u}\sin(\omega \cdot t + \varphi_0). \tag{23.5}$$

Die Gleichungen für die Schwinggeschwindigkeit lauten:

$$v = \frac{\mathrm{d}u}{\mathrm{d}t} = u \cdot (2\pi \cdot f) \cdot \cos(2\pi f \cdot t + \varphi_0), \tag{23.6}$$

$$v = \hat{u} \cdot \omega \cdot \cos(\omega \cdot t + \varphi_0). \tag{23.7}$$

Die Amplitude der Geschwindigkeit ist:

$$\hat{v} = \hat{u} \cdot 2\pi \cdot f. \tag{23.8}$$

Die Gleichungen für die Schwingbeschleunigung lauten:

$$a = \frac{\mathrm{d}v}{\mathrm{d}t} = -\hat{u} \cdot (2\pi \cdot f)^2 \sin(2\pi \cdot f \cdot t + \varphi_0), \tag{23.9}$$

$$= -\hat{u} \cdot \omega^2 \sin(\omega \cdot t + \varphi_0). \tag{23.10}$$

Die Amplitude der Beschleunigung ist:

$$\hat{a} = \hat{v} \cdot 2\pi \cdot f = \hat{u} \cdot (2\pi \cdot f)^2. \tag{23.11}$$

Im Hinblick auf die folgenden Anwendungen ist eine Kombination der Gln. (23.10), (23.5) und (23.6) sinnvoll. Sie führt auf die allgemeine Dgl. für Schwingungen:

$$\frac{\mathrm{d}u^2}{\mathrm{d}t^2} + \omega^2 \cdot u = 0. \tag{23.12}$$

Es handelt sich um eine lineare Differenzialgleichung 2. Ordnung, deren Lösung durch Gl. (23.5) gegeben ist. Die Anfangsbedingungen sind durch die Amplitude und die Phase bestimmt.

Allgemein werden folgende Schwingungen unterschieden:

- Periodische Schwingungen. Dies sind Schwingungen, die sich in Zeit T identisch wiederholen: $u(t) = u(t + T)$; die harmonische Schwingung, vergleiche oben, ist eine Sonderform der periodischen Schwingung,
- Stationäre Schwingungen: Schwingungen, bei denen geeignete statistische Kenngrößen zeitlich konstant sind; solche Schwingungen müssen nicht periodisch sein,
- Transiente Schwingungen: vorübergehende Vorgänge (z. B. Erdbeben). Sie klingen mit der Zeit ab oder leiten über in einen stationären Schwingungszustand,
- Stochastische Schwingungen; andauernde, unregelmäßige Vorgänge (z. B. infolge von Windeinwirkungen).

Freie ungedämpfte Federschwingung einer Masse Betrachtet wird ein Punktkörper mit der Masse m, der über eine Feder mit einer starren, unverschieblichen Unterlage verbunden sei (Einmassenschwinger). Für die Feder ist die rücktreibende Kraft F der Auslenkung $u = z$ proportional. Die Größe k_c ist die Federkonstante.

$$F = k_c \cdot z. \tag{23.13}$$

Die angreifende Kraft führt zu einer Beschleunigung des Systems:

$$F = m \cdot a = m \cdot \frac{d^2 z}{dt^2}. \tag{23.14}$$

Durch Gleichsetzen beider Gleichungen erhält man die Differenzialgleichung einer Federschwingung:

$$\frac{m \cdot d^2 z}{dt^2} + k_c \cdot z = 0 \tag{23.15}$$

oder

$$\ddot{z} + \frac{k_c}{m} \cdot z = 0. \tag{23.16}$$

Vergleicht man die Gleichungen mit der Schwingungsgleichung (23.12), so erhält man die Eigenfrequenz der Federschwingung:

$$\omega_e^2 = \frac{k_c}{m} \quad \text{oder} \quad \omega_e = \sqrt{\frac{k_c}{m}} \quad \text{bzw.} \quad f_e = \frac{1}{2\pi}\sqrt{\frac{k_c}{m}}. \tag{23.17}$$

Gleiche Ableitungen kann man für Drehschwingungen und andere Schwingsysteme gewinnen.

► **Anmerkung** Eigenschwingungen sind Bewegungen eines Systems, das z. B. nach kurzer Anregung sich selbst überlassen ist. Eigenschwingungen ungedämpfter, linearer Systeme mit einem Freiheitsgrad sind harmonisch. Jede Schwingungsgröße kehrt nach der dem System eigentümlichen Periode T_e (Eigenschwingdauer) wieder. Der Kehrwert von T_e des Systems heißt Eigenfrequenz $f_e = 1/T_e$. Die Eigenfrequenz eines Systems hängt im allgemeinen Fall von den Schwingungseigenschaften des Systems ab, z. B. von den Abmessungen, Materialkennwerten und den Auflagerbedingungen, sie ist unabhängig von der Erregung.

Freie gedämpfte Schwingung Der Idealfall einer ungedämpften Schwingung kann in der Praxis allerdings nicht erreicht werden, weil z. B. durch Reibung oder Abstrahlung in den Baugrund Energieverluste (Energiedissipation) auftreten. Ein gedämpftes Einmassensystem ist zum Beispiel in Abb. 23.2a mit Feder und Dämpfer dargestellt. Dabei soll für das Dämpfungsglied Proportionalität zwischen der Reibungskraft R_k und der Geschwindigkeit $v = dz/dt = \dot{z}$ bestehen:

$$R_k = -\mu \cdot v = -\mu \cdot \dot{z}. \tag{23.18}$$

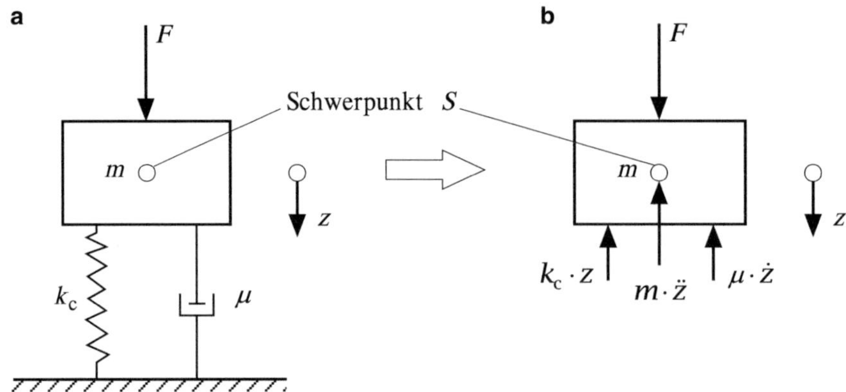

Abb. 23.2 Freie gedämpfte Schwingung. **a** Einmassenschwinger mit Feder und Dämpfer; **b** Massensystem mit einwirkenden Kräften

Diese Reibungskraft, die der Geschwindigkeit z entgegengesetzt wirkt, kommt nun zur Schwingungsgleichung für die Feder Gl. (23.16) hinzu:

$$m \cdot \ddot{z} + \mu \cdot \dot{z} + k_c \cdot z = 0. \tag{23.19}$$

Somit kann das System aus Feder und Dämpfer in ein Massensystem mit einwirkenden Kräften überführt werden, s. Abb. 23.2b.

Führt man die Dämpfungskonstante δ ein:

$$\delta = \frac{\mu}{2 \cdot m} \tag{23.20}$$

und berücksichtigt die Kreisfrequenz der ungedämpften Schwingung

$$\omega_0 = \sqrt{\frac{k_c}{m}}, \tag{23.21}$$

ergibt sich aus Gl. (23.19) die Schwingungsgleichung des Systems folgendermaßen:

$$\ddot{z} + 2 \cdot \delta \cdot \dot{z} + \omega_0^2 \cdot z = 0. \tag{23.22}$$

Die Lösung dieser linearen Differenzialgleichung 2. Ordnung ist:

$$z = \hat{z} \cdot e^{-\delta \cdot t} \sin\left(\sqrt{\omega_0^2 - \delta^2} \cdot t + \varphi_0 \right) \tag{23.23}$$

wobei $\hat{z}$ die Anfangsauslenkung und φ_0 die Phasenverschiebung ist.

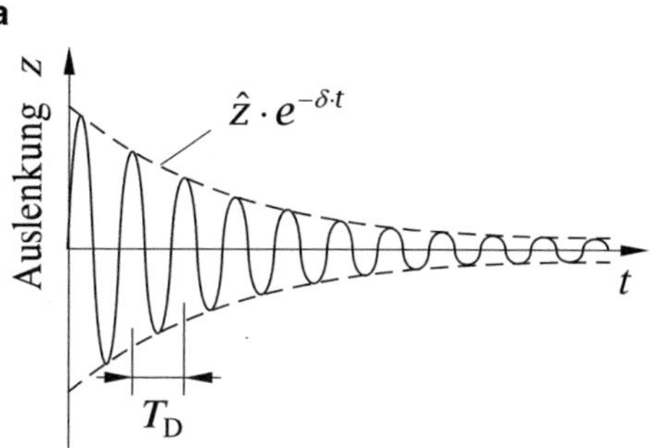

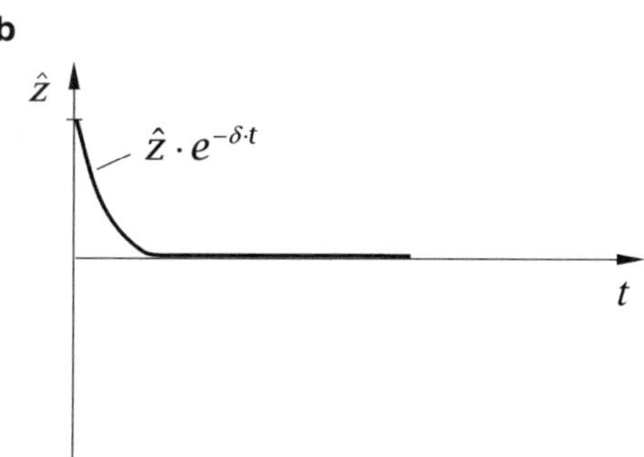

Abb. 23.3 Gedämpfte Schwingung. **a** Schwache Dämpfung; **b** starke Dämpfung (aperiodisch)

Der Graph dieser Schwingungsgleichung ist in Abb. 23.3a dargestellt. Durch die Dämpfung verringert sich die Kreisfrequenz der Schwingung gegenüber dem ungedämpften Fall, vergleiche Gl. (23.5), nach Gl. (23.23) zu:

$$\omega = \frac{2\pi}{T} = \sqrt{\omega_0^2 - \delta^2}. \tag{23.24}$$

Betrachtet man Abb. 23.3a, so wird die Amplitude durch die Einhüllende $e^{-\delta \cdot t}$ begrenzt. Die Amplitude der Schwingung nimmt von Schwingung zu Schwingung gleichmäßig ab. Mit Hilfe des logarithmischen Dekrements Λ, das den Einfluss der Dämpfung zweier phasengleicher Zustände beschreibt, kann man den Dämpfungsgrad D aus einem Ausschwingversuch ermitteln:

$$\Lambda = \ln \frac{z(t)}{z(t+T)} = \delta \cdot T_D = \omega_0 \cdot T_D \cdot D \qquad D = \delta/\omega_0 \ldots \text{Dämpfungsgrad}. \tag{23.25}$$

Der periodische Verlauf der gedämpften Schwingung, wie in Abb. 23.3a dargestellt, gilt nur für kleine Dämpfungen ($\delta < \omega_0$). Bei großer Dämpfung spricht man von aperiodischer Dämpfung. Der aperiodische Grenzfall entsteht für $\omega_0 = \delta$. Mit $\omega = 0$, Gl. (23.24), ergibt sich nach Gl. (23.23):

$$z(t) = \hat{z} \cdot e^{-\delta \cdot t}. \tag{23.26}$$

Eine aperiodische Schwingung ist in Abb. 23.3b dargestellt. Solche Systeme werden im Bauwesen bevorzugt, geht doch das System nach einer Auslenkung zur Zeit $t = 0$ exponentiell in die Ausgangslage zurück.

Aus dem logarithmischen Dämpfungsdekrement kann auch der Dämpfungsgrad D hergeleitet werden. Er ist nach Gln. (23.25), (23.20) und (23.21):

$$D = \frac{\Lambda}{\omega_0 \cdot T_D} = \frac{\delta}{\sqrt{\frac{k_c}{m}}} = \frac{\mu}{2 \cdot \sqrt{k_c \cdot m}}. \tag{23.27}$$

Bei $D = 0$ ist das System ungedämpft, bei $D = 1$ liegt eine aperiodische Dämpfung vor.

Erzwungene Schwingungen Durch dynamische Kräfte oder Fußpunktbewegungen hervorgerufene Schwingungen in einem System sind erzwungene Schwingungen, s. Abb. 23.4.

Die allgemeine Schwingungsgleichung lautet für den Fall a in Abb. 23.4:

$$F(t) = m \cdot \ddot{z} + \mu \cdot \dot{z} + k_c \cdot z. \tag{23.28}$$

Ist nicht die Kraft bekannt, sondern z. B. die Fußpunktbewegung (Fall b) in Abb. 23.4), so lautet bei einer periodischen Anregung $z_A(t) = \hat{z}_A \sin(\omega \cdot t)$ mit Gl. (23.22) die Schwingungsgleichung

$$\ddot{z} + 2 \cdot \delta \cdot \dot{z} + \omega_0^2 (z - \hat{z}_A \sin(\omega \cdot t)) = 0. \tag{23.29}$$

Nach einem komplizierten Einschwingvorgang schwingt das System mit der Erregerfrequenz $f = \omega / 2\pi$, jedoch mit einer Phasenverschiebung φ_0. Die Lösung von Gl. (23.29) hat folgende Form:

$$z = \hat{z} \sin(\omega t - \varphi_0). \tag{23.30}$$

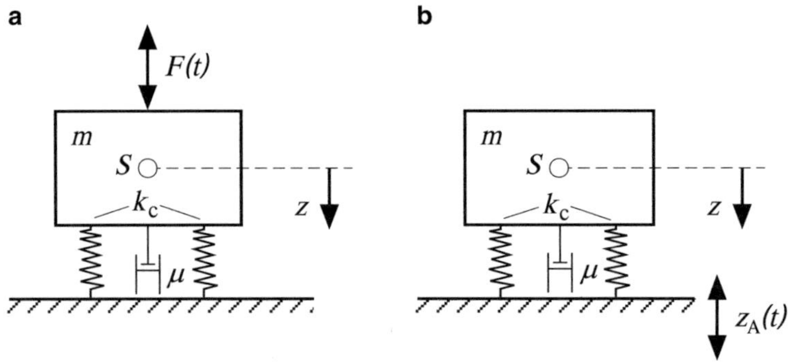

Abb. 23.4 Einmassen-Schwinger. **a** Mit dynamischer Krafteinwirkung; **b** mit Fußpunktanregung

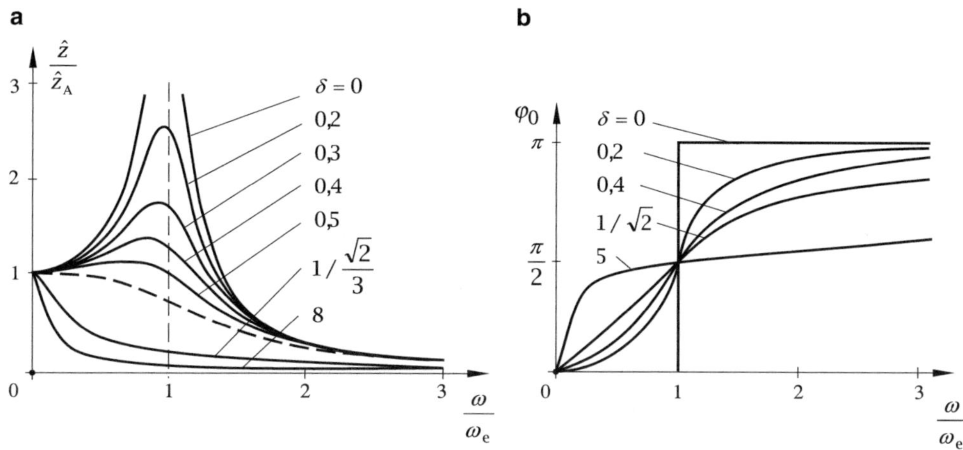

Abb. 23.5 Erzwungene Schwingungen bei unterschiedlicher Dämpfung und in Abhängigkeit des Verhältnisses Erregerfrequenz/Eigenfrequenz ω/ω_e. **a** Amplitudenverhältnis: Auslenkung des Systems/Anregung; **b** Phasenwinkel φ_0

Mit ω_e als Eigenfrequenz ist die Phasenverschiebung:

$$\tan \varphi_0 = \frac{2 \cdot \delta \cdot \omega}{\omega_e^2 - \omega^2}. \tag{23.31}$$

Interessant ist das Verhältnis der Amplitude der Schwingung des Systems $\hat{z}$ und der Anregung $\hat{z}_A$ bei verschiedenen Dämpfungskonstanten, s. Abb. 23.5.

$$\frac{\hat{z}}{\hat{z}_A} = \frac{\omega_e^2}{\sqrt{\left(\omega_e^2 - \omega^2\right) - (2 \cdot \delta \cdot \omega)^2}} \tag{23.32}$$

Aus Abb. 23.5 ist erkennbar, dass bei niedriger Frequenz ($\omega \ll \omega_e$) die erzwungene Schwingung mit geringer Verzögerung der Anregung folgt. Das Amplitudenverhältnis ist ungefähr 1. Mit zunehmender Frequenz und abnehmender Dämpfungskonstante steigt das Amplitudenverhältnis und erreicht ein Maximum in der Nähe der Eigenfrequenz. Mit zunehmender Dämpfungskonstante δ sinkt dagegen die Schwingungsamplitude, besonders im Bereich der Resonanz ($\omega = \omega_e$). Wie aus Abb. 23.5b ersichtlich, ist die Phasenverschiebung bei Resonanz $\varphi = \pi/2$.

Weiter ist aus Abb. 23.5a ersichtlich, dass bei hoher Erregerfrequenz ($\omega \gg \omega_e$) das System nur wenig auf die äußeren Störungseinflüsse reagiert. Deshalb wird dieser Fall auch in der Bautechnik für die Isolierung von Schwingungen benutzt. Man spricht in diesem Fall von einer Hochabstimmung. Ist $\omega \ll \omega_e$ spricht man von einer Tiefabstimmung. Schwingungsisolierte Systeme sollten Auflagerbedingungen mit niedriger Eigenfrequenz und großer Dämpfung besitzen. Hier kann durch Fundamentabmessungen und

Gründungstiefe sowie durch Bodenverbesserungsmaßnahmen und Einbau von mechanischen Federungen und Dämpfern (Spiralfedertöpfe, Flüssigkeitsdämpfer und Matten aus dämpfenden Werkstoffen) Einfluss genommen werden. Diese Art von Isolierung nennt man aktive Isolierung.

Da schwingungsfähige Systeme häufig mehrere Eigenfrequenzen haben, gelingt es nicht immer, eine reine Tief- oder Hochabstimmung zu erreichen, so dass die Betriebsfrequenz ganz außerhalb des Eigenfrequenzbereiches liegt. Man stimmt das System dann so ab, dass die Betriebsfrequenz möglichst gleichmäßig weit von der nächsten Eigenfrequenz entfernt ist.

Von passiver Isolierung spricht man, wenn das System von der Erregerquelle abgetrennt oder weggerückt wird. Eine derartige Isolierung kann z. B. durch Gräben oder Bodenschlitze erreicht werden. Für die Abschätzung der Abnahme von Amplituden s. Abschn. 23.2.

23.2 Wellenausbreitung im Untergrund

Schwingungen pflanzen sich von der Schwingungsquelle aus in Form von Wellen im umgebenden Medium fort. Die einfachste Wellenart ist die eindimensionale, harmonische Welle mit der Beziehung in Abhängigkeit von Zeit und Ort:

$$u(t,x) = \hat{u}\sin(\omega t - kx). \tag{23.33}$$

Neben den schon bekannten Begriffen der Schwingungen sind von Bedeutung:

λ Wellenlänge
c Wellengeschwindigkeit; $c = \lambda/T = \lambda f$
k Wellenzahl; $k = 2\pi/\lambda = \omega/c$

Abb. 23.6 stellt eine eindimensionale Welle zu zwei verschiedenen Zeitpunkten dar. Benachbarte Teilchen in der Entfernung x beginnen mit der Verzögerungszeit t_1 zu schwingen:

$$t_1 = \frac{x}{c}. \tag{23.34}$$

Der Zustand an der Stelle x zum Zeitpunkt t ist der gleiche wie an der Stelle $x = 0$ zur Zeit $t - t_r$.

Betrachtet man nun den Baugrund als Halbraum und beschreibt ihn mit einem elastischen Spannungs-Dehnungs-(Verzerrungs-)Gesetz, pflanzen sich Schwingungen als elastische Wellen fort. Dabei wird nur Energie, jedoch keine Masse transportiert. Nachfolgend werden nur Wellen in einem linear-elastischen Material betrachtet, das dem *Hookeschen* Gesetz entspricht.

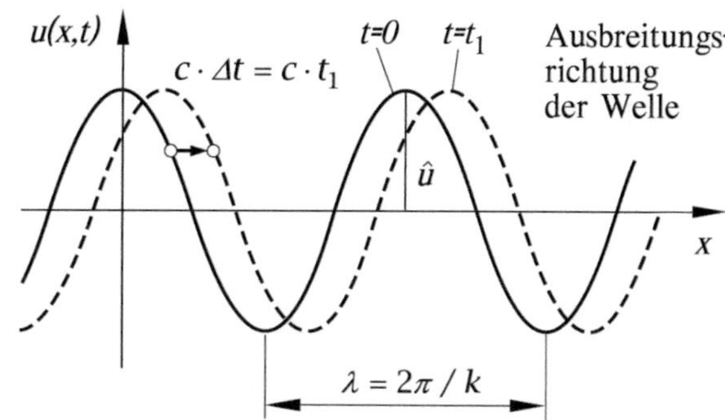

Abb. 23.6 Eindimensionale Welle zu den Zeitpunkten $t = 0$ und $t = t_1$

In einem elastischen Halbraum können zwei Typen von sogenannten Raumwellen: Druckwellen und Scherwellen, unabhängig voneinander auftreten, s. Abb. 23.7a,b.

Die Wellengeschwindigkeiten ergeben sich nach den Gln. (23.47) und (23.48) in Abschn. 23.5. An der Oberfläche des Halbraums entstehen Oberflächenwellen. Im Fall des homogenen, elastischen Halbraums werden diese Wellen nach Rayleigh (1885), von dem sie nachgewiesen wurden, „*Rayleighwellen*" genannt, s. Abb. 23.7c.

„*Rayleighwellen*" breiten sich parallel zur Geländeoberfläche aus. Sie bestehen aus einer Kombination von Horizontal und Vertikalschwingungen. Die Amplitude dieser Schwingungen nimmt zur Tiefe rasch ab, s. Abb. 23.8.

Für die effektive Eindringtiefe der Welle in den Halbraum wird etwa eine Wellenlänge:

$$\lambda_R = c_R / f \tag{23.35}$$

angesetzt. Die Ausbreitgeschwindigkeit c_R hängt von der Querdehnzahl ν ab und entspricht näherungsweise dem 0,9-fachen der Scherwellengeschwindigkeit, s. Gl. (23.48). Grundwasser beeinflusst die Ausbreitung der Wellen nur in geringem Maße.

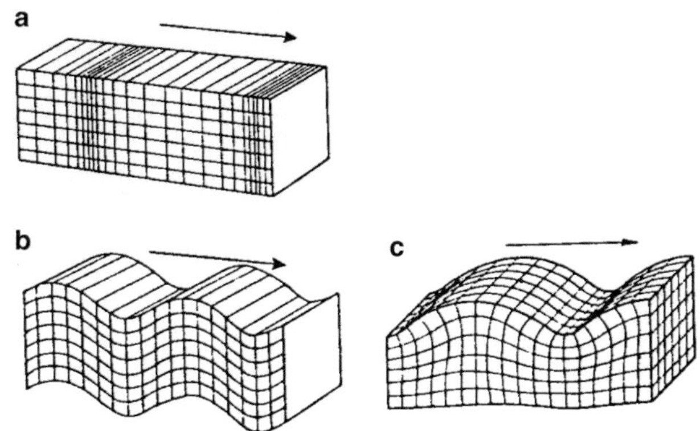

Abb. 23.7 Wellentypen. **a** Druckwellen; **b** Scherwellen; **c** Rayleighwellen

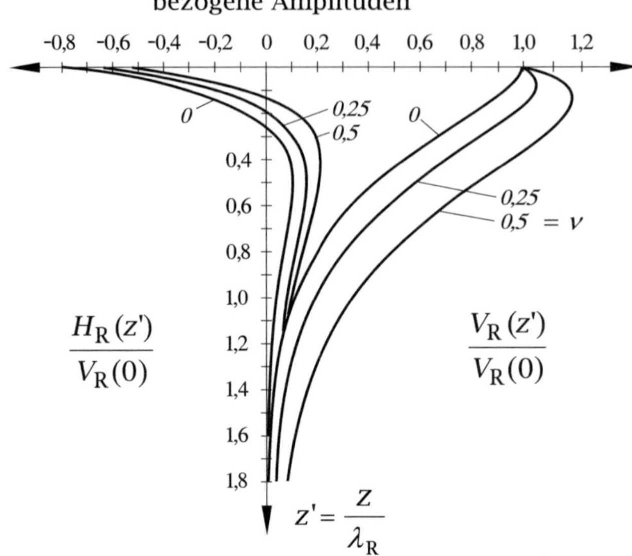

Abb. 23.8 Verlauf der auf $V_R(0)$ bezogenen Amplituden der freien *Rayleighwelle* mit der Tiefe und in Abhängigkeit von der Querdehnzahl ν; $V_R(z')$ Vertikalkomponente, $H_R(z')$ Horizontalkomponente, nach *EA „Baugrunddynamik"* (2018)

Bei einer Wellenquelle an der Oberfläche, z. B. einem schwingenden Fundament, treten im nahen Bereich überwiegend Raumwellen auf, wobei ab einer Entfernung von etwa einer Wellenlänge λ_R vom Erregerort sich die Wellen überwiegend in der Form von *Rayleighwellen* ausbreiten. Abb. 23.9 zeigt das Verschiebungsfeld der Wellenarten im Halbraum infolge eines dynamisch angeregten Fundaments.

Die Abnahme der Amplitude an der freien Oberfläche mit der Entfernung r von der Wellenquelle, auch geometrische oder Abstrahlungsdämpfung genannt, kann näherungsweise nach den *EA „Baugrunddynamik"* (2018) wie folgt berechnet werden:

$$A(r) = A_0(r_0) \cdot \left(\frac{r_0}{r}\right)^n. \tag{23.36}$$

Darin sind r, r_0 die Entfernung des betrachteten Punktes bzw. des Referenzpunktes und $A(r)$ bzw. A_0 die entsprechenden Amplituden. Der Exponent n liegt je nach Schwingungstyp, Wellenquelle (punkt- oder linienartig) und Art der Welle (Raum- oder Oberflächenwelle) bei 0,5, 1,0 und 1,5. Für weitere Einzelheiten s. *EA „Baugrunddynamik"*.

Eine Abschätzung der Abnahme von Amplituden (Schwingweg, Geschwindigkeit oder Beschleunigung) für Wellenausbreitungen längs der Oberfläche (*Rayleighwellen*) und für Raumwellen kann bei punktförmiger Wellenquelle und harmonischer Schwingung nach Abb. 23.10 vorgenommen werden. Der Bezugsabstand r_0 ist 10 m.

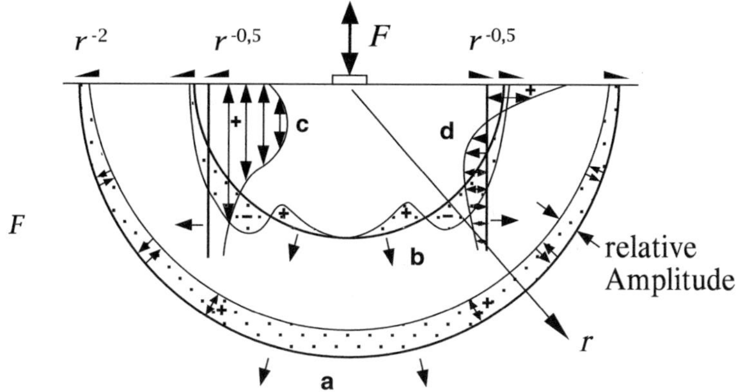

Abb. 23.9 Verschiebungsfeld der Wellenarten im Halbraum infolge eines angeregten Fundaments F; a Druckwelle; b Scherwelle; c Rayleighwelle, vertikale Komponente; d Rayleighwelle, horizontale Komponente, gemäß Woods (1968)

Der Untergrund weist neben seinen elastischen Eigenschaften auch Materialdämpfungseigenschaften auf. Daher nimmt die Amplitude zusätzlich zur wachsenden Entfernung auch aufgrund der Energiedissipation ab. Im Nahbereich einer Schwingungsquelle wirkt sich die Materialdämpfung nur wenig aus; in Fernbereich kann sie allerdings von entscheidender Bedeutung sein. Die Beziehung der Gl. (23.36) erweitert sich dann analog Gl. (23.26) zu.

$$A(r) = A_0(r_0) \cdot \left(\frac{r}{r_0}\right)^{-n} \cdot \mathrm{e}^{-\alpha(r-r_0)}. \tag{23.37}$$

Es gilt die Beziehung:

$$\alpha = \frac{\Psi}{2\lambda}. \tag{23.38}$$

Der Abklingungskoeffizient α $[1/\mathrm{m}]$ ist keine reine Materialgröße.

Darin ist Ψ die Dämpfungskapazität nach Abschn. 23.5, Gl. (23.45). Nach Gl. (23.38) nimmt also bei gegebener Dämpfungskapazität die Wirkung der Materialdämpfung mit abnehmender Wellenlänge, d. h. mit wachsender Frequenz, zu.

Theoretische Untersuchungen haben gezeigt, dass in dem System „elastische Bodenschicht über unendlich steifem Halbraum“ zwei Grenzfrequenzen existieren, unterhalb derer keine Wellenausbreitung stattfindet. Dies hat z. B. Einfluss auf die Dämpfung eines schwingenden Fundaments. Die Grenzfrequenz der Scherwellen ist:

$$f_{\mathrm{cs}} = c_{\mathrm{s}}/4h \tag{23.39}$$

mit f_{cs} Grenzfrequenz $[1/\mathrm{s}]$ (cut-off-frequency), c_{s} Scherwellengeschwindigkeit in der Schicht $[\mathrm{m/s}]$, h Schichtdicke $[\mathrm{m}]$. Die Grenzfrequenz der Kompressionswellen ergibt sich analog.

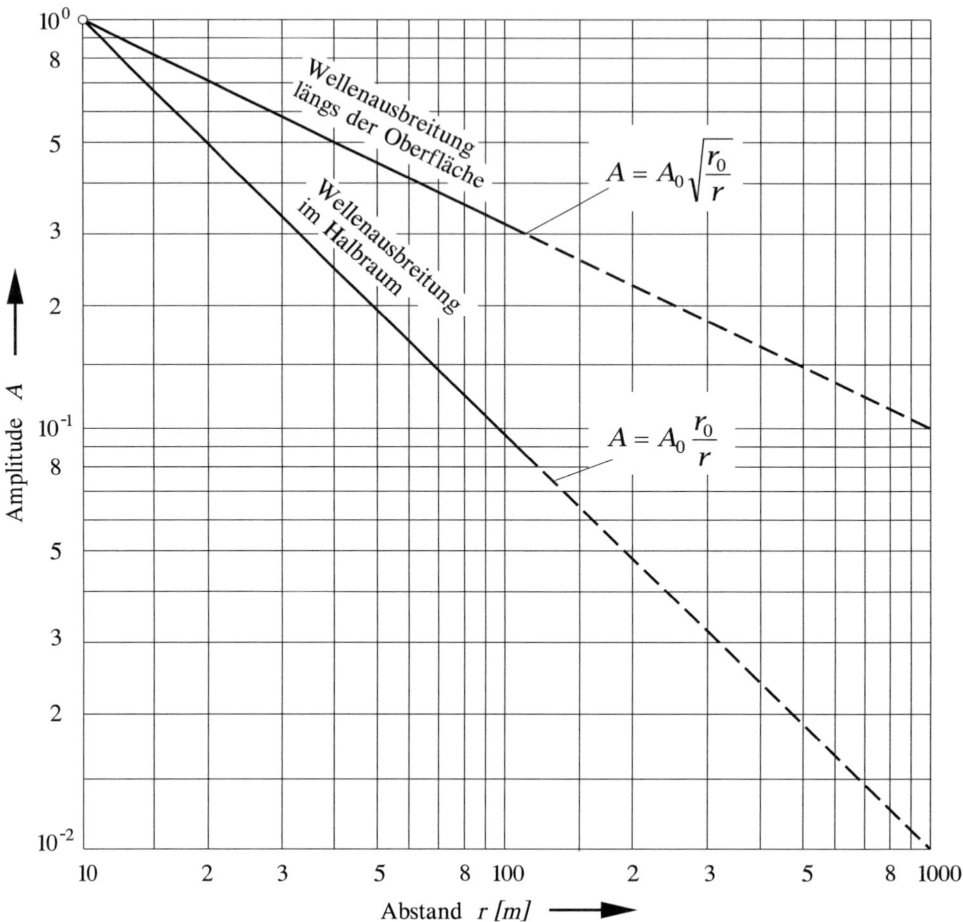

Abb. 23.10 Abnahme der Erschütterungsamplituden A mit dem Abstand r

23.3 Messung von Schwingungen

Will man die Schwingungen eines realen Systems rechnerisch ermitteln, muss man in der Regel mehrere vereinfachende Annahmen über das System, über das Materialverhalten von Baugrund und Bauwerk sowie über die dynamischen Einwirkungen treffen. Häufig lassen sich die maßgebenden Größen nur unzuverlässig abschätzen. Hat man die Wahl, ist es im konkreten Anwendungsfall besser zu messen als zu rechnen. Bei der Ermittlung von dynamischen Bodenkennwerten muss grundsätzlich gemessen werden oder man greift auf Erfahrungen zurück, s. Abschn. 23.5.

Die prinzipielle Messeinrichtung zur Registrierung von Schwingungen in Gebäuden ist in Abb. 23.11 dargestellt; es lässt sich auch auf andere Situationen übertragen. An-

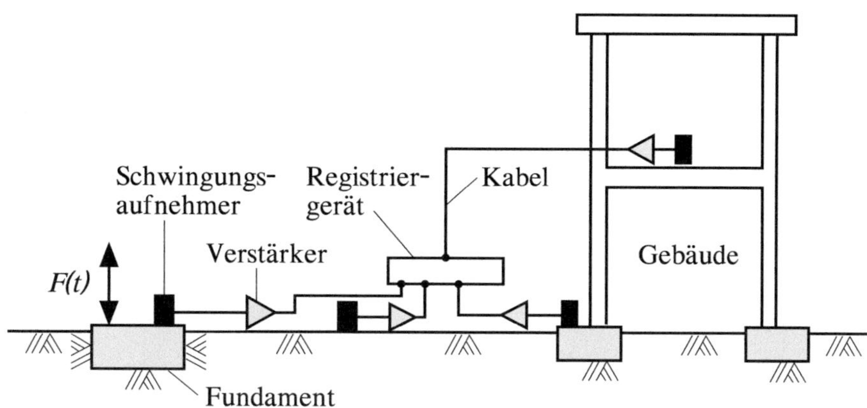

Abb. 23.11 Aufbau einer Schwingungsmessung (Prinzip-Darstellung)

forderungen an Schwingungsmesser sind in *DIN 45669-1* formuliert. Die Messverfahren, insbesondere Messorte und die Ankoppelung der Messgeber sind in *DIN 45669-2* geregelt.

Die zum Beispiel durch ein dynamisch belastetes Fundament erzeugte Schwingung wird auf dem Fundament, auf dem Ausbreitungsweg auf dem Untergrund und am benachbarten Gebäude am Fundament und auf der obersten Decke mit Schwingungsaufnehmern gemessen. Diese Aufnehmer wandeln die mechanischen Schwingungsgrößen in elektrische Signale um, die verstärkt werden müssen, gespeichert und mit einer Registriereinrichtung dargestellt werden. Andere Messaufgaben zur Registrierung seismischer Wellengeschwindigkeiten zwischen Bohrlöchern oder zur Ermittlung dynamischer Eigenschaften des Bodens in situ bedürfen in der Regel komplizierterer Messanordnungen und Messgeräte. Zur Vermeidung von Messfehlern müssen die Geräte und deren Grenzen bekannt sein.

Die gebräuchlichen Schwingungsaufnehmer arbeiten bei der Umwandlung der mechanischen Schwingung in ein elektrisches Signal nach demselben Prinzip: durch eine starre Verbindung zwischen schwingendem System und Schwingungsaufnehmer werden die Bewegungen des Systems auf das Aufnehmergehäuse übertragen. Eine mechanische Schwingung ist eine Bewegung relativ zu einem ruhenden Punkt. Deshalb müssen alle Schwingungsaufnehmer eine Verbindung zu dem in Ruhe befindlichen Punkt haben. In der Praxis ist jedoch häufig nur mit einem großen Aufwand möglich, eine starre Verbindung mit der ruhenden Umgebung des schwingenden Systems herzustellen. Deshalb wird in der Regel die Massenträgheit einer federnd und gedämpft im Innern des Schwingungsaufnehmers aufgehängten Masse als ruhender Punkt benutzt, s. Abb. 23.12.

Die Masse befindet sich nicht wirklich in Ruhe, da die zu messende Schwingungsbewegung des Aufnehmergehäuses über die Feder und den Dämpfer auf die Masse einwirkt. Da aber die Gesetzmäßigkeit des Feder-Dämpfer-Masse-Systems bekannt ist, s. Abschn. 23.1, kann die Abweichung gegenüber dem Bezug zu einem Festpunkt ermittelt werden. Diese Messaufnehmer bezeichnet man als „Absolutaufnehmer“, obwohl die

Abb. 23.12 Schwingungsaufnehmer, prinzipielle Darstellung

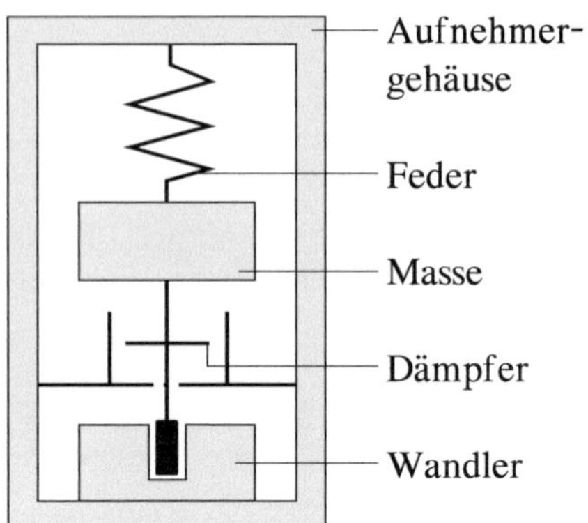

relativen Bewegungen bzw. Geschwindigkeiten zwischen Bezugsmasse im Aufnehmergehäuse und Gehäuse selbst gemessen werden. Messaufnehmer, die in Bezug auf einen äußeren Festpunkt messen, werden dagegen als „Relativaufnehmer" bezeichnet.

Zur Umwandlung des mechanischen Signals in ein elektrisches kommen verschiedene Wandlersysteme in Frage. Bei Erzeugung eines der Schwinggeschwindigkeit oder der Beschleunigung proportionales elektrisches Signal spricht man von Geschwindigkeitsaufnehmern oder Beschleunigungsaufnehmern.

Für weitere Einzelheiten über die einzelnen Aufnehmer, über die Übertragung von Messsignalen, deren Verstärkung, Registrierung und Auswertung wird auf Haupt (1986 und 1996) sowie auf *DIN 45669* verwiesen.

23.4 Erschütterungseinwirkungen auf Menschen und Bauwerke

Zur Beurteilung von Erschütterungseinwirkungen auf **Menschen in Gebäuden** und auf Bauwerke wird auszugsweise und sehr verkürzt auf *DIN 4150* Bezug genommen. Teil 2 der Norm enthält Angaben für die Beurteilung von Erschütterungseinwirkungen auf Menschen in Gebäuden im Frequenzbereich von 1 bis 80 Hz. Damit soll ein angemessener Erschütterungsschutz im Rahmen des Immissionsschutzes berücksichtigt werden. Es werden Anhaltswerte genannt, bei deren Einhaltung erwartet werden kann, dass in der Regel keine erheblichen Belästigungen von Menschen in Gebäuden auftreten.

Der in *DIN 4150-2* verwendete KB_F-Wert (häufig auch kurz KB-Wert genannt) bewertet nach der Norm eine Schwingung in ihrer Wirkung auf Menschen mit nicht vorbestimmter Körperhaltung.

Im Abschn. 6 der Norm sind komplizierte Beurteilungsverfahren aufgezeigt, auf die hier nicht weiter eingegangen wird. Beurteilungsgrößen sind dabei die maximale bewertete Schwingstärke KB_{Fmax}, die in einer Beurteilungszeit auftritt bzw. die Beurteilungs-Schwingstärke KB_{FTr}, für die je nach Einwirkungsort und Tag- oder Nachtzeit in Tabelle 1 der Norm Anhaltswerte angegeben sind, die nicht überschritten werden dürfen.

In Abschn. 7 der Norm ist ein Näherungsverfahren aufgezeigt. Es gilt ohne Einschränkung für Frequenzbereiche des verwendeten Aufnehmer-Registriersystems von unter 2 bis über 80 Hz. Der *KB*-Wert wird dann in Abhängigkeit der max. gemessenen Schwinggeschwindigkeit $v_{\max}$, einer Grenzfrequenz von $f_0 = 5{,}6$ Hz und der geschätzten Frequenz f nach Gl. (23.40) ermittelt:

$$KB = \frac{1}{\sqrt{2}} \cdot \frac{v_{\max}}{\sqrt{1 + \left(\frac{f_0}{f}\right)^2}}; \qquad v_{\max} \left[\frac{\text{mm}}{\text{s}}\right]. \tag{23.40}$$

Der *KB*-Wert hat die Einheit 1.

Die maximal bewertete Schwingstärke KB^*_{Fmax} wird nach Gl. (23.41) ermittelt:

$$KB^*_{\text{Fmax}} = KB \cdot c_{\text{F}}. \tag{23.41}$$

Der c_{F}-Wert ist in Tabelle 3 der *DIN 4150-2* aufgeführt und schwankt in Abhängigkeit der Einwirkungsart zwischen 0,6 und 0,9.

Für Rüttelerschütterungen mit Frequenzen von üblicherweise zwischen 20 und 50 Hz, gilt nach Müller-Boruttau (2000) in sehr guter Näherung Gl. (23.42):

$$KB \approx v_{\text{eff}}/0{,}7 v_{\max} \tag{23.42}$$

mit

v_{eff} effektive Schwinggeschwindigkeit [mm/s]
$v_{\max}$ Spitzenwert der Schwinggeschwindigkeit [mm/s]

Der *KB*-Wert kann also als effektive Schwinggeschwindigkeit (identisch mit effektiver Schwingschnelle) interpretiert werden. Er beschreibt in etwa die momentan empfundene Schwingstärke.

Schwingungen mit *KB*-Werten zwischen 0,4 und 1,6 sind nach der menschlichen Empfindung gut spürbar; bei Werten von > 6 werden sie als sehr stark spürbar empfunden.

Teil 3 der *DIN 4150* enthält Angaben für die Ermittlung und Beurteilung der durch Erschütterungen verursachten Einwirkungen auf **bauliche Anlagen**, die für vorwiegend ruhende Beanspruchungen bemessen sind und soweit solche Angaben nicht in anderen Richtlinien gegeben sind. Die Einhaltung der genannten Anhaltswerte soll gewährleisten, dass der Gebrauchswert von Gebäuden oder Gebäudeteilen erhalten bleibt.

Für kurzzeitige Bauwerkserschütterungen sind Erfahrungswerte für Schwinggeschwindigkeiten angegeben, bei denen in Abhängigkeit der Einzelkomponente der Schwinggeschwindigkeit am Fundament $\boldsymbol{v}_1 = (v_x \quad v_y \quad v_z)$ und der gemessenen Frequenz keine Schäden auftreten, s. Abb. 23.13.

Für die Beurteilung geben weiter die Schwingungen in der Deckenebene des obersten Vollgeschosses wesentliche Anhalte, da man so die Antwort des Gebäudes auf die Fundamentanregung durch Messung ermitteln kann.

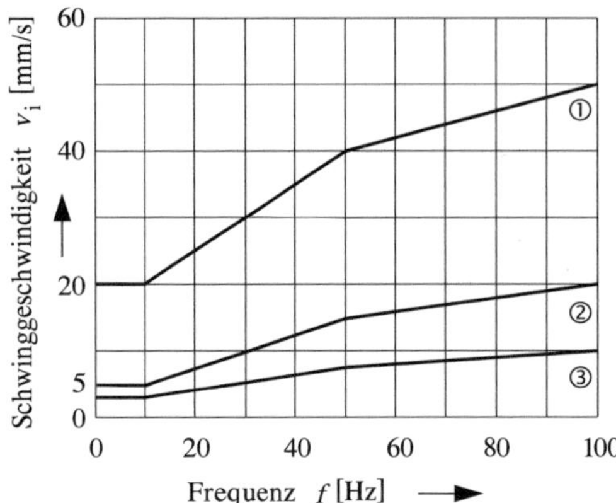

① gewerblich genutzte Industriebauten und ähnlich strukturierte Bauten;
② Wohngebäude und in ihrer Konstruktion und/oder Nutzung gleichartige Bauten;
③ Bauten, die wegen ihrer besonderen Erschütterungsempfindlichkeit nicht denen von ① und ② entsprechen und besonders erhaltenswert (z.B. unter Denkmalschutz stehend) sind.

Abb. 23.13 Graphische Darstellung der „Fundament-Anhaltswerte" aus *Tabelle 1, DIN 4150-3*

Weiter sind in *DIN 4150-3* Grundlagen zur Ermittlung und Beurteilung von Erschütterungen in baulichen Anlagen, sowohl für kurzzeitige Erschütterungen wie auch für Dauererschütterungen aufgeführt. Insbesondere ist auf Auswirkungen von Erschütterungen auf Böden und auf die Erschütterungen bei erdverlegten Rohrleitungen eingegangen.

23.5 Dynamische Eigenschaften und Kennwerte von Böden

Für den Entwurf und die Berechnung von Bauwerken, die dynamischen Einwirkungen ausgesetzt sind, werden häufig dynamische Bodenkennwerte benötigt. Der Baugrund wird dann durch ein diskretes Feder-Dämpfermodell oder durch ein entsprechendes Kontinuum abgebildet. Somit ist es möglich, das Zusammenwirken von Bauwerk und Baugrund rechnerisch zu erfassen. Wie auch bei statischen Problemen müssen viele Idealisierungen vorgenommen werden. Es werden nachfolgend, wie auch in den *EA „Baugrunddynamik"* (2018), nur solche Vorgänge betrachtet, bei denen im Boden weder unter statischen noch unter dynamischen Einwirkungen die statischen und dynamischen Eigenschaften wesentlich verändert werden. Der Baugrund wird als *Hookescher* Stoff mit Dämpfungseigenschaften in die Berechnungen eingeführt. Folgende Größen beschreiben das dynamische Verhalten:

- dynamischer Schubmodul G_d bzw. dynamischer Steifemodul E_{sd} [MN/m^2 bzw. kN/m^2]
- Dichte des Bodens ρ [t/m^3]
- Querdehnzahl ν [–]
- Dämpfungskapazität Ψ [–]

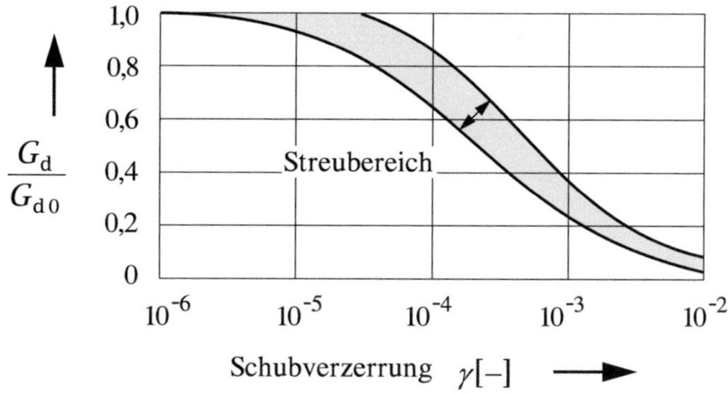

Abb. 23.14 Normierter Schubmodul in Abhängigkeit der dynamischen Schubverzerrung. (Nach *EA „Baugrunddynamik“* 2018)

Der dynamische Schubmodul geht z. B. linear in die Berechnung der dynamischen Fundamentsteifigkeit ein und ist deshalb von großer Wichtigkeit. Angaben für die Querdehnzahl von Böden und Fels, s. Abschn. 4.1.9 und nachfolgend.

Die dynamischen Kenngrößen können überwiegend aus anderen geomechanischen Kenngrößen hergeleitet bzw. abgeschätzt werden, s. z. B. Abb. 23.15. Die damit erreichte Genauigkeit ist ausreichend für Vorentwürfe und auch für Bauwerke, bei denen eine genaue Berechnung des Schwingungsverhaltens nicht erforderlich ist. Unsicherheiten können, wie auch in der übrigen Bodenmechanik, durch obere und untere Grenzwerte (Streubereich) erfasst werden. Sind genauere Aussagen erforderlich, sollten bodendynamische Feld- und Laborversuche durchgeführt werden.

Dynamischer Schub- und Steifemodul Der dynamische Schubmodul G_d nimmt mit wachsender Schubverzerrung ab, s. Abb. 23.14. Der Maximalwert bei kleinsten Verzerrungen wird mit G_{d0} bezeichnet. In Tab. 23.1 sind mittlere Werte für G_{d0} angegeben.

Tab. 23.1 Mittlere Werte für G_{d0}. (Nach *EA „Baugrunddynamik“* 2018)

Bodenart		G_{d0} [MN/m^2]
Nichtbindige Böden	Sand, locker	50–120
	Sand, mitteldicht	70–170
	Kies, sandig, dicht	100–300
Bindige Böden	Schlick, Klei	3–10
	Lehm, weich bis steif	20–50
	Ton, halbfest bis hart	80–300
Fels	Geschichtet, brüchig	1000–5000
	Massiv	4000–20 000

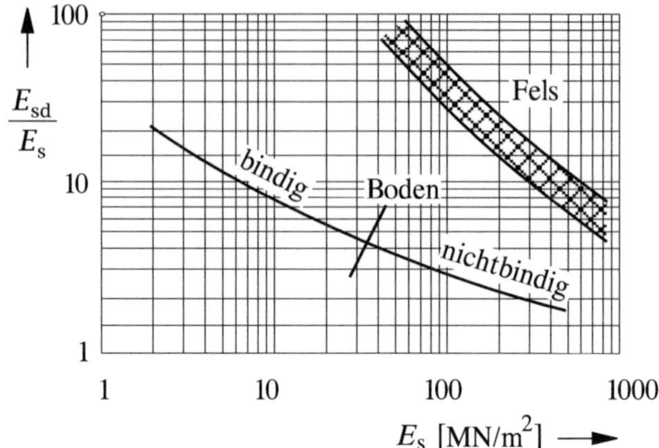

Abb. 23.15 Verhältnis Dynamischer Steifemodul zum statischen Steifemodul. (Nach Alpan 1970)

Die Beziehung zwischen G_d und E_sd ergibt sich nach der Elastizitätstheorie, s. Abschn. 4.1.9 zu:

$$E_\mathrm{sd} = G_\mathrm{d} \frac{2(1-\nu)}{1-2\nu}. \tag{23.43}$$

In Abb. 23.15 sind ungefähre Zusammenhänge zwischen dynamischen und statischen Steifemoduln aufgezeigt.

In den *EA „Baugrunddynamik"* (2018) sind empirisch ermittelte Formeln für $G_{\mathrm{d}0}$ für Sande und bindige Böden aufgeführt, bei denen die auftretenden Spannungen und die Porenzahl des Bodens, bei bindigen Boden auch die Plastizität, Eingang finden.

Querdehnzahl Werden für die Querdehnzahl nicht die Anhaltswerte aus Abschn. 4.1.9 verwendet, so kann die Querdehnzahl auch aus dynamischen Versuchen, siehe nachfolgend bei Feld- und Laborversuchen, mit den Wellengeschwindigkeiten ermittelt werden:

$$\nu = \frac{c_\mathrm{p}^2 - 2c_\mathrm{s}^2}{2(c_\mathrm{p}^2 - c_\mathrm{s}^2)}. \tag{23.44}$$

c_p Druckwellengeschwindigkeit [m/s]
c_s Scherwellengeschwindigkeit [m/s]

Materialdämpfung Die Materialdämpfung spielt im Vergleich zur Energieabstrahlung im Allgemeinen keine entscheidende Rolle und wird deshalb in der Regel vernachlässigt. Bei geschichtetem Baugrund kann sie jedoch für die Berechnung von Amplituden wichtig sein. In diesem Fall darf nach den *EA „Baugrunddynamik"* (2018) die frequenzabhängige Abstrahlungsdämpfung erhöht werden. Sollen höhere Dämpfungswerte in Ansatz gebracht werden, so sind diese durch Laborversuche, z. B. mit zyklischen Dreiaxialver-

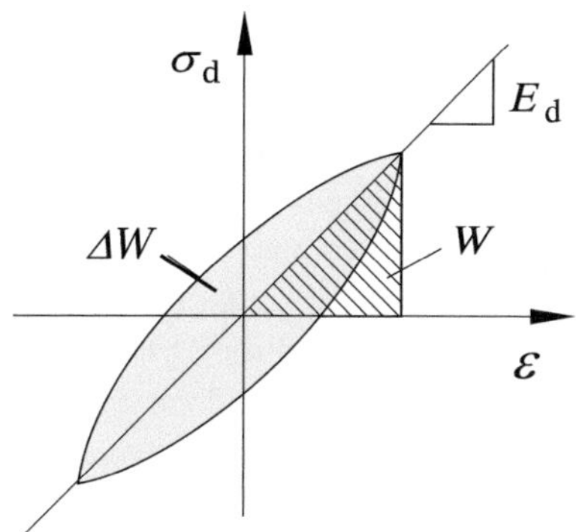

Abb. 23.16 Hysteretische Spannungs-Dehnungskurve aus zyklischem Dreiaxialversuch

suchen, zu ermitteln. Dabei ergibt sich die Dämpfungskapazität aus der pro Zyklus dissipierter Energie ΔW, bezogen auf die elastische Energie W, s. Abb. 23.16.

Die Dämpfungskapazität berechnet sich:

$$\Psi = \frac{\Delta W}{W}. \tag{23.45}$$

Die Dämpfungskapazität nimmt mit wachsender Schubverzerrung zu, s. Abb. 23.17; dabei liegen nichtbindige Böden eher im unteren Bereich, bindige Böden eher im oberen Bereich des hinterlegten Streubereichs.

Häufig wird die Materialdämpfung auch in Form des Dämpfungsgrades D, s. auch Abschn. 23.1, angegeben:

$$D = \frac{\Psi}{4\pi}. \tag{23.46}$$

Diese Beziehung gilt nur für den Resonanzfall.

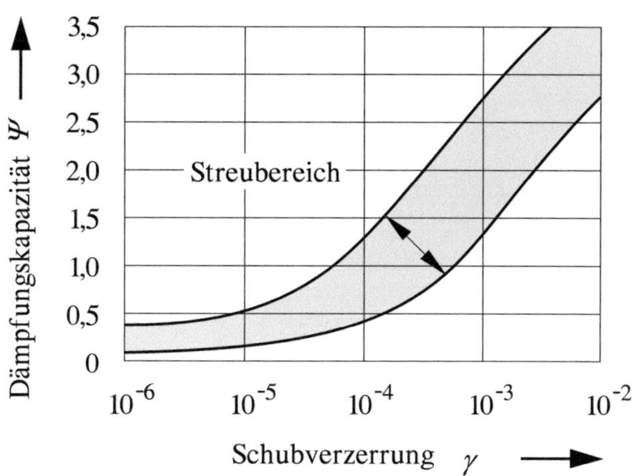

Abb. 23.17 Dämpfungskapazität in Abhängigkeit der Schubverzerrung. (Nach *EA „Baugrunddynamik"* 2018)

Feld- und Laborversuche Zur genaueren Bestimmung von dynamischen Bodenkennwerten sollten Feld- und Laborversuche durchgeführt werden. Eine Vielzahl der verschiedenen Feldversuche besteht aus seismischen Messungen, die sich auch zur Erkundung von Schichtmächtigkeiten eignen. Dabei wird die Laufzeit einer durch Impuls erregten Welle zwischen zwei Punkten im Untergrund bzw. an der Geländeoberfläche gemessen. Aus der Laufzeit kann die Wellengeschwindigkeit berechnet werden. Üblicherweise wird bei den Versuchen die Druckwellengeschwindigkeit c_p ermittelt. Durch die Art der Impulsanregung kann jedoch auch die Laufzeit eines Scherimpulses gemessen und daraus die Scherwellengeschwindigkeit c_s ermittelt werden. Für die Ermittlung des dynamischen Steifemoduls bzw. des Schubmoduls gelten folgende Beziehungen:

$$c_\mathrm{p} = \sqrt{\frac{E_\mathrm{sd}}{\rho}}, \tag{23.47}$$

$$c_\mathrm{s} = \sqrt{\frac{G_\mathrm{d}}{\rho}} \tag{23.48}$$

Bei der Refraktionsseismik wird der Impuls an der Geländeoberfläche, z. B. durch Hammerschlag, erzeugt und die Laufzeit mit Schwingungsaufnehmern, die in unterschiedlichen Entfernungen angeordnet sind, registriert, s. Abb. 23.18. Bei geschichtetem Baugrund lassen sich aus den Wellengeschwindigkeiten c auch die Schichtgrenzen ermitteln.

Bohrlochmessungen sind selbstverständlich erheblich aufwändiger als Messungen an der Oberfläche. Bei der „Cross-Hole-Methode" liegen sowohl die Impulserzeugung (ggf. mit Zündung einer kleinen Sprengladung) wie auch die Registrierung in gleicher oder

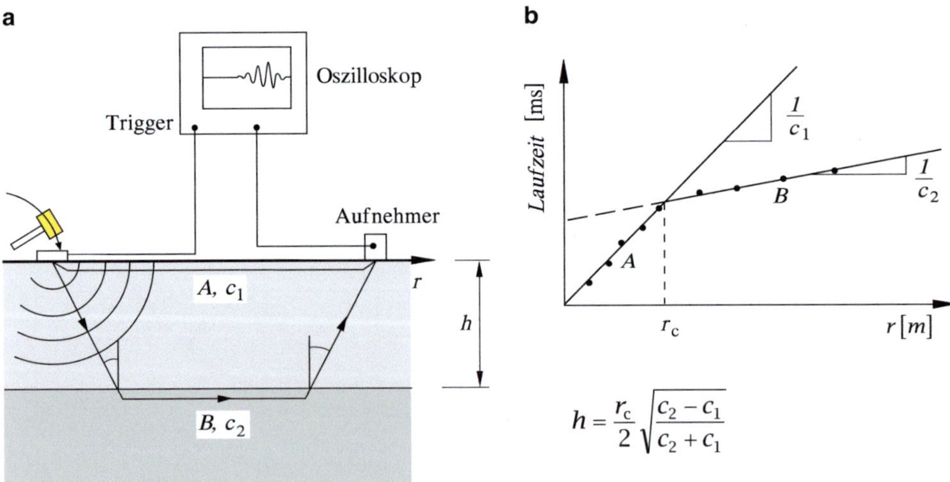

Abb. 23.18 Refraktionsseismik-Feldversuch nach *EA „Baugrunddynamik"* (2018). **a** Prinzipielle Anordnung; **b** Laufzeitdiagramm zur Bestimmung der Schichtmächtigkeit h

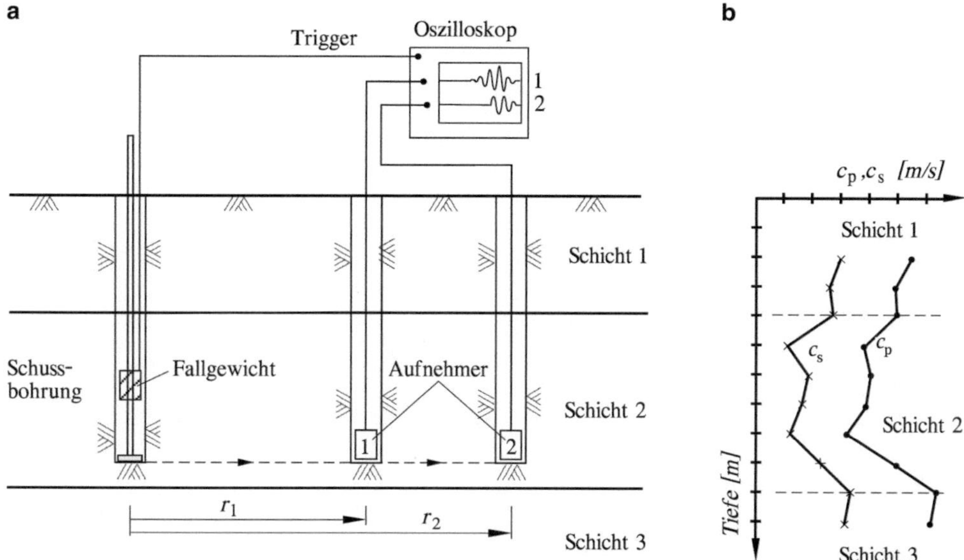

Abb. 23.19 Cross-Hole-Versuch. (Nach *EA „Baugrunddynamik"* 2018). **a** Prinzipielle Anordnung; **b** Wellen-Geschwindigkeitsprofil

unterschiedlicher Tiefe in den Bohrlöchern, s. Abb. 23.19. Das Messen in mehr als einer Bohrung erhöht die Zuverlässigkeit der Messergebnisse. Das Ergebnis des Versuchs ist ein Profil der Wellengeschwindigkeiten, s. Abb. 23.19b.

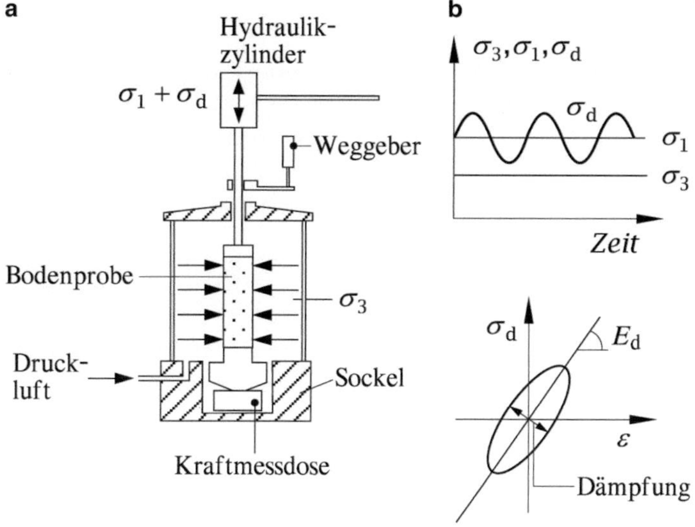

Abb. 23.20 Dreiaxialgerät mit zyklischer Belastungseinrichtung. **a** Gerät; **b** Versuchsergebnisse

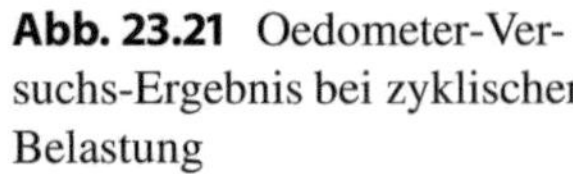

Abb. 23.21 Oedometer-Versuchs-Ergebnis bei zyklischer Belastung

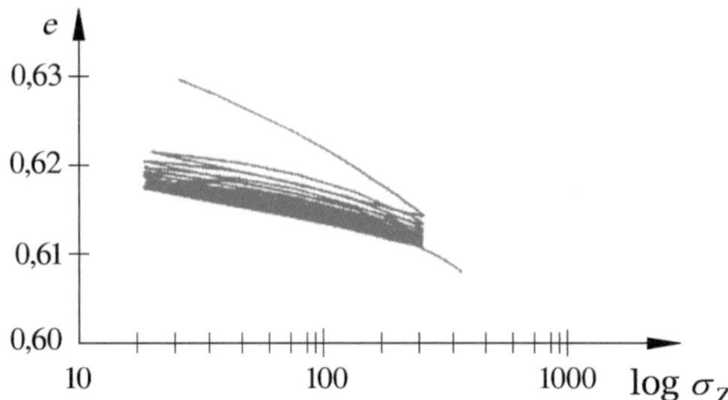

Das „Down-Hole-Verfahren" und das „Up-Hole-Verfahren" sind vereinfachte Modifikationen des „Cross-Hole-Verfahrens", bei denen beim ersten die Impulserzeugung an der Geländeoberfläche und die Registrierung im Bohrloch und beim zweiten das Schema umgekehrt gehandhabt wird.

Im Zusammenhang mit Fragestellungen der Dynamik werden in Laborversuchen die statischen Belastungen mit zyklischen Einwirkungen überlagert und die Spannungen und die Schubverzerrungen gemessen, s. z. B. in Abb. 23.20 ein Dreiaxialgerät mit zyklischer Belastungseinrichtung. Es gibt auch Geräte, die zyklisch weggesteuert arbeiten.

Abb. 23.21 zeigt die Veränderung der Porenzahl e bei zyklischer Belastung in einem Oedometerversuch. Weitere Versuche zur Bestimmung dynamischer Bodenkennwerte sind ausführlich bei Vrettos (2017) beschrieben.

23.6 Dynamische Einwirkungen auf Gründungen

Am Schluss von Abschn. 23.1 wurde schon auf schwingungserregte Systeme eingegangen. In der Regel kann der Baugrund durch ein System von translatorischen und rotatorischen Ersatzfedern und Ersatzdämpfern dargestellt werden. Dabei wird mit den Federn das elastische Verhalten, mit den Dämpfern die Abstrahlung der Schwingungsenergie in den Baugrund beschrieben. Für dynamische Berechnungen von starren Fundamenten und von Pfahlgründungen sind deshalb bereits in den bisherigen *EA „Baugrunddynamik"* (2002) Angaben über Ersatzsysteme, Federsteifigkeiten und Dämpfungen aufgeführt. Das vorgeschlagene Berechnungsverfahren verwendet Federsteifigkeiten und Dämpfungswerte, die sich aus einem frequenzunabhängigen und einem frequenzabhängigen Faktor zusammensetzen. Für Überschlagsberechnungen kann jedoch der frequenzabhängige Faktor vernachlässigt werden. Die starren Fundamente werden als nicht eingebettet und auf einem linear elastischen Halbraum mit ebener Oberfläche betrachtet. In der Überarbeitung der *EA „Baugrunddynamik"* (2. Aufl. 2018), werden auch Fundamente auf homogenem Baugrund mit Einbettung behandelt.

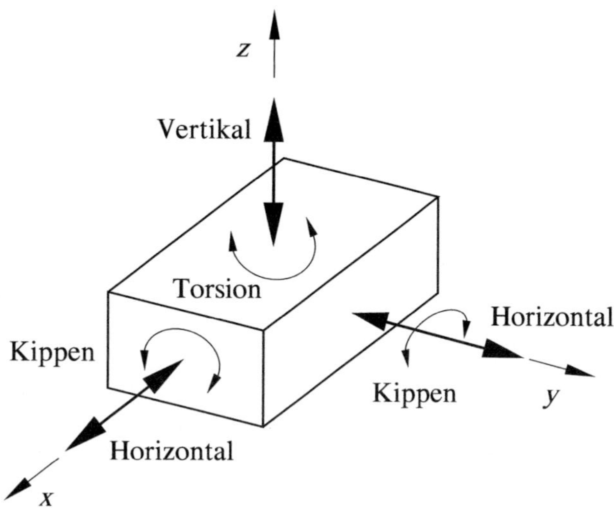

Abb. 23.22 Freiheitsgrade eines starren Fundaments

Maßgebende Kennwerte für die Festlegung der Feder- und Dämpfungsparameter sind somit der Schubmodul G, die Querdehnzahl ν, die Dichte des Bodens und die Dämpfungskapazität, s. Abschn. 23.5. Das dynamische Verhalten des starren Fundamentkörpers mit Federn und Dämpfern in seinen 6 Freiheitsgraden ist in Abb. 23.22 dargestellt und wird mit folgender Matrizengleichung beschrieben (s. auch Gl. (23.28)):

$$\boldsymbol{M} \cdot \ddot{\boldsymbol{u}}(t) + \boldsymbol{C} \cdot \dot{\boldsymbol{u}}(t) + \boldsymbol{K} \cdot \boldsymbol{u}(t) = \boldsymbol{F}(t). \tag{23.49}$$

Darin sind:

- $\boldsymbol{M}$ Matrix der translatorischen Massen und rotatorischen Massenträgheitsmomente des Gesamtsystems;
- $\boldsymbol{u}$ Spaltenvektor der Verschiebungen und -verdrehungen im Schwerpunkt des Gesamtsystems bzw. deren erste und zweite Ableitung nach der Zeit: Geschwindigkeiten und Beschleunigungen;
- $\boldsymbol{F}$ Vektor der Einwirkungen (Kräfte und Momente)
- $\boldsymbol{K}, \boldsymbol{C}$ Matrizen der Federsteifigkeit und Dämpfung des Baugrunds. Für Kreis- und Rechteckfundamente sind dazu Angaben in den *EA „Baugrunddynamik“* gemacht. Auch finden sich dort Angaben für frequenzabhängige Federsteifigkeiten und Dämpfungen

Die Lösung der Matrizen-Differenzialgleichung erfolgt in der Regel numerisch mit Rechenprogrammen unter Verwendung eines geeigneten Zeitintegrationsschemas.

Nach Lysmer (1965), s. a. Studer et al. (2007), kann das dynamische Verhalten eines vertikal angeregten, starren Fundaments näherungsweise durch ein einfaches Feder-Dämpfer-Modell, s. Abb. 23.4 und Gl. (23.28), mit frequenzunabhängigen Steifigkeits-

und Dämpfungskoeffizienten dargestellt und berechnet werden. Dies gilt insbesondere für Maschinenfundamente im niedrigen und mittleren Frequenzbereich. Die Koeffizienten der Gl. (23.28) können aufgrund der Fundamentgröße und der Bodenkennwerte wie folgt ermittelt werden:

$$k_c = \frac{4 \cdot G \cdot r}{1 - \nu} \tag{23.50}$$

und

$$\mu = \frac{3{,}4 \cdot r^2}{1 - \nu} \cdot \sqrt{G \cdot \rho}. \tag{23.51}$$

r Radius eines Kreisfundaments oder Ersatzradius bei quadratischen bzw. rechteckigen Fundamenten

Die Federsteifigkeit k_c in Gl. (23.50) entspricht der Steifigkeit einer vertikal belasteten Kreisplatte auf elastisch isotropem Halbraum. Die Dämpfung μ in Gl. (23.51) ist mit der Dämpfung bei Resonanz identisch. Aufgrund der guten Übereinstimmung der Näherungslösung von Lysmer mit der exakten Lösung werden auch für andere Schwingungsarten, z. B. für Horizontal-, Kipp- und Torsionsschwingungen frequenzunabhängige Lösungen entwickelt, s. dazu Studer et al. (2007).

Pfahlsysteme können ebenfalls analog den o. a. Ausführungen für starre Fundamente mit elastischer Bettung und Dämpfung und mit den in Kap. 20 dargestellten Modellen berechnet werden. Pfähle erhöhen die Steifigkeit und Masse einer Gründung. Angaben zum Tragverhalten und zu den Nachweisen für Pfähle unter zyklischen, dynamischen und stoßartigen Einwirkungen sind in der *EA-Pfähle* zu finden. Zunehmend werden dynamische Berechnungen nach der Methode der Finiten Elemente durchgeführt, wobei der Untergrund, ggf. unter Einbeziehung des Bauwerks, durch Kontinuumselemente zutreffender erfasst werden kann.

23.7 Erdbebensicheres Bauen

Erdbeben sind Erschütterungen der Erdoberfläche, die durch geologische Vorgänge in der Erdkruste ausgelöst werden. Meistens entsteht tektonisch bedingt (Verschiebungen von Gebirgsblöcken) im Erdbebenzentrum ein Scherbruch, der sich infolge von Gebirgsspannungen entlang der schon existierenden Störzone ausbreitet. Durch Reibung und Verzahnungen im Gebirge kommt es zu ruckartigen Bewegungen (transiente Schwingungen), und es wird ein Erdbeben ausgelöst. Der Ausgangspunkt des Bebens wird als Hypozentrum, der darüber liegende Punkt an der Erdoberfläche als Epizentrum bezeichnet. Die im Hypozentrum erzeugten Wellen breiten sich als Wellen im Erdinneren und an der Geländeoberfläche aus. Das Gebiet, in dem man Erschütterungen spürt, heißt Schüttergebiet. Die Tiefenlage des Hypozentrums ist für die Intensität des Erdbebens maßgebend. Liegt die Bruchfläche, wie z. B. im südwestdeutschen Raum, häufig nur wenige Kilometer unter einer Bebauung, so können in diesem eng begrenzten Gebiet erhebliche Erschütterungen und damit Schäden auftreten.

Bei gleicher Erdbebenstärke, jedoch mit einem tieferen Zentrum, wird zwar ein größeres Gebiet erschüttert, jedoch sind die Erschütterungen an der Erdoberfläche geringer. Die Stärke eines Bebens wird meistens durch seine Magnitude M auf der nach oben offenen Richterskala erfasst, wobei u. a. auch die Dauer eines Bebens erfasst wird. Die Magnitudenskala ist logarithmisch aufgebaut. Der Magnitudenzuwachs von $M = 4$ auf $M = 5$ bedeutet z. B. die Steigerung der Erdbebenenergie um das Dreißigfache. Die Stärke des Bebens auf der Schwäbischen Alb 1978 hatte eine Magnitude von $M = 5{,}7$ und dauerte nur knapp 2 Sekunden. Eines der stärksten gemessenen Beben in Mexiko 1985 hatte eine Magnitude von über $M = 8$ und eine Starkbebenphase von über 30 Sekunden. Bisher wurden Beschleunigungen von bis zu $1{,}0\,g$ gemessen. In Deutschland besonders gefährdet sind Regionen entlang des Rheingrabens und auf der Schwäbischen Alb. Gefährdet, wenn auch in geringerem Maße, sind aber auch andere Gebiete, so zum Beispiel das Stadtgebiet von Stuttgart und unmittelbar benachbarte Regionen. Dies wurde erstmals in *DIN 4149:2005-04* in einer Erdbebenkarte mit Erdbebenzonen dargestellt. Das Deutsche GeoForschungsZentrum (GFZ) Potsdam hat in den vergangenen Jahren auf der Grundlage einer umfassenden Datenauswertung eine Neueinschätzung der Erdbebenbeanspruchung von Deutschland vorgenommen, die Eingang in den Entwurf der *DIN EN 1998-1/NA* gefunden hat. Hieraus ergeben sich erhebliche Änderungen für die Bemessung und in zahlreichen Gebieten erhöhen sich die anzusetzenden Erdbebenlasten.

Durch Erdbebenerschütterungen kann es in gleichkörnigen Feinsanden zu einer Bodenverflüssigung (liquefaction) und zu großen Scherverformungen bis hin zu grundbruchartigen Vorgängen kommen. Die Gefahr wächst mit der Magnitude des Erdbebens und mit der Höhe des Grundwassers. Eine hohe Dichte ist dagegen positiv.

Treffen Wellen von einem Erdbeben auf die Gründung eines Bauwerks, so wird dies erregt. Die dabei entstehenden Kräfte sind Einwirkungen. So hängt zum Beispiel die Bauwerksbeschleunigung sowohl von der Beschleunigung des Baugrunds als auch vom Schwingungsverhalten des Bauwerks ab. Erdbebenerschütterungen wirken sich zum Beispiel viel stärker bei weichem Baugrund und schlanken Bauwerken als bei festem Boden und gedrungenen Bauwerken aus. Beim Bauen in erdbebengefährdeten Gebieten gilt es beim Entwurf und bei der Berechnung von Bauwerken besondere Gesichtspunkte und technische Regeln zu beachten, um vor allem ein Versagen der Bauwerke, aber auch die Beeinträchtigung der Nutzung, z. B. durch starke Rissebildungen, zu vermeiden. So sind besonders die horizontalen Einwirkungen auf Bauwerke zu beachten. Größere Verformungen von Bauwerken während des Erdbebens sollten akzeptiert werden. Elastisch-plastische Berechnungsansätze für die Konstruktion sind dabei günstig. Technische Regeln zum Entwurf und zur Berechnung von Bauwerken in Erdbebengebieten sind in *DIN EN 1998* aufgeführt. *DIN EN 1998-1* (Teil 1) umfasst Grundlagen, Erdbebeneinwirkungen und Regeln für Hochbauten. *DIN EN 1998-5* (Teil 5) behandelt Gründungen, Stützbauwerke und geotechnische Aspekte.

Hingewiesen sei auch auf die Intensitätsskala EMS-98 (**E**uropäische **m**akroseismische **S**kala, 19**98**) mit den Intensitäten von I bis XII, nach der die maximale Wirkung von Erdbeben beschrieben wird. Sie definiert beispielsweise wie folgt:

- EMS-Intensität I: keine Schäden; Wirkung: nicht fühlbar
- EMS-Intensität VI: leichte Gebäudeschäden; Wirkung: Viele Personen erschrecken und flüchten ins Freie. Einige Gegenstände fallen um. An vielen Häusern, vornehmlich in schlechterem Zustand, entstehen leichte Schäden wie feine Mauerrisse und das Abfallen von z. B. kleinen Verputzteilen.
- EMS-Intensität XII: vollständig verwüstend; Wirkung: Nahezu alle Konstruktionen werden zerstört.

Erdbebengerechtes Konstruieren Eine besonders anschauliche Planungshilfe liegt mit der Broschüre „Erdbebensicher Bauen“ (2008) des Wirtschaftsministeriums Baden-Württemberg vor, in der besonders konstruktive Hinweise sehr detailliert erklärt werden.

Erdbebengerechtes Konstruieren ist wichtiger als der rechnerische Nachweis der Erdbebensicherheit von Bauwerken und zielt auf ein günstiges Schwingungsverhalten des Bauwerks, sichere Kraftübertragung zwischen einzelnen Bauteilen und ausreichende Zähigkeit der Baustoffe. Bei dem Architekten- und Ingenieurentwurf sollte vor allem eine kompakte Bauwerksform (andernfalls sollten bei gegliederten Bauwerken Fugen angeordnet werden), eine gleichmäßige Verteilung der Massen, eine symmetrische und durchgehende Bauwerksaussteifung, scheibenartig wirkende Decken sowie eine plastische Verformbarkeit der Konstruktion, insbesondere durch eine entsprechende Bewehrung und durch zähe Verbindungen und Anschlüsse, verwirklicht werden. Bei Skelettkonstruktionen sind starke Stützen und weiche Balken von Vorteil. Stahlbetonstützen sollten eine starke Bügelbewehrung erhalten.

Gründungen müssen so ausgebildet werden, dass sich der Baukörper bei Erdbebeneinwirkungen als Ganzes bewegt bzw. schwingt. D. h. dass gleichartige Gründungselemente, in gleicher Tiefe und auf gleichartigem Baugrund abgesetzt werden sollten. Einzel- und Streifenfundamente sollten untereinander eine druck- und zugfeste Verbindung aufweisen. Sind bei größeren Bauwerken Abschnitte mit unterschiedlicher Gründungstiefe nicht zu vermeiden, müssen diese entweder durch Fugen voneinander getrennt oder durch scheibenartige Fundamentabtreppungen biegesteif miteinander verbunden werden.

Bauwerkskonstruktionen können auch durch spezielle Schwingungsisolierungslager bzw. Gleitpendellager von der Gründung entkoppelt werden.

Besonders wirksam ist es, wenn sich Aussteifungselemente zu einem „steifen Kasten“ zusammenschließen lassen, d. h. wenn eine Bodenplatte, Wände und Decken (zumindest im Untergeschoss) sich in Stahlbeton schubfest miteinander verbinden lassen. Gründungen an stärker geneigten Hängen und auf aktiven tektonischen Störungen sollten vermieden werden.

Beispiele für ungünstige und günstige Entwürfe von Untergeschossen und Gründungen sind in Abb. 23.23 aufgeführt.

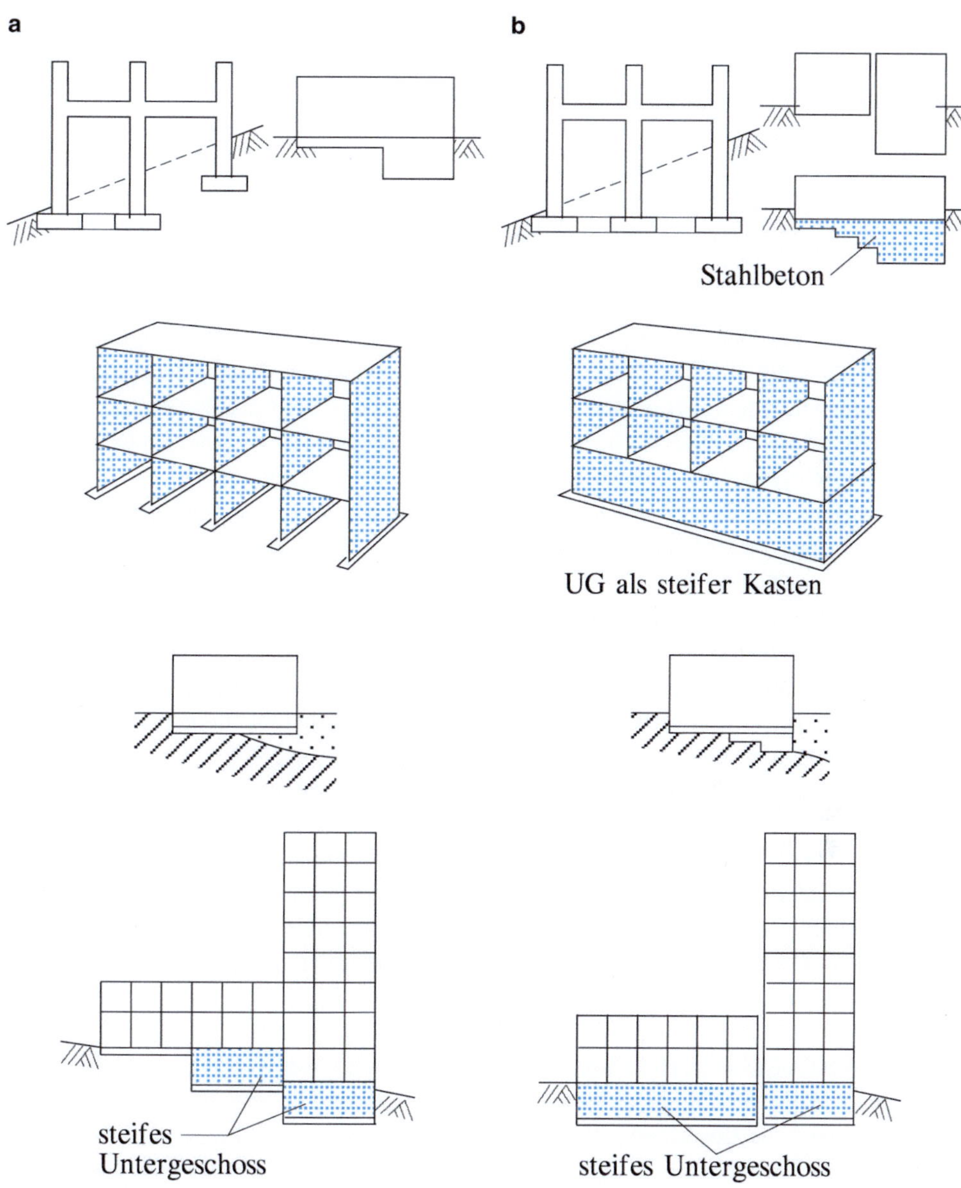

Abb. 23.23 Beispiele für Entwürfe von Untergeschossen und Gründungen. (Aus „Erdbebensicher Bauen" 2008). **a** Ungünstig; **b** günstig

Bei Pfahlgründungen können einzelne Schrägpfähle als starre horizontale Auflager für die Abtragung horizontaler Einwirkungen aus Erdbeben ungünstig sein. Deshalb wird empfohlen, Pfähle nur vertikal oder nur paarweise schräg und symmetrisch anzuordnen, s. auch Abschn. 20.1.1.

Hinweise zu *DIN EN 1998* und *DIN 4149* Die Reihe *DIN EN 1998* gilt für Entwurf, Bemessung und Konstruktion von Bauwerken des Hoch- und Ingenieurbaus in Erdbebengebieten. Das Ziel ist sicherzustellen, dass bei Erdbeben:

- menschliches Leben geschützt ist,
- Schäden begrenzt bleiben und
- wichtige Bauwerke zum Schutz der Bevölkerung funktionstüchtig bleiben.

DIN EN 1998-1 befasst sich mit Grundlagen, Erdbebeneinwirkungen und Regeln für den Hochbau. Für Deutschland spezifische Festlegungen finden sich im nationalen Anhang *DIN EN 1998-1/NA*, der umfassend überarbeitet wurde, in dieser Form jedoch noch nicht bauaufsichtlich eingeführt ist. In Baden-Württemberg liegt der Sonderfall vor, dass grundsätzlich *DIN EN 1998* noch nicht bauaufsichtlich eingeführt ist und somit weiterhin *DIN 4149* gilt, ergänzt um eine umfangreiche Anlage in der VwV TB.

Nach bisherigem Stand sind in deutschen Erdbebengebieten anhand der Einteilung in vier Erdbebenzonen: 0 bis 3 die Grenzzustände der Tragfähigkeit für Einwirkungen aus Erdbeben nachzuweisen. Für Bauwerke der Bedeutungskategorien III bis IV (Schulen, Krankenhäuser), die in die Zone 0 fallen, wird empfohlen, s. Schwarz und Grünthal (2005), den Festlegungen bzw. Regeln für Zone 1 zu folgen.

Die Erdbebenwirkung auf ein Bauwerk wird nach der Norm durch die Ermittlung und Ansatz von Ersatzkräften infolge von Schwingungsdauerabhängigen Bemessungsbeschleunigungen erfasst.

Das Verhalten eines Bauwerks bei Erdbeben wird durch folgende Faktoren bestimmt:

- Standort (Erdbebenzone und zugehörige Bodenbeschleunigung)
- Beschaffenheit des Baugrundes: felsiger Baugrund ist günstiger als weicher Boden
- Eigenschaften des Bauwerks: Eigenschwingverhalten, Material, Energiedissipationsvermögen, Grundrisseigenschaften, Aussteifungskonstruktionen, Gleichmäßigkeit der Gründung und der Massenverteilung, s. Abb. 23.23.

Das elastische Antwortspektrenverfahren ist das gebräuchlichste Verfahren zur Ermittlung der Erdbebenbeanspruchung. Es ist auch in *DIN 4149* und *DIN EN 1998-1* zugrundegelegt. Dabei wird die Berechnung in zwei Schritten vorgenommen. Im ersten Schritt wird am einfachsten dynamischen System, dem Einmassenschwinger, s. Abb. 23.4, das Verhalten bei Erdbebeneinwirkung ermittelt. Dabei werden Eigenfrequenzen und Eigenschwingzeiten variiert. Die Ergebnisse der Auswertung, bestehend aus Größtwert der Auslenkung und Beschleunigung in Abhängigkeit der Schwingzeit des jeweiligen Schwingers werden dann als Antwortspektrum bezeichnet. Wenn eine ausreichende Anzahl von Antwortspektren ermittelt wurde, kann eine geglättete Einhüllende für diese ermittelt werden. D. h., die maximalen Werte liegen unterhalb dieser Kurve und somit kann für jeden beliebigen Einmassenschwinger die ungünstigste Einwirkung ermittelt werden. Diese Ermittlungen sind in der Norm schon zugrundegelegt.

Im zweiten Schritt muss das zu betrachtende Bauwerk auf das System eines Einmassenschwingers zurückgeführt werden, um damit die Einwirkung aus Erdbeben zu ermitteln. Diese Rückführung wird durch Berechnung der Eigenformen und deren max. Auslenkungen des realen Bauwerks erreicht. Mit Hilfe der ermittelten Schwingungsdauer T und den in der Norm angegebenen Formeln kann man schließlich die horizontalen Einwirkungen ermitteln.

- Die Berechnung der Einwirkungen nach *DIN 4149* geht wie folgt: Zunächst wird die Bedeutungskategorie des Bauwerks (Kategorie I bis IV) festgelegt. Je nach Bedeutung des Bauwerks für die öffentliche Sicherheit sind z. B. landwirtschaftliche Bauten in die Bedeutungskategorie I mit dem dazugehörigen Bedeutungsbeiwerte $\gamma_{\mathrm{I}} = 0{,}8$ eingestuft, während Bauwerke, deren Unversehrtheit während des Erdbebens von Bedeutung für den Schutz der Allgemeinheit ist, z. B. Krankenhäuser, Feuerwehrhäuser usw., in die Bedeutungskategorie IV mit dem Bedeutungsbeiwert $\gamma_{\mathrm{I}} = 1{,}4$ eingestuft werden;
- Danach wird gemäß der bisherigen Regelwerke für den Standort des Bauwerks die zugehörige Erdbebenzone (1 bis 3) mit den dazugehörigen Referenz-Spitzenwerten der horizontalen Bodenbeschleunigungen ($0{,}4 \leq a_{\mathrm{gR}} \leq 0{,}8\,\mathrm{m/s^2}$) aus den im nationalen Anhang der *DIN EN 1998-1/NA:2011* abgedruckten und für die Verwaltungsbezirke detailliert ergänzten Erdbebenzonenkarten ermittelt werden. Die Erdbebenzonen wurden nach Intensitätsintervallen und Referenz-Wiederholungsperioden von 475 Jahren festgelegt.
- Durch die Baugrunderkundung müssen nach den bisherigen Regelwerken die Untergrundklassen für den Untergrund ab einer Tiefe von etwa 20 m sowie die Baugrundklassen für den Bereich von 3 bis 20 m unter Geländeoberfläche eingestuft werden. Dabei werden für die geologischen Untergrundklassen unterschieden:
  - R für „Rock", Gebiete mit felsartigem Gesteinsuntergrund,
  - T für „Transition", Übergangsbereiche zwischen den Gebieten der Untergrundklasse R und der Untergrundklasse S, sowie Gebiete relativ flachgründiger Sedimentbecken,
  - S für „Sediment", Gebiete tiefer Beckenstrukturen mit mächtiger Sedimentfüllung.

  Weiter wird für die Baugrundklassen unterschieden in Abhängigkeit der Scherwellengeschwindigkeit c_{s}, s. auch Gl. (23.48):
  - A für unverwitterte, bergfrische Festgesteine mit hoher Festigkeit ($c_{\mathrm{s}} > 800\,\mathrm{m/s}$),
  - B für mäßig verwitterten Fels bzw. Festgesteine mit geringerer Festigkeit oder grobkörnige (rollige) bzw. gemischtkörnige Lockergesteine mit hohen Reibungseigenschaften in dichter Lagerung bzw. in fester Konsistenz (mit $350\,\mathrm{m/s} \leq c_{\mathrm{s}} < 800\,\mathrm{m/s}$),
  - C für stark bis völlig verwittertes Festgestein oder mitteldicht gelagerte nichtbindige bzw. mindestens steife gemischtkörnige oder bindige Böden. (mit $150\,\mathrm{m/s} \leq c_{\mathrm{s}} < 350\,\mathrm{m/s}$).

Wenn sich der Baugrund nach den obigen Klassen nicht einordnen lässt, insbesondere bei tiefgründig unverfestigten Ablagerungen mit lockerer Lagerungsdichte oder weicher bzw. breiiger Konsistenz mit $c_s < 150\,\mathrm{m/s}$, oder spezifischer betrachtet werden soll ist der Einfluss der Erdbebenwirkung gesondert zu untersuchen, z. B. durch Bohrlochseismik. Zur Ermittlung des jeweiligen elastischen Antwortspektrums werden die Untergrund- und Baugrundklassen kombiniert betrachtet: A-R, B-R, C-R, B-T, C-T und C-S, wobei jeweils ein Untergrundparameter S zugeordnet wird.

Die Fähigkeit von Tragwerken, seismische Einwirkungen durch nichtlineare Reaktion zu reduzieren, gestattet im Allgemeinen, ihre Bemessung für Kräfte durchzuführen, die kleiner sind als diejenigen, die bei einer linear-elastischen Antwort auftreten würden. Um detaillierte nichtlineare Berechnungen für Bemessungszwecke zu vermeiden, wird der Fähigkeit eines Bauwerks, Energie durch hauptsächlich duktiles Verhalten seiner Bauteile und/oder anderer Mechanismen zu dissipieren, dadurch Rechnung getragen, dass eine lineare Berechnung auf der Grundlage eines im Vergleich zum elastischen Spektrum abgeminderten Antwortspektrums, im Folgenden „Bemessungsspektrum“ genannt, durchgeführt wird. Diese Abminderung wird durch die Einführung des Verhaltensbeiwerts q erzielt. Die Parameter für das Bemessungsspektrum $S_\mathrm{d}(T)$ der horizontalen Bodenbeschleunigung wird als Funktion der Schwingungsdauer T des Bauwerks durch folgende Beziehungen beschrieben:

$$0 < T \leq T_\mathrm{B}: \quad S_\mathrm{d}(T) = a_\mathrm{gR} \cdot \gamma_\mathrm{I} \cdot S \cdot \left[1 + \frac{T}{T_\mathrm{B}}\left(\frac{2{,}5}{q} - 1\right)\right], \tag{23.52}$$

$$T_\mathrm{B} \leq T \leq T_\mathrm{C}: \quad S_\mathrm{d}(T) = a_\mathrm{gR} \cdot \gamma_\mathrm{I} \cdot S \cdot \frac{2{,}5}{q}, \tag{23.53}$$

$$T_\mathrm{C} \leq T \leq T_\mathrm{D}: \quad S_\mathrm{d}(T) = a_\mathrm{gR} \cdot \gamma_\mathrm{I} \cdot S \cdot \frac{2{,}5}{q} \cdot \frac{T_\mathrm{C}}{T}, \tag{23.54}$$

$$T_\mathrm{D} \leq T \leq 4s: \quad S_\mathrm{d}(T) = a_\mathrm{gR} \cdot \gamma_\mathrm{I} \cdot S \cdot \frac{2{,}5}{q} \cdot T_\mathrm{C}\frac{T_\mathrm{D}}{T^2} \tag{23.55}$$

Darin sind:

$S_\mathrm{d}(T)$	Ordinate des Bemessungsspektrums
T	Schwingdauer des linearen Einmassenschwingers
a_gR	Referenz-Spitzenwert der Bodenbeschleunigung je nach Erdbebenzone
γ_I	Bedeutungsbeiwert (Wohnhaus, Schule, Klinik)
q	Verhaltensbeiwert zur Berücksichtigung der Energiedissipationsfähigkeit des Bauwerks, die baustoffspezifisch für Beton-, Stahl- und Holzbauten in Duktilitätsklassen festgelegt ist. Bei geringer Duktilität oder in Erdbebenzone 2 oder 3 sollte $q = 1{,}5$ gesetzt werden
$T_\mathrm{B}, T_\mathrm{C}, T_\mathrm{D}$	Kontrollperioden des Antwortspektrums
S	Untergrundparameter

Tab. 23.2 Parameter zur Beschreibung des elastischen horizontalen Bemessungsspektrums

Untergrundklasse	S	T_B [s]	T_C [s]	T_D [s]
A-R	1,00	0,05	0,20	2,0
B-R	1,25	0,05	0,25	2,0
C-R	1,50	0,05	0,30	2,0
B-T	1,00	0,10	0,30	2,0
C-T	1,25	0,10	0,40	2,0
C-S	0,75	0,10	0,50	2,0

Die weiteren Parameter zur Beschreibung des standortbezogenen Bemessungsspektrums gemäß den noch gültigen Regelwerken können aus Tab. 23.2 entnommen werden.

Die Gesamterdbebenkraft F_b in jeder horizontaler Richtung, in der das Bauwerk rechnerisch untersucht wird, muss gemäß *DIN EN 1998-1* nach folgender Formel bestimmt werden:

$$F_b = S_d(T_1) \cdot m \cdot \lambda . \tag{23.56}$$

Darin sind:

$S_d(T_1)$ Ordinate des Bemessungsspektrums bei der Eigenschwingungsdauer T_1

T_1 Eigenschwingungsdauer des Bauwerks für die horizontale Bewegung in der betrachteten Richtung

m Gesamtmasse des Bauwerks

λ Korrekturbeiwert mit $\lambda = 0{,}85$, wenn $T_1 < 2T_C$ ist und das Bauwerk mehr als 2 Stockwerke hat, sonst $\lambda = 1{,}0$

Für die Bestimmung der Eigenschwingungsdauer T_1 des Bauwerks dürfen Ausdrücke auf der Grundlage baudynamischer Methoden (z. B. der Rayleigh-Methode) verwendet werden.

Für Hochbauten mit einer Höhe bis zu 40 m darf der Wert von T_1 (in s) durch folgenden Ausdruck näherungsweise bestimmt werden:

$$T_1 = C_t \cdot h^{\frac{3}{4}} \tag{23.57}$$

mit

C_t gleich 0,085 für biegesteife räumliche Stahlrahmen, 0,075 für biegesteife räumliche Stahlbetonrahmen und für ausmittig ausgesteifte Stahlrahmen und 0,050 für alle anderen Tragwerke

h als Bauwerkshöhe, in m, ab Fundamentoberkante oder der Oberkante eines starren Kellergeschosses

Alternativ darf die Abschätzung von T_1 (in s) durch die Verwendung folgender Gleichung erfolgen:

$$T_1 = 2 \cdot \sqrt{d} \tag{23.58}$$

mit

d als horizontale elastische Verschiebung der Gebäudespitze, in m, infolge der in Horizontalrichtung angreifend gedachten Gewichtslasten

Neben den Einwirkungen können auch Bodenverschiebungen für die Lagesicherheit von Fundamentauflagern wie folgt berechnet werden:

$$d_g = 0{,}025 \cdot a_g \cdot S \cdot T_C \cdot T_D. \tag{23.59}$$

Zu beachten ist:

Im noch nicht eingeführten Nationalen Anhang zum *EC 8 (DIN EN 1998-1/NA:2021)* wird der zwischenzeitlich erfolgten Neueinschätzung der Erdbebengefährdung in Deutschland dadurch Rechnung getragen, dass die dort vorgestellte Karte nicht mehr auf zonenbezogenen Intensitäten basiert wie in *DIN 4149*, sondern auf punktgenauen Magnituden in einem Raster ca. 7 km × 11 km. Für die nach Einführung dieses Nationalen Anhangs von 2021 zu verwendenden Methoden der Erdbebenbemessung werden statt der Erdbebenzonen mit den Referenzspitzenwerten der Bodenbeschleunigungen a_{gR} in m/s^2 (wie im Nationalen Anhang von 2011) die Plateau-Werte der elastischen spektralen Antwortbeschleunigungen $S_{ap,R}$ in m/s^2 nach dem neuen Berechnungsmodell entsprechend den Anforderungen der *DIN 19700* verwendet. Es sei ausdrücklich darauf hingewiesen, dass die Beschleunigungen a_{gR} und $S_{ap,R}$ nicht direkt vergleichbar sind. Als Konsequenz ergeben sich in der praktischen Anwendung des *EC 8* neue Berechnungsarten der Einwirkungen und je nach betrachtetem Ort häufig höhere, teils auch niedrigere Amplituden der Antwortspektren als zuvor. Mehr dazu siehe in Grünthal und Bosse (2021).

Literatur

Alpan, I.: The geotechnical properties of soils. Earth-Science Proceedings. (1970)

Deutsche Gesellschaft für Geotechnik e. V.: Empfehlungen des Arbeitskreises „Baugrunddynamik" (2002)

Wirtschaftsministerium Baden-Württemberg: Erbebensicher Bauen, Hinweise für das Bauen in Erdbebengebieten Baden-Württembergs, 6. Aufl. (2008). Broschüre

Grünthal, G., Bosse, C.: Unterschiede, Beziehungen und Gemeinsamkeiten der Erdbebenkarten nach bisherigem und neuem Nationalen Anhang zum Eurocode 8. Bautechnik **98**, 1–16 (2021)

Haupt, W.: Bodendynamik, Grundlagen und Anwendung. Vieweg, Braunschweig, Wiesbaden (1986)

Haupt, W.: Schwingungsmessung in der Geotechnik; Messen in der Geotechnik. Mitteilungen des Instituts für Grundbau und Bodenmechanik, Technische Universität Braunschweig, H 50. (1996)

Klein, G.: Baudynamik und Erdbeben, Grundbautaschenbuch, 6. Aufl. Teil 1, Kap. 1.8. Ernst & Sohn, Berlin (2001)

Kramer, H.: Angewandte Baudynamik, 2. Aufl. Ernst & Sohn, Berlin (2012)

Lorenz, H.: Grundbau-Dynamik. Springer, Berlin, Göttingen, Heidelberg (1960)

Lorenz, H.: Neue Ergebnisse der dynamischen Bodenuntersuchung. Z VDI **78** (1934)

Lysmer, J.: Vertical Motion of Rigid Footings. Ph.D. dissertation, Univ. of Michigan, Ann Arbor, Michigan (1965)

Müller-Boruttau, F.-H.: Erschütterungen durch Baumaßnahmen, Beurteilung der Einwirkungen auf Menschen in Gebäuden nach DIN 4150-2 vom Juni 1999. Bautechnik **77**(10), 743–749 (2000)

Lord Rayleigh, J.W.S.: On waves propagated along the plane surface of an elastic solid. Lond Math. Soc. Proc **17**, 4–11 (1885)

Schwarz, J., Grünthal, G.: Bauten in deutschen Erdbebengebieten – Zur Einführung der *DIN 4149: 2005*. Bautechnik **82**(8), 486–499 (2005)

Studer, J., Koller, M., Laue, J.: Bodendynamik. Springer, Berlin, Heidelberg, New York, Tokyo (2007)

Vrettos, C.: Bodendynamik, Grundbautaschenbuch, Teil 1, 8. Aufl. Ernst & Sohn, Berlin (2017)

Woods, R.D.: Screening of surface waves in soils. Proc. ASCE, No. SM4. (1968)

Normen

DIN 4149: Bauten in deutschen Erdbebengebieten (zurückgezogen)

DIN 4150-1: Erschütterungen im Bauwesen – Teil 1: Vorermittlung von Schwingungsgrößen

DIN 4150-2: : Erschütterungen im Bauwesen – Teil 2: Einwirkungen auf Menschen in Gebäuden

DIN 4150-3: Erschütterungen im Bauwesen – Teil 3: Einwirkungen auf bauliche Anlagen

DIN 19700: Stauanlagen

DIN 45669-1: Messung von Schwingungsimmissionen – Teil 1: Schwingungsmesser – Anforderungen und Prüfungen

DIN 45669-2: Messung von Schwingungsimmissionen – Teil 2: Messverfahren

DIN EN 1998-1(Eurocode 8): Auslegung von Bauwerken gegen Erdbeben – Teil 1: Grundlagen, Erdbebeneinwirkungen und Regeln für Hochbauten, in Verbindung mit dem nationalen Anhang DIN EN 1998-1/NA

Nationaler Anhang – National festgelegte Parameter

DIN EN 1998-5 (Eurocode 8): Auslegung von Bauwerken gegen Erdbeben – Teil 5: Geotechnische Aspekte, Gründungen, Stütz- und Untertagebauwerke, in Verbindung mit dem nationalen Anhang DIN EN 1998-5/NA

Sonstige Regelwerke

Deutsche Gesellschaft für Geotechnik: Empfehlungen des Arbeitskreises „Baugrunddynamik“. Ernst & Sohn (2018)

Regelwerk und Fachliteratur

Vorbemerkungen

Das primäre Ziel eines Lehrbuchs für Geotechnik ist es, das Verständnis für das bautechnisch relevante Verhalten von Boden und Fels zu wecken und zu schärfen sowie die dabei erkennbaren Gesetzmäßigkeiten zu erfassen und in mathematische Modelle zu implementieren. Die damit einhergehende analytische Herangehensweise für die Lösung bautechnischer Fragestellungen ist wie im gesamten Ingenieurwesen von zentraler Bedeutung.

So gesehen spielen Normen in Bezug auf die Theorie eine eher untergeordnete Rolle. Allerdings sind bereits bei der Klassifikation Konventionen nützlich, um eine „einheitliche Sprache zu sprechen". Spätestens bei der konkreten Durchführung von Versuchen sowie bei der rechnerischen Behandlung von Bemessungsaufgaben – in der Lehre im Rahmen von Übungen und natürlich in der Praxis (bis hin zur Bauausführung) – sind Regelwerke unumgänglich. So wird im vorliegenden Buch häufig auf die einschlägigen Normen und Bestimmungen Bezug genommen. Die Inhalte der Regelwerke werden jedoch meist verkürzt wiedergegeben. Auf eine Anpassung der Bezeichnungen wird aus Gründen der Konsistenz innerhalb des Buches sowie mit Blick auf die anderweitig verfügbare Fachliteratur teilweise verzichtet; auf die wichtigsten Unterschiede wird an entsprechender Stelle hingewiesen.

Die im Buch zitierten Normen und Empfehlungen sind ab der vorliegenden Auflage am Ende eines jeden Kapitels zusammengestellt. Da Regelwerke nach wie vor einem ständigen Wandel unterliegen und es gleichzeitig umfassende elektronische Informationsmöglichkeiten gibt, wird – im Gegensatz zur 5. Auflage – darauf verzichtet, zusätzlich Regelwerke für Sonder- oder Randgebiete der Geotechnik aufzulisten.

Für eine umfassende, aktuelle Information sind folgende Internet-Adressen (Stand: 28.10.2022) für Regelwerke und Merkblätter sowie übergeordnete Fachbücher und Fachzeitschriften nützlich:

H.-H. Schmidt, R.F. Buchmaier, C. Vogt-Breyer, *Grundlagen der Geotechnik*,
https://doi.org/10.1007/978-3-658-39834-7

Regelwerke und Merkblätter (online)

- DIN-Normen:
  https://www.din.de/de/ueber-normen-und-standards
  https://www.beuth.de/de/regelwerke/normen-bei-beuth
- Publikationsliste der Deutschen Gesellschaft für Geotechnik (DGGT):
  https://www.dggt.de/index.php?option=com_content&view=article&id=92&Itemid=148
- Publikationsliste der Forschungsgesellschaft für Straßen- und Verkehrswesen (FGSV):
  https://www.fgsv-verlag.de/katalog/regelwerke-und-wissensdokumente
- Sammlung Technischer Regelwerke und Amtlicher Bestimmungen für das Straßenwesen:
  https://www.esv.info/lp/stb
- Fachpublikationen der Bundesanstalt für Wasserbau (BAW):
  https://www.baw.de/de/publikationen/publikationen.html
- Publikationsreihen der Deutschen Vereinigung für Wasserwirtschaft, Abwasser und Abfall (DWA):
  https://de.dwa.de/de/verlag.html

Übergeordnete Fachbücher

- Grundbautaschenbuch, Teil 1 bis 3, Ernst & Sohn
- Schneider – Bautabellen für Ingenieure, Bundesanzeigerverlag
- Wendehorst Bautechnische Zahlentafeln, Springer-Verlag

Fachzeitschriften

- Geotechnik: Organ der Deutschen Gesellschaft für Geotechnik e. V. (DGGT), Ernst & Sohn,
- Bautechnik: Zeitschrift für den gesamten Ingenieurbau, Ernst & Sohn,
- Bauingenieur: Organ des Fachbereichs Bautechnik im Verein Deutscher Ingenieure (VDI), VDI-Fachmedien,
- Straßenverkehrstechnik: Organ der Forschungsgesellschaft für Straßen- und Verkehrswesen, der Bundesvereinigung der Straßenbau- und Verkehrsingenieure und der Österreichischen Forschungsgesellschaft Straße – Schiene – Verkehr, Kirschbaum,
- Straße und Autobahn: Organ der Forschungsgesellschaft für Straßen- und Verkehrswesen, der Bundesvereinigung der Straßenbau- und Verkehrsingenieure und der Österreichischen Forschungsgesellschaft Straße – Schiene – Verkehr, Kirschbaum.

Bezeichnungen

Abkürzungen und Symbole, Nebenzeichen

Formelzeichen/ Indizes	Benennung	Einheit
A	Amplitude	mm
A	Fläche, Querschnittsfläche	m^2
A	Index für Ankerkraft bzw. Ankerkraftkomponenten	–
A	Anker- oder Steifenkraft	kN
A	Auftriebskraft	kN
BS-P	Abkürzung für Ständige Bemessungssituation (persistent)	–
BS-T	Abkürzung für vorrübergehende Bemessungssituation (transient)	–
BS-A	Abkürzung für außergewöhnliche Bemessungssituation (accidental)	–
BS-E	Abkürzung für Bemessungssituation bei Erdbeben	–
C d	Maßgebendes Gebrauchstauglichkeitskriterium	–
C	Ersatzkraft nach Blum	kN/m
C	Kohäsionskraft in der Gleitfläche eines Gleitkörpers	kN/m
$\boldsymbol{C}$	Dämpfungsmatrix	kNs/m; kNs; kNms
C_α	Sekundärsetzungsmodul/Kriechbeiwert	–
C_c	Krümmungszahl	–
C_c	Kompressionsbeiwert	–
C_s	Schwellbeiwert	–
C_U	Ungleichförmigkeitszahl	–
D	Lagerungsdichte	–
D	Dämpfungsgrad	–
D_{Pr}	Verdichtungsgrad	%

H.-H. Schmidt, R.F. Buchmaier, C. Vogt-Breyer, *Grundlagen der Geotechnik*,
https://doi.org/10.1007/978-3-658-39834-7

Formelzeichen/ Indizes	Benennung	Einheit
E	Beanspruchung/Index für Beanspruchung	kN; kNm
E	Elastizitätsmodul	kN/m^2
$E_{(i)}$	Erddruckkraft mit $(i) = a, 0, p$	kN
E_{50}	E-Modul entsprechend 50 % der max. Festigkeit	kN/m^2
E_0	Anfangstangentenmodul/Anfangswert des Elastizitätsmodul	kN/m^2
E_s	Steifemodul	kN/m^2
E_{sd}	Dyn. Steifemodul	kN/m^2
E_V	Verformungsmodul	kN/m^2
E^*	Für die Setzungsberechnung verwendeter Verformungsmodul	kN/m^2
E^*	Rechnerische Erdwiderstandskraft als Hilfsgröße bei seitlicher Einspannung	kN/m
F	Resultierende Kraft	kN
F	Einwirkung	kN; kN/m^2
$\boldsymbol{F}$	resultierender Kraftgrößen-Vektor bei Pfahlrosten bzw. Fundamenten	kN; kNm
F_0	Sohldruckkraft	kN
F_A	Kraft eines Zuggliedes, Steifenkraft	kN/m
F_R	Tangentiale Reibungskraft	kN
F_Z	Zugkraft	kN
F	Einflussfaktor	–
F	Index für Fels	–
F	Index für Filter	–
G	Eigenlast einer Lamelle oder eines Gleitkörpers	kN/m
G	Gewichtskraft (Eigengewicht)	kN
G	Schubmodul	kN/m^2
G_d	Dyn. Schubmodul	kN/m^2
G	Index für Gestein	–
G	Index für ständige Einwirkungen	–
GEO-2	Abkürzung für Grenzzustände des Bodens, bei denen das Nachweisverfahren 2 angewendet wird	–
GEO-3	Abkürzung für Grenzzustände des Bodens, bei denen das Nachweisverfahren 3 angewendet wird	–
H	Horizontalkraft	kN
H	Index für horizontal	–
HYD	Abkürzung für Grenzzustand des Versagens, verursacht durch Strömungsgradienten im Boden, z. B. hydraulischer Grundbruch, innere Erosion und Piping (hydraulic)	–
I	Trägheitsmoment	m^4
I	Verhältnisfaktor	–
I	Beiwert; Faktor	–
I_A	Aktivitätszahl	–

Formelzeichen/ Indizes	Benennung	Einheit
I_f	Verdichtungsfähigkeit	–
I_C	Konsistenzzahl	–
I_D	Bezogene Lagerungsdichte	–
I_P	Plastizitätszahl	–
K	Kompressionsmodul	$\mathrm{kN/m^2}$
$\boldsymbol{K}$	Systemsteifigkeitsmatrix	kN/m; kN; kNm
$K(\mathrm{i})$	Erddruckbeiwert mit $(\mathrm{i}) = a, 0, p$	–
KB	Schwingstärke	–
L	Elastische Länge	m
M	Index für „Modell“	–
M	Magnitude	–
M	Biegemoment	kNm
$\boldsymbol{M}$	Massenmatrix	kg; kgm; $\mathrm{kgm^2}$
M_R	Widerstehendes Moment aus Kräften, die weder in F_A noch in T_S enthalten sind	kNm/m
M_S	Einwirkendes Moment der in G_i und P_{vi} nicht enthaltenen Einwirkungen um den Mittelpunkt eines Gleitkreises	kNm/m
N	Normalkraft	kN
N	Als Index für Nägel	–
N	Schlagzahl	–
N	Tragfähigkeitsbeiwert	–
N_A	Tragfähigkeitsbeiwert bei Plattenankern	–
NCI	Abkürzung für nicht widersprechende zusätzliche Angaben, die den Anwender beim Umgang mit dem Eurocode helfen (non-contradictiony complemantary information)	–
NDP	Abkürzung für National festzulegende Parameter (national determined parameters)	–
N_i	Eindringwiderstand bei Sonden, $i = 10, 20, 30, 60$ in cm!	–
O	Öffnungsweite	mm
P	Last, auf eine Lamelle oder einen Gleitkörper einwirkend	kN/m
P	Vertikalbelastung Krafteinwirkung auf eine Verankerung	kN
P	Vorspannkraft bei Ankern	kN
P_p	Prüflast bei Ankern	kN
P_0	Festlegekraft bei Ankern/vorgespannten Zuggliedern	kN
Q	Veränderliche Einwirkung	kN
Q	Index für veränderliche Einwirkungen	–
Q	Wassermenge	l/s
Q	Pfahlkraft	kN
Q	Qualitätszahl	–
Q	Querkraft	kN

Formelzeichen/ Indizes	Benennung	Einheit
Q_{i}	Gleitflächenkraft (Resultierende aus Normalkraft und Reibungskraft) in der äußeren Gleitfläche eines Gleitkörpers	kN/m
Q_{j}	Gleitflächenkraft (Resultierende aus Normalkraft und Reibungskraft) in der inneren Gleitfläche eines Gleitkörpers	kN/m
Q_{p}	Lastanteil Pfahlgründung	kN
Q_{r}	Lastanteil Plattengründung (raft)	kN
R	Widerstand	kN, kN/m^2
R	Resultierender Widerstand der in der Gleitfläche wirkenden Scherkräfte	kN/m
R_{M}	Resultierendes Moment um den Gleitkreismittelpunkt aus Widerständen	kNm/m
R_{S}	Scherwiderstand eines Konstruktionsteils, das durch die Gleitfläche geschnitten wird, parallel zur Gleitfläche wirkend	kN/m
R	Index für Widerstand	–
S	Ordinate eines Spektrums	–
S	Resultierende Einwirkung	kN
S	Sohlkraft	kN
S	Strömungskraft	kN
$\mathbf{S}$	Steifigkeitsmatrix für Pfahlrost	kN/m; kN; kNm
S_{M}	Resultierendes Moment um den Gleitkreismittelpunkt aus Einwirkungen	kN/m
S_{r}	Sättigungszahl	–
S_{t}	Sensitivität	–
SLS	Abkürzung für Grenzzustand der Gebrauchstauglichkeit (Serviceability Limit State)	–
STR	Abkürzung für Grenzzustand des Versagens oder sehr großer Verformungen des Tragwerks Oder seiner Einzelteile, einschließlich der Fundamente, Pfähle, Kellerwände usw., wobei die Festigkeit der Baustoffe für den Widerstand entscheidend ist (structural)	–
T	Periodendauer einer Schwingung	s
T	Scherwiderstand in der Gleitfläche einer Lamelle bzw. in der äußeren Gleitfläche eines Gleitkörpers bzw. Fundamentes	kN/m
T	Schubkraft	kN
T	Transmissivität	m^2 /s
ΔT_i	Differenzkraft	kN/m
T_{D}	Periodendauer einer gedämpften Schwingung	s
T_{e}	Eigenschwingdauer	s
T_{v}	Bezogene Konsolidierungszeit	–
U	Ungleichförmigkeitszahl	–
U	Verfestigungsgrad	–
U	Resultierende Porenwasserdruckkraft auf die äußere Gleitfläche eines Gleitkörpers bzw. innere Schnittfläche	kN/m

Formelzeichen/ Indizes	Benennung	Einheit
U_z	Konsolidierungsgrad	–
ULS	Abkürzung für Grenzzustand der Tragfähigkeit (Ultimate Limit State)	–
UPL	Abkürzung für Grenzzustand bei einem Gleichgewichtsverlust des Bauwerks oder des Baugrunds infolge von Aufschwimmen durch Wasserdruck oder anderen vertikalen Einwirkungen (uplift)	–
V	Querkraft	kN
V	Vertikalkraft/-last/-beanspruchung	kN
V	Index für vertikal	–
V	Volumen	m^3
V_a	Luftporenvolumen	cm^3
V_{Ca}	Kalkgehalt	%
V_{gl}	Glühverlust	%
V_g	Variationskoeffizient	–
V_n	Porenvolumen	cm^3
V_s	Feststoffvolumen	cm^3
V_w	Wasservolumen	cm^3
W	Widerstandsmoment	m^3
W	Arbeit (Verdichtungsarbeit)	kNm
X	Wert einer Materialkenngröße	–
Z	Summe der Zugkräfte	kN
a	Massenanteil	%
a	Schwingbeschleunigung	m/s^2
a	Seitenlänge, Abstand	m
a	Index für Anker	–
a	Index für aktiven Erddruck	–
b	Breite	m
b	Breite einer Lamelle	m
b	Index für Spitze/Fuß (base)	–
c	Einheitssetzung	mm/kN
c	Wellengeschwindigkeit	m/s
c	Kohäsion	kN/m^2
c	Index für Kohäsionsanteil	–
c	Index für compression (Druck)	–
c'	Effektive Kohäsion	kN/m^2
c_{fv}	Kohäsion des undränierten Bodens aus dem Flügelscherversuch	kN/m^2
c_u	Undränierte Kohäsion	kN/m^2
cal	Index für berechneten Wert	–
c_v	Konsolidationsbeiwert	m^2 /s
d	Dicke, Durchmesser, Einbindetiefe	m
d	Index für „Druck“	–
d	Index für „trocken (dry)“	–

Formelzeichen/ Indizes	Benennung	Einheit
d	Index für Entwurfswert, Bemessungswert (design)	–
d	Korngröße, tlw. mit Index 10, 30, 50 für Korngröße bei entsprechenden Massenanteil	mm
d_w	Wirksamer Durchmesser	mm
d_w	Wirksame Öffnungsweite	mm
e	Ausmitte (Exzentrizität)	m
e	Hebelarm	–
e	Porenzahl	–
e_a	Porenzahl des Luftanteils	–
e	Erddruckspannung; Ordinate des Erddrucks	kN/m^2
e_k	Kritische Porenzahl	–
e_{max}	Porenzahl bei lockerster Lagerung	–
e_{min}	Porenzahl bei dichtester Lagerung	–
e_w	Porenzahl des Wasseranteils	–
e	Index für elastisch	–
f	Einflussfaktor	–
f	Fiktiver Sicherheitsfaktor im Sinne des Ausnutzungsgrades	–
f	Durchbiegung	mm
$\mu = 1/f$	Ausnutzungsgrad (Verhältnis der Bemessungswerte von Beanspruchung zu Widerstand)	–
$1/f$	Ausnutzungsgrad des Bemessungswiderstandes	–
$f = 1/T$	Frequenz	1/s; Hz
f_e	Eigenfrequenz	1/s; Hz
f_s	Strömungskraft	kN/m^3
f	Festigkeit	kN/m^2
f	Index für Grenzwert, Versagen (failure)	–
g	Erdbeschleunigung	m/s^2
g	Index zur Kennzeichnung des Eigengewichts des Bodens	–
h	Höhe, Tiefe	m
h_0	Probenhöhe zu Beginn eines Versuchs	mm
h	Hydraulische Druckhöhe; Standrohrspiegelhöhe – auch h_u bzw. Φ	m
h	Als Index für „horizontal"	–
h_c	Tiefe des Kohäsionsrisses	m
h_{gr}	Grenzhöhe	m
h_k	Kapillare Steighöhe	m
h	Einbindetiefe bei Stützwänden	m
Δh_W	Wasserspiegeldifferenz/Potenzialdifferenz	m
i	Beiwert, Faktor	–
i	Lastneigungsbeiwert	–
i	Hydraulisches Gefälle	–
i_{krit}	Kritisches hydraulisches Gefälle	–

Formelzeichen/ Indizes	Benennung	Einheit
i, j, k, l	Index für fortlaufende Nummerierung von Lamellen, Gleitkörpern, Ankern o. ä.	–
k	Durchlässigkeitsbeiwert	m/s
k	Index für charakteristischen Wert	–
k	Index für Herausziehkraft des Zuggliedes	–
k	Index für Kriechen	–
k	Index für Knicken	–
k	Wellenzahl	1/m
k_c	Federkonstante	kN/m
k_l	Auf Balken-/Stabachse bezogener Bettungsmodul (Linienfeder)	kN/m^2
k_p	Pfahlsteifigkeit	kN/m
k_s	Bettungsmodul	kN/m^3
l	Länge	m
l	Stützweite	m
l_c	Länge einer Gleitlinie oder Bogenlänge eines Gleitkreises, soweit die Kohäsion wirkt	m
$l_{fA} = l_{free}$	Freie Ankerlänge	m
l_{app}	Rechnerische freie Stahllänge	m
$l_{fS} = l_{tf}$	Freie Stahllänge	m
$l_v = l_{tb}$	Verankerungslänge	m
$l_0 = l_{fixed}$	Kraftübertragungslänge	m
m	Masse	kg
m	Exponent für Lastneigungsbeiwert	–
n	Anzahl von Pfählen/Versuchen	–
n	Faktor	–
$\boldsymbol{n}$	Flächennormalenvektor	–
n	Porenanteil	–
n_a	Porenanteil mit Luft	–
n_w	Porenanteil mit Wasser gefüllt	–
o	Index für Festlegekraft des Zuggliedes	–
p	Druck	bar
p	Wahrscheinlichkeit	–
p	Flächenlast	kN/m^2
p	Index für Flächenlast	–
p	Index für plastisch	–
p	Index bei passivem Erddruck	–
p	Mittlere Hauptspannung; mittlerer hydrostatischer Druck	kN/m^2
p	Nicht ständige Flächenlast	kN/m^2
$\boldsymbol{p}_i$	Wirkung einer Einheitskraft „1“ am Pfahl i in Bezug auf Gesamtsystem	1; m
q	Deviatorspannung	kN/m^2

Formelzeichen/ Indizes	Benennung	Einheit
q	Wasservolumen je Zeiteinheit, Wassermenge für Einzelbrunnen	m^3 /s
q	Einaxiale Druckfestigkeit	kN/m^2
q	Flächenlast	kN/m^2
q_c	Spitzenwiderstand bei Drucksondierung	kN/m^2
q_s	Mantelreibung im Grenzzustand	kN/m^2
q_b	Spitzendruck im Grenzzustand	kN/m^2
q_u	Einaxiale Druckfestigkeit	kN/m^2
r	Radius	m
r	Index für Restscherfestigkeit/Gleiten	–
rep	Indexwert für repräsentativen Wert	–
r_0	Reichweite	m
s	Setzung	cm
s'	Bezogene Setzung (Stauchung bzw. negative Dehnung)	–
s	Verschiebung	mm
s	Index für Mantelreibung (skin, shaft)	–
s	Index für Scherkraft	–
s	Mittlere Hauptspannung	kN/m^2
s	Einheitsverschiebung bzw. -verdrehung	kN/m bzw. kNm
s	Steifigkeit	kN/m
s	Hebelarm	m
s_{el}	Elastische Längenänderung	mm
s_i	Steifigkeit des Einzelpfahls i	kN/m
s_N	Standardabweichung	–
Δs	Setzungsunterschied	cm
t	Deviatorspannung	kN/m^2
t	Zeit	s
t	Tiefe, Einbindetiefe	m
t	Index für Zugbelastung/Stahlzugglied	–
tr	Index für Querbelastung	–
t_s	Grenztiefe	m
t_0	Theoretische, rechnerische Einbindetiefe	m
$\boldsymbol{u}$	Vektor der Verschiebungen und Verdrehungen in Bezug auf Systemschwerpunkt	m; 1
u	Verschiebung	mm
u	Auslenkung	mm
$\hat{u}$	Max. Auslenkung (Amplitude)	mm
u	Porenwasserdruck, Porenwasserüberdruck	kN/m^2
u	Index für undräniert	–
u_a	Porenluftdruck	kN/m^2
u_i	Porenwasserdruck auf die äußere Gleitfläche eines Gleitkörpers	kN/m^2

Formelzeichen/ Indizes	Benennung	Einheit
$\ddot{u}$	Index für Wasserüberdruck	–
v	Spezifisches Volumen	–
v	Geschwindigkeit, Schwinggeschwindigkeit	m/s
v	Filtergeschwindigkeit	m/s
v_i	Verschiebung, allgemein mit x, y, z; beim Pfahlrost zus. mit a, b, c als Indices für die Verdrehungen $= \boldsymbol{v}$	m(; 1)
$\boldsymbol{v}$	Vektor der Verschiebungsgrößen beim Pfahlrost	m; 1
v, h	Index für vertikal, horizontal	–
v	Index für Flügel (vane)	–
w	Wassergehalt	%
w	Index für Wasser	–
w	Index für wirksam	–
w	Index für wahr	–
w_{A}	Wasseraufnahme	%
w_{L}	Fließgrenze	%
w_{P}	Ausrollgrenze	%
w_{Pr}	Optimaler Wassergehalt (Proctorversuch)	%
w_{S}	Schrumpfgrenze	%
$w_{\mathrm{ü}}$	Wasserüberdruck	kN/m^2
x, y, z	Ortskoordinaten	–/m
z	Vertikaler Abstand	m
$z; t$	Index bei Zugbeanspruchung	–
z_{A}	Erkundungstiefe	m
z_{H}	Hebelarm der Kraft H	kN
α	Koeffizient	–
α	Kriechmaß bei Verpressankern	mm
α	Neigungswinkel bei Pfählen	°
α	Neigungswinkel einer Stützfläche	°
α	Verkantungs-(Neigungs-)winkel	°
$a = \frac{\Psi}{2\gamma}$	Halber Öffnungswinkel eines Gleitkreises	°
α_{A}	Neigungswinkel der Achse eines konstruktiven Elements oder eines Zuggliedes gegen die Waagerechte	°
$\alpha_{\mathrm{L,V}}$	Auflockerungs-, Verdichtungsfaktor	–
β	Geländeneigung, Böschungswinkel, Neigungswinkel	°
β	Faktor	–
γ	Teilsicherheitsbeiwert mit jeweiligem Index	–
γ	Schubverzerrung (Schubdehnung)	–
γ	Wichte des feuchten Bodens	kN/m^3
γ'	Wichte unter Auftrieb	kN/m^3
$\dot{\gamma}$	Schergeschwindigkeit	1/s
γ_{d}	Trockenwichte	kN/m^3

Formelzeichen/ Indizes	Benennung	Einheit
γ_s	Kornwichte	kN/m^3
γ_{sat}, γ_r	Wichte des gesättigten Bodens	kN/m^3
γ_W	Wichte des Wassers	kN/m^3
δ	Dämpfungskonstante	1/s
δ	Erddruckneigungswinkel, Kraftneigungswinkel	°
δ_s	Sohlreibungswinkel	°
Δ	Differenz einer Größe	–
ε	Dehnung	–
$\dot{\varepsilon}$	Dehnungsgeschwindigkeit	1/s
ε	Neigungswinkel einer Resultierenden F oder einer Last P gegen die Waagerechte	°
ε_N	Neigungswinkel der Achse eines Nagels	°
ε_{ji}	Winkel zwischen sich schneidenden äußeren Gleitlinien	°
ε_{pl}	Plastische Dehnung	–
ζ	Normierte Tiefe	–
η	Modellfaktor/Anpassungsfaktor (früher: Sicherheitsfaktor)	–
ϑ	Gleitflächenwinkel	°
ϑ	Richtungswinkel einer Bruchfläche	°
ϑ_i	Neigungswinkel der Gleitlinie gegen die Waagerechte in der Schwerlinie einer Lamelle bzw. einer äußeren Gleitlinie eines Gleitkörpers	°
$\Delta\vartheta_i$	Differenzneigungswinkel	°
$\varLambda$	Logarithmisches Dämpfungsinkrement	–
κ	Faktor zu Festsetzung eines oberen und unteren Grenzwerts einer aufnehmbaren Setzung	–
λ	Wellenlänge	m
λ	Beiwert	–
μ	Korrekturfaktor	–
μ	Dynamische Reibungskonstante	kg/s
μ	Ausnutzungsfaktor bzw. -grad	–
ν	Formbeiwert	–
ν	Querdehnungszahl (Poissonzahl)	–
ξ	Beiwert	–
ξ	Streuungsfaktor, tlw. mit Index	–
ξ	Reduktionsbeiwert	–
ξ	Formbeiwert für die Verteilung der Normalspannung in einer Gleitlinie	–
ξ	Normierte Länge	–
ρ	Dichte	t/m^3
ρ_d	Trockendichte	t/m^3
ρ_{Pr}	Optimale Dichte im Proctorversuch	t/m^3
ρ_r	Dichte des gesättigten Bodens	t/m^3

Formelzeichen/ Indizes	Benennung	Einheit
ρ_s	Korndichte	t/m^3
ρ_w	Dichte des Wassers	t/m^3
σ	Normalspannung, totale Spannung, Sohldruck	kN/m^2
σ'	Effektive Spannung	kN/m^2
σ_{at}	Atmosphärischer Druck	kN/m^2
σ_0	Vertikale Sohldruckbeanspruchung	kN/m^2
$\sigma_{1,2,3}$	Hauptspannungen	kN/m^2
σ_f	Grenzspannung	kN/m^2
τ	Scherfestigkeit	kN/m^2
τ	Schubspannung	kN/m^2
τ_f	Grenzschubspannung	kN/m^2
τ_n	Negative Mantelreibung	kN/m^2
τ_r	Restscherfestigkeit	kN/m^2
τ_m	Mantelreibung bei Verpressankern	kN/m^2
Φ	Potenzial (Standrohrspiegelhöhe bezüglich Referenzniveau)	m
φ	Drehwinkel, Phasenwinkel	°
φ	Scherwinkel, Reibungswinkel	°
φ'	Effektiver Reibungswinkel	°
φ_u	Undränierter Reibungswinkel	°
φ_r	Restreibungswinkel	°
φ_0	Phasenverschiebung	°
Ψ	Dämpfungskapazität	–
Ψ	Kombinationsbeiwert einer Einwirkung/Kombinationsbeiwert	–
ψ	Dilatanzwinkel	°
ψ_A	Winkel zwischen Gleitrichtung des Bruchmechanismus und Ankerrichtung im Schnittpunkt Gleitlinie–Anker	°
ω	Richtungswinkel (bei Pfählen)	°
ω	Richtungswinkel der Kraft bei Fundamenten	°
ω	Winkelgeschwindigkeit	1/s; Hz
ω_0	Kreisfrequenz der ungedämpften Schwingung	1/s; Hz
ω_e	Eigenfrequenz	1/s; Hz

Nebenzeichen	Benennung	Einheit
dst	Index für destabilisierend	–
dyn	Index für dynamisch	–
free	Index für frei	–
fixed	Index für fest	–
CBR	California Bearing Ratio	%
OCR	Konsolidationsverhältnis (overconsolidation ratio)	–
GK	Geotechnische Kategorie	–
GW	Grundwasser (-spiegelhöhe)	–
GZ	Grenzzustand	–
KPP	Kombinierte Pfahl-Plattengründung	–
mob	Mobilisierter (Erdwiderstand)	–
NN	Normal Null	m
OW	Oberwasser	–
stb	Index für stabilisierend	–
UW	Unterwasser	–

Matrizen, soweit nur symbolisch dargestellt, sind fett gedruckt; bei schematischer Darstellung der Koeffizienten werden diese von runden Klammern umschlossen. Dies gilt auch für Spalten- und Zeilenmatrizen, die mitunter als Vektoren bezeichnet werden. Solche werden stellenweise aus drucktechnischen Gründen in transponierter Form dargestellt.

Stichwortverzeichnis

H.-H. Schmidt, R.F. Buchmaier, C. Vogt-Breyer, *Grundlagen der Geotechnik*,
https://doi.org/10.1007/978-3-658-39834-7

MIX
Papier aus verantwortungsvollen Quellen
Paper from responsible sources
FSC® C105338

If you have any concerns about our products,
you can contact us on
ProductSafety@springernature.com

In case Publisher is established outside the EU,
the EU authorized representative is:
Springer Nature Customer Service Center GmbH
Europaplatz 3, 69115 Heidelberg, Germany

Printed by Libri Plureos GmbH
in Hamburg, Germany